ELEMENTOS DE ELETROMAGNETISMO

S124e Sadiku, Matthew N. O.
        Elementos de eletromagnetismo / Matthew N. O. Sadiku ; tradução: Jorge Amoretti Lisboa, Liane Ludwig Loder. – 5. ed. – Porto Alegre : Bookman, 2012.
        xvi, 704 p. : il. ; 28 cm.

        ISBN 978-85-407-0150-2

        1. Engenharia elétrica – Eletromagnetismo. I. Título.

                                              CDU 621.3:537.8

Catalogação na publicação: Fernanda B. Handke dos Santos – CRB 10/2107

MATTHEW N.O. SADIKU

Prairie View A&M University

ELEMENTOS DE ELETROMAGNETISMO

5ª EDIÇÃO

Tradução

Jorge Amoretti Lisboa
Físico/UFRGS
Doutor em Ciências/UFRGS
Professor do Departamento de Engenharia Elétrica da Universidade Federal do Rio Grande do Sul

Liane Ludwig Loder
Engenheira Eletricista/UFRGS
Doutora em Educação/UFRGS
Professora do Departamento de Engenharia Elétrica da Universidade Federal do Rio Grande do Sul

2012

Obra originalmente publicada sob o título
Elements of Electromagnetics, 5th Edition
ISBN 9780199743001

Copyright © 1989, 1994 by Saunders College Publishing, a division of Holt, Rinechart and Winston, Inc.
Copyright © 2000, 2007, 2010 by Oxford University Press, Inc.

Elements of Electromagnetics, Fifth Edition was originally published in English in 2010.
This translation is published by arrangement with Oxford University Press.

Capa: *Maurício Pamplona*
Foto da capa: © Shutterstock.com

Leitura final: *Bianca Basile Parracho e Antenor Savoldi Junior*

Gerente editorial – CESA: *Arysinha Jacques Affonso*

Editora responsável por esta obra: *Verônica de Abreu Amaral*

Projeto e Editoração eletrônica: *Techbooks*

Reservados todos os direitos de publicação, em língua portuguesa, à
BOOKMAN COMPANHIA EDITORA LTDA., uma empresa do GRUPO A EDUCAÇÃO S.A.
Av. Jerônimo de Ornelas, 670 – Santana
90040-340 – Porto Alegre – RS
Fone: (51) 3027-7000   Fax: (51) 3027-7070

É proibida a duplicação ou reprodução deste volume, no todo ou em parte, sob quaisquer formas ou por quaisquer meios (eletrônico, mecânico, gravação, fotocópia, distribuição na Web e outros), sem permissão expressa da Editora.

Unidade São Paulo
Av. Embaixador Macedo Soares, 10.735 – Pavilhão 5 – Cond. Espace Center
Vila Anastácio – 05095-035 – São Paulo – SP
Fone: (11) 3665-1100   Fax: (11) 3667-1333

SAC 0800 703-3444 – www.grupoa.com.br

IMPRESSO NO BRASIL
PRINTED IN BRAZIL

Para minha esposa, Kikelomo

AGRADECIMENTOS

Gostaria de agradecer ao Dr. Sudarshan Nelatury, da Penn State University, por resolver todos os problemas e por trabalhar comigo no manual de soluções. Agradeço também a ajuda do Dr. Josh Nickel, da Santa Clara University, pelo desenvolvimento dos códigos de MATLAB que constam no final de cada capítulo. Meus agradecimentos especiais a Rachael Zimmermann e Brian Black, da Oxford University Press, pelos seus esforços. Gostaria de agradecer também aos revisores que forneceram importantes contribuições a esta edição: Jaeyoun Kim, da Iowa State University; Vladimir Rakov, da University of Florida; Erdem Topsakal, da Mississipi State University; Caicheng Lu, da University of Kentucky; Kurt E. Oughstun, da University of Vermont; Xiaomin Jin, da Cal Poly State University, San Luis Obispo; Yinchao Chen, da University of South Carolina; Yan Zhang, da University of Oklahoma; Perambur S. Neelakantaswamy, da Florida Atlantic University; Satinderpaul Singh Devgan, da Tennessee State University; Scott Grenquist, da Wentworth Institute of Technology; Barry Spielman, da Washington University.

Sou muito grato ao Dr. Kendall Harris, diretor da College of Engineering da Prairie View A&M University e ao Dr. John Attia, chefe do Departamento de Engenharia Elétrica e Computação, por seu apoio permanente. Meus especiais agradecimentos ao Dr. Iain R. MacNab, da University of Toronto, por me enviar a lista de erros encontrados na edição anterior. Eu gostaria de agradecer à minha filha, Joyce Sadiku, por desenhar algumas figuras e Daniel Efuwape por me ajudar de várias maneiras. Agradecimentos especiais à minha esposa e às nossas crianças (Motunrayo, Ann e Joyce) por seu apoio e suas orações.

Devo um agradecimento especial aos professores e estudantes que usaram as edições anteriores deste livro. Por favor, continuem enviando os erros detectados para o editor e para mim, pelo email sadiku@ieee.org.

Matthew N. O. Sadiku
Prairie View, Texas

PREFÁCIO

Cada revisão deste livro incorporou mudanças que o tornaram melhor. Entretanto, não há mudanças substanciais, pois a teoria eletromagnética não muda. O objetivo principal deste livro permanece o mesmo da primeira edição: apresentar os conceitos de eletromagnetismo (EM) de forma mais clara e interessante do que outros livros. Buscamos esse objetivo das seguintes maneiras:

1. A fim de superar eventuais dificuldades no tratamento simultâneo de conceitos de eletromagnetismo e de matemática, a análise vetorial é tratada no início do livro e aplicada gradualmente. Essa abordagem evita a introdução repetida de fundamentos de análise vetorial, o que geraria uma descontinuidade no desenvolvimento do raciocínio. Os teoremas matemáticos e os conceitos físicos são abordados separadamente, facilitando ao aluno a compreensão da generalidade de tais teoremas.
2. Cada capítulo começa com uma breve introdução, que serve de guia para todo o capítulo e estabelece sua relação com o restante do livro. A introdução auxilia os alunos a perceber a relevância do capítulo e sua relação com o capítulo precedente. Os pontos-chave são destacados para chamar a atenção do leitor. Ao final do capítulo, é apresentado um breve resumo dos conceitos principais.
3. A fim de assegurar que os alunos compreendam claramente os pontos importantes, os termos-chave são definidos e destacados. Fórmulas fundamentais recebem uma moldura para facilitar sua identificação.
4. Cada capítulo contém um número razoável de exemplos com solução. Já que os exemplos são parte do texto, eles são explicados em detalhe, de modo que, para o leitor, não restem lacunas no desenvolvimento da solução. Exemplos minuciosamente resolvidos dão confiança aos alunos para resolver problemas por si mesmos e aprender a aplicar conceitos, o que é parte integrante do processo educativo em engenharia. Cada exemplo resolvido é seguido de um problema na forma de um Exercício Prático com resposta.
5. Ao final de cada capítulo, há dez questões de revisão objetivas de múltipla escolha. Sabe-se que questões com resposta em aberto, apesar de tentarem instigar o raciocínio, são ignoradas pela maioria dos alunos. Questões objetivas de revisão seguidas de opções de resposta encorajam os alunos a resolver os problemas proporcionando-lhes um retorno imediato. Grande parte dos problemas propostos é apresentada na mesma ordem que os conceitos no corpo do texto. Os problemas de nível de dificuldade intermediária são identificados com um único asterisco. Os problemas mais difíceis são identificados com dois asteriscos. O número de problemas apresentado é suficiente para permitir ao professor selecionar alguns como exemplo em sala de aula e outros como atividade extraclasse. As respostas de problemas selecionados estão no Apêndice E.
6. Uma vez que a maioria das muitas aplicações práticas envolve campos variáveis no tempo, seis capítulos são destinados a tratar desse tipo de campo. Contudo, é dada a devida ênfase aos campos estáticos porque são casos especiais dos campos dinâmicos. Não é mais aceitável ignorar a eletrostática porque há indústrias de grande porte, como as de fotocópia e de periféricos de computadores, que embasam seu funcionamento na compreensão dos fenômenos eletrostáticos.
7. A última seção de cada capítulo é dedicada às aplicações dos conceitos estudados no capítulo. Isso ajuda o estudante a ver como os conceitos são aplicados às situações da vida real.
8. O último capítulo trata de métodos numéricos com aplicações práticas e com programas de computador. Esse capítulo é de suma importância porque a maioria das questões práticas só podem ser resolvidas com o uso de técnicas numéricas.
9. Mais de 130 exemplos ilustrativos e de 400 figuras são apresentados no texto. Algumas informações adicionais, como fórmulas e identidades matemáticas básicas, estão incluídas no Apêndice. Algumas orientações são dadas em uma nota especial para os estudantes, que sucede este prefácio.

Nesta quinta edição, foram corrigidos os erros encontrados na edição anterior. Novos problemas foram inseridos, e alguns da edição anterior foram retirados.

Embora este livro tenha sido escrito com a intenção de ser autoexplicativo e útil para um estudo autônomo, o contato pessoal, que é sempre necessário no ensino, foi contemplado. A escolha dos tópicos do curso, bem como da ênfase dada aos mesmos, depende da preferência pessoal do professor. Por exemplo, o professor que considerar os tópicos dedicados a análise vetorial ou a campos estáticos muito extensos, pode não abordar parte do conteúdo, que, no entanto, pode ser usado pelos estudantes como material de referência. Dessa forma, uma vez trabalhados os Capítulos de 1 a 3, é possível explorar os Capítulos de 9 a 15. Professores que discordarem da abordagem "partindo do cálculo vetorial" podem começar com os Capítulos 1 e 2 e avançar para o Capítulo 4, fazendo referência ao Capítulo 3 quando necessário. Há conteúdo suficiente para um curso de dois semestres. Se o livro for adotado em um curso com duração de um semestre, é recomendável abordar os capítulos de 1 a 9. Algumas seções podem ser abordadas brevemente, ou ainda consignadas como atividades extraclasse. Seções que possam estar nessa categoria são marcadas com o sinal de adaga (†).

NOTA AO ESTUDANTE

A Teoria Eletromagnética é normalmente considerada por muitos estudantes como um dos cursos mais difíceis no currículo de Física ou de Engenharia Elétrica. Porém, tomando-se algumas precauções, esta má impressão prova-se equivocada. Pela minha experiência, as seguintes sugestões serão úteis para auxiliá-lo(a) a ter o máximo desempenho com o apoio deste livro-texto:

Dê especial atenção à Parte I, sobre *Análise Vetorial*, a ferramenta matemática para este curso. Sem o claro entendimento desta seção, você poderá ter problemas no restante do curso.

Não tente memorizar muitas fórmulas. Memorize apenas as fundamentais, que vêm normalmente destacadas em uma moldura, e tente deduzir as outras fórmulas a partir dessas. Procure compreender as relações entre as fórmulas. Evidentemente, não existe uma fórmula geral para resolver todos os problemas. Cada fórmula tem algumas limitações em função de seus pressupostos. Atente para esses pressupostos e aplique-as adequadamente.

Procure identificar as palavras-chave ou os termos de uma dada definição ou lei. Saber o significado dessas palavras-chave é essencial para a aplicação adequada da definição ou da lei.

Tente resolver tantos problemas quanto possível. Exercitar é a melhor forma de aprender. A melhor maneira de compreender as fórmulas e de assimilar o conteúdo é através da resolução de problemas. É aconselhável que você resolva, pelo menos, os problemas dos exercícios, que vêm justamente após os exemplos resolvidos. Faça um esquema do problema antes de tentar resolvê-lo matematicamente. Esse esquema não apenas facilita a resolução, como também auxilia na compreensão do problema porque simplifica e organiza o seu raciocínio. Observe que, a não ser que se estabeleça o contrário, todas as distâncias são dadas em metros. Por exemplo, (2, –1, 5) de fato significa (2 m, –1 m, 5 m).

Você pode usar MATLAB para resolver problemas numericamente e plotar resultados. Uma breve introdução ao MATLAB é apresentada no Apêndice C.

Nas guardas do livro são apresentadas tabelas com uma lista das potências de dez e das letras gregas usadas com frequência ao longo do texto. No Apêndice A apresentam-se fórmulas importantes em Cálculo, Vetores e Análise Complexa. As respostas de problemas selecionados são apresentadas no Apêndice E.

MATERIAL DE APOIO

Para facilitar a resolução dos exercícios em MATLAB, disponibilizamos os *scripts* no site da Bookman Editora, www.bookman.com.br. Esses exercícios ajudam os alunos a desenvolver proficiência no *software* e permitem que eles resolvam problemas mais complicados.

SUMÁRIO

PARTE 1 – ANÁLISE VETORIAL

1 ÁLGEBRA VETORIAL — 3

1.1 Introdução — 3
1.2 Uma visão prévia do livro — 3
1.3 Escalares e vetores — 4
1.4 Vetor unitário — 5
1.5 Soma e subtração de vetores — 6
1.6 Vetor posição e vetor distância — 7
1.7 Multiplicação vetorial — 10
1.8 Componentes de um vetor — 14

2 SISTEMAS E TRANSFORMAÇÃO DE COORDENADAS — 25

2.1 Introdução — 25
2.2 Coordenadas cartesianas (x, y, z) — 26
2.3 Coordenadas cilíndricas (ρ, ϕ, z) — 26
2.4 Coordenadas esféricas (r, θ, ϕ) — 29
2.5 Superfícies de coordenada constante — 36

3 CÁLCULO VETORIAL — 49

3.1 Introdução — 49
3.2 Comprimento, área e volume diferenciais — 49
3.3 Integrais de linha, de superfície e de volume — 55
3.4 O operador *del* — 58
3.5 Gradiente de um campo escalar — 59
3.6 Divergência de um campo vetorial e teorema da divergência — 63
3.7 Rotacional de um campo vetorial e teorema de stokes — 69
3.8 Laplaciano de um campo escalar — 76
3.9 Classificação de campos vetoriais — 78

PARTE 2 – ELETROSTÁTICA

4 CAMPOS ELETROSTÁTICOS — 93

4.1 Introdução — 93
4.2 Lei de Coulomb e intensidade de campo — 94
4.3 Campos elétricos de distribuições contínuas de carga — 101
4.4 Densidade de fluxo elétrico — 111
4.5 Lei de Gauss – Equação de Maxwell — 112
4.6 Aplicações da lei de Gauss — 114
4.7 Potencial elétrico — 119
4.8 Relação entre o campo elétrico e o potencial elétrico – Equação de Maxwell — 124
4.9 O dipolo elétrico e as linhas de fluxo — 127
4.10 Densidade de energia em campos eletrostáticos — 130
4.11 Aplicação tecnológica – Descarga eletrostática — 134

5 CAMPOS ELÉTRICOS EM MEIO MATERIAL — 149

- 5.1 Introdução — 149
- 5.2 Propriedades dos materiais — 149
- 5.3 Correntes de convecção e de condução — 150
- 5.4 Condutores — 152
- 5.5 Polarização em dielétricos — 157
- 5.6 Constante e rigidez dielétrica — 160
- 5.7 Dielétricos lineares, isotrópicos e homogêneos — 161
- 5.8 Equação da continuidade e tempo de relaxação — 164
- 5.9 Condições de fronteira — 166
- 5.10 Aplicação tecnológica – Materiais de constante dielétrica elevada — 174

6 PROBLEMAS DE VALOR DE FRONTEIRA EM ELETROSTÁTICA — 185

- 6.1 Introdução — 185
- 6.2 Equações de Laplace e de Poisson — 185
- 6.3 Teorema da unicidade — 186
- 6.4 Procedimento geral para resolver a equação de Laplace ou a equação de Poisson — 188
- 6.5 Resistência e capacitância — 204
- 6.6 Método das imagens — 218
- 6.7 Aplicação tecnológica − Capacitância de linhas de microfita (*microstrip lines*) — 223

PARTE 3 – MAGNETOSTÁTICA

7 CAMPOS MAGNETOSTÁTICOS — 237

- 7.1 Introdução — 237
- 7.2 Lei de Biot–Savart — 238
- 7.3 Lei circuital de Ampère – Equação de Maxwell — 247
- 7.4 Aplicações da lei de Ampère — 248
- 7.5 Densidade de fluxo magnético – Equação de Maxwell — 254
- 7.6 Equações de Maxwell para campos eletromagnéticos estáticos — 256
- 7.7 Potenciais magnéticos escalar e vetorial — 256
- 7.8 Dedução da lei de Biot–Savart e da lei de Ampère — 261
- 7.9 Aplicação tecnológica – Raios — 263

8 FORÇAS, MATERIAIS E DISPOSITIVOS MAGNÉTICOS — 279

- 8.1 Introdução — 279
- 8.2 Forças devido aos campos magnéticos — 279
- 8.3 Torque e momento magnéticos — 288
- 8.4 Dipolo magnético — 290
- 8.5 Magnetização em materiais — 295
- 8.6 Classificação dos materiais magnéticos — 297
- 8.7 Condições de fronteira magnéticas — 301
- 8.8 Indutores e indutâncias — 305
- 8.9 Energia magnética — 307
- 8.10 Circuitos magnéticos — 314
- 8.11 Força sobre materiais magnéticos — 316
- 8.12 Aplicação tecnológica – Levitação magnética — 320

PARTE 4 – ONDAS E APLICAÇÕES

9 EQUAÇÕES DE MAXWELL 333

- 9.1 Introdução 333
- 9.2 Lei de Faraday 334
- 9.3 FEM de movimento e FEM de transformador 335
- 9.4 Corrente de deslocamento 342
- 9.5 Equações de Maxwell nas formas finais 345
- 9.6 Potenciais variáveis no tempo 347
- 9.7 Campos harmônicos no tempo 349

10 PROPAGAÇÃO DE ONDAS ELETROMAGNÉTICAS 369

- 10.1 Introdução 369
- 10.2 Ondas em geral 370
- 10.3 Propagação de onda em dielétrico com perdas 375
- 10.4 Ondas planas em dielétricos sem perdas 381
- 10.5 Ondas planas no espaço livre 381
- 10.6 Ondas planas em bons condutores 383
- 10.7 Potência e o vetor de Poynting 390
- 10.8 Reflexão de uma onda plana com incidência normal 394
- 10.9 Reflexão de uma onda plana com incidência oblíqua 402
- 10.10 Aplicação tecnológica – Micro-ondas 411

11 LINHAS DE TRANSMISSÃO 429

- 11.1 Introdução 429
- 11.2 Parâmetros das linhas de transmissão 430
- 11.3 Equações das linhas de transmissão 432
- 11.4 Impedância de entrada, ROE e potência 438
- 11.5 A carta de Smith 445
- 11.6 Algumas aplicações das linhas de transmissão 455
- 11.7 Transientes em linhas de transmissão 462
- 11.8 Aplicação tecnológica – Linhas de transmissão de microfitas e caracterização de cabos de dados 472

12 GUIAS DE ONDA 491

- 12.1 Introdução 491
- 12.2 Guia de onda retangular 491
- 12.3 Modos transversais magnéticos (TM) 496
- 12.4 Modos transversais elétricos (TE) 500
- 12.5 Propagação da onda no guia 509
- 12.6 Transmissão de potência e atenuação 512
- 12.7 Corrente e excitação de modos no guia de onda 515
- 12.8 Ressonadores de guia de onda 520
- 12.9 Aplicação tecnológica – Fibra ótica 525

13 ANTENAS — 541

- 13.1 Introdução — 541
- 13.2 Dipolo hertziano — 543
- 13.3 Antena dipolo de meia-onda — 546
- 13.4 Antena monopolo de quarto de onda — 550
- 13.5 Antena pequena em anel — 551
- 13.6 Características das antenas — 555
- 13.7 Conjuntos de antenas — 562
- 13.8 Área efetiva e equação de Friis — 571
- 13.9 A equação do radar — 575
- 13.10 Aplicação tecnológica – Interferência e compatibilidade eletromagnética — 578

14 MÉTODOS NUMÉRICOS — 593

- 14.1 Introdução — 593
- 14.2 Plotagem de campo — 594
- 14.3 O método das diferenças finitas — 601
- 14.4 O método dos momentos — 612
- 14.5 O método dos elementos finitos — 622
- 14.6 Aplicação tecnológica – Linhas de microfitas — 640

APÊNDICE A FÓRMULAS MATEMÁTICAS — 661

- A.1 Identidades trigonométricas — 661
- A.2 Variáveis complexas — 662
- A.3 Funções hiperbólicas — 663
- A.4 Identidades logarítmicas — 663
- A.5 Identidades exponenciais — 663
- A.6 Aproximações para pequenos valores — 664
- A.7 Derivadas — 664
- A.8 Integrais indefinidas — 665
- A.9 Integrais definidas — 667
- A.10 Identidades vetoriais — 668

APÊNDICE B CONSTANTES MATERIAIS — 670

APÊNDICE C MATLAB — 672

- C.1 Fundamentos do MATLAB — 672
- C.2 Usando MATLAB para traçar gráficos — 675
- C.3 Programando com MATLAB — 677
- C.4 Solucionando equações — 680
- C.5 Dicas de programação — 682
- C.6 Outros comandos úteis do MATLAB — 682

APÊNDICE D CARTA DE SMITH COMPLETA — 683

APÊNDICE E RESPOSTAS DAS QUESTÕES SELECIONADAS — 684

ÍNDICE — 699

PARTE 1

ANÁLISE VETORIAL

CÓDIGOS DE ÉTICA

A engenharia é uma profissão que contribui significativamente para a economia e para o bem-estar social das pessoas em todo o mundo. Espera-se que os engenheiros, como membros dessa importante profissão, apresentem os mais altos padrões de honestidade e de integridade moral. Infelizmente, o currículo de engenharia é tão denso que não há oportunidade, em muitas escolas de engenharia, para uma disciplina na área de ética. Apesar de existirem mais de 850 códigos de ética para diferentes profissões no mundo, aqui será apresentado o Código de Ética do Instituto de Engenheiros Eletricistas e Eletrônicos (IEEE), para dar aos estudantes uma amostra da importância da ética nas profissões de engenharia.

Nós, membros do IEEE, reconhecendo a importância do impacto de nossas tecnologias na qualidade de vida em todo o mundo e aceitando a responsabilidade pessoal perante nossa profissão, nossos colegas e as comunidades a que servimos, assumimos aqui nosso compromisso com os mais altos padrões de conduta ética e profissional e concordamos em:

1. Aceitar a responsabilidade de tomar decisões em engenharia condizentes com a segurança, a saúde e o bem-estar da população, e de prontamente tornar públicos fatores que possam pôr em perigo a população ou o meio ambiente.
2. Evitar conflitos de interesse reais ou aparentes, sempre que possível, e indicá-los às partes afetadas sempre que esses conflitos existirem.
3. Ser honestos e realistas ao fazer declarações ou estimativas com base em dados disponíveis.
4. Rejeitar qualquer forma de suborno.
5. Melhorar a compreensão da tecnologia, das suas aplicações apropriadas e de suas potenciais consequências.
6. Manter e melhorar a nossa competência técnica e empreender tarefas tecnológicas em benefício de terceiros somente se formos devidamente qualificados, por treinamento ou por experiência, ou após a plena exposição de nossas limitações pertinentes ao caso.
7. Procurar, aceitar e oferecer críticas honestas a trabalhos técnicos, reconhecer e corrigir erros e dar o devido crédito às contribuições de terceiros.
8. Tratar de modo justo todas as pessoas, independentemente de raça, religião, gênero, deficiências, idade ou nacionalidade.
9. Evitar causar danos a outras pessoas, seus bens, suas reputações ou seus empregos por meio de ações mal-intencionadas ou pelo uso de falsidade.
10. Ajudar engenheiros e colegas de trabalho no seu desenvolvimento profissional e apoiá-los no cumprimento deste código de ética.

Cortesia do IEEE – tradução livre.

CAPÍTULO 1

ÁLGEBRA VETORIAL

"O homem finito não tem significado sem um ponto de referência no infinito."

— JEAN P. SARTRE

1.1 INTRODUÇÃO

O Eletromagnetismo (EM) pode ser considerado o estudo da interação entre cargas elétricas em repouso e em movimento. Envolve a análise, a síntese, a interpretação física e a aplicação de campos elétricos e magnéticos.

> O **Eletromagnetismo** (EM) é um ramo da Física, ou da Engenharia Elétrica, no qual os fenômenos elétricos e magnéticos são estudados.

Os princípios do EM se aplicam em várias disciplinas afins, como: micro-ondas, antenas, máquinas elétricas, comunicações por satélites, bioeletromagnetismo, plasmas, pesquisa nuclear, fibra ótica, interferência e compatibilidade eletromagnética, conversão eletromecânica de energia, meteorologia por radar e sensoreamento remoto.[1,2] Em Física Médica, por exemplo, a energia eletromagnética, seja na forma de ondas curtas ou de micro-ondas, é utilizada para aquecer tecidos mais profundos e para estimular certas respostas fisiológicas, afim de aliviar a dor em determinadas patologias. Os campos eletromagnéticos são utilizados em aquecedores indutivos para fundir, forjar, recozer, temperar superfícies e para operações de soldagem. Equipamentos para aquecimento de dielétricos utilizam ondas curtas para unir e selar lâminas finas de materiais plásticos. A energia eletromagnética possibilita muitas aplicações novas e interessantes em agricultura. É utilizada, por exemplo, para alterar o sabor de vegetais, reduzindo sua acidez.

Os dispositivos de EM incluem: transformadores, relés elétricos, rádio/TV, telefone, motores elétricos, linhas de transmissão, guias de onda, antenas, fibras óticas, radares e *lasers*. O projeto desses dispositivos requer um profundo conhecimento das leis e dos princípios do eletromagnetismo.

†1.2 UMA VISÃO PRÉVIA DO LIVRO

O estudo dos fenômenos do eletromagnetismo, feito neste livro, pode ser resumido nas Equações de Maxwell:

$$\nabla \cdot \mathbf{D} = \rho_v \tag{1.1}$$

$$\nabla \cdot \mathbf{B} = 0 \tag{1.2}$$

---

[1] Para numerosas aplicações de eletrostática, consulte J. H. Crowley, *Fundamentals of Applied Electrostatics*. New York: John Wiley & Sons, 1986.

[2] Para outras áreas de aplicações de EM, consulte, por exemplo, D. Teplitz, ed., *Electromagnetism: Paths To Rescarch*. New York: Plenum Press, 1982.

† Este símbolo indica seções que podem ser suprimidas, expostas brevemente ou propostas como atividades extraclasse, caso se pretenda cobrir todo o texto em um só semestre.

$$\nabla \times \mathbf{E} = -\frac{\partial \mathbf{B}}{\partial t} \tag{1.3}$$

$$\nabla \times \mathbf{H} = \mathbf{J} + \frac{\partial \mathbf{D}}{\partial t} \tag{1.4}$$

onde ∇ = o vetor operador diferencial
D = a densidade de fluxo elétrico
B = a densidade de fluxo magnético
E = a intensidade de campo elétrico
H = a intensidade de campo magnético
ρ_v = a densidade volumétrica de carga
J = a densidade de corrente

Maxwell embasou essas equações em resultados já conhecidos, experimentais e teóricos. Uma olhada rápida nessas equações mostra que devemos operar com grandezas vetoriais. Consequentemente, é lógico que dediquemos algum tempo na Parte 1 para examinar as ferramentas matemáticas requeridas para esse curso. As derivações das equações (1.1) a (1.4), para condições invariantes no tempo, e o significado físico das grandezas **D**, **B**, **E**, **H**, **J** e ρ_v serão objeto de nosso estudo nas Partes 2 e 3. Na Parte 4 reexaminaremos as equações para o regime de variação temporal e as aplicaremos em nosso estudo de dispositivos do EM encontrados na prática.

1.3 ESCALARES E VETORES

A análise vetorial é uma ferramenta matemática pela qual os conceitos do eletromagnetismo (EM) são mais convenientemente expressos e melhor compreendidos. Precisamos, primeiramente, aprender suas regras e técnicas antes de aplicá-las com segurança. Já que muitos estudantes fazem esse curso tendo pouca familiaridade com os conceitos de análise vetorial, uma considerável atenção é dada ao assunto neste e nos próximos dois capítulos.[3] Este capítulo introduz os conceitos básicos de álgebra vetorial, considerando apenas coordenadas cartesianas. O capítulo seguinte parte daí e estende esse estudo para outros sistemas de coordenadas.

Uma grandeza pode ser um escalar ou um vetor.

> Um **escalar** é uma grandeza que só tem magnitude.

Grandezas como tempo, massa, distância, temperatura, entropia, potencial elétrico e população são escalares.

> Um **vetor** é uma grandeza que tem magnitude e orientação.

Grandezas vetoriais incluem velocidade, força, deslocamento e intensidade de campo elétrico. Uma outra categoria de grandezas físicas é denominada de *tensores*, dos quais os escalares e os vetores são casos particulares. Na maior parte do tempo, estaremos trabalhando com escalares e vetores.[4]

---

[3] O leitor que não sinta necessidade de revisão da álgebra vetorial pode seguir para o próximo capítulo.

[4] Para um estudo inicial sobre tensores, consulte, por exemplo, A. I. Borisenko e I. E. Tarapor, *Vector and Tensor Analysis with Application*. Englewood Cliffs, NJ: Prentice-Hall, 1968.

Para fazer distinção entre um escalar e um vetor, convenciona-se representar um vetor por uma letra com uma flecha sobre ela, tais como $\vec{A}$ e $\vec{B}$, ou por uma letra em negrito, tais como **A** e **B**. Um escalar é simplesmente representado por uma letra, por exemplo: *A, B, U* e *V*.

A teoria do EM é essencialmente um estudo de alguns campos particulares.

> Um **campo** é uma função que especifica uma grandeza particular em qualquer ponto de uma região.

Se a grandeza é um escalar (ou um vetor), o campo é dito um campo escalar (ou vetorial). Exemplos de campos escalares são: a distribuição de temperatura em um edifício, a intensidade de som em um teatro, o potencial elétrico em uma região e o índice de refração em um meio estratificado. A força gravitacional sobre um corpo no espaço e a velocidade das gotas de chuva na atmosfera são exemplos de campos vetoriais.

1.4 VETOR UNITÁRIO

Um vetor **A** tem magnitude e orientação. A *magnitude* de **A** é um escalar escrito como A ou $|\mathbf{A}|$. Um *vetor unitário* $\mathbf{a}_A$ ao longo de **A** é definido como um vetor cuja magnitude é a unidade (isto é, 1) e a orientação é ao longo de **A**, isto é:

$$\mathbf{a}_A = \frac{\mathbf{A}}{|\mathbf{A}|} = \frac{\mathbf{A}}{A} \tag{1.5}$$

Observe que $|\mathbf{a}_A| = 1$. Dessa forma, podemos escrever **A** como

$$\mathbf{A} = A\mathbf{a}_A \tag{1.6}$$

o que especifica completamente **A** em termos de sua magnitude A e sua orientação $\mathbf{a}_A$.

Um vetor **A**, em coordenadas cartesianas (ou retangulares), pode ser representado como

$$(A_x, A_y, A_z) \quad \text{ou} \quad A_x\mathbf{a}_x + A_y\mathbf{a}_y + A_z\mathbf{a}_z \tag{1.7}$$

onde A_x, A_y e A_z são denominadas as *componentes* de **A**, respectivamente nas direções x, y e z; $\mathbf{a}_x$, $\mathbf{a}_y$ e $\mathbf{a}_z$ são, respectivamente, os vetores unitários nas direções x, y e z. Por exemplo, $\mathbf{a}_x$ é um vetor adimensional de magnitude um na direção e sentido positivo do eixo dos x. Os vetores unitários $\mathbf{a}_x$, $\mathbf{a}_y$ e $\mathbf{a}_z$ estão representados na Figura 1.1(a), e as componentes de **A**, ao longo dos eixos coordenados, estão mostradas na Figura 1.1(b). A magnitude do vetor **A** é dada por:

$$A = \sqrt{A_x^2 + A_y^2 + A_z^2} \tag{1.8}$$

e o vetor unitário ao longo de **A** é dado por:

$$\mathbf{a}_A = \frac{A_x\mathbf{a}_x + A_y\mathbf{a}_y + A_z\mathbf{a}_z}{\sqrt{A_x^2 + A_y^2 + A_z^2}} \tag{1.9}$$

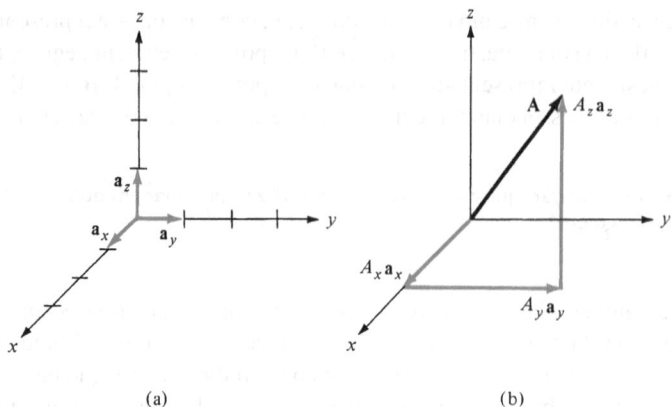

FIGURA 1.1 (a) Vetores unitários $\mathbf{a}_x$, $\mathbf{a}_y$ e $\mathbf{a}_z$; (b) componentes de **A** ao longo de $\mathbf{a}_x$, $\mathbf{a}_y$ e $\mathbf{a}_z$.

1.5 SOMA E SUBTRAÇÃO DE VETORES

Dois vetores **A** e **B** podem ser somados para resultar em um outro vetor **C**, isto é:

$$\mathbf{C} = \mathbf{A} + \mathbf{B} \tag{1.10}$$

A soma de vetores é feita componente a componente. Dessa forma, se $\mathbf{A} = (A_x, A_y, A_z)$ e $\mathbf{B} = (B_x, B_y, B_z)$,

$$\mathbf{C} = (A_x + B_x)\mathbf{a}_x + (A_y + B_y)\mathbf{a}_y + (A_z + B_z)\mathbf{a}_z \tag{1.11}$$

A subtração de vetores é feita de modo similar:

$$\begin{aligned}\mathbf{D} = \mathbf{A} - \mathbf{B} &= \mathbf{A} + (-\mathbf{B}) \\ &= (A_x - B_x)\mathbf{a}_x + (A_y - B_y)\mathbf{a}_y + (A_z - B_z)\mathbf{a}_z\end{aligned} \tag{1.12}$$

Graficamente, a soma e a subtração de vetores são obtidas tanto pela regra do paralelogramo quanto pela regra do "início de um-final de outro", como ilustrado nas Figuras 1.2 e 1.3, respectivamente.

As três propriedades básicas da álgebra que são satisfeitas por quaisquer vetores dados **A**, **B** e **C**, estão resumidas na tabela a seguir:

Propriedade	Soma	Multiplicação
Comutativa	**A** + **B** = **B** + **A**	$k\mathbf{A} = \mathbf{A}k$
Associativa	**A** + (**B** + **C**) = (**A** + **B**) + **C**	$k(\ell\mathbf{A}) = (k\ell)\mathbf{A}$
Distributiva	$k(\mathbf{A}+\mathbf{B}) = k\mathbf{A} + k\mathbf{B}$	

onde k e ℓ são escalares. A multiplicação de um vetor por outro vetor será discutida na Seção 1.7.

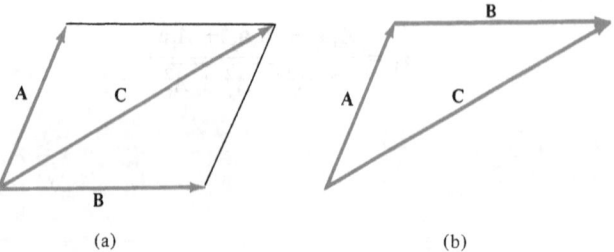

FIGURA 1.2 Soma de vetores **C** = **A** + **B**: (a) regra do paralelogramo; (b) regra do "início de um-final de outro".

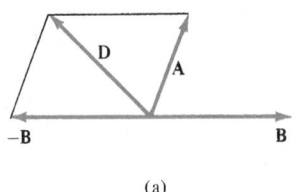
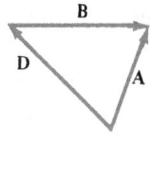

FIGURA 1.3 Subtração de vetores **D = A − B**: (**a**) regra do paralelogramo; (**b**) regra do "início de um-final de outro".

1.6 VETOR POSIÇÃO E VETOR DISTÂNCIA

Um ponto P, em um sistema de coordenadas cartesiano, pode ser representado por (x, y, z).

> O **vetor posição** $\mathbf{r}_P$ (ou **raio vetor**) de um ponto P é um vetor que começa na origem O do sistema de coordenadas e termina no ponto P, isto é:

$$\mathbf{r}_P = OP = x\mathbf{a}_x + y\mathbf{a}_y + z\mathbf{a}_z \tag{1.13}$$

O vetor posição do ponto P é útil para definir sua posição no espaço. O ponto $(3, 4, 5)$, por exemplo, e seu vetor posição $3\mathbf{a}_x + 4\mathbf{a}_y + 5\mathbf{a}_z$ são mostrados na Figura 1.4.

> O **vetor distância** é o deslocamento de um ponto a outro.

Se dois pontos, P e Q, são dados por (x_P, y_P, z_P) e (x_Q, y_Q, z_Q), o *vetor distância* (ou o *vetor separação*) é o deslocamento de P a Q, como mostrado na Figura 1.5, isto é:

$$\begin{aligned}\mathbf{r}_{PQ} &= \mathbf{r}_Q - \mathbf{r}_P \\ &= (x_Q - x_P)\mathbf{a}_x + (y_Q - y_P)\mathbf{a}_y + (z_Q - z_P)\mathbf{a}_z\end{aligned} \tag{1.14}$$

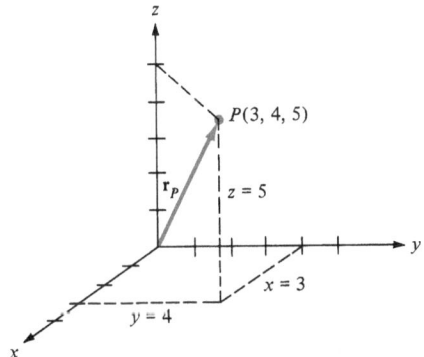

FIGURA 1.4 Representação gráfica do vetor posição $\mathbf{r}_p = 3\mathbf{a}_x + 4\mathbf{a}_y + 5\mathbf{a}_z$.

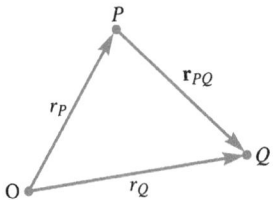

FIGURA 1.5 Vetor distância $\mathbf{r}_{PQ}$.

A diferença entre um ponto P e um vetor $\mathbf{A}$ deve ser ressaltada. Embora tanto P quanto $\mathbf{A}$ possam ser representados da mesma maneira como (x, y, z) e (A_x, A_y, A_z), respectivamente, o ponto P não é um vetor; somente seu vetor posição $\mathbf{r}_P$ é um vetor. Entretanto, o vetor $\mathbf{A}$ pode depender do ponto P. Por exemplo, se $\mathbf{A} = 2xy\mathbf{a}_x + y^2\mathbf{a}_y - xz^2\mathbf{a}_z$ e P é $(2, -1, 4)$, então $\mathbf{A}$ em P seria $-4\mathbf{a}_x + \mathbf{a}_y - 32\mathbf{a}_z$. Um campo vetorial é dito *constante* ou *uniforme* se não depende das variáveis de espaço x, y e z. Por exemplo, o vetor $\mathbf{B} = 3\mathbf{a}_x - 2\mathbf{a}_y + 10\mathbf{a}_z$ é um vetor uniforme, enquanto o vetor $\mathbf{A} = 2xy\mathbf{a}_x + y^2\mathbf{a}_y - xz^2\mathbf{a}_z$ é não uniforme, porque $\mathbf{B}$ é o mesmo em qualquer ponto, enquanto $\mathbf{A}$ varia ponto a ponto.

EXEMPLO 1.1

Se $\mathbf{A} = 10\mathbf{a}_x - 4\mathbf{a}_y + 6\mathbf{a}_z$ e $\mathbf{B} = 2\mathbf{a}_x + \mathbf{a}_y$, determine: (a) a componente de $\mathbf{A}$ ao longo de $\mathbf{a}_y$; (b) a magnitude de $3\mathbf{A} - \mathbf{B}$; (c) um vetor unitário ao longo de $\mathbf{A} + 2\mathbf{B}$.

Solução:

(a) a componente de A ao longo de $\mathbf{a}_y$ é $A_y = -4$.

(b) $3\mathbf{A} - \mathbf{B} = 3(10, -4, 6) - (2, 1, 0)$
$= (30, -12, 18) - (2, 1, 0)$
$= (28, 13, 18)$

Portanto,

$$|3\mathbf{A} - \mathbf{B}| = \sqrt{28^2 + (-13)^2 + (18)^2} = \sqrt{1277}$$
$$= 35{,}74$$

(c) Seja $\mathbf{C} = \mathbf{A} + 2\mathbf{B} = (10, -4, 6) + (4, 2, 0) = (14, 2, 6)$.
Um vetor unitário ao longo de C é

$$\mathbf{a}_c = \frac{\mathbf{C}}{|\mathbf{C}|} = \frac{(14, -2, 6)}{\sqrt{14^2 + (-2)^2 + 6^2}}$$

ou

$$\mathbf{a}_c = 0{,}9113\mathbf{a}_x - 0{,}1302\mathbf{a}_y + 0{,}3906\mathbf{a}_z$$

Observe que $|\mathbf{a}_c| = 1$, como esperado.

EXERCÍCIO PRÁTICO 1.1

Dados os vetores $\mathbf{A} = \mathbf{a}_x + 3\mathbf{a}_z$ e $\mathbf{B} = 5\mathbf{a}_x + 2\mathbf{a}_y - 6\mathbf{a}_z$, determine:

(a) $|\mathbf{A} + \mathbf{B}|$
(b) $5\mathbf{A} - \mathbf{B}$
(c) a componente de A ao longo de $\mathbf{a}_y$
(d) um vetor unitário paralelo a $3\mathbf{A}+\mathbf{B}$

Resposta: (a) 7, (b) $(0, -2, 21)$, (c) 0, (d) $\pm(0{,}9117, 0{,}2279, 0{,}3419)$.

EXEMPLO 1.2

Os pontos P e Q estão localizados em $(0, 2, 4)$ e $(-3, 1, 5)$. Calcule:

(a) o vetor posição $\mathbf{P}$
(b) o vetor distância de P até Q
(c) a distância entre P e Q
(d) um vetor paralelo a PQ com magnitude 10

Solução:

(a) $\mathbf{r}_p = 0\mathbf{a}_x + 2\mathbf{a}_y + 4\mathbf{a}_z = 2\mathbf{a}_y + 4\mathbf{a}_z$

(b) $\mathbf{r}_{PQ} = \mathbf{r}_Q - \mathbf{r}_P = (-3, 1, 5) - (0, 2, 4) = (-3, -1, 1)$ ou $\mathbf{r}_{PQ} = -3\mathbf{a}_x - \mathbf{a}_y + \mathbf{a}_z$

(c) já que $\mathbf{r}_{PQ}$ é o vetor distância de P até Q, a distância entre P e Q é a magnitude desse vetor, isto é:

$$d = |\mathbf{r}_{PQ}| = \sqrt{9 + 1 + 1} = 3{,}317$$

Alternativamente:

$$d = \sqrt{(x_Q - x_P)^2 + (y_Q - y_P)^2 + (z_Q - z_P)^2}$$
$$= \sqrt{9 + 1 + 1} = 3{,}317$$

(d) Seja o vetor requerido **A**, então:

$$\mathbf{A} = A\mathbf{a}_A$$

onde $A = 10$ é a magnitude de **A**. Já que **A** é paralelo a PQ, o vetor unitário deve ser o mesmo de $\mathbf{r}_{PQ}$ ou $\mathbf{r}_{QP}$. Portanto,

$$\mathbf{a}_A = \pm\frac{\mathbf{r}_{PQ}}{|\mathbf{r}_{PQ}|} = \pm\frac{(-3, -1, 1)}{3{,}317}$$

e

$$\mathbf{A} = \pm\frac{10(-3, -1, -1)}{3{,}317} = \pm(-9{,}045\mathbf{a}_x - 3{,}015\mathbf{a}_y + 3{,}015\mathbf{a}_z)$$

EXERCÍCIO PRÁTICO 1.2

Dados os pontos $P(1, -3, 5)$, $Q(2, 4, 6)$ e $R(0, 3, 8)$, determine: (a) os vetores posição de P e R, (b) o vetor distância $\mathbf{r}_{QR}$, (c) a distância entre Q e R.

Resposta: (a) $\mathbf{a}_x - 3\mathbf{a}_y + 5\mathbf{a}_z$, $3\mathbf{a}_x + 8\mathbf{a}_z$, (b) $-2\mathbf{a}_x - \mathbf{a}_y + 2\mathbf{a}_z$, (c) 3.

EXEMPLO 1.3

Um rio, no qual um barco navega com sua proa apontada na direção do fluxo da água, corre com orientação sudeste a 10 km/h. Um homem caminha sobre o convés a 2 km/h, do lado esquerdo para o lado direito do barco, em direção perpendicular ao seu movimento. Determine a velocidade do homem em relação à terra.

Solução:

Considere a Figura 1.6 como ilustração do problema. A velocidade do barco é:

$$\mathbf{u}_b = 10(\cos 45° \, \mathbf{a}_x - \text{sen } 45° \, \mathbf{a}_y)$$
$$= 7{,}071\mathbf{a}_x - 7{,}071\mathbf{a}_y \text{ km/h}$$

A velocidade do homem em relação ao barco (velocidade relativa) é:

$$\mathbf{u}_m = 2(-\cos 45° \, \mathbf{a}_x - \text{sen } 45° \, \mathbf{a}_y)$$
$$= -1{,}414\mathbf{a}_x - 1{,}414\mathbf{a}_y \text{ km/h}$$

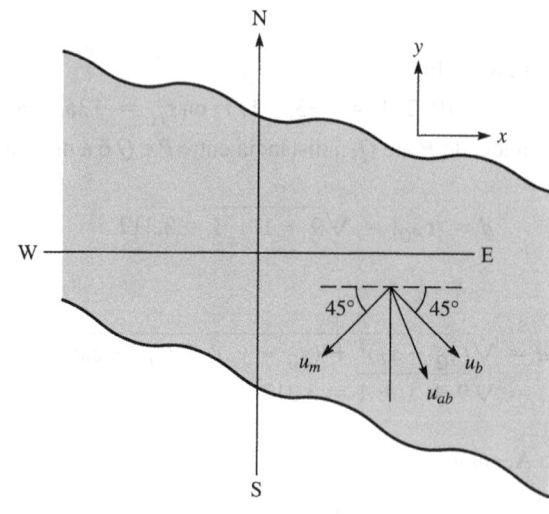

FIGURA 1.6 Referente ao Exemplo 1.3.

Dessa forma, a velocidade absoluta do homem é:

$$\mathbf{u}_{ab} = \mathbf{u}_m + \mathbf{u}_b = 5{,}657\mathbf{a}_x - 8{,}485\mathbf{a}_y$$
$$|\mathbf{u}_{ab}| = 10{,}2\underline{/-56{,}3°}$$

isto é, 10,2 km/h a 56,3° do leste para o sul.

EXERCÍCIO PRÁTICO 1.3

Um avião tem uma velocidade em relação ao solo de 350 km/h exatamente na direção oeste. Se houver vento soprando na direção nordeste com velocidade de 40 km/h, calcule a velocidade real do avião no ar e a orientação em que ele se desloca.

Resposta: 379,3 km/h; 4,275° do oeste para o norte.

1.7 MULTIPLICAÇÃO VETORIAL

Quando dois vetores, **A** e **B**, são multiplicados entre si, o resultado tanto pode ser um escalar quanto um vetor, dependendo de como eles são multiplicados. Dessa forma, existem dois tipos de multiplicação vetorial:

1. produto escalar (ou ponto): $\mathbf{A} \cdot \mathbf{B}$
2. produto vetorial (ou cruzado): $\mathbf{A} \times \mathbf{B}$

A multiplicação de três vetores **A**, **B** e **C**, entre si, pode resultar em:

3. um produto escalar triplo: $\mathbf{A} \cdot (\mathbf{B} \times \mathbf{C})$

ou

4. um produto vetorial triplo: $\mathbf{A} \times (\mathbf{B} \times \mathbf{C})$

A. Produto escalar

> O **produto escalar** de dois vetores **A** e **B**, escrito como **A** · **B**, é definido geometricamente como o produto das magnitudes de **A** e **B** e do cosseno do menor ângulo entre eles quando estiverem desenhados a partir do mesmo ponto de origem.

Assim,

$$\mathbf{A} \cdot \mathbf{B} = AB \cos \theta_{AB} \tag{1.15}$$

onde θ_{AB} é o *menor* ângulo entre **A** e **B**. O resultado de **A**·**B** é denominado de *produto escalar*, porque é um escalar, ou de *produto ponto*, devido ao ponto – sinal que identifica a operação. Se $\mathbf{A} = (A_x, A_y, A_z)$ e $\mathbf{B} = (B_x, B_y, B_z)$, então

$$\mathbf{A} \cdot \mathbf{B} = A_x B_x + A_y B_y + A_z B_z \tag{1.16}$$

que é obtido multiplicando-se **A** e **B**, componente a componente. Dois vetores, **A** e **B**, são ditos *ortogonais* (ou perpendiculares) entre si se **A** · **B** = 0.

Observe que o produto ponto satisfaz as seguintes propriedades:

(i) *Propriedade comutativa:*

$$\mathbf{A} \cdot \mathbf{B} = \mathbf{B} \cdot \mathbf{A} \tag{1.17}$$

(ii) *Propriedade distributiva:*

$$\mathbf{A} \cdot (\mathbf{B} + \mathbf{C}) = \mathbf{A} \cdot \mathbf{B} + \mathbf{A} \cdot \mathbf{C} \tag{1.18}$$

(iii)

$$\mathbf{A} \cdot \mathbf{A} = |\mathbf{A}|^2 = A^2 \tag{1.19}$$

Observe também que:

$$\mathbf{a}_x \cdot \mathbf{a}_y = \mathbf{a}_y \cdot \mathbf{a}_z = \mathbf{a}_z \cdot \mathbf{a}_x = 0 \tag{1.20a}$$

$$\mathbf{a}_x \cdot \mathbf{a}_x = \mathbf{a}_y \cdot \mathbf{a}_y = \mathbf{a}_z \cdot \mathbf{a}_z = 1 \tag{1.20b}$$

É fácil provar as identidades nas equações (1.17) a (1.20) aplicando a equação (1.15) ou (1.16).

B. Produto vetorial

> O **produto vetorial** de dois vetores, **A** e **B**, escrito como **A** × **B**, é uma quantidade vetorial cuja magnitude é a área do paralelogramo formado por **A** e **B** (ver Figura 1.7) e cuja orientação é dada pelo avanço de um parafuso de rosca direita à medida que A gira em direção a B.

Assim,

$$\mathbf{A} \times \mathbf{B} = AB \operatorname{sen} \theta_{AB} \mathbf{a}_n \tag{1.21}$$

onde $\mathbf{a}_n$ é um vetor unitário normal ao plano que contém **A** e **B**. A orientação de $\mathbf{a}_n$ é tomada como a orientação do polegar da mão direita quando os dedos da mão direita giram de **A** até **B**, como mostrado na Figura 1.8(a). Alternativamente, a orientação de $\mathbf{a}_n$ é tomada como a orientação do

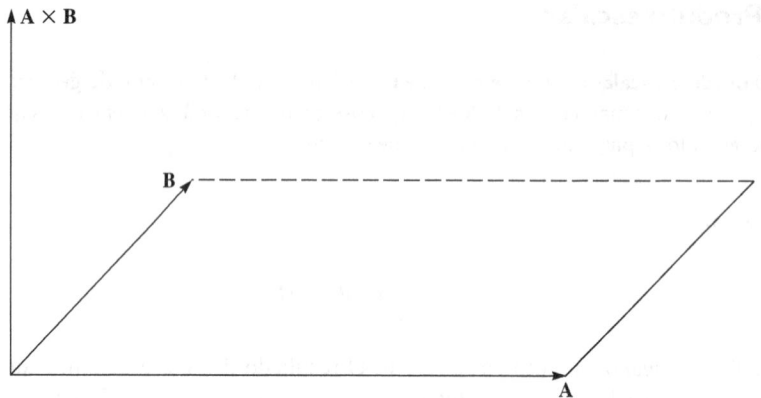

FIGURA 1.7 O produto de **A** por **B** é um vetor com magnitude igual à área de um paralelogramo e cuja orientação é a indicada.

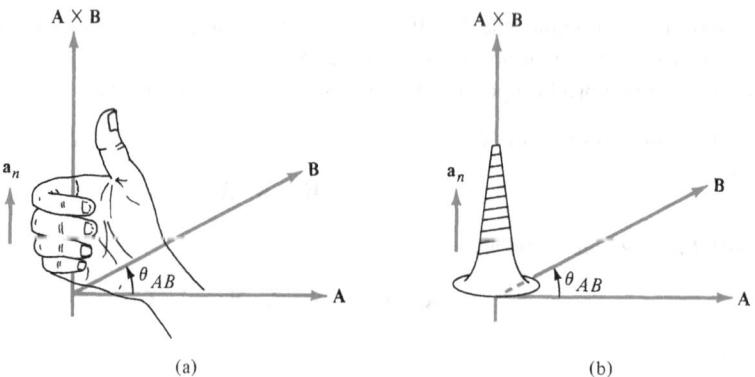

FIGURA 1.8 Orientação de **A** × **B** e $\mathbf{a}_n$ usando: (**a**) regra da mão direita; (**b**) regra do parafuso de rosca direita.

avanço de um parafuso de rosca direita à medida que **A** gira em direção a **B**, como mostrado na Figura 1.8(b).

A multiplicação vetorial da equação (1.21) é denominada *produto cruzado* devido à cruz – sinal que identifica a operação. É também denominada *produto vetorial* porque o resultado é um vetor. Se $\mathbf{A} = (A_x, A_y, A_z)$ e $\mathbf{B} = (B_x, B_y, B_z)$, então

$$\mathbf{A} \times \mathbf{B} = \begin{vmatrix} \mathbf{a}_x & \mathbf{a}_y & \mathbf{a}_z \\ A_x & A_y & A_z \\ B_x & B_y & B_z \end{vmatrix} \qquad (1.22a)$$

$$= (A_y B_z - A_z B_y)\mathbf{a}_x + (A_z B_x - A_x B_z)\mathbf{a}_y + (A_x B_y - A_y B_x)\mathbf{a}_z \qquad (1.22b)$$

a qual é obtida "cruzando" os termos em permutação cíclica. Daí o nome de produto cruzado.

Observe que o produto cruzado, ou produto vetorial, tem as seguintes propriedades básicas:

(**i**) Não é comutativo:

$$\mathbf{A} \times \mathbf{B} \neq \mathbf{B} \times \mathbf{A} \qquad (1.23a)$$

É anticomutativo:

$$\mathbf{A} \times \mathbf{B} = -\mathbf{B} \times \mathbf{A} \qquad (1.23b)$$

(ii) Não é associativo:

$$\mathbf{A} \times (\mathbf{B} \times \mathbf{C}) \neq (\mathbf{A} \times \mathbf{B}) \times \mathbf{C} \tag{1.24}$$

(iii) É distributivo:

$$\mathbf{A} \times (\mathbf{B} + \mathbf{C}) = \mathbf{A} \times \mathbf{B} + \mathbf{A} \times \mathbf{C} \tag{1.25}$$

(iv)

$$\mathbf{A} \times \mathbf{A} = \mathbf{0} \tag{1.26}$$

Também observe que

$$\begin{aligned} \mathbf{a}_x \times \mathbf{a}_y &= \mathbf{a}_z \\ \mathbf{a}_y \times \mathbf{a}_z &= \mathbf{a}_x \\ \mathbf{a}_z \times \mathbf{a}_x &= \mathbf{a}_y \end{aligned} \tag{1.27}$$

que são obtidas por permutação cíclica e estão representadas na Figura 1.9. As identidades nas equações (1.25) a (1.27) são facilmente verificadas aplicando a equação (1.21) ou (1.22). Deve ser observado que, ao obter $\mathbf{a}_n$, usamos a regra da mão direita ou do parafuso de rosca direita, porque queremos ser consistentes com nosso sistema de coordenadas representado na Figura 1.1, que é dextrógiro. Um sistema de coordenadas dextrógiro é aquele em que a regra da mão direita é satisfeita. Isto é, $\mathbf{a}_x \times \mathbf{a}_y = \mathbf{a}_z$ é obedecida. Em um sistema levógiro, seguimos a regra da mão esquerda, ou a regra do parafuso de rosca esquerda, e $\mathbf{a}_x \times \mathbf{a}_y = -\mathbf{a}_z$ é satisfeita. Ao longo deste livro, consideraremos sistemas de coordenadas dextrógiros.

Da mesma forma que a multiplicação de dois vetores nos dá um resultado escalar ou vetorial, a multiplicação de três vetores, **A**, **B** e **C**, nos dá um resultado escalar ou vetorial dependendo de como os vetores são multiplicados. Dessa forma, temos um produto escalar ou vetorial triplo.

C. Produto escalar triplo

Dados três vetores, **A**, **B** e **C**, definimos o produto escalar triplo como

$$\boxed{\mathbf{A} \cdot (\mathbf{B} \times \mathbf{C}) = \mathbf{B} \cdot (\mathbf{C} \times \mathbf{A}) = \mathbf{C} \cdot (\mathbf{A} \times \mathbf{B})} \tag{1.28}$$

obtido em permutação cíclica. Se $\mathbf{A} = (A_x, A_y, A_z)$, $\mathbf{B} = (B_x, B_y, B_z)$ e $\mathbf{C} = (C_x, C_y, C_z)$, então $\mathbf{A} \cdot (\mathbf{B} \times \mathbf{C})$ é o volume de um paralelepípedo tendo **A**, **B** e **C** como arestas. Esse volume é facilmente obtido encontrando o determinante de uma matriz 3×3, formada por **A**, **B** e **C**, isto é:

$$\mathbf{A} \cdot (\mathbf{B} \times \mathbf{C}) = \begin{vmatrix} A_x & A_y & A_z \\ B_x & B_y & B_z \\ C_x & C_y & C_z \end{vmatrix} \tag{1.29}$$

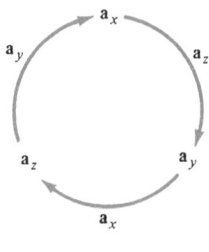
(a)

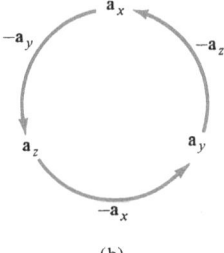
(b)

FIGURA 1.9 Produto cruzado utilizando permutação cíclica: (**a**) no sentido horário, para resultados positivos; (**b**) no sentido anti-horário, para resultados negativos.

Já que o resultado dessa multiplicação vetorial é um escalar, a equação (1.28) ou (1.29) é denominada de *produto escalar triplo*.

D. Produto vetorial triplo

Para os vetores **A**, **B** e **C**, definimos produto vetorial triplo como

$$\boxed{\mathbf{A} \times (\mathbf{B} \times \mathbf{C}) = \mathbf{B}(\mathbf{A} \cdot \mathbf{C}) - \mathbf{C}(\mathbf{A} \cdot \mathbf{B})} \tag{1.30}$$

obtido usando a regra "bac − cab". Deve ser observado que:

$$(\mathbf{A} \cdot \mathbf{B})\mathbf{C} \neq \mathbf{A}(\mathbf{B} \cdot \mathbf{C}) \tag{1.31}$$

mas

$$(\mathbf{A} \cdot \mathbf{B})\mathbf{C} = \mathbf{C}(\mathbf{A} \cdot \mathbf{B}) \tag{1.32}$$

1.8 COMPONENTES DE UM VETOR

Uma aplicação direta do produto vetorial é seu uso para determinar a projeção (ou a componente) de um vetor em uma dada direção. A projeção pode ser escalar ou vetorial. Dado um vetor **A**, definimos a *componente escalar* A_B de **A** ao longo do vetor **B** como [veja Figura 1.10(a)]

$$A_B = A \cos \theta_{AB} = |\mathbf{A}| \, |\mathbf{a}_B| \cos \theta_{AB}$$

ou

$$\boxed{A_B = \mathbf{A} \cdot \mathbf{a}_B} \tag{1.33}$$

A *componente vetorial* $\mathbf{A}_B$ de **A** ao longo de **B** é simplesmente a componente escalar na equação (1.33) multiplicada por um vetor unitário ao longo de **B**, isto é:

$$\boxed{\mathbf{A}_B = A_B \mathbf{a}_B = (\mathbf{A} \cdot \mathbf{a}_B)\mathbf{a}_B} \tag{1.34}$$

Tanto a componente escalar quanto a vetorial de **A** estão representadas na Figura 1.10. Observe, na Figura 1.10(b), que o vetor pode ser decomposto em duas componentes ortogonais: uma componente $\mathbf{A}_B$ paralela a **B** e a outra ($\mathbf{A} - \mathbf{A}_B$) perpendicular a **B**. De fato, nossa representação cartesiana de um vetor consiste, essencialmente, em decompô-lo em suas três componentes mutuamente ortogonais, como mostrado na Figura 1.1(b).

Consideramos até aqui a soma, a subtração e a multiplicação de vetores. Entretanto, a divisão de vetores **A/B** não foi considerada porque é indefinida, exceto quando os vetores são paralelos entre si, tal que $\mathbf{A} = k\mathbf{B}$, onde k é uma constante. A diferenciação e a integração de vetores será tratada no Capítulo 3.

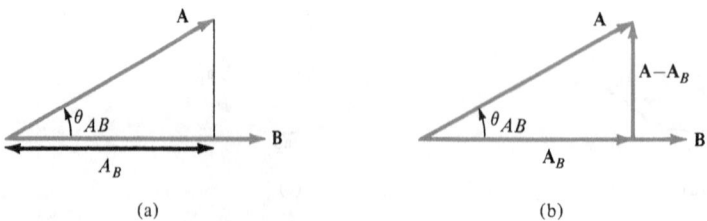

FIGURA 1.10 Componentes de **A** ao longo de **B**: (**a**) componente escalar A_B; (**b**) componente vetorial $\mathbf{A}_B$.

EXEMPLO 1.4

Dados os vetores $\mathbf{A} = 3\mathbf{a}_x + 4\mathbf{a}_y + \mathbf{a}_z$ e $\mathbf{B} = 2\mathbf{a}_y - 5\mathbf{a}_z$, determine o ângulo entre A e B.

Solução:

O ângulo θ_{AB} pode ser determinado usando ou o produto ponto ou o produto cruzado.

$$\mathbf{A} \cdot \mathbf{B} = (3, 4, 1) \cdot (0, 2, -5)$$
$$= 0 + 8 - 5 = 3$$
$$|\mathbf{A}| = \sqrt{3^2 + 4^2 + 1^2} = \sqrt{26}$$
$$|\mathbf{B}| = \sqrt{0^2 + 2^2 + (-5)^2} = \sqrt{29}$$
$$\cos \theta_{AB} = \frac{\mathbf{A} \cdot \mathbf{B}}{|\mathbf{A}||\mathbf{B}|} = \frac{3}{\sqrt{(26)(29)}} = 0{,}1092$$
$$\theta_{AB} = \cos^{-1} 0{,}1092 = 83{,}73°$$

Alternativamente:

$$\mathbf{A} \times \mathbf{B} = \begin{vmatrix} \mathbf{a}_x & \mathbf{a}_y & \mathbf{a}_z \\ 3 & 4 & 1 \\ 0 & 2 & -5 \end{vmatrix}$$
$$= (-20 - 2)\mathbf{a}_x + (0 + 15)\mathbf{a}_y + (6 - 0)\mathbf{a}_z$$
$$= (-22, 15, 6)$$
$$|\mathbf{A} \times \mathbf{B}| = \sqrt{(-22)^2 + 15^2 + 6^2} = \sqrt{745}$$
$$\operatorname{sen} \theta_{AB} = \frac{|\mathbf{A} \times \mathbf{B}|}{|\mathbf{A}||\mathbf{B}|} = \frac{\sqrt{745}}{\sqrt{(26)(29)}} = 0{,}994$$
$$\theta_{AB} = \operatorname{sen}^{-1} 0{,}994 = 83{,}73°$$

EXERCÍCIO PRÁTICO 1.4

Se $\mathbf{A} = \mathbf{a}_x + 3\mathbf{a}_z$ e $\mathbf{B} = 5\mathbf{a}_x + 2\mathbf{a}_y - 6\mathbf{a}_z$, determine θ_{AB}.

Resposta: 120,6°.

EXEMPLO 1.5

Três campos vetoriais são dados por:

$$\mathbf{P} = 2\mathbf{a}_x - \mathbf{a}_z$$
$$\mathbf{Q} = 2\mathbf{a}_x - \mathbf{a}_y + 2\mathbf{a}_z$$
$$\mathbf{R} = 2\mathbf{a}_x - 3\mathbf{a}_y + \mathbf{a}_z$$

Determine:
 (a) $(\mathbf{P} + \mathbf{Q}) \times (\mathbf{P} - \mathbf{Q})$;
 (b) $\mathbf{Q} \cdot \mathbf{R} \times \mathbf{P}$;
 (c) $\mathbf{P} \cdot \mathbf{Q} \times \mathbf{R}$;
 (d) sen θ_{QR};
 (e) $\mathbf{P} \times (\mathbf{Q} \times \mathbf{R})$;
 (f) um vetor unitário perpendicular a $\mathbf{Q}$ e a $\mathbf{R}$, simultaneamente;
 (g) a componente de $\mathbf{P}$ ao longo de $\mathbf{Q}$.

Solução:

(a) $(\mathbf{P} + \mathbf{Q}) \times (\mathbf{P} - \mathbf{Q}) = \mathbf{P} \times (\mathbf{P} - \mathbf{Q}) + \mathbf{Q} \times (\mathbf{P} - \mathbf{Q})$
$= \mathbf{P} \times \mathbf{P} - \mathbf{P} \times \mathbf{Q} + \mathbf{Q} \times \mathbf{P} - \mathbf{Q} \times \mathbf{Q}$
$= 0 + \mathbf{Q} \times \mathbf{P} + \mathbf{Q} \times \mathbf{P} - 0$
$= 2\mathbf{Q} \times \mathbf{P}$

$$= 2 \begin{vmatrix} \mathbf{a}_x & \mathbf{a}_y & \mathbf{a}_z \\ 2 & -1 & 2 \\ 2 & 0 & -1 \end{vmatrix}$$

$= 2(1 - 0)\mathbf{a}_x + 2(4 + 2)\mathbf{a}_y + 2(0 + 2)\mathbf{a}_z$
$= 2\mathbf{a}_x + 12\mathbf{a}_y + 4\mathbf{a}_z$

(b) O único modo em que $\mathbf{Q} \cdot \mathbf{R} \times \mathbf{P}$ faz sentido é:

$$\mathbf{Q} \cdot (\mathbf{R} \times \mathbf{P}) = (2, -1, 2) \cdot \begin{vmatrix} \mathbf{a}_x & \mathbf{a}_y & \mathbf{a}_z \\ 2 & -3 & 1 \\ 2 & 0 & -1 \end{vmatrix}$$

$= (2, -1, 2) \cdot (3, 4, 6)$
$= 6 - 4 + 12 = 14.$

Alternativamente:

$$\mathbf{Q} \cdot (\mathbf{R} \times \mathbf{P}) = \begin{vmatrix} 2 & -1 & 2 \\ 2 & -3 & 1 \\ 2 & 0 & -1 \end{vmatrix}$$

Para encontrar o determinante da matriz 3×3, repetimos as duas primeiras linhas e multiplicamos cruzadamente. Quando a multiplicação cruzada for da direita para a esquerda, o resultado deve ser multiplicado por -1, como mostrado abaixo. Essa técnica de encontrar o determinante se aplica somente em matrizes 3×3. Dessa maneira,

$$\mathbf{Q} \cdot (\mathbf{R} \times \mathbf{P}) = \begin{vmatrix} 2 & -1 & 2 \\ 2 & -3 & 1 \\ 2 & 0 & -1 \\ 2 & -1 & 2 \\ 2 & -3 & 1 \end{vmatrix}$$

$= +6 + 0 - 2 + 12 - 0 - 2$
$= 14$

como obtido anteriormente.

(c) Da equação (1.28)

$$\mathbf{P} \cdot (\mathbf{Q} \times \mathbf{R}) = \mathbf{Q} \cdot (\mathbf{R} \times \mathbf{P}) = 14$$

ou

$$\mathbf{P} \cdot (\mathbf{Q} \times \mathbf{R}) = (2, 0, -1) \cdot (5, 2, -4)$$
$= 10 + 0 + 4$
$= 14$

(d) $$\text{sen } \theta_{QR} = \frac{|\mathbf{Q} \times \mathbf{R}|}{|\mathbf{Q}||\mathbf{R}|} = \frac{|(5, 2, -4)|}{|(2, -1, 2)||(2, -3, 1)|}$$
$$= \frac{\sqrt{45}}{3\sqrt{14}} = \frac{\sqrt{5}}{\sqrt{14}} = 0{,}5976$$

(e) $\mathbf{P} \times (\mathbf{Q} \times \mathbf{R}) = (2, 0, -1) \times (5, 2, -4)$
$= (2, 3, 4)$

Alternativamente, usando a regra "bac − cab":

$$\mathbf{P} \times (\mathbf{Q} \times \mathbf{R}) = \mathbf{Q}(\mathbf{P} \cdot \mathbf{R}) - \mathbf{R}(\mathbf{P} \cdot \mathbf{Q})$$
$$= (2, -1, 2)(4 + 0 - 1) - (2, -3, 1)(4 + 0 - 2)$$
$$= (2, 3, 4)$$

(f) Um vetor unitário perpendicular a $\mathbf{Q}$ e a $\mathbf{R}$, simultaneamente, é dado por:

$$\mathbf{a} = \frac{\pm \mathbf{Q} \times \mathbf{R}}{|\mathbf{Q} \times \mathbf{R}|} = \frac{\pm(5, 2, -4)}{\sqrt{45}}$$
$$= \pm(0{,}745, 0{,}298, -0{,}596)$$

Observe que $|\mathbf{a}| = 1$, $\mathbf{a} \cdot \mathbf{Q} = 0 = \mathbf{a} \cdot \mathbf{R}$. Qualquer uma dessas relações pode ser usada para conferir o valor de $\mathbf{a}$.

(g) A componente de $\mathbf{P}$ ao longo de $\mathbf{Q}$ é:

$$\mathbf{P}_Q = |\mathbf{P}| \cos \theta_{PQ} \mathbf{a}_Q$$
$$= (\mathbf{P} \cdot \mathbf{a}_Q)\mathbf{a}_Q = \frac{(\mathbf{P} \cdot \mathbf{Q})\mathbf{Q}}{|\mathbf{Q}|^2}$$
$$= \frac{(4 + 0 - 2)(2, -1, 2)}{(4 + 1 + 4)} = \frac{2}{9}(2, -1, 2)$$
$$= 0{,}4444\mathbf{a}_x - 0{,}2222\mathbf{a}_y + 0{,}4444\mathbf{a}_z.$$

EXERCÍCIO PRÁTICO 1.5

Sejam $\mathbf{E} = 3\mathbf{a}_y + 4\mathbf{a}_z$ e $\mathbf{F} = 4\mathbf{a}_x - 10\mathbf{a}_y + 5\mathbf{a}_z$. Determine:

(a) a componente de $\mathbf{E}$ ao longo de $\mathbf{F}$;

(b) o vetor unitário ortogonal a $\mathbf{E}$ e $\mathbf{F}$, simultaneamente.

Resposta: (a) $(-0{,}2837, 0{,}7092, -0{,}3546)$, (b) $\pm(0{,}9398, 0{,}2734, -0{,}205)$.

EXEMPLO 1.6

Obtenha a fórmula dos cossenos,

$$a^2 = b^2 + c^2 - 2bc \cos A$$

e a fórmula dos senos,

$$\frac{\text{sen } A}{a} = \frac{\text{sen } B}{b} = \frac{\text{sen } C}{c}$$

usando, respectivamente, o produto ponto e o produto cruzado.

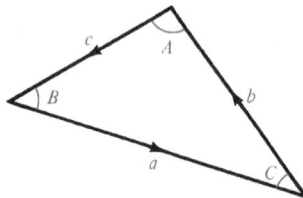

FIGURA 1.11 Referente ao Exemplo 1.6.

Solução:

Considere um triângulo, como mostrado na Figura 1.11. Da figura, observamos que

$$\mathbf{a} + \mathbf{b} + \mathbf{c} = \mathbf{0}$$

isto é,

$$\mathbf{b} + \mathbf{c} = -\mathbf{a}$$

Portanto,

$$a^2 = \mathbf{a} \cdot \mathbf{a} = (\mathbf{b} + \mathbf{c}) \cdot (\mathbf{b} + \mathbf{c})$$
$$= \mathbf{b} \cdot \mathbf{b} + \mathbf{c} \cdot \mathbf{c} + 2\mathbf{b} \cdot \mathbf{c}$$
$$a^2 = b^2 + c^2 - 2bc \cos A$$

onde A é o ângulo entre $\mathbf{b}$ e $\mathbf{c}$.

A área de um triângulo é metade do produto entre sua altura e sua base. Portanto:

$$\left|\frac{1}{2}\mathbf{a} \times \mathbf{b}\right| = \left|\frac{1}{2}\mathbf{b} \times \mathbf{c}\right| = \left|\frac{1}{2}\mathbf{c} \times \mathbf{a}\right|$$

$$ab \operatorname{sen} C = bc \operatorname{sen} A = ca \operatorname{sen} B$$

Dividindo por abc, obtém-se:

$$\frac{\operatorname{sen} A}{a} = \frac{\operatorname{sen} B}{b} = \frac{\operatorname{sen} C}{c}$$

EXERCÍCIO PRÁTICO 1.6

Demonstre que os vetores $\mathbf{a} = (4, 0, -1)$, $\mathbf{b} = (1, 3, 4)$ e $\mathbf{c} = (-5, -3, -3)$ formam os lados de um triângulo. Esse é um triângulo retângulo? Calcule a área desse triângulo.

Resposta: Sim; 10,5.

EXEMPLO 1.7

Demonstre que os pontos $P_1(5, 2, -4)$, $P_2(1, 1, 2)$ e $P_3(-3, 0, 8)$ estão todos sobre uma linha reta. Determine qual a menor distância entre essa linha e o ponto $P_4(3, -1, 0)$.

Solução:

O vetor distância $\mathbf{r}_{P_1P_2}$ é dado por:

$$\mathbf{r}_{P_1P_2} = \mathbf{r}_{P_2} - \mathbf{r}_{P_1} = (1, 1, 2) - (5, 2, -4)$$
$$= (-4, -1, 6)$$

De maneira similar,

$$\mathbf{r}_{P_1P_3} = \mathbf{r}_{P_3} - \mathbf{r}_{P_1} = (-3, 0, 8) - (5, 2, -4)$$
$$= (-8, -2, 12)$$
$$\mathbf{r}_{P_1P_4} = \mathbf{r}_{P_4} - \mathbf{r}_{P_1} = (3, -1, 0) - (5, 2, -4)$$
$$= (-2, -3, 4)$$
$$\mathbf{r}_{P_1P_2} \times \mathbf{r}_{P_1P_3} = \begin{vmatrix} \mathbf{a}_x & \mathbf{a}_y & \mathbf{a}_z \\ -4 & -1 & 6 \\ -8 & -2 & 12 \end{vmatrix}$$
$$= (0, 0, 0)$$

mostrando que o ângulo entre $\mathbf{r}_{P_1P_2}$ e $\mathbf{r}_{P_1P_3}$ é zero (sen $\theta = 0$). Isso implica que P_1, P_2 e P_3 estão sobre a mesma linha reta.

Alternativamente, a equação vetorial da linha reta é facilmente determinada a partir da Figura 1.12(a). Para qualquer ponto P sobre a linha que une P_1 e P_2,

$$\mathbf{r}_{P_1P} = \lambda \mathbf{r}_{P_1P_2}$$

onde λ é uma constante. Portanto, o vetor posição $\mathbf{r}_P$ do ponto P deve satisfazer

$$\mathbf{r}_P - \mathbf{r}_{P_1} = \lambda(\mathbf{r}_{P_2} - \mathbf{r}_{P_1})$$

isto é,

$$\mathbf{r}_P = \mathbf{r}_{P_1} + \lambda(\mathbf{r}_{P_2} - \mathbf{r}_{P_1})$$
$$= (5, 2, -4) - \lambda(4, 1, -6)$$
$$\mathbf{r}_P = (5 - 4\lambda, 2 - \lambda, -4 + 6\lambda)$$

Essa é a equação vetorial da linha reta que une P_1 e P_2. Se P_3 está sobre essa linha, o vetor posição de P_3 deve satisfazer essa equação; $\mathbf{r}_3$ satisfaz essa equação quando $\lambda = 2$.

A menor distância entre a linha e o ponto P_4 (3, -1, 0) é a distância perpendicular do ponto até a linha. Da Figura 1.12(b) é evidente que:

$$d = r_{P_1P_4} \text{ sen } \theta = |\mathbf{r}_{P_1P_4} \times \mathbf{a}_{P_1P_2}|$$
$$= \frac{|(-2, -3, 4) \times (-4, -1, 6)|}{|(-4, -1, 6)|}$$
$$= \frac{\sqrt{312}}{\sqrt{53}} = 2{,}426$$

Qualquer ponto sobre a linha pode ser usado como ponto de referência. Dessa forma, em vez de usar P_1 como ponto de referência, poderíamos usar P_3 tal que:

$$d = |\mathbf{r}_{P_3P_4}| \text{ sen } \theta' = |\mathbf{r}_{P_3P_4} \times \mathbf{a}_{P_3P_1}|$$

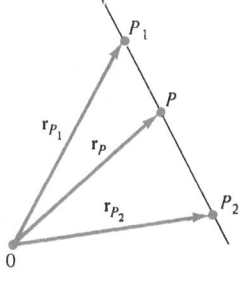

(a)

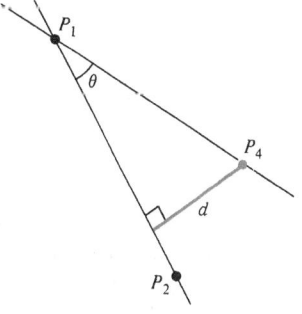

(b)

FIGURA 1.12 Referente ao Exemplo 1.7.

> **EXERCÍCIO PRÁTICO 1.7**
>
> Se P_1 é $(1, 2, -3)$ e P_2 é $(-4, 0, 5)$, determine:
> (a) a distância $P_1 P_2$;
> (b) a equação vetorial da linha $P_1 P_2$;
> (c) a menor distância entre a linha $P_1 P_2$ e o ponto $P_3 (7, -1, 2)$;
>
> **Resposta:** (a) 9,644; (b) $(1 - 5\lambda)\mathbf{a}_x + 2(1 - \lambda)\mathbf{a}_y + (8\lambda - 3)\mathbf{a}_z$; (c) 8,2.

MATLAB 1.1

```
% Este script permite ao usuário inserir dois vetores e calcular
% o produto escalar, o produto vetorial, a soma e a diferença entre eles
clear

vA = input ('Insira o vetor A no formato [x y z]... \n > ');
if isempty(vA); vA = [0 0 0]; end    % Se a entrada foi inserida
% incorretamente, iguale o vetor a 0.
vB = input ('Insira o vetor B no formato [x y z]... \n > ');
if isempty(vB); vB = [0 0 0]; end

disp('Módulo de A:')
disp(norm(vA)) % O operador "norm" determina o módulo de um vetor
% multidimensional
disp('Módulo de B:')
disp(norm(vB))
disp('Vetor unitário na orientação de A:')
disp(vA/norm(vA)) % O vetor unitário é o próprio vetor dividido por
% seu módulo.
disp('Vetor unitário na orientação de B:')
disp(vB/norm(vB))
disp('Soma A+B: ')
disp(vA+vB)
disp('Diferença A-B: ')
disp(vA-vB)
disp('Produto escalar (A . B): ')
disp(dot(vA,vB)) % O operador dot realiza o produto escalar entre os
% vetores
disp('Produto vetorial (A x B): ')
disp(cross(vA,vB)) % O operador cross realiza o produto vetorial
% entre os vetores
```

RESUMO

1. Um campo é uma função que especifica uma quantidade no espaço. Por exemplo, $\mathbf{A}(x, y, z)$ é um campo vetorial, enquanto que $V(x, y, z)$ é um campo escalar.

2. Um vetor $\mathbf{A}$ é univocamente especificado pela sua magnitude e por um vetor unitário ao longo de sua orientação, isto é, $\mathbf{A} = A\mathbf{a}_A$.

3. A multiplicação entre dois vetores $\mathbf{A}$ e $\mathbf{B}$ resulta em um escalar $\mathbf{A} \cdot \mathbf{B} = AB \cos \theta_{AB}$ ou em um vetor $\mathbf{A} \times \mathbf{B} = AB \operatorname{sen} \theta_{AB} \mathbf{a}_n$. A multiplicação entre três vetores $\mathbf{A}$, $\mathbf{B}$ e $\mathbf{C}$ resulta em um escalar $\mathbf{A} \cdot (\mathbf{B} \times \mathbf{C})$ ou em um vetor $\mathbf{A} \times (\mathbf{B} \times \mathbf{C})$.

4. A projeção escalar (ou componente) de um vetor **A** sobre **B** é $A_B = \mathbf{A} \cdot \mathbf{a}_B$, enquanto que a projeção vetorial de **A** sobre **B** é $\mathbf{A}_B = A_B \mathbf{a}_B$.

QUESTÕES DE REVISÃO

1.1 Identifique qual das seguintes grandezas não é um vetor: (a) força, (b) *momentum*, (c) aceleração, (d) trabalho, (e) peso.

1.2 Qual das seguintes situações não representa um campo escalar?
  (a) Deslocamento de um mosquito no espaço.
  (b) A luminosidade em uma sala de estar.
  (c) A distribuição de temperatura em uma sala de aula.
  (d) A pressão atmosférica em uma dada região.
  (e) A umidade do ar em uma cidade.

1.3 Os sistemas de coordenadas retangulares, representados na Figura 1.13, são dextrógiros (seguem a "regra da mão direita"). Quais não seguem essa regra?

1.4 Qual das expressões abaixo não está correta?
  (a) $\mathbf{A} \times \mathbf{A} = |\mathbf{A}|^2$
  (b) $\mathbf{A} \times \mathbf{B} + \mathbf{B} \times \mathbf{A} = 0$
  (c) $\mathbf{A} \cdot \mathbf{B} \cdot \mathbf{C} = \mathbf{B} \cdot \mathbf{C} \cdot \mathbf{A}$
  (d) $\mathbf{a}_x \cdot \mathbf{a}_y = \mathbf{a}_z$
  (e) $\mathbf{a}_k = \mathbf{a}_x - \mathbf{a}_y$ onde $\mathbf{a}_k$ é um vetor unitário.

1.5 Qual das seguintes identidades não é válida?
  (a) $a(\mathbf{b} + \mathbf{c}) = \mathbf{ab} + \mathbf{bc}$
  (b) $\mathbf{a} \times (\mathbf{b} + \mathbf{c}) = \mathbf{a} \times \mathbf{b} + \mathbf{a} \times \mathbf{c}$
  (c) $\mathbf{a} \cdot \mathbf{b} = \mathbf{b} \cdot \mathbf{a}$
  (d) $\mathbf{c} \cdot (\mathbf{a} \times \mathbf{b}) = -\mathbf{b} \cdot (\mathbf{a} \times \mathbf{c})$
  (e) $\mathbf{a}_A \cdot \mathbf{a}_B = \cos \theta_{AB}$

1.6 Quais das seguintes afirmações não têm significado?
  (a) $\mathbf{A} \cdot \mathbf{B} + 2\mathbf{A} = 0$
  (b) $\mathbf{A} \cdot \mathbf{B} + 5 = 2\mathbf{A}$
  (c) $\mathbf{A}(\mathbf{A} + \mathbf{B}) + 2 = 0$
  (d) $\mathbf{A} \cdot \mathbf{A} + \mathbf{B} \cdot \mathbf{B} = 0$

1.7 Sejam $\mathbf{F} = 2\mathbf{a}_x - 6\mathbf{a}_y + 10\mathbf{a}_z$ e $\mathbf{G} = \mathbf{a}_x + G_y\mathbf{a}_y + 5\mathbf{a}_z$. Se F e G tem o mesmo vetor unitário, G_y é:
  (a) 6
  (b) -3
  (c) 0
  (d) -6

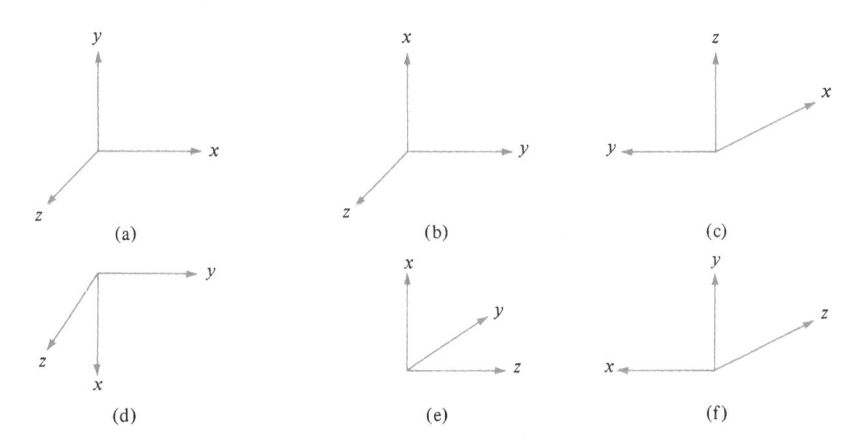

FIGURA 1.13 Referente à questão de revisão 1.3.

1.8 Dado que $\mathbf{A} = \mathbf{a}_x + \alpha\mathbf{a}_y + \mathbf{a}_z$ e $\mathbf{B} = \alpha\mathbf{a}_x + \mathbf{a}_y + \mathbf{a}_z$, se $\mathbf{A}$ e $\mathbf{B}$ são perpendiculares entre si, α é igual a:

(a) -2 (d) 1
(b) $-1/2$ (e) 2
(c) 0

1.9 A componente de $6\mathbf{a}_x + 2\mathbf{a}_y - 3\mathbf{a}_z$ ao longo de $3\mathbf{a}_x - 4\mathbf{a}_y$ é:

(a) $-12\mathbf{a}_x - 9\mathbf{a}_y - 3\mathbf{a}_z$ (d) 2
(b) $30\mathbf{a}_x - 40\mathbf{a}_y$ (e) 10
(c) 10/7

1.10 Dado $\mathbf{A} = -6\mathbf{a}_x + 3\mathbf{a}_y + 2\mathbf{a}_z$, a projeção de $\mathbf{A}$ **ao longo de** $\mathbf{a}_y$ é igual a:

(a) -12 (d) 7
(b) -4 (e) 12
(c) 3

Respostas: 1.1d; 1.2a; 1.3b,e; 1.4b; 1.5a; 1.6a,b,c; 1.7b; 1.8b; 1.9d; 1.10c.

PROBLEMAS

1.1 Determine o vetor unitário ao longo da direção OP, se O for a origem e P o ponto $(4,-5,1)$.

1.2 Dados os vetores $\mathbf{A} = 2\mathbf{a}_x + 5\mathbf{a}_z$ e $\mathbf{B} = \mathbf{a}_x - 3\mathbf{a}_y + 4\mathbf{a}_z$, determine $|\mathbf{A} \times \mathbf{B}| + \mathbf{A} \cdot \mathbf{B}$.

1.3 Os vetores posição dos pontos M e N são $\mathbf{a}_x - 4\mathbf{a}_y - 2\mathbf{a}_z$ e $3\mathbf{a}_x + 5\mathbf{a}_y - \mathbf{a}_z$, respectivamente. Determine o vetor distância orientado de M a N.

1.4 Considere $\mathbf{A} = \mathbf{a}_x - \mathbf{a}_z$, $\mathbf{B} = \mathbf{a}_x + \mathbf{a}_y + \mathbf{a}_z$, $\mathbf{C} = \mathbf{a}_y + 2\mathbf{a}_z$ e determine:

(a) $\mathbf{A} \cdot (\mathbf{B} \times \mathbf{C})$
(b) $(\mathbf{A} \times \mathbf{B}) \cdot \mathbf{C}$
(c) $\mathbf{A} \times (\mathbf{B} \times \mathbf{C})$
(d) $(\mathbf{A} \times \mathbf{B}) \times \mathbf{C}$

1.5 Se os vetores posição dos pontos T e S são $3\mathbf{a}_x - 2\mathbf{a}_y + \mathbf{a}_z$ e $4\mathbf{a}_x + 6\mathbf{a}_y + 2\mathbf{a}_z$, respectivamente, determine: (a) as coordenadas de T e S; (b) o vetor distância de T até S; (c) a distância entre T e S.

1.6 Considere $\mathbf{A} = \alpha\mathbf{a}_x + 3\mathbf{a}_y - 2\mathbf{a}_z$ e $\mathbf{B} = 4\mathbf{a}_x + \beta\mathbf{a}_y + 8\mathbf{a}_z$ e determine:

(a) os valores α e β se $\mathbf{A}$ e $\mathbf{B}$ forem paralelos
(b) a relação entre α e β se $\mathbf{B}$ for perpendicular a $\mathbf{A}$

1.7 (a) Demonstre que

$$(\mathbf{A} \cdot \mathbf{B})^2 + |\mathbf{A} \times \mathbf{B}|^2 = (AB)^2$$

(b) Demonstre que

$$\mathbf{a}_x = \frac{\mathbf{a}_y \times \mathbf{a}_z}{\mathbf{a}_x \cdot \mathbf{a}_y \times \mathbf{a}_z}, \quad \mathbf{a}_y = \frac{\mathbf{a}_z \times \mathbf{a}_x}{\mathbf{a}_x \cdot \mathbf{a}_y \times \mathbf{a}_z}, \quad \mathbf{a}_z = \frac{\mathbf{a}_x \times \mathbf{a}_y}{\mathbf{a}_x \cdot \mathbf{a}_y \times \mathbf{a}_z}$$

1.8 Se $\mathbf{A} = 4\mathbf{a}_x - 6\mathbf{a}_y + \mathbf{a}_z$ e $B = 2\mathbf{a}_x + 5\mathbf{a}_z$, determine:

(a) $\mathbf{A} * \mathbf{B} + 2|\mathbf{B}|^2$
(b) O vetor unitário perpendicular a ambos os vetores A e B.

1.9 Determine o produto ponto, o produto cruzado e o ângulo entre os vetores:

$$\mathbf{P} = 2\mathbf{a}_x - 6\mathbf{a}_y + 5\mathbf{a}_z \text{ e } \mathbf{Q} = 3\mathbf{a}_y + \mathbf{a}_z$$

1.10 Simplifique as seguintes expressões:
  (a) $\mathbf{A} \times (\mathbf{A} \times \mathbf{B})$
  (b) $\mathbf{A} \times [\mathbf{A} \times (\mathbf{A} \times \mathbf{B})]$

1.11 Demonstre que os sinais de ponto e de vezes podem ser intercambiados no produto escalar triplo, isto é, $\mathbf{A} \cdot (\mathbf{B} \times \mathbf{C}) = (\mathbf{A} \times \mathbf{B}) \cdot \mathbf{C}$.

1.12 Os pontos P, Q e R estão localizados em $(-1, 4, 8)$, $(2, -1, 3)$ e $(-1, 2, 3)$, respectivamente. Determine: (a) a distância entre P e Q; (b) o vetor distância de P até R; (c) o ângulo entre QP e QR; (d) a área do triângulo PQR; (e) o perímetro do triângulo PQR.

1.13 Dois pontos $P(2, 4, -1)$ e $Q(12, 16, 9)$ formam um segmento de linha reta. Calcule o tempo necessário para que um sinal de sonar, saindo da origem e viajando a 300m/s, atinja o ponto médio de PQ.

*1.14 (a) Prove que $\mathbf{P} = \cos\theta_1\mathbf{a}_x + \text{sen}\,\theta_1\mathbf{a}_y$ e $\mathbf{Q} = \cos\theta_2\mathbf{a}_x + \text{sen}\,\theta_2\mathbf{a}_y$ são vetores unitários no plano xy fazendo, respectivamente, ângulos θ_1 e θ_2 com o eixo dos x.
  (b) Usando o produto ponto, obtenha a fórmula para $\cos(\theta_2 - \theta_1)$. De maneira similar, obtenha a fórmula para $\cos(\theta_2 + \theta_1)$.
  (c) Se θ é o ângulo entre P e Q, determine $½\,|\mathbf{P} - \mathbf{Q}|$ em função de θ.

1.15 Dados os vetores $\mathbf{T} = 2\mathbf{a}_x - 6\mathbf{a}_y + 3\mathbf{a}_z$ e $\mathbf{S} = \mathbf{a}_x + 2\mathbf{a}_y + \mathbf{a}_z$, determine: (a) a projeção escalar de $\mathbf{T}$ sobre $\mathbf{S}$; (b) o vetor projeção de $\mathbf{S}$ sobre $\mathbf{T}$; (c) o menor ângulo entre $\mathbf{T}$ e $\mathbf{S}$.

1.16 Se $\mathbf{H} = 2xy\mathbf{a}_x - (x+z)\mathbf{a}_y + z^2\mathbf{a}_z$, determine:
  (a) o vetor unitário paralelo a $\mathbf{H}$ em $P(1, 3, -2)$
  (b) a equação da superfície sobre a qual $|\mathbf{H}| = 10$

1.17 Considere $\mathbf{A} = 2x\mathbf{a}_x + y\mathbf{a}_y - z^2\mathbf{a}_z$ e $\mathbf{B} = 3x^2\mathbf{a}_x + 6\mathbf{a}_y + \mathbf{a}_z$. No ponto $(1, 2, -4)$: (a) calcule $\mathbf{A} \cdot \mathbf{B}$; (b) determine o ângulo entre $\mathbf{A}$ e $\mathbf{B}$; (c) encontre o vetor projeção de $\mathbf{A}$ sobre $\mathbf{B}$.

1.18 Determine a componente escalar, no ponto $P(1, 0, 3)$, do vetor $\mathbf{H} = y\mathbf{a}_x - x\mathbf{a}_z$, que está orientado em direção ao ponto $Q(-2, 1, 4)$.

---

* Este asterisco indica problemas de dificuldade intermediária.

René Descartes (1596-1650), matemático, cientista e filósofo francês cujo trabalho inclui a aplicação da álgebra à geometria, de onde temos hoje a geometria cartesiana. Ele é considerado, com justiça, o pai da filosofia moderna.

Filho de uma família nobre, nascido em La Haye (hoje chamada Descartes), na França, este contemporâneo de Galileu e Desargues foi educado no Colégio Jesuíta. Como cientista, Descartes se notabilizou por seus estudos em mecânica, física e matemática. Como filósofo, ele iniciou a era da filosofia moderna. Com a idade que, hoje, a maioria das pessoas conclui a graduação, ele serenamente e metodicamente foi derrubando todas as formas anteriores de conhecimento e certezas e as substituiu por uma simples e retumbante verdade: *cogito ergo sum*: "Penso, logo existo". Ele publicou seu maior trabalho filosófico, "Meditações Metafísicas", em 1641. Por ter vivido em uma época em que os conceitos tradicionais eram questionados, ele se empenhou em procurar estabelecer um método para alcançar a verdade. Seu método da dúvida sistemática ocasionou um enorme impacto no desenvolvimento subsequente da filosofia. Descartes se esforçou para integrar totalmente a filosofia com as "novas" ciências, e mudou as relações entre filosofia e teologia. Esses novos rumos da filosofia fizeram de Descartes uma figura revolucionária.

CAPÍTULO 2

SISTEMAS E TRANSFORMAÇÃO DE COORDENADAS

"Embora possa parecer um paradoxo, toda ciência exata é dominada pela ideia da aproximação. Quando alguém lhe diz que conhece a verdade exata sobre qualquer coisa, você está com a razão se concluir que essa pessoa não é exata."

— BERTRAND RUSSELL

2.1 INTRODUÇÃO

Em geral, as quantidades físicas com que trabalhamos no EM são funções do espaço e do tempo. A fim de descrever as variações espaciais dessas quantidades, devemos ser capazes de definir todos os pontos de maneira unívoca no espaço de forma adequada. Isto requer o uso de um sistema de coordenadas apropriado.

Um ponto, ou um vetor, pode ser representado em qualquer sistema de coordenadas curvilíneo, ortogonal ou não ortogonal.

> Um **sistema ortogonal** é aquele em que as coordenadas são mutuamente perpendiculares.

Sistemas não ortogonais são difíceis de trabalhar e possuem pouca ou nenhuma utilidade prática. Exemplos de sistemas de coordenadas ortogonais incluem o sistema cartesiano (ou retangular), o cilíndrico circular, o esférico, o cilíndrico elíptico, o cilíndrico parabólico, o cônico, o esferoidal oblongo, o esferoidal achatado e o elipsoidal.[1] Pode-se economizar uma parcela considerável de tempo e de trabalho ao escolher um sistema de coordenadas que mais se adapta a um dado problema. Um problema difícil em um sistema de coordenadas pode ser de fácil solução em um outro sistema.

Neste texto, nos restringiremos aos três mais conhecidos sistemas de coordenadas: o cartesiano, o cilíndrico circular e o esférico. Embora tenhamos considerado o sistema cartesiano no Capítulo 1, o trataremos em detalhe neste capítulo. Devemos ter em mente que os conceitos abordados no Capítulo 1, e demonstrados para o sistema de coordenadas cartesiano, são igualmente aplicáveis para outros sistemas de coordenadas. Por exemplo, o procedimento para determinar o produto ponto ou o produto cruzado entre dois vetores no sistema cilíndrico é o mesmo usado no sistema cartesiano no Capítulo 1.

Alguma vezes é necessário transformar pontos e vetores de um sistema de coordenadas para outro sistema. As técnicas para operar essa mudança de coordenadas serão apresentadas e ilustradas com exemplos.

---

[1] Para um estudo introdutório desses sistemas de coordenadas, vide M. R. Spiegel, *Mathematical Handbook of Formulas and Tables*. New York: McGraw-Hill, 2ª ed., 1999, pp. 126-130.

2.2 COORDENADAS CARTESIANAS (x, y, z)

Como mencionado no Capítulo 1, um ponto P pode ser representado por (x, y, z), conforme ilustrado na Figura 1.1. Os intervalos de variação das variáveis coordenadas x, y e z são:

$$\begin{aligned} -\infty < x < \infty \\ -\infty < y < \infty \\ -\infty < z < \infty \end{aligned} \quad (2.1)$$

Um vetor **A** em coordenadas cartesianas (também conhecida como retangulares) pode ser escrito como:

$$(A_x, A_y, A_z) \quad \text{ou} \quad A_x \mathbf{a}_x + A_y \mathbf{a}_y + A_z \mathbf{a}_z \quad (2.2)$$

onde $\mathbf{a}_x$, $\mathbf{a}_y$ e $\mathbf{a}_z$ são vetores unitários ao longo de x, y e z, como mostrado na Figura 1.1.

2.3 COORDENADAS CILÍNDRICAS (ρ, φ, z)

Um sistema de coordenadas cilíndrico é conveniente quando tratamos problemas com simetria cilíndrica.

Um ponto P, em coordenadas cilíndricas, é representado por (ρ, ϕ, z), como mostrado na Figura 2.1. Observe a Figura 2.1 atentamente e verifique como definimos cada uma das variáveis espaciais: ρ é o raio do cilindro que passa por P ou é a distância radial a partir do eixo z; ϕ, denominado ângulo *azimutal*, é medido a partir do eixo x no plano xy; e z é o mesmo do sistema cartesiano. Os intervalos das variáveis são:

$$\begin{aligned} 0 \leq \rho < \infty \\ 0 \leq \phi < 2\pi \\ -\infty < z < \infty \end{aligned} \quad (2.3)$$

Um vetor **A**, em coordenadas cilíndricas, pode ser escrito como:

$$(A_\rho, A_\phi, A_z) \quad \text{ou} \quad A_\rho \mathbf{a}_\rho + A_\phi \mathbf{a}_\phi + A_z \mathbf{a}_z \quad (2.4)$$

onde $\mathbf{a}_\rho$, $\mathbf{a}_\phi$ e $\mathbf{a}_z$ são vetores unitários ao longo de ρ-, ϕ-, e z-, como mostrado na Figura 2.1. Observe que $\mathbf{a}_\phi$ não é dado em graus: ele assume a unidade do vetor unitário de **A**. Por exemplo, se uma força de 10 N age sobre uma partícula em movimento circular, a força pode ser representada como $\mathbf{F} = 10\mathbf{a}_\phi$ N. Neste caso, $\mathbf{a}_\phi$ é dada em newtons.

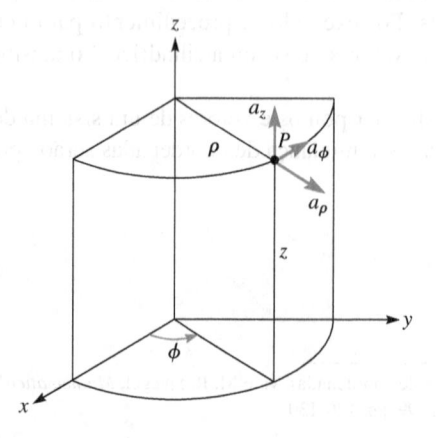

FIGURA 2.1 Ponto P e vetor unitário no sistema de coordenadas cilíndricas.

A magnitude de **A** é:

$$|A| = (A_\rho^2 + A_\phi^2 + A_z^2)^{1/2} \tag{2.5}$$

Observe que os vetores unitários $\mathbf{a}_\rho$, $\mathbf{a}_\phi$ e $\mathbf{a}_z$ são mutuamente perpendiculares porque nosso sistema de coordenadas é ortogonal; $\mathbf{a}_\rho$ aponta no sentido de crescimento de ρ, $\mathbf{a}_\phi$ no sentido de crescimento de ϕ e $\mathbf{a}_z$ no sentido positivo de z. Assim,

$$\mathbf{a}_\rho \cdot \mathbf{a}_\rho = \mathbf{a}_\phi \cdot \mathbf{a}_\phi = \mathbf{a}_z \cdot \mathbf{a}_z = 1 \tag{2.6a}$$

$$\mathbf{a}_\rho \cdot \mathbf{a}_\phi = \mathbf{a}_\phi \cdot \mathbf{a}_z = \mathbf{a}_z \cdot \mathbf{a}_\rho = 0 \tag{2.6b}$$

$$\mathbf{a}_\rho \times \mathbf{a}_\phi = \mathbf{a}_z \tag{2.6c}$$

$$\mathbf{a}_\phi \times \mathbf{a}_z = \mathbf{a}_\rho \tag{2.6d}$$

$$\mathbf{a}_z \times \mathbf{a}_\rho = \mathbf{a}_\phi \tag{2.6e}$$

onde as equações (2.6c) a (2.6e) são obtidas por permutação cíclica (veja Figura 1.9).

As relações entre as variáveis (x, y, z) do sistema de coordenadas cartesiano e as do sistema de coordenadas cilíndrico (ρ, ϕ, z) são facilmente obtidas, a partir da Figura 2.2, como a seguir:

$$\boxed{\rho = \sqrt{x^2 + y^2}, \quad \phi = \text{tg}^{-1}\frac{y}{x}, \quad z = z} \tag{2.7}$$

ou

$$\boxed{x = \rho \cos\phi, \, y = \rho \,\text{sen}\, \phi, \, z = z} \tag{2.8}$$

Enquanto a equação (2.7) serve para transformar um ponto dado em coordenadas cartesianas (x, y, z) para coordenadas cilíndricas (ρ, ϕ, z), a equação (2.8) serve para fazer a transformação $(\rho, \phi, z) \to (x, y, z)$.

As relações entre $(\mathbf{a}_x, \mathbf{a}_y$ e $\mathbf{a}_z)$ e $(\mathbf{a}_\rho, \mathbf{a}_\phi$ e $\mathbf{a}_z)$ são obtidas geometricamente a partir da Figura 2.3:

$$\begin{aligned} \mathbf{a}_x &= \cos\phi \, \mathbf{a}_\rho - \text{sen}\, \phi \, \mathbf{a}_\phi \\ \mathbf{a}_y &= \text{sen}\, \phi \, \mathbf{a}_\rho + \cos\phi \, \mathbf{a}_\phi \\ \mathbf{a}_z &= \mathbf{a}_z \end{aligned} \tag{2.9}$$

ou

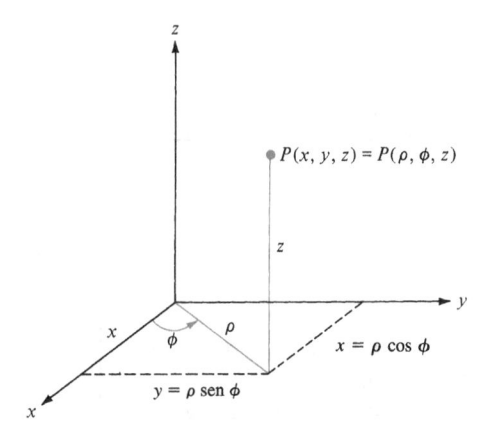

$$\begin{aligned} \mathbf{a}_\rho &= \cos\phi \, \mathbf{a}_x + \text{sen}\, \phi \, \mathbf{a}_y \\ \mathbf{a}_\phi &= -\text{sen}\, \phi \, \mathbf{a}_x + \cos\phi \, \mathbf{a}_y \\ \mathbf{a}_z &= \mathbf{a}_z \end{aligned} \tag{2.10}$$

FIGURA 2.2 Relação entre (x, y, z) e (ρ, ϕ, z).

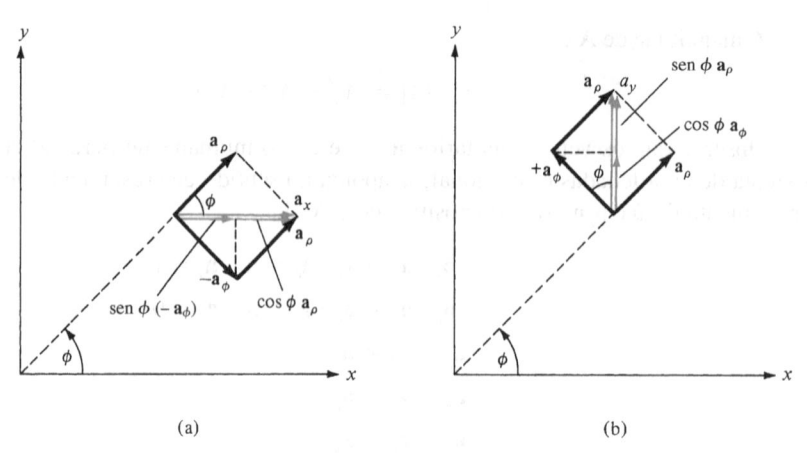

FIGURA 2.3 Transformação do vetor unitário: (**a**) componentes de $\mathbf{a}_x$ no sistema cilíndrico; (**b**) componentes de $\mathbf{a}_y$ no sistema cilíndrico.

Finalmente, as relações entre $(A_x, A_y \text{ e } A_z)$ e $(A_\rho, A_\phi \text{ e } A_z)$ são obtidas simplesmente substituindo a equação (2.9) na equação (2.2) e agrupando os termos. Assim:

$$\mathbf{A} = (A_x \cos \phi + A_y \text{ sen } \phi)\mathbf{a}_\rho + (-A_x \text{ sen } \phi + A_y \cos \phi)\mathbf{a}_\phi + A_z\mathbf{a}_z \quad (2.11)$$

ou

$$\begin{aligned} A_\rho &= A_x \cos \phi + A_y \text{ sen } \phi \\ A_\phi &= -A_x \text{ sen } \phi + A_y \cos \phi \\ A_z &= A_z \end{aligned} \quad (2.12)$$

Na forma matricial, a transformação do vetor **A**, de coordenadas cartesianas $(A_x, A_y \text{ e } A_z)$ em coordenadas cilíndricas $(A_\rho, A_\phi \text{ e } A_z)$, é dada por:

$$\begin{bmatrix} A_\rho \\ A_\phi \\ A_z \end{bmatrix} = \begin{bmatrix} \cos \phi & \text{sen } \phi & 0 \\ -\text{sen } \phi & \cos \phi & 0 \\ 0 & 0 & 1 \end{bmatrix} \begin{bmatrix} A_x \\ A_y \\ A_z \end{bmatrix} \quad (2.13)$$

A transformação inversa $(A_\rho, A_\phi \text{ e } A_z) \to (A_x, A_y \text{ e } A_z)$ é obtida fazendo

$$\begin{bmatrix} A_x \\ A_y \\ A_z \end{bmatrix} = \begin{bmatrix} \cos \phi & \text{sen } \phi & 0 \\ -\text{sen } \phi & \cos \phi & 0 \\ 0 & 0 & 1 \end{bmatrix}^{-1} \begin{bmatrix} A_\rho \\ A_\phi \\ A_z \end{bmatrix} \quad (2.14)$$

ou diretamente das equações (2.4) e (2.10). Portanto:

$$\begin{bmatrix} A_x \\ A_y \\ A_z \end{bmatrix} = \begin{bmatrix} \cos \phi & -\text{sen } \phi & 0 \\ \text{sen } \phi & \cos \phi & 0 \\ 0 & 0 & 1 \end{bmatrix} \begin{bmatrix} A_\rho \\ A_\phi \\ A_z \end{bmatrix} \quad (2.15)$$

Uma maneira alternativa de determinar as equações (2.14) ou (2.15) é usando o produto ponto. Por exemplo:

$$\begin{bmatrix} A_x \\ A_y \\ A_z \end{bmatrix} = \begin{bmatrix} \mathbf{a}_x \cdot \mathbf{a}_\rho & \mathbf{a}_x \cdot \mathbf{a}_\phi & \mathbf{a}_x \cdot \mathbf{a}_z \\ \mathbf{a}_y \cdot \mathbf{a}_\rho & \mathbf{a}_y \cdot \mathbf{a}_\phi & \mathbf{a}_y \cdot \mathbf{a}_z \\ \mathbf{a}_z \cdot \mathbf{a}_\rho & \mathbf{a}_z \cdot \mathbf{a}_\phi & \mathbf{a}_z \cdot \mathbf{a}_z \end{bmatrix} \begin{bmatrix} A_\rho \\ A_\phi \\ A_z \end{bmatrix} \quad (2.16)$$

A dedução da 2.16 é deixada como exercício.

Tenha em mente que (2.7) e (2.8) são equações para transformação ponto a ponto enquanto (2.13) e (2.15) são equações para tranformação vetor a vetor.

2.4 COORDENADAS ESFÉRICAS (r, θ, ϕ)

O sistema de coordenadas esférico é mais apropriado para tratar problemas com simetria esférica. Um ponto P pode ser representado como (r, θ, ϕ), conforme ilustrado na Figura 2.4. Dessa figura, verifica-se que r é definido como a distância a partir da origem até o ponto P ou o raio da esfera centrada na origem e que passa por P; θ (denominado *colatitude*) é o ângulo entre o eixo z e o vetor posição de P e ϕ é medido a partir do eixo x (o mesmo ângulo azimutal em coordenadas cilíndricas). De acordo com essas definições, os intervalos de variação das variáveis são:

$$0 \leq r < \infty$$
$$0 \leq \theta \leq \pi \tag{2.17}$$
$$0 \leq \phi < 2\pi$$

Um vetor **A**, em um sistema de coordenadas esféricas, pode ser escrito como:

$$(A_r, A_\theta, A_\phi) \quad \text{ou} \quad A_r\mathbf{a}_r + A_\theta\mathbf{a}_\theta + A_\phi\mathbf{a}_\phi \tag{2.18}$$

onde $\mathbf{a}_r$, $\mathbf{a}_\theta$ e $\mathbf{a}_\phi$ são vetores unitários ao longo de r-, θ- e ϕ-. A magnitude de **A** é:

$$|\mathbf{A}| = (A_r^2 + A_\theta^2 + A_\phi^2)^{1/2} \tag{2.19}$$

Os vetores unitários $\mathbf{a}_r$, $\mathbf{a}_\theta$ e $\mathbf{a}_\phi$ são mutuamente ortogonais; $\mathbf{a}_r$ orientado segundo o raio ou no sentido de crescimento de r, $\mathbf{a}_\theta$ no sentido de crescimento de θ e $\mathbf{a}_\phi$ no sentido de crescimento de ϕ. Logo,

$$\begin{aligned}
\mathbf{a}_r \cdot \mathbf{a}_r &= \mathbf{a}_\theta \cdot \mathbf{a}_\theta = \mathbf{a}_\phi \cdot \mathbf{a}_\phi = 1 \\
\mathbf{a}_r \cdot \mathbf{a}_\theta &= \mathbf{a}_\theta \cdot \mathbf{a}_\phi = \mathbf{a}_\phi \cdot \mathbf{a}_r = 0 \\
\mathbf{a}_r \times \mathbf{a}_\theta &= \mathbf{a}_\phi \\
\mathbf{a}_\theta \times \mathbf{a}_\phi &= \mathbf{a}_r \\
\mathbf{a}_\phi \times \mathbf{a}_r &= \mathbf{a}_\theta
\end{aligned} \tag{2.20}$$

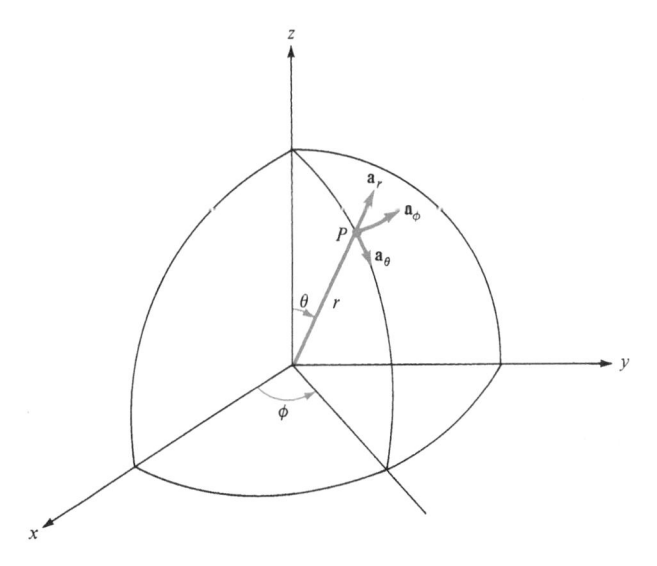

FIGURA 2.4 Ponto P e os vetores unitários no sistema de coordenadas esféricas.

As variáveis espaciais (x, y, z), no sistema de coordenadas cartesiano, podem ser relacionadas às variáveis (r, θ e φ), do sistema de coordenadas esférico. Da Figura 2.5 é fácil perceber que:

$$r = \sqrt{x^2 + y^2 + z^2}, \quad \theta = \text{tg}^{-1} \frac{\sqrt{x^2 + y^2}}{z}, \quad \phi = \text{tg}^{-1} \frac{y}{x} \tag{2.21}$$

ou

$$x = r \,\text{sen}\, \theta \cos \phi, \, y = r \,\text{sen}\, \theta \,\text{sen}\, \phi, \, z = r \cos \theta \tag{2.22}$$

Na equação (2.21), temos a mudança de coordenadas $(x, y, z) \to (r, \theta, \phi)$ e, na equação (2.22), a mudança de coordenadas $(r, \theta, \phi) \to (x, y, z)$.

Os vetores unitários $\mathbf{a}_x$, $\mathbf{a}_y$ e $\mathbf{a}_z$ e $\mathbf{a}_r$, $\mathbf{a}_\theta$ e $\mathbf{a}_\phi$ são relacionados como segue:

$$\begin{aligned}
\mathbf{a}_x &= \text{sen}\, \theta \cos \phi \, \mathbf{a}_r + \cos \theta \cos \phi \, \mathbf{a}_\theta - \text{sen}\, \phi \, \mathbf{a}_\phi \\
\mathbf{a}_y &= \text{sen}\, \theta \,\text{sen}\, \phi \, \mathbf{a}_r + \cos \theta \,\text{sen}\, \phi \, \mathbf{a}_\theta + \cos \phi \, \mathbf{a}_\phi \\
\mathbf{a}_z &= \cos \theta \, \mathbf{a}_r - \text{sen}\, \theta \, \mathbf{a}_\theta + \cos \phi \, \mathbf{a}_\phi
\end{aligned} \tag{2.23}$$

ou

$$\begin{aligned}
\mathbf{a}_r &= \text{sen}\, \theta \cos \phi \, \mathbf{a}_x + \text{sen}\, \theta \,\text{sen}\, \phi \, \mathbf{a}_y + \cos \theta \, \mathbf{a}_z \\
\mathbf{a}_\theta &= \cos \theta \cos \phi \, \mathbf{a}_x + \cos \theta \,\text{sen}\, \phi \, \mathbf{a}_y - \text{sen}\, \theta \, \mathbf{a}_z \\
\mathbf{a}_\phi &= -\text{sen}\, \phi \, \mathbf{a}_x + \cos \phi \, \mathbf{a}_y
\end{aligned} \tag{2.24}$$

As componentes do vetor $\mathbf{A} = (A_x, A_y, A_z)$ e $\mathbf{A} = (A_r, A_\theta, A_\phi)$ são relacionadas ao substituir a equação (2.23) na equação (2.22) e agrupando os termos. Assim,

$$\mathbf{A} = (A_x \,\text{sen}\, \theta \cos \phi + A_y \,\text{sen}\, \theta \,\text{sen}\, \phi + A_z \cos \theta) \, \mathbf{a}_r + (A_x \cos \theta \cos \phi + A_y \cos \theta \,\text{sen}\, \phi - A_z \,\text{sen}\, \theta) \, \mathbf{a}_\theta + (-A_x \,\text{sen}\, \phi + A_y \cos \phi) \, \mathbf{a}_\phi \tag{2.25}$$

e disso, obtemos:

$$\begin{aligned}
A_r &= A_x \,\text{sen}\, \theta \cos \phi + A_y \,\text{sen}\, \theta \,\text{sen}\, \phi + A_z \cos \theta \\
A_\theta &= A_x \cos \theta \cos \phi + A_y \cos \theta \,\text{sen}\, \phi - A_z \,\text{sen}\, \theta \\
A_\phi &= -A_x \,\text{sen}\, \phi + A_y \cos \phi
\end{aligned} \tag{2.26}$$

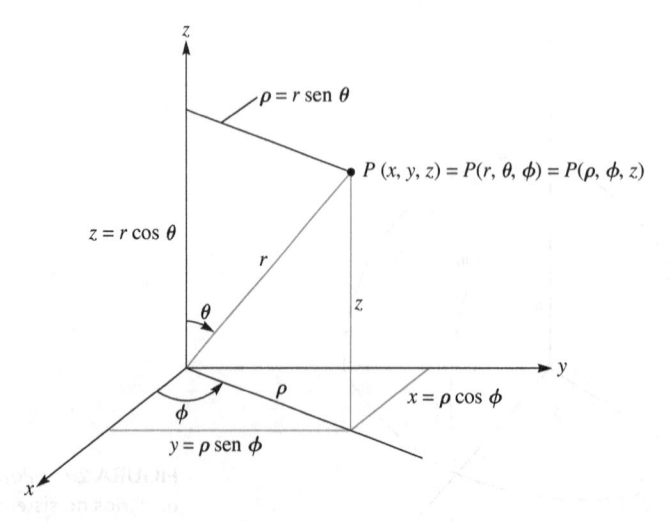

FIGURA 2.5 Relações entre as variáveis espaciais (x, y, z), $(r, \theta\, \text{e}\, \phi)$ e (ρ, ϕ, z).

Na forma matricial, a transformação de vetores $(A_x, A_y, A_z) \to (A_r, A_\theta, A_\phi)$ é obtida através de:

$$\begin{bmatrix} A_r \\ A_\theta \\ A_\phi \end{bmatrix} = \begin{bmatrix} \sen\theta\cos\phi & \sen\theta\sen\phi & \cos\theta \\ \cos\theta\cos\phi & \cos\theta\sen\phi & -\sen\theta \\ -\sen\phi & \cos\phi & 0 \end{bmatrix} \begin{bmatrix} A_x \\ A_y \\ A_z \end{bmatrix} \quad (2.27)$$

A transformação inversa $(A_r, A_\theta, A_\phi) \to (A_x, A_y, A_z)$ é obtida de forma similar, ou obtida a partir da equação (2.23). Dessa forma,

$$\begin{bmatrix} A_x \\ A_y \\ A_z \end{bmatrix} = \begin{bmatrix} \sen\theta\cos\phi & \cos\theta\cos\phi & -\sen\phi \\ \sen\theta\sen\phi & \cos\theta\sen\phi & \cos\phi \\ \cos\theta & -\sen\theta & 0 \end{bmatrix} \begin{bmatrix} A_r \\ A_\theta \\ A_\phi \end{bmatrix} \quad (2.28)$$

De forma alternativa, podemos obter as equações (2.27) e (2.28) usando o produto ponto. Por exemplo,

$$\begin{bmatrix} A_r \\ A_\theta \\ A_\phi \end{bmatrix} = \begin{bmatrix} \mathbf{a}_r \cdot \mathbf{a}_x & \mathbf{a}_r \cdot \mathbf{a}_y & \mathbf{a}_r \cdot \mathbf{a}_z \\ \mathbf{a}_\theta \cdot \mathbf{a}_x & \mathbf{a}_\theta \cdot \mathbf{a}_y & \mathbf{a}_\theta \cdot \mathbf{a}_z \\ \mathbf{a}_\phi \cdot \mathbf{a}_x & \mathbf{a}_\phi \cdot \mathbf{a}_y & \mathbf{a}_\phi \cdot \mathbf{a}_z \end{bmatrix} \begin{bmatrix} A_x \\ A_y \\ A_z \end{bmatrix} \quad (2.29)$$

Para melhor entendimento, pode ser elucidativo obter as relações de transformação de um ponto e de um vetor entre as coordenadas cilíndricas e esféricas utilizando as Figuras 2.5 e 2.6 (onde ϕ se mantém constante, uma vez que é comum a ambos os sistemas). Isso será proposto como exercício (veja o Problema 2.9). Observe que, na transformação de um ponto ou de um vetor, o ponto ou o vetor não se alteram, apenas são expressos de maneira diferente. Portanto, a magnitude de um vetor, por exemplo, permanece a mesma depois de uma transformação, e isso serve como um modo de conferir o resultado da transformação.

A distância entre dois pontos é usualmente necessária na teoria do EM. A distância d, entre dois pontos com vetores posição $\mathbf{r}_1$ e $\mathbf{r}_2$, é geralmente dada por

$$d = |\mathbf{r}_2 - \mathbf{r}_1| \quad (2.30)$$

ou

$$d^2 = (x_2 - x_1)^2 + (y_2 - y_1)^2 + (z_2 - z_1)^2 \text{ (cartesiano)} \quad (2.31)$$

$$d^2 = \rho_2^2 + \rho_1^2 - 2\rho_1\rho_2\cos(\phi_2 - \phi_1)^2 + (z_2 - z_1)^2 \text{ (cilíndrico)} \quad (2.32)$$

$$d^2 = r_2^2 + r_1^2 - 2r_1r_2\cos\theta_2\cos\theta_1 - 2r_1r_2\sen\theta_2\sen\theta_1\cos(\phi_2 - \phi_1) \text{ (esférico)} \quad (2.33)$$

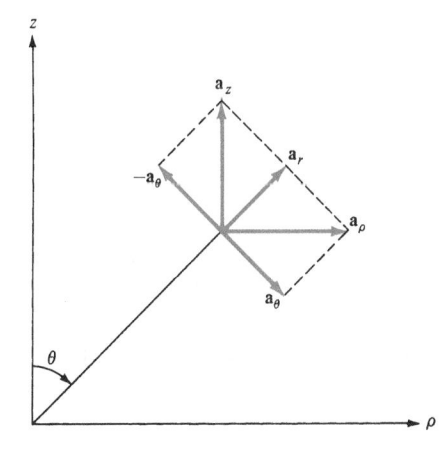

FIGURA 2.6 Transformações de um vetor unitário para coordenadas cilíndricas e esféricas.

EXEMPLO 2.1 Dado um ponto $P(-2, 6, 3)$ e o vetor $\mathbf{A} = y\mathbf{a}_x + (x + z)\mathbf{a}_y$, expresse P e $\mathbf{A}$ em coordenadas cilíndricas e esféricas. Determine $\mathbf{A}$ em P nos sistemas cartesiano, cilíndrico e esférico.

Solução:

No ponto P: $x = -2, y = 6, z = 3$. Portanto:

$$\rho = \sqrt{x^2 + y^2} = \sqrt{4 + 36} = 6{,}32$$

$$\phi = \mathrm{tg}^{-1}\frac{y}{x} = \mathrm{tg}^{-1}\frac{6}{-2} = 108{,}43°$$

$$z = 3$$

$$r = \sqrt{x^2 + y^2 + z^2} = \sqrt{4 + 36 + 9} = 7$$

$$\theta = \mathrm{tg}^{-1}\frac{\sqrt{x^2 + y^2}}{z} = \mathrm{tg}^{-1}\frac{\sqrt{40}}{3} = 64{,}62°$$

Dessa forma:

$$P(-2, 6, 3) = P(6{,}32, 108{,}43°, 3) = P(7, 64{,}62°, 108{,}43°)$$

No sistema de coordenadas cartesiano, $\mathbf{A}$ em P é dado por:

$$\mathbf{A} = 6\mathbf{a}_x + \mathbf{a}_y$$

Para o vetor $\mathbf{A}$, $A_x = y, A_y = x + z, A_z = 0$. Por conseguinte, no sistema cilíndrico:

$$\begin{bmatrix} A_\rho \\ A_\phi \\ A_z \end{bmatrix} = \begin{bmatrix} \cos\phi & \mathrm{sen}\,\phi & 0 \\ -\mathrm{sen}\,\phi & \cos\phi & 0 \\ 0 & 0 & 1 \end{bmatrix} \begin{bmatrix} y \\ x + z \\ 0 \end{bmatrix}$$

ou

$$A_\rho = y\cos\phi + (x + z)\,\mathrm{sen}\,\phi$$
$$A_\phi = -y\,\mathrm{sen}\,\phi + (x + y)\cos\phi$$
$$A_z = 0$$

No entanto, $x = \rho\cos\phi, y = \rho\,\mathrm{sen}\,\phi$, e fazendo as substituições:

$$\mathbf{A} = (A_\rho, A_\phi, A_z) = [\rho\cos\phi\,\mathrm{sen}\,\phi + (\rho\cos\phi + z)\,\mathrm{sen}\,\phi]\mathbf{a}_\rho$$
$$+ [-\rho\,\mathrm{sen}^2\phi + (\rho\cos\phi + z)\cos\phi]\mathbf{a}_\phi$$

Em P:

$$\rho = \sqrt{40}, \quad \mathrm{tg}\,\phi = \frac{6}{-2}$$

Portanto,

$$\cos\phi = \frac{-2}{\sqrt{40}}, \quad \mathrm{sen}\,\phi = \frac{6}{\sqrt{40}}$$

$$\mathbf{A} = \left[\sqrt{40}\cdot\frac{-2}{\sqrt{40}}\cdot\frac{6}{\sqrt{40}} + \left(\sqrt{40}\cdot\frac{-2}{\sqrt{40}} + 3\right)\cdot\frac{6}{\sqrt{40}}\right]\mathbf{a}_\rho$$
$$+ \left[-\sqrt{40}\cdot\frac{36}{40} + \left(\sqrt{40}\cdot\frac{-2}{\sqrt{40}} + 3\right)\cdot\frac{-2}{\sqrt{40}}\right]\mathbf{a}_\phi$$

$$= \frac{-6}{\sqrt{40}}\mathbf{a}_\rho - \frac{38}{\sqrt{40}}\mathbf{a}_\phi = -0{,}9487\mathbf{a}_\rho - 6{,}008\mathbf{a}_\phi$$

De maneira similar, no sistema esférico:

$$\begin{bmatrix} A_r \\ A_\theta \\ A_\phi \end{bmatrix} = \begin{bmatrix} \text{sen}\,\theta\cos\phi & \text{sen}\,\theta\,\text{sen}\,\phi & \cos\theta \\ \cos\theta\cos\phi & \cos\theta\,\text{sen}\,\phi & -\text{sen}\,\theta \\ -\text{sen}\,\phi & \cos\phi & 0 \end{bmatrix} \begin{bmatrix} y \\ x+z \\ 0 \end{bmatrix}$$

ou

$$A_r = y\,\text{sen}\,\theta\cos\phi + (x+y)\text{sen}\,\theta\,\text{sen}\,\phi$$

$$A_\theta = y\cos\theta\cos\phi + (x+y)\cos\theta\,\text{sen}\,\phi$$

$$A_\phi = -y\,\text{sen}\,\phi + (x+y)\cos\phi$$

No entanto, $x = r\,\text{sen}\,\theta\cos\phi$, $y = r\,\text{sen}\,\theta\,\text{sen}\,\phi$ e $z = r\cos\theta$. Fazendo as substituições, obtém-se:

$$\begin{aligned} \mathbf{A} &= (A_r, A_\theta, A_\phi) \\ &= r[\text{sen}^2\theta\cos\phi\,\text{sen}\,\phi + (\text{sen}\,\theta\cos\phi + \cos\theta)\,\text{sen}\,\theta\,\text{sen}\,\phi]\,\mathbf{a}_r \\ &\quad + r[\text{sen}\,\theta\cos\theta\,\text{sen}\,\phi\cos\phi + (\text{sen}\,\theta\cos\phi + \cos\theta)\cos\theta\,\text{sen}\,\phi]\mathbf{a}_\theta \\ &\quad + r[-\text{sen}\,\theta\,\text{sen}^2\phi + (\text{sen}\,\theta\cos\phi + \cos\theta)\cos\phi]\mathbf{a}_\phi \end{aligned}$$

Em P:

$$r = 7, \quad \text{tg}\,\phi = \frac{6}{-2}, \quad \text{tg}\,\theta = \frac{\sqrt{40}}{3}$$

Portanto:

$$\cos\phi = \frac{-2}{\sqrt{40}}, \quad \text{sen}\,\phi = \frac{6}{\sqrt{40}}, \quad \cos\theta = \frac{3}{7}, \quad \text{sen}\,\theta = \frac{\sqrt{40}}{7}$$

$$\begin{aligned} \mathbf{A} &= 7\cdot\left[\frac{40}{49}\cdot\frac{-2}{\sqrt{40}}\cdot\frac{6}{\sqrt{40}} + \left(\frac{\sqrt{40}}{7}\cdot\frac{-2}{\sqrt{40}} + \frac{3}{7}\right)\cdot\frac{\sqrt{40}}{7}\cdot\frac{6}{\sqrt{40}}\right]\mathbf{a}_r \\ &\quad + 7\cdot\left[\frac{\sqrt{40}}{7}\cdot\frac{3}{7}\cdot\frac{6}{\sqrt{40}}\cdot\frac{-2}{\sqrt{40}} + \left(\frac{\sqrt{40}}{7}\cdot\frac{-2}{\sqrt{40}} + \frac{3}{7}\right)\cdot\frac{3}{7}\cdot\frac{6}{\sqrt{40}}\right]\mathbf{a}_\theta \\ &\quad + 7\cdot\left[\frac{-\sqrt{40}}{7}\cdot\frac{36}{40} + \left(\frac{\sqrt{40}}{7}\cdot\frac{-2}{\sqrt{40}} + \frac{3}{7}\right)\cdot\frac{-2}{\sqrt{40}}\right]\mathbf{a}_\phi \\ &= \frac{-6}{7}\mathbf{a}_r - \frac{18}{7\sqrt{40}}\mathbf{a}_\theta - \frac{38}{\sqrt{40}}\mathbf{a}_\phi \\ &= -0{,}8571\mathbf{a}_r - 0{,}4066\mathbf{a}_\theta - 6{,}008\mathbf{a}_\phi \end{aligned}$$

Observe que $|\mathbf{A}|$ é o mesmo nos três sistemas, isto é:

$$|\mathbf{A}(x, y, z)| = |\mathbf{A}(\rho, \phi, z)| = |\mathbf{A}(r, \theta, \phi)| = 6{,}083$$

EXERCÍCIO PRÁTICO 2.1

(a) Converta os pontos $P(1, 3, 5)$, $T(0, -4, 3)$ e $S(-3, -4, -10)$ do sistema cartesiano para o sistema de coordenadas cilíndrico e para o esférico.

(continua)

> *(continuação)*
> (b) Transforme o vetor
>
> $$\mathbf{Q} = \frac{\sqrt{x^2+y^2}\,\mathbf{a}_x}{\sqrt{x^2+y^2+z^2}} - \frac{yz\,\mathbf{a}_z}{\sqrt{x^2+y^2+z^2}}$$
>
> para coordenadas cilíndricas e esféricas.
> (c) Determine Q em *T* nos três sistemas de coordenadas.
>
> **Resposta:** (a) $P(3{,}162,\, 71{,}56°,\, 5)$, $P(5{,}916,\, 32{,}31°,\, 71{,}56°)$, $T(4,\, 270°,\, 3)$, $T(5,\, 53{,}13°,\, 270°)$, $S(5,\, 233{,}1°,\, -10)$, $S(11{,}18,\, 153{,}43°,\, 233{,}1°)$
>
> (b) $\dfrac{\rho}{\sqrt{\rho^2+z^2}}(\cos\phi\,\mathbf{a}_\rho - \operatorname{sen}\phi\,\mathbf{a}_z - z\operatorname{sen}\phi\,\mathbf{a}_\phi)$, $\operatorname{sen}\theta\,(\operatorname{sen}\theta\cos\phi - r\cos^2\theta\operatorname{sen}\phi)\mathbf{a}_r + \operatorname{sen}\theta\cos\theta\,(\cos\phi + r\operatorname{sen}\theta\operatorname{sen}\phi)\mathbf{a}_\theta - \operatorname{sen}\theta\operatorname{sen}\phi\,\mathbf{a}_\phi$
>
> (c) $0{,}8\mathbf{a}_x + 2{,}4\mathbf{a}_z$, $0{,}8\mathbf{a}_\phi + 2{,}4\mathbf{a}_z$, $1{,}44\mathbf{a}_r - 1{,}92\mathbf{a}_\theta + 0{,}8\mathbf{a}_\phi$.

EXEMPLO 2.2

Expresse o vetor

$$\mathbf{B} = \frac{10}{r}\mathbf{a}_r + r\cos\theta\,\mathbf{a}_\theta + \mathbf{a}_\phi$$

em coordenadas cartesianas e cilíndricas. Determine $\mathbf{B}(-3, 4, 0)$ e $\mathbf{B}(5, \pi/2, -2)$.

Solução:

Usando a equação (2.28):

$$\begin{bmatrix} B_x \\ B_y \\ B_z \end{bmatrix} = \begin{bmatrix} \operatorname{sen}\theta\cos\phi & \cos\theta\cos\phi & -\operatorname{sen}\phi \\ \operatorname{sen}\theta\operatorname{sen}\phi & \cos\theta\operatorname{sen}\phi & \cos\phi \\ \cos\theta & -\operatorname{sen}\theta & 0 \end{bmatrix} \begin{bmatrix} \dfrac{10}{r} \\ r\cos\theta \\ 1 \end{bmatrix}$$

ou

$$B_x = \frac{10}{r}\operatorname{sen}\theta\cos\phi + r\cos^2\theta\cos\phi - \operatorname{sen}\phi$$

$$B_y = \frac{10}{r}\operatorname{sen}\theta\operatorname{sen}\phi + r\cos^2\theta\operatorname{sen}\phi + \cos\phi$$

$$B_z = \frac{10}{r}\cos\theta - r\cos\theta\operatorname{sen}\theta$$

No entanto, $r = \sqrt{x^2+y^2+z^2}$, $\theta = \operatorname{tg}^{-1}\dfrac{\sqrt{x^2+y^2}}{z}$ e $\phi = \operatorname{tg}^{-1}\dfrac{y}{x}$

Dessa forma:

$$\operatorname{sen}\theta = \frac{\rho}{r} = \frac{\sqrt{x^2+y^2}}{\sqrt{x^2+y^2+z^2}}, \qquad \cos\theta = \frac{z}{r} = \frac{z}{\sqrt{x^2+y^2+z^2}}$$

$$\operatorname{sen}\phi = \frac{y}{\rho} = \frac{y}{\sqrt{x^2+y^2}}, \quad \cos\phi = \frac{x}{\rho} = \frac{x}{\sqrt{x^2+y^2}}$$

Substituindo todas essas relações, obtém-se:

$$B_x = \frac{10\sqrt{x^2+y^2}}{(x^2+y^2+z^2)} \cdot \frac{x}{\sqrt{x^2+y^2}} + \frac{\sqrt{x^2+y^2+z^2}}{(x^2+y^2+z^2)} \cdot \frac{z^2 x}{\sqrt{x^2+y^2}} - \frac{y}{\sqrt{x^2+y^2}}$$

$$= \frac{10x}{x^2+y^2+z^2} + \frac{xz^2}{\sqrt{(x^2+y^2)(x^2+y^2+z^2)}} - \frac{y}{\sqrt{(x^2+y^2)}}$$

$$B_y = \frac{10\sqrt{x^2+y^2}}{(x^2+y^2+z^2)} \cdot \frac{y}{\sqrt{x^2+y^2}} + \frac{\sqrt{x^2+y^2+z^2}}{x^2+y^2+z^2} \cdot \frac{z^2 y}{\sqrt{x^2+y^2}} + \frac{y}{\sqrt{x^2+y^2}}$$

$$= \frac{10y}{x^2+y^2+z^2} + \frac{yz^2}{\sqrt{(x^2+y^2)(x^2+y^2+z^2)}} + \frac{x}{\sqrt{x^2+y^2}}$$

$$B_z = \frac{10z}{x^2+y^2+z^2} - \frac{z\sqrt{x^2+y^2}}{\sqrt{x^2+y^2+z^2}}$$

$$\mathbf{B} = B_x\mathbf{a}_x + B_y\mathbf{a}_y + B_z\mathbf{a}_z$$

onde B_x, B_y e B_z como dados acima.

Em $(-3, 4, 0)$, $x = -3$, $y = 4$ e $z = 0$, tal que

$$B_x = -\frac{30}{25} + 0 - \frac{4}{5} = -2$$

$$B_y = \frac{40}{25} + 0 - \frac{3}{5} = 1$$

$$B_z = 0 - 0 = 0$$

Portanto:

$$\mathbf{B} = -2\mathbf{a}_x + \mathbf{a}_y$$

Para transformação de vetor de coordenadas esféricas para coordenadas cilíndricas (veja o Problema 2.14),

$$\begin{bmatrix} B_\rho \\ B_\phi \\ B_z \end{bmatrix} = \begin{bmatrix} \operatorname{sen}\theta & \cos\theta & 0 \\ 0 & 0 & 1 \\ \cos\theta & -\operatorname{sen}\theta & 0 \end{bmatrix} \begin{bmatrix} \dfrac{10}{r} \\ r\cos\theta \\ 1 \end{bmatrix}$$

ou

$$B_\rho = \frac{10}{r}\operatorname{sen}\theta + r\cos^2\theta$$

$$B_\phi = 1$$

$$B_z = \frac{10}{r}\cos\theta - r\operatorname{sen}\theta\cos\theta$$

No entanto, $r = \sqrt{\rho^2+z^2}$ e $\theta = \operatorname{tg}^{-1}\dfrac{\rho}{z}$

Portanto:

$$\text{sen}\,\theta = \frac{\rho}{\sqrt{\rho^2+z^2}}, \qquad \cos\theta = \frac{z}{\sqrt{\rho^2+z^2}}$$

$$B_\rho = \frac{10\rho}{\rho^2+z^2} + \sqrt{\rho^2+z^2}\cdot\frac{z^2}{\rho^2+z^2}$$

$$B_z = \frac{10z}{\rho^2+z^2} - \sqrt{\rho^2+z^2}\cdot\frac{\rho z}{\rho^2+z^2}$$

Por conseguinte:

$$\mathbf{B} = \left(\frac{10\rho}{\rho^2+z^2} + \frac{z^2}{\sqrt{\rho^2+z^2}}\right)\mathbf{a}_\rho + \mathbf{a}_\phi + \left(\frac{10z}{\rho^2+z^2} - \frac{\rho z}{\sqrt{\rho^2+z^2}}\right)\mathbf{a}_z$$

Em $(5, \pi/2, -2)$, $\rho = 5$, $\phi = \pi/2$ e $z = -2$, tal que:

$$\mathbf{B} = \left(\frac{50}{29} + \frac{4}{\sqrt{29}}\right)\mathbf{a}_\rho + \mathbf{a}_\phi + \left(\frac{-20}{29} + \frac{10}{\sqrt{29}}\right)\mathbf{a}_z$$
$$= 2{,}467\mathbf{a}_\rho + \mathbf{a}_\phi + 1{,}167\mathbf{a}_z$$

Observe que, em $(-3, 4, 0)$:

$$|\mathbf{B}(x,y,z)| = |\mathbf{B}(\rho,\phi,z)| = |\mathbf{B}(r,\theta,\phi)| = 2{,}907$$

Esse procedimento pode ser usado para conferir, sempre que possível, a correção do resultado.

EXERCÍCIO PRÁTICO 2.2

Expresse os seguintes vetores em coordenadas cartesianas:
(a) $\mathbf{A} = \rho z\,\text{sen}\,\phi\,\mathbf{a}_\rho + 3\rho\cos\phi\,\mathbf{a}_\phi + \rho\cos\phi\,\text{sen}\,\phi\,\mathbf{a}_z$
(b) $\mathbf{B} = r^2\,\mathbf{a}_r + \text{sen}\,\theta\,\mathbf{a}_\phi$

Resposta: (a) $\mathbf{A} = \dfrac{1}{\sqrt{x^2+y^2}}[(xyz - 3xy)\mathbf{a}_x + (zy^2 + 3x^2)\mathbf{a}_y + xy\mathbf{a}_z]$.

(b) $\mathbf{B} = \dfrac{1}{\sqrt{x^2+y^2+z^2}}\{[x(x^2+y^2+z^2) - y]\mathbf{a}_x + [y(x^2+y^2+z^2) + x]\mathbf{a}_y + z(x^2+y^2+z^2)\mathbf{a}_z\}$

2.5 SUPERFÍCIES DE COORDENADA CONSTANTE

As superfícies nos sistemas coordenados cartesiano, cilíndrico ou esférico são facilmente obtidas ao manter uma das variáveis coordenadas constante, enquanto as demais variam. No sistema cartesiano, se mantivermos x constante e deixarmos y e z variar, um plano infinito é gerado. Portanto, podemos ter planos infinitos

$$\begin{aligned} x &= \text{constante} \\ y &= \text{constante} \\ z &= \text{constante} \end{aligned} \qquad (2.34)$$

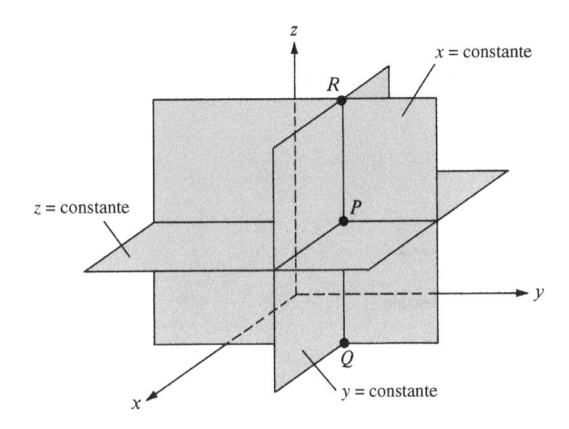

FIGURA 2.7 Superfícies de x, y e z constantes.

os quais são perpendiculares aos eixos x, y e z, respectivamente, como mostra a Figura 2.7. A interseção entre dois planos é uma linha. Por exemplo,

$$x = \text{constante}, \quad y = \text{constante} \tag{2.35}$$

é a linha RPQ paralela ao eixo z. A interseção entre os três planos é um ponto. Por exemplo,

$$x = \text{constante}, y = \text{constante}, z = \text{constante} \tag{2.36}$$

é o ponto $P(x, y, z)$. Portanto, podemos definir o ponto P como a interseção entre os três planos ortogonais infinitos. Se P é $(1, -5, 3)$, então P é a interseção dos planos $x = 1$, $y = -5$ e $z = 3$.

Superfícies ortogonais, em coordenadas cilíndricas, podem ser geradas da mesma forma. As superfícies

$$\begin{aligned} \rho &= \text{constante} \\ \phi &= \text{constante} \\ z &= \text{constante} \end{aligned} \tag{2.37}$$

estão ilustradas na Figura 2.8, onde é fácil observar que ρ = constante é um cilindro, ϕ = constante é um semiplano infinito com as suas bordas ao longo do eixo z, e z = constante é o mesmo plano infinito do sistema cartesiano. O encontro de duas superfícies tanto pode ser uma linha quanto um círculo. Portanto,

$$z = \text{constante}, \quad \rho = \text{constante} \tag{2.38}$$

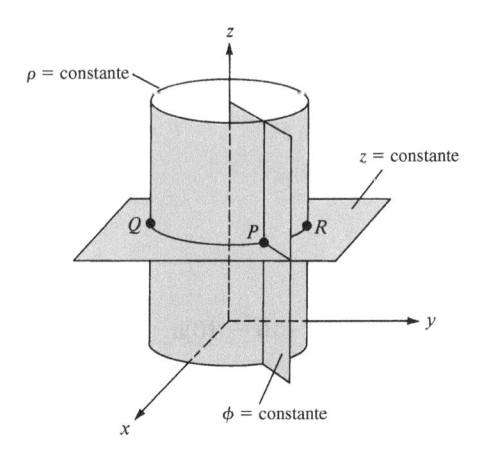

FIGURA 2.8 Superfícies de ρ, ϕ e z constantes.

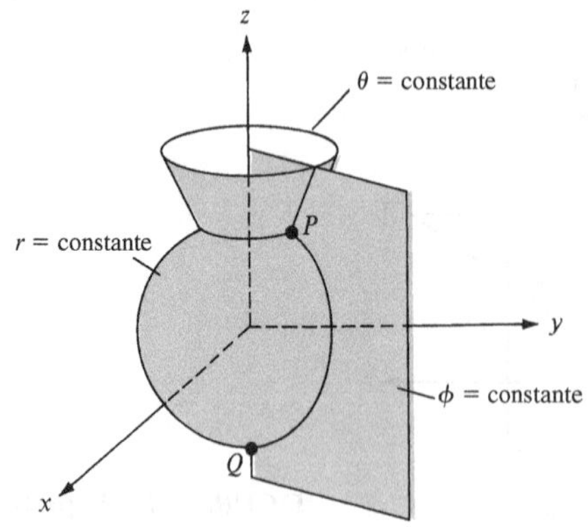

FIGURA 2.9 Superfícies de ρ, θ e ϕ constantes.

é um círculo QPR de raio ρ, enquanto $z =$ constante e $\phi =$ constante é uma linha semi-infinita. Um ponto é a interseção de três superfícies na equação (2.37). Portanto,

$$\rho = 2, \phi = 60°, z = 5 \tag{2.39}$$

é o ponto $P(2, 60°, 5)$.

A natureza ortogonal do sistema de coordenadas esféricas fica evidente ao considerarmos as três superfícies

$$\begin{aligned} r &= \text{constante} \\ \theta &= \text{constante} \\ \phi &= \text{constante} \end{aligned} \tag{2.40}$$

que são mostradas na Figura 2.9, onde observamos que $r =$ constante é uma esfera com o centro na origem; $\theta =$ constante é um cone circular tendo seu eixo sobre o eixo z e o vértice na origem; $\phi =$ constante é um semiplano infinito como no sistema cilíndrico. Uma linha é formada pela interseção de duas superfícies. Por exemplo:

$$r = \text{constante}, \quad \phi = \text{constante} \tag{2.41}$$

é um semicírculo que passa por Q e P. A interseção das três superfícies é um ponto. Portanto,

$$r = 5, \theta = 30°, \phi = 60° \tag{2.42}$$

é o ponto $P(5, 30°, 60°)$. Observamos que, em geral, um ponto no espaço tridimensional pode ser identificado como a interseção de três superfícies mutuamente ortogonais. Igualmente, um vetor unitário normal à superfície $n =$ constante é $\pm \mathbf{a}_n$, onde n é x, y, z, ρ, ϕ, r ou θ. Por exemplo, para o plano $x = 5$, o vetor unitário normal é $\pm \mathbf{a}_x$ e, para o plano $\phi = 20°$, um vetor unitário normal é $\mathbf{a}_\phi$.

EXEMPLO 2.3

Dois campos vetoriais uniformes são dados por $\mathbf{E} = -5\mathbf{a}_\rho + 10\mathbf{a}_\phi + 3\mathbf{a}_z$ e $\mathbf{F} = \mathbf{a}_\rho + 2\mathbf{a}_\phi - 6\mathbf{a}_z$. Calcule:

(a) $|\mathbf{E} \times \mathbf{F}|$;
(b) a componente do vetor $\mathbf{E}$ em $P(5, \pi/2, 3)$ paralela à linha $x = 2, z = 3$;
(c) o ângulo que $\mathbf{E}$ faz com a superfície $z = 3$ em P.

Solução:

(a) $\mathbf{E} \times \mathbf{F} = \begin{vmatrix} \mathbf{a}_\rho & \mathbf{a}_\phi & \mathbf{a}_z \\ -5 & 10 & 3 \\ 1 & 2 & -6 \end{vmatrix}$

$= (-60 - 6)\mathbf{a}_\rho + (3 - 30)\mathbf{a}_\phi + (-10 - 10)\mathbf{a}_z$

$= (-66, -27, -20)$

$|\mathbf{E} \times \mathbf{F}| = \sqrt{66^2 + 27^2 + 20^2} = 74{,}06$

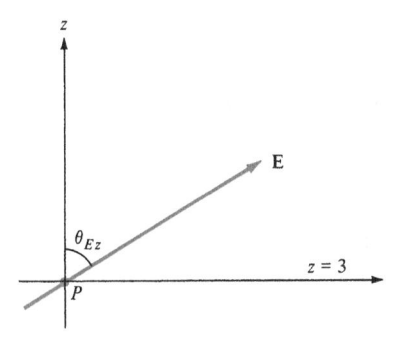

FIGURA 2.10 Referente ao Exemplo 2.3(c).

(b) A linha $x = 2$, $z = 3$ é paralela ao eixo y; dessa forma, a componente de **E** paralela à essa linha é:

$$(\mathbf{E} \cdot \mathbf{a}_y)\mathbf{a}_y$$

Contudo, em $P(5, \pi/2, 3)$

$$\mathbf{a}_y = \operatorname{sen} \phi \, \mathbf{a}_\rho + \cos \phi \, \mathbf{a}_\phi$$
$$= \operatorname{sen} \pi/2 \, \mathbf{a}_\rho + \cos \pi/2 \, \mathbf{a}_\phi = \mathbf{a}_\rho$$

Dessa forma,

$$(\mathbf{E} \cdot \mathbf{a}_y)\mathbf{a}_y = (\mathbf{E} \cdot \mathbf{a}_\rho)\mathbf{a}_\rho = -5\mathbf{a}_\rho \quad (\text{ou } -5\mathbf{a}_y)$$

(c) Uma vez que o eixo z é normal à superfície $z = 3$, o ângulo entre o eixo z e o **E**, como mostrado na Figura 2.10, pode ser determinado usando o produto ponto:

$$\mathbf{E} \cdot \mathbf{a}_z = |\mathbf{E}|(1)\cos\theta_{Ez} \to 3 = \sqrt{134}\cos\theta_{Ez}$$

$$\cos\theta_{Ez} = \frac{3}{\sqrt{134}} = 0{,}2592 \to \theta_{Ez} = 74{,}98°$$

Portanto, o ângulo entre $z = 3$ e **E** é:

$$90° - \theta_{Ez} = 15{,}02°$$

EXERCÍCIO PRÁTICO 2.3

Considere o campo vetorial:

$$\mathbf{H} = \rho z \cos\phi \, \mathbf{a}_\rho + e^{-2}\operatorname{sen}\frac{\phi}{2}\mathbf{a}_\phi + \rho^2 \mathbf{a}_z$$

No ponto $(1, \pi/3, 0)$, determine:

(a) $\mathbf{H} \cdot \mathbf{a}_x$;

(b) $\mathbf{H} \times \mathbf{a}_\theta$;

(c) a componente vetorial de **H** normal à superfície $\rho = 1$;

(d) a componente escalar de **H** tangencial a plano $z = 0$.

Resposta: (a) $-0{,}0586$ (b) $-0{,}06767 \, \mathbf{a}_\rho$; (c) $0 \, \mathbf{a}_\rho$; (d) $0{,}06767$

EXEMPLO 2.4

Dado um campo vetorial

$$\mathbf{D} = r\,\text{sen}\,\phi\,\mathbf{a}_r - \frac{1}{r}\,\text{sen}\,\theta\,\cos\phi\,\mathbf{a}_\theta + r^2\mathbf{a}_\phi$$

Determine:
(a) $\mathbf{D}$ em $P(10, 150°, 330°)$;
(b) a componente de $\mathbf{D}$ tangencial à superfície esférica $r = 10$ em P;
(c) um vetor unitário em P, perpendicular à $\mathbf{D}$ e tangencial ao cone $\theta = 150°$.

Solução:

(a) em P, $r = 10$, $\theta = 150°$ e $\phi = 330°$. Por conseguinte:

$$\mathbf{D} = 10\,\text{sen}\,330°\,\mathbf{a}_r - \frac{1}{10}\,\text{sen}\,150°\cos 330°\,\mathbf{a}_\theta + 100\,\mathbf{a}_\phi = (-5;\,0{,}043;\,100)$$

(b) qualquer vetor $\mathbf{D}$ pode ser decomposto em duas componentes ortogonais:

$$\mathbf{D} = \mathbf{D}_t + \mathbf{D}_n$$

onde D_t é tangencial a uma dada superfície e D_n normal à ela. Nesse caso, uma vez que $\mathbf{a}_r$ é normal à superfície $r = 10$:

$$\mathbf{D}_n = r\,\text{sen}\,\phi\,\mathbf{a}_r = -5\mathbf{a}_r$$

Portanto,

$$\mathbf{D}_t = \mathbf{D} - \mathbf{D}_n = 0{,}043\mathbf{a}_\theta + 100\mathbf{a}_\phi$$

(c) um vetor em P, perpendicular à $\mathbf{D}$ e tangencial ao cone $\theta = 150°$, é o mesmo que um vetor perpendicular tanto a $\mathbf{D}$ quanto a $\mathbf{a}_\theta$. Portanto:

$$\mathbf{D} \times \mathbf{a}_\theta = \begin{vmatrix} \mathbf{a}_r & \mathbf{a}_\theta & \mathbf{a}_\phi \\ -5 & 0{,}043 & 100 \\ 0 & 1 & 0 \end{vmatrix}$$
$$= -100\mathbf{a}_r - 5\mathbf{a}_\phi$$

Um vetor unitário ao longo do vetor acima é dado por:

$$\mathbf{a} = \frac{-100\mathbf{a}_r - 5\mathbf{a}_\phi}{\sqrt{100^2 + 5^2}} = -0{,}9988\mathbf{a}_r - 0{,}0499\mathbf{a}_\phi$$

EXERCÍCIO PRÁTICO 2.4

Se $\mathbf{A} = 3\mathbf{a}_r + 2\mathbf{a}_\theta - 6\mathbf{a}_\phi$ e $\mathbf{B} = 4\mathbf{a}_r + 3\mathbf{a}_\phi$, determine:
(a) $\mathbf{A} \cdot \mathbf{B}$;
(b) $|\mathbf{A} \times \mathbf{B}|$;
(c) a componente vetorial de $\mathbf{A}$ ao longo de $\mathbf{a}_z$ em $(1, \pi/3, 5\pi/4)$.

Resposta: (a) -6; (b) $34{,}48$; (c) $-0{,}116\mathbf{a}_r + 0{,}201\mathbf{a}_\theta$.

MATLAB 2.1

```
% Este script permite ao usuário inserir dados em coordenadas
% retangulares, ou
% cilíndricas ou esféricas e obter a resposta
% nos outros dois sistemas de coordenadas
clear
% Aguarda o usuário inserir o sistema de coordenadas.
coord_sys = input ('Insira o sistema de coordenadas dos dados de
entrada (r, c ou s)...\n > ','s');.
%Se o usuário inserir algo diferente de "r", "c" ou "s" considerar
% como "r"
if isempty(coodr_sys); coord_sys = 'r'; end
if coord_sys == 'r';
    % Aguarda o usuário inserir a coordenada.
    crd = input('Insira as coordenadas retangulares no formato [x y
    z]... \n >');
    % Verifique a entrada, se estiver vazia considere 0.
    if isempty(crd); crd = [0 0 0]; end
    disp ('Coordenadas cilíndricas [rho phi(rad) z]:')
    % Mostra o resultado ... o [ ]   contém o vetor tridimensional
disp([sqrt(crd(1)^2+crd(2)^2) atan2(crd(2), crd(1)) crd(3)])
    disp ('Coordenadas esféricas [r phi(rad) theta(rad) :')
    disp ([norm(crd) atan2(crd(2), crd(1)) acos(crd(3)/norm(crd))])
elseif coord_sys == 'c'; % Se não for "r" e for "c" execute esse bloco.
    crd = input ('Insira as coordenadas cilíndricas no formato [\rho \
    phi z]... \n >');
    % verifique a entrada, se estiver vazia considere 0
    if isempty(crd); crd = [0 0 0]; end
    disp ('Coordenadas retangulares [x y z] :');
    disp([crd(1)*cos(crd(2)) crd(1)*sin(crd(2)) (crd(3))])
    disp ('Coordenadas esféricas [r phi(rad) theta(rad) :');
    disp([sqrt(crd(1)^2+crd(3)^2) crd(2) crd(3)* cos(crd(3))])
else coord_sys =='s'; % Se não for "r" nem "c" mas for "s" execute
% esse bloco.
    crd = input('Insira as coordenadas esféricas no formato [\rho \phi
    \theta]... \n > ');
    if isempty(crd); crd = [0 0 0]; end
    disp ('Coordenadas retangulares [ x y z] ; ')
    disp([crd(1)*cos(crd(2))*sin(crd(3))
    crd(1)*sin(crd(2))*sin(crd(3)) crd(1)*cos(crd(3))])
    disp ('Coordenadas cilíndricas [r phi(rad) theta(rad) : ')
    disp([crd(1)*sin(crd(3)) crd(2) crd(1)*cos(crd(3))])
end
```

MATLAB 2.2

```
% Este script permite ao usuário inserir um dado vetor em coordenadas
% retangulares
% e obter suas componentes em coordenadas cilíndricas ou esféricas
% O usuário deve informar o ponto em que essa transformação é
% desejada
% o resultado depende do ponto de observação
clear

% Aguarda o usuário inserir os vetores e confere se foram
% adequadamente inseridos,
% caso contrário igualar a 0
```

(continua)

(continuação)
```
v = input ('Inserir o vetor na forma retangular (no formato [ x y z ]
... \n > ');
if isempty(v); v = [0 0 0]; end
p = input ('Inserir a localização do vetor (no formato [ x y z ])...
\n > ');
if isempty(p); p = [0 0 0]; end

disp ('Componentes cilíndricas [rho phi(rad) z] :')
phi = atan2(p(2), p(1));
% Criar a matriz de transformação
cyl_p = [cos(phi) sin(phi) 0; ... % Os três pontos  permitem um único
comando sobre múltiplas linhas
      -sin(phi) cos (phi) 0; ...
      0 0 1];
disp((cyl_p*v')') % O símbolo ' denota a transposição de um vetor
linha para um vetor coluna.
      % A segunda transposição converte o vetor linha de volta a um %
      % vetor coluna

disp('Componentes esféricas [r phi(rad) theta(rad] :')
phi = atan2(p(3),sqrt(p(1)^2+p(2)^2));
theta = atan2(p(2),p(1));
% Cria a matriz transformação
sph_p=[sin(theta)*cos(phi) sin(theta)*sin(phi) cos(theta); ...
     cos(theta)*cos(phi) cos(theta)*sin(phi) -sin(theta);...
     -sin(phi) cos(phi) 0];
disp((sph_p*v')')
```

RESUMO

1. Os três sistemas de coordenadas mais comuns que iremos utilizar ao longo desse livro são o cartesiano (ou retangular), o cilíndrico e o esférico.

2. Um ponto *P* é representado como *P(x, y, z)*, *P(ρ, φ, z)* e *P(r, θ, φ)* nos sistemas cartesiano, cilíndrico e esférico, respectivamente. Um campo vetorial **A** é representado como (A_x, A_y, A_z) ou $A_x\mathbf{a}_x + A_y\mathbf{a}_y + A_z\mathbf{a}_z$ no sistema cartesiano; como (A_ρ, A_ϕ, A_z) ou $A_\rho\mathbf{a}_\rho + A_\phi\mathbf{a}_\phi + A_z\mathbf{a}_z$ no sistema cilíndrico e como (A_r, A_θ e A_ϕ) ou $A_r\mathbf{a}_r + A_\theta\mathbf{a}_\theta + A_\phi\mathbf{a}_\phi$ no sistema esférico. É recomendável que as operações matemáticas (adição, subtração, produto, etc.) sejam realizadas no mesmo sistema de coordenadas. Portanto, as conversões de coordenadas de ponto e vetor devem ser feitas sempre que necessário.

3. A fixação de uma variável espacial define uma superfície; a fixação de duas define uma linha; a fixação de três define um ponto.

4. Um vetor unitário normal à superfície *n* = constante é ± $\mathbf{a}_n$.

QUESTÕES DE REVISÃO

2.1 Os intervalos de variação de *θ* e *φ*, conforme dado na equação (2.17), não são os únicos possíveis. Os listados a seguir são todos alternativas válidas, à exceção de:
   (a) $0 \leq \theta < 2\pi, 0 \leq \phi \leq \pi$
   (b) $0 \leq \theta < 2\pi, 0 \leq \phi < 2\pi$

(c) $-\pi \leq \theta \leq \pi, 0 \leq \phi \leq \pi$

(d) $-\pi/2 \leq \theta \leq \pi/2, 0 \leq \phi < 2\pi$

(e) $0 \leq \theta \leq \pi, -\pi \leq \phi < \pi$

(f) $-\pi \leq \theta < \pi, -\pi \leq \phi < \pi$

2.2 Para o ponto cartesiano $(-3, 4, -1)$, qual dessas alternativas é incorreta?

(a) $\rho = -5$

(b) $r = \sqrt{26}$

(c) $\theta = \text{tg}^{-1}\dfrac{5}{-1}$

(d) $\phi = \text{tg}^{-1}\dfrac{4}{-3}$

2.3 Qual dessas alternativas não é válida no ponto $(0, 4, 0)$?

(a) $\mathbf{a}_\phi = -\mathbf{a}_x$

(b) $\mathbf{a}_\theta = -\mathbf{a}_z$

(c) $\mathbf{a}_r = 4\mathbf{a}_y$

(d) $\mathbf{a}_\rho = \mathbf{a}_y$

2.4 Um vetor unitário normal ao cone $\theta = 30°$ é:

(a) $\mathbf{a}_r$

(b) $\mathbf{a}_\theta$

(c) $\mathbf{a}_\phi$

(d) nenhuma das alternativas anteriores

2.5 Em qualquer ponto do espaço, $\mathbf{a}_\phi \cdot \mathbf{a}_\theta = 1$.

(a) Verdadeiro

(b) Falso

2.6 Se $\mathbf{H} = 4\mathbf{a}_\rho - 3\mathbf{a}_\phi + 5\mathbf{a}_z$ em $(1, \pi/2, 0)$, a componente de $\mathbf{H}$ paralela à superfície $\rho = 1$ é:

(a) $4\mathbf{a}_\rho$

(b) $5\mathbf{a}_z$

(c) $-3\mathbf{a}_\phi$

(d) $-3\mathbf{a}_\phi + 5\mathbf{a}_z$

(e) $5\mathbf{a}_\phi + 3\mathbf{a}_z$

2.7 Dado $\mathbf{G} = 20\mathbf{a}_r + 50\mathbf{a}_\theta + 40\mathbf{a}_\phi$ em $(1, \pi/2, \pi/6)$, a componente de $\mathbf{G}$, perpendicular à superfície $\theta = \pi/2$, é:

(a) $20\mathbf{a}_r$

(b) $50\mathbf{a}_\theta$

(c) $40\mathbf{a}_\phi$

(d) $20\mathbf{a}_r + 40\mathbf{a}_\theta$

(e) $-40\mathbf{a}_r + 20\mathbf{a}_\phi$

2.8 A interseção entre as superfícies $\rho = 2$ e $z = 1$ é:

(a) um plano infinito

(b) um semiplano infinito

(c) um círculo

(d) um cilindro

(e) um cone

2.9 Relacione os itens da coluna da esquerda com os da coluna da direita. Cada resposta pode ser usada uma vez, mais de uma vez ou em nenhuma vez.

(a) $\theta = \pi/4$

(b) $\phi = 2\pi/3$

(c) $x = -10$

(d) $r = 1, \theta = \pi/3, \phi = \pi/2$

(e) $\rho = 5$

(f) $\rho = 3, \phi = 5\pi/3$

(g) $\rho = 10, z = 1$

(h) $r = 4, \phi = \pi/6$

(i) $r = 5, \theta = \pi/3$

(i) plano infinito

(ii) semiplano infinito

(iii) círculo

(iv) semicírculo

(v) linha reta

(vi) cone

(vii) cilindro

(viii) esfera

(ix) cubo

(x) ponto

2.10 Uma fatia é descrita por $z = 0$, $30° < \phi < 60°$. Qual das seguintes alternativas é incorreta?

(a) a fatia está no plano $x - y$

(b) é finita

(c) sobre a fatia, $0 < \rho < \infty$

(d) uma normal unitária à fatia é $\pm \mathbf{a}_z$

(e) a fatia não inclui nem o eixo x, nem o eixo y

Respostas: 2.1b; f; 2.2a; 2.3c; 2.4b; 2.5b; 2.6d; 2.7b; 2.8c; 2.9a-(vi), b-(ii), c-(i), d-(x), e-(vii), f-(v), g-(iii), h-(iv), i-(iii), 2.10b.

PROBLEMAS

2.1 Converta os seguintes pontos para coordenadas cartesianas:

(a) $P_1(5, 120°, 0)$

(b) $P_2(1, 30°, -10)$

(c) $P_3(10, 3\pi/4, \pi/2)$

(d) $P_4(3, 30°, 240°)$

2.2 Expresse os seguintes pontos em coordenadas cilíndricas e esféricas:

(a) $P(1, -4, -3)$

(b) $Q(3, 0, 5)$

(c) $R(-2, 6, 0)$

2.3 Prove o que segue:

(a) $\mathbf{a}_x \cdot \mathbf{a}_\rho = \cos \phi$

$\mathbf{a}_x \cdot \mathbf{a}_\phi = -\operatorname{sen} \phi$

$\mathbf{a}_y \cdot \mathbf{a}_\rho = \operatorname{sen} \phi$

$\mathbf{a}_y \cdot \mathbf{a}_\phi = \cos \phi$

(b) a matriz 3×3 na equação (2.15) é igual a

$$\begin{bmatrix} \mathbf{a}_x \cdot \mathbf{a}_\rho & \mathbf{a}_x \cdot \mathbf{a}_\phi & \mathbf{a}_x \cdot \mathbf{a}_z \\ \mathbf{a}_y \cdot \mathbf{a}_\rho & \mathbf{a}_y \cdot \mathbf{a}_\phi & \mathbf{a}_y \cdot \mathbf{a}_z \\ \mathbf{a}_z \cdot \mathbf{a}_\rho & \mathbf{a}_z \cdot \mathbf{a}_\phi & \mathbf{a}_z \cdot \mathbf{a}_z \end{bmatrix}$$

2.4 (a) Se $V = xz - xy + yz$, expresse V em coordenadas cilíndricas.

(b) Se $U = x^2 + 2y^2 + 3z^2$, expresse U em coordenadas esféricas.

2.5 Transforme os seguintes vetores em coordenadas cartesianas para coordenadas cilíndricas e esféricas:

(a) $\mathbf{P} = (y + z)\mathbf{a}_x$

(b) $\mathbf{Q} = y\mathbf{a}_x + xz\mathbf{a}_y + (x+y)\mathbf{a}_z$

(c) $\mathbf{T} = \left[\dfrac{x^2}{x^2 + y^2} - y^2\right]\mathbf{a}_x + \left[\dfrac{xy}{x^2 + y^2} + xy\right]\mathbf{a}_y + \mathbf{a}_z$

(d) $\mathbf{S} = \dfrac{y}{x^2 + y^2}\mathbf{a}_x - \dfrac{x}{x^2 + y^2}\mathbf{a}_y + 10\mathbf{a}_z$

2.6 Converta os seguintes vetores para os sistemas cilíndrico e esférico:

(a) $\mathbf{F} = \dfrac{x\mathbf{a}_x + y\mathbf{a}_y + 4\mathbf{a}_z}{\sqrt{x^2 + y^2 + z^2}}$

(b) $\mathbf{G} = (x^2 + y^2)\left[\dfrac{x\mathbf{a}_x}{\sqrt{x^2 + y^2 + z^2}} + \dfrac{y\mathbf{a}_y}{\sqrt{x^2 + y^2 + z^2}} + \dfrac{z\mathbf{a}_z}{\sqrt{x^2 + y^2 + z^2}}\right]$

2.7 Expresse os seguintes vetores em coordenadas cartesianas:

(a) $\mathbf{A} = (\rho^2 z^2 \cos^2\phi \operatorname{sen}\phi + \rho z \operatorname{sen}^2\phi)\mathbf{a}_\rho + (\rho z \operatorname{sen}\phi \cos\phi - \rho^2 z^2 \cos\phi \operatorname{sen}^2\phi)\mathbf{a}_\phi + \rho^2 \operatorname{sen}\phi \cos\phi \, \mathbf{a}_z$

(b) $\mathbf{B} = 6r^2 \operatorname{sen}\theta \cos\phi \, \mathbf{a}_r + 4r\cos\theta \operatorname{sen}\phi \, \mathbf{a}_\theta + r^3 \mathbf{a}_\phi$

2.8 Transforme os seguintes vetores para coordenadas cilíndricas e esféricas:

(a) $\mathbf{D} = (x + z)\mathbf{a}_y$

(b) $\mathbf{E} = (y^2 - x^2)\mathbf{a}_x + xyz \, \mathbf{a}_y \, (x^2 - z^2)\mathbf{a}_z$

2.9 Seja $\mathbf{H} = 3\mathbf{a}_x + 2\mathbf{a}_y - 4\mathbf{a}_z$

(a) expresse H em coordenadas cilíndricas;

(b) calcule H no ponto $P(2, 60°, -1)$.

2.10 (a) Expresse o campo vetorial

$$\mathbf{H} = xy^2 z \mathbf{a}_x + x^2 yz \mathbf{a}_y + xyz^2 \mathbf{a}_z$$

em coordenadas cilíndricas e esféricas.

(b) Tanto em sistemas de coordenadas cilíndricas quanto esféricas, determine H em $(3, -4, 5)$.

2.11 (a) Demonstre que a transformação de um ponto do sistema de coordenadas cilíndricas para o sistema de coordenadas esféricas é obtida usando:

$$r = \sqrt{\rho^2 + z^2}, \qquad \theta = \operatorname{tg}^{-1}\dfrac{\rho}{z}, \qquad \phi = \phi$$

ou

$$\rho = r \operatorname{sen}\theta, \; z = r\cos\theta, \; \phi = \phi$$

(b) Demonstre que a transformação de um vetor do sistema de coordenadas cilíndricas para o sistema de coordenadas esféricas é obtida usando:

$$\begin{bmatrix} A_r \\ A_\theta \\ A_\phi \end{bmatrix} = \begin{bmatrix} \operatorname{sen}\theta & 0 & \cos\theta \\ \cos\theta & 0 & -\operatorname{sen}\theta \\ 0 & 1 & 0 \end{bmatrix} \begin{bmatrix} A_\rho \\ A_\phi \\ A_z \end{bmatrix}$$

ou

$$\begin{bmatrix} A_\rho \\ A_\phi \\ A_z \end{bmatrix} = \begin{bmatrix} \operatorname{sen}\theta & \cos\theta & 0 \\ 0 & 0 & 1 \\ \cos\theta & -\operatorname{sen}\theta & 0 \end{bmatrix} \begin{bmatrix} A_r \\ A_\theta \\ A_\psi \end{bmatrix}$$

2.12 (a) Expresse o ponto $(8, -15, 12)$ em coordenadas esféricas.

(b) Transforme o vetor $\mathbf{F} = 2xy\mathbf{a}_x - x^2\mathbf{a}_y$ em coordenadas cilíndricas.

2.13 Dados dois pontos em coordenadas cilíndricas, $P(10, 60°, 2)$ e $Q(5, 30°, -4)$, determine a distância entre eles.

2.14 Calcule a distância entre os seguintes pares de pontos:

(a) $(2, 1, 5)$ e $(6, -1, 2)$

(b) $(3, \pi/2, -1)$ e $(5, 3\pi/2, 5)$

(c) $(10, \pi/4, 3\pi/4)$ e $(5, \pi/6, 7\pi/4)$

2.15 A transformação $(A_\rho, A_\phi, A_z) \to (A_x, A_y, A_z)$ na equação (2.15) não está completa. Complete-a expressando $\cos\phi$ e $\text{sen}\,\phi$ em termos de x, y e z. Faça o mesmo para a transformação $(A_r, A_\theta, A_\phi) \to (A_x, A_y, A_z)$ na equação (2.28).

*2.16 Considere $\mathbf{A} = \rho\cos\phi\,\mathbf{a}_\rho + z\,\text{sen}\,\phi\,\mathbf{a}_\phi - \rho z^2\mathbf{a}_z$ e $\mathbf{B} = r\,\text{sen}\,\theta\,\mathbf{a}_r + r^2\cos\theta\,\text{sen}\,\phi\,\mathbf{a}_\theta$, determine:

(a) $\mathbf{A}$ e $\mathbf{B}$ em $P(3, -2, 6)$

(b) a componente (em coordenadas esféricas) de $\mathbf{A}$ ao longo de $\mathbf{B}$, em P

(c) um vetor unitário (em coordenadas cilíndricas) perpendicular a ambos $\mathbf{A}$ e $\mathbf{B}$, em P

2.17 Se $\mathbf{A} = 5\mathbf{a}_\rho + 2\mathbf{a}_\phi - \mathbf{a}_z$ e $\mathbf{B} = \mathbf{a}_\rho - 3\mathbf{a}_\phi + 4\mathbf{a}_z$, determine:

(a) $\mathbf{A} \cdot \mathbf{B}$

(b) $\mathbf{A} \times \mathbf{B}$

(c) o ângulo entre $\mathbf{A}$ e $\mathbf{B}$

(d) o vetor unitário normal ao plano que contém ambos $\mathbf{A}$ e $\mathbf{B}$

(d) o vetor projeção de $\mathbf{A}$ em $\mathbf{B}$

2.18 Dado $\mathbf{G} = (x + y^2)\mathbf{a}_x + xz\mathbf{a}_y + (z^2 + zy)\mathbf{a}_z$, determine a componente vetorial de $\mathbf{G}$ ao longo de $\mathbf{a}_\phi$ no ponto $P(8, 30°, 60°)$. Sua resposta deve ser dada em coordenadas cartesianas.

2.19 Dados os pontos $P(3, -4, 2)$ e $Q(10, \pi/2, \pi/3)$, determine:

(a) as coordenadas cartesianas de Q

(b) as coordenadas esféricas de P

(c) a distância entre P e Q

2.20 Descreva a interseção entre as seguintes superfícies:

(a) $x = 2$, $y = 5$

(b) $x = 2$, $y = -1$, $z = 10$

(c) $r = 10$, $\theta = 30°$

(d) $\rho = 5$, $\phi = 40°$

(e) $\phi = 60°$, $z = 10$

(f) $r = 5$, $\phi = 90°$

*2.21 Se as componentes do vetor $\mathbf{F}$ no espaço são definidas por:

$$F_x = F\cos\alpha \qquad F_y = F\cos\beta \qquad F_z = F\cos\gamma$$

(a) expresse α, β e γ em termos de θ e $\varnothing$

(b) mostre que $\cos^2\alpha + \cos^2\beta + \cos^2\gamma = 1$.

---

* Um asterisco simples indica problemas de média dificuldade.

2.22 Seja

$$\mathbf{A} = \rho(z^2 - 1)\mathbf{a}_\rho - \rho z \cos\phi\, \mathbf{a}_\phi + \rho^2 z^2 \mathbf{a}_z$$

e

$$\mathbf{B} = r^2 \cos\phi\, \mathbf{a}_r + 2r \operatorname{sen}\theta\, \mathbf{a}_\phi$$

Calcule em $T(-3, 4, 1)$: (a) $\mathbf{A}$ e $\mathbf{B}$; (b) a componente vetorial de $\mathbf{A}$ ao longo de $\mathbf{B}$ em T, em coordenadas cilíndricas; (c) o vetor unitário perpendicular tanto a $\mathbf{A}$ quanto a $\mathbf{B}$ em T, em coordenadas esféricas.

2.23 Dados os vetores $\mathbf{A} = 2\mathbf{a}_x + 4\mathbf{a}_y + 10\mathbf{a}_z$ e $\mathbf{B} = -5\mathbf{a}_\rho + \mathbf{a}_\phi - 3\mathbf{a}_z$, determine:
(a) $\mathbf{A} + \mathbf{B}$ em $P(0, 2, -5)$;
(b) o ângulo entre $\mathbf{A}$ e $\mathbf{B}$ em P;
(c) a componente escalar de $\mathbf{A}$ ao longo de $\mathbf{B}$ em P.

2.24 Um campo vetorial em um "misto" de variáveis coordenadas é dado por

$$\mathbf{G} - \frac{x \cos\phi}{\rho}\mathbf{a}_x + \frac{2yz}{\rho^2} + \left(1 - \frac{x^2}{\rho^2}\right)\mathbf{a}_z$$

Expresse $\mathbf{G}$, de maneira completa, em um sistema esférico.

George Gabriel Stokes (1819-1903), matemático e físico, foi um dos maiores cientistas irlandeses de todos os tempos. Ele fez contribuições importantes às áreas de dinâmica dos fluidos, ótica e física matemática.

Nascido em Sligo, na Irlanda, como o filho caçula do reverendo Gabriel Stokes, George Stokes era um homem religioso. Em um dos seus livros, ele detalha sua visão de Deus e de sua relação com o mundo.

Embora a área básica de conhecimento de Stokes fosse a física, sua contribuição mais importante foi em mecânica dos fluidos, com sua descrição do movimento de fluidos viscosos. Atualmente, estas equações são conhecidas como equações de Navier-Stokes e são consideradas equações fundamentais. Stokes era um matemático, da área de matemática aplicada, que trabalhava em física e, como muitos de seus predecessores, expandiu sua atuação para outros ramos da matemática, enquanto desenvolvia sua própria especialidade.

Seus artigos em física e matemática foram publicados em cinco volumes. A muitas descobertas atribuiu-se o nome dele. Por exemplo, o Teorema de Stokes, que será discutido neste capítulo, reduz, em casos especiais, integrais de superfície a integrais de linha.

Carl Friedrich Gauss (1777-1855), matemático, astrônomo e físico alemão, é considerado um dos maiores matemáticos de todos os tempos devido à sua vasta gama de contribuições.

Nascido em Brunswick, Alemanha, como filho único de pais iletrados, Gauss foi um prodígio de surpreendente sagacidade. Aos três anos de idade, além de começar a ler sozinho, Gauss aprendeu aritmética por conta própria. Em 1792, reconhecendo o talento do jovem, o Duque de Brunswick concedeu a Gauss um salário para que ele pudesse se dedicar à sua educação. Antes do seu vigésimo quinto aniversário, Gauss já era famoso por seus trabalhos em matemática e astronomia. Aos 30 anos, tornou-se diretor do Observatório de Göttingen. Lá trabalhou por 47 anos até sua morte, quase aos 78. Ele nunca encontrou matemáticos que colaborassem e trabalhou sozinho durante a maior parte de sua vida, envolvido em uma atividade científica admiravelmente rica. Ele manteve-se dedicado às investigações práticas e teóricas em vários ramos da ciência, incluindo as seguintes atividades e temas: observações astronômicas, mecânica celeste, geodésia, capilaridade, geomagnetismo, eletromagnetismo, ciências atuariais e ótica. Em 1833, construiu o primeiro telégrafo. Ele publicou mais de 150 trabalhos e fez contribuições importantes a quase todas as áreas da matemática. Por essa razão, frequentemente ele é chamado de o "príncipe da matemática". Entre as descobertas de C.F. Gauss está o método dos mínimos quadrados, a distribuição gaussiana, a quadratura gaussiana, o teorema da divergência (discutido neste capítulo), a lei de Gauss (discutida no Capítulo 5), o Teorema de Gauss-Markov e a eliminação de Gauss-Jordan. Gauss foi um homem muito religioso e conservador. Ele dominou a comunidade matemática durante sua vida e, também, após sua morte.

CAPÍTULO 3

CÁLCULO VETORIAL

"Não se preocupe com as suas dificuldades em Matemática. Eu posso lhe assegurar que as minhas são ainda maiores."

— ALBERT EINSTEIN

3.1 INTRODUÇÃO

O Capítulo 1 trata principalmente de soma, subtração e multiplicação vetoriais em coordenadas cartesianas. O Capítulo 2 estende esses conceitos para outros sistemas de coordenadas. Este capítulo trata do cálculo vetorial (integração e diferenciação de vetores).

Os conceitos introduzidos neste capítulo fornecem uma linguagem conveniente para expressar certas concepções fundamentais em Eletromagnetismo ou em Matemática em geral. Um estudante pode não se sentir familiarizado com esses conceitos, a princípio – não enxergando "para que servem". Tal estudante deve ser orientado a se concentrar em aprender as técnicas matemáticas e esperar por suas aplicações nos capítulos subsequentes.

3.2 COMPRIMENTO, ÁREA E VOLUME DIFERENCIAIS

O elementos diferenciais de comprimento, área e volume são úteis em cálculo vetorial. Eles são definidos nos sistemas de coordenadas cartesiano, cilíndrico e esférico.

A. Sistemas de coordenadas cartesianas

Da Figura 3.1, observa-se que o deslocamento diferencial $d\mathbf{l}$ é o vetor do ponto $S(x, y, z)$ ao ponto $B(x + dx, y + dy, z + dz)$.

1. O deslocamento diferencial é dado por:

$$d\mathbf{l} = dx\,\mathbf{a}_x + dy\,\mathbf{a}_y + dz\,\mathbf{a}_z \tag{3.1}$$

2. A área diferencial normal é dada por:

$$\begin{aligned} d\mathbf{S} &= dy\,dz\,\mathbf{a}_x \\ &\quad dx\,dz\,\mathbf{a}_y \\ &\quad dz\,dy\,\mathbf{a}_z \end{aligned} \tag{3.2}$$

e está ilustrada na Figura 3.2.

3. O volume diferencial é dado por:

$$dv = dx\,dy\,dz \tag{3.3}$$

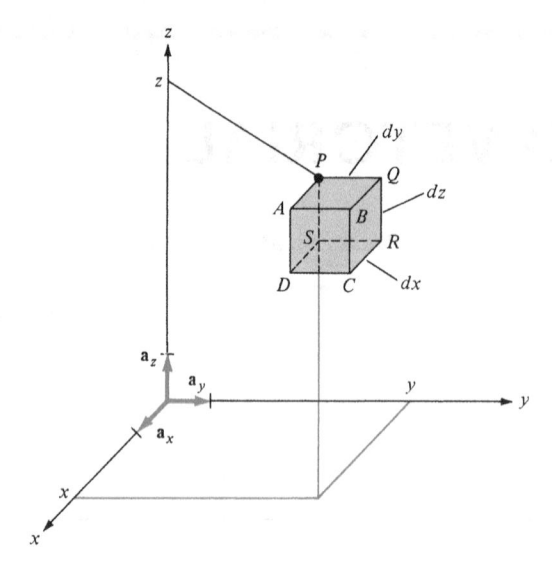

FIGURA 3.1 Elementos diferenciais no sistema de coordenadas cartesiano dextrógiro.

Esses elementos diferenciais são muito importantes, uma vez que eles serão referidos várias vezes ao longo deste livro. O estudante é estimulado não a memorizá-los, mas a aprender como eles são obtidos, a partir das Figuras 3.1 e 3.2. Observe, das equações (3.1) a (3.3), que $d\mathbf{l}$ e $d\mathbf{S}$ são vetores, enquanto dv é um escalar. Observe, da Figura 3.1, que, se nos deslocamos do ponto P até Q (ou de Q até P), por exemplo, $d\mathbf{l} = dy\, \mathbf{a}_y$, visto que estamos nos deslocando segundo a orientação y. Se nos deslocamos de Q para S (ou de S para Q), $d\mathbf{l} = dy\, \mathbf{a}_y + dz\, \mathbf{a}_z$, visto que temos que nos deslocar dy ao longo de y, dz ao longo de z e $dx = 0$ (não há movimento ao longo de x). De maneira similar, deslocar-se de D até Q significa que $d\mathbf{l} = dx\, \mathbf{a}_x + dy\, \mathbf{a}_y + dz\, \mathbf{a}_z$.

O modo como $d\mathbf{S}$ é definido é importante. O elemento de superfície (ou de área) diferencial $d\mathbf{S}$ pode, em geral, ser definido como:

$$d\mathbf{S} = dS\, \mathbf{a}_n \qquad (3.4)$$

onde dS é a área do elemento de superfície e $\mathbf{a}_n$ é o vetor unitário normal à superfície dS (e orientado para fora do volume se dS é parte de uma superfície que limita esse volume). Se considerarmos a superfície $ABCD$ na Figura 3.1, por exemplo, $d\mathbf{S} = dy\, dz\, \mathbf{a}_x$, enquanto que para a superfície $PQRS$, $d\mathbf{S} = -dy\, dz\, \mathbf{a}_x$, porque $\mathbf{a}_n = -\mathbf{a}_x$ é normal à $PQRS$.

O que é importante lembrar a respeito de elementos diferenciais é como expressar $d\mathbf{l}$ e, a partir dele, como obter $d\mathbf{S}$ e dv. Tendo $d\mathbf{l}$, $d\mathbf{S}$ e dv podem ser facilmente encontrados a partir dele. Por exemplo, $d\mathbf{S}$ ao longo de $\mathbf{a}_x$ pode ser obtido a partir de $d\mathbf{l}$ na equação (3.1) multiplicando as componentes de $d\mathbf{l}$ ao longo de $\mathbf{a}_y$ e de $\mathbf{a}_z$; isto é, $dy\, dz\, \mathbf{a}_x$. De maneira similar, $d\mathbf{S}$ ao longo de $\mathbf{a}_z$ é

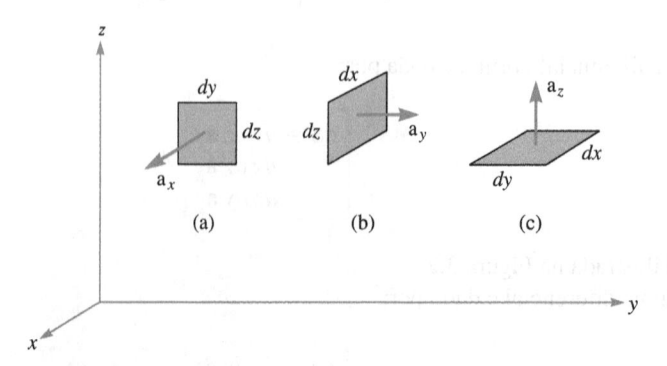

FIGURA 3.2 A área diferencial normal em coordenadas cartesianas: (**a**) $d\mathbf{S} = dy\, dz\, \mathbf{a}_x$, (**b**) $d\mathbf{S} = dx\, dz\, \mathbf{a}_y$, (**c**) $d\mathbf{S} = dx\, dy\, \mathbf{a}_z$

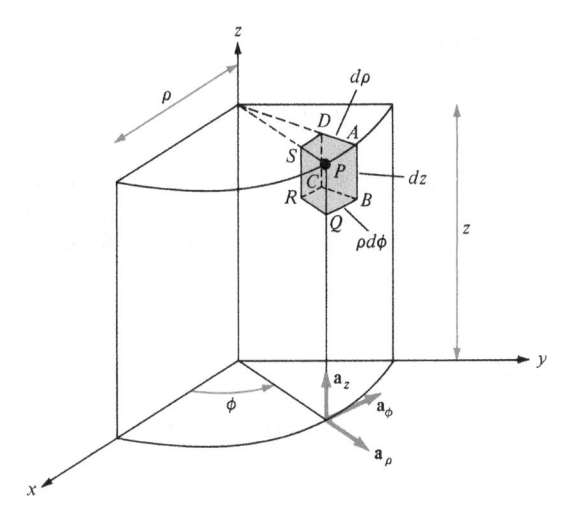

FIGURA 3.3 Elementos vetoriais em coordenadas cilíndricas.

o produto das componentes de $d\mathbf{l}$ ao longo de $\mathbf{a}_x$ e $\mathbf{a}_y$; isto é, $dx\,dy\,\mathbf{a}_z$. Da mesma forma, dv pode ser obtido a partir de $d\mathbf{l}$ como o produto das três componentes de $d\mathbf{l}$; isto é, $dx\,dy\,dz$. O procedimento desenvolvido aqui para coordenadas cartesianas será, em seguida, estendido para outros sistemas de coordenadas.

B. Sistemas de coordenadas cilíndricas

Observe da Figura 3.3 que, em coordenadas cilíndricas, os elementos diferenciais podem ser obtidos como segue:

1. O deslocamento diferencial é dado por

$$d\mathbf{l} = d\rho\,\mathbf{a}_\rho + \rho\,d\phi\,\mathbf{a}_\phi + dz\,\mathbf{a}_z \tag{3.5}$$

2. A área diferencial normal é dada por

$$d\mathbf{S} = \rho\,d\phi\,dz\,\mathbf{a}_\rho \\ d\rho\,dz\,\mathbf{a}_\phi \\ \rho\,d\phi\,d\rho\,\mathbf{a}_z \tag{3.6}$$

conforme ilustrado na Figura 3.4.

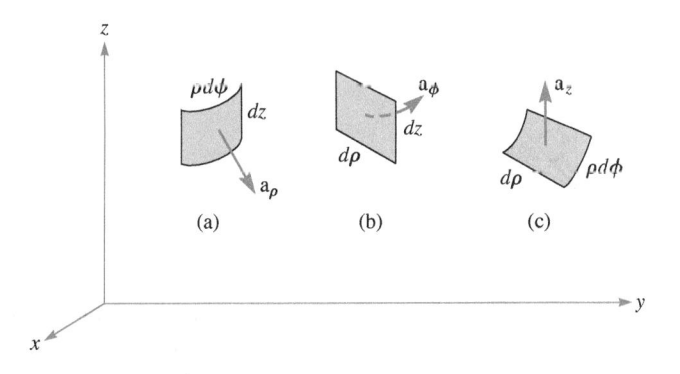

FIGURA 3.4 Áreas diferenciais normais em coordenadas cilíndricas: (**a**) $d\mathbf{S} = \rho\,d\phi\,dz\,\mathbf{a}_\rho$, (**b**) $d\mathbf{S} = d\rho\,dz\,\mathbf{a}_\phi$, (**c**) $d\mathbf{S} = \rho\,d\rho\,d\phi\,\mathbf{a}_z$.

3. O volume diferencial é dado por

$$dv = \rho\, d\rho\, d\phi\, dz \tag{3.7}$$

Conforme mencionado na seção anterior sobre coordenadas cartesianas, só precisamos ter $d\mathbf{l}$; $d\mathbf{S}$ e dv podem ser obtidos facilmente a partir de $d\mathbf{l}$. Por exemplo, $d\mathbf{S}$ ao longo de $\mathbf{a}_z$ é o produto das componentes de $d\mathbf{l}$ ao longo de $\mathbf{a}_\rho$ e $\mathbf{a}_\phi$; isto é, $d\rho\, \rho\, d\phi\, \mathbf{a}_z$. Da mesma forma, dv é o produto das três componentes de $d\mathbf{l}$; isto é, $d\rho\, \rho\, d\phi\, dz$.

C. Sistemas de coordenadas esféricas

Da Figura 3.5, os elementos diferenciais, em coordenadas esféricas podem ser obtidas como segue:

1. O deslocamento diferencial é:

$$d\mathbf{l} = dr\, \mathbf{a}_r + r\, d\theta\, \mathbf{a}_\theta + r\operatorname{sen}\theta\, d\phi\, \mathbf{a}_\phi \tag{3.8}$$

2. A área diferencial normal é:

$$\begin{aligned}d\mathbf{S} = {}& r^2 \operatorname{sen}\theta\, d\theta\, d\phi\, \mathbf{a}_r \\ & r\operatorname{sen}\theta\, dr\, d\phi\, \mathbf{a}_\theta \\ & r\, dr\, d\theta\, \mathbf{a}_\phi\end{aligned} \tag{3.9}$$

conforme ilustrado na Figura 3.6.

3. O volume diferencial é:

$$dv = r^2 \operatorname{sen}\theta\, dr\, d\theta\, d\phi \tag{3.10}$$

Novamente, só precisamos ter $d\mathbf{l}$, de onde $d\mathbf{S}$ e dv são facilmente obtidos. Por exemplo, $d\mathbf{S}$ ao longo de $\mathbf{a}_\theta$ é obtido como o produto das componentes de $d\mathbf{l}$ ao longo de $\mathbf{a}_r$ e $\mathbf{a}_\phi$; isto é, $dr \cdot r \operatorname{sen}\theta\, d\phi$; enquanto dv é o produto das três componentes de $d\mathbf{l}$; isto é, $dr \cdot r\, d\theta \cdot r \operatorname{sen}\theta\, d\phi$.

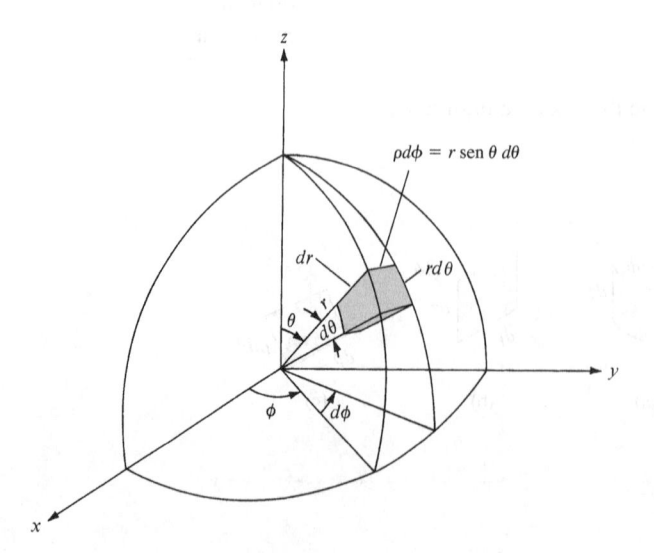

FIGURA 3.5 Elementos diferenciais no sistema de coordenadas esférico.

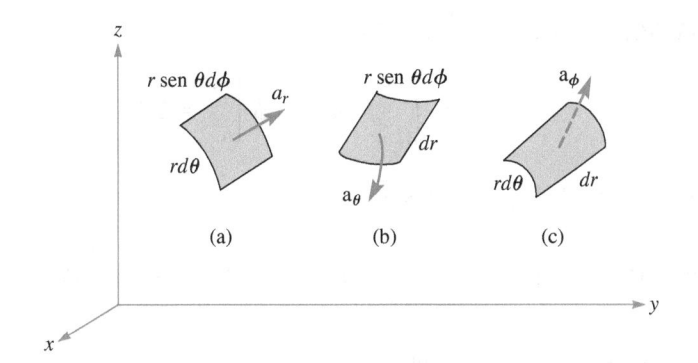

FIGURA 3.6 As áreas diferenciais normais em coordenadas esféricas: (**a**) $d\mathbf{S} = r^2 \operatorname{sen} \theta\, d\theta\, d\phi\, \mathbf{a}_r$, (**b**) $d\mathbf{S} = r \operatorname{sen} \theta\, dr\, d\phi\, \mathbf{a}_\phi$, (**c**) $d\mathbf{S} = r\, dr\, d\theta\, \mathbf{a}_\phi$.

EXEMPLO 3.1

Considere o objeto mostrado na Figura 3.7. Determine:
(a) a distância BC
(b) a distância CD
(c) a superfície $ABCD$
(d) a superfície ABO
(e) a superfície $AOFD$
(f) o volume $ABDCFO$

Solução:

Embora os pontos A, B, C e D sejam dados em coordenadas cartesianas, é óbvio que o objeto tem simetria cilíndrica. Assim, resolveremos o problema em coordenadas cilíndricas. Os pontos são convertidos do sistema cartesiano para o sistema cilíndrico como segue:

$$A(5, 0, 0) \to A(5, 0°, 0)$$

$$B(0, 5, 0) \to B\left(5, \frac{\pi}{2}, 0\right)$$

$$C(0, 5, 10) \to C\left(5, \frac{\pi}{2}, 10\right)$$

$$D(5, 0, 10) \to D(5, 0°, 10)$$

(a) Ao longo de BC, $dl = dz$; assim,

$$BC = \int dl = \int_0^{10} dz = 10$$

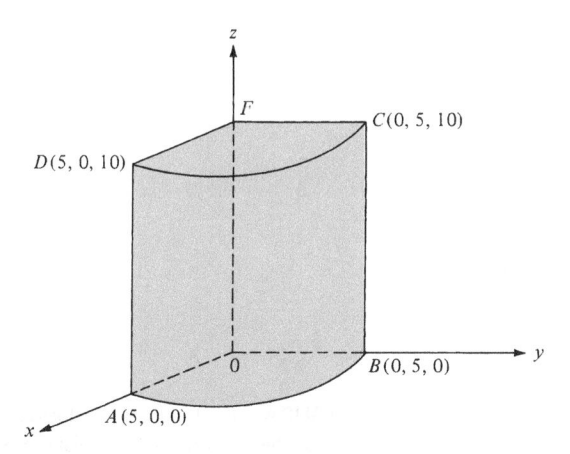

FIGURA 3.7 Referente ao Exemplo 3.1.

(b) Ao longo de BC, $dl = \rho \, d\phi$ e $\rho = 5$, então

$$CD = \int_0^{\pi/2} \rho \, d\phi = 5\phi \Big|_0^{\pi/2} = 2{,}5\pi$$

(c) Para ABCD, $dS = \rho \, d\phi \, dz$, $\rho = 5$. Assim,

$$\text{área } ABCD = \int dS = \int_{\phi=0}^{\pi/2} \int_{z=0}^{10} \rho \, d\phi \, dz = 5 \int_0^{\pi/2} d\phi \int_0^{10} dz \Big|_{\rho=5} = 25\pi$$

(d) Para ABO, $dS = \rho \, d\phi \, d\rho$, e $z = 0$, então

$$\text{área } ABO = \int_{\phi=0}^{\pi/2} \int_{\rho=0}^{5} \rho \, d\phi \, d\rho = \int_0^{\pi/2} d\phi \int_0^{5} \rho \, d\rho = 6{,}25\pi$$

(e) Para AOFD, $dS = d\rho \, dz$ e $\phi = 0°$, então

$$\text{área } AOFD = \int_{\rho=0}^{5} \int_{z=0}^{10} d\rho \, dz = 50$$

(f) Para o volume ABDCFO, $dv = \rho \, d\phi \, dz \, d\rho$. Portanto,

$$v = \int dv = \int_{\rho=0}^{5} \int_{\phi=0}^{\pi/2} \int_{z=0}^{10} \rho \, d\phi \, dz \, d\rho = \int_0^{10} dz \int_0^{\pi/2} d\phi \int_0^{5} \rho \, d\rho = 62{,}5\pi$$

EXERCÍCIO PRÁTICO 3.1

Referente à Figura 3.8. Desconsidere os comprimentos diferenciais e imagine que o objeto é parte de uma casca esférica. Isto pode ser descrito como $3 \leq r \leq 5$, $60° \leq \theta \leq 90°$, $45° \leq \phi \leq 60°$, onde a superfície $r = 3$ é delimitada por AEHD, superfície $\theta = 60°$ é AEFB e a superfície $\phi = 45°$ é ABCD. Determine:

(a) a distância DH
(b) a distância FG
(c) a área da superfície AEHD
(d) a área da superfície ABDC
(e) o volume do objeto

Resposta: (a) 0,7854; (b) 2,618; (c) 1,179; (d) 4,189; (e) 4,276.

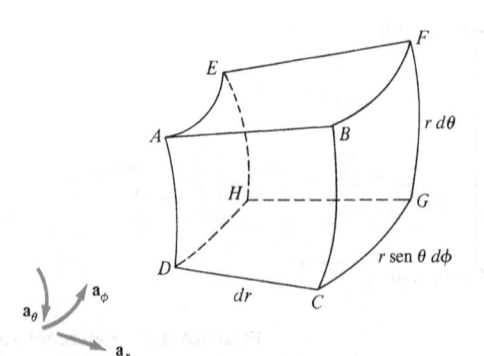

FIGURA 3.8 Referente ao Exercício Prático 3.1 (e também à questão de revisão 3.3).

3.3 INTEGRAIS DE LINHA, DE SUPERFÍCIE E DE VOLUME

O conceito de integração com que estamos familiarizados agora será estendido aos casos em que o integrando envolve um vetor. Por linha entendemos um caminho ao longo de uma curva no espaço. Utilizaremos os termos *linha*, *curva* e *contorno* alternadamente.

> A **integral** de **linha** $\int_L \mathbf{A} \cdot d\mathbf{l}$ é a integral da componente tangencial de **A** ao longo da curva *L*.

Dado um campo vetorial **A** e uma cuva *L*, definimos a integral

$$\int_L \mathbf{A} \cdot d\mathbf{l} = \int_a^b |\mathbf{A}| \cos\theta \, dl \tag{3.11}$$

como a *integral de linha* de **A** em torno de *L* (veja Figura 3.9). Se o caminho de integração é uma curva fechada, tal como *abca* na Figura 3.9, a equação (3.11) torna-se uma integral de linha fechada

$$\oint_L \mathbf{A} \cdot d\mathbf{l} \tag{3.12}$$

que é denominada a *circulação* de **A** em torno de *L*.

Dado um campo vetorial **A**, contínuo em uma região contendo uma curva suave *S*, definimos a *integral de superfície*, ou o *fluxo* de **A** através de *S* (veja Figura 3.10), como:

$$\Psi = \int_S |\mathbf{A}| \cos\theta \, dS = \int_S \mathbf{A} \cdot \mathbf{a}_n \, dS$$

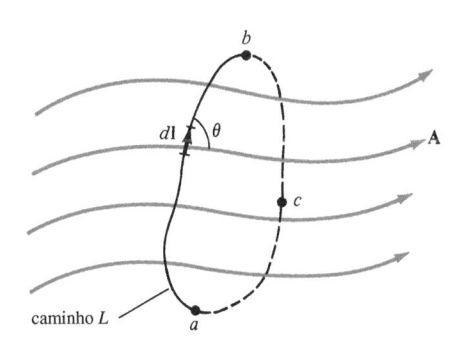

FIGURA 3.9 Caminho de integração do campo vetorial **A**.

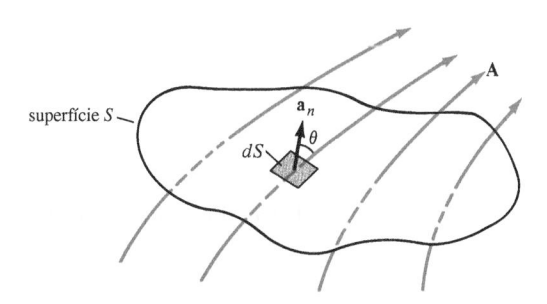

FIGURA 3.10 O fluxo de um campo vetorial **A** através da superfície *S*.

ou simplesmente

$$\Psi = \int_S \mathbf{A} \cdot d\mathbf{S} \quad (3.13)$$

onde, em qualquer ponto sobre S, $\mathbf{a}_n$ é o vetor unitário normal a S. Para uma superfície fechada (definindo um volume), a equação (3.13) torna-se

$$\Psi = \oint_S \mathbf{A} \cdot d\mathbf{S} \quad (3.14)$$

que é referido como o *fluxo líquido* de $\mathbf{A}$ *que sai* de S. Observe que o caminho fechado define uma superfície aberta, enquanto uma superfície fechada define um volume (veja Figuras 3.12 e 3.17).

Definimos a integral

$$\int_v \rho_v \, dv \quad (3.15)$$

como a *integral de volume* do escalar ρ_v sobre o volume v. O significado físico de uma integral de linha, de superfície ou de volume depende da natureza das quantidades físicas representadas por $\mathbf{A}$ ou por ρ_v. Observe que $d\mathbf{l}$, $d\mathbf{S}$ e dv são definidos como na Seção 3.2.

EXEMPLO 3.2 Dado $\mathbf{F} = x^2\mathbf{a}_x - xz\mathbf{a}_y - y^2\mathbf{a}_z$ determine a circulação F em torno do caminho (fechado) mostrado na Figura 3.11.

Solução:

A circulação de $\mathbf{F}$ em torno de L é dada por

$$\oint_L \mathbf{F} \cdot d\mathbf{l} = \left(\int_① + \int_② + \int_③ + \int_④ \right) \mathbf{F} \cdot d\mathbf{l}$$

na qual o caminho é particionado nos segmentos numerados de 1 a 4, como mostrado na Figura 3.11.

Para o segmento ①, $y = 0 = z$

$$\mathbf{F} = -y^2\mathbf{a}_z, \quad d\mathbf{l} = dx\,\mathbf{a}_x$$

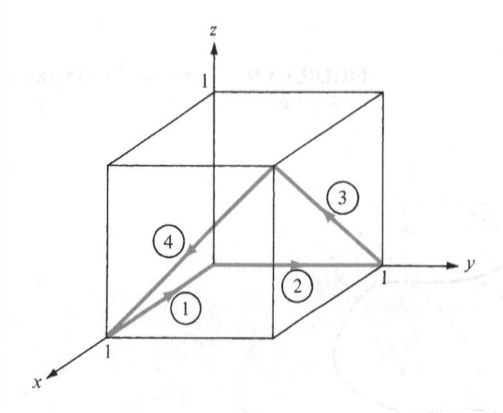

FIGURA 3.11 Referente ao Exemplo 3.2.

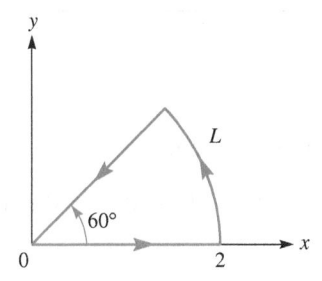

FIGURA 3.12 Referente ao Exercício 3.2, *L* é um caminho fechado.

Note que *d*l é sempre considerado ao longo de $+\mathbf{a}_x$, de forma que a orientação do segmento 1 é dada pelos limites de integração. Também, já que *d*l está orientado em $\mathbf{a}_x$, somente a componente $\mathbf{a}_x$ do vetor **F** será integrada, devido a definição do produto ponto. Portanto,

$$\int_1 \mathbf{F} \cdot d\mathbf{l} = \int_1^0 x^2 dx = \frac{x^3}{3}\bigg|_1^0 = -\frac{1}{3}$$

Para o segmento ②, $x = 0 = z$, $\mathbf{F} = -y^2\,\mathbf{a}_z$, $d\mathbf{l} = dy\,\mathbf{a}_y$, $\mathbf{F} \cdot d\mathbf{l} = 0$. Assim,

$$\int_② \mathbf{F} \cdot d\mathbf{l} = 0$$

Para o segmento ③, $y = 1$, $\mathbf{F} = x^2\mathbf{a}_x - xz\mathbf{a}_y - \mathbf{a}_z$ e $d\mathbf{l} = dx\,\mathbf{a}_x + dz\,\mathbf{a}_z$, então

$$\int_③ \mathbf{F} \cdot d\mathbf{l} = \int (x^2 dx - dz)$$

Porém, sobre ③, $z = x$; isto é, $dx = dz$. Assim,

$$\int_③ \mathbf{F} \cdot d\mathbf{l} = \int_0^1 (x^2 - 1)\,dx = \frac{x^3}{3} - x\bigg|_0^1 = -\frac{2}{3}$$

Para o segmento ④, $x = 1$, então $\mathbf{F} = \mathbf{a}_x - z\mathbf{a}_y - y^2\mathbf{a}_z$ e $d\mathbf{l} = dy\,\mathbf{a}_y + dz\,\mathbf{a}_z$. Assim,

$$\int_④ \mathbf{F} \cdot d\mathbf{l} = \int (-z\,dy - y^2 dz)$$

Porém, sobre ④, $z = y$; isto é, $dz = dy$, então

$$\int_④ \mathbf{F} \cdot d\mathbf{l} = \int_1^0 (-y - y^2)\,dy = -\frac{y^2}{2} - \frac{y^3}{3}\bigg|_1^0 = \frac{5}{6}$$

Agrupando as expressões anteriores, obtemos:

$$\oint_L \mathbf{F} \cdot d\mathbf{l} = -\frac{1}{3} + 0 - \frac{2}{3} + \frac{5}{6} = -\frac{1}{6}$$

> **EXERCÍCIO PRÁTICO 3.2**
>
> Calcule a circulação de
>
> $$\mathbf{A} = \rho \cos \phi \, \mathbf{a}_\rho + z \, \text{sen} \, \phi \, \mathbf{a}_z$$
>
> em torno da borda L da fatia definida por $0 \leq \rho \leq 2, 0 \leq \phi \leq 60°$, $z = 0$ e mostrada na Figura 3.12.
>
> **Resposta:** 1.

3.4 O OPERADOR *DEL**

O operador *del*, escrito ∇, é o operador diferencial com caráter vetorial. Em coordenadas cartesianas:

$$\nabla = \frac{\partial}{\partial x} \mathbf{a}_x + \frac{\partial}{\partial y} \mathbf{a}_y + \frac{\partial}{\partial z} \mathbf{a}_z \tag{3.16}$$

Esse operador diferencial, também conhecido como *operador gradiente*, não é um vetor em si mesmo, mas, quando opera sobre uma função escalar, por exemplo, resulta em um vetor. O operador é útil para definir:

1. o gradiente de um campo escalar V, escrito como ∇V;
2. o divergente de um campo vetorial $\mathbf{A}$, escrito como $\nabla \cdot \mathbf{A}$;
3. o rotacional de um campo vetorial $\mathbf{A}$, escrito como $\nabla \times \mathbf{A}$;
4. o laplaciano de um campo escalar V, escrito como $\nabla^2 V$.

Cada uma dessas operações será definida, em detalhe, nas seções subsequentes. Antes de fazê-lo, é conveniente obter expressões para o operador *del* (∇) em coordenadas cilíndricas e esféricas. Isso é facilmente obtido utilizando as fórmulas de conversão das Seções 2.3 e 2.4.

Para obter ∇ em termos de ρ, ϕ e z, lembremos da equação (2.7) que[1]

$$\rho = \sqrt{x^2 + y^2}, \qquad \text{tg} \, \phi = \frac{y}{x}$$

Assim,

$$\frac{\partial}{\partial x} = \cos \phi \frac{\partial}{\partial \rho} - \frac{\text{sen} \, \phi}{\rho} \frac{\partial}{\partial \phi} \tag{3.17}$$

$$\frac{\partial}{\partial y} = \text{sen} \, \phi \frac{\partial}{\partial \rho} + \frac{\cos \phi}{\rho} \frac{\partial}{\partial \phi} \tag{3.18}$$

Substituindo as equações (3.17) e (3.18) na equação (3.16) e fazendo uso da equação (2.9), obtemos ∇ em coordenadas cilíndricas:

$$\nabla = \mathbf{a}_\rho \frac{\partial}{\partial \rho} + \mathbf{a}_\phi \frac{1}{\rho} \frac{\partial}{\partial \phi} + \mathbf{a}_z \frac{\partial}{\partial z} \tag{3.19}$$

---

[1] Um modo mais geral de obter ∇, $\nabla \cdot \mathbf{A}$, $\nabla \times \mathbf{A}$, ∇V e $\nabla^2 V$ é utilizando coordenadas curvilíneas. Veja, por exemplo, M. R. Spiegel, *Vector Analysis and an Introduction to Tensor Analysis*. New York: McGraw-Hill, 1959, p. 135–165.

* N. de T.: Também conhecido como operador *nabla*.

De maneira similar, para obter ∇ em termos de r, θ e ϕ, utilizamos

$$r = \sqrt{x^2 + y^2 + z^2}, \quad \operatorname{tg}\theta = \frac{\sqrt{x^2 + y^2}}{z}, \quad \operatorname{tg}\phi = \frac{y}{x}$$

Para obter

$$\frac{\partial}{\partial x} = \operatorname{sen}\theta \cos\phi \frac{\partial}{\partial r} + \frac{\cos\theta \cos\phi}{r}\frac{\partial}{\partial \theta} - \frac{\operatorname{sen}\phi}{\rho}\frac{\partial}{\partial \phi} \tag{3.20}$$

$$\frac{\partial}{\partial y} = \operatorname{sen}\theta \operatorname{sen}\phi \frac{\partial}{\partial r} + \frac{\cos\theta \operatorname{sen}\phi}{r}\frac{\partial}{\partial \theta} + \frac{\cos\phi}{\rho}\frac{\partial}{\partial \phi} \tag{3.21}$$

$$\frac{\partial}{\partial z} = \cos\theta \frac{\partial}{\partial r} - \frac{\operatorname{sen}\theta}{r}\frac{\partial}{\partial \theta} \tag{3.22}$$

Substituindo as equações (3.20) a (3.22) na equação (3.16) e usando a equação (2.23), obtém-se ∇ em coordenadas esféricas:

$$\boxed{\nabla = \mathbf{a}_r \frac{\partial}{\partial r} + \mathbf{a}_\theta \frac{1}{r}\frac{\partial}{\partial \theta} + \mathbf{a}_\phi \frac{1}{r\operatorname{sen}\theta}\frac{\partial}{\partial \phi}} \tag{3.23}$$

Observe que, nas equações (3.19) e (3.23), os vetores unitários são colocados à esquerda dos operadores diferenciais porque os vetores unitários dependem dos ângulos.

3.5 GRADIENTE DE UM CAMPO ESCALAR

> O **gradiente** de um campo escalar V é um vetor que representa a magnitude e a orientação da máxima taxa espacial de variação de V.

Uma expressão matemática para o gradiente pode ser obtida calculando-se a diferença no campo dV entre os pontos P_1 e P_2 da Figura 3.13, em que V_1, V_2 e V_3 são contornos sobre os quais V é constante. Desse cálculo,

$$\begin{aligned} dV &= \frac{\partial V}{\partial x}dx + \frac{\partial V}{\partial y}dy + \frac{\partial V}{\partial z}dz \\ &= \left(\frac{\partial V}{\partial x}\mathbf{a}_x + \frac{\partial V}{\partial y}\mathbf{a}_y + \frac{\partial V}{\partial z}\mathbf{a}_z\right) \cdot (dx\,\mathbf{a}_x + dy\,\mathbf{a}_y + dz\,\mathbf{a}_z) \end{aligned} \tag{3.24}$$

Por conveniência, seja

$$\mathbf{G} = \frac{\partial V}{\partial x}\mathbf{a}_x + \frac{\partial V}{\partial y}\mathbf{a}_y + \frac{\partial V}{\partial z}\mathbf{a}_z \tag{3.25}$$

Então,

$$dV = \mathbf{G} \cdot d\mathbf{l} = G\cos\theta\,dl$$

ou

$$\frac{dV}{dl} = G\cos\theta \tag{3.26}$$

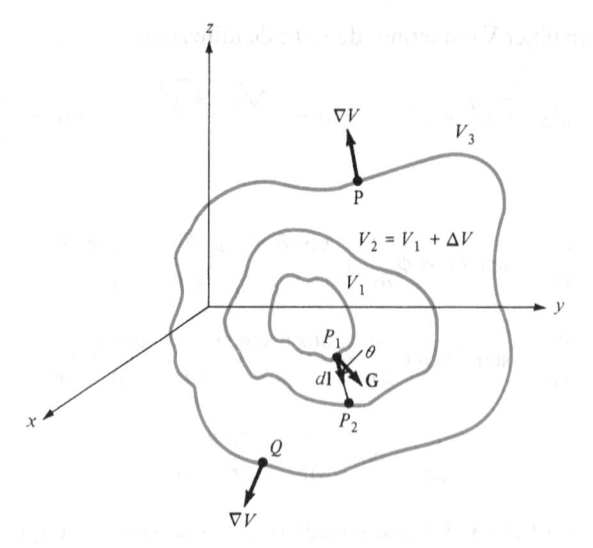

FIGURA 3.13 Gradiente de um campo escalar.

onde $d\mathbf{l}$ é o deslocamento diferencial de P_1 até P_2 e θ é o ângulo entre $\mathbf{G}$ e $d\mathbf{l}$. Da equação (3.26) observamos que dV/dl é um máximo quando $\theta = 0$; isto é, quando $d\mathbf{l}$ está com a mesma orientação de $\mathbf{G}$. Assim,

$$\left.\frac{dV}{dl}\right|_{\max} = \frac{dV}{dn} = G \qquad (3.27)$$

onde dV/dn é a derivada normal. Portanto, $\mathbf{G}$ tem sua magnitude e orientação coincidindo com a máxima taxa de variação de V. Por definição, $\mathbf{G}$ é o gradiente de V. Portanto:

$$\operatorname{grad} V = \nabla V = \frac{\partial V}{\partial x}\mathbf{a}_x + \frac{\partial V}{\partial y}\mathbf{a}_y + \frac{\partial V}{\partial z}\mathbf{a}_z \qquad (3.28)$$

Ao usar a equação (3.28) em combinação com as equações (3.16), (3.19) e (3.23), o gradiente de V pode ser expresso em coordenadas cartesianas, cilíndricas e esféricas. Em coordenadas cartesianas,

$$\boxed{\nabla V = \frac{\partial V}{\partial x}\mathbf{a}_x + \frac{\partial V}{\partial y}\mathbf{a}_y + \frac{\partial V}{\partial z}\mathbf{a}_z}$$

Em coordenadas cilíndricas,

$$\boxed{\nabla V = \frac{\partial V}{\partial \rho}\mathbf{a}_\rho + \frac{1}{\rho}\frac{\partial V}{\partial \phi}\mathbf{a}_\phi + \frac{\partial V}{\partial z}\mathbf{a}_z} \qquad (3.29)$$

Em coordenadas esféricas,

$$\boxed{\nabla V = \frac{\partial V}{\partial r}\mathbf{a}_r + \frac{1}{r}\frac{\partial V}{\partial \theta}\mathbf{a}_\theta + \frac{1}{r\,\operatorname{sen}\theta}\frac{\partial V}{\partial \phi}\mathbf{a}_\phi} \qquad (3.30)$$

As seguintes relações envolvendo gradiente, que são facilmente comprovadas, devem ser destacadas:

(i) $\nabla(V + U) = \nabla V + \nabla U$ \hfill (3.31a)

(ii) $\nabla(VU) = V\nabla U + U\nabla V$ \hfill (3.31b)

(iii) $\nabla\left[\dfrac{V}{U}\right] = \dfrac{U\nabla V - V\nabla U}{U^2}$ (3.31c)

(iv) $\nabla V^n = nV^{n-1}\nabla V$ (3.31d)

onde U e V são escalares e n é um inteiro.

Observe também as seguintes propriedades fundamentais do gradiente de um campo escalar V:

1. A magnitude de ∇V é igual à máxima taxa de variação de V por unidade de distância;
2. ∇V aponta na orientação da máxima taxa de variação de V;
3. ∇V, em qualquer ponto, é perpendicular à superfície de V constante que passa através desse ponto (veja pontos P e Q na Figura 3.13);
4. A projeção (ou componente) de ∇V na orientação de um vetor unitário **a** é $\nabla V \cdot \mathbf{a}$ e é denominada de *derivada direcional* de V ao longo de **a**. Essa é a taxa de variação de V segundo a orientação de **a**. Por exemplo, dV/dl na equação (3.26) é a derivada direcional de V ao longo de P_1P_2 na Figura 3.13. Portanto, o gradiente de uma função escalar V fornece tanto a orientação segundo a qual V varia mais rapidamente, quanto a magnitude da máxima derivada direcional de V;
5. Se $\mathbf{A} = \nabla V$, V é denominado o potencial escalar de **A**.

EXEMPLO 3.3

Determine o gradiente dos seguintes campos escalares:
(a) $V = e^{-z}\,\mathrm{sen}\,2x\,\cosh y$
(b) $U = \rho^2 z \cos 2\phi$
(c) $W = 10r\,\mathrm{sen}^2\theta \cos\phi$

Solução:

(a) $\nabla V = \dfrac{\partial V}{\partial x}\mathbf{a}_x + \dfrac{\partial V}{\partial y}\mathbf{a}_y + \dfrac{\partial V}{\partial z}\mathbf{a}_z$

$= 2e^{-z}\cos 2x \cosh y\,\mathbf{a}_x + e^{-z}\mathrm{sen}\,2x\,\mathrm{senh}\,y\,\mathbf{a}_y - e^{-z}\mathrm{sen}\,2x\,\cosh y\,\mathbf{a}_z$

(b) $\nabla U = \dfrac{\partial U}{\partial \rho}\mathbf{a}_\rho + \dfrac{1}{\rho}\dfrac{\partial U}{\partial \phi}\mathbf{a}_\phi + \dfrac{\partial U}{\partial z}\mathbf{a}_z$

$= 2\rho z \cos 2\phi\,\mathbf{a}_\rho - 2\rho z\,\mathrm{sen}\,2\phi\,\mathbf{a}_\phi + \rho^2 \cos 2\phi\,\mathbf{a}_z$

(c) $\nabla W = \dfrac{\partial W}{\partial r}\mathbf{a}_r + \dfrac{1}{r}\dfrac{\partial W}{\partial \theta}\mathbf{a}_\theta + \dfrac{1}{r\,\mathrm{sen}\,\theta}\dfrac{\partial W}{\partial \phi}\mathbf{a}_\phi$

$= 10\,\mathrm{sen}^2\theta \cos\phi\,\mathbf{a}_r + 10\,\mathrm{sen}\,2\theta \cos\phi\,\mathbf{a}_\theta - 10\,\mathrm{sen}\,\theta\,\mathrm{sen}\,\phi\,\mathbf{a}_\phi$

EXERCÍCIO PRÁTICO 3.3

Determine o gradiente dos seguintes campos escalares:
(a) $U = x^2y + xyz$
(b) $V = \rho z\,\mathrm{sen}\,\phi + z^2\cos^2\phi + \rho^2$
(c) $f = \cos\theta\,\mathrm{sen}\,\phi \ln r + r^2\phi$

Respostas: (a) $y(2x + z)\mathbf{a}_x + x(x + z)\mathbf{a}_y + xy\mathbf{a}_z$

(b) $(z\,\mathrm{sen}\,\phi + 2\rho)\mathbf{a}_\rho + \left(z\cos\phi - \dfrac{z^2}{\rho}\mathrm{sen}\,2\phi\right)\mathbf{a}_\phi +$

$(\rho\,\mathrm{sen}\,\phi + 2z\cos^2\phi)\mathbf{a}_z$

(continua)

(continuação)

(c) $\left(\dfrac{\cos\theta\,\text{sen}\,\phi}{r} + 2r\phi\right)\mathbf{a}_r - \dfrac{\text{sen}\,\theta\,\text{sen}\,\phi}{r}\ln r\,\mathbf{a}_\theta +$
$\left(\dfrac{\cotg\theta}{r}\cos\phi\ln r + r\cossec\theta\right)\mathbf{a}_\phi$

EXEMPLO 3.4

Dado $W = x^2y^2 + xyz$, determine ∇W e a derivada direcional dW/dl segundo a orientação dada por $3\mathbf{a}_x + 4\mathbf{a}_y + 12\mathbf{a}_z$ em $(2, -1, 0)$.

Solução:

$$\nabla W = \frac{\partial W}{\partial x}\mathbf{a}_x + \frac{\partial W}{\partial y}\mathbf{a}_y + \frac{\partial W}{\partial z}\mathbf{a}_z$$
$$= (2xy^2 + yz)\mathbf{a}_x + (2x^2y + xz)\mathbf{a}_y + (xy)\mathbf{a}_z$$

Em $(2, -1, 0)$: $\nabla W = 4\mathbf{a}_x - 8\mathbf{a}_y - 2\mathbf{a}_z$
Assim,

$$\frac{dW}{dl} = \nabla W \cdot \mathbf{a}_l = (4, -8, -2) \cdot \frac{(3, 4, 12)}{13} = -\frac{44}{13}$$

EXERCÍCIO PRÁTICO 3.4

Dado $\Phi = xy + yz + xz$, determine o gradiente Φ no ponto $(1, 2, 3)$ e a derivada direcional de Φ no mesmo ponto, orientada em direção ao ponto $(3, 4, 4)$.

Resposta: $5\mathbf{a}_x + 4\mathbf{a}_y + 3\mathbf{a}_z$, 7.

EXEMPLO 3.5

Determine o ângulo segundo o qual a linha $x = y = 2z$ intercepta o elipsoide $x^2 + y^2 + 2z^2 = 10$.

Solução:

Suponha que a linha e o elipsoide se encontrem segundo um ângulo ψ, como mostrado na Figura 3.14. Na linha $x = y = 2z$ para dois incrementos unitários ao longo de z, há um incremento unitário ao longo de x e um incremento unitário ao longo de y. Portanto, a linha pode ser representada por

$$\mathbf{r}(\lambda) = 2\lambda\mathbf{a}_x + 2\lambda\mathbf{a}_y + \lambda\mathbf{a}_z$$

onde λ é um parâmetro. Onde a linha e o elipsoide se encontram,

$$(2\lambda)^2 + (2\lambda)^2 + 2\lambda^2 = 10 \rightarrow \lambda = \pm 1$$

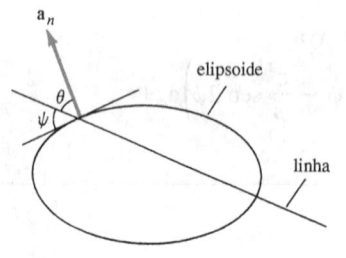

FIGURA 3.14 Referente ao Exemplo 3.5; plano de interseção de uma linha com um elipsoide.

Considerando $\lambda = 1$ nesse caso, o ponto de interseção é $(x, y, z) = (2, 2, 1)$. Neste ponto, $\mathbf{r} = 2\mathbf{a}_x + 2\mathbf{a}_y + \mathbf{a}_z$.

A superfície do elipsoide é definida por

$$f(x, y, z) = x^2 + y^2 + 2z^2 - 10$$

O gradiente de f é

$$\nabla f = 2x\,\mathbf{a}_x + 2y\,\mathbf{a}_y + 4z\,\mathbf{a}_z$$

Em (2,2,1), $\nabla f = 4\mathbf{a}_x + 4\mathbf{a}_y + 4\mathbf{a}_z$. Assim, um vetor unitário normal ao elipsoide no ponto de interseção é:

$$\mathbf{a}_n = \pm \frac{\nabla f}{|\nabla f|} = \pm \frac{\mathbf{a}_x + \mathbf{a}_y + \mathbf{a}_z}{\sqrt{3}}$$

Escolhendo o sinal positivo nesse caso, o ângulo entre $\mathbf{a}_n$ e $\mathbf{r}$ é dado por

$$\cos \theta = \frac{\mathbf{a}_n \cdot \mathbf{r}}{|\mathbf{a}_n \cdot \mathbf{r}|} = \frac{2+2+1}{\sqrt{3}\sqrt{9}} = \frac{5}{3\sqrt{3}} = \operatorname{sen} \psi$$

Assim, $\psi = 74{,}21°$. Como λ e $\mathbf{a}_n$ podem ser $+$ ou $-$, temos, na realidade, quatro possibilidades de ângulos, dados por sen $\psi = \pm 5/(3\sqrt{3})$.

EXERCÍCIO PRÁTICO 3.5

Calcule o ângulo entre as normais às superfícies $x^2 y + z = 3$ e $x \log z - y^2 = -4$ no ponto de interseção $(-1, 2, 1)$.

Resposta: $73{,}4°$.

3.6 DIVERGÊNCIA DE UM CAMPO VETORIAL E TEOREMA DA DIVERGÊNCIA

Na Seção 3.3, observamos que o fluxo líquido de um campo vetorial **A** que flui para fora de uma superfície fechada S é obtido da integral $\oint \mathbf{A} \cdot d\mathbf{S}$. Definiremos, então, a divergência de **A** como o fluxo líquido que flui para fora de uma superfície incremental fechada, por unidade de volume encerrado pela superfície.

> A **divergência** de **A** em um dado ponto P é o fluxo que *sai*, por unidade de volume, à medida que o volume se reduz à zero em torno de P.

Assim,

$$\operatorname{div} \mathbf{A} = \nabla \cdot \mathbf{A} = \lim_{\Delta v \to 0} \frac{\oint_S \mathbf{A} \cdot d\mathbf{S}}{\Delta v} \tag{3.32}$$

onde Δv é o volume encerrado pela superfície fechada S na qual P está localizado. Fisicamente, podemos considerar a divergência de um campo vetorial **A**, em um dado ponto, como uma medida de quanto o campo diverge ou emana desse ponto. A Figura 3.15(a) mostra que a divergência de um campo vetorial em um ponto P é positiva porque o vetor diverge (ou se "espalha" a partir de) em P.

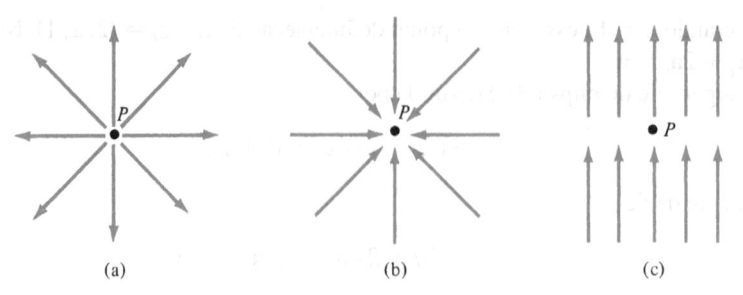

FIGURA 3.15 Ilustração da divergência de um campo vetorial P: (**a**) divergência positiva, (**b**) divergência negativa, (**c**) divergência zero.

Na Figura 3.15(b) um campo vetorial tem divergência negativa (ou convergência) em P e, na Figura 3.15(c), um campo vetorial tem divergência zero em P. A divergência de um campo vetorial pode ser vista simplesmente como o limite da intensidade da fonte de campo por unidade de volume (ou densidade da fonte); é positiva em um ponto-fonte e negativa em um ponto-sumidouro, ou zero em um ponto nem sumidouro nem fonte.

Podemos obter uma expressão para $\nabla \cdot \mathbf{A}$, em coordenadas cartesianas, a partir da definição na equação (3.32). Suponhamos que se queira calcular a divergência de um campo vetorial $\mathbf{A}$ em um ponto $P(x_o, y_o, z_o)$, considerando que esse ponto esteja encerrado em uma superfície fechada com um volume diferencial como na Figura 3.16. A integral de superfície na equação (3.32) é obtida da seguinte forma:

$$\oint_S \mathbf{A} \cdot d\mathbf{S} = \left(\iint_{\text{frente}} + \iint_{\text{trás}} + \iint_{\text{esquerda}} + \iint_{\text{direita}} + \iint_{\text{superior}} + \iint_{\text{inferior}} \right) \mathbf{A} \cdot d\mathbf{S} \qquad (3.33)$$

Uma expansão de A_x em série de Taylor, em três dimensões, em torno de P, é

$$A_x(x, y, z) = A_x(x_o, y_o, z_o) + (x - x_o) \left. \frac{\partial A_x}{\partial x} \right|_P + (y - y_o) \left. \frac{\partial A_x}{\partial y} \right|_P$$

$$+ (z - z_o) \left. \frac{\partial A_x}{\partial z} \right|_P + \text{termos de ordem superior} \qquad (3.34)$$

Para a face anterior, $x = x_o + dx/2$ e $d\mathbf{S} = dy\, dz\, \mathbf{a}_x$. Então,

$$\iint_{\text{frente}} \mathbf{A} \cdot d\mathbf{S} = dy\, dz \left[A_x(x_o, y_o, z_o) + \frac{dx}{2} \left. \frac{\partial A_x}{\partial x} \right|_P \right] + \text{termos de ordem superior}$$

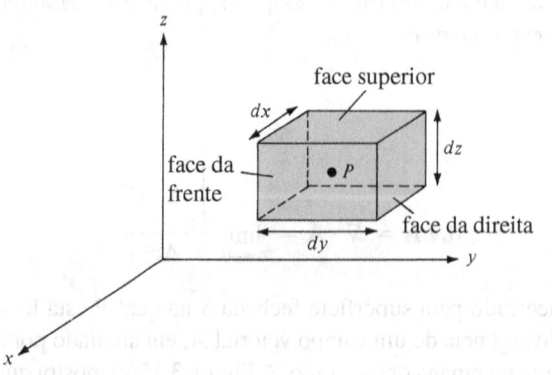

FIGURA 3.16 Cálculo de $\nabla \cdot \mathbf{A}$ no ponto $P(x_o, y_o, z_o)$.

Para a face posterior, $x = x_o - dx/2$, $d\mathbf{S} = dy\, dz(-\mathbf{a}_x)$. Então,

$$\iint_{\text{atrás}} \mathbf{A} \cdot d\mathbf{S} = -dy\, dz \left[A_x(x_o, y_o, z_o) - \frac{dx}{2} \frac{\partial A_x}{\partial x}\bigg|_P \right] + \text{termos de ordem superior}$$

Assim,

$$\iint_{\text{frente}} \mathbf{A} \cdot d\mathbf{S} + \iint_{\text{trás}} \mathbf{A} \cdot d\mathbf{S} = dx\, dy\, dz \frac{\partial A_x}{\partial x}\bigg|_P + \text{termos de ordem superior} \qquad (3.35)$$

Seguindo passos semelhantes, obtemos

$$\iint_{\text{esquerda}} \mathbf{A} \cdot d\mathbf{S} + \iint_{\text{direita}} \mathbf{A} \cdot d\mathbf{S} = dx\, dy\, dz \frac{\partial A_y}{\partial y}\bigg|_P + \text{termos de ordem superior} \qquad (3.36)$$

e

$$\iint_{\text{superior}} \mathbf{A} \cdot d\mathbf{S} + \iint_{\text{inferior}} \mathbf{A} \cdot d\mathbf{S} = dx\, dy\, dz \frac{\partial A_z}{\partial z}\bigg|_P + \text{termos de ordem superior} \qquad (3.37)$$

Substituindo as equações (3.35) a (3.37) na equação (3.33), observando que $\nabla v = dx\, dy\, dz$, obtemos

$$\lim_{\Delta v \to 0} \frac{\oint_S \mathbf{A} \cdot d\mathbf{S}}{\Delta v} = \left(\frac{\partial A_x}{\partial x} + \frac{\partial A_y}{\partial y} + \frac{\partial A_z}{\partial z} \right)\bigg|_{\text{em } P} \qquad (3.38)$$

porque os termos de ordem superior desaparecem à medida que $\nabla v \to 0$. Portanto a divergência de $\mathbf{A}$ em um ponto $P(x_o, y_o, z_o)$ em um sistema de coordenadas cartesiano é dada por

$$\boxed{\nabla \cdot \mathbf{A} = \frac{\partial A_x}{\partial x} + \frac{\partial A_y}{\partial y} + \frac{\partial A_z}{\partial z}} \qquad (3.39)$$

Expressões similares para $\nabla \cdot \mathbf{A}$ em outro sistema de coordenadas, podem ser diretamente obtidas da equação (3.32) ou pela transformação da equação (3.39) para um sistema de coordenadas apropriado. Em coordenadas cilíndricas, substituindo as equações (2.15), (3.17) e (3.18) na equação (3.39) obtém-se:

$$\boxed{\nabla \cdot \mathbf{A} = \frac{1}{\rho} \frac{\partial}{\partial \rho}(\rho A_\rho) + \frac{1}{\rho} \frac{\partial A_\phi}{\partial \phi} + \frac{\partial A_z}{\partial z}} \qquad (3.40)$$

Substituindo as equações (2.28) e (3.20) a (3.22) na equação (3.39), obtemos a divergência de $\mathbf{A}$ em coordenadas esféricas:

$$\boxed{\nabla \cdot \mathbf{A} = \frac{1}{r^2} \frac{\partial}{\partial r}(r^2 A_r) + \frac{1}{r\,\text{sen}\,\theta} \frac{\partial}{\partial \theta}(A_\theta\,\text{sen}\,\theta) + \frac{1}{r\,\text{sen}\,\theta} \frac{\partial A_\phi}{\partial \phi}} \qquad (3.41)$$

Observe as seguintes propriedades da divergência de um campo vetorial:

1. resulta em um campo escalar (porque envolve um produto escalar);
2. $\nabla \cdot (\mathbf{A} + \mathbf{B}) = \nabla \cdot \mathbf{A} + \nabla \cdot \mathbf{B}$
3. $\nabla \cdot (V\mathbf{A}) = V\nabla \cdot \mathbf{A} + \mathbf{A} \cdot \nabla V$

A partir da definição da divergência de **A** na equação (3.32), não é difícil compreender que

$$\oint_S \mathbf{A} \cdot d\mathbf{S} = \int_v \nabla \cdot \mathbf{A} \, dv \tag{3.42}$$

Esse é o chamado *teorema da divergência*, também conhecido como *teorema de Gauss-Otrogradsky*.

> O **teorema da divergência** estabelece que o fluxo total de um campo vetorial **A** que sai de uma superfície *fechada* S é igual à integral de volume da divergência de **A**.

Para demonstrar o teorema da divergência, subdividimos o volume v em um grande número de pequenas células. Se a k-ésima célula tem volume ∇v_k e é limitada por uma superfície S_k

$$\oint_S A \cdot d\mathbf{S} = \sum_k \oint_{S_k} \mathbf{A} \cdot d\mathbf{S} = \sum_k \frac{\oint_{S_k} \mathbf{A} \cdot d\mathbf{S}}{\Delta v_k} \Delta v_k \tag{3.43}$$

Já que o fluxo para fora de uma célula invade as células vizinhas, há cancelamento em cada superfície interna, tal que a soma das integrais de superfície sobre as S_k's é igual a integral de superfície sobre S. Tomando o limite do lado direito da equação (3.43) e incorporando a equação (3.32):

$$\oint_S \mathbf{A} \cdot d\mathbf{S} = \int_v \nabla \cdot \mathbf{A} \, dv \tag{3.44}$$

que é o teorema da divergência. O teorema se aplica em qualquer volume v limitado pela superfície fechada S, tal como mostrado na Figura 3.17, desde que se considere **A** e $\nabla \cdot \mathbf{A}$ funções contínuas na região. Com um pouco de experiência, ficará evidente que o cálculo das integrais de volume, no lado direito de equação (3.42), é mais fácil que o das integrais de superfície, no lado esquerdo da equação. Por essa razão, para determinar o fluxo de **A** através de uma superfície fechada, determinamos o lado direito da equação (3.42), e não o lado esquerdo.

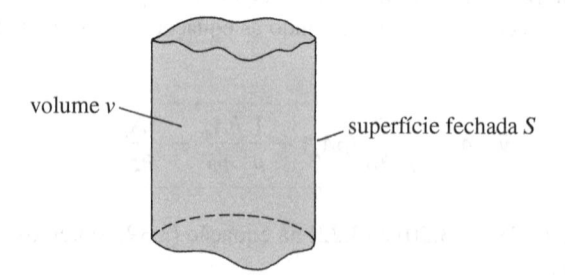

FIGURA 3.17 Volume v limitado pela superfície S.

EXEMPLO 3.6

Determine a divergência dos seguintes campos vetoriais:
(a) $\mathbf{P} = x^2 yz \, \mathbf{a}_x + xz \, \mathbf{a}_z$
(b) $\mathbf{Q} = \rho \operatorname{sen} \phi \, \mathbf{a}_\rho + \rho^2 z \, \mathbf{a}_\phi + z \cos \phi \, \mathbf{a}_z$
(c) $\mathbf{T} = \dfrac{1}{r^2} \cos \theta \, \mathbf{a}_r + r \operatorname{sen} \theta \cos \phi \, \mathbf{a}_\theta + \cos \theta \, \mathbf{a}_\phi$

Solução:

(a) $\nabla \cdot \mathbf{P} = \dfrac{\partial}{\partial x} P_x + \dfrac{\partial}{\partial y} P_y + \dfrac{\partial}{\partial z} P_z$

$\quad = \dfrac{\partial}{\partial x}(x^2 yz) + \dfrac{\partial}{\partial y}(0) + \dfrac{\partial}{\partial z}(xz)$

$\quad = 2xyz + x$

(b) $\nabla \cdot \mathbf{Q} = \dfrac{1}{\rho}\dfrac{\partial}{\partial \rho}(\rho Q_\rho) + \dfrac{1}{\rho}\dfrac{\partial}{\partial \phi} Q_\phi + \dfrac{\partial}{\partial z} Q_z$

$\quad = \dfrac{1}{\rho}\dfrac{\partial}{\partial \rho}(\rho^2 \operatorname{sen}\phi) + \dfrac{1}{\rho}\dfrac{\partial}{\partial \phi}(\rho^2 z) + \dfrac{\partial}{\partial z}(z\cos\phi)$

$\quad = 2\operatorname{sen}\phi + \cos\phi$

(c) $\nabla \cdot \mathbf{T} = \dfrac{1}{r^2}\dfrac{\partial}{\partial r}(r^2 T_r) + \dfrac{1}{r\operatorname{sen}\theta}\dfrac{\partial}{\partial \theta}(T_\theta \operatorname{sen}\theta) + \dfrac{1}{r\operatorname{sen}\theta}\dfrac{\partial}{\partial \phi}(T_\phi)$

$\quad = \dfrac{1}{r^2}\dfrac{\partial}{\partial r}(\cos\theta) + \dfrac{1}{r\operatorname{sen}\theta}\dfrac{\partial}{\partial \theta}(r\operatorname{sen}^2\theta \cos\phi) + \dfrac{1}{r\operatorname{sen}\theta}\dfrac{\partial}{\partial \phi}(\cos\theta)$

$\quad = 0 + \dfrac{1}{r\operatorname{sen}\theta} 2r\operatorname{sen}\theta\cos\theta\cos\phi + 0$

$\quad = 2\cos\theta\cos\phi$

EXERCÍCIO PRÁTICO 3.6

Determine a divergência dos seguintes campos vetoriais e os calcule nos pontos especificados.

(a) $\mathbf{A} = yz\mathbf{a}_x + 4xy\mathbf{a}_y + y\mathbf{a}_z$ em $(1, -2, 3)$
(b) $\mathbf{B} = \rho z \operatorname{sen}\phi \, \mathbf{a}_\rho + 3\rho z^2 \cos\phi \, \mathbf{a}_\phi$ em $(5, \pi/2, 1)$
(c) $\mathbf{C} = 2r\cos\theta\cos\phi \, \mathbf{a}_r + r^{1/2}\mathbf{a}_\phi$ em $(1, \pi/6, \pi/3)$

Resposta: (a) $4x$, 4; (b) $(2-3z)z\operatorname{sen}\phi$, -1; (c) $6\cos\theta\cos\phi$, 2,598.

EXEMPLO 3.7

Se $\mathbf{G}(r) = 10e^{-2x}(\rho\mathbf{a}_\rho + \mathbf{a}_z)$, determine o fluxo de $\mathbf{G}$ para fora de toda superfície de um cilindro $\rho = 1, 0 \le z \le 1$. Confira o resultado utilizando o teorema da divergência.

Solução:

Se ψ é o fluxo de $\mathbf{G}$ através da superfície, mostrado na Figura 3.18, então

$$\Psi = \oint_s \mathbf{G} \cdot d\mathbf{S} = \Psi_t + \Psi_b + \Psi_s$$

onde Ψ_t, Ψ_b e Ψ_s são os fluxos através da tampa superior, da tampa inferior e da superfície lateral do cilindro, como mostrado na Figura 3.18.

Para Ψ_t, $z = 1$, $d\mathbf{S} = \rho d\rho \, d\phi \, \mathbf{a}_z$. Assim,

$$\Psi_t = \iint \mathbf{G} \cdot d\mathbf{S} = \int_{\rho=0}^{1}\int_{\phi=0}^{2\pi} 10e^{-2}\rho \, d\rho \, d\phi = 10e^{-2}(2\pi)\dfrac{\rho^2}{2}\bigg|_0^1$$

$$= 10\pi e^{-2}$$

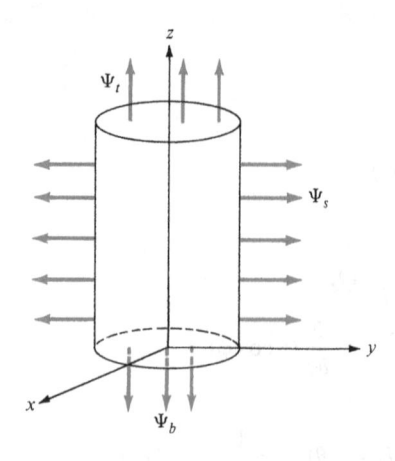

FIGURA 3.18 Referente ao Exemplo 3.7.

Para Ψ_b, $z = 0$ e $d\mathbf{S} = \rho\, d\rho\, d\phi(-\mathbf{a}_z)$. Assim,

$$\Psi_b = \int_b \mathbf{G} \cdot d\mathbf{S} = \int_{\rho=0}^{1} \int_{\phi=0}^{2\pi} 10e^0 \rho\, d\rho\, d\phi = -10(2\pi)\frac{\rho^2}{2}\bigg|_0^1$$
$$= -10\pi$$

Para Ψ_s, $\rho = 1$, $d\mathbf{S}\, \rho\, dz\, d\phi\, \mathbf{a}_\rho$. Assim,

$$\Psi_s = \int_s \mathbf{G} \cdot d\mathbf{S} = \int_{z=0}^{1} \int_{\phi=0}^{2\pi} 10e^{-2z}\rho^2\, dz\, d\phi = 10(1)^2(2\pi)\frac{e^{-2z}}{-2}\bigg|_0^1$$
$$= 10\pi(1 - e^{-2})$$

Então,

$$\Psi = \Psi_t + \Psi_b + \Psi_s = 10\pi e^{-2} - 10\pi + 10\pi(1 - e^{-2}) = 0$$

De outra forma, já que S é uma superfície fechada, podemos aplicar o teorema da divergência:

$$\Psi = \oint_S \mathbf{G} \cdot d\mathbf{S} = \int_v (\nabla \cdot \mathbf{G})\, dv$$

No entanto,

$$\nabla \cdot \mathbf{G} = \frac{1}{\rho}\frac{\partial}{\partial \rho}(\rho G_\rho) + \frac{1}{\rho}\frac{\partial}{\partial \phi}G_\phi + \frac{\partial}{\partial z}G_z$$
$$= \frac{1}{\rho}\frac{\partial}{\partial \rho}(\rho^2 10 e^{-2z}) - 20e^{-2z}$$
$$= \frac{1}{\rho}(20\rho e^{-2z}) - 20e^{-2z} = 0$$

demonstrando que $\mathbf{G}$ não tem fonte. Assim,

$$\Psi = \int_v (\nabla \cdot \mathbf{G})\, dv = 0$$

> **EXERCÍCIO PRÁTICO 3.7**
>
> Determine o fluxo $\mathbf{D} = \rho^2 \cos^2\phi\, \mathbf{a}_\rho + z\, \text{sen}\,\phi\, \mathbf{a}_\phi$ sobre a superfície fechada do cilindro $0 \leq z \leq 1, \rho = 4$. Verique o teorema da divergência para esse caso.
>
> **Resposta:** 64π.

3.7 ROTACIONAL DE UM CAMPO VETORIAL E TEOREMA DE STOKES

Na Seção 3.3, definimos a circulação de um campo vetorial $\mathbf{A}$ em torno de um caminho fechado L como a integral $\oint_L \mathbf{A} \cdot d\mathbf{l}$.

> O **rotacional** de $\mathbf{A}$ é um vetor axial (ou girante), cuja magnitude é a máxima circulação de $\mathbf{A}$ por unidade de área, à medida que a área tende a zero, e cuja orientação é perpendicular a essa área, quando a mesma está orientada de modo a se obter a máxima circulação.[2]

Isto é,

$$\text{rot}\,\mathbf{A} = \nabla \times \mathbf{A} = \left(\lim_{\Delta S \to 0} \frac{\oint_L \mathbf{A} \cdot d\mathbf{l}}{\Delta S}\right)_{\text{máx}} \mathbf{a}_n \tag{3.45}$$

onde a área ΔS é limitada pela curva L e $\mathbf{a}_n$ é o vetor unitário normal à superfície ΔS e é determinado utilizando a regra da mão direita.

Para obter uma expressão para $\nabla \times \mathbf{A}$, a partir da definição na equação (3.45), considere a área diferencial no plano yz como na Figura 3.19. A integral de linha na equação (3.45) é obtida da seguinte forma:

$$\oint_L \mathbf{A} \cdot d\mathbf{l} = \left(\int_{ab} + \int_{bc} + \int_{cd} + \int_{da}\right) \mathbf{A} \cdot d\mathbf{l} \tag{3.46}$$

Expandindo as componentes de campo com uma série de Taylor em torno do ponto central $P(x_o, y_o, z_o)$, como na equação (3.34), resolve-se a equação (3.46). No lado ab, $d\mathbf{l} = dy\, \mathbf{a}_y$ e $z = z_o - dz/2$, então:

$$\int_{ab} \mathbf{A} \cdot d\mathbf{l} = dy \left[A_y(x_o, y_o, z_o) - \frac{dz}{2} \left.\frac{\partial A_y}{\partial z}\right|_P \right] \tag{3.47}$$

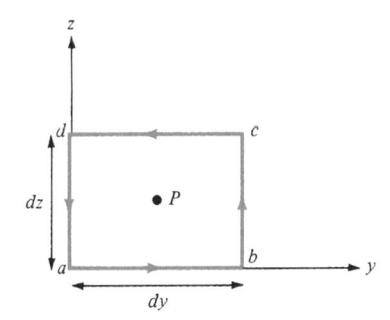

FIGURA 3.19 Contorno usado para determinar a componente x de $\nabla \times \mathbf{A}$ no ponto $P(x_o, y_o, z_o)$.

---

[2] Devido à natureza rotacional, alguns autores utilizam o termo rot $\mathbf{A}$ para designar o rotacional de $\mathbf{A}$.

No lado bc, $d\mathbf{l} = dz\,\mathbf{a}_z$ e $y = y_o + dy/2$, então

$$\int_{bc} \mathbf{A} \cdot d\mathbf{l} = dz \left[A_z(x_o, y_o, z_o) + \frac{dy}{2} \frac{\partial A_z}{\partial y} \bigg|_P \right] \tag{3.48}$$

No lado cd, $d\mathbf{l} = dy\,\mathbf{a}_y$ e $z = z_o + dz/2$, então

$$\int_{cd} \mathbf{A} \cdot d\mathbf{l} = -dy \left[A_y(x_o, y_o, z_o) + \frac{dz}{2} \frac{\partial A_y}{\partial z} \bigg|_P \right] \tag{3.49}$$

No lado da, $d\mathbf{l} = dz\,\mathbf{a}_z$ e $y = y_o + dy/2$, então

$$\int_{da} \mathbf{A} \cdot d\mathbf{l} = -dz \left[A_z(x_o, y_o, z_o) - \frac{dy}{2} \frac{\partial A_z}{\partial y} \bigg|_P \right] \tag{3.50}$$

Substituindo as equações (3.47) a (3.50) na equação (3.46), e observando que $\Delta S = dy\,dz$, temos que

$$\lim_{\Delta S \to 0} \oint_L \frac{\mathbf{A} \cdot d\mathbf{l}}{\Delta S} = \frac{\partial A_z}{\partial y} - \frac{\partial A_y}{\partial z}$$

ou

$$(\text{rot}\,\mathbf{A})_x = \frac{\partial A_z}{\partial y} - \frac{\partial A_y}{\partial z} \tag{3.51}$$

As componentes x e y do rotacional de $\mathbf{A}$ podem ser encontradas da mesma maneira. Obtemos:

$$(\text{rot}\,\mathbf{A})_y = \frac{\partial A_x}{\partial z} - \frac{\partial A_z}{\partial x} \tag{3.52a}$$

$$(\text{rot}\,\mathbf{A})_z = \frac{\partial A_y}{\partial x} - \frac{\partial A_x}{\partial y} \tag{3.52b}$$

A definição de $\nabla \times \mathbf{A}$ na equação (3.45) independe do sistema de coordenadas. No sistema de coordenadas cartesiano, o rotacional $\mathbf{A}$ é encontrado com facilidade usando-se:

$$\nabla \times \mathbf{A} = \begin{vmatrix} \mathbf{a}_x & \mathbf{a}_y & \mathbf{a}_z \\ \dfrac{\partial}{\partial x} & \dfrac{\partial}{\partial y} & \dfrac{\partial}{\partial z} \\ A_x & A_y & A_z \end{vmatrix} \tag{3.53}$$

ou

$$\boxed{\begin{aligned} \nabla \times \mathbf{A} = {} & \left[\frac{\partial A_z}{\partial y} - \frac{\partial A_y}{\partial z} \right] \mathbf{a}_x + \left[\frac{\partial A_x}{\partial z} - \frac{\partial A_z}{\partial x} \right] \mathbf{a}_y \\ & + \left[\frac{\partial A_y}{\partial x} - \frac{\partial A_x}{\partial y} \right] \mathbf{a}_z \end{aligned}} \tag{3.54}$$

Aplicando, na equação (3.54), as técnicas apresentadas no Capítulo 2 para transformação de coordenadas, obtemos o rotacional de **A** em coordenadas cilíndricas

$$\nabla \times \mathbf{A} = \frac{1}{\rho} \begin{vmatrix} \mathbf{a}_\rho & \rho\,\mathbf{a}_\phi & \mathbf{a}_z \\ \dfrac{\partial}{\partial \rho} & \dfrac{\partial}{\partial \phi} & \dfrac{\partial}{\partial z} \\ A_\rho & \rho A_\phi & A_z \end{vmatrix}$$

ou

$$\nabla \times \mathbf{A} = \left[\frac{1}{\rho}\frac{\partial A_z}{\partial \phi} - \frac{\partial A_\phi}{\partial z}\right]\mathbf{a}_\rho + \left[\frac{\partial A_\rho}{\partial z} - \frac{\partial A_z}{\partial \rho}\right]\mathbf{a}_\phi \\ + \frac{1}{\rho}\left[\frac{\partial(\rho A_\phi)}{\partial \rho} - \frac{\partial A_\rho}{\partial \phi}\right]\mathbf{a}_z \tag{3.55}$$

e, em coordenadas esféricas,

$$\nabla \times \mathbf{A} = \frac{1}{r^2 \operatorname{sen}\theta} \begin{vmatrix} \mathbf{a}_r & r\,\mathbf{a}_\theta & r\operatorname{sen}\theta\,\mathbf{a}_\phi \\ \dfrac{\partial}{\partial r} & \dfrac{\partial}{\partial \theta} & \dfrac{\partial}{\partial \phi} \\ A_r & rA_\theta & r\operatorname{sen}\theta\,A_\phi \end{vmatrix}$$

ou

$$\nabla \times \mathbf{A} = \frac{1}{r\operatorname{sen}\theta}\left[\frac{\partial(A_\phi \operatorname{sen}\theta)}{\partial \theta} - \frac{\partial A_\theta}{\partial \phi}\right]\mathbf{a}_r \\ + \frac{1}{r}\left[\frac{1}{\operatorname{sen}\theta}\frac{\partial A_r}{\partial \phi} - \frac{\partial(rA_\phi)}{\partial r}\right]\mathbf{a}_\theta + \frac{1}{r}\left[\frac{\partial(rA_\theta)}{\partial r} - \frac{\partial A_r}{\partial \theta}\right]\mathbf{a}_\phi \tag{3.56}$$

Observe as seguintes propriedades do rotacional:

1. O rotacional de um campo vetorial é um outro campo vetorial
2. $\nabla \times (\mathbf{A} + \mathbf{B}) = \nabla \times \mathbf{A} + \nabla \times \mathbf{B}$
3. $\nabla \times (\mathbf{A} \times \mathbf{B}) = \mathbf{A}(\nabla \cdot \mathbf{B}) - \mathbf{B}(\nabla \cdot \mathbf{A}) + (\mathbf{B} \cdot \nabla)\mathbf{A} - (\mathbf{A} \cdot \nabla)\mathbf{B}$
4. $\nabla \times (V\mathbf{A}) = V\nabla \times \mathbf{A} + \nabla V \times \mathbf{A}$
5. A divergência do rotacional de um campo vetorial é zero, isto é, $\nabla \cdot (\nabla \times \mathbf{A}) = 0$
6. O rotacional do gradiente de um campo vetorial é zero, isto é, $\nabla \times \nabla V = 0$ ou $\nabla \times \nabla = 0$

Outras propriedades do rotacional encontram-se no Apêndice A.

O significado físico do rotacional de um campo vetorial fica evidente na equação (3.45). O rotacional fornece o máximo valor da circulação do campo por unidade de área (ou densidade de

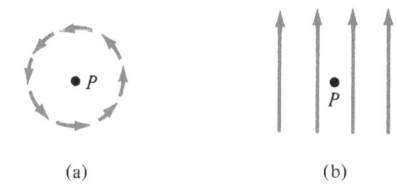

FIGURA 3.20 Ilustração de um rotacional: **(a)** rotacional em *P* aponta para fora da página; **(b)** rotacional em *P* é zero.

circulação) e indica a orientação ao longo da qual seu máximo valor ocorre. O rotacional de um campo vetorial **A**, em um ponto *P*, pode ser considerado como uma medida da circulação do campo, ou, em outras palavras, de quanto esse campo gira em torno de *P*. Por exemplo, a Figura 3.20(a) mostra que o rotacional de um campo vetorial em torno de *P* é orientado para fora da página. A Figura 3.20(b) mostra um campo vetorial com rotacional zero.

Ainda, da definição do rotacional de **A**, na equação (3.45), podemos esperar que

$$\oint_L \mathbf{A} \cdot d\mathbf{l} = \int_S (\nabla \times \mathbf{A}) \cdot d\mathbf{S} \tag{3.57}$$

Este é o *teorema de Stokes*.

> O **teorema de Stokes** estabelece que a circulação de um campo vetorial **A** em torno de um caminho (fechado) *L* é igual à integral de superfície do rotacional de **A** sobre a superfície aberta *S*, limitada por *L* (veja Figura 3.21), desde que **A** e $\nabla \times \mathbf{A}$ sejam contínuos sobre *S*.

A demonstração do teorema de Stokes é semelhante à do teorema da divergência. A superfície *S* é subdividida em um grande número de células, como mostra a Figura 3.22. Se a *k*-ésima célula tem uma área superficial ΔS_k e é limitada pelo caminho L_k,

$$\oint_L \mathbf{A} \cdot d\mathbf{l} = \sum_k \oint_{L_k} \mathbf{A} \cdot d\mathbf{l} = \sum_k \frac{\oint_{L_k} \mathbf{A} \cdot d\mathbf{l}}{\Delta S_k} \Delta S_k \tag{3.58}$$

Conforme mostrado na Figura 3.22, há cancelamento em todos os caminhos internos, de tal modo que o somatório das integrais de linha em torno dos L_k é igual à integral de linha em torno do caminho *L*. Portanto, tomando o limite do lado direito da equação (3.58) quando $\Delta S_k \to 0$ e incorporando a equação (3.45), obtém-se

$$\oint_L \mathbf{A} \cdot d\mathbf{l} = \int_S (\nabla \times \mathbf{A}) \cdot d\mathbf{S}$$

que é o teorema de Stokes.

A orientação de *d***l** e *d***S**, na equação (3.57), deve ser escolhida usando-se a regra da mão direita ou do parafuso de rosca direita. Ao usar a regra da mão direita, se posicionarmos os dedos ao longo de *d***l**, o polegar indicará a orientação de *d***S** (veja Figura 3.21). Observe que, enquanto o teorema da divergência relaciona a integral de superfície com uma integral de volume, o teorema de Stokes relaciona uma integral de linha (circulação) com uma integral de superfície.

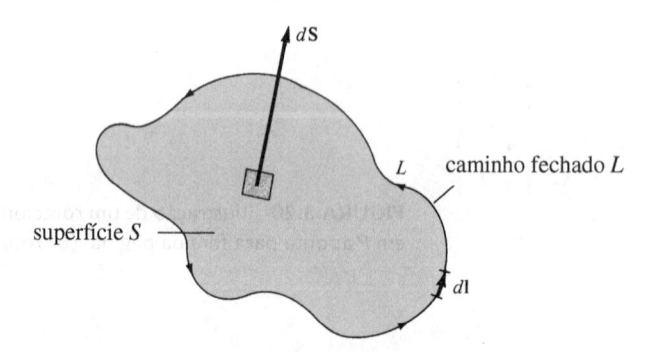

FIGURA 3.21 Estabelecendo o significado de *d***l** e *d***S** referidos no teorema de Stokes.

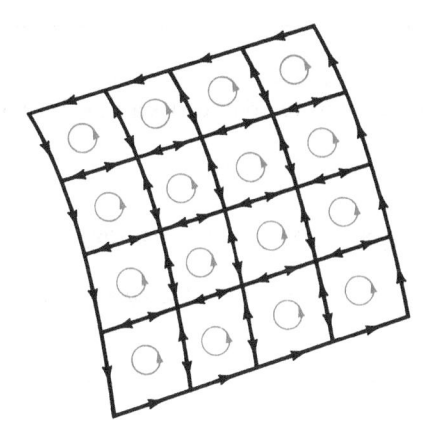

FIGURA 3.22 Ilustração do teorema de Stokes.

EXEMPLO 3.8 Determine o rotacional de cada um dos campos vetoriais do Exemplo 3.6.

Solução:

(a) $\nabla \times \mathbf{P} = \left(\dfrac{\partial P_z}{\partial y} - \dfrac{\partial P_y}{\partial z}\right)\mathbf{a}_x + \left(\dfrac{\partial P_x}{\partial z} - \dfrac{\partial P_z}{\partial x}\right)\mathbf{a}_y + \left(\dfrac{\partial P_y}{\partial x} - \dfrac{\partial P_x}{\partial y}\right)\mathbf{a}_z$

$= (0 - 0)\mathbf{a}_x + (x^2 y - z)\mathbf{a}_y + (0 - x^2 z)\mathbf{a}_z$

$= (x^2 y - z)\mathbf{a}_y - x^2 z \mathbf{a}_z$

(b) $\nabla \times \mathbf{Q} = \left[\dfrac{1}{\rho}\dfrac{\partial Q_z}{\partial \phi} - \dfrac{\partial Q_\phi}{\partial z}\right]\mathbf{a}_\rho + \left[\dfrac{\partial Q_\rho}{\partial z} - \dfrac{\partial Q_z}{\partial \rho}\right]\mathbf{a}_\phi + \dfrac{1}{\rho}\left[\dfrac{\partial}{\partial \rho}(\rho Q_\phi) - \dfrac{\partial Q_\rho}{\partial \phi}\right]\mathbf{a}_z$

$= \left(\dfrac{-z}{\rho}\operatorname{sen}\phi - \rho^2\right)\mathbf{a}_\rho + (0 - 0)\mathbf{a}_\phi + \dfrac{1}{\rho}(3\rho^2 z - \rho\cos\phi)\mathbf{a}_z$

$= -\dfrac{1}{\rho}(z\operatorname{sen}\phi + \rho^3)\mathbf{a}_\rho + (3\rho z - \cos\phi)\mathbf{a}_z$

(c) $\nabla \times \mathbf{T} = \dfrac{1}{r\operatorname{sen}\theta}\left[\dfrac{\partial}{\partial \theta}(T_\phi \operatorname{sen}\theta) - \dfrac{\partial}{\partial \phi}T_\theta\right]\mathbf{a}_r$

$+ \dfrac{1}{r}\left[\dfrac{1}{\operatorname{sen}\theta}\dfrac{\partial}{\partial \phi}T_r - \dfrac{\partial}{\partial r}(rT_\phi)\right]\mathbf{a}_\theta + \dfrac{1}{r}\left[\dfrac{\partial}{\partial r}(rT_\theta) - \dfrac{\partial}{\partial \theta}T_r\right]\mathbf{a}_\phi$

$= \dfrac{1}{r\operatorname{sen}\theta}\left[\dfrac{\partial}{\partial \theta}(\cos\theta\operatorname{sen}\theta) - \dfrac{\partial}{\partial \phi}(r\operatorname{sen}\theta\cos\phi)\right]\mathbf{a}_r$

$+ \dfrac{1}{r}\left[\dfrac{1}{\operatorname{sen}\theta}\dfrac{\partial}{\partial \phi}\dfrac{(\cos\theta)}{r^2} - \dfrac{\partial}{\partial r}(r\cos\theta)\right]\mathbf{a}_\theta$

$+ \dfrac{1}{r}\left[\dfrac{\partial}{\partial r}(r^2 \operatorname{sen}\theta\cos\phi) - \dfrac{\partial}{\partial \theta}\dfrac{(\cos\theta)}{r^2}\right]\mathbf{a}_\phi$

$= \dfrac{1}{r\operatorname{sen}\theta}(\cos 2\theta + r\operatorname{sen}\theta\operatorname{sen}\phi)\mathbf{a}_r + \dfrac{1}{r}(0 - \cos\theta)\mathbf{a}_\theta$

$+ \dfrac{1}{r}\left(2r\operatorname{sen}\theta\cos\phi + \dfrac{\operatorname{sen}\theta}{r^2}\right)\mathbf{a}_\phi$

$= \left(\dfrac{\cos 2\theta}{r\operatorname{sen}\theta} + \operatorname{sen}\phi\right)\mathbf{a}_r - \dfrac{\cos\theta}{r}\mathbf{a}_\theta + \left(2\cos\phi + \dfrac{1}{r^3}\right)\operatorname{sen}\theta\,\mathbf{a}_\phi$

EXERCÍCIO PRÁTICO 3.8

Determine o rotacional de cada um dos campos vetoriais do Exercício 3.6 e o calcule em cada um dos pontos indicados.

Resposta: (a) $\mathbf{a}_x + y\mathbf{a}_y + (4y - z)\mathbf{a}_z, \mathbf{a}_x - 2\mathbf{a}_y - 11\mathbf{a}_z$

(b) $-6\rho z \cos\phi\, \mathbf{a}_\rho + \rho \operatorname{sen}\phi\, \mathbf{a}_\phi + (6z - 1)z \cos\phi\, \mathbf{a}_z, 5\mathbf{a}_\phi$

(c) $\dfrac{\operatorname{cotg}\theta}{r^{1/2}}\mathbf{a}_r - \left(2\operatorname{cotg}\theta \operatorname{sen}\phi + \dfrac{3}{2r^{1/2}}\right)\mathbf{a}_\theta + 2\operatorname{sen}\theta \cos\phi\, \mathbf{a}_\phi$

$1{,}732\,\mathbf{a}_r - 4{,}5\mathbf{a}_\theta + 0{,}5\mathbf{a}_\phi$

EXEMPLO 3.9

Se $\mathbf{A} = \rho\cos\phi\,\mathbf{a}_\rho + \operatorname{sen}\phi\,\mathbf{a}_\phi$, determine $\oint \mathbf{A}\cdot d\mathbf{l}$ ao longo do caminho, como mostrado na Figura 3.23. Confira esse resultado utilizando o teorema de Stokes.

Solução:

Seja

$$\oint_L \mathbf{A}\cdot d\mathbf{l} = \left[\int_a^b + \int_b^c + \int_c^d + \int_d^a\right]\mathbf{A}\cdot d\mathbf{l}$$

onde o caminho L foi dividido nos segmentos ab, bc, cd e da, como mostrado na Figura 3.23. Ao longo de ab, $\rho = 2$ e $d\mathbf{l} = \rho\, d\phi\, \mathbf{a}_\phi$. Assim,

$$\int_a^b \mathbf{A}\cdot d\mathbf{l} = \int_{\phi=60°}^{30°} \rho \operatorname{sen}\phi\, d\phi = 2(-\cos\phi)\Big|_{60°}^{30°} = -(\sqrt{3} - 1)$$

Ao longo de bc, $\phi = 30°$ e $d\mathbf{l} = d\rho\, \mathbf{a}_\rho$. Assim,

$$\int_b^c \mathbf{A}\cdot d\mathbf{l} = \int_{\rho=2}^{5} \rho\cos\phi\, d\rho = \cos 30°\, \frac{\rho^2}{2}\Big|_2^5 = \frac{21\sqrt{3}}{4}$$

Ao longo de cd, $\rho = 5$ e $d\mathbf{l} = \rho\, d\phi\, \mathbf{a}_\phi$. Assim,

$$\int_c^d \mathbf{A}\cdot d\mathbf{l} = \int_{\phi=30°}^{60°} \rho \operatorname{sen}\phi\, d\phi = 5(-\cos\phi)\Big|_{30°}^{60°} = \frac{5}{2}(\sqrt{3} - 1)$$

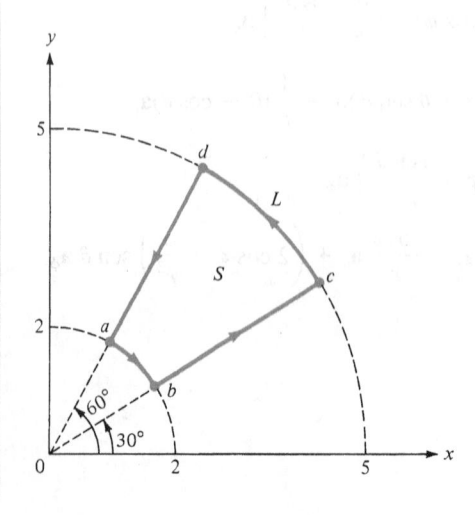

FIGURA 3.23 Referente ao Exemplo 3.9.

Ao longo de da, $\phi = 60°$ e $d\mathbf{l} = d\rho\, \mathbf{a}_\rho$. Assim,

$$\int_d^a \mathbf{A} \cdot d\mathbf{l} = \int_{\rho=5}^{2} \rho \cos \phi\, d\rho = \cos 60° \left.\frac{\rho^2}{2}\right|_5^2 = -\frac{21}{4}$$

Agrupando todos esses termos, tem-se

$$\oint_L \mathbf{A} \cdot d\mathbf{l} = -\sqrt{3} + 1 + \frac{21\sqrt{3}}{4} + \frac{5\sqrt{3}}{2} - \frac{5}{2} - \frac{21}{4}$$

$$= \frac{27}{4}(\sqrt{3} - 1) = 4{,}941$$

Utilizando o teorema de Stokes (porque L é um caminho fechado)

$$\oint_L \mathbf{A} \cdot d\mathbf{l} = \int_S (\nabla \times \mathbf{A}) \cdot d\mathbf{S}$$

Contudo, $d\mathbf{S} = \rho\, d\phi\, d\rho\, \mathbf{a}_z$ e

$$\nabla \times \mathbf{A} = \mathbf{a}_\rho \left[\frac{1}{\rho}\frac{\partial A_z}{\partial \phi} - \frac{\partial A_\phi}{\partial z}\right] + \mathbf{a}_\phi \left[\frac{\partial A_\rho}{\partial z} - \frac{\partial A_z}{\partial \rho}\right] + \mathbf{a}_z \frac{1}{\rho}\left[\frac{\partial}{\partial \rho}(\rho A_\phi) - \frac{\partial A_\rho}{\partial \phi}\right]$$

$$= (0 - 0)\mathbf{a}_\rho + (0 - 0)\mathbf{a}_\phi + \frac{1}{\rho}(1 + \rho)\, \text{sen}\, \phi\, \mathbf{a}_z$$

Assim,

$$\int_S (\nabla \times \mathbf{A}) \cdot d\mathbf{S} = \int_{\phi=30°}^{60°} \int_{\rho=2}^{5} \frac{1}{\rho}(1 + \rho)\, \text{sen}\, \phi\, \rho\, d\rho\, d\phi$$

$$= \int_{30°}^{60°} \text{sen}\, \phi\, d\phi \int_2^5 (1 + \rho)\, d\rho$$

$$= -\cos \phi \left.\right|_{30°}^{60°} \left(\rho + \frac{\rho^2}{2}\right)\bigg|_2^5$$

$$= \frac{27}{4}(\sqrt{3} - 1) = 4{,}941$$

EXERCÍCIO PRÁTICO 3.9

Utilize o teorema de Stokes para conferir seus resultados do Exercício Prático 3.2.

Resposta: 1.

EXEMPLO 3.10

Para um campo vetorial $\mathbf{A}$, demonstre explicitamente que $\nabla \cdot \nabla \times \mathbf{A} = 0$; isto é, que a divergência do rotacional de qualquer vetor é zero.

Solução:

Essa identidade vetorial, bem como a que será mostrada a seguir no Exercício Prático 3.10, é muito útil em EM. Por simplicidade, consideraremos $\mathbf{A}$ em coordenadas cartesianas.

$$\nabla \cdot \nabla \times \mathbf{A} = \left(\frac{\partial}{\partial x}, \frac{\partial}{\partial y}, \frac{\partial}{\partial z}\right) \cdot \begin{vmatrix} \mathbf{a}_x & \mathbf{a}_y & \mathbf{a}_z \\ \frac{\partial}{\partial x} & \frac{\partial}{\partial y} & \frac{\partial}{\partial z} \\ A_x & A_y & A_z \end{vmatrix}$$

$$= \left(\frac{\partial}{\partial x}, \frac{\partial}{\partial y}, \frac{\partial}{\partial z}\right) \cdot \left[\left(\frac{\partial A_z}{\partial y} - \frac{\partial A_y}{\partial z}\right), -\left(\frac{\partial A_z}{\partial x} - \frac{\partial A_x}{\partial z}\right), \left(\frac{\partial A_y}{\partial x} - \frac{\partial A_x}{\partial y}\right)\right]$$

$$= \frac{\partial}{\partial x}\left(\frac{\partial A_z}{\partial y} - \frac{\partial A_y}{\partial z}\right) - \frac{\partial}{\partial y}\left(\frac{\partial A_z}{\partial x} - \frac{\partial A_x}{\partial z}\right) + \frac{\partial}{\partial x}\left(\frac{\partial A_y}{\partial x} - \frac{\partial A_x}{\partial y}\right)$$

$$= \frac{\partial^2 A_z}{\partial x\, \partial y} - \frac{\partial^2 A_y}{\partial x\, \partial z} - \frac{\partial^2 A_z}{\partial y\, \partial x} + \frac{\partial^2 A_x}{\partial y\, \partial z} + \frac{\partial^2 A_y}{\partial z\, \partial x} - \frac{\partial^2 A_x}{\partial z\, \partial y}$$

$$= 0$$

porque $\dfrac{\partial^2 A_z}{\partial x\, \partial y} = \dfrac{\partial^2 A_z}{\partial y\, \partial x}$, e assim por diante.

EXERCÍCIO PRÁTICO 3.10

Para um campo escalar V, demonstre que $\nabla \times \nabla V = 0$; isto é, que o rotacional do gradiente de qualquer campo escalar se anula.

Resposta: a demonstração.

3.8 LAPLACIANO DE UM CAMPO ESCALAR

Por razões de ordem prática, é oportuno introduzir o conceito de um operador que é a composição dos operadores de gradiência e de divergência. Esse operador é conhecido como o *laplaciano*.

O **laplaciano** de um campo escalar V, escrito como $\nabla^2 V$, é o divergente do gradiente de V.

Portanto, em coordenadas cartesianas,
Laplaciano $V = \nabla \cdot \nabla V = \nabla^2 V$

$$= \left[\frac{\partial}{\partial x}\mathbf{a}_x + \frac{\partial}{\partial y}\mathbf{a}_y + \frac{\partial}{\partial z}\mathbf{a}_z\right] \cdot \left[\frac{\partial V}{\partial x}\mathbf{a}_x + \frac{\partial V}{\partial y}\mathbf{a}_y + \frac{\partial V}{\partial z}\mathbf{a}_z\right] \tag{3.59}$$

isto é,

$$\boxed{\nabla^2 V = \frac{\partial^2 V}{\partial x^2} + \frac{\partial^2 V}{\partial y^2} + \frac{\partial^2 V}{\partial z^2}} \tag{3.60}$$

Observe que o laplaciano de um campo escalar é um outro campo escalar.

O laplaciano de V em outros sistemas de coordenadas pode ser obtido a partir da equação (3.60), fazendo a transformação de coordenadas. Em coordenadas cilíndricas,

$$\boxed{\nabla^2 V = \frac{1}{\rho}\frac{\partial}{\partial \rho}\left(\rho \frac{\partial V}{\partial \rho}\right) + \frac{1}{\rho^2}\frac{\partial^2 V}{\partial \phi^2} + \frac{\partial^2 V}{\partial z^2}} \tag{3.61}$$

e em coordenadas esféricas,

$$\boxed{\nabla^2 V = \frac{1}{r^2}\frac{\partial}{\partial r}\left(r^2\frac{\partial V}{\partial r}\right) + \frac{1}{r^2 \operatorname{sen} \theta}\frac{\partial}{\partial \theta}\left(\operatorname{sen} \theta \frac{\partial V}{\partial \theta}\right) + \frac{1}{r^2 \operatorname{sen}^2 \theta}\frac{\partial^2 V}{\partial \phi^2}}$$ (3.62)

Um campo escalar V é dito *harmônico* em uma dada região quando o seu laplaciano se anula nessa região. Em outras palavras, se a igualdade

$$\nabla^2 V = 0$$ (3.63)

for satisfeita nessa região, a solução para V na equação (3.63) é harmônica (isto é, na forma de seno ou cosseno). A equação (3.63) é denominada *equação de Laplace*. Resolver essa equação será nosso principal objetivo no Capítulo 6.

Consideramos, até aqui, apenas o laplaciano de um escalar. Já que o operador laplaciano ∇^2 é um operador escalar, é possível definir também o laplaciano de um vetor **A**. Nesse contexto, $\nabla^2 \mathbf{A}$ não deve ser interpretado como o divergente do gradiente de **A**, o que não faz sentido. Na verdade, $\nabla^2 \mathbf{A}$ deve ser entendido como o gradiente do divergente de **A** subtraído do rotacional do rotacional de **A**. Isto é,

$$\boxed{\nabla^2 \mathbf{A} = \nabla(\nabla \cdot \mathbf{A}) - \nabla \times \nabla \times \mathbf{A}}$$ (3.64)

Essa equação pode ser empregada para determinar o $\nabla^2 \mathbf{A}$ em qualquer sistema de coordenadas. No sistema cartesiano (e unicamente nesse sistema), a equação (3.64) torna-se[3]

$$\nabla^2 \mathbf{A} = \nabla^2 A_x \mathbf{a}_x + \nabla^2 A_y \mathbf{a}_y + \nabla^2 A_z \mathbf{a}_z$$ (3.65)

EXEMPLO 3.11

Encontre o laplaciano dos campos escalares do Exemplo 3.3, isto é:
(a) $V = e^{-z} \operatorname{sen} 2x \cosh y$
(b) $U = \rho^2 z \cos 2\phi$
(c) $W = 10r \operatorname{sen}^2 \theta \cos \phi$

Solução:

O laplaciano, no sistema de coordenadas cartesiano, pode ser determinado tomando a primeira derivada da função e, em seguida, a segunda derivada.

(a) $\nabla^2 V = \dfrac{\partial^2 V}{\partial x^2} + \dfrac{\partial^2 V}{\partial y^2} + \dfrac{\partial^2 V}{\partial z^2}$

$= \dfrac{\partial}{\partial x}(2e^{-z} \cos 2x \cosh y) + \dfrac{\partial}{\partial y}(e^{-z} \operatorname{sen} 2x \operatorname{senh} y)$

$\quad + \dfrac{\partial}{\partial z}(-e^{-z} \operatorname{sen} 2x \cosh y)$

$= -4e^{-z} \operatorname{sen} 2x \cosh y + e^{-z} \operatorname{sen} 2x \cosh y + e^{-z} \operatorname{sen} 2x \cosh y$

$= -2e^{-z} \operatorname{sen} 2x \cosh y$

(b) $\nabla^2 U = \dfrac{1}{\rho}\dfrac{\partial}{\partial \rho}\left(\rho \dfrac{\partial U}{\partial \rho}\right) + \dfrac{1}{\rho^2}\dfrac{\partial^2 U}{\partial \phi^2} + \dfrac{\partial^2 U}{\partial z^2}$

$= \dfrac{1}{\rho}\dfrac{\partial}{\partial \rho}(2\rho^2 z \cos 2\phi) - \dfrac{1}{\rho^2} 4\rho^2 z \cos 2\phi + 0$

$= 4z \cos 2\phi - 4z \cos 2\phi$

$= 0$

---

[3] Para fórmulas explícitas para $\nabla^2 \mathbf{A}$ em coordenadas cilíndricas e esféricas, consulte M.N.O. Sadiku, *Numerical Techniques in Electromagnetics with MATLAB*, 3ª edição, Boca Raton, FL: CRC Press, 2009, p. 647.

(c) $\nabla^2 W = \dfrac{1}{r^2}\dfrac{\partial}{\partial r}\left(r^2\dfrac{\partial W}{\partial r}\right) + \dfrac{1}{r^2\,\text{sen}\,\theta}\dfrac{\partial}{\partial \theta}\left(\text{sen}\,\theta\,\dfrac{\partial W}{\partial \theta}\right) + \dfrac{1}{r^2\,\text{sen}^2\,\theta}\dfrac{\partial^2 W}{\partial \phi^2}$

$= \dfrac{1}{r^2}\dfrac{\partial}{\partial r}(10r^2\,\text{sen}^2\,\theta\cos\phi) + \dfrac{1}{r^2\,\text{sen}\,\theta}\dfrac{\partial}{\partial \theta}(10r\,\text{sen}\,2\theta\,\text{sen}\,\theta\cos\phi)$

$\quad - \dfrac{10r\,\text{sen}^2\,\theta\cos\phi}{r^2\,\text{sen}^2\,\theta}$

$= \dfrac{20\,\text{sen}^2\,\theta\cos\phi}{r} + \dfrac{20r\cos 2\theta\,\text{sen}\,\theta\cos\phi}{r^2\,\text{sen}\,\theta}$

$\quad + \dfrac{10r\,\text{sen}\,2\theta\cos\theta\cos\phi}{r^2\,\text{sen}\,\theta} - \dfrac{10\cos\phi}{r}$

$= \dfrac{10\cos\phi}{r}(2\,\text{sen}^2\,\theta + 2\cos 2\theta + 2\cos^2\theta - 1)$

$= \dfrac{10\cos\phi}{r}(1 + 2\cos 2\theta)$

EXERCÍCIO PRÁTICO 3.11

Determine o laplaciano dos campos escalares do Exercício Prático 3.3, isto é,
(a) $U = x^2 y + xyz$
(b) $V = \rho z\,\text{sen}\,\phi + z^2\cos^2\phi + \rho^2$
(c) $f = \cos\theta\,\text{sen}\,\phi\,\ln r + r^2\phi$

Resposta: (a) $2y$, (b) $4 + 2\cos^2\phi - \dfrac{2z^2}{\rho^2}\cos 2\phi$,
(c) $\dfrac{1}{r^2}\cos\theta\,\text{sen}\,\phi\,(1 - 2\ln r\,\text{cossec}^2\,\theta\ln r) + 6\phi$.

---

†3.9 CLASSIFICAÇÃO DE CAMPOS VETORIAIS

Um campo vetorial é univocamente caracterizado pelo seu divergente e seu rotacional. Nem só o divergente, nem o rotacional, individualmente, são suficientes para descrever completamente o campo. Todos os campos vetoriais podem ser classificados em termos da anulação ou não anulação de seu divergente ou de seu rotacional, como segue:

(a) $\nabla \cdot \mathbf{A} = 0, \nabla \times \mathbf{A} = 0$
(b) $\nabla \cdot \mathbf{A} \neq 0, \nabla \times \mathbf{A} = 0$
(c) $\nabla \cdot \mathbf{A} = 0, \nabla \times \mathbf{A} \neq 0$
(d) $\nabla \cdot \mathbf{A} \neq 0, \nabla \times \mathbf{A} \neq 0$

A Figura 3.24 ilustra campos típicos dessas quatro categorias.

> Um campo vetorial **A** é dito **solenoidal** (ou **não divergente**) se $\nabla \cdot \mathbf{A} = 0$.

Esse campo não é nem fonte nem sumidouro de fluxo. Do teorema da divergência:

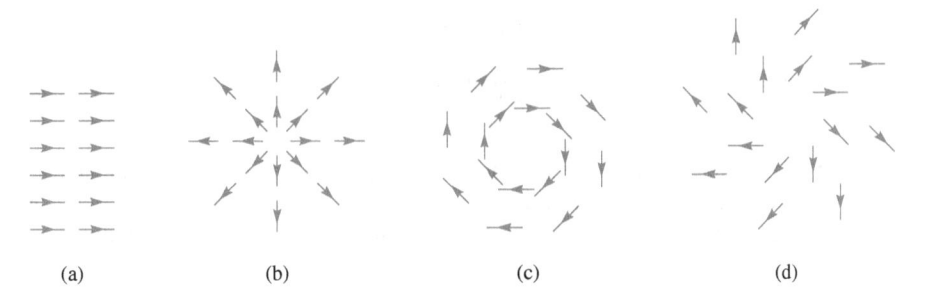

FIGURA 3.24 Campos típicos com divergente e rotacional nulos ou não nulos.
(a) $\mathbf{A} = k\mathbf{a}_x, \nabla \cdot \mathbf{A} = 0, \nabla \times \mathbf{A} = 0$;
(b) $\mathbf{A} = k\mathbf{r}, \nabla \cdot \mathbf{A} = 3k, \nabla \times \mathbf{A} = 0$;
(c) $\mathbf{A} = \mathbf{k} \times \mathbf{r}, \nabla \cdot \mathbf{A} = 0, \nabla \times \mathbf{A} = 2\mathbf{k}$;
(d) $\mathbf{A} = \mathbf{k} \times \mathbf{r} \times c\mathbf{r}, \nabla \cdot \mathbf{A} = 3c, \nabla \times \mathbf{A} = 2\mathbf{k}$

$$\oint_S \mathbf{A} \cdot d\mathbf{S} = \int_v \nabla \cdot \mathbf{A} \, dv = 0 \tag{3.66}$$

Assim, as linhas de fluxo de **A** que entram em qualquer superfície fechada devem sair dela. Exemplos de campos solenoidais são: fluidos incompressíveis, campos magnéticos e densidade de corrente de condução sob condições estacionárias. Em geral, o campo do rotacional de **F** (para qualquer **F**) é puramente solenoidal porque $\nabla \cdot (\nabla \times \mathbf{F}) = 0$, como demonstrado no Exemplo 3.10. Portanto, um campo solenoidal **A** pode ser sempre expresso em termos de um outro vetor **F**, isto é,

se

então

$$\boxed{\nabla \cdot \mathbf{A} = 0 \qquad \oint_S \mathbf{A} \cdot d\mathbf{S} = 0 \quad \text{e} \quad \mathbf{A} = \nabla \times \mathbf{F}} \tag{3.67}$$

> Um campo vetorial **A** é dito **irrotacional** (ou **potencial**) se $\nabla \times \mathbf{A} = 0$.

Isto é, um vetor *sem rotacional* é irrotacional.[4] A partir do teorema de Stokes:

$$\int_S (\nabla \times \mathbf{A}) \cdot d\mathbf{S} = \oint_L \mathbf{A} \cdot d\mathbf{l} = 0 \tag{3.68}$$

Portanto, em um campo irrotacional **A**, a circulação de **A** em torno de um caminho fechado é identicamente zero. Isso implica que a integral de linha de **A** independe do caminho escolhido. Portanto, um campo irrotacional é também conhecido como um *campo conservativo*. Exemplos de campos irrotacionais incluem o campo eletrostático e o campo gravitacional. Em geral, o campo do gradiente de V (para qualquer escalar V) é puramente irrotacional já que (veja, Exercício 3.10):

$$\nabla \times (\nabla V) = 0 \tag{3.69}$$

Dessa forma, um campo irrotacional **A** pode ser sempre expresso em termos de um campo escalar V, isto é,

---

[4] De fato, o rotacional é algumas vezes conhecido como rotação e o rotacional de A é escrito como rot A em alguns livros-texto. Essa é uma das razões para usarmos o termo *irrotacional*.

se

$$\nabla \times \mathbf{A} = 0$$
$$\oint_L \mathbf{A} \cdot d\mathbf{l} = 0 \quad \text{e} \quad \mathbf{A} = -\nabla V \quad (3.70)$$

então

Por essa razão, **A** pode ser chamado de campo *potencial* e V de potencial escalar de **A**. O sinal negativo na equação (3.70) foi inserido por razões da Física que ficarão claras no Capítulo 4.

Um vetor **A** é univocamente descrito dentro de uma região por seu divergente e seu rotacional. Se

$$\nabla \cdot \mathbf{A} = \rho_v \quad (3.71a)$$

e

$$\nabla \times \mathbf{A} = \rho_s \quad (3.71b)$$

ρ_v pode ser considerado como a densidade de fonte de **A**, e ρ_s a densidade de circulação de **A**. Qualquer vetor **A** que satisfaça a equação (3.71), tanto com ρ_v quanto com ρ_s se anulando no infinito, pode ser expresso como a soma de dois vetores: um irrotacional (rotacional zero) e outro solenoidal (divergência zero). Esse é o denominado *teorema de Helmholtz*. Portanto, podemos escrever:

$$\mathbf{A} = -\nabla V + \nabla \times \mathbf{B} \quad (3.72)$$

Se fizermos $\mathbf{A}_i = -\nabla V$ e $\mathbf{A}_s = \nabla \times \mathbf{B}$, é evidente do Exemplo 3.10 e do Exercício 3.10 que $\nabla \times \mathbf{A}_i = 0$ e $\nabla \times \mathbf{A}_s = 0$, demonstrando que $\mathbf{A}_i$ é irrotacional e $\mathbf{A}_s$ é solenoidal. Finalmente, fica claro das equações (3.64) e (3.71) que qualquer campo vetorial tem um laplaciano que satisfaz

$$\nabla^2 \mathbf{A} = \nabla \rho_v - \nabla \times \boldsymbol{\rho}_s \quad (3.73)$$

EXEMPLO 3.12

Demonstre que o campo vetorial **A** é conservativo se **A** possui uma das seguintes propriedades:
(a) a integral de linha da componente tangencial de **A** ao longo do caminho que se estende do ponto P até o ponto Q é independente do caminho;
(b) a integral de linha da componente tangencial de **A** em torno de qualquer caminho fechado é zero.

Solução:

(a) Se **A** é conservativo, $\nabla \times \mathbf{A} = 0$. Então existe um potencial V tal que:

$$\mathbf{A} = -\nabla V = -\left[\frac{\partial V}{\partial x}\mathbf{a}_x + \frac{\partial V}{\partial y}\mathbf{a}_y + \frac{\partial V}{\partial z}\mathbf{a}_z\right]$$

Assim,

$$\int_P^Q \mathbf{A} \cdot d\mathbf{l} = -\int_P^Q \left[\frac{\partial V}{\partial x}dx + \frac{\partial V}{\partial y}dy + \frac{\partial V}{\partial z}dz\right]$$

$$= -\int_P^Q \left[\frac{\partial V}{\partial x}\frac{dx}{ds} + \frac{\partial V}{\partial y}\frac{dy}{ds} + \frac{\partial V}{\partial z}\frac{dz}{ds}\right]ds$$

$$= -\int_P^Q \frac{dV}{ds}ds = -\int_P^Q dV$$

ou

$$\int_P^Q \mathbf{A} \cdot d\mathbf{l} = V(P) - V(Q)$$

demonstrando que a integral de linha depende somente dos pontos inicial e final da curva. Portanto, para um campo conservativo, $\int_P^Q \mathbf{A} \cdot d\mathbf{l}$ é simplesmente a diferença de potencial entre os pontos extremos do caminho.

(b) Se o caminho é fechado, isto é, se P e Q coincidem, então:

$$\oint \mathbf{A}\, d\mathbf{l} = V(P) - V(P) = 0$$

EXERCÍCIO PRÁTICO 3.12

Demonstre que $\mathbf{B} = (y + z \cos xz)\mathbf{a}_x + x\mathbf{a}_y + x \cos xz \, \mathbf{a}_z$ é conservativo, sem calcular nenhuma integral.

Resposta: a demonstração.

MATLAB 3.1

```
% Este script permite ao usuário calcular a integral de uma função
% usando dois métodos diferentes:
%   1. A função quad do MATLAB
%   2. Uma função soma definida pelo usuário
%
% O usuário deve criar primeiramente um arquivo separado para a
% função
%     y = (-1/20(*x^31(3/5)*x.^2-(21/10)*x+4;
% O arquivo deve ser denominado fun.m, deve ser armazenado no mesmo
% diretório.
% deste script e conter as duas linhas que seguem:
%     function y = fun(x)
%     y = (-1/20)*x.^3+(3/5)*x.^2-2.1*x+4;
%
% Determinaremos a integral dessa função de x=0 a x=8
clear

% Inicialmente vamos plotar a função, criando os vetores x e y.
x=0:0.01:8;
y=fun(x);
figure(1) % Cria a figura.
plot(x,y, 'LineWidth', 2)   % Plota x contra y.
axis([0 10 0 4])   % Posiciona o eixo apropriadamente.
xlabel ('x variable')   % Identifica o eixo.
ylabel('y variable')   % Identifica o eixo.

% Na sequência usaremos a função do MATLAB para determinar
% a integral em quadratura.

Q = quad(@fun,0,8); % O símbolo @ é um operador-endereço que aponta
% para fun.m.

% Finalmente criamos uma soma especialmente desenvolvida para
% calcular a integral em quadratura.
disp ('Entre com um valor para o incremento de cálculo da integral.
É recomendável que seja entre 0,1 e 1 (quanto menor, melhor'), mas
dx=input ('um incremento menor requer maior tempo de cálculo)! ... >');

sum=0;   % Iguala a soma total inicial a zero.
for x =0:dx:8,
   sum5sum1fun(x)*dx;   % Adiciona as somas parciais à soma total.
end

disp(")
disp ('As integrais calculadas da função y(x) entre x = 0 e x = 8
são')
```

(continua)

(continuação)

```
% A string %f formata a saída como números de ponto flutuante dados
% pelas variáveis Q e
% soma, similar ao C/C++.
disp(sprintf (' Integral em quadratura = %f\n Integral-soma dedicada
= %f, Q, soma))
% Plota a função com as subáreas usadas na aproximação.
% Cria secções retangulares para cada subárea.
figure (2)    % Cria a Figura 2.
for x=0:dx:8,
     patch([x-dx/2; x-dx/2; x+dx/2; x+dx/2;], [0; fun(x);
     fun(x); 0],    [0.5 0.5 0.5])
end
% Plota a função original.
hold on
x=0:0.01:8;
y=fun(x);
h=plot(x,y, 'Linewidth' 2)   % plot x versus y
axis([0 10 0 4])   % Posiciona o eixo apropriadamente.
xlabel('x variable')   % Identifica o eixo.
ylabel('y variable')   % Identifica o eixo.
```

MATLAB 3.2

```
% Este script permite ao usuário calcular a divergência e o
% rotacional de um campo vetorial
% dado na forma simbólica.
% O script usa a função derivada simbólica do MATLAB denominada
diff()
% para calcular as derivadas.
clear
syms x y z   % Defina x, y, z como variáveis simbólicas.

% Aguarda o usuário inserir o vetor na forma simbólica
% Por exemplo, o usuário poderia entrar [y*z 4*x*y y]
A = input ('Insira o vetor na forma simbólica (no formato de
[fx(x,y,z) fy(x,y,z) fz(x,y,z)])... \n > ');
% A divergência de A
% Por exemplo, diff(A(2),z) significa a derivada em relação a z
% da componente y do vetor A
divA=diff(A(1),x)+...
     diff(A(2),y)+...
     diff(A(3),z)
% Calcula a divergência no ponto (x,y,z) = (1, -2, 3)
subs(divA, {x,y,z}, {1, -2, 3})

% O rotacional de A
% Por exemplo, diff(A(2),z) significa a derivada em relação a z
% da componente y do vetor A
curlA=[diff(A(3),y)-diff(A(2),z),...
      -diff(A(3),x)+diff(A(1),z),...
      diff(A(2),x)-diff(A(1),y)]
```

RESUMO

1. Os deslocamentos diferenciais nos sistemas cartesiano, cilíndrico e esférico são, respectivamente:

$$d\mathbf{l} = dx\, \mathbf{a}_x + dy\, \mathbf{a}_y + dz\, \mathbf{a}_z$$
$$d\mathbf{l} = d\rho\, \mathbf{a}_\rho + \rho\, d\phi\, \mathbf{a}_\phi + dz\, \mathbf{a}_z$$
$$d\mathbf{l} = dr\, \mathbf{a}_r + r\, d\theta\, \mathbf{a}_\theta + r\, \text{sen}\, \theta\, d\phi\, \mathbf{a}_\phi$$

   Observe que $d\mathbf{l}$ é sempre considerado com orientação positiva, e a orientação do deslocamento é indicada nos limites de integração.

2. As áreas diferenciais normais nos três sistemas de coordenadas são, respectivamente:

$$d\mathbf{S} = dy\, dz\, \mathbf{a}_x$$
$$dx\, dz\, \mathbf{a}_y$$
$$dx\, dy\, \mathbf{a}_z$$

$$d\mathbf{S} = \rho\, d\phi\, dz\, \mathbf{a}_\rho$$
$$d\rho\, dz\, \mathbf{a}_\phi$$
$$\rho\, d\rho\, d\phi\, \mathbf{a}_z$$

$$d\mathbf{S} = r^2\, \text{sen}\, \theta\, d\theta\, d\phi\, \mathbf{a}_r$$
$$r\, \text{sen}\, \theta\, dr\, d\phi\, \mathbf{a}_\theta$$
$$r\, dr\, d\theta\, \mathbf{a}_\phi$$

   Observe que $d\mathbf{S}$ pode estar com orientação negativa ou positiva, dependendo da superfície considerada.

3. Os volumes diferenciais nos três sistemas são:

$$dv = dx\, dy\, dz$$
$$dv = \rho\, d\rho\, d\phi\, dz$$
$$dv = r^2\, \text{sen}\, \theta\, dr\, d\theta\, d\phi$$

4. A integral de linha do vetor $\mathbf{A}$ ao longo do caminho L é dada por $\int_L \mathbf{A}\cdot d\mathbf{l}$. Se o caminho é fechado, a integral de linha torna-se a circulação de $\mathbf{A}$ em torno de L, isto é, $\oint_L \mathbf{A}\cdot d\mathbf{l}$.

5. O fluxo ou integral de superfície de um vetor $\mathbf{A}$ através da superfície S é definido como $\int_S \mathbf{A}\cdot d\mathbf{S}$. Quando a superfície S é fechada, a integral de superfície torna-se o fluxo líquido de $\mathbf{A}$ através de S, apontando para fora, isto é, $\oint \mathbf{A}\cdot d\mathbf{S}$.

6. A integral de volume de um escalar ρ_v sobre um volume v é definida como $\int_v \rho_v\, dv$.

7. A diferenciação vetorial é obtida utilizando o operador diferencial com caráter vetorial ∇. O gradiente de um campo escalar V é denotado por ∇V, a divergência de um campo vetorial $\mathbf{A}$ por $\nabla \cdot \mathbf{A}$, o rotacional de $\mathbf{A}$ por $\nabla \times \mathbf{A}$ e o laplaciano de V por $\nabla^2 V$.

8. O teorema da divergência, $\oint_S \mathbf{A}\cdot d\mathbf{S} = \int_v \nabla\cdot\mathbf{A}\, dv$, relaciona uma integral de superfície sobre uma superfície fechada a uma integral de volume.

9. O teorema de Stokes, $\oint_L \mathbf{A}\cdot d\mathbf{l} = \int_S (\nabla \times \mathbf{A})\cdot d\mathbf{S}$, relaciona uma integral de linha sobre um caminho fechado a uma integral de superfície.

10. Se a equação de Laplace, $\nabla^2 V = 0$, é satisfeita por um campo escalar V em uma dada região, V é dito harmônico naquela região.

11. Um campo vetorial é solenoidal se $\nabla \cdot \mathbf{A} = 0$; é irrotacional ou conservativo se $\nabla \times \mathbf{A} = 0$.

12. Um resumo das operações de cálculo vetorial nos três sistemas de coordenadas é fornecido nas guardas finais deste livro.

13. As identidades vetoriais $\nabla \cdot \nabla \times \mathbf{A}$ e $\nabla \times \nabla V = 0$ são muito úteis em EM. Outras identidades vetoriais estão no Apêndice A.10.

QUESTÕES DE REVISÃO

3.1 Considere o volume diferencial da Figura 3.25 e relacione os itens da coluna da esquerda com os da coluna da direita.

(a) $d\mathbf{l}$ de A até B (i) $dy\, dz\, \mathbf{a}_x$
(b) $d\mathbf{l}$ de A até D (ii) $-dx\, dz\, \mathbf{a}_y$
(c) $d\mathbf{l}$ de A até E (iii) $dx\, dy\, \mathbf{a}_z$
(d) $d\mathbf{S}$ da face $ABCD$ (iv) $-dx\, dy\, \mathbf{a}_z$
(e) $d\mathbf{S}$ da face $AEHD$ (v) $dx\, \mathbf{a}_x$
(f) $d\mathbf{S}$ da face $DCGH$ (vi) $dy\, \mathbf{a}_y$
(g) $d\mathbf{S}$ da face $ABFE$ (vii) $dz\, \mathbf{a}_z$

3.2 Para o volume diferencial na Figura 3.26, relacione os itens da lista da esquerda com os da lista da direita.

(a) $d\mathbf{l}$ de E até A (i) $-\rho\, d\phi\, dz\, \mathbf{a}_\rho$
(b) $d\mathbf{l}$ de B até A (ii) $-d\rho\, dz\, \mathbf{a}_\phi$
(c) $d\mathbf{l}$ de D até A (iii) $-\rho\, d\rho\, d\phi\, \mathbf{a}_z$
(d) $d\mathbf{S}$ da face $ABCD$ (iv) $\rho\, d\rho\, d\phi\, \mathbf{a}_z$
(e) $d\mathbf{S}$ da face $AEHD$ (v) $d\rho\, \mathbf{a}_\rho$
(f) $d\mathbf{S}$ da face $ABFE$ (vi) $\rho\, d\phi\, \mathbf{a}_\phi$
(g) $d\mathbf{S}$ da face $DCGH$ (vii) $dz\, \mathbf{a}_z$

3.3 Um volume diferencial em coordenadas esféricas é mostrado na Figura 3.8. Para o elemento de volume, relacione os itens da coluna da esquerda com os da coluna da direita.

(a) $d\mathbf{l}$ de A até D (i) $-r^2 \operatorname{sen} \theta\, d\theta\, d\phi\, \mathbf{a}_r$
(b) $d\mathbf{l}$ de E até A (ii) $-r \operatorname{sen} \theta\, dr\, d\phi\, \mathbf{a}_\theta$
(c) $d\mathbf{l}$ de A até B (iii) $r\, dr\, d\theta\, \mathbf{a}_\phi$
(d) $d\mathbf{S}$ da face $EFGH$ (iv) $dr\, \mathbf{a}_r$
(e) $d\mathbf{S}$ da face $AEHD$ (v) $r\, d\theta\, \mathbf{a}_\theta$
(f) $d\mathbf{S}$ da face $ABFE$ (vi) $r \operatorname{sen} \theta\, d\phi\, \mathbf{a}_\phi$

3.4 Se $\mathbf{r} = x\mathbf{a}_x + y\mathbf{a}_y + z\mathbf{a}_z$, é o vetor posição do ponto (x, y, z) e $r = |\mathbf{r}|$, qual das seguintes igualdades é incorreta?

(a) $\nabla r = \mathbf{r}/r$ (c) $\nabla^2(\mathbf{r} \cdot \mathbf{r}) = 6$
(b) $\nabla \cdot \mathbf{r} = 1$ (d) $\nabla \times \mathbf{r} = 0$

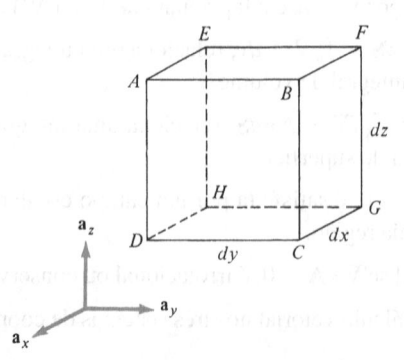

FIGURA 3.25 Referente à Questão de Revisão 3.1.

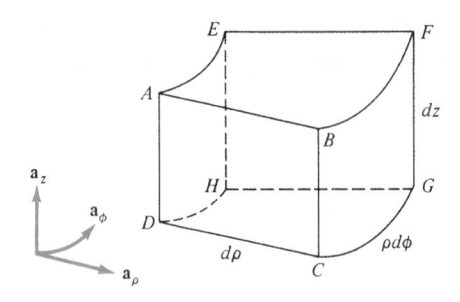

FIGURA 3.26 Referente à Questão de Revisão 3.2.

3.5 Qual das seguintes operações não faz sentido?

(a) grad div (c) grad rot
(b) div rot   (d) rot grad

3.6 Qual das seguintes operações resulta em zero?

(a) grad div (c) rot grad
(b) div grad (d) rot rotv

3.7 Dado um campo $\mathbf{A} = 3x^2yz\mathbf{a}_x + x^3z\mathbf{a}_y + (x^3y - 2z)\mathbf{a}_z$, pode-se afirmar que $\mathbf{A}$ é:

(a) Harmônico   (d) Rotacional
(b) Não divergente (e) Conservativo
(c) Solenoidal

3.8 A densidade de corrente superficial $\mathbf{J}$, em um guia de onda retangular, está representada na Figura 3.27. Observa-se na figura que $\mathbf{J}$ diverge na parede superior do guia, enquanto não diverge na parede lateral do guia.

(a) Verdadeiro (b) Falso

3.9 O teorema de Stokes é aplicável somente quando existe um caminho fechado, e o campo vetorial e suas derivadas são contínuas ao longo desse caminho.

(a) Verdadeiro   (c) Não necessariamente verdadeiro ou falso
(b) Falso

3.10 Se um campo vetorial $\mathbf{Q}$ é solenoidal, qual das igualdades é verdadeira?

(a) $\oint_L \mathbf{Q} \cdot d\mathbf{l} = 0$ (d) $\nabla \times \mathbf{Q} \neq 0$
(b) $\oint_S \mathbf{Q} \cdot d\mathbf{S} = 0$ (e) $\nabla^2 \mathbf{Q} = 0$
(c) $\nabla \times \mathbf{Q} = 0$

Respostas: 3.1a-(vi), b-(vii), c-(v), d-(i), e-(ii), f-(iv), g-(iii); 3.2a-(vi), b-(v), c-(vii), d-(ii), e-(i), f-(iv), g-(iii); 3.3a-(v), b-(vi), c-(iv), d-(iii), e-(i), f-(ii); 3.4b; 3.5c; 3.6c; 3.7e; 3.8a; 3.9a; 3.10b.

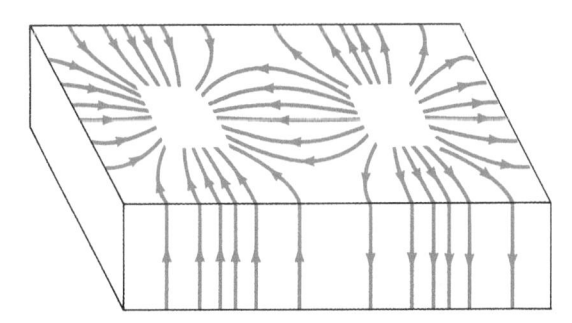

FIGURA 3.27 Referente à Questão de Revisão 3.8.

PROBLEMAS

3.1 Utilizando a diferencial de área dS, determine a área das seguintes superfícies:
 (a) $z = 0, 0 \leq \rho \leq 10, 0 \leq \phi \leq \pi$
 (b) $\rho = 5, 0 \leq z \leq 4, \pi/4 \leq \phi \leq \pi/2$
 (c) $r = 5, 0 \leq \pi/2$ (hemisférica)
 (d) $\theta = 30°, 0 \leq r \leq 10, 0 \leq \phi \leq 2\pi$ (cônica)
 (e) $r = 8,26, 30° \leq \theta \leq 60°, 0 \leq \phi \leq 360°$

3.2 Encontre o volume de um cone, seccionado de uma esfera de raio $r = a$, limitado por $\theta = \alpha$. Calcule o volume quando $\alpha = \pi/3$ e $\pi/2$.

3.3 Utilizando o comprimento diferencial dl, determine o comprimento de cada uma das seguintes curvas:
 (a) $\rho = 3, \pi/4 < \phi < \pi/2 < z =$ constante
 (b) $r = 1, \theta = 30°, 0 < \phi < 60°$
 (c) $r = 4, 30° < \theta < 90°, \phi =$ constante

3.4 Se a integral $\int_A^B \mathbf{F} \cdot d\mathbf{l}$ for considerada como o trabalho realizado para deslocar uma partícula de A até B, encontre o trabalho realizado pelo campo de força:

$$\mathbf{F} = 2xy\mathbf{a}_x + (x^2 - z^2)\mathbf{a}_y - 3xz^2\,\mathbf{a}_z$$

sobre uma partícula que se desloca de $A\,(0, 0, 0)$ até $B(2, 1, 3)$ ao longo:
 (a) Do segmento $(0, 0, 0) \to (0, 1, 0) \to (2, 1, 0) \to (2, 1, 3)$
 (b) Da linha reta entre $(0, 0, 0)$ até $(2, 1, 3)$

3.5 Dado que $\mathbf{H} = x^2\mathbf{a}_x + y^2\mathbf{a}_y$, calcule $\int_L \mathbf{H} \cdot d\mathbf{l}$, considere L ao longo da curva $y = x^2$, de $(0, 0)$ a $(1, 1)$.

3.6 Dado que $\rho_s = x^2 + xy$, calcule $\int_S \rho_s \, dS$, sobre a região $y \leq x^2, 0 < x < 1$.

3.7 Se

$$\mathbf{H} = (x - y)\mathbf{a}_x + (x^2 + zy)\mathbf{a}_y + 5yz\,\mathbf{a}_z$$

calcule $\int \mathbf{H} \cdot d\mathbf{l}$ ao longo do contorno da Figura 3.28.

3.8 Determine o fluxo do campo

$$\mathbf{A} = 4xz\mathbf{a}_x - y^2\mathbf{a}_y + yz\mathbf{a}_z$$

que sai do cubo unitário descrito por: $0 \leq x \leq 1, 0 \leq y \leq 1, 0 \leq z \leq 1$.

3.9 Seja $\mathbf{A} = 2xy\mathbf{a}_x + xz\mathbf{a}_y - y\mathbf{a}_z$. Calcule $\int_v \nabla \cdot \mathbf{A}\, dv$ sobre:
 (a) Uma região retangular dada por $0 \leq x \leq 2, 0 \leq y \leq 2, 0 \leq z \leq 2$
 (b) Uma região cilíndrica dada por $\rho \leq 3, 0 \leq z \leq 5$
 (c) Uma região esférica dada por $r \leq 4$

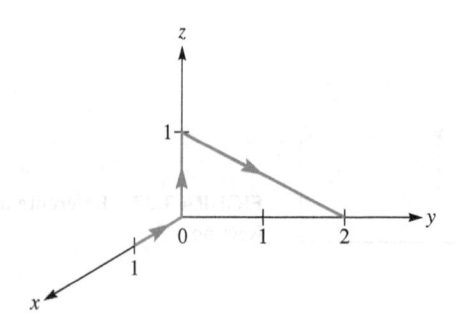

FIGURA 3.28 Referente ao Problema 3.7.

3.10 Determine o gradiente dos seguintes campos escalares:

(a) $U = 4xz^2 + 3yz$

(b) $V = e^{(2x+3y)} \cos 5z$

(c) $W = 2\rho(z^2 + 1) \cos \phi$

(d) $T = 5\rho e^{-2z} \operatorname{sen} \phi$

(e) $H = r^{-2} \cos \theta \cos \phi$

(f) $Q = \dfrac{\operatorname{sen} \theta \operatorname{sen} \phi}{r^3}$

3.11 Determine o gradiente dos seguintes campos e calcule seu valor nos pontos especificados:

(a) $V = e^{(2x+3y)} \cos 5z$ (0,1, −0,2, 0,4)

(b) $T = 5\rho e^{-2z} \operatorname{sen} \phi$, (2, $\pi/3$, 0)

(c) $Q = \dfrac{\operatorname{sen} \theta \operatorname{sen} \phi}{r^2}$, (1, $\pi/6$, $\pi/2$)

3.12 Determine o vetor unitário normal à $S(x, y, z) = x^2 + y^2 - z$ no ponto (1, 3, 0).

3.13 A temperatura de um auditório é dada por $T = x^2 + y^2 - z$. Um mosquito que está no auditório, localizado em (1, 1, 2), deseja voar com uma orientação de modo a se aquecer o mais possível. Com qual orientação o mosquito deve voar?

3.14 Encontre a divergência e o rotacional dos seguintes vetores:

(a) $\mathbf{A} = e^{xy} \mathbf{a}_x + \operatorname{sen} xy \, \mathbf{a}_y + \cos^2 xz \, \mathbf{a}_z$

(b) $\mathbf{B} = \rho z^2 \cos \phi \, \mathbf{a}_\rho + z \operatorname{sen}^2 \phi \, \mathbf{a}_z$

(c) $\mathbf{C} = r \cos \theta \, \mathbf{a}_r - \dfrac{1}{r} \operatorname{sen} \theta \, \mathbf{a}_\theta + 2r^2 \operatorname{sen} \theta \, \mathbf{a}_\phi$

3.15 Considere o vetor fluxo de calor $\mathbf{H} = k\nabla T$, onde T é a temperatura e k é a condutividade térmica. Mostre que, onde

$$T = 50 \operatorname{sen} \dfrac{\pi x}{2} \cosh \dfrac{\pi y}{2}$$

então $\nabla \cdot \mathbf{H} = 0$.

3.16 (a) Demonstre que

$$\nabla \cdot (V\mathbf{A}) = V\nabla \cdot \mathbf{A} + \mathbf{A} \cdot \nabla V$$

onde V é um campo escalar e $\mathbf{A}$ é um campo vetorial.

(b) Calcule $\nabla \cdot (V\mathbf{A})$ quando $\mathbf{A} = 2x\mathbf{a}_y + 3y\mathbf{a}_y - 4z\mathbf{a}_z$ e $V = xyz$.

3.17 Se $U = xz - x^2y + y^2z^2$, calcule div grad U.

3.18 Se $\mathbf{D} = 2\rho z^2 \mathbf{a}_\rho + \rho \cos^2 \phi \mathbf{a}_z$, calcule:

(a) $\oint_S \mathbf{D} \cdot d\mathbf{S}$

(b) $\int_v \nabla \cdot \mathbf{D} \, dv$

sobre uma região definida por: $2 \leq \rho \leq 5$, $-1 \leq z \leq 1$, $0 < \phi < 2\pi$.

3.19 Se $\mathbf{A} = 2x\mathbf{a}_x - z^2\mathbf{a}_y + 3xy\mathbf{a}_z$, determine o fluxo de $\mathbf{A}$ a partir da superfície definida por $\rho = 2$, $0 < \phi < \pi/2$, $0 < z < 1$.

3.20 Se $\mathbf{r} = x\mathbf{a}_x + y\mathbf{a}_y + z\mathbf{a}_z$ e $\mathbf{T} = 2zy\mathbf{a}_x + xy^2\mathbf{a}_y + x^2yz\mathbf{a}_z$, determine:

(a) $(\nabla \cdot \mathbf{r})\mathbf{T}$

(b) $(\mathbf{r} \cdot \nabla)\mathbf{T}$

(c) $\nabla \cdot \mathbf{r}(\mathbf{r} \cdot \mathbf{T})$

(d) $(\mathbf{r} \cdot \nabla)r^2$

3.21 Verifique se o campo vetorial

$$\mathbf{H} = 2xy\mathbf{a}_x + (x^2 + z^2)\mathbf{a}_y + 2yz\mathbf{a}_z$$

satisfaz o Teorema da Divergência na região retangular definida por $0 < x < 1, 1 < y < 2, -1 < z < 3$.

3.22 Verifique o Teorema da Divergência para a função $\mathbf{A} = r^2\mathbf{a}_r + r\,\text{sen}\,\theta\,\cos\phi\,\mathbf{a}_\theta$ sobre a superfície de um quadrante de hemisfério definido por $0 < r < 3, 0 < \phi < \pi/2, 0 < \theta < \pi/2$.

3.23 Se $\mathbf{F} = x^2\mathbf{a}_x + y^2\mathbf{a}_y + (z^2 - 1)\mathbf{a}_z$, encontre $\oint_S \mathbf{F} \cdot d\mathbf{S}$, onde S é definido por $\rho = 2, 0 < z < 2, 0 \leq \phi \leq 2\pi$.

3.24 (a) Dado que $\mathbf{A} = xy\mathbf{a}_x + yz\mathbf{a}_y + xz\mathbf{a}_z$, calcule $\oint_S \mathbf{A} \cdot d\mathbf{S}$, onde S é a superfície de um cubo, definido por $0 \leq x \leq 1, 0 \leq y \leq 1, 0 \leq z \leq 1$.

(b) Resolva novamente a parte (a) considerando que S permaneça o mesmo e $\mathbf{A} = yz\mathbf{a}_x + xz\mathbf{a}_y + xy\mathbf{a}_z$.

3.25 O momento da inércia em torno do eixo z de um corpo rígido é proporcional a

$$\int_v (x^2 + y^2)\,dx\,dy\,dz$$

Expresse esse momento como o fluxo de algum campo vetorial $\mathbf{A}$ através da superfície do corpo.

Leve em conta que

$$\frac{\partial A_x}{\partial x} = x^2 \quad \text{e} \quad \frac{\partial A_y}{\partial y} = y^2$$

3.26 Calcule o fluxo total do vetor

$$\mathbf{F} = \rho^2\,\text{sen}\,\phi\,\mathbf{a}_\rho + z\cos\phi\,\mathbf{a}_\phi + \rho z\mathbf{a}_z$$

que sai através de um cilindro ôco, definido por $2 \leq 3, 0 \leq z \leq 5$.

3.27 Calcule o rotacional de cada um dos seguintes campos vetoriais:

(a) $\mathbf{A} = xy\mathbf{a}_x + y^2\mathbf{a}_y - xz\mathbf{a}_z$

(b) $\mathbf{B} = \rho z^2\mathbf{a}_\rho + \rho\,\text{sen}^2\phi\,\mathbf{a}_\phi + 2\rho z\,\text{sen}^2\phi\,\mathbf{a}_z$

(c) $\mathbf{C} = r\mathbf{a}_r + r\cos^2\theta\,\mathbf{a}_\phi$

*3.28 Dado $\mathbf{F} = x^2 y\,\mathbf{a}_x - y\mathbf{a}_y$, encontre:

(a) $\oint_L \mathbf{F} \cdot d\mathbf{l}$ onde L é o da Figura 3.29.

(b) $\int_S (\nabla \times \mathbf{F}) \cdot d\mathbf{S}$, onde S é a área limitada por L.

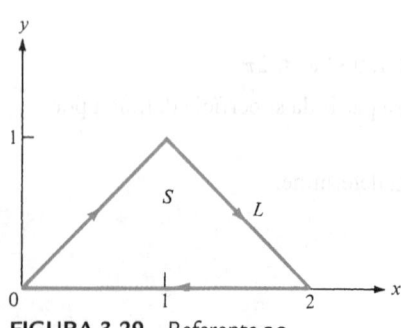

(c) O teorema de Stokes é satisfeito para esse caso?

FIGURA 3.29 Referente ao Problema 3.28.

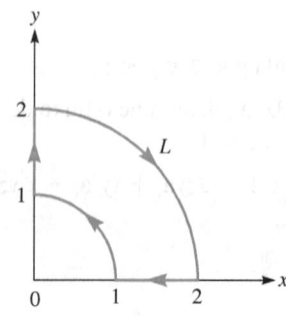

FIGURA 3.30 Referente ao Problema 3.29.

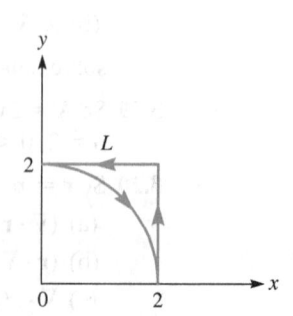

FIGURA 3.31 Referente ao Problema 3.30.

3.29 Se $\mathbf{A} = \rho^2 \operatorname{sen} \phi \, \mathbf{a}_\rho + \rho^2 \mathbf{a}_\phi$, calcule $\oint_L \mathbf{A} \cdot d\mathbf{l}$. Considere L o contorno da Figura 3.30.

3.30 Se $\mathbf{F} = 2xy\mathbf{a}_x + y\mathbf{a}_y$, calcule $\oint_L \mathbf{F} \cdot d\mathbf{l}$ em torno de L mostrado na Figura 3.31.

3.31 Se $\mathbf{A} = 4x^2 e^{-y}\mathbf{a}_x - 8xe^{-y}\mathbf{a}_y$, determine $\nabla \times [\nabla (\nabla \cdot \mathbf{A})]$.

3.32 Verifique se o campo vetorial

$$\mathbf{F} = 3y^2 z\mathbf{a}_x + 6x^2 y\mathbf{a}_y + 9xz^2 \mathbf{a}_z$$

satisfaz o Teorema de Stokes no caminho retangular que contorna a região definida por $0 < x < 2$, $-2 < y < 1$, $z = 1$. Considere $d\mathbf{S} = dS \, \mathbf{a}_z$.

3.33 Se $\mathbf{F} = 2\rho z\mathbf{a}_\rho + 3z \operatorname{sen} \phi \, \mathbf{a}_\phi - 4\rho \cos \phi \, \mathbf{a}_z$, verifique o Teorema de Stokes para a superfície aberta definida por $z = 1, 0 < \rho < 2, 0 < \phi < 45°$.

3.34 Se $V = \dfrac{\operatorname{sen} \theta \cos \phi}{r}$, determine:

(a) ∇V

(b) $\nabla \times \nabla V$

(c) $\nabla \cdot \nabla V$

**3.35 Um campo vetorial é dado por

$$\mathbf{Q} = \frac{\sqrt{x^2 + y^2 + z^2}}{\sqrt{x^2 + y^2}} [(x - y)\mathbf{a}_x + (x + y)\mathbf{a}_y$$

Calcule as seguintes integrais:

(a) $\int_L \mathbf{Q} \cdot d\mathbf{l}$ onde L é a borda circular do volume na forma de uma casquinha de sorvete, mostrado na Figura 3.32.

(b) $\int_{S_1} (\nabla \times \mathbf{Q}) \cdot d\mathbf{S}$, onde S_1 é a superfície no topo desse volume

(c) $\int_{S_2} (\nabla \times \mathbf{Q}) \cdot d\mathbf{S}$, onde S_2 é a superfície da lateral cônica desse volume

(d) $\int_{S_1} \mathbf{Q} \cdot d\mathbf{S}$

(e) $\int_{S_2} \mathbf{Q} \cdot d\mathbf{S}$

(f) $\int_v \nabla \cdot \mathbf{Q} \, dv$

Como os resultados nos itens (a) até (f) podem ser comparados entre si?

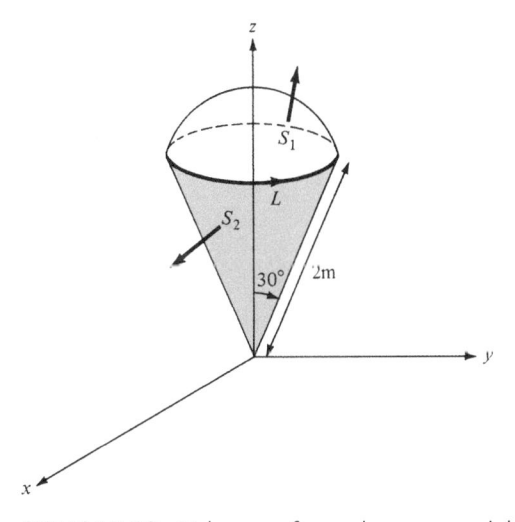

FIGURA 3.32 Volume na forma de uma casquinha de sorvete, referente ao Problema 3.35.

** Asteriscos duplos indicam problemas mais difíceis.

*3.36 Um corpo rígido gira, com uma velocidade angular $\boldsymbol{\omega}$, em torno de um eixo fixo que o atravessa pelo centro. Se **u** é a velocidade de qualquer ponto do corpo, mostre que $\boldsymbol{\omega} = 1/2\, \nabla \times \mathbf{u}$.

*3.37 Verifique a identidade vetorial

$$\int \nabla \times \mathbf{A}\, dv = -\oint \mathbf{A} \times d\mathbf{S}$$

quando $\mathbf{A} = 5x^2 y \mathbf{a}_x + 3xy^2 \mathbf{a}_y$ e o volume for definido por $0 < x < 2$, $-1 < y < 1$, e $-5 < z < 5$.

3.38 Determine o laplaciano de cada um dos seguintes campos escalares:
   (a) $V_1 = [x^2 + y^2 + z^2]^{-3/2}$
   (b) $V_2 = xze^{-y} + x^2 \ln y$
   (c) $V_3 = 10\rho^2 \operatorname{sen} 2\phi$
   (d) $V_4 = \rho z(\cos\phi + \operatorname{sen}\phi)$
   (e) $V_4 = 5r^2 \operatorname{sen}\theta \cos\phi$
   (f) $V_6 = \dfrac{\operatorname{sen}\theta}{r^2}$

3.39 Determine o laplaciano de cada um dos seguintes campos escalares e calcule o seu valor nos pontos especificados:
   (a) $U = x^3 y^2 e^{xz}$, $(1, -1, 1)$
   (b) $V = \rho^2 z(\cos\phi + \operatorname{sen}\phi)$, $(5, \pi/6, -2)$
   (c) $W = e^{-r} \operatorname{sen}\theta \cos\phi$, $(1, \pi/3, \pi/6)$

3.40 Para cada um dos seguintes campos escalares, determine $\nabla^2 V$
   (a) $V_1 = x^3 + y^3 + z^3$
   (b) $V_2 = \rho z^2 \operatorname{sen} 2\phi$
   (c) $V_3 = r^2 (1 + \cos\theta \operatorname{sen}\phi)$

3.41 Calcule ∇V, $\nabla \cdot \nabla V$ e $\nabla \times \nabla V$ se:
   (a) $V = 3x^2 y + xz$
   (b) $V = \rho z \cos\phi$
   (c) $V = 4r^2 \cos\theta \operatorname{sen}\phi$

3.42 Se $V = x^2 y^2 z^2$ e $\mathbf{A} = x^2 y \mathbf{a}_x + xz^3 \mathbf{a}_y - y^2 z^2 \mathbf{a}_z$, determine (a) $\nabla^2 V$; (b) $\nabla^2 \mathbf{A}$; (c) grad div **A**; (d) rot rot **A**.

3.43 Sejam U e V campos escalares, mostre que

$$\oint_L U \nabla V \cdot d\mathbf{l} = -\oint_L V \nabla U \cdot d\mathbf{l}$$

PARTE 2

ELETROSTÁTICA

Charles Augustin de Coulomb (1736-1806), físico francês que ficou famoso por suas descobertas no campo da eletricidade e do magnetismo. Ele formulou a lei de Coulomb, a ser discutida neste capítulo.

Coulomb nasceu em Angoulême, França, em uma família de posses e posição social. A família de seu pai era muito conhecida profissionalmente na área do direito, e a de sua mãe era igualmente bem abastada. Coulomb foi educado em Paris e escolheu a engenharia militar como profissão. Após sua ida para a reserva, em 1789, dedicou-se à física e publicou sete trabalhos sobre eletricidade e magnetismo. Tornou-se muito conhecido por seus trabalhos em eletricidade, magnetismo e mecânica. Ele inventou um magnetoscópio, um magnetômetro e uma balança de torção, que utilizou para a concepção da lei de Coulomb, a lei da força entre dois corpos carregados. De Coulomb, pode-se dizer que estendeu a mecânica newtoniana a um novo ramo da física. A unidade de carga elétrica, o Coulomb, foi nomeada em sua homenagem.

CAPÍTULO 4

CAMPOS ELETROSTÁTICOS

"Semeie um pensamento e colha um ato;
Semeie um ato e colha um hábito;
Semeie um hábito e colha um caráter;
Semeie um caráter e colha um destino."

— SAMUEL SMILES

4.1 INTRODUÇÃO

Tendo dominado algumas ferramentas matemáticas essenciais para esse curso, estamos agora preparados para estudar os conceitos básicos do EM. Começaremos com os conceitos fundamentais que são aplicáveis a campos elétricos estáticos (ou invariáveis no tempo) no espaço livre (ou vácuo). Um campo eletrostático é gerado por uma distribuição de cargas estáticas. Um exemplo típico é o campo encontrado no interior de tubos de raios catódicos.

Antes de começarmos nosso estudo de eletrostática, talvez seja útil examinarmos, brevemente, a sua importância. A eletrostática é um tema fascinante que se desenvolveu em diversas áreas de aplicação. Transmissão de energia elétrica, aparelhos de raios X e proteção contra descargas elétricas atmosféricas estão associados a campos elétricos muito intensos, e é necessário ter conhecimento de eletrostática para entendê-los e ser capaz de projetar equipamentos adequados. Os dispositivos utilizados em eletrônica do estado sólido têm seu funcionamento baseado na eletrostática. Aí incluem-se resistores, capacitores e componentes ativos, como os transistores bipolares e os de efeito de campo, nos quais o controle do movimento dos elétrons é feito por campos eletrostáticos. Praticamente todos os dispositivos periféricos de computadores, com exceção da memória magnética, baseiam-se em campos eletrostáticos. *Mouses* do tipo *touch pads*, teclados capacitivos, tubos de raios catódicos, mostradores de cristal líquido e impressoras eletrostáticas são exemplos típicos. Na Medicina, os diagnósticos são muitas vezes obtidos com a ajuda da eletrostática, incorporada em eletrocardiogramas, eletroencefalogramas e outros tipos de registros de órgãos com atividade elétrica, incluindo olhos, ouvidos e estômago. Na indústria, a eletrostática é utilizada de várias maneiras, como em pintura eletrostática, eletrodeposição, usinagem eletromecânica e em processos de separação de pequenas partículas. A eletrostática é usada em agricultura na seleção de grãos, na pulverização de plantações, na medição do nível de umidade da produção armazenada, na fiação de algodão e também para aumentar a velocidade dos processos de cozimento do pão e da defumação da carne.[1,2]

Começaremos nosso estudo da eletrostática investigando as duas leis fundamentais que governam os campos eletrostáticos: (1) lei de Coulomb e (2) lei de Gauss. Ambas são baseadas em estudos experimentais e são interdependentes. Embora a lei de Coulomb seja aplicável na determinação do campo elétrico devido a qualquer configuração de cargas, é mais fácil usar a lei de Gauss

---

[1] Para várias aplicações de eletrostática, veja J. M. Crowley, *Fundamentals os Applied Electrostatics*. New York: John Wiley & Sons, 1999; A. D. Moore, ed., *Electrostatics and Its Applications*. New York: John Wiley & Sons, 1973; e C. E. Jowett, *Electrostatics in the Electronics Environment*. New York: John Wiley & Sons, 1976.

[2] Uma história interessante sobre a mágica da eletrostática é encontrada em B. Bolton, *Electromagnetism and Its Applications*. London: Van Nostrand, 1980, p. 2.

quando a distribuição de cargas é simétrica. A partir da lei de Coulomb, o conceito de intensidade de campo elétrico será introduzido e aplicado a casos envolvendo cargas pontuais, distribuições de cargas em linha, em superfícies e em volume. Casos especiais, que podem ser resolvidos com muito esforço usando a lei de Coulomb, serão facilmente resolvidos aplicando-se a lei de Gauss. Ao longo de nossa discussão neste capítulo, assumiremos que o campo elétrico está no vácuo ou no espaço livre. O caso de campo elétrico em um meio material será tratado no próximo capítulo.

4.2 LEI DE COULOMB E INTENSIDADE DE CAMPO

A lei de Coulomb é uma lei experimental, formulada em 1785 pelo coronel francês Charles Augustin de Coulomb. A lei trata da força que uma carga pontual exerce sobre outra carga pontual. Por *carga pontual* entendemos uma carga que está localizada sobre um corpo cujas dimensões são muito menores que outras dimensões relevantes. Por exemplo, uma coleção de cargas elétricas sobre a cabeça de um alfinete pode ser considerada como uma carga pontual. Geralmente, as cargas são medidas em coulombs (C). Um coulomb, que é equivalente a aproximadamente 6×10^{18} elétrons, é uma unidade muito grande de cargas porque a carga de um elétron $e = -1,6019 \times 10^{-19}$ C.

> **A Lei de Coulomb** estabelece que a força F entre duas cargas pontuais Q_1 e Q_2 é:
> 1. ao longo da linha que une as cargas;
> 2. diretamente proporcional ao produto das cargas $Q_1 Q_2$;
> 3. inversamente proporcional ao quadrado da distância R entre elas.[3]

Matematicamente,

$$F = \frac{k\, Q_1 Q_2}{R^2} \qquad (4.1)$$

onde k é uma constante de proporcionalidade. Em unidades do SI, cargas Q_1 e Q_2 são em coulombs (C), a distância R é em metros (m) e a força em newtons (N) tal que $k = 1/4\pi\varepsilon_o$. A constante ε_o é chamada de *permissividade do espaço livre* (em farads por metro) e tem o valor

$$\boxed{\begin{aligned} \varepsilon_o &= 8{,}854 \times 10^{-12} \simeq \frac{10^{-9}}{36\pi} \text{ F/m} \\ \text{ou}\quad k &= \frac{1}{4\pi\varepsilon_o} \simeq 9 \times 10^9 \text{ m/F *} \end{aligned}} \qquad (4.2)$$

Dessa maneira, a equação (4.1) pode ser escrita como

$$F = \frac{Q_1 Q_2}{4\pi\varepsilon_o R^2} \qquad (4.3)$$

Se duas cargas pontuais Q_1 e Q_2 estão localizadas em pontos cujos vetores posição são, respectivamente, $\mathbf{r}_1$ e $\mathbf{r}_2$, então a força $\mathbf{F}_{12}$ sobre a carga Q_2 devido à carga Q_1, mostrada na Figura 4.1, é dada por

$$\boxed{\mathbf{F}_{12} = \frac{Q_1 Q_2}{4\pi\varepsilon_o R^2} \mathbf{a}_{R_{12}}} \qquad (4.4)$$

---

[3] Maiores detalhes sobre a verificação experimental da lei de Coulomb pode ser encontrado em W. F. Magie, *A Source Book in Physics*. Cambrigde: Harvard Univ. Press, 1963, p. 408-420.

* N. de R. T.: Em muitos livros, essa unidade é dada em N·m²/C².

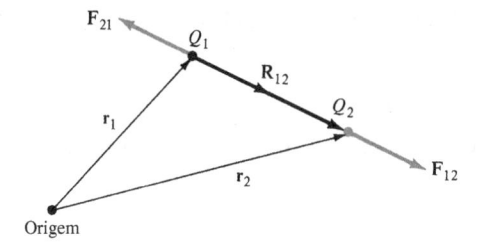

FIGURA 4.1 Vetor força coulombiana sobre as cargas pontuais Q_1 e Q_2.

onde

$$\mathbf{R}_{12} = \mathbf{r}_2 - \mathbf{r}_1 \quad (4.5a)$$

$$R = |\mathbf{R}_{12}| \quad (4.5b)$$

$$\mathbf{a}_{R_{12}} = \frac{\mathbf{R}_{12}}{R} \quad (4.5c)$$

Substituindo a equação (4.5) na equação (4.4), podemos reescrever a equação (4.4) como

$$\mathbf{F}_{12} = \frac{Q_1 Q_2}{4\pi\varepsilon_o R^3} \mathbf{R}_{12} \quad (4.6a)$$

ou

$$\mathbf{F}_{12} = \frac{Q_1 Q_2 (\mathbf{r}_2 - \mathbf{r}_1)}{4\pi\varepsilon_o |\mathbf{r}_2 - \mathbf{r}_1|^3} \quad (4.6b)$$

É importante notar que

1. Conforme mostrado na Figura 4.1, a força $\mathbf{F}_{21}$ sobre a carga Q_1 devido à carga Q_2 é dada por

$$\mathbf{F}_{21} = |\mathbf{F}_{12}|\mathbf{a}_{R_{21}} = |\mathbf{F}_{12}|(-\mathbf{a}_{R_{12}})$$

ou

$$\mathbf{F}_{21} = -\mathbf{F}_{12} \quad (4.7)$$

já que

$$\mathbf{a}_{R_{12}} = -\mathbf{a}_{R_{12}}$$

2. Cargas de mesmo sinal se repelem, enquanto cargas de sinal contrário se atraem. Ilustração na Figura 4.2.
3. A distância R entre os corpos carregados Q_1 e Q_2 deve ser bem maior que as dimensões lineares dos corpos, isto é, Q_1 e Q_2 devem ser cargas pontuais.
4. Q_1 e Q_2 devem ser estáticas (cargas em repouso).
5. Os sinais de Q_1 e Q_2 devem ser levados em consideração na equação (4.4). Para cargas de mesmo sinal, $Q_1 Q_2 > 0$. Para cargas de sinais contrários, $Q_1 Q_2 < 0$

Se tivermos mais do que duas cargas pontuais, podemos usar o *princípio da superposição* para determinar a força sobre uma determinada carga. O princípio estabelece que se houver N cargas $Q_1, Q_2,... Q_N$ localizadas, respectivamente, em pontos cujos vetores posição $\mathbf{r}_1, \mathbf{r}_2,..., \mathbf{r}_N$, a força re-

FIGURA 4.2 (a), (b) Cargas de mesmo sinal se repelem; (c) cargas de sinais contrários se atraem.

sultante **F** sobre uma carga Q localizada no ponto **r** é dada pela soma vetorial das forças exercidas sobre Q devido a cada uma das cargas $Q_1, Q_2, ..., Q_N$. Portanto:

$$\mathbf{F} = \frac{QQ_1(\mathbf{r}-\mathbf{r}_1)}{4\pi\varepsilon_o|\mathbf{r}-\mathbf{r}_1|^3} + \frac{QQ_2(\mathbf{r}-\mathbf{r}_2)}{4\pi\varepsilon_o|\mathbf{r}-\mathbf{r}_2|^3} + \cdots + \frac{QQ_N(\mathbf{r}-\mathbf{r}_n)}{4\pi\varepsilon_o|\mathbf{r}-\mathbf{r}_N|^3}$$

ou

$$\boxed{\mathbf{F} = \frac{Q}{4\pi\varepsilon_o}\sum_{k=1}^{N}\frac{Q_k(\mathbf{r}-\mathbf{r}_k)}{|\mathbf{r}-\mathbf{r}_k|^3}} \qquad (4.8)$$

Agora, podemos introduzir o conceito de *intensidade de campo elétrico*.

> O vetor **intensidade de campo elétrico E** é dado pela força por unidade de carga imersa nesse campo elétrico.

Assim,

$$\mathbf{E} = \lim_{Q\to 0}\frac{\mathbf{F}}{Q} \qquad (4.9)$$

ou simplesmente

$$\boxed{\mathbf{E} = \frac{\mathbf{F}}{Q}} \qquad (4.10)$$

A intensidade de campo elétrico **E** está, obviamente, na mesma direção da força **F**, e é medida em newtons/coulomb ou em volts/metro. A intensidade de campo elétrico em um ponto cujo vetor posição é **r**, devido a uma carga pontual localizada em **r**′, é obtida a partir das equações (4.6) e (4.10), como

$$\boxed{\mathbf{E} = \frac{Q}{4\pi\varepsilon_o R^2}\mathbf{a}_R = \frac{Q(\mathbf{r}-\mathbf{r}')}{4\pi\varepsilon_o|\mathbf{r}-\mathbf{r}'|^3}} \qquad (4.11)$$

Para N cargas pontuais $Q_1, Q_2, ..., Q_N$ localizadas em $\mathbf{r}_1, \mathbf{r}_2, ..., \mathbf{r}_N$, a intensidade de campo elétrico no ponto **r** é obtida das equações (4.8) e (4.10) como

$$\mathbf{E} = \frac{Q_1(\mathbf{r}-\mathbf{r}_1)}{4\pi\varepsilon_o|\mathbf{r}-\mathbf{r}_1|^3} + \frac{Q_2(\mathbf{r}-\mathbf{r}_2)}{4\pi\varepsilon_o|\mathbf{r}-\mathbf{r}_2|^3} + \cdots + \frac{Q_N(\mathbf{r}-\mathbf{r}_N)}{4\pi\varepsilon_o|\mathbf{r}-\mathbf{r}_N|^3}$$

ou

$$\mathbf{E} = \frac{1}{4\pi\varepsilon_o}\sum_{k=1}^{N}\frac{Q_k(\mathbf{r}-\mathbf{r}_k)}{|\mathbf{r}-\mathbf{r}_k|^3} \qquad (4.12)$$

EXEMPLO 4.1

Duas cargas pontuais de 1 mC e -2 mC estão localizadas em $(3, 2, -1)$ e $(-1, -1, 4)$, respectivamente. Calcule a força elétrica sobre uma carga de 10 nC, localizada em $(0, 3, 1)$, e a intensidade do campo elétrico nesse ponto.

Solução:

$$\mathbf{F} = \sum_{k=1,2} \frac{QQ_k}{4\pi\varepsilon_o R^2} \mathbf{a}_R = \sum_{k=1,2} \frac{QQ_k(\mathbf{r} - \mathbf{r}_k)}{4\pi\varepsilon_o |\mathbf{r} - \mathbf{r}_k|^3}$$

$$= \frac{Q}{4\pi\varepsilon_o} \left\{ \frac{10^{-3}[(0, 3, 1) - (3, 2, -1)]}{|(0, 3, 1) - (3, 2, -1)|^3} - \frac{2 \cdot 10^{-3}[(0, 3, 1) - (-1, -1, 4)]}{|(0, 3, 1) - (-1, -1, 4)|^3} \right\}$$

$$= \frac{10^{-3} \cdot 10 \cdot 10^{-9}}{4\pi \cdot \frac{10^{-9}}{36\pi}} \left[\frac{(-3, 1, 2)}{(9 + 1 + 4)^{3/2}} - \frac{2(1, 4, -3)}{(1 + 16 + 9)^{3/2}} \right]$$

$$= 9 \cdot 10^{-2} \left[\frac{(-3, 1, 2)}{14\sqrt{14}} + \frac{(-2, -8, 6)}{26\sqrt{26}} \right]$$

$$\mathbf{F} = -6{,}507\mathbf{a}_x - 3{,}817\mathbf{a}_y + 7{,}506\mathbf{a}_z \text{ mN}$$

No ponto $(0, 3, 1)$,

$$\mathbf{E} = \frac{\mathbf{F}}{Q}$$

$$= (-6{,}507, -3{,}817, 7{,}506) \cdot \frac{10^{-3}}{10 \cdot 10^{-9}}$$

$$\mathbf{E} = -650{,}7\mathbf{a}_x - 381{,}7\mathbf{a}_y + 750{,}6\mathbf{a}_z \text{ kV/m}$$

EXERCÍCIO PRÁTICO 4.1

Duas cargas pontuais de 5 nC e -2 nC estão localizadas em $(2, 0, 4)$ e $(-3, 0, 5)$, respectivamente.

(a) Determine a força sobre uma carga pontual de 1 nC localizada em $(1, -3, 7)$.

(b) Encontre o campo elétrico $\mathbf{E}$ em $(1, -3, 7)$.

Resposta: (a) $-1{,}004\mathbf{a}_x - 1{,}284\mathbf{a}_y + 1{,}4\mathbf{a}_z$ nN,
(b) $-1{,}004\mathbf{a}_x - 1{,}284\mathbf{a}_y + 1{,}4\mathbf{a}_z$ V/m.

EXEMPLO 4.2 Duas cargas pontuais de mesma massa m e carga Q estão suspensas em um ponto comum por dois fios de massa desprezível e comprimento ℓ. Demonstre que, na situação de equilíbrio, o ângulo de inclinação α de cada um dos fios em relação à vertical é dado por

$$Q^2 = 16\pi\,\varepsilon_o mg\ell^2 \,\text{sen}^2\,\alpha \,\text{tg}\,\alpha$$

Se α é muito pequeno, demonstre que

$$\alpha = \sqrt[3]{\frac{Q^2}{16\pi\varepsilon_o mg\ell^2}}$$

Solução:

Considere o sistema de cargas mostrado na Figura 4.3, onde F_e é a força elétrica ou coulombiana, T é a tensão mecânica em cada fio e mg é o peso de cada carga. Em A ou B

$$T\,\text{sen}\,\alpha = F_e$$
$$T\cos\alpha = mg$$

Por isso,

$$\frac{\text{sen}\,\alpha}{\cos\alpha} = \frac{F_e}{mg} = \frac{1}{mg}\cdot\frac{Q^2}{4\pi\varepsilon_o r^2}$$

Mas

$$r = 2\ell\,\text{sen}\,\alpha$$

Portanto,

$$Q^2 \cos\alpha = 16\pi\varepsilon_o mg\ell^2\,\text{sen}^3\,\alpha$$

ou

$$Q^2 = 16\pi\varepsilon_o mg\ell^2\,\text{sen}^3\,\alpha \tan\alpha$$

conforme solicitado. Quando α é muito pequeno

$$\text{tg}\,\alpha \simeq \alpha \simeq \text{sen}\,\alpha$$

e, então,

$$Q^2 = 16\,\pi\varepsilon_o mg\ell^2\alpha^3$$

ou

$$\alpha = \sqrt[3]{\frac{Q^2}{16\pi\varepsilon_o mg\ell^2}}$$

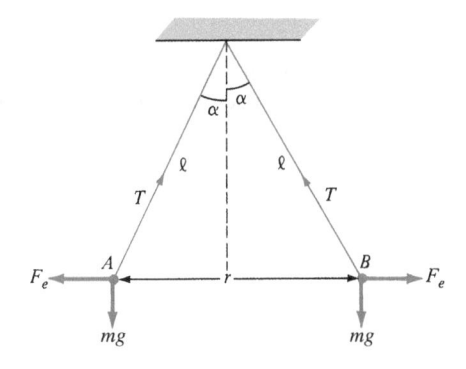

FIGURA 4.3 Partículas carregadas suspensas; referente ao Exemplo 4.2.

EXERCÍCIO PRÁTICO 4.2

Três pequenas esferas idênticas, de massa m, estão suspensas a partir de um mesmo ponto por fios de massa desprezível e de igual comprimento ℓ. Uma carga Q é dividida igualmente entre as esferas, e essas, no equilíbrio, se posicionam nos vértices de um triângulo eqüilátero horizontal de lado d. Demonstre que

$$Q^2 = 12\pi\varepsilon_o mgd^3\left[\ell^2 - \frac{d^2}{3}\right]^{-1/2}$$

onde g = aceleração da gravidade.

Resposta: a demonstração.

EXEMPLO 4.3

Uma aplicação prática da eletrostática é na separação eletrostática de sólidos. Por exemplo, o minério de fosfato da Flórida, que consiste de pequenas partículas de quartzo e de rocha de fosfato, pode ser separado em seus componentes aplicando um campo elétrico uniforme, como mostrado na Figura 4.4. Supondo velocidade e deslocamento iniciais iguais a zero, determine a separação entre elas após caírem 80 cm. Considere E = 500 kV/m e Q/m = 9 μC/kg tanto para as partículas carregadas positivamente como para as partículas carregadas negativamente.

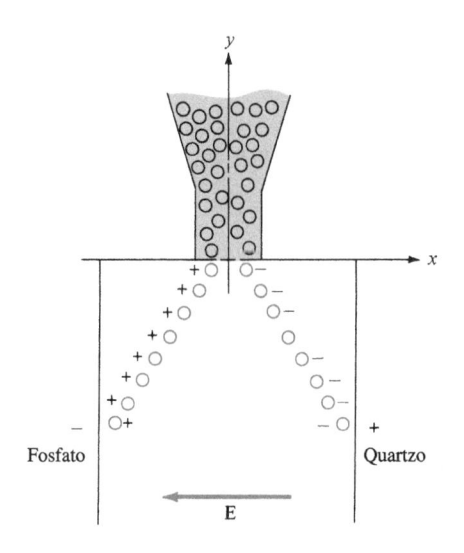

FIGURA 4.4 Separação eletrostática de sólidos; referente ao exemplo 4.3.

Solução:

Desconsiderando a força coulombiana entre as partículas, a força eletrostática, devido ao campo elétrico **E**, age horizontalmente, enquanto a força gravitacional age verticalmente sobre as partículas. Assim,

$$Q\mathbf{E} = m \frac{d^2x}{dt^2} \mathbf{a}_x$$

ou

$$\frac{d^2x}{dt^2} = \frac{Q}{m} E$$

Integrando duas vezes, tem-se

$$x = \frac{Q}{2m} Et^2 + c_1 t + c_2$$

onde c_1 e c_2 são constantes de integração. Da mesma maneira,

$$-mg = m \frac{d^2y}{dt^2}$$

ou

$$\frac{d^2y}{dt^2} = -g$$

Integrando duas vezes, obtemos

$$y = -1/2 gt^2 + c_3 t + c_4$$

Já que o deslocamento inicial é zero,

$$x(t=0) = 0 \rightarrow c_2 = 0$$
$$y(t=0) = 0 \rightarrow c_4 = 0$$

Também, devido à velocidade inicial ser zero,

$$\left. \frac{dx}{dt} \right|_{t=0} = 0 \rightarrow c_1 = 0$$

$$\left. \frac{dy}{dt} \right|_{t=0} = 0 \rightarrow c_3 = 0$$

Assim,

$$x = \frac{QE}{2m} t^2 \qquad y = -\frac{1}{2} gt^2$$

Quando $y = -80 \text{ cm} = -0{,}8 \text{ m}$

$$t^2 = \frac{0{,}8 \times 2}{9{,}8} = 0{,}1633$$

e

$$x = 1/2 \times 9 \times 10^{-6} \times 5 \times 10^5 \times 0{,}1633 = 0{,}3673 \text{ m}$$

A separação entre as partículas é de $2x = 73{,}47$ cm.

> **EXERCÍCIO PRÁTICO 4.3**
>
> Um canhão de íons emite íons positivos de Césio, a partir de um eletrodo em formato de cunha, para dentro de uma região descrita por $x > |y|$. Considere o campo elétrico $\mathbf{E} = -400\mathbf{a}_x + 200\mathbf{a}_y$ kV/m. Considere ainda que os íons têm uma única carga eletrônica dada por $e = -1{,}6019 \times 10^{-19}$ C e massa $m = 2{,}22 \times 10^{-25}$ kg e se deslocam no vácuo a partir do repouso (velocidade inicial zero). Se as emissões estão confinadas em -40 cm $< y < 40$ cm, determine o maior valor de x que pode ser alcançado.
>
> **Resposta:** 0,8 m.

4.3 CAMPOS ELÉTRICOS DE DISTRIBUIÇÕES CONTÍNUAS DE CARGA

Até agora temos considerado somente forças e campos elétricos de cargas pontuais; isto é, essencialmente cargas que ocupam um pequeno espaço físico. É também possível termos distribuições contínuas de carga ao longo de uma linha, sobre uma superfície ou em um volume, como ilustrado na Figura 4.5.

É usual denotar a densidade de cargas linear, superficial e volumétrica por ρ_L (em C/m), ρ_S (em C/m^2) e ρ_v (em C/m^3), respectivamente. Essa notação não deve ser confundida com ρ (sem índice subscrito) usado para denotar a distância radial no sistema de coordenadas cilíndricas.

O elemento de carga dQ e a carga total Q associados a tais distribuições são obtidos, observada a Figura 4.5, como a seguir:

$$dQ = \rho_L\, dl \rightarrow Q = \int_L \rho_L\, dl \quad \text{(linha de cargas)} \tag{4.13a}$$

$$dQ = \rho_s\, dS \rightarrow Q = \int_S \rho_S\, dS \quad \text{(superfície de cargas)} \tag{4.13b}$$

$$dQ = \rho_v\, dv \rightarrow Q = \int_v \rho_v\, dv \quad \text{(volume de cargas)} \tag{4.13c}$$

A intensidade de campo elétrico devido a cada uma dessas distribuições ρ_L, ρ_S e ρ_v, pode ser obtida a partir da soma das contribuições elementares de campo devido a cada um dos numerosos pontos de carga que constituem a distribuição. Dessa forma, substituindo Q na equação (4.11) pela carga elementar $dQ = \rho_L\, dl$, $\rho_S\, dS$ ou $\rho_v\, dv$ e integrando, obtemos

$$\mathbf{E} = \int_L \frac{\rho_L\, dl}{4\pi\varepsilon_o R^2} \mathbf{a}_R \quad \text{(linha de carga)} \tag{4.14}$$

$$\mathbf{E} = \int_S \frac{\rho_S\, dS}{4\pi\varepsilon_o R^2} \mathbf{a}_R \quad \text{(superfície de carga)} \tag{4.15}$$

$$\mathbf{E} = \int_v \frac{\rho_v\, dv}{4\pi\varepsilon_o R^2} \mathbf{a}_R \quad \text{(volume de carga)} \tag{4.16}$$

Deve ser observado que R^2 e $\mathbf{a}_R$ variam à medida que as integrais nas equações (4.13) a (4.16) são calculadas. A seguir, aplicaremos essas fórmulas para algumas distribuições de carga.

FIGURA 4.5 Várias distribuições de carga e elementos de carga.

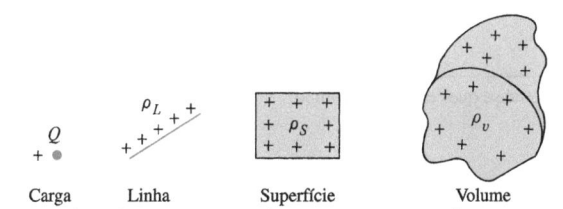

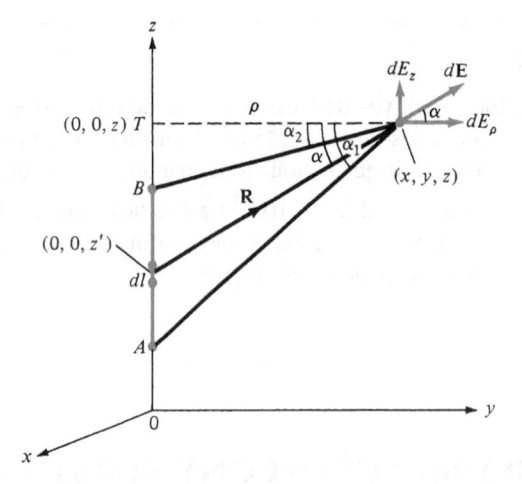

FIGURE 4.6 Cálculo do campo elétrico E devido a uma linha de cargas.

A. Linha de carga

Considere uma linha de carga com uma densidade uniforme de carga ρ_L, estendendo-se de A até B, ao longo do eixo z, como mostra a Figura 4.6. O elemento de carga dQ associado ao elemento de comprimento da linha $dl = dz$ é dado por

$$dQ = \rho_L \, dl = \rho_L \, dz$$

e, por isso, a carga total Q é dada por

$$Q = \int_{z_A}^{z_B} \rho_L \, dz \tag{4.17}$$

A intensidade de campo elétrico **E** em um ponto arbitrário qualquer $P(x, y, z)$ pode ser determinada utilizando a equação (4.14). É importante saber identificar cada termo nas equações (4.14) a (4.16) e substituí-lo adequadamente para uma dada distribuição. Costuma-se denotar o ponto de interesse[4] por (x, y, z) e o ponto fonte (origem do campo) por (x', y', z'). Dessa maneira, a partir da Figura 4.6,

$$dl = dz'$$
$$\mathbf{R} = (x, y, z) - (0, 0, z') = x\mathbf{a}_x + y\mathbf{a}_y + (z - z')\mathbf{a}_z$$

ou

$$\mathbf{R} = \rho \mathbf{a}_\rho + (z - z')\mathbf{a}_z$$
$$R^2 = |\mathbf{R}|^2 = x^2 + y^2 + (z - z')^2 = \rho^2 + (z - z')^2$$

$$\frac{\mathbf{a}_R}{R^2} = \frac{\mathbf{R}}{|\mathbf{R}|^3} = \frac{\rho \mathbf{a}_\rho + (z - z')\mathbf{a}_z}{[\rho^2 + (z - z')^2]^{3/2}}$$

Substituindo todas essas relações na equação (4.14), obtemos

$$\mathbf{E} = \frac{\rho_L}{4\pi\varepsilon_o} \int \frac{\rho \mathbf{a}_\rho + (z - z')\mathbf{a}_z}{[\rho^2 + (z - z')^2]^{3/2}} \, dz' \tag{4.18}$$

---

[4] Ponto de interesse é o ponto no qual se quer calcular o campo.

Para calcular o valor do campo, é conveniente definir α, α_1 e α_2, mostrados na Figura 4.6.

$$R = [\rho^2 + (z - z')^2]^{1/2} = \rho \sec \alpha$$

$$z' = OT - \rho \text{ tg } \alpha, \quad dz' = -\rho \sec^2 \alpha \, d\alpha$$

Por isso, a equação (4.18) pode ser reescrita como

$$\mathbf{E} = \frac{-\rho_L}{4\pi\varepsilon_o} \int_{\alpha_1}^{\alpha_2} \frac{\rho \sec^2 \alpha \, [\cos \alpha \, \mathbf{a}_\rho + \text{sen } \alpha \, \mathbf{a}_z] \, d\alpha}{\rho^2 \sec^2 \alpha}$$

$$= -\frac{\rho_L}{4\pi\varepsilon_o \rho} \int_{\alpha_1}^{\alpha_2} [\cos \alpha \, \mathbf{a}_\rho + \text{sen } \alpha \, \mathbf{a}_z] \, d\alpha \tag{4.19}$$

Assim, para uma *linha finita de cargas*,

$$\mathbf{E} = \frac{\rho_L}{4\pi\varepsilon_o \rho} [-(\text{sen } \alpha_2 - \text{sen } \alpha_1)\mathbf{a}_\rho + (\cos \alpha_2 - \cos \alpha_1)\mathbf{a}_z] \tag{4.20}$$

No caso especial de uma *linha infinita de carga*, o ponto B situa-se em $(0, 0, \infty)$ e o ponto A em $(0, 0, -\infty)$, de forma que $\alpha_1 = \pi/2$ e $\alpha_2 = -\pi/2$; a componente do campo na direção z desaparece e a equação (4.20) assume o seguinte aspecto

$$\boxed{\mathbf{E} = \frac{\rho_L}{2\pi\varepsilon_o \rho} \mathbf{a}_\rho} \tag{4.21}$$

Note que a equação (4.21) é obtida considerando-se a linha infinita de cargas no eixo z, de forma que ρ e $\mathbf{a}_\rho$ têm o significado convencional, em coordenadas cilíndricas. Se a linha não estiver sobre o eixo z, ρ deve ser entendido como a distância, tomada perpendicularmente à linha, da distribuição de carga até o ponto de interesse e $\mathbf{a}_\rho$ deve ser entendido como o vetor unitário ao longo dessa direção perpendicular.

B. Superfície de carga

Considere uma lâmina infinita de carga, no plano xy com uma densidade uniforme de carga ρ_S. A carga associada a uma área elementar dS é dada por:

$$dQ = \rho_s \, dS \tag{4.22}$$

A partir da equação (4.15), a contribuição da superfície elementar 1 (mostrada na Figura 4.7) para o campo $\mathbf{E}$ no ponto $P(0, 0, h)$ é

$$d\mathbf{E} = \frac{dQ}{4\pi\varepsilon_o R^2} \mathbf{a}_R \tag{4.23}$$

Da Figura 4.7,

$$\mathbf{R} = \rho(-\mathbf{a}_\rho) + h\mathbf{a}_z \quad R = |\mathbf{R}| = [\rho^2 + h^2]^{1/2}$$

$$\mathbf{a}_R = \frac{\mathbf{R}}{R}, \quad dQ = \rho_s \, dS = \rho_s \, \rho \, d\phi \, d\rho$$

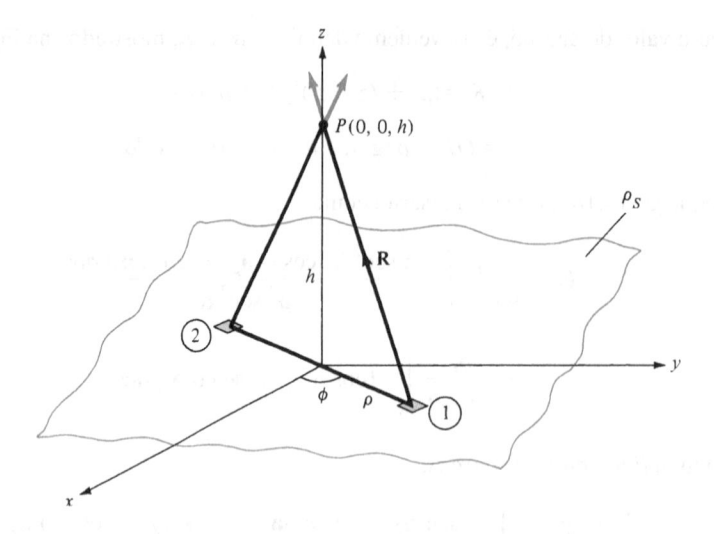

FIGURA 4.7 Determinação do campo elétrico E devido a uma lâmina infinita de cargas.

Substituindo essas relações na equação (4.23), tem-se:

$$d\mathbf{E} = \frac{\rho_S\, \rho\, d\phi\, d\rho\, [-\rho \mathbf{a}_\rho + h\mathbf{a}_z]}{4\pi\varepsilon_o [\rho^2 + h^2]^{3/2}} \quad (4.24)$$

Devido à simetria da distribuição de cargas, para cada elemento 1 existe um elemento correspondente 2 cuja contribuição ao longo de $\mathbf{a}_\rho$ se cancela com a contribuição do elemento 1, como mostrado na Figura 4.7. Dessa forma, as contribuições para E_ρ se cancelam e $\mathbf{E}$ passa a ter só componente ao longo de z. Isso pode ser mostrado matematicamente substituindo $\mathbf{a}_\rho$ por cos ϕ $\mathbf{a}_x$ + sen ϕ $\mathbf{a}_y$. A integração de cos ϕ ou de sen ϕ no intervalo $0 < \phi < 2\pi$ resulta em zero. Logo,

$$\begin{aligned}\mathbf{E} &= \int_S d\mathbf{E}_z = \frac{\rho_S}{4\pi\varepsilon_o} \int_{\phi=0}^{2\pi} \int_{\rho=0}^{\infty} \frac{h\rho\, d\rho\, d\phi}{[\rho^2 + h^2]^{3/2}} \mathbf{a}_z \\ &= \frac{\rho_S h}{4\pi\varepsilon_o} 2\pi \int_0^{\infty} [\rho^2 + h^2]^{-3/2} \frac{1}{2} d(\rho^2) \mathbf{a}_z \\ &= \frac{\rho_S h}{2\varepsilon_o} \left\{ -[\rho^2 + h^2]^{-1/2} \right\}_0^{\infty} \mathbf{a}_z \\ \mathbf{E} &= \frac{\rho_S}{2\varepsilon_o} \mathbf{a}_z \end{aligned} \quad (4.25)$$

isto é, $\mathbf{E}$ tem somente componentes ao longo de z se a carga está distribuída no plano xy. Em geral, para uma *lâmina infinita* de carga, temos

$$\boxed{\mathbf{E} = \frac{\rho_S}{2\varepsilon_o} \mathbf{a}_n} \quad (4.26)$$

onde $\mathbf{a}_n$ é um vetor unitário normal à lâmina. A partir das equações (4.25) ou (4.26), nota-se que o campo elétrico é normal à lâmina e é surpreendentemente independente da distância entre a placa e o ponto de observação P. Em um capacitor de placas paralelas, o campo elétrico existente entre as duas placas carregadas com cargas iguais e opostas é dado por

$$\mathbf{E} = \frac{\rho_S}{2\varepsilon_o} \mathbf{a}_n + \frac{-\rho_S}{2\varepsilon_o}(-\mathbf{a}_n) = \frac{\rho_S}{\varepsilon_o} \mathbf{a}_n \quad (4.27)$$

C. Volume de carga

Considere uma esfera de raio a centrada na origem. Seja uma distribuição volumétrica de carga com densidade uniforme de carga ρ_v, como mostrado na Figura 4.8. A carga dQ associada ao elemento de volume dv é

$$dQ = \rho_v \, dv$$

e, assim, a carga total na esfera de raio a é

$$\begin{aligned} Q &= \int_v \rho_v \, dv = \rho_v \int_v dv \\ &= \rho_v \frac{4\pi a^3}{3} \end{aligned} \quad (4.28)$$

O campo elétrico $d\mathbf{E}$ em $P(0, 0, z)$ devido ao volume de carga elementar é

$$d\mathbf{E} = \frac{\rho_v \, dv}{4\pi\varepsilon_o R^2} \mathbf{a}_R$$

onde $\mathbf{a}_R = \cos\alpha \, \mathbf{a}_z + \text{sen}\,\alpha \, \mathbf{a}_\rho$. Devido à simetria da distribuição de cargas, as contribuições às componentes E_x e E_y cancelam-se. Resta apenas a componente E_z, dada por

$$E_z = \mathbf{E} \cdot \mathbf{a}_z = \int dE \cos\alpha = \frac{\rho_v}{4\pi\varepsilon_o} \int \frac{dv \cos\alpha}{R^2} \quad (4.29)$$

Novamente, temos que derivar expressões para dv, R^2 e $\cos\alpha$.

$$dv = r'^2 \,\text{sen}\,\theta' \, dr' \, d\theta' \, d\phi \quad (4.30)$$

Aplicando a regra dos cossenos na Figura 4.8, temos

$$R^2 = z^2 + r'^2 - 2zr' \cos\theta'$$

$$r'^2 = z^2 + R^2 - 2zR \cos\alpha$$

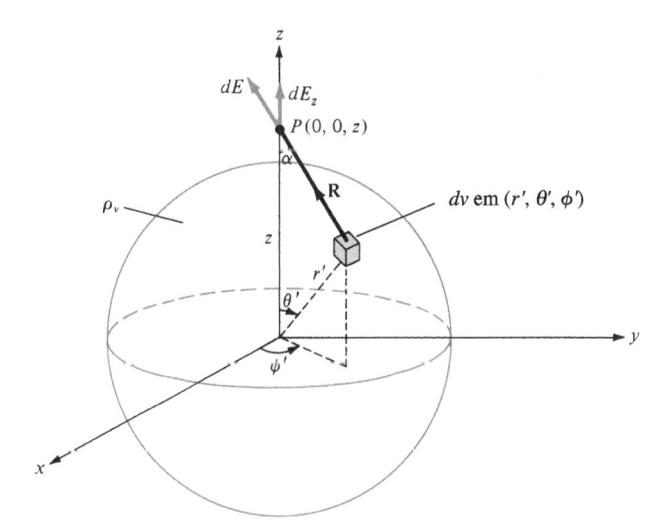

FIGURA 4.8 Determinação do campo elétrico **E** devido a um volume de cargas.

É conveniente calcular a integral na equação (4.29) em termos de R e r'. Por isso expressamos $\cos \theta'$, $\cos \alpha$ e $\operatorname{sen} \theta' \, d\theta'$ em termos de R e r', isto é:

$$\cos \alpha = \frac{z^2 + R^2 - r'^2}{2zR} \tag{4.31a}$$

$$\cos \theta' = \frac{z^2 + r'^2 - R^2}{2zr'} \tag{4.31b}$$

Diferenciando a equação (4.31 b) em relação a θ', mantendo z e r' fixos, obtemos

$$\operatorname{sen} \theta' \, d\theta' = \frac{R \, dR}{z \, r'} \tag{4.32}$$

Como θ' varia de 0 a π, R varia de $(z - r')$ até $(z + r')$ se P está fora da esfera. Substituindo as equações (4.30) a (4.32) na equação (4.29), obtém-se

$$E_z = \frac{\rho_v}{4\pi\varepsilon_o} \int_{\phi'=0}^{2\pi} d\phi' \int_{r'=0}^{a} \int_{R=z-r'}^{z+r'} r'^2 \frac{R \, dR}{zr'} dr' \frac{z^2 + R^2 - r'^2}{2zR} \frac{1}{R^2}$$

$$= \frac{\rho_v 2\pi}{8\pi\varepsilon_o z^2} \int_{r'=0}^{a} \int_{R=z-r'}^{z+r'} r' \left[1 + \frac{z^2 - r'^2}{R^2} \right] dR \, dr'$$

$$= \frac{\rho_v \pi}{4\pi\varepsilon_o z^2} \int_{0}^{a} r' \left[R - \frac{(z^2 - r'^2)}{R} \right]_{z-r'}^{z+r'} dr'$$

$$= \frac{\rho_v \pi}{4\pi\varepsilon_o z^2} \int_{0}^{a} 4r'^2 \, dr' = \frac{1}{4\pi\varepsilon_o} \frac{1}{z^2} \left(\frac{4}{3} \pi a^3 \rho_v \right)$$

ou

$$\mathbf{E} = \frac{Q}{4\pi\varepsilon_o z^2} \mathbf{a}_z \tag{4.33}$$

Esse é o resultado para $\mathbf{E}$ no ponto $P(0, 0, z)$. Devido à simetria da distribuição de cargas, o campo elétrico em $P(r, \theta, \phi)$ é obtido a partir da equação (4.33), tal que

$$\mathbf{E} = \frac{Q}{4\pi\varepsilon_o r^2} \mathbf{a}_r \tag{4.34}$$

o qual é idêntico ao campo elétrico produzido no mesmo ponto por uma carga pontual Q localizada na origem ou no centro da distribuição esférica de carga. A razão disto ficará evidente ao estudarmos a lei de Gauss na Seção 4.5.

EXEMPLO 4.4

Um anel circular de raio a está carregado com uma distribuição uniforme de carga ρ_L C/m e está no plano xy com seu eixo coincidindo com o eixo z.

(a) Demonstre que:

$$\mathbf{E}(0, 0, h) = \frac{\rho_L a h}{2\varepsilon_o [h^2 + a^2]^{3/2}} \mathbf{a}_z$$

(b) Para quais valores de h o E tem valor máximo?

(c) Se a carga total do anel for Q, determine E para $a \to 0$.

Solução:

(a) Considere o sistema mostrado na Figura 4.9. Novamente, o ponto-chave para determinar E a partir da equação (4.14) é explicitar cada termo dessa equação. Nesse caso

$$dl = a\, d\phi, \quad \mathbf{R} = a(-\mathbf{a}_\rho) + h\mathbf{a}_z$$

$$R = |\mathbf{R}| = [a^2 + h^2]^{1/2}, \quad \mathbf{a}_R = \frac{\mathbf{R}}{R}$$

ou

$$\frac{\mathbf{a}_R}{R^2} = \frac{\mathbf{R}}{|\mathbf{R}|^3} = \frac{-a\mathbf{a}_\rho + h\mathbf{a}_z}{[a^2 + h^2]^{3/2}}$$

Por isso,

$$\mathbf{E} = \frac{\rho_L}{4\pi\varepsilon_o} \int_{\phi=0}^{2\pi} \frac{(-a\mathbf{a}_\rho + h\mathbf{a}_z)}{[a^2 + h^2]^{3/2}} a\, d\phi$$

Por simetria, as contribuições na direção $\mathbf{a}_\rho$ se cancelam. Isso fica evidente se observarmos que, para cada elemento dl, existe um elemento correspondente em posição diametralmente oposta que gera um campo de igual valor dE_ρ, mas com orientação oposta tal que essas duas contribuições se cancelam entre si. Dessa forma, restam só as componentes ao longo de z. Isto é

$$\mathbf{E} = \frac{\rho_L a h \mathbf{a}_z}{4\pi\varepsilon_o [h^2 + a^2]^{3/2}} \int_0^{2\pi} d\phi = \frac{\rho_L a h \mathbf{a}_z}{2\varepsilon_o [h^2 + a^2]^{3/2}}$$

conforme solicitado.

(b)

$$\frac{d|\mathbf{E}|}{dh} = \frac{\rho_L a}{2\varepsilon_o} \left\{ \frac{[h^2 + a^2]^{3/2}(1) - \frac{3}{2}(h)2h[h^2 + a^2]^{1/2}}{[h^2 + a^2]^3} \right\}$$

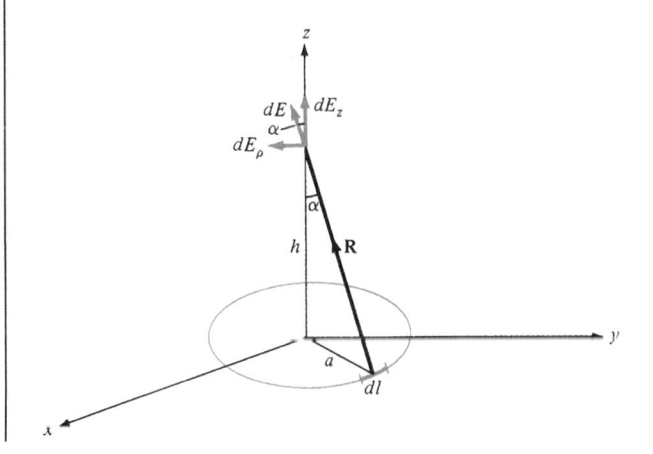

FIGURA 4.9 Anel carregado; referente ao Exemplo 4.4.

Para **E** máximo, $\dfrac{d|\mathbf{E}|}{dh} = 0$, o que implica

$$[h^2 + a^2]^{1/2} [h^2 + a^2 - 3h^2] = 0$$

$$a^2 - 2h^2 = 0 \text{ ou } h = \pm\dfrac{a}{\sqrt{2}}$$

(c) Como a carga está uniformemente distribuída, a densidade de carga da linha é dada por

$$\rho_L = \dfrac{Q}{2\pi a}$$

tal que

$$\mathbf{E} = \dfrac{Qh}{4\pi\varepsilon_o[h^2 + a^2]^{3/2}} \mathbf{a}_z$$

Como $a \to 0$,

$$\mathbf{E} = \dfrac{Q}{4\pi\varepsilon_o h^2} \mathbf{a}_z$$

ou, em geral

$$\mathbf{E} = \dfrac{Q}{4\pi\varepsilon_o r^2} \mathbf{a}_R$$

que é o mesmo de uma carga pontual, como o esperado.

EXERCÍCIO PRÁTICO 4.4

Um disco circular de raio a está uniformemente carregado com ρ_S C/m². Considere o disco no plano $z = 0$ com seu eixo ao longo de z,

(a) demonstre que, em um ponto $(0, 0, h)$

$$\mathbf{E} = \dfrac{\rho_S}{2\varepsilon_o} \left\{ 1 - \dfrac{h}{[h^2 + a^2]^{1/2}} \right\} \mathbf{a}_z$$

(b) a partir disso, determine o campo E devido a uma lâmina infinita de cargas colocada sobre o plano $z = 0$.

(c) Se $a \ll h$, demonstre que E é similar ao campo de uma carga pontual.

Resposta: (a) a demonstração; (b) $\dfrac{\rho_S}{2\varepsilon_o} \mathbf{a}_z$; (c) a demonstração.

EXEMPLO 4.5

Uma lâmina finita $0 \le x \le 1$, $0 \le y \le 1$, sobre o plano $z = 0$, tem uma densidade de carga dada por $\rho_s = xy(x^2 + y^2 + 25)^{3/2}$ nC/m². Determine

(a) a carga total na lâmina;

(b) o campo elétrico em $(0, 0, 5)$;

(c) a força experimentada por uma carga de -1 mC localizada em $(0, 0, 5)$.

Solução:

(a) $Q = \displaystyle\int_S \rho_S\, dS = \int_0^1 \int_0^1 xy(x^2 + y^2 + 25)^{3/2}\, dx\, dy$ nC

Já que $x\,dx = 1/2\,d(x^2)$, integramos em relação a x^2 (ou fazemos uma mudança de variáveis: $x^2 = u$, tal que $x\,dx = du/2$).

$$Q = \frac{1}{2}\int_0^1 y \int_0^1 (x^2 + y^2 + 25)^{3/2}\,d(x^2)\,dy\,\text{nC}$$

$$= \frac{1}{2}\int_0^1 y \frac{2}{5}(x^2 + y^2 + 25)^{5/2}\Big|_0^1\,dy$$

$$= \frac{1}{5}\int_0^1 \frac{1}{2}\left[(y^2 + 26)^{5/2} - (y^2 + 25)^{5/2}\right]d(y^2)$$

$$= \frac{1}{10}\cdot\frac{2}{7}\left[(y^2 + 26)^{7/2} - (y^2 + 25)^{7/2}\right]\Big|_0^1$$

$$= \frac{1}{35}\left[(27)^{7/2} + (25)^{7/2} - 2(26)^{7/2}\right]$$

$$Q = 33{,}15\text{ nC}$$

(b) $\mathbf{E} = \int_S \dfrac{\rho_S\,dS\,\mathbf{a}_R}{4\pi\varepsilon_0 r^2} = \int_S \dfrac{\rho_S\,dS\,(\mathbf{r}-\mathbf{r}')}{4\pi\varepsilon_0|\mathbf{r}-\mathbf{r}'|^3}$

onde $\mathbf{r} - \mathbf{r}' = (0, 0, 5) - (x, y, 0) = (-x, -y, 5)$ Portanto,

$$\mathbf{E} = \int_0^1\int_0^1 \frac{10^{-9}xy(x^2 + y^2 + 25)^{3/2}(-x\mathbf{a}_x - y\mathbf{a}_y + 5\mathbf{a}_z)dx\,dy}{4\pi\cdot\dfrac{10^{-9}}{36\pi}(x^2 + y^2 + 25)^{3/2}}$$

$$= 9\left[-\int_0^1 x^2\,dx\int_0^1 y\,dy\,\mathbf{a}_x - \int_0^1 x\,dx\int_0^1 y^2\,dy\,\mathbf{a}_y + 5\int_0^1 x\,dx\int_0^1 y\,dy\,\mathbf{a}_z\right]$$

$$= 9\left(\frac{-1}{6}, \frac{-1}{6}, \frac{5}{4}\right)$$

$$= (-1{,}5, -1{,}5, 11{,}25)\text{ V/m}$$

(c) $\mathbf{F} = q\mathbf{E} = (1{,}5, 1{,}5, -11, = 25)\text{ mN}$

> **EXERCÍCIO PRÁTICO 4.5**
>
> Uma placa quadrada descrita por $-2 \leq x \leq 2$, $-2 \leq y \leq 2$, $z = 0$ está carregada com $12\,|y|$ mC/m². Determine a carga total na placa e a intensidade de campo elétrico $\mathbf{E}$ em $(0, 0, 10)$.
>
> **Resposta:** 192 mC; 16,6 $\mathbf{a}_z$ MV/m.

EXEMPLO 4.6

Os planos $x = 2$ e $y = -3$ estão carregados com 10 nC/m² e 15 nC/m², respectivamente. Se a linha $x = 0$, $z = 2$ estiver carregada com 10π nC/m, determinar $\mathbf{E}$ em $(1, 1, -1)$ devido às três distribuições de carga.

Solução:

Seja

$$\mathbf{E} = \mathbf{E}_1 + \mathbf{E}_2 + \mathbf{E}_3$$

onde $\mathbf{E}_1$, $\mathbf{E}_2$ e $\mathbf{E}_3$ são, respectivamente, as contribuições ao campo $\mathbf{E}$ no ponto $(1, 1, -1)$ devido à lâmina infinita 1, à lâmina infinita 2 e à linha infinita 3, como mostrado na Figura 4.10(a). Usando as equações (4.26) e (4.21), tem-se

$$\mathbf{E}_1 = \frac{\rho_{S_1}}{2\varepsilon_o}(-\mathbf{a}_x) = -\frac{10 \cdot 10^{-9}}{2 \cdot \frac{10^{-9}}{36\pi}}\mathbf{a}_x = -180\pi\mathbf{a}_x$$

$$\mathbf{E}_2 = \frac{\rho_{S_2}}{2\varepsilon_o}\mathbf{a}_y = \frac{15 \cdot 10^{-9}}{2 \cdot \frac{10^{-9}}{36\pi}}\mathbf{a}_y = 270\pi\,\mathbf{a}_y$$

e

$$\mathbf{E}_3 = \frac{\rho_L}{2\pi\varepsilon_o\rho}\mathbf{a}_\rho$$

onde $\mathbf{a}_\rho$ (não é o $\mathbf{a}_\rho$ convencional do sistema de coordenadas cilíndrico, mas tem um significado semelhante) é um vetor unitário ao longo de LP, perpendicular à linha de cargas, e ρ é o comprimento de LP determinado a partir da Figura 4.10(b). A Figura 4.10(b) resulta da Figura 4.10(a) se considerarmos o plano $y = 1$ sobre o qual está o vetor $\mathbf{E}_3$. Da Figura 4.10(b), o vetor distância de L a P é

$$\mathbf{R} = -3\mathbf{a}_z + \mathbf{a}_x$$

$$\rho = |\mathbf{R}| = \sqrt{10}, \qquad \mathbf{a}_\rho = \frac{\mathbf{R}}{|\mathbf{R}|} = \frac{1}{\sqrt{10}}\mathbf{a}_x - \frac{3}{\sqrt{10}}\mathbf{a}_z$$

Portanto,

$$\mathbf{E}_3 = \frac{10\pi \cdot 10^{-9}}{2\pi \cdot \frac{10^{-9}}{36\pi}} \cdot \frac{1}{10}(\mathbf{a}_x - 3\mathbf{a}_z)$$

$$= 18\pi(\mathbf{a}_x - 3\mathbf{a}_z)$$

Assim, somando $\mathbf{E}_1$, $\mathbf{E}_2$ e $\mathbf{E}_3$, obtemos o campo total como

$$\mathbf{E} = -162\pi\mathbf{a}_x + 270\pi\mathbf{a}_y - 54\pi\mathbf{a}_z \text{ V/m}$$

Note que, para obter $\mathbf{a}_r$, $\mathbf{a}_\rho$ ou $\mathbf{a}_n$, necessários para determinar $\mathbf{F}$ ou $\mathbf{E}$, devemos ir da carga (cujo vetor posição é $\mathbf{r}'$) até o ponto de interesse (cujo vetor posição é $\mathbf{r}$); portanto, $\mathbf{a}_r$, $\mathbf{a}_\rho$ ou $\mathbf{a}_n$, qualquer um deles, é um vetor unitário ao longo de $\mathbf{r} - \mathbf{r}'$. Ainda, $\mathbf{r}$ e $\mathbf{r}'$ são definidos localmente, não globalmente. Observe isso atentamente nas Figuras 4.6 a 4.10.

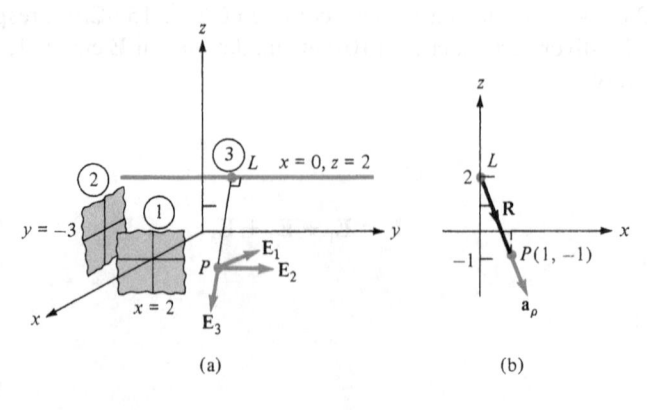

FIGURA 4.10 Exemplo 4.6: (a) três distribuições de carga; (b) determinação de ρ e $\mathbf{a}_\rho$ no plano $y = 1$.

> **EXERCÍCIO PRÁTICO 4.6**
>
> No Exemplo 4.6, se a linha $x = 0$, $z = 2$ girar 90° em torno do ponto $(0, 2, 2)$, de tal modo que ela passe a ser descrita por $x = 0$, $y = 2$, determine **E** no ponto $(1, 1, -1)$.
>
> **Resposta:** $-282,7\,\mathbf{a}_x + 564,5\,\mathbf{a}_y$ V/m.

4.4 DENSIDADE DE FLUXO ELÉTRICO

O fluxo devido ao campo elétrico **E** pode ser calculado usando a definição geral de fluxo na equação (3.13). Por razões de ordem prática, no entanto, a grandeza obtida dessa forma não é considerada como a definição mais utilizada de fluxo em eletrostática. Também, as equações (4.11) a (4.16) mostram que a intensidade de campo elétrico depende do meio no qual está imersa a carga fonte do campo (nesse capítulo, consideramos espaço livre). Suponhamos um novo campo vetorial **D**, independente do meio, e definido por

$$\mathbf{D} = \varepsilon_o \mathbf{E} \tag{4.35}$$

Definiremos *fluxo elétrico* Ψ em termos de **D** usando a equação (3.13), ou seja:

$$\Psi = \int_S \mathbf{D} \cdot d\mathbf{S} \tag{4.36}$$

Em unidades SI, uma linha de fluxo elétrico se inicia em uma carga de $+1$ C e termina em uma carga de -1 C. Por isso, o fluxo elétrico é medido em coulombs. Portanto, o campo vetorial **D** é denominado *densidade de fluxo elétrico* e é medido em coulombs por metro quadrado. Por razões históricas, a densidade de fluxo elétrico é também denominada de *deslocamento elétrico*.

Da equação (4.35) fica evidente que todas as fórmulas para calcular **E**, obtidas a partir da lei de Coulomb, nas Seções 4.2 e 4.3, podem ser usadas para calcular **D**, observando que devemos multiplicá-las por ε_o. Por exemplo, para uma lâmina infinita carregada a partir das equações (4.26) e (4.35), obtemos

$$\mathbf{D} = \frac{\rho_S}{2}\mathbf{a}_n \tag{4.37}$$

e para uma distribuição de cargas em um volume, a partir das equações (4.16) e (4.35), obtemos

$$\mathbf{D} = \int_v \frac{\rho_v\,dv}{4\pi R^2}\mathbf{a}_R \tag{4.38}$$

Observe, a partir das equações (4.37) e (4.38), que **D** é só função da carga e da posição, ou seja, **D** é independente do meio.

EXEMPLO 4.7

Determine **D** em $(4, 0, 3)$ se houver uma carga pontual de -5π mC em $(4, 0, 0)$ e uma linha de cargas de 3π mC/m ao longo do eixo y.

Solução:

Seja $\mathbf{D} = \mathbf{D}_Q + \mathbf{D}_L$, onde $\mathbf{D}_Q$ e $\mathbf{D}_L$ são densidades de fluxo devido à carga pontual e à linha de cargas, respectivamente, como mostrado na Figura 4.11:

$$\mathbf{D}_Q = \varepsilon_o \mathbf{E} = \frac{Q}{4\pi R^2}\mathbf{a}_R = \frac{Q(\mathbf{r} - \mathbf{r}')}{4\pi|\mathbf{r} - \mathbf{r}'|^3}$$

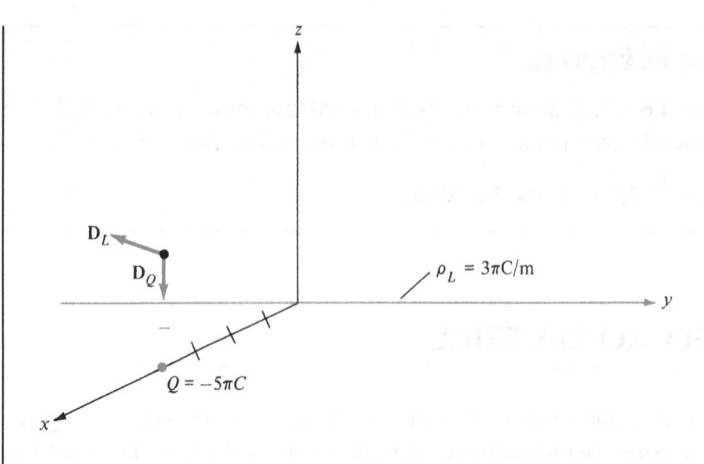

FIGURA 4.11 Densidade de fluxo D devido à carga pontual e a uma linha infinita de cargas.

onde $\mathbf{r} - \mathbf{r}' = (4, 0, 3) - (4, 0, 0) = (0, 0, 3)$. Donde,

$$\mathbf{D}_Q = \frac{-5\pi \cdot 10^{-3}(0, 0, 3)}{4\pi|(0, 0, 3)|^3} = -0{,}138\, \mathbf{a}_z \text{ mC/m}^2$$

E também,

$$\mathbf{D}_L = \frac{\rho_L}{2\pi\rho}\mathbf{a}_\rho$$

Nesse caso

$$\mathbf{a}_\rho = \frac{(4, 0, 3) - (0, 0, 0)}{|(4, 0, 3) - (0, 0, 0)|} = \frac{(4, 0, 3)}{5}$$

$$\rho = |(4, 0, 3) - (0, 0, 0)| = 5$$

Portanto,

$$\mathbf{D}_L = \frac{3\pi}{2\pi(25)}(4\mathbf{a}_x + 3\mathbf{a}_z) = 0{,}24\mathbf{a}_x + 0{,}18\mathbf{a}_z \text{ mC/m}^2$$

Assim,

$$\mathbf{D} = \mathbf{D}_Q + \mathbf{D}_L$$
$$= 240\mathbf{a}_x + 42\mathbf{a}_z\, \mu\text{C/m}^2$$

EXERCÍCIO PRÁTICO 4.7

Uma carga pontual de 30 nC está localizada na origem, enquanto um plano em $y = 3$ está carregado com 10 nC/m². Determine **D** em (0, 4, 3).

Resposta: $5{,}076\, \mathbf{a}_y + 0{,}0573\, \mathbf{a}_z$ nC/m².

4.5 LEI DE GAUSS — EQUAÇÃO DE MAXWELL

A lei de Gauss[5] constitui-se em uma das leis fundamentais do eletromagnetismo.

---

[5] Karl Friedrich Gauss (1777–1855), matemático alemão, desenvolveu o teorema da divergência, apresentado na Seção 3.6, popularmente conhecido como Teorema de Gauss. Foi o primeiro físico a medir quantidades elétricas e magnéticas em unidades absolutas. Para maiores detalhes das medidas de Gauss, consulte W. F. Magie, *A Source Book in Physics*. Cambridge: Harvard Univ. Press, 1963, p. 519–524.

> A **lei de Gauss** estabelece que o fluxo elétrico total Ψ através de qualquer superfície *fechada* é igual à carga total encerrada por essa superfície.

Dessa maneira,

$$\Psi = Q_{enc} \qquad (4.39)$$

isto é,

$$\Psi = \oint_s d\Psi = \oint_s \mathbf{D} \cdot d\mathbf{S}$$
$$= \text{carga total encerrada } Q = \int_v \rho_v \, dv \qquad (4.40)$$

ou

$$\boxed{Q = \oint_s \mathbf{D} \cdot d\mathbf{S} = \int_v \rho_v \, dv} \qquad (4.41)$$

Aplicando o teorema da divergência à integral de superfície da equação (4.41):

$$\oint_s \mathbf{D} \cdot d\mathbf{S} = \int_v \nabla \cdot \mathbf{D} \, dv \qquad (4.42)$$

Comparando entre si as duas integrais de volume das equações (4.41) e (4.42), obtém-se

$$\boxed{\rho_v = \nabla \cdot \mathbf{D}} \qquad (4.43)$$

a qual é a primeira das quatro *equações de Maxwell* a serem determinadas. A equação (4.43) estabelece que a densidade volumétrica de carga é igual à divergência da densidade de fluxo elétrico. E pelo fato que ρ_v em um ponto é, simplesmente, a carga por unidade de volume nesse ponto.[6]

Note que:

1. As equações (4.41) e (4.43) são, basicamente, formas diferentes de expressar a lei de Gauss. A equação (4.41) é a forma integral, enquanto que a equação (4.43) é a forma diferencial ou pontual da lei de Gauss.
2. A lei de Gauss é uma forma alternativa de estabelecer a lei de Coulomb. A aplicação adequada do teorema da divergência à lei de Coulomb resulta na lei de Gauss.
3. A lei de Gauss se apresenta como uma maneira fácil de se determinar E ou D para distribuições simétricas de carga, tais como uma carga pontual, uma linha infinita de cargas, uma superfície cilíndrica infinita de cargas e uma distribuição esférica de cargas. Uma distribuição contínua de cargas tem uma simetria retangular se depende só de x (ou y, ou z); simetria cilíndrica se depende só de ρ, ou simetria esférica se depende só de r (independente de θ e ϕ). Convém salientar que se a distribuição de cargas for simétrica, ou não, a lei de Gauss permanece válida. Por exemplo, considere a distribuição de cargas da Figura 4.12, onde v_1 e v_2 são superfícies (ou volumes) fechadas. O fluxo total que sai de v_1 é $10 - 5 = 5$ nC porque somente as cargas 10 nC e -5 nC estão encerradas em v_1. Embora as cargas 20 nC e 15 nC fora de v_1 contribuam para o fluxo que atravessa v_1, o fluxo líquido que atravessa v_1, de acordo com a lei de Gauss, não sofre contribuição dessas cargas externas. De maneira similar, o fluxo total que sai de v_2 é zero porque não existe carga encerrada em v_2. Observamos que a lei de Gauss, $\Psi = Q_{encerrada}$, é válida mesmo que a distribuição de cargas não seja simétrica. No entanto, não podemos utilizar a lei de Gauss para determinar **E** ou **D** quando a distribuição de cargas não for simétrica. Nesse caso, devemos recorrer à lei de Coulomb para determinar **E** ou **D**.

---

[6] Isto não deveria ser surpresa pelo modo como definimos divergência de um vetor na equação (3.32).

$$\nabla \cdot \mathbf{D} = \lim_{\Delta v \to 0} \frac{\oint \mathbf{D} \cdot d\mathbf{S}}{\Delta v} = \frac{\Delta Q}{\Delta v} = \rho$$

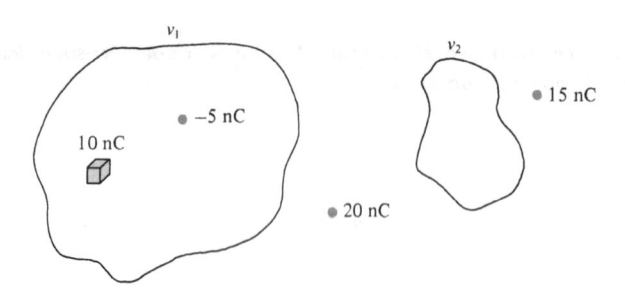

FIGURA 4.12 Ilustração da lei de Gauss. O fluxo saindo de v_1 é 5 nC e o fluxo saindo de v_2 é 0 C.

4.6 APLICAÇÕES DA LEI DE GAUSS

O método de aplicar a lei de Gauss para determinar o campo elétrico começa pela verificação da existência de simetria. Uma vez identificada a existência de distribuição simétrica de cargas, construímos uma superfície matemática fechada (conhecida como *superfície gaussiana*). Essa superfície é escolhida de forma que o vetor **D** seja normal ou tangencial à superfície gaussiana. Quando **D** for normal à superfície, $\mathbf{D} \cdot d\mathbf{S} = D\, dS$. Quando **D** for tangencial à superfície, $\mathbf{D} \cdot d\mathbf{S} = 0$. A escolha de uma superfície gaussiana adequada é obtida por um raciocínio intuitivo e por certo grau de maturidade, que advém da aplicação de lei de Coulomb. Dessa maneira, devemos escolher uma superfície que seja compatível com a simetria exibida pela distribuição de cargas. Aplicaremos essas idéias básicas aos casos seguintes.

A. Carga pontual

Suponha uma carga pontual Q posicionada na origem. Para determinar **D** no ponto P, é fácil enxergar que a escolha de uma superfície esférica contendo P irá satisfazer as condições de simetria. Nesse caso, uma superfície esférica centrada na origem é a superfície gaussiana, como mostrado na Figura 4.13.

Já que, nesse caso, **D** é, em qualquer lugar, normal à superfície gaussiana e constante sobre ela, isto é, $\mathbf{D} = D_r \mathbf{a}_r$, aplicando-se a lei de Gauss ($\Psi = Q_{\text{encerrada}}$) obtém-se

$$Q = \oint_S \mathbf{D} \cdot d\mathbf{S} = D_r \oint_S dS = D_r 4\pi r^2 \tag{4.44}$$

onde $\oint dS = \int_{\phi=0}^{2\pi} \int_{\theta=0}^{\pi} r^2 \operatorname{sen} \theta\, d\theta\, d\phi = 4\pi r^2$ é a área da superfície gaussiana. Dessa forma,

$$\mathbf{D} = \frac{Q}{4\pi r^2} \mathbf{a}_r \tag{4.45}$$

conforme esperado a partir das equações (4.11) e (4.35).

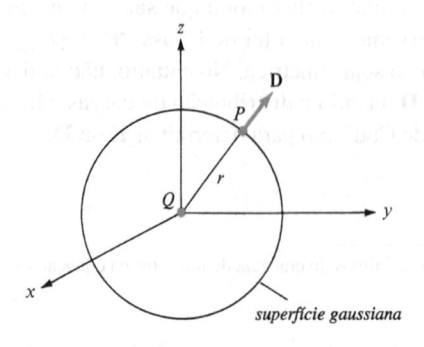

FIGURA 4.13 Superfície gaussiana em torno de uma carga pontual.

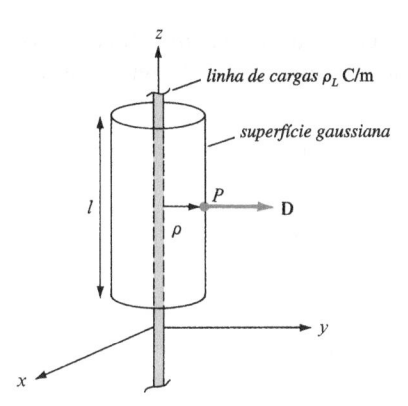

FIGURA 4.14 Superfície gaussiana em torno de uma linha infinita de cargas.

B. Linha infinita de carga

Suponha uma linha infinita de carga uniformemente distribuída com ρ_L C/m, ao longo do eixo z. Para determinar **D** em um ponto P, escolhemos uma superfície cilíndrica que contém P, para satisfazer as condições de simetria, como mostrado na Figura 4.14. Dessa forma, **D** é constante sobre a superfície gaussiana cilíndrica e normal à mesma, isto é, $\mathbf{D} = D_\rho \mathbf{a}_\rho$. Se aplicarmos a lei de Gauss a um trecho arbitrário ℓ da linha

$$\rho_L \ell = Q = \oint \mathbf{D} \cdot d\mathbf{S} = D_\rho \oint_s dS = D_\rho\, 2\pi\rho\ell \qquad (4.46)$$

onde $\oint dS = 2\pi\rho\ell$ é a área da superfície gaussiana. Note que a integral $\mathbf{D}\cdot d\mathbf{S}$, quando calculada nas tampas superior e inferior do cilindro, é zero, já que **D** não tem componente ao longo de z. Isso significa dizer que **D** é tangencial a essas superfícies. Portanto,

$$\mathbf{D} = \frac{\rho_L}{2\pi\rho} \mathbf{a}_\rho \qquad (4.47)$$

como esperado a partir das equações (4.21) e (4.35).

C. Lâmina infinita de cargas

Considere uma lâmina infinita, com distribuição uniforme de cargas dada por ρ_S C/m^2, no plano $z = 0$. Para determinar **D** no ponto P, escolhemos como superfície gaussiana uma caixa retangular cortada simetricamente pela lâmina de cargas e com duas de suas faces paralelas à lâmina, como mostra a Figura 4.15. Como **D** é normal à lâmina, $\mathbf{D} = D_z \mathbf{a}_z$, e, aplicando a lei de Gauss, obtemos:

$$\rho_S \int_S dS = Q = \oint_S \mathbf{D} \cdot d\mathbf{S} = D_z \left[\int_{\text{superior}} dS + \int_{\text{inferior}} dS \right] \qquad (4.48)$$

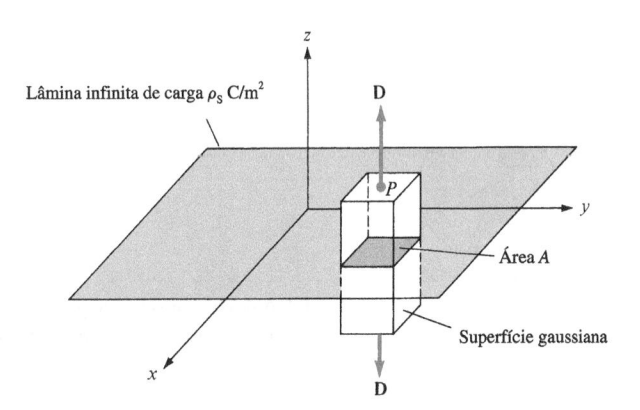

FIGURA 4.15 Superfície gaussiana para uma lâmina plana infinita de carga.

Observe que **D** · d**S** calculada nas laterais da caixa é zero porque **D** não tem componentes ao longo de **a**$_x$ e **a**$_y$. Se as tampas superior e inferior da caixa têm, cada uma delas, área A, a equação (4.48) assume a seguinte forma

$$\rho_s A = D_z(A + A) \tag{4.49}$$

e, dessa forma,

$$\mathbf{D} = \frac{\rho_S}{2}\mathbf{a}_z$$

ou

$$\mathbf{E} = \frac{\mathbf{D}}{\varepsilon_o} = \frac{\rho_S}{2\varepsilon_o}\mathbf{a}_z \tag{4.50}$$

conforme esperado a partir da equação (4.25).

D. Esfera uniformemente carregada

Considere uma esfera de raio a com uma distribuição uniforme de carga dada por ρ_v C/m^3. Para determinar **D** em qualquer ponto, construímos superfícies gaussianas considerando os seguintes casos, separadamente: $r \leq a$ e $r \geq a$. Já que a carga tem simetria esférica, fica evidente que a superfície esférica é uma superfície gaussiana apropriada.

Para $r \leq a$, a carga total encerrada pela superfície esférica de raio r, como mostrado na Figura 4.16(a) é,

$$Q_{enc} = \int_v \rho_v\, dv = \rho_o \int_v dv = \rho_o \int_{\phi=0}^{2\pi} \int_{\theta=0}^{\pi} \int_{r=0}^{r} r^2 \operatorname{sen}\theta\, dr\, d\theta\, d\phi$$
$$= \rho_o \frac{4}{3}\pi r^3 \tag{4.51}$$

e

$$\Psi = \oint_s \mathbf{D} \cdot d\mathbf{S} = D_r \oint_s dS = D_r \int_{\phi=0}^{2\pi} \int_{\theta=0}^{\pi} r^2 \operatorname{sen}\theta\, d\theta\, d\phi$$
$$= D_r 4\pi r^2 \tag{4.52}$$

Donde, como $\Psi = Q_{encerrada}$ resulta

$$D_r 4\pi r^2 = \frac{4\pi r^3}{3}\rho_o$$

ou

$$\mathbf{D} = \frac{r}{3}\rho_o \mathbf{a}_r \qquad 0 < r \leq a \tag{4.53}$$

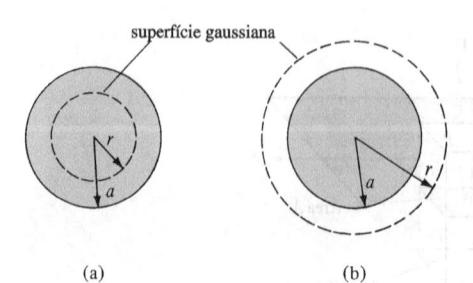

FIGURA 4.16 Superfície gaussiana para uma esfera, uniformemente carregada quando: (a) $r \geq a$ e (b) $r \leq a$.

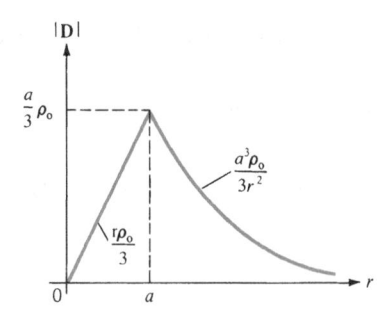

FIGURA 4.17 Gráfico de $|D|$ em função de r para uma esfera uniformemente carregada.

Para $r \geq a$, a superfície gaussiana é mostrada na Figura 4.16(b). A carga encerrada por essa superfície é a carga total distribuída na esfera, isto é,

$$Q_{enc} = \int_v \rho_v\, dv = \rho_o \int_v dv = \rho_o \int_{\phi=0}^{2\pi} \int_{\theta=0}^{\pi} \int_{r=0}^{a} r^2 \operatorname{sen}\theta\, dr\, d\theta\, d\phi \qquad (4.54)$$
$$= \rho_o \frac{4}{3}\pi a^3$$

enquanto

$$\Psi = \oint_s \mathbf{D} \cdot d\mathbf{S} = D_r 4\pi r^2 \qquad (4.55)$$

mesmo resultado da equação (4.52). Consequentemente,

$$D_r 4\pi r^2 = \frac{4}{3}\pi a^3 \rho_o$$

ou

$$\mathbf{D} = \frac{a^3}{3r^2}\rho_o \mathbf{a}_r \qquad r \geq a \qquad (4.56)$$

Assim, a partir das equações (4.53) e (4.56), $\mathbf{D}$, em qualquer ponto, é dado por

$$\mathbf{D} = \begin{cases} \dfrac{r}{3}\rho_o \mathbf{a}_r & 0 < r \leq a \\ \dfrac{a^3}{3r^2}\rho_o \mathbf{a}_r & r \geq a \end{cases} \qquad (4.57)$$

e $|D|$ varia com a distância r, como mostrado no gráfico da Figura 4.17.

Observe, a partir das equações (4.44), (4.46), (4.48) e (4.52), que a habilidade em extrair $\mathbf{D}$ das integrais é a chave para encontrar $\mathbf{D}$ usando a lei de Gauss. Em outras palavras, $\mathbf{D}$ deve ser constante sobre a superfície gaussiana (para facilitar essas integrações).

EXEMPLO 4.8

Sabendo que $\mathbf{D} = z\rho \cos^2\phi\, \mathbf{a}_z$ C/m², calcule a densidade de cargas em $(1, \pi/4, 3)$ e a carga total encerrada no cilindro de raio 1 m com $-2 \leq z \leq 2$ m.

Solução:

$$\rho_v = \nabla \cdot \mathbf{D} = \frac{\partial D_z}{\partial z} = \rho \cos^2\phi$$

Em $(1, \pi/4, 3)$, $\rho_v = 1 \cdot \cos^2(\pi/4) = 0{,}5$ C/m³. A carga total encerrada no cilindro pode ser determinada de duas maneiras diferentes.

Método 1: esse método está embasado diretamente na definição de carga total em um volume.

$$Q = \int_v \rho_v \, dv = \int_v \rho \cos^2 \phi \, \rho \, d\phi \, d\rho \, dz$$

$$= \int_{z=-2}^{2} dz \int_{\phi=0}^{2\pi} \cos^2 \phi \, d\phi \int_{\rho=0}^{1} \rho^2 \, d\rho = 4(\pi)(1/3)$$

$$= \frac{4\pi}{3} \, C$$

Método 2: alternativamente, podemos usar a lei de Gauss.

$$Q = \Psi = \oint \mathbf{D} \cdot d\mathbf{S} = \left[\int_s + \int_t + \int_b \right] \mathbf{D} \cdot d\mathbf{S}$$

$$= \Psi_s + \Psi_t + \Psi_b$$

Onde Ψ_s, Ψ_t e Ψ_b são, respectivamente, os fluxos através das superfícies lateral (*sides*), da tampa superior (*top side*) e da tampa inferior (*bottom side*) do cilindro (veja Figura 3.18). Uma vez que **D** não tem componente ao longo de $\mathbf{a}_\rho$, $\Psi_s = 0$, para Ψ_t, $d\mathbf{S} = \rho \, d\phi \, d\rho \, \mathbf{a}_z$, então

$$\Psi_t = \int_{\rho=0}^{1} \int_{\phi=0}^{2\pi} z\rho \cos^2 \phi \, \rho \, d\phi \, d\rho \bigg|_{z=2} = 2 \int_0^1 \rho^2 \, d\rho \int_0^{2\pi} \cos^2 \phi \, d\phi$$

$$= 2\left(\frac{1}{3}\right)\pi = \frac{2\pi}{3}$$

e, para Ψ_b, $d\mathbf{S} = -\rho \, d\phi \, d\rho \, \mathbf{a}_z$, então

$$\Psi_b = -\int_{\rho=0}^{1} \int_{\phi=0}^{2\pi} z\rho \cos^2 \phi \, \rho \, d\phi \, d\rho \bigg|_{z=-2} = 2 \int_0^1 \rho^2 \, d\rho \int_0^{2\pi} \cos^2 \phi \, d\phi$$

$$= \frac{2\pi}{3}$$

Dessa forma,

$$Q = \Psi = 0 + \frac{2\pi}{3} + \frac{2\pi}{3} = \frac{4\pi}{3} \, C$$

conforme obtido anteriormente.

EXERCÍCIO PRÁTICO 4.8

Se $\mathbf{D} = (2y^2 + z)\mathbf{a}_x + 4xy\mathbf{a}_y + x\mathbf{a}_z \, C/m^2$, determine

(a) a densidade volumétrica de cargas em $(-1, 0, 3)$;

(b) o fluxo através de um cubo definido por $0 \le x \le 1$, $0 \le y \le 1$ e $0 \le z \le 1$;

(c) a carga total encerrada no cubo.

Resposta: (a) $-4 \, C/m^3$, (b) 2 C, (c) 2 C.

EXEMPLO 4.9

Uma distribuição de cargas, com simetria esférica, tem densidade dada por:

$$\rho_v = \begin{cases} \dfrac{\rho_0 r}{R}, & 0 \le r \le R \\ 0, & r > R \end{cases}$$

Determine **E** em um ponto qualquer.

Solução:

A distribuição de cargas é semelhante à da Figura 4.16. Como existe simetria, podemos aplicar a lei de Gauss para determinar **E**.

$$\varepsilon_o \oint_s \mathbf{E} \cdot d\mathbf{S} = Q_{enc} = \int_v \rho_v \, dv$$

(a) Para $r < R$

$$\varepsilon_o E_r \, 4\pi r^2 = Q_{enc} = \int_0^r \int_0^\pi \int_0^{2\pi} \rho_v \, r^2 \operatorname{sen} \theta \, d\phi \, d\theta \, dr$$

$$= \int_0^r 4\pi r^2 \frac{\rho_o r}{R} \, dr = \frac{\rho_o \pi r^4}{R}$$

ou

$$\mathbf{E} = \frac{\rho_o r^2}{4\varepsilon_o R} \mathbf{a}_r$$

(b) Para $r > R$

$$\varepsilon_o E_r 4\pi r^2 = Q_{enc} = \int_0^r \int_0^\pi \int_0^{2\pi} \rho_v r^2 \operatorname{sen} \theta \, d\phi \, d\theta \, dr$$

$$= \int_0^R \frac{\rho_o r}{R} 4\pi r^2 \, dr + \int_R^r 0 \cdot 4\pi r^2 \, dr$$

$$= \pi \rho_o R^3$$

ou

$$\mathbf{E} = \frac{\rho_o R^3}{4\varepsilon_o r^2} \mathbf{a}_r$$

EXERCÍCIO PRÁTICO 4.9

Uma distribuição de cargas no espaço livre tem $\rho_v = 2r$ nC/m^3 para $0 \leq r \leq 10$ m e é zero em todos os outros pontos do espaço. Determine **E** em $r = 2$ m e $r = 12$ m.

Resposta: 226 $\mathbf{a}_r$ V/m; 3,927 $\mathbf{a}_r$ kV/m.

4.7 POTENCIAL ELÉTRICO

A partir das discussões nas seções precedentes, conclui-se que a intensidade de campo elétrico **E** devido a uma distribuição de carga pode ser obtido a partir da lei de Coulomb, no caso geral, ou a partir da lei de Gauss, quando a distribuição de carga tem uma simetria. Uma outra maneira de determinar esse campo **E** é a partir do potencial elétrico escalar V a ser definido nesta seção. Em certo sentido, este modo de determinar **E** é mais fácil porque é menos trabalhoso operar com escalares que com vetores.

Suponha que queiramos movimentar uma carga pontual Q, de um ponto A para um ponto B, em um campo elétrico **E**, como mostrado na Figura 4.18. A partir da lei de Coulomb, conclui-se que a força sobre Q é dada por $\mathbf{F} = Q\mathbf{E}$ tal que o *trabalho realizado* para provocar um deslocamento $d\mathbf{l}$ da carga é dado por:

$$dW = -\mathbf{F} \cdot d\mathbf{l} = -Q\mathbf{E} \cdot d\mathbf{l} \tag{4.58}$$

O sinal negativo indica que o trabalho é feito por um agente externo. Dessa maneira, o trabalho total realizado, ou a energia potencial necessária, para movimentar Q de A para B é

$$W = -Q \int_A^B \mathbf{E} \cdot d\mathbf{l} \qquad (4.59)$$

Dividir W por Q na equação (4.59) resulta no valor da energia potencial por unidade de carga. Essa quantidade, denotada por V_{AB}, é conhecida por *diferença de potencial* entre os pontos A e B. Assim:

$$V_{AB} = \frac{W}{Q} = -\int_A^B \mathbf{E} \cdot d\mathbf{l} \qquad (4.60)$$

Observe que:

1. ao determinar V_{AB}, A é o ponto inicial e B é o ponto final;
2. se V_{AB} é negativo, existe uma perda de energia potencial ao movimentarmos Q de A até B. Isso significa que o trabalho é feito pelo campo. Entretanto, se V_{AB} é positivo, existe um ganho em energia potencial no movimento; isto é, um agente externo é responsável por esse trabalho;
3. V_{AB} é independente da trajetória realizada (será mostrado um pouco mais adiante);
4. V_{AB} é medido em joules por coulomb, ou mais comumente em volts (V).

Exemplificando, se o campo $\mathbf{E}$ na Figura 4.18 é devido a uma carga pontual Q localizada na origem, então,

$$\mathbf{E} = \frac{Q}{4\pi\varepsilon_0 r^2} \mathbf{a}_r \qquad (4.61)$$

de forma que a equação (4.60) pode ser reescrita como

$$V_{AB} = -\int_{r_A}^{r_B} \frac{Q}{4\pi\varepsilon_0 r^2} \mathbf{a}_r \cdot dr\, \mathbf{a}_r$$
$$= \frac{Q}{4\pi\varepsilon_0} \left[\frac{1}{r_B} - \frac{1}{r_A} \right] \qquad (4.62a)$$

ou

$$V_{AB} = V_B - V_A \qquad (4.62b)$$

onde V_B e V_A são os *potenciais* (ou *potenciais absolutos*) nos pontos B e A, respectivamente. Assim, a diferença de potencial V_{AB} pode ser considerada como o potencial de B em relação a A. Em problemas envolvendo cargas pontuais, é costume considerar um ponto no infinito como a referência, isto é, consideramos que o potencial no infinito é zero. Dessa forma, se $V_A = 0$ quando $r_A \to \infty$ na

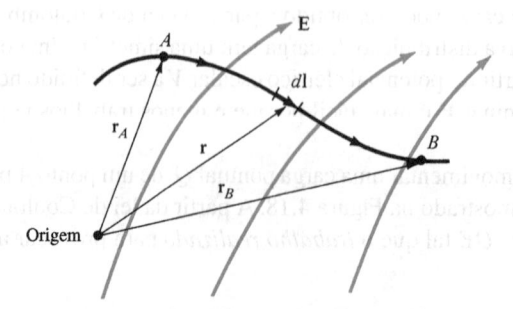

FIGURA 4.18 Deslocamento de uma carga pontual Q em um campo eletrostático E.

equação (4.62), o potencial em qualquer ponto ($r_B \to r$) devido a uma carga pontual Q localizada na origem é dado por:

$$V = \frac{Q}{4\pi\varepsilon_o r} \quad (4.63)$$

Note, a partir da equação (4.62a), que, pelo fato de **E** apontar na direção radial, qualquer contribuição ao potencial devido ao deslocamento nas direções θ ou ϕ é descartada pelo produto-ponto $\mathbf{E} \cdot d\mathbf{l} = E \cos \alpha \, dl = E \, dr$, onde α é o ângulo entre **E** e $d\mathbf{l}$. Portanto, a diferença de potencial V_{AB} é independente da trajetória, como afirmado anteriormente. Em geral, vetores cuja integral de linha não dependem do caminho de integração, são denominados conservativos. Este **E** é conservativo.

> O **potencial** em qualquer ponto é a diferença de potencial entre esse ponto e um ponto escolhido no qual o potencial é arbitrado como zero.

Em outras palavras, considerando potencial zero no infinito, o potencial a uma distância r da carga pontual é o trabalho realizado, por unidade de carga, por um agente externo, ao deslocar uma carga-teste do infinito até esse ponto. Dessa forma:

$$V = -\int_{\infty}^{r} \mathbf{E} \cdot d\mathbf{l} \quad (4.64)$$

Se a carga pontual Q na equação (4.63) não está localizada na origem, mas em um ponto cujo vetor posição é $\mathbf{r}'$, o potencial $V(x, y, z)$ ou, simplesmente $V(\mathbf{r})$, em **r** torna-se:

$$V(\mathbf{r}) = \frac{Q}{4\pi\varepsilon_o |\mathbf{r} - \mathbf{r}'|} \quad (4.65)$$

Consideramos, até agora, o potencial elétrico devido a uma carga pontual. As mesmas considerações se aplicam a outros tipos de distribuição de cargas porque qualquer distribuição de cargas pode ser considerada como constituída de cargas pontuais. O princípio da superposição, que aplicamos para campos elétricos, aplica-se também a potenciais. Para n cargas pontuais $Q_1, Q_2, ... Q_n$, localizadas em pontos com vetores posição $\mathbf{r}_1, \mathbf{r}_2, ... \mathbf{r}_n$, o potencial em **r** é dado por

$$V(\mathbf{r}) = \frac{Q_1}{4\pi\varepsilon_o |\mathbf{r} - \mathbf{r}_1|} + \frac{Q_2}{4\pi\varepsilon_o |\mathbf{r} - \mathbf{r}_2|} + \cdots + \frac{Q_n}{4\pi\varepsilon_o |\mathbf{r} - \mathbf{r}_n|}$$

ou

$$V(\mathbf{r}) = \frac{1}{4\pi\varepsilon_o} \sum_{k=1}^{n} \frac{Q_k}{|\mathbf{r} - \mathbf{r}_k|} \quad \text{(ponto de cargas)} \quad (4.66)$$

Para distribuições contínuas de cargas, substituímos Q_k na equação (4.66) pelo elemento de carga $\rho_L \, dl$, $\rho_S \, dS$ ou $\rho_v \, dv$ e a soma se transforma em uma integração, tal que o potencial em **r** pode ser escrito como

$$V(\mathbf{r}) = \frac{1}{4\pi\varepsilon_o} \int_L \frac{\rho_L(\mathbf{r}')dl'}{|\mathbf{r} - \mathbf{r}'|} \quad \text{(linha de carga)} \quad (4.67)$$

$$V(\mathbf{r}) = \frac{1}{4\pi\varepsilon_o} \int_S \frac{\rho_S(\mathbf{r}')dS'}{|\mathbf{r} - \mathbf{r}'|} \quad \text{(superfície de carga)} \quad (4.68)$$

$$V(\mathbf{r}) = \frac{1}{4\pi\varepsilon_o} \int_v \frac{\rho_v(\mathbf{r}')dv'}{|\mathbf{r} - \mathbf{r}'|} \quad \text{(volume de carga)} \quad (4.69)$$

onde as coordenadas-linha são usadas para denotar a localização do ponto-fonte; as demais se referem à localização do ponto de interesse (ponto no qual V vai ser calculado).

É preciso destacar que:

1. Ao obter as equações (4.63) a (4.69), o ponto de potencial zero (referência) foi escolhido, arbitrariamente, no infinito. Se qualquer outro ponto for escolhido como referência, a equação (4.65), por exemplo, torna-se

$$V = \frac{Q}{4\pi\varepsilon_0 r} + C \tag{4.70}$$

onde C é uma constante determinada no ponto de referência escolhido. O mesmo raciocínio se aplica às equações (4.63) a (4.69).

2. O potencial em um ponto pode ser determinado de duas maneiras distintas, dependendo do que for conhecido: a distribuição de cargas ou o campo elétrico $\mathbf{E}$. Se a distribuição de cargas for conhecida, usamos uma das equações (4.65) a (4.70), dependendo da distribuição de cargas. Se $\mathbf{E}$ for conhecido, simplesmente usamos

$$V = -\int \mathbf{E} \cdot d\mathbf{l} + C \tag{4.71}$$

A diferença de potencial V_{AB} pode ser determinada, genericamente, a partir de:

$$V_{AB} = V_B - V_A = -\int_A^B \mathbf{E} \cdot d\mathbf{l} = \frac{W}{Q} \tag{4.72}$$

EXEMPLO 4.10

Duas cargas pontuais $-4\ \mu C$ e $5\ \mu C$ estão localizadas em $(2, -1, 3)$ e em $(0, 4, -2)$, respectivamente. Determine o potencial em $(1, 0, 1)$, considerando potencial zero no infinito.

Solução:

Seja

$$Q_1 = -4\ \mu C, \quad Q_2 = 5\ \mu C$$

$$V(\mathbf{r}) = \frac{Q_1}{4\pi\varepsilon_0|\mathbf{r} - \mathbf{r}_1|} + \frac{Q_2}{4\pi\varepsilon_0|\mathbf{r} - \mathbf{r}_2|} + C_0$$

Se $V(\infty) = 0$, $C_0 = 0$,

$$|\mathbf{r} - \mathbf{r}_1| = |(1, 0, 1) - (2, -1, 3)| = |(-1, 1, -2)| = \sqrt{6}$$

$$|\mathbf{r} - \mathbf{r}_2| = |(1, 0, 1) - (0, 4, -2)| = |(1, -4, 3)| = \sqrt{26}$$

Onde

$$V(1, 0, 1) = \frac{10^{-6}}{4\pi \times \frac{10^{-9}}{36\pi}} \left[\frac{-4}{\sqrt{6}} + \frac{5}{\sqrt{26}} \right]$$

$$= 9 \times 10^3 (-1{,}633 + 0{,}9806)$$

$$= -5{,}872\ kV$$

EXERCÍCIO PRÁTICO 4.10

Se uma carga pontual de $3\ \mu C$ estiver localizada na origem, além das duas cargas do exemplo 4.10, determine o potencial em $(-1, 5, 2)$, considerando que $V(\infty) = 0$.

Resposta: 10,23 kV.

EXEMPLO 4.11

Uma carga pontual de 5 nC está localizada em $(-3, 4, 0)$, enquanto que uma linha em $y = 1$ e $z = 1$ está carregada uniformemente com 2 nC/m.

(a) Se $V = 0$ V em $O(0, 0, 0)$, determine V em $A(5, 0, 1)$.
(b) Se $V = 100$ V em $B(1, 2, 1)$, determine V em $C(-2, 5, 3)$.
(c) Se $V = -5$ V em O, determine V_{BC}.

Solução:

Seja o potencial em um ponto qualquer dado por

$$V = V_Q + V_L$$

onde V_Q e V_L são as contribuições ao V, nesse ponto, devido à carga pontual e à linha de cargas, respectivamente. Para a carga pontual,

$$V_Q = -\int \mathbf{E} \cdot d\mathbf{l} = -\int \frac{Q}{4\pi\varepsilon_o r^2} \mathbf{a}_r \cdot dr\, \mathbf{a}_r$$

$$= \frac{Q}{4\pi\varepsilon_o r} + C_1$$

Para a linha infinita de cargas:

$$V_L = -\int \mathbf{E} \cdot d\mathbf{l} = -\int \frac{\rho_L}{2\pi\varepsilon_o \rho} \mathbf{a}_\rho \cdot d\rho\, \mathbf{a}_\rho$$

$$= -\frac{\rho_L}{2\pi\varepsilon_o} \ln \rho + C_2$$

Portanto,

$$V = -\frac{\rho_L}{2\pi\varepsilon_o} \ln \rho + \frac{Q}{4\pi\varepsilon_o r} + C$$

onde $C = C_1 + C_2 =$ constante; ρ é a distância perpendicular da linha $y = 1$ e $z = 1$ ao ponto de interesse; e r é a distância da carga pontual ao ponto de interesse.

(a) Se $V = 0$ em $O(0, 0, 0)$ e V em $A(5, 0, 1)$ deve ser determinado, precisamos primeiro obter os valores de ρ e r em O e em A. Determinar r é fácil; usamos a equação (2.31). Para determinar ρ para qualquer ponto (x, y, z), utilizamos o fato de que ρ é a distância perpendicular do ponto (x, y, z) à linha $y = 1$ e $z = 1$, paralela ao eixo x. Portanto, ρ é a distância entre (x, y, z) e $(x, 1, 1)$, porque o vetor distância entre esses dois pontos é perpendicular a $\mathbf{a}_x$. Assim:

$$\rho = |(x, y, z) - (x, 1, 1)| = \sqrt{(y-1)^2 + (z-1)^2}$$

Aplicando essa equação para ρ e a equação (2.31) para r, nos pontos O e A, obtemos:

$$\rho_o = |(0, 0, 0) - (0, 1, 1)| = \sqrt{2}$$

$$r_o = |0, 0, 0) - (-3, 4, 0)| = 5$$

$$\rho_A = |(5, 0, 1) - (5, 1, 1)| = 1$$

$$r_A = |(5, 0, 1) - (-3, 4, 0)| = 9$$

Portanto,

$$V_O - V_A = -\frac{\rho_L}{2\pi\varepsilon_o} \ln \frac{\rho_O}{\rho_A} + \frac{Q}{4\pi\varepsilon_o}\left[\frac{1}{r_O} - \frac{1}{r_A}\right]$$

$$= \frac{-2 \cdot 10^{-9}}{2\pi \cdot \dfrac{10^{-9}}{36\pi}} \ln \frac{\sqrt{2}}{1} + \frac{5 \cdot 10^{-9}}{4\pi \cdot \dfrac{10^{-9}}{36\pi}}\left[\frac{1}{5} - \frac{1}{9}\right]$$

$$0 - V_A = -36 \ln \sqrt{2} + 45\left(\frac{1}{5} - \frac{1}{9}\right)$$

ou
$$V_A = 36 \, 1 = n\sqrt{2} - 4 = 8{,}477 \text{ V}$$

Observe que evitamos calcular a constante C subtraindo um potencial do outro, não importando qual deles é subtraído do outro.

(b) Se $V = 100$ V em $B\,(1, 2, 1)$ e V em $C\,(-2, 5, 3)$ deve ser determinado, fazemos

$$\rho_B = |(1, 2, 1) - (1, 1, 1)| = 1$$
$$r_B = |(1, 2, 1) - (-3, 4, 0)| = \sqrt{21}$$
$$\rho_C = |(-2, 5, 3) - (-2, 1, 1)| = \sqrt{20}$$
$$r_C = |(-2, 5, 3) - (-3, 4, 0)| = \sqrt{11}$$
$$V_C - V_B = -\frac{\rho_L}{2\pi\varepsilon_o}\ln\frac{\rho_O}{\rho_B} + \frac{Q}{4\pi\varepsilon_o}\left[\frac{1}{r_C} - \frac{1}{r_B}\right]$$
$$V_C - 100 = -36\ln\frac{\sqrt{20}}{1} + 45\cdot\left[\frac{1}{\sqrt{11}} - \frac{1}{\sqrt{21}}\right]$$
$$= -50{,}175 \text{ V}$$

ou
$$V_C = 49{,}825 \text{ V}$$

(c) Para determinar a diferença de potencial entre dois pontos, não necessitamos estabelecer uma referência de potencial, caso uma referência comum for considerada.

$$V_{BC} = V_C - V_B = 49{,}825 - 100$$
$$= -50{,}175 \text{ V}$$

EXERCÍCIO PRÁTICO 4.11

Uma carga pontual de 5 nC está localizada na origem. Se $V = 2$V em $(0, 6, -8)$, determine:

(a) o potencial em $A(-3, 2, 6)$

(b) o potencial em $B(1, 5, 7)$

(c) a diferença de potencial V_{AB}

Resposta: (a) 3,929 V; (b) 2,696 V; (c) $-1{,}233$ V.

4.8 RELAÇÃO ENTRE O CAMPO ELÉTRICO E O POTENCIAL ELÉTRICO – EQUAÇÃO DE MAXWELL

Conforme mostrado na seção anterior, a diferença de potencial entre dois pontos A e B independe da trajetória percorrida. Por essa razão,

$$V_{BA} = -V_{AB}$$

isto é, $V_{BA} + V_{AB} = \oint \mathbf{E}\cdot d\mathbf{l} = 0$
ou

$$\boxed{\oint_L \mathbf{E}\cdot d\mathbf{l} = 0} \tag{4.73}$$

Isso mostra que a integral de linha de **E** ao longo de uma trajetória fechada, como mostrado na Figura 4.19, deve ser zero. Fisicamente, isso implica que não é realizado trabalho ao se movimentar uma carga, ao longo de uma trajetória fechada, no interior de um campo eletrostático. Aplicando o teorema de Stokes na equação (4.73), resulta em

$$\oint_L \mathbf{E} \cdot d\mathbf{l} = \int_S (\nabla \times \mathbf{E}) \cdot d\mathbf{S} = 0$$

ou

$$\boxed{\nabla \times \mathbf{E} = 0} \qquad (4.74)$$

Qualquer campo vetorial que satisfaça as equações (4.73) ou (4.74) é considerado conservativo, ou irrotacional, conforme discutido na Seção 3.9. Em outras palavras, vetores cuja integral de linha não dependem do caminho de integração são denominados campos vetoriais conservativos. Assim, um campo eletrostático é um campo conservativo. As equações (4.73) ou (4.74) são referidas como *equação de Maxwell* para campos eletrostáticos (a segunda equação de Maxwell a ser obtida nesse texto). A equação (4.73) é a forma integral e a equação (4.74) é a forma diferencial. Ambas descrevem a natureza conservativa do campo eletrostático.

Partindo de nossa definição de potencial, $V = -\int \mathbf{E} \cdot d\mathbf{l}$, segue que

$$dV = -\mathbf{E} \cdot d\mathbf{l} = -E_x\, dx - E_y\, dy - E_z\, dz$$

Mas a partir do cálculo de multivariáveis, uma carga total em $V(x, y, z)$ é a soma das cargas parciais em relação às variáveis x, y, z.

$$dV = \frac{\partial V}{\partial x} dx + \frac{\partial V}{\partial y} dy + \frac{\partial V}{\partial z} dz$$

Comparando as duas expressões para dV, obtemos:

$$E_x = -\frac{\partial V}{\partial x}, \qquad E_y = -\frac{\partial V}{\partial y}, \qquad E_z = -\frac{\partial V}{\partial z} \qquad (4.75)$$

Assim,

$$\boxed{\mathbf{E} = -\nabla V} \qquad (4.76)$$

isto é, o campo elétrico **E** é o gradiente de V. O sinal negativo mostra que a direção de **E** é oposta à direção em que V cresce. **E** está orientado dos níveis mais altos para os níveis mais baixos de V. Já que o rotacional do gradiente de uma função escalar é sempre zero ($\nabla \times \nabla V = 0$), a equação (4.74) obviamente implica que **E** deve ser o gradiente de alguma função escalar. Dessa forma, a equação (4.76) poderia ser obtida da equação (4.74).

A equação (4.76) mostra um outro caminho para obter o campo **E**, independente do uso da lei de Coulomb ou da lei de Gauss. Isto é, se o campo potencial V é conhecido, o **E** pode ser encontrado usando a equação (4.76). Pode parecer surpreendente que uma única função V possa conter toda a informação expressa pelas três componentes de **E**. Porém, nesse caso, as três componentes de **E** não são independentes uma das outras. Elas estão explicitamente relacionadas pela condição $\nabla \times \mathbf{E} = 0$. O que essa formulação do potencial faz é explorar essa propriedade tirando dela o máximo proveito e, dessa forma, reduzindo um problema vetorial a um problema escalar.

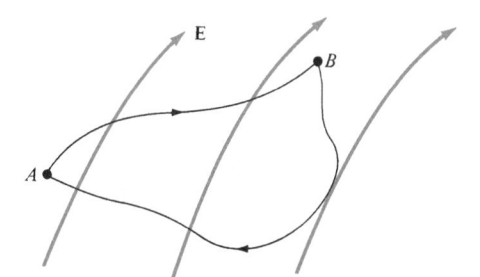

FIGURA 4.19 Natureza conservativa do campo eletrostático.

EXEMPLO 4.12 Dado o potencial $V = \dfrac{10}{r^2} \operatorname{sen} \theta \cos \phi$,

(a) determine a densidade de fluxo elétrico **D** em $(2, \pi/2, 0)$;

(b) calcule o trabalho realizado ao se movimentar uma carga de 10 μC do ponto $A(1, 30°, 120°)$ até o ponto $B(4, 90°, 60°)$.

Solução:

(a) $\mathbf{D} = \varepsilon_0 \mathbf{E}$

Mas

$$\mathbf{E} = -\nabla V = -\left[\frac{\partial V}{\partial r}\mathbf{a}_r + \frac{1}{r}\frac{\partial V}{\partial \theta}\mathbf{a}_\theta + \frac{1}{r \operatorname{sen}\theta}\frac{\partial V}{\partial \phi}\mathbf{a}_\phi\right]$$

$$= \frac{20}{r^3}\operatorname{sen}\theta\cos\phi\,\mathbf{a}_r - \frac{10}{r^3}\cos\theta\cos\phi\,\mathbf{a}_\theta + \frac{10}{r^3}\operatorname{sen}\pi\,\mathbf{a}_\phi$$

Em $(2, \pi/2, 0)$,

$$\mathbf{D} = \varepsilon_0 \mathbf{E}\,(r=2, \theta = \pi/2, \phi = 0) = \varepsilon_0\left(\frac{20}{8}\mathbf{a}_r - 0\mathbf{a}_\theta + 0\mathbf{a}_\phi\right)$$

$$= 2{,}5\varepsilon_0\mathbf{a}_r\;\text{C/m}^2 = 22{,}1\,\mathbf{a}_r\;\text{pC/m}^2$$

(b) O trabalho realizado pode ser encontrado de duas maneiras, usando **E** ou V.

Método 1:

$$W = -Q\int_L \mathbf{E}\cdot d\mathbf{l} \;\;\text{ou}\;\; -\frac{W}{Q} = \int_L \mathbf{E}\cdot d\mathbf{l}$$

e como o campo eletrostático é conservativo, o caminho de integração é irrelevante. Consequentemente, o trabalho realizado para movimentar Q de $A(1, 30°, 120°)$ até $B(4, 90°, 60°)$ é o mesmo que o realizado para movimentar Q de A até A', de A' até B' e de B' até B, onde:

$A(1, 30°, 120°)$ $\qquad\qquad\qquad\qquad\qquad\qquad\qquad\qquad B(4, 90°, 60°)$

$\downarrow d\mathbf{l} = dr\,\mathbf{a}_r \qquad\qquad d\mathbf{l} = r\,d\theta\,\mathbf{a}_\theta \qquad\qquad \uparrow d\mathbf{l} = r\operatorname{sen}\theta\,d\phi\,\mathbf{a}_\phi$

$A'(4, 30°, 120°) \qquad\qquad\qquad \rightarrow \qquad\qquad\qquad B'(4, 90°, 120°).$

Isto é, em vez de movimentar a carga Q diretamente de A até B, a carga é movimentada de $A \to A'$, $A' \to B'$ e de $B' \to B$, tal que somente uma variável se altera por vez. Isso torna a integral de linha muito mais fácil de calcular. Assim,

$$\frac{-W}{Q} = -\frac{1}{Q}(W_{AA'} + W_{A'B'} + W_{B'B})$$

$$= \left(\int_{AA'} + \int_{A'B'} + \int_{B'B}\right)\mathbf{E}\cdot d\mathbf{l}$$

$$= \int_{r=1}^{4} \frac{20\operatorname{sen}\theta\cos\phi}{r^3}\,dr\,\bigg|_{\theta=30°,\,\phi=120°}$$

$$+ \int_{\theta=30°}^{90°} \frac{-10\cos\theta\cos\phi}{r^3}r\,d\theta\,\bigg|_{r=4,\,\phi=120°}$$

$$+ \int_{\phi=120°}^{60°} \frac{10\operatorname{sen}\phi}{r^3}r\operatorname{sen}\theta\,d\phi\,\bigg|_{r=4,\,\theta=90°}$$

$$= 20\left(\frac{1}{2}\right)\left(\frac{-1}{2}\right)\left[-\frac{1}{2r^2}\bigg|_{r=1}^{4}\right]$$

$$-\frac{10}{16}\frac{(-1)}{2}\operatorname{sen}\theta\bigg|_{30°}^{90°} + \frac{10}{16}(1)\left[-\cos\phi\bigg|_{120°}^{60°}\right]$$

$$-\frac{W}{Q} = \frac{-75}{32} + \frac{5}{32} - \frac{10}{16}$$

ou

$$W = \frac{45}{16}Q = 28{,}125\ \mu J$$

Método 2:

Já que V é conhecido, esse método é muito mais fácil.

$$\begin{aligned}W &= -Q\int_A^B \mathbf{E}\cdot d\mathbf{l} = QV_{AB}\\ &= Q(V_B - V_A)\\ &= 10\left(\frac{10}{16}\operatorname{sen}90°\cos 60° - \frac{10}{1}\operatorname{sen}30°\cos 120°\right)\cdot 10^{-6}\\ &= 10\left(\frac{10}{32} - \frac{-5}{2}\right)\cdot 10^{-6}\\ &= 28{,}125\ \mu J\end{aligned}$$

como obtido anteriormente.

EXERCÍCIO PRÁTICO 4.12

Dado $\mathbf{E} = (3x^2 + y)\mathbf{a}_x + x\mathbf{a}_y$ kV/m, determine o trabalho realizado ao movimentar uma carga de $-2\ \mu C$ do ponto $(0, 5, 0)$ até o ponto $(2, -1, 0)$ usando a trajetória:

(a) $(0, 5, 0) \to (2, 5, 0) \to (2, -1, 0)$;

(b) $y = 5 - 3x$.

Resposta: (a) 12 mJ, (b) 12 mJ.

4.9 O DIPOLO ELÉTRICO E AS LINHAS DE FLUXO

> Tem-se um **dipolo elétrico** quando duas cargas pontuais de igual magnitude e sinais opostos estão separadas por uma pequena distância.

A importância do campo devido a um dipolo elétrico ficará evidente nos próximos capítulos. Considere o dipolo mostrado na Figura 4.20. O potencial em um ponto $P(r,\theta,\phi)$ é dado por

$$V = \frac{Q}{4\pi\varepsilon_o}\left[\frac{1}{r_1} - \frac{1}{r_2}\right] = \frac{Q}{4\pi\varepsilon_o}\left[\frac{r_2 - r_1}{r_1 r_2}\right] \quad (4.77)$$

onde r_1 e r_2 são as distâncias entre P e $+Q$ e entre P e $-Q$, respectivamente. Se $r \gg d$, $r_2 - r_1 \cong d\cos\theta$, $r_2 r_1 \cong r^2$ a equação (4.77) torna-se

$$V = \frac{Q}{4\pi\varepsilon_o}\frac{d\cos\theta}{r^2} \quad (4.78)$$

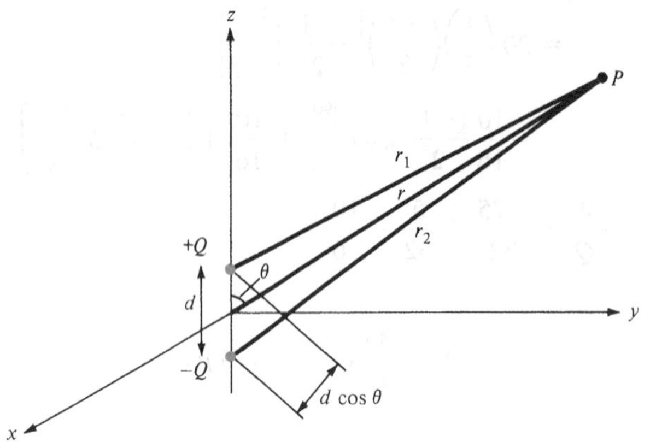

FIGURA 4.20 Um dipolo elétrico.

Já que $d \cos \theta = \mathbf{d} \cdot \mathbf{a}_r$, onde $\mathbf{d} = d\mathbf{a}_z$, se definirmos

$$\mathbf{p} = Q\mathbf{d} \tag{4.79}$$

como *momento de dipolo*, a equação (4.78) pode ser escrita como

$$V = \frac{\mathbf{p} \cdot \mathbf{a}_r}{4\pi\varepsilon_o r^2} \tag{4.80}$$

Note que o momento de dipolo $\mathbf{p}$ está orientado de $-Q$ a $+Q$. Se o centro do dipolo não está na origem, mas em $\mathbf{r}'$, a equação (4.80) torna-se

$$\boxed{V(\mathbf{r}) = \frac{\mathbf{p} \cdot (\mathbf{r} - \mathbf{r}')}{4\pi\varepsilon_o |\mathbf{r} - \mathbf{r}'|^3}} \tag{4.81}$$

O campo elétrico devido ao dipolo com centro na origem, mostrado na Figura 4.20, pode ser obtido diretamente das equações (4.76) e (4.78) como

$$\mathbf{E} = -\nabla V = -\left[\frac{\partial V}{\partial r}\mathbf{a}_r + \frac{1}{r}\frac{\partial V}{\partial \theta}\mathbf{a}_\theta\right]$$

$$= \frac{Qd \cos \theta}{2\pi\varepsilon_o r^3}\mathbf{a}_r + \frac{Qd \operatorname{sen} \theta}{4\pi\varepsilon_o r^3}\mathbf{a}_\theta$$

ou

$$\boxed{\mathbf{E} = \frac{p}{4\pi\varepsilon_o r^3}(2\cos\theta\, \mathbf{a}_r + \operatorname{sen}\theta\, \mathbf{a}_\theta)} \tag{4.82}$$

onde $p = |\mathbf{p}| = Qd$.

Observe que uma carga pontual é um *monopolo* e seu campo elétrico varia inversamente com r^2, enquanto seu campo potencial varia inversamente com r [veja equações (4.61) e (4.63)]. Das equações (4.80) e (4.82), observamos que o campo elétrico devido ao dipolo varia inversamente com r^3, enquanto seu potencial varia inversamente com r^2. Os campos elétricos devido a multipolos de ordens sucessivamente superiores (tais como um *quadrupolo*, que consiste de dois dipolos, ou um *octupolo*, que consiste de dois quadrupolos) variam inversamente com $r^4, r^5, r^6, \ldots$, enquanto seus potenciais correspondentes variam inversamente com $r^3, r^4, r^5, \ldots$

O conceito de *linhas de fluxo elétrico* (ou *linhas de força elétrica*, como são algumas vezes denominadas) foi introduzido por Michael Faraday (1791–1867), na sua investigação experimental, como uma maneira de visualizar o campo elétrico.

> Uma **linha de fluxo elétrico** é uma trajetória ou uma linha imaginária desenhada de tal modo que sua orientação em qualquer ponto é a orientação do campo elétrico nesse ponto.

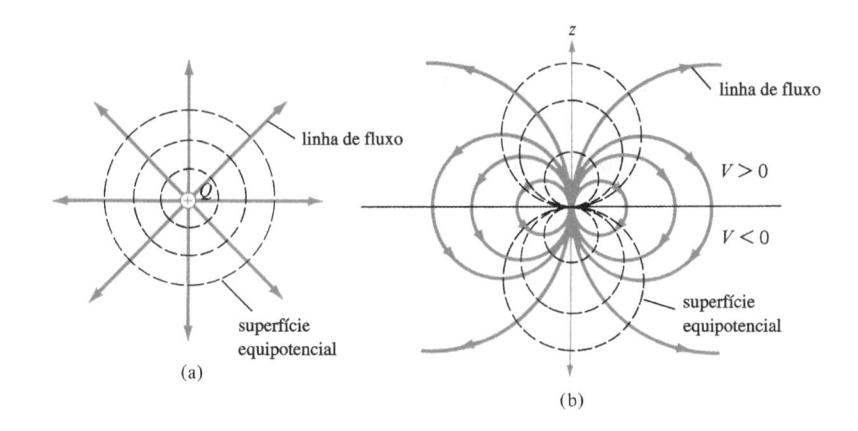

FIGURA 4.21 Superfícies equipotenciais para (a) uma carga pontual e (b) um dipolo elétrico.

Em outras palavras, são as linhas para as quais o vetor densidade de fluxo elétrico **D** é tangencial em cada ponto.

Qualquer superfície na qual o potencial elétrico é o mesmo em toda a sua extensão é conhecida como *superfície equipotencial*. A interseção de uma superfície equipotencial e um plano resulta em uma trajetória ou uma linha conhecida como *linha equipotencial*. Nenhum trabalho é realizado ao movimentar uma carga de um ponto a outro ao longo de uma linha ou superfície equipotencial ($V_A - V_B = 0$) e, por essa razão,

$$\int_L \mathbf{E} \cdot d\mathbf{l} = 0 \tag{4.83}$$

sobre a linha ou sobre a superfície. A partir da equação (4.83), podemos concluir que as linhas de força ou linhas de fluxo (ou a direção de **E**) são sempre normais às superfícies equipotenciais. Exemplos de superfícies equipotenciais para carga pontual e para um dipolo são mostrados na Figura 4.21. Note, a partir desses exemplos, que a direção de **E** é perpendicular às linhas equipotenciais em qualquer lugar. Veremos a importância das superfícies equipotenciais quando discutirmos a presença de corpos condutores em campos elétricos. Por agora basta dizer que esses corpos são volumes equipotenciais.

Uma aplicação típica de mapeamento de campo (linhas de fluxo e superfícies equipotenciais) é encontrada no diagnóstico de doenças cardíacas. O coração humano bate em resposta a uma diferença de potencial de campo elétrico interna. O coração pode ser caracterizado como um dipolo com um mapa de campo similar ao da Figura 4.21(b). Tal mapa de campo é útil para detectar posição anormal do coração.[7] Na Seção 14.2, discutiremos uma técnica numérica para fazer mapeamento de campo.

EXEMPLO 4.13 Dois dipolos com momentos de dipolo $-5\mathbf{a}_z$ nC/m e $9\mathbf{a}_z$ nC/m estão localizados nos pontos $(0, 0, -2)$ e $(0, 0, 3)$, respectivamente. Determine o potencial na origem.

Solução:

$$V = \sum_{k=1}^{2} \frac{\mathbf{p}_k \cdot \mathbf{r}_k}{4\pi\varepsilon_o r_k^3}$$

$$= \frac{1}{4\pi\varepsilon_o} \left[\frac{\mathbf{p}_1 \cdot \mathbf{r}_1}{r_1^3} + \frac{\mathbf{p}_2 \cdot \mathbf{r}_2}{r_2^3} \right]$$

onde

$$\mathbf{p}_1 = -5\mathbf{a}_z, \quad \mathbf{r}_1 = (0,0,0) - (0,0,-2) = 2\mathbf{a}_z, \quad r_1 = |\mathbf{r}_1| = 2$$

$$\mathbf{p}_2 = 9\mathbf{a}_z, \quad \mathbf{r}_2 = (0,0,0) - (0,0,3) = -3\mathbf{a}_z, \quad r_2 = |\mathbf{r}_2| = 3$$

---

[7] Para mais informações sobre esse assunto, ver R. Plonsey, *Bioelectric Phenomena*. New York: McGraw-Hill, 1969.

Portanto,

$$V = \frac{1}{4\pi \cdot \dfrac{10^{-9}}{36\pi}} \left[\frac{-10}{2^3} - \frac{27}{3^3} \right] \cdot 10^{-9}$$

$$= -20{,}25 \text{ V}$$

EXERCÍCIO PRÁTICO 4.13

Um dipolo elétrico de 100 $\mathbf{a}_z$ pC. m está localizado na origem. Determine V e $\mathbf{E}$ nos pontos:
(a) (0, 0, 10);
(b) (1, $\pi/3$, $\pi/2$).

Resposta: (a) 9 mV, 1,8 $\mathbf{a}_r$ mV/m; (b) 0,45 V, 0,9 $\mathbf{a}_r$ + 0,7794$\mathbf{a}_\theta$ V/m.

4.10 DENSIDADE DE ENERGIA EM CAMPOS ELETROSTÁTICOS

Para determinar a energia armazenada em um arranjo de cargas, precisamos, em primeiro lugar, determinar a quantidade de trabalho necessária para reunir essas cargas. Suponhamos que se posicione três cargas pontuais Q_1, Q_2 e Q_3 em uma região do espaço inicialmente vazia, região sombreada na Figura 4.22. Não há necessidade de realizar trabalho para transferir Q_1 do infinito até P_1 porque o espaço, inicialmente, está livre de cargas e não há campo elétrico presente [da equação (4.59), $W = 0$]. O trabalho realizado para transferir Q_2 do infinito até P_2 é igual ao produto de Q_2 pelo potencial V_{21} em P_2 devido a Q_1. De modo similar, o trabalho realizado para posicionar Q_3 em P_3 é igual a $Q_3(V_{32} + V_{31})$, onde V_{32} e V_{31} são os potenciais em P_3 devido a Q_2 e Q_1, respectivamente. Portanto, o trabalho total realizado para posicionar as três cargas é:

$$W_E = W_1 + W_2 + W_3$$
$$= 0 + Q_2 V_{21} + Q_3(V_{31} + V_{32}) \tag{4.84}$$

Se as cargas fossem posicionadas na ordem reversa,

$$W_E = W_3 + W_2 + W_1$$
$$= 0 + Q_2 V_{23} + Q_1(V_{12} + V_{13}) \tag{4.85}$$

onde V_{23} é o potencial em P_2 devido a Q_3 e V_{12} e V_{13} são, respectivamente, os potenciais em P_1 devido a Q_2 e a Q_3. Somando as equações (4.84) e (4.85), obtém-se

$$2W_E = Q_1(V_{12} + V_{13}) + Q_2(V_{21} + V_{23}) + Q_3(V_{31} + V_{32})$$
$$= Q_1 V_1 + Q_2 V_2 + Q_3 V_3$$

ou

$$W_E = \frac{1}{2}(Q_1 V_1 + Q_2 V_2 + Q_3 V_3) \tag{4.86}$$

onde V_1, V_2 e V_3 são os potenciais totais em P_1, P_2 e P_3, respectivamente. Em geral, se houver n cargas pontuais, a equação (4.86) torna-se:

$$\boxed{W_E = \frac{1}{2} \sum_{k=1}^{n} Q_k V_k} \quad \text{(em joules)} \tag{4.87}$$

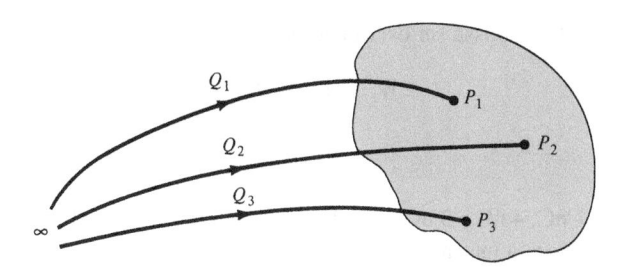

FIGURA 4.22 Arranjo de cargas.

Se, em vez de cargas pontuais, a região tiver uma distribuição contínua de cargas, o somatório na equação (4.87) torna-se uma integral, isto é:

$$W_E = \frac{1}{2} \int_L \rho_L V \, dl \quad \text{(linha de carga)} \tag{4.88}$$

$$W_E = \frac{1}{2} \int_S \rho_S V \, dS \quad \text{(superfície de carga)} \tag{4.89}$$

$$W_E = \frac{1}{2} \int_v \rho_v V \, dv \quad \text{(volume de carga)} \tag{4.90}$$

Já que $\rho_v = \nabla \cdot \mathbf{D}$, a equação (4.90) pode ser reescrita como:

$$W_E = \frac{1}{2} \int_v (\nabla \cdot \mathbf{D}) V \, dv \tag{4.91}$$

Ainda, para qualquer vetor **A** e escalar V, as identidades

$$\nabla \cdot V\mathbf{A} = \mathbf{A} \cdot \nabla V + V(\nabla \cdot \mathbf{A})$$

ou

$$(\nabla \cdot \mathbf{A})V = \nabla \cdot V\mathbf{A} - \mathbf{A} \cdot \nabla V \tag{4.92}$$

são válidas. Aplicando a identidade da equação (4.92) na equação (4.91), obtém-se:

$$W_E = \frac{1}{2} \int_v (\nabla \cdot V\mathbf{D}) \, dv - \frac{1}{2} \int_v (\mathbf{D} \cdot \nabla V) \, dv \tag{4.93}$$

Aplicando o teorema da divergência ao primeiro termo do lado direito dessa equação, temos:

$$W_E = \frac{1}{2} \oint_S (V\mathbf{D}) \cdot d\mathbf{S} - \frac{1}{2} \int_v (\mathbf{D} \cdot \nabla V) \, dv \tag{4.94}$$

Da Seção 4.9, relembramos que V varia com $1/r$ e **D** com $1/r^2$ para cargas pontuais; V varia com $1/r^2$ e **D** com $1/r^3$ para dipolos e assim por diante. Portanto, $V\mathbf{D}$ no primeiro termo do lado direito da equação (4.94) deve variar pelo menos com $1/r^3$, enquanto dS varia com r^2. Consequentemente, a primeira integral na equação (4.94) deve tender a zero à medida que a superfície S torna-se cada vez maior. Por essa razão, a equação (4.94) reduz-se a

$$W_E = -\frac{1}{2} \int_v (\mathbf{D} \cdot \nabla V) \, dv = \frac{1}{2} \int_v (\mathbf{D} \cdot \mathbf{E}) \, dv \tag{4.95}$$

e já que $\mathbf{E} = -\nabla V$ e $\mathbf{D} = \varepsilon_0 \mathbf{E}$

$$\boxed{W_E = \frac{1}{2} \int_v \mathbf{D} \cdot \mathbf{E} \, dv = \frac{1}{2} \int_v \varepsilon_0 E^2 \, dv} \tag{4.96}$$

Disso, podemos definir a densidade de energia eletrostática w_E (em J/m³) como

$$w_E = \frac{dW_E}{dv} = \frac{1}{2} \mathbf{D} \cdot \mathbf{E} = \frac{1}{2} \varepsilon_0 E^2 = \frac{D^2}{2\varepsilon_0} \tag{4.97}$$

de forma que a equação (4.95) possa ser escrita como

$$W_E = \int_V w_E \, dv \qquad (4.98)$$

EXEMPLO 4.14

Três cargas pontuais -1 nC, 4 nC e 3 nC estão localizadas em $(0, 0, 0)$, $(0, 0, 1)$ e $(1, 0, 0)$, respectivamente. Determine a energia interna do sistema.

Solução:

Método 1:

$$\begin{aligned}
W &= W_1 + W_2 + W_3 \\
&= 0 + Q_2 V_{21} + Q_3(V_{31} + V_{32}) \\
&= Q_2 \cdot \frac{Q_1}{4\pi\varepsilon_o |(0,0,1) - (0,0,0)|} \\
&\quad + \frac{Q_3}{4\pi\varepsilon_o}\left[\frac{Q_1}{|(1,0,0) - (0,0,0)|} + \frac{Q_2}{|(1,0,0) - (0,0,1)|}\right] \\
&= \frac{1}{4\pi\varepsilon_o}\left(Q_1 Q_2 + Q_1 Q_3 + \frac{Q_2 Q_3}{\sqrt{2}}\right) \\
&= \frac{1}{4\pi \cdot \frac{10^{-9}}{36\pi}}\left(-4 - 3 + \frac{12}{\sqrt{2}}\right) \cdot 10^{-18} \\
&= 9\left(\frac{12}{\sqrt{2}} - 7\right) \text{nJ} = 13{,}37 \text{ nJ}
\end{aligned}$$

Método 2:

$$\begin{aligned}
W &= \frac{1}{2} \sum_{k=1}^{3} Q_k V_k = \frac{1}{2}(Q_1 V_1 + Q_2 V_2 + Q_3 V_3) \\
&= \frac{Q_1}{2}\left[\frac{Q_2}{4\pi\varepsilon_o(1)} + \frac{Q_3}{4\pi\varepsilon_o(1)}\right] + \frac{Q_2}{2}\left[\frac{Q_1}{4\pi\varepsilon_o(1)} + \frac{Q_3}{4\pi\varepsilon_o(\sqrt{2})}\right] \\
&\quad + \frac{Q_3}{2}\left[\frac{Q_1}{4\pi\varepsilon_o(1)} + \frac{Q_2}{4\pi\varepsilon_o(\sqrt{2})}\right] \\
&= \frac{1}{4\pi\varepsilon_o}\left(Q_1 Q_2 + Q_1 Q_3 + \frac{Q_2 Q_3}{\sqrt{2}}\right) \\
&= 9\left(\frac{12}{\sqrt{2}} - 7\right) \text{nJ} = 13{,}37 \text{ nJ}
\end{aligned}$$

EXERCÍCIO PRÁTICO 4.14

As cargas pontuais $Q_1 = 1$ nC, $Q_2 = -2$ nC, $Q_3 = 3$ nC e $Q_4 = -4$ nC estão posicionadas, uma por vez e nessa ordem, nos pontos $(0, 0, 0)$, $(1, 0, 0)$, $(0, 0, -1)$ e $(0, 0, 1)$, respectivamente. Calcule a energia armazenada no sistema depois do posicionamento de cada uma das cargas.

Resposta: 0; -18 nJ; $-29{,}18$ nJ; $-68{,}27$ nJ.

EXEMPLO 4.15

Uma distribuição de carga com simetria esférica tem densidade

$$\rho_v = \begin{bmatrix} \rho_o, & 0 \leq r \leq R \\ 0, & r > R \end{bmatrix}$$

Determine V em qualquer ponto e a energia armazenada na região $r < R$.

Solução:

O campo **D** já foi determinado na Seção 4.6D usando a Lei de Gauss.

(a) Para $r \geq R$, $\mathbf{E} = \dfrac{\rho_o R^3}{3\varepsilon_o r^2} \mathbf{a}_r$.

Sendo **E** conhecido, V é determinado por:

$$V = -\int \mathbf{E} \cdot d\mathbf{l} = -\frac{\rho_o R^3}{3\varepsilon_o} \int \frac{1}{r^2} dr$$

$$= \frac{\rho_o R^3}{3\varepsilon_o r} + C_1, \quad r \geq R$$

Uma vez que $V(r = \infty) = 0$, $C_1 = 0$.

(b) Para $r \leq R$, $\mathbf{E} = \dfrac{\rho_o r}{3\varepsilon_o} \mathbf{a}_r$.

Donde,

$$V = -\int \mathbf{E} \cdot d\mathbf{l} = -\frac{\rho_o}{3\varepsilon_o} \int r\, dr$$

$$= -\frac{\rho_o r^2}{6\varepsilon_o} + C_2$$

Da parte (a) $V(r = R)\, \dfrac{\rho_o R^2}{3\varepsilon_o}$. Portanto,

$$\frac{R^2 \rho_o}{3\varepsilon_o} = \frac{\rho_o R^2}{6\varepsilon_o} + C_2 \rightarrow C_2 = \frac{R^2 \rho_o}{2\varepsilon_o}$$

e

$$V = \frac{\rho_o}{6\varepsilon_o}(3R^2 - r^2)$$

Assim, a partir de (a) e (b)

$$V = \begin{bmatrix} \dfrac{\rho_o R^3}{3\varepsilon_o r}, & r \geq R \\ \dfrac{\rho_o}{6\varepsilon_o}(3R^2 - r^2), & r \leq R \end{bmatrix}$$

(c) A energia armazenada é dada por

$$W = \frac{1}{2}\int_v \mathbf{D} \cdot \mathbf{E}\, dv = \frac{1}{2}\varepsilon_o \int_v E^2\, dv$$

Para $r \leq R$,

$$\mathbf{E} = \frac{\rho_o r}{3\varepsilon_o}\mathbf{a}_r$$

Portanto,

$$W = \frac{1}{2}\varepsilon_o \frac{\rho_o^2}{9\varepsilon_o^2} \int_{r=0}^{R}\int_{\theta=0}^{\pi}\int_{\phi=0}^{2\pi} r^2 \cdot r^2 \operatorname{sen}\theta\, d\phi\, d\theta\, dr$$

$$= \frac{\rho_o^2}{18\varepsilon_o} 4\pi \cdot \left.\frac{r^5}{5}\right|_0^R = \frac{2\pi\rho_o^2 R^5}{45\varepsilon_o}\ \text{J}$$

> **EXERCÍCIO PRÁTICO 4.15**
>
> Se $V = x - y + xy + 2z$ V, determine **E** em (1, 2, 3) e a energia eletrostática armazenada em um cubo de lado 2 m, centrado na origem.
>
> **Resposta:** $-3\mathbf{a}_x - 2\mathbf{a}_z$ V/m; 0,2358 nJ.

†4.11 APLICAÇÃO TECNOLÓGICA — DESCARGA ELETROSTÁTICA

A Descarga Eletrostática (ESD – *Electrostatic Discharge*) (ou eletricidade estática, como é comumente conhecida) refere-se à transferência súbita (descarga) de carga estática entre objetos que estão momentaneamente em diferentes potenciais eletrostáticos. Um bom exemplo disso é o "pequeno choque" que uma pessoa sente ao tocar a maçaneta metálica de uma porta após ter caminhado sobre um carpete sintético.

A ESD pertence a uma família de problemas elétricos conhecida como sobrecarga elétrica (EOS – *Electrical Over Stress*). Outros membros dessa família incluem os raios e os pulsos eletromagnéticos (EMP – *Electromagnetic Pulses*). A ESD impõe sérias ameaças a dispositivos eletrônicos e afeta a operação de sistemas que contêm esses dispositivos. Uma ESD pode destruir um circuito integrado (CI), derrubar um sistema de computadores, causar a explosão de um tanque de combustível e assim por diante. A ESD é um evento de descarga rápida que transfere uma quantidade finita de cargas entre dois corpos que estejam em potenciais diferentes. Os prejuízos contabilizados pela indústria devido à ESD são estimados em bilhões de dólares ao ano. Os danos em um CI dependem da densidade de corrente e do gradiente de potencial envolvidos durante uma descarga. Os efeitos prejudiciais da ESD são hoje reconhecidos como o fator que mais contribui para piorar a qualidade de produtos e comprometer a vida útil dos equipamentos eletrônicos. Hoje, a maioria das companhias de eletrônica considera que todos os dispositivos semicondutores são sensíveis à ESD. Por essa razão, uma boa compreensão da ESD é fundamental na indústria. É responsabilidade do engenheiro de projeto garantir que os sistemas eletrônicos estejam projetados e protegidos contra danos causados pela ESD.

O que causa a ESD? A carga estática é resultado de um desbalanceamento da carga elétrica em repouso. Essa situação é criada, por exemplo, em superfícies isolantes que são friccionadas entre si e depois afastadas. Uma das superfícies ganha elétrons enquanto a outra perde elétrons. Se a transferência de cargas cria um excesso de elétrons sobre um objeto, o carregamento é negativo. Por outro lado, uma deficiência de elétrons sobre um objeto torna a carga estática positiva. Quando a carga estática se transfere de uma superfície para a outra, ocorre a ESD. Os eventos de ESD ocorrem para equilibrar a carga entre dois objetos. O movimento dessas cargas frequentemente ocorre de forma rápida e aleatória, provocando correntes elevadas.

A ESD pode ocorrer nas seguintes situações:

- Um corpo carregado toca em um dispositivo tal como um CI
- Um dispositivo carregado toca em uma superfície aterrada
- Uma máquina carregada toca em um dispositivo
- Um campo eletrostático induz, através de um dielétrico, uma diferença de potencial suficientemente alta para provocar a ruptura dielétrica desse material

Há duas fontes geradoras de eventos de ESD: pessoas e equipamentos. A ESD causada por uma pessoa pode variar dependendo de seu calçado, de sua postura (de pé ou sentada) e do que tem em suas mãos (metal ou dielétrico). A capacitância de uma pessoa pode dobrar de valor se o indivíduo está sentado em vez de estar em pé. A diferença de potencial gerada é a mola propulsora da ESD. Por exemplo, caminhar sobre um carpete sintético em um dia seco pode provocar uma diferença de potencial de 20 kV sobre o corpo da pessoa.

Um evento de ESD envolve quatro estágios:

1. *Geração de cargas*: pode ocorrer por triboeletricidade, por indução ou por condução. A triboeletricidade requer o contato físico ou a fricção entre dois materiais diferentes. Por exemplo, uma pessoa que caminha sobre um carpete sintético torna-se carregada pelo processo de triboeletrização. Os fundamentos da Eletrostática apontam que alguns materiais tendem a se carregar positivamente enquanto outros tendem a se carregar negativamente. A série triboelétrica dos materiais (veja Tabela 4.1) resume essa tendência. Um material próximo ao topo da Tabela 4.1 se carrega positivamente quando friccionado com um material posicionado abaixo dele na tabela. Por exemplo, ao pentear seu cabelo com um pente de borracha dura, o cabelo ficará positivamente carregado enquanto o pente ficará negativamente carregado. O carregamento indutivo se dá quando um objeto condutor é aproximado de um objeto carregado e, então, afastado. O carregamento por condução, que envolve o contato físico e o balanceamento das cargas entre dois objetos que estejam em diferentes potenciais, ocorre frequentemente durante ensaios automatizados.
2. *Transferência de cargas*: esse é o segundo estágio em um evento de ESD. As cargas são transferidas do corpo que está em um potencial mais alto para o corpo que está em um potencial mais baixo até que atinjam um mesmo potencial. A transferência de carga depende da capacitância de cada um dos corpos e da impedância entre eles.
3. *Resposta do dispositivo*: nesse estágio, analisamos como um circuito responde a um pulso e como ele resiste à redistribuição de cargas. Quando um evento de ESD inicia, a carga começa a se redistribuir, gerando correntes elétricas e induzindo voltagens.
4. *Falha do dispositivo*: o último estágio envolve avaliar o tipo de falha, se houver alguma. É nesse momento que determinamos se o dispositivo ainda será aproveitável. Há três tipos de falhas: falha grave (quando há destruição física), falha leve e falha latente.

TABELA 4.1 Série triboelétrica

Material	Polaridade da carga
Ar	+
Mão humana	
Pele de coelho	
Vidro	
Mica	
Cabelo humano	
Pele	
Chumbo	
Seda	
Alumínio	
Papel	
Algodão	
Aço	
Madeira	
Âmbar	
Cera	
Borracha dura	
Níquel, Cobre	
Ouro	
Poliéster	
Polietileno	
PVC (vinil)	
Silício	
Teflon	−

A importância do tema tem levado organizações de padronização a desenvolver diretrizes para controlar e prevenir a ESD. A ESD Association desenvolveu um padrão conhecido como ANSI/ESD S20.20 (1999) para estabelecer e manter o controle da ESD. O padrão identifica e descreve processos de medida que são fundamentais para qualificar o programa de controle de ESD das empresas. A seguir, apresenta-se uma lista resumida do que fazer e do que não fazer:

- Tratar todos os objetos como sensíveis à ESD.
- Tocar em algum objeto aterrado, para se descarregar eletrostaticamente, antes de manusear equipamentos e componentes eletrônicos.
- Usar pulseiras e tornozeleiras aterradas sempre que possível (vide Figura 4.23).
- Manter a umidade relativa do ambiente de trabalho em no mínimo 40%.
- Não tocar em quaisquer conectores, pinos ou trilhas quando estiver manuseando dispositivos carregados eletrostaticamente.
- Não se movimentar muito durante o trabalho.
- Não tocar em dispositivos eletrônicos se você estiver eletrostaticamente carregado.

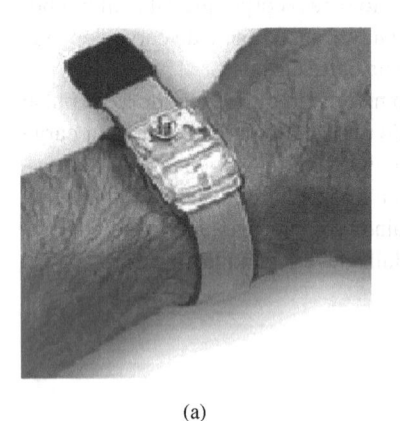

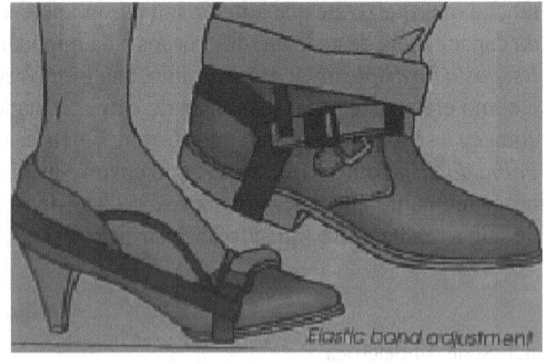

FIGURA 4.23 (a) Pulseira de aterramento. (b) Tornozeleira de aterramento.

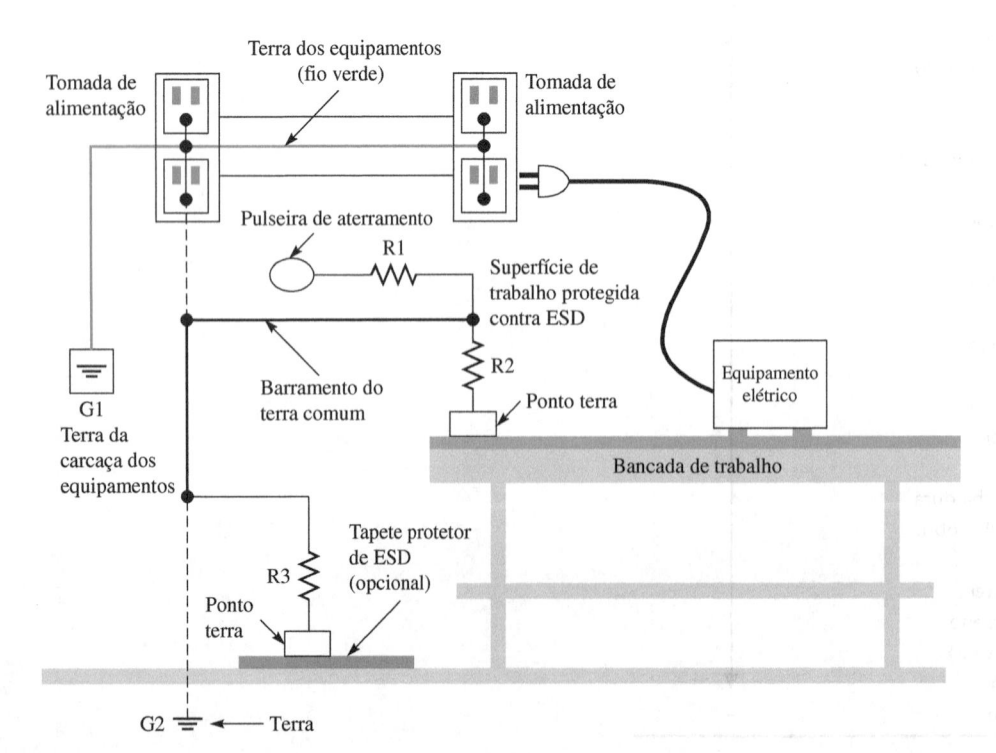

FIGURA 4.24 Uma típica estação de trabalho protegida contra ESD.

O uso de pulseiras e tornozeleiras é um modo barato de minimizar os riscos de ESD. O uso de roupas adequadas a evitar danos aos circuitos eletrônicos, devido ao carregamento estático durante o processo de montagem e operação, tem aumentado muito.

Hoje, projetar proteções à ESD é uma etapa essencial, mas de difícil execução em função da miniaturização dos dispositivos, das altas velocidades de operação, da automação dos processos fabris e das condições não controladas do ambiente de trabalho. A proteção de dispositivos contra a ESD busca reduzir os efeitos de exposição ao meio ambiente, minimizando a geração e a transferência de cargas. Essa proteção é aplicada na produção, no transporte e no manuseio da maior parte dos produtos eletrônicos. Uma típica estação de trabalho com proteção contra a ESD é ilustrada na Figura 4.24. Os dispositivos eletrônicos são protegidos contra a ESD utilizando a estratégia de provocar descargas elétricas quando o dispositivo é exposto à mesma.

MATLAB 4.1

```
% Calcule o rotacional no ponto (x,y,z) = (1,-2, 3)
subs (curlA, {x,y,z}, {1, -2, 3})
% Este script permite ao usuário entrar com um número de cargas
% e calcula o campo elétrico devido a essas cargas em um ponto de
% observação de coordenadas determinadas
clear
n = input('Insira o número de cargas no sistema... \n > ');
if isempty(n); n = 1; end
Q=zeros(n,4); % Cria uma matriz de zeros, com n linhas e 4 colunas.
r = input ('Insira as coordenadas do ponto de observação [x y z]...
\n > ');
if isempty(r); r = [0 0 0]; end
% Varre todas as cargas que o usuário inseriu no sistema
% e coleta a posição e carga de cada uma delas
for index=1:n,
    disp(sprintf ('Insira a posição da carga número %d no formato [x
    y z]... ', index))
    Q(index, 1:3) = input('> ');
    disp(sprintf('Insira o valor da carga número %d... ', index))
    Q(index,4) = input('> ');
end
% Soma o campo E no ponto de observação devido a todas as cargas.
Etotal=0; % Iguala a zero o campo total inicial.
for index=1:n,
    rtemp=r-Q(index, 1:3);
    rtemp_unitvector = rtemp/norm(rtemp);
    % Campo elétrico criado por uma carga
    Etemp-Q(index,4)/(4*pi*8.86e-12*(norm(rtemp))^2*rtemp_unitvector;
    Etotal=Etemp=Etotal; % Adiciona as somas parciais à soma total.
end
% Mostra o resultado.
sprintf(' O campo elétrico total no ponto [x y z]= [%d %d %d] is ',
r(1), r(2), r(3))
Etotal
```

MATLAB 4.2

```
% Este script resolve o exemplo 4.5 por integração numérica.
integration
clear
format short %Imprime com apenas 6 casas decimais.

% Parte (a) Cálculo da carga total
% Aguarda o usuário inserir o incremento de integração a ser usada
% pelo loop soma
dx = input ('Insira o incremento de integração dx... \n > ');
dx = input ('Insira o incremento de integração dy... \n > ');

% Executa a integral dupla.
total_charge=0;
for x=0:dx:1, % Varre o intervalo 0 <= x <= 1
    for y=0:dy:1, % Varre o intervalo 0 <= x <= 1
      total_charge=rho_s_fun(x,y)*dx*dy=total_charge;
    end
end
% Mostra resultados
disp(sprintf ('A carga total calculada por integração dupla
manualmente é dada por %d nC', total_charge))

% Cálculo da integral dupla utilizando a função dbl-quad
% O usuário deve escrever a função a ser integrada como um arquivo em
% separado,
% nesse caso, rho_s_fun.
total_charge=dblquad(@rho_s_fun, 0, 1, 0, 1);
disp(sprintf('A carga total calculada pela função
dbl-quad é %d nC',
total_charge))

% Parte (b) Cálculo do campo elétrico
% executa a integral dupla.
Etotal=0 % Soma inicial.
for x=0:dx:1,
    for y=0:dy:1,
      rminusrprime=[-x -y 5]; % | r - rprime |
      numerator=rho_s_fun(x,y)*1e-9*dx*dy*rminusrprime; % O termo
      1e-9 é porque a carga é expressa em nC
      denominator=4*pi*1e-9/(36*pi)*norm(rminusrprime)^3; % |
      r - rprime | ^ 3
      Etotal=Etotal+numerator/denominator; % adiciona as somas
      parciais à soma inicial
    end
end
% Mostra resultados
disp(sprintf ('O campo elétrico calculado manualmente pela dupla
integração é dado por(%d, %d, %d) V/m',...
    Etotal(1), Etotal(2), Etotal(3)))
```

RESUMO

1. As duas leis fundamentais para campos eletrostáticos (lei de Coulomb e lei de Gauss) são apresentadas neste capítulo. A lei da força de Coulomb estabelece que

$$\mathbf{F} = \frac{Q_1 Q_2}{4\pi\varepsilon_o R^2} \mathbf{a}_R$$

2. Tendo por base a lei de Coulomb, definimos a intensidade de campo elétrico **E** como força por unidade de carga, isto é:

$$\mathbf{E} = \frac{Q}{4\pi\varepsilon_o R^2} \mathbf{a}_R = \frac{Q\mathbf{R}}{4\pi\varepsilon R^3} \text{ (somente para cargas pontuais)}$$

3. Para uma distribuição contínua de cargas, a carga total é dada por

$$Q = \int_L \rho_L \, dl \quad \text{para uma linha de carga}$$

$$Q = \int_S \rho_S \, dS \quad \text{para uma superfície de carga}$$

$$Q = \int_v \rho_v \, dv \quad \text{para um volume de carga}$$

O campo **E** devido a uma distribuição contínua de cargas é obtido, a partir da fórmula para a carga pontual, substituindo Q por $dQ = \rho_L \, dl$, $dQ = \rho_S \, dS$ ou $dQ = \rho_v \, dv$ e integrando sobre a linha, a superfície ou o volume, respectivamente.

4. Para uma linha infinita de carga,

$$\mathbf{E} = \frac{\rho_L}{2\pi\varepsilon_o \rho} \mathbf{a}_\rho$$

e, para uma lâmina infinita de carga:

$$\mathbf{E} = \frac{\rho_S}{2\varepsilon_o} \mathbf{a}_n$$

5. A densidade de fluxo elétrico D está relacionada com a intensidade de campo elétrico (no espaço livre) na forma de

$$\mathbf{D} = \varepsilon_o \mathbf{E}$$

O fluxo elétrico através da superfície S é expresso por

$$\Psi = \int_S \mathbf{D} \cdot d\mathbf{S}$$

6. A lei de Gauss estabelece que o fluxo elétrico líquido que penetra uma superfície fechada é igual a carga elétrica total envolvida por essa superfície, isto é, $\Psi = Q_{\text{encerrada}}$. Portanto,

$$\Psi = \oint_S \mathbf{D} \cdot d\mathbf{S} = Q_{\text{enc}} = \int_v \rho_v \, dv$$

ou

$$\rho_v = \nabla \cdot \mathbf{D} \text{ (primeira das equações de Maxwell a ser obtida)}$$

Quando a distribuição de cargas é simétrica tal que a superfície gaussiana (onde $\mathbf{D} = D_n \mathbf{a}_n$ é constante) possa ser definida, a lei de Gauss é útil para determinar **D**, isto é,

$$D_n \oint_S dS = Q_{\text{enc}} \quad \text{ou} \quad D_n = \frac{Q_{\text{enc}}}{S}$$

7. O trabalho total realizado, ou a energia potencial elétrica, para movimentar uma carga pontual Q de um ponto A até um ponto B, em um campo elétrico E, é

$$W = -Q \int_A^B \mathbf{E} \cdot d\mathbf{l}$$

8. O potencial em $\mathbf{r}$, devido a uma carga pontual Q em $\mathbf{r}'$, é

$$V(\mathbf{r}) = \frac{Q}{4\pi\varepsilon_o |\mathbf{r} - \mathbf{r}'|} + C$$

onde C é dado em um ponto de referência de potencial; por exemplo: $C = 0$ se $V(\mathbf{r} \to \infty) = 0$. Para determinar o potencial devido a uma distribuição contínua de carga, substituímos Q na fórmula para carga pontual por $dQ = \rho_L\, dl$, $dQ = \rho_S\, dS$ ou $dQ = \rho_v\, dv$ e integramos sobre uma linha, uma superfície ou um volume, respectivamente.

9. Se a distribuição de carga não é conhecida, mas a intensidade de campo $\mathbf{E}$ é dada, determinamos o potencial usando:

$$V = -\int_L \mathbf{E} \cdot d\mathbf{l} + C$$

10. A diferença de potencial V_{AB}, o potencial em B em relação ao potencial em A, é dada por:

$$V_{AB} = -\int_A^B \mathbf{E} \cdot d\mathbf{l} = \frac{W}{Q} = V_B - V_A$$

11. Já que o campo eletrostático é conservativo (o trabalho líquido realizado ao longo de uma trajetória fechada em um campo estático $\mathbf{E}$ é zero),

$$\oint_L \mathbf{E} \cdot d\mathbf{l} = 0$$

ou

$$\nabla \times \mathbf{E} = 0 \quad \text{(segunda equação de Maxwell a ser obtida)}$$

12. Dado um campo potencial, o campo elétrico correspondente é determinado usando:

$$\mathbf{E} = -\nabla V$$

13. Para um dipolo elétrico centrado em $\mathbf{r}'$, com momento de dipolo $\mathbf{p}$, o potencial em $\mathbf{r}$ é dado por:

$$V(\mathbf{r}) = \frac{\mathbf{p} \cdot (\mathbf{r} - \mathbf{r}')}{4\pi\varepsilon_o |\mathbf{r} - \mathbf{r}'|^3}$$

14. O vetor $\mathbf{D}$ é tangencial às linhas de fluxo elétrico em cada ponto. Uma superfície equipotencial (ou linha) é uma superfície (ou linha) em que $V = $ constante. Em cada ponto, a linha equipotencial é ortogonal à linha de fluxo elétrico.

15. A energia eletrostática devido a n cargas pontuais é:

$$W_E = \frac{1}{2} \sum_{k=1}^{n} Q_k V_k$$

Para uma distribuição contínua de cargas em um volume,

$$W_E = \frac{1}{2} \int_v \mathbf{D} \cdot \mathbf{E} \, dv = \frac{1}{2} \int \varepsilon_o |\mathbf{E}|^2 \, dv$$

16. A Descarga Eletrostática (ESD) se refere à transferência súbita de cargas estáticas entre objetos submetidos a diferentes potenciais. Já que todos os dispositivos semicondutores são considerados sensíveis à estática, um bom entendimento de ESD é necessário na indústria.

QUESTÕES DE REVISÃO

4.1 Duas cargas pontuais $Q_1 = 1$ nC e $Q_2 = 2$ nC estão distantes uma da outra. Quais das seguintes afirmações são incorretas?

(a) A força sobre Q_1 é repulsiva.

(b) A força sobre Q_2 é igual em magnitude à força sobre Q_1.

(c) À medida que a distância entre as cargas diminui, a força sobre Q_1 aumenta linearmente.

(d) A força sobre Q_2 é ao longo da linha que une as cargas.

(e) Uma carga pontual $Q_3 = -3$ nC localizada no ponto médio entre Q_1 e Q_2 experimenta uma força resultante nula.

4.2 O plano $z = 10$ m tem uma distribuição de cargas de 20 nC/m². A intensidade de campo elétrico na origem é:

(a) $-10 \, \mathbf{a}_z$ V/m

(b) $-18\pi \, \mathbf{a}_z$ V/m

(c) $-72\pi \, \mathbf{a}_z$ V/m

(d) $-360\pi \, \mathbf{a}_z$ V/m

4.3 As cargas pontuais 30 nC, -20 nC e 10 nC estão localizadas em $(-1, 0, 2)$, $(0, 0, 0)$ e $(1, 5, -1)$, respectivamente. O fluxo total que sai de um cubo de 6 m de aresta, centrado na origem, é:

(a) -20 nC

(b) 10 nC

(c) 20 nC

(d) 30 nC

(e) 60 nC

4.4 A densidade de fluxo elétrico sobre uma superfície esférica $r = b$ é a mesma tanto para uma carga pontual Q localizada na origem, quanto para uma carga Q uniformemente distribuída sobre uma superfície $r = a$ $(a < b)$.

(a) Sim

(b) Não

(c) Não necessariamente

4.5 O trabalho realizado pela força $\mathbf{F} = 4\mathbf{a}_x - 3\mathbf{a}_y + 2\mathbf{a}_z$ N para provocar, em uma carga de 1 nC, o deslocamento de $10\mathbf{a}_x + 2\mathbf{a}_y - 7\mathbf{a}_z$ m é de:

(a) 103 nJ

(b) 60 nJ

(c) 64 nJ

(d) 20 nJ

4.6 Dizer que um campo eletrostático é conservativo *não significa* dizer que:
(a) O campo é o gradiente de um potencial escalar.
(b) A circulação desse campo é identicamente zero.
(c) O rotacional desse campo é identicamente zero.
(d) O trabalho realizado em uma trajetória fechada no interior desse campo é zero.
(e) A diferença de potencial entre quaisquer dois pontos é zero.

4.7 Suponha que exista um campo elétrico uniforme no interior da sala em que você está trabalhando, tal que as linhas de força são horizontais e perpendiculares a uma das paredes. À medida que você caminha em direção à parede da qual as linhas de força emergem, você está caminhando na direção dos:
(a) Pontos de potencial mais alto?
(b) Pontos de potencial mais baixo?
(c) Pontos de mesmo potencial (linha equipotencial)?

4.8 Uma carga Q é uniformemente distribuída em uma esfera de raio a. Considerando o potencial no infinito como zero, o potencial em $r = b < a$ é dado por:

(a) $-\int_{\infty}^{b} \dfrac{Qr}{4\pi\varepsilon_o a^3} dr$

(b) $-\int_{\infty}^{b} \dfrac{Q}{4\pi\varepsilon_o r^2} dr$

(c) $-\int_{\infty}^{a} \dfrac{Q}{4\pi\varepsilon_o r^2} dr - \int_{a}^{b} \dfrac{Qr}{4\pi\varepsilon_o a^3} dr$

(d) $-\int_{\infty}^{a} \dfrac{Q}{4\pi\varepsilon_o r^3} dr$

4.9 Um campo potencial é dado por $V = 3x^2y - yz$. Qual das afirmações a seguir não é verdadeira?
(a) No ponto $(1, 0, -1)$ V e **E** são nulos.
(b) $x^2y = 1$ é uma linha equipotencial no plano xy.
(c) A superfície equipotencial $V = -8$ passa pelo ponto $P(2, -1, 4)$.
(d) O campo elétrico em P é $12\mathbf{a}_x - 8\mathbf{a}_y - \mathbf{a}_z$ V/m.
(e) A normal unitária à superfície equipotencial $V = -8$ em P é dado por $-0,83\mathbf{a}_x + 0,55\mathbf{a}_y + 0,07\mathbf{a}_z$.

4.10 Um campo potencial elétrico é produzido pelas cargas pontuais 1 μC e 4 μC, localizadas nos pontos $(-2, 1, 5)$ e $(1, 3, -1)$, respectivamernte. A energia armazenada no campo é de:
(a) 2,57 mJ
(b) 5,14 mJ
(c) 10,28 mJ
(d) Nenhuma das respostas acima.

Respostas: 4.1c, e; 4.2d; 4.3b; 4.4a; 4.5d; 4.6e; 4.7a; 4.8c; 4.9a; 4.10b.

PROBLEMAS

4.1 (a) Descreva a lei de Coulomb;
(b) Três cargas pontuais $Q_1 = 1$ mC, $Q_2 = 2$ mC e $Q_3 = -3$ mC estão localizadas em $(0, 0, 4)$, $(-2, 6, 1)$ e $(3, -4, -8)$ respectivamente. Determine a força sobre Q_1.

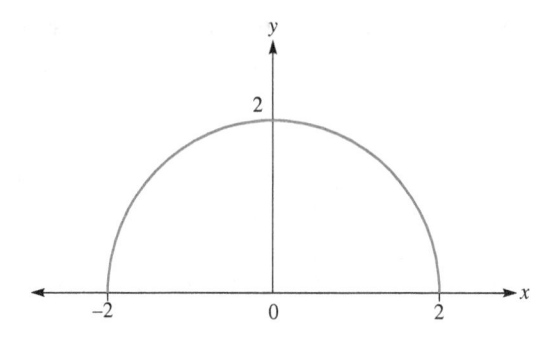

FIGURA 4.25 Referente ao Problema 4.5.

4.2 Determine a carga total:
  (a) Sobre uma linha dada por $0 < x < 5$ m, se $\rho_L = 12x^2$ mC/m.
  (b) Sobre um cilindro dado por $\rho = 3$, $0 < z < 4$ m, se $\rho_S = \rho z^2$ nC/m².
  (c) Dentro de uma esfera com $r = 4$ m, se $\rho_v = \dfrac{10}{r \operatorname{sen} \theta}$ C/m³.

4.3 Defina intensidade de campo elétrico. Três cargas pontuais idênticas, de 10 nC cada uma, estão localizadas nos vértices de um triângulo equilátero de 10 cm de lado. Calcule a intensidade:
  (a) da força sobre cada carga;
  (b) do campo elétrico no centro do triângulo.

4.4 Duas cargas pontuais Q_1 e Q_2 estão localizadas em $(4, 0, -3)$ e $(2, 0, 1)$, respectivamente. Se $Q_2 = 4$ nC, determine Q_1 tal que:
  (a) O campo **E** em $(5, 0, 6)$ não tenha componente em z.
  (b) A força sobre uma carga de teste em $(5, 0, 6)$ não tenha componente em x.

4.5 Uma carga pontual Q está localizada em $P(0, -4, 0)$, enquanto uma carga de 10 nC está distribuída uniformemente ao longo de um anel semicircular, como mostra a Figura 4.25. Determine o valor de Q tal que $E(0, 0, 0) = 0$.

**4.6 A carga Q é aplicada em um disco de ebonite, de raio a, ao friccioná-lo enquanto ele gira. Dessa maneira, o disco adquire uma densidade de carga superficial, a partir do seu centro, que é diretamente proporcional ao raio do disco. Mostre que a intensidade do campo elétrico sobre o eixo do disco a uma distância h do seu centro é:

$$\frac{3Qh}{4\pi\varepsilon_o a^3}\left[\ln\frac{a + \sqrt{a^2 + h^2}}{h} - \frac{1}{\sqrt{a^2 + h^2}}\right]\mathbf{a}_n$$

4.7 Um disco circular de raio a está carregado com uma distribuição de carga dada por $\rho_S = \dfrac{1}{\rho}$ C/m². Calcule o potencial em $(0, 0, h)$.

*4.8 (a) Demonstre que o campo elétrico no ponto $(0, 0, h)$, devido ao retângulo descrito por $-a \leq x \leq a$, $-b \leq y \leq b$ e $z = 0$, carregado com uma distribuição uniforme de carga ρ_S C/m², é dado por:

$$\mathbf{E} = \frac{\rho_S}{\pi\varepsilon_o}\operatorname{tg}^{-1}\left[\frac{ab}{h(a^2 + b^2 + h^2)^{1/2}}\right]\mathbf{a}_z$$

  (b) Se $a = 2$, $b = 5$ e $\rho_S = 10^{-5}$, determine a carga total sobre o retângulo e a intensidade de campo elétrico em $(0, 0, 10)$

** Asteriscos duplos indicam problemas mais difíceis.

4.9 O plano $x + 2y = 5$ está carregado com $\rho_S = 6$ nC/m². Determine **E** em $(-1, 0, 1)$.

4.10 Um anel dado por $y^2 + z^2 = 4$ e $x = 0$ está carregado com uma distribuição uniforme de carga de 5 µC/m.

    (a) Determine **D** em $P(3, 0, 0)$.

    (b) Se duas cargas pontuais idênticas Q forem colocadas em $(0, -3, 0)$ e $(0, 3, 0)$, nas proximidades do anel, determine o valor de Q tal que **D** $= 0$ em P.

4.11 Um disco localizado em $0 < \rho < 1$, $z = 1$ tem uma distribuição uniforme de cargas dada por $\rho_s = 200$ pC/m². Se uma carga pontual de 30 µC for colocada na origem, determine a força sobre a carga pontual devido ao campo produzido pelo disco.

4.12 Uma carga pontual de 100 pC está localizada em $(4, 1, -3)$, enquanto o eixo x está carregado com 2 nC/m. Se o plano $z = 3$ também estiver carregado com 5 nC/m², determine **E** no ponto $(1, 1, 1)$.

4.13 A linha $y = 1$, $z = -3$ está carregada com 30 nC/m enquanto o plano $x = 1$ está carregado, com 20 nC/m2. Determine E na origem.

4.14 Três superfícies carregadas estão localizadas no espaço livre como segue: 10 µC/m² em $x = 2$, -20 µC/m² em $y = -3$, e 30 µC/m² em $z = 5$. Calcule **E** em (a) $P(5, -1, 4)$, (b) $R(0, -2, 1)$, (c) $Q(3, -4, 10)$.

4.15 Uma carga pontual de 60 mC está no centro de um cubo. Determine o fluxo total que passa em cada face do cubo.

4.16 Uma linha uniformemente carregada com 10 nC/m está posicionada em $x = 0$, $y = 2$, enquanto uma outra linha, também uniformemente carregada, com -10 nC/m está posicionada em $x = 0$, $y = -2$. Determine **E** na origem.

4.17 Defina a densidade de fluxo elétrico. As cargas pontuais $Q_1 = 4$ µC, $Q_2 = -5$ µC, e $Q_3 = 2$ µC estão localizadas em $(0, 0, 1)$, $(-6, 8, 0)$, e $(0, 4, -3)$, respectivamente. Determine D na origem.

4.18 Determine a densidade de cargas devido a cada uma das seguintes densidades de fluxo elétrico:

    (a) $\mathbf{D} = 8xy\mathbf{a}_x + 4x^2\mathbf{a}_y$ C/m²

    (b) $\mathbf{D} = 4\rho \operatorname{sen} \phi\, \mathbf{a}_\rho + 2\rho \cos \phi\, \mathbf{a}_\phi + 2z^2 \mathbf{a}_z$ C/m²

    (c) $\mathbf{D} = \dfrac{2\cos\theta}{r^3}\mathbf{a}_r + \dfrac{\operatorname{sen}\theta}{r^3}\mathbf{a}_\theta$ C/m²

*4.19 Estabeleça a lei de Gauss. Deduza a lei de Coulomb a partir da lei de Gauss, mostrando que a lei de Gauss é uma forma alternativa da lei de Coulomb e que a lei de Coulomb está implícita na equação de Maxwell: $\nabla \cdot \mathrm{D} = \rho_v$.

4.20 Uma esfera de 10 cm de raio tem $\rho_v = \dfrac{r^3}{100}$ C/m³. Determine o valor de uma carga pontual que deve ser colocada no centro da esfera para que o D se anule em $r > 10$ cm.

4.21 Determine a distribuição de cargas que gera o seguinte campo elétrico:

$$\mathbf{E} = \frac{1}{r^2}(1 - \cos 3r)\mathbf{a}_r \text{ V/m}$$

4.22 Seja $\mathbf{D} = 2xy\mathbf{a}_x + x^2\mathbf{a}_y$ C/m², determine:

    (a) a densidade volumétrica de cargas ρ_v.

    (b) o fluxo através da superfície: $0 < x < 1$, $0 < z < 1$, $y = 1$.

    (c) a carga total contida na região $0 < x, y\, z < 1$.

4.23 As cargas 5 μC, -3 μC, 2 μC e 10 μC estão localizadas em $(-12, 0, 5)$, $(0, 3, -4)$, $(2, -6, 3)$ e $(3, 0, 0)$, respectivamente. Calcule o fluxo através das superfícies esféricas de raios:
(a) $r = 1$
(b) $r = 10$
(c) $r = 15$

4.24 Se $\mathbf{D} = 2z^2 \operatorname{sen} \dfrac{\phi}{2} \mathbf{a}_\rho + z^2 \cos \dfrac{\phi}{2} \mathbf{a}_\phi$ mC/m^2 + $4z\rho \operatorname{sen} \dfrac{\phi}{2} \mathbf{a}_z$ mC/m^2, utilizando dois métodos diferentes, determine a carga total encerrada no volume delimitado por $-2 \leq z \leq 1$, $1 \leq \rho \leq 4$, $0 \leq \phi \leq \pi$.

4.25 Três cascas esféricas concêntricas com $r = 1$, $r = 2$ e $r = 3$ m têm, respectivamente, distribuições de cargas dadas por 2, -4 e 5 μC/m^2.
(a) Calcule o fluxo através de $r = 1,5$ m e $r = 2,5$ m.
(b) Determine $\mathbf{D}$ em $r = 0,5$, $r = 2,5$ e $r = 3,5$ m.

4.26 Dois cilindros coaxiais, infinitamente longos, de raios a e b ($b > a$) estão carregados com $+\lambda$ e $-\lambda$, respectivamente. Determine o campo $\mathbf{E}$ na região interna do cilindro interno, entre os dois cilindros e fora dos dois cilindros.

4.27 Dado que

$$\rho_v = \begin{cases} 12\rho \text{ nC/m}^3, & 1 < \rho < 2 \\ 0, & \text{fora desse intervalo} \end{cases}$$

determine $\mathbf{D}$ em qualquer ponto.

4.28 Seja

$$\rho_v = \begin{cases} \dfrac{10}{r^2} \text{ mC/m}^3, & 1 < r < 4 \\ 0, & r > 4 \end{cases}$$

(a) Determine o fluxo líquido que atravessa as superfícies $r = 2$ m e $r = 6$ m.
(b) Determine $\mathbf{D}$ em $r = 1$ m e em $r = 5$ m.

4.29 Seja $\rho_v = \rho_0/r$ nC/m^3, $0 < r < a$, onde ρ_0 é constante. (a) Determine $\mathbf{E}$ dentro e fora de $r = a$. (b) Calcule a carga total.

4.30 Se a densidade de fluxo elétrico é $\mathbf{D} = \dfrac{10}{r} \mathbf{a}_r$ nC/m^2 determine a carga total no interior de equação.

4.31 Em um campo elétrico $\mathbf{E} = 20r \operatorname{sen} \theta \mathbf{a}_r + 10r \cos \theta \mathbf{a}_\theta$ V/m, determine a energia empregada ao transferir uma carga de 10-nC
(a) de $A(5, 30°, 0°)$ até $B(5, 90°, 0°)$
(b) de A até $C(10, 30°, 0°)$
(c) de A até $D(5, 30°, 60°)$
(d) de A até $E(10, 90°, 60°)$

4.32 Um disco circular de raio a está carregado com $\rho_s = \dfrac{1}{\rho}$ C/m^2. Calcule o potencial em $(0, 0, h)$.

4.33 Duas cargas pontuais $Q_1 = 3$ nC e $Q_2 = -2$ nC estão localizadas em $(0, 0, 0)$ e $(0, 0, -1)$, respectivamente. Considere o potencial no infinito igual a zero e determine o potencial em:
(a) $(0, 1, 0)$
(b) $(1, 1, 1)$

4.34 O eixo y está uniformemente carregado com 10 nC/m no espaço livre. Dados dois pontos $A(-3, 2, 4)$ e $P(6, 1, 0)$, determine:
   (a) V_A se $V_P = 5$ V
   (b) V_P se $V_A = 5$ V

4.35 (a) Uma carga total $Q = 60$ μC é dividida em duas cargas iguais localizadas a 180° uma da outra, posicionadas em um anel circular de raio 4 m. Determine o potencial no centro do anel.

   (b) Se a carga Q for dividida em três cargas iguais espaçadas em intervalos iguais de 120° nesse anel, determine o potencial no centro do anel.

   (c) Se a carga for distribuída ao longo do anel com uma distribuição linear dada por $\rho_L = \dfrac{Q}{8\pi}$ determine o potencial no centro do anel.

4.36 No espaço livre, $V = x^2y(z + 3)$ V. Determine:
   (a) $\mathbf{E}$ em $(3, 4, -6)$
   (b) a carga dentro de um cubo de dimensões $0 < x, y, z < 1$

*4.37 Um disco circular de raio a está carregado com uma densidade uniforme de cargas ρ_S C/m². Demonstre que o potencial em um ponto sobre o seu eixo afastado de h do seu centro é dado por:

$$V = \frac{\rho_S}{2\varepsilon_0}\left[(h^2 + a^2)^{1/2} - h\right]$$

4.38 Para verificar que $\mathbf{E} = yz\mathbf{a}_x + xz\mathbf{a}_y + xy\mathbf{a}_z$ V/m é verdadeiramente um campo elétrico, demonstre que:
   (a) $\nabla \times \mathbf{E} = 0$
   (b) $\oint_L \mathbf{E} \cdot d\mathbf{l} = 0$, onde L é o perímetro de um quadrado definido por $0 < x, y < 2, z = 1$.

4.39 Uma distribuição esférica de cargas é dada por

$$\rho_v = \begin{cases} \rho_0 \dfrac{r}{a}, & r < a \\ 0, & r > a \end{cases}$$

Determine V e $\mathbf{E}$ em qualquer ponto.

4.40 Para uma distribuição esfericamente simétrica de cargas dada por:

$$\rho_v = \begin{cases} \rho_0\left(1 - \dfrac{r}{a}\right)^2, & r \leq a \\ 0, & r \geq a \end{cases}$$

   (a) Determine $\mathbf{E}$ e V para $r \geq a$.
   (b) Determine $\mathbf{E}$ e V para $r \leq a$.
   (c) Determine a carga total.

4.41 Dado o campo elétrico em uma certa região do espaço

$$\mathbf{E} = (z + 1)\operatorname{sen}\phi\, \mathbf{a}_\rho + (z + 1)\cos\phi\, \mathbf{a}_\phi + \rho\operatorname{sen}\phi\, \mathbf{a}_z \text{ V/m}$$

determine o trabalho realizado ao movimentar uma carga de 4 nC de
   (a) $A(1, 0, 0)$ até $B(4, 0, 0)$
   (b) $B(4, 0, 0)$ até $C(4, 30°, 0)$
   (c) $C(4, 30°, 0)$ até $D(4, 30°, -2)$
   (d) A até D

4.42 Para uma distribuição esférica de cargas dada por:

$$\rho_v = \begin{cases} \rho_0(a^2 - r^2), & r < a \\ 0, & r > a \end{cases}$$

(a) Determine **E** e V para $r \geq a$.

(b) Determine **E** e V para $r \leq a$.

(c) Determine a carga total.

(d) Demonstre que **E** é máximo quando $r = 0{,}145a$.

4.43 Determine o campo elétrico devido aos seguintes potenciais:

(a) $V = x^2 + 2y^2 + 4z^2$

(b) $V = \text{sen}(x^2 + y^2 + z^2)^{1/2}$

(c) $V = \rho^2(z + 1)\text{sen}\,\phi$

(d) $V = e^{-r}\,\text{sen}\,\theta \cos 2\phi$

*4.44 (a) Prove que, quando uma partícula de massa e carga constantes é acelerada a partir do repouso, na presença de um campo elétrico, sua velocidade final é proporcional à raiz quadrada da diferença de potencial sob a qual ela é acelerada.

(b) Determine a magnitude da constante de proporcionalidade se a partícula for um elétron.

(c) Sob que diferença de potencial deve um elétron ser acelerado, considerando que não haja variação em sua massa, para adquirir uma velocidade de um décimo da velocidade da luz? (Em tais velocidades, a massa de um corpo torna-se consideravelmente maior do que sua "massa de repouso" e não pode ser considerada constante.)

4.45 Um dipolo elétrico com $\mathbf{p} = p\mathbf{a}_z$ C · m está localizado em $(x, z) = (0, 0)$. Se o potencial em $(0, 1)$ nm é de 9 V, determine o potencial em $(1\text{ nm}, 1\text{ nm})$.

4.46 (a) O que é uma linha de fluxo elétrico? Esboce a linha de fluxo devido ao campo

$$\mathbf{E} = \frac{2\cos\theta}{r^3}\mathbf{a}_r + \frac{\text{sen}\,\theta}{r^3}\mathbf{a}_\theta$$

que passa no ponto $(4, \pi/4, \pi/2)$. Determinar o vetor tangencial à linha nesse ponto.

(b) As cargas pontuais -3 nC e 4 nC estão localizadas em $(1, 0, 0)$ e $(-1, 0, 0)$. Esboce a linha equipotencial, no plano $z = 0$, para qual $V = 0$.

4.47 Determinar quais dos seguintes campos é genuinamente um campo elétrico:

(a) $\mathbf{E}_1 = 5x^3\mathbf{a}_x + 15x^2 y\mathbf{a}_y$

(b) $\mathbf{E}_2 = 2\rho(z+1)\text{sen}\,\phi\mathbf{a}_\phi = \rho(z+1)\cos\phi\mathbf{a}_\phi + \rho^2\text{sen}\,\phi\mathbf{a}_z$

(c) $\mathbf{E}_3 = \dfrac{5}{r}\text{sen}\,\theta \cos\phi\,\mathbf{a}_r$

4.48 O campo elétrico no espaço livre é dado por

$$\mathbf{E} = 2xyz\mathbf{a}_x + x^2 z\mathbf{a}_y + x^2 y\mathbf{a}_z \text{ V/m}$$

Calcular o trabalho necessário para mover uma carga de 2 μC de $(2, 1, -1)$ até $(5, 1, 2)$.

4.49 Duas cargas pontuais Q e $-Q$ estão localizadas em $(0, d/2, 0)$ e $(0, -d/2, 0)$. Demonstre que no ponto (r, θ, ϕ), onde $r \gg d$:

$$V = \frac{Qd\,\text{sen}\,\theta\,\text{sen}\,\phi}{4\pi\varepsilon_0 r^2}$$

Determine o campo **E** correspondente.

4.50 Se $V = \rho^2 z\,\text{sen}\,\phi$, calcule a energia dentro da região definida por $1 < \rho < 4,\ -2 < z < 2, 0 < \phi < \pi/3$.

CARREIRAS PROFISSIONAIS EM ELETROMAGNETISMO

Eletromagnetismo é o ramo da engenharia elétrica (ou da física) que trata da análise e da aplicação dos campos elétrico e magnético. É necessário para o entendimento de todas as formas de luz. Sem o entendimento do eletromagnetismo, não existiriam o radio, a televisão, o telefone, o computador e o *CD player*.

Os princípios do eletromagnetismo (EM) estão em várias matérias relacionadas, tais como máquinas elétricas, conversão eletromecânica de energia, meteorologia por radar, sensoreamento remoto, comunicações por satélite, bioeletromagnetismo, interferência e compatibilidade eletromagnética, plasmas e fibras óticas. Os dispositivos EM incluem motores e geradores elétricos, transformadores, eletroímãs, sistemas de levitação magnética, antenas, radares, fornos de micro-ondas, antenas de micro-ondas, supercondutores, e eletrocardiogramas. O projeto desses dispositivos requer um profundo conhecimento das leis e dos princípios do EM.

O EM é considerado uma das matérias mais difíceis em engenharia elétrica. Uma razão para isso é que os fenômenos eletromagnéticos são particularmente abstratos. Apesar disso, quem tem prazer em trabalhar com matemática e a capacidade de visualizar o invisível deve considerar a possibilidade de trabalhar profissionalmente em EM, já que poucos engenheiros eletricistas se especializam nessa área. Para se especializar em EM, é preciso fazer cursos em áreas tais como Antenas, Micro-ondas, Propagação de Ondas, Compatibilidade Eletromagnética e Computação Eletromagnética. Há necessidade de engenheiros eletricistas que se especializam em EM na indústria de micro-ondas, nas estações difusoras de rádio e de televisão, nos laboratórios de pesquisa em eletromagnetismo e na indústria das comunicações em geral.

CAPÍTULO 5

CAMPOS ELÉTRICOS EM MEIO MATERIAL

"Distribua suas vontades em suas necessidades, e o resultado será a sua felicidade."
— DAVID THOUREAU

5.1 INTRODUÇÃO

No último capítulo, consideramos campos eletrostáticos no espaço livre ou na ausência de meios materiais. Assim, o que desenvolvemos em eletrostática é o que podemos chamar de teoria de campos no "vácuo". Da mesma maneira, o que vamos desenvolver nesse capítulo pode ser denominado de teoria dos fenômenos elétricos em um meio material. Como veremos em breve, a maioria das fórmulas obtidas no Capítulo 4 são ainda aplicáveis, embora algumas necessitem de adaptações.

Da mesma maneira que campos elétricos podem existir no espaço livre, eles podem existir em um meio material. Os materiais são classificados segundo suas propriedades elétricas, de maneira ampla, como condutores e não condutores. Materiais não condutores são normalmente referidos como *isolantes* ou *dielétricos*. Será feita uma rápida discussão sobre as propriedades elétricas dos materiais em geral para embasar o entendimento dos conceitos de condução, corrente elétrica e polarização. Além dessa, outras discussões versarão sobre algumas propriedades dos materiais dielétricos, como por exemplo: suscetibilidade, permissividade, linearidade, isotropia, homogeneidade, rigidez dielétrica e tempo de relaxação. O conceito de condição de fronteira para campos elétricos existentes em dois meios diferentes também será estudado neste capítulo.

5.2 PROPRIEDADES DOS MATERIAIS

Em um texto dessa natureza, a discussão a respeito das propriedades elétricas dos materiais pode parecer fora de contexto. Porém, questões como: "por que os elétrons não escapam através da superfície de um condutor", "por que os fios condutores percorridos por uma corrente elétrica permanecem descarregados eletricamente", "por que os materiais se comportam de maneira diferente na presença de um campo elétrico" e "por que as ondas eletromagnéticas se propagam com velocidade menor em meios condutores do que nos meios dielétricos" são facilmente respondidas considerando as propriedades elétricas dos materiais. Uma discussão extensa sobre esse assunto é geralmente encontrada em textos sobre eletrônica física ou de engenharia elétrica. Aqui, uma breve discussão será suficiente para nos ajudar a entender o mecanismo pelo qual os materiais influenciam no campo elétrico.

Genericamente, os materiais podem ser classificados, de acordo com sua *condutividade* σ (expressa em mhos por metro ($\mho$/m) ou em siemens por metro (S/m), como condutores ou não condutores ou, ainda, do ponto de vista técnico, como metais ou isolantes (dielétricos). A condutividade de um material geralmente depende da temperatura e da frequência. Um material com *elevada condutividade* ($\sigma \gg 1$) é referido como *metal*, enquanto um material com *baixa condutividade* ($\sigma \ll 1$) é referido como *isolante*. Um material cuja condutividade está entre a condutividade de metais e a dos isolantes é denominado *semicondutor*. Os valores de condutividade de alguns materiais de uso comum estão mostrados na Tabela B.1, no Apêndice B. Dessa tabela se depreende que materiais como cobre e alumínio são condutores, silício e germânio são semicondutores e vidro e borracha são isolantes.

A condutividade dos metais geralmente aumenta com a diminuição da temperatura. Em temperaturas próximas à do zero absoluto ($T = 0°K$), alguns condutores apresentam condutividade infinita e são chamados de *supercondutores*. Chumbo e alumínio são exemplos típicos desses metais. A condutividade do chumbo a $4°K$ é da ordem de 10^{20} S/m. Ao leitor interessado recomendamos a leitura de textos sobre supercondutividade.[1]

Nesse texto trataremos apenas de metais e isolantes. Microscopicamente, a diferença mais significativa entre metal e isolante reside na quantidade de elétrons disponíveis para a condução de corrente elétrica. Os materiais dielétricos têm poucos elétrons disponíveis para a condução da corrente elétrica, ao contrário dos metais, que possuem elétrons livres em abundância. Nas seções subsequentes, será também discutida a presença de condutores e dielétricos em campos elétricos.

5.3 CORRENTES DE CONVECÇÃO E DE CONDUÇÃO

A voltagem elétrica (ou a diferença de potencial) e a corrente são duas quantidades fundamentais em Engenharia Elétrica. Estudamos o potencial no capítulo anterior. Antes de considerarmos como o campo elétrico se comporta em meios condutores ou dielétricos, é apropriado estudarmos a corrente elétrica. A corrente elétrica é, geralmente, provocada pelo movimento de cargas elétricas.

> A **corrente** (em ampères) através de uma área é a quantidade de carga que passa através dessa área na unidade de tempo.

Isto é:

$$I = \frac{dQ}{dt} \tag{5.1}$$

Assim, para uma corrente de um ampère, a carga está sendo transferida a uma taxa de um coulomb por segundo.

Introduziremos, agora, o conceito de *densidade de corrente* **J**. Se uma corrente ΔI atravessa uma superfície ΔS, a densidade de corrente é dada por

$$J = \frac{\Delta I}{\Delta S}$$

ou

$$\Delta I = J \Delta S \tag{5.2}$$

considerando que a densidade de corrente é perpendicular à superfície. Se a densidade de corrente não for normal à superfície:

$$\Delta I = \mathbf{J} \cdot \Delta \mathbf{S} \tag{5.3}$$

Dessa maneira, a corrente total atravessando a superfície S será dada por:

$$\boxed{I = \int_S \mathbf{J} \cdot d\mathbf{S}} \tag{5.4}$$

---

[1] O exemplar de agosto de 1989 de *Proceedings of IEEE* é dedicado às "Aplicações da Supercondutividade" ("Applications of Superconductivity").

Dependendo de como I é gerada, haverá diferentes tipos de densidades de corrente: densidade de corrente de convecção, densidade de corrente de condução e densidade de corrente de deslocamento. Neste capítulo, consideraremos as densidades de corrente de conveccção e de condução. A densidade de corrente de deslocamento será considerada no Capítulo 9. O que devemos ter em mente é que a equação (5.4) se aplica a qualquer tipo de densidade de corrente. Comparada à definição geral de fluxo, na equação (3.13), a equação (5.4) mostra que a corrente I através de S é simplesmente o fluxo da densidade de corrente $\mathbf{J}$.

A corrente de convecção, diferentemente da corrente de condução, não envolve condutores e, consequentemente, não satisfaz a lei de Ohm. Resulta do fluxo de cargas através de um meio isolante tal como um líquido, um gás rarefeito ou o vácuo. Um feixe de elétrons em um tubo de vácuo, por exemplo, é uma corrente de convecção.

Considere o filamento da Figura 5.1. Se houver um fluxo de cargas, de densidade ρ_v, a uma velocidade $\mathbf{u} = a_y \mathbf{a}_y$, da equação (5.1) tira-se que a corrente através do filamento é dada por:

$$\Delta I = \frac{\Delta Q}{\Delta t} = \rho_v \, \Delta S \, \frac{\Delta y}{\Delta t} = \rho_v \, \Delta S \, u_y \tag{5.5}$$

> A **densidade de corrente** em um dado ponto é a corrente através de uma área unitária normal àquele ponto.

A componente em y da densidade de corrente J_y é dada por:

$$J_y = \frac{\Delta I}{\Delta S} = \rho_v u_y \tag{5.6}$$

Portanto, em geral:

$$\boxed{\mathbf{J} = \rho_v \mathbf{u}} \tag{5.7}$$

A corrente I é a *corrente de convecção* e J é a *densidade de corrente de convecção* em ampères/metro quadrado (A/m²).

A corrente de condução ocorre necessariamente em condutores. Um condutor é caracterizado por uma grande quantidade de elétrons livres que promovem a corrente de condução ao serem impulsionados por um campo elétrico. Quando um campo elétrico $\mathbf{E}$ é aplicado, a força sobre um elétron com carga $-e$ é de:

$$\mathbf{F} = -e\mathbf{E} \tag{5.8}$$

Já que o elétron não está no espaço livre, ele será acelerado pelo campo elétrico, sofrerá inúmeras colisões com a rede cristalina e derivará de um átomo para outro. Se um elétron com massa m move-se em um campo elétrico $\mathbf{E}$ com uma velocidade média de deriva $\mathbf{u}$, de acordo com a lei de Newton, a variação média no *momentum* do elétron livre deve se igualar à força aplicada. Assim,

$$\frac{m\mathbf{u}}{\tau} = -e\mathbf{E} \tag{5.9a}$$

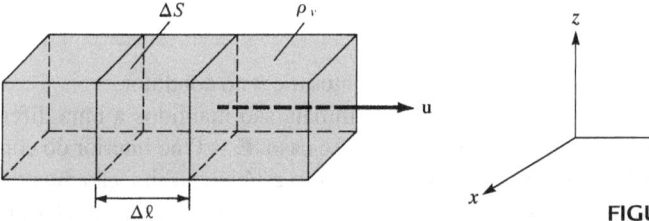

FIGURA 5.1 Corrente em um filamento.

ou

$$\mathbf{u} = -\frac{e\tau}{m}\mathbf{E} \qquad (5.9b)$$

onde τ é o intervalo de tempo médio entre as colisões. Isso indica que a velocidade de deriva do elétron é diretamente proporcional ao campo aplicado. Se houver n elétrons por unidade de volume, a densidade de carga eletrônica é dada por:

$$\rho_v = -ne \qquad (5.10)$$

Dessa forma, a *densidade de corrente de condução* é

$$\mathbf{J} = \rho_v \mathbf{u} = \frac{ne^2\tau}{m}\mathbf{E} = \sigma\mathbf{E}$$

ou

$$\boxed{J = \sigma E} \qquad (5.11)$$

onde $\sigma = ne^2\tau/m$ é a condutividade do condutor. Conforme mencionado anteriormente, os valores de σ para os materiais mais comuns são dados na Tabela B.1, no Apêndice B. A relação expressa na equação (5.11) é conhecida como forma pontual da *lei de Ohm*.

5.4 CONDUTORES

Um condutor possui cargas elétricas em abundância, que estão livres para se movimentar. Considere um condutor isolado, tal como mostrado na Figura 5.2(a). Quando um campo elétrico externo $\mathbf{E}_e$ é aplicado, as cargas livres positivas são empurradas no sentido do campo aplicado, enquanto as cargas livres negativas movem-se no sentido oposto. Essa migração das cargas ocorre muito rapidamente. Em um primeiro momento, essas cargas se acumulam na superfície do condutor, formando uma *superfície de cargas induzidas*. Em um segundo momento, essas cargas induzidas estabelecem um campo elétrico interno induzido $\mathbf{E}_i$, o qual cancela o campo elétrico externo aplicado $\mathbf{E}_e$. O resultado disso é mostrado na Figura 5.2(b). Isso leva a uma importante propriedade dos condutores:

> Um **condutor perfeito** ($\sigma = \infty$) não pode conter um campo eletrostático em seu interior.

Um condutor é um corpo *equipotencial*, o que implica que o potencial é o mesmo em qualquer ponto no condutor. Isso baseia-se no fato de que $\mathbf{E} = -\nabla V = 0$.

Uma outra maneira de analisar isso é através da lei de Ohm, $\mathbf{J} = \sigma\mathbf{E}$. Para manter uma densidade de corrente finita $\mathbf{J}$ em um condutor perfeito ($\sigma \to \infty$), é necessário que o campo elétrico no interior do condutor se anule. Em outras palavras, $\mathbf{E} \to 0$ porque $\sigma \to \infty$ em um condutor perfeito. Se algumas cargas forem introduzidas no interior de tal condutor, as cargas se moverão para a superfície e se redistribuirão rapidamente, de tal maneira que o campo no interior do condutor se anule. De acordo com a lei de Gauss, se $\mathbf{E} = 0$, a densidade de carga ρ_v deve ser zero. Concluímos, novamente, que um condutor perfeito não pode conter campo eletrostático em seu interior. Sob condições estáticas:

$$\boxed{\mathbf{E} = 0, \rho_v = 0, V_{ab} = 0 \text{ no interior do condutor}} \qquad (5.12)$$

onde V_{ab} é a diferença potencial entre os pontos a e b no condutor.

Consideremos um condutor cujos terminais são mantidos a uma diferença de potencial V, como mostrado na Figura 5.3. Note que, nesse caso, $\mathbf{E} \neq 0$ no interior do condutor, como mostra a Figura 5.2. Qual é a diferença? Não há equilíbrio estático na situação mostrada na Figura 5.3, uma vez que o condutor não está isolado, mas ligado a uma fonte de força eletromotriz que compele as

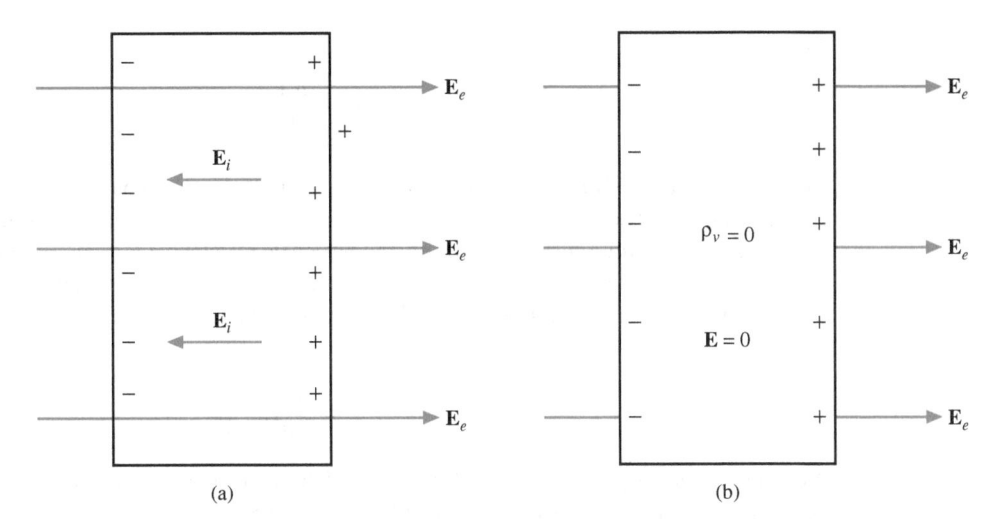

FIGURA 5.2 (a) Um condutor isolado sob a influência de um campo elétrico aplicado; (b) um condutor tem um campo elétrico nulo sob condições estáticas.

cargas livres a se movimentarem e evita o estabelecimento do equilíbrio eletrostático. Dessa forma, no caso da Figura 5.3, um campo elétrico deve existir no interior do condutor para manter o fluxo de corrente. À medida que os elétrons se movem, encontram algumas forças amortecedoras denominadas *resistência*. Tomando por base a lei de Ohm na equação (5.11), obtemos a resistência do material condutor. Suponhamos que o condutor tem uma seção reta *uniforme S* e um comprimento ℓ. A orientação do campo elétrico **E** produzido é a mesma orientação do fluxo de cargas positivas ou corrente *I*. Essa orientação é oposta à orientação do fluxo dos elétrons. O campo elétrico aplicado é uniforme e sua magnitude é dada por

$$E = \frac{V}{\ell} \tag{5.13}$$

Como o condutor tem uma seção reta uniforme:

$$J = \frac{I}{S} \tag{5.14}$$

Substituindo as equações (5.11) e (5.13) na equação (5.14) tem-se:

$$\frac{I}{S} = \sigma E = \frac{\sigma V}{\ell} \tag{5.15}$$

Portanto,

$$R = \frac{V}{I} = \frac{\ell}{\sigma S}$$

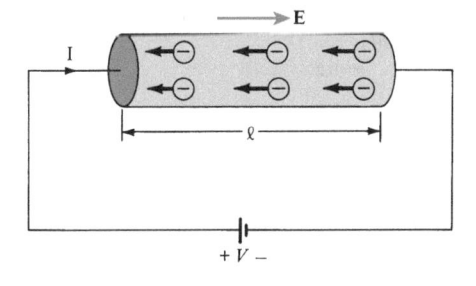

FIGURAS 5.3 Um condutor de seção reta uniforme sob um campo aplicado E.

ou

$$R = \frac{\rho_c \ell}{S} \quad (5.16)$$

onde $\rho_c = 1/\sigma$ é a *resistividade* do material. A equação (5.16) é útil para determinar a resistência de qualquer condutor de seção reta uniforme. Se a seção reta do condutor não for uniforme, a equação (5.16) não é aplicável. Entretanto, a definição básica de resistência R como sendo a razão entre a diferença de potencial V, entre os dois terminais de um condutor, e a corrente elétrica I, que atravessa o condutor, ainda se aplica. Portanto, utilizando as equações (4.60) e (5.4), obtém-se a resistência de um condutor de seção reta não uniforme, isto é,

$$R = \frac{V}{I} = \frac{\int_v \mathbf{E} \cdot d\mathbf{l}}{\int_S \sigma \mathbf{E} \cdot d\mathbf{S}} \quad (5.17)$$

Note que o sinal negativo antes de $V = -\int \mathbf{E} \cdot d\mathbf{l}$ desaparece na equação (5.17) porque $\int \mathbf{E} \cdot d\mathbf{l} < 0$, se $I > 0$. A equação (5.17) só será utilizada a partir da Seção 6.5.

A potência P (em watts) é definida como a taxa de variação da energia W (em joules) ou força vezes velocidade. Portanto,

$$P = \int_v \rho_v \, dv \, \mathbf{E} \cdot \mathbf{u} = \int_v \mathbf{E} \cdot \rho_v \mathbf{u} \, dv$$

ou

$$P = \int_v \mathbf{E} \cdot \mathbf{J} \, dv \quad (5.18)$$

que é conhecida como *lei de Joule*. A densidade de potência w_P (em watts/m^3) é dada pelo integrando na equação (5.18), isto é:

$$w_P = \frac{dP}{dv} = \mathbf{E} \cdot \mathbf{J} = \sigma |\mathbf{E}|^2 \quad (5.19)$$

Para um condutor com seção reta uniforme, $dv = dS \, dl$, tal que a equação (5.18) torna-se

$$P = \int_L E \, dl \int_S J \, dS = VI$$

ou

$$P = I^2 R \quad (5.20)$$

que é a forma mais comum da lei de Joule em Teoria de Circuitos Elétricos.

EXEMPLO 5.1

Se $\mathbf{J} = \frac{1}{r^3}(2\cos\theta \, \mathbf{a}_r + \mathrm{sen}\,\theta \, \mathbf{a}_\theta)$ A/m^2, calcule a corrente que passa através de:

(a) uma casca hemisférica de raio 20 cm;
(b) uma casca esférica de raio 10 cm.

Solução:

$I = \int \mathbf{J} \cdot d\mathbf{S}$, onde $d\mathbf{S} = r^2 \, \mathrm{sen}\,\theta \, d\phi \, d\theta \, \mathbf{a}_r$ nesse caso.

$$\text{(a)} \ I = \int_{\theta=0}^{\pi/2} \int_{\phi=0}^{2\pi} \frac{1}{r^3} 2\cos\theta \, r^2 \, \mathrm{sen}\,\theta \, d\phi \, d\theta \bigg|_{r=0,2}$$

$$= \frac{2}{r} 2\pi \int_{\theta=0}^{\pi/2} \mathrm{sen}\,\theta \, d(\mathrm{sen}\,\theta) \bigg|_{r=0,2}$$

$$= \frac{4\pi}{0,2} \frac{\mathrm{sen}^2 \theta}{2} \bigg|_0^{\pi/2} = 10\pi = 31,4 \, A$$

(b) A única diferença nesse caso é que temos $0 \leq \theta \leq \pi$, ao invés de $0 \leq \theta \leq \pi/2$ e $r = 0,1$. Portanto:

$$I = \frac{4\pi}{0,1} \left.\frac{\text{sen}^2 \theta}{2}\right|_0^\pi = 0$$

Alternativamente, nesse caso,

$$I = \oint \mathbf{J} \cdot d\mathbf{S} = \int \nabla \cdot \mathbf{J}\, dv = 0$$

uma vez que $\nabla \cdot \mathbf{J} = 0$. Podemos demonstrar isso:

$$\nabla \cdot \mathbf{J} = \frac{1}{r^2}\frac{\partial}{\partial r}\left[\frac{2}{r}\cos\theta\right] + \frac{1}{r\,\text{sen}\,\theta}\frac{\partial}{\partial \theta}\left[\frac{1}{r^3}\text{sen}^2\theta\right] = \frac{-2}{r^4}\cos\theta + \frac{2}{r^4}\cos\theta = 0$$

EXERCÍCIO PRÁTICO 5.1

Para a densidade de corrente $\mathbf{J} = 10z\,\text{sen}^2\phi\,\mathbf{a}_\rho$ A/m², determine a corrente através de uma superfície cilíndrica dado por $\rho = 2, 1 \leq z \leq 5$ m.

Resposta: 754 A.

EXEMPLO 5.2

Um exemplo típico de transporte convectivo de cargas é encontrado no gerador de Van de Graaff, no qual as cargas são transportadas sobre uma correia que se movimenta da base até a calota esférica, como mostrado na Figura 5.4. Se uma densidade superficial de cargas de 10^{-7} C/m² é transportada a uma velocidade de 2 m/s, calcule a carga coletada em 5 s. Considere a largura da correia de 10 cm.

Solução:

Se ρ_S = densidade superficial de cargas, u = velocidade da correia e w = largura da correia, a corrente na calota esférica é de:

$$I = \rho_s\, uw$$

A carga total coletada em $t = 5$ s é

$$Q = It = \rho_s uwt = 10^{-7} \times 2 \times 0,1 \times 5$$
$$= 100 \text{ nC}$$

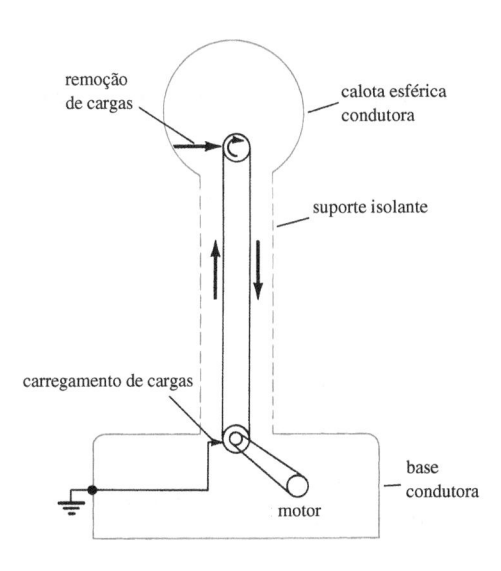

FIGURA 5.4 Gerador de Van de Graaff; referente ao Exemplo 5.2.

EXERCÍCIO PRÁTICO 5.2

Em um gerador Van de Graaff, $w = 0,1$ m, $u = 10$ m/s e os caminhos de fuga têm resistência de 10^{14} Ω. Se a correia transporta 0,5 μC/m² de carga, determine a diferença de potencial entre a calota esférica e a base.

Nota: Em regime permanente, a corrente elétrica de fuga é igual à carga transportada pela correia transportadora por unidade de tempo.

Resposta: 50 MV.

EXEMPLO 5.3

Um fio de 1 mm de diâmetro e de condutividade 5×10^7 S/m tem 10^{29} elétrons livres/m³ quando um campo elétrico de 10 mV/m é aplicado. Determine:

(a) a densidade de carga dos elétrons livres
(b) a densidade de corrente
(c) a corrente no fio
(d) a velocidade de deriva dos elétrons (considere a carga eletrônica como $e = -1,6 \times 10^{-19}$ C)

Solução:

(Nesse problema particular, as correntes de convecção e de condução são as mesmas.)

(a) $\rho_v = ne = (10^{29})(-1,6 \times 10^{-19}) = -1,6 \times 10^{10}$ C/m³

(b) $J = \sigma E = (5 \times 10^7)(10 \times 10^{-3}) = 500$ kA/m²

(c) $I = JS = (5 \times 10^5)\left(\dfrac{\pi d^2}{4}\right) = \dfrac{5\pi}{4} \times 10^{-6} \times 10^5 = 0,393$ A

(d) Já que $J = \rho_v u$, $u = \dfrac{J}{\rho_v} = \dfrac{5 \times 10^5}{1,6 \times 10^{10}} = 3,125 \times 10^{-5}$ m/s.

EXERCÍCIO PRÁTICO 5.3

A densidade de cargas livres no cobre é de $1,81 \times 10^{10}$ C/m³. Para uma densidade de corrente de 8×10^6 A/m², determine a intensidade do campo elétrico e a velocidade de deriva. *Observação*: consulte a Tabela B.1 no Apêndice B.

Resposta: 0,138 V/m; $4,42 \times 10^{-4}$ m/s.

EXEMPLO 5.4

Uma barra de chumbo ($\sigma = 5 \times 10^6$ S/m), de seção reta quadrada, tem um furo ao longo de seus 4m de comprimento, cuja seção reta é mostrada na Figura 5.5. Determine a resistência entre as extremidades da barra.

Solução:

Já que a seção reta da barra é uniforme, podemos aplicar a equação (5.16), isto é,

$$R = \dfrac{\ell}{\sigma S}$$

onde $S = d^2 - \pi r^2 = 3^2 - \pi\left(\dfrac{1}{2}\right)^2 = \left(9 - \dfrac{\pi}{4}\right)$ cm²

Portanto,

$$R = \dfrac{4}{5 \times 10^6 (9 - \pi/4) \times 10^{-4}} = 974 \ \mu\Omega$$

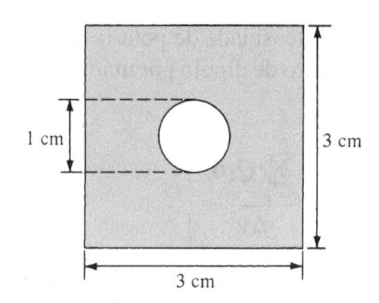

FIGURA 5.5 Seção reta da barra de chumbo do Exemplo 5.4.

EXERCÍCIO PRÁTICO 5.4

Se o furo na barra de chumbo do Exemplo 5.4 é preenchido completamente com cobre ($\sigma = 5,8 \times 10^7$ S/m), determine a resistência da barra assim composta.

Resposta: 461,7 $\mu\Omega$.

5.5 POLARIZAÇÃO EM DIELÉTRICOS

Na Seção 5.2, destacamos que a diferença principal entre um condutor e um dielétrico reside na disponibilidade de elétrons livres, nas camadas atômicas mais externas, para a condução de corrente. Embora as cargas em dielétricos não sejam capazes de se movimentar livremente, elas estão presas por forças finitas e, certamente, é esperado um deslocamento das mesmas quando uma força externa é aplicada.

Para compreender o efeito macroscópico de um campo elétrico sobre um dielétrico, considere um átomo de um dielétrico como constituído de uma carga negativa $-Q$ (nuvem eletrônica) e uma carga positiva $+Q$ (núcleo), como mostra a Figura 5.6(a). Uma representação semelhante pode ser adotada para uma molécula dielétrica. Podemos tratar os núcleos nas moléculas como cargas pontuais e a estrutura eletrônica como uma única nuvem de cargas negativas. Uma vez que temos iguais quantidades de cargas negativas e positivas, o átomo como um todo (ou a molécula) é eletricamente neutro. Quando um campo elétrico **E** é aplicado, a carga positiva é deslocada de sua posição de equilíbrio no sentido de **E** pela força $\mathbf{F}_+ = Q\mathbf{E}$, enquanto a carga negativa é deslocada no sentido oposto pela força $\mathbf{F}_- = Q\mathbf{E}$ como mostra a Figura 5.6. Um dipolo resulta do deslocamento das cargas e o dielétrico é dito estar *polarizado*. No estado polarizado, a nuvem eletrônica é deformada pelo campo elétrico aplicado **E**. Essa distribuição deformada de cargas é equivalente, pelo princípio da superposição, à distribuição original mais um dipolo cujo momento é dado por

$$\mathbf{p} = Q\mathbf{d} \tag{5.21}$$

onde **d** é o vetor distância entre as cargas do dipolo, $-Q$ e $+Q$, como mostra a Figura 5.6(b). Se houver N dipolos em um volume Δv do dielétrico, o momento de dipolo total devido ao campo elétrico é de:

$$Q_1\mathbf{d}_1 + Q_2\mathbf{d}_2 + \cdots + Q_N\mathbf{d}_N = \sum_{k=1}^{N} Q_k\mathbf{d}_k \tag{5.22}$$

FIGURA 5.6 Polarização de um átomo ou molécula apolar.

Com o objetivo de estabelecer uma medida de intensidade de polarização, definimos *polarização* **P** (em coulombs/metro quadrado) como o momento de dipolo por unidade de volume do dielétrico, isto é:

$$\mathbf{P} = \lim_{\Delta v \to 0} \frac{\sum_{k=1}^{N} Q_k \mathbf{d}_k}{\Delta v} \quad (5.23)$$

Dessa forma, concluímos que o maior efeito do campo elétrico **E** sobre o dielétrico é a geração de momentos de dipolo que se alinham na direção de **E**. Esse tipo de dielétrico é denominado *apolar*. Exemplos de tais dielétricos são o hidrogênio, o oxigênio, o nitrogênio e os gases nobres. As moléculas de dielétricos apolares não possuem dipolos enquanto não for aplicado o campo elétrico, conforme já dissemos anteriormente. Outros tipos de moléculas, tais como da água, do dióxido de enxôfre e do ácido clorídrico, possuem dipolos internos permanentes, randomicamente orientados, como mostra a Figura 5.7(a), e são ditos *polares*. Quando um campo elétrico **E** é aplicado sobre uma molécula polar, o dipolo permanente sofre um torque que tende a alinhar esse momento de dipolo paralelamente ao campo **E**, como mostrado na Figura 5.7(b).

Calculemos agora o campo devido ao dielétrico polarizado. Considere o material dielétrico mostrado na Figura 5.8 como constituído de dipolos com momento de dipolo **P** por unidade de volume. De acordo com a equação (4.80), o potencial dV em um ponto externo O devido ao momento de dipolo **P** dv' é dado por

$$dV = \frac{\mathbf{P} \cdot \mathbf{a}_R \, dv'}{4\pi\varepsilon_o R^2} \quad (5.24)$$

onde $R^2 = (x - x')^2 + (y - y')^2 + (z - z')^2$ e R é a distância entre o elemento de volume dv' em (x', y', z') e o ponto de interesse $O(x, y, z)$. Podemos transformar a equação (5.24) de forma a facilitar a interpretação física. Será mostrado, logo a seguir (veja Seção 7.7), que o gradiente de $1/R$ em relação às coordenadas linha é dado por:

$$\nabla'\left(\frac{1}{R}\right) = \frac{\mathbf{a}_R}{R^2}$$

onde ∇' é o operador del em relação a (x', y', z'). Assim,

$$\frac{\mathbf{P} \cdot \mathbf{a}_R}{R^2} = \mathbf{P} \cdot \nabla'\left(\frac{1}{R}\right)$$

Ao aplicar a identidade vetorial $\nabla' \cdot f\mathbf{A} = f\nabla' \cdot \mathbf{A} + \mathbf{A} \cdot \nabla'f$,

$$\frac{\mathbf{P} \cdot \mathbf{a}_R}{R^2} = \nabla' \cdot \left(\frac{\mathbf{P}}{R}\right) - \frac{\nabla' \cdot \mathbf{P}}{R} \quad (5.25)$$

Substituindo a equação (5.25) na equação (5.24) e integrando sobre todo o volume v' do dielétrico, obtemos:

$$V = \int_{v'} \frac{1}{4\pi\varepsilon_o} \left[\nabla' \cdot \frac{\mathbf{P}}{R} - \frac{1}{R}\nabla' \cdot \mathbf{P}\right] dv'$$

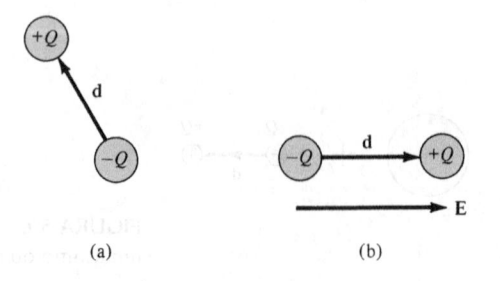

FIGURA 5.7 Polarização de uma molécula polar: (a) dipolo permanente (E = 0), (b) alinhamento de dipolo permanente (E ≠ 0).

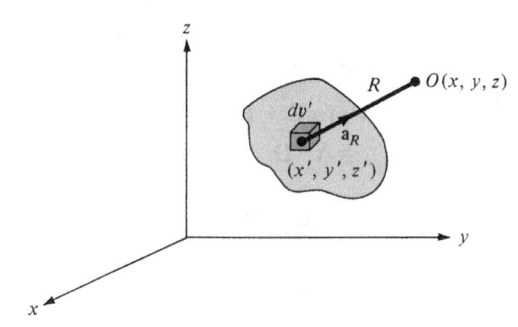

FIGURA 5.8 Um bloco de material dielétrico com momento de dipolo **P** por unidade de volume.

Aplicando o teorema da divergência ao primeiro termo chegamos, finalmente, a

$$V = \int_{S'} \frac{\mathbf{P} \cdot \mathbf{a}'_n}{4\pi\varepsilon_o R} dS' + \int_{v'} \frac{-\nabla' \cdot \mathbf{P}}{4\pi\varepsilon_o R} dv' \qquad (5.26)$$

onde $\mathbf{a}'_n$ é o vetor unitário normal que aponta para fora da superfície dS' do dielétrico. Comparando os dois termos do lado direito da equação (5.26) com as equações (4.68) e (4.69), temos que os dois termos denotam o potencial devido a distribuições de cargas superficial e volumétrica, cujas densidades são dadas por (omitindo os índices linha):

$$\boxed{\rho_{ps} = \mathbf{P} \cdot \mathbf{a}_n} \qquad (5.27a)$$
$$\boxed{\rho_{pv} = \nabla \cdot \mathbf{P}} \qquad (5.27b)$$

Em outras palavras, a equação (5.26) revela que, quando a polarização ocorre, uma densidade volumétrica de cargas equivalente ρ_{pv} se forma no interior do dielétrico, enquanto uma densidade superficial de cargas equivalente ρ_{ps} se forma sobre a superfície do dielétrico. Referimos ρ_{ps} e ρ_{pv} como, respectivamente, *densidade superficial* e *densidade volumétrica de cargas ligadas (ou de polarização)*, como uma forma de distingui-las das densidades superficial e volumétrica de cargas *livres* ρ_s e ρ_v. As cargas ligadas são cargas que não são livres para se movimentar no interior do material dielétrico. Elas surgem em função do deslocamento, que ocorre em escala molecular, durante o processo de polarização. As cargas livres são aquelas que são capazes de se mover ao longo de distâncias macroscópicas, como elétrons em um condutor. São essas as cargas que podemos controlar. O total de cargas positivas ligadas sobre a superfície S, que contorna o dielétrico, é

$$Q_b = \oint \mathbf{P} \cdot d\mathbf{S} = \int \rho_{ps} dS \qquad (5.28a)$$

enquanto a carga que permanece no interior de S é dada por:

$$-Q_b = \int_v \rho_{pv} dv = -\int_v \nabla \cdot \mathbf{P} \, dv \qquad (5.28b)$$

Se todo o dielétrico estava eletricamente neutro antes da aplicação do campo elétrico e nenhuma carga livre foi adicionada a ele, o dielétrico permanecerá eletricamente neutro. Portanto, a carga total no dielétrico se mantém zero, isto é:

$$\text{Carga total} = \oint_S \rho_{ps} dS + \int_v \rho_{pv} dv = Q_b - Q_b = 0$$

Consideremos agora o caso em que a região do dielétrico contém cargas livres. Se ρ_v é a densidade volumétrica de cargas livres, a densidade volumétrica de cargas total ρ_t é dada por:

$$\rho_t = \rho_v + \rho_{pv} = \nabla \cdot \varepsilon_o \mathbf{E} \qquad (5.29)$$

Portanto,

$$\rho_v = \nabla \cdot \varepsilon_0 \mathbf{E} - \rho_{pv}$$
$$= \nabla \cdot (\varepsilon_0 \mathbf{E} + \mathbf{P}) \quad (5.30)$$
$$= \nabla \cdot \mathbf{D}$$

onde
$$\boxed{\mathbf{D} = \varepsilon_0 \mathbf{E} + \mathbf{P}} \quad (5.31)$$

Concluímos que o efeito líquido do dielétrico sobre o campo elétrico $\mathbf{E}$ é de aumentar $\mathbf{D}$ no interior do dielétrico de uma quantidade $\mathbf{P}$. Em outras palavras, devido à aplicação de $\mathbf{E}$ no material dielétrico, a densidade de fluxo é maior do que seria se esse campo fosse aplicado no espaço livre. Deve ser observado que a equação (4.35), que define $\mathbf{D}$ no espaço livre, é um caso especial da equação (5.31) porque $\mathbf{P} = 0$ no espaço livre.

Seria de se esperar que a polarização $\mathbf{P}$ variasse diretamente com o campo $\mathbf{E}$ aplicado. Para alguns dielétricos, isso é o que ocorre e temos

$$\boxed{\mathbf{P} = \chi_e \varepsilon_0 \mathbf{E}} \quad (5.32)$$

onde χ_e, conhecida como *suscetibilidade elétrica* do material, é aproximadamente a medida de quanto um dado dielétrico é suscetível (ou sensível) aos campos elétricos.

5.6 CONSTANTE E RIGIDEZ DIELÉTRICA

Substituindo a equação (5.32) na equação (5.31), obtemos

$$\mathbf{D} = \varepsilon_0 (1 + \chi_e) \mathbf{E} = \varepsilon_0 \varepsilon_r \mathbf{E} \quad (5.33)$$

ou
$$\boxed{\mathbf{D} = \varepsilon \mathbf{E}} \quad (5.34)$$

onde
$$\boxed{\varepsilon = \varepsilon_0 \varepsilon_r} \quad (5.35)$$

e
$$\boxed{\varepsilon_r = 1 + \chi_e = \frac{\varepsilon}{\varepsilon_0}} \quad (5.36)$$

Nas equações (5.33) a (5.36), ε é chamado de *permissividade* do dielétrico, ε_0 é a permissividade do espaço livre, definida na equação (4.2) como, aproximadamente, $10^{-9}/36\pi$ F/m, e ε_r é chamado de *constante dielétrica* ou *permissividade relativa*.

> A **constante dielétrica** (ou **permissividade relativa**) ε_r é a razão entre a permissividade do dielétrico e a do espaço livre.

Deve ser também observado que ε_r e χ_e são adimensionais, enquanto ε e ε_0 são em farads/metro. Os valores aproximados das constantes dielétricas de alguns materiais usuais são apresentados na Tabela B.2 no Apêndice B. Os valores apresentados na Tabela B.2 são para campos estáticos ou de baixa frequência (< 1000 Hz). Esses valores podem se alterar em altas frequências. A partir da tabela, observe que ε_r é sempre maior ou igual à unidade. Para o espaço livre e materiais não dielétricos (como os metais), $\varepsilon_r = 1$.

A teoria dos dielétricos pressupõe dielétricos ideais. Na prática, nenhum dielétrico é ideal. Quando o campo elétrico no interior de um dielétrico é suficientemente elevado, ele começa a arrancar os elétrons das moléculas e o dielétrico torna-se condutor. A *ruptura dielétrica* ocorre quando o dielétrico torna-se condutor. A ruptura dielétrica ocorre em todos os tipos de materiais dielétricos (gases, líquidos ou sólidos) e depende da natureza do material, da temperatura, da umidade e do intervalo de tempo em que o campo elétrico é aplicado. O menor valor de campo elétrico para o qual essa ruptura ocorre é chamado de *rigidez dielétrica* do material dielétrico.

> A **rigidez dielétrica** é o máximo campo elétrico que o dielétrico pode suportar (ou ao qual pode ser submetido) sem que haja ruptura elétrica.

Na Tabela B.2 também estão listadas a rigidez dielétrica de alguns dielétricos usuais. Já que nossa teoria dos dielétricos não se aplica quando ocorre a ruptura dielétrica, consideraremos sempre dielétricos ideais e evitaremos a ruptura dielétrica.

†5.7 DIELÉTRICOS LINEARES, ISOTRÓPICOS E HOMOGÊNEOS

Um material é dito *linear* se **D** varia *linearmente* com **E**. Em caso contrário, é dito *não linear*. Os materiais para os quais ε (ou σ) não varia na região que está sendo considerada e, consequentemente, é o mesmo para todos os pontos (isto é, independente de x, y, z), são ditos *homogêneos*. São ditos *não homogêneos* (ou heterogêneos) quando ε depende das coordenadas espaciais. A atmosfera é um exemplo típico de meio não homogêneo. Sua permissividade varia com a altitude. Materiais nos quais **D** e **E** estão na mesma direção são ditos *isotrópicos*, isto é, dielétricos isotrópicos são aqueles que têm as mesmas propriedades em todas as direções. Em materiais *anisotrópicos* (ou *não isotrópicos*), **D**, **E** e **P** não são paralelos. ε ou χ_e tem nove componentes que são coletivamente referidas como um *tensor*. Por exemplo, em lugar da equação (5.34), temos

$$\begin{bmatrix} D_x \\ D_y \\ D_z \end{bmatrix} = \begin{bmatrix} \varepsilon_{xx} & \varepsilon_{xy} & \varepsilon_{xz} \\ \varepsilon_{yx} & \varepsilon_{yy} & \varepsilon_{yz} \\ \varepsilon_{zx} & \varepsilon_{zy} & \varepsilon_{zz} \end{bmatrix} \begin{bmatrix} E_x \\ E_y \\ E_z \end{bmatrix} \qquad (5.37)$$

para materiais anisotrópicos. Os materiais cristalinos e o plasma magnetizado são anisotrópicos.

> Um **material dielétrico** (para o qual **D** = ε**E** + se aplica) é linear se ε não varia com o campo **E** aplicado, homogêneo se ε não varia ponto, a ponto e isotrópico se ε não varia com a direção. Embora as equações (5.24) a (5.31) sejam para materiais dielétricos em geral, as equações (5.32) a (5.34) são aplicáveis apenas para materiais lineares isotrópicos.

O mesmo conceito é válido para um material condutor, para o qual **J** = σ**E** se aplica. O material é linear se σ não varia com o **E**, homogêneo se σ é o mesmo em todos os pontos e isotrópico se σ não varia com a direção.

Na maior parte do tempo, consideraremos apenas meios lineares, isotrópicos e homogêneos. Para tais meios, todas as fórmulas obtidas no Capítulo 4 para espaço livre podem ser aplicadas simplesmente substituindo ε_o por $\varepsilon_o\varepsilon_r$. Assim, a lei de Coulomb, por exemplo, expressa na equação (4.4), pode ser reescrita como

$$\mathbf{F} = \frac{Q_1 Q_2}{4\pi\varepsilon_o\varepsilon_r R^2} \mathbf{a}_R \qquad (5.38)$$

e a equação (4.96) torna-se

$$W = \frac{1}{2}\int_v \varepsilon_o\varepsilon_r E^2 \, dv \qquad (5.39)$$

quando aplicada ao meio dielétrico.

EXEMPLO 5.5

Um cubo dielétrico de aresta L e centro na origem tem polarização radial dada por $\mathbf{P} = a\mathbf{r}$, onde a é uma constante e $\mathbf{r} = x\mathbf{a}_x + y\mathbf{a}_y + z\mathbf{a}_z$. Determine todas as densidades de cargas ligadas e demonstre que a carga ligada total se anula.

Solução:

Para cada uma das seis faces do cubo, existe uma carga superficial ρ_{ps}. Para a face localizada em $x = L/2$, por exemplo:

$$\rho_{ps} = \mathbf{P} \cdot \mathbf{a}_x \bigg|_{x=L/2} = ax \bigg|_{x=L/2} = \frac{aL}{2}$$

O total da carga ligada superficial é dada por:

$$Q_s = \int_S \rho_{ps}\, dS = 6 \int_{-L/2}^{L/2} \int_{-L/2}^{L/2} \rho_{ps}\, dy\, dz = \frac{6aL}{2} L^2$$
$$= 3aL^3$$

A densidade volumétrica de cargas ligadas é dada por

$$\rho_{pv} = -\nabla \cdot \mathbf{P} = -(a + a + a) = -3a$$

e o total da carga ligada volumétrica é dada por:

$$Q_v = \int \rho_{pv}\, dv = -3a \int dv = -3aL^3$$

Dessa maneira, a carga total é:

$$Q_t = Q_s + Q_v = 3aL^3 - 3aL^3 = 0$$

EXERCÍCIO PRÁTICO 5.5

Uma haste fina de seção reta A se estende ao longo do eixo x de $x = 0$ até $x = L$. A polarização da haste ocorre ao longo de seu comprimento e é dada por $P_x = ax^2 + b$. Calcule ρ_{pv} e ρ_{ps} em cada extremidade da haste. Demonstre que a carga ligada total se anula nesse caso.

Resposta: 0; $-2aL$; $-b$; $aL^2 + b$; a demonstração.

EXEMPLO 5.6

A intensidade do campo elétrico no poliestireno ($\varepsilon_r = 2{,}55$), que preenche o espaço entre duas placas de um capacitor de placas paralelas, é 10 kV/m. A distância entre as placas é de 1,5 mm. Calcule:

(a) D
(b) P
(c) a densidade superficial de cargas livres nas placas
(d) a densidade superficial de cargas de polarização
(e) a diferença de potencial entre as placas

Solução:

(a) $D = \varepsilon_0 \varepsilon_r E = \dfrac{10^{-9}}{36\pi} \times (2{,}55) \times 10^4 = 225{,}4 \text{ nC/m}^2$

(b) $P = \chi_e \varepsilon_0 E = (1{,}55) \times \dfrac{10^{-9}}{36\pi} \times 10^4 = 137 \text{ nC/m}^2$

(c) $\rho_s = \mathbf{D} \cdot \mathbf{a}_n = D_n = 225{,}4 \text{ nC/m}^2$
(d) $\rho_{ps} = \mathbf{P} \cdot \mathbf{a}_n = P_n = 137 \text{ nC/m}^2$
(e) $V = Ed = 10^4 (1{,}5 \times 10^{-3}) = 15 \text{ V}$

EXERCÍCIO PRÁTICO 5.6

Um capacitor de placas paralelas, com separação entre placas de 2 mm, tem diferença de potencial entre as placas de 1 kV. Se o espaço entre as placas é preenchido com poliestireno ($\varepsilon_r = 2{,}55$), determine **E**, **P** e ρ_{ps}.
Considere que as placas do capacitor estão localizadas em $x = 0$ e $x = 2$ mm.

Resposta: 500 $\mathbf{a}_x$ kV/m; 6,853 $\mathbf{a}_x$ μC/m^2; 6,853 μC/m^2.

EXEMPLO 5.7

Uma esfera dielétrica ($\varepsilon_r = 5{,}7$), de raio 10 cm, tem uma carga pontual de 2 pC colocada em seu centro. Calcule:

(a) a densidade superficial de cargas de polarização sobre a superfície da esfera
(b) a força exercida pela carga sobre uma carga pontual de -4 pC localizada sobre a esfera

Solução:

(a) Considerando que a carga pontual está localizada na origem, aplicamos a lei de Coulomb ou a lei de Gauss para obter:

$$\mathbf{E} = \frac{Q}{4\pi\varepsilon_0\varepsilon_r r^2}\mathbf{a}_r$$

$$\mathbf{P} = \chi_e\varepsilon_0\mathbf{E} = \frac{\chi_e Q}{4\pi\varepsilon_r r^2}\mathbf{a}_r$$

$$\rho_{ps} = \mathbf{P}\cdot\mathbf{a}_r = \frac{(\varepsilon_r - 1)Q}{4\pi\varepsilon_r r^2} = \frac{(4{,}7)\,2\times 10^{-12}}{4\pi(5{,}7)\,100\times 10^{-4}}$$

$$= 13{,}12\text{ pC/m}^2$$

(b) Usando a lei de Gauss, temos:

$$\mathbf{F} = \frac{Q_1 Q_2}{4\pi\varepsilon_0\varepsilon_r r^2}\mathbf{a}_r = \frac{(-4)(2)\times 10^{-24}}{4\pi\cdot\dfrac{10^{-9}}{36\pi}(5{,}7)\,100\times 10^{-4}}\mathbf{a}_r$$

$$= -1{,}263\,\mathbf{a}_r\text{ pN}$$

EXERCÍCIO PRÁTICO 5.7

Considerando que a carga pontual está localizada na origem, aplicamos em um material dielétrico, $E_x = 5$ V/m e $\mathbf{P} = \dfrac{1}{10\pi}(3\mathbf{a}_x - \mathbf{a}_y + 4\mathbf{a}_z)$ nC/m^2

Calcule:

(a) χ_e;
(b) E;
(c) D.

Resposta: (a) 2,16; (b) $5\mathbf{a}_x - 1{,}67\mathbf{a}_y + 6{,}67\mathbf{a}_z$ V/m; (c) $139{,}7\mathbf{a}_x - 46{,}6\mathbf{a}_y + 186{,}3\mathbf{a}_z$ pC/m^2.

EXEMPLO 5.8

Determine a força de atração entre as placas de um capacitor de placas paralelas carregado. Determine também a pressão sobre a superfície de cada placa devido ao campo.

Solução:

Da equação (4.26), a intensidade do campo elétrico sobre a superfície de cada placa é

$$\mathbf{E} = \frac{\rho_S}{2\varepsilon}\mathbf{a}_n$$

onde $\mathbf{a}_n$ é uma normal unitária à placa e ρ_S é a densidade superficial de cargas. A força total em cada placa é

$$\mathbf{F} = Q\mathbf{E} = \rho_S S \cdot \frac{\rho_S}{2\varepsilon}\mathbf{a}_n = \frac{\rho_S^2 S}{2\varepsilon_0\varepsilon_r}\mathbf{a}_n$$

ou

$$F = \frac{\rho_S^2 S}{2\varepsilon} = \frac{Q^2}{2\varepsilon S}$$

A pressão (força/área) é $\dfrac{\rho_S^2}{2\varepsilon_0\varepsilon_r}$. Observe que o dielétrico afeta a força ou pressão.

EXERCÍCIO PRÁTICO 5.8

Na Figura 5.9 é mostrado um dispositivo de medida de potencial chamado *eletrômetro*. Basicamente, esse dispositivo consiste em um capacitor de placas paralelas, com uma das placas tendo uma posição móvel suspensa pelo braço de uma balança, de tal modo que a força F sobre ela é medida em termos do peso no prato da balança por um intervalo de tempo que pode durar dias. Se S é a área de cada placa, demonstre que

$$V_1 - V_2 = \left[\frac{2\,Fd^2}{\varepsilon_0 S}\right]^{1/2}$$

Resposta: a demonstração.

5.8 EQUAÇÃO DA CONTINUIDADE E TEMPO DE RELAXAÇÃO

Devido ao princípio de conservação da carga, a taxa de diminuição da carga em um dado volume, em um determinado tempo, deve ser igual à corrente líquida que sai da superfície fechada que limita esse volume. Dessa forma, a corrente $I_{\text{saída}}$, que sai da superfície fechada, é dada por

$$I_{\text{saída}} = \oint \mathbf{J} \cdot d\mathbf{S} = \frac{-dQ_{\text{entrada}}}{dt} \tag{5.40}$$

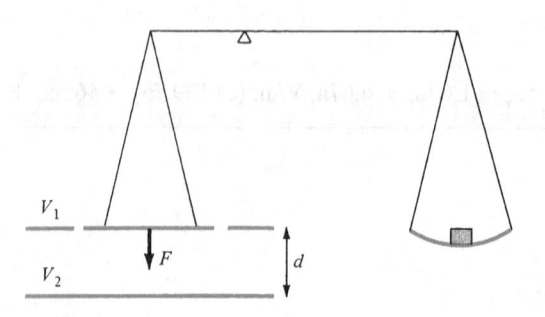

FIGURA 5.9 Um eletrômetro; referente ao Exercício Prático 5.8.

onde Q_{in} é a carga total no interior da superfície fechada. Usando o teorema da divergência:

$$\oint_S \mathbf{J} \cdot d\mathbf{S} = \int_v \nabla \cdot \mathbf{J}\, dv \tag{5.41}$$

mas

$$\frac{-dQ_{entrada}}{dt} = -\frac{d}{dt}\int_v \rho_v\, dv = -\int_v \frac{\partial \rho_v}{\partial t}\, dv \tag{5.42}$$

Substituindo as equações (5.41) e (5.42) na equação (5.40), tem-se

$$\int_v \nabla \cdot \mathbf{J}\, dv = -\int_v \frac{\partial \rho_v}{\partial t}\, dv$$

ou

$$\boxed{\nabla \cdot \mathbf{J} = -\frac{\partial \rho_v}{\partial t}} \tag{5.43}$$

que é conhecida como *equação da continuidade de corrente*. Deve-se ter em mente que a equação da continuidade é derivada do princípio de conservação da carga e, essencialmente, estabelece que a carga elétrica não pode ser destruída. Para correntes estacionárias, $\partial \rho_v/dt = 0$ e, por isso, $\nabla \cdot \mathbf{J} = 0$, mostrando que a carga total que sai de um volume é a mesma carga total que entra nesse volume. A Lei de Kirchhoff das correntes é consequência dessa propriedade.

Tendo já discutido a equação da continuidade e as propriedades σ e ε dos materiais, podemos analisar o que ocorre ao introduzir cargas em algum ponto no *interior* de um dado material (condutor ou dielétrico). Faremos uso da equação (5.43) junto com a lei de Ohm

$$\mathbf{J} = \sigma \mathbf{E} \tag{5.44}$$

e a lei de Gauss

$$\nabla \cdot \mathbf{E} = \frac{\rho_v}{\varepsilon} \tag{5.45}$$

Substituindo as equações (5.44) e (5.45) na equação (5.43), obtém-se

$$\nabla \cdot \sigma \mathbf{E} = \frac{\sigma \rho_v}{\varepsilon} = -\frac{\partial \rho_v}{\partial t}$$

ou

$$\frac{\partial \rho_v}{\partial t} + \frac{\sigma}{\varepsilon}\rho_v = 0 \tag{5.46}$$

Essa é uma equação diferencial linear, ordinária e homogênea. Por separação de variáveis, a partir de (5.46), obtemos

$$\frac{\partial \rho_v}{\rho_v} = -\frac{\sigma}{\varepsilon}\partial t \tag{5.47}$$

e, integrando ambos os lados da igualdade, tem-se

$$\ln \rho_v = -\frac{\sigma t}{\varepsilon} + \ln \rho_{vo}$$

onde ρ_{vo} é uma constante de integração. Dessa forma,

$$\boxed{\rho_v = \rho_{vo}e^{-t/T_r}} \tag{5.48}$$

onde

$$\boxed{T_r = \frac{\varepsilon}{\sigma}} \tag{5.49}$$

e T_r é a constante de tempo em segundos.

Na equação (5.48), ρ_{vo} é a densidade de carga inicial (isto é, ρ_v em $t = 0$). A equação mostra que, como resultado da introdução de cargas em algum ponto no interior do material, ocorre um decréscimo na densidade volumétrica de cargas ρ_v. O movimento da carga, do ponto no interior onde foi introduzida até a superfície do material, está associada a esse decréscimo. A constante de tempo T_r (em segundos) é conhecida como *tempo de relaxação* ou *tempo de rearranjo*.

> **Tempo de relaxação** é o tempo que uma carga no interior de um material leva para decair a $e^{-1} (= 36{,}8\%)$ de seu valor inicial.

Esse tempo é curto para bons condutores e longo para bons dielétricos. Por exemplo, para o cobre $\sigma = 5{,}8 \times 10^7$ S/m, $\varepsilon_r = 1$ e

$$T_r = \frac{\varepsilon_r \varepsilon_0}{\sigma} = 1 \times \frac{10^{-9}}{36\pi} \times \frac{1}{5{,}8 \times 10^7} \tag{5.50}$$
$$= 1{,}53 \times 10^{-19} \text{ s}$$

mostrando um rápido decréscimo da carga colocada no interior do cobre. Isso implica que, para bons condutores, o tempo de relaxação é tão curto que a maior parte da carga desaparece dos pontos internos e aparece na superfície (como carga superficial). Por outro lado, para quartzo fundido, por exemplo, $\sigma = 10^{-17}$ S/m, $\varepsilon_r = 5{,}0$,

$$T_r = 5 \times \frac{10^{-9}}{36\pi} \times \frac{1}{10^{-17}} \tag{5.51}$$
$$= 51{,}2 \text{ dias}$$

mostrando um tempo de relaxação bastante longo. Assim, para bons dielétricos, podemos considerar que a carga permanecerá no ponto onde foi introduzida por um intervalo de tempo que pode durar dias.

5.9 CONDIÇÕES DE FRONTEIRA

Até agora, consideramos a existência do campo elétrico em um meio homogêneo. Se existe campo em uma região formada por dois meios diferentes, as condições que o campo deve satisfazer, na interface de separação entre os meios, são chamadas *condições de fronteira*. Essas condições são úteis na determinação do campo em um lado da fronteira se o campo no outro lado for conhecido. Obviamente, as condições serão ditadas pelos tipos de materiais dos meios. Consideraremos as condições de fronteira na interface de separação entre os meios:

- dielétrico (ε_{r1}) e dielétrico (ε_{r2})
- condutor e dielétrico
- condutor e espaço livre

Para determinar as condições de fronteira, precisamos usar as equações de Maxwell:

$$\oint \mathbf{E} \cdot d\mathbf{l} = 0 \tag{5.52}$$

e

$$\oint_s \mathbf{D} \cdot d\mathbf{S} = Q_{\text{enc}} \tag{5.53}$$

onde Q_{enc} é a carga livre encerrada na superfície S. Também precisamos decompor o vetor intensidade $\mathbf{E}$ do campo elétrico em duas componentes ortogonais:

$$\mathbf{E} = \mathbf{E}_t + \mathbf{E}_n \tag{5.54}$$

onde $\mathbf{E}_t$ e $\mathbf{E}_n$ são, respectivamente, as componentes tangencial e normal de $\mathbf{E}$ em relação à interface de interesse. Uma decomposição semelhante pode ser feita para a densidade de fluxo elétrico $\mathbf{D}$.

A. Interface dielétrico-dielétrico

Considere o campo elétrico **E** existente em uma região formada por dois dielétricos distintos caracterizados por $\varepsilon_1 = \varepsilon_0 \varepsilon_{r1}$ e $\varepsilon_2 = \varepsilon_0 \varepsilon_{r2}$, como mostrado na Figura 5.10(a). $\mathbf{E}_1$ e $\mathbf{E}_2$ nos meios 1 e 2, respectivamente, podem ser decompostos como:

$$\mathbf{E}_1 = \mathbf{E}_{1t} + \mathbf{E}_{1n} \tag{5.55a}$$

$$\mathbf{E}_2 = \mathbf{E}_{2t} + \mathbf{E}_{2n} \tag{5.55b}$$

Aplicamos a equação (5.52) ao caminho fechado *abcda* da Figura 5.10(a), assumindo que o caminho é muito pequeno em relação à variação de **E**. Obtemos

$$0 = E_{1t}\Delta w - E_{1n}\frac{\Delta h}{2} - E_{2n}\frac{\Delta h}{2} - E_{2t}\Delta w + E_{2n}\frac{\Delta h}{2} + E_{1n}\frac{\Delta h}{2} \tag{5.56}$$

onde $E_t = |\mathbf{E}_t|$ e $E_n = |\mathbf{E}_n|$. Como $\dfrac{\Delta h}{2}$ se cancelam

$$0 = (E_{1t} - E_{2t})\Delta w$$

Como $\Delta h \to 0$, a equação (5.56) torna-se

$$\boxed{E_{1t} = E_{2t}} \tag{5.57}$$

Dessa forma, as componentes tangenciais de **E** são as mesmas em ambos os lados da fronteira. Em outras palavras, $\mathbf{E}_t$ não sofre alteração na fronteira e é dito *contínuo* através da fronteira. Já que $\mathbf{D} = \varepsilon\mathbf{E} = \mathbf{D}_t + \mathbf{D}_n$, a equação (5.57) pode ser escrita como

$$\frac{D_{1t}}{\varepsilon_1} = E_{1t} = E_{2t} = \frac{D_{2t}}{\varepsilon_2}$$

ou

$$\frac{D_{1t}}{\varepsilon_1} = \frac{D_{2t}}{\varepsilon_2} \tag{5.58}$$

Isto é, D_t sofre alguma alteração ao atravessar a interface. Por isso, D_t é dito *descontínuo* através da interface.

Similarmente, aplicamos a equação (5.53) ao cilindro (superfície gaussiana) da Figura 5.10b. Fazendo $\Delta h \to 0$, tem-se

$$\Delta Q = \rho_s \Delta S = D_{1n}\Delta S - D_{2n}\Delta S$$

ou

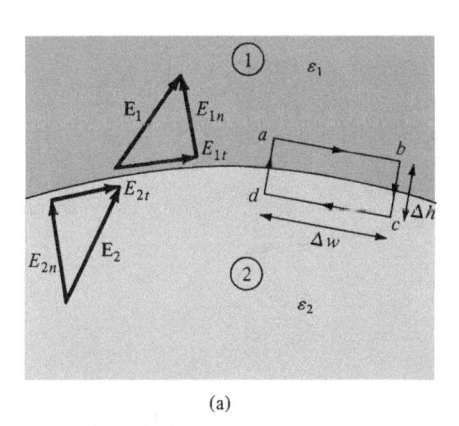

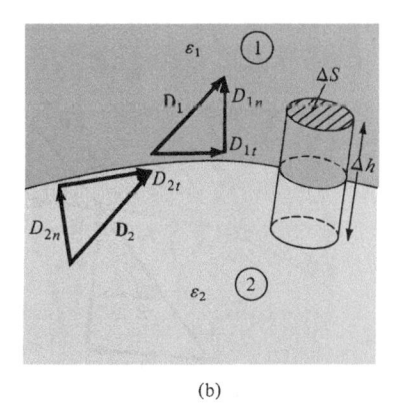

$$\boxed{D_{1n} - D_{2n} = \rho s} \tag{5.59}$$

FIGURA 5.10 Fronteira dielétrico-dielétrico: (a) determinação de $E_{1t} = E_{2t}$, (b) determinação de $D_{1n} = D_{2n}$.

onde ρ_S é a densidade de cargas livres colocadas, deliberadamente, na fronteira. É preciso ter em mente que a equação (5.59) se baseia no pressuposto de que **D** está apontando da região 2 para a região 1, e essa equação deve ser aplicada de acordo. Se não existirem cargas livres na interface (isto é, se cargas não forem, deliberadamente, colocadas nessa região), $\rho_S = 0$ e a equação (5.59) torna-se:

$$\boxed{D_{1n} = D_{2n}} \tag{5.60}$$

Dessa forma, a componente normal de **D** é contínua através da interface; isto é, D_n não sofre nenhuma alteração na fronteira. Já que $\mathbf{D} = \varepsilon \mathbf{E}$, a equação (5.60) pode ser escrita como

$$\varepsilon_1 E_{1n} = \varepsilon_2 E_{2n} \tag{5.61}$$

mostrando que a componente normal de **E** é descontínua na fronteira. As equações (5.57) e (5.59) ou (5.60) são referidas, no seu conjunto, como *condições de fronteira*. Essas condições devem ser satisfeitas por um campo elétrico na fronteira de separação entre dois dielétricos.

Como mencionado anteriormente, as condições de fronteira são usualmente empregadas para determinar o campo elétrico em um lado da fronteira, dado o campo no outro lado. Além disso, podemos usar as condições de fronteira para determinar a "refração" do campo elétrico através da interface. Considere $\mathbf{D}_1$ ou $\mathbf{E}_1$ e $\mathbf{D}_2$ ou $\mathbf{E}_2$ fazendo ângulos θ_1 e θ_2 com a *normal* à interface, como ilustrado na Figura 5.11. Usando a equação (5.57), temos

$$E_1 \operatorname{sen} \theta_1 = E_{1t} = E_{2t} = E_2 \operatorname{sen} \theta_2$$

ou

$$E_1 \operatorname{sen} \theta_1 = E_2 \operatorname{sen} \theta_2 \tag{5.62}$$

Similarmente, aplicando a equação (5.60) ou (5.61), obtemos

$$\varepsilon_1 E_1 \cos \theta_1 = D_{1n} = D_{2n} = \varepsilon_2 E_2 \cos \theta_2$$

ou

$$\varepsilon_1 E_1 \cos \theta_1 = \varepsilon_2 E_2 \cos \theta_2 \tag{5.63}$$

Dividindo a equação (5.62) pela equação (5.63), obtém-se:

$$\frac{\operatorname{tg} \theta_1}{\varepsilon_1} = \frac{\operatorname{tg} \theta_2}{\varepsilon_2} \tag{5.64}$$

Já que $\varepsilon_1 = \varepsilon_0 \varepsilon_{r1}$ e $\varepsilon_2 = \varepsilon_0 \varepsilon_{r2}$, a equação (5.64) torna-se:

$$\boxed{\frac{\operatorname{tg} \theta_1}{\operatorname{tg} \theta_2} = \frac{\varepsilon_{r1}}{\varepsilon_{r2}}} \tag{5.65}$$

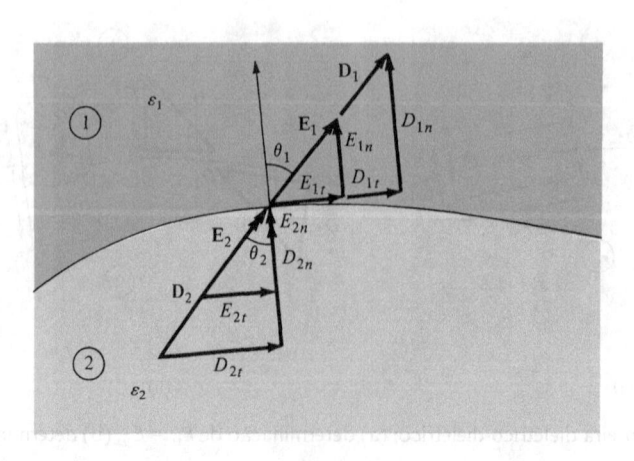

FIGURA 5.11 Refração de **D** ou **E** em uma fronteira dielétrico-dielétrico.

Essa é a *lei da refração* do campo elétrico em uma fronteira livre de cargas (já que se considera $\rho_S = 0$ na interface). Dessa forma, em geral, uma interface entre dois dielétricos causa o desvio das linhas de fluxo como resultado da diferença no número de cargas de polarização que se acumulam em cada um dos lados da interface.

B. Interface condutor-dielétrico

Esse é o caso mostrado na Figura 5.12. O condutor é considerado perfeito (isto é, $\sigma \to \infty$ ou $\rho_c \to 0$). Embora tal condutor não seja concebível na prática, podemos considerar condutores, tais como o cobre e a prata, como se fossem condutores perfeitos.

Para determinar as condições de fronteira em uma interface condutor-dielétrico, seguiremos o mesmo procedimento usado para o caso da interface dielétrico-dielétrico, com exceção de que consideraremos $\mathbf{E} = 0$ no interior do condutor. Aplicando a equação (5.52) ao caminho fechado *abcda* da Figura 5.12(a), tem-se:

$$0 = 0 \cdot \Delta w + 0 \cdot \frac{\Delta h}{2} + E_n \cdot \frac{\Delta h}{2} - E_t \cdot \Delta w - E_n \cdot \frac{\Delta h}{2} - 0 \cdot \frac{\Delta h}{2} \qquad (5.66)$$

Como $\Delta h \to 0$:

$$E_t = 0 \qquad (5.67)$$

De maneira similar, aplicando a equação (5.53) ao cilindro da Figura 5.12(b) e fazendo $\Delta h \to 0$, obtemos

$$\Delta Q = D_n \cdot \Delta S - 0 \cdot \Delta S \qquad (5.68)$$

porque $\mathbf{D} = \varepsilon \mathbf{E} = 0$ no interior do condutor. A equação (5.68) pode ser escrita como

$$D_n = \frac{\Delta Q}{\Delta S} = \rho_S$$

ou

$$D_n = \rho_s \qquad (5.69)$$

Dessa forma, sob condições estáticas, a respeito de um condutor perfeito, pode-se concluir que:

1. Não existe campo elétrico *no interior* de um condutor, isto é:

$$\boxed{\rho_v = 0, \quad \mathbf{E} = 0} \qquad (5.70)$$

2. Já que $E = -\nabla V = 0$, não pode existir diferença de potencial entre dois pontos no interior do condutor, isto é, o condutor é um corpo equipotencial.
3. Pode existir um campo elétrico E externo ao condutor e *normal* à sua superfície, isto é:

$$\boxed{D_t = \varepsilon_0 \varepsilon_r E_t = 0, \quad D_n = \varepsilon_0 \varepsilon_r E_n = \rho_s} \qquad (5.71)$$

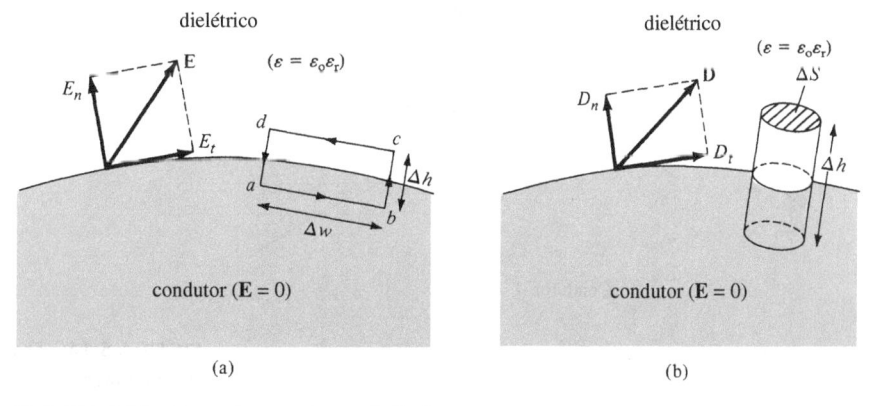

FIGURA 5.12 Fronteira condutor-dielétrico.

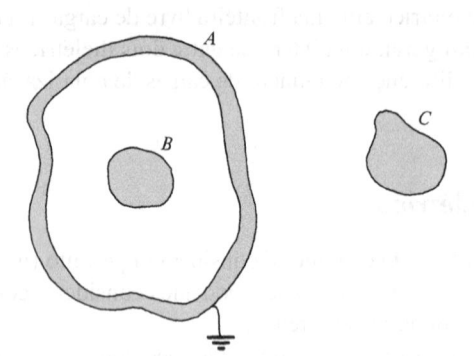

FIGURA 5.13 Isolamento eletrostático.

Uma aplicação importante do fato de que $\mathbf{E} = 0$, no interior do condutor, é em *isolamento* ou *blindagem eletrostática*. Se um condutor A, mantido a um potencial zero, circunda um condutor B, como mostrado na Figura 5.13, B é dito estar eletricamente isolado por A de outros sistemas elétricos, tais como o condutor C, externo a A. Da mesma maneira que o condutor C, externo a A, está isolado de B pela presença de A.

Assim, o condutor A atua como um isolador ou uma blindagem, e as condições elétricas no interior e no exterior de A são completamente independentes uma das outras.

C. Interface condutor-espaço livre

Esse é um caso especial da interface condutor-dielétrico e está ilustrado na Figura 5.14. As condições de fronteira na interface entre um condutor e o espaço livre podem ser obtidas da equação (5.71), substituindo ε_r por 1 (porque o espaço livre pode ser considerado um dielétrico especial, para o qual $\varepsilon_r = 1$). Conforme esperado, o campo elétrico externo ao condutor é normal a sua superfície. Assim, as condições de fronteira são:

$$D_t = \varepsilon_0 E_t = 0, \quad D_n = \varepsilon_0 E_n = \rho_s \qquad (5.72)$$

Deve-se observar, novamente, que a equação (5.72) implica que o campo $\mathbf{E}$ deve se aproximar da superfície condutora perpendicularmente a ela.

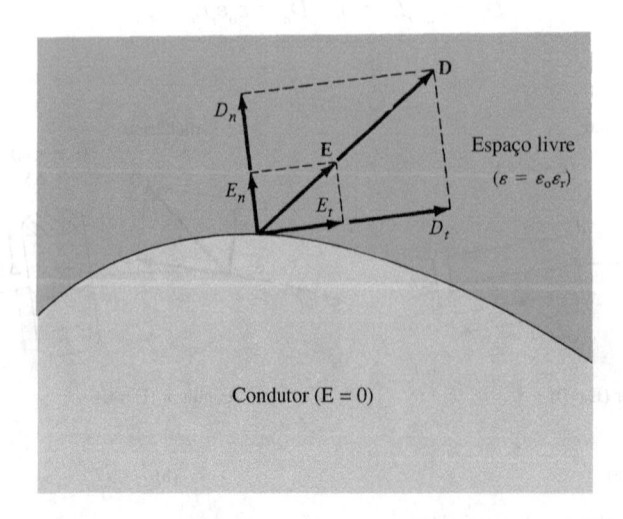

FIGURA 5.14 Fronteira condutor-espaço livre.

EXEMPLO 5.9

Dois dielétricos isotrópicos homogêneos muito extensos são justapostos de modo que sua interface se encontra no plano $z = 0$. Para $z > 0$, $\varepsilon_{r1} = 4$ e para $z < 0$, $\varepsilon_{r2} = 3$. Um campo elétrico uniforme $\mathbf{E}_1 = 5\mathbf{a}_x - 2\mathbf{a}_y + 3\mathbf{a}_z$ kV/m existe para $z \geq 0$. Determine:

(a) $\mathbf{E}_2$ para $z \leq 0$
(b) Os ângulos que $\mathbf{E}_1$ e $\mathbf{E}_2$ fazem com a interface
(c) As densidades de energia, em J/m³, em ambos os dielétricos
(d) A energia no interior de um cubo, de 2 m de aresta, centrado em $(3, 4, -5)$

Solução:

Seja o problema como mostra a ilustração na Figura 5.15.

(a) Já que $\mathbf{a}_z$ é normal ao plano da interface, obtemos as componentes normais fazendo:

$$E_{1n} = \mathbf{E}_1 \cdot \mathbf{a}_n = \mathbf{E}_1 \cdot \mathbf{a}_z = 3$$

$$\mathbf{E}_{1n} = 3\mathbf{a}_z$$

$$\mathbf{E}_{2n} = (\mathbf{E}_2 \cdot \mathbf{a}_z)\mathbf{a}_z$$

Também

$$\mathbf{E} = \mathbf{E}_n + \mathbf{E}_t$$

Portanto:

$$\mathbf{E}_{1t} = \mathbf{E}_1 - \mathbf{E}_{1n} = 5\mathbf{a}_x - 2\mathbf{a}_y$$

Dessa forma:

$$\mathbf{E}_{2t} = \mathbf{E}_{1t} = 5\mathbf{a}_x - 2\mathbf{a}_y$$

De maneira similar,

$$\mathbf{D}_{2n} = \mathbf{D}_{1n} \rightarrow \varepsilon_{r2}\mathbf{E}_{2n} = \varepsilon_{r1}\mathbf{E}_{1n}$$

ou

$$\mathbf{E}_{2n} = \frac{\varepsilon_{r1}}{\varepsilon_{r2}}\mathbf{E}_{1n} = \frac{4}{3}(3\mathbf{a}_z) = 4\mathbf{a}_z$$

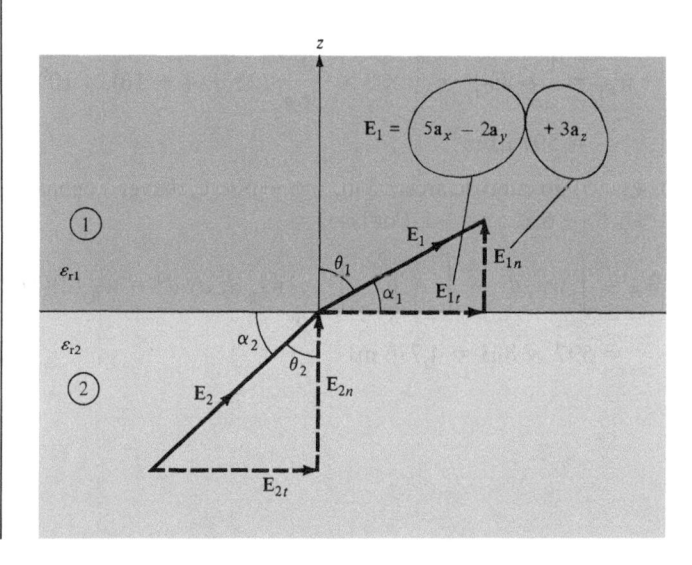

FIGURA 5.15 Referente ao Exemplo 5.9.

Assim,

$$\mathbf{E}_2 = \mathbf{E}_{2t} + \mathbf{E}_{2n}$$
$$= 5\mathbf{a}_x - 2\mathbf{a}_y + 4\mathbf{a}_z \text{ kV/m}$$

(b) Sejam α_1 e α_2 os ângulos que $\mathbf{E}_1$ e $\mathbf{E}_2$ fazem com a interface, e θ_1 e θ_2 os ângulos que esses vetores fazem com a normal à interface, como mostrado na Figura 5.15, isto é,

$$\alpha_1 = 90 - \theta_1$$
$$\alpha_2 = 90 - \theta_2$$

Já que $E_{1n} = 3$ e $E_{1t} = \sqrt{25+4} = \sqrt{29}$

$$\text{tg } \theta_1 = \frac{E_{1t}}{E_{1n}} = \frac{\sqrt{29}}{3} = 1{,}795 \to \theta_1 = 60{,}9°$$

Donde:

$$\alpha_1 = 29{,}1°$$

Alternativamente,

$$\mathbf{E}_1 \cdot \mathbf{a}_n = |\mathbf{E}_1| \cdot 1 \cdot \cos\theta_1$$

ou

$$\cos\theta_1 = \frac{3}{\sqrt{38}} = 0{,}4867 \to \theta_1 = 60{,}9°$$

De maneira similar,

$$E_{2n} = 4, \quad E_{2t} = E_{1t} = \sqrt{29}$$

$$\text{tg } \theta_2 = \frac{E_{2t}}{E_{2n}} = \frac{\sqrt{29}}{4} = 1{,}346 \to \theta_2 = 53{,}4°$$

Donde,

$$\alpha_2 = 36{,}6°$$

Note que $\dfrac{\text{tg }\theta_1}{\text{tg }\theta_2} = \dfrac{\varepsilon_{r1}}{\varepsilon_{r2}}$ é satisfeita.

(c) As densidades de energia são dadas por

$$w_{E_1} = \frac{1}{2}\varepsilon_1|\mathbf{E}_1|^2 = \frac{1}{2} \times 4 \times \frac{10^{-9}}{36\pi} \times (25 + 4 + 9) \times 10^6$$
$$= 672 \text{ }\mu\text{J/m}^3$$

$$w_{E_2} = \frac{1}{2}\varepsilon_2|\mathbf{E}_2|^2 = \frac{1}{2} \times 3 \times \frac{10^{-9}}{36\pi}(25 + 4 + 16) \times 10^6$$
$$= 597 \text{ }\mu\text{J/m}^3$$

(d) No centro $(3, 4, -5)$ do cubo de aresta 2 m, $z = -5 < 0$, isto é, o cubo está na região 2 com $2 \le x \le 4, 3 \le y \le 5, -6 \le z \le -4$. Por isso:

$$W_E = \int w_{E_2} \, dv = \int_{x=2}^{4} \int_{y=3}^{5} \int_{z=-6}^{-4} w_{E_2} \, dz \, dy \, dz = w_{E_2}(2)(2)(2)$$
$$= 597 \times 8\mu\text{J} = 4{,}776 \text{ mJ}$$

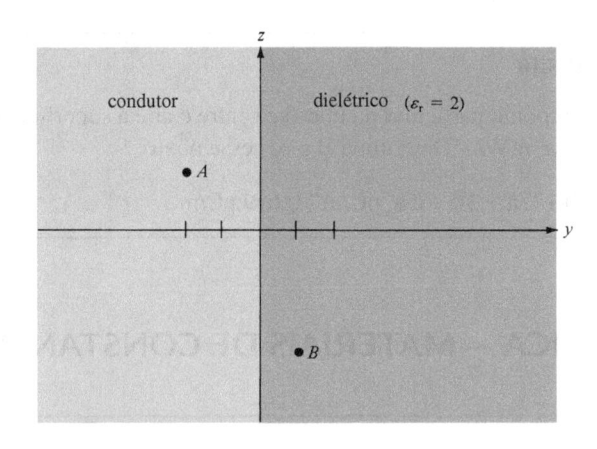

FIGURA 5.16 Veja o Exemplo 5.10.

EXERCÍCIO PRÁTICO 5.9

Um dielétrico homogêneo ($\varepsilon_r = 2{,}5$) preenche uma região 1 ($x < 0$), enquanto a região 2 ($x > 0$) é o espaço livre.

(a) Se $\mathbf{D}_1 = 12\mathbf{a}_x - 10\mathbf{a}_y + 4\mathbf{a}_z$ nC/m², determine D_2 e θ_2.

(b) Se $E_2 = 12$ V/m e $\theta_2 = 60°$, determine E_1 e θ_1. Considere θ_1 e θ_2 como definido no exemplo anterior.

Resposta: (a) $12\mathbf{a}_x - 4\mathbf{a}_y + 1{,}6\mathbf{a}_z$ nC/m²; 19,75°; (b) 10,67 V/m, 77°.

EXEMPLO 5.10

A região $y < 0$ consiste em um condutor perfeito, enquanto a região $y > 0$ é um meio dielétrico ($\varepsilon_{1r} = 2$), como na Figura 5.16. Se existe uma carga superficial de 2 nC/m² no condutor, determine **E** e **D** em:

(a) $A(3, -2, 2)$
(b) $B(-4, 1, 5)$

Solução:

(a) O ponto A $(3, -2, 2)$ está localizado no condutor, já que $y = -2 < 0$ em A. Portanto,
$$\mathbf{E} = 0 = \mathbf{D}$$

(b) O ponto $B(-4, 1, 5)$ está localizado no meio dielétrico, já que $y = 1 > 0$ em B.
$$D_n = \rho_s = 2 \text{ nC/m}^2$$

Portanto,
$$\mathbf{D} = 2\mathbf{a}_y \text{ nC/m}^2$$

e

$$\mathbf{E} = \frac{\mathbf{D}}{\varepsilon_o \varepsilon_r} = 2 \times 10^{-9} \times \frac{36\pi}{2} \times 10^9 \, \mathbf{a}_y = 36\pi \mathbf{a}_y$$
$$= 113{,}1 \mathbf{a}_y \text{ V/m}$$

> **EXERCÍCIO PRÁTICO 5.10**
>
> O campo elétrico em um ponto particular na interface entre o ar e a superfície de um condutor é $\mathbf{E} = 60\mathbf{a}_x + 20\mathbf{a}_y - 30\mathbf{a}_z$ mV/m. Determine $\mathbf{D}$ e ρ_s nesse ponto.
>
> **Resposta:** $0{,}531\mathbf{a}_x + 0{,}177\mathbf{a}_y - 0{,}265\mathbf{a}_z$ pC/m^2; $0{,}619$ pC/m^2.

†5.10 APLICAÇÃO TECNOLÓGICA — MATERIAIS DE CONSTANTE DIELÉTRICA ELEVADA

Essa seção foi incluída em reconhecimento à crescente importância dos materiais de elevada constante dielétrica na indústria de semicondutores. Como observado antes nesse capítulo, a constante dielétrica é uma propriedade de um material que determina sua capacidade de polarização elétrica. Quanto maior a constante dielétrica, maior a quantidade de carga que pode ser armazenada e, consequentemente, menores podem ser os circuitos eletrônicos. Materiais de elevada constante dielétrica são cada vez mais importantes para alavancar a evolução do estado da arte dos circuitos semicondutores integrados. Esses materiais, que encontram uma numerosa aplicação tecnológica, são necessários quando capacitâncias de elevado valor são requeridas. Por exemplo, para diminuir o tamanho de ressonadores dielétricos, é necessário aumentar a constante dielétrica do material utilizado. Isso porque, em uma frequência fixa, o diâmetro do ressonador é inversamente proporcional à raiz quadrada da constante dielétrica. Infelizmente, quanto maior a constante dielétrica do material, maiores as suas perdas dielétricas, como será mostrado no Capítulo 10.

Constantes dielétricas elevadas têm sido encontradas em óxidos do tipo $ACu_3Ti_4O_{12}$. O comportamento mais excepcional têm sido apresentado pelos óxidos associados à perovskita contendo cálcio (Ca), cobre (Cu), titânio (Ti) e oxigênio (O) na fórmula $CaCu_3Ti_4O_{12}$. Esse material possui uma característica rara, pelo fato de apresentar uma elevada constante dielétrica — cerca de 11.000 (medida a 100 kHz). Além disso, de forma diversa da maioria dos materiais dielétricos, esses materiais mantêm essa constante dielétrica acentuadamente alta em uma ampla faixa de temperaturas, de 100 a 600 °K (ou −173 a 327 °C) fazendo com que eles sejam adequados para uma ampla gama de aplicações.

Materiais de elevada constante dielétrica são também de grande interesse para outros dispositivos eletrônicos de alta performance. Uma tecnologia atualmente em desenvolvimento usa titanato de estrôncio-bário (BST)* e tem por objetivo usar esse material em memórias dinâmicas de acesso randômico (DRAM)**. Embora as constantes dielétricas sejam consideráveis, uma desvantagem, é a necessidade do uso de eletrodos de platina. Outro exemplo de uso é nos chips de identificação por radiofrequência (RFID)*** que requerem alta capacitância para armazenar carga elétrica. Frequentemente, usam-se dispositivos discretos para essa aplicação, que são de custo indesejavelmente elevado e de baixa produção.[2]

---

[2] Para mais informações sobre materiais de constante dielétrica elevada, veja H. S. Nalwa, *Handbook of Low and High Dielectric Constant Materials and Their Applications*. San Diego, California: Academic Press, 1999, vol. 1 e 2.

* N. de T.: *BST — barium strontium titanate*.

** N. de T.: DRAM — *dynamic random access memories*.

*** N. de T.: RFID — *radio frequency identification*.

MATLAB 5.1

```
% Este script calcula as partes (a) e (b) do Exemplo 5.1
% usando a aproximação por soma discreta para a integração
clear

% Os parâmetros da casca.
r = 0.2;

% Parte (a)
sum=0; % Iguala a zero a soma total inicial.
theta_inc=1/10; % Escolhe um incremento adequadamente pequeno para a
integral.
phi_inc=1/10; % Escolhe um incremento adequadamente pequeno para a
integral.
dtheta=theta_inc*pi/2;
dphi=phi_inc*2*pi;
for theta=0:dtheta:pi/2, % Loop da integral de externa.
    for phi=0:dphi:2*pi, % Loop da integral interna.
      % Adiciona as somas parciais à soma total.
      sum=sum + 1/r^3*2*cos(theta)*r^2*sin(theta)*dtheta*dphi;
    end
end

% Mostra o resultado.
disp('')
disp(sprintf (' A corrente total através da casca hemisférica é % f
A', soma))
% Parte (b)
sum=0; % Iguala a zero a soma total inicial.
r = 0.1;
dtheta=theta_inc*pi;
dphi=phi_inc*2*pi;
for theta=0:dtheta:pi, % Loop da integral de externa.
    for phi50:dphi:2*pi, % Loop da integral de interna.
      % Adiciona as somas parciais à soma total.
      sum=sum + 1/r^3*2*cos(theta)*r^2*sin(theta)*dtheta*dphi;
    end
end

% Mostra o resultado.
disp('')
disp(sprintf (' A corrente total através da casca hemisférica é % f
A', soma))
```

MATLAB 5.2

```
% Este script permite ao usuário entrar com um campo elétrico
% em qualquer lado de uma fronteira dielétrica e calcular
% o campo elétrico no outro lado da fronteira
%
% Assume-se que a fronteira é o plano z = 0, com o campo E1 na
% região z >= 0 e com o campo E2 na região z <= 0
%
% Entradas: E1 ou E2, er1 e er2 (permissividade relativa de ambos os
meios).
% Saída: o campo não inserido pelo usuário, E1 ou E2.
clear

% Aguarda o usuário inserir os dados dos materiais.
```

(continua)

(continuação)

```
er1 = input('Insere a permissividade relativa na região z > 0 ... \n
> ');
if isempty(er1); er1 = 1; elseif er1 < 1; er1 = 1; end
% Confere se o dielétrico é um meio físico.
er2 = input ('Insira a permissividade relativa na região z < 0 ... \n
> ');
if isempty(er2); er2 = 1; elseif er2 < 1; er2 = 1; end
% Confere se o dielétrico é um meio físico.

% Aguarda para o usuário inserir os dados da região.
side=input ('Insere o lado da interface onde o campo é conhecido
(dado) ... \n > ');
% Se o usuário inseriu outro dado que não "r" "c" ou "s" assumir como
"r".
if isempty(side); side = 1; elseif side > 2; side = 2; end % Confere
se o dielétrico é um meio físico.

if side == 1;
    % Aguarda o usuário inserir o campo.
    E1 = input ('Aguarda o usuário inserir os dados do campo elétrico
    no lado 1 na forma [Ex Ey Ez] ...\ = n > ');
    E1n = E1(3)*[0 0 1]; % Orientação da normal à interface é +z.
    E2n = E1n*er1/er2; % Condições de fronteira para a componente
    normal do campo E.
    E1t = E1 - E1n; % Componente tangencial do campo E1.
    E2t = E1t; % Condições de fronteira para a componente tangencial
    do campo E.
    E2 = E2t + E2n;
    elseif side == 2;
    % Aguarda o usuário inserir o campo.
    E2 = input ('Insira o campo elétrico no lado 2 na forma [Ex Ey
    Ez] ...\ n > ');
    E2n = E2(3)*[0 0 1]; % Orientação normal é 1z.
    E1n = E2n*er2/er1; % Condições de fronteira para a componente
    normal do campo E.
    E2t = E2 - E2n % Componente tangencial do campo E2.
    E1t = E2t % Condições de fronteira para a componente tangencial
    do campo E.
    E1 = E1t + E1n;
else
    disp ('Especificação inválida, por favor re-insira \n');
end

% Mostra resultados
disp(sprintf('The electric fields are \n E1 = (%d, %d, %d) V/m\n
E2 = (%d, %d, %d) V/m'...
    E1(1), E1(2), E1(3), E2(1), E2(2), E2(3)))
```

RESUMO

1. Os materiais podem ser classificados, grosso modo, como condutores ($\sigma \gg 1$, $\varepsilon_r = 1$) e dielétricos ($\sigma \ll 1$, $\varepsilon_r \geq 1$), em termos de suas propriedades elétricas σ e ε_r, onde σ é a condutividade e ε_r é a constante dielétrica ou permissividade relativa.

2. A corrente elétrica é o fluxo da densidade de corrente elétrica através de uma superfície, isto é:

$$I = \int \mathbf{J} \cdot d\mathbf{S}$$

3. A resistência de um condutor de seção reta uniforme é:

$$R = \frac{\ell}{\sigma S}$$

4. O efeito macroscópico da polarização, em um dado volume de um material dielétrico, é o de "pintar" sua superfície com cargas ligadas $Q_b = \oint_S \rho_{ps}\, dS$ e produzir, em seu interior, um acúmulo de cargas ligadas $Q_b = \int_v \rho_{pv}\, dv$, onde $\rho_{ps} = \mathbf{P} \cdot \mathbf{a}_n$ e $\rho_{pv} = -\nabla \cdot \mathbf{P}$.

5. Em um meio dielétrico, os campos $\mathbf{D}$ e $\mathbf{E}$ estão relacionados por $\mathbf{D} = \varepsilon \mathbf{E}$, onde $\varepsilon = \varepsilon_0 \varepsilon_r$ é a permissividade do meio enquanto $\mathbf{E}$ e $\mathbf{P}$ estão relacionados por $\mathbf{P} = \chi_e \varepsilon_o \mathbf{E}$

6. A suscetibilidade elétrica χ_e ($= \varepsilon_r - 1$) de um dielétrico mede a sensibilidade do material ao campo elétrico.

7. Um material dielétrico é linear se $\mathbf{D} = \varepsilon \mathbf{E}$ se verifica, isto é, se ε é independente de $\mathbf{E}$. É homogêneo se ε é independente da posição. É isotrópico se ε é um escalar.

8. O princípio da conservação da carga, base da Lei de Kirchhoff das correntes, é estabelecido na equação da continuidade:

$$\nabla \cdot \mathbf{J} + \frac{\partial \rho_v}{\partial t} = 0$$

9. O tempo de relaxação, $T_r = \varepsilon/\sigma$, de um material é o tempo que leva uma carga colocada em seu interior para diminuir de um fator de $\varepsilon^{-1} \simeq 37\%$.

10. As condições de fronteira devem ser satisfeitas por um campo elétrico existente em dois meios diferentes separados por uma interface. Para uma interface dielétrico-dielétrico:

$$E_{1t} = E_{2t}$$

$$D_{1n} - D_{2n} = \rho s \text{ ou } D_{1n} = D_{2n} \text{ se } \rho_s = 0$$

Para uma interface dielétrico-condutor

$$E_t = 0 \quad D_n = \varepsilon E_n = \rho_s$$

porque $\mathbf{E} = 0$ dentro do condutor.

11. Materiais de elevada constante dielétrica são de grande interesse para dispositivos eletrônicos de alta performance.

QUESTÕES DE REVISÃO

5.1 Qual das situações a seguir *não* é um exemplo de corrente de convecção?
  (a) Uma correia carregada em movimento.
  (b) O movimento dos elétrons em um válvula eletrônica.
  (c) Um feixe de elétrons em um tubo de televisão.
  (d) Uma corrente eletrônica que flui em um fio de cobre.

5.2 O que acontece quando uma diferença de potencial constante é aplicada entre os terminais de um fio condutor?
  (a) Todos os elétrons se movem com uma velocidade constante.
  (b) Todos os elétrons se movem com uma aceleração constante.
  (c) O movimento randômico dos elétrons será, em média, equivalente à velocidade constante de cada elétron.
  (d) O movimento randômico dos elétrons será, em média, equivalente a uma aceleração não nula constante de cada elétron.

5.3 A fórmula $R = \ell/(\sigma S)$ só se aplica para fios de bitola pequena.
  (a) Verdadeiro
  (b) Falso
  (c) Não necessariamente

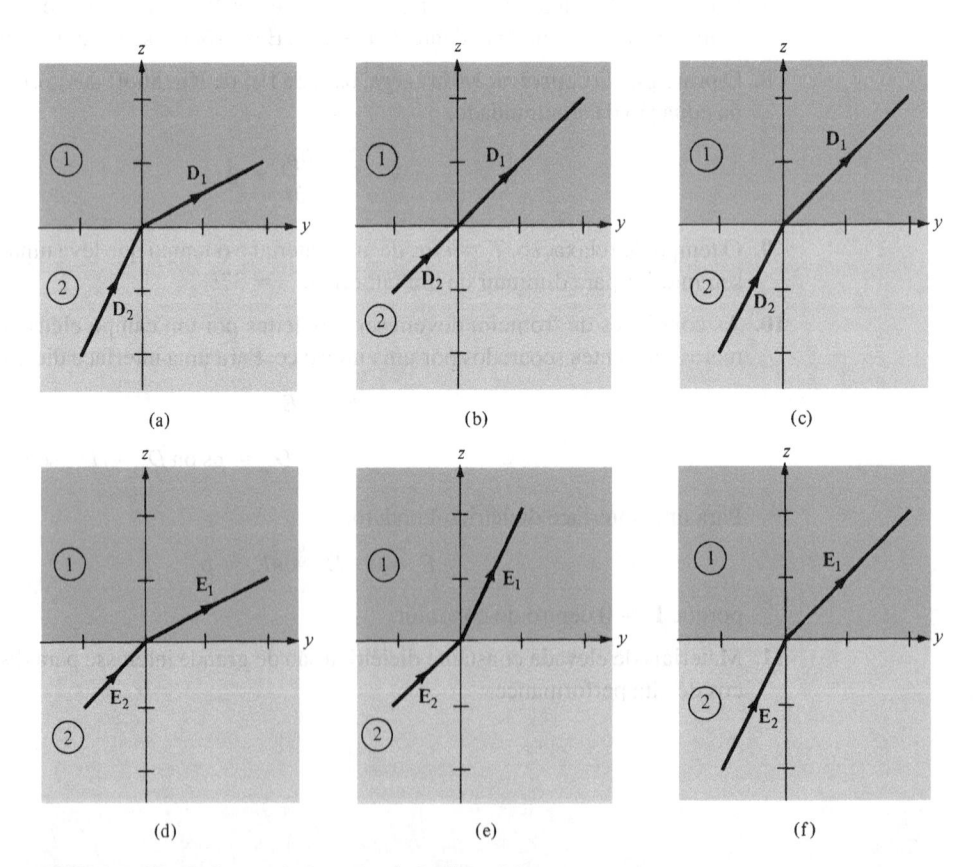

FIGURA 5.17 Referente à Questão de Revisão 5.8.

5.4 A água do mar tem $\varepsilon_r = 80$. Sua permissividade é de:
   (a) 81
   (b) 79
   (c) $5{,}162 \times 10^{-10}$ F/m
   (d) $7{,}074 \times 10^{-10}$ F/m

5.5 Os parâmetros ε_o e χ_e são adimensionais.
   (a) Verdadeiro
   (b) Falso

5.6 Se as relações $\nabla \cdot \mathbf{D} = \varepsilon \nabla \cdot \mathbf{E}$ e $\nabla \cdot \mathbf{J} = \sigma \nabla \cdot \mathbf{E}$ são satisfeitas em um determinado material, esse material é dito:
   (a) linear
   (b) homogêneo
   (c) isotrópico
   (d) linear e homogêneo
   (e) linear e isotrópico
   (f) isotrópico e homogêneo

5.7 O tempo de relaxação da mica ($\sigma = 10^{-15}$ S/m, $\varepsilon_r = 6$) é de:
   (a) 5×10^{-10} s
   (b) 10^{-6} s
   (c) 5 horas
   (d) 10 horas
   (e) 15 horas

5.8 Os campos uniformes, mostrados na Figura 5.17, estão perto de uma interface dielétrico-dielétrico mas em lados opostos da mesma. Quais configurações estão corretas? Considere que a interface esteja livre de cargas e que $\varepsilon_2 > \varepsilon_1$.

5.9 Quais das afirmações seguintes estão incorretas?
   (a) As condutividades dos condutores e isolantes variam com a temperatura e a frequência.
   (b) Um condutor é um corpo equipotencial e $\mathbf{E}$ é sempre tangencial ao condutor.
   (c) Moléculas não polares não têm dipolos permanentes.
   (d) Em um dielétrico linear, P varia linearmente com E.

5.10 As condições elétricas (carga e potencial) dentro e fora de uma blindagem eletrostática são completamente independentes uma da outra.
   (a) Verdadeiro
   (b) Falso

Respostas: 5.1d; 5.2c; 5.3c; 5.4d; 5.5b; 5.6d; 5.7e; 5.8e; 5.9b; 5.10a.

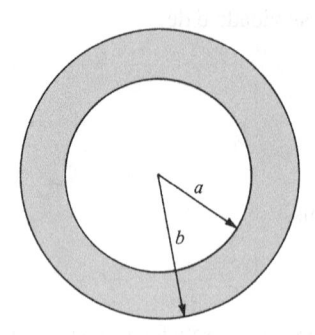

FIGURA 5.18 Referente ao Problema 5.12.

PROBLEMAS

5.1 A carga $10^{-4} e^{-3t}$ C é removida de uma esfera através de um fio. Determine a corrente no fio em $t = 0$ e $t = 2,5$ s.

5.2 Em uma certa região, $\mathbf{J} = 3r^2 \cos\theta\, \mathbf{a}_r - r^2 \sen\theta\, \mathbf{a}_\theta$ A/m. Determine a corrente que atravessa a superfície definida por $\theta = 30°$, $0 < \phi < 2\pi$, $0 < r < 2$ m.

5.3 (a) Seja $V = x^2 y^2 z$ em uma região ($\varepsilon = 2\varepsilon_0$) definida por $-1 < x, y, z < 1$. Determine a densidade de carga ρ_v nessa região.

(b) Se uma carga se desloca a uma velocidade de $10^4 y \mathbf{a}_y$ m/s, determine a corrente que atravessa a superfície definida por $0 < x, y < 0,5$, $y = 1$.

5.4 Determine a corrente total em um fio de raio 1,6 mm, posicionado ao longo do eixo z, se
$$\mathbf{J} = \frac{500\mathbf{a}_z}{\rho}\ \text{A/m}^2.$$

5.5 Um fio é percorrido por uma corrente constante de 2 A. Quantos coulombs atravessam a área da seção reta desse fio em 6 s? Quantos elétrons?

5.6 Se as extremidades de uma barra cilíndrica de carbono ($\sigma = 3 \times 10^4$ S/m), de raio 5 mm e comprimento 8 cm, são submetidas a uma diferença de potencial de 9V, determine: (a) a resistência da barra; (b) a corrente através da barra; (c) a potência dissipada na barra.

5.7 Um resistor de 1 MΩ é formado por uma mistura de grafite e argila na forma de um cilindro com 2 cm de comprimento e 4 mm de raio. Determine a condutividade do resistor.

5.8 A densidade de corrente elétrica em um fio de cobre de 1 kg é 0,8 A/mm². Quanto é a dissipação de calor no fio? Considere a densidade e a resistividade do cobre 8,9 g/cm³ e $1,75 \times 10^{-8}$ $\Omega \cdot$m, respectivamente.

5.9 Uma bobina é feita de 150 voltas de fio de cobre enroladas em torno de um núcleo cilíndrico. Se o raio médio das voltas é de 6,5 mm e o diâmetro do fio é de 0,4 mm, calcule a resistência da bobina.

5.10 Um condutor de 10 m de comprimento consiste de núcleo de aço de 1,5 cm de raio e de uma camada externa de cobre 0,5 cm de espessura. Considere as resistividades do cobre e do aço iguais a $1,77 \times 10^{-8}$ e $11,8 \times 10^{-8}$ $\Omega \cdot$m, respectivamente.

(a) Determine a resistência do condutor.

(b) Se a corrente total no condutor é de 60 A, qual a corrente que flui em cada metal?

(c) Determine a resistência de um condutor sólido de cobre, de comprimento e área de seção reta iguais às da camada externa.

5.11 Um bastão cuja seção reta é um triângulo equilátero, de 4 cm de lado, tem 3 m de comprimento. Calcule a resistência elétrica entre os terminais do bastão se for de borracha dura ($\sigma = 10^{-15}$ S/m).

5.12 Um cilindro oco de 2 m de comprimento tem sua seção reta mostrada na Figura 5.18. Se o cilindro é feito de carbono ($\sigma = 10^5$ S/m), determine a resistência entre as extremidades do cilindro. Considere $a = 3$ cm e $b = 5$ cm.

5.13 A correia de um gerador Van de Graaff tem 50 cm de largura e se desloca a uma velocidade de 25 m/s.

(a) desprezando a fuga, qual a taxa de deposição da carga sobre uma das faces da correia, em coulombs/segundo, para se obter uma corrente de descarga de 10 μA na esfera coletora?

(b) Calcule a densidade de cargas superficial sobre a correia, admitindo que seja uniforme.

5.14 A resistência de um fio longo de seção reta circular, de 3 mm de diâmetro, é de 4,04 Ω/km. Se uma corrente de 40 A percorre o fio, determine:

(a) a condutividade do fio e identifique o material do fio;

(b) a densidade de corrente elétrica no fio.

5.15 A região 1($z < 0$) contém um dielétrico com $\varepsilon_r = 2,5$, enquanto a região 2($z > 0$) é caracterizada por $\varepsilon_r = 4$. Se $\mathbf{E}_1 = -30\mathbf{a}_x + 50\mathbf{a}_y + 70\mathbf{a}_z$ V/m, determine: (a) $\mathbf{D}_2$; (b) $\mathbf{P}_2$; (c) o ângulo entre $\mathbf{E}_1$ e a normal à superfície.

5.16 Para um meio anisotrópico

$$\begin{bmatrix} D_x \\ D_y \\ D_z \end{bmatrix} = \varepsilon_o \begin{bmatrix} 4 & 1 & 1 \\ 1 & 4 & 1 \\ 1 & 1 & 4 \end{bmatrix} \begin{bmatrix} E_x \\ E_y \\ E_z \end{bmatrix}$$

obtenha $\mathbf{D}$ para: (a) $\mathbf{E} = 10\mathbf{a}_x + 10\mathbf{a}_y$ V/m, (b) $\mathbf{E} = 10\mathbf{a}_x + 20\mathbf{a}_y - 30\mathbf{a}_z$ V/m.

5.17 Uma esfera de raio a e constante dielétrica ε_r tem uma densidade uniforme de carga de ρ_o.

(a) No centro da esfera, demonstre que:

$$V = \frac{\rho_o a}{6\varepsilon_o \varepsilon_r}(2\varepsilon_r + 1)$$

(b) Determine o potencial na superfície da esfera.

5.18 Para $x < 0$, $\mathbf{P} = 5$ sen $(\alpha y)\,\mathbf{a}_x$, onde α é uma constante. Determine ρ_{ps} e ρ_{pv}.

5.19 Duas cargas pontuais no espaço livre exercem uma força de 4,5 μN, uma sobre a outra. Quando o espaço entre elas é preenchido com um material dielétrico, a força muda para 2 μN. Determine a constante dielétrica do material e o identifique.

5.20 No centro de uma esfera dielétrica oca ($\varepsilon = \varepsilon_o \varepsilon_r$) é colocada uma carga pontual Q. Se a esfera tem um raio interno a e um raio externo b, calcule $\mathbf{D}$, $\mathbf{E}$ e $\mathbf{P}$.

5.21 (a) Mostre que $\mathbf{P} = (\varepsilon - \varepsilon_o)\mathbf{E}$ e $\mathbf{D} = \dfrac{\varepsilon_r}{\varepsilon_r - 1}\mathbf{P}$.

(b) Dado que $\chi_e = 2,4$ e $D = 300\ \mu\text{C/m}^2$, determine ε_r, E e P.

5.22 Se $\mathbf{J} = \dfrac{100}{\rho^2}\mathbf{a}_\rho$ A/m^2, determine:

(a) a taxa de aumento da densidade volumétrica de carga;

(b) a corrente total que passa através de uma superfície definida por $\rho = 2$, $0 < z < 1$, $0 < \phi < 2\pi$.

5.23 Dado que $\mathbf{J} = 10^4(x^2 + y^2)\mathbf{a}_z$ A/m^2, determine:

(a) a densidade de corrente em $(-3, 4, 6)$;

(b) a taxa de aumento da densidade volumétrica de cargas em $(1, -2, 3)$;

(c) a corrente que atravessa um disco de raio 5 mm colocado no plano x-y e centrado na origem.

5.24 Se $\mathbf{J} = \dfrac{e^{-10^3 t}}{\rho^2} \mathbf{a}_\rho$ A/m² é a densidade de corrente em uma dada região, em $t = 10$ ms, calcule:
   (a) a corrente que passa através da superfície $\rho = 2$ m, $0 \leq z \leq 3$ m, $0 \leq \phi < 2\pi$
   (b) a densidade de carga ρ_v sobre a superfície.

5.25 Dado que $\mathbf{J} = \dfrac{5e^{-10^4 t}}{r} \mathbf{a}_r$ A/m² em $t = 0{,}1$ ms, determine: (a) a corrente que passa através da superfície $r = 2$ m; (b) a densidade de carga ρ_v nessa superfície.

5.26 O tempo de relaxação de um material com constante dielétrica 6 é 53 s. Calcule a condutividade desse material e o identifique.

5.27 Determine o tempo de relaxação para cada um dos seguintes meios:
   (a) Borracha dura ($\sigma = 10^{-15}$ S/m, $\varepsilon = 3{,}1\varepsilon_0$)
   (b) Mica ($\sigma = 10^{-15}$ S/m, $\varepsilon = 6\varepsilon_0$)
   (c) Água destilada ($\sigma = 10^{-4}$ S/m, $\varepsilon = 80\varepsilon_0$)

5.28 Calcule o tempo de rearranjo para:
   (a) Poliestireno ($\sigma = 10^{-16}$ S/m, $\varepsilon_r = 2{,}55$)
   (b) Solo úmido ($\sigma = 10^{-4}$ S/m, $\varepsilon_r = 20$)
   (c) Latão ($\sigma = 1{,}6 \times 10^7$ S/m, $\varepsilon_r = 1$)

5.29 Para campos estáticos (independentes do tempo), quais das seguintes densidades de corrente são possíveis?
   (a) $\mathbf{J} = 2x^3 y \mathbf{a}_x + 4x^2 z^2 \mathbf{a}_y - 6x^2 yz \mathbf{a}_z$
   (b) $\mathbf{J} = xy \mathbf{a}_x + y(z+1) \mathbf{a}_y + 2y \mathbf{a}_z$
   (c) $\mathbf{J} = \dfrac{z^2}{\rho} \mathbf{a}_\rho + z \cos\phi\, \mathbf{a}_z$
   (d) $\mathbf{J} = \dfrac{\operatorname{sen}\theta}{r^2} \mathbf{a}_r$

5.30 O excesso de cargas, em um determinado meio, decai a um terço de seu valor inicial em 20 μs. (a) Se a condutividade do meio é de 10^{-4} S/m, qual é a constante dielétrica desse meio? (b) Qual é o tempo de relaxação? (c) Após 30 μs, qual a fração de carga que ainda permanece?

5.31 Uma descarga elétrica atinge uma esfera dielétrica de raio 20 mm, para a qual $\varepsilon_r = 2{,}5$ e $\sigma = 5 \times 10^{-6}$ S/m, e deposita, uniformemente, uma carga de 1 C. Determine a densidade de carga inicial e a densidade de carga após 2 μs.

5.32 O plano $z = 4$ é a interface entre dois dielétricos. O dielétrico na região $z > 4$ tem a constante dielétrica 5 e $\mathbf{E} = 6\mathbf{a}_x - 12\mathbf{a}_y + 8\mathbf{a}_z$ V/m. Se a constante dielétrica é 2 na região $z < 4$, determine a intensidade do campo elétrico nessa região.

5.33 Uma esfera condutora de raio a está semi-imersa em um meio dielétrico líquido de permissividade ε_1, como mostra a Figura 5.19. A região acima do líquido é um gás de permissividade ε_2. Se a carga total sobre a esfera é Q, determine a intensidade do campo elétrico em qualquer ponto.

5.34 Dado que $\mathbf{E}_1 = 10\mathbf{a}_x - 6\mathbf{a}_y + 12\mathbf{a}_z$ V/m na Figura 5.20, determine: (a) $\mathbf{P}_1$, (b) $\mathbf{E}_2$ e o ângulo que $\mathbf{E}_2$ faz com o eixo y; (c) a densidade de energia em cada região.

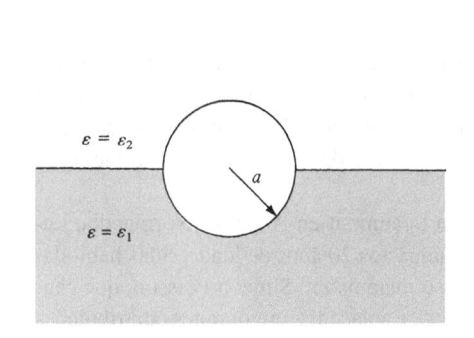

FIGURA 5.19 Referente ao Problema 5.33.

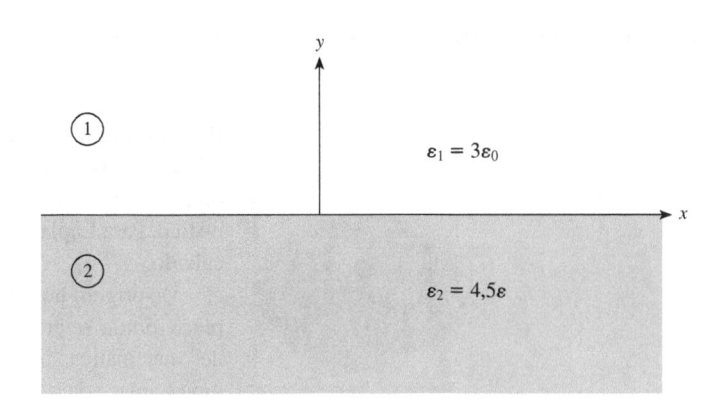

FIGURA 5.20 Referente ao Problema 5.34.

5.35 Duas regiões dielétricas homogêneas 1 ($\rho \leq 4$ cm) e 2 ($\rho \geq 4$ cm) têm constantes dielétricas 3,5 e 1,5, respectivamente. Se $\mathbf{D}_2 = 12\mathbf{a}_\rho - 6\mathbf{a}_\theta + 9\mathbf{a}_z$ nC/m2, calcule: (a) $\mathbf{E}_1$ e $\mathbf{D}_1$, (b) $\mathbf{P}_2$ e ρ_{pv2}, (c) a densidade de energia em cada região.

5.36 Uma interface dielétrica é definida por $4x + 3y = 10$m. A região que inclui a origem é espaço livre, onde $\mathbf{D}_1 = 2\mathbf{a}_x - 4\mathbf{a}_y + 6{,}5\mathbf{a}_z$ nC/m^2. Na outra região, $\varepsilon_{r2} = 2{,}5$. Determine $\mathbf{D}_2$ e o ângulo θ_2 que $\mathbf{D}_2$ faz com a normal.

5.37 Uma esfera no espaço livre, revestida de prata, de raio 5 cm, está carregada com uma carga total de 12 nC, uniformemente distribuída em sua superfície. Determine (a) $|\mathbf{D}|$ sobre a superfície da esfera, (b) $\mathbf{D}$ externo à esfera, (c) a energia total armazenada no campo.

Pierre-Simon de Laplace (1749-1827), astrônomo e matemático francês, criou a Transformada de Laplace e formulou a Equação de Laplace, a serem discutidas neste capítulo. Ele acreditava que o mundo era totalmente determinístico. Para Laplace, o universo não era mais do que um enorme problema de cálculo.

De origem humilde, nascido em Beaumont-en-Auge, na Normandia, Laplace tornou-se professor de matemática aos 20 anos de idade. Suas habilidades matemáticas inspiraram o famoso matemático Siméon Poisson, que chamou Laplace de o "Newton da França". Laplace fez importantes contribuições à Teoria do Potencial, Teoria das Probabilidades, Astronomia e Mecânica Celeste. Ele ficou amplamente conhecido por seu trabalho intitulado "Tratado de Mecânica Celeste", que complementou o trabalho de Newton em Astronomia. Laplace é um dos poucos gigantes na história das Probabilidades e Estatística. Ele nasceu e morreu católico.

Siméon-Denis Poisson (1781-1840), matemático e físico francês cujo nome está associado a diversos conceitos: Integral de Poisson, Equação de Poisson na Teoria do Potencial (a ser discutida neste capítulo), colchetes de Poisson em Equações Diferenciais, Razão de Poisson em Elasticidade, Distribuição de Poisson em Teoria das Probabilidades e Constante de Poisson em Eletricidade.

Nascido em Pithviers, ao sul de Paris, filho de um soldado reservista, Siméon Poisson foi inicialmente forçado por sua família a estudar Medicina, mas em 1798, com 17 anos de idade, começou a estudar Matemática na Escola Politécnica de Paris. Sua capacidade entusiasmou Lagrange e Laplace, seus professores, que se tornaram seus amigos até o fim da vida. Uma resenha sobre diferenças finitas, escrita por Poisson quando tinha 18 anos, chamou a atenção de Legendre. O interesse principal de Poisson era a aplicação da Matemática à Física, especialmente em Eletrostática e Magnetismo. Poisson fez importantes contribuições à Mecânica, Teoria da Elasticidade, Ótica, Cálculo, Geometria Diferencial e Teoria das Probabilidades. Ele publicou entre 300 e 400 trabalhos na área da Matemática.

CAPÍTULO 6

PROBLEMAS DE VALOR DE FRONTEIRA EM ELETROSTÁTICA

"Aquele que conhece o inimigo e conhece a si mesmo, não estará em perigo em uma centena de batalhas. Aquele que não conhece o inimigo, mas conhece a si mesmo, algumas vezes vencerá, algumas vezes perderá. Aquele que não conhece o inimigo e não conhece a si mesmo, estará em perigo em toda batalha."

— SUN TZU

6.1 INTRODUÇÃO

O procedimento utilizado para determinar o campo elétrico **E** nos capítulos anteriores basicamente consistiu em utilizar ou a lei de Coulomb ou a lei de Gauss, quando a distribuição de carga é conhecida, ou em utilizar $\mathbf{E} = -\nabla V$, quando o potencial V é conhecido em uma região. No entanto, na maioria das situações práticas, nem a distribuição de cargas nem a distribuição de potencial são conhecidas.

Neste capítulo, consideraremos problemas práticos de eletrostática onde somente as condições eletrostáticas (carga e potencial) em algumas fronteiras de uma determinada região são conhecidas, e é desejável determinar **E** e V ao longo de toda essa região. Tais problemas são usualmente resolvidos utilizando a equação de Poisson ou a equação de Laplace ou, ainda, o método das imagens. Esses problemas são normalmente referidos como problemas de *valor de fronteira*. Os conceitos de resistência e capacitância serão abordados. Utilizaremos a equação de Laplace para obter a resistência de um objeto e a capacitância de um capacitor. O Exemplo 6.5 deve ser visto com atenção porque nos referiremos a ele algumas vezes na parte restante do capítulo.

6.2 EQUAÇÕES DE LAPLACE E DE POISSON

As equações de Laplace e de Poisson são facilmente obtidas a partir da lei de Gauss (para um meio linear)

$$\nabla \cdot \mathbf{D} = \nabla \cdot \varepsilon \mathbf{E} = \rho_v \tag{6.1}$$

e

$$\mathbf{E} = -\nabla V \tag{6.2}$$

Substituindo a equação (6.2) na equação (6.1), obtém-se

$$\nabla \cdot (-\varepsilon \nabla V) = \rho_v \tag{6.3}$$

para um meio não homogêneo. Para um meio homogêneo, a equação (6.3) torna-se:

$$\boxed{\nabla^2 V = -\frac{\rho_v}{\varepsilon}} \tag{6.4}$$

Esta é conhecida como *equação de Poisson*. Um caso especial desta equação ocorre quando $\rho_v = 0$ (isto é, para uma região livre de cargas). A equação (6.4) torna-se, então

$$\boxed{\nabla^2 V = 0} \qquad (6.5)$$

que é conhecida como *equação de Laplace*. Observe que, ao retirar ε do lado esquerdo da equação (6.3) para obter a (6.4), assumimos que ε é constante em toda a região na qual V é definido. Para uma região não homogênea, ε não é constante e a equação (6.4) não resulta da (6.3). A (6.3) é a equação de Poisson para um meio não homogêneo; torna-se a equação de Laplace para um meio não homogêneo quando $\rho_v = 0$.

Lembre que o operador laplaciano ∇^2 foi obtido na Seção 3.8. Então, a equação de Laplace em coordenadas cartesianas, cilíndricas ou esféricas é dada respectivamente por

$$\boxed{\frac{\partial^2 V}{\partial x^2} + \frac{\partial^2 V}{\partial y^2} + \frac{\partial^2 V}{\partial z^2} = 0} \qquad (6.6)$$

$$\boxed{\frac{1}{\rho}\frac{\partial}{\partial \rho}\left(\rho \frac{\partial V}{\partial \rho}\right) + \frac{1}{\rho^2}\frac{\partial^2 V}{\partial \phi^2} + \frac{\partial^2 V}{\partial z^2} = 0} \qquad (6.7)$$

$$\boxed{\frac{1}{r^2}\frac{\partial}{\partial r}\left(r^2 \frac{\partial V}{\partial r}\right) + \frac{1}{r^2 \operatorname{sen} \theta}\frac{\partial}{\partial \theta}\left(\operatorname{sen} \theta \frac{\partial V}{\partial \theta}\right) + \frac{1}{r^2 \operatorname{sen}^2 \theta}\frac{\partial^2 V}{\partial \phi^2} = 0} \qquad (6.8)$$

dependendo se o potencial é $V(x, y, z)$, $V(\rho, \phi, z)$ ou $V(r, \theta, \phi)$. A equação de Poisson nesses sistemas de coordenadas pode ser obtida simplesmente substituindo o zero do lado direito das equações (6.6), (6.7) e (6.8) por $-\rho_v/\varepsilon$.

A equação de Laplace é de fundamental importância na solução de problemas de eletrostática envolvendo um conjunto de condutores mantidos em diferentes potenciais. Exemplos de tais problemas incluem capacitores e válvulas eletrônicas. As equações de Laplace e de Poisson não só são úteis para resolver problemas de campos eletrostáticos, mas também são utilizadas em muitos outros problemas que envolvem campos. Por exemplo, V poderia ser interpretado como o potencial magnético em magnetostática, como a temperatura em condução de calor, como uma função tensão em fluxo de fluidos, e como uma perda de carga em vazamentos.

†6.3 TEOREMA DA UNICIDADE

Já que existem vários métodos (analíticos, gráficos, numéricos, experimentais, etc.) para resolver um determinado problema, poderíamos questionar se resolver a equação de Laplace de diferentes maneiras resultaria em diferentes soluções. Por conseguinte, antes de começarmos a resolver a equação de Laplace, precisamos responder à seguinte pergunta: se a solução da equação de Laplace satisfaz um dado conjunto de condições de fronteira, será essa a única solução? A resposta é sim, existe apenas uma única solução. Dizemos que a solução é única. Portanto, qualquer solução da equação de Laplace que satisfaça as mesmas condições de fronteira deve ser a única solução, independente do método escolhido para determiná-la. Esse é conhecido como o *teorema da unicidade*. O teorema se aplica a qualquer solução da equação de Laplace ou da equação de Poisson em uma dada região ou superfície fechada.

O teorema é demonstrado por absurdo. Assumimos que há duas soluções V_1 e V_2 da equação de Laplace que satisfazem as condições de fronteira do problema. Portanto:

$$\nabla^2 V_1 = 0 \qquad \nabla^2 V_2 = 0 \qquad (6.9a)$$

$$V_1 = V_2 \quad \text{na fronteira} \qquad (6.9b)$$

Consideramos a diferença

$$V_d = V_2 - V_1 \qquad (6.10)$$

que obedece

$$\nabla^2 V_d = \nabla^2 V_2 - \nabla^2 V_1 = 0 \qquad (6.11a)$$

$$V_d = 0 \quad \text{na fronteira} \qquad (6.11b)$$

de acordo com a equação (6.9). Do teorema da divergência:

$$\int_v \nabla \cdot \mathbf{A}\, dv = \oint_S \mathbf{A} \cdot d\mathbf{S} \qquad (6.12)$$

onde S é a superfície envolvendo o volume v e é a fronteira do problema original. Consideramos $\mathbf{A} = V_d \nabla V_d$ e usamos a identidade vetorial:

$$\nabla \cdot \mathbf{A} = \nabla \cdot (V_d \nabla V_d) = V_d \nabla^2 V_d + \nabla V_d + \nabla V_d \cdot \nabla V_d$$

Contudo, $\nabla^2 V_d = 0$, de acordo com a equação (6.11). Então:

$$\nabla \cdot \mathbf{A} = \nabla V_d \cdot \nabla V_d \qquad (6.13)$$

Substituindo a equação (6.13) na equação (6.12), obtém-se:

$$\int_v \nabla V_d \cdot \nabla V_d\, dv = \oint_S V_d \nabla V_d \cdot d\mathbf{S} \qquad (6.14)$$

Das equações (6.9) e (6.11), fica evidente que o lado direito da equação (6.14) se anula. Portanto:

$$\int_v |\nabla V_d|^2\, dv = 0$$

Já que a integração é sempre positiva,

$$\nabla V_d = 0 \qquad (6.15a)$$

ou

$$V_d = V_2 - V_1 = \text{constante em qualquer ponto no intertior de } v \qquad (6.15b)$$

Contudo, a equação (6.15) deve ser consistente com a equação (6.9b). Portanto, $V_d = 0$ ou $V_1 = V_2$ em qualquer ponto, demonstrando que V_1 e V_2 não podem ser soluções diferentes do mesmo problema.

> **Teorema da unicidade:** se uma solução da equação de Laplace que satisfaça as condições de fronteira pode ser encontrada, então a solução é única.

O mesmo procedimento pode ser adotado para demonstrar que esse teorema também se aplica à equação de Poisson e também para o caso em que o campo elétrico (gradiente do potencial) é especificado na fronteira.

Antes de começarmos a resolver problemas de valor de fronteira, devemos ter em mente três características que descrevem univocamente um problema:

1. A equação diferencial apropriada (neste capítulo, equação de Laplace ou equação de Poisson).
2. A região de interesse para a solução.
3. As condições de fronteira a serem satisfeitas.

Um problema não tem solução única, e não pode ser resolvido completamente se não for considerado algum desses três itens.

6.4 PROCEDIMENTO GERAL PARA RESOLVER A EQUAÇÃO DE LAPLACE OU A EQUAÇÃO DE POISSON

O seguinte procedimento geral pode ser adotado ao resolver um dado problema de valor de fronteira envolvendo a equação de Laplace ou a equação de Poisson:

1. Resolver a equação de Laplace (se $\rho_v = 0$) ou de Poisson (se $\rho_v \neq 0$) utilizando ou (a) integração direta quando V é uma função de uma variável, ou (b) separação de variáveis se V é função de mais de uma variável. A solução, nesta etapa, não é única, mas sim expressa em termos de constantes de integração a serem determinadas.
2. Aplicar as condições de fronteira para determinar uma solução única de V, partindo do pressuposto que para determinadas condições de fronteira existe uma única solução.
3. Tendo obtido V, encontrar $\mathbf{E}$ usando $\mathbf{E} = -\nabla V$ e $\mathbf{D}$ a partir de $\mathbf{D} = \varepsilon \mathbf{E}$, e $\mathbf{J}$ a partir de $\mathbf{J} = \sigma \mathbf{E}$.
4. Se desejado, encontrar a carga Q, induzida em um condutor, fazendo $Q = \int \rho_S\, dS$, onde $\rho_S = D_n$ e D_n é a componente de $\mathbf{D}$ normal ao condutor. Se necessário, a capacitância entre dois condutores pode ser encontrada fazendo $C = Q/V$, ou a resistência de um objeto pode ser encontrada fazendo $R = V/I$, onde $I = \int_S \mathbf{J} \cdot d\mathbf{S}$.

Resolver a equação de Laplace (ou de Poisson) de acordo com a etapa 1 não é sempre tão complicado quanto parece. Em alguns casos, a solução pode ser obtida por mera inspeção do problema. Por outro lado, uma solução pode ser conferida fazendo o caminho inverso e determinando se ela satisfaz a equação de Laplace (ou a de Poisson) e as condições de fronteira impostas.

EXEMPLO 6.1

Componentes condutores em equipamentos de potência de alta tensão devem ser resfriados, a fim de eliminar o calor causado pelas perdas ôhmicas. Uma maneira de bombear esse calor é baseada na força transmitida para o fluido refrigerante por cargas em um campo elétrico. O bombeamento eletro-hidrodinâmico (EHD) está representado na Figura 6.1. A região entre os eletrodos contém uma carga uniforme ρ_o, que é gerada no eletrodo da esquerda e coletada no eletrodo da direita. Calcule a pressão da bomba se $\rho_o = 25$ mC/m³ e $V_o = 22$ kV.

Solução:

Já que $\rho_v \neq 0$, aplicamos a equação de Poisson:

$$\nabla^2 V = -\frac{\rho_v}{\varepsilon}$$

As condições de fronteira $V(z = 0) = V_o$ e $V(z = d) = 0$ mostram que V depende somente de z (não existe qualquer dependência com ρ ou ϕ). Portanto:

$$\frac{d^2 V}{dz^2} = \frac{-\rho_o}{\varepsilon}$$

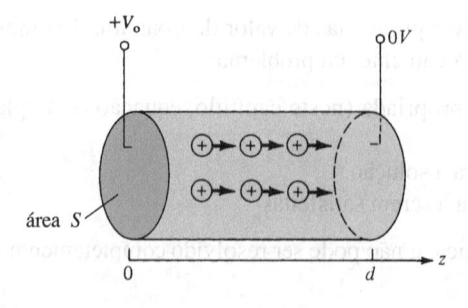

FIGURA 6.1 Uma bomba eletro-hidrodinâmica; referente ao Exemplo 6.1.

Integrando uma vez, obtém-se

$$\frac{dV}{dz} = \frac{-\rho_\text{o} z}{\varepsilon} + A$$

Integrando-se novamente

$$V = -\frac{\rho_\text{o} z^2}{2\varepsilon} + Az + B$$

onde A e B são constantes de integração a serem determinadas pela aplicação das condições de fronteira. Quando $z = 0$, $V = V_\text{o}$,

$$V_\text{o} = -0 + 0 + B \to B = V_\text{o}$$

Quando $z = d$, $V = 0$,

$$0 = -\frac{\rho_\text{o} d^2}{2\varepsilon} + Ad + V_\text{o}$$

ou

$$A = \frac{\rho_\text{o} d}{2\varepsilon} - \frac{V_\text{o}}{d}$$

O campo elétrico é dado por:

$$\mathbf{E} = -\nabla V = -\frac{dV}{dz}\mathbf{a}_z = \left(\frac{\rho_\text{o} z}{\varepsilon} - A\right)\mathbf{a}_z$$

$$= \left[\frac{V_\text{o}}{d} + \frac{\rho_\text{o}}{\varepsilon}\left(z - \frac{d}{2}\right)\right]\mathbf{a}_z$$

A força líquida é:

$$\mathbf{F} = \int \rho_v \mathbf{E}\, dv = \rho_\text{o} \int dS \int_{z=0}^{d} \mathbf{E}\, dz$$

$$= \rho_\text{o} S \left[\frac{V_\text{o} z}{d} + \frac{\rho_\text{o}}{2\varepsilon}(z^2 - dz)\right]\Big|_0^d \mathbf{a}_z$$

$$\mathbf{F} = \rho_\text{o} S V_\text{o} \mathbf{a}_z$$

A força por unidade de área, ou pressão, é:

$$p = \frac{F}{S} = \rho_\text{o} V_\text{o} = 25 \times 10^{-3} \times 22 \times 10^3 = 550\ \text{N/m}^2$$

EXERCÍCIO PRÁTICO 6.1

Em um dispositivo unidimensional, a densidade de carga é dada por $\rho_v = \rho_\text{o} x/a$. Se $\mathbf{E} = 0$ em $x = 0$ e $V = 0$ em $x = a$, determine V e $\mathbf{E}$.

Resposta: $\dfrac{\rho_\text{o}}{6\varepsilon a}(a^3 - x^3)$, $\dfrac{\rho_\text{o} x^2}{2a\varepsilon}\mathbf{a}_x$.

EXEMPLO 6.2

Uma máquina de cópia xerográfica é uma importante aplicação da eletrostática. A superfície de um fotocondutor é, de início, carregada uniformemente, como mostra a Figura 6.2(a). Quando a luz refletida pelo documento a ser copiado incide no fotocondutor, as cargas da superfície inferior do mesmo combinam com as da superfície superior e ocorre a neutralização de umas com as outras. A imagem é obtida ao se pulverizar a superfície do fotocondutor com um pó negro carregado eletricamente. O campo elétrico atrai o pó carregado que posteriormente é transferido para o papel, sendo fundido para formar uma imagem permanente. Desejamos determinar o campo elétrico acima e abaixo da superfície do fotocondutor.

Solução:

Considere a Figura 6.2(b) que é uma versão da Figura 6.2(a). Já que $\rho_v = 0$ nesse caso, aplicamos a equação de Laplace. Além disso, o potencial depende somente de x. Então:

$$\nabla^2 V = \frac{d^2 V}{dx^2} = 0$$

Integrando duas vezes, obtém-se:

$$V = Ax + B$$

Sejam os potenciais acima e abaixo da superfície V_1 e V_2, respectivamente:

$$V_1 = A_1 x + B_1, \quad x > a \tag{6.2.1a}$$

$$V_2 = A_2 x + B_2, \quad x < a \tag{6.2.1b}$$

As condições de fronteira nos eletrodos aterrados são:

$$V_1(x = d) = 0 \tag{6.2.2a}$$

$$V_2(x = 0) = 0 \tag{6.2.2b}$$

Na superfície do foto condutor:

$$V_1(x = a) = V_2(x = a) \tag{6.2.3a}$$

$$D_{1n} - D_{2n} = \rho_s \big|_{x=a} \tag{6.2.3b}$$

Para determinar as quatro constantes desconhecidas A_1, A_2, B_1 e B_2, utilizamos as quatro condições das equações (6.2.2) e (6.2.3). Das equações (6.2.1) e (6.2.2):

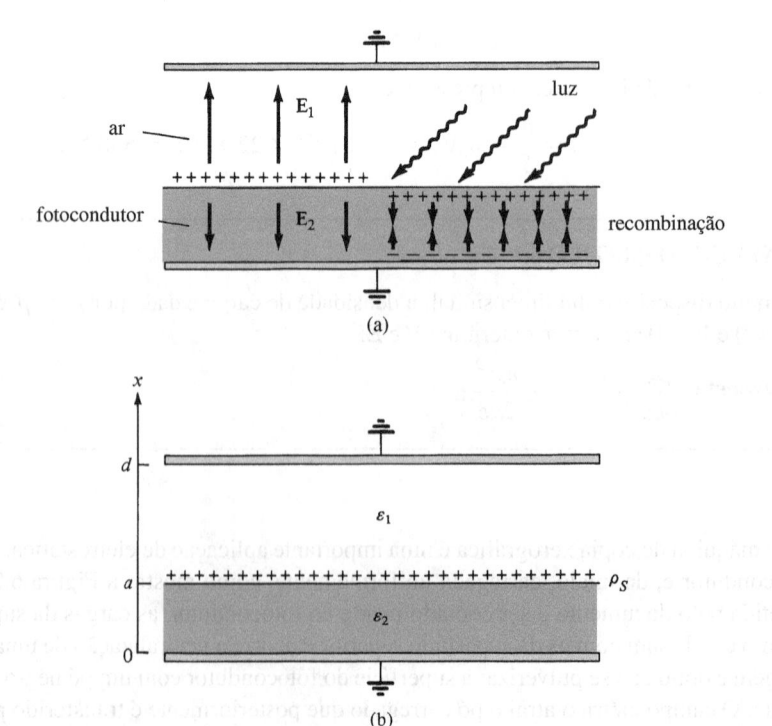

FIGURA 6.2 Referente ao Exemplo 6.2.

$$0 = A_1 d + B_1 \rightarrow B_1 = -A_1 d \qquad (6.2.4a)$$

$$0 = 0 + B_2 \rightarrow B_2 = 0 \qquad (6.2.4b)$$

Das equações (6.2.1) e (6.2.3a):

$$A_1 a + B_1 = A_2 a \qquad (6.2.5)$$

Ao aplicar (6.2.3b), lembre que $\mathbf{D} = \varepsilon \mathbf{E} = -\varepsilon \nabla V$, de forma que

$$\rho_s = D_{1n} - D_{2n} = \varepsilon_1 E_{1n} - \varepsilon_2 E_{2n} = -\varepsilon_1 \frac{dV_1}{dx} + \varepsilon_2 \frac{dV_2}{dx}$$

ou

$$\rho_s = -\varepsilon_1 A_1 + \varepsilon_2 A_2 \qquad (6.2.6)$$

Resolvendo para A_1 e A_2, nas equações (6.2.4) a (6.2.6), obtém-se:

$$\mathbf{E}_1 = -A_1 \mathbf{a}_x = \frac{\rho_S \mathbf{a}_x}{\varepsilon_1 \left[1 + \dfrac{\varepsilon_2}{\varepsilon_1}\dfrac{d}{a} - \dfrac{\varepsilon_2}{\varepsilon_1}\right]}, \quad a \leq x \leq d$$

$$\mathbf{E}_2 = -A_2 \mathbf{a}_x = \frac{-\rho_S \left(\dfrac{d}{a} - 1\right) \mathbf{a}_x}{\varepsilon_1 \left[1 + \dfrac{\varepsilon_2}{\varepsilon_1}\dfrac{d}{a} - \dfrac{\varepsilon_2}{\varepsilon_1}\right]}, \quad 0 \leq x \leq a$$

EXERCÍCIO PRÁTICO 6.2

Para o modelo representado na Figura 6.2(b), se $\rho_S = 0$ e o eletrodo superior é mantido em V_o, enquanto o eletrodo inferior é aterrado, demonstre que:

$$\mathbf{E}_1 = \frac{-V_o \mathbf{a}_x}{d - a + \dfrac{\varepsilon_1}{\varepsilon_2} a}, \quad \mathbf{E}_2 = \frac{-V_o \mathbf{a}_x}{a + \dfrac{\varepsilon_2}{\varepsilon_1} d - \dfrac{\varepsilon_2}{\varepsilon_1} a}$$

EXEMPLO 6.3

Dois semiplanos condutores, $\phi = 0$ e $\phi = \pi/6$, estão separados por uma fenda de largura infinitesimal, como mostra a Figura 6.3. Se $V(\phi = 0) = 0$ e $V(\phi = \pi/6) = 100$ V, determine V e $\mathbf{E}$ na região entre os semiplanos.

Solução:

Se V depende somente de ϕ, a equação de Laplace em coordenadas cilíndricas torna-se:

$$\nabla^2 V = \frac{1}{\rho^2} \frac{d^2 V}{d\phi^2} = 0$$

Já que $\rho = 0$ não faz parte da solução devido à fenda que separa os dois semiplanos, podemos multiplicar a equação anterior por ρ^2 para obter

$$\frac{d^2 V}{d\phi^2} = 0$$

que é integrada duas vezes para obter

$$V = A\phi + B$$

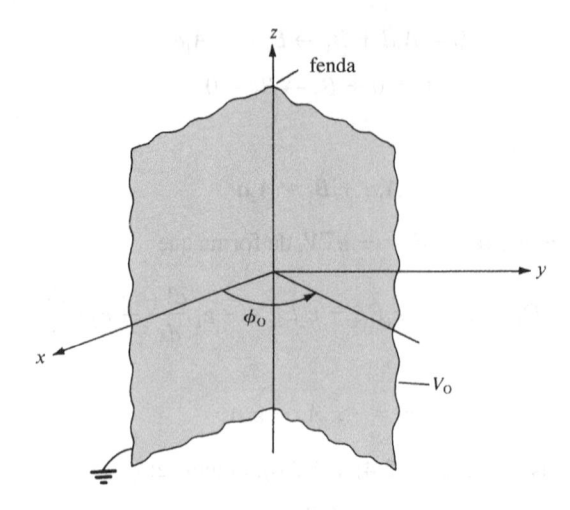

FIGURA 6.3 O potencial $V(\phi)$ devido a semiplanos condutores.

Aplicamos as condições de fronteira para determinar as constantes A e B. Quando $\phi = 0$, $V = 0$:

$$0 = 0 + B \rightarrow B = 0$$

Quando $\phi = \phi_o$, $V = V_o$:

$$V_o = A\phi_o \rightarrow A = \frac{V_o}{\phi_o}$$

Portanto,

$$V = \frac{V_o}{\phi_o} \phi$$

e

$$\mathbf{E} = -\nabla V = -\frac{1}{\rho}\frac{dV}{d\phi}\mathbf{a}_\phi = -\frac{V_o}{\rho\phi_o}\mathbf{a}_\phi$$

Substituindo $V_o = 100$ e $\phi_o = \pi/6$, obtém-se:

$$V = \frac{600}{\pi}\phi \quad \text{e} \quad \mathbf{E} = \frac{-600}{\pi\rho}\mathbf{a}_\phi$$

Confira: $\nabla^2 V = 0$, $V(\phi = 0) = 0$, $V(\phi = \pi/6) = 100$.

EXERCÍCIO PRÁTICO 6.3

Duas placas condutoras de tamanho 1×5 m estão inclinadas $45°$ uma em relação à outra, com um espaçamento de 4 mm entre elas, conforme mostrado na Figura 6.4. Determine um valor aproximado da carga por placa se as placas forem mantidas a uma diferença de potencial de 50 V. Considere que o meio entre elas tenha $\varepsilon_r = 1,5$.

Resposta: 22,2 nC.

EXEMPLO 6.4

Dois cones condutores ($\theta = \pi/10$ e $\theta = \pi/6$), de extensão infinita, estão separados por um espaçamento infinitesimal em $r = 0$. Se $V(\theta = \pi/10) = 0$ e $V(\theta = \pi/6) = 50$ V, determine V e $\mathbf{E}$ entre os cones.

Solução:

Considere o cone coaxial da Figura 6.5, onde o espaçamento serve como elemento isolador entre os dois cones condutores. V depende somente de θ. Então, a equação de Laplace, em coordenadas esféricas, torna-se

$$\nabla^2 V = \frac{1}{r^2 \text{sen } \theta} \frac{d}{d\theta}\left[\text{sen } \theta \frac{dV}{d\theta}\right] = 0$$

Já que $r = 0$ e $\theta = 0$ ou π não fazem parte da solução, podemos multiplicar a equação anterior por $r^2 \text{ sen } \theta$ para obter:

$$\frac{d}{d\theta}\left[\text{sen } \theta \frac{dV}{d\theta}\right] = 0$$

Integrando uma vez, obtém-se

$$\text{sen } \theta \frac{dV}{d\theta} = A$$

ou

$$\frac{dV}{d\theta} = \frac{A}{\text{sen } \theta}$$

Integrando esta equação, obtemos:

$$\begin{aligned} V &= A \int \frac{d\theta}{\text{sen } \theta} = A \int \frac{d\theta}{2 \cos \theta/2 \text{ sen } \theta/2} \\ &= A \int \frac{1/2 \sec^2 \theta/2 \, d\theta}{\text{tg } \theta/2} \\ &= A \int \frac{d(\text{tg } \theta/2)}{\text{tg } \theta/2} \\ &= A \ln (\text{tg } \theta/2) + B \end{aligned}$$

Aplicaremos agora as condições de fronteira para determinar as constantes de integração A e B.

$$V(\theta = \theta_1) = 0 \rightarrow 0 = A \ln (\text{tg } \theta_1/2) + B$$

ou

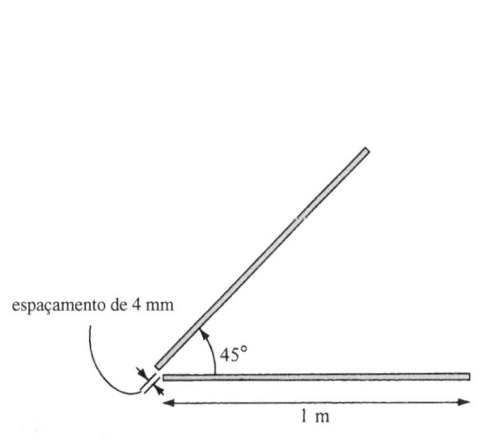

$$B = -A \ln (\text{tg } \theta_1/2)$$

FIGURA 6.4 Referente ao Exercício Prático 6.3.

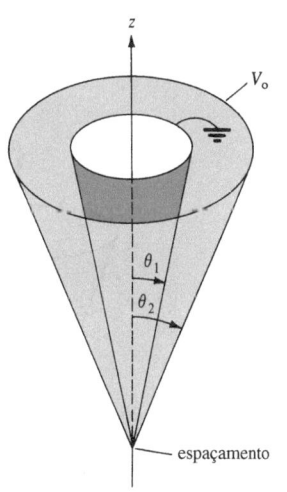

FIGURA 6.5 Potencial $V(\theta)$ devido a cones condutores.

Portanto:
$$V = A \ln\left[\frac{\operatorname{tg} \theta/2}{\operatorname{tg} \theta_1/2}\right]$$

Também,
$$V(\theta = \theta_2) = V_o \to V_o = A \ln\left[\frac{\operatorname{tg} \theta_2/2}{\operatorname{tg} \theta_1/2}\right]$$

ou
$$A = \frac{V_o}{\ln\left[\dfrac{\operatorname{tg} \theta_2/2}{\operatorname{tg} \theta_1/2}\right]}$$

Então:
$$V = \frac{V_o \ln\left[\dfrac{\operatorname{tg} \theta/2}{\operatorname{tg} \theta_1/2}\right]}{\ln\left[\dfrac{\operatorname{tg} \theta_2/2}{\operatorname{tg} \theta_1/2}\right]}$$

$$\mathbf{E} = -\nabla V = -\frac{1}{r}\frac{dV}{d\theta}\mathbf{a}_\theta = -\frac{A}{r \operatorname{sen} \theta}\mathbf{a}_\theta$$

$$= -\frac{V_o}{r \operatorname{sen} \theta \ln\left[\dfrac{\operatorname{tg} \theta_2/2}{\operatorname{tg} \theta_1/2}\right]}\mathbf{a}_\theta$$

Fazendo $\theta_1 = \pi/10$, $\theta_2 = \pi/6$ e $V_o = 50$, obtém-se

$$V = \frac{50 \ln\left[\dfrac{\operatorname{tg} \theta/2}{\operatorname{tg} \pi/20}\right]}{\ln\left[\dfrac{\operatorname{tg} \pi/12}{\operatorname{tg} \pi/20}\right]} = 95{,}1 \ln\left[\frac{\operatorname{tg} \theta/2}{0{,}1584}\right] \text{ V}$$

e
$$\mathbf{E} = -\frac{95{,}1}{r \operatorname{sen} \theta}\mathbf{a}_\theta \text{ V/m}$$

Confira: $\nabla^2 V = 0$, $V(\theta = \pi/10) = 0$ e $V(\theta = \pi/6) = V_o$.

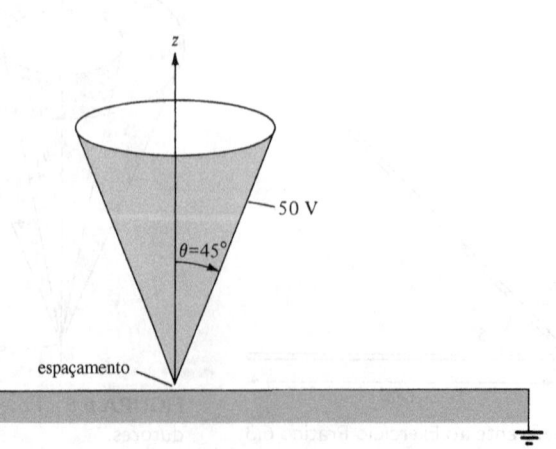

FIGURA 6.6 Referente ao Exercício Prático 6.4.

EXERCÍCIO PRÁTICO 6.4

Um cone condutor ($\theta = 45°$) está colocado sobre um plano condutor e há, entre eles, um pequeno espaçamento, como mostra a Figura 6.6. Se o cone está conectado a uma fonte de 50 V, determine V e $\mathbf{E}$ em $(-3, 4, 2)$.

Resposta: 27,87 V; $-11,35\,\mathbf{a}_\theta$ V/m.

EXEMPLO 6.5

(a) Determine a função potencial para a região dentro de uma calha de seção reta retangular e de comprimento infinito, cuja seção reta está mostrada na Figura 6.7.
(b) Para $V_o = 100$ V e $b = 2a$, determine o potencial em $x = a/2$, $y = 3a/4$.

Solução:

(a) O potencial V, neste caso, depende de x e y. A equação de Laplace é escrita como:

$$\nabla^2 V = \frac{\partial^2 V}{\partial x^2} + \frac{\partial^2 V}{\partial y^2} = 0 \qquad (6.5.1)$$

Temos que resolver essa equação com as seguintes condições de fronteira:

$$V(x = 0, 0 \leq y \leq a) = 0 \qquad (6.5.2a)$$

$$V(x = b, 0 \leq y \leq a) = 0 \qquad (6.5.2b)$$

$$V(0 \leq x \leq b, y = 0) = 0 \qquad (6.5.2c)$$

$$V(0 \leq x \leq b, y = a) = V_o \qquad (6.5.2d)$$

Resolvemos a equação (6.5.1) pelo método da *separação de variáveis*, isto é, procuramos uma solução de V na forma de um produto. Seja

$$V(x, y) = X(x)\,Y(y) \qquad (6.5.3)$$

onde X é uma função somente de x e Y é uma função somente de y. Substituindo a equação (6.5.3) na equação (6.5.1), obtemos:

$$X''Y + Y''X = 0$$

Dividindo todos os termos por XY e separando os termos em X dos termos em Y, obtemos:

$$-\frac{X''}{X} = \frac{Y''}{Y} \qquad (6.5.4a)$$

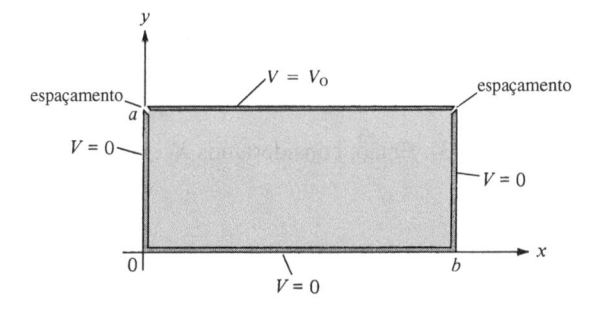

FIGURA 6.7 Função Potencial $V(x, y)$ devido a uma calha retangular condutora, referente ao Exemplo 6.5.

Já que o lado esquerdo da equação é uma função só de x e o lado direito é uma função só de y, para satisfazer a igualdade, ambos os lados devem ser iguais a uma constante λ, isto é:

$$-\frac{X''}{X} = \frac{Y''}{Y} = \lambda \qquad (6.5.4b)$$

A constante λ é conhecida como a constante de separação. Da equação (6.5.4b), obtemos

$$X'' + \lambda X = 0 \qquad (6.5.5a)$$

e

$$Y'' + \lambda X = 0 \qquad (6.5.5b)$$

Dessa forma, as variáveis estão separadas neste ponto e nos referimos às equações (6.5.5) como *equações separadas*. Podemos determinar $X(x)$ e $Y(y)$ separadamente, e então substituir essas soluções na equação (6.5.3). Para tanto, as condições de fronteira nas equações (6.5.2) precisam estar separadas, se possível. A separação é feita como segue:

$$V(0, y) = X(0)Y(y) = 0 \rightarrow X(0) = 0 \qquad (6.5.6a)$$

$$V(b, y) = X(b)Y(y) = 0 \rightarrow X(b) = 0 \qquad (6.5.6b)$$

$$V(x, 0) = X(x)Y(0) = 0 \rightarrow Y(0) = 0 \qquad (6.5.6c)$$

$$V(x, a) = X(x)Y(a) = V_o \text{ (inseparáveis)} \qquad (6.5.6d)$$

Para determinar $X(x)$ e $Y(y)$ nas equações (6.5.5), consideramos as condições de fronteira das equações (6.5.6). Consideramos os valores possíveis de λ que satisfaçam tanto as equações separadas (6.5.5) quanto as condições de fronteira (6.5.6).

CASO 1

Se λ = 0, então a equação (6.5.5a) torna-se

$$X'' = 0 \quad \text{ou} \quad \frac{d^2X}{dx^2} = 0$$

a partir da qual, após integrarmos duas vezes, obtemos

$$X = Ax + B \qquad (6.5.7)$$

As condições de fronteira nas equações (6.5.6a) e (6.5.6b) implicam que

$$X(x = 0) = 0 \rightarrow 0 = 0 + B \text{ ou } B = 0$$

e

$$X(x = b) = 0 \rightarrow 0 = A \cdot b + 0 \text{ ou } A = 0$$

porque $b \neq 0$. Dessa forma, a solução para X, na equação (6.5.7), torna-se

$$X(x) = 0$$

o que torna $V = 0$ na equação (6.5.3). Então, consideramos $X(x) = 0$ como uma solução trivial e concluímos que $\lambda \neq 0$.

CASO 2

Se $\lambda < 0$, digamos $\lambda = -\alpha^2$, então a equação (6.5.5a) torna-se

$$X'' - \alpha^2 X = 0 \text{ ou } (D^2 - \alpha^2)X = 0$$

onde $D = \dfrac{d}{dx}$, isto é,

$$DX = \pm \alpha X \qquad (6.5.8)$$

mostrando que temos duas soluções possíveis correspondendo aos sinais positivo e negativo. Para o sinal positivo, a equação (6.5.8) torna-se

$$\frac{dX}{dx} = \alpha X \quad \text{ou} \quad \frac{dX}{X} = \alpha \, dx$$

Dessa forma,

$$\int \frac{dX}{X} = \int \alpha \, dx \quad \text{ou} \quad \ln X = \alpha x + \ln A_1$$

onde $\ln A_1$ é uma constante de integração. Portanto,

$$X = A_1 e^{\alpha x} \qquad (6.5.9a)$$

De maneira similar, resolvendo a equação (6.5.8), para o sinal negativo, obtém-se:

$$X = A_2 e^{-\alpha x} \qquad (6.5.9b)$$

Reunindo os resultados das equações (6.5.9a) e (6.5.9b):

$$X(x) = A_1 e^{\alpha x} + A_2 e^{-\alpha x} \qquad (6.5.10)$$

Já que $\cosh \alpha x = (e^{\alpha x} + e^{-\alpha x})/2$ e $\operatorname{senh} \alpha x = (e^{\alpha x} - e^{-\alpha x})/2$ ou $e^{\alpha x} = \cosh \alpha x + \operatorname{senh} \alpha x$ e $e^{-\alpha x} = \cosh \alpha x - \operatorname{senh} \alpha x$, a equação (6.5.10) pode ser escrita como

$$X(x) = B_1 \cosh \alpha x + B_2 \operatorname{senh} \alpha x \qquad (6.5.11)$$

onde $B_1 = A_1 + A_2$ e $B_2 = A_1 - A_2$. Em função das condições de fronteira impostas, preferimos a equação (6.5.11) em vez da equação (6.5.10) como solução. Novamente, as equações (6.5.6a) e (6.5.6b) exigem que

$$X(x = 0) = 0 \to 0 = B_1 \cdot (1) + B_2 \cdot (0) \text{ ou } B_1 = 0$$

e

$$X(x = b) = 0 \to 0 = B_2 \operatorname{senh} \alpha b$$

Já que $\alpha \neq 0$ e $b \neq 0$, sen αb não pode ser zero porque sen $x = 0$ se e somente se $x = 0$, como mostrado na Figura 6.8. Dessa maneira, $B_2 = 0$ e

$$X(x = 0)$$

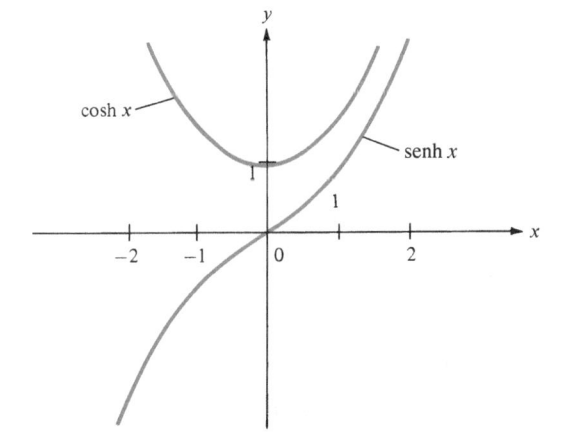

FIGURA 6.8 Representação de cosh x e de senh x mostrando que senh $x = 0$ se e somente se $x = 0$. Referente ao Caso 2 do Exemplo 6.5.

Essa é uma solução trivial e concluímos que λ não pode ser menor do que zero.

CASO 3

Se $\lambda > 0$, digamos $\lambda = \beta^2$, então a equação (6.5.5a) torna-se

$$X'' + \beta^2 X = 0$$

isto é,

$$(D^2 + \beta^2)X = 0 \text{ ou } DX = \pm j\beta X \qquad (6.5.12)$$

onde $j = \sqrt{-1}$. Das equações (6.5.8) e (6.5.12), observa-se que a diferença entre os casos 2 e 3 consiste em substituir α por $j\beta$. Procedendo da mesma maneira como no caso 2, obtemos a solução:

$$X(x) = C_o e^{j\beta x} + C_1 e^{-j\beta x} \qquad (6.5.13a)$$

Já que $e^{j\beta x} = \cos \beta x + j \operatorname{sen} \beta x$ e $e^{-j\beta x} = \cos \beta x - j \operatorname{sen} \beta x$, a equação (6.5.13a) pode ser escrita como

$$X(x) = g_o \cos \beta x + g_1 \operatorname{sen} \beta x \qquad (6.5.13b)$$

onde $g_o = C_o + C_1$ e $g_1 = C_o - jC_1$.

Em função das condições de fronteira dadas, preferimos usar a equação (6.5.13b). Impondo as condições de fronteira nas equações (6.5.6a) e (6.5.6b), obtém-se:

$$X(x = 0) = 0 \rightarrow 0 = g_o \cdot (1) + 0 \text{ ou } g_o = 0$$

e

$$X(x = b) = 0 \rightarrow 0 = 0 + g_1 \operatorname{sen} \beta b$$

Supondo $g_1 \neq 0$ (senão teríamos uma solução trivial), então:

$$\operatorname{sen} \beta b = 0 = \operatorname{sen} n\pi \rightarrow \beta b = 0 \, n\pi$$

$$\beta = \frac{n\pi}{b}, \qquad n = 1, 2, 3, 4,... \qquad (6.5.14)$$

Observe que, diferentemente de senh x, que é zero apenas quando $x = 0$, sen x é zero para um número infinito de pontos, conforme mostra a Figura 6.9. Note, também, que $n \neq 0$ porque $\beta \neq 0$. No caso 1, tínhamos considerado a possibilidade se $\beta = 0$, o que resultou em uma solução trivial. Ainda não precisamos considerar $n = -1, -2, -3, -4,...$ porque $\lambda = \beta^2$ permaneceria o mesmo para valores positivos e negativos de n. Portanto, para um dado n, a equação (6.5.13b) torna-se

$$X_n(x) = g_n \operatorname{sen} \frac{n\pi x}{b} \qquad (6.5.15)$$

Tendo encontrado $X(x)$ e

$$\lambda = \beta^2 = \frac{n^2 \pi^2}{b^2} \qquad (6.5.16)$$

resolvemos a equação (6.5.5b), reescrita como:

$$Y'' - \beta^2 Y = 0$$

A solução dessa equação é semelhante à da equação (6.5.11), obtida no caso 2, isto é:

$$Y(y) = h_o \cosh \beta y + h_1 \operatorname{senh} \beta y$$

A condição de fronteira na equação (6.5.6c) implica que:

$$Y(y = 0) = 0 \rightarrow 0 = h_o \cdot (1) + 0 \text{ ou } h_o = 0$$

Portanto, nossa solução para $Y(y)$ torna-se

$$Y_n(y) = h_n \operatorname{senh} \frac{n\pi y}{b} \qquad (6.5.17)$$

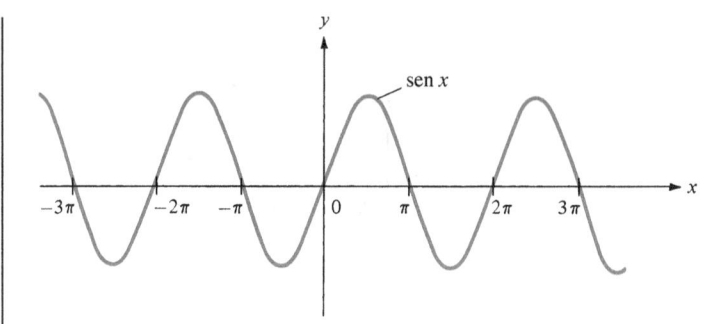

FIGURA 6.9 Representação de sen x mostrando que sen $x = 0$ para um número infinito de pontos. Referente ao Caso 3 do Exemplo 6.5.

Substituindo as equações (6.5.15) e (6.5.17) — que são as soluções das equações separadas [equações (6.5.5)] na solução-produto [equação (6.5.3)], tem-se:

$$V_n(x, y) = g_n h_n \operatorname{sen} \frac{n\pi x}{b} \operatorname{senh} \frac{n\pi y}{b}$$

Isso mostra que há muitas soluções possíveis V_1, V_2, V_3, V_4, e assim por diante, para $n = 1, 2, 3, 4$, etc.

Pelo *teorema da superposição*, se $V_1, V_2, V_3, \ldots, V_n$ são soluções da equação de Laplace, a combinação linear

$$V = c_1 V_1 + c_2 V_2 + c_3 V_3 + \cdots + c_n V_n$$

(onde $c_1, c_2, c_3, \ldots, c_n$ são constantes) é também uma solução da equação de Laplace. Portanto, a solução da equação (6.5.1) é

$$V(x, y) = \sum_{n=1}^{\infty} c_n \operatorname{sen} \frac{n\pi x}{b} \operatorname{senh} \frac{n\pi y}{b} \qquad (6.5.18)$$

onde $c_n = g_n h_n$ são os coeficientes a serem determinados a partir da condição de fronteira descrita na equação (6.5.6d). Impondo esta condição, obtém-se:

$$V(x, y = a) = V_0 = \sum_{n=1}^{\infty} c_n \operatorname{sen} \frac{n\pi x}{b} \operatorname{senh} \frac{n\pi a}{b} \qquad (6.5.19)$$

que é uma expansão em série de Fourier de V_0. Multiplicando ambos os lados da equação (6.5.19) por sen $m\pi x/b$ e integrando em $0 < x < b$, obtém-se:

$$\int_0^b V_0 \operatorname{sen} \frac{m\pi x}{b} dx = \sum_{n=1}^{\infty} c_n \operatorname{senh} \frac{n\pi a}{b} \int_0^b \operatorname{sen} \frac{m\pi x}{b} \operatorname{sen} \frac{n\pi x}{b} dx \qquad (6.5.20)$$

Pela propriedade de ortogonalidade das funções seno e cosseno (veja Apêndice A.9):

$$\int_0^\pi \operatorname{sen} mx \operatorname{sen} nx \, dx = \begin{cases} 0, & m \neq n \\ \pi/2, & m = n \end{cases}$$

Incorporando essa propriedade na equação (6.5.20), todos os termos no lado direito da equação (6.5.20) se cancelarão, à exceção de um único termo, para o qual $m = n$. Assim, a equação (6.5.20) se reduz a

$$\int_0^b V_0 \operatorname{sen} \frac{n\pi x}{b} dx = c_n \operatorname{senh} \frac{n\pi a}{b} \int_0^b \operatorname{sen}^2 \frac{n\pi x}{b} dx$$

$$-V_0 \frac{b}{n\pi} \cos \frac{n\pi x}{b} \bigg|_0^b = c_n \operatorname{senh} \frac{n\pi a}{b} \frac{1}{2} \int_0^b \left(1 - \cos \frac{2n\pi x}{b}\right) dx$$

$$\frac{V_0 b}{n\pi} (1 - \cos n\pi) = c_n \operatorname{senh} \frac{n\pi a}{b} \cdot \frac{b}{2}$$

ou

$$c_n \operatorname{senh}\frac{n\pi a}{b} = \frac{2V_o}{n\pi}(1 - \cos n\pi)$$

$$= \begin{cases} \dfrac{4V_o}{n\pi}, & n = 1, 3, 5, \ldots \\ 0, & n = 2, 4, 6, \ldots \end{cases}$$

isto é:

$$c_n = \begin{cases} \dfrac{4V_o}{n\pi \operatorname{senh}\dfrac{n\pi a}{b}}, & n = \text{ímpar} \\ 0, & n = \text{par} \end{cases} \qquad (6.5.21)$$

Substituindo as igualdades acima na equação (6.5.18), obtém-se a solução completa:

$$V(x, y) = \frac{4V_o}{\pi} \sum_{n=1,3,5,\ldots}^{\infty} \frac{\operatorname{sen}\dfrac{n\pi x}{b} \operatorname{senh}\dfrac{n\pi y}{b}}{n \operatorname{senh}\dfrac{n\pi a}{b}} \qquad (6.5.22)$$

Confira: $\nabla^2 V = 0$, $V(x = 0, y) = 0 = V(x = b, y) = V(x, y = 0)$, $V(x, y = a) = V_o$. A solução da equação (6.5.22) não deveria ser uma surpresa. Ela poderia ser intuída por mera observação do arranjo da Figura 6.7. Dessa figura, observamos que, ao longo de *x*, *V* varia de 0 (em $x = 0$) a 0 (em $x = b$) e somente uma função seno pode satisfazer essa condição. De maneira similar, ao longo de *y*, *V* varia de 0 (em $y = 0$) a V_o (em $y = a$) e somente uma função seno hiperbólico pode satisfazer essa condição. Portanto, uma solução como a da equação (6.5.22) era esperada.

Para determinar o potencial em cada ponto (*x*, *y*) no interior da calha, tomamos os primeiros poucos termos da série infinita convergente mostrada na equação (6.5.22). Considerar quatro ou cinco termos pode ser suficiente.

(b) Para $x = a/2$ e $y = 3a/4$, onde $b = 2a$, temos:

$$V\left(\frac{a}{2}, \frac{3a}{4}\right) = \frac{4V_o}{\pi} \sum_{n=1,3,5,\ldots}^{\infty} \frac{\operatorname{sen} n\pi/4 \operatorname{senh} 3n\pi/8}{n \operatorname{senh} n\pi/2}$$

$$= \frac{4V_o}{\pi} \left[\frac{\operatorname{sen} \pi/4 \operatorname{senh} 3\pi/8}{\operatorname{senh} \pi/2} + \frac{\operatorname{sen} 3\pi/4 \operatorname{senh} 9\pi/8}{3 \operatorname{senh} 3\pi/2} \right.$$

$$\left. + \frac{\operatorname{sen} 5\pi/4 \operatorname{senh} 15\pi/8}{5 \operatorname{senh} 5\pi/2} + \cdots \right]$$

$$= \frac{4V_o}{\pi}(0{,}4517 + 0{,}0725 - 0{,}01985 - 0{,}00645 + 0{,}00229 + \cdots)$$

$$= 0{,}6374 V_o$$

É interessante considerar um caso especial em que $a = b = 1$ m e $V_o = 100$ V. Os potenciais em alguns pontos específicos são calculados usando a equação (6.5.22), e os resultados estão mostrados na Figura 6.10(a). As linhas de fluxo e as linhas equipotenciais correspondentes estão mostradas na Figura 6.10(b). Um programa simples em MATLAB, baseado na equação (6.5.22), está apresentado na Figura 6.11. Esse programa é autoexplicativo e pode ser usado para determinar $V(x, y)$ em qualquer ponto no interior da calha. Na Figura 6.11, $V(x = b/4, y = 3a/4)$ é calculado e o valor encontrado é de 43,2 volts.

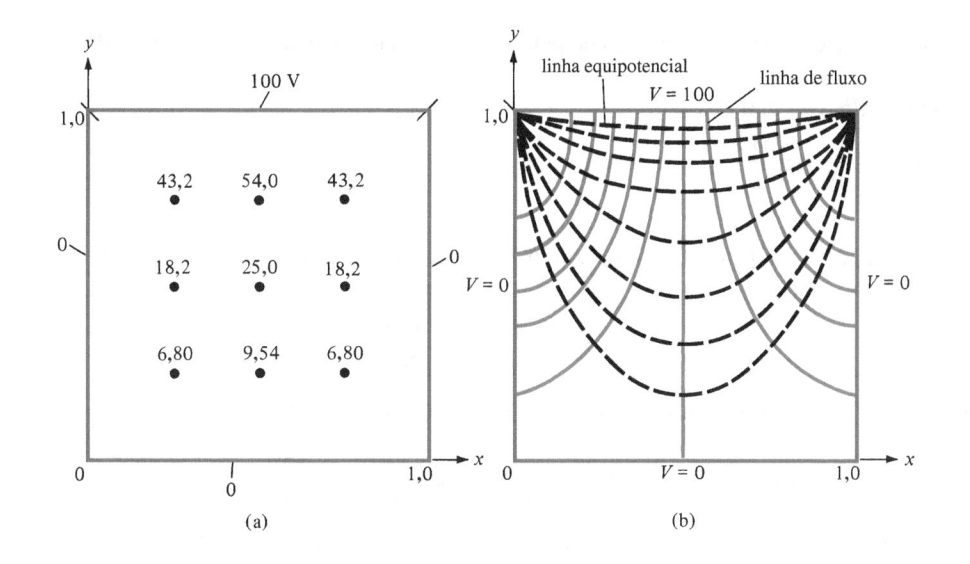

FIGURA 6.10 Referente ao Exemplo 6.5: (**a**) $V(x,y)$ calculado em alguns pontos, (**b**) representação esquemática das linhas de fluxo e das linhas equipotenciais.

```
% SOLUÇÃO DA EQUAÇÃO DE LAPLACE
% ----------------------------
% ESTE PROGRAMA RESOLVE O PROBLEMA
% DE VALOR DE FRONTEIRA BI-DIMENSIONAL
% DESCRITO NA FIGURA 6.7
% a E b SÃO AS DIMENSÕES DA CALHA
% x E y SÃO AS COORDENADAS DO PONTO
% DE INTERESSE

P = [ ];
Vo = 100.0;
a = 1.0;
b = a;
x = b/4;
y = 3.*a/4.;
c = 4.*Vo/pi
sum = 0.0;
for k = 1:10
    n = 2*k - 1
    a1 = sin (n*pi*x/b);
    a2 = sinh (n*pi*y/b);
    a3 = n*sinh (n*pi*a/b);
    sum = sum + c*a1*a2/a3;
    P = [n, sum]
end
diary test.out
P
diary off
```

FIGURA 6.11 Programa em MATLAB referente ao Exemplo 6.5.

EXERCÍCIO PRÁTICO 6.5

No problema do Exemplo 6.5, considere $V_o = 100$ V, $b = 2a = 2$m. Determine V e $\mathbf{E}$ em:

(a) $(x, y) = (a, a/2)$

(b) $(x, y) = (3a/2, a/4)$

Resposta: (a) 44,51 V, $-99{,}25\mathbf{a}_y$ V/m; (b) 16,5 V, $20{,}6\mathbf{a}_x - 70{,}34\mathbf{a}_y$ V/m.

EXEMPLO 6.6 Para o Exemplo 6.5, determine a distribuição de potencial se V_o não for uma constante, mas dado por:

(a) $V_o = 10 \operatorname{sen} 3\pi x/b, y = a, 0 \leq x \leq b$

(b) $V_o = 2 \operatorname{sen}\dfrac{\pi x}{b} + \dfrac{1}{10}\operatorname{sen}\dfrac{5\pi x}{b}, y = a, 0 \leq x \leq b$

Solução:

(a) Do Exemplo 6.5, cada passo antes da equação (6.5.19) permanece o mesmo, isto é, a solução é da forma

$$V(x, y) = \sum_{n=1}^{\infty} c_n \operatorname{sen}\frac{n\pi x}{b} \operatorname{senh}\frac{n\pi y}{b} \tag{6.6.1}$$

como na equação (6.5.18). Porém, em vez da equação (6.5.19), temos, agora:

$$V(y = a) = V_o = 10 \operatorname{sen}\frac{3\pi x}{b} = \sum_{n=1}^{\infty} c_n \operatorname{sen}\frac{n\pi x}{b} \operatorname{senh}\frac{n\pi a}{b}$$

Ao equacionar os termos em seno, em ambos os lados da equação, obtemos:

$$c_n = 0, n \neq 3$$

Para $n = 3$,

$$10 = c_3 \operatorname{senh}\frac{3\pi a}{b}$$

ou

$$c_3 = \frac{10}{\operatorname{senh}\dfrac{3\pi a}{b}}$$

Portanto, a solução da equação (6.6.1) torna-se:

$$V(x, y) = 10 \operatorname{sen}\frac{3\pi x}{b} \frac{\operatorname{senh}\dfrac{3\pi y}{b}}{\operatorname{senh}\dfrac{3\pi a}{b}}$$

(b) De maneira similar, em vez da equação (6.5.19), temos agora

$$V_o = V(y = a)$$

ou

$$2\operatorname{sen}\frac{\pi x}{b} + \frac{1}{10}\operatorname{senh}\frac{5\pi x}{b} = \sum_{n=1}^{\infty} c_n \operatorname{senh}\frac{n\pi x}{b}\operatorname{senh}\frac{n\pi a}{b}$$

Equacionando os termos em seno:

$$c_n = 0, \quad n \neq 1,5$$

Para $n = 1$:

$$2 = c_1 \operatorname{senh}\frac{\pi a}{b} \quad \text{ou} \quad c_1 = \frac{2}{\operatorname{senh}\dfrac{\pi a}{b}}$$

Para $n = 5$:

$$\frac{1}{10} = c_5 \operatorname{senh}\frac{5\pi a}{b} \quad \text{ou} \quad c_5 = \frac{1}{10 \operatorname{senh}\dfrac{5\pi a}{b}}$$

Dessa forma:

$$V(x, y) = \frac{2\operatorname{sen}\dfrac{\pi x}{b}\operatorname{senh}\dfrac{\pi y}{b}}{\operatorname{senh}\dfrac{\pi a}{b}} + \frac{\operatorname{sen}\dfrac{5\pi x}{b}\operatorname{senh}\dfrac{5\pi y}{b}}{10\operatorname{senh}\dfrac{5\pi a}{b}}$$

EXERCÍCIO PRÁTICO 6.6

No Exemplo 6.5, suponha que todos os dados sejam os mesmos, à exceção de V_0, que é substituído por $V_0 \operatorname{sen}\dfrac{7\pi x}{b}$, $0 \le x \le b$, $y = a$. Determine $V(x, y)$.

Resposta: $\dfrac{V_0 \operatorname{sen}\dfrac{7\pi x}{b}\operatorname{senh}\dfrac{7\pi y}{b}}{\operatorname{senh}\dfrac{7\pi a}{b}}$.

EXEMPLO 6.7

Obtenha as equações diferenciais separadas para a distribuição de potencial $V(\rho, \phi, z)$ em uma região livre de cargas.

Solução:

Esse exemplo, como o Exemplo 6.5, ilustra o método de separação de variáveis. Já que a região é livre de cargas, precisamos resolver a equação de Laplace em coordenadas cilíndricas, isto é:

$$\nabla^2 V = \frac{1}{\rho}\frac{\partial}{\partial \rho}\left(\rho \frac{\partial V}{\partial \rho}\right) + \frac{1}{\rho^2}\frac{\partial^2 V}{\partial \phi^2} + \frac{\partial^2 V}{\partial z^2} = 0 \quad (6.7.1)$$

Seja

$$V(\rho, \phi, z) = R(\rho)\,\Phi(\phi)\,Z(z) \quad (6.7.2)$$

onde R, Φ e Z são, respectivamente, funções de ρ, ϕ e z. Substituindo a equação (6.7.2) na equação (6.7.1) resulta em

$$\frac{\Phi Z}{\rho}\frac{d}{d\rho}\left(\rho \frac{dR}{d\rho}\right) + \frac{RZ}{\rho^2}\frac{d^2\Phi}{d\phi^2} + R\Phi\frac{d^2Z}{dz^2} = 0 \quad (6.7.3)$$

Dividindo por $R\phi Z$, obtém-se:

$$\frac{1}{\rho R}\frac{d}{d\rho}\left(\rho \frac{dR}{d\rho}\right) + \frac{1}{\rho^2 \Phi}\frac{d^2\Phi}{d\phi^2} = -\frac{1}{Z}\frac{d^2Z}{dz^2} \quad (6.7.4)$$

O lado direito dessa equação fica somente em função de z, enquanto o lado esquerdo não depende de z. Para que os dois lados sejam iguais, é preciso que eles sejam iguais a uma constante, isto é,

$$\frac{1}{\rho R}\frac{d}{d\rho}\left(\rho \frac{dR}{d\rho}\right) + \frac{1}{\rho^2 \Phi}\frac{d^2\Phi}{d\phi^2} = -\frac{1}{Z}\frac{d^2Z}{dz^2} = -\lambda^2 \quad (6.7.5)$$

onde $-\lambda^2$ é uma constante de separação. Dessa forma, a equação (6.7.5) pode ser separada em duas partes:

$$\frac{1}{Z}\frac{d^2Z}{dz^2} = \lambda^2 \quad (6.7.6)$$

ou

$$Z'' - \lambda^2 Z = 0 \qquad (6.7.7)$$

e

$$\frac{\rho}{R}\frac{d}{d\rho}\left(\rho \frac{dR}{d\rho}\right) + \lambda^2 \rho^2 + \frac{1}{\Phi}\frac{d^2\Phi}{d\phi^2} = 0 \qquad (6.7.8)$$

A equação (6.7.8) pode ser escrita como

$$\frac{\rho^2}{R}\frac{d^2R}{d\rho^2} + \frac{\rho}{R}\frac{dR}{d\rho} + \lambda^2 \rho^2 = -\frac{1}{\Phi}\frac{d^2\Phi}{d\phi^2} = \mu^2 \qquad (6.7.9)$$

onde μ^2 é uma outra constante de separação. Assim, a equação (6.7.9) é separada como

$$\Phi'' = \mu^2 \Phi = 0 \qquad (6.7.10)$$

e

$$\rho^2 R'' + \rho R' (\rho^2 \lambda^2 - \mu^2) R = 0 \qquad (6.7.11)$$

As equações (6.7.7), (6.7.10) e (6.7.11) são as equações diferenciais separadas requeridas pelo problema. A equação (6.7.7) tem uma solução similar à solução obtida no caso 2 do Exemplo 6.5, isto é,

$$Z(z) = c_1 \cosh \lambda z + c_2 \operatorname{senh} \lambda z \qquad (6.7.12)$$

A solução da equação (6.7.10) é similar à solução obtida no caso 3 do Exemplo 6.5, isto é:

$$\Phi(\phi) = c_3 \cos \mu\phi + c_4 \operatorname{sen} \mu\phi \qquad (6.7.13)$$

A equação (6.7.11) é conhecida como *equação diferencial de Bessel* e sua solução está além do escopo deste livro.[1]

EXERCÍCIO PRÁTICO 6.7

Repita o Exemplo 6.7 para $V(r, \theta, \phi)$.

Resposta: Se $V(r, \theta, \phi) = R(r) F(\theta) \Phi(\phi)$, $\Phi'' + \lambda^2 \Phi = 0$, $R'' + \frac{2}{r}R' - \frac{\mu^2}{r^2}R = 0$, $F'' + \cos\theta \, F' + (\mu^2 \operatorname{sen}\theta - \lambda^2 \operatorname{cossec}\theta) F = 0$.

6.5 RESISTÊNCIA E CAPACITÂNCIA

Na Seção 5.4, o conceito de resistência foi abordado e obtivemos a equação (5.16) para encontrar a resistência de um condutor com seção reta uniforme. Se a seção reta do condutor não for uniforme, a equação (5.16) torna-se inválida, e a resistência é obtida diretamente da equação (5.17):

$$R = \frac{V}{I} = \frac{\int \mathbf{E} \cdot d\mathbf{l}}{\oint \sigma \mathbf{E} \cdot d\mathbf{S}} \qquad (6.16)$$

---

[1] Para a solução completa da equação de Laplace em coordenadas cilíndricas ou em coordenadas esféricas, veja, por exemplo, D. T. Paris e F. K. Hurd, *Basic Electromagnetic Theory*, New York: McGraw-Hill, 1969, p. 150−159.

O problema de determinar a resistência de um condutor de seção reta não uniforme pode ser tratado como um problema de valor de fronteira. Utilizando a equação (6.16), a resistência R (ou condutância $G = 1/R$) de um dado material condutor pode ser encontrada conforme os seguintes passos:

1. Escolher um sistema de coordenadas adequado.
2. Considerar V_0 como a diferença de potencial entre terminais condutores.
3. Resolver a equação de Laplace $\nabla^2 V$ para obter V. Então, determinar $\mathbf{E}$ a partir da solução de $\mathbf{E} = -\nabla V$ e I a partir da solução de $I = \int \sigma \mathbf{E} \cdot d\mathbf{S}$.
4. Finalmente, obter R como V_0/I.

Essencialmente, assumimos um valor V_0, determinamos I e, a partir desses, determinamos $R = V_0/I$. De maneira alternativa, podemos assumir um valor de corrente I_0, determinar a diferença de potencial correspondente V e determinar R a partir de $R = V/I_0$. Como discutiremos a seguir, a capacitância de um capacitor é obtida utilizando uma técnica similar.

De modo geral, para termos um capacitor precisamos ter dois (ou mais) condutores carregados com cargas iguais e de sinais contrários. Isso implica que todas as linhas de fluxo que saem de um condutor devem, necessariamente, terminar na superfície do outro condutor. Os condutores são por vezes referidos como as *placas* do capacitor. As placas podem estar separadas por espaço livre ou por um dielétrico.

Considere o capacitor de dois condutores da Figura 6.12. Os condutores são mantidos sob uma diferença de potencial V dada por

$$V = V_1 - V_2 = -\int_2^1 \mathbf{E} \cdot d\mathbf{l} \qquad (6.17)$$

onde $\mathbf{E}$ é o campo elétrico existente entre os condutores e se assume que o condutor 1 está carregado positivamente. (Observe que o campo $\mathbf{E}$ é sempre ortogonal às superfícies condutoras.)

Definimos a *capacitância C* do capacitor como a razão entre o valor da carga em uma das placas e a diferença de potencial entre elas. Isto é:

$$\boxed{C = \frac{Q}{V} = \frac{\varepsilon \oint \mathbf{E} \cdot d\mathbf{S}}{\int \mathbf{E} \cdot d\mathbf{l}}} \qquad (6.18)$$

O sinal negativo antes de $V = -\int \mathbf{E} \cdot d\mathbf{l}$ foi desconsiderado porque estamos interessados no valor absoluto de V. A capacitância C é uma propriedade física do capacitor e é medida em farads (F). Utilizando a equação (6.18), C pode ser obtido para qualquer capacitor de dois condutores, seguindo um destes dois métodos:

1. Assumindo um valor de Q e determinando V em termos de Q (utilizando a lei de Gauss).
2. Assumindo um valor de V e determinando Q em termos de V (utilizando a resolução da equação de Laplace).

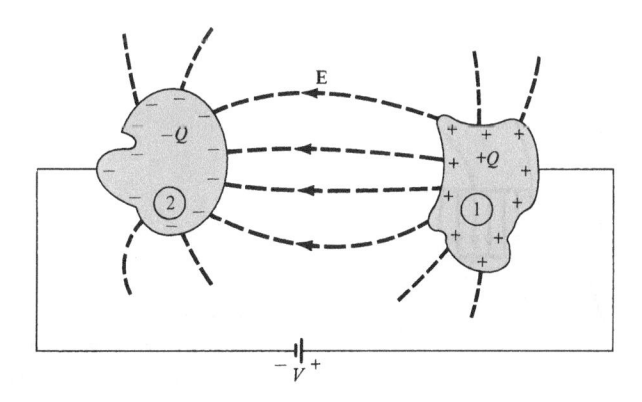

FIGURA 6.12 Capacitor de dois condutores.

O primeiro método será utilizado a seguir e o segundo será utilizado nos Exemplos 6.10 e 6.11. O primeiro método implica o uso dos seguintes passos:

1. Escolher um sistema de coordenadas apropriado.
2. Atribuir às duas placas condutoras as cargas $+Q$ e $-Q$.
3. Determinar **E** utilizando a lei de Coulomb ou a lei de Gauss, e encontrar V a partir de $V = -\int \mathbf{E} \cdot d\mathbf{l}$. O sinal negativo pode ser ignorado, nesse caso, porque estamos interessados no valor absoluto de V.
4. Finalmente, obter C a partir de $C = Q/V$.

Aplicaremos agora esse procedimento para determinar a capacitância de algumas configurações importantes a dois condutores.

A. Capacitor de placas paralelas

Considere o capacitor de placas paralelas da Figura 6.13(a). Suponha que cada uma das placas tem uma área S e que estão separadas de uma distância d. Assumiremos que as placas 1 e 2, respectivamente, estão carregadas com cargas $+Q$ e $-Q$ uniformemente distribuídas sobre elas, de tal modo que:

$$\rho_S = \frac{Q}{S} \qquad (6.19)$$

Um capacitor de placas paralelas ideal é aquele em que a separação d entre as placas é muito pequena quando comparada com as suas dimensões. Considerando tal caso ideal, o vazamento ou dispersão do campo nas bordas das placas, como mostra a Figura 6.13(b), pode ser desprezado, dessa forma o campo entre as placas pode ser considerado uniforme. Se o espaço entre as placas for preenchido com um dielétrico homogêneo com permissividade dielétrica ε, e se desprezarmos o vazamento do fluxo nas bordas das placas, da equação (4.27), $\mathbf{D} = \rho_S \mathbf{a}_x$ ou

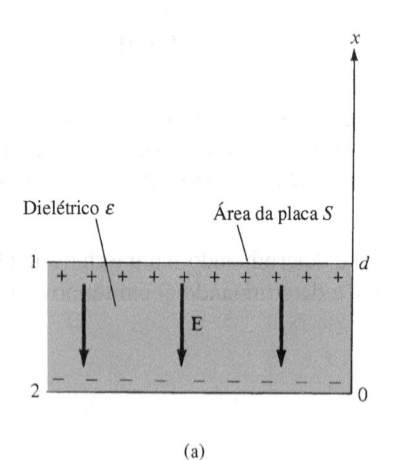

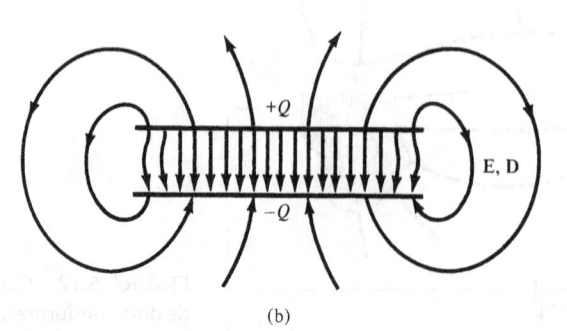

FIGURA 6.13 (a) Capacitor de placas paralelas, (b) efeito de vazamento nas bordas de um capacitor de placas paralelas.

$$\mathbf{E} = \frac{\rho_S}{\varepsilon}(-\mathbf{a}_x)$$
$$= -\frac{Q}{\varepsilon S}\mathbf{a}_x \qquad (6.20)$$

Assim,

$$V = -\int_2^1 \mathbf{E}\cdot d\mathbf{l} = -\int_0^d \left[-\frac{Q}{\varepsilon S}\mathbf{a}_x\right]\cdot dx\,\mathbf{a}_x = \frac{Qd}{\varepsilon S} \qquad (6.21)$$

e, portanto, para um capacitor de placas paralelas:

$$\boxed{C = \frac{Q}{V} = \frac{\varepsilon S}{d}} \qquad (6.22)$$

Essa fórmula apresenta uma maneira de determinar a constante dielétrica ε_r de um determinado dielétrico. Ao medir a capacitância C de um capacitor de placas paralelas com o espaçamento entre as placas preenchido com o dielétrico, e a capacitância C_o com o ar entre as placas, determinamos ε_r a partir de

$$\varepsilon_r = \frac{C}{C_o} \qquad (6.23)$$

Utilizando a equação (4.96), pode-se demonstrar que a energia armazenada em um capacitor é dada por:

$$\boxed{W_E = \frac{1}{2}CV^2 = \frac{1}{2}QV = \frac{Q^2}{2C}} \qquad (6.24)$$

Para o capacitor de placas paralelas, substituímos a equação (6.20) na equação (4.96) e verificamos que

$$W_E = \frac{1}{2}\int_v \varepsilon \frac{Q^2}{\varepsilon^2 S^2}\,dv = \frac{\varepsilon Q^2 S d}{2\varepsilon^2 S^2}$$
$$= \frac{Q^2}{2}\left(\frac{d}{\varepsilon S}\right) = \frac{Q^2}{2C} = \frac{1}{2}QV$$

conforme esperado.

B. Capacitor coaxial

Um capacitor coaxial é, essencialmente, um cabo coaxial ou um capacitor cilíndrico coaxial. Considere L o comprimento de dois condutores coaxiais, o interno com raio a e o externo com raio b ($b > a$), como mostra a Figura 6.14. Seja o espaço entre os condutores preenchido com um dielétrico homogêneo com permissividade ε. Assumimos que os condutores 1 e 2, respectivamente, estão carregados com cargas $+Q$ e $-Q$, uniformemente distribuídas sobre eles. Aplicando a lei de Gauss em uma superfície gaussiana arbitrária cilíndrica de raio ρ ($a < \rho < b$), obtemos:

$$Q = \varepsilon \oint \mathbf{E}\cdot d\mathbf{S} = \varepsilon E_\rho 2\pi\rho L \qquad (6.25)$$

Assim:

$$\mathbf{E} = \frac{Q}{2\pi\varepsilon\rho L}\mathbf{a}_\rho \qquad (6.26)$$

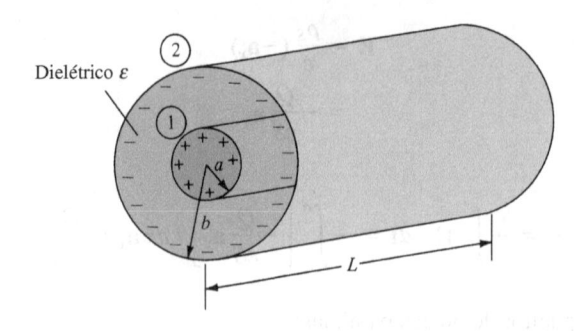

FIGURA 6.14 Capacitor coaxial.

Desprezando o vazamento do fluxo nas extremidades do cilindro,

$$V = -\int_{2}^{1} \mathbf{E} \cdot d\mathbf{l} = -\int_{b}^{a} \left[\frac{Q}{2\pi\varepsilon\rho L}\mathbf{a}_{\rho}\right] \cdot d\rho\, \mathbf{a}_{\rho} \quad (6.27a)$$

$$= \frac{Q}{2\pi\varepsilon L} \ln\frac{b}{a} \quad (6.27b)$$

Portanto, a capacitância de um cilindro coaxial é dada por

$$\boxed{C = \frac{Q}{V} = \frac{2\pi\varepsilon L}{\ln\dfrac{b}{a}}} \quad (6.28)$$

C. Capacitor esférico

Esse é o caso de dois condutores esféricos concêntricos. Considere a esfera interna de raio a e a esfera externa de raio b ($b > a$), separadas por um meio dielétrico com permissividade ε, como mostra a Figura 6.15. Assumimos cargas $+Q$ e $-Q$ sobre as esferas interna e externa, respectivamente. Aplicando a lei de Gauss em uma superfície gaussiana arbitrária esférica, de raio r ($a < r < b$),

$$Q = \varepsilon \oint \mathbf{E} \cdot d\mathbf{S} = \varepsilon\, E_r 4\pi r^2 \quad (6.29)$$

isto é,

$$\mathbf{E} = \frac{Q}{4\pi\varepsilon r^2}\mathbf{a}_r \quad (6.30)$$

A diferença de potencial entre os condutores é:

$$V = -\int_{2}^{1} \mathbf{E} \cdot d\mathbf{l} = -\int_{b}^{a}\left[\frac{Q}{4\pi\varepsilon r^2}\mathbf{a}_r\right]\cdot dr\,\mathbf{a}_r$$

$$= \frac{Q}{4\pi\varepsilon}\left[\frac{1}{a} - \frac{1}{b}\right] \quad (6.31)$$

Portanto, a capacitância do capacitor esférico é:

$$\boxed{C = \frac{Q}{V} = \frac{4\pi\varepsilon}{\dfrac{1}{a} - \dfrac{1}{b}}} \quad (6.32)$$

Fazendo $b \to \infty$, $C = 4\pi\varepsilon a$, que é a capacitância de um capacitor esférico, cuja placa externa está infinitamente distante. Esse é o caso de um condutor esférico a uma grande distância de outros cor-

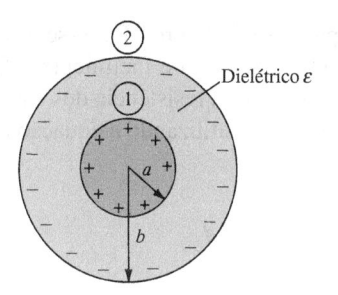

FIGURA 6.15 Capacitor esférico.

pos condutores — a *esfera isolada*. Mesmo um objeto de forma irregular, com aproximadamente o mesmo tamanho da esfera, terá praticamente a mesma capacitância. Este fato é útil na estimativa da capacitância parasita de um corpo isolado ou de uma peça de um equipamento.

Lembre da Teoria de Circuitos que, se dois capacitores com capacitâncias C_1 e C_2 estão em série (isto é, eles têm a mesma carga), como mostrado na Figura 6.16(a), a capacitância total é

$$\frac{1}{C} = \frac{1}{C_1} + \frac{1}{C_2}$$

ou

$$C = \frac{C_1 C_2}{C_1 + C_2} \qquad (6.33)$$

Se os capacitores estão em paralelo (isto é, eles têm a mesma voltagem entre suas placas), como mostrado na Figura 6.16(b), a capacitância total é:

$$C = C_1 + C_2 \qquad (6.34)$$

Reconsideraremos as expressões para encontrar a resistência R e a capacitância C de um sistema elétrico. As expressões foram dadas nas equações (6.16) e (6.18), aqui repetidas:

$$R = \frac{V}{I} = \frac{\int \mathbf{E} \cdot d\mathbf{l}}{\oint \sigma \mathbf{E} \cdot d\mathbf{S}} \qquad (6.16)$$

$$C = \frac{Q}{V} = \frac{\varepsilon \oint \mathbf{E} \cdot d\mathbf{S}}{\int \mathbf{E} \cdot d\mathbf{l}} \qquad (6.18)$$

O produto entre essas expressões nos leva a

$$\boxed{RC = \frac{\varepsilon}{\sigma}} \qquad (6.35)$$

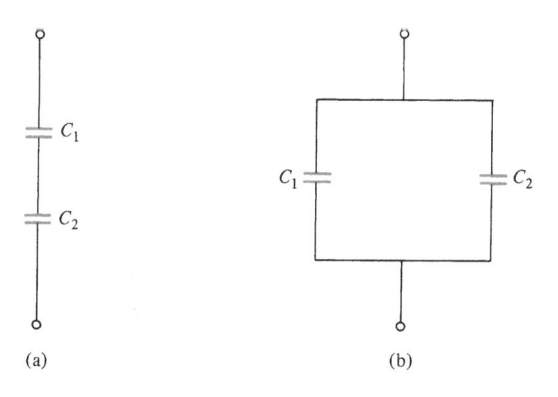

FIGURA 6.16 Capacitores em (a) série e (b) paralelo.

que é o tempo de relaxação T_r do meio que separa os condutores. Deve-se destacar que a equação (6.35) é válida somente quando o meio é homogêneo. Isso é facilmente inferido das equações (6.16) e (6.18). Supondo que os meios são homogêneos, a resistência dos vários capacitores mencionados anteriormente podem ser rapidamente obtidas utilizando a equação (6.35). Os exemplos seguintes servirão para ilustrar essa idéia.

Para um capacitor de placas paralelas:

$$C = \frac{\varepsilon S}{d}, \quad R = \frac{d}{\sigma S} \tag{6.36}$$

Para um capacitor cilíndrico:

$$C = \frac{2\pi\varepsilon L}{\ln\frac{b}{a}}, \quad R = \frac{\ln\frac{b}{a}}{2\pi\sigma L} \tag{6.37}$$

Para um capacitor esférico:

$$C = \frac{4\pi\varepsilon}{\frac{1}{a} - \frac{1}{b}}, \quad R = \frac{\frac{1}{a} - \frac{1}{b}}{4\pi\sigma} \tag{6.38}$$

E, finalmente, para um condutor esférico isolado:

$$C = 4\pi\varepsilon a, \quad R = \frac{1}{4\pi\sigma a} \tag{6.39}$$

Deve-se observar que a resistência R em cada uma das equações de (6.35) a (6.39) não é a resistência da placa do capacitor, mas é a resistência de perdas entre as placas. Portanto, σ nessas equações é a condutividade do meio dielétrico que separa as placas.

EXEMPLO 6.8

Uma barra metálica de condutividade σ é dobrada de modo a formar um setor plano de 90° de raio interno a, raio externo b e espessura t, como mostra a Figura 6.17. Demonstre que: (a) a resistência da barra entre as superfícies verticais curvas em $\rho = a$ e $\rho = b$ é dada por

$$R = \frac{2 \ln\frac{b}{a}}{\sigma \pi t}$$

e (b) a resistência entre as duas superfícies horizontais em $z = 0$ e $z = t$ é dada por

$$R' = \frac{4t}{\sigma\pi(b^2 - a^2)}$$

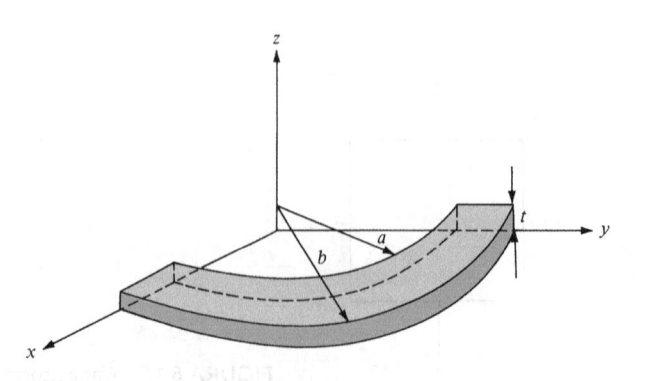

FIGURA 6.17 Barra de metal dobrada, referente ao Exemplo 6.8.

Solução:

(a) Entre as extremidades verticais curvas, situadas em $\rho = a$ e $\rho = b$, a barra tem uma seção reta não uniforme e, portanto, a equação (5.16) não se aplica. Temos que utilizar a equação (6.16). Seja V_o uma diferença de potencial mantida entre as superfícies curvas em $\rho = a$ e $\rho = b$, tal que $V(\rho = a) = 0$ e $V(\rho = b) = V_o$. Resolvemos a equação de Laplace para $\nabla^2 V = 0$ em coordenadas cilíndricas. Já que $V = V(\rho)$:

$$\nabla^2 V = \frac{1}{\rho} \frac{d}{d\rho}\left(\rho \frac{dV}{d\rho}\right) = 0$$

Como $\rho = 0$ não faz parte da solução, após multiplicar por ρ e integrar uma vez, obtemos

$$\rho \frac{dV}{d\rho} = A$$

ou

$$\frac{dV}{d\rho} = \frac{A}{\rho}$$

Integrando novamente

$$V = A \ln \rho + B$$

onde A e B são constantes de integração a serem determinadas a partir das condições de fronteira.

$$V(\rho = a) = 0 \to 0 = A \ln a + B \text{ ou } B = -A \ln a$$

$$V(\rho = b)\, V_o \to V_o = A \ln b + B = A \ln b - A \ln a = A \ln \frac{b}{a} \text{ ou } A = \frac{V_o}{\ln \frac{b}{a}}$$

Assim,

$$V = A \ln \rho - A \ln a = A \ln \frac{\rho}{a} = \frac{V_o}{\ln \frac{b}{a}} \ln \frac{\rho}{a}$$

$$\mathbf{E} = -\nabla V = -\frac{dV}{d\rho}\mathbf{a}_\rho = -\frac{A}{\rho}\mathbf{a}_\rho = -\frac{V_o}{\rho \ln \frac{b}{a}}\mathbf{a}_\rho$$

$$\mathbf{J} = \sigma \mathbf{E}, \qquad d\mathbf{S} = -\rho\, d\phi\, dz\, \mathbf{a}_\rho$$

$$I = \int \mathbf{J} \cdot d\mathbf{S} = \int_{\phi=0}^{\pi/2} \int_{z=0}^{t} \frac{V_o \sigma}{\rho \ln \frac{b}{a}} dz\, \rho\, d\phi = \frac{\pi}{2} \frac{t V_o \sigma}{\ln \frac{b}{a}}$$

Então,

$$R = \frac{V_o}{I} = \frac{2 \ln \frac{b}{a}}{\sigma \pi t}$$

conforme solicitado.

(b) Seja V_o a diferença de potencial entre as duas superfícies horizontais, tal que $V(z = 0) = 0$ e $V(z = t) = V_o$. $V = V(z)$, então a equação de Laplace $\nabla^2 V = 0$ torna-se:

$$\frac{d^2 V}{dz^2} = 0$$

Integrando duas vezes:
$$V = Az + B$$

Aplicando as condições de fronteira para determinar A e B:
$$V(z=0) = 0 \rightarrow 0 = 0 + B \text{ ou } B = 0$$
$$V(z=t) = V_o \rightarrow V_o = At \text{ ou } A = \frac{V_o}{t}$$

Assim,
$$V = \frac{V_o}{t} z$$

$$\mathbf{E} = -\nabla V = -\frac{dV}{dz} \mathbf{a}_z = -\frac{V_o}{t} \mathbf{a}_z$$

$$\mathbf{J} = \sigma \mathbf{E} = -\frac{\sigma V_o}{t} \mathbf{a}_z, \qquad d\mathbf{S} = -\rho \, d\phi \, d\rho \, \mathbf{a}_z$$

$$I = \int \mathbf{J} \cdot d\mathbf{S} = \int_{\rho=a}^{b} \int_{\phi=0}^{\pi/2} \frac{V_o \sigma}{t} \rho \, d\phi \, d\rho$$
$$= \frac{V_o \sigma}{t} \cdot \frac{\pi}{2} \cdot \frac{\rho^2}{2} \bigg|_a^b = \frac{V_o \sigma \pi (b^2 - a^2)}{4t}$$

Então:
$$R' = \frac{V_o}{I} = \frac{4t}{\sigma \pi (b^2 - a^2)}$$

Alternativamente, para este caso, a seção reta da barra é uniforme entre as superfícies horizontais em $z = 0$ e $z = t$, e a equação (5.16) é válida. Desta forma,

$$R' = \frac{\ell}{\sigma S} = \frac{t}{\sigma \frac{\pi}{4}(b^2 - a^2)}$$
$$= \frac{4t}{\sigma \pi (b^2 - a^2)}$$

conforme solicitado.

EXERCÍCIO PRÁTICO 6.8

Um disco de espessura t tem um raio b e um furo central de raio a. Considerando a condutividade do disco σ, determine a resistência entre:

(a) o furo e a periferia do disco;
(b) entre as duas faces planas do disco.

Resposta: (a) $\dfrac{\ln\frac{b}{a}}{2\pi t \sigma}$, (b) $\dfrac{t}{\sigma \pi (b^2 - a^2)}$.

EXEMPLO 6.9

Um cabo coaxial contém um material isolante de condutividade σ. Se o raio do fio central é a e o raio da blindagem é b, demonstre que a condutância do cabo, por unidade de comprimento, é (veja equação (6.37)):

$$G = \frac{2\pi\sigma}{\ln\dfrac{b}{a}}$$

Solução:

Considere L o comprimento de um cabo coaxial, conforme mostra a Figura 6.14. Seja V_o a diferença de potencial entre os condutores interno e externo, tal que $V(\rho = a) = 0$ e $V(\rho = b) = V_o$. V e $\mathbf{E}$ podem ser encontrados da mesma forma que na parte (a) do exemplo anterior. Assim:

$$\mathbf{J} = \sigma\mathbf{E} = \frac{-\sigma V_o}{\rho \ln \frac{b}{a}} \mathbf{a}_\rho, \quad d\mathbf{S} = -\rho d\phi\, dz\, \mathbf{a}_\rho$$

$$I = \int \mathbf{J} \cdot d\mathbf{S} = \int_{\phi=0}^{2\pi} \int_{z=0}^{L} \frac{V_o \sigma}{\rho \ln \frac{b}{a}} \rho\, dz\, d\phi$$

$$= \frac{2\pi L \sigma V_o}{\ln \frac{b}{a}}$$

A resistência, por unidade de comprimento, é

$$R = \frac{V_o}{I} \cdot \frac{1}{L} = \frac{\ln \frac{b}{a}}{2\pi\sigma}$$

e a condutância por unidade de comprimento é:

$$G = \frac{1}{R} = \frac{2\pi\sigma}{\ln \frac{b}{a}}$$

conforme solicitado.

EXERCÍCIO PRÁTICO 6.9

Um cabo coaxial contém um material isolante de condutividade σ_1 na sua metade superior, e um outro material de condutividade σ_2 na sua metade inferior (situação semelhante à da ilustrada na Figura 6.19b). Se o raio do fio central é a e o raio da blindagem é b, demonstre que a resistência de perdas de um comprimento ℓ do cabo é:

$$R = \frac{1}{\pi\ell(\sigma_1 + \sigma_2)} \ln \frac{b}{a}$$

Resposta: a demonstração.

EXEMPLO 6.10

Cascas esféricas condutoras com raios $a = 10$ cm e $b = 30$ cm são mantidas sob uma diferença de potencial de 100 V, tal que $V(r = b) = 0$ e $V(r = a) = 100$ V. Determine V e $\mathbf{E}$ na região entre as cascas. Se $\varepsilon_r = 2{,}5$ na região, determine a carga total induzida nas cascas e a capacitância do capacitor.

Solução:

Considere as cascas esféricas como mostradas na Figura 6.18. Já que V depende somente de r, a equação de Laplace torna-se

$$\nabla^2 V = \frac{1}{r^2} \frac{d}{dr}\left[r^2 \frac{dV}{dr}\right] = 0$$

Já que $r \neq 0$ na região de interesse, multiplicamos a equação anterior por r^2 e obtemos:

$$\frac{d}{dr}\left[r^2 \frac{dV}{dr}\right] = 0$$

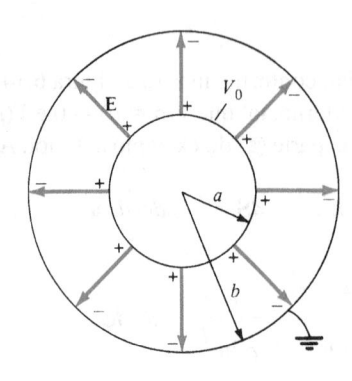

FIGURA 6.18 Potencial $V(r)$ devido às cascas esféricas condutoras.

Integrando uma vez,

$$r^2 \frac{dV}{dr} = A$$

ou

$$\frac{dV}{dr} = \frac{A}{r^2}$$

Integrando novamente, obtém-se

$$V = -\frac{A}{r} + B$$

Como é usual, as constantes A e B são determinadas a partir das condições de fronteira.

Quando $r = b$, $V = 0 \rightarrow 0 = -\frac{A}{b} + B$ ou $B = \frac{A}{b}$

Dessa maneira,

$$V = A\left[\frac{1}{b} - \frac{1}{r}\right]$$

E também, quando $r = a$, $V = V_o \rightarrow V_o = A\left[\frac{1}{b} - \frac{1}{a}\right]$

ou

$$A = \frac{V_o}{\frac{1}{b} - \frac{1}{a}}$$

Portanto,

$$V = V_o \frac{\left[\frac{1}{r} - \frac{1}{b}\right]}{\frac{1}{a} - \frac{1}{b}}$$

$$\mathbf{E} = -\nabla V = -\frac{dV}{dr}\mathbf{a}_r = -\frac{A}{r^2}\mathbf{a}_r$$

$$= \frac{V_o}{r^2\left[\frac{1}{a} - \frac{1}{b}\right]}\mathbf{a}_r$$

$$Q = \int \varepsilon \mathbf{E} \cdot d\mathbf{S} = \int_{\theta=0}^{\pi}\int_{\phi=0}^{2\pi} \frac{\varepsilon_o \varepsilon_r V_o}{r^2\left[\frac{1}{a} - \frac{1}{b}\right]} r^2 \operatorname{sen} \theta\, d\phi\, d\theta$$

$$= \frac{4\pi\varepsilon_o\varepsilon_r V_o}{\frac{1}{a} - \frac{1}{b}}$$

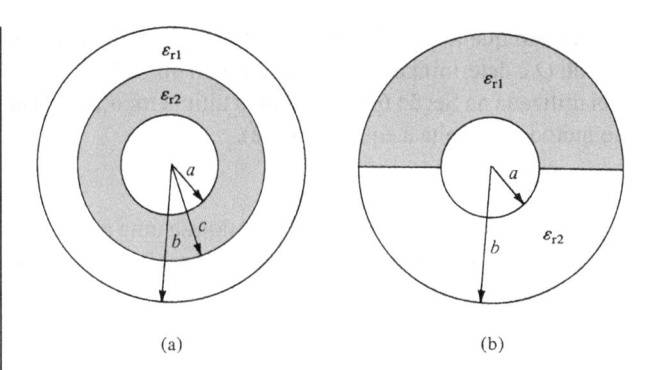

FIGURA 6.19 Referente aos Exercícios Práticos 6.9, 6.10 e 6.12.

A capacitância é facilmente encontrada fazendo

$$C = \frac{Q}{V_o} = \frac{4\pi\varepsilon}{\dfrac{1}{a} - \dfrac{1}{b}}$$

que é o mesmo resultado obtido na equação (6.32). Na Seção 6.5, assumimos uma carga Q e encontramos o V_o correspondente. Aqui, porém, assumimos um valor de potencial V_o e encontramos a carga Q correspondente para determinar C. Substituindo $a = 0,1$ m, $b = 0,3$ m e $V_o = 100$ V, obtém-se:

$$V = 100 \frac{\left[\dfrac{1}{r} - \dfrac{10}{3}\right]}{10 - 10/3} = 15\left[\dfrac{1}{r} - \dfrac{10}{3}\right] \text{ V}$$

Confira: $\nabla^2 V = 0$, $V(r = 0,3 \text{ m}) = 0$, $V(r = 0,1 \text{ m}) = 100$

$$\mathbf{E} = \frac{100}{r^2[10 - 10/3]}\mathbf{a}_r = \frac{15}{r^2}\mathbf{a}_r \text{ V/m}$$

$$Q = \pm 4\pi \cdot \frac{10^{-9}}{36\pi} \cdot \frac{(2,5) \cdot (100)}{10 - 10/3}$$
$$= \pm 4,167 \text{ nC}$$

A carga positiva é induzida na esfera interna e a carga negativa é induzida na esfera externa. Também,

$$C = \frac{|Q|}{V_o} = \frac{4,167 \times 10^{-9}}{100} = 41,67 \text{ pF}$$

EXERCÍCIO PRÁTICO 6.10

Se a Figura 6.19 representa as seções retas de dois capacitores esféricos, determine suas capacitâncias. Sejam $a = 1$ mm, $b = 3$ mm, $c = 2$ mm, $\varepsilon_{r1} = 2,5$ e $\varepsilon_{r2} = 3,5$.

Resposta: (a) 0,53 pF; (b) 0,5 pF.

EXEMPLO 6.11

Na Seção 6.5, foi mencionado que a capacitância $C = Q/V$ de um capacitor pode ser encontrada ou assumindo um valor de Q e determinando V, ou assumindo um valor de V e determinando Q. A primeira abordagem foi utilizada na Seção 6.5, enquanto a última foi utilizada no exemplo anterior. Utilizando esse último método, obtenha a equação (6.22).

Solução:

Assuma que as placas paralelas na Figura 6.13 sejam mantidas a uma diferença de potencial V_o, tal que $V(x = 0)$ e $V(x = d) = V_o$. Isso requer a solução de um problema de valor de fronteira unidimensional, isto é, resolver a equação de Laplace:

$$\nabla^2 V = \frac{d^2 V}{dx^2} = 0$$

Integrando duas vezes,

$$V = Ax + B$$

onde A e B são constantes de integração a serem determinadas a partir das condições de fronteira. Em $x = 0$, $V = 0 \rightarrow 0 = 0 + B$, ou $B = 0$, e em $x = d$, $V = V_o \rightarrow V_o = Ad + 0$ ou $A = V_o/d$.

Assim:

$$V = \frac{V_o}{d} x$$

Observe que essa solução satisfaz a equação de Laplace e as condições de fronteira.

Uma vez que consideramos V_o a diferença de potencial entre as placas, nosso objetivo é determinar a carga Q em cada uma das placas, a fim de obtermos a capacitância $C = Q/V_o$. A carga em cada placa é dada por

$$Q = \int \rho_S \, dS$$

No entanto, $\rho_S = \mathbf{D} \cdot \mathbf{a}_n = \varepsilon \mathbf{E} \cdot \mathbf{a}_n$, onde:

$$\mathbf{E} = -\nabla V = -\frac{dV}{dx} \mathbf{a}_x = -A\mathbf{a}_x = -\frac{V_o}{d} \mathbf{a}_x$$

Nas placas inferiores, $\mathbf{a}_n = \mathbf{a}_x$. Assim:

$$\rho_S = -\frac{\varepsilon V_o}{d} \quad \text{e} \quad Q = -\frac{\varepsilon V_o S}{d}$$

Nas placas superiores, $\mathbf{a}_n = -\mathbf{a}_x$. Assim:

$$\rho_S = \frac{\varepsilon V_o}{d} \quad \text{e} \quad Q = \frac{\varepsilon V_o S}{d}$$

Conforme esperado, Q é igual, mas de sinal oposto em cada uma das placas. Então,

$$C = \frac{|Q|}{V_o} = \frac{\varepsilon S}{d}$$

o que está de acordo com a equação (6.22).

EXERCÍCIO PRÁTICO 6.11

Obtenha a fórmula para a capacitância $C = Q/V_o$ de um capacitor cilíndrico na equação (6.28), supondo um valor de V_o e determinando Q.

EXEMPLO 6.12

Determine a capacitância de cada um dos capacitores da Figura 6.20. Considere $\varepsilon_{r1} = 4$, $\varepsilon_{r2} = 6$, $d = 5$ mm, $S = 30$ cm².

Solução:

(a) Já que **D** e **E** são normais à interface dielétrica, o capacitor da Figura 6.20(a) pode ser considerado como constituído de dois capacitores C_1 e C_2 em série, como na Figura 6.16(a).

$$C_1 = \frac{\varepsilon_0 \varepsilon_{r1} S}{d/2} = \frac{2\varepsilon_0 \varepsilon_{r1} S}{d}, \qquad C_2 = \frac{2\varepsilon_0 \varepsilon_{r2} S}{d}$$

A capacitância total C é dada, então, por:

$$C = \frac{C_1 C_2}{C_1 + C_2} = \frac{2\varepsilon_0 S}{d} \frac{(\varepsilon_{r1} \varepsilon_{r2})}{\varepsilon_{r1} + \varepsilon_{r2}}$$

$$= 2 \cdot \frac{10^{-9}}{36\pi} \cdot \frac{30 \times 10^{-4}}{5 \times 10^{-3}} \cdot \frac{4 \times 6}{10} \qquad (6.12.1)$$

$$C = 25{,}46 \text{ pF}$$

(b) Nesse caso, **D** e **E** são paralelos à interface dielétrica. Podemos considerar esse capacitor como constituído de dois capacitores, C_1 e C_2, em paralelo, isto é, submetidos à mesma diferença de potencial, como na Figura 6.16(b).

$$C_1 = \frac{\varepsilon_0 \varepsilon_{r1} S/2}{d} = \frac{\varepsilon_0 \varepsilon_{r1} S}{2d}, \qquad C_2 = \frac{\varepsilon_0 \varepsilon_{r2} S}{2d}$$

A capacitância total C é dada, então, por:

$$C = C_1 + C_2 = \frac{\varepsilon_0 S}{2d}(\varepsilon_{r1} + \varepsilon_{r2})$$

$$= \frac{10^{-9}}{36\pi} \cdot \frac{30 \times 10^{-4}}{2 \cdot (5 \times 10^{-3})} \cdot 10$$

$$C = 26{,}53 \text{ pF} \qquad (6.12.2)$$

Observe que, quando $\varepsilon_{r1} = \varepsilon_{r2} = \varepsilon_r$, as equações (6.12.1) e (6.12.2) estão de acordo com a equação (6.22), conforme esperado.

EXERCÍCIO PRÁTICO 6.12

Determine a capacitância de 10 m de comprimento dos capacitores cilíndricos representados na Figura 6.19. Considere $a = 1$ mm, $b = 3$ mm, $c = 2$ mm, $\varepsilon_{r1} = 2{,}5$ mm e $\varepsilon_{r2} = 3{,}5$.

Resposta: (a) 1,41 nF; (b) 1,52 nF.

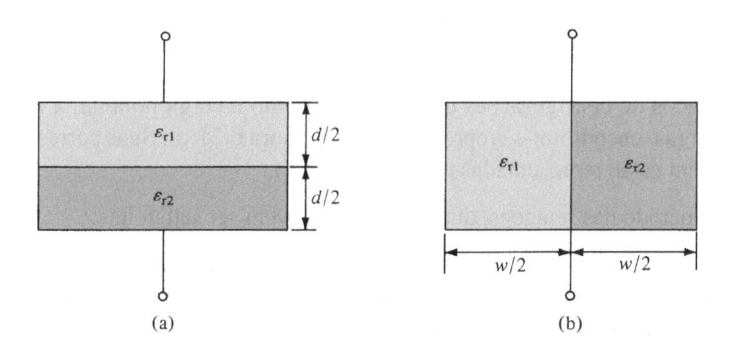

FIGURA 6.20 Referente ao Exemplo 6.12.

EXEMPLO 6.13

Um capacitor cilíndrico tem raios $a = 1$ cm e $b = 2,5$ cm. Se o espaço entre as placas é preenchido com um dielétrico não homogêneo de $\varepsilon_r = (10 + \rho)/\rho$, onde ρ é dado em cm, determine a capacitância por metro do capacitor.

Solução:

O procedimento é o mesmo que foi adotado na Seção 6.5, exceto pelo fato de que a equação (6.27a) agora se apresenta como:

$$V = -\int_b^a \frac{Q}{2\pi\varepsilon_0\varepsilon_r\rho L}\,d\rho = -\frac{Q}{2\pi\varepsilon_0 L}\int_b^a \frac{d\rho}{\rho\left(\dfrac{10+\rho}{\rho}\right)}$$

$$= \frac{-Q}{2\pi\varepsilon_0 L}\int_b^a \frac{d\rho}{10+\rho} = \frac{-Q}{2\pi\varepsilon_0 L}\ln(10+\rho)\bigg|_b^a$$

$$= \frac{Q}{2\pi\varepsilon_0 L}\ln\frac{10+b}{10+a}$$

Logo, a capacitância por metro ($L = 1$ m) é:

$$C = \frac{Q}{V} = \frac{2\pi\varepsilon_0}{\ln\dfrac{10+b}{10+a}} = 2\pi \cdot \frac{10^{-9}}{36\pi} \cdot \frac{1}{\ln\dfrac{12,5}{11,0}}$$

$$C = 434{,}6\ \text{pF/m}$$

EXERCÍCIO PRÁTICO 6.13

Um capacitor esférico, com $a = 1,5$ cm e $b = 4$ cm, tem um dielétrico não homogêneo de $\varepsilon = 10\varepsilon_0/r$. Determine a capacitância do capacitor.

Resposta: (a) 1,13 nF.

6.6 MÉTODO DAS IMAGENS

O método das imagens, introduzido por Lord Kelvin em 1848, é comumente utilizado para determinar V, $\mathbf{E}$, $\mathbf{D}$ e ρ_S associados a cargas na presença de condutores. Por esse método, evitamos resolver a equação de Laplace ou de Poisson ao considerar o fato de que uma superfície condutora é equipotencial. Embora o método não se aplique a todos os problemas de eletrostática, ele pode reduzir a complexidade de solução de alguns deles.

> A **teoria das imagens** estabelece que uma dada configuração de carga próxima a um plano infinito condutor perfeito aterrado pode ser substituída pela própria configuração de carga, por sua imagem, e por uma superfície equipotencial no lugar do plano condutor.

Exemplos típicos de configurações de carga, tais como a carga pontual, a linha de cargas, e um volume de cargas, encontram-se representados na Figura 6.21(a). Suas correspondentes configurações de imagem estão representadas na Figura 6.21(b).

Ao aplicar o método das imagens, duas condições devem ser satisfeitas:

1. A(s) carga(s) imagem deve(m) estar localizada(s) no interior da região condutora.
2. A(s) carga(s) imagem deve(m) estar localizada(s) de tal modo que o potencial na superfície condutora seja zero ou constante.

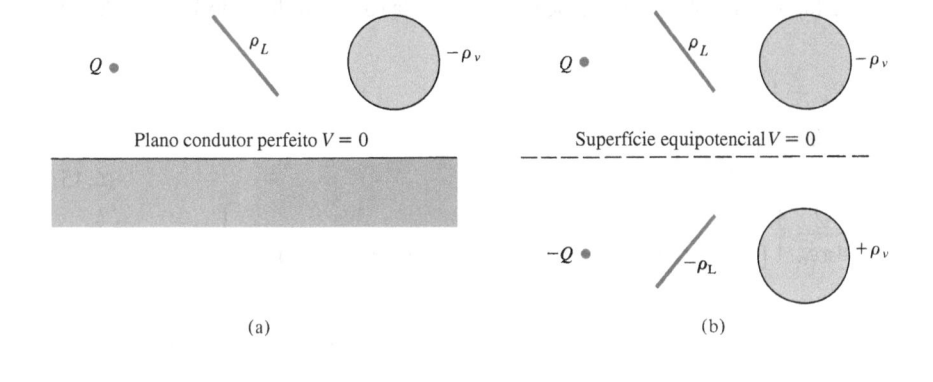

FIGURA 6.21 Sistema imagem: (a) configurações de carga próxima de um plano condutor perfeito; (b) configuração da imagem com o plano condutor substituído pela superfície equipotencial.

A primeira condição é necessária para satisfazer a equação de Poisson, e a segunda garante que as condições de fronteira sejam satisfeitas. Apliquemos a teoria das imagens para dois problemas específicos.

A. Carga pontual próxima de um plano condutor aterrado

Considere uma carga pontual Q posicionada a uma distância h de um plano infinito condutor perfeito, como mostrado na Figura 6.22(a). A configuração da imagem está na Figura 6.22(b). O campo elétrico no ponto $P(x, y, z)$ é dado por:

$$\mathbf{E} = \mathbf{E}_+ + \mathbf{E}_- \tag{6.40}$$

$$= \frac{Q\,\mathbf{r}_1}{4\pi\varepsilon_0 r_1^3} + \frac{-Q\,\mathbf{r}_2}{4\pi\varepsilon_0 r_2^3} \tag{6.41}$$

Os vetores distância $\mathbf{r}_1$ e $\mathbf{r}_2$ são dados por

$$\mathbf{r}_1 = (x, y, z) - (0, 0, h) = (x, y, z - h) \tag{6.42}$$

$$\mathbf{r}_2 = (x, y, z) - (0, 0, -h) = (x, y, z + h) \tag{6.43}$$

desta forma, a equação (6.41) torna-se:

$$\mathbf{E} = \frac{Q}{4\pi\varepsilon_0}\left[\frac{x\mathbf{a}_x + y\mathbf{a}_y + (z-h)\mathbf{a}_z}{[x^2 + y^2 + (z-h)^2]^{3/2}} - \frac{x\mathbf{a}_x + y\mathbf{a}_y + (z+h)\mathbf{a}_z}{[x^2 + y^2 + (z+h)^2]^{3/2}}\right] \tag{6.44}$$

Deve-se observar que, quando $z = 0$, $\mathbf{E}$ tem somente a componente z, confirmando que $\mathbf{E}$ é normal à superfície condutora.

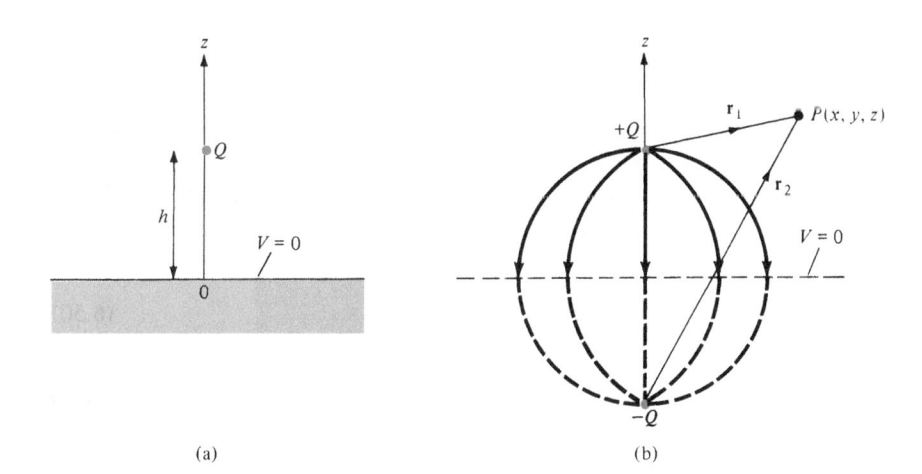

FIGURA 6.22 (a) Carga pontual e plano condutor aterrado; (b) configuração da imagem e linhas de campo.

O potencial em P é facilmente obtido da equação (6.41) ou da (6.44), utilizando $V = -\int \mathbf{E} \cdot d\mathbf{l}$. Dessa forma,

$$V = V_+ + V_-$$
$$= \frac{Q}{4\pi\varepsilon_o r_1} + \frac{-Q}{4\pi\varepsilon_o r_2}$$
$$V = \frac{Q}{4\pi\varepsilon_o}\left\{\frac{1}{[x^2 + y^2 + (z-h)^2]^{1/2}} - \frac{1}{[x^2 + y^2 + (z+h)^2]^{1/2}}\right\} \quad (6.45)$$

para $z \geq 0$ e $V = 0$ para $z \leq 0$. Observe que $V(z=0) = 0$.

A densidade superficial de carga induzida pode ser obtida da equação (6.44) fazendo:

$$\rho_S = D_n = \varepsilon_o E_n\Big|_{z=0}$$
$$= \frac{-Qh}{2\pi[x^2 + y^2 + h^2]^{3/2}} \quad (6.46)$$

A carga total induzida sobre o plano condutor é:

$$Q_i = \int \rho_S \, dS = \int_{-\infty}^{\infty}\int_{-\infty}^{\infty} \frac{-Qh \, dx \, dy}{2\pi[x^2 + y^2 + h^2]^{3/2}} \quad (6.47)$$

Fazendo a mudança de variáveis, $\rho^2 = x^2 + y^2$, $dx \, dy = \rho \, d\rho \, d\phi$, donde se obtém:

$$Q_i = -\frac{Qh}{2\pi}\int_0^{2\pi}\int_0^{\infty} \frac{\rho \, d\rho \, d\phi}{[\rho^2 + h^2]^{3/2}} \quad (6.48)$$

Integrando em ϕ resulta 2π. Fazendo $\rho \, d\rho = \frac{1}{2}d(\rho^2)$, obtém-se

$$Q_i = -\frac{Qh}{2\pi}2\pi\int_0^{\infty}[\rho^2 + h^2]^{-3/2}\frac{1}{2}d(\rho^2)$$
$$= \frac{Qh}{[\rho^2 + h^2]^{1/2}}\Big|_0^{\infty} \quad (6.49)$$
$$= -Q$$

conforme esperado, porque todas as linhas de fluxo que terminam sobre o condutor deveriam terminar na carga imagem se o condutor estivesse ausente.

B. Linha de carga próxima de um plano condutor aterrado

Considere uma linha infinita de cargas com densidade ρ_L C/m localizada a uma distância h do plano condutor aterrado, em $z = 0$. A mesma configuração de imagem da Figura 6.22(b) aplica-se à linha de cargas, com exceção de que Q é substituído por ρ_L. Podemos assumir que a linha infinita de cargas ρ_L se encontra em $x = 0$, $z = h$ e a imagem $-\rho_L$ em $x = 0$, $z = -h$, de tal forma que as duas estão paralelas ao eixo y. O campo elétrico no ponto P é dado (da equação 4.21) por:

$$\mathbf{E} = \mathbf{E}_+ + \mathbf{E}_- \quad (6.50)$$
$$= \frac{\rho_L}{2\pi\varepsilon_o\rho_1}\mathbf{a}_{\rho 1} + \frac{-\rho_L}{2\pi\varepsilon_o\rho_2}\mathbf{a}_{\rho 2} \quad (6.51)$$

Os vetores distância $\boldsymbol{\rho}_1$ e $\boldsymbol{\rho}_2$ são dados por

$$\boldsymbol{\rho}_1 = (x, y, z) - (0, y, h) = (x, 0, z - h) \tag{6.52}$$

$$\boldsymbol{\rho}_2 = (x, y, z) - (0, y, -h) = (x, 0, z + h) \tag{6.53}$$

então, a equação (6.51) torna-se:

$$\mathbf{E} = \frac{\rho_L}{2\pi\varepsilon_o} \left[\frac{x\mathbf{a}_x + (z - h)\mathbf{a}_z}{x^2 + (z - h)^2} - \frac{x\mathbf{a}_x + (z + h)\mathbf{a}_z}{x^2 + (z + h)^2} \right] \tag{6.54}$$

Novamente, observa-se que quando $z = 0$, $\mathbf{E}$ tem somente a componente z, confirmando dessa forma que $\mathbf{E}$ é normal à superfície condutora.

O potencial em P é obtido da equação (6.51) ou da (6.54), utilizando $V = -\int \mathbf{E} \cdot d\mathbf{l}$. Portanto,

$$\begin{aligned} V &= V_+ + V_- \\ &= -\frac{\rho_L}{2\pi\varepsilon_o} \ln \rho_1 - \frac{-\rho_L}{2\pi\varepsilon_o} \ln \rho_2 \\ &= -\frac{\rho_L}{2\pi\varepsilon_o} \ln \frac{\rho_1}{\rho_2} \end{aligned} \tag{6.55}$$

Substituindo $\rho_1 = |\boldsymbol{\rho}_1|$ e $\rho_2 = |\boldsymbol{\rho}_2|$, das equações (6.52) e (6.53) na equação (6.55), resulta em

$$V = -\frac{\rho_L}{2\pi\varepsilon_o} \ln \left[\frac{x^2 + (z - h)^2}{x^2 + (z + h)^2} \right]^{1/2} \tag{6.56}$$

para $z \geq 0$ e $V = 0$ para $z \leq 0$. Observe que $V(z = 0) = 0$.

A carga superficial induzida sobre o plano condutor é dada por:

$$\rho_S = D_n = \varepsilon_o E_z \Big|_{z=0} = \frac{-\rho_L h}{\pi(x^2 + h^2)} \tag{6.57}$$

A carga induzida por unidade de comprimento sobre o plano condutor é:

$$\rho_i = \int \rho_S \, dx = -\frac{\rho_L h}{\pi} \int_{-\infty}^{\infty} \frac{dx}{x^2 + h^2} \tag{6.58}$$

Fazendo $x = h \, \text{tg} \, \alpha$, a equação (6.58) torna-se

$$\begin{aligned} \rho_i &= -\frac{\rho_L h}{\pi} \int_{-\pi/2}^{\pi/2} \frac{d\alpha}{h} \\ &= -\rho_L \end{aligned} \tag{6.59}$$

conforme esperado.

EXEMPLO 6.14

Uma carga pontual Q está localizada em um ponto $(a, 0, b)$ entre dois semiplanos condutores que se interceptam em ângulo reto, como mostra a Figura 6.23. Determine o potencial no ponto $P(x, y, z)$ e a força sobre Q.

Solução:

A configuração da imagem está mostrada na Figura 6.24. Três cargas imagem são necessárias para satisfazer as condições de fronteira da Seção 6.6. Da Figura 6.24(a), o potencial no ponto $P(x, y, z)$ é dado pela superposição dos potenciais em P devido às quatro cargas pontuais, isto é,

$$V = \frac{Q}{4\pi\varepsilon_o} \left[\frac{1}{r_1} - \frac{1}{r_2} + \frac{1}{r_3} - \frac{1}{r_4} \right]$$

onde

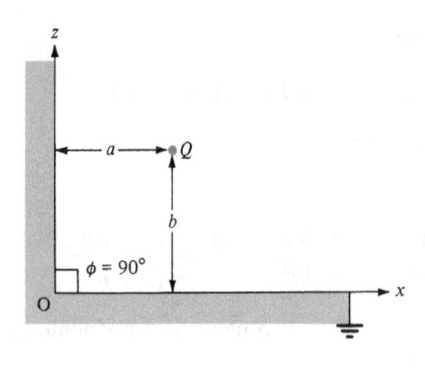

FIGURA 6.23 Carga pontual entre dois semiplanos condutores.

$$r_1 = [(x-a)^2 + y^2 + (z-b)^2]^{1/2}$$

$$r_2 = [(x+a)^2 + y^2 + (z-b)^2]^{1/2}$$

$$r_3 = [(x+a)^2 + y^2 + (z+b)^2]^{1/2}$$

$$r_4 = [(x-a)^2 + y^2 + (z+b)^2]^{1/2}$$

Da Figura 6.24(b), a força líquida sobre Q é:

$$\mathbf{F} = \mathbf{F}_1 + \mathbf{F}_2 + \mathbf{F}_3$$

$$= -\frac{Q^2}{4\pi\varepsilon_o(2b)^2}\mathbf{a}_z - \frac{Q^2}{4\pi\varepsilon_o(2a)^2}\mathbf{a}_x + \frac{Q^2(2a\mathbf{a}_x + 2b\mathbf{a}_z)}{4\pi\varepsilon_o[(2a)^2 + (2b)^2]^{3/2}}$$

$$= \frac{Q^2}{16\pi\varepsilon_o}\left\{\left[\frac{a}{(a^2+b^2)^{3/2}} - \frac{1}{a^2}\right]\mathbf{a}_x + \left[\frac{b}{(a^2+b^2)^{3/2}} - \frac{1}{b^2}\right]\mathbf{a}_z\right\}$$

O campo elétrico devido a esse sistema de cargas pode ser determinado de maneira similar e a carga induzida sobre os planos também pode ser encontrada.

Em geral, quando o método das imagens é aplicado para um sistema que consiste de cargas pontuais entre dois semiplanos condutores, que se cruzam segundo um ângulo ϕ (em graus), o número de imagens é dado por

$$\boxed{N = \left(\frac{360°}{\phi} - 1\right)}$$

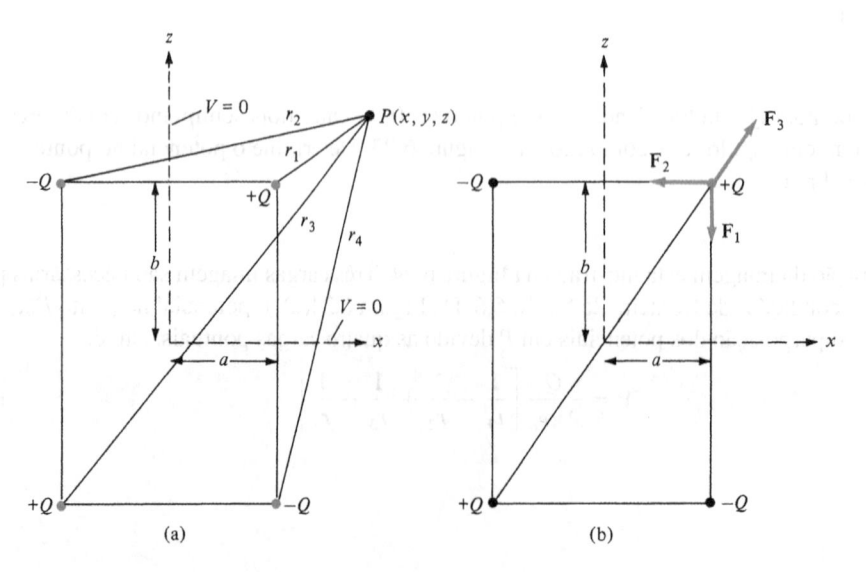

FIGURA 6.24 Determinação de: (a) potencial em P; (b) força sobre a carga Q.

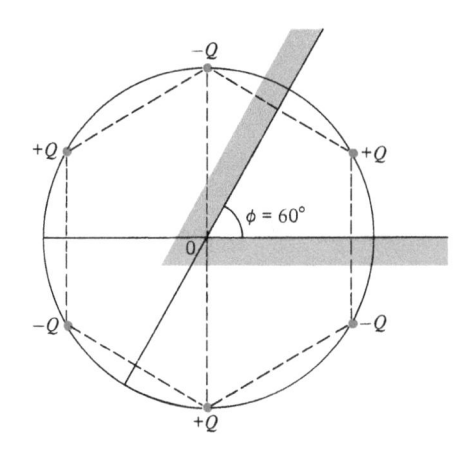

FIGURA 6.25 Carga pontual entre duas paredes semi-infinitas condutoras, inclinadas em $\phi = 60°$ uma em relação à outra.

porque a carga e suas imagens se localizam ao longo de um círculo. Por exemplo, quando $\phi = 180°$, $N = 1$, como no caso da Figura 6.22. Para $\phi = 90°$, $N = 3$, como no caso da Figura 6.23. E para $\phi = 60°$, esperamos que $N = 5$, como mostrado na Figura 6.25.

EXERCÍCIO PRÁTICO 6.14

Se a carga pontual $Q = 10$ nC da Figura 6.25 encontra-se 10 cm afastada do ponto O e ao longo da linha bissetriz de $\phi = 60°$, determine o valor da força exercida sobre Q devido às cargas induzidas sobre as paredes condutoras.

Resposta: 60,54 μN.

---

†6.7 APLICAÇÃO TECNOLÓGICA – CAPACITÂNCIA DE LINHAS DE MICROFITA (*MICROSTRIP LINES*)

O crescimento acentuado de circuitos integrados em frequências de micro-ondas tem gerado interesse no uso de capacitores de disco de microfita, retangulares ou circulares, como elementos concentrados de circuitos. Os efeitos da dispersão dos campos de tais capacitores foram observados primeiramente por Kirchhoff em 1877, que utilizou mapeamento conforme de campo para explicar a dispersão. Sua análise, no entanto, foi limitada pelo fato de considerar apenas capacitores preenchidos com ar. Em aplicações de microfitas, as placas dos capacitores são separadas por um material dielétrico em vez do espaço livre. Mais tarde, outros surgiram com melhores soluções aproximadas para o problema, na forma fechada, levando em conta a presença de material dielétrico entre as placas e a dispersão. Consideraremos aqui apenas o capacitor de disco circular.

A geometria do capacitor de microfita circular, com raio r e espaçamento entre placas d, é mostrada na Figura 6.26. Novamente, se a área do disco S ($S = \pi r^2$) é muito grande em comparação ao espaçamento das placas (isto é, $\sqrt{S} \gg d$), então a dispersão é mínima e a capacitância é dada por:

$$C = \frac{\varepsilon_0 \varepsilon_r \pi r^2}{d} \qquad (6.60)$$

Muitos pesquisadores tentaram computar o efeito de dispersão de forma a obter uma solução fechada que o incluísse. Consideraremos os seguintes casos:

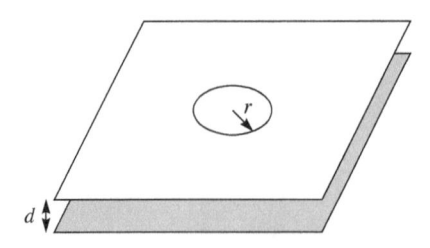

FIGURA 6.26 Capacitor de microfita circular.

CASO 1

De acordo com Kirchhoff,[2] a capacitância de dispersão é dada por:

$$\Delta C = \varepsilon_o \varepsilon_r r \left(\log \frac{16\pi r}{d} - 1 \right) \qquad (6.61)$$

De tal forma que a capacitância total é dada por:

$$C_T = \frac{\varepsilon_o \varepsilon_r \pi r^2}{d} + \varepsilon_o \varepsilon_r r \left(\log \frac{16\pi r}{d} - 1 \right) \qquad (6.62)$$

Deve ser observado que a aproximação de Kirchhoff é válida somente para $\varepsilon_r = 1$.

CASO 2

De acordo com Chew e Kong[3], a capacitância total, incluindo a dispersão, é dada por:

$$C_T = \frac{\varepsilon_o \varepsilon_r \pi r^2}{d} \left\{ 1 + \frac{2d}{\pi \varepsilon_r r} \left[\ln\left(\frac{r}{2d}\right) + (1{,}41\varepsilon_r + 1{,}77) + \frac{d}{r}(0{,}268\varepsilon_r + 1{,}65) \right] \right\} \qquad (6.63)$$

CASO 3

Wheeler utilizou interpolação para compatibilizar os três casos de pequena, média e grande dimensão dos discos. De acordo com Wheeler[4], primeiro definimos o seguinte:

$$C_{ks} = \varepsilon_o r \left[4(1 + \varepsilon_r) + \frac{\varepsilon_r \pi r}{d} \right] \qquad (6.64)$$

Onde $k = \varepsilon_r$. Quando $k = 1$, a equação (6.64) reduz-se a:

$$C_{1s} = \varepsilon_o r \left[8 + \frac{\pi r}{d} \right] \qquad (6.65)$$

---

[2] L.D.Landau e E.M.Lifshitz, *Electrodynamics of Continuous Media*. Oxford: Pergamon Press, 1960, p.20.

[3] W.C.Chew e J.A.Kong, "Effects of fringing fields on the capacitance of circular microstrip disk", *IEEE Transactions on Microwave Theory and Techniques*, volume 28, n° 2, fevereiro 1980, p. 98-103.

[4] H.A.Wheeler, "A simple formula for the capacitance of a disc on dielectric on a plane", *IEEE Transactions on Microwave Theory and Techniques*, volume 30, n° 11, novembro 1982, p. 2050-2054.

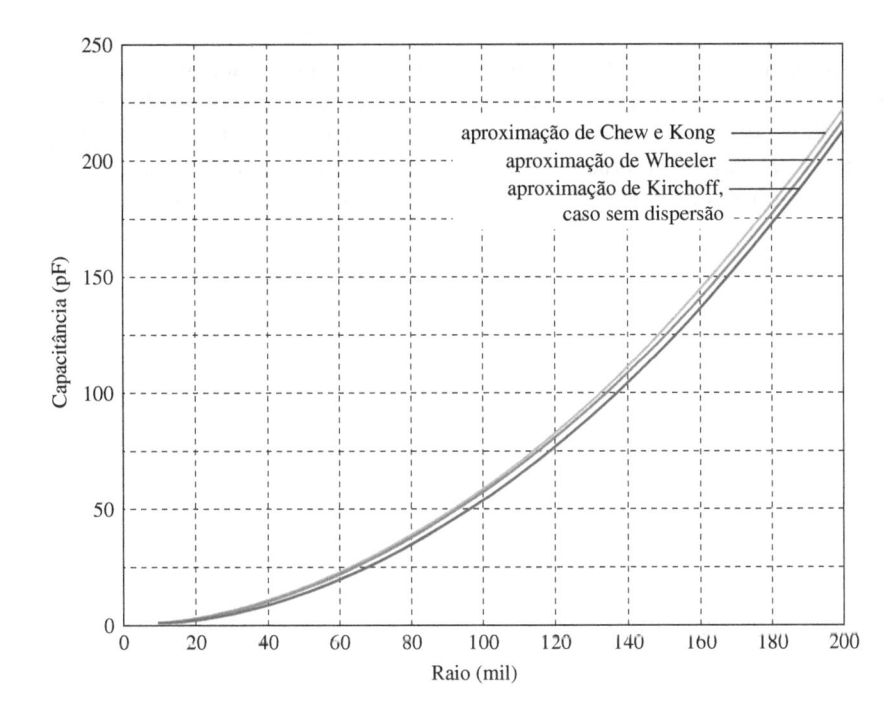

FIGURA 6.27 Capacitância de capacitor circular de microfita.

A capacitância total é:

$$C_T = \frac{C_{ks}}{k_c C_{1s}} C_1 + \left(1 - \frac{1}{k_c}\right) C_2 C_{ks} \quad (6.66)$$

Onde

$$C_1 = \varepsilon_o r \left[8 + \frac{\pi r}{d} + \frac{2}{3}\ln\left(\frac{1 + 0{,}8(r/d)^2 + (0{,}31 r/d)^4}{1 + 0{,}9(r/d)}\right) \right] \quad (6.67)$$

$$C_2 = 1 - \frac{1}{4 + 2{,}6\dfrac{r}{d} + 2{,}9\dfrac{d}{r}} \quad (6.68)$$

$$k_c = 0{,}37 + 0{,}63 \varepsilon_r \quad (6.69)$$

Um programa em MATLAB foi desenvolvido usando as equações (6.62) a (6.69). Com os valores específicos de $d = 10$ mil* e $\varepsilon_r = 74{,}04$, os valores de C e de C_T para $10 < r < 200$ mil estão plotados, na Figura 6.27, para os três casos. A curva para a aproximação de Kirchhoff coincide com o caso sem dispersão.

---

* N. de T.: Um "mil" representa um milésimo de polegada de comprimento.

MATLAB 6.1

Considere uma trilha, de espessura $t = 15$ μm, comprimento $l = 8$ mm e com largura crescendo exponencialmente de $w_1 = 0{,}2$ mm até $w_2 = 2{,}5$ mm, conectada a uma fonte de 10 V, através de barras de PEC (*Perfect Electric Conductor*) instalados em suas extremidades. Tal formato é comumente encontrado em torno de ilhas que interconectam camadas do circuito impresso, ou próximo de transformadores de impedância. A trilha tem condutividade $\sigma = 6{,}5 \times 10^5$ S/m. Determine a resistência total da trilha pela integração do valor incremental da resistência elétrica da seção reta.

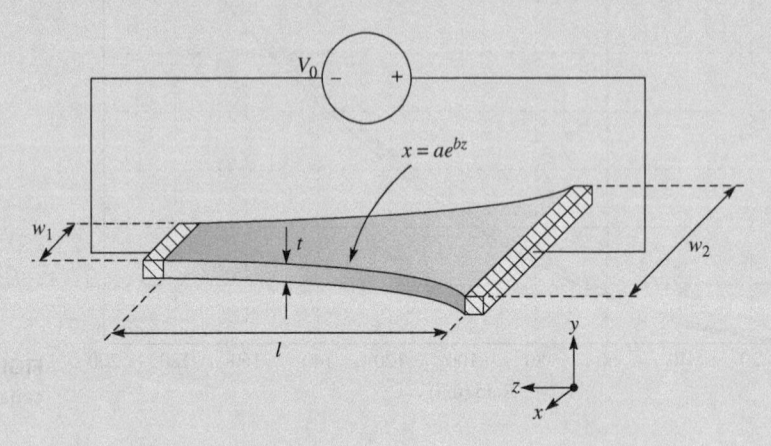

Para simplificar, podemos colocar a origem do sistema de coordenadas entre a junção do PEC e a trilha, na extremidade mais larga da trilha, centrada no lado de baixo.

A resistência incremental é uma fita de comprimento dz, no plano xy, dada por:

$$dR = \frac{dz}{\sigma t w(z)}$$

Precisamos determinar a função w(y). Já que a trilha se estreita de acordo com uma função conhecida, podemos determinar os coeficientes a, b:

$$\frac{w(z)}{2} = x(z) = ae^{bz}$$

Sabemos que:

$$x(z=0) = \frac{w_2}{2}, x(z=l) = \frac{w_1}{2}, x(y=-l) = \frac{w_2}{2}$$

Então,

$$x(z=0) = a = \frac{w_2}{2}$$

e

$$x(z=l) = ae^{bl} = \frac{w_2}{2}e^{bl} = \frac{w_1}{2}$$

$$w_2 e^{bl} = w_1$$

$$b = \frac{1}{l}\ln\frac{w_1}{w_2}$$

Essa integral pode ser resolvida como:

$$R = \int dR = \int_0^l \frac{dz}{\sigma t w(y)} = \frac{dz}{\sigma t 2 x(z)} = \frac{1}{2\sigma t}\int_0^l \frac{dz}{x(z)}$$

$$= \frac{1}{w_2 \sigma t}\int_0^l e^{-\frac{1}{l}\ln\frac{w_1}{w_2}z}\, dz$$

Substituindo os parâmetros geométricos por números, R = 1,49 Ω

(continua)

(continuação)

```
% Esse script computa a integral de uma trilha exponencial
% uma função que usa dois métodos distintos:
% 1. a função 'quad' embutida no MATLAB
% 2. um processo de soma definido pelo usuário
%
% O usuário precisa inicialmente criar um arquivo em separado para a
% função y = (-1/20)*x^3+(3/5)*x.^2-(21/10)*x+4;
% Esse arquivo deve ser nomeado como fun.m e armazenado em um
% diretório
% com o mesmo nome e deve conter as duas linhas que seguem:
%     função y = fun(x)
%     y = (-1/20)*x.^3+(3/5)*x.^2-2.1*x+4;
%
% Determinamos a integral dessa função a partir de x = 0 até x = 8
clear

% os parâmetros da trilha
w1 = 0.2e-3;
w2 = 2.5e-3;
cond = 6.5e5; % condutividade
t = 15e-6; % espessura
l = 8e-3; % comprimento

sum=0; % Início da soma total setado como zero.
dz=1/1000;
for z=0:dz:1,
   sum=sum+1/(w2*cond*t)*exp(-1/l*log(w1/w2)*z)*dz; % Adiciona as
% somas parciais à soma total.
end

disp('')
disp(sprintf ('A resistência total da trilha é %f ', sum))
```

RESUMO

1. Problemas de valor de fronteira são aqueles para os quais os potenciais nas fronteiras da região são especificados e para as quais desejamos conhecer o campo potencial no seu interior. Esses problemas são resolvidos utilizando a equação de Poisson, se $\rho_v \neq 0$, ou de Laplace, se $\rho_v = 0$

2. Em uma região não homogênea, a equação de Poisson é dada por:

$$\nabla \cdot \varepsilon \nabla V = -\rho_v$$

Em uma região homogênea, ε é independente das variáveis espaciais. A equação de Poisson torna-se:

$$\nabla^2 V = -\frac{\rho_v}{\varepsilon}$$

Em uma região livre de cargas ($\rho_v = 0$), a equação de Poisson reduz-se à equação de Laplace, isto é:

$$\nabla^2 V = 0$$

3. Resolvemos a equação diferencial, que resulta da equação de Poisson ou da equação de Laplace, integrando duas vezes caso V dependa apenas de uma variável, ou pelo método da separação de variáveis, caso V seja uma função de mais de uma variável. Aplicamos então as condições de fronteira prescritas para obter uma solução única.

4. O teorema da unicidade estabelece que, se V satisfaz a equação de Poisson ou a equação de Laplace e as condições de fronteira prescritas, V é a solução única possível para o problema dado. Isso nos permite encontrar a solução de um dado problema por qualquer caminho, porque estamos seguros de que existe uma, e apenas uma única solução.

5. O problema de encontrar a resistência R de um objeto ou a capacitância C de um capacitor pode ser tratado como um problema de valor de fronteira. Para determinar R, assumimos uma diferença de potencial V_0 entre as extremidades do objeto, resolvemos a equação de Laplace, encontramos $I = \int \sigma \mathbf{E} \cdot d\mathbf{S}$ e obtemos $R = V_0/I$. De maneira similar, para determinar C, assumimos uma diferença de potencial V_0 entre as placas do capacitor, resolvemos a equação de Laplace, encontramos $Q = \int \varepsilon \mathbf{E} \cdot d\mathbf{S}$ e obtemos $C = Q/V_0$.

6. Um problema de valor de fronteira envolvendo um plano condutor infinito ou um canto pode ser resolvido utilizando o método das imagens. Basicamente, consiste em substituir a configuração de cargas por ela mesma, por sua imagem e por uma superfície equipotencial no lugar do plano condutor. Dessa forma, o problema original é substituído por um "problema imagem", o qual é resolvido utilizando as técnicas abordadas nos Capítulos 4 e 5.

7. O cálculo da capacitância de linhas de fita tem-se revelado importante porque tais linhas são usadas em dispositivos de micro-ondas. Três fórmulas para o cálculo da capacitância de linhas de fita circulares foram apresentadas.

QUESTÕES DE REVISÃO

6.1 A equação $\nabla \cdot (-\varepsilon \nabla V) = \rho_v$ pode ser considerada como a equação de Poisson para um meio não homogêneo
   (a) Verdadeiro
   (b) Falso

6.2 Em coordenadas cilíndricas, a equação

$$\frac{\partial^2 \psi}{\partial \rho^2} + \frac{1}{\rho}\frac{\partial \psi}{\partial \rho} + \frac{\partial^2 \psi}{\partial z^2} + 10 = 0$$

é denominada:
   (a) Equação de Maxwell
   (b) Equação de Laplace
   (c) Equação de Poisson
   (d) Equação de Helmholtz
   (e) Equação de Lorentz

6.3 Duas funções potenciais V_1 e V_2 satisfazem a equação de Laplace em uma região fechada e assumem os mesmos valores sobre a superfície que limita essa região. V_1 deve ser igual a V_2.
   (a) Verdadeiro
   (b) Falso
   (c) Não necessariamente verdadeiro ou falso.

6.4 Qual dos seguintes potenciais não satisfaz a equação de Laplace?
   (a) $V = 2x + 5$
   (b) $V = 10\,xy$
   (c) $V = r \cos \phi$
   (d) $V = \dfrac{10}{r}$
   (e) $V = \rho \cos \phi + 10$

6.5 Qual das seguintes alternativas não é verdadeira?

(a) $-5\cos 3x$ é uma solução para $\phi''(x) + 9\phi(x) = 0$

(b) $10\,\text{sen}\, 2x$ é uma solução para $\phi''(x) - 4\phi(x) = 0$

(c) $-4\cosh 3y$ é uma solução para $R''(y) - 9R(y) = 0$

(d) $\text{senh}\, 2y$ é uma solução para $R''(y) - 4R(y) = 0$

(e) $\dfrac{g''(x)}{g(x)} = -\dfrac{h''(y)}{h(y)} = f(z) = -1$ onde $g(x) = \text{sen}\, x$ e $h(y) = \text{senh}\, y$

6.6 Se $V_1 = X_1 Y_1$ é um produto solução da equação de Laplace, quais das seguintes alternativas não são soluções da equação de Laplace?

(a) $-10 X_1 Y_1$

(b) $X_1 Y_1 + 2xy$

(c) $X_1 Y_1 - x + y$

(d) $X_1 + Y_1$

(e) $(X_1 - 2)(Y_1 + 3)$

6.7 A capacitância de um capacitor preenchido com um dielétrico linear independe da carga sobre as placas e da diferença de potencial entre as mesmas.

(a) Verdadeiro

(b) Falso

6.8 Um capacitor de placas paralelas conectado a uma bateria armazena duas vezes mais carga com um dado dielétrico do que quando o dielétrico é o ar. Disso pode-se afirmar que a suscetibilidade desse dielétrico é:

(a) 0

(b) 1

(c) 2

(d) 3

(e) 4

6.9 Uma diferença de potencial V_o é aplicada em uma coluna de mercúrio dentro de um contêiner cilíndrico. O mercúrio é então despejado no interior de outro contêiner cilíndrico, de metade do raio do primeiro, e com a mesma diferença de potencial aplicada entre suas extremidades. Como resultado dessa variação de espaço, a resistência aumentará:

(a) duas vezes

(b) quatro vezes

(c) oito vezes

(d) dezesseis vezes

6.10 Duas placas condutoras estão inclinadas entre si em um ângulo de $30°$ com uma carga pontual entre elas. O número de cargas imagem é:

(a) 12

(b) 11

(c) 6

(d) 5

(e) 3

Respostas: 6.1a; 6.2c; 6.3a; 6.4c; 6.5b; 6.6d, e; 6.7a; 6.8b; 6.9d; 6.10b.

PROBLEMAS

6.1 Dado $V = 5x^3y^2z$ e $\varepsilon = 2{,}25\varepsilon_0$, determine: (a) **E** no ponto $P(-3, 1, 2)$; (b) ρ_v em P.

6.2 Demonstre que a solução exata da equação

$$\frac{d^2V}{dx^2} = f(x) \qquad 0 < x < L$$

para

$$V(x=0) = V_1 \qquad V(x=L) = V_2$$

é

$$V(x) = \left[V_2 - V_1 - \int_0^L \int_0^\lambda f(\mu)\, d\mu\, d\lambda \right] \frac{x}{L}$$

$$+ V_1 + \int_0^x \int_0^\lambda f(\mu)\, d\mu\, d\lambda$$

6.3 No espaço livre, $V = 6xy^2z + 8$. Determine **E** e ρ_v no ponto $P(1, 2, -5)$.

6.4 Em coordenadas cilíndricas, $\rho_v = 10/\rho$ pC/m^3. Se $V = 0$ em $\rho = 1$m e $V = 100$ V em $\rho = 4$m devido à distribuição de cargas, determine:
  (a) V em $\rho = 3$m
  (b) E em $\rho = 2$. Considere $\varepsilon = \varepsilon_0$.

6.5 Demonstre que os seguintes potenciais satisfazem a equação de Laplace:
  (a) $V = e^{-5x} \cos 13y \operatorname{senh} 12z$
  (b) $V = \dfrac{z \cos \phi}{\rho}$
  (c) $V = \dfrac{30 \cos \theta}{r^2}$

6.6 Verifique se os seguintes potenciais satisfazem a equação de Laplace:
  (a) $V = 15x^2yz - 5y^3z$
  (b) $V = \dfrac{\cos \phi}{\rho}$
  (c) $V = \dfrac{10 \operatorname{sen} \theta \operatorname{sen} \phi}{r^2}$

6.7 Seja $V = (A \cos nx + B \operatorname{sen} nx)(Ce^{ny} + De^{-ny})$, onde A, B, C e D são constantes. Demonstre que V satisfaz a equação de Laplace.

6.8 O campo potencial $V = 2x^2yz - y^3z$ existe em um meio dielétrico, cujo $\varepsilon = 2\varepsilon_0$. (a) V satisfaz a equação de Laplace? (b) Calcule a carga total dentro de um cubo unitário dado por $0 < x, y, z < 1$ m.

6.9 Duas cascas esféricas concêntricas, com $r = 0{,}1$m e $r = 2$m, são mantidas em $V = 0$ e $V = 100$V, respectivamente. Assuma que o espaço entre as cascas seja livre e determine V, **E** e **D**.

6.10 A região entre duas cascas esféricas condutoras, com $r = 0{,}5$m e $r = 1$m, é livre de cargas. Se $V(r = 0{,}5) = -50$ V e $V(r = 1,) = 50$ V, determine a distribuição de potencial e a intensidade do campo elétrico na região entre as cascas.

6.11 Dois cilindros concêntricos, $\rho = 2$ cm e $\rho = 6$ cm, são mantidos a $V = 60$ V e $V = -20$ V, respectivamente. Calcule V, **E** e **D** em $\rho = 4$ cm.

*6.12 Os eletrodos interno e externo de um diodo são cilindros coaxiais de raios $a = 0{,}6$ m e $b = 30$ mm, respectivamente. O eletrodo interno é mantido a 70 V, enquanto que o eletrodo externo é aterrado. (a) Assumindo que o comprimento dos eletrodos $\ell \gg a, b$ e desprezando os efeitos de carga espacial, calcule o potencial em $\rho = 15$ mm. (b) Se um elétron for injetado radialmente, através de um pequeno furo no eletrodo interno, com uma velocidade de 10^7 m/s, determine sua velocidade em $\rho = 15$ mm.

*6.13 Resolva a equação de Laplace para o sistema eletrostático bidimensional da Figura 6.28 e encontre o potencial $V(x, y)$.

*6.14 Encontre o potencial $V(x, y)$ associado aos sistemas bidimensionais da Figura 6.29.

6.15 A seção reta de um fusível é mostrada na Figura 6.30. Se o fusível for feito de cobre e sua espessura for de 1,5 mm, calcule a sua resistência elétrica.

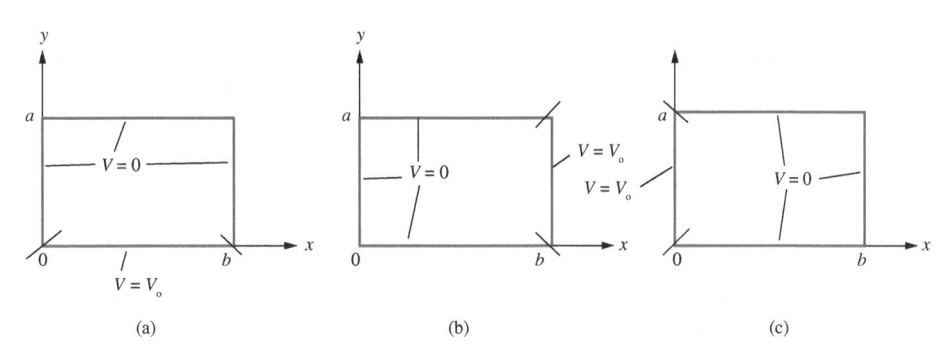

FIGURA 6.28 Referente ao Problema 6.13.

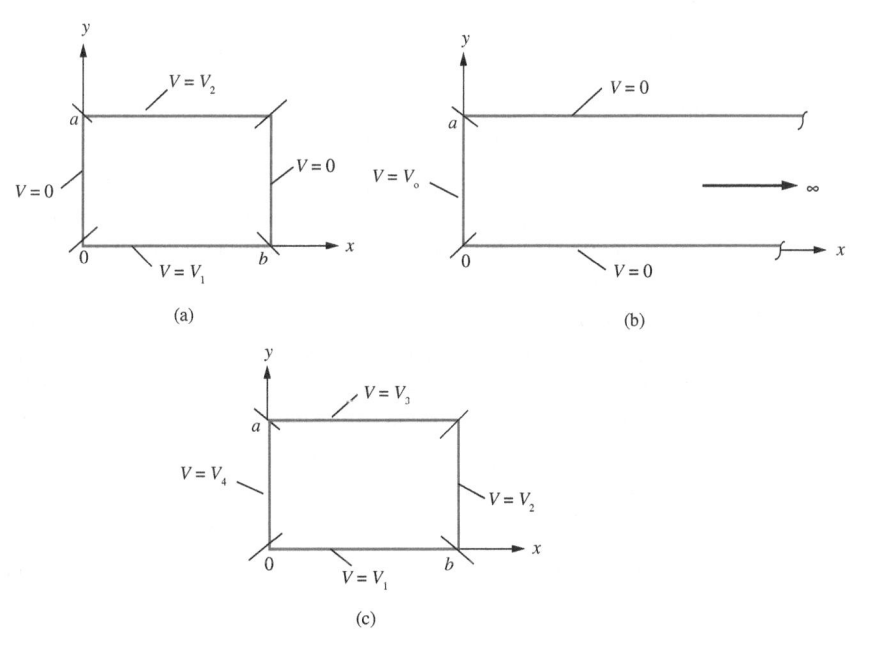

FIGURA 6.29 Referente ao Problema 6.14.

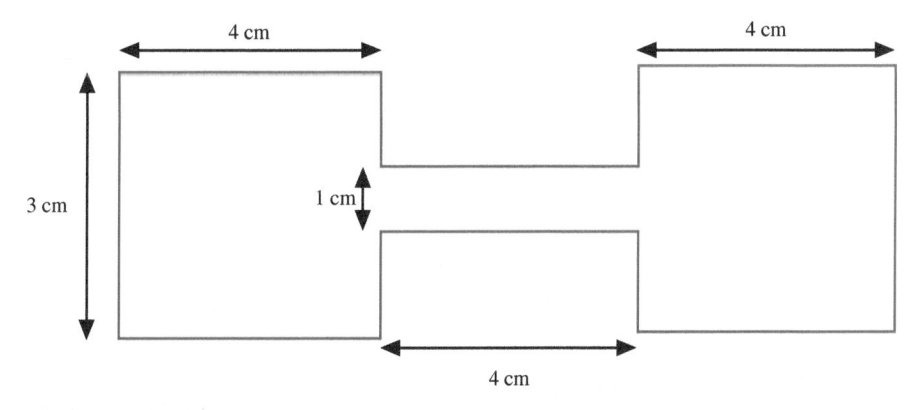

FIGURA 6.30 Referente ao Problema 6.15.

6.16 Um cubo de 3 mm de aresta e constante dielétrica 4,6 é introduzido entre as placas de um capacitor de placas paralelas com ar como dielétrico. Se a área de cada placa do capacitor for de 20 cm² e a separação entre elas for de 5 mm, calcule a capacitância desse capacitor com o cubo inserido totalmente.

6.17 Em um circuito integrado, um capacitor é formado pelo crescimento de uma camada de dióxido de silício ($\varepsilon_r = 4$), de espessura 1 μm, sobre um substrato de silício. Essa camada é coberta com um eletrodo metálico de área S. Determine S para se obter uma capacitância de 2 nF.

6.18 Um capacitor de placas paralelas preenchido com ar, de comprimento L, largura a e espaçamento entre placas d, tem suas placas mantidas sob uma diferença de potencial constante V_0. Se um bloco dielétrico com constante dielétrica ε deslizar entre as placas até que somente um comprimento x permaneça entre elas, como mostrado na Figura 6.31, demonstre que a força que tende a restabelecer o bloco em sua posição original é:

$$F = \frac{\varepsilon_0(\varepsilon_r - 1)\, a\, V_0^2}{2d}$$

6.19 Determine a capacitância de uma esfera condutora de raio 5 cm, totalmente imersa na água do mar ($\varepsilon_r = 80$).

6.20 Um cabo coaxial contém um material isolante de constante dielétrica 3,5. O raio do fio central é 1 mm e o raio interno da blindagem é 2 mm. Determine a capacitância por quilômetro do cabo.

6.21 Uma esfera condutora com 2 cm de raio é envolvida por uma casca esférica condutora concêntrica com 5 cm de raio. Se o espaço entre as esferas for preenchido com cloreto de sódio ($\varepsilon_r = 5,9$), calcule a capacitância do conjunto.

6.22 O espaço entre as cascas esféricas condutoras $r = 5$ cm e $r = 10$ cm é preenchido com um material dielétrico, para o qual $\varepsilon = 2,25\varepsilon_0$. As duas cascas são mantidas sob uma diferença de potencial de 80 V. (a) Encontre a capacitância do conjunto. (b) Calcule a densidade de carga sobre a casca $r = 5$ cm.

6.23 Um capacitor esférico tem um raio interno d e um raio externo a. Concêntrica com os condutores esféricos e posicionada entre eles existe uma casca esférica de raio externo c e raio interno b. Se as regiões $d < r < c$, $c < r < b$ e $b < r < a$ são preenchidas com materiais de permissividades ε_1, ε_2 e ε_3, respectivamente, determine a capacitância do sistema.

6.24 As cascas concêntricas $r = 20$ cm e $r = 30$ cm são mantidas a $V = 0$ e $V = 50$, respectivamente. Se o espaço entre elas é preenchido com material dielétrico ($\varepsilon = 3,1\varepsilon_0$, $\sigma = 10^{-12}$ S/m), encontre: (a) V, **E** e **D**; (b) as densidades de carga nas cascas e (c) a resistência de perdas.

6.25 Se considerarmos a Terra como um capacitor esférico, qual a sua capacitância? Considere o raio da Terra de, aproximadamente, 6370 km.

6.26 Uma carga pontual de 10 nC está localizada no ponto P(0, 0, 3), nas proximidades de um plano aterrado em $z = 0$. Determine:

(a) V e **E** em $R(6, 3, 5)$

(b) A força sobre a carga pontual devido à carga induzida no plano.

6.27 Uma esfera condutora de 2 cm de raio é circundada por uma esfera concêntrica de raio 5 cm. Se o espaço entre as esferas for preenchido com cloreto de sódio ($\varepsilon_r = 5,9$) calcule a capacitância do conjunto.

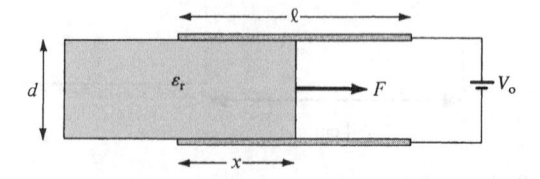

FIGURA 6.31 Referente ao Problema 6.18.

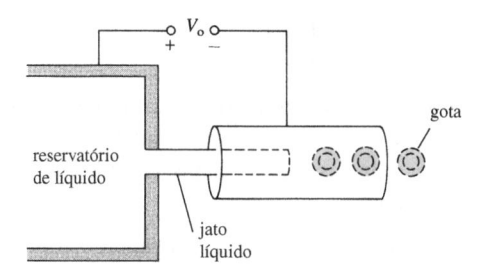

FIGURA 6.32 Geometria simplificada de uma impressora jato de tinta; referente ao Problema 6.28.

*6.28 Em uma impressora jato de tinta, as gotas de tinta são carregadas envolvendo o jato de 20 μm de raio com um cilindro concêntrico de raio 600 μm, como mostrado na Figura 6.32. Calcule a voltagem mínima requerida para gerar uma carga de 50 fC na gota se o comprimento do jato, dentro do cilindro, é de 100 μm. Considere $\varepsilon = \varepsilon_o$.

6.29 Um dado comprimento de cabo, cuja capacitância é 10 μF e resistência de isolação de 100 MΩ, é submetido a uma voltagem de 100 V. Quanto tempo leva para a voltagem cair até 50 V?

6.30 A capacitância por unidade de comprimento de uma linha de transmissão de dois fios, mostrada na Figura 6.33, é dada por:

$$C = \frac{\pi\varepsilon}{\cosh^{-1}\left[\dfrac{d}{2a}\right]}$$

Determine a condutância por unidade de comprimento.

6.31 Uma linha carregada com 20nC/m está localizada em $y = 1$, $z = 5$ acima de um plano condutor $z = 0$. Determine E em:
   (a) $(1, 2, 3)$
   (b) $(2, 4, -8)$

6.32 Os planos infinitos $x = 3$ e $x = 10$ estão carregados com -10 nC/m^2 e 5 nC/m^2, respectivamente. Se o plano $x = 1$ está aterrado, determine E em $(6, 0, -4)$. Considere $\varepsilon = \varepsilon_o$.

*6.33 Um capacitor de placas paralelas tem suas placas em $x = 0, d$ e o espaço entre as placas é preenchido com um material não homogêneo com permissividade $\varepsilon = \varepsilon_o\left(1 + \dfrac{x}{d}\right)$. Se a placa em $x = d$ é mantida em V_o, enquanto a placa em $x = 0$ estiver aterrada, encontre:
   (a) V e **E**
   (b) **P**
   (c) ρ_{P_s} em $x = 0, d$

6.34 Um capacitor esférico tem um raio interno a e um raio externo b e é preenchido com um dielétrico não homogêneo com $\varepsilon = \varepsilon_o k/r^2$. Demonstre que a capacitância do capacitor é:

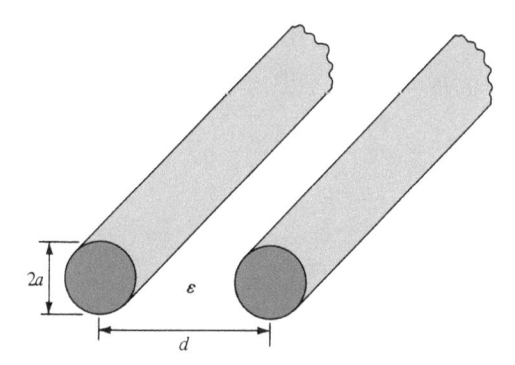

FIGURA 6.33 Referente ao Problema 6.30.

$$C = \frac{4\pi\varepsilon_o k}{b - a}$$

6.35 Um capacitor esférico tem duas esferas concêntricas de raios a e d. Concêntrica a essas esferas, e no espaço entre elas, há uma casca esférica dielétrica com raio interno b e raio externo c. Se o material dielétrico da casca tem permissividade relativa ε_r e $a < b < c < d$, determine a capacitância do conjunto.

6.36 A capacitância de um capacitor de placas paralelas, preenchido com ar como dielétrico, é C_o. Se uma tira de espessura $\Delta(<d)$ e constante dielétrica ε_r é introduzido entre as placas, mostre que a capacitância passa a ser:

$$C = \frac{\varepsilon_r d C_o}{\varepsilon_r d - \chi_e \Delta}$$

6.37 Um capacitor cilíndrico tem um raio interno a e um raio externo b e é preenchido com um dielétrico não homogêneo, tendo $\varepsilon = \varepsilon_o k/\rho$, onde k é uma constante. Calcule a capacitância por unidade de comprimento do capacitor.

6.38 O espaço entre dois cilindros condutores concêntricos de raios a e b ($b > a$) é preenchido com um material não homogêneo com condutividade $\sigma = k/\rho$, onde k é uma constante. Determine a resistência elétrica do conjunto.

6.39 Uma lâmina metálica aterrada está localizada no plano $z = 0$, enquanto uma carga pontual Q está em $(0, 0, a)$. Determine a força que atua sobre uma carga pontual $-Q$ colocada em $(a, 0, a)$.

6.40 Duas placas condutoras aterradas estão situadas em $x = 0$ e $y = 0$, enquanto uma carga pontual Q está em $(a, a, 0)$. Determine o potencial para $x > 0$, $y > 0$.

6.41 Duas cargas pontuais de 3 nC e $-$ 4 nC estão localizadas, respectivamente, em (0, 0, 1 m) e (0, 0, 2 m), enquanto um plano infinito condutor está em $z = 0$. Determine:

(a) a carga total induzida no plano

(b) o valor da força de atração entre as cargas e o plano

6.42 Duas cargas pontuais de 50 nC e $-$ 20 nC estão localizadas em ($-$ 3, 2, 4) e (1, 0, 5), acima de um plano condutor aterrado $z = 2$. Calcule: (a) a densidade superficial de carga em (7, $-$ 2, 2); (b) **D** em (3, 4, 8) e (c) **D** em (1, 1, 1).

6.43 Uma carga pontual de 10 μC está localizada em (1, 1, 1) e as porções positivas dos planos coordenados estão ocupadas por três planos condutores, mutuamente perpendiculares, mantidos a um potencial zero. Encontre a força sobre a carga devido aos planos condutores.

6.44 Uma carga pontual Q está localizada entre dois planos condutores aterrados que se interceptam a 45° um do outro. Determine o número de cargas imagem e suas localizações.

6.45 Uma linha infinita $x = 3$, $z = 4$, carregada com 16 nC/m está localizada no espaço livre acima de um plano condutor $z = 0$. (a) Encontre **E** em (2, $-$ 2, 3); (b) calcule a densidade superficial de carga induzida sobre o plano condutor em (5, $-$ 6, 0).

6.46 No espaço livre, planos infinitos $y = 4$ e $y = 8$ estão carregados com 20 nC/m^2 e 30 nC/m^2, respectivamente. Se o plano $y = 2$ está aterrado, calcule **E** em $P(0, 0, 0)$ e $Q(-4, 6, 2)$.

PARTE 3

MAGNETOSTÁTICA

Jean-Baptiste Biot (1774-1862), físico e matemático francês, promoveu avanços nas áreas de geometria, astronomia, elasticidade, eletricidade, magnetismo, calor e ótica.

Nascido em Paris, estudou na Escola Politécnica local, onde desenvolveu seu potencial. Biot estudou uma ampla gama de assuntos em matemática, principalmente em matemática aplicada. Junto com o físico francês Felix Savart, descobriu que a intensidade do campo magnético produzido por uma corrente elétrica que flui em um fio decai com o inverso da distância ao fio. Essa relação, agora conhecida como lei de Biot-Savart, será tratada neste capítulo. Biot descobriu que quando a luz atravessa determinadas substâncias, como as soluções com açúcar, o plano de polarização da luz gira de uma quantidade que depende da cor da luz. À parte de suas investigações científicas, Biot também era um prolífico escritor. Ele produziu mais de 250 trabalhos completos de vários tipos, o mais renomado deles é seu Tratado Elementar sobre Astronomia Física (no original, *Traité Elémentaire d'Astronomie Physique*), de 1805.

André-Marie Ampère (1775-1836), físico, matemático e filósofo francês, é mais conhecido por ter definido um modo de medir o fluxo da corrente elétrica. Ele foi chamado de o Newton da Eletricidade.

Nascido em Polemieux, próximo de Lyon, Ampère tomou muito gosto pela busca do conhecimento desde a mais tenra infância. Embora André jamais tenha frequentado uma escola, ele recebeu uma educação excelente. Seu pai lhe ensinou Latim, o que permitiu que ele dominasse os trabalhos de Euler e Bernouilli. Dedicou-se aos estudos de Matemática e logo começou a criar suas próprias teorias e ideias. Suas leituras abarcavam uma ampla gama de conhecimentos – história, viagens, poesia, filosofia, metafísica e ciências naturais. Quando adulto, Ampère era um notório distraído. Ele se tornou professor de matemática na Escola Politécnica e, depois, no College de France. Ele aperfeiçoou a descoberta de Oersted sobre a conexão existente entre campos elétricos e campos magnéticos, e introduziu os conceitos de elemento de corrente e de força entre elementos de corrente. Ampère fez várias contribuições ao eletromagnetismo, incluindo a formulação da lei que leva o seu nome e que será discutida neste capítulo. A unidade de corrente elétrica, o ampère, foi nomeada em sua homenagem.

CAPÍTULO 7

CAMPOS MAGNETOSTÁTICOS

"O exemplo não é a coisa mais importante para influenciar os outros; é a única coisa."
— ALBERT SCHWEITZER

7.1 INTRODUÇÃO

Nos Capítulos 4 a 6, limitamos nossa discussão aos campos eletrostáticos caracterizados por **E** ou **D**. Agora, focaremos nossa atenção nos campos magnéticos estáticos que são caracterizados por **H** ou **B**. Há semelhanças e diferenças entre campos elétricos e magnéticos. Assim como **E** e **D** estão relacionados de acordo com $\mathbf{D} = \varepsilon\mathbf{E}$, para meios materiais lineares, **H** e **B** estão relacionados de acordo com $\mathbf{B} = \mu\mathbf{H}$. A Tabela 7.1, adiante, mostra a analogia entre as grandezas associadas aos campos elétrico e magnético. Algumas das grandezas associadas ao campo magnético serão introduzidas mais tarde neste capítulo, e outras serão apresentadas no próximo. A analogia é apresentada aqui para mostrar que a maioria das equações obtidas para campos elétricos pode ser prontamente utilizada na obtenção das equações correspondentes para campos magnéticos, se as grandezas análogas equivalentes forem substituídas. Desse modo, embora não pareça, estamos aprendendo novos conceitos.

Uma ligação definitiva entre campos elétricos e magnéticos foi estabelecida por Oersted[1] em 1820. Conforme estudamos, um campo eletrostático é gerado por cargas estáticas ou estacionárias. Se as cargas estão se movimentando com velocidade constante, um campo magnético estático (ou magnetostático) é gerado. Um campo magnetostático é gerado por um fluxo de corrente constante (ou corrente contínua). Esse fluxo de corrente pode se constituir de correntes de magnetização, como as correntes no interior de um ímã permanente; correntes de feixes eletrônicos, como nas válvulas eletrônicas; ou correntes de condução, como as correntes em fios condutores. Neste capítulo, consideraremos campos magnéticos no espaço livre devido a correntes contínuas. Campos magnetostáticos em meios materiais serão estudados no Capítulo 8.

Nosso estudo de magnetostática não é um capricho dispensável, mas uma necessidade indispensável. O desenvolvimento de motores, transformadores, microfones, bússolas, campainhas de telefone, controles de foco em televisores, letreiros de propaganda, veículos de alta velocidade com levitação magnética, memórias de computador, separadores magnéticos, e assim por diante, envolve fenômenos magnéticos e desempenha um papel importante na nossa vida cotidiana,[2] e não poderiam ser desenvolvidos sem a compreensão dos fenômenos magnéticos.

Existem duas leis fundamentais que governam os campos magnetostáticos: (1) lei de Biot–Savart[3] e (2) lei circuital de Ampère. Assim como a lei de Coulomb, a lei de Biot–Savart é a lei geral da magnetostática. Da mesma forma que a lei de Gauss é um caso especial da lei de Coulomb, a lei de Ampère é um caso especial da lei de Biot–Savart e se aplica facilmente a problemas envolvendo distribuição de corrente simétrica. Primeiramente, as duas leis da magnetostática são estabelecidas e aplicadas. Suas consequências são fornecidas mais ao final do capítulo.

---

[1] Hans Christian Oersted (1777–1851), professor holandês de Física, após 13 anos de frustrantes esforços, descobriu que a eletricidade poderia produzir magnetismo.

[2] Várias aplicações do magnetismo podem ser encontradas em J. K. Watson, *Applications of Magnetism*. New York: John Wiley & Sons, 1980.

[3] Os experimentos e análises do efeito de um elemento de corrente foram desenvolvidos por Ampère e por Jean-Baptiste Biot e Felix Savart em torno de 1820.

Parte 3 Magnetostática

TABELA 7.1 Analogia entre os Campos Elétrico e Magnético*

Conceito	Elétrico	Magnético
Leis básicas	$\mathbf{F} = \dfrac{Q_1 Q_2}{4\pi\varepsilon_r^2}\mathbf{a}_r$	$d\mathbf{B} = \dfrac{\mu_o I\, d\mathbf{l} \times \mathbf{a}_R}{4\pi R^2}$
	$\oint \mathbf{D} \cdot d\mathbf{S} = Q_{enc}$	$\oint \mathbf{H} \cdot d\mathbf{l} = I_{enc}$
Lei da força	$\mathbf{F} = Q\mathbf{E}$	$\mathbf{F} = Q\mathbf{u} \times \mathbf{B}$
Elemento fonte	dQ	$Q\mathbf{u} = I\, d\mathbf{l}$
Intensidade de campo	$E = \dfrac{V}{\ell}$ (V/m)	$H = \dfrac{I}{\ell}$ (A/m)
Densidade de fluxo	$\mathbf{D} = \dfrac{\Psi}{S}$ (C/m²)	$\mathbf{B} = \dfrac{\Psi}{S}$ (Wb/m²)
Relação entre campos	$\mathbf{D} = \varepsilon\mathbf{E}$	$\mathbf{B} = \mu\mathbf{H}$
Potenciais	$\mathbf{E} = -\nabla V$	$\mathbf{H} = -\nabla V_m\ (\mathbf{J}=0)$
	$V = \displaystyle\int \dfrac{\rho_L dl}{4\pi\varepsilon r}$	$\mathbf{A} = \displaystyle\int \dfrac{\mu I\, d\mathbf{I}}{4\pi R}$
Fluxo	$\Psi = \int \mathbf{D}\cdot d\mathbf{S}$	$\Psi = \int \mathbf{B}\cdot d\mathbf{S}$
	$\Psi = Q = CV$	$\Psi = LI$
	$I = C\dfrac{dV}{dt}$	$V = L\dfrac{dI}{dt}$
Densidade de energia	$w_E = \dfrac{1}{2}\mathbf{D}\cdot\mathbf{E}$	$w_m = \dfrac{1}{2}\mathbf{B}\cdot\mathbf{H}$
Equação de Poisson	$\nabla^2 V = -\dfrac{\rho_v}{\varepsilon}$	$\nabla^2\mathbf{A} = -\mu\mathbf{J}$

*Uma analogia similar pode ser encontrada em R. S. Elliot, "Electromagnetic theory: a simplified representation", *IEEE Trans. Educ.*, vol. E-24, n° 4, Nov 1981, p. 294-296.

7.2 LEI DE BIOT–SAVART

A **lei de Biot-Savart** estabelece que a intensidade do campo magnético *dH* gerada em um ponto *P*, como mostrado na Figura 7.1, pelo elemento diferencial de corrente *I dl* é proporcional ao produto entre *I dl* e o seno do ângulo α entre o elemento e a linha que une *P* ao elemento, e é inversamente proporcional ao quadrado da distância *R* entre *P* e o elemento.

Isto é,

$$dH \propto \frac{I\, dl\, \text{sen}\,\alpha}{R^2} \tag{7.1}$$

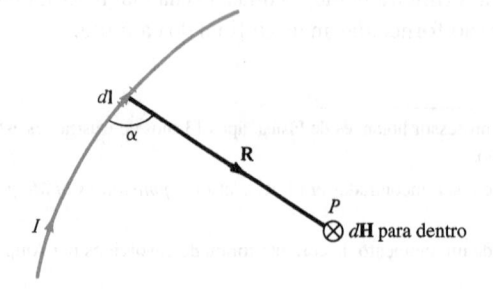

FIGURA 7.1 Campo magnético *d*H em *P* devido ao elemento de corrente *I d*l.

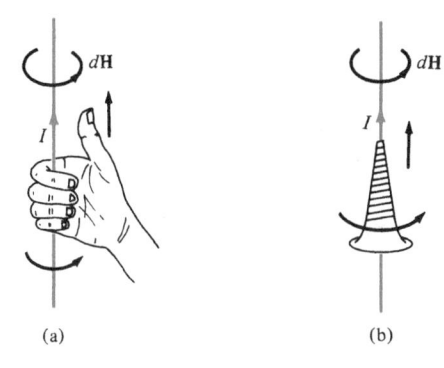

FIGURA 7.2 Determinando a orientação de $d\mathbf{H}$ utilizando (a) a regra da mão direita ou (b) a regra do parafuso de rosca direita.

ou

$$dH = \frac{kI\,dl\,\text{sen}\,\alpha}{R^2} \quad (7.2)$$

onde k é a constante de proporcionalidade. Em unidades do SI, $k = 1/4\pi$, tal que a equação (7.2) torna-se

$$dH = \frac{I\,dl\,\text{sen}\,\alpha}{4\pi R^2} \quad (7.3)$$

Da definição do produto cruzado na equação (1.21), é fácil observar que a equação (7.3) na forma vetorial é escrita como

$$\boxed{d\mathbf{H} = \frac{I\,d\mathbf{l} \times \mathbf{a}_R}{4\pi R^2} = \frac{I\,d\mathbf{l} \times \mathbf{R}}{4\pi R^3}} \quad (7.4)$$

onde $R = |\mathbf{R}|$ e $\mathbf{a}_R = \mathbf{R}/R$ e $d\mathbf{l}$ estão representados da Figura 7.1. Assim, a orientação de $d\mathbf{H}$ pode ser determinada pela regra da mão direita, em que com o polegar apontando segundo a orientação da corrente, os outros dedos dobrados em torno do fio indicam a orientação de $d\mathbf{H}$, como mostra a Figura 7.2(a). Alternativamente, podemos usar a regra do parafuso de rosca direita para determinar a orientação de $d\mathbf{H}$. Com o parafuso posicionado ao longo do fio e apontando no sentido do fluxo da corrente, a orientação dada pelo avanço do parafuso é a orientação de $d\mathbf{H}$, como mostra a Figura 7.2(b).

É costume representar a orientação do vetor intensidade do campo magnético $\mathbf{H}$ (ou da corrente I) por um pequeno círculo com um ponto ou um sinal de vezes, dependendo se $\mathbf{H}$ (ou I) é para fora ou para dentro da página, como ilustrado na Figura 7.3.

Da mesma maneira que podemos ter diferentes configurações de carga (veja Figura 4.5), podemos ter diferentes distribuições de corrente: corrente em uma linha, corrente em uma superfície e corrente em um volume, como mostrado na Figura 7.4. Se definirmos $\mathbf{K}$ como a densidade de corrente em uma superfície (em ampères/metro) e $\mathbf{J}$ como a densidade de corrente em um volume (em ampères/metro quadrado), os elementos-fonte estão relacionados conforme:

$$I\,d\mathbf{l} \equiv \mathbf{K}\,dS \equiv \mathbf{J}\,dv \quad (7.5)$$

FIGURA 7.3 Representação convencional de H (ou I) (a) para fora da página (b) para dentro da página.

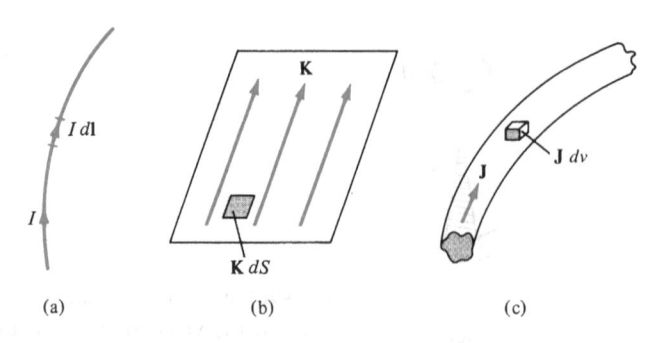

FIGURA 7.4 Distribuição de corrente: (a) corrente em uma linha, (b) corrente em uma superfície, (c) corrente em um volume.

Dessa forma, em termos de fontes de corrente distribuída, a lei de Biot–Savart, como na equação (7.4), torna-se:

$$\mathbf{H} = \int_L \frac{I\,d\mathbf{l} \times \mathbf{a}_R}{4\pi R^2} \quad \text{(corrente em uma linha)} \tag{7.6}$$

$$\mathbf{H} = \int_S \frac{\mathbf{K}\,dS \times \mathbf{a}_R}{4\pi R^2} \quad \text{(corrente em uma superfície)} \tag{7.7}$$

$$\mathbf{H} = \int_v \frac{\mathbf{J}\,dv \times \mathbf{a}_R}{4\pi R^2} \quad \text{(corrente em um volume)} \tag{7.8}$$

onde $\mathbf{a}_R$ é um vetor unitário que aponta do elemento diferencial de corrente para o ponto de interesse.

Como um exemplo, apliquemos a equação (7.6) para determinar o campo devido a uma corrente que percorre um condutor filamentar *retilíneo* de comprimento finito AB, como mostrado na Figura 7.5. Assumimos que o condutor está ao longo do eixo z com suas extremidades superior e inferior subtendendo os ângulos α_2 e α_1, respectivamente, em P, o ponto no qual se pretende determinar $\mathbf{H}$. Deve-se atentar para esses parâmetros a fim de que a fórmula a ser obtida seja adequadamente aplicada. Observe que a corrente flui do ponto A, onde $\alpha = \alpha_1$, ao ponto B, onde $\alpha = \alpha_2$. Se considerarmos a contribuição $d\mathbf{H}$ em P, devido a um elemento $d\mathbf{l}$ em $(0, 0, z)$,

$$d\mathbf{H} = \frac{I\,d\mathbf{l} \times \mathbf{R}}{4\pi R^3} \tag{7.9}$$

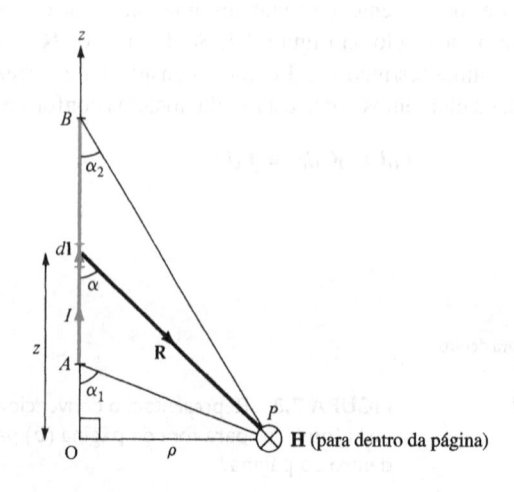

FIGURA 7.5 Campo em um ponto P devido a um condutor filamentar retilíneo.

Porém, $d\mathbf{l} = dz\,\mathbf{a}_z$ e $\mathbf{R} = \rho\mathbf{a}_\rho - z\mathbf{a}_z$, então

$$d\mathbf{l} \times \mathbf{R} = \rho\,dz\,\mathbf{a}_\phi \tag{7.10}$$

Portanto,

$$\mathbf{H} = \int \frac{I\rho\,dz}{4\pi[\rho^2 + z^2]^{3/2}}\mathbf{a}_\phi \tag{7.11}$$

Fazendo $z = \rho\,\text{cotg}\,\alpha$, $dz = -\rho\,\text{cossec}^2\,\alpha\,d\alpha$, $[\rho^2 + z^2]^{3/2} = \rho^3\,\text{cosec}\,\alpha^3$, a equação (7.11) torna-se

$$\mathbf{H} = -\frac{1}{4\pi}\int_{\alpha_1}^{\alpha_2} \frac{\rho^2\,\text{cossec}^2\,\alpha\,d\alpha}{\rho^3\,\text{cossec}^3\,\alpha}\mathbf{a}_\phi$$

$$= -\frac{I}{4\pi\rho}\mathbf{a}_\phi \int_{\alpha_1}^{\alpha_2} \text{sen}\,\alpha\,d\alpha$$

ou

$$\boxed{\mathbf{H} = \frac{I}{4\pi\rho}(\cos\alpha_2 - \cos\alpha_1)\mathbf{a}_\phi} \tag{7.12}$$

Essa expressão se aplica, de maneira geral, a qualquer condutor filamentar retilíneo de comprimento finito. O condutor não precisa estar sobre o eixo z, mas precisa ser retilíneo. Observe, a partir da equação (7.12), que **H** está sempre ao longo do vetor unitário $\mathbf{a}_\phi$ (isto é, ao longo de trajetórias circulares concêntricas), independente do comprimento do fio ou do ponto de interesse *P*. Considerando um caso especial em que o condutor é *semi-infinito* (com relação a *P*), tal que o ponto *A* está em $O(0, 0, 0)$, enquanto *B* está em $(0, 0, \infty)$; $\alpha_1 = 90°$, $\alpha_2 = 0°$, e a equação (7.12) torna-se

$$\boxed{\mathbf{H} = \frac{I}{4\pi\rho}\mathbf{a}_\phi} \tag{7.13}$$

Um outro caso especial é o de um condutor de comprimento *infinito*. Para este caso, o ponto *A* está em $(0, 0, -\infty)$, enquanto *B* está em $(0, 0, \infty)$; $\alpha_1 = 180°$, $\alpha_2 = 0°$, e tal que a equação (7.12) se reduz a

$$\boxed{\mathbf{H} = \frac{I}{2\pi\rho}\mathbf{a}_\phi} \tag{7.14}$$

Encontrar o vetor unitário $\mathbf{a}_\phi$ nas equações (7.12) a (7.14) nem sempre é fácil. Uma abordagem simples é determinar $\mathbf{a}_\phi$ de

$$\boxed{\mathbf{a}_\phi = \mathbf{a}_\ell \times \mathbf{a}_\rho} \tag{7.15}$$

onde $\mathbf{a}_\ell$ é o vetor unitário ao longo da corrente em uma linha e $\mathbf{a}_\rho$ é o vetor unitário ao longo da linha perpendicular traçada a partir da corrente até o ponto onde se quer calcular o campo.

EXEMPLO 7.1

Pela espira condutora triangular, na Figura 7.6(a), circula uma corrente de 10A. Determine **H** em (0, 0, 5) devido ao lado 1 da espira.

Solução:

Esse exemplo ilustra como a equação (7.12) pode ser aplicada para qualquer condutor retilíneo e fino percorrido por uma corrente. O ponto-chave que se deve ter em mente ao aplicar a equação (7.12) é determinar α_1, α_2, ρ e $\mathbf{a}_\phi$. Para determinar **H** em (0, 0, 5), devido ao lado 1 da espira da Figura 7.6(a), considere a Figura 7.6(b), onde o lado 1 é considerado como um condutor retilíneo. Note que ligamos o ponto de interesse (0, 0, 5) ao começo e ao final da linha por onde flui a

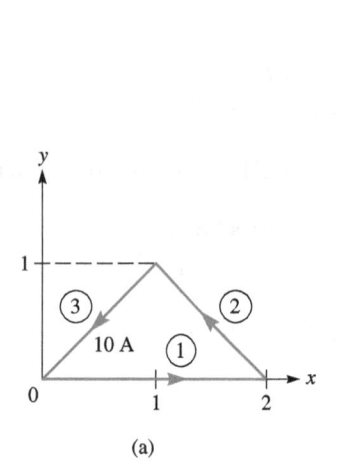

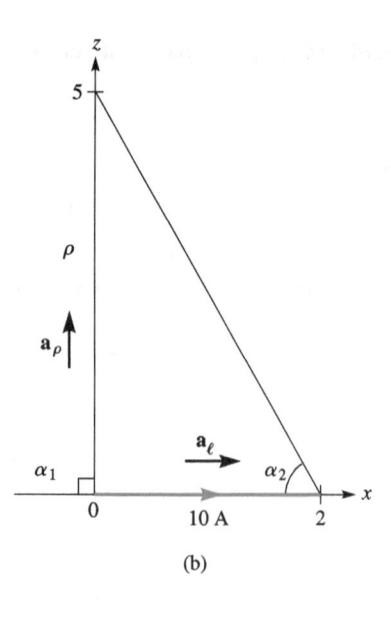

FIGURA 7.6 Referente ao Exemplo 7.1: (a) espira condutora triangular; (b) lado 1 da espira.

corrente. Observe que α_1, α_2 e ρ são referidos da mesma maneira que na Figura 7.5, usada como referência para a equação (7.12).

$$\cos \alpha_1 = \cos 90° = 0, \cos \alpha_2 = \frac{2}{\sqrt{29}}, \rho = 5$$

Determinar $\mathbf{a}_\phi$ aplicando a equação (7.12) é, muitas vezes, a parte mais difícil. De acordo com a equação (7.15), $\mathbf{a}_\ell = \mathbf{a}_x$ e $\mathbf{a}_\rho = \mathbf{a}_z$, então,

$$\mathbf{a}_\phi = \mathbf{a}_x \times \mathbf{a}_z = -\mathbf{a}_y$$

Assim,

$$\mathbf{H}_1 = \frac{I}{4\pi\rho}(\cos \alpha_2 - \cos \alpha_1)\mathbf{a}_\phi = \frac{10}{4\pi(5)}\left(\frac{2}{\sqrt{29}} - 0\right)(-\mathbf{a}_y)$$

$$= -59,1\mathbf{a}_y \text{ mA/m}$$

EXERCÍCIO PRÁTICO 7.1

Encontre **H** em (0, 0, 5) devido ao lado 3 da espira triangular da Figura 7.6 (a).

Resposta: $-30,63\mathbf{a}_x + 30,63\mathbf{a}_y$ mA/m.

EXEMPLO 7.2

Determine **H** em $(-3, 4, 0)$ devido à corrente filamentar mostrada na Figura 7.7(a).

Solução:

Seja $\mathbf{H} = \mathbf{H}_1 + \mathbf{H}_2$, onde $\mathbf{H}_1$ e $\mathbf{H}_2$ são as contribuições à intensidade do campo magnético em $P(-3, 4, 0)$ devido às porções do filamento ao longo de x e de z, respectivamente.

$$\mathbf{H}_2 = \frac{I}{4\pi\rho}(\cos \alpha_2 - \cos \alpha_1)\mathbf{a}_\phi$$

Em $P(-3, 4, 0)$, $\rho = (9 + 16)^{1/2} = 5$, $\alpha_1 = 90°$, $\alpha_2 = 0°$ e $\mathbf{a}_\phi$ é obtido como um vetor unitário ao longo da trajetória circular que passa por P no plano $z = 0$, como na Figura 7.7(b). A orientação de

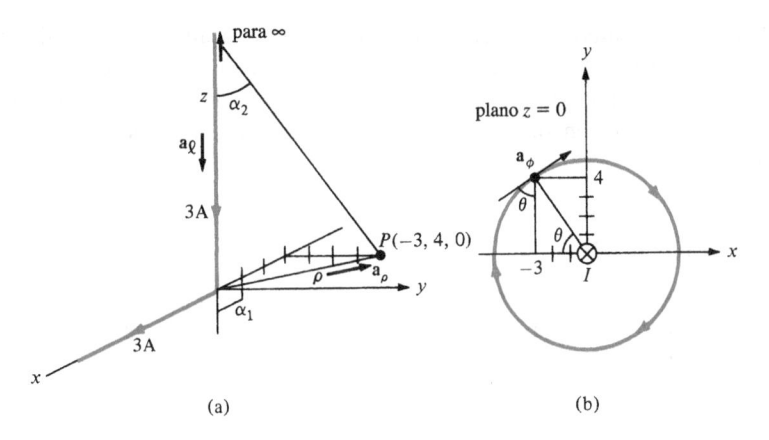

FIGURA 7.7 Referente ao Exemplo 7.2: (a) corrente filamentar ao longo dos eixos semi-infinitos x e z; $\mathbf{a}_\ell$ e $\mathbf{a}_\rho$ somente para $\mathbf{H}_2$; (b) determinando a_ρ para $\mathbf{H}_2$.

$\mathbf{a}_\phi$ é determinada utilizando a regra do parafuso de rosca direita ou a regra da mão direita. A partir da geometria mostrada na Figura 7.7(b):

$$\mathbf{a}_\phi = \text{sen}\,\theta\,\mathbf{a}_x + \cos\theta\,\mathbf{a}_y = \frac{4}{5}\mathbf{a}_x + \frac{3}{5}\mathbf{a}_y$$

Alternativamente, podemos determinar $\mathbf{a}_\phi$ a partir da equação (7.15). No ponto P, $\mathbf{a}_\ell$ e $\mathbf{a}_\rho$ são como ilustrado na Figura 7.7(a) para $\mathbf{H}_z$. Assim,

$$\mathbf{a}_\phi = -\mathbf{a}_z \times \left(-\frac{3}{5}\mathbf{a}_x + \frac{4}{5}\mathbf{a}_y\right) = \frac{4}{5}\mathbf{a}_x + \frac{3}{5}\mathbf{a}_y$$

como obtido anteriormente. Então,

$$\mathbf{H}_z = \frac{3}{4\pi(5)}(1 - 0)\frac{(4\mathbf{a}_x + 3\mathbf{a}_y)}{5}$$
$$= 38{,}2\mathbf{a}_x + 28{,}65\mathbf{a}_y \text{ mA/m}$$

Deve-se observar que, nesse caso, o sentido de $\mathbf{a}_\phi$ é contrário ao sentido convencional do $\mathbf{a}_\phi$ em coordenadas cilíndricas. $\mathbf{H}_2$ também poderia ter sido obtido em coordenadas cilíndricas da seguinte forma:

$$\mathbf{H}_2 = \frac{3}{4\pi(5)}(1-0)(-\mathbf{a}_\phi)$$
$$= -47{,}75\mathbf{a}_\phi \text{ mA/m}$$

De maneira similar, para $\mathbf{H}_x$ em P, $\rho = 4$, $\alpha_2 = 0°$, $\cos\alpha_1 = 3/5$ e $\mathbf{a}_\phi = \mathbf{a}_z$ ou $\mathbf{a}_\phi = \mathbf{a}_\ell \times \mathbf{a}_\rho = \mathbf{a}_x \times \mathbf{a}_y = \mathbf{a}_z$. Assim,

$$\mathbf{H}_x = \frac{3}{4\pi(4)}\left(1 - \frac{3}{5}\right)\mathbf{a}_z$$
$$= 23{,}88\,\mathbf{a}_z \text{ mA/m}$$

Então,

$$\mathbf{H} = \mathbf{H}_1 + \mathbf{H}_2 = 38{,}2\mathbf{a}_x + 28{,}65\mathbf{a}_y + 23{,}88\mathbf{a}_z \text{ mA/m}$$

ou

$$\mathbf{H} = -47{,}75\mathbf{a}_\phi + 23{,}88\mathbf{a}_z \text{ mA/m}$$

Observe que, embora os filamentos de corrente pareçam ser semi-infinitos (eles ocupam os eixos x e z positivos), é somente o filamento ao longo do eixo z que é semi-infinito em relação ao ponto P. Assim, $\mathbf{H}_2$ poderia ser encontrado utilizando a equação (7.13), mas a equação não poderia ter sido usada para encontrar $\mathbf{H}_1$ porque o filamento ao longo do eixo x não é semi-infinito em relação a P.

EXERCÍCIO PRÁTICO 7.2

O eixo y positivo (linha semi-infinita em relação à origem) é percorrido por uma corrente filamentar de 2 A no sentido de $-\mathbf{a}_y$. Assuma que seja parte de um circuito muito extenso. Determine $\mathbf{H}$ em:

(a) $A(2, 3, 0)$;

(b) $B(3, 12, -4)$.

Resposta: (a) 145,8 $\mathbf{a}_z$ mA/m; (b) 48,97 $\mathbf{a}_x$ + 36,73 $\mathbf{a}_z$ mA/m.

EXEMPLO 7.3

Uma espira circular localizada em $x^2 + y^2 = 9$, $z = 0$, é percorrida por uma corrente contínua de 10 A ao longo de $\mathbf{a}_\phi$. Determine $\mathbf{H}$ em $(0, 0, 4)$ e $(0, 0, -4)$.

Solução:

Considere a espira circular mostrada na Figura 7.8(a). A intensidade do campo magnético $d\mathbf{H}$, no ponto $P(0, 0, h)$, contribuição do elemento de corrente $I\, d\mathbf{l}$, é dada pela Lei de Biot-Savart:

$$d\mathbf{H} = \frac{I\, d\mathbf{l} \times \mathbf{R}}{4\pi R^3}$$

onde $d\mathbf{l} = \rho\, d\phi\, \mathbf{a}_\phi$, $\mathbf{R} = (0, 0, h) - (x, y, 0) = -\rho \mathbf{a}_\rho + h\mathbf{a}_z$, e

$$d\mathbf{l} \times \mathbf{R} = \begin{vmatrix} \mathbf{a}_\rho & \mathbf{a}_\phi & \mathbf{a}_z \\ 0 & \rho\, d\phi & 0 \\ -\rho & 0 & h \end{vmatrix} = \rho h\, d\phi\, \mathbf{a}_\rho + \rho^2\, d\phi\, \mathbf{a}_z$$

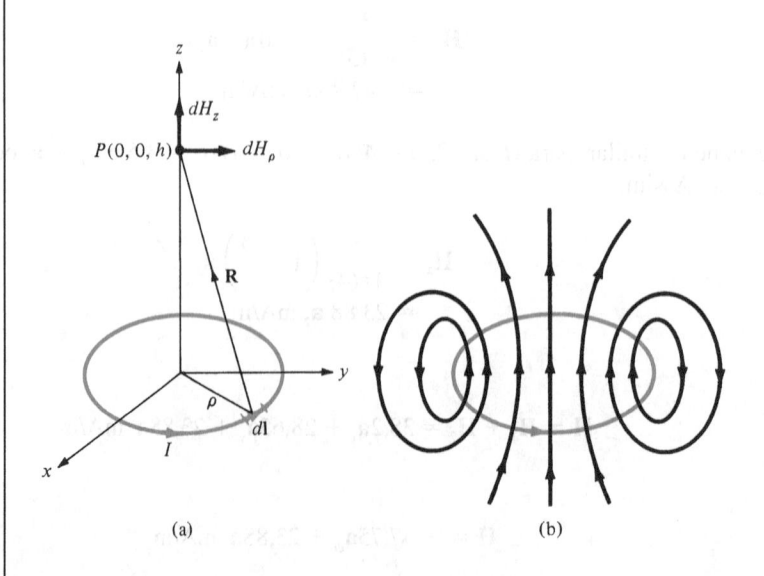

FIGURA 7.8 Referente ao Exemplo 7.3: (a) espira circular de corrente; (b) linhas de fluxo devido à espira circular de corrente.

Portanto,

$$d\mathbf{H} = \frac{I}{4\pi[\rho^2 + h^2]^{3/2}} (\rho h \, d\phi \, \mathbf{a}_\rho + \rho^2 \, d\phi \, \mathbf{a}_z) = dH_\rho \, \mathbf{a}_\rho + dH_z \, \mathbf{a}_z$$

Por simetria, a soma das contribuições ao longo de $\mathbf{a}_\rho$ é zero porque as componentes radiais produzidas pelos pares de elementos de corrente simétricos se cancelam. Isso pode também ser demonstrado matematicamente ao expressar $\mathbf{a}_\rho$ em coordenadas retangulares (isto é, $\mathbf{a}_\rho = \cos\phi \, \mathbf{a}_x + \text{sen}\,\phi \, \mathbf{a}_y$). Integrando $\cos\phi$ ou $\text{sen}\,\phi$ no intervalo $0 \le \phi \le 2\pi$ resulta em zero, demonstrando que $\mathbf{H}_\rho = 0$.
Portanto,

$$\mathbf{H} = \int dH_z \, \mathbf{a}_z = \int_0^{2\pi} \frac{I\rho^2 \, d\phi \, \mathbf{a}_z}{4\pi[\rho^2 + h^2]^{3/2}} = \frac{I\rho^2 2\pi \mathbf{a}_z}{4\pi[\rho^2 + h^2]^{3/2}}$$

ou

$$\mathbf{H} = \frac{I\rho^2 \mathbf{a}_z}{2[\rho^2 + h^2]^{3/2}}$$

(a) Substituindo $I = 10\,A$, $\rho = 3$, $h = 4$, obtém-se

$$\mathbf{H}(0, 0, 4) = \frac{10\,(3)^2 \, \mathbf{a}_z}{2[9 + 16]^{3/2}} = 0{,}36 \mathbf{a}_z \, A/m$$

(b) Observe, da expressão $d\mathbf{l} \times \mathbf{R}$ acima, que se h for substituído por $-h$, a componente z de $d\mathbf{H}$ permanece a mesma, enquanto a componente ρ se cancela devido à simetria axial da espira circular.
Portanto,

$$\mathbf{H}(0, 0, -4) = \mathbf{H}(0, 0, 4) = 0{,}36 \mathbf{a}_z \, A/m$$

As linhas de fluxo devido à espira circular de corrente estão esboçadas na Figura 7.8(b).

EXERCÍCIO PRÁTICO 7.3

Um anel filamentar de raio 5 cm está colocado sobre o plano $z = 1$ cm, tal que seu centro está em (0, 0, 1cm). Se o anel for percorrido por 50 mA ao longo de $\mathbf{a}_\phi$, determine $\mathbf{H}$ em:
(a) (0, 0, −1 cm);
(b) (0, 0, 10 cm).

Resposta: (a) 400 $\mathbf{a}_z$ mA/m; (b) 57,3 $\mathbf{a}_z$ mA/m.

EXEMPLO 7.4

Um solenóide de comprimento ℓ e raio a consiste de N espiras de fio percorridas por uma corrente I. Demonstre que em um ponto P ao longo do seu eixo,

$$\mathbf{H} = \frac{nI}{2}(\cos\theta_2 - \cos\theta_1)\mathbf{a}_z$$

onde $n = N/\ell$, θ_1 e θ_2 são os ângulos subtendidos em P pelas espiras das extremidades, como ilustrado na Figura 7.9. Demonstre também que, se $\ell \gg a$, no centro do solenóide,

$$\mathbf{H} = nI\mathbf{a}_z$$

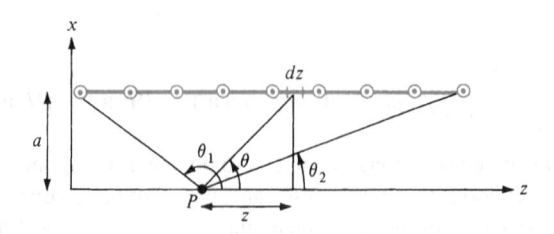

FIGURA 7.9 Referente ao Exemplo 7.4; seção reta de um solenoide.

Solução:
Considere a seção reta de um solenóide, como mostrado na Figura 7.9. Já que o solenóide consiste de espiras circulares, aplicamos o resultado do Exemplo 7.3. A contribuição para o campo magnético H em P, por um elemento do solenóide de comprimento dz, é

$$dH_z = \frac{I\, dl\, a^2}{2[a^2 + z^2]^{3/2}} = \frac{Ia^2 n\, dz}{2[a^2 + z^2]^{3/2}}$$

onde $dl = n\, dz = (N/\ell)\, dz$. Da Figura 7.9, tg $\theta = a/z$; isto é,

$$dz = -a\, \text{cossec}^2\, \theta\, d\theta = -\frac{[z^2 + a^2]^{3/2}}{a^2}\, \text{sen}\, \theta\, d\theta$$

Assim,

$$dH_z = -\frac{nI}{2}\, \text{sen}\, \theta\, d\theta$$

ou

$$H_z = -\frac{nI}{2}\int_{\theta_1}^{\theta_2} \text{sen}\, \theta\, d\theta$$

Então,

$$\mathbf{H} = \frac{nI}{2}(\cos\theta_2 - \cos\theta_1)\, \mathbf{a}_z$$

conforme solicitado. Substituindo $n = N/\ell$ resulta em

$$\mathbf{H} = \frac{NI}{2\ell}(\cos\theta_2 - \cos\theta_1)\, \mathbf{a}_z$$

No centro do solenoide,

$$\cos\theta_2 = \frac{\ell/2}{[a^2 + \ell^2/4]^{1/2}} = -\cos\theta_1$$

e

$$\mathbf{H} = \frac{In\ell}{2[a^2 + \ell^2/4]^{1/2}}\, \mathbf{a}_z$$

Se $\ell \gg a$ ou $\theta_2 \simeq 0°$, $\theta_1 \simeq 180°$,

$$\mathbf{H} = nI\mathbf{a}_z = \frac{NI}{\ell}\mathbf{a}_z$$

EXERCÍCIO PRÁTICO 7.4

Se o solenoide da Figura 7.9 tem 2.000 espiras, um comprimento de 75 cm, um raio de 5 cm e é percorrido por uma corrente de 50 mA ao longo de $\mathbf{a}_\phi$, determine $\mathbf{H}$ em:

(a) (0, 0, 0);
(b) (0, 0, 75 cm);
(c) (0, 0, 50 cm).

Resposta: (a) 66,52 $\mathbf{a}_z$ A/m; (b) 66,52 $\mathbf{a}_z$ A/m; (c) 131,7 $\mathbf{a}_z$ A/m.

7.3 LEI CIRCUITAL DE AMPÈRE – EQUAÇÃO DE MAXWELL

A **lei circuital de Ampère** estabelece que a integral de linha da componente tangencial de $\mathbf{H}$ em torno de um caminho *fechado* é igual à corrente líquida I_{env} envolvida pelo caminho.

Em outras palavras, a circulação de $\mathbf{H}$ é igual à I_{env}, isto é,

$$\oint \mathbf{H} \cdot d\mathbf{l} = I_{env} \tag{7.16}$$

A lei de Ampère é similar à lei de Gauss e é de fácil aplicação para determinar $\mathbf{H}$, quando a distribuição de corrente é simétrica. Deve-se observar que a equação (7.16) é sempre válida, sendo a distribuição de corrente simétrica ou não, mas somente é útil para determinar $\mathbf{H}$ quando a distribuição de corrente é simétrica. A lei de Ampère é um caso especial da lei de Biot–Savart; aquela pode ser obtida dessa última.

Ao aplicar o teorema de Stokes ao lado esquerdo da equação (7.16), obtemos:

$$I_{env} = \oint_L \mathbf{H} \cdot d\mathbf{l} = \int_S (\nabla \times \mathbf{H}) \cdot d\mathbf{S} \tag{7.17}$$

Porém,

$$I_{env} = \int_S \mathbf{J} \cdot d\mathbf{S} \tag{7.18}$$

Comparando as integrais de superfície nas equações (7.17) e (7.18), transparece que

$$\nabla \times \mathbf{H} = \mathbf{J} \tag{7.19}$$

Essa é a terceira das equações de Maxwell que deduzimos. É, essencialmente, a lei de Ampère na forma diferencial (ou pontual), enquanto a equação (7.16) é a forma integral. A partir da equação (7.19), devemos observar que $\nabla \times \mathbf{H} = \mathbf{J} \neq 0$; isto é, o campo magnetostático não é conservativo.

7.4 APLICAÇÕES DA LEI DE AMPÈRE

Aplicaremos agora a lei circuital de Ampère para determinar **H** para algumas distribuições simétricas de corrente, assim como foi feito para a lei de Gauss. Consideraremos corrente em uma linha infinita, corrente em uma lâmina infinita, e uma linha de transmissão coaxial infinitamente longa. Em cada um dos casos, aplicaremos $\oint_L \mathbf{H} \cdot d\mathbf{l} = I_{enc}$. Para distribuição simétrica de corrente, **H** ou é paralelo ou é perpendicular a $d\mathbf{l}$. Quando **H** é paralelo a $d\mathbf{l}$, $|\mathbf{H}|$ = constante.

A. Corrente em uma linha infinita

Consideremos uma corrente filamentar infinitamente longa I ao longo do eixo z, como mostrado na Figura 7.10. Para determinar **H** em um determinado ponto P, escolheremos um caminho fechado que passa por P. Esse caminho, no qual a lei de Ampère vai ser aplicada, é denominado *caminho amperiano* (análogo à superfície gaussiana). Escolhemos um círculo concêntrico como o caminho amperiano, tendo em vista a equação (7.14), que mostra que **H** é constante se ρ for constante. Já que o caminho envolve a corrente I, de acordo com a lei de Ampère

$$I = \int H_\phi \mathbf{a}_\phi \cdot \rho \, d\phi \, \mathbf{a}_\phi = H_\phi \int \rho \, d\phi = H_\phi \cdot 2\pi\rho$$

ou

$$\mathbf{H} = \frac{I}{2\pi\rho} \mathbf{a}_\phi \tag{7.20}$$

como esperado a partir da equação (7.14).

B. Corrente em uma lâmina infinita

Considere uma lâmina infinita de corrente no plano $z = 0$. Se a lâmina tem uma densidade de corrente uniforme $\mathbf{K} = K_y \mathbf{a}_y$ A/m, como mostrado na Figura 7.11, ao aplicar a lei de Ampère ao caminho fechado retangular (caminho amperiano), obtém-se:

$$\oint \mathbf{H} \cdot d\mathbf{l} = I_{env} = K_y b \tag{7.21a}$$

Para resolver essa integral, necessitamos inicialmente ter uma noção de como **H** se comporta. Para tanto, vamos considerar a lâmina infinita como composta de filamentos. O campo elementar $d\mathbf{H}$ acima e abaixo da lâmina, devido a um par de correntes filamentares, pode ser encontrado utilizando as equações (7.14) e (7.15). Como fica evidente na Figura 7.11(b), o campo resultante $d\mathbf{H}$ tem somente uma componente x. Ainda, **H** em um lado da lâmina é negativo em relação ao do outro lado. Devido à extensão infinita da lâmina, ela pode ser considerada como consistindo de pares fila-

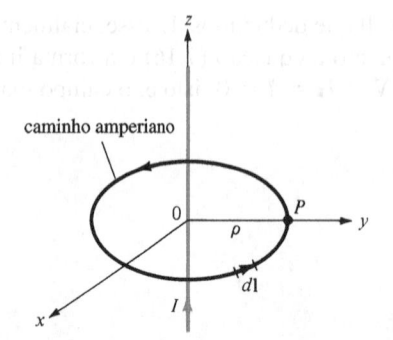

FIGURA 7.10 Lei de Ampère aplicada a uma corrente em linha filamentar infinita.

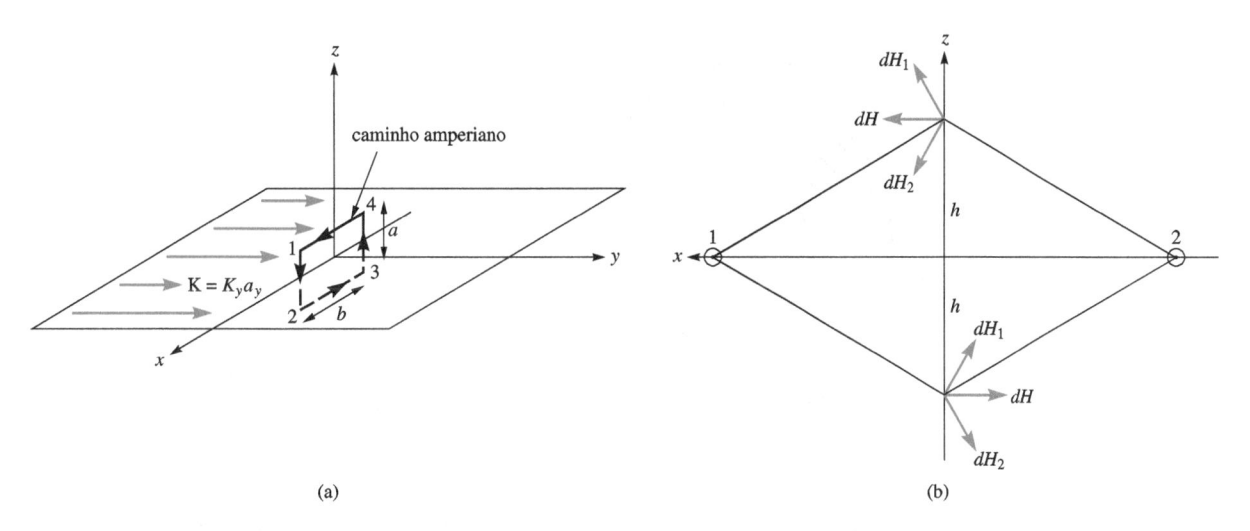

FIGURA 7.11 Aplicação da lei de Ampère a uma lâmina infinita: (a) caminho fechado 1-2-3-4-1; (b) par simétrico de filamentos de corrente com corrente ao longo de $\mathbf{a}_y$.

mentares, tais que as características de **H** para um par são as mesmas para a lâmina infinita de corrente, isto é:

$$\mathbf{H} = \begin{cases} H_o \mathbf{a}_x & z > 0 \\ -H_o \mathbf{a}_x & z < 0 \end{cases} \quad (7.21b)$$

onde H_o deve ser determinado. Resolvendo a integral de linha de **H** na equação (7.21b), ao longo do caminho fechado da Figura 7.11(a), obtém-se

$$\oint \mathbf{H} \cdot d\mathbf{l} = \left(\int_1^2 + \int_2^3 + \int_3^4 + \int_4^1 \right) \mathbf{H} \cdot d\mathbf{l}$$
$$= 0(-a) + (-H_o)(-b) + 0(a) + H_o(b) \quad (7.21c)$$
$$= 2H_o b$$

A partir das equações (7.21a) e (7.21c), obtemos $H_o = \frac{1}{2} K_y$. Substituindo H_o na equação (7.21b), obtém-se

$$\mathbf{H} = \begin{cases} \frac{1}{2} K_y \mathbf{a}_x, & z > 0 \\ -\frac{1}{2} K_y \mathbf{a}_x, & z < 0 \end{cases} \quad (7.22)$$

Em geral, para uma lâmina infinita com densidade de corrente **K** A/m,

$$\boxed{\mathbf{H} = \frac{1}{2} \mathbf{K} \times \mathbf{a}_n} \quad (7.23)$$

onde $\mathbf{a}_n$ é um vetor unitário normal orientado da lâmina de corrente para o ponto de interesse.

C. Linha de transmissão coaxial infinitamente longa

Considere uma linha de transmissão coaxial infinitamente longa constituída de dois cilindros concêntricos, cujos eixos estão ao longo do eixo z. A seção reta da linha é mostrada na Figura 7.12, com o eixo z apontando para fora da página. O condutor interno tem raio a e é percorrido por uma corrente I, enquanto o condutor externo tem um raio interno b, espessura t e é percorrido por uma

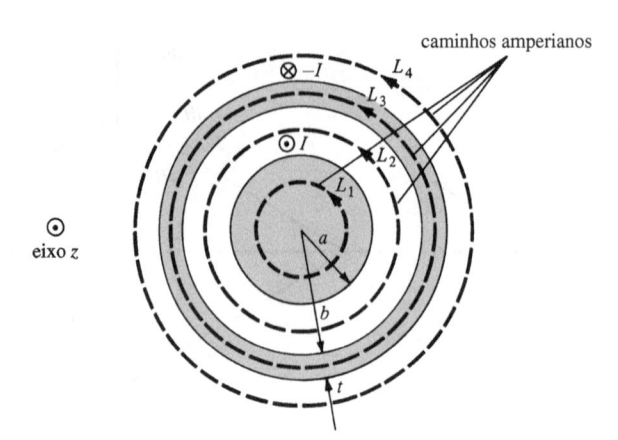

FIGURA 7.12 Seção reta da linha de transmissão; o eixo z positivo aponta para fora do plano da página.

corrente de retorno $-I$. Queremos determinar **H** em qualquer ponto, assumindo que a corrente esteja uniformemente distribuída em ambos os condutores. Já que a distribuição de corrente é simétrica, aplicamos a lei de Ampère ao longo do caminho amperiano para cada uma das quatro possíveis regiões: $0 \leq \rho \leq a$, $a \leq \rho \leq b$, $b \leq \rho \leq b + t$ e $\rho \geq b + t$.

Para a região $0 \leq \rho \leq a$, aplicamos a lei de Ampère para o caminho L_1, o que resulta em:

$$\oint_{L_1} \mathbf{H} \cdot d\mathbf{l} = I_{env} = \int \mathbf{J} \cdot d\mathbf{S} \tag{7.24}$$

Já que a corrente está uniformemente distribuída sobre a seção reta:

$$\mathbf{J} = \frac{I}{\pi a^2} \mathbf{a}_z, \qquad d\mathbf{S} = \rho \, d\phi \, d\rho \, \mathbf{a}_z$$

$$I_{env} = \int \mathbf{J} \cdot d\mathbf{S} = \frac{I}{\pi a^2} \int_{\phi=0}^{2\pi} \int_{\rho=0}^{a} \rho \, d\phi \, d\rho = \frac{I}{\pi a^2} \pi \rho^2 = \frac{I\rho^2}{a^2}$$

Dessa forma, a equação (7.24) torna-se:

$$H_\phi \int_{L_1} dl = H_\phi 2\pi\rho = \frac{I\rho^2}{a^2}$$

ou

$$H_\phi = \frac{I\rho}{2\pi a^2} \tag{7.25}$$

Para a região $a \leq \rho \leq b$, usamos o caminho L_2 como o caminho amperiano,

$$\oint_{L_2} \mathbf{H} \cdot d\mathbf{l} = I_{env} = I$$

$$H_\phi 2\pi\rho = I$$

ou

$$H_\phi = \frac{I}{2\pi\rho} \tag{7.26}$$

uma vez que toda a corrente I é envolvida por L_2. Observe que a equação (7.26) é a mesma equação (7.14) e é independente de a. Para a região $b \leq \rho \leq b + t$, usamos o caminho L_3, obtendo

$$\oint \mathbf{H} \cdot d\mathbf{l} = H_\phi \cdot 2\pi\phi = I_{env} \qquad (7.27a)$$

onde

$$I_{env} = I + \int \mathbf{J} \cdot d\mathbf{S}$$

e $\mathbf{J}$, nesse caso, é a densidade de corrente (corrente por unidade de área) do condutor externo e está ao longo de $-\mathbf{a}_z$, isto é:

$$\mathbf{J} = -\frac{I}{\pi[(b+t)^2 - b^2]}\mathbf{a}_z$$

Portanto,

$$I_{env} = I - \frac{I}{\pi[(b+t)^2 - t^2]} \int_{\phi=0}^{2\pi} \int_{\rho=b}^{\rho} \rho \, d\rho \, d\phi$$

$$= I\left[1 - \frac{\rho^2 - b^2}{t^2 + 2bt}\right]$$

Substituindo esse resultado na equação (7.27a), temos:

$$H_\phi = \frac{I}{2\pi\rho}\left[1 - \frac{\rho^2 - b^2}{t^2 + 2bt}\right] \qquad (7.27b)$$

Para a região $\rho \geq b + t$, usamos o caminho L_4, obtendo

$$\oint_{L_4} \mathbf{H} \cdot d\mathbf{l} = I - I = 0$$

ou

$$H_\phi = 0 \qquad (7.28)$$

Reunindo as equações (7.25) a (7.28), resulta em:

$$\mathbf{H} = \begin{cases} \dfrac{I\rho}{2\pi a^2}\mathbf{a}_\phi, & 0 \leq \rho \leq a \\ \dfrac{I}{2\pi\rho}\mathbf{a}_\phi, & a \leq \rho \leq b \\ \dfrac{I}{2\pi\rho}\left[1 - \dfrac{\rho^2 - b^2}{t^2 + 2bt}\right]\mathbf{a}_\phi, & b \leq \rho \leq b + t \\ 0, & \rho \geq b + t \end{cases} \qquad (7.29)$$

A magnitude de **H** está esboçada na Figura 7.13.

Observe, desses exemplos, que a habilidade em extrair **H** do integrando é questão-chave ao usar a lei de Ampère para determinar **H**. Em outras palavras, a lei de Ampère só é útil para encontrar **H** devido a distribuições simétricas de corrente para as quais seja possível encontrar um caminho fechado no qual **H** é constante em magnitude.

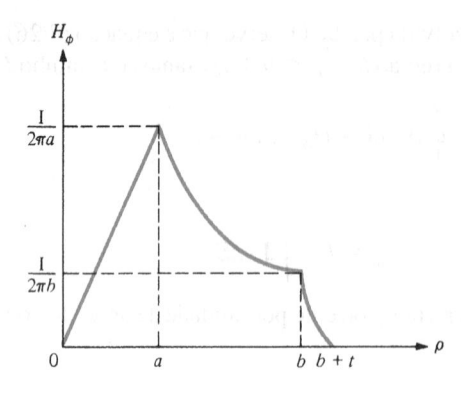

FIGURA 7.13 Gráfico de H_ϕ contra ρ.

EXEMPLO 7.5

Os planos $z = 0$ e $z = 4$ são percorridos por correntes $\mathbf{K} = -10\mathbf{a}_x$ A/m e $\mathbf{K} = 10\mathbf{a}_x$ A/m, respectivamente. Determine $\mathbf{H}$ em:
(a) $(1, 1, 1)$;
(b) $(0, -3, 10)$.

Solução:

Sejam lâminas de corrente paralelas, como mostrado na Figura 7.14. Seja, também,

$$\mathbf{H} = \mathbf{H}_o + \mathbf{H}_4$$

onde $\mathbf{H}_o$ e $\mathbf{H}_4$ são as contribuições devido às lâminas de corrente $z = 0$ e $z = 4$, respectivamente. Faremos uso da equação (7.23).

(a) Em $(1, 1, 1)$, ponto entre os planos ($0 < z = 1 < 4$),

$$\mathbf{H}_o = 1/2 \, \mathbf{K} \times \mathbf{a}_n = 1/2 \, (-10\mathbf{a}_x) \times \mathbf{a}_z = 5\mathbf{a}_y \text{ A/m}$$

$$\mathbf{H}_4 = 1/2 \, \mathbf{K} \times \mathbf{a}_n = 1/2 \, (10\mathbf{a}_x) \times (-\mathbf{a}_z) = 5\mathbf{a}_y \text{ A/m}$$

Assim,

$$\mathbf{H} = 10\mathbf{a}_y \text{ A/m}$$

(b) Em $(0, -3, 10)$, ponto acima das duas lâminas ($z = 10 > 4 > 0$),

$$\mathbf{H}_o = 1/2 \, (-10\mathbf{a}_x) \times \mathbf{a}_z = 5\mathbf{a}_y \text{ A/m}$$

$$\mathbf{H}_4 = 1/2 \, (10\mathbf{a}_x) \times \mathbf{a}_z = -5\mathbf{a}_y \text{ A/m}$$

Assim,

$$\mathbf{H} = 0 \text{ A/m}$$

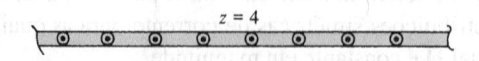

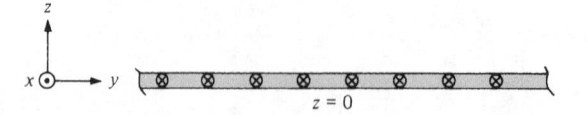

FIGURA 7.14 Referente ao Exemplo 7.5; lâminas de corrente infinitas e paralelas.

> **EXERCÍCIO PRÁTICO 7.5**
>
> O plano $y = 1$ é percorrido por uma corrente $\mathbf{K} = 50\mathbf{a}_z$ mA/m. Determine $\mathbf{H}$ em:
> (a) $(0, 0, 0)$;
> (b) $(1, 5, -3)$.
>
> **Resposta:** (a) 25 $\mathbf{a}_x$ mA/m; (b) $-$ 25 $\mathbf{a}_x$ mA/m.

EXEMPLO 7.6

Um toroide, cujas dimensões estão mostradas na Figura 7.15, tem N espiras e é percorrido por uma corrente I. Determine H dentro e fora do toroide.

Solução:

Aplicamos a lei circuital de Ampère ao caminho amperiano, que é um círculo de raio ρ como mostrado, em tracejado, na Figura 7.15. Já que as N espiras, cada uma delas percorrida por uma corrente I, cortam esse caminho, a corrente líquida envolvida pelo caminho amperiano é NI. Portanto,

$$\oint \mathbf{H} \cdot d\mathbf{l} = I_{env} \to H \cdot 2\pi\rho = NI$$

ou

$$H = \frac{NI}{2\pi\rho}, \quad \text{para} \quad \rho_o - a < \rho < \rho_o + a$$

onde ρ_o é o raio médio do toróide, como mostrado na Figura 7.15. Um valor aproximado de H é:

$$H_{aprox} = \frac{NI}{2\pi\rho_o} = \frac{NI}{\ell}$$

Observe que essa fórmula é a mesma obtida para H em pontos no interior de um solenoide muito longo ($\ell \gg a$). Dessa forma, um solenoide reto pode ser entendido como uma bobina toroidal especial para a qual $\rho_o \to \infty$. Do lado de fora do toroide, a corrente envolvida pelo caminho amperiano é $NI - NI = 0$ e, portanto, $H = 0$.

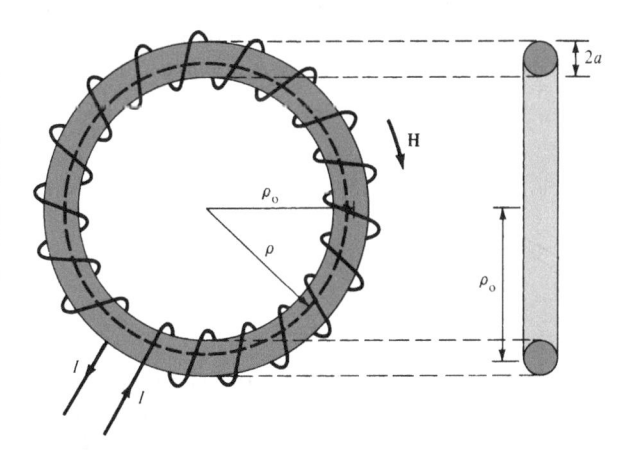

FIGURA 7.15 Referente ao Exemplo 7.6. Um toroide com seção reta circular.

EXERCÍCIO PRÁTICO 7.6

Um toroide de seção reta circular cujo centro de sua seção reta encontra-se na origem e seu eixo coincide com o eixo z, tem 1.000 espiras com $\rho_o = 10$ cm e $a = 1$ cm. Se o toroide é percorrido por uma corrente de 100 mA, determine $|H|$ em:

(a) (3 cm, − 4 cm, 0);

(b) (6 cm, 9 cm, 0).

Resposta: (a) 0; (b) 147,1 A/m.

7.5 DENSIDADE DE FLUXO MAGNÉTICO – EQUAÇÃO DE MAXWELL

A densidade de fluxo magnético **B** é similar à densidade de fluxo elétrico **D**. Assim como $\mathbf{D} = \varepsilon_o \mathbf{E}$ no espaço livre, a densidade de fluxo magnético **B** está relacionada à intensidade do campo magnético **H**, de acordo com

$$\mathbf{B} = \mu_o \mathbf{H} \tag{7.30}$$

onde μ_o é uma constante conhecida como *permeabilidade do espaço livre*. Essa constante é dada em henrys/metro (H/m) e tem o valor de

$$\mu_o = 4\pi \times 10^{-7} \text{ H/m} \tag{7.31}$$

A definição precisa do campo magnético **B**, em termos da força magnética, será dada no próximo capítulo.

O fluxo magnético, através da superfície S, é dado por

$$\Psi = \int_S \mathbf{B} \cdot d\mathbf{S} \tag{7.32}$$

onde o fluxo magnético Ψ é dado em webers (Wb), e a densidade de fluxo magnético é dada em webers/metro quadrado (Wb/m^2) ou teslas (T).

A linha de fluxo magnético é o caminho, na região do campo magnético, em relação ao qual **B** é tangente em cada ponto. É a linha ao longo da qual a agulha de uma bússola se orienta se estiver sob a ação desse campo. Por exemplo, as linhas de fluxo magnético devido a um fio reto longo são mostradas na Figura 7.16. As linhas de fluxo são determinadas utilizando o mesmo princípio seguido na Seção 4.10 para as linhas de fluxo elétrico. A orientação de **B** é tomada como a indicada

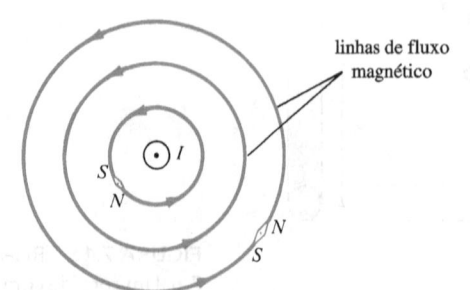

FIGURA 7.16 Linhas de fluxo magnético devido a um fio retilíneo com corrente saindo do plano da página.

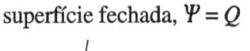

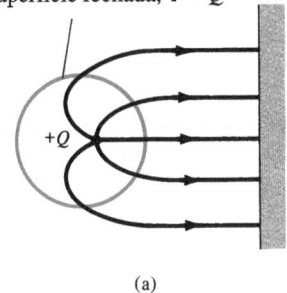

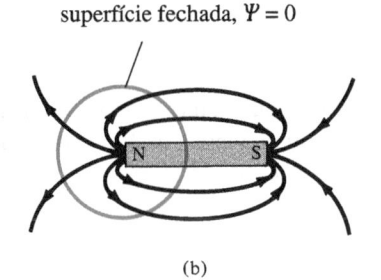

FIGURA 7.17 Fluxo que sai de uma superfície fechada devido: (a) à carga elétrica isolada $\Psi = \oint_S \mathbf{D} \cdot d\mathbf{S} = Q$; (b) à carga magnética $\Psi = \oint_S \mathbf{B} \cdot d\mathbf{S} = 0$.

pelo "norte" da agulha da bússola. Observe que cada linha de fluxo é fechada e não tem nem início nem fim. Embora a Figura 7.16 seja para um condutor reto percorrido por uma corrente, é sempre válido a afirmação de que as linhas de fluxo magnético são fechadas e não se cruzam, independente da distribuição de corrente.

Em um campo eletrostático, o fluxo que passa através de uma superfície fechada é igual à carga encerrada, isto é, $\Psi = \oint \mathbf{D} \cdot d\mathbf{S} = Q$. Então, é possível ter uma carga elétrica isolada, como mostrado na Figura 7.17(a), o que revela que as linhas de fluxo elétrico não são necessariamente fechadas. Diferentemente das linhas de fluxo elétrico, as linhas de fluxo magnético sempre se fecham sobre si mesmas, como na Figura 7.17(b). Isto se deve ao fato de que *não é possível ter um polo magnético isolado (ou cargas magnéticas)*. Por exemplo, se desejamos obter um polo magnético isolado pela divisão sucessiva de um ímã em duas partes, acabaremos por obter peças, cada uma delas tendo um polo norte e um polo sul, como ilustrado na Figura 7.18. Concluímos ser impossível separar um polo norte de um polo sul.

Uma carga **magnética isolada** não existe.

Dessa forma, o fluxo total através de uma superfície fechada em um campo magnético deve ser zero, isto é,

$$\oint \mathbf{B} \cdot d\mathbf{S} = 0 \qquad (7.33)$$

Essa equação é referida como *lei da conservação do fluxo magnético*, ou *lei de Gauss para campos magnetostáticos*, assim como $\oint \mathbf{D} \cdot d\mathbf{S} = Q$ é a lei de Gauss para campos eletrostáticos. Embora o campo magnetostático não seja conservativo, o fluxo magnético se conserva.

Ao aplicar o teorema da divergência à equação (7.33), obtemos

$$\oint_S \mathbf{B} \cdot d\mathbf{S} = \int_v \nabla \cdot \mathbf{B} \, dv = 0$$

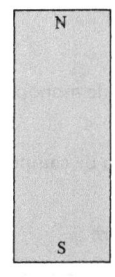

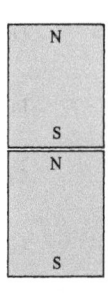

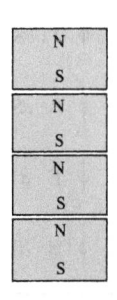

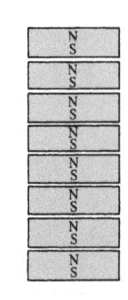

FIGURA 7.18 A divisão sucessiva de um ímã resulta em peças com polos norte e sul, mostrando que os polos magnéticos não podem ser isolados.

ou

$$\boxed{\nabla \cdot \mathbf{B} = 0} \qquad (7.34)$$

Essa equação é a quarta das equações de Maxwell que deduzimos. A equação (7.33), ou a (7.34), mostra que o campo magnetostático não tem fontes nem sumidouros. A equação (7.34) sugere que as linhas de campo magnético são sempre contínuas.

7.6 EQUAÇÕES DE MAXWELL PARA CAMPOS ELETROMAGNÉTICOS ESTÁTICOS

Tendo deduzido as quatro equações de Maxwell para campos eletromagnéticos estáticos, torna-se interessante fazer um quadro-resumo que mostre essas relações juntas, como na Tabela 7.2. Observe na tabela que a ordem que seguimos para deduzir as equações mostradas foi alterada para assegurar a clareza.

A escolha entre as formas integral e diferencial das equações depende do problema dado. É evidente, da Tabela 7.2, que um campo vetorial é definido completamente ao especificar seu rotacional e sua divergência. Um campo pode somente ser elétrico ou magnético se satisfaz as equações de Maxwell correspondentes (veja Problemas 7.26 e 7.27). Deve-se observar que as equações de Maxwell, como mostradas na Tabela 7.2, são somente para campos EM estáticos. Como discutiremos no Capítulo 9, as equações de divergência permanecerão as mesmas para campos EM variáveis no tempo, mas as equações de rotacionais deverão sofrer modificações.

7.7 POTENCIAIS MAGNÉTICOS ESCALAR E VETORIAL

Lembramos que alguns problemas de campo eletrostático foram simplificados ao relacionar o potencial elétrico V com a intensidade de campo elétrico $\mathbf{E}$ ($\mathbf{E} = -\nabla V$). De maneira similar, podemos definir um potencial associado ao campo magnetostático $\mathbf{B}$. De fato, o potencial magnético pode ser o escalar V_m ou o vetor $\mathbf{A}$. Para definir V_m e $\mathbf{A}$, relembremos duas identidades importantes (veja Exemplo 3.10 e Exercício Prático 3.10):

$$\nabla \times (\nabla V) = 0 \qquad (7.35a)$$

$$\nabla \cdot (\nabla \times \mathbf{A}) = 0 \qquad (7.35b)$$

TABELA 7.2 Equações de Maxwell para campos EM estáticos

Forma diferencial (ou Pontual)	Forma integral	Comentários
$\nabla \cdot \mathbf{D} = \rho_v$	$\oint_S \mathbf{D} \cdot d\mathbf{S} = \int_v \rho_v \, dv$	Lei de Gauss
$\nabla \cdot \mathbf{B} = 0$	$\oint_S \mathbf{B} \cdot d\mathbf{S} = 0$	Inexistência de monopólio magnético
$\nabla \times \mathbf{E} = 0$	$\oint_L \mathbf{E} \cdot d\mathbf{l} = 0$	Conservação de campo eletrostático
$\nabla \times \mathbf{H} = \mathbf{J}$	$\oint_L \mathbf{H} \cdot d\mathbf{l} = \int_S \mathbf{J} \cdot d\mathbf{S}$	Lei de Ampère

que devem ser satisfeitas para qualquer campo escalar V e campo vetorial $\mathbf{A}$.

Assim como $\mathbf{E} = -\nabla V$, definimos *o potencial magnético escalar V_m* (em ampères) em relação a $\mathbf{H}$ de acordo com:

$$\boxed{\mathbf{H} = -\nabla V_m} \quad \text{se } \mathbf{J} = 0 \tag{7.36}$$

A condição associada a esta equação é importante e será explicada. Combinando as equações (7.36) e (7.19), resulta em

$$\mathbf{J} = \nabla \times \mathbf{H} = \nabla \times (-\nabla V_m) = 0 \tag{7.37}$$

já que V_m deve satisfazer a condição na equação (7.35a). Portanto, o potencial magnético escalar V_m é somente definido na região onde $\mathbf{J} = 0$, como na equação (7.36). Devemos também observar que V_m satisfaz a equação de Laplace da mesma forma que V o faz para campos eletrostáticos. Dessa maneira:

$$\nabla^2 V_m = 0, \ (\mathbf{J} = 0) \tag{7.38}$$

Sabemos que, para campos magnetostáticos, $\nabla \cdot \mathbf{B} = 0$, como estabelecido na equação (7.34). A fim de satisfazer as equações (7.34) e (7.35b) simultaneamente, podemos definir o *potencial magnético vetorial* $\mathbf{A}$ (em Wb/m), tal que:

$$\boxed{\mathbf{B} = \nabla \times \mathbf{A}} \tag{7.39}$$

Assim como definimos

$$V = \int \frac{dQ}{4\pi\varepsilon_0 r} \tag{7.40}$$

podemos definir

$$\boxed{\mathbf{A} = \int_L \frac{\mu_0 I\, d\mathbf{l}}{4\pi R}} \quad \text{para linha em uma corrente} \tag{7.41}$$

$$\boxed{\mathbf{A} = \int_S \frac{\mu_0 \mathbf{K}\, dS}{4\pi R}} \quad \text{para corrente em uma superfície} \tag{7.42}$$

$$\boxed{\mathbf{A} = \int_v \frac{\mu_0 \mathbf{J}\, dv}{4\pi R}} \quad \text{para corrente em um volume} \tag{7.43}$$

Em vez de obter as equações (7.41) a (7.43) a partir da equação (7.40), uma abordagem alternativa seria obtê-las das equações (7.6) a (7.8). Por exemplo, podemos derivar a equação (7.41) da equação (7.6) em conjunto com a equação (7.39). Para fazer isso, escrevemos a equação (7.6) como

$$\mathbf{B} = \frac{\mu_0}{4\pi} \int_L \frac{I\, d\mathbf{l}' \times \mathbf{R}}{R^3} \tag{7.44}$$

onde $\mathbf{R}$ é o vetor distância do elemento de linha $d\mathbf{l}'$ no ponto-fonte (x', y', z'), até o ponto (x, y, z) onde se quer determinar o campo, como mostrado na Figura 7.19, e $R = |\mathbf{R}|$, isto é,

$$R = |\mathbf{r} - \mathbf{r}'| = [(x - x')^2 + (y - y')^2 + (z - z')^2]^{1/2} \tag{7.45}$$

Portanto,

$$\nabla\left(\frac{1}{R}\right) = -\frac{(x - x')\mathbf{a}_x + (y - y')\mathbf{a}_y + (z - z')\mathbf{a}_z}{[(x - x')^2 + (y - y')^2 + (z - z')^2]^{3/2}} = -\frac{\mathbf{R}}{R^3}$$

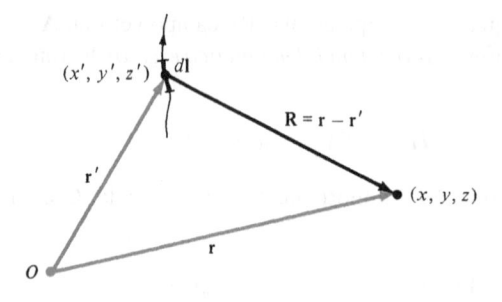

FIGURA 7.19 Ilustração do ponto-fonte (x', y', z') e do ponto (x, y, z) onde se quer determinar o campo.

ou

$$\frac{\mathbf{R}}{R^3} = -\nabla\left(\frac{1}{R}\right) \quad \left(= \frac{\mathbf{a}_R}{R^2}\right) \tag{7.46}$$

onde a diferenciação é em relação a x, y e z. Substituindo na equação (7.44), obtemos:

$$\mathbf{B} = -\frac{\mu_o}{4\pi} \int_L I\, d\mathbf{l}' \times \nabla\left(\frac{1}{R}\right) \tag{7.47}$$

Aplicamos a identidade vetorial

$$\nabla \times (f\mathbf{F}) = f\nabla \times \mathbf{F} + (\nabla f) \times \mathbf{F} \tag{7.48}$$

onde f é um campo escalar e $\mathbf{F}$ é um campo vetorial. Fazendo $f = 1/R$ e $\mathbf{F} = d\mathbf{l}'$, obtém-se

$$d\mathbf{l}' \times \nabla\left(\frac{1}{R}\right) = \frac{1}{R}\nabla \times d\mathbf{l}' - \nabla \times \left(\frac{d\mathbf{l}'}{R}\right)$$

Já que ∇ opera em relação a $(x, y$ e $z)$, enquanto $d\mathbf{l}'$ é uma função de (x', y', z'), $\nabla \times d\mathbf{l}' = 0$. Dessa maneira:

$$d\mathbf{l}' \times \nabla\left(\frac{1}{R}\right) = -\nabla \times \frac{d\mathbf{l}'}{R} \tag{7.49}$$

Com essa equação, a equação (7.47) se reduz a

$$\mathbf{B} = \nabla \times \int_L \frac{\mu_o I\, d\mathbf{l}'}{4\pi R} \tag{7.50}$$

Comparando a equação (7.50) com a equação (7.39), resulta que

$$\mathbf{A} = \int_L \frac{\mu_o I\, d\mathbf{l}'}{4\pi R}$$

o que verifica a equação (7.41).

Substituindo a equação (7.39) na equação (7.32) e aplicando o teorema de Stokes, obtemos

$$\Psi = \int_S \mathbf{B} \cdot d\mathbf{S} = \int_S (\nabla \times \mathbf{A}) \cdot d\mathbf{S} = \oint_L \mathbf{A} \cdot d\mathbf{l}$$

ou

$$\Psi = \oint_L \mathbf{A} \cdot d\mathbf{l} \tag{7.51}$$

Capítulo 7 Campos Magnetostáticos 259

Portanto, o fluxo magnético, através de uma dada área, pode ser encontrado utilizando a equação (7.32) ou a equação (7.51). Também, o campo magnético pode ser determinado utilizando ou V_m ou **A**. A escolha é ditada pela natureza de um dado problema, à exceção de que V_m pode somente ser usado em uma região livre de fontes. O uso do potencial magnético vetorial representa uma ferramenta de cálculo poderosa e elegante para resolver problemas de campos EM, particularmente aqueles relacionados com antenas. Como será observado no Capítulo 13, é mais conveniente, em problemas de antenas, encontrar **B** determinando primeiro **A**.

EXEMPLO 7.7

Dado um potencial magnético vetorial $\mathbf{A} = -\rho^2/4 \, \mathbf{a}_z$ Wb/m, calcule o fluxo magnético total que atravessa a superfície $\phi = \pi/2$, $1 \leq \rho \leq 2$ m, $0 \leq z \leq 5$ m.

Solução:

Podemos resolver esse problema de duas maneiras diferentes, utilizando a equação (7.32) ou a equação (7.51).

Método 1:

$$\mathbf{B} = \nabla \times \mathbf{A} = -\frac{\partial A_z}{\partial \rho} \mathbf{a}_\phi = \frac{\rho}{2} \mathbf{a}_\phi, \qquad d\mathbf{S} = d\rho \, dz \, \mathbf{a}_\phi$$

Assim,

$$\Psi = \int \mathbf{B} \cdot d\mathbf{S} = \frac{1}{2} \int_{z=0}^{5} \int_{\rho=1}^{2} \rho \, d\rho \, dz = \frac{1}{4} \rho^2 \Big|_{2}^{1} (5) = \frac{15}{4}$$

$$\Psi = 3{,}75 \text{ Wb}$$

Método 2:

Usamos

$$\Psi = \oint_L \mathbf{A} \cdot d\mathbf{l} = \Psi_1 + \Psi_2 + \Psi_3 + \Psi_4$$

onde L é o caminho que limita a superfície S; Ψ_1, Ψ_2, Ψ_3 e Ψ_4 são, respectivamente, os valores de $\int \mathbf{A} \cdot d\mathbf{l}$ ao longo dos segmentos de L enumerados de 1 a 4 na Figura 7.20. Já que **A** tem somente componente z,

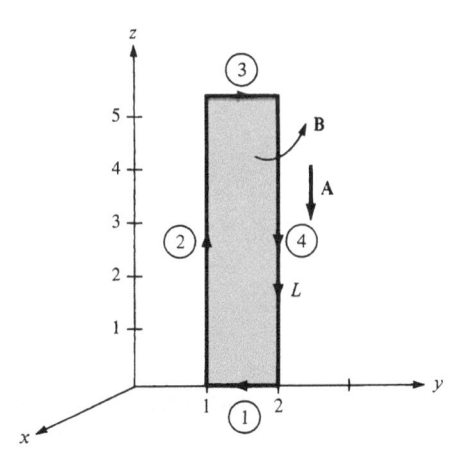

$$\Psi_1 = 0 = \Psi_3$$

FIGURA 7.20 Referente ao Exemplo 7.7.

Isto é,

$$\Psi = \Psi_2 + \Psi_4 = -\frac{1}{4}\left[(1)^2 \int_0^5 dz + (2)^2 \int_5^0 dz\right]$$

$$= -\frac{1}{4}(1-4)(5) = \frac{15}{4}$$

$$= 3,75 \text{ Wb}$$

como obtido previamente. Observe que a orientação do caminho L deve estar de acordo com a orientação de $d\mathbf{S}$.

EXERCÍCIO PRÁTICO 7.7

Uma distribuição de corrente dá origem a um potencial magnético vetorial $\mathbf{A} = x^2 y \mathbf{a}_x + y^2 x \mathbf{a}_y - 4xyz\mathbf{a}_z$ Wb/m. Calcule:

(a) $\mathbf{B}$ em $(-1, 2, 5)$;

(b) o fluxo através da superfície definida por $z = 1$, $0 \leq x \leq 1$, $-1 \leq y \leq 4$.

Resposta: (a) $20\mathbf{a}_x + 40\mathbf{a}_y + 3\mathbf{a}_z$ Wb/m²; (b) 20 Wb.

EXEMPLO 7.8

Se o plano $z = 0$ é percorrido por uma corrente uniforme $\mathbf{K} = K_y \mathbf{a}_y$,

$$\mathbf{H} = \begin{cases} 1/2\, K_y \mathbf{a}_x, & z > 0 \\ -1/2\, K_y \mathbf{a}_x, & z < 0 \end{cases}$$

Essas relações foram obtidas na Seção 7.4 utilizando a lei de Ampère. Obtenha as mesmas relações fazendo uso do conceito de potencial magnético vetorial.

Solução:

Considere a lâmina de corrente, como mostrado na Figura 7.21. Da equação (7.42),

$$d\mathbf{A} = \frac{\mu_o \mathbf{K}\, dS}{4\pi R}$$

Nesse problema, $\mathbf{K} = K_y \mathbf{a}_y$, $dS = dx'\, dy'$, e, para $z > 0$,

$$R = |\mathbf{R}| = |(0, 0, z) - (x', y', 0)|$$
$$= [(x')^2 + (y')^2 + z^2]^{1/2} \tag{7.8.1}$$

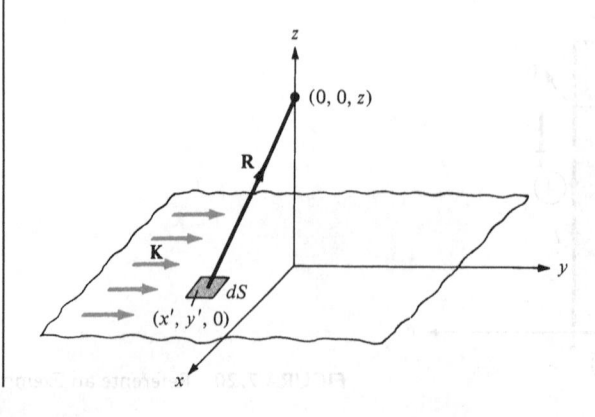

FIGURA 7.21 Referente ao Exemplo 7.8. Uma lâmina de corrente infinita.

onde as coordenadas-linha são para o ponto-fonte, enquanto as coordenadas não indiciadas são para o ponto onde se quer calcular o campo. É necessário fazer distinção entre os dois pontos para evitar confusão (veja Figura 7.19). Assim,

$$d\mathbf{A} = \frac{\mu_o K_y \, dx' \, dy' \, \mathbf{a}_y}{4\pi[(x')^2 + (y')^2 + z^2]^{1/2}}$$

$$d\mathbf{B} = \nabla \times d\mathbf{A} = -\frac{\partial}{\partial z} dA_y \, \mathbf{a}_x$$

$$= \frac{\mu_o K_y z \, dx' \, dy' \, \mathbf{a}_x}{4\pi[(x')^2 + (y')^2 + z^2]^{3/2}} \quad (7.8.2)$$

$$\mathbf{B} = \frac{\mu_o K_y z \mathbf{a}_x}{4\pi} \int_{-\infty}^{\infty} \int_{-\infty}^{\infty} \frac{dx' \, dy'}{[(x')^2 + (y')^2 + z^2]^{3/2}}$$

No integrando, podemos mudar as coordenadas de cartesianas para cilíndricas, por conveniência, tal que:

$$\mathbf{B} = \frac{\mu_o K_y z \mathbf{a}_x}{4\pi} \int_{\rho'=0}^{\infty} \int_{\phi'=0}^{2\pi} \frac{\rho' \, d\phi' \, d\rho'}{[(\rho')^2 + z^2]^{3/2}}$$

$$= \frac{\mu_o K_y z \mathbf{a}_x}{4\pi} 2\pi \int_0^{\infty} [(\rho')^2 + z^2]^{-3/2} \, 1/2 \, d[(\rho')^2]$$

$$= \frac{\mu_o K_y z \mathbf{a}_x}{2} \frac{-1}{[(\rho')^2 + z^2]^{1/2}} \bigg|_{\rho'=0}^{\infty}$$

$$= \frac{\mu_o K_y \mathbf{a}_x}{2}$$

Assim,

$$\mathbf{H} = \frac{\mathbf{B}}{\mu_o} = \frac{K_y}{2} \mathbf{a}_x, \quad \text{para } z > 0$$

Pela simples troca de z por $-z$ na equação (7.8.2), e seguindo o mesmo procedimento, obtemos

$$\mathbf{H} = -\frac{K_y}{2} \mathbf{a}_x, \quad \text{para } z < 0$$

> **EXERCÍCIO PRÁTICO 7.8**
>
> Repita o Exemplo 7.8 usando a lei de Biot–Savart para determinar **H** nos pontos $(0, 0, h)$ e $(0, 0, -h)$.

†7.8 DEDUÇÃO DA LEI DE BIOT–SAVART E DA LEI DE AMPÈRE

Tanto a lei de Biot–Savart quanto a lei de Ampère podem ser deduzidas a partir do conceito de potencial magnético vetorial. Essa dedução envolverá o uso das identidades vetoriais na equação (7.48) e

$$\nabla \times \nabla \times \mathbf{A} = \nabla(\nabla \cdot \mathbf{A}) - \nabla^2 \mathbf{A} \quad (7.52)$$

Já que a lei de Biot–Savart, como dada na equação (7.4), é basicamente sobre a corrente em uma linha, iniciaremos essa dedução com as equações (7.39) e (7.41); isto é,

$$\mathbf{B} = \nabla \times \oint_L \frac{\mu_o I\, d\mathbf{l}'}{4\pi R} = \frac{\mu_o I}{4\pi} \oint_L \nabla \times \frac{1}{R} d\mathbf{l}', \qquad (7.53)$$

onde R é definido na equação (7.45). Se a identidade vetorial na equação (7.48) for utilizada considerando $\mathbf{F} = d\mathbf{l}$ e $f = 1/R$, a equação (7.53) torna-se:

$$\mathbf{B} = \frac{\mu_o I}{4\pi} \oint_L \left[\frac{1}{R} \nabla \times d\mathbf{l}' + \left(\nabla \frac{1}{R} \right) \times d\mathbf{l}' \right] \qquad (7.54)$$

Já que ∇ opera em relação a (x, y, z) e $d\mathbf{l}'$ é uma função de (x', y', z'), $\nabla \times d\mathbf{l}' = 0$. Também,

$$\frac{1}{R} = [(x - x')^2 + (y - y')^2 + (z - z')^2]^{-1/2} \qquad (7.55)$$

$$\nabla \left[\frac{1}{R} \right] = -\frac{(x - x')\mathbf{a}_x + (y - y')\mathbf{a}_y + (z - z')\mathbf{a}_z}{[(x - x')^2 + (y - y')^2 + (z - z')^2]^{3/2}} = -\frac{\mathbf{a}_R}{R^2} \qquad (7.56)$$

onde $\mathbf{a}_R$ é um vetor unitário orientado a partir do ponto-fonte até o ponto onde se quer calcular o campo. Portanto, a equação (7.54) (após retirar a "linha" de $d\mathbf{l}'$) torna-se:

$$\mathbf{B} = \frac{\mu_o I}{4\pi} \oint_L \frac{d\mathbf{l} \times \mathbf{a}_R}{R^2} \qquad (7.57)$$

que é a lei de Biot–Savart.

Utilizando a identidade na equação (7.52) com a equação (7.39), obtemos

$$\nabla \times \mathbf{B} = \nabla(\nabla \cdot \mathbf{A}) - \nabla^2 \mathbf{A} \qquad (7.58)$$

Pode-se demonstrar que, para um campo magnético estático,

$$\nabla \cdot \mathbf{A} = 0 \qquad (7.59)$$

tal que, após substituir $\mathbf{B}$ por $\mu_o \mathbf{H}$ e utilizar a equação (7.19), a equação (7.58) torna-se

$$\nabla^2 \mathbf{A} = -\mu_o \nabla \times \mathbf{H}$$

ou

$$\nabla^2 \mathbf{A} = -\mu_o \mathbf{J} \qquad (7.60)$$

que é denominada de *equação vetorial de Poisson*, similar à equação de Poisson ($\nabla^2 V = -\rho_v/\varepsilon$) da eletrostática. Em coordenadas cartesianas, a equação (7.60) pode ser decomposta em três equações escalares:

$$\begin{aligned} \nabla^2 A_x &= -\mu_o J_x \\ \nabla^2 A_y &= -\mu_o J_y \\ \nabla^2 A_z &= -\mu_o J_z \end{aligned} \qquad (7.61)$$

que podem ser consideradas como as *equações escalares de Poisson*.

Pode-se demonstrar também que a lei circuital de Ampère é consistente com nossa definição de potencial magnético vetorial. Do teorema de Stokes e da equação (7.39),

$$\begin{aligned} \oint_L \mathbf{H} \cdot d\mathbf{l} &= \int_S \nabla \times \mathbf{H} \cdot d\mathbf{S} \\ &= \frac{1}{\mu_o} \int_S \nabla \times (\nabla \times \mathbf{A}) \cdot d\mathbf{S} \end{aligned} \qquad (7.62)$$

Das equações (7.52), (7.59) e (7.60),

$$\nabla \times \nabla \times \mathbf{A} = -\nabla^2 \mathbf{A} = \mu_o \mathbf{J}$$

Substituindo esta identidade na equação (7.62), vem que:

$$\oint_L \mathbf{H} \cdot d\mathbf{l} = \int_S \mathbf{J} \cdot d\mathbf{S} = I$$

que é a lei circuital de Ampère.

†7.9 APLICAÇÃO TECNOLÓGICA – RAIOS

> Os **raios** são descargas de eletricidade estática geradas nas nuvens por processos naturais.

Os raios também podem ser considerados como uma descarga elétrica transitória de alta intensidade de corrente, sendo uma importante fonte natural de radiação eletromagnética que causa interferência nos modernos sistemas de eletrônica e de comunicações. Os raios atingem algum ponto do solo terrestre cerca de 100 vezes por segundo. Por muito tempo, os raios (os coriscos da mitologia) foram temidos como clarões atmosféricos de origem sobrenatural: a grande arma dos deuses. Hoje, em lugar de técnicas místicas, técnicas científicas são usadas para explicar os raios mediante procedimentos experimentais em vez de conceitos intuitivos. Todavia, ainda nos impressionam os raios, que continuam a brilhar de forma misteriosa, e não sem motivo. Mortes e lesões a rebanhos e outros animais, milhares de incêndios de árvores e arbustos, bem como milhões de dólares em estragos em edificações, sistemas de comunicação, linhas de transmissão de energia e sistemas elétricos estão entre os resultados danosos dos raios.

Já que os raios podem ocorrer das nuvens para o solo ou entre nuvens, podem ser classificados em dois tipos: (1) nuvem-nuvem e (2) nuvem-solo. Um típico raio nuvem-solo está mostrado na Figura 7.22. A descarga nuvem-nuvem é mais comum e é importante para aeronaves em voo. Entretanto, os raios nuvem-solo têm sido estudados mais extensamente por causa de seu interesse prático (por exemplo, como causa de lesões e mortes, de distúrbios em sistemas de potência e de comunicações). Uma nuvem na iminência de se descarregar para o solo, quando está a uma altitude média de

FIGURA 7.22 Um raio nuvem-solo.

5 km, transporta cerca de 10 a 20 C. A porção da descarga nuvem-solo que produz danos físicos em nível do solo em função de sua elevada corrente é denominada de descarga de retorno. A corrente em uma descarga de retorno geralmente é de 10 kA, mas pode atingir valores de até 200 kA.

Sob condições de bom tempo, existe um campo elétrico da ordem de 100 V/m próximo à superfície da terra. Movimentos das camadas de ar dentro da nuvem provocam o carregamento da nuvem, transformando-a em um dipolo elétrico, com cargas negativas em sua base e com cargas positivas em seu topo. Ao se aproximarem do solo, essas partículas negativamente carregadas induzem mais cargas positivas, especialmente em estruturas altas e pontiagudas. Uma descarga elétrica atmosférica (raio), no momento de seu início, segue o caminho de menor impedância: raramente esse caminho é uma linha reta, sendo único para cada descarga. Entretanto, se admitirmos que as descargas chegam ao solo segundo uma direção vertical, podemos estimar a distância atingida pelo raio como função da amplitude da corrente da descarga de retorno. A distância atingida no solo, D, em metros, e a corrente, I, em quiloampères, estão relacionadas por:

$$D = 10 I^{0,65} \tag{7.63}$$

Seres humanos e animais dentro desse raio de ação podem sofrer danos.

Um modo comum de proteger seres humanos, edificações e outras estruturas de raios é usar para-raios. Originalmente desenvolvido por Benjamin Franklin, o para-raios é um mastro metálico pontiagudo instalado em telhados de edificações e conectado a um fio de cobre ou de alumínio, que é, por sua vez, conectado a uma malha condutora aterrada no solo nas proximidades da base da edificação. Os para-raios constituem um caminho de baixa impedância elétrica até o solo, que pode ser usado para conduzir a enorme corrente elétrica quando o raio ocorre. Quando ocorrem as descargas, o sistema se encarrega de manter as correntes elétricas prejudiciais fora da edificação e desviá-las para o solo, com segurança.

MATLAB 7.1

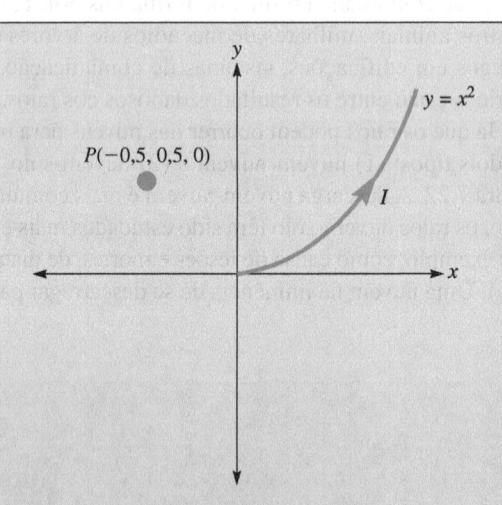

Suponha que um segmento de corrente de 0,5 mA se desloque ao longo de uma trajetória parabólica dada por $y = x^2$ entre $a = (0, 0, 0)$ e $b = (1, 1, 0)$ cm. Usando a lei de Biot-Savart, determine o campo magnético devido ao segmento no ponto P(-0,5, 0,5, 0).

Determinaremos a solução geral e a solução numérica no ponto de observação. A lei de Biot-Savart para obter o campo magnético no ponto P é dada por:

$$H = \int_L \frac{i d\mathbf{L} \times \hat{r}}{4\pi R^2}$$

(continua)

(continuação)

O vetor unitário total, no ponto P, associado ao filamento elementar de corrente posicionado em (x', y') é:

$$\hat{r} = \frac{(x-x')\hat{x} + (y-y')\hat{y} + (z-z')\hat{y}}{R}$$

$$R = \sqrt{(x-x')^2 + (y-y')^2 + (z-z')^2}$$

A corrente elementar é dada por:

$$Id\mathbf{L} = I(\hat{x}dx' + \hat{y}dy')$$

Se desconsiderarmos a componente z, o produto vetorial será dado por:

$$d\mathbf{L} \times \hat{r} = (\hat{x}dx' + \hat{y}dy') \times \frac{(x-x')\hat{x} + (y-y')\hat{y} + (z-z')\hat{z}}{\sqrt{(x-x')^2 + (y-y')^2 + (z-z')^2}}$$

Então,

$$\mathbf{H} = \int_L \frac{Id\mathbf{L} \times \hat{r}}{4\pi R^2} = \frac{I}{4\pi} \int_a^b \frac{[(y-y')dx' - (x-x')dy']\hat{z} - (z-z')dx'\hat{y} + (z-z')dy'\hat{x}}{[(x-x')^2 + (y-y')^2 + (z-z')^2]^{1,5}}$$

Esta integral é calculada numericamente, tendo um valor de $0{,}85I$, portanto o campo magnético em P é dado por:

$$\mathbf{H} = 8{,}54\hat{z}\,\frac{\text{mA}}{\text{m}}$$

```
clear
I=0,5e-3; % O valor da corrente.

% Espera a inserção do ponto de observação.
p0 = input('Insira as coordenadas  do ponto de observação (no formato
[x y z])... \n > ');
if isempty(p0); p0 = [0 0 0]; end

xpstart = 0; xpend = 1e-2; % Limites inicial e final  para a variável
% de integração x-linha.
dxp=1e-7; % Incremento dx da variável  de integração

H = [0, 0, 0]; % Valores iniciais de campo antes do processo de
% integração.
zp = 0; % Corrente somente no plano x-y

for xp=xpstart:dxp:xpend, % Começa o loop de integração
  yp=xp^2*1e2; % Faz a substituição do y-linha em termos do x-linha.
     % O termo 1e2 é utilizado para compensar o termo 1e-2 ao quadrado
% que relaciona x-linha e y-linha no espaço.
  dyp=2*dxp; % Faz a substituição do dy-linha em termos do dx-linha.

  num = [(p0(3)-zp)*dyp,-(p0(3)-zp)*dxp,((p0(2)-yp)*dxp-(p0(1)-
xp)*dyp)]; % Numerador.
  den = ((p0(1) xp)^2+(p0(2)-yp)^2)^(3/2); % Denominador.

H = H + num/den; % Campo total incluindo todas as três coordenadas.
end

H= H*I/(4*pi);

% Mostra o resultado.
disp('')
disp(sprintf('The magnetic field at (%f, %f, %f) cm \nis (%f %f %f)
A/m', ...
  p0(1), p0(2), p0(2), H(1), H(2), H(3)))
```

MATLAB 7.2

```
% Este script permite ao usuário especificar uma corrente elétrica
% orientada para fora da página (orientação +z), que passa pela origem,
% e se estende ao infinito, apontando na direção z
% e apresenta o gráfico do vetor campo magnético no plano xy
%
%
% Entradas: I ( valor da corrente), x e y limites para o gráfico
% Saídas: o gráfico do vetor campo magnético
clear

% Inserção dos dados de entrada pelo usuário
plotlim = input('Insira  os limites para o  gráfico [xmin xmax ymin
ymax]... \n > ');
if isempty(plotlim); plotlim = [-1 1 -1 1]; end % Testa  se o dado
foi inserido corretamente.
I = input('Insira  a corrente em ampères ...\n > ');
if isempty(I); I = 1; end % Testa se a corrente foi inserida

dx=(plotlim(2)-plotlim(1))/10;
dy=(plotlim(4)-plotlim(3))/10;
xrange=plotlim(1) :dx:plotlim(2);
yrange=plotlim(3) :dx:plotlim(4);

[X, Y]=meshgrid(xrange,yrange);
U=zeros(length(xrange), length(yrange));
V=zeros(length(xrange), length(yrange));
for x=1:length(xrange)
  for y=1:length(yrange)
    r=sqrt(xrange(x)^2=yrange(y)^2); % A distância a partir da corrente.
    phiuvector=[-yrange(y),xrange(x)/r; % O vetor unitário na direção
    fi (phi).
    H=I/(2*pi*r)*phiuvector; % Lei de Ampère para uma corrente de
    comprimento infinito.
    % Preenche as matrizes que contêm as componentes do vetor % nas
direções x e y.
    %direction
    U(y,x)=H(1); % O vetor x correspondente às colunas.
    V(y,x)=H(2); % O vetor x correspondente às colunas.
  end
end

% Mostra os resultados
figure
quiver(xrange, yrange, U, V)
axis square
axis(plotlim)
xlabel('X location (m)')
ylabel('Y location (m)')
disp(sprintf('Valor do primeiro do vetor à direita da origem = %f
A/m',I/(2*pi*dx)))
```

RESUMO

1. As leis básicas que governam os campos magnetostáticos (lei de Biot–Savart e lei de Ampère) são discutidas. A lei de Biot–Savart, que é similar à lei de Coulomb, estabelece que a intensidade de campo magnético $d\mathbf{H}$ em r devido ao elemento de corrente $I\,d\mathbf{l}$ em $\mathbf{r}'$ é

$$d\mathbf{H} = \frac{I\,d\mathbf{l} \times \mathbf{R}}{4\pi R^3} \quad \text{(em A/m)}$$

onde $\mathbf{R} = \mathbf{r} - \mathbf{r}'$ e $R = |\mathbf{R}|$. Para uma distribuição de corrente em uma superfície ou em um volume, substituímos $I\,d\mathbf{l}$ por $\mathbf{K}\,dS$ ou $\mathbf{J}\,dv$, respectivamente; isto é,

$$I\,d\mathbf{l} \equiv \mathbf{K}\,dS \equiv \mathbf{J}\,dv$$

2. A lei circuital de Ampère, que é similar à lei de Gauss, estabelece que a circulação de $\mathbf{H}$ em torno de um caminho fechado é igual à corrente envolvida pelo caminho, isto é,

$$\oint \mathbf{H} \cdot d\mathbf{l} = I_{\text{env}} = \int \mathbf{J} \cdot d\mathbf{S}$$

ou

$$\nabla \times \mathbf{H} = \mathbf{J} \quad \text{(terceira equação de Maxwell que deduzimos)}$$

Quando as distribuições de correntes são simétricas, tal que o caminho amperiano (sobre o qual $\mathbf{H} = H_\phi \mathbf{a}_\phi$ é constante) pode ser determinado, a lei de Ampère é útil para determinar $\mathbf{H}$, isto é,

$$H_\phi \oint dl = I_{\text{env}} \quad \text{ou} \quad H_\phi = \frac{I_{\text{env}}}{\ell}$$

3. O fluxo magnético, através de uma superfície S, é dado por

$$\Psi = \int_S \mathbf{B} \cdot d\mathbf{S} \quad \text{(em Wb)}$$

onde $\mathbf{B}$ é a densidade de fluxo magnético em Wb/m^2. No espaço livre,

$$\mathbf{B} = \mu_o \mathbf{H}$$

onde $\mu_o = 4\pi \times 10^{-7}$ H/m = permeabilidade do espaço livre.

4. Já que um monopólo magnético isolado ou livre não existe, o fluxo magnético líquido através de uma superfície fechada é zero;

$$\Psi = \oint \mathbf{B} \cdot d\mathbf{S} = 0$$

ou

$$\nabla \cdot \mathbf{B} = 0 \quad \text{(quarta equação de Maxwell que deduzimos)}$$

5. Nesse ponto, todas as quatro equações de Maxwell para campos EM estáticos foram deduzidas, nominalmente:

$$\nabla \cdot \mathbf{D} = \rho_v$$
$$\nabla \cdot \mathbf{B} = 0$$
$$\nabla \times \mathbf{E} = 0$$
$$\nabla \times \mathbf{H} = \mathbf{J}$$

6. O potencial magnético escalar V_m é definido como

$$\mathbf{H} = -\nabla V_m \quad \text{se } \mathbf{J} = 0$$

e o potencial magnético vetorial **A** como

$$\mathbf{B} = \nabla \times \mathbf{A}$$

onde $\nabla \cdot \mathbf{A} = 0$. Com a definição de **A**, o fluxo magnético através da superfície S pode ser encontrado a partir de

$$\Psi = \oint_L \mathbf{A} \cdot d\mathbf{l}$$

onde L é o caminho fechado que limita a superfície S (veja Figura 3.20). Ao invés de utilizar a lei de Biot-Savart, o campo magnético devido a uma distribuição de corrente pode ser encontrado utilizando **A**, uma ferramenta de cálculo poderosa, particularmente útil na teoria de antenas. Para um elemento de corrente $I\,d\mathbf{l}$ em $\mathbf{r}'$, o potencial magnético vetorial em $\mathbf{r}$ é:

$$\mathbf{A} = \int \frac{\mu_o I\,d\mathbf{l}}{4\pi R}, \quad R = |\mathbf{r} - \mathbf{r}'|$$

7. Muita similaridade existe entre os campos eletrostáticos e magnetostáticos. Algumas delas estão listadas na Tabela 7.1. Por exemplo, a equação correspondente à equação de Poisson $\nabla^2 V = -\rho_v/\varepsilon$ é:

$$\nabla^2 \mathbf{A} = -\mu_o \mathbf{J}$$

8. Um relâmpago pode ser considerado como um transitório de corrente de alta intensidade. Uma maneira comum de proteger pessoas, edificações e outras estruturas de danos causados por descargas atmosféricas é com o uso de para-raios.

QUESTÕES DE REVISÃO

7.1 Qual das seguintes não é uma fonte de campos magnetostáticos:

(a) Uma corrente contínua em um fio.

(b) Um ímã permanente.

(c) Uma carga acelerada.

(d) Um campo elétrico que varia linearmente com o tempo.

(e) Um disco carregado girando com uma velocidade uniforme.

7.2 Identifique, na Figura 7.23, a configuração que não é uma correta representação de I e de **H**.

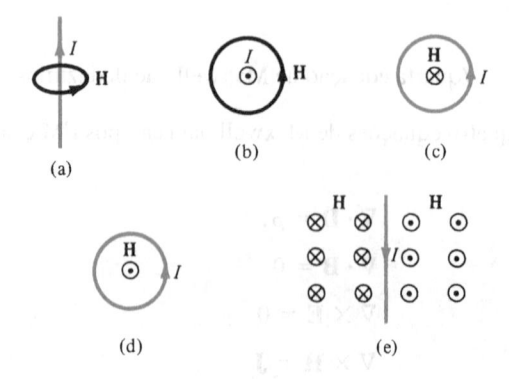

FIGURA 7.23 Referente à Questão de Revisão 7.2.

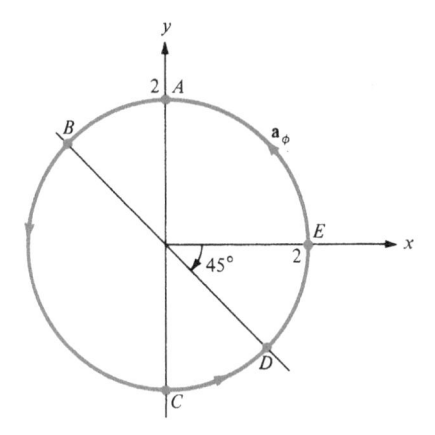

FIGURA 7.24 Referente à Questão de Revisão 7.3.

7.3 Considere os pontos A, B, C, D e E sobre um círculo de raio 2, conforme mostrado na Figura 7.23. Os itens da coluna da direita são os valores de $\mathbf{a}_\phi$ nos diferentes pontos sobre o círculo. Relacione esses itens com os pontos na coluna da esquerda.

(a) A (i) $\mathbf{a}_x$
(b) B (ii) $-\mathbf{a}_x$
(c) C (iii) $\mathbf{a}_y$
(d) D (iv) $-\mathbf{a}_y$
(e) E (v) $\dfrac{\mathbf{a}_x + \mathbf{a}_y}{\sqrt{2}}$
     (vi) $\dfrac{-\mathbf{a}_x - \mathbf{a}_y}{\sqrt{2}}$
     (vii) $\dfrac{-\mathbf{a}_x + \mathbf{a}_y}{\sqrt{2}}$
     (viii) $\dfrac{\mathbf{a}_x - \mathbf{a}_y}{\sqrt{2}}$

7.4 O eixo z é percorrido por uma corrente filamentar de 10π A ao longo de a_z. Qual das alternativas é incorreta?

(a) $\mathbf{H} = -\mathbf{a}_x$ A/m em $(0, 5, 0)$
(b) $\mathbf{H} = \mathbf{a}_\phi$ A/m em $(5, \pi/4, 0)$
(c) $\mathbf{H} = -0{,}8\mathbf{a}_x - 0{,}6\mathbf{a}_y$ em $(-3, 4, 0)$
(d) $\mathbf{H} = -\mathbf{a}_\phi$ em $(5, 3\pi/2, 0)$

7.5 O plano $y = 0$ é percorrido por uma corrente uniforme de $30\mathbf{a}_z$ mA/m. Em $(1, 10, -2)$, a intensidade do campo magnético é de:

(a) $-15\mathbf{a}_x$ mA/m
(b) $15\mathbf{a}_x$ mA/m
(c) $477{,}5\mathbf{a}_y$ πA/m
(d) $18{,}85\mathbf{a}_y$ nA/m
(e) Nenhuma das respostas acima.

7.6 Para as correntes e os caminhos fechados da Figura 7.24, calcule o valor de $\oint_L \mathbf{H} \cdot d\mathbf{l}$.

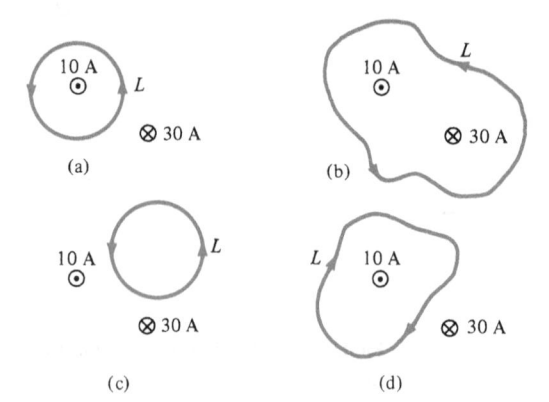

FIGURA 7.25 Referente à Questão de Revisão 7.6.

7.7 Qual das seguintes afirmações não é uma característica de um campo magnético estático?
   (a) O campo é solenoidal.
   (b) O campo é conservativo.
   (c) O campo não tem fontes nem sumidouros.
   (d) As linhas de fluxo magnético são sempre fechadas.
   (e) O número total de linhas de fluxo que entram em uma dada região é igual ao número de linhas que saem dessa região.

7.8 Duas bobinas circulares idênticas coaxiais são percorridas pela mesma corrente I, mas em sentidos opostos. A magnitude do campo magnético **B**, em um ponto ao longo do eixo, a meio caminho entre as bobinas, é:
   (a) zero
   (b) o mesmo que o produzido apenas por uma bobina
   (c) duas vezes o produzido por uma bobina
   (d) metade do produzido apenas por uma bobina

7.9 Qual das seguintes equações não é uma equação de Maxwell para campos eletromagnéticos estáticos em um meio linear homogêneo?
   (a) $\nabla \cdot \mathbf{B} = 0$
   (b) $\nabla \times \mathbf{D} = 0$
   (c) $\oint \mathbf{B} \cdot d\mathbf{l} = \mu_o I$
   (d) $\oint \mathbf{D} \cdot d\mathbf{S} = Q$
   (e) $\nabla^2 \mathbf{A} = \mu_o \mathbf{J}$

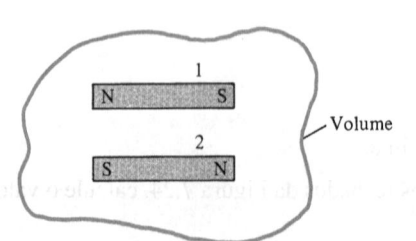

FIGURA 7.26 Referente à Questão de Revisão 7.10.

7.10 Dois ímãs com seus polos norte com intensidade $Q_{m1} = 20$ A · m e $Q_{m2} = 10$ A · m (cargas magnéticas) são colocados no interior de um volume, como mostrado na Figura 7.26. O fluxo magnético que sai do volume é:

(a) 200 Wb

(b) 30 Wb

(c) 10 Wb

(d) 0 Wb

(e) −10 Wb

Respostas: 7.1c; 7.2c; 7.3(a)-(ii), (b)-(vi), (c)-(i), (d)-(v), (e)-(iii); 7.4d; 7.5a; 7.6(a) 10 A, (b) − 20 A, (c) 0, (d) − 10 A; 7.7b; 7.8a; 7.9e; 7.10d.

PROBLEMAS

7.1 Calcule **H** em (3m, -6m, 3m) devido a um elemento de corrente de 2 mm de comprimento localizado na origem, no espaço livre, e que conduz uma corrente de 16 mA na direção +y.

7.2 Um filamento condutor é percorrido por uma corrente I do ponto $A(0, 0, a)$ até o ponto $B(0, 0, b)$. Demonstre que no ponto $P(x, y, 0)$:

$$\mathbf{H} = \frac{I}{4\pi\sqrt{x^2 + y^3}}\left[\frac{b}{\sqrt{x^2 + y^2 + b^2}} - \frac{a}{\sqrt{x^2 + y^2 + a^2}}\right]\mathbf{a}_y$$

7.3 Um condutor, infinitamente longo, está colocado ao longo do eixo x e é percorrido por uma corrente de 10 mA orientada em $\mathbf{a}_x$. Determine **H** em (-2, 3, 4).

7.4 (a) Dê a lei de Biot–Savart.

(b) Os eixos z e x são percorridos por correntes filamentares de 20 A ao longo de $\mathbf{a}_y$ e 30 A ao longo de $\mathbf{a}_x$, respectivamente. Encontre **H** em (6, 8, − 6).

7.5 Um filamento condutor é percorrido por uma corrente I do ponto $A(0, 0, a)$ até o ponto $B(0, 0, b)$. Demonstre que no ponto $P(x, y, 0)$:

$$\mathbf{H} = \frac{I}{4\pi\sqrt{x^2 + y^3}}\left[\frac{b}{\sqrt{x^2 + y^2 + b^2}} - \frac{a}{\sqrt{x^2 + y^2 + a^2}}\right]\mathbf{a}_\phi$$

7.6 Um condutor infinitamente longo é dobrado na forma de L, como mostra a Figura 7.27. Se uma corrente contínua de 5 A flui no condutor, determine a intensidade do campo magnético em (a) (2, 2, 0), (b) (0, − 2, 0) e (c) (0, 0, 2).

7.7 Em um fio na forma de uma parábola, flui uma corrente de 3 A. Calcule a magnitude do vetor intensidade de campo magnético no foco da parábola se a distância do foco ao vértice é 20 cm.

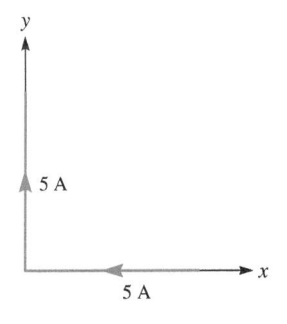

FIGURA 7.27 Filamento da corrente; referente ao Problema 7.6.

7.8 Em uma espira quadrada condutora de 3 cm de lado, flui uma corrente de 10 A. Calcule a magnitude do vetor intensidade de campo magnético no centro da espira.

7.9 Em uma linha $y = 1$, $z = 4$, flui uma corrente filamentar de 50π mA ao longo de $\mathbf{a}_x$ enquanto o plano $z = 0$ conduz 20 mA/m ao longo de $\mathbf{a}_x$. Determine **H** em (3, 4, 5).

7.10 (a) Enuncie a lei circuital de Ampère.

(b) Um fio infinitamente longo, de raio a, está ao longo do eixo z e é percorrido por uma corrente I ao longo de $\mathbf{a}_z$. Aplicando a lei circuital de Ampère, determine **H** em qualquer ponto. Esboce $|\mathbf{H}|$ como função de ρ.

7.11 Para a espira filamentar mostrada na Figura 7.28, determine a intensidade do campo magnético em O.

7.12 Duas espiras de corrente idênticas têm seus centros em (0, 0, 0) e (0, 0, 4) e seus eixos ao longo do eixo z (de modo a formar uma "bobina de Helmholtz"). Se cada espira tem um raio de 2 m e é percorrida por uma corrente de 5 A em $\mathbf{a}_\phi$, calcule **H** em:

(a) (0, 0, 0)

(b) (0, 0, 2)

7.13 Um solenoide de 3 cm de comprimento é percorrido por uma corrente de 400 mA. Se o solenoide for utilizado para gerar uma densidade de fluxo magnético de 5 mWb/m², quantas espiras são necessárias?

7.14 Em um meio condutor

$$\mathbf{H} = y^2 z \mathbf{a}_x + 2(x + 1)yz \mathbf{a}_y - (x + 1)z^2 \mathbf{a}_z \text{ A/m}$$

Encontre:

(a) **J** em $(1, 0, -3)$.

(b) a corrente que passa através de $y = 1$, $0 \leq x \leq 1$, $0 \leq z \leq 1$

7.15 Em uma região condutora:

$$\mathbf{H} = yz(x^2 + y^2)\mathbf{a}_x - y^2 xz \mathbf{a}_y + 4x^2 y^2 \mathbf{a}_z \text{ A/m}$$

(a) Determine **J** em $(5, 2, -3)$.

(b) Determine a corrente que passa através de $x = -1$, $0 < y$ e $z < 2$.

(c) Demonstre que $\nabla \cdot \mathbf{B} = 0$.

7.16 O campo magnético $\mathbf{H} (10^6 / \rho) \cos \phi \, \mathbf{a}_\rho$ A/m existe no espaço livre. Determine o fluxo através da superfície descrita por $\rho = 1$ m, $0 \leq \phi \leq \pi/2$, $0 \leq z \leq 2$ m.

7.17 Um fio infinitamente longo é percorrido por uma corrente de 2 A ao longo de $+ z$. Calcule:

(a) **B** em $(-3, 4, 7)$;

(b) o fluxo através da espira quadrada descrita por $2 \leq \rho \leq 6$, $0 \leq z \leq 4$ e $\phi = 90°$.

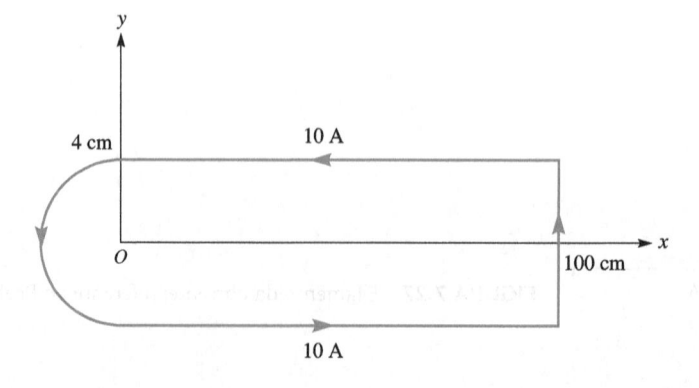

FIGURA 7.28 Espira filamentar do Problema 7.11; não desenhada em escala.

7.18 (a) Dê a lei circuital de Ampère.

(b) Um cilindro oco condutor tem raio interno a e raio externo b e é percorrido por uma corrente I ao longo do sentido positivo do eixo z. Encontre **H** em qualquer ponto.

7.19 Um raio pode ser considerado uma corrente filamentar. Se um raio com corrente 50 kA cair a 100m de sua casa, determine a densidade de fluxo magnética em sua casa devido a esse raio.

7.20 (a) Um condutor sólido infinitamente longo, de raio a, está colocado ao longo do eixo z. Se o condutor for percorrido por uma corrente I no sentido de $+z$, demonstre que

$$\mathbf{H} = \frac{I\rho}{2\pi a^2}\mathbf{a}_\phi$$

dentro do condutor. Determine a densidade de corrente correspondente.

(b) Se $I = 3$ A e $a = 2$ cm na parte (a), determine **H** em (0, 1 cm, 0) e (0, 4 cm, 0).

7.21 Se $\mathbf{H} = y\mathbf{a}_x - x\mathbf{a}_y$ A/m sobre o plano $z = 0$: (a) determine a densidade de corrente e (b) verifique a lei de Ampère tomando a circulação de **H** ao longo do perímetro do retângulo $z = 0, 0 < x < 3$ e $-1 < y < 4$.

7.22 Considere os seguintes campos arbitrários. Determine qual deles pode representar um campo eletrostático ou um campo magnetostático no espaço livre.

(a) $\mathbf{A} = x\mathbf{a}_x - y\mathbf{a}_y$

(b) $\mathbf{B} = \dfrac{-y\mathbf{a}_x + x\mathbf{a}_y}{x^2 + y^2}$

(c) $\mathbf{C} = e^{-y}(\cos x\,\mathbf{a}_x - \operatorname{sen} x\,\mathbf{a}_y)$

(d) $\mathbf{D} = 5e^{-2z}(\rho\,\mathbf{a}_\rho + \mathbf{a}_z)$

(e) $\mathbf{E} = \dfrac{1}{2}(2\cos\theta\,\mathbf{a}_r + \operatorname{sen}\theta\,\mathbf{a}_\theta)$

(*Dica*: As Equações de Maxwell devem ser satisfeitas.)

7.23 Demonstre matematicamente que $\nabla \cdot \mathbf{B} = 0$.

(*Dica*: Utilize a equação 7.44)

7.24 Para uma distribuição de corrente no espaço livre:

$$\mathbf{A} = (2x^2y + yz)\mathbf{a}_x + (xy^2 - xz^3)\mathbf{a}_y - (6xyz - 2x^2y^2)\mathbf{a}_z \text{ Wb/m}$$

(a) Calcule **B**.

(b) Determine o fluxo magnético através de uma espira descrita por $x = 1, 0 < y$ e $z < 2$.

(c) Demonstre que $\nabla \cdot \mathbf{A} = 0$ e $\nabla \cdot \mathbf{B} = 0$.

7.25 O motor elétrico, mostrado na Figura 7.29, tem campo

$$\mathbf{H} = \frac{10^6}{\rho}\operatorname{sen} 2\phi\,\mathbf{a}_\rho \text{ A/m}$$

Calcule o fluxo, por polo, que passa através do entreferro de ar se o comprimento axial do polo é 20 cm.

7.26 Se $\mathbf{H} = k_o\left(\dfrac{\rho}{a}\right)\mathbf{a}_\phi$, $\rho < a$ onde k_o é constante,

(a) determine **J** para $\rho < a$.

(b) Determine **H** para $\rho > a$.

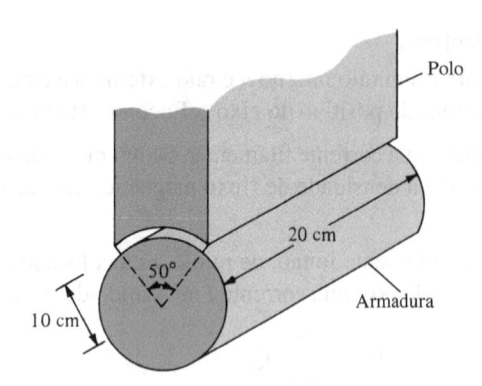

FIGURA 7.29 Polo de motor elétrico do Problema 7.25.

7.27 O potencial magnético vetorial de uma distribuição de corrente no espaço livre é

$$\mathbf{A} = 15e^{-\rho}\operatorname{sen}\phi\,\mathbf{a}_z \text{ Wb/m}$$

Determine **H** em $(3, \pi/4, -10)$. Calcule o fluxo através de $\rho = 5, 0 \leq \phi \leq \pi/2, 0 \leq z \leq 10$.

7.28 Considere a linha de transmissão a dois fios, cuja seção reta é ilustrada na Figura 7.30. Cada fio tem raio 2 cm e são separados por 10 cm. O fio centrado em (0, 0) é percorrido por uma corrente de 5 A, enquanto o outro, que está centrado em (10 cm, 0), é percorrido pela corrente de retorno. Determine **H** em

(a) (5cm, 0)

(b) (10 cm, 5 cm)

7.29 Determine o fluxo magnético através de uma espira retangular ($a \times b$) devido a um condutor infinitamente longo percorrido por uma corrente I, como mostrado na Figura 7.31. A espira e os condutores retilíneos estão separados por uma distância d.

7.30 Se $B = 4\cos\left(\dfrac{\pi y}{4}\right)e^{-3z}\mathbf{a}_x$ Wb/m², calcule o fluxo magnético total que atravessa a superfície $x = 0, 0 < y < 1, z > 0$.

7.31 No espaço livre, a densidade de fluxo magnético é

$$B = y^2\mathbf{a}_x + z^2\mathbf{a}_y + x^2\mathbf{a}_z \text{ Wb/m}^2$$

(a) Demonstre que B é um campo magnético

(b) Determine o fluxo magnético através de $x = 1, 0 < y < 1, 1 < z < 4$

(c) Calcule **J**.

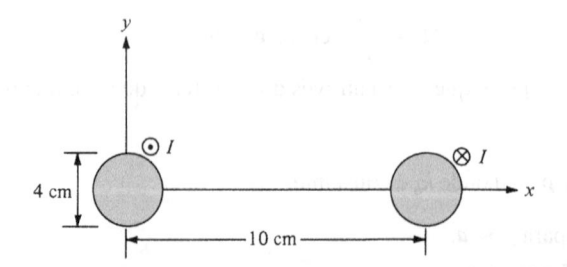

FIGURA 7.30 Linha a dois fios do Problema 7.28.

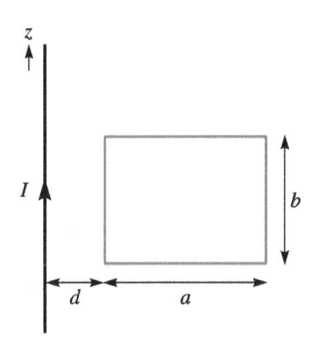

FIGURA 7.31 Referente ao Problema 7.29.

7.32 Demonstre que o potencial magnético vetorial em um ponto $P(x, y, z)$, devido a uma linha finita de corrente ao longo de $\mathbf{a}_z$ tal que $-\ell \leq z \leq \ell$, é dado por

$$\mathbf{A} = \frac{\mu_o I \ell}{2\pi [x^2 + y^2 + z^2]^{1/2}} \mathbf{a}_z$$

Encontre **B** a partir de **A**.

*7.33 Um anel de latão com seção reta triangular circunda um condutor retilíneo muito longo, concêntrico ao anel, como na Figura 7.32. Se o fio é percorrido por uma corrente I, demonstre que o número total de linhas de fluxo magnético no anel é:

$$\Psi = \frac{\mu_o I h}{2\pi b} \left[b - a \ln \frac{a+b}{b} \right]$$

Calcule Ψ se $a = 30$ cm, $b = 10$ cm, $h = 5$ cm e $I = 10$ A.

*7.34 Obtenha o potencial magnético vetorial na região em torno de uma corrente I ao longo de $\mathbf{a}_z$, filamentar, retilínea e infinitamente longa.

7.35 Considere os seguintes campos arbitrários. Determine qual deles pode representar um campo eletrostático ou um campo magnetostático no espaço livre.

(a) $\mathbf{A} = y \cos ax \mathbf{a}_x + (y + e^{-x}) \mathbf{a}_z$

(b) $\mathbf{B} = \dfrac{20}{\rho} \mathbf{a}_\rho$

(c) $\mathbf{C} = r^2 \operatorname{sen} \theta\, \mathbf{a}_\phi$

7.36 Um condutor infinitamente longo, de raio a, está colocado de tal modo que seu eixo está ao longo do eixo z. O potencial magnético vetorial, devido à corrente contínua I_0, que flui ao longo de $\mathbf{a}_z$ no interior do condutor, é dado por

$$\mathbf{A} = \frac{-I_o}{4\pi a^2} \mu_o (x^2 + y^2) \mathbf{a}_z \text{ Wb/m}$$

Determine o **H** correspondente. Confirme seu resultado utilizando a lei de Ampère.

7.37 Refaça o Problema 7.36 para os seguintes campos:

(a) $\mathbf{D} = y^2 z \mathbf{a}_x + 2(x+1) yz \mathbf{a}_y - (x+1) z^2 \mathbf{a}_z$

(b) $\mathbf{E} = \dfrac{(z+1)}{\rho} \cos \phi\, \mathbf{a}_\rho + \dfrac{\operatorname{sen} \phi}{\rho} \mathbf{a}_z$

(c) $\mathbf{F} = \dfrac{1}{r^2} (2 \cos \theta\, \mathbf{a}_r + \operatorname{sen} \theta\, \mathbf{a}_\theta)$

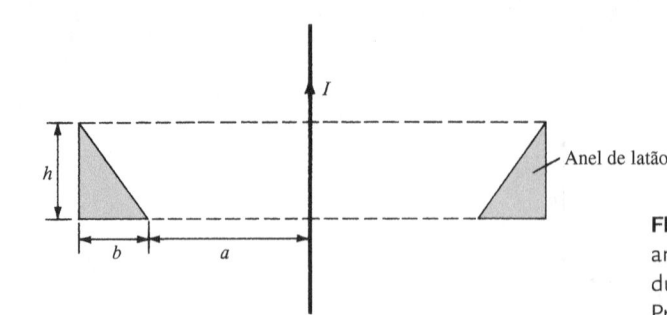

FIGURA 7.32 Seção tranversal de um anel de latão em torno de um fio condutor retilíneo muito longo, referente ao Problema 7.33.

7.38 Determine o vetor densidade de fluxo magnético **B** de cada um dos seguintes potenciais magnéticos vetoriais:

(a) $\mathbf{A} = e^{-x}\,\text{sen}\,y\,\mathbf{a}_x + (1+\cos y)\mathbf{a}_y$

(b) $\mathbf{A} = \dfrac{4\rho}{\rho^2+1}\,\mathbf{a}_z$

(c) $\mathbf{A} = \dfrac{\cos\theta}{r^2}\,\mathbf{a}_r + \dfrac{\text{sen}\,\theta}{r}\,\mathbf{a}_\theta$

7.39 Um fio infinitamente longo posicionado no eixo z é percorrido por uma corrente de 20 A ao longo de $\mathbf{a}_z$

(a) Se $V_m = 0$ em 2, 0°, 5, determine V_m em $(6, \pi/4, 0)$

(b) Se $V_m = 1$ A em $(0, 7, 10)$, determine V_m em $(-3, 4, 0)$

7.40 Um condutor infinitamente longo de raio a é percorrido por uma corrente uniforme com $\mathbf{J} = J_o\mathbf{a}_z$. Demonstre que o potencial magnético vetorial para $\rho < a$ é:

$$\mathbf{A} = -\frac{1}{4}\mu_o J_o \rho^2 \mathbf{a}_z$$

7.41 A lâmina de corrente $y = 0$ tem uma densidade uniforme de corrente $\mathbf{K} = k_o\,\mathbf{a}_x$ A/m. Determine o potencial vetorial.

7.42 Em uma região condutora, o vetor intensidade de campo magnético é:

$$\mathbf{H} = xy^2\mathbf{a}_x + x^2z\mathbf{a}_y - y^2z\mathbf{a}_z \text{ A/m}$$

(a) Calcule a densidade de corrente no ponto $P(2, -1, 3)$

(b) Qual o valor de $\dfrac{\partial \rho_v}{\partial t}$ em P?

*7.43 Demonstre, em coordenadas cartesianas, as seguintes igualdades:

(a) $\nabla \times (\Psi\mathbf{F}) = \Psi\nabla \times \mathbf{F} + (\nabla\Psi) \times \mathbf{F}$

(b) $\nabla \times (\nabla \times \mathbf{A}) = \nabla(\nabla \cdot \mathbf{A}) - \nabla^2\mathbf{A}$

7.44 Prove que o potencial magnético escalar em $(0, 0, z)$ devido a uma espira circular de raio a mostrada na Figura 7.8(a) é:

$$V_m = \frac{I}{2}\left[1 - \frac{z}{[z^2+a^2]^{1/2}}\right]$$

7.45 O plano $z = -2$ é percorrido por uma corrente de 50 $\mathbf{a}_y$ A/m. Se $V_m = 0$ na origem, determine V_m em:

(a) $(-2, 0, 5)$

(b) $(10, 3, 1)$

7.46 Se $\mathbf{R} = \mathbf{r} - \mathbf{r}'$ e $R = |\mathbf{R}|$, demonstre que

$$\nabla \frac{1}{R} = -\nabla' \frac{1}{R} = -\frac{\mathbf{R}}{R^3}$$

onde ∇ e ∇' são os operadores del em relação a (x, y, z) e (x', y', z'), respectivamente.

IMAGENS POR RESSONÂNCIA MAGNÉTICA

A produção de imagens por ressonância magnética (RM), uma técnica muito eficaz para realizar sondagens no corpo humano, foi introduzida na prática clínica no início dos anos 1980. Em menos de 10 anos, tornou-se a principal ferramenta de diagnóstico em várias áreas da medicina, como neurologia e ortopedia. Avanços tecnológicos nas áreas de RM e computação têm levado a um crescimento contínuo na capacidade de análises clínicas com o uso dessa tecnologia. Nenhuma outra técnica tem se mostrado tão particularmente flexível e dinâmica quanto essa.

Como se obtém imagens por ressonância magnética (RM)? Quando imersos em um campo magnetostático, certos núcleos atômicos assumem um de dois estados possíveis: um estado de mais alto nível de energia e outro de mais baixo nível de energia. A diferença de energia entre os dois estados é linearmente proporcional à intensidade do campo magnético aplicado (isso é denominado efeito Zeeman). Assim, os sinais de RM recebidos por uma sonda podem ser analisados para estudar as propriedades dos núcleos atômicos e de seu entorno. A produção de imagens por RM advém da aplicação da ressonância magnética nuclear (RMN) à radiologia. Diferentemente de outras técnicas de produção de imagens, como a tomografia computadorizada por raios X, a RM não requer a exposição do paciente a uma radiação ionizante e, portanto, é considerada segura. Além disso, a RM provê mais informação do que outras técnicas de produção de imagens, porque os sinais de RM são sensíveis a muitos parâmetros dos tecidos vivos.

Uma máquina de RM consiste em um ímã permanente e um cubo gigante de 2 metros de altura por 2 metros de largura e 3 metros de comprimento, embora os novos modelos estejam cada vez menores. Há um tubo horizontal dentro do ímã permanente que o atravessa de ponta a ponta. Os ímãs permanentes utilizados hoje nas máquinas de RM operam com campos de 0,5T a 2T (não há qualquer evidência científica de que campos nessa faixa de intensidade produzam efeitos danosos ao ser humano). O paciente, deitado sobre uma mesa especial, desliza dentro do tubo. Uma vez que a parte do corpo a ser escaneada esteja exatamente no centro do campo magnético, o processo de escaneamento pode ser iniciado.

Ao longo do tempo, a RM evoluiu de uma simples curiosidade a uma técnica de exame para uma grande variedade de doenças em várias regiões do corpo humano. A RM é louvada como uma técnica que representa uma quebra de paradigmas em diagnóstico médico. Estima-se que em torno de 60 milhões de exames de RM sejam realizados anualmente, com o objetivo de visualizar as estruturas internas do corpo dos pacientes e diagnosticar um grande número de situações, incluindo tumores, danos provocados por derrames, doenças cardíacas e neurológicas e problemas de coluna vertebral.

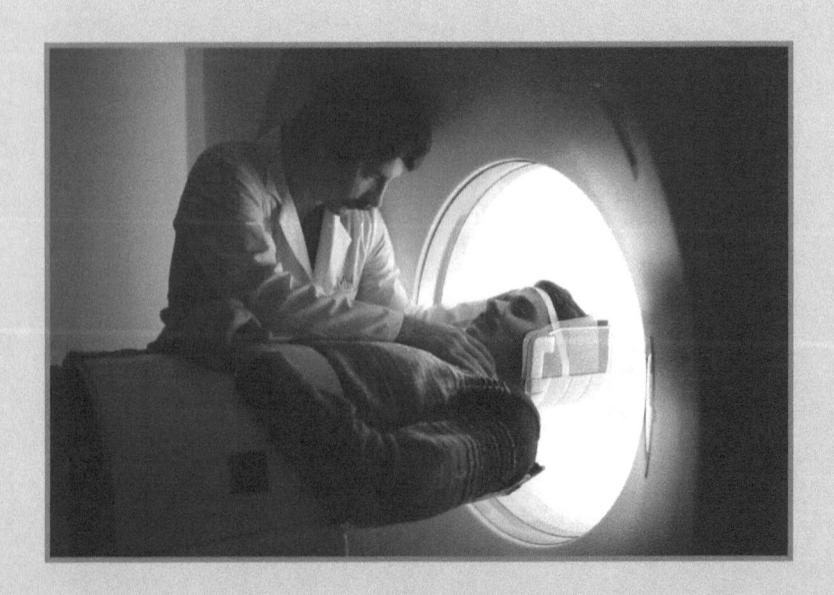

CAPÍTULO 8

FORÇAS, MATERIAIS E DISPOSITIVOS MAGNÉTICOS

"Grandes mentes falam sobre ideias, mentes médias falam sobre coisas e mentes pequenas falam sobre pessoas."

— AUTOR DESCONHECIDO

8.1 INTRODUÇÃO

Tendo considerado as leis e as técnicas básicas comumente utilizadas no cálculo do campo magnético **B** devido a vários arranjos de corrente, estamos preparados para estudar a força que um campo magnético exerce sobre partículas carregadas, elementos de corrente, e espiras de corrente. Esse estudo é importante para resolver problemas sobre dispositivos elétricos, como amperímetros, voltímetros, galvanômetros, cíclotrons, motores, geradores magneto-hidrodinâmicos e problemas que envolvem meios ionizados (plasmas). A definição precisa de campo magnético, propositalmente "deixada de lado" no capítulo anterior, será dada agora. Os conceitos de momento magnético e de dipolo magnético também serão explicados.

Além disso, consideraremos campos magnéticos em meios materiais, em oposição aos campos magnéticos no espaço livre examinados no capítulo anterior. Os resultados do Capítulo 7 necessitam somente algumas modificações para explicar a influência de materiais em um campo magnético. Discussões adicionais irão abordar os seguintes assuntos: indutores, indutâncias, energia magnética e circuitos magnéticos.

8.2 FORÇAS DEVIDO AOS CAMPOS MAGNÉTICOS

Há pelo menos três maneiras de a força provocada por campos magnéticos se manifestar. A força pode ser devido: (a) ao movimento de partículas carregadas em um campo magnético **B**; (b) à presença de um elemento de corrente em um campo externo **B**; (c) à interação entre dois elementos de corrente.

A. Força sobre partícula carregada

De acordo com nossa discussão no Capítulo 4, a força elétrica $\mathbf{F}_e$ sobre uma carga Q (estacionária ou em movimento) em um campo elétrico, é dada pela lei experimental de Coulomb, e está relacionada à intensidade do campo elétrico **E**, de acordo com

$$\mathbf{F}_e = Q\mathbf{E} \tag{8.1}$$

Esta relação mostra que se Q é positivo, $\mathbf{F}_e$ e **E** têm a mesma orientação.

Um campo magnético pode exercer força somente sobre uma carga em movimento. Da experiência, verifica-se que a força magnética $\mathbf{F}_m$ experimentada por uma carga Q em movimento, com velocidade **u** em um campo magnético **B**, é:

$$\mathbf{F}_m = Q\mathbf{u} \times \mathbf{B} \tag{8.2}$$

O que mostra, claramente, que F_m é perpendicular tanto a **u** quanto a **B**.

A partir das equações (8.1) e (8.2), pode ser feita uma comparação entre a força elétrica F_e e a força magnética F_m. Observa-se que F_e é independente da velocidade da carga, e pode realizar trabalho sobre a carga e mudar sua energia cinética. Diferentemente de F_e, F_m depende da velocidade da carga e é normal à ela. Entretanto, F_m não pode realizar trabalho porque é perpendicular à direção do movimento da carga ($F_m \cdot d\mathbf{l} = 0$). Essa força não causa aumento na energia cinética da carga. A magnitude de F_m é geralmente pequena se comparada à de F_e, exceto quando as velocidades envolvidas são altas.

Para uma carga Q em movimento, na presença de um campo elétrico e de um campo magnético, simultaneamente, a força total sobre a carga é dada por:

$$\mathbf{F} = \mathbf{F}_e + \mathbf{F}_m$$

ou

$$\boxed{\mathbf{F} = Q(\mathbf{E} + \mathbf{u} \times \mathbf{B})} \tag{8.3}$$

Esta equação é conhecida como a *equação de força de Lorentz*[1]. Ela relaciona a força mecânica à força elétrica. Se a massa da partícula carregada em movimento, na presença dos campos **E** e **B**, é m, pela segunda lei do movimento de Newton,

$$\mathbf{F} = m\frac{d\mathbf{u}}{dt} = Q(\mathbf{E} + \mathbf{u} \times \mathbf{B}) \tag{8.4}$$

A solução dessa equação é importante para determinar o movimento de partículas carregadas na presença dos campos **E** e **B**. Devemos ter em mente que, considerando esses campos, apenas o campo elétrico pode transferir energia. Um resumo sobre a força exercida sobre uma partícula carregada é dado na Tabela 8.1.

Já que a equação (8.2) é parecida com a equação (8.1), que define o campo elétrico, alguns autores e professores preferem começar a discussão sobre a magnetostática a partir da equação (8.2), da mesma forma como as discussões na eletrostática usualmente se iniciam pela lei da força de Coulomb.

B. Força sobre um elemento de corrente

Para determinar a força sobre um elemento de corrente $I\,d\mathbf{l}$, de uma corrente elétrica que percorre um condutor, devido a um campo magnético **B**, modificamos a equação (8.2) a partir do fato de que para a corrente de convecção [veja equação (5.7)]:

$$\mathbf{J} = \rho_v \mathbf{u} \tag{8.5}$$

Da equação (7.5), retomamos a relação entre elementos de corrente:

$$I\,d\mathbf{l} = \mathbf{K}\,dS = \mathbf{J}\,dv \tag{8.6}$$

Combinando as equações (8.5) e (8.6), obtém-se

$$I\,d\mathbf{l} = \rho_v \mathbf{u}\,dv = dQ\,\mathbf{u}$$

Alternativamente, $I\,d\mathbf{l} = \dfrac{dQ}{dt}\,d\mathbf{l} = dQ\,\dfrac{d\mathbf{l}}{dt} = dQ\,\mathbf{u}$

Por conseguinte,

$$\boxed{I\,d\mathbf{l} = dQ\,\mathbf{u}} \tag{8.7}$$

Isso mostra que uma carga elementar dQ, se movimentando com uma velocidade **u**, (consequentemente, originando um elemento de corrente de convecção $dQ\,\mathbf{u}$) é equivalente a um elemento de

---

[1] Hendrik Lorentz (1853–1928) foi quem primeiro aplicou a equação para movimento em um campo elétrico.

TABELA 8.1 Força sobre uma partícula carregada

Estado da partícula	Campo E	Campo B	Campos E e B combinados
Estática	Q**E**	—	Q**E**
Em movimento	Q**E**	Q**u** × **B**	Q(**E** + **u** × **B**)

corrente de condução $I\,d\mathbf{l}$. Dessa forma, a força sobre o elemento de corrente $I\,d\mathbf{l}$, em um campo magnético **B**, é obtida da equação (8.2) simplesmente pela substituição de $Q\mathbf{u}$ por $I\,d\mathbf{l}$, isto é,

$$d\mathbf{F} = I\,d\mathbf{l} \times \mathbf{B} \tag{8.8}$$

Se a corrente I percorre um caminho fechado L ou um circuito, a força sobre o circuito é dada por:

$$\boxed{\mathbf{F} = \oint_L I\,d\mathbf{l} \times \mathbf{B}} \tag{8.9}$$

Ao utilizar a equação (8.8) ou a (8.9), devemos ter em mente que o campo magnético produzido pelo elemento de corrente $I\,d\mathbf{l}$ não exerce força sobre ele mesmo, da mesma forma que uma carga pontual não exerce força sobre si. O campo **B** que exerce força sobre $I\,d\mathbf{l}$ deve ser gerado por um outro elemento. Em outras palavras, o campo **B** na equação (8.8) ou (8.9) é externo ao elemento de corrente $I\,d\mathbf{l}$. Se, ao invés do elemento de corrente em uma linha $I\,d\mathbf{l}$, tivermos elementos de corrente em uma superfície $\mathbf{K}\,dS$ ou um elemento de corrente em um volume $\mathbf{J}\,dv$, simplesmente fazemos uso da equação (8.6), tal que a equação (8.8) torna-se

$$d\mathbf{F} = \mathbf{K}\,dS \times \mathbf{B} \quad \text{ou} \quad d\mathbf{F} = \mathbf{J}\,dv \times \mathbf{B} \tag{8.8'}$$

enquanto a equação (8.9) torna-se:

$$\mathbf{F} = \int_S \mathbf{K}\,dS \times \mathbf{B} \quad \text{ou} \quad \mathbf{F} = \int_v \mathbf{J}\,dv \times \mathbf{B} \tag{8.9'}$$

Da equação (8.8):

> O **campo magnético B** é definido como a força por unidade de elemento de corrente.

Alternativamente, **B** pode ser definido da equação (8.2) como o vetor que satisfaz $\mathbf{F}_m/q = \mathbf{u} \times \mathbf{B}$, da mesma forma que definimos o campo elétrico **E** como a força por unidade de carga, $\mathbf{F}_e/q$. Ambas as definições demonstram que **B** descreve as propriedades de força de um campo magnético.

C. Força entre dois elementos de corrente

Consideremos agora a força entre dois elementos de corrente $I_1\,d\mathbf{l}_1$ e $I_2\,d\mathbf{l}_2$. De acordo com a lei de Biot–Savart, ambos os elementos de corrente geram campos magnéticos. Assim, podemos determinar a força $d(d\mathbf{F}_1)$ sobre o elemento $I_1\,d\mathbf{l}_1$ devido ao campo $d\mathbf{B}_2$, gerado pelo elemento de corrente $I_2\,d\mathbf{l}_2$, como mostrado na Figura 8.1. A partir da equação (8.8):

$$d(d\mathbf{F}_1) = I_1\,d\mathbf{l}_1 \times d\mathbf{B}_2 \tag{8.10}$$

Contudo, a partir da lei de Biot–Savart:

$$d\mathbf{B}_2 = \frac{\mu_0 I_2\,d\mathbf{l}_2 \times \mathbf{a}_{R_{21}}}{4\pi R_{21}^2} \tag{8.11}$$

Assim,

$$d(d\mathbf{F}_1) = \frac{\mu_0 I_1\,d\mathbf{l}_1 \times (I_2\,d\mathbf{l}_2 \times \mathbf{a}_{R_{21}})}{4\pi R_{21}^2} \tag{8.12}$$

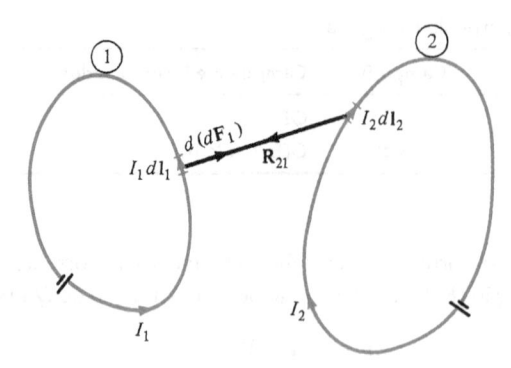

FIGURA 8.1 Força entre duas espiras de corrente.

Essa equação é, essencialmente, a lei da força entre dois elementos de corrente e é análoga à lei de Coulomb, que expressa a força entre duas cargas estáticas. Da equação (8.12), obtemos a força total $\mathbf{F}_1$ sobre a espira de corrente 1 devido à espira de corrente 2, mostrada na Figura 8.1, como

$$\mathbf{F}_1 = \frac{\mu_o I_1 I_2}{4\pi} \oint_{L_1} \oint_{L_2} \frac{d\mathbf{l}_1 \times (d\mathbf{l}_2 \times \mathbf{a}_{R_{21}})}{R_{21}^2} \tag{8.13}$$

Embora a equação pareça complicada, devemos lembrar que ela é baseada na equação (8.10), isto é, é a equação (8.9), ou a equação (8.10), que é de fundamental importância.

A força $\mathbf{F}_2$ sobre a espira 2, devido ao campo magnético $\mathbf{B}_1$ da espira 1, é obtida a partir da equação (8.13) pelo intercâmbio dos índices subscritos 1 e 2. Pode-se demonstrar que $\mathbf{F}_2 = -\mathbf{F}_1$. Dessa forma, $\mathbf{F}_1$ e $\mathbf{F}_2$ obedecem à terceira lei de Newton, para a qual ação e reação são iguais e opostas. É válido mencionar que a equação (8.13) foi experimentalmente estabelecida por Oersted e por Ampère. Na verdade, Biot e Savart (colegas de Ampère) usaram essa experiência como base para sua lei.

EXEMPLO 8.1

Uma partícula carregada, de massa 2 kg e carga 3 C, parte do ponto (1, –2, 0) com velocidade $4\mathbf{a}_x + 3\mathbf{a}_z$ m/s em um campo elétrico $12\mathbf{a}_x + 10\mathbf{a}_y$ V/m. Em $t = 1$ s, determine:
(a) a aceleração da partícula
(b) sua velocidade
(c) sua energia cinética
(d) sua posição

Solução:

(a) Esse é um problema de valor inicial porque são dados valores iniciais. De acordo com a segunda lei do movimento de Newton,

$$\mathbf{F} = m\mathbf{a} = Q\mathbf{E}$$

onde $\mathbf{a}$ é a aceleração da partícula. Assim,

$$\mathbf{a} = \frac{Q\mathbf{E}}{m} = \frac{3}{2}(12\mathbf{a}_x + 10\mathbf{a}_y) = 18\mathbf{a}_x + 15\mathbf{a}_y \text{ m/s}^2$$

$$\mathbf{a} = \frac{d\mathbf{u}}{dt} = \frac{d}{dt}(u_x, u_y, u_z) = 18\mathbf{a}_x + 15\mathbf{a}_y$$

(b) Equacionando as componentes e, então integrando, tem-se:

$$\frac{du_x}{dt} = 18 \rightarrow u_x = 18t + A \tag{8.1.1}$$

$$\frac{du_y}{dt} = 15 \rightarrow u_y = 15t + B \tag{8.1.2}$$

$$\frac{du_z}{dt} = 0 \to u_z = C \tag{8.1.3}$$

onde A, B e C são constantes de integração. Porém, em $t = 0$, $\mathbf{u} = 4\mathbf{a}_x + 3\mathbf{a}_z$. Donde:

$$u_x(t=0) = 4 \to 4 = 0 + A \text{ ou } A = 4$$
$$u_y(t=0) = 0 \to 0 = 0 + B \text{ ou } B = 0$$
$$u_z(t=0) = 3 \to 3 = C$$

Substituindo os valores de A, B e C nas equações (8.1.1) a (8.1.3) resulta em:

$$\mathbf{u}(t) = (u_x, u_y, u_z) = (18t + 4, 15t, 3)$$

Dessa forma

$$\mathbf{u}(t=1\text{ s}) = 22\mathbf{a}_x + 15\mathbf{a}_y + 3\mathbf{a}_z \text{ m/s}$$

(c) A energia cinética (EC) $= \frac{1}{2}m|\mathbf{u}|^2 = \frac{1}{2}(2)(22^2 + 15^2 + 3^2)$
$= 718$ J

(d) $\mathbf{u} = \dfrac{d\mathbf{l}}{dt} = \dfrac{d}{dt}(x, y, z) = (18t + 4, 15t, 3)$

Equacionando as componentes, obtém-se

$$\frac{dx}{dt} = u_x = 18t + 4 \to x = 9t^2 + 4t + A_1 \tag{8.1.4}$$

$$\frac{dy}{dt} = u_y = 15t \to y = 7{,}5t^2 + B_1 \tag{8.1.5}$$

$$\frac{dz}{dt} = u_z = 3 \to z = 3t + C_1 \tag{8.1.6}$$

Em $t = 0$, $(x, y, z) = (1, -2, 0)$. Assim,

$$x(t=0) = 1 \to 1 = 0 + A_1 \text{ ou } A_1 = 1$$
$$y(t=0) = -2 \to -2 = 0 + B_1 \text{ ou } B_1 = -2$$
$$z(t=0) = 0 \to 0 = 0 + C_1 \text{ ou } C_1 = 1$$

Substituindo os valores de A_1, B_1 e C_1 nas equações (8.1.4) a (8.1.6), obtemos:

$$(x, y, z) = (9t^2 + 4t + 1, 7{,}5t^2 - 2, 3t) \tag{8.1.7}$$

Dessa forma, em $t = 1$, $(x, y, z) = (14, 5{,}5, 3)$.

Ao eliminar t na equação (8.1.7), o movimento da partícula pode ser descrito em termos de x, y e z.

EXERCÍCIO PRÁTICO 8.1

Uma partícula carregada, de massa 1 kg e carga 2 C, parte da origem com velocidade inicial zero, em uma região onde $\mathbf{E} = 3\mathbf{a}_z$ V/m. Determine:

(a) a força sobre a partícula;
(b) o tempo que a partícula leva para alcançar o ponto P (0, 0, 12 m)
(c) a velocidade e a aceleração da partícula em P
(d) a energia cinética da partícula em P

Resposta: (a) $6\mathbf{a}_z$ N; (b) 2 s: (c) $12\mathbf{a}_z$ m/s, $6\mathbf{a}_z$ m/s^2; (d) 72 J.

EXEMPLO 8.2

Uma partícula carregada, de massa 2 kg e carga 1 C, parte da origem com velocidade $3\mathbf{a}_y$ m/s e atravessa uma região com campo magnético uniforme $\mathbf{B} = 10\mathbf{a}_z$ Wb/m². Em $t = 4$ s, calcule:
(a) a velocidade e a aceleração da partícula
(b) a força magnética sobre a partícula
(c) a energia cinética (EC) da partícula e sua localização
(d) determine a trajetória da partícula eliminando t
(e) demonstre que a energia cinética (EC) da partícula permanece constante

Solução:

(a) $\mathbf{F} = m\dfrac{d\mathbf{u}}{dt} = Q\mathbf{u} \times \mathbf{B}$

$$\mathbf{a} = \frac{d\mathbf{u}}{dt} = \frac{Q}{m}\mathbf{u} \times \mathbf{B}$$

Assim

$$\frac{d}{dt}(u_x\mathbf{a}_x + u_y\mathbf{a}_y + u_z\mathbf{a}_z) = \frac{1}{2}\begin{vmatrix} \mathbf{a}_x & \mathbf{a}_y & \mathbf{a}_z \\ u_x & u_y & u_z \\ 0 & 0 & 10 \end{vmatrix} = 5(u_y\mathbf{a}_x - u_x\mathbf{a}_y)$$

Comparando ambos os lados da igualdade, componente a componente, obtemos:

$$\frac{du_x}{dt} = 5u_y \quad (8.2.1)$$

$$\frac{du_y}{dt} = -5u_x \quad (8.2.2)$$

$$\frac{du_z}{dt} = 0 \rightarrow u_z = C_o \quad (8.2.3)$$

Podemos eliminar u_x ou u_y nas equações (8.2.1) e (8.2.2) tomando a derivada segunda da primeira equação e utilizando a outra. Então,

$$\frac{d^2u_x}{dt^2} = 5\frac{du_y}{dt} = -25u_x$$

ou

$$\frac{d^2u_x}{dt^2} + 25u_x = 0$$

que é uma equação diferencial linear com solução (veja o Caso 3 do Exemplo 6.5):

$$u_x = C_1 \cos 5t + C_2 \operatorname{sen} 5t \quad (8.2.4)$$

Das equações (8.2.1) e (8.2.4),

$$5u_y = \frac{du_x}{dt} = -5C_1 \operatorname{sen} 5t + 5C_2 \cos 5t \quad (8.2.5)$$

ou

$$u_y = -C_1 \operatorname{sen} 5t + C_2 \cos 5t$$

Determinamos agora as constantes C_o, C_1 e C_2 utilizando as condições iniciais. Em $t = 0$, $\mathbf{u} = 3\mathbf{a}_y$. Portanto:

$$u_x = 0 \rightarrow 0 = C_1 \cdot 1 + C_2 \cdot 0 \rightarrow C_1 = 0$$

$$u_y = 3 \rightarrow 3 = -C_1 \cdot 0 + C_2 \cdot 1 \rightarrow C_2 = 3$$

$$u_z = 0 \rightarrow 0 = C_o$$

Substituindo os valores de C_o, C_1 e C_2 nas equações (8.2.3) a (8.2.5), resulta em

$$\mathbf{u} = (u_x, u_y, u_z) = (3 \operatorname{sen} 5t, 3 \cos 5t, 0) \quad (8.2.6)$$

Assim,

$$\mathbf{u}(t = 4) = (3 \operatorname{sen} 20, 3 \cos 20, 0)$$

$$= 2{,}739\mathbf{a}_x + 1{,}224\mathbf{a}_y \text{ m/s}$$

$$\mathbf{a} = \frac{d\mathbf{u}}{dt} = (15 \cos 5t, -15 \operatorname{sen} 5t, 0)$$

e

$$\mathbf{a}(t = 4) = 6{,}121\mathbf{a}_x - 13{,}694\mathbf{a}_y \text{ m/s}^2$$

(b) $\mathbf{F} = m\mathbf{a} = 12{,}2\mathbf{a}_x - 27{,}4\mathbf{a}_y \text{ N}$
ou

$$\mathbf{F} = Q\mathbf{u} \times \mathbf{B} = (1)(2{,}739\mathbf{a}_x + 1{,}224\mathbf{a}_y) \times 10\mathbf{a}_z$$

$$= 12{,}2\mathbf{a}_x - 27{,}4\mathbf{a}_y \text{ N}$$

(c) a energia cinética (EC) = $\frac{1}{2} m |\mathbf{u}|^2 = \frac{1}{2}(2)(2{,}739^2 + 1{,}224^2) = 9$ J

$$u_x = \frac{dx}{dt} = 3 \operatorname{sen} 5t \rightarrow x = -\frac{3}{5} \cos 5t + b_1 \tag{8.2.7}$$

$$u_y = \frac{dy}{dt} = 3 \cos 5t \rightarrow y = \frac{3}{5} \operatorname{sen} 5t + b_2 \tag{8.2.8}$$

$$u_z = \frac{dz}{dt} = 0 \rightarrow z = b_3 \tag{8.2.9}$$

onde b_1, b_2 e b_3 são constantes de integração. Em $t = 0$, $(x, y, z) = (0, 0, 0)$ e, portanto,

$$x(t = 0) = 0 \rightarrow 0 = -\frac{3}{5} \cdot 1 + b_1 \rightarrow b_1 = 0{,}6$$

$$y(t = 0) = 0 \rightarrow 0 = \frac{3}{5} \cdot 0 + b_2 \rightarrow b_2 = 0$$

$$z(t = 0) = 0 \rightarrow 0 = b_3$$

Substituindo os valores de b_1, b_2 e b_3 nas equações (8.2.7) a (8.2.9), obtemos

$$(x, y, z) = (0{,}6 - 0{,}6 \cos 5t, 0{,}6 \operatorname{sen} 5t, 0) \tag{8.2.10}$$

Em $t = 4$ s,

$$(x, y, z) = (0{,}3552, 0{,}5478, 0)$$

(d) Da equação (8.2.10), eliminamos t observando que

$$(x - 0{,}6)^2 + y^2 = (0{,}6)^2 (\cos^2 5t + \operatorname{sen}^2 5t), z = 0$$

ou

$$(x - 0{,}6)^2 + y^2 = (0{,}6)^2, z = 0$$

que é um círculo sobre o plano $z = 0$, centrado em (0,6, 0, 0) e com raio 0,6 m. Dessa forma, a partícula gira em uma órbita que coincide com uma linha de campo magnético.

(e) E.C. = $\frac{1}{2} m |\mathbf{u}|^2 = \frac{1}{2} (2) (9 \cos^2 5t + 9 \operatorname{sen}^2 5t) = 9$ J

que é a mesma energia cinética (EC) em $t = 0$ e $t = 4$ s. Logo, o campo magnético uniforme não tem efeito sobre a energia cinética da partícula.

Observe que a velocidade angular $\omega = QB/m$ e o raio da órbita $r = u_o/\omega$, onde u_o é a velocidade inicial. Uma interessante aplicação deste exemplo é na focalização de um feixe de elétrons. Neste caso, é empregado um campo magnético uniforme orientado paralelamente ao feixe desejado, como mostra a Figura 8.2. Cada elétron que emerge do canhão de elétrons segue uma

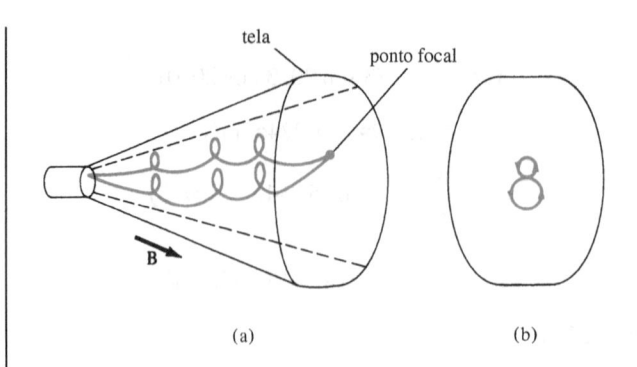

FIGURA 8.2 Focalização magnética de um feixe de elétrons: (a) trajetórias helicoidais dos elétrons; (b) vista das trajetórias, a partir do ponto final das mesmas.

trajetória helicoidal e retorna ao eixo no mesmo ponto focal, juntamente com outros elétrons. Se uma tela de um tubo de raios catódicos for colocada nesse ponto, um ponto luminoso irá aparecer na tela.

EXERCÍCIO PRÁTICO 8.2

Um próton de massa m penetra em um campo magnético uniforme $\mathbf{B} = B_o \mathbf{a}_z$ com uma velocidade inicial $\alpha \mathbf{a}_x + \beta \mathbf{a}_z$. (a) Encontre as equações diferenciais que o vetor posição $\mathbf{r} = x\mathbf{a}_x + y\mathbf{a}_y + z\mathbf{a}_z$ deve satisfazer. (b) Demonstre que a solução dessas equações é:

$$x = \frac{\alpha}{\omega} \text{sen } \omega t, \qquad y = \frac{\alpha}{\omega} \cos \omega t, \qquad z = \beta t$$

onde $\omega = eB_o/m$ e e é a carga do próton. (c) Demonstre que essa solução descreve uma hélice circular no espaço.

Resposta: (a) $\dfrac{dx}{dt} = \alpha \cos \omega t, \dfrac{dy}{dt} = -\alpha \text{ sen } \omega t, \dfrac{dz}{dt} = \beta$, (b) e (c) a demonstração.

EXEMPLO 8.3

Uma partícula carregada se move com uma velocidade uniforme $4\mathbf{a}_x$ m/s em uma região onde $\mathbf{E} = 20\,\mathbf{a}_y$ V/m e $\mathbf{B} = B_o \mathbf{a}_z$ Wb/m². Determine B_o tal que a velocidade da partícula permaneça constante.

Solução:

Se a partícula se move com uma velocidade constante, isso implica que sua aceleração é zero. Em outras palavras, a força total sobre a partícula é zero. Assim,

$$0 = \mathbf{F} = m\mathbf{a} = Q(\mathbf{E} + \mathbf{u} \times \mathbf{B})$$

$$0 = Q(20\mathbf{a}_y + 4\mathbf{a}_x \times B_o \mathbf{a}_z)$$

ou

$$-20\mathbf{a}_y = -4B_o \mathbf{a}_y$$

Então, $B_o = 5$.

Esse exemplo ilustra um princípio importante empregado em um filtro de velocidade, mostrado na Figura 8.3. Nessa aplicação, $\mathbf{E}$, $\mathbf{B}$ e $\mathbf{u}$ são mutuamente perpendiculares, tal que $Q\mathbf{u} \times \mathbf{B}$ é orientada em oposição a $Q\mathbf{E}$, independente do sinal da carga. Quando as magnitudes dos dois vetores são iguais,

$$QuB = QE$$

ou

$$u = \frac{E}{B}$$

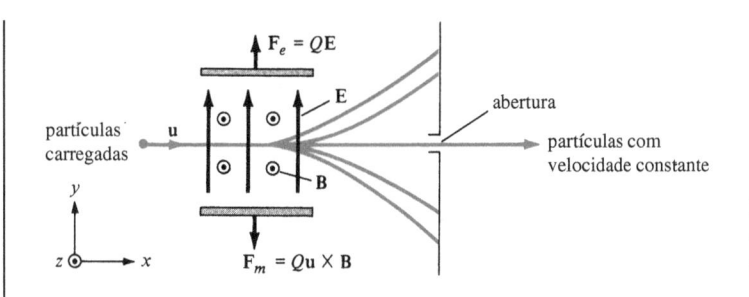

FIGURA 8.3 Um filtro de velocidade para partículas carregadas.

Esta é a velocidade crítica requerida para igualar os dois termos da equação de força de Lorentz. Partículas com esta velocidade não são defletidas pelos campos, mas são "filtradas" através da abertura. Partículas com outras velocidades são defletidas para cima ou para baixo, dependendo se suas velocidades são maiores ou menores que a velocidade crítica.

EXERCÍCIO PRÁTICO 8.3

Os campos uniformes **E** e **B** estão orientados em ângulos retos um em relação ao outro. Um elétron se move com uma velocidade 8×10^6 m/s perpendicularmente a ambos os campos e atravessa-os sem ser defletido.

(a) Se a magnitude de B for de 0,5 mWb/m², determine o valor de E.

(b) Esse filtro funcionará para cargas positivas e negativas e para qualquer valor de massa?

Resposta: (a) 4 kV/m; (b) sim.

EXEMPLO 8.4

Uma espira retangular, percorrida por uma corrente I_2, é colocada paralelamente a um fio infinitamente longo, percorrido por uma corrente I_1, como mostrado na Figura 8.4(a). Demonstre que a força sobre a espira é dada por

$$\mathbf{F} = -\frac{\mu_o I_1 I_2 b}{2\pi} \left[\frac{1}{\rho_o} - \frac{1}{\rho_o + a} \right] \mathbf{a}_\rho \text{ N}$$

Solução:

Seja a força sobre a espira dada por

$$\mathbf{F}_\ell = \mathbf{F}_1 + \mathbf{F}_2 + \mathbf{F}_3 + \mathbf{F}_4 = I_2 \oint d\mathbf{l}_2 \times \mathbf{B}_1$$

onde $\mathbf{F}_1$, $\mathbf{F}_2$, $\mathbf{F}_3$, e $\mathbf{F}_4$ são, respectivamente, as forças exercidas sobre os lados da espira referidos como 1, 2, 3 e 4 na Figura 8.4(b). Devido ao fio infinitamente longo:

$$\mathbf{B}_1 = \frac{\mu_o I_1}{2\pi \rho_o} \mathbf{a}_\phi$$

Assim,

$$\mathbf{F}_1 = I_2 \int d\mathbf{l}_2 \times \mathbf{B}_1 = I_2 \int_{z=0}^{b} dz\, \mathbf{a}_z \times \frac{\mu_o I_1}{2\pi \rho_o} \mathbf{a}_\phi$$

$$= -\frac{\mu_o I_1 I_2 b}{2\pi \rho_o} \mathbf{a}_\rho \quad \text{(atrativa)}$$

$\mathbf{F}_1$ é uma força atrativa porque está dirigida para o fio longo, isto é, $\mathbf{F}_1$ está orientado ao longo de $-\mathbf{a}_\rho$ pelo fato de que o lado 1 da espira e o fio longo são percorridos por correntes no mesmo sentido. De maneira similar,

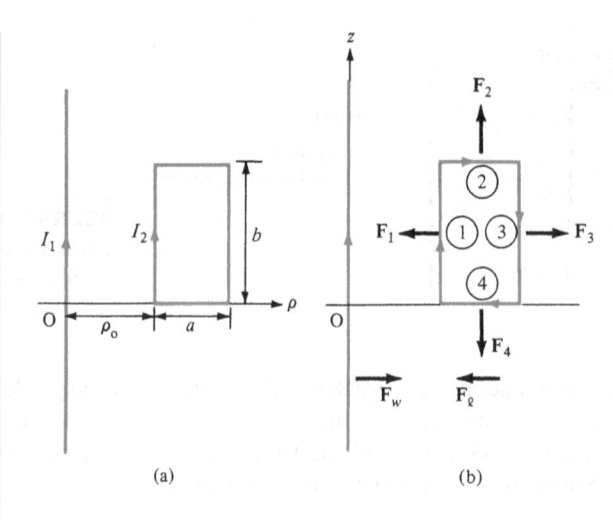

FIGURA 8.4 Referente ao Exemplo 8.4: (a) espira retangular sob a influência de um campo produzido por um fio infinitamente longo; (b) forças que atuam sobre a espira e o fio.

$$\mathbf{F}_3 = I_2 \int d\mathbf{l}_2 \times \mathbf{B}_1 = I_2 \int_{z=b}^{0} dz\, \mathbf{a}_z \times \frac{\mu_o I_1}{2\pi(\rho_o + a)} \mathbf{a}_\phi$$

$$= \frac{\mu_o I_1 I_2 b}{2\pi(\rho_o + a)} \mathbf{a}_\rho \quad \text{(repulsiva)}$$

$$\mathbf{F}_2 = I_2 \int_{\rho=\rho_o}^{\rho_o+a} d\rho\, \mathbf{a}_\rho \times \frac{\mu_o I_1 \mathbf{a}_\phi}{2\pi\rho}$$

$$= \frac{\mu_o I_1 I_2}{2\pi} \ln \frac{\rho_o + a}{\rho_o} \mathbf{a}_z \quad \text{(paralela)}$$

$$\mathbf{F}_4 = I_2 \int_{\rho=\rho_o+a}^{\rho_o} d\rho\, \mathbf{a}_\rho \times \frac{\mu_o I_1 \mathbf{a}_\phi}{2\pi\rho}$$

$$= -\frac{\mu_o I_1 I_2}{2\pi} \ln \frac{\rho_o + a}{\rho_o} \mathbf{a}_z \quad \text{(paralela)}$$

A força total $\mathbf{F}_\ell$ sobre a espira é a soma de $\mathbf{F}_1$, $\mathbf{F}_2$, $\mathbf{F}_3$ e $\mathbf{F}_4$, isto é:

$$\mathbf{F}_\ell = \frac{\mu_o I_1 I_2 b}{2\pi} \left[\frac{1}{\rho_o} - \frac{1}{\rho_o + a} \right] (-\mathbf{a}_\rho)$$

que é uma força atrativa e tenta mover a espira em direção ao fio. A força $\mathbf{F}_w$ sobre o fio, pela terceira lei de Newton, é igual a $-\mathbf{F}_\ell$. Veja a Figura 8.4(b).

EXERCÍCIO PRÁTICO 8.4

No Exemplo 8.4, determine a força sobre o fio infinitamente longo, se $I_1 = 10\,\text{A}$, $I_2 = 5\,\text{A}$, $\rho_0 = 20\,\text{cm}$, $a = 10\,\text{cm}$, $b = 30\,\text{cm}$.

Resposta: $5\mathbf{a}_\rho\,\mu\text{N}$.

8.3 TORQUE E MOMENTO MAGNÉTICOS

Tendo considerado a força sobre uma espira de corrente em um campo magnético, podemos determinar o torque sobre ela. O conceito de torque sobre uma espira de corrente quando sob ação de um campo magnético é de fundamental importância para entender o comportamento de partículas carregadas em órbita, de motores de corrente contínua, e de geradores. Se a espira for colocada paralelamente a um campo magnético, ela sofre uma força que tende a girá-la.

> O **torque T** (ou momento mecânico de força) sobre a espira é o produto vetorial entre a força **F** e o braço de alavanca **r**.

Isto é:

$$\mathbf{T} = \mathbf{r} \times \mathbf{F} \tag{8.14}$$

e sua unidade é Newtons-metro (N · m).

Apliquemos esta relação a uma espira retangular, de comprimento ℓ e largura w, colocada em um campo magnético uniforme **B**, como mostrado na Figura 8.5(a). A partir desta figura, observamos que $d\mathbf{l}$ é paralelo a **B** ao longo dos lados AB e CD da espira, e que nenhuma força é exercida sobre estes lados. Então:

$$\mathbf{F} = I \int_B^C d\mathbf{l} \times \mathbf{B} + I \int_D^A d\mathbf{l} \times \mathbf{B}$$

$$= I \int_0^\ell dz\, \mathbf{a}_z \times \mathbf{B} + I \int_\ell^0 dz\, \mathbf{a}_z \times \mathbf{B}$$

ou

$$\mathbf{F} = \mathbf{F}_o - \mathbf{F}_o = 0 \tag{8.15}$$

onde $|\mathbf{F}_o| = IB\ell$ porque **B** é uniforme. Então, nenhuma força é exercida sobre a espira como um todo. Entretanto, $\mathbf{F}_o$ e $-\mathbf{F}_o$ agem em diferentes pontos sobre a espira e, com isso, geram um conjugado. Se a normal ao plano da espira faz um ângulo α com **B**, como mostrado na vista em seção reta transversal da Figura 8.5(b), o torque sobre a espira é

$$|\mathbf{T}| = |\mathbf{F}_o|\, w\, \text{sen}\, \alpha$$

ou

$$T = BI\ell w\, \text{sen}\, \alpha \tag{8.16}$$

Contudo, $\ell w = S$, a área da espira. Portanto:

$$T = BIS\, \text{sen}\, \alpha \tag{8.17}$$

Definimos

$$\boxed{\mathbf{m} = IS\mathbf{a}_n} \tag{8.18}$$

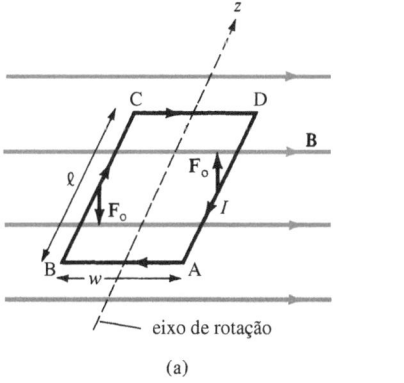

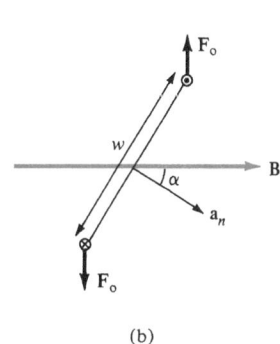

FIGURA 8.5 (a) Espira retangular plana em um campo magnético uniforme; (b) vista em corte transversal de parte (a).

como o *momento de dipolo magnético* da espira (em A · m^2). Na equação (8.18), $\mathbf{a}_n$ é o vetor unitário normal ao plano da espira e sua orientação é determinada pela regra da mão direita – dedos apontando no sentido da corrente e o polegar ao longo de $\mathbf{a}_n$.

> O **momento de dipolo magnético** é um vetor cujo módulo é dado pelo produto entre a corrente e a área da espira. Sua direção é perpendicular à espira.

Introduzindo a equação (8.18) na equação (8.17), obtemos:

$$\boxed{\mathbf{T} = \mathbf{m} \times \mathbf{B}} \qquad (8.19)$$

Embora essa expressão tenha sido deduzida para uma espira retangular, ela geralmente é aplicável para determinar o torque sobre uma espira plana, de qualquer formato. A única limitação é que o campo magnético deve ser uniforme. Deve-se observar que o torque é na direção do eixo de rotação (eixo z no caso da Figura 8.5a). Ele é orientado de forma a diminuir α uma vez que $\mathbf{m}$ e $\mathbf{B}$ estão alinhados. Em uma posição de equilíbrio (quando $\mathbf{m}$ e $\mathbf{B}$ têm a mesma orientação), a espira é perpendicular ao campo magnético e o torque será zero, bem como a soma de forças na espira.

8.4 DIPOLO MAGNÉTICO

Uma barra imantada, ou uma pequena espira filamentar de corrente, é usualmente referida como um *dipolo magnético*. A razão para tanto, e o que significa para nós "pequena", logo ficará evidente. Determinemos o campo magnético $\mathbf{B}$ em um ponto $P(r, \theta, \phi)$ devido a uma espira circular que é percorrida por uma corrente I, como mostrado na Figura 8.6. O potencial magnético vetorial em P é:

$$\mathbf{A} = \frac{\mu_o I}{4\pi} \oint \frac{d\mathbf{l}}{r} \qquad (8.20)$$

Pode-se demonstrar que, em campo distante $r \gg a$, tal que a espira pareça pequena para um observador no ponto P, (vide Figura 8.6), $\mathbf{A}$ tem somente a componente ϕ, e é dada por

$$\mathbf{A} = \frac{\mu_o I \pi a^2 \operatorname{sen} \theta \, \mathbf{a}_\phi}{4\pi r^2} \qquad (8.21a)$$

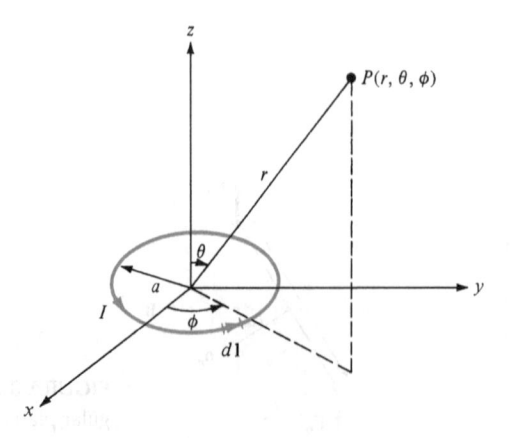

FIGURA 8.6 Campo magnético em P devido a uma espira de corrente.

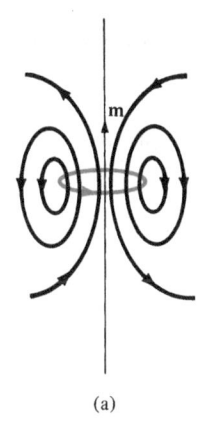

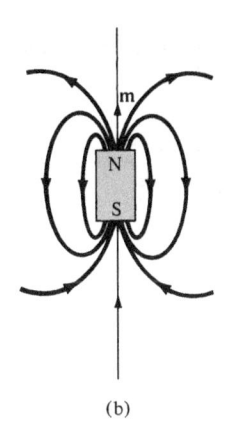

FIGURA 8.7 As linhas de **B** devido aos dipolos magnéticos: (a) uma pequena espira de corrente com **m** = I**S**; (b) uma barra imantada com **m** = $Q_m \ell$.

ou

$$\mathbf{A} = \frac{\mu_o \mathbf{m} \times \mathbf{a}_r}{4\pi r^2} \qquad (8.21b)$$

onde **m** = $I\pi a^2 \mathbf{a}_z$, o momento magnético da espira, e $\mathbf{a}_z \times \mathbf{a}_r$ = sen $\theta \, \mathbf{a}_\phi$. Determinamos a densidade de fluxo magnético **B** a partir de **B** = $\nabla \times$ A, fazendo:

$$\mathbf{B} = \frac{\mu_o m}{4\pi r^3}(2\cos\theta \, \mathbf{a}_r + \operatorname{sen}\theta \, \mathbf{a}_\theta) \qquad (8.22)$$

É interessante comparar as equações (8.21) e (8.22) com as expressões similares (4.80) e (4.82) para o potencial elétrico V e a intensidade de campo elétrico **E** devido a um dipolo elétrico. A comparação é feita na Tabela 8.2, na qual observamos a estreita semelhança entre **B**, em campo distante, como o campo devido à uma pequena espira de corrente, e **E**, em campo distante, devido a um dipolo elétrico. É, portanto, razoável considerar uma pequena espira de corrente como um dipolo magnético. As linhas de **B** devido a um dipolo magnético são similares às linhas de **E** devido a um dipolo elétrico. A Figura 8.7(a) ilustra as linhas de **B** em torno do dipolo magnético **m** = I**S**.

Uma pequeno ímã permanente, mostrado na Figura 8.7(b), pode também ser considerado como um dipolo magnético. Observe que as linhas de **B** devido ao ímã são similares àquelas devido à pequena espira de corrente na Figura 8.7(a).

Considere o ímã da Figura 8.8. Se Q_m é uma carga magnética isolada (intensidade de polo) e ℓ o seu comprimento, o ímã tem um momento de dipolo $Q_m \ell$. (Observe que Q_m existe, entretanto, não existe sem um $-Q_m$ associado. Veja tabela 8.2.) Quando ímã está imerso em um campo magnético uniforme **B**, ele experimenta um torque

$$\mathbf{T} = \mathbf{m} \times \mathbf{B} = Q_m \boldsymbol{\ell} \times \mathbf{B} \qquad (8.23)$$

onde ℓ aponta na direção sul–norte. O torque tende a alinhar o ímã com o campo magnético externo. A força que age sobre a carga magnética é dada por:

$$\mathbf{F} = Q_m \mathbf{B} \qquad (8.24)$$

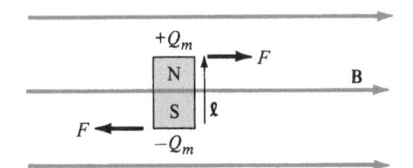

FIGURA 8.8 Ímã em um campo magnético externo.

TABELA 8.2 Comparação entre monopolos elétricos e magnéticos e entre dipolos elétricos e magnéticos

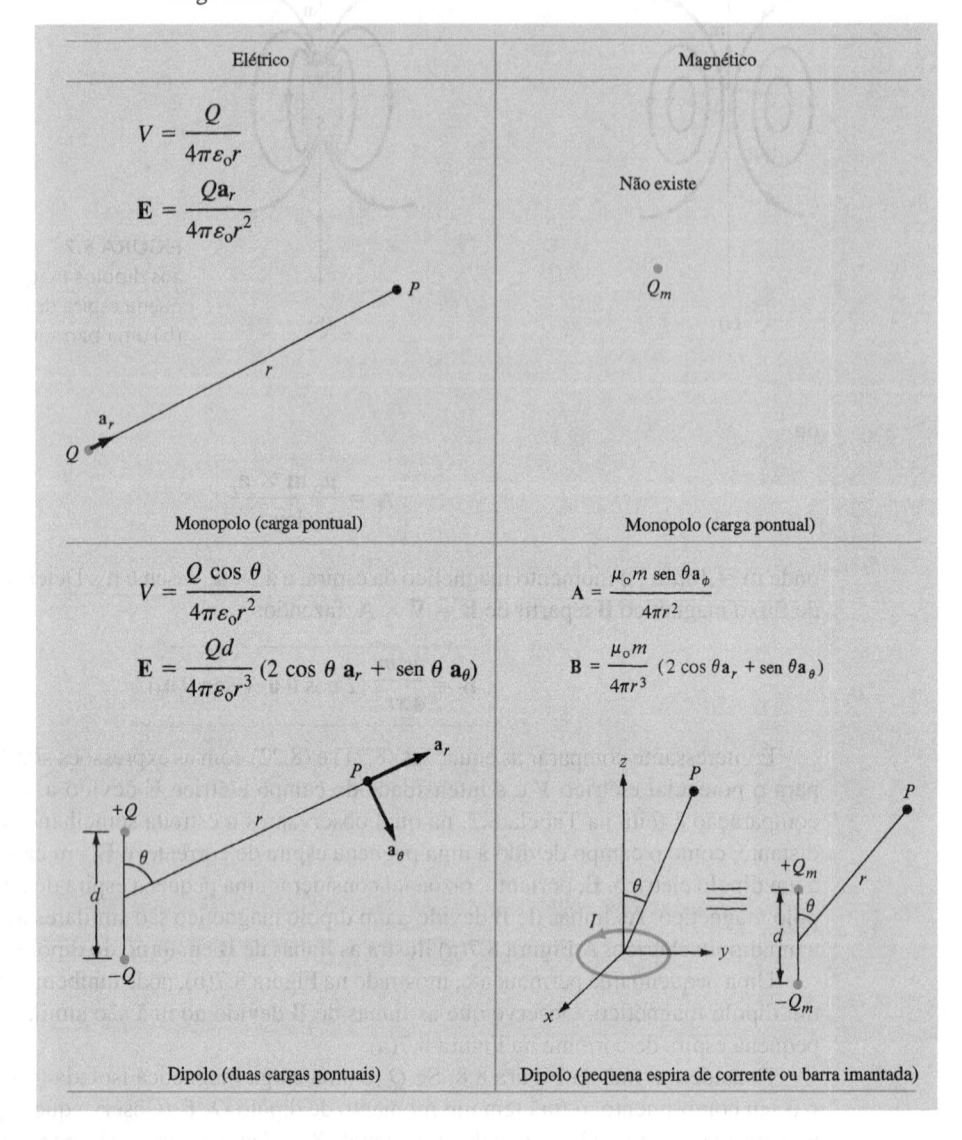

Elétrico	Magnético
$V = \dfrac{Q}{4\pi\varepsilon_0 r}$ $\mathbf{E} = \dfrac{Q\mathbf{a}_r}{4\pi\varepsilon_0 r^2}$	Não existe
Monopolo (carga pontual)	Monopolo (carga pontual)
$V = \dfrac{Q\cos\theta}{4\pi\varepsilon_0 r^2}$ $\mathbf{E} = \dfrac{Qd}{4\pi\varepsilon_0 r^3}(2\cos\theta\,\mathbf{a}_r + \mathrm{sen}\,\theta\,\mathbf{a}_\theta)$	$\mathbf{A} = \dfrac{\mu_0 m\,\mathrm{sen}\,\theta\,\mathbf{a}_\phi}{4\pi r^2}$ $\mathbf{B} = \dfrac{\mu_0 m}{4\pi r^3}(2\cos\theta\,\mathbf{a}_r + \mathrm{sen}\,\theta\,\mathbf{a}_\theta)$
Dipolo (duas cargas pontuais)	Dipolo (pequena espira de corrente ou barra imantada)

Já que tanto uma pequena espira de corrente quanto um ímã se comportam como dipolos magnéticos, eles são equivalentes se produzem o mesmo torque quando sob a ação de um dado campo magnético **B**, isto é, quando

$$T = Q_m \ell B = ISB \tag{8.25}$$

Dessa forma,

$$Q_m \ell = IS \tag{8.26}$$

demonstrando que eles devem ter o mesmo momento de dipolo.

EXEMPLO 8.5

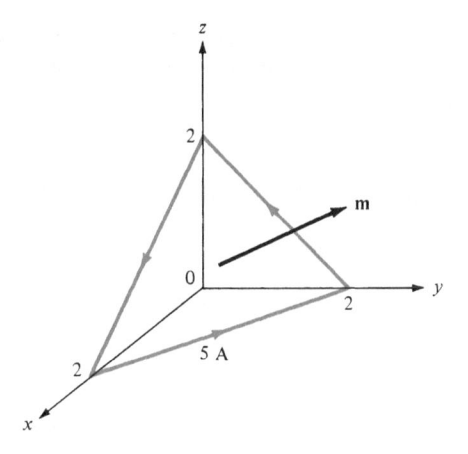

FIGURA 8.9 Espira triangular do Exemplo 8.5.

Determine o momento magnético de um circuito elétrico formado pela espira triangular da Figura 8.9.

Solução:

A equação de um plano é dada por $Ax + By + Cz + D = 0$, onde $D = -(A^2 + B^2 + C^2)$. Uma vez que os pontos $(2, 0, 0)$, $(0, 2, 0)$ e $(0, 0, 2)$ estão sobre o plano, estes pontos devem satisfazer a equação do plano e as constantes A, B, C e D podem ser determinadas. Fazendo isto, obtemos a equação $x + y + z = 2$ que define o plano sobre o qual está a espira. Portanto, podemos usar

$$\mathbf{m} = IS\mathbf{a}_n$$

onde

$$S = \text{área da espira} = \frac{1}{2} \times \text{base} \times \text{altura} = \frac{1}{2}(2\sqrt{2})(2\sqrt{2})\text{sen } 60°$$
$$= 4 \text{ sen } 60°$$

Definimos a superfície plana pela função

$$f(x, y, z) = x + y + z - 2 = 0,$$

$$\mathbf{a}_n = \pm \frac{\nabla f}{|\nabla f|} = \pm \frac{(\mathbf{a}_x + \mathbf{a}_y + \mathbf{a}_z)}{\sqrt{3}}$$

Escolhemos o sinal positivo em função da orientação da corrente na espira (usando a regra da mão direita, **m** é orientado como na Figura 8.9). Portanto,

$$\mathbf{m} = 5(4 \text{ sen } 60°)\frac{(\mathbf{a}_x + \mathbf{a}_y + \mathbf{a}_z)}{\sqrt{3}}$$
$$= 10(\mathbf{a}_x + \mathbf{a}_y + \mathbf{a}_z) \text{ A} \cdot \text{m}^2$$

EXERCÍCIO PRÁTICO 8.5

Uma bobina retangular, de área 10 cm², é percorrida por uma corrente de 50 A e está sobre o plano $2x + 6y - 3z = 7$, tal que o momento magnético da bobina está orientado para fora da origem. Calcule seu momento magnético

Resposta: $(1,429\mathbf{a}_x + 4,286\mathbf{a}_y - 2,143\mathbf{a}_z) \times 10^{-2} \text{ A} \cdot \text{m}^2$.

EXEMPLO 8.6

Uma pequena espira de corrente L_1, com momento magnético $5\mathbf{a}_z$ A·m², está localizada na origem, enquanto outra pequena espira de corrente, com momento magnético $3\mathbf{a}_y$ A·m², está localizada em $(4, -3, 10)$. Determine o torque sobre L_2.

Solução:

O torque $\mathbf{T}_2$ sobre a espira L_2 é devido ao campo $\mathbf{B}_1$ produzido pela espira L_1. Portanto,

$$\mathbf{T}_2 = \mathbf{m}_2 \times \mathbf{B}_1$$

Já que $\mathbf{m}_1$ para a espira L_1 é ao longo de $\mathbf{a}_z$, determinamos $\mathbf{B}_1$ usando a equação (8.22):

$$\mathbf{B}_1 = \frac{\mu_0 m_1}{4\pi r^3} (2\cos\theta\,\mathbf{a}_r + \sin\theta\,\mathbf{a}_\theta)$$

Utilizando a equação (2.23), transformamos $\mathbf{m}_2$ do sistema de coordenadas cartesiano para o sistema esférico:

$$\mathbf{m}_2 = 3\mathbf{a}_y = 3(\sin\theta\sin\phi\,\mathbf{a}_r + \cos\theta\sin\phi\,\mathbf{a}_\theta + \cos\phi\,\mathbf{a}_\phi)$$

Em $(4, -3, 10)$:

$$r = \sqrt{4^2 + (-3)^2 + 10^2} = 5\sqrt{5}$$

$$\operatorname{tg}\theta = \frac{\rho}{z} = \frac{5}{10} = \frac{1}{2} \rightarrow \sin\theta = \frac{1}{\sqrt{5}}, \quad \cos\theta = \frac{2}{\sqrt{5}}$$

$$\operatorname{tg}\phi = \frac{y}{x} = \frac{-3}{4} \rightarrow \sin\phi = \frac{-3}{5}, \quad \cos\phi = \frac{4}{5}$$

Assim,

$$\mathbf{B}_1 = \frac{4\pi \times 10^{-7} \times 5}{4\pi\, 625\,\sqrt{5}} \left(\frac{4}{\sqrt{5}}\mathbf{a}_r + \frac{1}{\sqrt{5}}\mathbf{a}_\theta\right)$$

$$= \frac{10^{-7}}{625}(4\mathbf{a}_r + \mathbf{a}_\theta)$$

$$\mathbf{m}_2 = 3\left[-\frac{3\mathbf{a}_r}{5\sqrt{5}} - \frac{6\mathbf{a}_\theta}{5\sqrt{5}} + \frac{4\mathbf{a}_\phi}{5}\right]$$

e

$$\mathbf{T} = \frac{10^{-7}(3)}{625(5\sqrt{5})}(-3\mathbf{a}_r - 6\mathbf{a}_\theta + 4\sqrt{5}\mathbf{a}_\phi) \times (4\mathbf{a}_r + \mathbf{a}_\phi)$$

$$= 4,293 \times 10^{-11}(-8,944\mathbf{a}_r + 35,777\mathbf{a}_\theta + 21\mathbf{a}_\phi)$$

$$= -0,384\mathbf{a}_r + 1,536\mathbf{a}_\theta + 0,9015\mathbf{a}_\phi \text{ nN·m}$$

EXERCÍCIO PRÁTICO 8.6

Se a bobina do Exercício Prático 8.5 é imersa em um campo uniforme $0,6\mathbf{a}_x + 0,4\mathbf{a}_y + 0,5\mathbf{a}_z$ Wb/m²,

(a) determine o torque sobre a bobina.

(b) demonstre que o torque sobre a bobina é máximo se ela for colocada sobre o plano $2x - 8y + 4z = \sqrt{84}$. Calcule o valor do torque máximo.

Resposta: (a) $0,03\mathbf{a}_x - 0,02\mathbf{a}_y - 0,02\mathbf{a}_z$ N·m; (b) $0,04387$ N·m.

8.5 MAGNETIZAÇÃO EM MATERIAIS

Nossa discussão aqui será semelhante àquela sobre a polarização de materiais em um campo elétrico. Assumiremos que nosso modelo atômico é o de um elétron orbitando em torno de um núcleo positivo.

Sabemos que um dado material é composto de átomos. Cada átomo pode ser considerado como constituído de elétrons orbitando em torno de um núcleo central positivo. Os elétrons também giram em torno de seus próprios eixos. Portanto, um campo magnético interno é gerado pelos elétrons que orbitam em torno do núcleo, como na Figura 8.10(a), ou pela rotação dos elétrons, como na Figura 8.10(b). Esses dois movimentos eletrônicos geram campos magnéticos internos B_i que são similares ao campo magnético produzido por uma espira de corrente da Figura 8.11. A espira de corrente equivalente tem um momento magnético $\mathbf{m} = I_b S \mathbf{a}_n$, onde S é a área da espira e I_b é a corrente no entorno do átomo.

Sem um campo externo **B** aplicado ao material, a soma dos **m**'s é zero devido à orientação randômica, como na Figura 8.12(a). Quando um campo externo **B** é aplicado, os momentos magnéticos dos elétrons tendem a se alinhar com **B**, tal que o momento magnético líquido não é zero, como ilustrado na Figura 8.12(b).

> A **magnetização M** (em ampères/metro) é o momento do dipolo magnético por unidade de volume.

Se há N átomos em um dado volume Δv e o k-ésimo átomo tem um momento de dipolo $\mathbf{m}_k$,

$$\mathbf{M} = \lim_{\Delta v \to 0} \frac{\sum_{k=1}^{N} \mathbf{m}_k}{\Delta v} \tag{8.27}$$

Um meio para o qual **M** não é zero em nenhum ponto é dito magnetizado. Para um volume diferencial dv', o momento magnético é $d\mathbf{m} = \mathbf{M}\, dv'$. Lembre que, conforme a Figura 7.19, (x, y, z) repre-

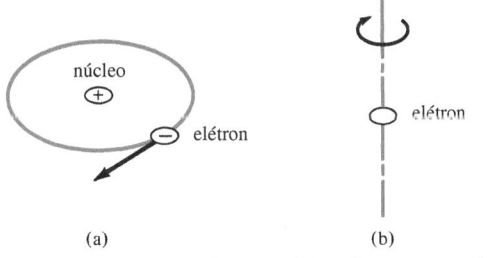

FIGURA 8.10 (a) Elétron orbitando em torno do núcleo; (b) giro do elétron em torno de seu próprio eixo (*spin*).

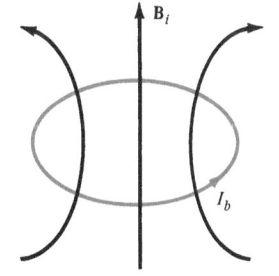

FIGURA 8.11 Espira circular de corrente equivalente ao movimento eletrônico da Figura 8.10.

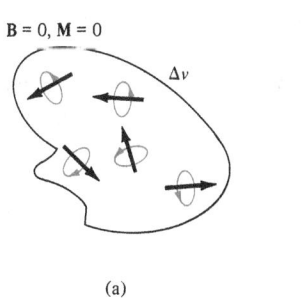

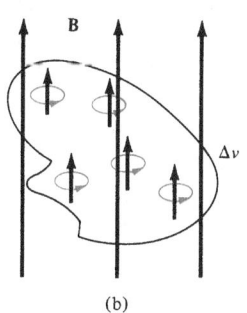

FIGURA 8.12 Momento de dipolo magnético em um volume Δv: (a) antes da aplicação de **B**; (b) após a aplicação de **B**.

sentam as coordenadas do ponto de interesse para valor do campo, enquanto as coordenadas-linha (x', y', z') representam as coordenadas do ponto-fonte. Da equação (8.21b), o potencial magnético vetorial devido a $d\mathbf{m}$ é:

$$d\mathbf{A} = \frac{\mu_o \mathbf{M} \times \mathbf{a}_R}{4\pi R^2} dv' = \frac{\mu_o \mathbf{M} \times \mathbf{R}}{4\pi R^3} dv'$$

Da equação (7.46), podemos descrever:

$$\frac{\mathbf{R}}{R^3} = \nabla' \frac{1}{R}$$

Portanto,

$$\mathbf{A} = \frac{\mu_o}{4\pi} \int \mathbf{M} \times \nabla' \frac{1}{R} dv' \qquad (8.28)$$

Utilizando a equação (7.48), obtém-se:

$$\mathbf{M} \times \nabla' \frac{1}{R} = \frac{1}{R} \nabla' \times \mathbf{M} - \nabla' \times \frac{\mathbf{M}}{R}$$

Substituindo esta relação na equação (8.28):

$$\mathbf{A} = \frac{\mu_o}{4\pi} \int_{v'} \frac{\nabla' \times \mathbf{M}}{R} dv' - \frac{\mu_o}{4\pi} \int_{v'} \nabla' \times \frac{\mathbf{M}}{R} dv'$$

Aplicando a identidade vetorial

$$\int_{v'} \nabla' \times \mathbf{F}\, dv' = -\oint_{S'} \mathbf{F} \times d\mathbf{S}$$

à segunda integral, obtemos:

$$\begin{aligned}\mathbf{A} &= \frac{\mu_o}{4\pi} \int_{v'} \frac{\nabla' \times \mathbf{M}}{R} dv' + \frac{\mu_o}{4\pi} \oint_{S'} \frac{\mathbf{M} \times \mathbf{a}_n}{R} dS' \\ &= \frac{\mu_o}{4\pi} \int_{v'} \frac{\mathbf{J}_b\, dv'}{R} + \frac{\mu_o}{4\pi} \oint_{S'} \frac{\mathbf{K}_b\, dS'}{R}\end{aligned} \qquad (8.29)$$

Comparando a equação (8.29) com as equações (7.42) e (7.43) (desconsiderando "as linhas"), obtém-se:

$$\boxed{\mathbf{J}_b = \nabla \times \mathbf{M}} \qquad (8.30)$$

e

$$\boxed{\mathbf{K}_b = \mathbf{M} \times \mathbf{a}_n} \qquad (8.31)$$

onde $\mathbf{J}_b$ é a *densidade de corrente de magnetização ligada (bounded), em um volume*, ou a *densidade de corrente de magnetização em um volume* (em ampères por metro quadrado), $\mathbf{K}_b$ é a *densidade de corrente ligada em uma superfície* (em ampères por metro) e $\mathbf{a}_n$ é o vetor unitário normal à superfície. A equação (8.29) mostra que o potencial de um corpo magnético é devido à densidade de corrente em um volume $\mathbf{J}_b$ através do corpo e de uma corrente $\mathbf{K}_b$ sobre a superfície do corpo. O vetor $\mathbf{M}$ é análogo ao vetor polarização $\mathbf{P}$ nos dielétricos e, algumas vezes, é chamado de *densidade de polarização magnética* do meio. Em outro sentido, $\mathbf{M}$ é análogo a $\mathbf{H}$ e ambos têm as mesmas unidades. Neste aspecto, assim como $\mathbf{J} = \nabla \times \mathbf{H}$, também $\mathbf{J}_b = \nabla \times \mathbf{M}$. $\mathbf{J}_b$ e $\mathbf{K}_b$ para um corpo imantado também são similares à ρ_{pv} e ρ_{ps} para um corpo polarizado. Como fica evidenciado nas equações (8.29) a (8.31), $\mathbf{J}_b$ e $\mathbf{K}_b$ podem ser obtidos de $\mathbf{M}$. Por conseguinte, $\mathbf{J}_b$ e $\mathbf{K}_b$ não são comumente utilizados.

No espaço livre, $\mathbf{M} = 0$ e temos

$$\nabla \times \mathbf{H} = \mathbf{J}_f \text{ ou } \nabla \times \left(\frac{\mathbf{B}}{\mu_o}\right) = \mathbf{J}_f \quad (8.32)$$

onde $\mathbf{J}_f$ é a densidade de corrente livre (*free*) em um volume. Em um meio material $\mathbf{M} \neq 0$ e, como resultado, $\mathbf{B}$ muda, tal que

$$\nabla \times \left(\frac{\mathbf{B}}{\mu_o}\right) = \mathbf{J}_f + \mathbf{J}_b = \mathbf{J}$$
$$= \nabla \times \mathbf{H} + \nabla \times \mathbf{M}$$

ou

$$\boxed{\mathbf{B} = \mu_o(\mathbf{H} + \mathbf{M})} \quad (8.33)$$

A relação na equação (8.33) mantém-se para todos os materiais, sejam eles lineares ou não. Os conceitos de linearidade, isotropia e homogeneidade, introduzidos na Seção 5.7 para meios dielétricos, igualmente se aplicam aqui para meios magnéticos. Para materiais lineares, $\mathbf{M}$ (em A/m) depende linearmente de $\mathbf{H}$, tal que

$$\boxed{\mathbf{M} = \chi_m \mathbf{H}} \quad (8.34)$$

onde χ_m é uma grandeza adimensional (a razão M sobre H) denominada *suscetibilidade magnética* do meio. É mais ou menos a medida de quão suscetível (ou sensível) o material é ao campo magnético. Substituindo a equação (8.34) na equação (8.33) vem que

$$\mathbf{B} = \mu_o(1 + \chi_m)\mathbf{H} = \mu \mathbf{H} \quad (8.35)$$

ou

$$\boxed{\mathbf{B} = \mu_o \mu_r \mathbf{H}} \quad (8.36)$$

onde

$$\boxed{\mu_r = 1 + \chi_m = \frac{\mu}{\mu_o}} \quad (8.37)$$

A grandeza $\mu = \mu_o \mu_r$ é denominada *permeabilidade* do material e é medida em henrys/metro. O henry é a unidade de indutância e será definida mais adiante. A grandeza adimensional μ_r é a razão entre a permeabilidade de um determinado material e a do espaço livre, sendo chamada de *permeabilidade relativa* do material.

Deve-se ter em mente que as relações nas equações (8.34) a (8.37) são válidas somente para materiais lineares e isotrópicos. Se os materiais são anisotrópicos (cristais, por exemplo), a equação (8.33) é válida, mas as equações (8.34) a (8.37) não se aplicam. Neste caso, μ tem nove termos [similar ao μ na equação (5.37)] e, consequentemente, os campos $\mathbf{B}$, $\mathbf{H}$ e $\mathbf{M}$ não são mais paralelos entre si.

†8.6 CLASSIFICAÇÃO DOS MATERIAIS MAGNÉTICOS

Em geral, podemos usar a suscetibilidade magnética χ_m ou a permeabilidade magnética μ_r para classificar os materiais em termos de suas propriedades magnéticas ou de seu comportamento magnético. Um material é dito *não magnético* se $\chi_m = 0$ (ou $\mu_r = 1$). Ele é magnético se isso não se verificar. Espaço livre, ar e materiais com $\chi_m = 0$ (ou $\mu_r \approx 1$) são considerados não magnéticos.

Em termos genéricos, os materiais magnéticos podem ser agrupados em três categorias principais: diamagnéticos, paramagnéticos e ferromagnéticos. Esta classificação genérica está indicada na Figura 8.13. Um material é dito *diamagnético* se tiver $\mu_r \lesssim 1$ (isto é, um χ_m muito pequeno e

```
                    materiais magnéticos
                    ┌──────┴──────┐
              lineares         não lineares
         ┌──────┴──────┐           │
  diamagnéticos   paramagnéticos  ferromagnéticos
  χ_m < 0, μ_r ≲ 1,0   χ_m > 0, μ_r ≳ 1   χ_m ≫ 0, μ_r ≫ 1
```

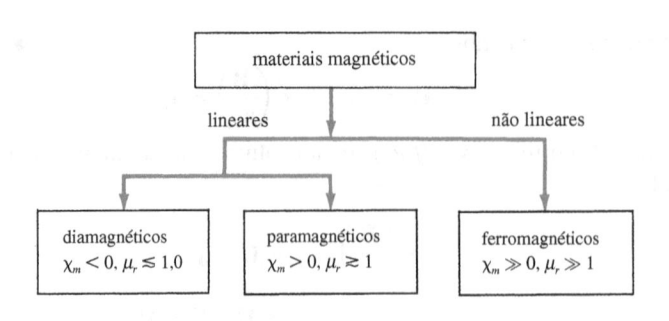

FIGURA 8.13 Classificação dos materiais magnéticos.

negativo). É dito *paramagnético* se tiver $\mu_r \gtrsim 1$ (isto é, um χ_m muito pequeno e positivo). Se $\mu_r \gg 1$ (isto é, um χ_m muito grande e positivo), o material é *ferromagnético*. A Tabela B.3, no Apêndice B, apresenta os valores de μ_r para alguns materiais. Da tabela, fica evidente que, para a maior parte das aplicações práticas, podemos assumir $\mu_r \simeq 1$ para materiais diamagnéticos e para materiais paramagnéticos. Portanto, podemos considerar materiais diamagnéticos e materiais paramagnéticos como lineares e não magnéticos. Materiais ferromagnéticos são sempre não lineares e magnéticos, exceto quando as temperaturas de trabalho estão acima da temperatura Curie (a ser explicada mais adiante). A razão para isso ficará evidente à medida que examinarmos mais de perto cada um dos três tipos de materiais magnéticos.

O *diamagnetismo* ocorre em materiais em que os campos magnéticos se cancelam mutuamente, devido aos movimentos de translação dos elétrons em torno do núcleo e de rotação dos elétrons em torno de seus próprios eixos. Desse modo, o momento magnético permanente (ou intrínseco) de cada átomo é zero, e tais materiais são fracamente afetados por um campo magnético. Para a maioria dos materiais diamagnéticos (por exemplo, bismuto, chumbo, cobre, silício, diamante, cloreto de sódio), χ_m é da ordem de -10^{-5}. Em certos tipos de materiais denominados *supercondutores*, a temperaturas próximas do zero absoluto, o "diamagnetismo perfeito" ocorre: $\chi_m = -1$ ou $\mu_r = 0$ e $B = 0$. Portanto, os supercondutores não podem conter campos magnéticos.[2] Exceto para supercondutores, as propriedades diamagnéticas dos materiais são raramente utilizados na prática. Embora o efeito diamagnético seja mascarado por outros efeitos mais proeminentes em alguns materiais, todos os materiais apresentam diamagnetismo.

Os materiais cujos átomos têm um momento magnético permanente não nulo podem ser ou paramagnéticos ou ferromagnéticos. O *paramagnetismo* ocorre em materiais para os quais os campos magnéticos produzidos pelos movimentos de translação dos elétrons em torno do núcleo e de rotação dos elétrons em torno de seus próprios eixos não se cancelam completamente.

Diferentemente do diamagnetismo, o paramagnetismo depende da temperatura. Para a maioria dos materiais paramagnéticos (por exemplo: ar, platina, tungstênio, potássio), χ_m é da ordem de $+10^{-5}$ a $+10^{-3}$ e depende da temperatura. Tais materiais encontram aplicação em *masers*.

O *ferromagnetismo* ocorre em materiais para os quais os átomos têm momento magnético permanente relativamente grande. São denominados materiais ferromagnéticos porque o material mais conhecido dessa categoria é o ferro. Outros materiais são o cobalto, o níquel e seus compostos. Os materiais ferromagnéticos são muito úteis na prática. De forma distinta dos materiais diamagnéticos e dos paramagnéticos, os materiais ferromagnéticos têm as seguintes propriedades:

1. são capazes de serem magnetizados fortemente por um campo magnético;
2. retêm um grau considerável de magnetização quando retirados do campo;
3. perdem suas propriedades ferromagnéticas e tornam-se materiais paramagnéticos lineares quando a temperatura aumenta e fica acima de uma certa temperatura conhecida como

---

[2] Um tratamento excelente dos supercondutores é encontrado em M. A. Plonus, *Applied Electromagnetics*. New York: McGraw-Hill, 1978, p. 375–388. Também, a edição de agosto de 1989 dos *Proceedings of IEEE* é dedicado à supercondutividade.

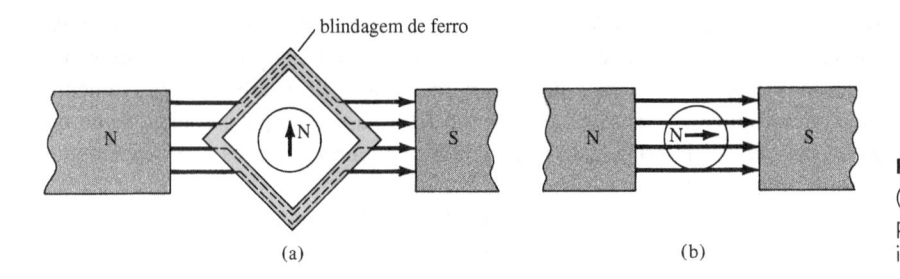

FIGURA 8.14 Isolamento magnético: (a) blindagem de ferro protegendo uma pequena bússola; (b) a bússola dá uma indicação errada sem a blindagem.

temperatura Curie. Portanto, se um imã permanente for aquecido acima de sua temperatura Curie (770° C para o ferro), ele perde sua magnetização por completo;

4. são não lineares, isto é, a relação constitutiva $\mathbf{B} = \mu_0\mu_r\mathbf{H}$ não se verifica para materiais ferromagnéticos porque μ_r depende de $\mathbf{B}$ e não pode ser representada por um único valor.

Portanto, os valores de μ_r citados na Tabela B.3 para materiais ferromagnéticos são apenas típicos. Por exemplo, para níquel $\mu_r = 50$ sob certas condições e 600 sob outras condições.

Como mencionado na Seção 5.9, referente a materiais condutores, os materiais ferromagnéticos, como o ferro e o aço, são utilizados como isolamento (ou blindagem) para proteger dispositivos elétricos sensíveis de distúrbios causados por campos magnéticos intensos. Um exemplo típico de uma blindagem de ferro é mostrada na Figura 8.14(a), onde a bússola está protegida. Sem a blindagem de ferro, como na Figura 8.14(b), a bússola fornece uma leitura errada devido ao efeito do campo magnético externo. Para um isolamento perfeito requer-se que a blindagem tenha permeabilidade infinita.

Embora $\mathbf{B} = \mu_0(\mathbf{H} + \mathbf{M})$ seja válida para todos os materiais, inclusive os ferromagnéticos, a relação entre $\mathbf{B}$ e $\mathbf{H}$ depende da magnetização prévia do material ferromagnético, isto é, sua "história magnética". Em vez de termos uma relação linear entre $\mathbf{B}$ e $\mathbf{H}$ (isto é, $\mathbf{B} = \mu\mathbf{H}$), somente é possível representar essa relação pela *curva de magnetização* ou *curva B–H*.

Uma curva *B–H* típica é mostrada na Figura 8.15. Em primeiro lugar, observe a relação não linear entre *B* e *H*. Em segundo lugar, em qualquer ponto sobre a curva, μ é dado pela razão *B/H* e não por *dB/dH*, a inclinação da curva.

Se assumirmos que o material ferromagnético, cuja curva *B–H* está na Figura 8.15, está inicialmente desmagnetizado, à medida que *H* aumenta (devido ao aumento da corrente) de *O* até a máxima intensidade de campo aplicada $H_{máx}$, a curva *OP* vai sendo gerada. Essa curva é referida como a *curva virgem* ou *curva inicial de magnetização*. Após alcançar a saturação em *P*, se *H* diminuir, *B* não segue a curva inicial, mas se atrasa em relação a *H*. Esse fenômeno de *B* se atrasando em relação a *H* é denominado *histerese* (que significa "atraso" em grego).

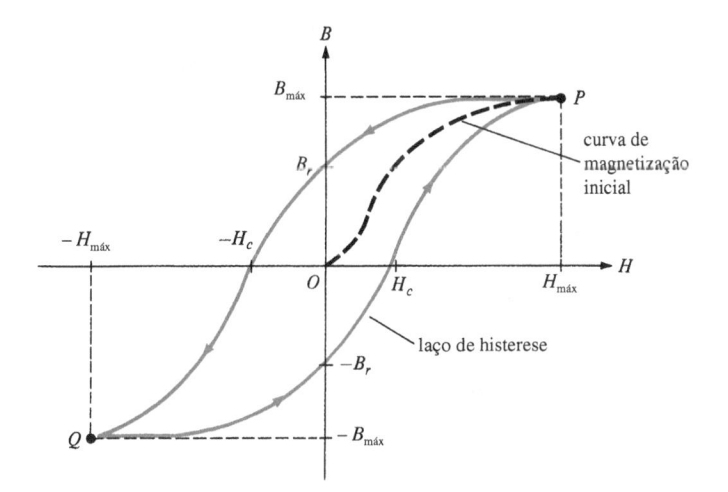

FIGURA 8.15 Curva de magnetização (*B–H*) típica.

Se H for reduzido a zero, B não é reduzido a zero, mas a B_r, que é referido como a *densidade de fluxo remanente*. O valor de B_r depende de $H_{máx}$, a intensidade de campo máxima aplicada. A ocorrência de B_r torna possível a existência de ímãs permanentes. Se H cresce negativamente (ao inverter o sentido da corrente), B torna-se zero quando H torna-se H_c, que é conhecida como *intensidade de campo coercitiva*. Materiais para os quais H_c é pequeno são ditos magneticamente macios. O valor de H_c depende de $H_{máx}$.

Um aumento adicional de H na direção negativa até alcançar Q e a sua reversão até alcançar P resulta em uma curva fechada denominada *laço de histerese*. O formato dos laços de histerese variam de um material para outro. Algumas ferrites, por exemplo, tem um laço de histerese quase retangular, e são utilizadas em computadores digitais como memórias para armazenamento de dados. A área de um laço de histerese dá a energia perdida (perda histerética) por unidade de volume durante um ciclo da magnetização periódica do material ferromagnético. Essa perda de energia se dá na forma de calor. E, portanto, é desejável que os materiais utilizados em geradores elétricos, motores e transformadores, tenham laços de histerese altos mas estreitos, tal que as perdas histeréticas sejam minimizadas.

EXEMPLO 8.7

A região $0 \leq z \leq 2$ m está ocupada por um bloco infinito de material permeável ($\mu_r = 2{,}5$). Se $\mathbf{B} = 10y\mathbf{a}_x - 5x\mathbf{a}_y$ mWb/m² dentro do bloco, determine: (a) $\mathbf{J}$, (b) $\mathbf{J}_b$, (c) $\mathbf{M}$, (d) $\mathbf{K}_b$ sobre $z = 0$.

Solução:

(a) Por definição,

$$\mathbf{J} = \nabla \times \mathbf{H} = \nabla \times \frac{\mathbf{B}}{\mu_0 \mu_r} = \frac{1}{4\pi \times 10^{-7}(2{,}5)} \left(\frac{\partial B_y}{\partial x} - \frac{\partial B_x}{\partial y} \right) \mathbf{a}_z$$

$$= \frac{10^6}{\pi}(-5 - 10)10^{-3}\mathbf{a}_z = -4{,}775\mathbf{a}_z \text{ kA/m}^2$$

(b) $\mathbf{J}_b = \chi_m \mathbf{J} = (\mu_r - 1)\mathbf{J} = 1{,}5(-4{,}775\mathbf{a}_z) \cdot 10^3$

$= -7{,}163\mathbf{a}_z$ kA/m²

(c) $\mathbf{M} = \chi_m \mathbf{H} = \chi_m \dfrac{\mathbf{B}}{\mu_0 \mu_r} = \dfrac{1{,}5(10y\mathbf{a}_x - 5x\mathbf{a}_y) \cdot 10^{-3}}{4\pi \times 10^{-7}(2{,}5)}$

$= 4{,}775y\mathbf{a}_x - 2{,}387x\mathbf{a}_y$ kA/m

(d) $\mathbf{K}_b = \mathbf{M} \times \mathbf{a}_n$. Já que $z = 0$ é a porção inferior do bloco que ocupa $0 \leq z \leq 2$, $\mathbf{a}_n = -\mathbf{a}_z$. Dessa forma,

$$\mathbf{K}_b = (4{,}775y\mathbf{a}_x - 2{,}387x\mathbf{a}_y) \times (-\mathbf{a}_z)$$

$$= 2{,}387x\mathbf{a}_x + 4{,}775y\mathbf{a}_y \text{ kA/m}$$

EXERCÍCIO PRÁTICO 8.7

Em uma certa região ($\mu = 4{,}6\mu_0$),

$$\mathbf{B} = 10e^{-y}\mathbf{a}_z \text{ mWb/m}^2$$

encontre: (a) χ_m, (b) $\mathbf{H}$, (c) $\mathbf{M}$

Resposta: (a) 3,6; (b) $1.730e^{-y}\mathbf{a}_z$ A/m; (c) $6.228e^{-y}\mathbf{a}_z$ A/m.

8.7 CONDIÇÕES DE FRONTEIRA MAGNÉTICAS

Definimos as condições de fronteira magnéticas como as condições que o campo **H** (ou **B**) deve satisfazer na fronteira entre dois meios diferentes. Nossas deduções aqui são similares àquelas da Seção 5.9. Faremos uso da lei de Gauss para campos magnéticos

$$\oint \mathbf{B} \cdot d\mathbf{S} = 0 \tag{8.38}$$

e da lei circuital de Ampère

$$\oint \mathbf{H} \cdot d\mathbf{l} = I \tag{8.39}$$

Considere a fronteira entre dois meios magnéticos 1 e 2 caracterizada, respectivamente, por μ_1 e μ_2, como na Figura 8.16. Aplicando a equação (8.38) ao cilindro (superfície gaussiana) da Figura 8.16(a) e fazendo $\Delta h \to 0$, obtemos:

$$B_{1n} \Delta S - B_{2n} \Delta S = 0 \tag{8.40}$$

Então,

$$\boxed{\mathbf{B}_{1n} = \mathbf{B}_{2n}} \text{ ou } \mu_1 \mathbf{H}_{1n} = \mu_2 \mathbf{H}_{2n} \tag{8.41}$$

uma vez que $\mathbf{B} = \mu\mathbf{H}$. A equação (8.41) mostra que a componente normal de **B** é contínua na fronteira. Essa equação também mostra que a componente normal de **H** é descontínua na fronteira; **H** pode ter alguma mudança ao cruzar a interface.

De maneira similar, aplicamos a equação (8.39) ao caminho fechado *abcda* da Figura 8.16(b), onde a corrente *K* na superfície da fronteira é considerada normal ao caminho. Obtemos

$$K \cdot \Delta w = H_{1t} \cdot \Delta w + H_{1n} \cdot \frac{\Delta h}{2} + H_{2n} \cdot \frac{\Delta h}{2}$$
$$-H_{2t} \cdot \Delta w - H_{2n} \cdot \frac{\Delta h}{2} - H_{1n} \cdot \frac{\Delta h}{2} \tag{8.42}$$

À medida que $\Delta h \to 0$, a equação (8.42) nos leva a

$$H_{1t} - H_{2t} = K \tag{8.43}$$

Isso mostra que a componente tangencial de *H* é também descontínua. A equação (8.43) pode ser escrita em termos de *B* como

$$\frac{B_{1t}}{\mu_1} - \frac{B_{2t}}{\mu_2} = K \tag{8.44}$$

No caso geral, a equação (8.43) torna-se

$$\boxed{(\mathbf{H}_1 - \mathbf{H}_2) \times \mathbf{a}_{n12} = \mathbf{K}} \tag{8.45}$$

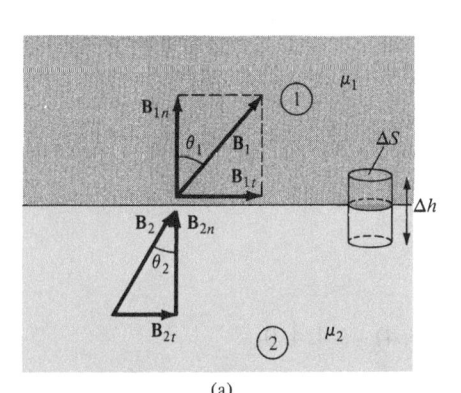

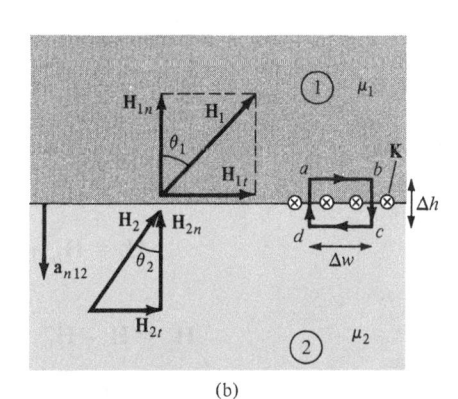

FIGURA 8.16 Condições de fronteira entre dois meios magnéticos: (a) para **B**; (b) para **H**.

onde $\mathbf{a}_{n12}$ é um vetor unitário normal à interface e orientado do meio 1 para o meio 2. Se a fronteira está livre de corrente ou os meios não são condutores (por K se entende densidade de corrente livre), $K = 0$ e a equação (8.43) torna-se

$$\boxed{\mathbf{H}_{1t} = \mathbf{H}_{2t}} \quad \text{ou} \quad \frac{\mathbf{B}_{1t}}{\mu_1} = \frac{\mathbf{B}_{2t}}{\mu_2} \tag{8.46}$$

Portanto, a componente tangencial de **H** é contínua, enquanto a componente tangencial de **B** é descontínua na fronteira.

Se os campos fazem um ângulo θ com a normal à interface, a equação (8.41) resulta em

$$B_1 \cos \theta_1 = B_{1n} = B_{2n} = B_2 \cos \theta_2 \tag{8.47}$$

enquanto a equação (8.46) origina

$$\frac{B_1}{\mu_1} \operatorname{sen} \theta_1 = H_{1t} = H_{2t} = \frac{B_2}{\mu_2} \operatorname{sen} \theta_2 \tag{8.48}$$

Dividindo a equação (8.48) pela equação (8.47), temos

$$\boxed{\frac{\operatorname{tg} \theta_1}{\operatorname{tg} \theta_2} = \frac{\mu_1}{\mu_2}} \tag{8.49}$$

que é similar à equação (5.65), e é a lei da refração para linhas de fluxo magnético na fronteira quando não há corrente na superfície da interface de separação.

EXEMPLO 8.8

Dado que $\mathbf{H}_1 = -2\mathbf{a}_x + 6\mathbf{a}_y + 4\mathbf{a}_z$ A/m em uma região $y - x - 2 \leq 0$, onde $\mu_1 = 5\mu_o$, calcule:
(a) $\mathbf{M}_1$ e $\mathbf{B}_1$;
(b) $\mathbf{H}_2$ e $\mathbf{B}_2$ na região $y - x - 2 \geq 0$, onde $\mu_2 = 2\mu_o$.

Solução:

Já que $y - x - 2 = 0$ é um plano, $y - x \leq 2$ ou $y \leq x + 2$ é a região 1 na Figura 8.17. Podemos confirmar isso com a localização de um ponto nessa região. Por exemplo, a origem $(0, 0)$ está nessa região, uma vez que $0 - 0 - 2 < 0$. Se descrevermos a superfície do plano por $f(x, y) = y - x - 2$, um vetor unitário normal ao plano é dado por

$$\mathbf{a}_n = \frac{\nabla f}{|\nabla f|} = \frac{\mathbf{a}_y - \mathbf{a}_x}{\sqrt{2}}$$

(a)
$$\mathbf{M}_1 = \chi_{m1}\mathbf{H}_1 = (\mu_{r1} - 1)\mathbf{H}_1 = (5 - 1)(-2, 6, 4)$$
$$= -8\mathbf{a}_x + 24\mathbf{a}_y + 16\mathbf{a}_z \text{ A/m}$$

$$\mathbf{B}_1 = \mu_1\mathbf{H}_1 = \mu_o\mu_{r1}\mathbf{H}_1 = 4\pi \times 10^{-7}(5)(-2, 6, 4)$$
$$= -12{,}57\mathbf{a}_x + 37{,}7\mathbf{a}_y + 25{,}13\mathbf{a}_z \text{ }\mu\text{Wb/m}^2$$

(b) $\mathbf{H}_{1n} = (\mathbf{H}_1 \cdot \mathbf{a}_n)\mathbf{a}_n = \left[(-2, 6, 4) \cdot \frac{(-1, 1, 0)}{\sqrt{2}}\right]\frac{(-1, 1, 0)}{\sqrt{2}}$

$$= -4\mathbf{a}_x + 4\mathbf{a}_y$$

Porém,
$$\mathbf{H}_1 = \mathbf{H}_{1n} + \mathbf{H}_{1t}$$

Portanto,
$$\mathbf{H}_{1t} = \mathbf{H}_1 - \mathbf{H}_{1n} = (-2, 6, 4) - (-4, 4, 0)$$
$$= 2\mathbf{a}_x + 2\mathbf{a}_y + 4\mathbf{a}_z$$

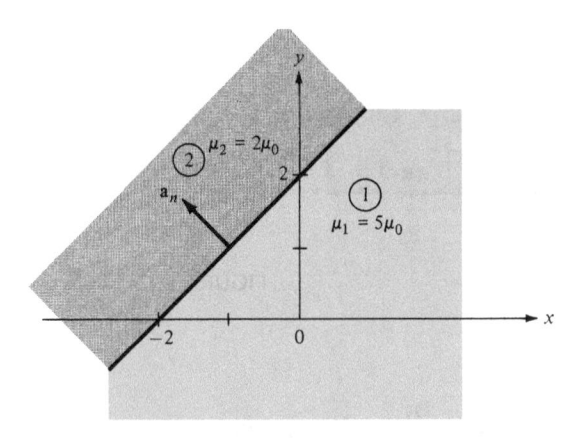

FIGURA 8.17 Referente ao Exemplo 8.8.

Utilizando as condições de fronteira, temos

$$\mathbf{H}_{2t} = \mathbf{H}_{1t} = 2\mathbf{a}_x + 2\mathbf{a}_y + 4\mathbf{a}_z$$

$$\mathbf{B}_{2n} = \mathbf{B}_{1n} \rightarrow \mu_2 \mathbf{H}_{2n} = \mu_1 \mathbf{H}_{1n}$$

ou

$$\mathbf{H}_{2n} = \frac{\mu_1}{\mu_2} \mathbf{H}_{1n} = \frac{5}{2}(-4\mathbf{a}_x + 4\mathbf{a}_y) = -10\mathbf{a}_x + 10\mathbf{a}_y$$

Então,

$$\mathbf{H}_2 = \mathbf{H}_{2n} + \mathbf{H}_{2t} = -8\mathbf{a}_x + 12\mathbf{a}_y + 4\mathbf{a}_z \text{ A/m}$$

e

$$\mathbf{B}_2 = \mu_2 \mathbf{H}_2 = \mu_0 \mu_{r2} \mathbf{H}_2 = (4\pi \times 10^{-7})(2)(-8, 12, 4)$$
$$= -20,11\mathbf{a}_x + 30,16\mathbf{a}_y + 10,05\mathbf{a}_z \, \mu\text{Wb/m}^2$$

EXERCÍCIO PRÁTICO 8.8

A região 1, descrita por $3x + 4y \geq 10$, é um espaço livre, enquanto a região 2, descrita por $3x + 4y \leq 10$, é um material magnético para o qual $\mu \simeq 10\mu_0$. Assumindo que na fronteira entre o material e o espaço livre não exista corrente, determine $\mathbf{B}_2$, se $\mathbf{B}_1 = 0,1\mathbf{a}_x + 0,4\mathbf{a}_y + 0,2\mathbf{a}_z$ Wb/m².

Resposta: $-1,052\mathbf{a}_x + 1,264\mathbf{a}_y + 2\mathbf{a}_z$ Wb/m².

EXEMPLO 8.9

O plano xy serve como interface entre dois meios diferentes. O meio 1 ($z < 0$) é preenchido com um material cujo $\mu_r = 6$, e o meio 2 ($z > 0$) é preenchido com um material cujo $\mu_r = 4$. Se na interface há uma corrente $(1/\mu_0)\,\mathbf{a}_y$ mA/m e $\mathbf{B}_2 = 5\mathbf{a}_x + 8\mathbf{a}_z$ mWb/m², determine $\mathbf{H}_1$ e $\mathbf{B}_1$.

Solução:

No exemplo anterior, $\mathbf{K} = 0$ então o uso da equação (8.46) era adequado. Neste exemplo, entretanto, $\mathbf{K} \neq 0$ e temos que recorrer à equação (8.45) em conjunto com a equação (8.41). Considere o problema como ilustrado na Figura 8.18. Considere $\mathbf{B}_1 = (B_x, B_y, B_z)$ em mWb/m².

$$\mathbf{B}_{1n} = \mathbf{B}_{2n} = 8\mathbf{a}_z \rightarrow B_z = 8 \quad (8.9.1)$$

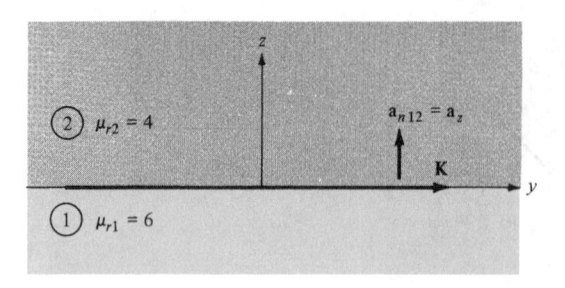

FIGURA 8.18 Referente ao Exemplo 8.9.

Porém,

$$\mathbf{H}_2 = \frac{\mathbf{B}_2}{\mu_2} = \frac{1}{4\mu_0}(5\mathbf{a}_x + 8\mathbf{a}_z) \text{ mA/m} \tag{8.9.2}$$

e

$$\mathbf{H}_1 = \frac{\mathbf{B}_1}{\mu_1} = \frac{1}{6\mu_0}(B_x\mathbf{a}_x + B_y\mathbf{a}_y + B_z\mathbf{a}_z) \text{ mA/m} \tag{8.9.3}$$

Tendo determinado as componentes normais, podemos encontrar as componentes tangenciais usando

$$(\mathbf{H}_1 - \mathbf{H}_2) \times \mathbf{a}_{n12} = \mathbf{K}$$

ou

$$\mathbf{H}_1 \times \mathbf{a}_{n12} = \mathbf{H}_2 \times \mathbf{a}_{n12} + \mathbf{K} \tag{8.9.4}$$

Substituindo as equações (8.9.2) e (8.9.3) na equação (8.9.4), temos:

$$\frac{1}{6\mu_0}(B_x\mathbf{a}_x + B_y\mathbf{a}_y + B_z\mathbf{a}_z) \times \mathbf{a}_z = \frac{1}{4\mu_0}(5\mathbf{a}_x + 8\mathbf{a}_z) \times \mathbf{a}_z + \frac{1}{\mu_0}\mathbf{a}_y$$

Equacionando as componentes, tem-se:

$$B_y = 0, \frac{-B_x}{6} = \frac{-5}{4} + 1 \quad \text{ou} \quad B_x = \frac{6}{4} = 1{,}5 \tag{8.9.5}$$

A partir das equações (8.9.1) e (8.9.5),

$$\mathbf{B}_1 = 1{,}5\mathbf{a}_x + 8\mathbf{a}_z \text{ mWb/m}^2$$

$$\mathbf{H}_1 = \frac{\mathbf{B}_1}{\mu_1} = \frac{1}{\mu_0}(0{,}25\mathbf{a}_x + 1{,}33\mathbf{a}_z) \text{ mA/m}$$

e

$$\mathbf{H}_2 = \frac{1}{\mu_0}(1{,}25\mathbf{a}_x + 2\mathbf{a}_z) \text{ mA/m}$$

Observe que H_{1x} é $1/\mu_0$ mA/m menor do que H_{2x} devido à lâmina de corrente e também porque $B_{1n} = B_{2n}$.

EXERCÍCIO PRÁTICO 8.9

Um vetor unitário normal apontando da região 2 ($\mu = 2\mu_0$) para a região 1 ($\mu = \mu_0$) é $\mathbf{a}_{n21} = (6\mathbf{a}_x + 2\mathbf{a}_y - 3\mathbf{a}_z)/7$. Se $\mathbf{H}_1 = 10\mathbf{a}_x + \mathbf{a}_y + 12\mathbf{a}_z$ A/m e $\mathbf{H}_2 = H_{2x}\mathbf{a}_x - 5\mathbf{a}_y + 4\mathbf{a}_z$ A/m, determine:

(a) H_{2x}

(b) a densidade de corrente **K** na interface

(c) os ângulos que $\mathbf{B}_1$ e $\mathbf{B}_2$ fazem com a normal à interface

Resposta: (a) 5,833; (b) $4{,}86\mathbf{a}_x - 8{,}64\mathbf{a}_y + 3{,}95\mathbf{a}_z$ A/m; (c) 76,27°, 77,62°.

8.8 INDUTORES E INDUTÂNCIAS

Um circuito (ou um caminho fechado condutor) que é percorrido por uma corrente I gera um campo magnético **B**, que causa um fluxo $\Psi = \int \mathbf{B} \cdot d\mathbf{S}$, que atravessa cada espira do circuito, como mostrado na Figura 8.19. Se o circuito tiver N espiras idênticas, definimos o *fluxo concatenado* λ como

$$\lambda = N\Psi \tag{8.50}$$

Ainda, se o meio que circunda o circuito é linear, o fluxo concatenado λ é proporcional à corrente I que o gerou, isto é,

$$\lambda \propto I$$

ou

$$\text{ou } \lambda = LI \tag{8.51}$$

onde L é uma constante de proporcionalidade denominada *indutância* do circuito. A indutância L é uma propriedade da geometria física do circuito. Um circuito, ou parte de um circuito, que possui indutância é denominado um *indutor*. Das equações (8.50) e (8.51), podemos definir a indutância L de um indutor como a razão entre o fluxo magnético concatenado | e a corrente I através do indutor, isto é:

$$\boxed{L = \frac{\lambda}{I} = \frac{N\Psi}{I}} \tag{8.52}$$

A unidade de indutância é o henry (H), que é equivalente à webers/ampère. Já que 1 H é um valor muito alto de indutância, as indutâncias são normalmente dadas em mili-henry (mH).

A indutância definida pela equação (8.52) é comumente referida como *autoindutância*, já que o fluxo concatenado é gerado pelo próprio indutor. Da mesma forma que no caso das capacitâncias, podemos considerar a indutância como uma medida da quantidade de energia magnética que pode ser armazenada dentro de um indutor. A energia magnética (em joules) armazenada em um indutor é expressa na Teoria de Circuitos como

$$W_m = \frac{1}{2}LI^2 \tag{8.53}$$

ou

$$\boxed{L = \frac{2W_m}{I^2}} \tag{8.54}$$

Portanto, a autoindutância de um circuito pode ser definida ou calculada a partir de considerações de energia.

Se ao invés de um circuito tivermos dois circuitos percorridos por correntes I_1 e I_2, como mostrado na Figura 8.20, uma interação magnética existirá entre eles. Quatro componentes de fluxo Ψ_{11}, Ψ_{12}, Ψ_{21} e Ψ_{22} são geradas. O fluxo Ψ_{12}, por exemplo, é o fluxo que passa através do

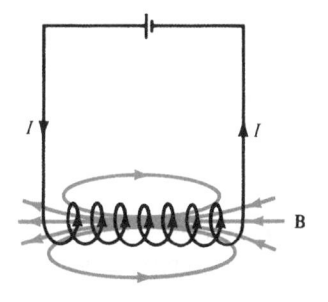

FIGURA 8.19 Campo magnético **B** gerado por um circuito.

circuito 1 devido à corrente I_2 no circuito 2. Se $\mathbf{B}_2$ é o campo devido à I_2 e S_1 é a área do circuito 1, então

$$\Psi_{12} = \int_{S_1} \mathbf{B}_2 \cdot d\mathbf{S} \tag{8.55}$$

Definimos a *indutância mútua* M_{12} como a razão entre o fluxo concatenado $\lambda_{12} = N_1\Psi_{12}$ sobre o circuito 1 devido à corrente I_2, isto é:

$$\boxed{M_{12} = \frac{\lambda_{12}}{I_2} = \frac{N_1\Psi_{12}}{I_2}} \tag{8.56}$$

De maneira similar, a indutância mútua M_{21} é definida como o fluxo concatenado do circuito 2 por unidade de corrente I_1, isto é,

$$M_{21} = \frac{\lambda_{21}}{I_1} = \frac{N_2\Psi_{21}}{I_1} \tag{8.57a}$$

Utilizando conceitos de energia, pode-se demonstrar que, se o meio que circunda os circuitos é linear (isto é, na ausência de material ferromagnético),

$$M_{12} = M_{21} \tag{8.57b}$$

A indutância mútua M_{12} ou M_{21} é expressa em henrys e não deve ser confundida com o vetor de magnetização $\mathbf{M}$ expresso em ampères/metro.

Definimos a autoindutância dos circuitos 1 e 2, respectivamente, como

$$L_1 = \frac{\lambda_{11}}{I_1} = \frac{N_1\Psi_1}{I_1} \tag{8.58}$$

e

$$L_2 = \frac{\lambda_{22}}{I_2} = \frac{N_2\Psi_2}{I_2} \tag{8.59}$$

onde $\Psi_1 = \Psi_{11} + \Psi_{12}$ e $\Psi_2 = \Psi_{21} + \Psi_{22}$. A energia total no campo magnético é a soma das energias devido a L_1, L_2 e M_{12} (ou M_{21}), isto é,

$$W_m = W_1 + W_2 + W_{12}$$
$$= \frac{1}{2}L_1I_1^2 + \frac{1}{2}L_2I_2^2 \pm M_{12}I_1I_2 \tag{8.60}$$

O sinal positivo é adotado se as correntes I_1 e I_2 fluem tal que os campos magnéticos dos dois circuitos se reforçam. Se as correntes fluem de tal modo que seus campos magnéticos se opõem, o sinal adotado é negativo.

Como mencionado anteriormente, um indutor é um condutor montado com formato adequado para armazenar energia magnética. Exemplos típicos de indutores são toroides, solenoides, linhas de transmissão coaxial e linhas de transmissão de fios paralelos. A indutância de cada um desses

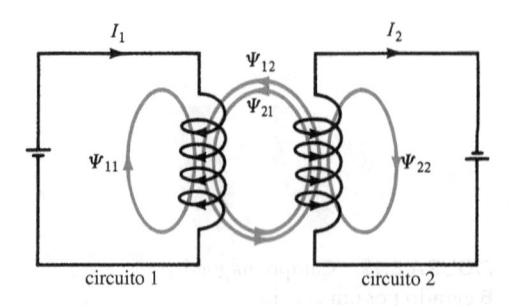

FIGURA 8.20 Interação magnética entre dois circuitos.

indutores pode ser determinada por procedimento, similar àquele utilizado para determinar a capacitância de um capacitor. Para um dado indutor, determinamos a sua autoindutância L seguindo os passos abaixo:

1. escolha um sistema de coordenadas adequado;
2. considere que o indutor é percorrido por uma corrente I;
3. determine **B** a partir da lei de Biot–Savart (ou a partir da lei de Ampère se houver simetria) e calcule Ψ a partir de $\Psi = \int \mathbf{B} \cdot d\mathbf{S}$;
4. finalmente, determine L a partir de $L = \dfrac{\lambda}{I} = \dfrac{N\Psi}{I}$

A indutância mútua entre dois circuitos pode ser calculada por um procedimento semelhante.

Em um indutor tal como uma linha de transmissão coaxial, ou uma linha de transmissão de fios paralelos, a indutância produzida pelo fluxo interno ao condutor é denominada *indutância interna* L_{in}, enquanto a produzida pelo fluxo externo é denominada *indutância externa* L_{ext}. A indutância total L é:

$$L = L_{in} + L_{ext} \tag{8.61}$$

Da mesma maneira como foi demonstrado para capacitores

$$RC = \frac{\varepsilon}{\sigma} \tag{6.35}$$

pode-se demonstrar que

$$\boxed{L_{ext} C = \mu\varepsilon} \tag{8.62}$$

Então, L_{ext} pode ser calculada utilizando a equação (8.62) se C for conhecido.

Uma coleção de fórmulas para alguns elementos fundamentais de circuitos é apresentada na Tabela 8.3. Todas as fórmulas podem ser deduzidas seguindo os passos listados acima.[3]

8.9 ENERGIA MAGNÉTICA

Da mesma forma que a energia potencial em um campo eletrostático foi deduzida como

$$W_E = \frac{1}{2} \int \mathbf{D} \cdot \mathbf{E}\, dv = \frac{1}{2} \int \varepsilon E^2\, dv \tag{4.96}$$

seria interessante deduzir uma expressão similar para a energia em um campo magnetostático. Uma abordagem simples consiste em utilizar a energia magnética no campo de um indutor. A partir da equação (8.53),

$$W_m = \frac{1}{2} L I^2 \tag{8.53}$$

verifica-se que a energia está armazenada no campo magnético **B** de um indutor. É interessante expressar a equação (8.53) em termos de **B** ou de **H**.

Considere um volume diferencial em um campo magnético, como mostrado na Figura 8.21. Seja o volume coberto com lâminas metálicas condutoras nas superfícies do topo e da base percorridas por corrente ΔI. Assumimos que toda a região está preenchida com tais volumes diferenciais. Da equação (8.52), cada volume tem uma indutância de

$$\Delta L = \frac{\Delta \Psi}{\Delta I} = \frac{\mu H\, \Delta x\, \Delta z}{\Delta I} \tag{8.63}$$

---

[3] Fórmulas adicionais podem ser encontradas em manuais de padrões elétricos ou em H. Knoepfel, *Pulsed High Magnetic Fields*. Amsterdam: North-Holland, 1970, pp. 312–324.

TABELA 8.3 Uma coleção de fórmulas para a indutância de geometrias básicas

1. Fio
$$L = \frac{\mu_o \ell}{8\pi}$$

2. Cilindro oco
$$L = \frac{\mu_o \ell}{2\pi}\left(\ln\frac{2\ell}{a} - 1\right)$$
$\ell \gg a$

3. Fios paralelos
$$L = \frac{\mu_o \ell}{\pi}\ln\frac{d}{a}$$
$\ell \gg d,\ d \gg a$

4. Condutor coaxial
$$L = \frac{\mu_o \ell}{2\pi}\ln\frac{b}{a}$$

5. Espira circular
$$L = \frac{\mu_o \ell}{2\pi}\left(\ln\frac{4\ell}{d} - 2{,}45\right)$$
$\ell = 2\pi\rho_o,\ \rho_o \gg d$

6. Solenoide
$$L = \frac{\mu_o N^2 S}{\ell}$$
$\ell \gg a$

5. Toro (de seção reta circular)
$$L = \mu_o N^2 [\rho_o - \sqrt{\rho_o^2 - a^2}]$$

6. Lâmina
$$L = \mu_o\, 2\ell\left(\ln\frac{2\ell}{b+t} - 0{,}55\right)$$

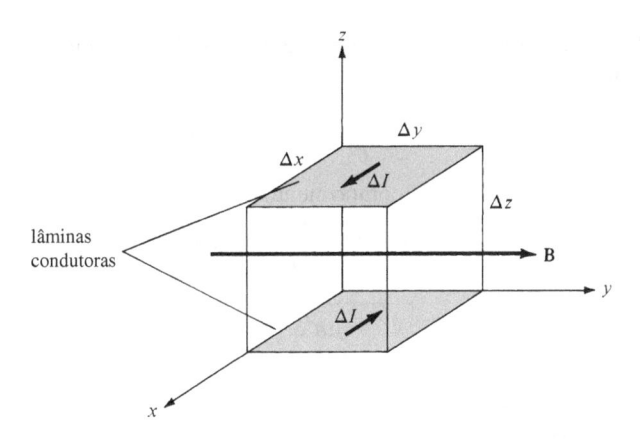

FIGURA 8.21 Um diferencial de volume no interior de um campo magnético.

onde $\Delta I = H \Delta y$. Substituindo a equação (8.63) na equação (8.53), temos

$$\Delta W_m = \frac{1}{2} \Delta L \, \Delta I^2 = \frac{1}{2} \mu H^2 \, \Delta x \, \Delta y \, \Delta z \qquad (8.64)$$

ou

$$\Delta W_m = \frac{1}{2} \mu H^2 \, \Delta v$$

A densidade de energia magnetostática w_m (em J/m³) é definida como

$$w_m = \lim_{\Delta v \to 0} \frac{\Delta W_m}{\Delta v} = \frac{1}{2} \mu H^2$$

Portanto,

$$w_m = \frac{1}{2} \mu H^2 = \frac{1}{2} \mathbf{B} \cdot \mathbf{H} = \frac{B^2}{2\mu} \qquad (8.65)$$

Então, a energia em um campo magnetostático em um meio linear é

$$W_m = \int w_m \, dv$$

ou

$$\boxed{W_m = \frac{1}{2} \int \mathbf{B} \cdot \mathbf{H} \, dv = \frac{1}{2} \int \mu H^2 \, dv} \qquad (8.66)$$

que é similar à equação (4.96) para um campo eletrostático.

EXEMPLO 8.10 Calcule a autoindutância, por unidade de comprimento, de um solenoide infinitamente longo.

Solução:

Lembremos do Exemplo 7.4 que, para um solenoide infinitamente longo, o fluxo magnético no interior do solenoide, por unidade de comprimento, é

$$B = \mu H = \mu I n$$

onde $n = N/\ell$ = número de espiras por unidade de comprimento. Se S é a área da seção reta do solenoide, o fluxo total através dessa área é

$$\Psi = BS = \mu I n S$$

Já que esse fluxo é somente para um comprimento unitário do solenoide, o fluxo concatenado por unidade de comprimento é

$$\lambda' = \frac{\lambda}{\ell} = n\Psi = \mu n^2 IS$$

e, portanto, a indutância por unidade de comprimento é

$$L' = \frac{L}{\ell} = \frac{\lambda'}{I} = \mu n^2 S$$

$$\boxed{L' = \mu n^2 S} \quad \text{H/m}$$

EXERCÍCIO PRÁTICO 8.10

Um solenoide muito longo, com seção reta de 2×2 cm, tem um núcleo de ferro ($\mu_r = 1.000$) e 4.000 espiras/metro. Se o solenoide for percorrido por uma corrente de 500 mA, determine:

(a) sua autoindutância por metro;

(b) a energia armazenada, por metro, nesse campo.

Resposta: (a) 8,042 H/m; (b) 1,005 J/m.

EXEMPLO 8.11

Determine a autoindutância de um cabo coaxial de raio interno a e raio externo b.

Solução:

A auto-indutância do indutor pode ser encontrada de duas maneiras: seguindo os quatro passos dados na Seção 8.8 ou usando as equações (8.54) e (8.66).

Método 1: considere a seção reta do cabo como mostrado na Figura 8.22. Lembremos da equação (7.29) que, aplicando a lei circuital de Ampère, obtemos para a região 1 ($0 \le \rho \le a$),

$$\mathbf{B}_1 = \frac{\mu I \rho}{2\pi a^2} \mathbf{a}_\phi$$

e, para a região 2 ($a \le \rho \le b$),

$$\mathbf{B}_2 = \frac{\mu I}{2\pi \rho} \mathbf{a}_\psi$$

Primeiro, encontramos a indutância interna L_{in} considerando os fluxos concatenados devido ao condutor interno. Da Figura 8.22(a), o fluxo que sai de uma casca diferencial de espessura $d\rho$ é:

$$d\Psi_1 = B_1 \, d\rho \, dz = \frac{\mu I \rho}{2\pi a^2} d\rho \, dz$$

O fluxo concatenado é $d\Psi_1$ multiplicado pela razão entre a área limitada pelo caminho que envolve o fluxo e a área total, isto é,

$$d\lambda = d\Psi_1 \cdot \frac{I_{\text{env}}}{I} = d\Psi_1 \cdot \frac{\pi \rho^2}{\pi a^2}$$

porque I está uniformemente distribuída através da seção reta, para excitação em corrente contínua (dc). Então, os fluxos concatenados totais no interior do elemento diferencial de fluxo são:

$$d\lambda_1 = \frac{\mu I \rho \, d\rho \, dz}{2\pi a^2} \cdot \frac{\rho^2}{a^2}$$

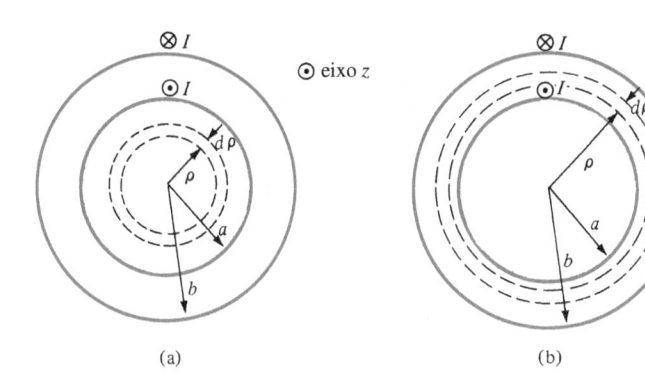

FIGURA 8.22 Seção reta do cabo coaxial: (a) para a região 1 ($0 < \rho < a$); (b) para a região 2 ($a < \rho < b$); referente ao Exemplo 8.11.

Para um comprimento ℓ do cabo,

$$\lambda_1 = \int_{\rho=0}^{a} \int_{z=0}^{\ell} \frac{\mu I \rho^3 \, d\rho \, dz}{2\pi a^4} = \frac{\mu I \ell}{8\pi}$$

$$L_{\text{in}} = \frac{\lambda_1}{I} = \frac{\mu \ell}{8\pi}$$

(8.11.1)

A indutância interna por unidade de comprimento, dada por

$$\boxed{L'_{\text{in}} = \frac{L_{\text{in}}}{\ell} = \frac{\mu}{8\pi} \quad \text{H/m}}$$

(8.11.2)

é independente do raio do condutor ou do fio. Portanto, as equações (8.11.1) e (8.11.2) são também aplicáveis para encontrar a indutância de qualquer condutor reto infinitamente longo de raio finito.

Agora, determinaremos a indutância externa L_{ext} considerando os fluxos concatenados entre os condutores interno e externo, como na Figura 8.22(b). Para uma casca diferencial de espessura $d\rho$,

$$d\Psi_2 = B_2 \, d\rho \, dz = \frac{\mu I}{2\pi \rho} \, d\rho \, dz$$

Neste caso, a corrente a ser considerada para o cálculo do fluxo é a corrente total I. Portanto,

$$\lambda_2 = \Psi_2 = \int_{\rho=a}^{b} \int_{z=0}^{\ell} \frac{\mu I \, d\rho \, dz}{2\pi \rho} = \frac{\mu I \ell}{2\pi} \ln \frac{b}{a}$$

$$L_{\text{ext}} = \frac{\lambda_2}{I} = \frac{\mu \ell}{2\pi} \ln \frac{b}{a}$$

Então,

$$L = L_{\text{in}} + L_{\text{ext}} = \frac{\mu \ell}{2\pi} \left[\frac{1}{4} + \ln \frac{b}{a} \right]$$

ou a indutância por unidade de comprimento é:

$$\boxed{L' = \frac{L}{\ell} = \frac{\mu}{2\pi} \left[\frac{1}{4} + \ln \frac{b}{a} \right] \quad \text{H/m}}$$

Método 2: é mais fácil utilizar as equações (8.54) e (8.66) para determinar L, isto é,

$$W_m = \frac{1}{2} L I^2 \quad \text{ou} \quad L = \frac{2 W_m}{I^2}$$

onde
$$W_m = \frac{1}{2} \int \mathbf{B} \cdot \mathbf{H} \, dv = \int \frac{B^2}{2\mu} \, dv$$

Portanto,
$$L_{\text{in}} = \frac{2}{I^2} \int \frac{B_1^2}{2\mu} \, dv = \frac{1}{I^2 \mu} \iiint \frac{\mu^2 I^2 \rho^2}{4\pi^2 a^4} \rho \, d\rho \, d\phi \, dz$$

$$= \frac{\mu}{4\pi^2 a^4} \int_0^\ell dz \int_0^{2\pi} d\phi \int_0^a \rho^3 \, d\rho = \frac{\mu \ell}{8\pi}$$

$$L_{\text{ext}} = \frac{2}{I^2} \int \frac{B_2^2}{2\mu} \, dv = \frac{1}{I^2 \mu} \iiint \frac{\mu^2 I^2}{4\pi^2 \rho^2} \rho \, d\rho \, d\phi \, dz$$

$$= \frac{\mu}{4\pi^2} \int_0^\ell dz \int_0^{2\pi} d\phi \int_a^b \frac{d\rho}{\rho} = \frac{\mu \ell}{2\pi} \ln \frac{b}{a}$$

e
$$L = L_{\text{in}} + L_{\text{ext}} = \frac{\mu \ell}{2\pi} \left[\frac{1}{4} + \ln \frac{b}{a} \right]$$

como obtido anteriormente.

EXERCÍCIO PRÁTICO 8.11

Calcule a autoindutância do cabo coaxial do Exemplo 8.11 se o condutor interno for feito de um material não homogêneo, tendo $\mu = 2\mu_0/(1 + \rho)$.

Resposta: $\dfrac{\mu_0 \ell}{8\pi} + \dfrac{\mu_0 \ell}{\pi} \left[\ln \dfrac{b}{a} - \ln \dfrac{(1+b)}{(1+a)} \right]$

EXEMPLO 8.12 Determine a indutância, por unidade de comprimento, de uma linha de transmissão a dois fios, separados entre si de uma distância d. Cada fio tem um raio a, como mostrado na Figura 6.33.

Solução:

Utilizaremos os dois métodos do exemplo 8.11.

Método 1: determinamos L_{in} da mesma forma como foi feito no exemplo 8.11. Portanto, para a região $0 \leq \rho \leq a$, obtemos

$$\lambda_1 = \frac{\mu I \ell}{8\pi}$$

como no exemplo anterior. Para a região $a \leq \rho \leq d - a$, os fluxos concatenados entre os fios são

$$\lambda_2 = \Psi_2 = \int_{\rho=a}^{d-a} \int_{z=0}^{\ell} \frac{\mu I}{2\pi\rho} \, d\rho \, dz = \frac{\mu I \ell}{2\pi} \ln \frac{d-a}{a}$$

Os fluxos concatenados gerados pelo fio 1 são:

$$\lambda_1 + \lambda_2 = \frac{\mu I \ell}{8\pi} + \frac{\mu I \ell}{2\pi} \ln \frac{d-a}{a}$$

Por simetria, a mesma quantidade de fluxo é gerada pela corrente $-I$ no fio 2. Portanto, os fluxos concatenados totais são:

$$\lambda = 2(\lambda_1 + \lambda_2) = \frac{\mu I \ell}{\pi} \left[\frac{1}{4} + \ln \frac{d-a}{a} \right] = LI$$

Se $d \gg a$, a autoindutância, por unidade de comprimento, é:

$$\boxed{L' = \frac{L}{\ell} = \frac{\mu}{\pi}\left[\frac{1}{4} + \ln\frac{d}{a}\right]} \quad \text{H/m}$$

Método 2: do Exemplo 8.11, temos

$$L_{\text{in}} = \frac{\mu\ell}{8\pi}$$

Agora,

$$L_{\text{ext}} = \frac{2}{I^2}\int \frac{B^2\,dv}{2\mu} = \frac{1}{I^2\mu}\iiint \frac{\mu^2 I^2}{4\pi^2\rho^2}\,\rho\,d\rho\,d\phi\,dz$$

$$= \frac{\mu}{4\pi^2}\int_0^\ell dz \int_0^{2\pi} d\phi \int_a^{d-a}\frac{d\rho}{\rho}$$

$$= \frac{\mu\ell}{2\pi}\ln\frac{d-a}{a}$$

Uma vez que os dois fios são simétricos,

$$L = 2\,(L_{\text{in}} + L_{\text{ext}})$$

$$= \frac{\mu\ell}{\pi}\left[\frac{1}{4} + \ln\frac{d-a}{a}\right] \text{ H}$$

como obtido anteriormente.

EXERCÍCIO PRÁTICO 8.12

Dois fios de cobre com bitola 10 AWG* (2,588 mm de diâmetro) estão colocados em paralelo no ar com um espaçamento d entre eles. Se a indutância de cada fio é 1,2 μH/m, calcule:

(a) L_{in} e L_{ext}, por metro, para cada fio;

(b) o espaçamento d entre os fios.

Resposta: (a) 0,05 e 1,15 μH/m; (b) 40,79 cm.

EXEMPLO 8.13

Dois anéis circulares coaxiais de raios a e b ($b > a$) estão separados por uma distância h (h $\gg a,b$) como mostrado na Figura 8.23. Determine a indutância mútua entre os anéis.

Solução:

Seja o anel 1 percorrido pela corrente I_1. Em um ponto arbitrário P sobre o anel 2, o potencial magnético vetorial devido ao anel 1 é dado pela equação (8.21a), a saber:

$$\mathbf{A}_1 = \frac{\mu I_1 a^2 \operatorname{sen}\theta}{4r^2}\mathbf{a}_\phi = \frac{\mu I_1 a^2 b\,\mathbf{a}_\phi}{4[h^2+b^2]^{3/2}}$$

Se $h \gg b$

$$\mathbf{A}_1 \simeq \frac{\mu I_1 a^2 b}{4h^3}\mathbf{a}_\phi$$

Portanto,

$$\Psi_{12} = \oint \mathbf{A}_1 \cdot d\mathbf{l}_2 = \frac{\mu I_1 a^2 b}{4h^3} 2\pi b = \frac{\mu\pi I_1 a^2 b^2}{2h^3}$$

---

* N. de T.: A sigla AWG significa American Wire Gage e representa um padrão norte-americano de bitola de fios, hoje em desuso.

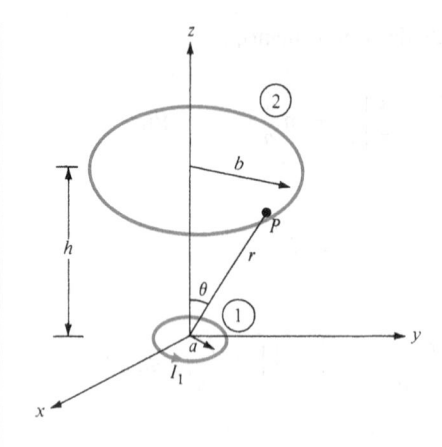

FIGURA 8.23 Dois anéis circulares coaxiais; referente ao Exemplo 8.13.

e

$$M_{12} = \frac{\Psi_{12}}{I_1} = \frac{\mu\pi a^2 b^2}{2h^3}$$

EXERCÍCIO PRÁTICO 8.13

Determine a indutância mútua de duas espiras circulares coplanares e concêntricas de raios 2 m e 3 m.

Resposta: 2,632 μH.

---

†8.10 CIRCUITOS MAGNÉTICOS

O conceito de circuitos magnéticos está baseado na resolução de alguns problemas de campo magnético utilizando a abordagem de circuitos. Dispositivos magnéticos como toroides, transformadores, motores, geradores e relés podem ser considerados circuitos magnéticos. A análise desses circuitos é simplificada se uma analogia entre circuitos elétricos e magnéticos for explorada. Uma vez feito isso, podemos aplicar diretamente conceitos de circuitos elétricos para resolver circuitos magnéticos análogos.

A analogia entre circuitos elétricos e magnéticos está resumida na Tabela 8.4 e mostrada na Figura 8.24. Aconselhamos o leitor a fazer uma pausa na leitura e estudar atentamente a Tabela 8.4 e a Figura 8.24. Primeiramente, observamos na tabela que dois termos são novos. Definimos a *força magnetomotriz* (fmm) $\mathscr{F}$ (em ampères-espiras) como

$$\boxed{\mathscr{F} = NI = \oint \mathbf{H} \cdot d\mathbf{l}} \tag{8.67}$$

A fonte de fmm em circuitos magnéticos é usualmente uma bobina percorrida por uma corrente, como mostra a Figura 8.24. Definimos também *relutância* $\mathscr{R}$ (em ampère-esp/weber) como

$$\boxed{\mathscr{R} = \frac{\ell}{\mu S}} \tag{8.68}$$

onde ℓ e S são, respectivamente, o comprimento médio e a área da seção reta do núcleo magnético. O recíproco da relutância é a *permeância* $\mathscr{P}$. A relação básica para elementos de circuitos é a lei de Ohm ($V = IR$):

TABELA 8.4 Analogia entre circuitos elétricos e magnéticos

Elétrico	Magnético
Condutividade σ	Permeabilidade μ
Intensidade de campo E	Intensidade de campo H
Corrente $I = \int \mathbf{J} \cdot d\mathbf{S}$	Fluxo magnético $\Psi = \int \mathbf{B} \cdot d\mathbf{S}$
Densidade de corrente $J = \dfrac{I}{S} = \sigma E$	Densidade de fluxo $B = \dfrac{\Psi}{S} = \mu H$
Força eletromotriz (fem) V	Força magnetomotriz (fmm) $\mathscr{F}$
Resistência R	Relutância $\mathscr{R}$
Condutância $G = \dfrac{1}{R}$	Permeância $\mathscr{P} = \dfrac{1}{\mathscr{R}}$
Lei de Ohm $R = \dfrac{V}{I} = \dfrac{\ell}{\sigma S}$	Lei de Ohm $\mathscr{R} = \dfrac{\mathscr{F}}{\Psi} = \dfrac{\ell}{\mu S}$
ou $V = E\ell = IR$	ou $\mathscr{F} = H\ell = \Psi \mathscr{R} = NI$
Lei de Kirchhoff:	Lei de Kirchhoff:
$\Sigma I = 0$	$\Sigma \Psi = 0$
$\Sigma V - \Sigma RI = 0$	$\Sigma \mathscr{F} - \Sigma \mathscr{R} \Psi = 0$

$$\mathscr{F} = \Psi \mathscr{R} \tag{8.69}$$

Baseado nisso, as leis de Kirchhoff de corrente e de tensão podem ser aplicadas aos nós e às malhas de um determinado circuito magnético da mesma forma como em um circuito elétrico. As regras de soma de tensões e de combinação de resistências, em série e em paralelo, também são válidas para fmm's e relutâncias. Portanto, para n elementos de circuito magnético em série:

$$\Psi_1 = \Psi_2 = \Psi_3 = \cdots = \Psi_n \tag{8.70}$$

e

$$\mathscr{F} = \mathscr{F}_1 + \mathscr{F}_2 + \cdots + \mathscr{F}_n \tag{8.71}$$

Para n elementos de circuito magnético em paralelo,

$$\Psi = \Psi_1 + \Psi_2 + \Psi_3 + \cdots + \Psi_n \tag{8.72}$$

e

$$\mathscr{F}_1 = \mathscr{F}_2 = \mathscr{F}_3 = \cdots = \mathscr{F}_n \tag{8.73}$$

Algumas diferenças entre circuitos elétricos e magnéticos devem ser destacadas. Diferentemente de um circuito elétrico onde flui corrente I, o fluxo magnético não flui. Também, a condutividade σ é independente da densidade de corrente J em um circuito elétrico, enquanto a permeabilidade μ varia com a densidade de fluxo B em um circuito magnético. Isso porque materiais ferromagnéticos (não lineares) são normalmente utilizados na maioria dos dispositivos magnéticos práticos. Apesar dessas diferenças, o conceito de circuito magnético é útil como uma análise aproximada dos dispositivos magnéticos práticos.

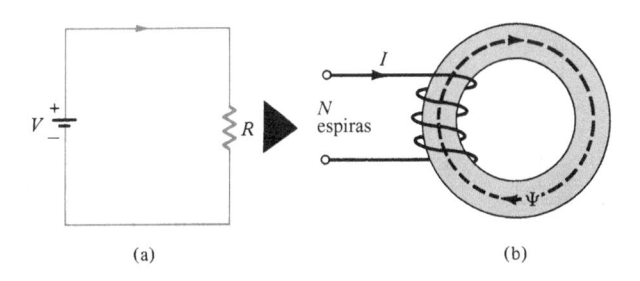

FIGURA 8.24 Analogia entre (a) um circuito elétrico e (b) um circuito magnético.

†8.11 FORÇA SOBRE MATERIAIS MAGNÉTICOS

É de interesse prático determinar a força que um campo magnético exerce sobre uma peça de material magnético imersa no campo. Esse conceito é útil em sistemas eletromecânicos como eletroímãs, relés e máquinas rotativas, e em levitação magnética. Considere, por exemplo, um eletroímã feito de ferro com permeabilidade relativa constante, como mostrado na Figura 8.25. A bobina tem N espiras e é percorrida por uma corrente I. Se desprezarmos o espraiamento do fluxo magnético, o campo magnético B no entreferro de ar é o mesmo que no interior do ferro ($B_{1n} = B_{2n}$). Para encontrar a força entre as duas peças de ferro, calculamos a alteração na energia total que resultaria se as duas peças fossem separadas de um deslocamento diferencial dl. O trabalho necessário para efetivar esse deslocamento é igual à variação da energia armazenada no entreferro de ar (assumindo corrente constante), isto é,

$$-F\,dl = dW_m = 2\left[\frac{1}{2}\frac{B^2}{\mu_o}S\,dl\right] \tag{8.74}$$

onde S é a área da seção reta do entreferro, o fator 2 aparece para contabilizar a contribuição dos dois entreferros de ar, e o sinal negativo indica que a força age no sentido de reduzir o entreferro (ou indica que a força é atrativa). Então:

$$F = -2\left(\frac{B^2 S}{2\mu_o}\right) \tag{8.75}$$

Note que a força é exercida sobre a peça inferior, e não sobre a peça superior, na qual está enrolada a bobina percorrida pela corrente que dá origem ao campo. A força de tração através de um *único* entreferro pode ser obtida da equação (8.75) como:

$$\boxed{F = -\frac{B^2 S}{2\mu_o}} \tag{8.76}$$

Observe a semelhança entre a equação (8.76) e aquela deduzida no Exemplo 5.8 para o caso eletrostático. A equação (8.76) pode ser usada para calcular as forças em muitos tipos de dispositivos, incluindo relés e máquinas elétricas rotativas, e em levitação magnética. A pressão de tração (em N/m^2) em uma superfície imantada é

$$p = \frac{F}{S} = \frac{B^2}{2\mu_o} = \frac{1}{2}BH \tag{8.77}$$

que é igual à densidade de energia w_m no entreferro de ar.

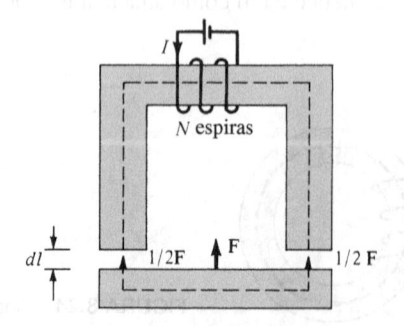

FIGURA 8.25 Um eletroímã.

EXEMPLO 8.14

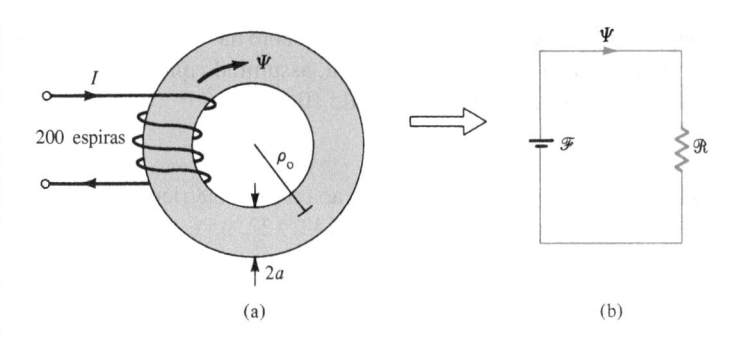

FIGURA 8.26 (a) Núcleo toroidal do Exemplo 8.14; (b) circuito elétrico equivalente.

O núcleo toroidal da Figura 8.26(a) tem $\rho_o = 10$ cm e uma seção reta circular com $a = 1$ cm. Se o núcleo é feito de aço ($\mu = 1.000\mu_o$) e tem uma bobina com 200 espiras, calcule a intensidade de corrente que irá gerar um fluxo de 0,5 mWb no núcleo.

Solução:

Este problema pode ser resolvido de duas maneiras: usando a abordagem do campo magnético (modo direto) ou usando o circuito elétrico análogo (modo indireto).

Método 1: já que ρ_o é muito maior do que a, do Exemplo 7.6,

$$B = \frac{\mu NI}{\ell} = \frac{\mu_o \mu_r NI}{2\pi\rho_o}$$

Assim,

$$\Psi = BS = \frac{\mu_o \mu_r NI \, \pi a^2}{2\pi\rho_o}$$

ou

$$I = \frac{2\rho_o \Psi}{\mu_o \mu_r N a^2} = \frac{2(10 \times 10^{-2})(0,5 \times 10^{-3})}{4\pi \times 10^{-7}(1.000)(200)(1 \times 10^{-4})}$$

$$= \frac{100}{8\pi} = 3,979 \text{ A}$$

Método 2: o núcleo toroidal da Figura 8.26(a) é análogo ao circuito elétrico da Figura 8.26(b). Desse circuito e da Tabela 8.4,

$$\mathcal{F} = NI = \Psi\mathcal{R} = \Psi\frac{\ell}{\mu S} = \Psi\frac{2\pi\rho_o}{\mu_o\mu_r\pi a^2}$$

ou

$$I = \frac{2\rho_o \Psi}{\mu_o \mu_r N a^2} = 3,979 \text{ A}$$

como obtido pelo Método 1.

EXERCÍCIO PRÁTICO 8.14

Com um condutor de raio a faz-se uma espira circular de raio médio ρ_o (veja Figura 8.26a). Se $\rho_o = 10$ cm e $2a = 1$ cm, calcule a indutância interna da espira.

Resposta: 31,42 nH.

EXEMPLO 8.15

No circuito magnético da Figura 8.27, calcule a corrente na bobina que irá gerar uma densidade de fluxo magnético de 1,5 Wb/m² no entreferro de ar, assumindo que $\mu = 50\mu_o$, e que todos os trechos do núcleo tenham a mesma área de seção reta de 10 cm².

Solução:

O circuito magnético da Figura 8.27 é análogo ao circuito elétrico da Figura 8.28. Na Figura 8.27, $\mathcal{R}_1, \mathcal{R}_2, \mathcal{R}_3$ e $\mathcal{R}_a$ são as relutancias nos trechos 143, 123, 35 e 16 e 56 (entreferro de ar), respectivamente. Portanto,

$$\mathcal{R}_1 = \mathcal{R}_2 = \frac{\ell}{\mu_o \mu_r S} = \frac{30 \times 10^{-2}}{(4\pi \times 10^{-7})(50)(10 \times 10^{-4})}$$

$$= \frac{3 \times 10^8}{20\pi}$$

$$\mathcal{R}_3 = \frac{9 \times 10^{-2}}{(4\pi \times 10^{-7})(50)(10 \times 10^{-4})} = \frac{0,9 \times 10^8}{20\pi}$$

$$\mathcal{R}_a = \frac{1 \times 10^{-2}}{(4\pi \times 10^{-7})(1)(10 \times 10^{-4})} = \frac{5 \times 10^8}{20\pi}$$

Combinamos $\mathcal{R}_1$ e $\mathcal{R}_2$ como resistores em paralelo. Dessa maneira:

$$\mathcal{R}_1 \| \mathcal{R}_2 = \frac{\mathcal{R}_1 \mathcal{R}_2}{\mathcal{R}_1 + \mathcal{R}_2} = \frac{\mathcal{R}_1}{2} = \frac{1,5 \times 10^8}{20\pi}$$

A relutância total é:

$$\mathcal{R}_T = \mathcal{R}_a + \mathcal{R}_3 + \mathcal{R}_1 \| \mathcal{R}_2 = \frac{7,4 \times 10^8}{20\pi}$$

A fmm é:

$$\mathcal{F} = NI = \Psi_a R_T$$

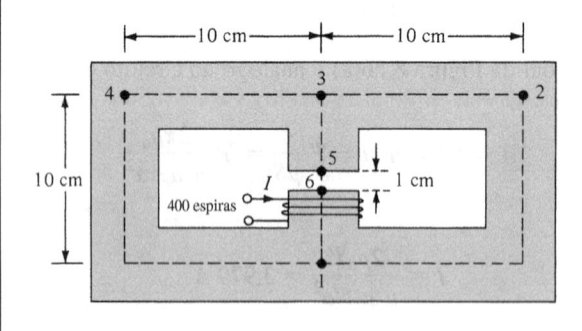

FIGURA 8.27 Circuito magnético do Exemplo 8.15.

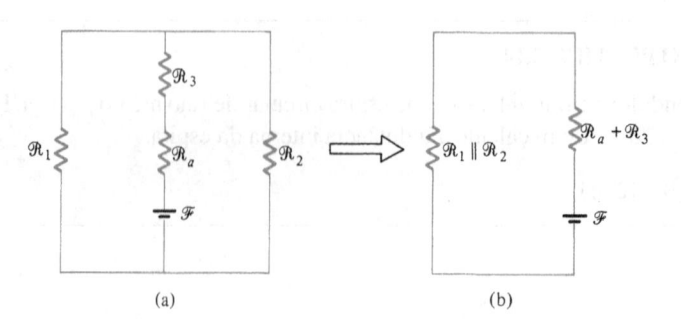

FIGURA 8.28 Circuito elétrico análogo ao circuito magnético na Figura 8.27.

Porém, $\Psi_a = \Psi = B_a S$. Assim,

$$I = \frac{B_a S \mathcal{R}_T}{N} = \frac{1,5 \times 10 \times 10^{-4} \times 7,4 \times 10^8}{400 \times 20\pi}$$

$$= 44,16 \text{ A}$$

EXERCÍCIO PRÁTICO 8.15

O toroide da Figura 8.26(a) tem uma bobina com 1.000 espiras enroladas em torno de seu núcleo. Se $\rho_o = 10$ cm e $a = 1$ cm, qual a corrente necessária para estabelecer um fluxo magnético de 0,5 mWb:

(a) se o núcleo é não magnético

(b) se o núcleo tem $\mu_r = 500$

Resposta: (a) 795,8 A; (b) 1,592 A.

EXEMPLO 8.16

Um eletroímã na forma de U, mostrado na Figura 8.29, é projetado para levantar uma massa de 400 kg (o que inclui a massa da armadura de proteção). O núcleo em U de ferro ($\mu_r = 3.000$) tem uma seção reta de 40 cm² e um comprimento médio de 50 cm e cada entreferro de ar tem 0,1 mm de comprimento. Desprezando a relutância da armadura de proteção, calcule o número de espiras na bobina quando a corrente de excitação for de 1 A.

Solução:

A força de tração através dos dois entreferros deve equilibrar o peso. Portanto,

$$F = 2\frac{(B_a^2 S)}{2\mu_o} = mg$$

ou

$$B_a^2 = \frac{mg\mu_o}{S} = \frac{400 \times 9,8 \times 4\pi \times 10^{-7}}{40 \times 10^{-4}}$$

$$B_a = 1,11 \text{ Wb/m}^2$$

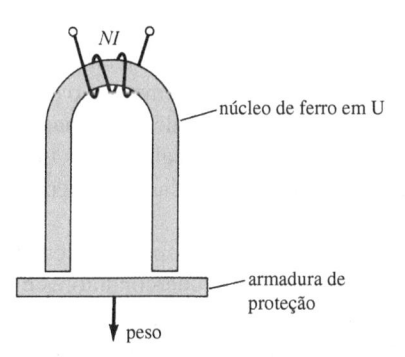

FIGURA 8.29 Eletroímã na forma de U; referente ao Exemplo 8.16.

Porém,

$$\mathcal{F} = NI = \Psi(\mathcal{R}_a + \mathcal{R}_i)$$

$$\mathcal{R}_a = \frac{\ell_a}{\mu S} = \frac{2 \times 0,1 \times 10^{-3}}{4\pi \times 10^{-7} \times 40 \times 10^{-4}} = \frac{6 \times 10^6}{48\pi}$$

$$\mathcal{R}_i = \frac{\ell_i}{\mu_o \mu_r S} = \frac{50 \times 10^{-2}}{4\pi \times 10^{-7} \times 3.000 \times 40 \times 10^{-4}} = \frac{5 \times 10^6}{48\pi}$$

$$\mathcal{F}_a = \frac{\mathcal{R}_a}{\mathcal{R}_a + \mathcal{R}_i}\mathcal{F} = \frac{6}{6+5}NI = \frac{6}{11}NI$$

Já que

$$\mathcal{F}_a = H_a \ell_a = \frac{B_a \ell_a}{\mu_o}$$

$$N = \frac{11}{6}\frac{B_a \ell_a}{\mu_o I} = \frac{11 \times 1,11 \times 0,1 \times 10^{-3}}{6 \times 4\pi \times 10^{-7} \times 1}$$

$$N = 162$$

EXERCÍCIO PRÁTICO 8.16

Determine a força através do entreferro de ar do circuito magnético do circuito do Exemplo 8.15.

Resposta: 895,2 N.

8.12 APLICAÇÃO TECNOLÓGICA – LEVITAÇÃO MAGNÉTICA

Superar a influência da gravidade terrestre tem sido um desafio. Entretanto, cientistas e engenheiros têm encontrado muitas maneiras de obter a levitação. Por exemplo, um helicóptero pode ser visto como um dispositivo de levitação que utiliza uma corrente de ar para manter a aeronave flutuando.

> A **levitação magnética** (*maglev**) é um maneira de, utilizando os campos magnéticos, levitar objetos de modo silencioso e sem a necessidade do uso de combustíveis líquidos ou do ar.

Portanto, o *maglev* permite fazer um ímã permanente flutuar sobre outro. De acordo com o Teorema de Earnshaw, é impossível obter levitação estática por meio de qualquer tipo de combinação de ímãs permanentes fixos e cargas elétricas. Por levitação estática se entende uma suspensão estável de qualquer objeto contra ação da gravidade. Entretanto, há maneiras de obter a levitação burlando os pressupostos do Teorema. A levitação magnética emprega o diamagnetismo, uma propriedade intrínseca de muitos materiais referente à capacidade de se magnetizarem em oposição ao campo magnético aplicado e, dessa forma, dispersarem localmente as linhas de fluxo do campo magnético. Como resultado dessa propriedade, os materiais diamagnéticos repelem campos magnéticos intensos, e são repelidos por eles.

Materiais supercondutores são diamagnéticos ideais, e dispersam o campo magnético em baixas temperaturas. Com isso, é possível levitar materiais supercondutores e outros materiais diamagnéticos. Essa propriedade é também utilizada em trens *maglev*. Tem-se tornado muito comum observar materiais supercondutores a altas temperaturas levitarem desse modo. Um supercondutor

---

* N. de T.: *maglev* = *magnectic levitation*.

é um diamagnético perfeito, o que significa dizer que repele o campo magnético. Outros materiais diamagnéticos comuns podem também levitar quando imersos em campos magnéticos, se esses campos forem de intensidade suficientemente elevada.

Há dois tipos de *maglev*: por levitação magnética (EML*), que utiliza a força atrativa entre os eletroímãs instalados no objeto levitado e o circuito sobre o chão, e a levitação eletrodinâmica (EDL**), que faz uso da força repulsiva entre ímãs permanentes (ímãs supercondutores) instalados no objeto levitado e a corrente induzida em um circuito secundário sobre o chão. Qualquer tipo de sistema *maglev* consiste em três subsistemas: uma suspensão magnética, um motor de propulsão, e um sistema de alimentação de energia. O sistema de suspensão magnética garante a suspensão estável do veículo em seu próprio campo magnético. O motor de propulsão produz uma força suficiente para manter o veículo constantemente flutuando ao longo de uma determinada trilha e a uma determinada velocidade de deslocamento. O sistema de alimentação fornece energia de forma ininterrupta.

Conforme discutido na Seção 8.5, materiais no interior de um campo magnético se magnetizam. A maioria dos materiais, tais como água, madeira e plásticos são diamagnéticos, o que significa dizer que eles são repelidos por campos magnéticos. No entanto, essa força repulsiva, é muito fraca se comparada com a força atrativa experimentada por um material ferromagnético, tal como o ferro, quando imerso em um campo magnético. Conforme mostrado na Figura 8.30, se a força repulsiva sobre um objeto diamagnético devido a um campo magnético for exatamente igual ao peso do objeto, então este pode ser levitado no ar. Os campos magnéticos necessários para esse tipo de levitação são muito intensos, normalmente em torno de 17 T. A geração de campos com essa intensidade requer o uso de ímãs supercondutores. Portanto, em aplicações práticas, o uso do *maglev* baseia-se em supercondutores.

Trens levitantes e objetos levitantes em exposição (*levitating displays*) são apenas dois exemplos de utilização da levitação eletromagnética. A demanda por um transporte rápido e confiável cresce em todo o mundo. Ferrovias ultra-rápidas tem sido a solução para muitos países. Um trem *maglev* é um veículo semelhante a um trem que é suspenso no ar acima de um trilho, e é propelido para frente utilizando forças magnéticas repulsivas e atrativas, como mostra a Figura 8.31. Trens são rápidos, confortáveis, e energeticamente eficientes. Ferrovias convencionais operam a velocidades abaixo de 300 km/h, enquanto os veículos *maglev* são projetados para velocidades de até 500 km/h. Uma grande vantagem dos sistemas *maglev* é sua capacidade em operar praticamente sob qualquer condição climática. Esses sistemas são projetados para operar em condições sob gelo, pois não requerem linhas de energia suspensas, sujeitas ao congelamento em ferrovias convencionais.

A tecnologia *maglev* é uma realidade. Japão e Alemanha têm investido bilhões de dólares em pesquisas e desenvolvimento na área. Nos Estados Unidos, comunidades da Flórida à Califórnia estão considerando a construção de sistemas *maglev*.

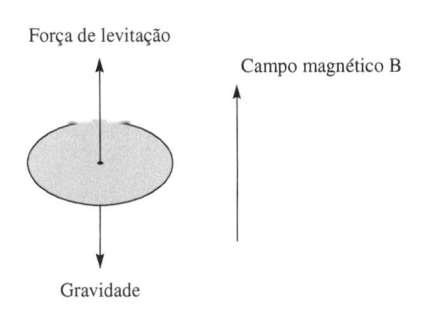

FIGURA 8.30 Um objeto em levitação.

FIGURA 8.31 Trem *maglev*.

* N. de T.: *Electromagnetic Levitation*.
** N. de T.: *Electrodynamic Levitation*.

MATLAB 8.1

```
% Este programa calcula os resultados para o Exemplo 8.1
%
% O programa usa a função "dsolve" que resolve equações diferenciais
% na forma simbólica.
% Os argumentos da função são:
% 1.a equação diferencial, com D e D2 na frente da variável
% representando a primeira e a segunda derivadas
% 2.O valor inicial da primeira derivada.
% 3.O valor inicial da segunda derivada
% 4.A variável independente
clear
syms at ax ay az t % Esta declaração cria variáveis simbólicas para
% componentes da aceleração e para o tempo.
at=[ax, ay, az]; % Agrupa as componentes da aceleração no vetor at

% parte (a) do problema
a=[12, 10, 0]*3/2;
% A função display é similar a printf no c/c++.
disp(sprintf('Parte a \n A aceleração é(%f, %f %f) m/s', a(1),
a(2),a(3)))

% parte (b)
% Calcula a velocidade (cada linha de comando calcula uma componente)
v=[dsolve('Dvx=ax','vx(0)=4','t'), ...    % x
    dsolve('Dvy=ay',' % vy(0)=0','t') ... % y
    dsolve('Dvz=az',' % vz(0)=3','t')] ... % z

v=subs(v,{ax, ay, az},[12, 10, 0]*3/2); % Substitui a variável
% velocidade por números.
disp(sprintf('\n\nParte b \nA velocidade é dada por')) % Mostra o
% resultado.
pretty(v) % Apresenta a expressão da variável na forma algébrica.
v=subs(v,{t},1); % Determina o valor numérico de v no tempo t;
disp(sprintf('A velocidade em (1, −2, 0) é (%f, %f %f) m/s', v(1),
v(2), v(3)))

% parte (c)
disp(sprintf('\n\nParte c\n A energia cinética é %f
J',0.5*2*norm(v)^2)) % mostra o resultado

% parte (d)
% Cálculo da posição (cada linha de comando calcula uma componente)
p=[dsolve('D2px=ax','px(0)=1','Dpx(0)=4','t'), ...    % x
    dsolve('D2py=ay','py(0)=-2','Dpy(0)=0','t') ... % y
    dsolve('D2pz=az','pz(0)=0','Dpz(0)=3','t')]; % z

% Determina a aceleração e substitui as componentes da variável
% aceleração com os valores numéricos atualizados.
p=subs(p,{ax, ay, az},[12, 10, 0]*3/2);
disp(sprintf('\n\n Parte de\n A posição é dada por')) % Mostra o
% resultado.
pretty(p) % Apresenta a expressão da variável na forma algébrica.
p=subs(p,{t},1); % Determina o valor numérico de v no tempo t.
disp(sprint('A posição no tempo t = 1 s é (%f, %f, %f) m/s', p(1),
p(2), p(3)))
```

RESUMO

1. A equação da força de Lorentz

$$\mathbf{F} = Q(\mathbf{E} + \mathbf{u} \times \mathbf{B}) = m\frac{d\mathbf{u}}{dt}$$

   refere-se à força que atua sobre uma partícula com carga Q submetidas a campos EM. Ela expressa a lei fundamental que relaciona o eletromagnetismo com a mecânica.

2. Baseado na lei da força de Lorentz, a força experimentada por um elemento de corrente $I d\mathbf{l}$ em um campo magnético $\mathbf{B}$ é:

$$d\mathbf{F} = I\, d\mathbf{l} \times \mathbf{B}$$

   Assim, podemos definir o campo magnético $\mathbf{B}$ como a força por elemento de corrente unitário.

3. O torque sobre uma espira de corrente, com momento magnético $\mathbf{m}$, em um campo magnético uniforme $\mathbf{B}$ é:

$$\mathbf{T} = \mathbf{m} \times \mathbf{B} = IS\mathbf{a}_n \times \mathbf{B}$$

4. Uma barra imantada ou uma pequena espira de corrente filamentar é um dipolo magnético. Essa denominação se dá pelo fato de que as linhas de campo $\mathbf{B}$ geradas por essas geometrias são semelhantes às linhas de campo $\mathbf{E}$ de um dipolo elétrico.

5. Quando um material é submetido a um campo magnético, ele se torna magnetizado. A magnetização $\mathbf{M}$ é o momento de dipolo magnético por unidade de volume de um material. Para um material linear,

$$\mathbf{M} = \chi_m \mathbf{H}$$

   onde χ_m é a suscetibilidade magnética do material.

6. Em termos de suas propriedades magnéticas, os materiais são ou lineares (diamagnéticos ou paramagnéticos) ou não lineares (ferromagnéticos). Para materiais lineares,

$$\mathbf{B} = \mu\mathbf{H} = \mu_o\mu_r\mathbf{H} = \mu_o(1 + \chi_m)\mathbf{H} = \mu_o(\mathbf{H} + \mathbf{M})$$

   onde μ = permeabilidade e $\mu_r = \mu/\mu_o$ = permeabilidade relativa do material. Para materiais não lineares, $B = \mu(H)\,H$, isto é, μ não tem um valor fixo. A relação entre B e H é usualmente representada pela curva de magnetização.

7. As condições de fronteira que $\mathbf{H}$ ou $\mathbf{B}$ devem satisfazer na interface entre dois meios diferentes são

$$\mathbf{B}_{1n} = \mathbf{B}_{2n}$$

$$(\mathbf{H}_1 - \mathbf{H}_2) \times \mathbf{a}_{n12} = \mathbf{K} \quad \text{ou} \quad \mathbf{H}_{1t} = \mathbf{H}_{2t} \quad \text{se} \quad \mathbf{K} = 0$$

   onde $\mathbf{a}_{n12}$ é um vetor unitário orientado do meio 1 para o meio 2.

8. A energia em um campo magnetostático é dada por:

$$W_m = \frac{1}{2}\int \mathbf{B} \cdot \mathbf{H}\, dv$$

   Para um indutor percorrido por uma corrente I:

$$W_m = \frac{1}{2}LI^2$$

   Portanto, a indutância L pode ser encontrada usando:

$$L = \frac{\int \mathbf{B} \cdot \mathbf{H}\, dv}{I^2}$$

9. A indutância L de um indutor pode ser também determinada a partir de sua definição básica: a razão entre o fluxo magnético concatenado e a corrente através do indutor, isto é:

$$L = \frac{\lambda}{I} = \frac{N\Psi}{I}$$

Dessa maneira, assumindo a corrente I, determinamos $\mathbf{B}$ e $\Psi = \int \mathbf{B} \cdot d\mathbf{S}$ e, finalmente, encontramos $L = N\Psi/I$.

10. Um circuito magnético pode ser analisado da mesma maneira que um circuito elétrico, simplesmente levando em conta a similaridade entre

$$\mathscr{F} = NI = \oint \mathbf{H} \cdot d\mathbf{l} = \Psi \mathscr{R} \quad \text{e} \quad V = IR$$

isto é,

$$\mathscr{F} \leftrightarrow V, \Psi \leftrightarrow I, \mathscr{R} \leftrightarrow R$$

Portanto, podemos aplicar as leis de Ohm e de Kirchhoff aos circuitos magnéticos da mesma forma que as aplicamos aos circuitos elétricos.

11. A pressão magnética (ou força por unidade de área) sobre uma peça de material magnético é

$$P = \frac{F}{S} = \frac{1}{2}BH = \frac{B^2}{2\mu_o}$$

onde B é o campo magnético na superfície do material.

12. A levitação magnética (*maglev*) consiste em utilizar campos EM para fazer levitar objetos. Uma área importante de aplicação do *maglev* é em transportes. Estradas de ferro convencionais operam em velocidades abaixo dos 300 km/h, enquanto os veículos *maglev* são projetados para velocidades de operação de até 500 km/h.

QUESTÕES DE REVISÃO

8.1 Quais das sentenças seguintes não são verdadeiras a respeito da força elétrica $\mathbf{F}_e$ e da força magnética $\mathbf{F}_m$ sobre uma partícula carregada?

(a) $\mathbf{E}$ e $\mathbf{F}_e$ são paralelas entre si, enquanto $\mathbf{B}$ e $\mathbf{F}_m$ são perpendiculares entre si.

(b) Tanto $\mathbf{F}_e$ quanto $\mathbf{F}_m$ dependem da velocidade da partícula carregada.

(c) Tanto $\mathbf{F}_e$ quanto $\mathbf{F}_m$ podem realizar trabalho.

(d) Tanto $\mathbf{F}_e$ quanto $\mathbf{F}_m$ são geradas quando uma partícula carregada se move a uma velocidade constante.

(e) $\mathbf{F}_m$ é de magnitude, geralmente, bem menor que $\mathbf{F}_e$.

(f) $\mathbf{F}_e$ é uma força aceleradora, enquanto $\mathbf{F}_m$ é uma força puramente defletora.

8.2 Dois fios finos paralelos são percorridos por correntes com a mesma orientação. A força experimentada por um deles devido à ação do outro é:

(a) paralela aos fios

(b) perpendicular aos fios e atrativa

(c) perpendicular aos fios e repulsiva

(d) zero

8.3 A força sobre o elemento diferencial $d\mathbf{l}$ em um ponto P em uma espira circular condutora na Figura 8.32 é:

(a) ao longo de OP, apontando para fora

(b) ao longo de OP, apontando para dentro

(c) na direção e sentido do campo magnético

(c) tangencial à espira em P

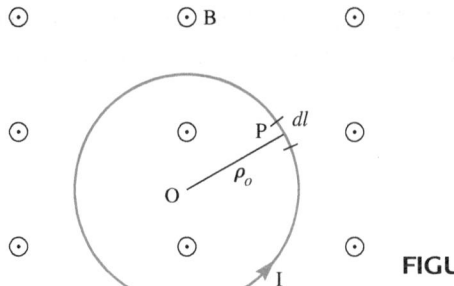

FIGURA 8.32 Referente às Questões de Revisão 8.3 e 8.4.

8.4 A força resultante sobre a espira circular na Figura 8.32 tem magnitude

(a) $2\pi\rho_o IB$

(b) $\pi\rho_o^2 IB$

(c) $2\rho_o IB$

(d) zero

8.5 Qual é a unidade da carga magnética?

(a) ampère-metro quadrado

(b) coulomb

(c) ampère

(d) ampère-metro

8.6 Qual desses materiais requer o menor valor de intensidade de campo magnético para magnetizá-lo?

(a) níquel

(b) prata

(c) tungstênio

(d) cloreto de sódio

8.7 Identifique a sentença que não é verdadeira para materiais ferromagnéticos.

(a) Os materiais ferromagnéticos têm um χ_m de valor elevado.

(b) Os materiais ferromagnéticos têm um μ_r de valor fixo.

(c) Nos materiais ferromagnéticos, a perda de energia é proporcional à área do laço de histerese.

(d) Os materiais ferromagnéticos, acima da temperatura Curie, perdem sua propriedade de não linearidade.

8.8 Qual das fórmulas seguintes está errada?

(a) $B_{1n} = B_{2n}$

(b) $B_2 = \sqrt{B_{2n}^2 + B_{2t}^2}$

(c) $H_1 = H_{1n} + H_{1t}$

(d) $\mathbf{a}_{n21} \times (\mathbf{H}_1 - \mathbf{H}_2) = \mathbf{K}$, onde $\mathbf{a}_{n21}$ é um vetor unitário normal à interface e orientado da região 2 para a região 1.

8.9 Cada um dos seguintes pares consiste de um termo relativo a circuitos elétricos e seu correspondente termo relativo a circuitos magnéticos. Qual desses pares não satisfaz essa condição?

(a) V e $\mathscr{F}$

(b) G e $\mathscr{P}$

(c) ε e μ

(d) IR e $H\mathscr{R}$

(e) $\Sigma I = 0$ e $\Sigma \Psi = 0$

8.10 Uma bobina multicamadas de 2.000 espiras de fio fino tem comprimento de 20 mm e espessura (de enrolamento) de 5 mm. Se a bobina é percorrida por uma corrente de 5 mA, a fmm gerada é de

(a) 10 A · t

(b) 500 A · t

(c) 2.000 A · t

(d) nenhuma das respostas anteriores.

Respostas: 8.1b,c; 8.2b; 8.3a; 8.4d; 8.5d; 8.6a; 8.7b; 8.8c; 8.9c,d; 8.10a.

PROBLEMAS

8.1 Um elétron com uma velocidade $\mathbf{u} = (3\mathbf{a}_x + 12\mathbf{a}_y - 4\mathbf{a}_z) \times 10^5$ m/s experimenta uma força resultante nula em um ponto no qual o campo magnético é $\mathbf{B} = 10\mathbf{a}_x + 20\mathbf{a}_y + 30\mathbf{a}_z$ mWb/m². Determine $\mathbf{E}$ nesse ponto.

8.2 Uma carga pontual de 10C se move com uma velocidade $2\mathbf{a}_x - 4\mathbf{a}_z$ m/s no interior de um campo EM com $\mathbf{E} = \mathbf{a}_x - 3\mathbf{a}_y + 8\mathbf{a}_z$ V/m e $\mathbf{B} = 0{,}3\mathbf{a}_x + 0{,}1\,\mathbf{a}_y$ mWb/m². Determine:

(a) $\mathbf{F}_e$

(b) $\mathbf{F}_m$

(c) A força total sobre a carga

8.3 Um campo magnetostático nunca entrega energia a uma partícula carregada que se movimenta neste campo. Explique.

*8.4 Uma partícula com massa 1 kg e carga 2 C, inicialmente em repouso, parte do ponto (2, 3, – 4) em uma região onde $\mathbf{E} = -4\mathbf{a}_y$ V/m e $\mathbf{B} = 5\mathbf{a}_x$ Wb/m². Determine:

(a) a posição da partícula em $t = 1$s

(b) sua velocidade e sua energia cinética nessa posição

8.5 Uma partícula carregada tem massa 2kg e carga 3C. Se a partícula tem no ponto (1, –2, 0), uma velocidade $4\mathbf{a}_x - 3\mathbf{a}_z$ m/s em um campo elétrico $12\mathbf{a}_x + 10\mathbf{a}_y$ V/m, determine, em $t = 1$ s:

(a) a aceleração da partícula

(b) a sua velocidade

(c) a sua energia cinética

(d) a sua localização

*8.6 Ao injetar um feixe eletrônico perpendicularmente à periferia plana de um campo uniforme $B_o\,\mathbf{a}_z$, os elétrons são dispersados de acordo com as suas velocidades, como mostrado na Figura 8.33.

(a) Mostre que os elétrons vão ser ejetados do campo em trajetórias paralelas às do feixe que penetra essa região, como mostrado.

(b) Deduza uma expressão para a distância d de saída, acima do ponto de entrada.

8.7 Um elemento de corrente de 2 cm de comprimento está localizado na origem no espaço livre e é percorrido por uma corrente de 12 mA ao longo de $\mathbf{a}_x$. Uma corrente filamentar de 15 $\mathbf{a}_z$ A está localizada ao longo de $x = 3$ e $y = 4$. Determine a força sobre o filamento de corrente.

8.8 Uma carga de –2mC parte do ponto (0, 1, 2) com uma velocidade de $5\mathbf{a}_x$ m/s em um campo magnético $\mathbf{B} = 6\mathbf{a}_y$ Wb/m². Determine a posição e a velocidade da partícula após 10 s, assumindo que a massa da carga é de 1 g. Descreva o movimento da carga.

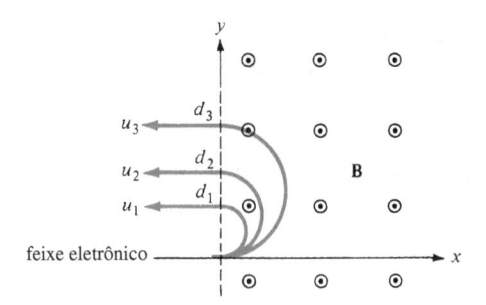

FIGURA 8.33 Referente ao Problema 8.6.

*8.9 Três linhas infinitas L_1, L_2 e L_3 definidas, respectivamente, por $x = 0$ e $y = 0$; $x = 0$ e $y = 4$; $x = 3$ e $y = 4$ são percorridas por correntes filamentares −100 A, 200 A e 300 A ao longo de $\mathbf{a}_z$. Determine a força, por unidade de comprimento, sobre:

(a) L_2 devido a L_1

(b) L_1 devido a L_2

(c) L_3 devido a L_1

(d) L_3 devido a L_1 e L_2. Caracterize se a força é repulsiva ou atrativa.

*8.10 Uma linha de transmissão trifásica consiste de três condutores que são suportados nos pontos A, B e C, formando um triângulo equilátero, como mostrado na Figura 8.34. Em determinado instante, tanto o condutor A quanto o B, são percorridos por uma corrente de 75 A, enquanto o condutor C é percorrido pela corrente de retorno de 150 A. Determine a força por metro sobre o condutor C nesse instante.

8.11 Uma corrente laminar $\mathbf{K} = 10\mathbf{a}_x$ A/m percorre, no espaço livre, um plano $z = 2$ m. Um condutor filamentar sobre o eixo x é percorrido por uma corrente de 2,5 A orientada ao longo de $\mathbf{a}_x$. Determine a força por unidade de comprimento sobre o condutor.

8.12 Uma bobina, percorrida por uma corrente elétrica, pode ser utilizada para determinar a intensidade de um campo magnético medindo o torque exercido sobre esta bobina quando ela for submetida ao campo. Se o máximo torque sobre uma bobina de 800 espiras, com área de seção reta 0,6 cm^2, for 50 μN $\cdot$ m quando a corrente na bobina for 10 mA, determine $|\mathbf{B}|$.

*8.13 Um tubo infinitamente longo, de raio interno a e raio externo b, é feito de um material condutor magnético. O tubo é percorrido por uma corrente total I e está colocado ao longo do eixo z. Se o tubo for submetido a um campo magnético constante $B_0 \mathbf{a}_\rho$, determine a força, por unidade de comprimento, que age sobre o tubo.

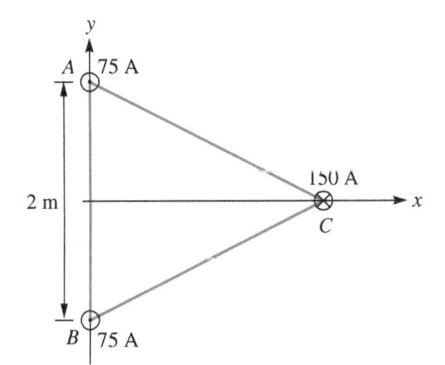

FIGURA 8.34 Referente ao Problema 8.10.

8.14 Um pequeno anel circular, com 10 cm de raio, está centrado na origem e posicionado no plano $z = 0$. Se o anel for percorrido por uma corrente de 1A orientada ao longo de a_ϕ, determine:

(a) o momento magnético do anel

(b) a intensidade do campo magnético em $(2, 2, 2)$

(c) a densidade de fluxo magnético em $(-6, 8, 10)$

8.15 Determine o torque sobre um pequeno anel circular, com momento magnético $4\mathbf{a}_z$ A · m², localizado em $(2, 2, 2)$, quando este anel for submetido ao campo magnético gerado pelo anel circular do problema anterior.

8.16 Um galvanômetro tem uma bobina retangular, de lado 10 m por 30 mm, pivotada em torno do centro do lado menor. Essa bobina é montada em um campo magnético radial, tal que um campo magnético constante de 0,4 Wb/m² sempre age através do plano da seção reta da bobina. Se a bobina tem 1.000 espiras e é percorrida por uma corrente de 2 mA, determine o torque exercido sobre ela.

8.17 Uma bobina com 60 espiras, percorrida por uma corrente de 2A, está sobre o plano $x + 2y - 5z = 12$ tal que seu momento magnético m está orientado da origem para fora. Determine o vetor $\mathbf{m}$, considerando que a área da seção reta da bobina é 8 cm².

8.18 Um pequeno ímã, colocado na origem, gera $\mathbf{B} = -0,5\mathbf{a}_z$ mWb/m² em $(10, 0, 0)$. Determine $\mathbf{B}$ em:

(a) $(0, 3, 0)$;

(b) $(3, 4, 0)$;

(c) $(1, 1, -1)$.

8.19 Em um determinado material, $\chi_m = 4,2$ e $\mathbf{H} = 0,2x\,\mathbf{a}_y$ A/m. Determine: (a) μ_r; (b) μ; (c) $\mathbf{M}$; (d) $\mathbf{B}$; (e) $\mathbf{J}$; (f) $\mathbf{J}_b$.

8.20 Um bloco de ferro ($\mu = 5.000\mu_o$) está colocado em um campo magnético uniforme com 1,5 Wb/m². Se o ferro consiste de $8,5 \times 10^{28}$ átomos/m³, calcule: (a) a magnetização $\mathbf{M}$; (b) a densidade de corrente magnética média.

8.21 A intensidade de campo magnético é $H = 1.200$ A/m em um material quando $B = 2$wb/m². Quando H é reduzido à 400 A/m, $B = 1,4$ Wb/m². Calcule a variação na magnetização M.

8.22 Na região 1, $\mathbf{H} = 24\mathbf{a}_x - 30\mathbf{a}_y + 40\mathbf{a}_z$ kA/m, há um campo magnético dado por $z > 0$ com $\mu_r = 50$. Se em $z = 0$ há a interface de separação entre as regiões 1 e 2 e, nessa interface, há uma corrente laminar de $6\mathbf{a}_x$ kA/m, determine a densidade de fluxo magnético na região 2, $z < 0$, com $\mu_r = 100$.

8.23 Se $\mu_1 = 2\mu_o$ para a região 1 ($0 < \phi < \pi$) e $\mu_2 = 5\mu_o$ para a região 2 ($\pi < \phi < 2\pi$) e $\mathbf{B}_2 = 10\mathbf{a}_\rho + 15\mathbf{a}_\phi - 20\mathbf{a}_z$ mWb/m², calcule: (a) $\mathbf{B}_1$, (b) as densidades de energia nos dois meios.

8.24 A interface $4x - 5z = 0$ entre dois meios magnéticos é percorrida por uma corrente laminar de 35 $\mathbf{a}_y$ A/m. Se $\mathbf{H}_1 = 25\mathbf{a}_x - 30\mathbf{a}_y + 45\mathbf{a}_z$ A/m na região $4x - 5z \leq 0$, onde $\mu_{r1} = 5$, calcule $\mathbf{H}_2$ na região $4x - 5z \geq 0$, onde $\mu_{r2} = 10$.

8.25 Na interface $2x + y = 8$ entre dois meios não há corrente. Se o meio 1 ($2x + y \geq 8$) é não magnético com $\mathbf{H}_1 = -4\mathbf{a}_x + 3\mathbf{a}_y - \mathbf{a}_z$ A/m, determine: (a) a densidade de energia magnética no meio 1; (b) $\mathbf{M}_2$ e $\mathbf{B}_2$ no meio 2 ($2x + y \leq 8$), com $\mu = 10\mu_o$; (c) os ângulos que $\mathbf{H}_1$ e $\mathbf{H}_2$ fazem com a normal à interface.

8.26 Seja a superfície de separação entre o ar ($\mu = \mu_o$) e um bloco de ferro ($\mu = 400\,\mu_o$) dada por $x + y + z > 2$. Se no ar, $\mathbf{B}_1 = 50\mathbf{a}_x + 30\mathbf{a}_y - 20\mathbf{a}_z$ Wb/m², determine $\mathbf{B}_2$ e $\mathbf{H}_2$.

8.27 A curva de magnetização para uma liga de ferro é, aproximadamente, dada por $B = \frac{1}{3}H + H^2$ μWb/m². Determine: (a) μ_r, quando $H = 210$ A/m; (b) a energia armazenada no interior da liga, por unidade de volume, à medida que H aumenta de 0 a 210 A/m.

8.28 Um cilindro reto, de seção circular, com $\mu_1 = 800\ \mu_o$, está imerso no espaço livre. Se $\mathbf{B}_1 = \mu_o(22\mathbf{a}_\rho + 45\mathbf{a}_\phi)$ Wb/m², determine $\mathbf{B}_2$ junto à superfície do cilindro, mas fora dele.

8.29 Um solenoide tem uma seção reta circular de diâmetro igual a 10 cm. Se o solenoide tem 100 espiras e 40 cm de comprimento, calcule o valor aproximado de sua indutância própria.

8.30 O plano $z = 0$ separa o ar ($z \geq 0$, $\mu = \mu_o$) do ferro ($z \leq 0$, $\mu = 200\mu_o$). Dado que

$$\mathbf{H} = 10\mathbf{a}_x + 15\mathbf{a}_y - 3\mathbf{a}_z\ \text{A/m}$$

no ar, encontre $\mathbf{B}$ no ferro e o ângulo que esse vetor faz com essa interface.

8.31 Em um material ferromagnético ($\mu = 4{,}5\mu_o$),

$$\mathbf{B} = 4y\mathbf{a}_z\ \text{m Wb/m}^2$$

Calcule: (a) χ_m, (b) $\mathbf{H}$, (c) $\mathbf{M}$, (d) $\mathbf{J}_b$.

8.32 Em um certo material, para o qual $\mu = 6{,}5\mu_o$,

$$\mathbf{H} = 10\mathbf{a}_x + 25\mathbf{a}_y - 40\mathbf{a}_z\ \text{A/m}$$

Determine:

(a) a suscetibilidade magnética χ_m do material

(b) a densidade de fluxo magnético $\mathbf{B}$

(c) a magnetização $\mathbf{M}$

(d) a densidade de energia magnética

8.33 Em uma certa região, para a qual $\chi_m = 19$,

$$\mathbf{H} = 5x^2yz\mathbf{a}_x + 10xy^2z\mathbf{a}_y - 15xyz^2\mathbf{a}_z\ \text{A/m}$$

Qual a quantidade de energia armazenada em $0 < x < 1$, $0 < y < 2$ e $-1 < z < 2$?

8.34 O núcleo de um toroide tem 12 cm² de área de seção reta e é feito de um material com $\mu_r = 200$. Se o raio médio do toroide é 50 cm, calcule o número de espiras necessário para obter uma indutância de 2,5 H.

8.35 A região $0 \leq z \leq 2$ m é preenchida com um bloco infinito de material magnético ($\mu = 2{,}5\mu_o$). Se as superfícies do bloco em $z = 0$ e $z = 2$, respectivamente, são percorridas por correntes superficiais de $30\mathbf{a}_x$ A/m e $-40\mathbf{a}_x$ A/m, como na Figura 8.35, calcule $\mathbf{H}$ e $\mathbf{B}$ para:

(a) $z < 0$

(b) $0 < z < 2$

(c) $z > 2$

8.36 Quando dois fios idênticos paralelos estão separados de 3 m, a indutância por unidade de comprimento é 2,5 μH/m. Calcule o diâmetro de cada fio.

8.37 Um solenoide de comprimento 10 cm e raio 1 cm tem 450 espiras. Calcule sua indutância.

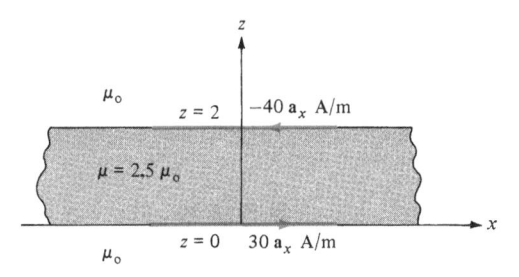

FIGURA 8.35 Referente ao Problema 8.35.

*8.38 (a) Se a seção reta do toroide da Figura 7.15 é um quadrado de lado a, demonstre que a autoindutância do toroide é:

$$L = \frac{\mu_o N^2 a}{2\pi} \ln\left[\frac{2\rho_o + a}{2\rho_o - a}\right]$$

(b) Se o toroide tem uma seção reta circular como mostrada na Figura 7.15, demonstre que:

$$L = \frac{\mu_o N^2 a^2}{2\rho_o}$$

onde $\rho_o \gg a$.

8.39 Um núcleo toroidal tem seção reta quadrada e $\mu_r = 2.000$. Se a área da seção reta for de 40 cm² e o diâmetro do toroide for 50 cm, determine o número de espiras necessário para se obter, com esse arranjo, um indutor de 2H.

*8.40 Prove que a indutância mútua entre solenoides coaxiais, muito próximos entre si, de comprimento ℓ_1 e ℓ_2 ($\ell_1 \gg \ell_2$), N_1 e N_2 espiras e raios r_1 e r_2, com $r_1 \simeq r_2$, é:

$$M_{12} = \frac{\mu N_1 N_2}{\ell_1} \pi r_1^2$$

8.41 Um cabo coaxial consiste em um condutor interno com raio 1,2 cm, e um condutor externo com raio 1,8 cm, concêntrico ao condutor interno. Os dois condutores estão separados por um meio isolante ($\mu = 4\mu_o$). Se o cabo tem 3m de comprimento e é percorrido por uma corrente de 25 mA, calcule a energia armazenada no meio isolante.

8.42 Um anel de cobalto ($\mu_r = 600$) tem um raio médio de 30 cm. Se uma bobina, enrolada sobre o anel, é percorrida por uma corrente de 12 A, calcule o número de espiras necessário para estabelecer uma densidade de fluxo magnético média de 1,5 Wb/m² no anel.

8.43 O circuito magnético da Figura 8.36 tem uma bobina de 2.000 espiras percorrida por uma corrente igual a 10 A. Assuma que todos os trechos têm a mesma área de seção reta de 2 cm² e que o material do núcleo é ferro com $\mu_r = 1.500$. Calcule R, $\mathscr{F}$ e Ψ para:

(a) o núcleo

(b) o entreferro de ar

8.44 Um núcleo ferromagnético de seção reta 40×60 mm possui um fluxo magnético em seu interior de $\Psi = 2,56$ mWb e um entreferro de 2,5 mm de comprimento. Determine a queda de fmm NI no entreferro.

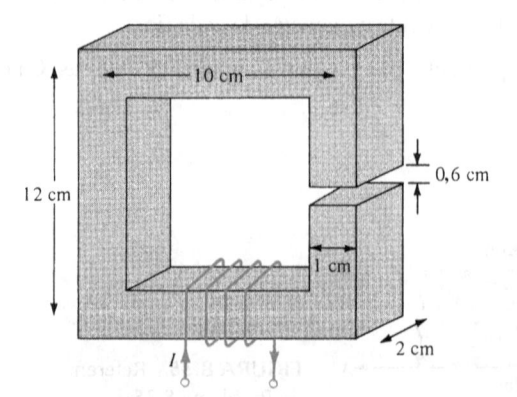

FIGURA 8.36 Referente ao Problema 8.43.

PARTE 4

ONDAS E APLICAÇÕES

Michael Faraday (1791-1867), químico e físico inglês, conhecido por seus experimentos pioneiros em eletricidade e magnetismo. Muitos o consideram o maior cientista experimental de todos os tempos.

Nascido de uma família pobre em Newington, perto de Londres, sua educação não avançou muito além do ensino fundamental. Durante um período de sete anos trabalhando como aprendiz de encadernador, Faraday desenvolveu seu interesse pela ciência, em particular pela química. Como resultado, Faraday iniciou um segundo período como aprendiz na área de química. Seguindo os passos de Benjamin Franklin e outros cientistas anteriores, Michael Faraday estudou a natureza da eletricidade. Mais tarde, Faraday se tornou professor de química no *Royal Institution*. Ele descobriu o benzeno e formulou a segunda lei da eletrólise. A maior contribuição científica de Faraday foi no campo da eletricidade. A introdução do conceito de linhas de força por Faraday foi inicialmente rejeitada pela maioria dos físicos matemáticos da Europa. Ele descobriu a indução eletromagnética (que será estudada neste capítulo), a bateria, o arco elétrico (plasmas) e a gaiola de Faraday (eletrostática). Sua maior realização foi a invenção do motor elétrico e do dínamo (gerador). Apesar de suas descobertas, Faraday permaneceu uma pessoa modesta e simples. Durante toda a sua vida Faraday foi profundamente religioso. A unidade de capacitância, o farad, foi nomeada em sua homenagem.

James Clerk Maxwell (1831 – 1879), matemático e físico escocês, publicou as teorias físicas e matemáticas do campo eletromagnético.

Nascido em Edinburgh, Escócia, Maxwell demonstrou cedo o entendimento e o apreço pelo campo da matemática. Com oito anos, insatisfeito com os brinquedos que recebeu, fez ele mesmo seus brinquedos científicos! Maxwell era um verdadeiro gênio que deu muitas contribuições para a comunidade científica, mas a mais importante foi o desenvolvimento das equações para as ondas eletromagnéticas, as quais são atualmente chamadas equações de Maxwell. Em 1931, no ano do centenário do nascimento de Maxwell, Einstein descreveu o trabalho de Maxwell como "o *mais profundo e frutífero que a física experimentou desde os tempos de Newton*". Sem o trabalho de Maxwell, o rádio e a televisão não poderiam existir. O anúncio feito em 1888 pelo professor de física alemão Heinrich Rudolf Hertz (veja o Capítulo 10) de que ele havia transmitido e recebido ondas eletromagnéticas foi quase que universalmente reconhecido como uma confirmação gloriosa das equações de Maxwell. O Maxwell (Mx), a unidade de medida do fluxo magnético no sistema de unidades centímetro-grama-segundo (cgs), foi dado em sua homenagem.

CAPÍTULO 9

EQUAÇÕES DE MAXWELL

"A decisão errada na hora errada = desastre.
A decisão errada na hora certa = erro.
A decisão certa na hora errada = inaceitável.
A decisão certa na hora certa = sucesso."

— JOHN C. MAXWELL

9.1 INTRODUÇÃO

Na Parte II (Capítulos 4 a 6) deste livro, centramos nosso estudo, principalmente, em campos eletrostáticos denotados por $\mathbf{E}(x, y, z)$. Na Parte III (Capítulos 7 e 8), nos dedicamos aos campos magnetostáticos representados por $\mathbf{H}(x, y, z)$. Restringimos, consequentemente, nossa discussão aos campos EM estáticos ou invariáveis no tempo. De agora em diante, examinaremos situações em que os campos elétricos e magnéticos são dinâmicos ou variáveis no tempo. Em primeiro lugar, deve-se mencionar que, no caso de campos EM estáticos, os campos elétrico e magnético são independentes um do outro, enquanto que, no caso de campos EM dinâmicos, os dois campos são interdependentes. Em outras palavras, um campo elétrico variável no tempo necessariamente implica um campo magnético correspondente variável no tempo. Em segundo lugar, os campos EM variáveis no tempo, representados por $\mathbf{E}(x, y, z, t)$ e $\mathbf{H}(x, y, z, t)$, são de maior importância prática do que os campos EM estáticos. Entretanto, a familiaridade com os campos estáticos promove uma boa fundamentação para compreender os campos dinâmicos. Em terceiro lugar, relembremos que os campos eletrostáticos são usualmente gerados por cargas elétricas estáticas, enquanto que os campos magnetostáticos são devido ao movimento das cargas elétricas com velocidade uniforme (corrente contínua) ou devido a cargas magnéticas estáticas (polos magnéticos). Campos magnéticos variáveis no tempo ou ondas são usualmente gerados por cargas aceleradas ou por correntes variáveis no tempo, tais como as mostradas na Figura 9.1. Qualquer corrente pulsada produzirá radiação (campos variáveis no tempo). É importante observar que correntes pulsadas do tipo mostrado na Figura 9.1(b) são causas da emissão irradiada por placas de lógica digital. Em resumo:

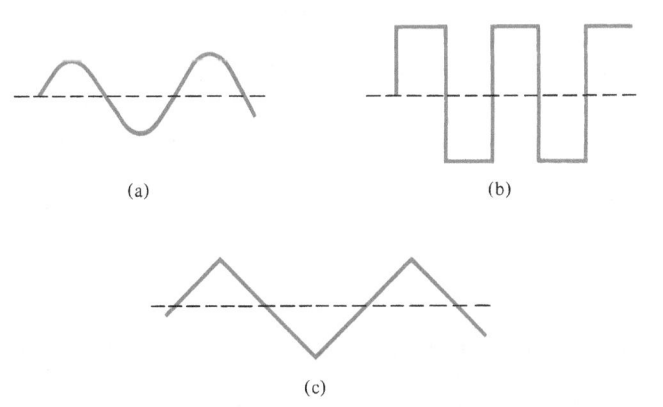

FIGURA 9.1 Vários tipos de corrente variável no tempo: (**a**) sinusoidal; (**b**) retangular; (**c**) triangular.

> Cargas estacionárias → campos eletrostáticos
> Correntes contínuas → campos magnetostáticos
> Correntes variáveis no tempo → campos eletromagnéticos (ou ondas)

Nosso objetivo neste capítulo é construir sólidos fundamentos para nossos estudos subsequentes. Isto envolverá dois conceitos da maior importância: (1) força eletromotriz baseada nos experimentos de Faraday e (2) corrente de deslocamento, que resulta da hipótese de Maxwell. Como resultado desses conceitos, as equações de Maxwell apresentadas na Seção 7.6 e as condições de fronteira para campos estáticos EM serão modificadas de forma a contemplar as variações no tempo dos campos. Deve ser enfatizado que as equações de Maxwell resumem as leis do eletromagnetismo e devem ser a base de nossas discussões no restante do livro. Por essa razão, a Seção 9.5 deve ser considerada como a essência deste livro.

9.2 LEI DE FARADAY

Após a descoberta experimental de Oersted (sobre a qual Biot–Savart e Ampère basearam suas leis) de que a corrente contínua produz um campo magnético, parecia lógico investigar a hipótese de que um campo magnético poderia produzir eletricidade. Em 1831, aproximadamente 11 anos após a descoberta de Oersted, Michael Faraday, em Londres, e Joseph Henry, em Nova York, descobriram que um campo magnético variável no tempo poderia produzir uma corrente elétrica[1].

De acordo com os experimentos de Faraday, um campo magnético estático não produz fluxo de corrente, mas um campo magnético variável no tempo produz uma tensão induzida (denominada *força eletromotriz* ou, simplesmente, fem) em um circuito fechado, o que causa um fluxo de corrente.

> Faraday descobriu que a **fem induzida**, V_{fem} (em volts), em qualquer circuito fechado, é igual à taxa de variação no tempo do fluxo magnético enlaçado pelo circuito.

Essa é a *lei de Faraday* e pode ser expressa como

$$V_{\text{fem}} = -\frac{d\lambda}{dt} = -N\frac{d\Psi}{dt} \tag{9.1}$$

onde N é o número de espiras no circuito e Ψ é o fluxo em cada espira. O sinal negativo mostra que a tensão induzida age de tal forma a se opor à variação de fluxo que a induziu. Essa propriedade é conhecida como *lei de Lenz*,[2] destaca o fato de que o sentido de fluxo da corrente no circuito é tal que o campo magnético produzido pela corrente induzida se opõe ao campo magnético original.

Relembre que descrevemos o campo elétrico como uma região em que cargas elétricas sofrem a ação de força. Os campos elétricos considerados até agora são causados por cargas elétricas. Em tais campos, as linhas de fluxo começam e terminam em uma carga. Entretanto, há outros tipos de campos elétricos não diretamente causados por cargas elétricas. Estes são campos produzidos por fem's. Fontes de fem's incluem geradores elétricos, baterias, termopares, células de carga e células fotovoltaicas; todos convertem energia não elétrica em energia elétrica.

Considere o circuito elétrico da Figura 9.2, onde uma bateria é a fonte de fem. A ação eletroquímica da bateria resulta em um campo $\mathbf{E}_f$ produzido por uma fem. Devido ao acúmulo de cargas nos terminais da bateria, um campo eletrostático $\mathbf{E}_e$ ($= -\nabla V$) também existe. O campo elétrico total em qualquer ponto do circuito é:

$$\mathbf{E} = \mathbf{E}_f + \mathbf{E}_e \tag{9.2}$$

---

[1] Para mais detalhes sobre a experiência de Michael Faraday (1791–1867) e Joseph Henry (1797–1878), veja W. F. Magie, *A Source Book in Physics*. Cambridge, MA: Harvard Univ. Press, 1963, p. 472–519.

[2] Em homenagem a Heinrich Friedrich Emil Lenz (1804–1865), professor de Física russo.

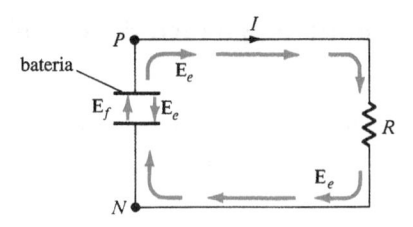

FIGURA 9.2 Circuito mostrando a fem que produz um campo E_f e campos eletrostáticos E_e.

Observe que, fora da bateria, $\mathbf{E}_f$ é zero, dentro da bateria, $\mathbf{E}_f$ e $\mathbf{E}_e$ têm orientações opostas, e a orientação de $\mathbf{E}_e$ no interior da bateria é oposta a do campo fora dela. Se integrarmos a equação (9.2) sobre o circuito fechado,

$$\oint_L \mathbf{E} \cdot d\mathbf{l} = \oint_L \mathbf{E}_f \cdot d\mathbf{l} + 0 = \int_N^P \mathbf{E}_f \cdot d\mathbf{l} \quad \text{(através da bateria)} \tag{9.3a}$$

onde $\oint \mathbf{E}_e \cdot d\mathbf{l} = 0$ porque $\mathbf{E}_e$ é conservativo. A fem da bateria é a integral de linha do campo produzido pela fem, isto é,

$$V_{\text{fem}} = \int_N^P \mathbf{E}_f \cdot d\mathbf{l} = -\int_N^P \mathbf{E}_e \cdot d\mathbf{l} = IR \tag{9.3b}$$

já que $\mathbf{E}_f$ e $\mathbf{E}_e$ são iguais, mas opostos dentro da bateria (veja Figura 9.2). Isso deve ser considerado como a diferença de potencial $(V_P - V_N)$ entre os terminais da bateria a circuito aberto. É importante notar que:

1. Um campo eletrostático $\mathbf{E}_e$ não pode manter uma corrente contínua em um circuito fechado, uma vez que $\oint_L \mathbf{E}_e \cdot d\mathbf{l} = 0 = IR$.
2. Um campo $\mathbf{E}_f$ produzido por uma fem é não conservativo.
3. Exceto em eletrostática, a tensão e a diferença de potencial são usualmente não equivalentes.

9.3 FEM DE MOVIMENTO E FEM DE TRANSFORMADOR

Tendo considerado a relação entre fem e campo elétrico, podemos examinar como a lei de Faraday associa os campos elétricos com os campos magnéticos. Para um circuito com uma só espira ($N = 1$), a equação (9.1) torna-se:

$$\boxed{V_{\text{fem}} = -\frac{d\Psi}{dt}} \tag{9.4}$$

Em termos de $\mathbf{E}$ e $\mathbf{B}$, a equação (9.4) pode ser escrita como

$$V_{\text{fem}} = \oint_L \mathbf{E} \cdot d\mathbf{l} = -\frac{d}{dt}\int_S \mathbf{B} \cdot d\mathbf{S} \tag{9.5}$$

onde Ψ foi substituído por $\int_S \mathbf{B} \cdot d\mathbf{S}$, e S é a área superficial do circuito delimitado pelo caminho fechado L. É evidente, da equação (9.5), que, em uma situação de campos variáveis no tempo, tanto o campo elétrico quanto o magnético estão presentes e estão interrelacionados. Observe que $d\mathbf{l}$ e $d\mathbf{S}$ na equação (9.5) estão de acordo com a regra da mão direita e com o teorema de Stokes. Isso deve ser observado na Figura 9.3. A variação do fluxo com o tempo, que aparece na equação (9.1) ou na equação (9.5), pode ser causada de três maneiras:

1. quando se tem uma espira estacionária em um campo magnético $\mathbf{B}$ variável no tempo;
2. quando se tem a área de uma espira variável no tempo em um campo magnético $\mathbf{B}$ estático;
3. quando se tem a área de uma espira variável no tempo em um campo magnético $\mathbf{B}$ variável no tempo.

Cada uma dessas situações será considerada separadamente.

A. Espira estacionária em um campo magnético B variável no tempo (fem de transformador)

Esse é o caso ilustrado na Figura 9.3, onde uma espira condutora estacionária está imersa em um campo magnético **B** variável no tempo. A equação (9.5) torna-se:

$$V_{\text{fem}} = \oint_L \mathbf{E} \cdot d\mathbf{l} = -\int_S \frac{\partial \mathbf{B}}{\partial t} \cdot d\mathbf{S} \qquad (9.6)$$

Essa fem induzida pela corrente variável no tempo (que produz o campo magnético **B** variável no tempo) em uma espira estacionária é muitas vezes denominada como *fem de transformador* em Análise de Sistemas de Potência, uma vez que está relacionada à operação de um transformador. Ao aplicar o teorema de Stokes ao termo do meio na equação (9.6), obtemos:

$$\int_S (\nabla \times \mathbf{E}) \cdot d\mathbf{S} = -\int_S \frac{\partial \mathbf{B}}{\partial t} \cdot d\mathbf{S} \qquad (9.7)$$

Para as duas integrais se igualarem, os integrandos devem ser iguais, isto é:

$$\nabla \times \mathbf{E} = -\frac{\partial \mathbf{B}}{\partial t} \qquad (9.8)$$

Essa é uma das equações de Maxwell para campos variáveis no tempo. Essa equação mostra que o campo elétrico **E** variável no tempo é não conservativo ($\nabla \times \mathbf{E} \neq 0$). Isso não implica que os princípios de conservação da energia sejam violados. O trabalho realizado para deslocar uma carga em um caminho fechado na presença de um campo elétrico variável no tempo, por exemplo, é devido à energia proveniente do campo magnético variável no tempo. Observe que a Figura 9.3 obedece a lei de Lenz, isto é, a corrente induzida I flui de forma a produzir um campo magnético que se opõe a $\mathbf{B}(t)$.

B. Espira em movimento em um campo B estático (fem de movimento)

Quando uma espira condutora se move em um campo **B** estático, uma fem é induzida na espira. Relembremos da equação (8.2) que a força sobre uma carga em movimento com velocidade uniforme **u** em um campo magnético **B** é

$$\mathbf{F}_m = Q\mathbf{u} \times \mathbf{B} \qquad (8.2)$$

Definimos o *campo elétrico de movimento* $\mathbf{E}_m$ como

$$\mathbf{E}_m = \frac{\mathbf{F}_m}{Q} = \mathbf{u} \times \mathbf{B} \qquad (9.9)$$

Se considerarmos uma espira condutora, movendo-se com velocidade uniforme **u**, como constituída de um grande número de elétrons livres, a fem induzida na espira será

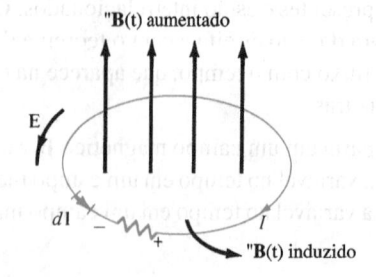

FIGURA 9.3 Fem induzida devido a uma espira estacionária imersa em um campo magnético B variável no tempo.

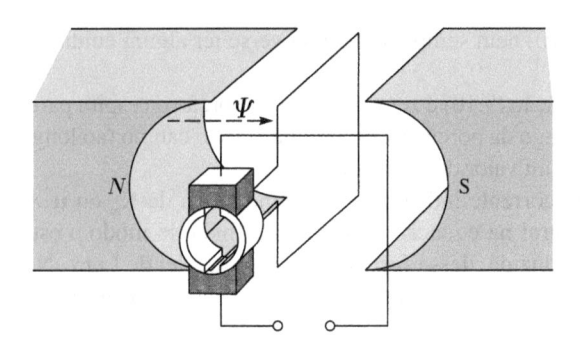

FIGURA 9.4 Máquina de corrente contínua.

$$V_{\text{fem}} = \oint_L \mathbf{E}_m \cdot d\mathbf{l} = \oint_L (\mathbf{u} \times \mathbf{B}) \cdot d\mathbf{l} \tag{9.10}$$

Este tipo de fem é denominada *fem de movimento* ou *fem de fluxo cortante* porque é devido à ação do movimento. Este é o tipo de fem encontrada em máquinas elétricas como motores, geradores e alternadores. A Figura 9.4 ilustra uma máquina de corrente contínua de dois polos com uma bobina de armadura e um comutador de duas barras. Embora a análise da máquina de corrente contínua esteja fora do escopo deste livro, podemos observar que uma tensão é gerada à medida que a bobina gira na presença do campo magnético. Um outro exemplo de fem de movimento é ilustrado na Figura 9.5, onde um bastão se move entre um par de trilhos. Neste exemplo, **B** e **u** são perpendiculares entre si, tal que a equação (9.9), em conjunto com a equação (8.2), torna-se

$$\mathbf{F}_m = I\boldsymbol{\ell} \times \mathbf{B} \tag{9.11}$$

ou

$$\mathbf{F}_m = I\ell B \tag{9.12}$$

e a equação (9.10) torna-se

$$V_{\text{fem}} = uB\ell \tag{9.13}$$

Aplicando o teorema de Stokes à equação (9.10),

$$\int_S (\nabla \times \mathbf{E}_m) \cdot d\mathbf{S} = \int_S \nabla \times (\mathbf{u} \times \mathbf{B}) \cdot d\mathbf{S}$$

ou

$$\boxed{\nabla \times \mathbf{E}_m = \nabla \times (\mathbf{u} \times \mathbf{B})} \tag{9.14}$$

Observe que, diferentemente da equação (9.6), não há necessidade do sinal negativo na equação (9.10) porque a lei de Lenz já está considerada.

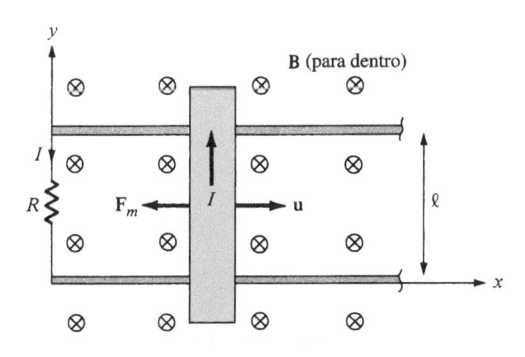

FIGURA 9.5 Fem induzida devido a uma espira que se movimenta em um campo B estático.

Aplicar a equação (9.10) nem sempre é fácil; deve-se ter algum cuidado. Os seguintes pontos devem ser observados:

1. A integral na equação (9.10) é zero ao longo da porção da espira para a qual **u** = 0. Assim, *d***l** é tomado ao longo da porção da espira que corta o campo (ao longo do bastão na Figura 9.5), onde **u** tem um valor diferente de zero.
2. A orientação da corrente induzida é a mesma que a de $\mathbf{E}_m$ ou $\mathbf{u} \times \mathbf{B}$. A orientação do caminho da integral na equação (9.10) é escolhida de modo a estar no sentido oposto ao da corrente induzida, dessa forma satisfazendo a lei de Lenz. Na equação (9.13), por exemplo, a integração sobre L é ao longo de $-\mathbf{a}_y$, enquanto que a corrente induzida flui no bastão ao longo de $\mathbf{a}_y$.

C. Espira em movimento em um campo magnético variável no tempo

Esse é o caso geral em que uma espira condutora se movimenta em um campo magnético variável no tempo. Neste caso, tanto a fem de transformador quanto a de movimento estão presentes. Combinando as equações (9.6) e (9.10), tem-se a fem total dada por

$$V_{\text{fem}} = \oint_L \mathbf{E} \cdot d\mathbf{l} = -\int_S \frac{\partial \mathbf{B}}{\partial t} \cdot d\mathbf{S} + \oint_L (\mathbf{u} \times \mathbf{B}) \cdot d\mathbf{l} \quad (9.15)$$

ou a partir das equações (9.8) e (9.14),

$$\nabla \times \mathbf{E} = -\frac{\partial \mathbf{B}}{\partial t} + \nabla \times (\mathbf{u} \times \mathbf{B}) \quad (9.16)$$

Observe que a equação (9.15) é equivalente à equação (9.4), tal que V_{fem} pode ser encontrada usando ou a equação (9.15) ou a equação (9.4). De fato, a equação (9.4) pode ser sempre aplicada em lugar das equações (9.6), (9.10) e (9.15).

EXEMPLO 9.1

Uma barra condutora pode deslizar livremente sobre dois trilhos condutores, como mostrado na Figura 9.6. Calcule a tensão induzida na barra se:

(a) a barra está parada em $y = 8$ cm e $\mathbf{B} = 4 \cos 10^6 t \, \mathbf{a}_z \, \text{mWb/m}^2$;
(b) a barra desliza a uma velocidade $\mathbf{u} = 20\mathbf{a}_y$ m/s e $\mathbf{B} = 4\mathbf{a}_z \, \text{mWb/m}^2$;
(c) a barra desliza a uma velocidade $\mathbf{u} = 20\mathbf{a}_y$ m/s e $\mathbf{B} = 4 \cos (10^6 t - y) \, \mathbf{a}_z \, \text{mWb/m}^2$

Solução:

(a) Neste caso, temos uma fem de transformador dada por

$$V_{\text{fem}} = -\int \frac{\partial \mathbf{B}}{\partial t} \cdot d\mathbf{S} = \int_{y=0}^{0,08} \int_{x=0}^{0,06} 4(10^{-3})(10^6) \, \text{sen} \, 10^6 t \, dx \, dy$$

$$= 4(10^3)(0,08)(0,06) \, \text{sen} \, 10^6 t$$

$$= 19{,}2 \, \text{sen} \, 10^6 t \, \text{V}$$

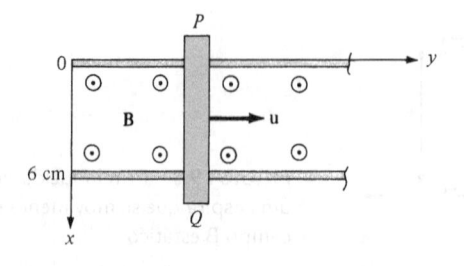

FIGURA 9.6 Referente ao Exemplo 9.1.

A polaridade da tensão induzida (de acordo com a lei de Lenz) é tal que o ponto P na barra está em um potencial mais baixo do que o do ponto Q, quando $\mathbf{B}$ está aumentando.

(b) Este é o caso da fem de movimento:

$$V_{\text{fem}} = \int (\mathbf{u} \times \mathbf{B}) \cdot d\mathbf{l} = \int_{x=\ell}^{0} (u\mathbf{a}_y \times B\mathbf{a}_z) \cdot dx\, \mathbf{a}_x$$

$$= -uB\ell = -20(4,10^{-3})(0,06)$$

$$= -4,8\ \text{mV}$$

(c) Ambas as fems (de transformador e de movimento) estão presentes neste caso. Este problema pode ser resolvido de duas maneiras.

Método 1: usando a equação (9.15),

$$V_{\text{fem}} = -\int \frac{\partial \mathbf{B}}{\partial t} \cdot d\mathbf{S} + \int (\mathbf{u} \times \mathbf{B}) \cdot d\mathbf{l} \qquad (9.1.1)$$

$$= \int_{x=0}^{0,06} \int_{0}^{y} 4,10^{-3}(10^6)\operatorname{sen}(10^6 t - y')dy'\, dx$$

$$+ \int_{0,06}^{0} [20\mathbf{a}_y \times 4,10^{-3} \cos(10^6 t - y)\mathbf{a}_z] \cdot dx\, \mathbf{a}_x$$

$$= 240 \cos(10^6 t - y')\Big|_0^y - 80(10^{-3})(0,06)\cos(10^6 t - y)$$

$$= 240 \cos(10^6 t - y) - 240 \cos 10^6 t - 4,8(10^{-3})\cos(10^6 t - y)$$

$$\simeq 240 \cos(10^6 t - y) - 240 \cos 10^6 t \qquad (9.1.2)$$

porque a fem de movimento é desprezível se comparada à fem de transformador. Utilizando a identidade trigonométrica

$$\cos A - \cos B = -2\operatorname{sen}\frac{A+B}{2}\operatorname{sen}\frac{A-B}{2}$$

$$V_{\text{fem}} = 480\operatorname{sen}\left(10^6 t - \frac{y}{2}\right)\operatorname{sen}\frac{y}{2}\ \text{V} \qquad (9.1.3)$$

Método 2: alternativamente, podemos aplicar a equação (9.4), nominalmente,

$$V_{\text{fem}} = -\frac{\partial \Psi}{\partial t} \qquad (9.1.4)$$

onde

$$\Psi = \int \mathbf{B} \cdot d\mathbf{S}$$

$$= \int_{y=0}^{y} \int_{x=0}^{0,06} 4\cos(10^6 t - y)\, dx\, dy$$

$$= -4(0,06)\operatorname{sen}(10^6 t - y)\Big|_{y=0}^{y}$$

$$= -0,24\operatorname{sen}(10^6 t - y) + 0,24\operatorname{sen} 10^6 t\ \text{mWb}$$

Porém,

$$\frac{dy}{dt} = u \rightarrow y = ut = 20t$$

Portanto,

$$\Psi = -0{,}24\,\text{sen}(10^6 t - 20y) + 0{,}24\,\text{sen}\,10^6 t \text{ mWb}$$

$$V_{\text{fem}} = -\frac{\partial \Psi}{\partial t} = 0{,}24(10^6 - 20)\cos(10^6 t - 20y) - 0{,}24(10^6)\cos 10^6 t \text{ mV}$$

$$\simeq 240\cos(10^6 t - y) - 240\cos 10^6 t \text{ V} \qquad (9.1.5)$$

que é o mesmo resultado da equação (9.1.2). Observe que, na equação (9.1.1), a dependência de y com o tempo é considerada em $\int (\mathbf{u} \times \mathbf{B}) \cdot d\mathbf{l}$ e não devemos nos preocupar com ela em $\partial \mathbf{B}/\partial t$. Por quê? Porque a espira é considerada estacionária quando computamos a fem de transformador. Esse é um ponto a considerar quando aplicamos a equação (9.1.1). Pela mesma razão, o segundo método é sempre mais fácil.

EXERCÍCIO PRÁTICO 9.1

Considere a espira da Figura 9.5. Se $\mathbf{B} = 0{,}5\mathbf{a}_z$ Wb/m^2, $R = 20\,\Omega$, $\ell = 10$ cm e a barra se movimenta com uma velocidade constante de $8\mathbf{a}_x$ m/s, determine:

(a) a fem induzida na barra;

(b) a corrente através do resistor;

(c) a força sobre a barra devido ao seu movimento,

(d) a potência dissipada pelo resistor.

Resposta: (a) 0,4 V; (b) 20 mA; (c) $-\mathbf{a}_x$ mN; (d) 8 mW.

EXEMPLO 9.2

A espira mostrada na Figura 9.7 está imersa em um campo magnético uniforme $\mathbf{B} = 50\mathbf{a}_x$ mWb/m^2. Se o lado DC da espira "corta" as linhas de fluxo a uma frequência de 50 Hz, estando a espira sobre o plano xy no tempo $t = 0$, encontre:
 (a) a fem induzida em $t = 1$ ms;
 (b) a corrente induzida em $t = 3$ ms.

Solução:

(a) Já que o campo $\mathbf{B}$ é invariável no tempo, a fem induzida é de movimento, isto é,

$$V_{\text{fem}} = \int (\mathbf{u} \times \mathbf{B}) \cdot d\mathbf{l}$$

onde

$$d\mathbf{l} = d\mathbf{l}_{DC} = dz\,\mathbf{a}_z, \quad \mathbf{u} = \frac{d\mathbf{l}'}{dt} = \frac{\rho\,d\phi}{dt}\mathbf{a}_\phi = \rho\omega\mathbf{a}_\phi$$

$$\rho = AD = 4 \text{ cm}, \quad \omega = 2\pi f = 100\pi$$

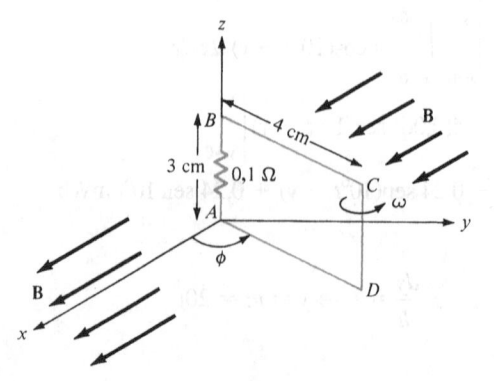

FIGURA 9.7 Referente ao Exemplo 9.2. A polaridade é para fem aumentando.

Como **u** e d**l** estão em coordenadas cilíndricas, transformamos **B** em coordenadas cilíndricas usando a equação (2.9):

$$\mathbf{B} = B_o \mathbf{a}_x = B_o (\cos \phi\, \mathbf{a}_\rho - \operatorname{sen} \phi\, \mathbf{a}_\phi)$$

onde $B_o = 0{,}05$. Portanto,

$$\mathbf{u} \times \mathbf{B} = \begin{vmatrix} \mathbf{a}_\rho & \mathbf{a}_\phi & \mathbf{a}_z \\ 0 & \rho\omega & 0 \\ B_o \cos \phi & -B_o \operatorname{sen} \phi & 0 \end{vmatrix} = -\rho\omega B_o \cos \phi\, \mathbf{a}_z$$

e

$$(\mathbf{u} \times \mathbf{B}) \cdot d\mathbf{l} = -\rho\omega B_o \cos \phi\, dz = -0{,}04(100\pi)(0{,}05) \cos \phi\, dz$$
$$= -0{,}2\pi \cos \phi\, dz$$

$$V_{\text{fem}} = \int_{z=0}^{0{,}03} -0{,}2\pi \cos \phi\, dz = -6\pi \cos \phi\ \text{mV}$$

Para determinar ϕ, relembre que

$$\omega = \frac{d\phi}{dt} \rightarrow \phi = \omega t + C_o$$

onde C_o é uma constante de integração. Em $t = 0$, $\phi = \pi/2$ porque a espira está no plano yz neste instante de tempo, $C_o = \pi/2$. Desta forma,

$$\phi = \omega t + \frac{\pi}{2}$$

e

$$V_{\text{fem}} = -6\pi \cos\left(\omega t + \frac{\pi}{2}\right) = 6\pi \operatorname{sen}(100\pi t)\ \text{mV}$$

Em $t = 1$ ms, $V_{\text{fem}} = 6\pi \operatorname{sen}(0{,}1\pi) = 5{,}825$ mV

(b) A corrente induzida é:

$$i = \frac{V_{\text{fem}}}{R} = 60\pi \operatorname{sen}(100\pi t)\ \text{mA}$$

Em $t = 3$ ms,

$$i = 60\pi \operatorname{sen}(0{,}3\pi)\ \text{mA} = 0{,}1525\ \text{A}$$

EXERCÍCIO PRÁTICO 9.2

Refaça o Exemplo 9.2 considerando, no entanto, outro campo **B** dado por:

(a) $\mathbf{B} = 50\mathbf{a}_y$ mWb/m² – isto é, o campo magnético está orientado ao longo de y positivo;

(b) $\mathbf{B} = 0{,}02t\mathbf{a}_x$ Wb/m² – isto é, o campo magnético é variável no tempo.

Resposta: (a) –17,93 mV, –0,1108 A; (b) 20,5 μV, –41,92 mA.

EXEMPLO 9.3

O circuito magnético da Figura 9.8 tem uma seção reta uniforme de 10^{-3} m². Se o circuito é energizado por uma corrente $i_1(t) = 3 \operatorname{sen} 100\pi t$ A em um enrolamento com $N_1 = 200$ espiras, determine a fem induzida no enrolamento de $N_2 = 100$ espiras. Assuma que $\mu = 500\, \mu_o$.

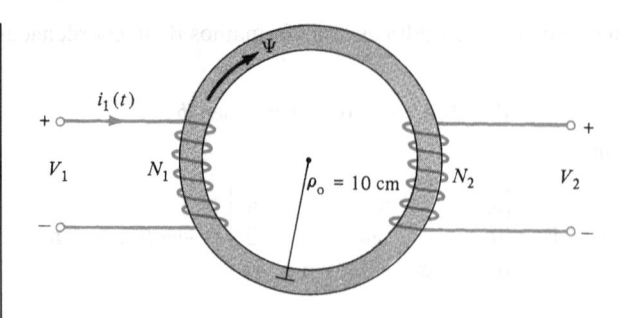

FIGURA 9.8 Circuito magnético do Exemplo 9.3.

Solução:
O fluxo no circuito é:

$$\Psi = \frac{\mathscr{F}}{\mathscr{R}} = \frac{N_1 i_1}{\ell/\mu S} = \frac{N_1 i_1 \mu S}{2\pi\rho_o}$$

De acordo com a lei de Faraday, a fem induzida no enrolamento secundário é:

$$V_2 = -N_2 \frac{d\Psi}{dt} = -\frac{N_1 N_2 \mu S}{2\pi\rho_o} \frac{di_1}{dt}$$

$$= -\frac{100 \cdot (200) \cdot (500) \cdot (4\pi \times 10^{-7}) \cdot (10^{-3}) \cdot 300\pi \cos 100\pi t}{2\pi \cdot (10 \times 10^{-2})}$$

$$= -6\pi \cos 100\pi t \text{ V}$$

EXERCÍCIO PRÁTICO 9.3

Um núcleo magnético de seção reta uniforme de 4 cm² é conectado a um gerador de 120 V, 60 Hz, como mostrado na Figura 9.9. Calcule a fem induzida V_2 no enrolamento secundário.

Resposta: 72 V.

9.4 CORRENTE DE DESLOCAMENTO

Na seção precedente, essencialmente, reconsideramos a equação de Maxwell do rotacional para campos eletrostáticos e a modificamos para situações em que há variação temporal, a fim de satisfazer a lei de Faraday. Agora, reconsideraremos a equação de Maxwell do rotacional para campos magnéticos (lei circuital de Ampère) para situações com variação temporal.

Para campos EM estáticos, relembramos que

$$\nabla \times \mathbf{H} = \mathbf{J} \tag{9.17}$$

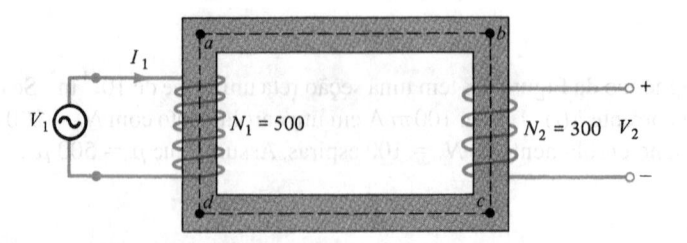

FIGURA 9.9 Referente ao Exercício Prático 9.3.

Porém, a divergência do rotacional de qualquer campo vetorial é identicamente zero (veja o Exemplo 3.10). Portanto:

$$\nabla \cdot (\nabla \times \mathbf{H}) = 0 = \nabla \cdot \mathbf{J} \tag{9.18}$$

Entretanto, a continuidade da corrente expressa na equação (5.43) requer que

$$\nabla \cdot \mathbf{J} = -\frac{\partial \rho_v}{\partial t} \neq 0 \tag{9.19}$$

Dessa forma, as equações (9.18) e (9.19) são, obviamente, incompatíveis para situações com variação temporal. Temos que modificar a equação (9.17) para compatibilizá-la com a equação (9.19). Para conseguir isso, adicionamos um termo na equação (9.17), tal que ela se torna

$$\nabla \times \mathbf{H} = \mathbf{J} + \mathbf{J}_d \tag{9.20}$$

onde $\mathbf{J}_d$ deve ser determinado e definido. Novamente, a divergência do rotacional de qualquer vetor é zero. Portanto:

$$\nabla \cdot (\nabla \times \mathbf{H}) = 0 = \nabla \cdot \mathbf{J} + \nabla \cdot \mathbf{J}_d \tag{9.21}$$

A fim de compatibilizar a equação (9.21) com a equação (9.19),

$$\nabla \cdot \mathbf{J}_d = -\nabla \cdot \mathbf{J} = \frac{\partial \rho_v}{\partial t} = \frac{\partial}{\partial t}(\nabla \cdot \mathbf{D}) = \nabla \cdot \frac{\partial \mathbf{D}}{\partial t} \tag{9.22a}$$

ou

$$\boxed{\mathbf{J}_d = \frac{\partial \mathbf{D}}{dt}} \tag{9.22b}$$

Substituindo a equação (9.22b) na equação (9.20), resulta em

$$\boxed{\nabla \times \mathbf{H} = \mathbf{J} + \frac{\partial \mathbf{D}}{\partial t}} \tag{9.23}$$

Esta é a equação de Maxwell (baseada na lei circuital de Ampère) para campos variáveis no tempo. O termo $\mathbf{J}_d = \partial \mathbf{D}/\partial t$ é conhecido como *densidade de corrente de deslocamento* e $\mathbf{J}$ é a densidade de corrente de condução ($\mathbf{J} = \sigma \mathbf{E}$)[3]. A inserção do termo $\mathbf{J}_d$ na equação (9.17) foi uma das maiores contribuições de Maxwell. Sem o termo $\mathbf{J}_d$, a propagação de ondas eletromagnéticas (ondas de rádio ou de TV, por exemplo) não poderia ter sido prevista, como Maxwell o fez. Em baixas frequências, $\mathbf{J}_d$ é usualmente desprezível quando comparado com $\mathbf{J}$. Entretanto, em frequências de rádio, os dois termos são comparáveis. Na época de Maxwell, fontes de alta frequência não eram disponíveis, e a equação (9.23) não poderia ser verificada experimentalmente. Anos mais tarde, Hertz conseguiu gerar e detectar ondas de rádio verificando, dessa forma, a equação (9.23). Essa é uma das raras situações em que a argumentação matemática pavimentou o caminho da investigação experimental.

Tomando por base a densidade de corrente de deslocamento, definimos a *corrente de deslocamento* como:

$$I_d = \int \mathbf{J}_d \cdot d\mathbf{S} = \int \frac{\partial \mathbf{D}}{\partial t} \cdot d\mathbf{S} \tag{9.24}$$

Devemos ter em mente que a corrente de deslocamento é resultado de um campo elétrico variável no tempo. Um exemplo típico de tal corrente é a corrente através do capacitor quando uma fonte de tensão alternada é aplicada em seus terminais. Este exemplo, mostrado na Figura 9.10, serve para ilustrar a necessidade da corrente de deslocamento. Aplicando a forma não modificada da lei circuital de Ampère ao caminho fechado *L*, mostrado na Figura 9.10(a), obtém-se

$$\oint_L \mathbf{H} \cdot d\mathbf{l} = \int_{S_1} \mathbf{J} \cdot d\mathbf{S} = I_{\text{env}} = I \tag{9.25}$$

---

[3] Relembre também que denotamos $\mathbf{J} = \rho_v \mathbf{u}$ como densidade de corrente de convecção.

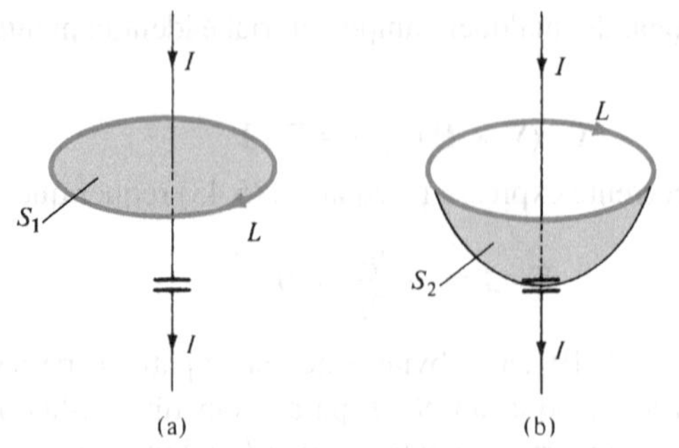

FIGURA 9.10 Duas superfícies de integração mostrando a necessidade de J_d na lei circuital de Ampère.

onde I é a corrente através do condutor e S_1 é a superfície plana limitada por L. Se usarmos a superfície S_2 na forma de balão, que passa entre as placas do capacitor, como mostra a Figura 9.10(b),

$$\oint_L \mathbf{H} \cdot d\mathbf{l} = \int_{S_2} \mathbf{J} \cdot d\mathbf{S} = I_{\text{env}} = 0 \qquad (9.26)$$

porque nenhuma corrente de condução ($\mathbf{J} = 0$) flui através de S_2. Isto é paradoxal porque foi utilizado, neste caso, o mesmo caminho fechado L da situação mostrada na Figura 9.10(a). Para resolver este conflito, precisamos incluir a corrente de deslocamento na lei circuital de Ampère. A densidade de corrente total é $\mathbf{J} + \mathbf{J}_d$. Na equação (9.25), $\mathbf{J}_d = 0$, tal que esta equação permanece válida. Na equação (9.26), $\mathbf{J} = 0$ tal que:

$$\oint_L \mathbf{H} \cdot d\mathbf{l} = \int_{S_2} \mathbf{J}_d \cdot d\mathbf{S} = \frac{d}{dt} \int_{S_2} \mathbf{D} \cdot d\mathbf{S} = \frac{dQ}{dt} = I \qquad (9.27)$$

Desta maneira, obtemos a mesma corrente para ambas as superfícies, embora a corrente seja de condução em S_1 e de deslocamento em S_2.

EXEMPLO 9.4 Um capacitor de placas paralelas, com área de placa de 5 cm² e separação entre placas de 3 mm, tem uma tensão aplicada às suas placas de 50 sen $10^3 t$ V. Calcule a corrente de deslocamento considerando que $\varepsilon = 2\varepsilon_0$.

Solução:

$$D = \varepsilon E = \varepsilon \frac{V}{d}$$

$$J_d = \frac{\partial D}{\partial t} = \frac{\varepsilon}{d} \frac{dV}{dt}$$

Portanto,

$$I_d = J_d \cdot S = \frac{\varepsilon S}{d} \frac{dV}{dt} = C \frac{dV}{dt}$$

que é igual à corrente de condução dada por

$$I_c = \frac{dQ}{dt} = S \frac{d\rho_s}{dt} = S \frac{dD}{dt} = \varepsilon S \frac{dE}{dt} = \frac{\varepsilon S}{d} \frac{dV}{dt} = C \frac{dV}{dt}$$

$$I_d = 2 \cdot \frac{10^{-9}}{36\pi} \cdot \frac{5 \times 10^{-4}}{3 \times 10^{-3}} \cdot 10^3 \times 50 \cos 10^3 t$$

$$= 147{,}4 \cos 10^3 t \text{ nA}$$

> **EXERCÍCIO PRÁTICO 9.4**
>
> No espaço livre, $\mathbf{E} = 20 \cos(\omega t - 50x) \mathbf{a}_y$ V/m. Calcule:
>
> (a) $\mathbf{J}_d$
>
> (b) $\mathbf{H}$
>
> (c) ω
>
> **Resposta:** (a) $-20\omega\varepsilon_0 \operatorname{sen}(\omega t - 50x) \mathbf{a}_y$ A/m²; (b) $0,4\,\omega\varepsilon_0 \cos(\omega t - 50x) \mathbf{a}_z$ A/m; (c) $1,5 \times 10^{10}$ rad/s.

9.5 EQUAÇÕES DE MAXWELL NAS FORMAS FINAIS

James Clerk Maxwell (1831–1879) é considerado o fundador da Teoria Eletromagnética na sua forma atual. O trabalho consagrado de Maxwell levou à descoberta das ondas eletromagnéticas.[4] A partir de seu trabalho teórico de aproximadamente cinco anos (entre os seus 35 e 40 anos), Maxwell publicou a primeira teoria unificada da eletricidade e do magnetismo. A teoria compreendeu todos os resultados já conhecidos, de cunho experimental e teórico, sobre eletricidade e magnetismo. Além disso, Maxwell introduziu o conceito de corrente de deslocamento e fez a previsão da existência das ondas eletromagnéticas. As equações de Maxwell não foram amplamente aceitas por muitos cientistas até serem confirmadas posteriormente por Heinrich Rudolf Hertz (1857–1894), um professor de Física alemão. Hertz foi bem-sucedido na sua tentativa de gerar e detectar ondas de rádio.

As leis do eletromagnetismo, que Maxwell compilou na forma de quatro equações, foram apresentadas na Tabela 7.2, na Seção 7.6, para condições estáticas. As formas mais gerais dessas equações são para condições com variação temporal e estão mostradas na Tabela 9.1. Observamos da tabela que as equações de divergência permanecem as mesmas, enquanto as equações de rotacional foram modificadas. A forma integral das equações de Maxwell evidencia as leis físicas subjacentes, enquanto a forma diferencial é usada mais frequentemente na solução de problemas. Para um campo ser "classificado" como um campo eletromagnético, ele deve satisfazer todas as quatro equações de Maxwell. A importância das equações de Maxwell não pode ser subestimada porque elas resumem todas as leis conhecidas do eletromagnetismo. Até o final deste livro, nos referiremos a essas equações inúmeras vezes.

TABELA 9.1 Forma geral das equações de Maxwell

Forma diferencial	Forma integral	Comentários
$\nabla \cdot \mathbf{D} = \rho_v$	$\oint_S \mathbf{D} \cdot d\mathbf{S} = \int_v \rho_v \, dv$	Lei de Gauss
$\nabla \cdot \mathbf{B} = 0$	$\oint_S \mathbf{B} \cdot d\mathbf{S} = 0$	Demonstração da não existência da carga magnética isolada*
$\nabla \times \mathbf{E} = -\dfrac{\partial \mathbf{B}}{\partial t}$	$\oint_L \mathbf{E} \cdot d\mathbf{l} = -\dfrac{\partial}{\partial t} \int_S \mathbf{B} \cdot d\mathbf{S}$	Lei de Faraday
$\nabla \times \mathbf{H} = \mathbf{J} + \dfrac{\partial \mathbf{D}}{\partial t}$	$\oint_L \mathbf{H} \cdot d\mathbf{l} = \int_S \left(\mathbf{J} + \dfrac{\partial \mathbf{D}}{\partial t} \right) \cdot d\mathbf{S}$	Lei circuital de Ampère

* Esta também é referida como a lei de Gauss para campos magnéticos.

---

[4] O trabalho de James Clerk Maxwell (1831–1879), físico escocês, pode ser encontrado em seu livro, *A Treatise on Electricity and Magnetism*. New York: Dover, vol. 1 e 2, 1954.

Já que esta seção pretende ser uma síntese de nossa discussão neste livro, é importante mencionar outras equações que vão ser utilizadas lado a lado com as equações de Maxwell. A equação da força de Lorentz

$$\mathbf{F} = Q(\mathbf{E} + \mathbf{u} \times \mathbf{B}) \tag{9.28}$$

está associada às equações de Maxwell. Da mesma forma, a equação da continuidade

$$\nabla \cdot \mathbf{J} = -\frac{\partial \rho_v}{\partial t} \tag{9.29}$$

está implícita nas equações de Maxwell. Os conceitos de linearidade, isotropia e homogeneidade do meio material também se aplicam para campos variáveis no tempo. Em um meio linear, homogêneo e isotrópico, caracterizado por σ, ε e μ, as relações constitutivas

$$\mathbf{D} = \varepsilon \mathbf{E} = \varepsilon_0 \mathbf{E} + \mathbf{P} \tag{9.30a}$$

$$\mathbf{B} = \mu \mathbf{H} = \mu_0 (\mathbf{H} + \mathbf{M}) \tag{9.30b}$$

$$\mathbf{J} = \sigma \mathbf{E} + \rho_v \mathbf{u} \tag{9.30c}$$

permanecem válidas para campos variáveis no tempo. Consequentemente, as condições de fronteira

$$E_{1t} - E_{2t} = 0 \text{ ou } (\mathbf{E}_1 - \mathbf{E}_2) \times \mathbf{a}_n = 0 \tag{9.31a}$$

$$H_{1t} - H_{2t} = K \text{ ou } (\mathbf{H}_1 - \mathbf{H}_2) \times \mathbf{a}_n = \mathbf{K} \tag{9.31b}$$

$$D_{1n} - D_{2n} = \rho_s \text{ ou } (\mathbf{D}_1 - \mathbf{D}_2) \cdot \mathbf{a}_n = \rho_s \tag{9.31c}$$

$$B_{1n} - B_{2n} = 0 \text{ ou } (\mathbf{B}_2 - \mathbf{B}_1) \cdot \mathbf{a}_n = 0 \tag{9.31d}$$

permanecem válidas para campos variáveis no tempo. Entretanto, para um condutor perfeito ($\sigma \simeq \infty$) em um campo variável no tempo,

$$\mathbf{E} = 0, \mathbf{H} = 0, \mathbf{J} = 0 \tag{9.32}$$

e, portanto:

$$\mathbf{B}_n = 0, \mathbf{E}_t = 0 \tag{9.33}$$

Para um dielétrico perfeito ($\sigma \simeq 0$), a equação (9.31) continua válida, à exceção de que $\mathbf{K} = 0$. Embora as equações (9.28) a (9.33) não sejam equações de Maxwell, elas estão associadas a essas.

Para completar esta seção resumo, apresentaremos, na Figura 9.11, uma estrutura que relaciona os vários campos vetoriais, elétrico e magnético, com as funções potenciais. Esse diagrama de fluxo eletromagnético auxilia na visualização das relações fundamentais entre as grandezas de campo. Também mostra que é possível encontrar formulações alternativas para um dado problema de uma maneira relativamente simples. Deve-se observar que, nas Figuras 9.10(b) e 9.10(c), introduzimos ρ^m como a densidade de carga magnética livre (semelhante a ρ_v), que é, evidentemente, nula, e $\mathbf{A}_e$ como a densidade de corrente magnética (análoga a $\mathbf{J}$). Usando termos da análise de tensões, as principais relações são classificadas como:

(a) equações de compatibilidade

$$\nabla \cdot \mathbf{B} = \rho^m = 0 \tag{9.34}$$

e

$$\nabla \times \mathbf{E} = -\frac{\partial \mathbf{B}}{\partial t} = \mathbf{J}_m \tag{9.35}$$

(b) equações constitutivas

$$\mathbf{B} = \mu \mathbf{H} \tag{9.36}$$

e

$$\mathbf{D} = \varepsilon \mathbf{E} \tag{9.37}$$

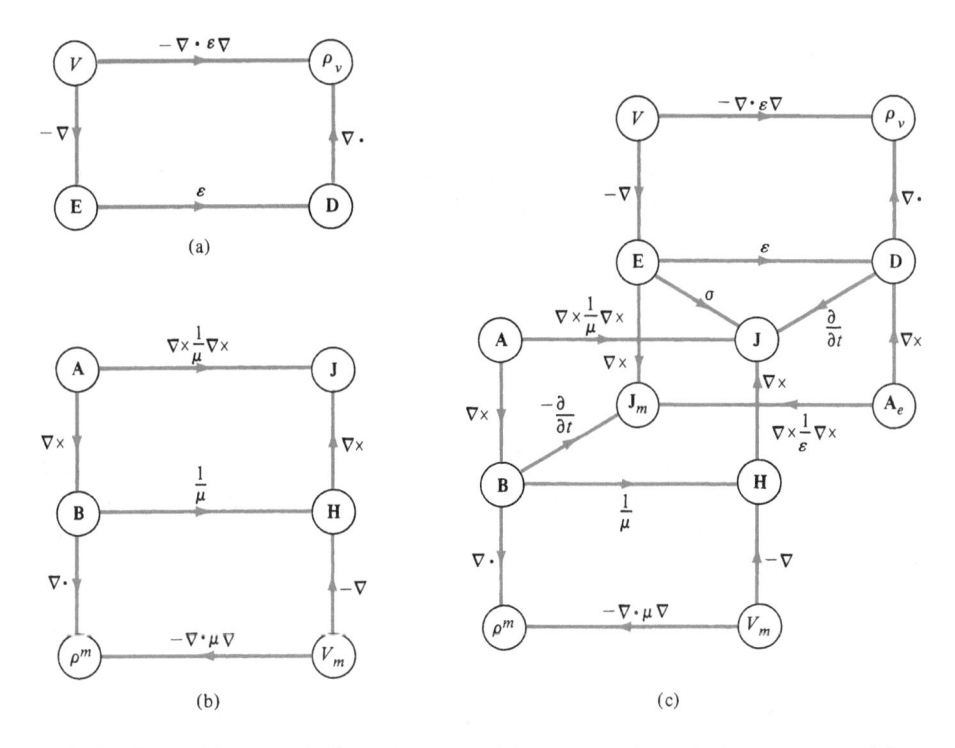

FIGURA 9.11 Diagrama de fluxo eletromagnético mostrando a relação entre potenciais e campos vetoriais: (a) sistema eletrostático; (b) sistema magnetostático; (c) sistema eletromagnético. [Adaptado com permissão do IEE Publishing Dept.]

(c) equações de equilíbrio

$$\nabla \cdot \mathbf{D} = \rho_v \tag{9.38}$$

e

$$\nabla \times \mathbf{H} = \mathbf{J} + \frac{\partial \mathbf{D}}{\partial t} \tag{9.39}$$

†9.6 POTENCIAIS VARIÁVEIS NO TEMPO

Para campos EM estáticos, obtemos o potencial elétrico escalar como

$$V = \int_v \frac{\rho_v \, dv}{4\pi\varepsilon R} \tag{9.40}$$

e o potencial magnético vetorial como

$$\mathbf{A} = \int_v \frac{\mu \mathbf{J} \, dv}{4\pi R} \tag{9.41}$$

Examinemos o que acontece com estes potenciais quando os campos são variáveis no tempo. Relembre que $\mathbf{A}$ foi definido a partir do fato que $\nabla \cdot \mathbf{B} = 0$, que continua válido para campos variáveis no tempo. Assim, a relação

$$\boxed{\mathbf{B} = \nabla \times \mathbf{A}} \tag{9.42}$$

continua válida para campos variáveis no tempo. Combinando a lei de Faraday, equação (9.8), com a equação (9.42), resulta em

$$\nabla \times \mathbf{E} = -\frac{\partial}{\partial t}(\nabla \times \mathbf{A}) \tag{9.43a}$$

ou

$$\nabla \times \left(\mathbf{E} + \frac{\partial \mathbf{A}}{\partial t} \right) = 0 \quad (9.43\text{b})$$

Já que o rotacional do gradiente de um campo escalar é identicamente zero (veja Exercício Prático 3.10), a solução para a equação (9.43b) é

$$\mathbf{E} + \frac{\partial \mathbf{A}}{\partial t} = -\nabla V \quad (9.44)$$

ou

$$\boxed{\mathbf{E} = -\nabla V - \frac{\partial \mathbf{A}}{\partial t}} \quad (9.45)$$

Das equações (9.42) e (9.45), podemos determinar os campos vetoriais $\mathbf{B}$ e $\mathbf{E}$ desde que os potenciais $\mathbf{A}$ e V sejam conhecidos. Entretanto, precisamos encontrar algumas expressões para $\mathbf{A}$ e para V similares àquelas das equações (9.40) e (9.41), que são adequadas para campos com variação temporal.

Da Tabela 9.1, ou da equação (9.38), sabemos que $\nabla \cdot \mathbf{D} = \rho_v$ é válido para condições variáveis no tempo. Tomando a divergência da equação (9.45) e fazendo uso das equações (9.37) e (9.38), obtemos

$$\nabla \cdot \mathbf{E} = \frac{\rho_v}{\varepsilon} = -\nabla^2 V - \frac{\partial}{\partial t}(\nabla \cdot \mathbf{A})$$

ou

$$\nabla^2 V + \frac{\partial}{\partial t}(\nabla \cdot \mathbf{A}) = -\frac{\rho_v}{\varepsilon} \quad (9.46)$$

Tomando o rotacional da equação (9.42) e incorporando as equações (9.23) e (9.45), resulta em

$$\begin{aligned} \nabla \times \nabla \times \mathbf{A} &= \mu \mathbf{J} + \varepsilon\mu \frac{\partial}{\partial t}\left(-\nabla V - \frac{\partial \mathbf{A}}{\partial t} \right) \\ &= \mu \mathbf{J} - \mu\varepsilon \nabla\left(\frac{\partial V}{\partial t} \right) - \mu\varepsilon \frac{\partial^2 \mathbf{A}}{\partial t^2} \end{aligned} \quad (9.47)$$

onde se pressupõe que $\mathbf{D} = \varepsilon\mathbf{E}$ e $\mathbf{B} = \mu\mathbf{H}$. Ao aplicar a identidade vetorial

$$\nabla \times \nabla \times \mathbf{A} = \nabla(\nabla \cdot \mathbf{A}) - \nabla^2 \mathbf{A} \quad (9.48)$$

à equação (9.47), obtém-se:

$$\nabla^2 \mathbf{A} - \nabla(\nabla \cdot \mathbf{A}) = -\mu \mathbf{J} + \mu\varepsilon \nabla\left(\frac{\partial V}{\partial t} \right) + \mu\varepsilon \frac{\partial^2 \mathbf{A}}{\partial t^2} \quad (9.49)$$

Um campo vetorial é univocamente definido quando seu rotacional e sua divergência forem especificados. O rotacional de $\mathbf{A}$ foi especificado na equação (9.42). Por razões que ficarão evidentes em breve, escolhemos a divergência de $\mathbf{A}$ como

$$\boxed{\nabla \cdot \mathbf{A} = -\mu\varepsilon \frac{\partial V}{\partial t}} \quad (9.50)$$

Esta escolha relaciona $\mathbf{A}$ com V e é denominada *condição de Lorentz para potenciais*. Tínhamos isto em mente quando escolhemos $\nabla \cdot \mathbf{A} = 0$ para campos magnetostáticos na equação (7.59). Impondo a condição de Lorentz da equação (9.50), as equações (9.46) e (9.49) tornam-se, respectivamente,

$$\boxed{\nabla^2 V - \mu\varepsilon \frac{\partial^2 V}{\partial t^2} = -\frac{\rho_v}{\varepsilon}} \quad (9.51)$$

e

$$\nabla^2 \mathbf{A} - \mu\varepsilon \frac{\partial^2 \mathbf{A}}{\partial t^2} = -\mu \mathbf{J} \qquad (9.52)$$

que são as *equações de onda* a serem discutidas no próximo capítulo. A razão para escolher a condição de Lorentz torna-se óbvia quando examinamos as equações (9.51) e (9.52). Ela desacopla as equações (9.46) e (9.49) e também produz uma simetria entre as equações (9.51) e (9.52). Pode-se mostrar que a condição de Lorentz pode ser obtida da equação da continuidade. Portanto, nossa escolha da equação (9.50) não é arbitrária. Observe que as equações (6.4) e (7.60) são casos especiais estáticos das equações (9.51) e (9.52), respectivamente. Em outras palavras, os potenciais V e $\mathbf{A}$ satisfazem as equações de Poisson para condições com variação temporal. Da mesma forma que as equações (9.40) e (9.41) são as soluções ou as formas integrais das equações (6.4) e (7.60), pode se mostrar que as soluções[5] das equações (9.51) e (9.52) são

$$V = \int_v \frac{[\rho_v]\, dv}{4\pi\varepsilon R} \qquad (9.53)$$

e

$$\mathbf{A} = \int_v \frac{\mu [\mathbf{J}]\, dv}{4\pi R} \qquad (9.54)$$

O termo $[\rho_v]$ (ou $[\mathbf{J}]$) significa que o tempo t em $\rho_v(x, y, z, t)$ [ou $\mathbf{J}(x, y, z, t)$] é substituído pelo *tempo de retardo t'* dado por

$$t' = t - \frac{R}{\mu} \qquad (9.55)$$

onde $R \,|\mathbf{r} = \mathbf{r}'|$ é a distância entre o ponto fonte $\mathbf{r}'$ e o ponto de observação $\mathbf{r}$, isto é, o ponto onde se quer o valor do potencial, e

$$u = \frac{1}{\sqrt{\mu\varepsilon}} \qquad (9.56)$$

é a velocidade de propagação da onda. No espaço livre $u = c \simeq 3 \times 10^8$ m/s, é a velocidade da luz no vácuo. Os potenciais V e $\mathbf{A}$ nas equações (9.53) e (9.54) são, respectivamente, denominados *potencial elétrico escalar com retardo* e *potencial magnético vetorial com retardo*. Dados ρ_v e $\mathbf{J}$, V e $\mathbf{A}$ podem ser determinados usando as equações (9.53) e (9.54). A partir de V e $\mathbf{A}$, $\mathbf{E}$ e $\mathbf{B}$ podem ser determinados usando as equações (9.45) e (9.42), respectivamente.

9.7 CAMPOS HARMÔNICOS NO TEMPO

Até agora, consideramos a dependência temporal de campos EM como sendo arbitrária. De forma específica, assumiremos que os campos são harmônicos no tempo.

> Um **campo harmônico no tempo** é aquele que varia periodicamente ou sinusoidalmente com o tempo.

Além de a análise sinusoidal ter valor prático em si, é também importante porque pode ser estendida para a maioria das formas de onda através do uso da transformada de Fourier. Sinusoides são

---

[5] Por exemplo, veja D. K. Cheng, *Field and Wave Electromagnetics*. Reading MA: Addison-Wesley, 1983, p. 291–292.

expressas de maneira simples como fasores, com os quais é muito mais conveniente de se trabalhar. Antes de aplicar fasores para campos EM, é útil fazer uma breve revisão do conceito de fasor.

Um *fasor z* é um número complexo que pode ser escrito como:

$$z = x + jy = r\underline{/\phi} \qquad (9.57)$$

ou

$$z = r\,e^{j\phi} = r(\cos\phi + j\,\text{sen}\,\phi) \qquad (9.58)$$

onde $j = \sqrt{-1}$, x é a parte real de z, y é a parte imaginária de z, r é a magnitude de z, dada por

$$r = |z| = \sqrt{x^2 + y^2} \qquad (9.59)$$

e ϕ é a fase de z, dado por:

$$\phi = \text{tg}^{-1}\frac{y}{x} \qquad (9.60)$$

Aqui, x, y, z, r e ϕ não devem ser confundidos com as variáveis coordenadas (letras diferentes poderiam ter sido usadas, mas é difícil encontrar letras melhores que essas). O fasor z pode ser representado na *forma retangular* como $z = x + jy$ ou, na *forma polar*, como $z = r\underline{/\phi} = r\,e^{j\phi}$. As duas formas de representar z são descritas nas equações (9.57) a (9.60) e ilustradas na Figura 9.12. A soma e a subtração de fasores são melhor efetuadas na forma retangular, enquanto que a multiplicação e a divisão são melhor efetuadas na forma polar.

Dados os números complexos

$$z = x + jy = r\underline{/\phi}, \quad z_1 = x_1 + jy_1 = r_1\underline{/\phi_1}, \quad \text{e} \quad z_2 = x_2 + jy_2 = r_2\underline{/\phi_2}$$

as seguintes propriedades básicas devem ser observadas:

Adição:

$$z_1 + z_2 = (x_1 + x_2) + j(y_1 + y_2) \qquad (9.61\text{a})$$

Subtração:

$$z_1 - z_2 = (x_1 - x_2) + j(y_1 - y_2) \qquad (9.61\text{b})$$

Multiplicação:

$$z_1 z_2 = r_1 r_2 \underline{/\phi_1 + \phi_2} \qquad (9.61\text{c})$$

Divisão:

$$\frac{z_1}{z_2} = \frac{r_1}{r_2}\underline{/\phi_1 - \phi_2} \qquad (9.61\text{d})$$

Raiz quadrada:

$$\sqrt{z} = \sqrt{r}\,\underline{/\phi/2} \qquad (9.61\text{e})$$

Complexo conjugado:

$$z^* = x - jy = r\underline{/-\phi} = re^{-j\phi} \qquad (9.61\text{f})$$

Outras propriedades dos números complexos podem ser encontradas no Apêndice A.2.

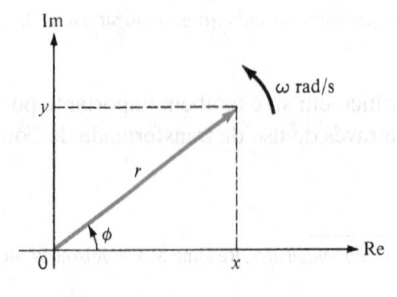

FIGURA 9.12 Representação de um fasor $z = x + jy = r\underline{/\phi}$.

Para introduzir a dependência temporal, façamos

$$\phi = \omega t + \theta \qquad (9.62)$$

onde θ pode ser uma função do tempo, ou de coordenadas espaciais, ou pode ser uma constante. As partes real (Re) e imaginária (Im) de

$$re^{j\phi} = re^{j\theta} e^{j\omega t} \qquad (9.63)$$

são dadas, respectivamente, por

$$\text{Re}\,(re^{j\phi}) = r\cos(\omega t + \theta) \qquad (9.64a)$$

e

$$\text{Im}\,(re^{j\phi}) = r\,\text{sen}(\omega t + \theta) \qquad (9.64b)$$

Portanto, uma corrente sinusoidal dada, por exemplo, por $I(t) = I_0 \cos(\omega t + \theta)$ é igual à parte real de $I_0 e^{j\theta} e^{j\omega t}$. A corrente $I'(t) = I_0 \,\text{sen}(\omega t + \theta)$, que é a parte imaginária de $I_0 e^{j\theta} e^{j\omega t}$, pode também ser representada como a parte real de $I_0 e^{j\theta} e^{j\omega t} e^{-j90°}$ porque $\text{sen}\,\alpha = \cos(\alpha - 90°)$. Entretanto, ao realizar as operações matemáticas, devemos ser coerentes usando ou a parte real ou a parte imaginária de uma grandeza, mas não ambas simultaneamente.

O termo complexo $I_0 e^{j\theta}$, que resulta quando subtendemos o fator tempo $e^{j\omega t}$ em $I(t)$, é denominado o *fasor* corrente, denotado por I_s, isto é,

$$I_s = I_0 e^{j\theta} = I_0 \underline{/\theta} \qquad (9.65)$$

onde o subscrito s denota a forma fasorial de $I(t)$. Então, a *forma instantânea* $I(t) = I_0 \cos(\omega t + \theta)$ pode ser expressa como

$$I(t) = \text{Re}\,(I_s e^{j\omega t}) \qquad (9.66)$$

Em geral, um fasor pode ser um escalar ou um vetor. Se um vetor $\mathbf{A}(x, y, z, t)$ é um campo harmônico no tempo, a *forma fasorial* de $\mathbf{A}$ é $\mathbf{A}_s(x, y, z)$, estando essas duas grandezas relacionadas conforme:

$$\boxed{\mathbf{A} = \text{Re}\,(\mathbf{A}_s e^{j\omega t})} \qquad (9.67)$$

Por exemplo, se $\mathbf{A} = A_0 \cos(\omega t - \beta x)\,\mathbf{a}_y$, podemos escrever $\mathbf{A}$ como

$$\mathbf{A} = \text{Re}\,(A_0 e^{-j\beta x} \mathbf{a}_y e^{j\omega t}) \qquad (9.68)$$

Comparando esta equação com a equação (9.67), conclui-se que a forma fasorial de $\mathbf{A}$ é:

$$\mathbf{A}_s = A_0 e^{-j\beta x} \mathbf{a}_y \qquad (9.69)$$

Observe, da equação (9.67), que

$$\frac{\partial \mathbf{A}}{\partial t} = \frac{\partial}{\partial t}\text{Re}\,(\mathbf{A}_s e^{j\omega t}) \qquad (9.70)$$

$$= \text{Re}\,(j\omega \mathbf{A}_s e^{j\omega t})$$

mostrando que determinar a derivada no tempo de um grandeza instantânea é equivalente a multiplicar sua forma fasorial por $j\omega$. Isto é,

$$\frac{\partial \mathbf{A}}{\partial t} \to j\omega \mathbf{A}_s \qquad (9.71)$$

De forma similar,

$$\int \mathbf{A}\,\partial t \to \frac{\mathbf{A}_s}{j\omega} \qquad (9.72)$$

Observe que a parte real é escolhida na equação (9.67), como na análise de circuitos; a parte imaginária igualmente poderia ter sido escolhida. Observe também a diferença básica entre a forma instantânea $\mathbf{A}(x, y, z, t)$ e sua forma fasorial $\mathbf{A}_s(x, y, z)$. A primeira é dependente do tempo e é real, enquanto que a última é invariável no tempo e é geralmente complexa. É mais fácil trabalhar com $\mathbf{A}_s$ e obter $\mathbf{A}$ de $\mathbf{A}_s$, sempre que for necessário, utilizando a equação (9.67).

TABELA 9.2 Equações de Maxwell na forma harmônica temporal, assumindo $e^{j\omega t}$ como fator tempo

Forma pontual	Forma integral
$\nabla \cdot \mathbf{D}_s = \rho_{vs}$	$\oint \mathbf{D}_s \cdot d\mathbf{S} = \int \rho_{vs}\, dv$
$\nabla \cdot \mathbf{B}_s = 0$	$\oint \mathbf{B}_s \cdot d\mathbf{S} = 0$
$\nabla \times \mathbf{E}_s = -j\omega \mathbf{B}_s$	$\oint \mathbf{E}_s \cdot d\mathbf{l} = -j\omega \int \mathbf{B}_s \cdot d\mathbf{S}$
$\nabla \times \mathbf{H}_s = \mathbf{J}_s + j\omega \mathbf{D}_s$	$\oint \mathbf{H}_s \cdot d\mathbf{l} = \int (\mathbf{J}_s + j\omega \mathbf{D}_s) \cdot d\mathbf{S}$

Apliquemos agora o conceito de fasor a campos EM variáveis no tempo. As grandezas campo $\mathbf{E}(x, y, z, t)$, $\mathbf{D}(x, y, z, t)$, $\mathbf{H}(x, y, z, t)$, $\mathbf{B}(x, y, z, t)$, $\mathbf{J}(x, y, z, t)$ e $\rho_v(x, y, z, t)$ e suas derivadas podem ser expressas na forma fasorial usando as equações (9.67) e (9.71). Na forma fasorial, as equações de Maxwell para campos EM harmônicos no tempo em um meio linear, isotrópico e homogêneo são apresentadas na Tabela 9.2. Da Tabela 9.2, observe que o fator tempo $e^{j\omega t}$ desaparece porque está associado a cada termo e, portanto, resultam-se equações independentes do tempo. Eis a justificativa para uso de fasores: o fator tempo pode ser omitido em nossa análise de campos harmônicos no tempo e inserido quando necessário. Note, também, que, na Tabela 9.2, o fator tempo $e^{j\omega t}$ foi assumido. É igualmente possível assumir o fator tempo $e^{-j\omega t}$. Neste caso, precisaríamos substituir cada j na Tabela 9.2 por $-j$.

EXEMPLO 9.5

Determine o valor dos números complexos:

(a) $z_1 = \dfrac{j(3 - j4)^*}{(-1 + j6)(2 + j)^2}$

(b) $z_2 = \left[\dfrac{1 + j}{4 - j8}\right]^{1/2}$

Solução:

(a) A solução pode ser obtida de duas maneiras: trabalhando com z na forma retangular ou na forma polar.

Método 1: trabalhando com a forma retangular.
Seja:
$$z_1 = \frac{z_3 z_4}{z_5 z_6}$$

onde
$$z_3 = j$$
$$z_4 = (3 - j4)^* = \text{complexo conjugado de } (3 - j4)$$
$$= 3 + j4$$

(Para encontrar o complexo conjugado de um número complexo, simplesmente substitua cada j por $-j$).

$$z_5 = -1 + j6$$

e
$$z_6 = (2 + j)^2 = 4 - 1 + j4 = 3 + j4$$

Portanto,
$$z_3 z_4 = j(3 + j4) = -4 + j3$$
$$z_5 z_6 = (-1 + j6)(3 + j4) = -3 - j4 + j18 - 24$$
$$= -27 + j14$$

e
$$z_1 = \frac{-4 + j3}{-27 + j14}$$

Multiplicando e dividindo z_1 por $-27 - j14$ (racionalização), temos:
$$z_1 = \frac{(-4 + j3)(-27 - j14)}{(-27 + j14)(-27 - j14)} = \frac{150 - j25}{27^2 + 14^2}$$
$$= 0{,}1622 - j0{,}027 = 0{,}1644 \,\underline{/-9{,}46°}$$

Método 2: trabalhando na forma polar.
$$z_3 = j = 1 \,\underline{/90°}$$
$$z_4 = (3 - j4)^* = (5 \,\underline{/-53{,}13°})^* = 5 \,\underline{/53{,}13°}$$
$$z_5 = (-1 + j6) = \sqrt{37} \,\underline{/99{,}46°}$$
$$z_6 = (2 + j)^2 = (\sqrt{5} \,\underline{/26{,}56°})^2 = 5 \,\underline{/53{,}13°}$$

Portanto,
$$z_1 = \frac{(1 \,\underline{/90°})(5 \,\underline{/53{,}13°})}{(\sqrt{37} \,\underline{/99{,}46°})(5 \,\underline{/53{,}13°})}$$
$$= \frac{1}{\sqrt{37}} \,\underline{/90° - 99{,}46°} = 0{,}1644 \,\underline{/-9{,}46°}$$
$$= 0{,}1622 - j0{,}027$$

como obtido anteriormente.

(b) Seja
$$z_2 = \left[\frac{z_7}{z_8}\right]^{1/2}$$

onde
$$z_7 = 1 + j = \sqrt{2} \,\underline{/45°}$$

e
$$z_8 = 4 - j8 = 4\sqrt{5} \,\underline{/-63{,}4°}$$

Portanto,
$$\frac{z_7}{z_8} = \frac{\sqrt{2} \,\underline{/45°}}{4\sqrt{5} \,\underline{/-63{,}4°}} = \frac{\sqrt{2}}{4\sqrt{5}} \,\underline{/45° - -63{,}4°}$$
$$= 0{,}1581 \,\underline{/108{,}4°}$$

e
$$z_2 = \sqrt{0{,}1581} \,\underline{/108{,}4°/2}$$
$$= 0{,}3976 \,\underline{/54{,}2°}$$

EXERCÍCIO PRÁTICO 9.5

Determine o valor dos números complexos:

(a) $j^3 \left[\dfrac{1+j}{2-j}\right]^2$

(b) $6\,\underline{/30°} + j5 - 3 + e^{j45°}$

Resposta: (a) $0,24 + j0,32$; (b) $2,03 + j8,707$.

EXEMPLO 9.6

Dado que $\mathbf{A} = 10 \cos(10^8 t - 10x + 60°)\,\mathbf{a}_z$ e $\mathbf{B}_s = (20/j)\,\mathbf{a}_x + 10\,e^{j2\pi x/3}\mathbf{a}_y$, expresse $\mathbf{A}$ na forma fasorial e $\mathbf{B}_s$ na forma instantânea.

Solução:

$$\mathbf{A} = \text{Re}\,[10 e^{j(\omega t - 10x + 60°)}\,\mathbf{a}_z]$$

onde $\omega = 10^8$. Portanto,

$$\mathbf{A} = \text{Re}\,[10 e^{j(60° - 10x)}\,\mathbf{a}_z\,e^{j\omega t}] = \text{Re}(\mathbf{A}_s e^{j\omega t})$$

ou

$$\mathbf{A}_s = 10\,e^{j(60° - 10x)}\,\mathbf{a}_z$$

Se

$$\mathbf{B}_s = \frac{20}{j}\mathbf{a}_x + 10 e^{j2\pi x/3}\mathbf{a}_y = -j20\mathbf{a}_x + 10 e^{j2\pi x/3}\mathbf{a}_y$$

$$= 20 e^{-j\pi/2}\mathbf{a}_x + 10 e^{j2\pi x/3}\mathbf{a}_y$$

$$\mathbf{B} = \text{Re}\,(\mathbf{B}_s e^{j\omega t})$$

$$= \text{Re}\,[20 e^{j(\omega t - \pi/2)}\mathbf{a}_x + 10 e^{j(\omega t + 2\pi x/3)}\mathbf{a}_y]$$

$$= 20 \cos(\omega t - \pi/2)\mathbf{a}_x + 10 \cos\left(\omega t + \frac{2\pi x}{3}\right)\mathbf{a}_y$$

$$= 20 \operatorname{sen} \omega t\,\mathbf{a}_x + 10 \cos\left(\omega t + \frac{2\pi x}{3}\right)\mathbf{a}_y$$

EXERCÍCIO PRÁTICO 9.6

Se $\mathbf{P} = 2\,\operatorname{sen}(10t + x - \pi/4)\,\mathbf{a}_y$ e $\mathbf{Q}_s = e^{jx}(\mathbf{a}_x - \mathbf{a}_z)\operatorname{sen}\pi y$, determine a forma fasorial de $\mathbf{P}$ e a forma instantânea de $\mathbf{Q}_s$.

Resposta: $2 e^{j(x - 3\pi/4)}\mathbf{a}_y$, $\operatorname{sen}\pi y \cos(\omega t + x)(\mathbf{a}_x - \mathbf{a}_z)$.

EXEMPLO 9.7

O campo elétrico e o campo magnético no espaço livre são dados por

$$\mathbf{E} = \frac{50}{\rho}\cos(10^6 t + \beta z)\mathbf{a}_\phi\ \text{V/m}$$

$$\mathbf{H} = \frac{H_0}{\rho}\cos(10^6 t + \beta z)\mathbf{a}_\rho\ \text{A/m}$$

Expresse estes vetores na forma fasorial e determine as constantes H_o e β, tais que os campos satisfaçam as equações de Maxwell.

Solução:

As formas instantâneas de **E** e de **H** são:

$$\mathbf{E} = \text{Re}\,(\mathbf{E}_s e^{j\omega t}), \qquad \mathbf{H} = \text{Re}\,(\mathbf{H}_s e^{j\omega t}) \tag{9.7.1}$$

onde $\omega = 10^6$ e os fasores $\mathbf{E}_s$ e $\mathbf{H}_s$ são dados por

$$\mathbf{E}_s = \frac{50}{\rho} e^{j\beta z} \mathbf{a}_\phi, \qquad \mathbf{H}_s = \frac{H_o}{\rho} e^{j\beta z} \mathbf{a}_\rho \tag{9.7.2}$$

Para o espaço livre, $\rho_v = 0$, $\sigma = 0$, $\varepsilon = \varepsilon_o$ e $\mu = \mu_o$, tal que as equações de Maxwell tornam-se:

$$\nabla \cdot \mathbf{D} = \varepsilon_o \nabla \cdot \mathbf{E} = 0 \rightarrow \nabla \cdot \mathbf{E}_s = 0 \tag{9.7.3}$$

$$\nabla \cdot \mathbf{B} = \mu_o \nabla \cdot \mathbf{H} = 0 \rightarrow \nabla \cdot \mathbf{H}_s = 0 \tag{9.7.4}$$

$$\nabla \times \mathbf{H} = \sigma \mathbf{E} + \varepsilon_o \frac{\partial \mathbf{E}}{\partial t} \rightarrow \nabla \times \mathbf{H}_s = j\omega \varepsilon_o \mathbf{E}_s \tag{9.7.5}$$

$$\nabla \times \mathbf{E} = -\mu_o \frac{\partial \mathbf{H}}{\partial t} \rightarrow \nabla \times \mathbf{E}_s = -j\omega \mu_o \mathbf{H}_s \tag{9.7.6}$$

Substituindo a equação (9.7.2) nas equações (9.7.3) e (9.7.4), verifica-se, de imediato, que duas equações de Maxwell são satisfeitas, a saber:

$$\nabla \cdot \mathbf{E}_s = \frac{1}{\rho} \frac{\partial}{\partial \phi} (E_{\phi s}) = 0$$

$$\nabla \cdot \mathbf{H}_s = \frac{1}{\rho} \frac{\partial}{\partial \rho} (\rho H_{\rho s}) = 0$$

Considere

$$\nabla \times \mathbf{H}_s = \nabla \times \left(\frac{H_o}{\rho} e^{j\beta z} \mathbf{a}_\rho \right) = \frac{jH_o \beta}{\rho} e^{j\beta z} \mathbf{a}_\phi \tag{9.7.7}$$

Substituindo as equações (9.7.2) e (9.7.7) na equação (9.7.5), temos

$$\frac{jH_o \beta}{\rho} e^{j\beta z} \mathbf{a}_\phi = j\omega \varepsilon_o \frac{50}{\rho} e^{j\beta z} \mathbf{a}_\phi$$

ou

$$H_o \beta = 50\,\omega \varepsilon_o \tag{9.7.8}$$

De maneira similar, substituindo a equação (9.7.2) na equação (9.7.6), resulta em

$$-j\beta \frac{50}{\rho} e^{j\beta z} \mathbf{a}_\rho = -j\omega \mu_o \frac{H_o}{\rho} e^{j\beta z} \mathbf{a}_\rho$$

ou

$$\frac{H_o}{\beta} = \frac{50}{\omega \mu_o} \tag{9.7.9}$$

Multiplicando a equação (9.7.8) pela equação (9.7.9), obtém-se

$$H_o^2 = (50)^2 \frac{\varepsilon_o}{\mu_o}$$

ou

$$H_o = \pm 50 \sqrt{\varepsilon_o / \mu_o} = \pm \frac{50}{120\pi} = \pm 0{,}1326$$

Dividindo a equação (9.7.8) pela equação (9.7.9), chega-se a:

$$\beta^2 = \omega^2 \mu_0 \varepsilon_0$$

ou

$$\beta = \pm\omega\sqrt{\mu_0\varepsilon_0} = \pm\frac{\omega}{c} = \pm\frac{10^6}{3\times 10^8}$$
$$= \pm 3{,}33 \times 10^{-3}$$

Tendo em vista a equação (9.7.8), $H_0 = 0{,}1326$, $\beta = 3{,}33 \times 10^{-3}$ ou $H_0 = -0{,}1326$, $\beta = -3{,}33 \times 10^{-3}$, donde se conclui que somente estes valores satisfazem as quatro equações de Mawxell.

EXERCÍCIO PRÁTICO 9.7

No ar, $\mathbf{E} = \dfrac{\operatorname{sen}\theta}{r}\cos(6\times 10^7 t - \beta r)\,\mathbf{a}_\phi$ V/m.

Determine β e $\mathbf{H}$.

Resposta: 0,2 rad/m, $-\dfrac{1}{12\pi r^2}\cos\theta\,\operatorname{sen}(6\times 10^7 t - 0{,}2r)\,\mathbf{a}_r - \dfrac{1}{120\pi r}\operatorname{sen}\theta \times \cos(6\times 10^7 t - 0{,}2r)\,\mathbf{a}_\theta$ A/m.

EXEMPLO 9.8

Em um meio caracterizado por $\sigma = 0$, $\mu = \mu_0$, ε_0 e

$$\mathbf{E} = 20\,\operatorname{sen}(10^8 t - \beta z)\,\mathbf{a}_y \text{ V/m}$$

determine β e $\mathbf{H}$.

Solução:

Este problema pode ser resolvido diretamente no domínio tempo ou utilizando fasores. Como no caso do exemplo anterior, determinamos β e $\mathbf{H}$ ao fazer com que $\mathbf{E}$ e $\mathbf{H}$ satisfaçam as quatro equações de Maxwell.

Método 1 (domínio tempo): comecemos resolvendo este problema da forma mais trabalhosa, isto é, no domínio tempo. É evidente que a lei de Gauss para campos elétricos é satisfeita:

$$\nabla \cdot \mathbf{E} = \frac{\partial E_y}{\partial y} = 0$$

Da lei de Faraday:

$$\nabla \times \mathbf{E} = -\mu\frac{\partial \mathbf{H}}{\partial t} \quad \rightarrow \quad \mathbf{H} = -\frac{1}{\mu}\int(\nabla\times\mathbf{E})\,dt$$

Contudo:

$$\nabla \times \mathbf{E} = \begin{vmatrix} \dfrac{\partial}{\partial x} & \dfrac{\partial}{\partial y} & \dfrac{\partial}{\partial z} \\ 0 & E_y & 0 \end{vmatrix} = -\frac{\partial E_y}{\partial z}\mathbf{a}_x + \frac{\partial E_y}{\partial x}\mathbf{a}_z$$
$$= 20\beta\cos(10^8 t - \beta z)\,\mathbf{a}_x + 0$$

Assim,

$$\mathbf{H} = -\frac{20\beta}{\mu}\int\cos(10^8 t - \beta z)\,dt\,\mathbf{a}_x$$
$$= -\frac{20\beta}{\mu 10^8}\operatorname{sen}(10^8 t - \beta z)\,\mathbf{a}_x \qquad (9.8.1)$$

Prontamente, verifica-se que

$$\nabla \cdot \mathbf{H} = \frac{\partial H_x}{\partial x} = 0$$

mostrando que a lei de Gauss para campos magnéticos é satisfeita. Por último, da lei de Ampère,

$$\nabla \times \mathbf{H} = \sigma \mathbf{E} + \varepsilon \frac{\partial \mathbf{E}}{\partial t} \quad \rightarrow \quad \mathbf{E} = \frac{1}{\varepsilon} \int (\nabla \times \mathbf{H})\, dt \tag{9.8.2}$$

porque $\sigma = 0$.
Contudo,

$$\nabla \times \mathbf{H} = \begin{vmatrix} \frac{\partial}{\partial x} & \frac{\partial}{\partial y} & \frac{\partial}{\partial z} \\ H_x & 0 & 0 \end{vmatrix} = -\frac{\partial H_x}{\partial z}\mathbf{a}_y - \frac{\partial H_x}{\partial y}\mathbf{a}_z$$

$$= \frac{20\beta^2}{\mu 10^8} \cos(10^8 t - \beta z)\,\mathbf{a}_y + 0$$

onde **H** na equação (9.8.1) foi substituído. Desta forma, a equação (9.8.2) torna-se:

$$\mathbf{E} = \frac{20\beta^2}{\mu\varepsilon 10^8} \int \cos(10^8 t - \beta z)\, dt\, \mathbf{a}_y$$

$$= \frac{20\beta^2}{\mu\varepsilon 10^{16}} \operatorname{sen}(10^8 t - \beta z)\, \mathbf{a}_y$$

Comparando este resultado com a expressão dada de **E**, obtém-se

$$\frac{20\beta^2}{\mu\varepsilon 10^{16}} = 20$$

ou

$$\beta = \pm 10^8 \sqrt{\mu\varepsilon} = \pm 10^8 \sqrt{\mu_o \cdot 4\varepsilon_o} = \pm \frac{10^8(2)}{c} = \pm \frac{10^8(2)}{3 \times 10^8}$$

$$= \pm \frac{2}{3}$$

Da equação (9.8.1),

$$\mathbf{H} = \pm \frac{20\,(2/3)}{4\pi \cdot 10^{-7}(10^8)} \operatorname{sen}\left(10^8 t \pm \frac{2z}{3}\right) \mathbf{a}_x$$

ou

$$\mathbf{H} = \pm \frac{1}{3\pi} \operatorname{sen}\left(10^8 t \pm \frac{2z}{3}\right) \mathbf{a}_x \text{ A/m}$$

Método 2 (usando fasores):

$$\mathbf{E} = \operatorname{Im}(\mathbf{E}_s e^{j\omega t}) \rightarrow \mathbf{E}_s = 20 e^{-j\beta z}\mathbf{a}_y \tag{9.8.3}$$

onde $\omega = 10^8$.
Novamente,

$$\nabla \cdot \mathbf{E}_s = \frac{\partial E_{ys}}{\partial y} = 0$$

$$\nabla \times \mathbf{E}_s = -j\omega\mu \mathbf{H}_s \quad \rightarrow \quad \mathbf{H}_s = \frac{\nabla \times \mathbf{E}_s}{-j\omega\mu}$$

ou

$$\mathbf{H}_s = \frac{1}{-j\omega\mu}\left[-\frac{\partial E_{ys}}{\partial z}\mathbf{a}_x\right] = -\frac{20\beta}{\omega\mu}e^{-j\beta z}\mathbf{a}_x \qquad (9.8.4)$$

Observe que $\nabla \cdot \mathbf{H}_s = 0$ é satisfeito.

$$\nabla \times \mathbf{H}_s = j\omega\varepsilon\mathbf{E}_s \quad \rightarrow \quad \mathbf{E}_s = \frac{\nabla \times \mathbf{H}_s}{j\omega\varepsilon} \qquad (9.8.5)$$

Substituindo $\mathbf{H}_s$ da equação (9.8.4) na equação (9.8.5), resulta em

$$\mathbf{E}_s = \frac{1}{j\omega\varepsilon}\frac{\partial H_{xs}}{\partial z}\mathbf{a}_y = \frac{20\beta^2 e^{-j\beta z}}{\omega^2\mu\varepsilon}\mathbf{a}_y$$

Comparando esta expressão com a dada para $\mathbf{E}_s$ na equação (9.8.3), temos:

$$20 = \frac{20\beta^2}{\omega^2\mu\varepsilon}$$

ou

$$\beta = \pm\omega\sqrt{\mu\varepsilon} = \pm\frac{2}{3}$$

conforme obtido anteriormente. Da equação (9.8.4),

$$\mathbf{H}_s = \pm\frac{20(2/3)\,e^{\pm j\beta z}}{10^8(4\pi \times 10^{-7})}\mathbf{a}_x = \pm\frac{1}{3\pi}e^{\pm j\beta z}\mathbf{a}_x$$

$$\mathbf{H} = \text{Im}\,(\mathbf{H}_s e^{j\omega t})$$
$$= \pm\frac{1}{3\pi}\,\text{sen}\,(10^8 t \pm \beta z)\,\mathbf{a}_x\,\text{A/m}$$

como obtido anteriormente. Deve ser observado que trabalhar com fasores implica em uma considerável simplificação, se comparado com o trabalho no domínio tempo. Observe, também, que usamos

$$\mathbf{A} = \text{Im}\,(\mathbf{A}_s e^{j\omega t})$$

porque o $\mathbf{E}$ é dado em termos de seno, e não em termos de cosseno. Poderíamos ter usado

$$\mathbf{A} = \text{Re}\,(\mathbf{A}_s e^{j\omega t})$$

neste caso, o seno é expresso em termos de cosseno e a equação (9.8.3) poderia ser escrita como

$$\mathbf{E} = 20\cos(10^8 t - \beta z - 90°)\mathbf{a}_y = \text{Re}\,(\mathbf{E}_s e^{j\omega t})$$

ou

$$\mathbf{E}_s = 20 e^{-j\beta z - j90°}\mathbf{a}_y = -j20 e^{-j\beta z}\mathbf{a}_y$$

e, assim, procedemos da mesma maneira.

EXERCÍCIO PRÁTICO 9.8

Um meio é caracterizado por $\sigma = 0$, $\mu = 2\mu_0$ e $\varepsilon = 5\varepsilon_0$. Se $\mathbf{H} = 2\cos(\omega t - 3y)\mathbf{a}_z$ A/m, calcule ω e $\mathbf{E}$.

Resposta: $2{,}846 \times 10^8$ rad/s, $-476{,}86\cos(2{,}846 \times 10^8 t - 3y)\mathbf{a}_x$ V/m

MATLAB 9.1

```
% Este script ilustra as facilidades de matemática complexa do MATLAB
% e auxilia o usuário na solução do Exercício Prático 9.5
%
clear

% O MATLAB reconhece a entrada de números complexos usando i ou j.
% por exemplo z =7-6*j iguala a variável z ao valor complexo 7 mais
% sqrt(-1)vezes 6, portanto é interativo com respeito à entrada e
% apresentação de valores complexos
z=input('Insira o número complexo z no formato a+j*b... \n> ');

disp(sprintf('A parte real de z é %f', real(z))) % mostra a parte
% real
disp(sprintf('A parte imaginária de z é %f', imag(z))) % mostra a
% parte imaginária
disp(sprintf('O módulo de z é %f', abs(z))) % mostra o módulo
disp(sprintf('A fase de z é %f graus', angle(z)*180/pi))
% mostra a fase (graus)

% O MATLAB também reconhece números complexos na forma polar
% a função exponencial aceita argumentos imaginários, porém ela
% interpreta o valor dado em radianos, portanto, se o desejado é
% trabalhar em graus deve se fazer a conversão
z=input('Insira o número complexo z na forma a*exp(j*b) onde b é
dado em radianos... \n> ');

disp(sprintf('A parte real de z é %f', real(z)))
disp(sprintf('A parte imaginária de z é %f', imag(z)))
disp(sprintf('O módulo de z é %f', abs(z)))
disp(sprintf('A fase de z é %f graus', angle(z)*180/pi))

% parte a
% No MATLAB números complexos podem ser trabalhados com os mesmos
% operadores matemáticos usados com os números reais
z = j^3 * ((1+j)/(2-j))^2;

disp(sprintf('\nPart (a)\nz 5 %0.2f 1 j%0.2f', real(z),imag(z)))

% parte b
% note a conversão de graus para radianos na exponencial
z = 6*exp(j*30*pi/180) + j*5 - 3 +exp(j*45*pi/180);

disp(sprintf('\nPart (b)\nz = %0.3f + j%0.3f', real(z), imag(z)))
```

RESUMO

1. Neste capítulo, introduzimos dois conceitos fundamentais: o de força eletromotriz (fem), embasado nos experimentos de Faraday, e o de corrente de deslocamento, que resulta da hipótese de Maxwell. Estes conceitos implicam em modificações nas equações rotacionais de Maxwell obtidas para campos EM estáticos para contemplar a dependência temporal dos campos.

2. A lei de Faraday estabelece que a fem induzida é dada por ($N = 1$):

$$V_{\text{fem}} = -\frac{\partial \Psi}{\partial t}$$

Para fem de transformador, $V_{\text{fem}} = -\int \frac{\partial \mathbf{B}}{\partial t} \cdot d\mathbf{S}$

e para fem de movimento, $V_{\text{fem}} = \int (\mathbf{u} \times \mathbf{B}) \cdot d\mathbf{l}$.

3. A corrente de deslocamento

$$I_d = \int \mathbf{J}_d \cdot d\mathbf{S}$$

onde $\mathbf{J}_d = \dfrac{\partial \mathbf{D}}{\partial t}$ (densidade de corrente de deslocamento), representa uma modificação da lei circuital de Ampère. Esta modificação, atribuída à Maxwell, previu a possibilidade de existência de ondas eletromagnéticas alguns anos antes de serem verificadas experimentalmente por Hertz.

4. Na forma diferencial, as equações de Maxwell para campos dinâmicos são:

$$\nabla \cdot \mathbf{D} = \rho_v$$

$$\nabla \cdot \mathbf{B} = 0$$

$$\nabla \times \mathbf{E} = -\dfrac{\partial \mathbf{B}}{\partial t}$$

$$\nabla \times \mathbf{H} = \mathbf{J} + \dfrac{\partial \mathbf{D}}{\partial t}$$

Cada uma destas equações diferenciais tem uma equação integral correspondente (veja Tabelas 9.1 e 9.2), que pode ser deduzida a partir das formas diferenciais utilizando ou o teorema de Stokes ou o teorema da divergência. Qualquer campo EM deve satisfazer as quatro equações de Maxwell simultaneamente.

5. O potencial elétrico escalar variável no tempo $V(x, y, z, t)$ e o potencial magnético vetorial $\mathbf{A}(x, y, z, t)$ satisfazem as equações de onda se a condição de Lorentz é assumida.

6. Campos com variação harmônica no tempo são aqueles que variam sinusoidalmente no tempo. Eles são expressos de maneira mais simples na forma de fasores, com os quais é mais cômodo de se trabalhar. Utilizando a relação de Euler, o vetor instantâneo que representa uma grandeza vetorial $\mathbf{A}(x, y, z, t)$ é associado à sua forma fasorial $\mathbf{A}_s(x, y, z)$ de acordo com

$$\mathbf{A}(x, y, z, t) = \text{Re}\,[\mathbf{A}_s(x, y, z)\, e^{j\omega t}]$$

QUESTÕES DE REVISÃO

9.1 O fluxo através de cada espira de uma bobina de 100 espiras é $(t^3 - 2t)$ mWb, onde t é dado em segundos. A fem induzida em $t = 2$ s é:

(a) 1 V

(b) −1 V

(c) 4 mV

(d) 0,4 V

(e) −0,4 V

9.2 Assumindo que as espiras estão paradas e que o campo magnético **B** variável no tempo induz uma corrente elétrica I, indique quais das configurações na Figura 9.13 estão incorretas.

9.3 Duas espiras condutoras 1 e 2 (idênticas, com exceção de que a 2 é seccionada) estão colocadas em um campo magnético uniforme que diminui a uma taxa constante, como mostra a Figura 9.14. Se o plano de cada espira é perpendicular às linhas de campo, qual das seguintes afirmativas é verdadeira?

(a) uma fem é induzida em ambas as espiras

(b) uma fem é induzida apenas na espira seccionada 2

(c) o aquecimento por efeito Joule em ambas as espiras

(d) o aquecimento por efeito Joule não ocorre em nenhuma das espiras

FIGURA 9.13 Referente à Questão de Revisão 9.2.

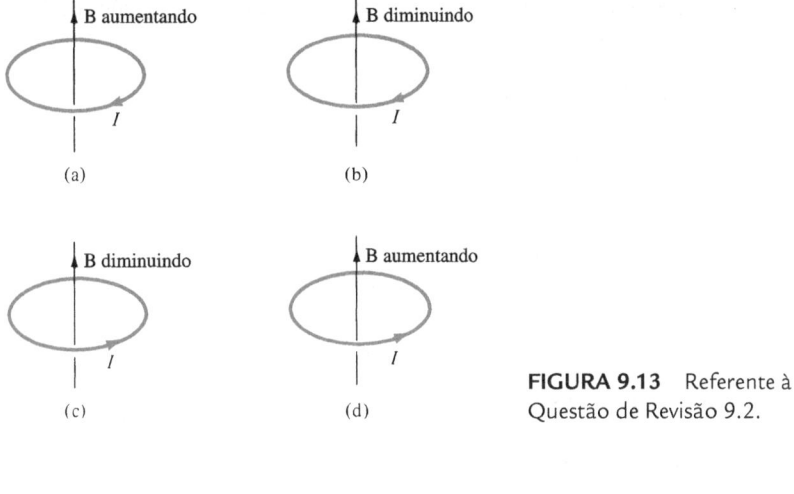

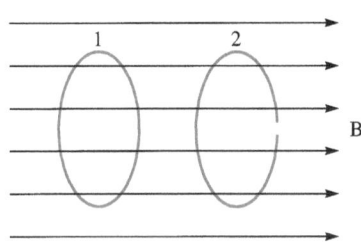

FIGURA 9.14 Referente a Questão de Revisão 9.3.

9.4 Uma espira gira em torno do eixo y em um campo magnético $\mathbf{B} = B_o$ sen $\omega t\, \mathbf{a}_x$ Wb/m². A tensão induzida na espira deve-se à:
  (a) fem de movimento
  (b) fem de transformador
  (c) combinação de fem de movimento e fem de transformador
  (d) nenhuma das alternativas acima

9.5 Uma espira retangular é colocada em um campo magnético variável no tempo $\mathbf{B} = 0{,}2\cos 150\,\pi t\, \mathbf{a}_z$ Wb/m², como mostrado na Figura 9.15. V_1 não é igual a V_2.
  (a) Verdadeiro
  (b) Falso

9.6 O conceito de corrente de deslocamento foi a maior contribuição de:
  (a) Faraday
  (b) Lenz
  (c) Maxwell
  (d) Lorentz
  (e) seu professor

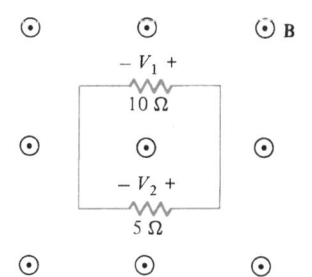

FIGURA 9.15 Referente à Questão de Revisão 9.5.

9.7 Identifique quais das seguintes expressões não são equações de Maxwell para campos variáveis no tempo:

(a) $\nabla \cdot \mathbf{J} + \dfrac{\partial \rho_v}{\partial t} = 0$

(b) $\nabla \cdot \mathbf{D} = \rho_v$

(c) $\nabla \cdot \mathbf{E} = -\dfrac{\partial \mathbf{B}}{\partial t}$

(d) $\oint \mathbf{H} \cdot d\mathbf{l} = \int \left(\sigma \mathbf{E} + \varepsilon \dfrac{\partial \mathbf{E}}{\partial t} \right) \cdot d\mathbf{S}$

(e) $\oint \mathbf{B} \cdot d\mathbf{S} = 0$

9.8 Diz-se que um campo EM não existe ou é não maxwelliano se ele não satisfaz as equações de Maxwell e as equações de onda derivadas dessas. Qual dos seguintes campos no espaço livre é não maxwelliano?

(a) $\mathbf{H} = \cos x \cos 10^6 t\, \mathbf{a}_x$

(b) $\mathbf{E} = 100 \cos \omega t\, \mathbf{a}_x$

(c) $\mathbf{D} = e^{-10y} \operatorname{sen}(10^5 t - 10y)\, \mathbf{a}_z$

(d) $\mathbf{B} = 0{,}4 \operatorname{sen} 10^4 t\, \mathbf{a}_z$

(e) $\mathbf{H} = 10 \cos\left(10^5 t - \dfrac{z}{10}\right) \mathbf{a}_x$

(f) $\mathbf{E} = \dfrac{\operatorname{sen}\theta}{r} \cos(\omega t - r\omega\sqrt{\mu_o \varepsilon_o})\, \mathbf{a}_\theta$

(g) $\mathbf{B} = (1 - \rho^2) \operatorname{sen} \omega t\, \mathbf{a}_z$

9.9 Qual das seguintes afirmativas não é verdadeira para um fasor?

(a) Um fasor pode ser um escalar ou um vetor.

(b) Um fasor pode ser uma grandeza com dependência temporal.

(c) Um fasor V_s pode ser representado como $V_o\, \underline{/\theta}$ ou $V_o e^{j\omega}$, onde $V_o = |V_s|$.

(d) Um fasor é uma grandeza complexa.

9.10 Se $\mathbf{E}_s = 10\, e^{j4x}\, \mathbf{a}_y$, qual dessas não é uma representação correta de $\mathbf{E}$?

(a) $\operatorname{Re}(\mathbf{E}_s e^{j\omega t})$

(b) $\operatorname{Re}(\mathbf{E}_s e^{-j\omega t})$

(c) $\operatorname{Im}(\mathbf{E}_s e^{j\omega t})$

(d) $10 \cos(\omega t + j4x)\, \mathbf{a}_y$

(e) $10 \operatorname{sen}(\omega t + 4x)\, \mathbf{a}_y$

Respostas: 9.1b; 9.2b, d; 9.3a; 9.4c; 9.5a; 9.6c; 9.7a,c; 9.8b; 9.9b; 9.10d.

PROBLEMAS

9.1 Uma espira retangular de 30 cm por 40 cm gira a 130 rad/s em um campo magnético de 0,06 Wb/m², normal ao eixo de rotação. Se a espira tiver 50 voltas, determine a tensão induzida na espira.

9.2 Uma espira circular condutora de raio 20 cm está no plano $z = 0$ imersa em um campo magnético $\mathbf{B} = 10 \cos 377t\, \mathbf{a}_z$ mWb/m². Calcule a tensão induzida na espira.

9.3 A Figura 9.16 mostra uma espira condutora com 10 cm² de área colocada no plano yz. Para $\mathbf{B} = -0{,}6t\, \mathbf{a}_z$ Wb/m², determine as tensões v_1 e v_2 desenvolvidas nas resistores.

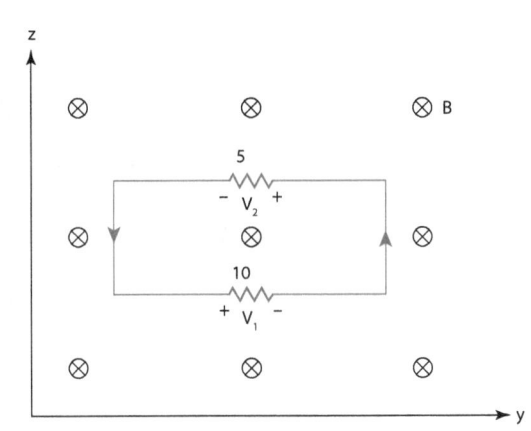

FIGURA 9.16 Referente ao Problema 9.3.

9.4 Uma barra de comprimento ℓ gira em torno do eixo z com uma velocidade angular ω. Se $\mathbf{B} = B_0 \mathbf{a}_z$, calcule a tensão induzida no condutor.

*9.5 Uma barra condutora se move com uma velocidade constante de $3\mathbf{a}_z$ m/s paralelamente a um longo fio retilíneo percorrido por uma corrente de 15 A, como mostrado na Figura 9.17. Calcule a fem induzida na barra e determine qual extremidade da barra está a um potencial mais elevado.

9.6 Um trem viaja a 80 Km/h sobre um par de trilhos que estão separados por uma distância de 2,5 m. Supondo que a componente vertical do campo magnético da terra, ao longo da linha férrea, é de 70μWb/m^2 e que outros campos são desprezíveis, calcule a voltagem desenvolvida entre os trilhos.

9.7 Um automóvel viaja a 120 km/h. Se o campo magnético terrestre é de $4,3 \times 10^{-5}$ Wb/m^2, determine a tensão induzida no para-choque de 1,6 m de comprimento. Assuma que o ângulo entre o campo magnético terrestre e a normal do carro é de 65°.

*9.8 Uma barra condutora está conectada a um par de trilhos através de conectores flexíveis, em um campo magnético $\mathbf{B} = 6 \cos 10t\, \mathbf{a}_x$ mWb/m^2, como mostrado na Figura 9.18. Se o eixo z é a posição de equilíbrio da barra e sua velocidade é $2 \cos 10t\, \mathbf{a}_y$ m/s, determine a tensão induzida na barra.

9.9 A seção reta de um gerador homopolar na forma de um disco é mostrada na Figura 9.20. O disco tem um raio interno $\rho_1 = 2$ cm e um raio externo $\rho_2 = 10$ cm e gira em um campo magnético uniforme de 15 mWb/m^2, a uma velocidade de 60 rad/s. Calcule a tensão induzida.

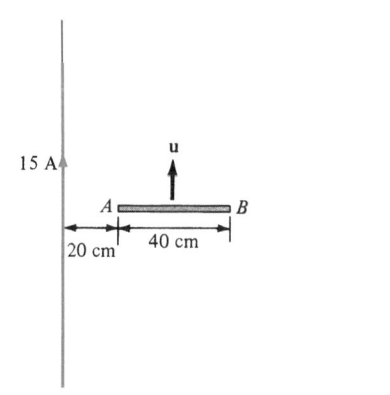

FIGURA 9.17 Referente ao Problema 9.5.

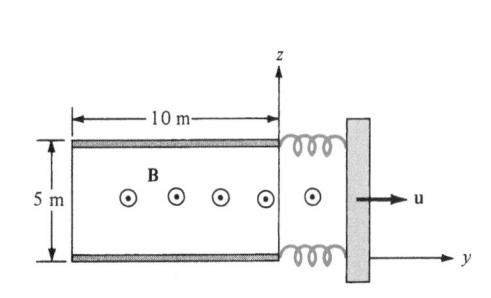

FIGURA 9.18 Referente ao Problema 9.8.

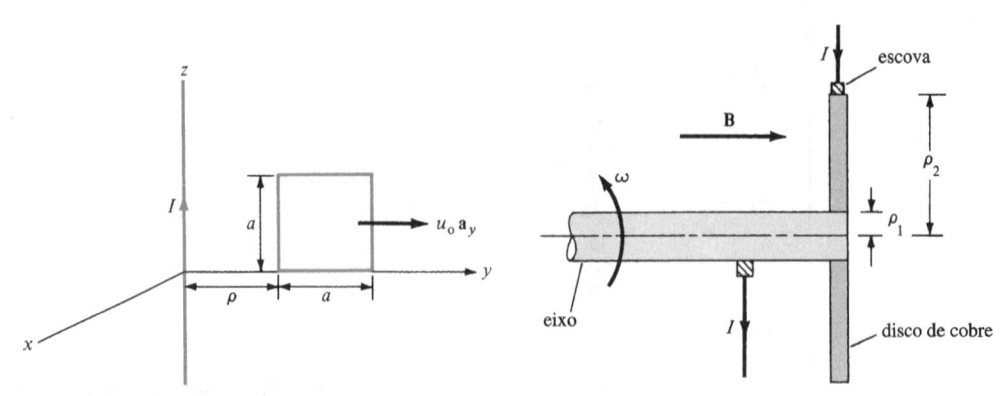

FIGURA 9.19 Referente ao Problema 9.12.   **FIGURA 9.20** Referente ao Problema 9.9.

9.10 Supondo que o calcário é caracterizado por $\mu = \mu_o$, $\varepsilon = 5\varepsilon_o$, $\sigma = 2 \times 10^{-4}$ S/m, calcule J e J_d em um ponto deste meio onde $E = 20 \cos 10^7 t \mu$V/m.

9.11 A razão J/J_d (densidade de corrente de condução por densidade de corrente de deslocamento) é muito importante em altas frequências. Calcule a razão em 1 GHz para:
(a) água destilada ($\mu = \mu_o$, $\varepsilon = 81\varepsilon_o$, $\sigma = 2 \times 10^{-3}$ S/m)
(b) água do mar ($\mu = \mu_o$, $\varepsilon = 81\varepsilon_o$, $\sigma = 25$ S/m)
(c) calcário ($\mu = \mu_o$, $\varepsilon = 5\varepsilon_o$, $\sigma = 2 \times 10^{-4}$ S/m)

*9.12 Uma espira quadrada de lado a se afasta de um filamento infinitamente longo, percorrido por uma corrente I, ao longo de $\mathbf{a}_z$, com uma velocidade uniforme $u_o\mathbf{a}_y$, como mostrado na Figura 9.19. Assumindo que $\rho = \rho_o$ em $t = 0$, mostre que a fem induzida na espira em $t > 0$ é dada por:
$$V_{\text{emf}} = \frac{u_o a^2 \mu_o I}{2\pi \rho(\rho + a)}$$

9.13 Uma barra magnética se movimenta em direção ao centro de uma bobina com 10 espiras e com resistência de 15Ω, como mostrado esquematicamente na Figura 9.21. Se o fluxo magnético através da bobina varia de 0,45 Wb a 0,64 Wb em 0,02 s, qual a intensidade e orientação (do ponto de vista do ímã) da corrente induzida?

9.14 Assumindo que a água do mar tem $\mu = \mu_o$, $\varepsilon = 81\varepsilon_o$, $\sigma = 20$ S/m, determine a frequência na qual a densidade de corrente de condução é, em intensidade, 10 vezes a densidade de corrente de deslocamento.

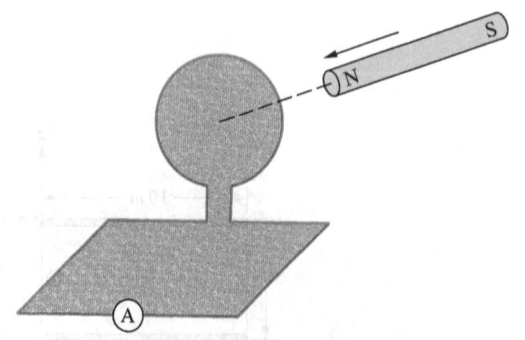

FIGURA 9.21 Referente ao Problema 9.13.

9.15 Um condutor com área de seção reta de 10 cm² é percorrido por uma corrente de condução de 0,2 sen $10^9 t$ mA. Dado que $\sigma = 2,5 \times 10^6$ S/m e $\varepsilon_r = 6$, calcule a intensidade da densidade de corrente de deslocamento.

9.16 (a) Escreva as equações de Maxwell para um meio linear e homogêneo em termos de $\mathbf{E}_s$ e $\mathbf{H}_s$ assumindo o fator tempo como $e^{-j\omega t}$.

(b) Escreva a forma pontual das equações de Maxwell da Tabela 9.2, em coordenadas cartesianas, na forma de oito equações escalares.

9.17 Mostre que o campo com dependência temporal

$$\mathbf{E} = 30 \operatorname{sen} 2x \operatorname{sen}(kz - \omega t)\, \mathbf{a}_y \text{ V/m}$$

onde $k^2 = \mu_0 \varepsilon_0 \omega^2 - 4$, é realmente um campo EM, isto é, satisfaz as equações de Maxwell no espaço livre. Encontre os valores correspondentes de $\mathbf{H}$ e $\mathbf{J}_d$.

9.18 Assumindo uma região livre de fontes, deduza a equação de difusão:

$$\nabla^2 \mathbf{E} = \mu\sigma \frac{\partial \mathbf{E}}{\partial t}$$

9.19 Em uma certa região,

$$\mathbf{J} = (2y\mathbf{a}_x + xz\mathbf{a}_y + z^3\mathbf{a}_z)\operatorname{sen} 10^4 t \text{ A/m}$$

encontre ρ_v se $\rho_v(x, y, 0, t) = 0$.

9.20 Em um determinado material $\mu = \mu_0$, $\varepsilon = \varepsilon_0 \varepsilon_r$, e $\sigma = 0$. Se

$$\mathbf{H} = 10\operatorname{sen}(10^8 t - 2x)\, \mathbf{a}_z \text{ A/m}$$

encontre $\mathbf{J}_d$, $\mathbf{E}$ e ε_r.

9.21 Em uma certa região com $\sigma = 0$, $\mu = \mu_0$ e $\varepsilon = 6{,}25\varepsilon_0$, o campo magnético de uma onda EM é dado por

$$\mathbf{H} = 0{,}6 \cos \beta x \cos 10^8 t\, \mathbf{a}_z \text{ A/m}$$

Encontre β e o $\mathbf{E}$ correspondente utilizando as equações de Maxwell.

9.22 Os campos $\mathbf{E}$ e $\mathbf{H}$ em um meio dielétrico ($\varepsilon = 9\varepsilon_0$, $\mu = \mu_0$) são dados por

$$\mathbf{E} = 10\cos(\omega t + \pi y)\, a_x \text{ V/m}$$

$$\mathbf{H} = \frac{10}{\eta}\cos(\omega t + \pi y)\, a_z \text{ A/m}$$

Use as equações de Maxwell para determinar ω e η.

9.23 Calcule e expresse na forma polar os seguintes números imaginários:

(a) $\dfrac{2 + j3}{j(-10 + j2)}$

(b) $\dfrac{8\angle 30° - 5\angle 60°}{1 + j}$

(c) $\dfrac{(1 + j3)(4 - j2)}{(1 + j3) + (4 - j2)}$

(d) $\left[\dfrac{(15 - j7)(3 + j2)^*}{(4 + j6)^*(3\angle 70°)}\right]^*$

(e) $[(-10\angle 30°)(4e^{j\pi/4})]^{1/2}$

9.24 Verifique se os campos dados a seguir são campos EM genuínos, isto é, se eles satisfazem as equações de Maxwell. Assuma que os campos existem em regiões livre de carga.

(a) $\mathbf{A} = 40 \operatorname{sen}(\omega t + 10x)\mathbf{a}_z$

(b) $\mathbf{B} = \dfrac{10}{\rho} \cos(\omega t - 2\rho)\mathbf{a}_\phi$

(c) $\mathbf{C} = \left(3\rho^2 \cot\phi\, \mathbf{a}_\rho + \dfrac{\cos\phi}{\rho}\mathbf{a}_\phi\right)\operatorname{sen}\omega t$

(d) $\mathbf{D} = \dfrac{1}{r}\operatorname{sen}\theta\operatorname{sen}(\omega t - 5r)\mathbf{a}_\theta$

9.25 No espaço livre,
$$\mathbf{H} = \rho(\operatorname{sen}\phi\,\mathbf{a}_\rho + 2\cos\phi\,\mathbf{a}_\phi)\cos 4 \times 10^6 t \text{ A/m}$$
encontre $\mathbf{J}_d$ e $\mathbf{E}$.

9.26 O campo magnético irradiado por uma antena no espaço livre é dado por
$$\mathbf{H} = \dfrac{12\operatorname{sen}\theta}{r}\cos(2\pi \times 10^8 t - \beta r)\mathbf{a}_\theta \text{ mA/m}$$
encontre o campo elétrico $\mathbf{E}$ correspondente em termos de β.

9.27 O campo elétrico no espaço livre é dado por
$$\mathbf{E}_s = 20 \operatorname{sen}(k_x x)\operatorname{sen}(k_y y)\,\mathbf{a}_z$$
onde $k_x^2 + k_y^2 = \omega^2 \varepsilon_o \mu_o$, encontre $\mathbf{E}$ e $\mathbf{B}$.

*9.28 O campo elétrico no ar é dado por $\mathbf{E} = \rho t e^{-\rho-t}\mathbf{a}_\phi$ V/m. Encontre $\mathbf{B}$ e $\mathbf{J}$.

*9.29 Expresse os campos harmônicos dados a seguir na forma de fasores:

(a) $\mathbf{E} = 4\cos(\omega t - 3x - 10°)\mathbf{a}_y - \operatorname{sen}(\omega t + 3x + 20°)\mathbf{a}_z$

(b) $\mathbf{H} = \dfrac{\operatorname{sen}\theta}{r}\cos(\omega t - 5r)\mathbf{a}_\theta$

(c) $\mathbf{J} = 6e^{-3x}\operatorname{sen}(\omega t - 2x)\mathbf{a}_y + 10e^{-x}\cos(\omega t - 5x)\mathbf{a}_z$

9.30 Mostre que outra forma da lei de Faraday é
$$\mathbf{E} = -\dfrac{\partial \mathbf{A}}{\partial t}$$
Onde $\mathbf{A}$ é o potencial magnético vetorial.

9.31 Calcule os valores instantâneos para os seguintes fasores:

(a) $\mathbf{A}_s = 5je^{-j20°}\mathbf{a}_z - (3 + j4)x\mathbf{a}_y$

(b) $\mathbf{B}_s = 10e^{-jkz}\mathbf{a}_z + j5e^{jkz+\pi/4}\mathbf{a}_y$

9.32 Em um meio não magnético,
$$\mathbf{E} = 50\cos(10^9 t - 8x)\mathbf{a}_y + 40\operatorname{sen}(10^9 t - 8x)\mathbf{a}_z \text{ V/m}$$
encontre a constante dielétrica ε_r e o $\mathbf{H}$ correspondente.

**9.33 Dada a energia eletromagnética total
$$W = \dfrac{1}{2}\int (\mathbf{E}\cdot\mathbf{D} + \mathbf{H}\cdot\mathbf{B})\, dv$$
mostre, a partir das equações de Maxwell, que
$$\dfrac{\partial W}{\partial t} = -\oint_S (\mathbf{E}\times\mathbf{H})\cdot d\mathbf{S} - \int_v \mathbf{E}\cdot\mathbf{J}\, dv$$

9.34 Calcule os números complexos que seguem e expresse suas respostas na forma polar

(a) $(4\underline{/30°} - 10\underline{/50°})^{1/2}$

(b) $\dfrac{1 + j2}{6 + j8 - 7\underline{/15°}}$

(c) $\dfrac{(3 + j4)^2}{12 - j7 + (-6 + j10)^*}$

(d) $\dfrac{(3.6\underline{/-200°})^{1/2}}{(2.4\underline{/45°})^2(-5 + j8)^*}$

9.35 Expresse os seguintes fasores em suas formas instantâneas:

(a) $\mathbf{A}_s = (4 - 3j)e^{-j\beta x}\mathbf{a}_y$

(b) $\mathbf{B}_s = \dfrac{20}{\rho}e^{-j2z}\mathbf{a}_\rho$

(c) $\mathbf{C}_s = \dfrac{10}{r^2}(1 + j2)e^{-j\phi}\operatorname{sen}\theta\,\mathbf{a}_\phi$

9.36 O fasor campo elétrico de uma onda EM no espaço livre é

$$\mathbf{E}_s(y) = 10e^{-j4y}\mathbf{a}_x \text{ V/m}$$

Encontre (a) ω tal que $\mathbf{E}_s$ satisfaça as equações de Maxwell, (b) o campo magnético $\mathbf{H}_s$.

9.37 Dados $\mathbf{A} = 4\operatorname{sen}\omega t\,\mathbf{a}_x + 3\cos\omega t\,\mathbf{a}_y$ e $\mathbf{B}_s = j10ze^{-jz}\mathbf{a}_x$, expresse $\mathbf{A}$ na forma fasorial e $\mathbf{B}_s$ na forma instantânea.

9.38 Demonstre que, em um meio linear, homogêneo, isotrópico e livre de fontes, tanto $\mathbf{E}_s$ quanto $\mathbf{H}_s$, devem satisfazer a equação de onda

$$\nabla^2\mathbf{A}_s + \gamma^2\mathbf{A}_s = 0$$

onde $\gamma^2 = \omega^2\mu\varepsilon - j\omega\mu\sigma$ e $\mathbf{A}_s = \mathbf{E}_s$ ou $\mathbf{H}_s$.

Hermann Von Helmholtz (1821 – 1894) físico alemão, estendeu os resultados de Joule para um princípio geral e derivou a equação da onda (a ser discutida neste capítulo).

Helmholtz nasceu em Potsdam e sua juventude foi marcada por doenças. Ele se graduou pelo Instituto Médico de Berlim em 1843 e foi indicado para um regimento militar em Postdam, mas ocupou todo o seu tempo livre realizando pesquisas. Em 1858, tornou-se professor de anatomia e fisiologia em Bonn. Em 1871, tornou-se professor de física em Berlim. Helmholtz fez contribuições importantes para a maioria dos campos da ciência, não só unificando diversos campos da medicina, fisiologia, anatomia e física, mas também relacionado esta visão universal às artes. Helmholtz expressou as relações entre mecânica, calor, luz, eletricidade e magnetismo tratando-as como a manifestação de uma única força. Ele pensou em sintetizar a teoria eletromagnética de Maxwell para a luz com o teorema da força central.

Heinrich Rudolf Hertz (1857 – 1894) físico experimental alemão, demonstrou que as ondas eletromagnéticas obedecem às mesmas leis fundamentais que governam a luz. Seu trabalho confirmou a celebrada teoria de James Clerk Maxwell e sua predição sobre a existência de tais ondas.

Hertz nasceu de uma próspera família em Hamburg, Alemanha. Estudou na Universidade de Berlim e fez seu doutorado sob a orientação de Hermann von Helmholtz. Tornou-se professor em Karlsruhe, onde começou sua busca pelas ondas eletromagnéticas. Sucessivamente, Hertz gerou e detectou ondas eletromagnéticas. Ele foi o primeiro a mostrar que a luz é energia eletromagnética. Em 1887, Hertz observou pela primeira vez o efeito fotoelétrico de elétrons em uma estrutura molecular. Embora tenha morrido aos 37 anos, o seu descobrimento das ondas eletromagnéticas abriu o caminho para o uso prático de tais ondas no rádio, na televisão e em outros sistemas de comunicação. A unidade de frequência, o hertz, tem o seu nome.

CAPÍTULO 10

PROPAGAÇÃO DE ONDAS ELETROMAGNÉTICAS

"Tudo o que é necessário para o triunfo do demônio é que homens e mulheres de bem não façam nada."

— ANÔNIMO

10.1 INTRODUÇÃO

A nossa primeira aplicação das equações de Maxwell será relativa à propagação de onda eletromagnética. A existência de ondas EM, previstas pelas equações de Maxwell, foi inicialmente investigada por Heinrich Hertz. Depois de vários cálculos e experimentos, Hertz teve sucesso na geração e detecção de ondas de rádio, as quais são, às vezes, chamadas de ondas hertzianas, em sua homenagem.

> Em geral, **ondas** são um meio de transportar energia ou informação.

Exemplos típicos de ondas EM incluem as ondas de rádio, os sinais de TV, os feixes de radar e os raios luminosos. Todas as formas de ondas EM compartilham três características principais: todas elas viajam em alta velocidade; ao se propagarem apresentam propriedades ondulatórias; elas são irradiadas a partir de uma fonte, sem a necessidade de um meio físico de propagação. O problema da irradiação de ondas EM será tratado no Capítulo 13.

Neste capítulo, nosso principal objetivo é resolver as equações de Maxwell e estudar a propagação de ondas EM nos seguintes meios materiais:

1. Espaço livre ($\sigma = 0$, $\varepsilon = \varepsilon_0$, $\mu = \mu_0$)
2. Dielétricos sem perdas ($\sigma = 0$, $\varepsilon = \varepsilon_r \varepsilon_0$, $\mu = \mu_r \mu_0$ ou $\sigma \ll \omega\varepsilon$)
3. Dielétricos com perdas ($\sigma \neq 0$, $\varepsilon = \varepsilon_r \varepsilon_0$, $\mu = \mu_r \mu_0$)
4. Bons condutores ($\sigma \simeq \infty$, $\varepsilon = \varepsilon_0$, $\mu = \mu_r \mu_0$ ou $\sigma \gg \omega\varepsilon$)

onde ω é a frequência angular das ondas. O Caso 3, dielétricos com perdas, é mais geral e será considerado primeiro. Depois que este caso geral for resolvido, derivaremos os outros (1, 2 e 4) como casos particulares pela seleção dos valores de σ, ε e μ. Entretanto, antes de considerarmos a propagação de ondas nesses meios, é apropriado que estudemos as características das ondas em geral. Isso é importante para o entendimento correto das ondas EM. Para o leitor que estiver familiarizado com os conceitos associados às ondas, a Seção 10.2 é prescindível. Considerações sobre potência, reflexão e transmissão entre dois meios materiais diferentes serão discutidas no final do capítulo.

†10.2 ONDAS EM GERAL

Um entendimento claro da propagação de ondas EM depende da compreensão do que são ondas em geral.

> Uma **onda** é uma função do espaço e do tempo.

Um movimento ondulatório ocorre quando um distúrbio em um ponto A, em um instante t_o, está relacionado com o que ocorre em um ponto B, em um instante $t > t_o$. Uma equação de onda, como exemplificado pelas equações (9.51) e (9.52), é uma equação a derivadas parciais de segunda ordem. Em uma dimensão, uma equação de onda escalar tem a forma de

$$\frac{\partial^2 E}{\partial t^2} - u^2 \frac{\partial^2 E}{\partial z^2} = 0 \qquad (10.1)$$

onde u é a *velocidade da onda*. A equação (10.1) é um caso especial da equação (9.51), na qual o meio é livre de fontes ($\rho_v = 0$, $\mathbf{J} = 0$). Ela pode ser resolvida pelo procedimento que segue, semelhante ao Exemplo 6.5. As suas soluções têm a forma

$$E^+ = f(z - ut) \qquad (10.2a)$$

$$E^- = g(z + ut) \qquad (10.2b)$$

ou

$$E = f(z - ut) + g(z + ut) \qquad (10.2c)$$

onde f e g representam qualquer função de $z - ut$ e $z + ut$, respectivamente. Exemplos de tais funções incluem $z \pm ut$, sen $k(z \pm ut)$, cos $k(z \pm ut)$ e $e^{jk(z \pm ut)}$, onde k é uma constante. Pode se mostrar facilmente que todas estas funções satisfazem a equação (10.1).

Se, em particular, assumimos uma dependência temporal harmônica (ou senoidal) $e^{j\omega t}$, a equação (10.1) torna-se

$$\frac{d^2 E_s}{dz^2} + \beta^2 E_s = 0 \qquad (10.3)$$

onde $\beta = \omega/u$ e E_s é a forma fasorial de E. A solução da equação (10.3) é semelhante ao Caso 3 do Exemplo 6.5 [veja equação (6.5.12)]. Com os fatores de tempo inseridos, as soluções possíveis para a equação (10.3) são

$$E^+ = Ae^{j(\omega t - \beta z)} \qquad (10.4a)$$

$$E^- = Be^{j(\omega t + \beta z)} \qquad (10.4b)$$

onde E^+ significa propagação no sentido positivo e E^- propagação no sentido negativo do eixo z. Combinando E^+ e E^- obtemos

$$E = Ae^{j(\omega t - \beta z)} + Be^{j(\omega t + \beta z)} \qquad (10.4c)$$

onde A e B dão constantes reais.

No momento, vamos considerar a solução na forma da equação (10.4a). Tomando a parte imaginária desta equação, teremos

$$E = A \text{ sen } (\omega t - \beta z) \qquad (10.5)$$

Esta é uma onda senoidal, escolhida por sua simplicidade; uma onda cossenoidal seria obtida se tivéssemos tomado a parte real da equação (10.4a). Note as seguintes características da onda na equação (10.5):

1. Ela é harmônica no tempo porque assumimos dependência temporal $e^{j\omega t}$ para chegarmos à equação (10.5).
2. A é a *amplitude* da onda e tem a mesma unidade de E.

3. $(\omega t - \beta z)$ é a *fase* (em radianos) da onda que depende do tempo t e da variável espacial z.
4. ω é a *frequência angular* (em radianos/segundo) e β é a *constante de fase* ou *número de onda* (em radianos/metro).

Devido à dependência de E tanto com o tempo t quanto com a variável espacial z, podemos traçar o gráfico de E em função de t, mantendo z constante e vice-versa. Os gráficos de $E(z, t =$ constante) e $E(t, z =$ constante) são mostrados na Figura 10.1(a) e (b), respectivamente. Da Figura 10.1(a) observamos que a onda se repete após uma distância λ; portanto, λ é chamado de *comprimento de onda* (em metros). Da Figura 10.1(b) vemos que a onda leva um tempo T para se repetir. Consequentemente, T é conhecido como o *período* (em segundos). Como a onda leva um tempo T para se propagar por uma distância λ a uma velocidade u, teremos

$$\lambda = uT \tag{10.6a}$$

Como $T = 1/f$, onde f é a *frequência* (número de ciclos por segundo) da onda, em Hertz (Hz), então:

$$\boxed{u = f\lambda} \tag{10.6b}$$

Devido a esta relação fixa entre comprimento de onda e frequência, podemos identificar a posição de uma estação de rádio dentro de sua faixa tanto em termos de frequência como em comprimento de onda. Usualmente, a frequência é preferida. Também, porque

$$\omega = 2\pi f \tag{10.7a}$$

$$\beta = \frac{\omega}{u} \tag{10.7b}$$

e

$$T = \frac{1}{f} = \frac{2\pi}{\omega} \tag{10.7c}$$

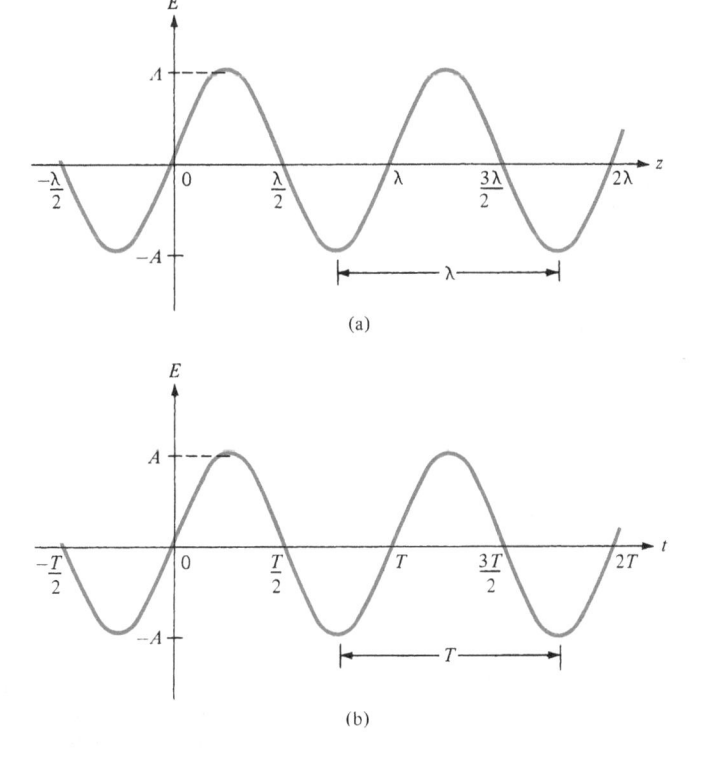

FIGURA 10.1 Traçado de $E(z, t) = A \operatorname{sen}(\omega t - \beta z)$: (**a**) com t constante; (**b**) com z constante.

teremos, a partir das equações (10.6) e (10.7), que:

$$\beta = \frac{2\pi}{\lambda} \qquad (10.8)$$

A equação (10.8) mostra que, para cada comprimento de onda propagado, a onda experimenta uma mudança de fase de 2π radianos.

Mostraremos agora que a onda representada pela equação (10.5) viaja com uma velocidade u ao longo de $+z$. Para isso, consideremos um ponto fixo P na onda. Vamos desenhar a onda nos instantes $t = 0$, $T/4$ e $T/2$, como na Figura 10.2. Desta figura, é evidente que, conforme a onda avança com o tempo, o ponto P move-se ao longo de $+z$. O ponto P é um ponto de fase constante. Portanto,

$$\omega t - \beta z = \text{constante}$$

ou

$$\frac{dz}{dt} = \frac{\omega}{\beta} = u \qquad (10.9)$$

a qual é idêntica à equação (10.7b). A equação (10.9) mostra que a onda viaja com velocidade u ao longo de $+z$. De forma similar, pode-se mostrar que a onda B sen $(\omega t + \beta z)$ na equação (10.4b) está se propagando com velocidade u ao longo de $-z$.

Em suma, notamos o seguinte:

1. Uma onda é função tanto do espaço quanto do tempo;
2. Embora o tempo $t = 0$ seja selecionado arbitrariamente como referência, uma onda não tem início nem fim;
3. Um sinal negativo em $(\omega t \pm \beta z)$ está associado com a propagação de uma onda ao longo de $+z$ (onda se propagando no sentido direto, ou positivo), enquanto um sinal positivo indica que a onda está se propagando ao longo de $-z$ (onda se propagando no sentido inverso, ou negativo);

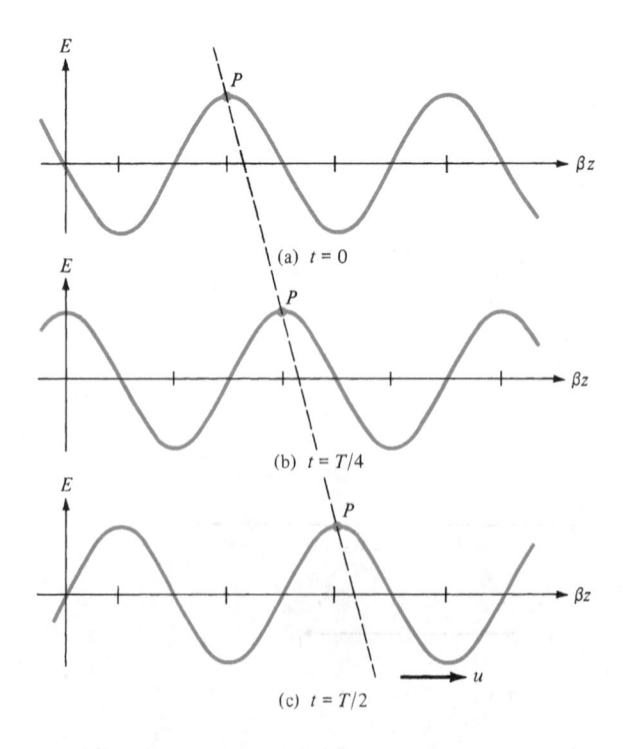

FIGURA 10.2 Gráfico de $E(z,t) = A$ sen $(\omega t - \beta z)$ nos tempos (**a**) $t = 0$; (**b**) $t=T/4$; (**c**) $t=T/2$. P se move ao longo de $+z$ com velocidade u.

TABELA 10.1 O espectro eletromagnético

Fenômeno EM	Exemplos de usos	Intervalo de frequência aproximado
Raios cósmicos	Física, Astronomia	Acima de 10^{14} GHz
Raios gama	Tratamento de câncer	$10^{10} - 10^{13}$ GHz
Raios X	Exames de raio X	$10^{8} - 10^{9}$ GHz
Radiação ultravioleta	Esterilização	$10^{6} - 10^{8}$ GHz
Luz visível	Visão humana	$10^{5} - 10^{6}$ GHz
Radiação infravermelha	Fotografia	$10^{3} - 10^{4}$ GHz
Micro-ondas	Radar, estações repetidoras de micro-ondas, comunicações por satélite	3 – 300 GHz
Ondas de rádio	Televisão UHF	470 – 806 MHz
	Televisão VHF, rádio FM	54 – 216 MHz
	Rádio em ondas curtas*	3 – 26 MHz
	Rádio AM**	535 – 1.605 KHz

4. Como sen $(-\psi) = -$ sen $\psi =$ sen $(\psi \pm \pi)$, enquanto cos $(-\psi) = \cos \psi$,

$$\text{sen}(\psi \pm \pi/2) = \pm \cos \psi \tag{10.10a}$$

$$\text{sen}(\psi \pm \pi) = -\text{sen}\,\psi \tag{10.10b}$$

$$\cos(\psi \pm \pi/2) = \mp \text{sen}\,\psi \tag{10.10c}$$

$$\cos(\psi \pm \pi) = -\cos \psi \tag{10.10d}$$

onde $\psi = \omega t \pm \beta z$. Com a equação (10.10), qualquer onda harmônica no tempo pode ser representada na forma de seno ou cosseno.

Um grande número de frequências visualizadas em ordem numérica constituem um *espectro*. A Tabela 10.1 mostra em quais frequências ocorrem diferentes tipos de energia no espectro EM. As frequências usadas para comunicações de rádio estão localizadas próximas à parte inferior do espectro EM. Conforme a frequência cresce, a energia EM torna-se perigosa para o homem. Os fornos de micro-ondas, por exemplo, podem causar lesões se não forem adequadamente blindados. As dificuldades práticas de usar energia EM para fins de comunicações também crescem com o aumento da frequência, até que, finalmente, não possa mais ser usada. À medida que se aprimoram os métodos de comunicações, os limites superiores das frequências utilizáveis são cada vez maiores. Os satélites de comunicações de hoje usam frequências próximas a 14 GHz. Esta frequência ainda está bem abaixo das frequências da luz, mas, no ambiente fechado das fibras óticas, a própria luz pode ser usada para comunicações.

EXEMPLO 10.1

O campo elétrico no espaço livre é dado por

$$\mathbf{E} = 50 \cos(10^8 t + \beta x)\,\mathbf{a}_y \text{ V/m}$$

(a) Encontre a orientação de propagação da onda.
(b) Calcule β e o tempo que a onda leva para se propagar por uma distância de $\lambda/2$.
(c) Esboce a onda a $t = 0$, $T/4$ e $T/2$.

---

* N. de T.: No Brasil, de acordo com a Resolução n° 79, de 24 de dezembro de 1998, da Agência Nacional de Telecomunicações (ANATEL), esta faixa de frequência se estende de 3 a 28 MHz.

** N. de T.: No Brasil, de acordo com a Resolução n° 79, de 24 de dezembro de 1998, da Agência Nacional de Telecomunicações (ANATEL), esta faixa de frequência se estende de 535 a 1.625 KHz.

Solução:

(a) Devido ao sinal positivo em $(\omega t + \beta x)$, inferimos que a onda está se propagando ao longo de $-\mathbf{a}_x$. Isso será confirmado na parte (c) deste exemplo.

(b) No espaço livre, $u = c$:

$$\beta = \frac{\omega}{c} = \frac{10^8}{3 \times 10^8} = \frac{1}{3}$$

ou

$$\beta = 0{,}3333 \text{ rad/m}$$

Se T é o período da onda, isto significa que a onda leva T segundos para se deslocar por uma distância λ à velocidade c. Portanto, para se deslocar por uma distância $\lambda/2$ levará

$$t_1 = \frac{T}{2} = \frac{1}{2}\frac{2\pi}{\omega} = \frac{\pi}{10^8} = 31{,}42 \text{ ns}$$

Alternativamente, porque a onda está se propagando com a velocidade da luz c,

$$\frac{\lambda}{2} = ct_1 \quad \text{ou} \quad t_1 = \frac{\lambda}{2c}$$

Porém,

$$\lambda = \frac{2\pi}{\beta} = 6\pi$$

Portanto,

$$t_1 = \frac{6\pi}{2(3 \times 10^8)} = 31{,}42 \text{ ns}$$

como obtido anteriormente.

(c) Em $\quad t = 0, \quad E_y = 50 \cos \beta x$

Em $\quad t = T/4, E_y = 50 \cos\left(\omega \cdot \frac{2\pi}{4\omega} + \beta x\right) = 50 \cos(\beta x + \pi/2)$

$\quad\quad\quad\quad\quad = -50 \operatorname{sen} \beta x$

Em $\quad t = T/2, E_y = 50 \cos\left(\omega \cdot \frac{2\pi}{2\omega} + \beta x\right) = 50 \cos(\beta x + \pi)$

$\quad\quad\quad\quad\quad = -50 \cos \beta x$

O gráfico de E_y em função de x para $t = 0$, T/4, T/2 é apresentado na Figura 10.3. Note que o ponto P (selecionado arbitrariamente) da onda se move ao longo de $-\mathbf{a}_x$, conforme t aumenta com o tempo. Isso mostra que a onda se desloca ao longo de $-\mathbf{a}_x$.

EXERCÍCIO PRÁTICO 10.1

No espaço livre, $\mathbf{H} = 0{,}1 \cos(2 \times 10^8 t - kx)\,\mathbf{a}_y$ A/m. Calcule:

(a) k, λ, T;

(b) o tempo t_1 que a onda leva para se propagar por $\lambda/8$;

(c) esboce a onda no tempo t_1.

Resposta: (a) 0,667 rad/m, 9,425 m, 31,42 ns; (b) 3,927 ns; (c) veja Figura 10.4.

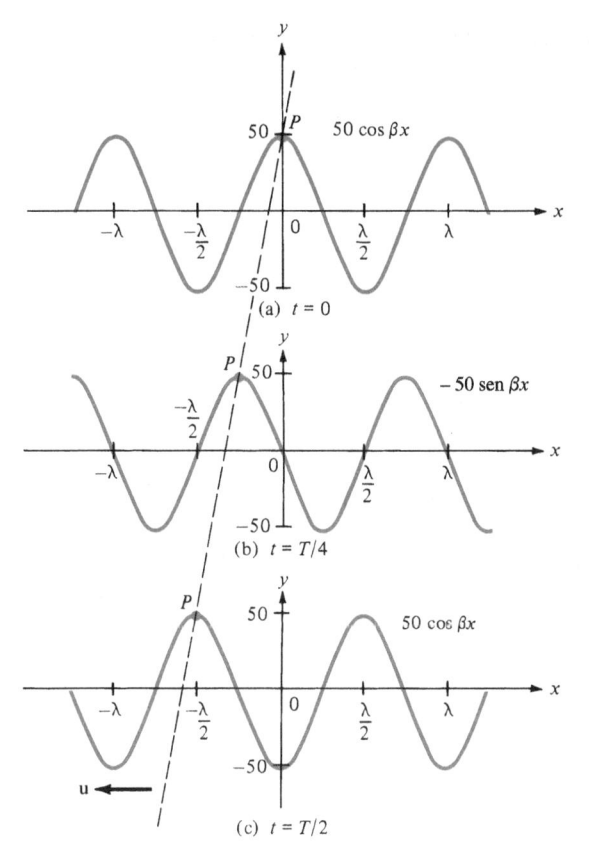

FIGURA 10.3 Referente ao Exemplo 10.1; onda se propagando ao longo de $-\mathbf{a}_x$.

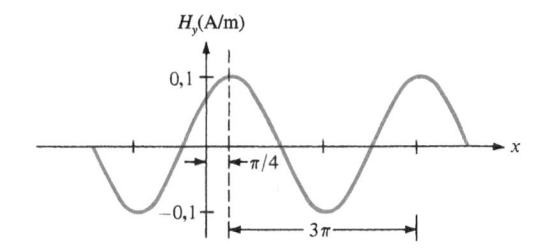

FIGURA 10.4 Referente ao Exercício Prático 10.1(c).

10.3 PROPAGAÇÃO DE ONDA EM DIELÉTRICO COM PERDAS

Conforme mencionado na Seção 10.1, a propagação de onda em dielétricos com perdas é um caso geral do qual derivam, como casos especiais, a propagação de onda em outros meios. Portanto, esta seção é fundamental para as três seções que seguem.

> Um **dielétrico com perdas** é um meio no qual ondas EM perdem energia, à medida que se propagam, devido à condutividade desse meio.

Em outras palavras, um dielétrico com perdas é um meio parcialmente condutor (dielétrico imperfeito ou condutor imperfeito) no qual $\sigma \neq 0$, ao contrário de um dielétrico sem perdas (dielétrico perfeito ou bom dielétrico), no qual $\sigma = 0$.

Considere um meio dielétrico com perdas, linear, isotrópico e homogêneo que está livre de cargas ($\rho_v = 0$). Assumindo o fator $e^{j\omega t}$ como subentendido, as equações de Maxwell (ver Tabela 9.2) tornam-se

$$\nabla \cdot \mathbf{E}_s = 0 \tag{10.11}$$

$$\nabla \cdot \mathbf{H}_s = 0 \tag{10.12}$$

$$\nabla \times \mathbf{E}_s = -j\omega\mu \mathbf{H}_s \tag{10.13}$$

$$\nabla \times \mathbf{H}_s = (\sigma + j\omega\varepsilon)\mathbf{E}_s \tag{10.14}$$

Determinando o rotacional em ambos os lados da equação (10.13), temos:

$$\nabla \times \nabla \times \mathbf{E}_s = -j\omega\mu (\nabla \times \mathbf{H}_s) \tag{10.15}$$

Aplicando a identidade vetorial

$$\nabla \times (\nabla \times \mathbf{A}) = \nabla (\nabla \cdot \mathbf{A}) - \nabla^2 \mathbf{A} \tag{10.16}$$

no lado esquerdo da equação (10.15) e utilizando as equações (10.11) e (10.14), obtemos

$$\nabla (\nabla \cdot \mathbf{E}_s) - \nabla^2 \mathbf{E}_s = -j\omega\mu(\sigma + j\omega\varepsilon)\mathbf{E}_s$$

ou

$$\boxed{\nabla^2 \mathbf{E}_s - \gamma^2 \mathbf{E}_s = 0} \tag{10.17}$$

onde

$$\gamma^2 = j\omega\mu(\sigma + j\omega\varepsilon) \tag{10.18}$$

e γ é chamada a *constante de propagação* (por metro) do meio. Por um procedimento similar, pode ser mostrado que, para o campo **H**,

$$\nabla^2 \mathbf{H}_s - \gamma^2 \mathbf{H}_s = 0 \tag{10.19}$$

As equações (10.17) e (10.19) são conhecidas como as equações vetoriais homogêneas de Helmholtz ou simplesmente como equações vetoriais de onda. Em coordenadas cartesianas, a equação (10.17), por exemplo, é equivalente a três equações de onda escalares, uma para cada componente de **E** ao longo de $\mathbf{a}_x$, $\mathbf{a}_y$ e $\mathbf{a}_z$.

Como γ nas equações (10.17) a (10.19) é uma quantidade complexa, podemos fazer

$$\boxed{\gamma = \alpha + j\beta} \tag{10.20}$$

Obtemos α e β das equações (10.18) e (10.20), notando que

$$-\mathrm{Re}\,\gamma^2 = \beta^2 - \alpha^2 = \omega^2\mu\varepsilon \tag{10.21}$$

e

$$|\gamma^2| = \beta^2 + \alpha^2 = \omega\mu\sqrt{\sigma^2 + \omega^2\varepsilon^2} \tag{10.22}$$

Das equações (10.21) e (10.22), obtemos

$$\boxed{\alpha = \omega\sqrt{\frac{\mu\varepsilon}{2}\left[\sqrt{1 + \left[\frac{\sigma}{\omega\varepsilon}\right]^2} - 1\right]}} \tag{10.23}$$

$$\boxed{\beta = \omega\sqrt{\frac{\mu\varepsilon}{2}\left[\sqrt{1 + \left[\frac{\sigma}{\omega\varepsilon}\right]^2} + 1\right]}} \tag{10.24}$$

Sem perda de generalidade, se assumirmos que a onda se propaga ao longo de $+\mathbf{a}_z$ e que $\mathbf{E}_s$ tem somente uma componente x, então

$$\mathbf{E}_s = E_{xs}(z)\mathbf{a}_x \tag{10.25}$$

Substituindo na equação (10.17), tem-se

$$(\nabla^2 - \gamma^2)E_{xs}(z) = 0 \tag{10.26}$$

Portanto,

$$\underbrace{\frac{\partial^2 E_{xs}(z)}{\partial x^2}}_{0} + \underbrace{\frac{\partial^2 E_{xs}(z)}{\partial y^2}}_{0} + \frac{\partial^2 E_{xs}(z)}{\partial z^2} - \gamma^2 E_{xs}(z) = 0$$

ou

$$\left[\frac{d^2}{dz^2} - \gamma^2\right] E_{xs}(z) = 0 \tag{10.27}$$

Esta é uma equação de onda escalar, uma equação diferencial, homogênea e linear, com solução (veja o Caso C na equação 6.5.13a)

$$E_{xs}(z) = E_o e^{-\gamma z} + E'_o e^{\gamma z} \tag{10.28}$$

onde E_o e E'_o são constantes. O fato de que o campo deve ser finito no infinito requer que $E'_o = 0$. Alternativamente, $E'_o = 0$ porque $e^{\gamma z}$ representa uma onda viajando ao longo de $-\mathbf{a}_z$, se assumirmos que a onda está se propagando ao longo de $\mathbf{a}_z$. De qualquer forma, independente do tipo de análise feito, $E'_o = 0$. Inserindo o fator temporal $e^{j\omega t}$ na equação (10.28) e usando a equação (10.20), obtemos

$$\mathbf{E}(z, t) = \operatorname{Re}[E_{xs}(z)e^{j\omega t}\mathbf{a}_x] = \operatorname{Re}(E_o e^{-\alpha z} e^{j(\omega t - \beta z)}\mathbf{a}_x)$$

ou

$$\boxed{\mathbf{E}(z, t) = E_o e^{-\alpha z}\cos(\omega t - \beta z)\mathbf{a}_x} \tag{10.29}$$

Um esboço de $|\mathbf{E}|$ nos instantes $t = 0$ e $t = \Delta t$ são mostrados na Figura 10.5, onde é evidente que $\mathbf{E}$ tem somente uma componente x e está se propagando ao longo de $+z$. Tendo obtido $\mathbf{E}(z, t)$, obtemos $\mathbf{H}(z, t)$, ou seguindo procedimento similar ao utilizado para resolver a equação (10.19), ou usando a equação (10.29) em conjunto com as equações de Maxwell, como fizemos no Exemplo 9.8. Teremos como resultado

$$\mathbf{H}(z, t) = \operatorname{Re}(H_o e^{-\alpha z} e^{j(\omega t - \beta z)}\mathbf{a}_y) \tag{10.30}$$

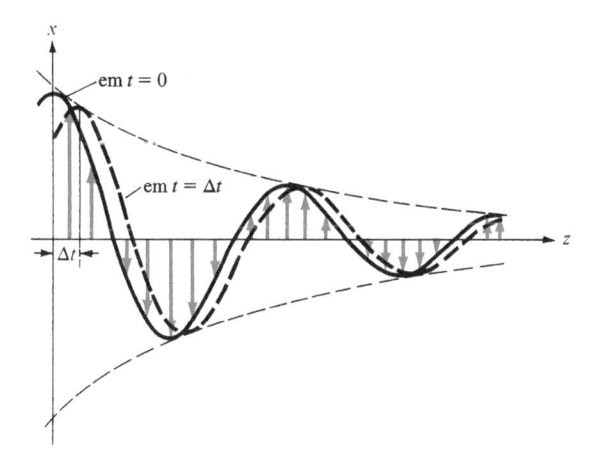

FIGURA 10.5 Campo E com uma componente x se propagando ao longo de $+z$, nos tempos $t = 0$ e $t = \Delta t$. As setas indicam valores instantâneos de E.

onde

$$H_o = \frac{E_o}{\eta} \qquad (10.31)$$

e η é uma quantidade complexa conhecida como a *impedância intrínseca* (em ohms) do meio. Pode se mostrar, seguindo os passos tomados no Exemplo 9.8, que

$$\eta = \sqrt{\frac{j\omega\mu}{\sigma + j\omega\varepsilon}} = |\eta|\underline{/\theta_\eta} = |\eta|e^{j\theta_\eta} \qquad (10.32)$$

com

$$\boxed{|\eta| = \frac{\sqrt{\mu/\varepsilon}}{\left[1 + \left(\frac{\sigma}{\omega\varepsilon}\right)^2\right]^{1/4}}, \qquad \text{tg } 2\theta_\eta = \frac{\sigma}{\omega\varepsilon}} \qquad (10.33)$$

onde $0 \leq \theta_\eta \leq 45°$. Substituindo as equações (10.31) e (10.32) na equação (10.30), temos

$$\mathbf{H} = \text{Re}\left[\frac{E_o}{|\eta|e^{j\theta_\eta}} e^{-\alpha z}e^{j(\omega t - \beta z)}\mathbf{a}_y\right]$$

ou

$$\mathbf{H} = \frac{E_o}{|\eta|} e^{-\alpha z}\cos(\omega t - \beta z - \theta_\eta)\mathbf{a}_y \qquad (10.34)$$

Observe, a partir das equações (10.29) e (10.34), que conforme a onda se propaga ao longo de $\mathbf{a}_z$, ela decresce ou se atenua em amplitude por um fator $e^{-\alpha z}$. Portanto, α é conhecida como a *constante de atenuação* ou *fator de atenuação* do meio e é uma medida da taxa de decaimento espacial da onda no meio, em nepers por metro (Np/m) ou em decibéis por metro (dB/m). Uma atenuação de 1 neper significa uma redução de e^{-1} do valor original, enquanto um aumento de um neper indica um acréscimo por um fator e. Portanto, para voltagens

$$1 \text{ Np} = 20 \log_{10} e = 8,686 \text{ dB} \qquad (10.35)$$

Da equação (10.23), notamos que, se $\sigma = 0$, como é o caso de um meio sem perdas e espaço livre, $\alpha = 0$ e a onda não é atenuada à medida que se propaga. A quantidade β é uma medida do deslocamento de fase por unidade de comprimento e é chamada *constante de fase* ou *número de onda*. Em termos de β, a velocidade da onda u e o comprimento de onda λ são, respectivamente, dados por [veja as equações (10.7b) e (10.8)]

$$u = \frac{\omega}{\beta}, \qquad \lambda = \frac{2\pi}{\beta} \qquad (10.36)$$

Notamos também, das equações (10.29) e (10.34), que $\mathbf{E}$ e $\mathbf{H}$ estão fora de fase por θ_η, em qualquer instante de tempo, devido à impedância intrínseca complexa do meio. Portanto, em qualquer tempo, $\mathbf{E}$ está adiantado em relação a $\mathbf{H}$ (ou $\mathbf{H}$ atrasado em relação a $\mathbf{E}$) por θ_η. Finalmente, notamos que a razão entre os módulos da densidade de corrente de condução $\mathbf{J}_c$ e da densidade de corrente de deslocamento $\mathbf{J}_d$, em um meio com perdas, é

$$\frac{|\mathbf{J}_{cs}|}{|\mathbf{J}_{ds}|} = \frac{|\sigma\mathbf{E}_s|}{|j\omega\varepsilon\mathbf{E}_s|} = \frac{\sigma}{\omega\varepsilon} = \text{tg }\theta$$

ou

$$\boxed{\text{tg }\theta = \frac{\sigma}{\omega\varepsilon}} \qquad (10.37)$$

onde tg θ é conhecida como a *tangente de perdas* e θ é o *ângulo de perdas* do meio, conforme ilustrado na Figura 10.6. Embora não haja uma fronteira bem determinada entre bons condutores e dielétricos com perdas, tg θ ou θ podem ser usados para quantificar as perdas em um meio. Um meio é dito um bom dielétrico (sem perdas ou perfeito) se a tg θ é muito pequena ($\sigma \ll \omega\varepsilon$), ou um bom condutor se a tg θ é muito grande ($\sigma \gg \omega\varepsilon$). Do ponto de vista da propagação da onda, o comportamento característico de um meio depende não só dos seus parâmetros constitutivos σ, ε e μ, mas também da frequência de operação. Um meio que se comporta como um bom condutor em baixas frequências pode ser um bom dielétrico em frequências altas. Das equações (10.33) e (10.37), observe que

$$\theta = 2\theta_\eta \qquad (10.38)$$

Da equação (10.14)

$$\nabla \times \mathbf{H}_s = (\sigma + j\omega\varepsilon)\mathbf{E}_s = j\omega\varepsilon\left[1 - \frac{j\sigma}{\omega\varepsilon}\right]\mathbf{E}_s \qquad (10.39)$$
$$= j\omega\varepsilon_c\mathbf{E}_s$$

onde

$$\boxed{\varepsilon_c = \varepsilon\left[1 - j\frac{\sigma}{\omega\varepsilon}\right] = \varepsilon[1 - j\,\text{tg}\,\theta]} \qquad (10.40\text{a})$$

ou

$$\varepsilon_c = \varepsilon' - j\varepsilon'' \qquad (10.40\text{b})$$

e $\varepsilon' = \varepsilon$, $\varepsilon'' = \sigma/\omega$, $\varepsilon = \varepsilon_o\varepsilon_r$; ε_c é chamada *permissividade complexa* do meio. Observamos que a razão entre ε'' e ε' é a tangente de perdas do meio, isto é,

$$\text{tg}\,\theta = \frac{\varepsilon''}{\varepsilon'} = \frac{\sigma}{\omega\varepsilon} \qquad (10.41)$$

Em seções subsequentes, vamos considerar a propagação de onda em outros tipos de meio, os quais podem ser vistos como casos especiais dos que foram considerados até aqui. Portanto, vamos deduzir suas equações das que foram obtidas para o caso geral, tratado nesta seção. O estudante é aconselhado a não simplesmente memorizar as fórmulas, mas a observar como elas são facilmente obtidas das fórmulas para o caso geral.

EXEMPLO 10.2

Um dielétrico com perdas tem uma impedância intrínseca de $200\,\underline{/30°}\,\Omega$ em uma frequência. Se, nesta frequência, a onda plana que se propaga no material tem o campo magnético

$$\mathbf{H} = 10\,e^{-\alpha x}\cos\left(\omega t - \frac{1}{2}x\right)\mathbf{a}_y\,\text{A/m}$$

encontre $\mathbf{E}$ e α. Determine a profundidade pelicular e a polarização da onda.

Solução:

A onda se propaga ao longo de $\mathbf{a}_x$, tal que $\mathbf{a}_k = \mathbf{a}_x$; $\mathbf{a}_H = \mathbf{a}_y$, portanto

$$-\mathbf{a}_E = \mathbf{a}_k \times \mathbf{a}_H = \mathbf{a}_x \times \mathbf{a}_y = \mathbf{a}_z$$

ou

$$\mathbf{a}_E = -\mathbf{a}_z$$

Também $H_o = 10$, portanto,

$$\frac{E_o}{H_o} = \eta = 200\,\underline{/30°} = 200\,e^{j\pi/6} \rightarrow E_o = 2000\,e^{j\pi/6}$$

Com exceção da diferença de amplitude e da diferença de fase, **E** e **H** sempre tem a mesma forma. Consequentemente,

$$\mathbf{E} = \text{Re}(2000e^{j\pi/6}e^{-\gamma x}e^{j\omega t}\mathbf{a}_E)$$

ou

$$\mathbf{E} = -2e^{-\alpha x}\cos\left(\omega t - \frac{x}{2} + \frac{\pi}{6}\right)\mathbf{a}_z \, \text{kV/m}$$

Sabendo que $\beta = 1/2$, precisamos de $\boldsymbol{\alpha}$ para determinar α. Como

$$\alpha = \omega\sqrt{\frac{\mu\varepsilon}{2}\left[\sqrt{1 + \left[\frac{\sigma}{\omega\varepsilon}\right]^2} - 1\right]}$$

e

$$\beta = \omega\sqrt{\frac{\mu\varepsilon}{2}\left[\sqrt{1 + \left[\frac{\sigma}{\omega\varepsilon}\right]^2} + 1\right]}$$

$$\frac{\alpha}{\beta} = \left[\frac{\sqrt{1 + \left[\frac{\sigma}{\omega\varepsilon}\right]^2} - 1}{\sqrt{1 + \left[\frac{\sigma}{\omega\varepsilon}\right]^2} + 1}\right]^{1/2}$$

Contudo, $\frac{\sigma}{\omega\varepsilon} = \text{tg } 2\theta_\eta = \text{tg } 60° = \sqrt{3}$. Portanto,

$$\frac{\alpha}{\beta} = \left[\frac{2-1}{2+1}\right]^{1/2} = \frac{1}{\sqrt{3}}$$

ou

$$\alpha = \frac{\beta}{\sqrt{3}} = \frac{1}{2\sqrt{3}} = 0{,}2887 \, \text{Np/m}$$

e

$$\delta = \frac{1}{\alpha} = 2\sqrt{3} = 3{,}464 \, \text{m}$$

A onda tem uma componente E_z; portanto, está polarizada ao longo de z.

EXERCÍCIO PRÁTICO 10.2

Uma onda plana se propagando em um meio com $\varepsilon_r = 8$, $\mu_r = 2$ tem $\mathbf{E} = 0{,}5 \, e^{-z/3} \, \text{sen}\,(10^8 t - \beta z)\,\mathbf{a}_x$ V/m. Determine:

(a) β
(b) a tangente de perdas
(c) a impedância da onda
(d) a velocidade da onda
(e) o campo **H**

Resposta: (a) 1,374 rad/m, (b) 0,5154, (c) 177,72 $\underline{/13{,}63°}$ Ω, (d) 7,278 $\times$ 10^7 m/s, (e) $2{,}817e^{-z/3}\text{sen}(10^8 t - \beta z - 13{,}63°)\mathbf{a}_y$ mA/m.

10.4 ONDAS PLANAS EM DIELÉTRICOS SEM PERDAS

Em um dielétrico sem perdas, $\sigma \ll \omega\varepsilon$. É um caso especial do tratado na Seção 10.3, exceto que

$$\boxed{\sigma \simeq 0, \qquad \varepsilon = \varepsilon_o\varepsilon_r, \qquad \mu = \mu_o\mu_r} \qquad (10.42)$$

Substituindo nas equações (10.23) e (10.24), obtemos

$$\alpha = 0, \qquad \beta = \omega\sqrt{\mu\varepsilon} \qquad (10.43\text{a})$$

$$u = \frac{\omega}{\beta} = \frac{1}{\sqrt{\mu\varepsilon}}, \qquad \lambda = \frac{2\pi}{\beta} \qquad (10.43\text{b})$$

Também

$$\eta = \sqrt{\frac{\mu}{\varepsilon}}\,\underline{/0°} \qquad (10.44)$$

Portanto, **E** e **H** estão em fase no tempo.

10.5 ONDAS PLANAS NO ESPAÇO LIVRE

Este é um caso especial do que foi considerado na Seção 10.3. Neste caso:

$$\boxed{\sigma = 0, \qquad \varepsilon = \varepsilon_o, \qquad \mu = \mu_o} \qquad (10.45)$$

Este pode também ser considerado um caso especial da Seção 10.4. Portanto, simplesmente substituímos ε por ε_o e μ por μ_o na equação (10.43) ou substituímos a equação (10.45) diretamente nas equações (10.23) e (10.24). De qualquer maneira, obtemos

$$\alpha = 0, \qquad \beta = \omega\sqrt{\mu_o\varepsilon_o} = \frac{\omega}{c} \qquad (10.46\text{a})$$

$$u = \frac{1}{\sqrt{\mu_o\varepsilon_o}} = c, \qquad \lambda = \frac{2\pi}{\beta} \qquad (10.46\text{b})$$

onde $c \simeq 3 \times 10^8$ m/s é a velocidade da luz no vácuo. O fato de as ondas EM se propagarem no vácuo com a velocidade da luz é importante. Isso demonstra que a luz é a manifestação de uma onda EM. Em outras palavras, a luz é caracteristicamente eletromagnética.

Pela substituição dos parâmetros constitutivos da equação (10.45) na equação (10.33), $\theta_\eta = 0$ e $\eta = \eta_o$, onde η_o é chamado de a *impedância intrínseca do espaço livre,* e é dada por

$$\boxed{\eta_o = \sqrt{\frac{\mu_o}{\varepsilon_o}} = 120\pi \simeq 377\ \Omega} \qquad (10.47)$$

$$\mathbf{E} = E_o \cos(\omega t - \beta z)\,\mathbf{a}_x \qquad (10.48\text{a})$$

então,

$$\mathbf{H} = H_o \cos(\omega t - \beta z)\,\mathbf{a}_y = \frac{E_o}{\eta_o}\cos(\omega t - \beta z)\,\mathbf{a}_y \qquad (10.48\text{b})$$

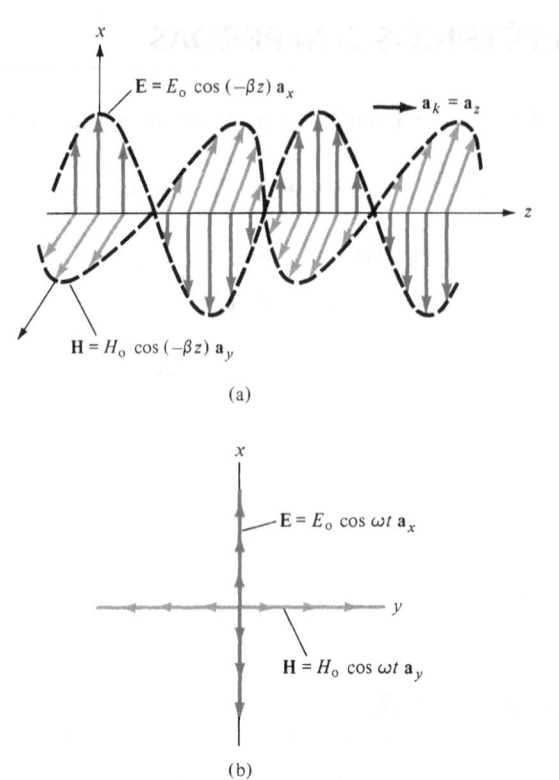

FIGURA 10.7 (a) Gráficos de **E** e **H** em função de z em $t = 0$; (b) gráfico de **E** e **H** em $z = 0$. Os vetores indicam valores instantâneos.

Os gráficos de **E** e **H** são mostrados na Figura 10.7(a). Em geral, se $\mathbf{a}_E$, $\mathbf{a}_H$ e $\mathbf{a}_k$ forem vetores unitários ao longo do campo **E**, do campo **H** e da orientação de propagação da onda, pode ser demonstrado que (veja Problema 10.54)

$$\mathbf{a}_k \times \mathbf{a}_E = \mathbf{a}_H$$

ou

$$\mathbf{a}_k \times \mathbf{a}_H = -\mathbf{a}_E$$

ou

$$\boxed{\mathbf{a}_E \times \mathbf{a}_H = \mathbf{a}_k} \tag{10.49}$$

Tanto o campo **E** quanto **H** (ou onda EM) são, em qualquer ponto, normais à direção de propagação da onda, isto é, normais a $\mathbf{a}_k$. Isso significa que os campos estão em um plano que é transverso ou normal à direção de propagação. Formam uma onda EM que não tem componente dos campos elétrico ou magnético na direção de propagação. Essa onda é chamada *transversal eletromagnética* (TEM). É também chamada de *onda plana uniforme* porque **E** (ou **H**) tem a mesma magnitude ao longo de qualquer plano transverso, definido por $z = $ constante. A orientação na qual aponta o campo elétrico é chamada *polarização* da onda TEM.[1] A onda da equação (10.29), por exemplo, está polarizada na direção x. Isso pode ser observado na figura 10.7(b), onde é dada uma ilustração de ondas planas uniformes. Uma onda plana uniforme não pode existir fisicamente, pois ela se estende até o infinito e representaria uma energia infinita. Entretanto, essas ondas são simples de entender e de importância fundamental. Elas servem como aproximações para ondas existentes na prática, como as geradas por uma antena de rádio, a grandes distâncias das emissoras de rádio. Apesar da nossa discussão depois da equação (10.48), considere o espaço livre, ela se aplica também a qualquer outro meio isotrópico.

---

[1] Alguns livros definem polarização de maneira distinta.

10.6 ONDAS PLANAS EM BONS CONDUTORES

Este é um outro caso especial do que foi tratado na Seção 10.3. Um condutor perfeito, ou bom condutor, é um condutor com $\sigma \gg \omega\varepsilon$, de tal maneira que $\sigma/\omega\varepsilon \gg 1$, isto é,

$$\boxed{\sigma \simeq \infty, \quad \varepsilon = \varepsilon_o, \quad \mu = \mu_o\mu_r} \tag{10.50}$$

Logo, as equações (10.23) e (10.24) tornam-se

$$\alpha = \beta = \sqrt{\frac{\omega\mu\sigma}{2}} = \sqrt{\pi f \mu \sigma} \tag{10.51a}$$

$$u = \frac{\omega}{\beta} = \sqrt{\frac{2\omega}{\mu\sigma}}, \quad \lambda = \frac{2\pi}{\beta} \tag{10.51b}$$

Também,

$$\eta = \sqrt{\frac{j\omega\mu}{\sigma}} = \sqrt{\frac{\omega\mu}{\sigma}}\angle 45° \tag{10.52}$$

portanto, **E** está adiantado em relação a **H** por $45°$. Se

$$\mathbf{E} = E_o e^{-\alpha z}\cos(\omega t - \beta z)\,\mathbf{a}_x \tag{10.53a}$$

então

$$\mathbf{H} = \frac{E_o}{\sqrt{\frac{\omega\mu}{\sigma}}} e^{-\alpha z} \cos(\omega t - \beta z - 45°)\,\mathbf{a}_y \tag{10.53b}$$

Portanto, à medida que **E** (ou **H**) se propaga em um meio condutor, a sua amplitude é atenuada por um fator $e^{-\alpha z}$. A distância δ, mostrada na Figura 10.8, na qual a amplitude da onda decresce por um fator e^{-1} (em torno de 37%) é chamada *profundidade de penetração pelicular* do meio, isto é,

$$E_o e^{-\alpha\delta} = E_o e^{-1}$$

ou

$$\delta = \frac{1}{\alpha} \tag{10.54a}$$

> A **profundidade de penetração pelicular** é uma medida da profundidade de penetração de uma onda **EM** no meio.

A equação (10.54a) é válida, em geral, para qualquer meio material. Para bons condutores, as equações (10.51a) e (10.54a) resultam em

$$\boxed{\delta = \frac{1}{\sqrt{\pi f \mu \sigma}} = \frac{1}{\alpha}} \tag{10.54b}$$

A ilustração para um bom condutor na Figura 10.8 está exagerada. Entretanto, para um meio parcialmente condutor, a profundidade pelicular pode ser consideravelmente grande. Note, das equações (10.51a), (10.52) e (10.54b), que, para um bom condutor,

$$\eta = \frac{1}{\sigma\delta}\sqrt{2}\,e^{j\pi/4} = \frac{1+j}{\sigma\delta} \tag{10.55}$$

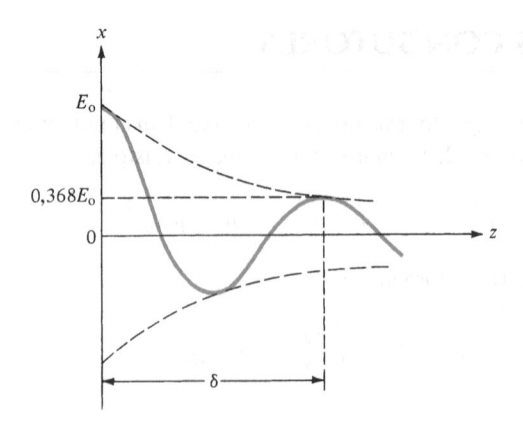

FIGURA 10.8 Ilustração da profundidade pelicular.

Note que, para bons condutores temos $\alpha = \beta = \dfrac{1}{\delta}$, a equação (10.53a) pode ser escrita como

$$\mathbf{E} = E_o e^{-z/\delta} \cos\left(\omega t - \dfrac{z}{\delta}\right)\mathbf{a}_x$$

mostrando que δ mede o amortecimento exponencial da onda conforme ela se propaga pelo condutor. A profundidade pelicular no cobre é mostrada para várias frequências na Tabela 10.2. Da tabela, notamos que a profundidade de penetração pelicular decresce com o aumento da frequência. Portanto, **E** e **H** dificilmente se propagam através de bons condutores.

O fenômeno pelo qual a intensidade de campo em um condutor decresce rapidamente é conhecido como *efeito pelicular*. Os campos e as correntes associadas são confinados em uma camada muito fina (película) da superfície condutora. Para um fio de raio a, por exemplo, em altas frequências é uma boa aproximação assumir que toda a corrente flui em um anel circular de espessura δ, como mostrado na Figura 10.9. O efeito pelicular aparece de diferentes formas em problemas, como: atenuação em ondas guiadas, resistência efetiva ou CA em linhas de transmissão e em blindagens eletromagnéticas. Esse efeito é utilizado em muitas aplicações. Por exemplo, como a profundidade pelicular é muito pequena na prata, a diferença de performance entre um componente de prata pura e um componente de latão, com uma camada de prata depositada, é desprezível. Portanto, películas de prata são usadas para reduzir o custo de material em componentes de guias de onda. Pela mesma razão, condutores tubulares ocos são usados no lugar de condutores sólidos nas antenas externas de televisão. A blindagem eletromagnética efetiva de dispositivos elétricos pode ser obtida utilizando invólucros condutores com espessuras de algumas profundidades peliculares.

A profundidade pelicular é útil no cálculo da *resistência CA* que é função do efeito pelicular. A resistência na equação (5.16) é chamada de *resistência* CC, isto é,

$$R_{cc} = \dfrac{\ell}{\sigma S} \qquad (5.16)$$

Definimos a *resistência superficial ou pelicular* R_s (em Ω) para um bom condutor como a parte real de $\boldsymbol{\eta}$. Portanto, da equação (10.55):

$$\boxed{R_s = \dfrac{1}{\sigma \delta} = \sqrt{\dfrac{\pi f \mu}{\sigma}}} \qquad (10.56)$$

TABELA 10.2 Profundidade pelicular no cobre*

Frequência (Hz)	10	60	100	500	10^4	10^8	10^{10}
Profundidade pelicular (mm)	20,8	8,6	6,6	2,99	0,66	$6,6 \times 10^{-3}$	$6,6 \times 10^{-4}$

* Para o cobre, $\sigma = 5,8 \times 10^7$ S/m, $\mu = \mu_o$, $\delta = 66,1/\sqrt{f}$ (em mm).

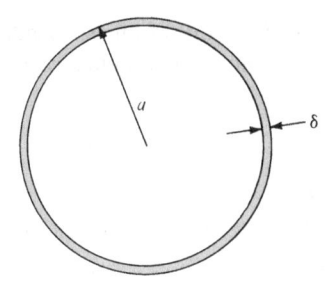

FIGURA 10.9 Profundidade pelicular em altas frequências, $\delta \ll a$.

Esta é a resistência para uma unidade de largura e uma unidade de comprimento do condutor. Ela é equivalente à resistência CC para uma unidade de comprimento do condutor, tendo uma seção reta de área $1 \times \delta$. Portanto, para uma dada largura w e comprimento ℓ, a resistência para CA é calculada usando a expressão da resistência para CC da equação (5.16), assumindo um fluxo de corrente uniforme na espessura δ, isto é,

$$R_{ca} = \frac{\ell}{\sigma \delta w} = \frac{R_s \ell}{w} \quad (10.57)$$

onde $S \simeq \delta w$. Para um fio condutor de raio a (veja Figura 10.9), $w = 2\pi a$, então,

$$\frac{R_{ac}}{R_{dc}} = \frac{\dfrac{\ell}{\sigma 2\pi a \delta}}{\dfrac{\ell}{\sigma \pi a^2}} = \frac{a}{2\delta} = \frac{a}{2}\sqrt{\pi f \mu \delta}$$

Como $\delta \ll a$ em altas frequências, isso mostra que R_{CA} é muito maior do que R_{CC}. Em geral, a razão entre a resistência CA e a resistência CC começa em 1,0 para CC e frequências muito baixas e aumenta à medida que a frequência cresce. Também, embora a maior parte da corrente seja distribuída de uma maneira não uniforme em uma espessura 5δ do condutor, a perda de potência é igual à obtida supondo que a mesma é uniformemente distribuída em uma espessura δ e zero no restante do condutor. Essa é mais uma das razões pelas quais δ é chamada de profundidade pelicular.

EXEMPLO 10.3

Em um meio sem perdas, para o qual $\eta = 60\pi$, $\mu_r = 1$ e $\mathbf{H} = -0{,}1 \cos(\omega t - z)\mathbf{a}_x + 0{,}5\,\text{sen}(\omega t - z)\mathbf{a}_y$ A/m, calcule ε_r, ω e $\mathbf{E}$.

Solução:

Neste caso, $\sigma = 0$, $\alpha = 0$ e $\beta = 1$, portanto,

$$\eta = \sqrt{\mu/\varepsilon} = \sqrt{\frac{\mu_o}{\varepsilon_o}}\sqrt{\frac{\mu_r}{\varepsilon_r}} = \frac{120\pi}{\sqrt{\varepsilon_r}}$$

ou

$$\sqrt{\varepsilon_r} = \frac{120\pi}{\eta} = \frac{120\pi}{60\pi} = 2 \quad \rightarrow \quad \varepsilon_r = 4$$

$$\beta = \omega\sqrt{\mu\varepsilon} = \omega\sqrt{\mu_o\varepsilon_o}\sqrt{\mu_r\varepsilon_r} = \frac{\omega}{c}\sqrt{4} = \frac{2\omega}{c}$$

ou

$$\omega = \frac{\beta c}{2} = \frac{1\,(3\times 10^8)}{2} = 1{,}5\times 10^8 \text{ rad/s}$$

Do campo **H** fornecido, o campo **E** pode ser calculado de duas formas: usando as técnicas (baseadas nas equações de Maxwell) desenvolvidas neste capítulo ou usando diretamente as equações de Maxwell, como no capítulo anterior.

Método 1: para usar as técnicas desenvolvidas neste capítulo, fazemos

$$\mathbf{H} = \mathbf{H}_1 + \mathbf{H}_2$$

onde $\mathbf{H}_1 = -0,1 \cos(\omega t - z)\mathbf{a}_x$ e $\mathbf{H}_2 = 0,5 \operatorname{sen}(\omega t - z)\mathbf{a}_y$ e o campo elétrico correspondente é

$$\mathbf{E} = \mathbf{E}_1 + \mathbf{E}_2$$

onde $\mathbf{E}_1 = E_{1o} \cos(\omega t - z)\mathbf{a}_{E_1}$ e $\mathbf{E}_2 = E_{2o} \operatorname{sen}(\omega t - z)\mathbf{a}_{E_2}$. Note que, embora **H** tenha componentes ao longo de $\mathbf{a}_x$ e $\mathbf{a}_y$, esse campo não tem componente na direção de propagação. Portanto, é uma onda TEM.

Para $\mathbf{E}_1$:

$$\mathbf{a}_{E_1} = -(\mathbf{a}_k \times \mathbf{a}_{H_1}) = -(\mathbf{a}_z \times -\mathbf{a}_x) = \mathbf{a}_y$$

$$E_{1o} = \eta H_{1o} = 60\pi (0,1) = 6\pi$$

Logo,

$$\mathbf{E}_1 = 6\pi \cos(\omega t - z)\mathbf{a}_y$$

Para $\mathbf{E}_2$:

$$\mathbf{a}_{E_2} = -(\mathbf{a}_k \times \mathbf{a}_{H_2}) = -(\mathbf{a}_z \times \mathbf{a}_y) = \mathbf{a}_x$$

$$E_{2o} = \eta H_{2o} = 60\pi (0,5) = 30\pi$$

Logo,

$$\mathbf{E}_2 = 30\pi \operatorname{sen}(\omega t - z)\mathbf{a}_x$$

Adicionando $\mathbf{E}_1$ a $\mathbf{E}_2$ temos **E**, isto é,

$$\mathbf{E} = 94,25 \operatorname{sen}(1,5 \times 10^8 t - z)\mathbf{a}_x + 18,85 \cos(1,5 \times 10^8 t - z)\mathbf{a}_y \text{ V/m}$$

Método 2: podemos aplicar as equações de Maxwell diretamente

$$\nabla \times \mathbf{H} = \underbrace{\sigma \mathbf{E}}_{0} + \varepsilon \frac{\partial \mathbf{E}}{\partial t} \quad \rightarrow \quad \mathbf{E} = \frac{1}{\varepsilon} \int \nabla \times \mathbf{H}\, dt$$

pois $\sigma = 0$. Porém,

$$\nabla \times \mathbf{H} = \begin{vmatrix} \mathbf{a}_x & \mathbf{a}_y & \mathbf{a}_z \\ \dfrac{\partial}{\partial x} & \dfrac{\partial}{\partial y} & \dfrac{\partial}{\partial z} \\ H_x(z) & H_y(z) & 0 \end{vmatrix} = -\frac{\partial H_y}{\partial z}\mathbf{a}_x + \frac{\partial H_x}{\partial z}\mathbf{a}_y$$

$$= H_{2o} \cos(\omega t - z)\mathbf{a}_x + H_{1o} \operatorname{sen}(\omega t - z)\mathbf{a}_y$$

onde $H_{1o} = -0,1$ e $H_{2o} = 0,5$. Logo,

$$\mathbf{E} = \frac{1}{\varepsilon} \int \nabla \times \mathbf{H}\, dt = \frac{H_{2o}}{\varepsilon \omega} \operatorname{sen}(\omega t - z)\mathbf{a}_x - \frac{H_{1o}}{\varepsilon \omega} \cos(\omega t - z)\mathbf{a}_y$$

$$= 94,25 \operatorname{sen}(\omega t - z)\mathbf{a}_x + 18,85 \cos(\omega t - z)\mathbf{a}_y \text{ V/m}$$

como esperado.

EXERCÍCIO PRÁTICO 10.3

Uma onda plana em um meio não magnético tem $\mathbf{E} = 50 \operatorname{sen}(10^8 t + 2z)\, \mathbf{a}_y$ V/m.
Encontre:

(a) A orientação de propagação da onda
(b) λ, f e ε_r
(c) $\mathbf{H}$

Resposta: (a) ao longo de $-z$; (b) 3,142 m, 15,92 MHz, 36; (c) $0{,}7958 \operatorname{sen}(10^8 t + 2z)\, \mathbf{a}_x$ A/m.

EXEMPLO 10.4

Uma onda plana uniforme propagando-se em um meio tem

$$\mathbf{E} = 2e^{-\alpha z} \operatorname{sen}(10^8 t - \beta z)\, \mathbf{a}_y \text{ V/m}$$

Se o meio é caracterizado por $\varepsilon_r = 1$, $\mu_r = 20$ e $\sigma = 3$ S/m, encontre α, β e $\mathbf{H}$.

Solução:

Precisamos determinar a tangente de perdas para saber se o meio é um dielétrico com perdas ou um bom condutor.

$$\frac{\sigma}{\omega \varepsilon} = \frac{3}{10^8 \times 1 \times \dfrac{10^{-9}}{36\pi}} = 3393 \gg 1$$

isso mostra que o meio pode ser considerado como um bom condutor na frequência de operação. Logo,

$$\alpha = \beta = \sqrt{\frac{\mu \omega \sigma}{2}} = \left[\frac{4\pi \times 10^{-7} \times 20(10^8)(3)}{2}\right]^{1/2}$$
$$= 61{,}4$$
$$\alpha = 61{,}4 \text{ Np/m}, \quad \beta = 61{,}4 \text{ rad/m}$$

Também,

$$|\eta| = \sqrt{\frac{\mu \omega}{\sigma}} = \left[\frac{4\pi \times 10^{-7} \times 20(10^8)}{3}\right]^{1/2}$$
$$= \sqrt{\frac{800\pi}{3}}$$

$$\operatorname{tg} 2\theta_\eta = \frac{\sigma}{\omega \varepsilon} = 3393 \quad \rightarrow \quad \theta_\eta = 45° = \pi/4$$

Assim,

$$\mathbf{H} = H_o e^{-\alpha z} \operatorname{sen}\left(\omega t - \beta z - \frac{\pi}{4}\right) \mathbf{a}_H$$

onde

$$\mathbf{a}_H = \mathbf{a}_k \times \mathbf{a}_E = \mathbf{a}_z \times \mathbf{a}_y = -\mathbf{a}_x$$

e
$$H_o = \frac{E_o}{|\eta|} = 2\sqrt{\frac{3}{800\pi}} = 69{,}1 \times 10^{-3}$$

Portanto,

$$\mathbf{H} = -69{,}1\, e^{-61,4z} \operatorname{sen}\left(10^8 t - 61{,}42z - \frac{\pi}{4}\right) \mathbf{a}_x \text{ mA/m}$$

EXERCÍCIO PRÁTICO 10.4

Uma onda plana propagando-se ao longo de $+y$ em um meio com perdas ($\varepsilon_r = 4$, $\mu_r = 1$, $\sigma = 10^{-2}$ S/m) tem $\mathbf{E} = 30 \cos(10^9 \pi t + \pi/4)\, \mathbf{a}_z$ V/m em $y = 0$. Encontre:

(a) $\mathbf{E}$ em $y = 1$ m, $t = 2$ ns;
(b) a distância percorrida pela onda para ter uma mudança de fase de $10°$;
(c) a distância percorrida pela onda para ter sua amplitude reduzida de 40%;
(d) $\mathbf{H}$ em $y = 2$ m, $t = 2$ ns.

Resposta: (a) $2{,}844\mathbf{a}_z$ V/m; (b) 8,349 mm; (c) 542 mm; (d) $-22{,}6\mathbf{a}_x$ mA/m.

EXEMPLO 10.5

Uma onda plana $\mathbf{E} = E_o \cos(\omega t - \beta z)\, \mathbf{a}_x$ está incidindo sobre um bom condutor em $z \geq 0$. Encontre a densidade de corrente no condutor.

Solução:

Como a densidade de corrente $\mathbf{J} = \sigma \mathbf{E}$, esperamos que $\mathbf{J}$ satisfaça a equação de onda na equação (10.17), isto é,

$$\nabla^2 \mathbf{J}_s - \gamma^2 \mathbf{J}_s = 0$$

Também, o $\mathbf{E}$ incidente tem somente uma componente x e varia com z. Portanto, $\mathbf{J} = J_x(z, t)\, \mathbf{a}_x$ e

$$\frac{d^2}{dz^2} J_{sx} - \gamma^2 J_{sx} = 0$$

que é uma equação diferencial ordinária com solução (veja o Caso 2 do Exemplo 6.5):

$$J_{sx} = A e^{-\gamma z} + B e^{+\gamma z}$$

A constante B deve ser zero porque J_{sx} é finito para $z \to \infty$. Porém, para um bom condutor, $\sigma \gg \omega\varepsilon$, tal que $\alpha = \beta = 1/\delta$. Portanto,

$$\gamma = \alpha + j\beta = \alpha(1 + j) = \frac{(1 + j)}{\delta}$$

e

$$J_{sx} = A e^{-z(1+j)/\delta}$$

ou

$$J_{sx} = J_{sx}(0)\, e^{-z(1+j)/\delta}$$

onde $J_{sx}(0)$ é a densidade de corrente na superfície do condutor.

EXERCÍCIO PRÁTICO 10.5

Dada a densidade de corrente do Exemplo 10.5, encontre a magnitude da corrente total através de uma fita de profundidade infinita ao longo de z e largura w na direção y.

Resposta: $\dfrac{J_{sx}(0)w\delta}{\sqrt{2}}$

EXEMPLO 10.6

Para o cabo coaxial de cobre da Figura 7.12, considere $a = 2$ mm, $b = 6$ mm e $t = 1$ mm. Calcule a resistência CC para 2 m de comprimento do cabo em 100 MHz.

Solução:

Seja

$$R = R_o + R_i$$

onde R_o e R_i são as resistências dos condutores externo e interno, respectivamente. Para CC,

$$R_i = \frac{\ell}{\sigma S} = \frac{\ell}{\sigma \pi a^2} = \frac{2}{5{,}8 \times 10^7 \pi [2 \times 10^{-3}]^2} = 2{,}744 \text{ m}\Omega$$

$$R_o = \frac{\ell}{\sigma S} = \frac{\ell}{\sigma \pi [[b+t]^2 - b^2]} = \frac{\ell}{\sigma \pi [t^2 + 2bt]}$$

$$= \frac{2}{5{,}8 \times 10^7 \pi [1 + 12] \times 10^{-6}}$$

$$= 0{,}8429 \text{ m}\Omega$$

Portanto, $R_{CC} = 2{,}744 + 0{,}8429 = 3{,}587$ mΩ.

Para $f = 100$ MHz,

$$R_i = \frac{R_s \ell}{w} = \frac{\ell}{\sigma \delta 2\pi a} = \frac{\ell}{2\pi a}\sqrt{\frac{\pi f \mu}{\sigma}}$$

$$= \frac{2}{2\pi \times 2 \times 10^{-3}}\sqrt{\frac{\pi \times 10^8 \times 4\pi \times 10^{-7}}{5{,}8 \times 10^7}}$$

$$= 0{,}41 \text{ }\Omega$$

Como $\delta = 6{,}6$ μm $\ll t = 1$ mm, $w = 2\pi b$ para o condutor externo. Portanto,

$$R_o = \frac{R_s \ell}{w} = \frac{\ell}{2\pi b}\sqrt{\frac{\pi f \mu}{\sigma}}$$

$$= \frac{2}{2\pi \times 6 \times 10^{-3}}\sqrt{\frac{\pi \times 10^8 \times 4\pi \times 10^{-7}}{5{,}8 \times 10^7}}$$

$$= 0{,}1384 \text{ }\Omega$$

Portanto,

$$R_{CA} = 0{,}41 + 0{,}1384 = 0{,}5484 \text{ }\Omega$$

que é aproximadamente 150 vezes maior do que R_{CC}. Portanto, para a mesma corrente efetiva i, a perda ôhmica no cabo ($i^2 R$) em 100 MHz é 150 vezes maior do que a perda de potência em CC.

> **EXERCÍCIO PRÁTICO 10.6**
>
> Para um fio de alumínio com um diâmetro de 2,6 mm, calcule a razão entre a resistência CA e a resistência CC em:
>
> (a) 10 MHz;
>
> (b) 2 GHz.
>
> **Resposta:** (a) 24,16; (b) 341,7.

10.7 POTÊNCIA E O VETOR DE POYNTING

Conforme mencionado anteriormente, a energia pode ser transportada de um ponto (onde estiver localizado um transmissor) a outro ponto (com um receptor) por meio de ondas EM. A taxa de transporte desta energia pode ser obtida a partir das equações de Maxwell:

$$\nabla \times \mathbf{E} = -\mu \frac{\partial \mathbf{H}}{\partial t} \tag{10.58a}$$

$$\nabla \times \mathbf{H} = \sigma \mathbf{E} + \varepsilon \frac{\partial \mathbf{E}}{\partial t} \tag{10.58b}$$

Fazendo o produto ponto de **E** com ambos os lados da equação (10.58b), obtemos

$$\mathbf{E} \cdot (\nabla \times \mathbf{H}) = \sigma E^2 + \mathbf{E} \cdot \varepsilon \frac{\partial \mathbf{E}}{\varepsilon t} \tag{10.59}$$

Porém, para quaisquer campos vetoriais **A** e **B** (veja Apêndice A.10):

$$\nabla \cdot (\mathbf{A} \times \mathbf{B}) = \mathbf{B} \cdot (\nabla \times \mathbf{A}) - \mathbf{A} \cdot (\nabla \times \mathbf{B})$$

Aplicando esta identidade vetorial à equação (10.59) (fazendo **A** = **H** e **B** = **E**), obtemos:

$$\mathbf{H} \cdot (\nabla \times \mathbf{E}) + \nabla \cdot (\mathbf{H} \times \mathbf{E}) = \sigma E^2 + \mathbf{E} \cdot \varepsilon \frac{\partial \mathbf{E}}{\partial t}$$
$$= \sigma E^2 + \frac{1}{2}\varepsilon \frac{\partial}{\partial t}E^2 \tag{10.60}$$

Da equação (10.58a),

$$\mathbf{H} \cdot (\nabla \times \mathbf{E}) = \mathbf{H} \cdot \left(-\mu \frac{\partial \mathbf{H}}{\partial t}\right) = -\frac{\mu}{2}\frac{\partial}{\partial t}(\mathbf{H} \cdot \mathbf{H}) \tag{10.61}$$

portanto, a equação (10.60) torna-se:

$$-\frac{\mu}{2}\frac{\partial H^2}{\partial t} - \nabla \cdot (\mathbf{E} \times \mathbf{H}) = \sigma E^2 + \frac{1}{2}\varepsilon \frac{\partial E^2}{\partial t}$$

Reordenando os termos e tomando a integral de volume de ambos os lados:

$$\int_v \nabla \cdot (\mathbf{E} \times \mathbf{H})\,dv = -\frac{\partial}{\partial t}\int_v \left[\frac{1}{2}\varepsilon E^2 + \frac{1}{2}\mu H^2\right]dv - \int_v \sigma E^2\,dv \tag{10.62}$$

Aplicando o teorema da divergência ao lado esquerdo da equação, obtemos:

$$\oint_S (\mathbf{E} \times \mathbf{H}) \cdot d\mathbf{S} = -\frac{\partial}{\partial t} \int_v \left[\frac{1}{2}\varepsilon E^2 + \frac{1}{2}\mu H^2\right] dv - \int_v \sigma E^2 \, dv \qquad (10.63)$$

$$\begin{array}{ccc} \downarrow & \downarrow & \downarrow \end{array}$$

Potência total que deixa o volume = Taxa de decréscimo da energia armazenada nos campos elétrico e magnético − potência ôhmica dissipada   (10.64)

A equação (10.63) é conhecida como o *teorema de Poynting*.[2] Os vários termos dessa equação são identificados usando conceitos de conservação de energia para campos EM. O primeiro termo do lado direito da equação (10.63) é interpretado como a taxa de decréscimo da energia armazenada nos campos elétrico e magnético. O segundo termo é a potência dissipada no caso do meio ser condutor ($\sigma \neq 0$). A quantidade $\mathbf{E} \times \mathbf{H}$, no lado esquerdo da equação (10.63), é conhecida como o *vetor de Poynting* $\mathcal{P}$, dado em watts por metro quadrado (W/m^2), isto é,

$$\boxed{\mathcal{P} = \mathbf{E} \times \mathbf{H}} \qquad (10.65)$$

Esta equação representa o vetor densidade de potência instantânea associada com o campo EM em um dado ponto. A integral do vetor de Poynting, sobre qualquer superfície fechada, fornece a potência líquida que flui para fora dessa superfície.

> **O teorema de Poynting** estabelece que a potência líquida que flui para fora de um volume *v* é igual à taxa temporal de decréscimo da energia armazenada em *v* menos as perdas por condução.

O teorema está ilustrado na Figura 10.10.

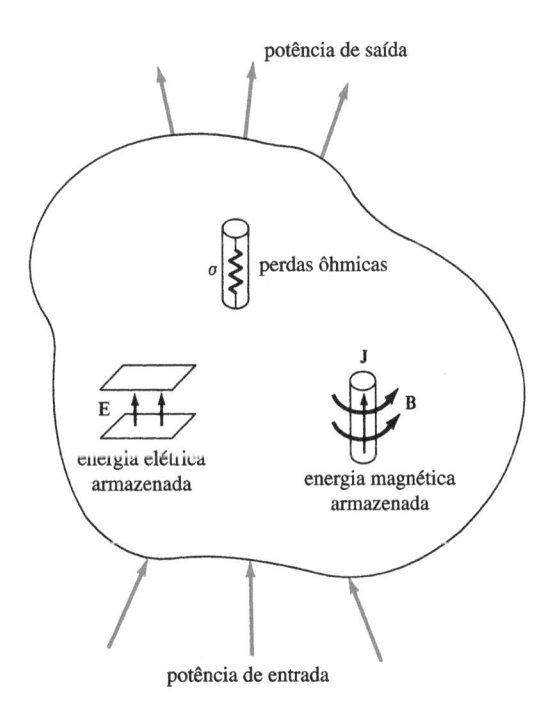

FIGURA 10.10
Ilustração do balanço de potência para campos EM.

---

[2] J. H. Poynting, "On the transfer of energy in the electromagnetic field", *Philosophical Transactions.*, vol. 174, 1883, p. 343.

Deve-se notar que $\mathcal{P}$ é perpendicular tanto a **E** como a **H**, estando, portanto, ao longo da orientação de propagação $\mathbf{a}_k$ para ondas planas uniformes. Então

$$\mathbf{a}_k = \mathbf{a}_E \times \mathbf{a}_H \tag{10.49}$$

O fato de $\mathcal{P}$ apontar na orientação de $\mathbf{a}_k$ tem como consequência que $\mathcal{P}$ seja considerado como um vetor "apontador".

Novamente, se assumimos que

$$\mathbf{E}(z, t) = E_o e^{-\alpha z} \cos(\omega t - \beta z)\, \mathbf{a}_x$$

então

$$\mathbf{H}(z, t) = \frac{E_o}{|\eta|} e^{-\alpha z} \cos(\omega t - \beta z - \theta_\eta)\, \mathbf{a}_y$$

e

$$\begin{aligned}
\mathcal{P}(z, t) &= \frac{E_o^2}{|\eta|} e^{-2\alpha z} \cos(\omega t - \beta z)\cos(\omega t - \beta z - \theta_\eta)\, \mathbf{a}_z \\
&= \frac{E_o^2}{2|\eta|} e^{-2\alpha z} [\cos\theta_\eta + \cos(2\omega t - 2\beta z - \theta_\eta)]\, \mathbf{a}_z
\end{aligned} \tag{10.66}$$

uma vez que $\cos A \cos B = \frac{1}{2}[\cos(A - B) + \cos(A + B)]$. Para determinarmos a média temporal do vetor de Poynting, $\mathcal{P}_{\text{méd}}(z)$ (em W/m²), que é de maior interesse prático do que o vetor de Poynting instantâneo $\mathcal{P}(z,t)$, integramos a equação (10.66) sobre o período $T = 2\pi/\omega$, isto é,

$$\mathcal{P}_{\text{méd}}(z) = \frac{1}{T}\int_0^T \mathcal{P}(z, t)\, dt \tag{10.67}$$

Pode-se demonstrar que (ver Problema 10.28) isto é equivalente a:

$$\boxed{\mathcal{P}_{\text{méd}}(z) = \frac{1}{2}\operatorname{Re}(\mathbf{E}_s \times \mathbf{H}_s^*)} \tag{10.68}$$

Substituindo a equação (10.66) na equação (10.67), obtemos

$$\boxed{\mathcal{P}_{\text{méd}}(z) = \frac{E_o^2}{2|\eta|} e^{-2\alpha z} \cos\theta_\eta\, \mathbf{a}_z} \tag{10.69}$$

A potência média total que atravessa uma dada superfície S é dada por

$$\boxed{P_{\text{méd}} = \int_S \mathcal{P}_{\text{méd}} \cdot d\mathbf{S}} \tag{10.70}$$

Devemos notar a diferença entre $\mathcal{P}$, $\mathcal{P}_{\text{méd}}$ e $P_{\text{méd}}$: considere que $\mathcal{P}(x, y, z, t)$ é o vetor de Poynting, em watts/m², e varia com o tempo. $\mathcal{P}_{\text{méd}}(x, y, z)$, também em watts/m², é a média temporal do vetor de Poynting $\mathcal{P}$, que é um vetor, mas é independente do tempo. $P_{\text{méd}}$ é a potência média total que atravessa uma superfície, em watts; é uma grandeza escalar.

EXEMPLO 10.7

Em um meio não magnético:

$$\mathbf{E} = 4\,\text{sen}\,(2\pi \times 10^7 t - 0{,}8x)\,\mathbf{a}_z\ \text{V/m}$$

Encontre:

(a) ε_r, η.
(b) a média temporal da potência transmitida pela onda.
(c) a potência total que atravessa 100 cm² do plano $2x + y = 5$.

Solução:

(a) Como $\alpha = 0$ e $\beta \neq \omega/c$, o meio não é o espaço livre, mas é um meio sem perdas.

$$\beta = 0{,}8,\quad \omega = 2\pi \times 10^7,\quad \mu = \mu_o\ (\text{não magnético}),\quad \varepsilon = \varepsilon_o \varepsilon_r$$

Portanto,

$$\beta = \omega\sqrt{\mu\varepsilon} = \omega\sqrt{\mu_o\varepsilon_o\varepsilon_r} = \frac{\omega}{c}\sqrt{\varepsilon_r}$$

ou

$$\sqrt{\varepsilon_r} = \frac{\beta c}{\omega} = \frac{0{,}8(3 \times 10^8)}{2\pi \times 10^7} = \frac{12}{\pi}$$

$$\varepsilon_r = 14{,}59$$

$$\eta = \sqrt{\frac{\mu}{\varepsilon}} = \sqrt{\frac{\mu_o}{\varepsilon_o\varepsilon_r}} = \frac{120\pi}{\sqrt{\varepsilon_r}} = 120\pi \cdot \frac{\pi}{12} = 10\pi^2$$

$$= 98{,}7\ \Omega$$

(b) $\mathscr{P} = \mathbf{E} \times \mathbf{H} = \dfrac{E_o^2}{\eta}\,\text{sen}^2(\omega t - \beta x)\,\mathbf{a}_x$

$$\mathscr{P}_{\text{méd}} = \frac{1}{T}\int_0^T \mathscr{P}\,dt = \frac{E_o^2}{2\eta}\mathbf{a}_x = \frac{16}{2 \times 10\pi^2}\mathbf{a}_x$$

$$= 81\mathbf{a}_x\ \text{mW/m}^2$$

(c) No plano $2x + y = 5$ (veja Exemplo 3.5 ou 8.5),

$$\mathbf{a}_n = \frac{2\mathbf{a}_x + \mathbf{a}_y}{\sqrt{5}}$$

Portanto, a potência total é:

$$P_{\text{méd}} = \int \mathscr{P}_{\text{méd}} \cdot d\mathbf{S} = \mathscr{P}_{\text{méd}} \cdot S\,\mathbf{a}_n$$

$$= (81 \times 10^{-3}\mathbf{a}_x) \cdot (100 \times 10^{-4})\left[\frac{2\mathbf{a}_x + \mathbf{a}_y}{\sqrt{5}}\right]$$

$$= \frac{162 \times 10^{-5}}{\sqrt{5}} = 724{,}5\ \mu\text{W}$$

EXERCÍCIO PRÁTICO 10.7

No espaço livre, $\mathbf{H} = 0{,}2\cos(\omega t - \beta x)\,\mathbf{a}_z$ A/m. Encontre a potência total que atravessa:

(a) uma placa quadrada de 10 cm de lado no plano $x + y = 1$;
(b) um disco circular de 5 cm de raio no plano $x = 1$.

Resposta: (a) 53,31 mW; (b) 59,22 mW.

10.8 REFLEXÃO DE UMA ONDA PLANA COM INCIDÊNCIA NORMAL

Até aqui, temos considerado ondas planas uniformes se propagando em meios ilimitados e homogêneos. Quando uma onda plana em um meio encontra um meio diferente, ela é parcialmente refletida e parcialmente transmitida. A proporção da onda incidente que é refletida ou transmitida depende dos parâmetros constitutivos (ε, μ, σ) dos meios envolvidos. Aqui, vamos supor que a onda plana incidente é perpendicular à superfície de separação entre os dois meios. A incidência oblíqua da onda plana será considerada na seção seguinte, depois de entendermos o caso mais simples da incidência normal.

Suponha que uma onda plana que se propaga ao longo de $+z$ incida com orientação normal à fronteira $z = 0$ entre o meio 1 ($z < 0$), caracterizado por σ_1, ε_1, μ_1, e o meio 2 ($z > 0$), caracterizado por σ_2, ε_2, μ_2, conforme mostrado na Figura 10.11. Na figura, os índices i, r e t denotam, respectivamente, as ondas incidente, refletida e transmitida. As ondas incidente, refletida e transmitida, mostradas na Figura 10.11, são obtidas como segue:

Onda incidente:

($\mathbf{E}_i$, $\mathbf{H}_i$) se propaga ao longo de $+\mathbf{a}_z$ no meio 1. Se suprimirmos o fator temporal $e^{j\omega t}$ e assumirmos que

$$\mathbf{E}_{is}(z) = E_{io} e^{-\gamma_1 z} \mathbf{a}_x \quad (10.71)$$

então,

$$\mathbf{H}_{is}(z) = H_{io} e^{-\gamma_1 z} \mathbf{a}_y = \frac{E_{io}}{\eta_1} e^{-\gamma_1 z} \mathbf{a}_y \quad (10.72)$$

Onda refletida:

($\mathbf{E}_r$, $\mathbf{H}_r$) se propaga ao longo de $-\mathbf{a}_z$ no meio 1. Se

$$\mathbf{E}_{rs}(z) = E_{ro} e^{\gamma_1 z} \mathbf{a}_x \quad (10.73)$$

então

$$\mathbf{H}_{rs}(z) = H_{ro} e^{\gamma_1 z}(-\mathbf{a}_y) = -\frac{E_{ro}}{\eta_1} e^{\gamma_1 z} \mathbf{a}_y \quad (10.74)$$

onde se supõe $\mathbf{E}_{rs}$ ao longo de $\mathbf{a}_x$. Assumiremos por coerência que, para incidência normal, $\mathbf{E}_i$, $\mathbf{E}_r$ e $\mathbf{E}_t$ têm a mesma polarização.

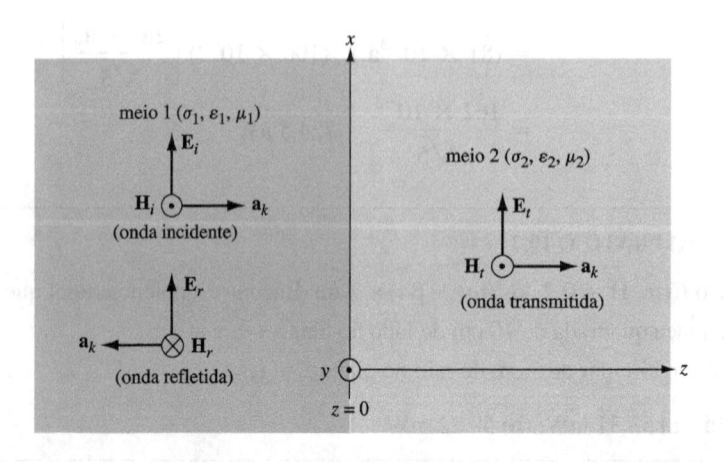

FIGURA 10.11 Uma onda plana incidindo com orientação normal na interface entre dois meios diferentes.

Onda transmitida:

($\mathbf{E}_t$, $\mathbf{H}_t$) se propaga ao longo de $+\mathbf{a}_z$ no meio 2. Se

$$\mathbf{E}_{ts}(z) = E_{to}\, e^{-\gamma_2 z}\, \mathbf{a}_x \tag{10.75}$$

então

$$\mathbf{H}_{ts}(z) = H_{to}\, e^{-\gamma_2 z}\, \mathbf{a}_y = \frac{E_{to}}{\eta_2} e^{-\gamma_2 z}\, \mathbf{a}_y \tag{10.76}$$

Nas equações (10.71) a (10.76), E_{io}, E_{ro} e E_{to} são, respectivamente, as magnitudes dos campos elétricos incidente, refletido e transmitido em $z = 0$.

Note que, na Figura 10.11, o campo total no meio 1 compreende os campos incidente e refletido, enquanto o meio 2 só tem o campo transmitido, isto é,

$$\mathbf{E}_1 = \mathbf{E}_i + \mathbf{E}_r, \quad \mathbf{H}_1 = \mathbf{H}_i + \mathbf{H}_r$$

$$\mathbf{E}_2 = \mathbf{E}_t, \quad \mathbf{H}_2 = \mathbf{H}_t$$

Na interface $z = 0$, as condições de fronteira requerem que as componentes tangenciais dos campos $\mathbf{E}$ e $\mathbf{H}$ sejam contínuas. Como as ondas são transversais, os campos $\mathbf{E}$ e $\mathbf{H}$ são inteiramente tangenciais à interface. Portanto, em $z = 0$, $\mathbf{E}_{1tg} = \mathbf{E}_{2tg}$ e $\mathbf{H}_{1tg} = \mathbf{H}_{2tg}$, o que implica em

$$\mathbf{E}_i(0) + \mathbf{E}_r(0) = \mathbf{E}_t(0) \quad \rightarrow \quad E_{io} + E_{ro} = E_{to} \tag{10.77}$$

$$\mathbf{H}_i(0) + \mathbf{H}_r(0) = \mathbf{H}_t(0) \quad \rightarrow \quad \frac{1}{\eta_1}(E_{io} - E_{ro}) = \frac{E_{to}}{\eta_2} \tag{10.78}$$

Das equações (10.77) e (10.78), obtemos

$$E_{ro} = \frac{\eta_2 - \eta_1}{\eta_2 + \eta_1} E_{io} \tag{10.79}$$

e

$$E_{to} = \frac{2\eta_2}{\eta_2 + \eta_1} E_{io} \tag{10.80}$$

Definiremos, agora, o *coeficiente de reflexão* Γ e o *coeficiente de transmissão* τ, a partir das equações (10.79) e (10.80), como

$$\boxed{\Gamma = \frac{E_{ro}}{E_{io}} = \frac{\eta_2 - \eta_1}{\eta_2 + \eta_1}} \tag{10.81a}$$

ou

$$E_{ro} = \Gamma E_{io} \tag{10.81b}$$

e

$$\boxed{\tau = \frac{E_{to}}{E_{io}} = \frac{2\eta_2}{\eta_2 + \eta_1}} \tag{10.82a}$$

ou

$$E_{to} = \tau E_{io} \tag{10.82b}$$

Note que:

1. $1 + \Gamma = \tau$.
2. tanto Γ quanto τ não têm dimensão e podem ser complexos.
3. $0 \leq |\Gamma| \leq 1$. \hfill (10.83)

O caso considerado acima é geral. Vamos agora considerar o caso especial em que o meio 1 é um dielétrico perfeito (sem perdas, $\sigma_1 = 0$) e o meio 2 é um condutor perfeito ($\sigma_2 \simeq \infty$). Para este caso, $\eta_2 = 0$. Portanto, $\Gamma = -1$ e $\tau = 0$, mostrando que a onda é totalmente refletida. Isso é possível, pois os campos em um condutor perfeito devem se anular. Portanto, não pode haver onda transmitida ($\mathbf{E}_2 = 0$). A onda totalmente refletida se combina com a onda incidente para formar uma *onda estacionária*. Uma onda estacionária "para" e não se desloca. Ela consiste em duas ondas viajantes ($\mathbf{E}_i$ e $\mathbf{E}_r$) de mesma amplitude, mas com orientações opostas. Combinando as equações (10.71) e (10.73), temos a onda estacionária no meio 1 dada por:

$$\mathbf{E}_{1s} = \mathbf{E}_{is} + \mathbf{E}_{rs} = (E_{io}e^{-\gamma_1 z} + E_{ro}e^{\gamma_1 z})\mathbf{a}_x \qquad (10.84)$$

Porém

$$\Gamma = \frac{E_{ro}}{E_{io}} = -1, \sigma_1 = 0, \alpha_1 = 0, \gamma_1 = j\beta_1$$

Logo,

$$\mathbf{E}_{1s} = -E_{io}(e^{j\beta_1 z} - e^{-j\beta_1 z})\mathbf{a}_x$$

ou

$$\mathbf{E}_{1s} = -2jE_{io}\,\text{sen}\,\beta_1 z\,\mathbf{a}_x \qquad (10.85)$$

Portanto,

$$\mathbf{E}_1 = \text{Re}\,(\mathbf{E}_{1s}e^{j\omega t})$$

ou

$$\boxed{\mathbf{E}_1 = 2E_{io}\,\text{sen}\,\beta_1 z\,\text{sen}\,\omega t\,\mathbf{a}_x} \qquad (10.86)$$

Por um procedimento semelhante pode se mostrar que a componente do campo magnético desta onda é:

$$\boxed{\mathbf{H}_1 = \frac{2E_{io}}{\eta_1}\cos\beta_1 z\cos\omega t\,\mathbf{a}_y} \qquad (10.87)$$

Um esboço da onda estacionária da equação (10.86) é apresentado na Figura 10.12, para $t = 0$, $T/8$, $T/4$, $3T/8$, $T/2$ e assim por diante, onde $T = 2\pi/\omega$. Da figura, notamos que a onda não se propaga, mas oscila.

Quando os meios 1 e 2 são, ambos, sem perdas, teremos um outro caso especial ($\sigma_1 = 0 = \sigma_2$). Neste caso, η_1 e η_2 são reais, assim como Γ e τ. Vamos considerar os seguintes casos:

Caso 1

Se $\eta_2 > \eta_1$, $\Gamma > 0$. Novamente, há uma onda estacionária no meio 1, mas há também uma onda transmitida no meio 2. Entretanto, as ondas incidente e refletida têm amplitudes diferentes. Pode ser mostrado que os valores máximos de $|\mathbf{E}_1|$ ocorrem para

$$-\beta_1 z_{\text{máx}} = n\pi$$

ou

$$z_{\text{máx}} = -\frac{n\pi}{\beta_1} = -\frac{n\lambda_1}{2}, \qquad n = 0, 1, 2, \ldots \qquad (10.88)$$

e os valores mínimos de $|\mathbf{E}_1|$ ocorrem para

$$-\beta_1 z_{\text{mín}} = (2n + 1)\frac{\pi}{2}$$

ou

$$z_{\text{mín}} = -\frac{(2n+1)\pi}{2\beta_1} = -\frac{(2n+1)}{4}\lambda_1, \qquad n = 0, 1, 2, \ldots \qquad (10.89)$$

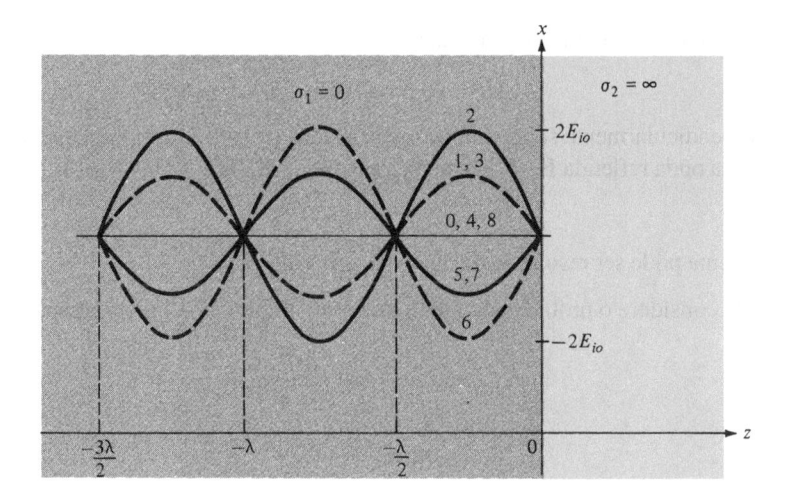

FIGURA 10.12
Ondas estacionárias
$E = 2E_{io}\,\text{sen}\,\beta_1 z\,\text{sen}\,\omega t\,\mathbf{a}_x$;
as curvas 0, 1, 2, 3, 4,... correspondem, respectivamente, aos tempos $t = 0, T/8, T/4, 3T/8, T/2,...; \lambda = 2\pi/\beta_1$.

Caso 2

Se $\eta_2 < \eta_1$, $\Gamma < 0$. Neste caso, a localização dos máximos de $|\mathbf{E}_1|$ é dada pela equação (10.89), enquanto a localização dos mínimos de $|\mathbf{E}_1|$ são dados pela equação (10.88). Tudo isso está ilustrado na Figura 10.13. Note que:

1. Os mínimos de $|\mathbf{H}_1|$ ocorrem onde existem os máximos de $|\mathbf{E}_1|$ e vice-versa;
2. A onda transmitida no meio 2 (não mostrada na Figura 10.13) é uma onda puramente viajante e, consequentemente, não existem máximos ou mínimos nessa região.

A razão entre $|\mathbf{E}_1|_{\text{máx}}$ e $|\mathbf{E}_1|_{\text{mín}}$ (ou $|\mathbf{H}_1|_{\text{máx}}$ para $|\mathbf{H}_1|_{\text{mín}}$) é chamada de *taxa de onda estacionária s*, isto é,

$$s = \frac{|\mathbf{E}_1|_{\text{máx}}}{|\mathbf{E}_1|_{\text{mín}}} = \frac{|\mathbf{H}_1|_{\text{máx}}}{|\mathbf{H}_1|_{\text{mín}}} = \frac{1 + |\Gamma|}{1 - |\Gamma|} \tag{10.90}$$

ou

$$|\Gamma| = \frac{s - 1}{s + 1} \tag{10.91}$$

Como $|\Gamma| \leq 1$, segue que $1 \leq s \leq \infty$. A taxa de onda estacionária não tem dimensão e é, muitas vezes, expressa em (dB) como a seguir:

$$s\,\text{em dB} = 20\,\log_{10} s \tag{10.92}$$

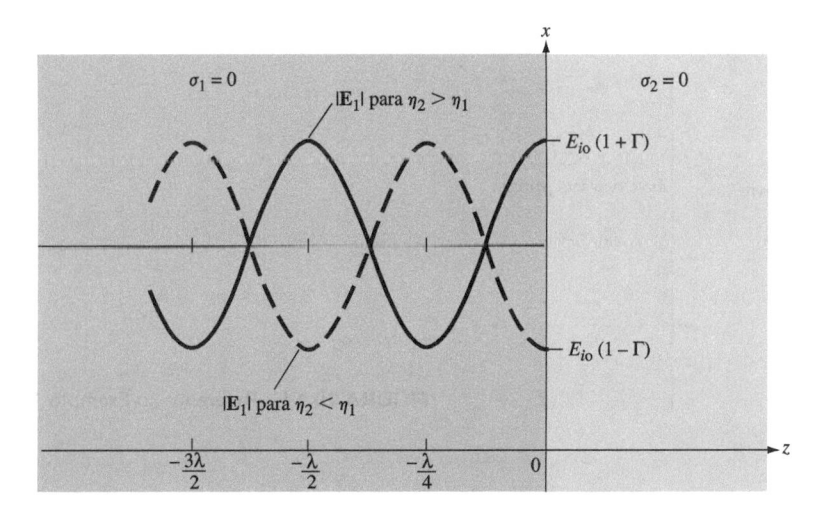

FIGURA 10.13 Onda estacionária devido à reflexão na interface entre dois meios sem perdas; $\lambda = 2\pi/\beta_1$.

EXEMPLO 10.8

No espaço livre ($z \leq 0$), uma onda plana com

$$\mathbf{H}_i = 10 \cos(10^8 t - \beta z)\, \mathbf{a}_x \text{ mA/m}$$

incide perpendicularmente sobre um meio sem perdas ($\varepsilon = 2\varepsilon_o$, $\mu = 8\mu_o$) que ocupa a região $z \geq 0$. Determine a onda refletida $\mathbf{H}_r$, $\mathbf{E}_r$ e a onda transmitida $\mathbf{H}_t$, $\mathbf{E}_t$.

Solução:

Este problema pode ser resolvido de duas maneiras diferentes.

Método 1: considere o problema como ilustrado na Figura 10.14. Para o espaço livre,

$$\beta_1 = \frac{\omega}{c} = \frac{10^8}{3 \times 10^8} = \frac{1}{3}$$

$$\eta_1 = \eta_o = 120\pi$$

Para o meio dielétrico sem perdas,

$$\beta_2 = \omega\sqrt{\mu\varepsilon} = \omega\sqrt{\mu_o\varepsilon_o}\sqrt{\mu_r\varepsilon_r} = \frac{\omega}{c} \cdot (4) = 4\beta_1 = \frac{4}{3}$$

$$\eta_2 = \sqrt{\frac{\mu}{\varepsilon}} = \sqrt{\frac{\mu_o}{\varepsilon_o}}\sqrt{\frac{\mu_r}{\varepsilon_r}} = 2\eta_o$$

Dado que $\mathbf{H}_i = 10 \cos(10^8 t - \boldsymbol{\beta}_1 z)\, \mathbf{a}_x$ mA/m, então

$$\mathbf{E}_i = E_{io} \cos(10^8 t - \beta_1 z)\, \mathbf{a}_{E_i}$$

onde

$$\mathbf{a}_{E_i} = \mathbf{a}_{H_i} \times \mathbf{a}_{k_i} = \mathbf{a}_x \times \mathbf{a}_z = -\mathbf{a}_y$$

e

$$E_{io} = \eta_1 H_{io} = 10\,\eta_o$$

Portanto,

$$\mathbf{E}_i = -10\eta_o \cos(10^8 t - \beta_1 z)\, \mathbf{a}_y \text{ mV/m}$$

Ainda:

$$\frac{E_{ro}}{E_{io}} = \Gamma = \frac{\eta_2 - \eta_1}{\eta_2 + \eta_1} = \frac{2\eta_o - \eta_o}{2\eta_o + \eta_o} = \frac{1}{3}$$

$$E_{ro} = \frac{1}{3} E_{io}$$

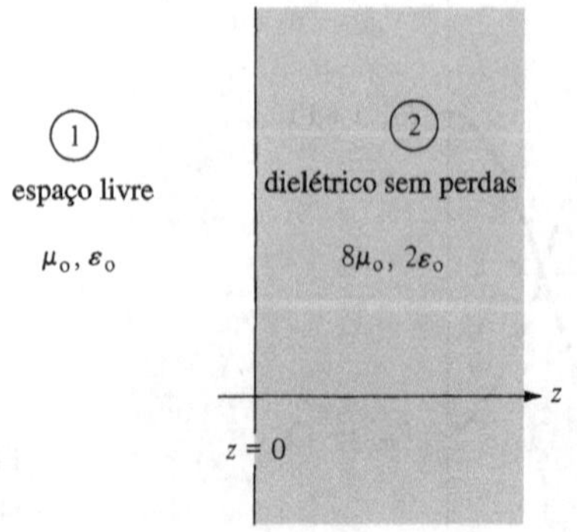

① espaço livre
μ_o, ε_o

② dielétrico sem perdas
$8\mu_o, 2\varepsilon_o$

$z = 0$

FIGURA 10.14 Referente ao Exemplo 10.8

Então,
$$\mathbf{E}_r = -\frac{10}{3}\eta_o \cos\left(10^8 t + \frac{1}{3}z\right) \mathbf{a}_y \text{ mV/m}$$

de onde facilmente obtemos $\mathbf{H}_r$, como a seguir:
$$\mathbf{H}_r = -\frac{10}{3}\cos\left(10^8 t + \frac{1}{3}z\right) \mathbf{a}_x \text{ mA/m}$$

De forma similar,
$$\frac{E_{to}}{E_{io}} = \tau = 1 + \Gamma = \frac{4}{3} \quad \text{ou} \quad E_{to} = \frac{4}{3}E_{io}$$

Então,
$$\mathbf{E}_t = E_{to} \cos(10^8 t - \beta_2 z) \mathbf{a}_{E_t}$$

onde $\mathbf{a}_{Et} = \mathbf{a}_{Ei} = -\mathbf{a}_y$. Portanto,
$$\mathbf{E}_t = -\frac{40}{3}\eta_o \cos\left(10^8 t - \frac{4}{3}z\right) \mathbf{a}_y \text{ mV/m}$$

donde obtemos
$$\mathbf{H}_t = \frac{20}{3}\cos\left(10^8 t - \frac{4}{3}z\right) \mathbf{a}_x \text{ mA/m}$$

Método 2: alternativamente, podemos obter $\mathbf{H}_r$ e $\mathbf{H}_t$ diretamente de $\mathbf{H}_i$ usando
$$\frac{H_{ro}}{H_{io}} = -\Gamma \quad \text{e} \quad \frac{H_{to}}{H_{io}} = \tau\frac{\eta_1}{\eta_2}$$

Então,
$$H_{ro} = -\frac{1}{3}H_{io} = -\frac{10}{3}$$

$$H_{to} = \frac{4}{3}\frac{\eta_o}{2\eta_o} \cdot H_{io} = \frac{2}{3}H_{io} = \frac{20}{3}$$

e
$$\mathbf{H}_r = -\frac{10}{3}\cos(10^8 t + \beta_1 z) \mathbf{a}_x \text{ mA/m}$$

$$\mathbf{H}_t = \frac{20}{3}\cos(10^8 t - \beta_2 z) \mathbf{a}_x \text{ mA/m}$$

conforme obtido pelo Método 1.

Note que as condições de fronteira em $z = 0$, isto é,
$$\mathbf{E}_i(0) + \mathbf{E}_r(0) = \mathbf{E}_t(0) = -\frac{40}{3}\eta_o \cos(10^8 t) \mathbf{a}_y$$

e
$$\mathbf{H}_i(0) + \mathbf{H}_r(0) = \mathbf{H}_t(0) = \frac{20}{3}\cos(10^8 t) \mathbf{a}_x$$

estão satisfeitas. Estas condições sempre podem ser utilizadas para verificar $\mathbf{E}$ e $\mathbf{H}$.

EXERCÍCIO PRÁTICO 10.8

Uma onda plana uniforme de 5 GHz $\mathbf{E}_{is} = 10\, e^{-j\beta z}\, \mathbf{a}_x$ V/m, que se propaga no espaço livre, incide perpendicularmente sobre um dielétrico plano sem perdas ($z > 0$), tendo $\varepsilon = 4\varepsilon_o$, $\mu = \mu_o$. Encontre a onda refletida $\mathbf{E}_{rs}$ e a onda transmitida $\mathbf{E}_{ts}$.

Resposta: $-3{,}333\, \exp(j\beta_1 z)\, \mathbf{a}_x$ V/m, $6{,}667\, \exp(-j\beta_2 z)\, \mathbf{a}_x$ V/m, onde $\beta_2 = 2\beta_1 = 200\pi/3$.

EXEMPLO 10.9

Considere uma onda plana uniforme no ar dada por

$$\mathbf{E}_i = 40 \cos(\omega t - \beta z)\, \mathbf{a}_x + 30 \operatorname{sen}(\omega t - \beta z)\, \mathbf{a}_y \text{ V/m}$$

(a) Encontre $\mathbf{H}_i$.
(b) Se a onda incide sobre um plano condutor perfeito perpendicular ao eixo z, em $z = 0$, encontre as ondas refletidas $\mathbf{E}_r$ e $\mathbf{H}_r$.
(c) Quais são os campos $\mathbf{E}$ e $\mathbf{H}$ totais para $z \leq 0$?
(d) Calcule a média temporal do vetor de Poynting para $z \leq 0$ e $z \geq 0$.

Solução:

(a) Este é um problema semelhante ao Exemplo 10.3. Podemos considerar que a onda é composta por duas ondas $\mathbf{E}_{i1}$ e $\mathbf{E}_{i2}$, onde

$$\mathbf{E}_{i1} = 40 \cos(\omega t - \beta z)\, \mathbf{a}_x, \qquad \mathbf{E}_{i2} = 30 \operatorname{sen}(\omega t - \beta z)\, \mathbf{a}_y$$

À pressão atmosférica, o ar tem $\varepsilon_r = 1{,}0006 \simeq 1$. Portanto, o ar pode ser considerado como se fosse o espaço livre. Seja $\mathbf{H}_i = \mathbf{H}_{i1} + \mathbf{H}_{i2}$.

$$\mathbf{H}_{i1} = H_{i1o} \cos(\omega t - \beta z)\, \mathbf{a}_{H_1}$$

onde

$$H_{i1o} = \frac{E_{i1o}}{\eta_o} = \frac{40}{120\pi} = \frac{1}{3\pi}$$

$$\mathbf{a}_{H_1} = \mathbf{a}_k \times \mathbf{a}_E = \mathbf{a}_z \times \mathbf{a}_x = \mathbf{a}_y$$

Portanto,

$$\mathbf{H}_{i1} = \frac{1}{3\pi} \cos(\omega t - \beta z)\, \mathbf{a}_y$$

De forma semelhante,

$$\mathbf{H}_{i2} = H_{i2o} \operatorname{sen}(\omega t - \beta z)\, \mathbf{a}_{H_2}$$

onde

$$H_{i2o} = \frac{E_{i2o}}{\eta_o} = \frac{30}{120\pi} = \frac{1}{4\pi}$$

$$\mathbf{a}_{H_2} = \mathbf{a}_k \times \mathbf{a}_E = \mathbf{a}_z \times \mathbf{a}_y = -\mathbf{a}_x$$

Portanto,

$$\mathbf{H}_{i2} = -\frac{1}{4\pi} \operatorname{sen}(\omega t - \beta z)\, \mathbf{a}_x$$

e

$$\mathbf{H}_i = \mathbf{H}_{i1} + \mathbf{H}_{i2}$$
$$= -\frac{1}{4\pi} \operatorname{sen}(\omega t - \beta z)\, \mathbf{a}_x + \frac{1}{3\pi} \cos(\omega t - \beta z)\, \mathbf{a}_y \text{ mA/m}$$

Este problema também pode ser resolvido utilizando o Método 2 do Exemplo 10.3.

(b) Como o meio 2 é um condutor perfeito,

$$\frac{\sigma_2}{\omega\varepsilon_2} \gg 1 \quad \rightarrow \quad \eta_2 \ll \eta_1$$

isto é,

$$\Gamma \simeq -1, \quad \tau = 0$$

mostrando que os campos incidentes **E** e **H** são totalmente refletidos.

$$E_{ro} = \Gamma E_{io} = -E_{io}$$

Portanto,

$$\mathbf{E}_r = -40\cos(\omega t + \beta z)\mathbf{a}_x - 30\,\text{sen}(\omega t + \beta z)\mathbf{a}_y \text{ V/m}$$

$\mathbf{H}_r$ pode ser calculado a partir de $\mathbf{E}_r$, exatamente como foi feito na parte (a) deste exemplo ou usando o Método 2 do exemplo anterior, partindo de $\mathbf{H}_i$. Em ambos os casos, obtemos

$$\mathbf{H}_r = \frac{1}{3\pi}\cos(\omega t + \beta z)\mathbf{a}_y - \frac{1}{4\pi}\,\text{sen}(\omega t + \beta z)\mathbf{a}_x \text{ A/m}$$

(c) Pode se mostrar que campo total no ar

$$\mathbf{E}_1 = \mathbf{E}_i + \mathbf{E}_r \quad \text{e} \quad \mathbf{H}_1 = \mathbf{H}_i + \mathbf{H}_r$$

é uma onda estacionária. Os campos totais no condutor são

$$\mathbf{E}_2 = \mathbf{E}_t = 0, \quad \mathbf{H}_2 = \mathbf{H}_t = 0.$$

(d) Para $z \leq 0$,

$$\mathcal{P}_{1\text{méd}} = \frac{|\mathbf{E}_{1s}|^2}{2\eta_1}\mathbf{a}_k = \frac{1}{2\eta_0}[E_{io}^2\mathbf{a}_z - E_{ro}^2\mathbf{a}_z]$$

$$= \frac{1}{240\pi}[(40^2 + 30^2)\mathbf{a}_z - (40^2 + 30^2)\mathbf{a}_z]$$

$$= 0$$

Para $z \geq 0$,

$$\mathcal{P}_{2\text{méd}} = \frac{|\mathbf{E}_{2s}|^2}{2\eta_2}\mathbf{a}_k = \frac{E_{to}^2}{2\eta_2}\mathbf{a}_z = 0$$

pois toda a energia incidente é refletida.

EXERCÍCIO PRÁTICO 10.9

A onda plana $\mathbf{E} = 50\,\text{sen}(\omega t - 5x)\mathbf{a}_y$ V/m em um meio sem perdas ($\mu = 4\mu_0$, $\varepsilon = \varepsilon_0$) incide sobre um meio com perdas ($\mu = \mu_0$, $\varepsilon = 4\varepsilon_0$, $\sigma = 0{,}1$ S/m) perpendicular ao eixo x em $x = 0$. Encontre:

(a) Γ, τ e s;
(b) $\mathbf{E}_r$ e $\mathbf{H}_r$;
(c) $\mathbf{E}_t$ e $\mathbf{H}_t$;
(d) a média temporal dos vetores de Poynting nos dois meios.

Resposta: (a) $0{,}8186\,\underline{/171{,}1°}$, $0{,}2295\,\underline{/33{,}56°}$, $10{,}025$; (b) $40{,}93\,\text{sen}(\omega t + 5x + 171{,}9°)\mathbf{a}_y$ V/m, $-54{,}3\,\text{sen}(\omega t + 5x + 171{,}9°)\mathbf{a}_z$ mA/m;
(c) $11{,}47\,e^{-6,021x}\text{sen}(\omega t - 7{,}826x + 33{,}56°)\mathbf{a}_y$ V/m, $120{,}2\,e^{-6,021x}\text{sen}(\omega t - 7{,}826x - 4{,}01°)\mathbf{a}_z$ mA/m; (d) $0{,}5469\,\mathbf{a}_x$ W/m², $0{,}5469\exp(-12{,}04x)\mathbf{a}_x$ W/m².

†10.9 REFLEXÃO DE UMA ONDA PLANA COM INCIDÊNCIA OBLÍQUA

Consideremos, agora, uma situação mais geral do que a descrita na Seção 10.8. Para simplificar a análise, vamos supor que estamos tratando de meios sem perdas. (Podemos estender os resultados aqui obtidos para meios com perdas simplesmente substituindo ε por ε_c.) Pode se mostrar (veja os Problemas 10.54 e 10.56) que uma onda plana uniforme pode ser representada pela expressão geral

$$\mathbf{E}(\mathbf{r}, t) = \mathbf{E}_o \cos(\mathbf{k} \cdot \mathbf{r} - \omega t)$$
$$= \mathrm{Re}\,[E_o e^{j(\mathbf{k} \cdot \mathbf{r} - \omega t)}] \tag{10.93}$$

onde $\mathbf{r} = x\mathbf{a}_x + y\mathbf{a}_y + z\mathbf{a}_z$ é o raio ou vetor posição e $\mathbf{k} = k_x\mathbf{a}_x + k_y\mathbf{a}_y + k_z\mathbf{a}_z$ é o *vetor número de onda* ou *vetor propagação*; $\mathbf{k}$ tem sempre a mesma orientação da propagação da onda[3]. O módulo de $\mathbf{k}$ está relacionado a ω através da relação de dispersão:

$$k^2 = k_x^2 + k_y^2 + k_z^2 = \omega^2 \mu \varepsilon \tag{10.94}$$

Portanto, para um meio sem perdas, k é essencialmente o mesmo β das seções anteriores. Com a forma geral de $\mathbf{E}$ na equação (10.93), as equações de Maxwell se reduzem a

$$\mathbf{k} \times \mathbf{E} = \omega \mu \mathbf{H} \tag{10.95a}$$

$$\mathbf{k} \times \mathbf{H} = -\omega \varepsilon \mathbf{E} \tag{10.95b}$$

$$\mathbf{k} \cdot \mathbf{H} = 0 \tag{10.95c}$$

$$\mathbf{k} \cdot \mathbf{E} = 0 \tag{10.95d}$$

mostrando que (i) $\mathbf{E}$, $\mathbf{H}$ e $\mathbf{k}$ são mutuamente ortogonais e (ii) $\mathbf{E}$ e $\mathbf{H}$ estão no mesmo plano

$$\mathbf{k} \cdot \mathbf{r} = k_x x + k_y y + k_z z = \text{constante}$$

Da equação (10.95a), o campo $\mathbf{H}$, correspondente ao campo $\mathbf{E}$ da equação (10.93), é:

$$\mathbf{H} = \frac{1}{\omega \mu} \mathbf{k} \times \mathbf{E} = \frac{\mathbf{a}_k \times \mathbf{E}}{\eta} \tag{10.96}$$

Tendo expressado $\mathbf{E}$ e $\mathbf{H}$ na forma geral, podemos, agora, considerar a incidência oblíqua de uma onda plana uniforme em uma interface plana, conforme ilustrado na Figura 10.15(a). O plano definido pelo vetor propagação $\mathbf{k}$ e um vetor unitário $\mathbf{a}_n$, normal à superfície de separação entre os dois meios, é chamado *plano de incidência*. O ângulo θ_i entre $\mathbf{k}$ e $\mathbf{a}_n$ é o *ângulo de incidência*.

Novamente, tanto a onda incidente quanto a onda refletida estão no meio 1, enquanto a onda transmitida (ou refratada) está no meio 2. Sejam

$$\mathbf{E}_i = \mathbf{E}_{io} \cos(k_{ix}x + k_{iy}y + k_{iz}z - \omega_i t) \tag{10.97a}$$

$$\mathbf{E}_r = \mathbf{E}_{ro} \cos(k_{rx}x + k_{ry}y + k_{rz}z - \omega_r t) \tag{10.97b}$$

$$\mathbf{E}_t = \mathbf{E}_{to} \cos(k_{tx}x + k_{ty}y + k_{tz}z - \omega_t t) \tag{10.97c}$$

onde k_i, k_r e k_t, com suas componentes normal e tangencial, são mostrados na Figura 10.15(b). Como a componente tangencial de $\mathbf{E}$ deve ser contínua na fronteira $z = 0$:

$$\mathbf{E}_i(z=0) + \mathbf{E}_r(z=0) = \mathbf{E}_t(z=0) \tag{10.98}$$

Estas condições de fronteira só serão satisfeitas pelas ondas da equação (10.97), para qualquer x e y, se

---

[3] O fenômeno da distorção de sinais devido à dependência da velocidade de fase com a frequência é chamado de dispersão.

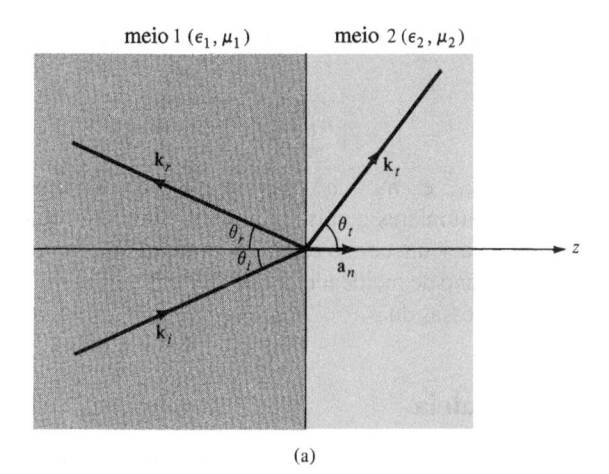

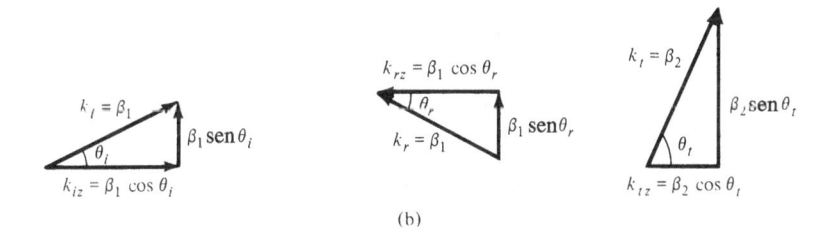

FIGURA 10.15 Incidência oblíqua de uma onda plana: (a) ilustração de θ_i, θ_r e θ_t; (b) ilustração das componentes normal e tangencial de **k**.

1. $\omega_i = \omega_r = \omega_t = \omega$
2. $k_{ix} = k_{rx} = k_{tx} = k_x$
3. $k_{iy} = k_{ry} = k_{ty} = k_y$

A condição 1 implica que a frequência não mude. As condições 2 e 3 requerem que as componentes tangenciais dos vetores de propagação sejam contínuas (denominadas de *condição de casamento de fase*). Isso significa que os vetores de propagação $\mathbf{k}_i$, $\mathbf{k}_t$ e $\mathbf{k}_r$ devem estar todos contidos no plano de incidência. Portanto, devido às condições 2 e 3,

$$k_i \operatorname{sen} \theta_i = k_r \operatorname{sen} \theta_r \qquad (10.99)$$

$$k_i \operatorname{sen} \theta_i = k_t \operatorname{sen} \theta_t \qquad (10.100)$$

onde θ_r é o *ângulo de reflexão* e θ_t é o *ângulo de transmissão*. Contudo, para meios sem perdas:

$$k_i = k_r = \beta_1 = \omega\sqrt{\mu_1 \varepsilon_1} \qquad (10.101a)$$

$$k_t = \beta_2 = \omega\sqrt{\mu_2 \varepsilon_2} \qquad (10.101b)$$

Das equações (10.99) e (10.101a) fica claro que

$$\boxed{\theta_r = \theta_i} \qquad (10.102)$$

isto é, o ângulo de reflexão θ_r é igual ao ângulo de incidência θ_i, como na ótica. Também das equações (10.100) e (10.101),

$$\frac{\operatorname{sen} \theta_t}{\operatorname{sen} \theta_i} = \frac{k_i}{k_t} = \frac{u_2}{u_1} = \sqrt{\frac{\mu_1 \varepsilon_1}{\mu_2 \varepsilon_2}} \qquad (10.103)$$

onde $u = \omega/k$ é a velocidade de fase. A equação (10.103) é a conhecida *lei de Snell* e pode ser escrita como

$$\boxed{n_1 \operatorname{sen} \theta_i = n_2 \operatorname{sen} \theta_t} \tag{10.104}$$

onde $n_1 = c\sqrt{\mu_1 \varepsilon_1} = c/u_1$ e $n_2 = c\sqrt{\mu_2 \varepsilon_2} = c/u_2$ são os *índices de refração* dos meios.

Com base nestas preliminares gerais sobre a incidência oblíqua, vamos agora considerar, em detalhe, dois casos especiais: um com o campo **E** perpendicular ao plano de incidência e outro com o campo **E** paralelo ao plano de incidência. Qualquer outra polarização pode ser considerada como uma combinação linear dessas duas.

A. Polarização paralela

Este caso está ilustrado na Figura 10.16, onde o campo **E** se encontra no plano xz, que é o plano de incidência. No meio 1 temos tanto o campo incidente como o refletido, dados por

$$\mathbf{E}_{is} = E_{io}(\cos\theta_i\, \mathbf{a}_x - \operatorname{sen}\theta_i\, \mathbf{a}_z)\, e^{-j\beta_1(x\operatorname{sen}\theta_i + z\cos\theta_i)} \tag{10.105a}$$

$$\mathbf{H}_{is} = \frac{E_{io}}{\eta_1} e^{-j\beta_1(x\operatorname{sen}\theta_i + z\cos\theta_i)}\, \mathbf{a}_y \tag{10.105b}$$

$$\mathbf{E}_{rs} = E_{ro}(\cos\theta_r\, \mathbf{a}_x + \operatorname{sen}\theta_r\, \mathbf{a}_z)\, e^{-j\beta_1(x\operatorname{sen}\theta_r - z\cos\theta_r)} \tag{10.106a}$$

$$\mathbf{H}_{rs} = -\frac{E_{ro}}{\eta_1} e^{-j\beta_1(x\operatorname{sen}\theta_r - z\cos\theta_r)}\, \mathbf{a}_y \tag{10.106b}$$

onde $\beta_1 = \omega\sqrt{\mu_1\varepsilon_1}$. Observe, atentamente, como cada componente de campo foi obtida. O artifício para obter as componentes consiste em, primeiramente, determinar o vetor propagação **k**, conforme mostrado na Figura 10.15(b), para as ondas incidente, refletida e transmitida. Uma vez conhecido **k**, podemos definir $\mathbf{E}_s$ tal que $\nabla \cdot \mathbf{E}_s = 0$ ou $\mathbf{k} \cdot \mathbf{E}_s = 0$ e, então, $\mathbf{H}_s$ é obtido de $\mathbf{H}_s = \dfrac{\mathbf{k}}{\omega\mu} \times \mathbf{E}_s = \mathbf{a}_k \times \dfrac{\mathbf{E}}{\eta}$.

Os campos transmitidos estão no meio 2 e são dados por

$$\mathbf{E}_{ts} = E_{to}(\cos\theta_t\, \mathbf{a}_x - \operatorname{sen}\theta_t\, \mathbf{a}_z)\, e^{-j\beta_2(x\operatorname{sen}\theta_t + z\cos\theta_t)} \tag{10.107a}$$

$$\mathbf{H}_{ts} = \frac{E_{to}}{\eta_2} e^{-j\beta_2(x\operatorname{sen}\theta_t + z\cos\theta_t)}\, \mathbf{a}_y \tag{10.107b}$$

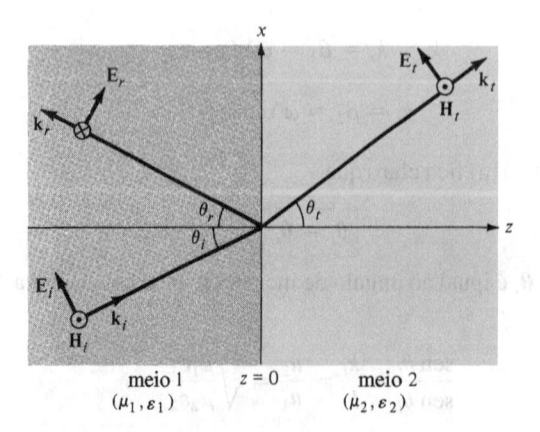

FIGURA 10.16 Incidência oblíqua com **E** paralelo ao plano de incidência.

onde $\beta_2 = \omega\sqrt{\mu_2\varepsilon_2}$. Se estiverem erradas as suposições feitas com respeito às orientações relativas nas equações (10.105) a (10.107), o resultado final obtido nos mostrará isso através do seu sinal.

Assumindo que $\boldsymbol{\theta}_r = \boldsymbol{\theta}_i$ e que as componentes tangenciais de **E** e de **H** sejam contínuas na fronteira $z = 0$, obtemos

$$(E_{io} + E_{ro})\cos\theta_i = E_{to}\cos\theta_t \tag{10.108a}$$

$$\frac{1}{\eta_1}(E_{io} - E_{ro}) = \frac{1}{\eta_2}E_{to} \tag{10.108b}$$

Expressando E_{ro} e E_{to} em termos de E_{io}, obtemos

$$\boxed{\Gamma_\| = \frac{E_{ro}}{E_{io}} = \frac{\eta_2\cos\theta_t - \eta_1\cos\theta_i}{\eta_2\cos\theta_t + \eta_1\cos\theta_i}} \tag{10.109a}$$

ou

$$E_{ro} = \Gamma_\| E_{io} \tag{10.109b}$$

e

$$\boxed{\tau_\| = \frac{E_{to}}{E_{io}} = \frac{2\eta_2\cos\theta_i}{\eta_2\cos\theta_t + \eta_1\cos\theta_i}} \tag{10.110a}$$

ou

$$E_{to} = \tau_\| E_{io} \tag{10.110b}$$

As equações (10.109) e (10.110) são chamadas *equações de Fresnel*. Note que estas equações se reduzem às equações (10.81) e (10.82) quando $\boldsymbol{\theta}_i = \boldsymbol{\theta}_t = 0$, como esperado. Como $\boldsymbol{\theta}_i$ e $\boldsymbol{\theta}_t$ estão relacionados de acordo com a lei de Snell (equação 10.103), as equações (10.109) e (10.110) podem ser expressas em termos de $\boldsymbol{\theta}_i$ pela substituição

$$\cos\theta_t = \sqrt{1 - \operatorname{sen}^2\theta_t} = \sqrt{1 - (u_2/u_1)^2\operatorname{sen}^2\theta_i} \tag{10.111}$$

Das equações (10.109) e (10.110), facilmente se mostra que

$$1 + \Gamma_\| = \tau_\|\left(\frac{\cos\theta_t}{\cos\theta_i}\right) \tag{10.112}$$

Da equação (10.109a) fica evidente ser possível que $\Gamma_\| = 0$, pois o numerador é a diferença entre dois termos. Nestas condições, não há reflexão ($E_{ro} = 0$). O ângulo de incidência para o qual isso ocorre é chamado de *ângulo de Brewster* $\theta_{B_\|}$. O ângulo de Brewster é também conhecido como o *ângulo de polarização*, pois uma onda incidente com polarização arbitrária será refletida somente com a componente de **E** perpendicular ao plano de incidência. O efeito Brewster é utilizado em tubos de *laser* onde janelas de quartzo são colocadas em ângulo de Brewster para controlar a polarização da onda emitida. O ângulo de Brewster é obtido colocando-se $\boldsymbol{\theta}_i = \theta_{B_\|}$, situação em que $\Gamma_\| = 0$ na equação (10.109), isto é,

$$\eta_2\cos\theta_t = \eta_1\cos\theta_{B_\|}$$

ou

$$\eta_2^2(1 - \operatorname{sen}^2\theta_t) = \eta_1^2(1 - \operatorname{sen}^2\theta_{B_\|})$$

Introduzindo a equação (10.103) ou (10.104), temos:

$$\boxed{\operatorname{sen}^2\theta_{B_\|} = \frac{1 - \mu_2\varepsilon_1/\mu_1\varepsilon_2}{1 - (\varepsilon_1/\varepsilon_2)^2}} \tag{10.113}$$

É de importância prática considerar o caso em que os meios dielétricos não são somente sem perdas, mas também não ferromagnéticos, isto é, $\mu_1 = \mu_2 = \mu_o$. Para esta situação, a equação (10.113) torna-se

$$\operatorname{sen}^2 \theta_{B\|} = \frac{1}{1 + \varepsilon_1/\varepsilon_2} \rightarrow \operatorname{sen} \theta_{B\|} = \sqrt{\frac{\varepsilon_2}{\varepsilon_1 + \varepsilon_2}}$$

ou

$$\operatorname{tg} \theta_{B\|} = \sqrt{\frac{\varepsilon_2}{\varepsilon_1}} = \frac{n_2}{n_1} \qquad (10.114)$$

mostrando que há um ângulo de Brewster para qualquer combinação de ε_1 e ε_2.

B. Polarização perpendicular

Neste caso, o campo **E** é perpendicular ao plano de incidência (plano xz), conforme mostrado na Figura 10.17. Este caso também pode ser visto como o caso em que o campo **H** é paralelo ao plano de incidência. Os campos incidentes e refletidos no meio 1 são dados por

$$\mathbf{E}_{is} = E_{io} e^{-j\beta_1(x \operatorname{sen} \theta_i + z \cos \theta_i)} \mathbf{a}_y \qquad (10.115a)$$

$$\mathbf{H}_{is} = \frac{E_{io}}{\eta_1} (-\cos \theta_i \mathbf{a}_x + \operatorname{sen} \theta_i \mathbf{a}_z) e^{-j\beta_1(x \operatorname{sen} \theta_i + z \cos \theta_i)} \qquad (10.115b)$$

$$\mathbf{E}_{rs} = E_{ro} e^{-j\beta_1(x \operatorname{sen} \theta_r - z \cos \theta_r)} \mathbf{a}_y \qquad (10.116a)$$

$$\mathbf{H}_{rs} = \frac{E_{ro}}{\eta_1} (\cos \theta_r \mathbf{a}_x + \operatorname{sen} \theta_r \mathbf{a}_z) e^{-j\beta_1(x \operatorname{sen} \theta_r - z \cos \theta_r)} \qquad (10.116b)$$

enquanto os campos transmitidos para o meio 2 são dados por

$$\mathbf{E}_{ts} = E_{to} e^{-j\beta_2(x \operatorname{sen} \theta_t + z \cos \theta_t)} \mathbf{a}_y \qquad (10.117a)$$

$$\mathbf{H}_{ts} = \frac{E_{to}}{\eta_2} (-\cos \theta_t \mathbf{a}_x + \operatorname{sen} \theta_t \mathbf{a}_z) e^{-j\beta_2(x \operatorname{sen} \theta_t + z \cos \theta_t)} \qquad (10.117b)$$

Observe que nas definições das componentes dos campos, equações (10.115) a (10.117), as equações de Maxwell (10.95) são sempre satisfeitas. Novamente, assumindo que as componentes tangenciais de **E** e **H** sejam contínuas em $z = 0$ e fazendo θ_r igual a θ_i, temos:

$$E_{io} + E_{ro} = E_{to} \qquad (10.118a)$$

$$\frac{1}{\eta_1}(E_{io} - E_{ro}) \cos \theta_i = \frac{1}{\eta_2} E_{to} \cos \theta_t \qquad (10.118b)$$

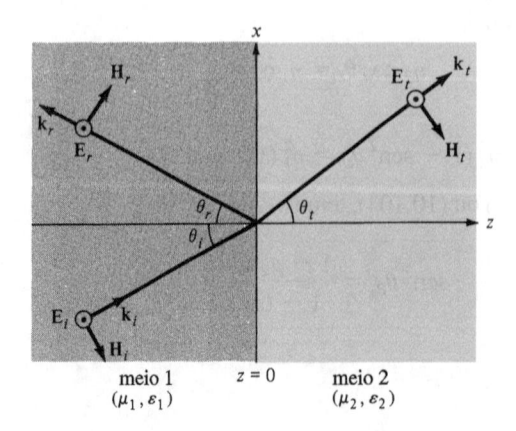

FIGURA 10.17 Incidência oblíqua com **E** perpendicular ao plano de incidência.

Expressando E_{ro} e E_{to} em termos de E_{io}, conclui-se que

$$\boxed{\Gamma_\perp = \frac{E_{ro}}{E_{io}} = \frac{\eta_2 \cos \theta_i - \eta_1 \cos \theta_t}{\eta_2 \cos \theta_i + \eta_1 \cos \theta_t}} \tag{10.119a}$$

ou

$$E_{ro} = \Gamma_\perp E_{io} \tag{10.119b}$$

e

$$\boxed{\tau_\perp = \frac{E_{to}}{E_{io}} = \frac{2\eta_2 \cos \theta_i}{\eta_2 \cos \theta_i + \eta_1 \cos \theta_t}} \tag{10.120a}$$

ou

$$E_{to} = \tau_\perp E_{io} \tag{10.120b}$$

que são as *equações de Fresnel* para a polarização perpendicular. Das equações (10.119) e (10.120), é fácil mostrar que

$$1 + \Gamma_\perp = \tau_\perp \tag{10.121}$$

que é equivalente à equação (10.83) para incidência normal. Também, quando $\theta_i = \theta_t = 0$, as equações (10.119) e (10.120) tornam-se as equações (10.81) e (10.82), como devem.

Para não haver reflexão, $\Gamma_\perp = 0$ (ou $E_r = 0$). Este é o mesmo caso da transmissão total ($\tau_\perp = 1$). Substituindo θ_i pelo ângulo de Brewster correspondente $\theta_{B_\perp}$, obtemos

$$\eta_2 \cos \theta_{B_\perp} = \eta_1 \cos \theta_t$$

ou

$$\eta_2^2 (1 - \operatorname{sen}^2 \theta_{B_\perp}) = \eta_1^2 (1 - \operatorname{sen}^2 \theta_t)$$

Incorporando a equação (10.104), temos:

$$\operatorname{sen}^2 \theta_{B_\perp} = \frac{1 - \mu_1 \varepsilon_2 / \mu_2 \varepsilon_1}{1 - (\mu_1/\mu_2)^2} \tag{10.122}$$

Note que, para meios não magnéticos ($\mu_1 = \mu_2 = \mu_0$), $\operatorname{sen}^2 \theta_{B_\perp} \to \infty$ na equação (10.122). Portanto, $\theta_{B_\perp}$ não existe, pois o seno de um ângulo nunca é maior do que um. Também, se $\mu_1 \neq \mu_2$ e $\varepsilon_1 = \varepsilon_2$, a equação (10.122) se reduz a

$$\operatorname{sen} \theta_{B_\perp} = \sqrt{\frac{\mu_2}{\mu_1 + \mu_2}}$$

ou

$$\operatorname{tg} \theta_{B_\perp} = \sqrt{\frac{\mu_2}{\mu_1}} \tag{10.123}$$

Embora esta situação seja teoricamente possível, na prática é rara.

EXEMPLO 10.10 Uma onda EM se propaga no espaço livre com a componente de campo elétrico:

$$\mathbf{E}_s = 100 \, e^{j(0,866y + 0,5z)} \mathbf{a}_x \text{ V/m}$$

Determine:
(a) ω e λ
(b) o campo magnético
(c) a média temporal da potência transmitida pela onda

Solução:

(a) Comparando o E dado com

$$\mathbf{E}_s = \mathbf{E}_o\, e^{j\mathbf{k}\cdot\mathbf{r}} = E_o e^{j(k_x x + k_y y + k_z z)}\, \mathbf{a}_x$$

fica evidente que

$$k_x = 0, \quad k_y = 0{,}866, \quad k_z = 0{,}5$$

Então

$$k = \sqrt{k_x^2 + k_y^2 + k_z^2} = \sqrt{(0{,}866)^2 + (0{,}5)^2} = 1$$

Contudo, no espaço livre

$$k = \beta = \omega\sqrt{\mu_o \varepsilon_o} = \frac{\omega}{c} = \frac{2\pi}{\lambda}$$

Portanto,

$$\omega = kc = 3 \times 10^8 \text{ rad/s}$$

$$\lambda = \frac{2\pi}{k} = 2\pi = 6{,}283 \text{ m}$$

(b) Da equação (10.96), o campo magnético correspondente é dado por

$$\mathbf{H}_s = \frac{1}{\mu\omega}\, \mathbf{k} \times \mathbf{E}_s$$

$$= \frac{(0{,}866\mathbf{a}_y + 0{,}5\mathbf{a}_z)}{4\pi \times 10^{-7} \times 3 \times 10^8} \times 100\, \mathbf{a}_x e^{j\mathbf{k}\cdot\mathbf{r}}$$

ou

$$\mathbf{H}_s = (1{,}33\, \mathbf{a}_y - 2{,}3\, \mathbf{a}_z)\, e^{j(0{,}866y + 0{,}5z)} \text{ mA/m}$$

(c) A média temporal da potência é

$$\mathscr{P}_{\text{méd}} = \frac{1}{2}\, \text{Re}\,(\mathbf{E}_s \times \mathbf{H}_s^*) = \frac{E_o^2}{2\eta}\, \mathbf{a}_k$$

$$= \frac{(100)^2}{2(120\pi)}\,(0{,}866\, \mathbf{a}_y + 0{,}5\, \mathbf{a}_z)$$

$$= 11{,}49\, \mathbf{a}_y + 6{,}631\, \mathbf{a}_z \text{ W/m}^2$$

EXERCÍCIO PRÁTICO 10.10

Refaça o Exemplo 10.10 para

$$\mathbf{E} = (10\mathbf{a}_y + 5\mathbf{a}_z)\cos(\omega t + 2y - 4z) \text{ V/m}$$

no espaço livre.

Resposta: (a) $1{,}342 \times 10^9$ rad/s, $1{,}405$ m; (b) $-29{,}66\cos(1{,}342 \times 10^9 t + 2y - 4z)\, \mathbf{a}_x$ mA/m; (c) $-0{,}07415\, \mathbf{a}_y + 0{,}489\, \mathbf{a}_z$ W/m^2.

EXEMPLO 10.11

Uma onda plana uniforme no ar

$$\mathbf{E} = 8\cos(\omega t - 4x - 3z)\,\mathbf{a}_y \text{ V/m}$$

incide em um dielétrico ($z \geq 0$) com $\mu_r = 1{,}0$, $\varepsilon_r = 2{,}5$ e $\sigma = 0$. Encontre:

(a) a polarização da onda
(b) o ângulo de incidência
(c) o campo refletido $\mathbf{E}$
(d) o campo transmitido $\mathbf{H}$

Solução:

(a) A partir do campo incidente $\mathbf{E}$, fica evidente que o vetor de propagação é

$$\mathbf{k}_i = 4\mathbf{a}_x + 3\mathbf{a}_z \to k_i = 5 = \omega\sqrt{\mu_0\varepsilon_0} = \frac{\omega}{c}$$

Então,

$$\omega = 5c = 15 \times 10^8 \text{ rad/s}.$$

Um vetor unitário normal à interface ($z = 0$) é $\mathbf{a}_z$. O plano que contém $\mathbf{k}$ e $\mathbf{a}_z$ é dado por $y =$ constante, isto é, um plano xz, é o plano de incidência. Como $\mathbf{E}_i$ é perpendicular a este plano, temos polarização perpendicular (semelhante à situação mostrada na Figura 10.17).

(b) Os vetores de propagação estão ilustrados na Figura 10.18, onde fica evidente que

$$\text{tg}\,\theta_i = \frac{k_{ix}}{k_{iz}} = \frac{4}{3} \to \theta_i = 53{,}13°$$

Alternativamente, sem usar a Figura 10.18, podemos obter θ_i a partir do fato de θ_i ser o ângulo entre $\mathbf{k}$ e $\mathbf{a}_n$, isto é,

$$\cos\theta_i = \mathbf{a}_k \cdot \mathbf{a}_n = \left(\frac{4\mathbf{a}_x + 3\mathbf{a}_z}{5}\right)\cdot \mathbf{a}_z = \frac{3}{5}$$

ou

$$\theta_i = 53{,}13°$$

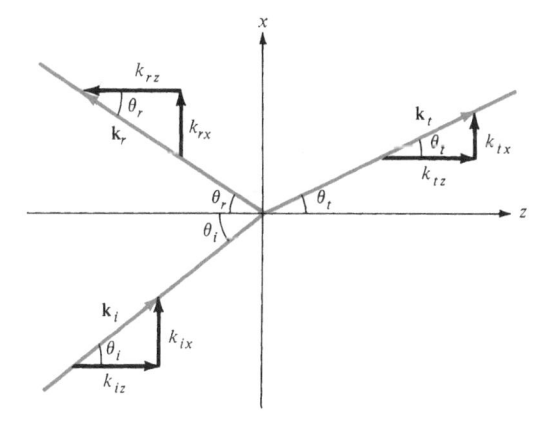

FIGURA 10.18 Vetores de propagação para o Exemplo 10.11

(c) Uma maneira fácil de encontrar $\mathbf{E}_r$ é aplicando a equação (10.116a), uma vez que constatamos ser este problema semelhante ao considerado na Seção 10.9(b). Suponhamos que não tivéssemos nos dado conta disto. Seja

$$\mathbf{E}_r = E_{ro} \cos(\omega t - \mathbf{k}_r \cdot \mathbf{r}) \mathbf{a}_y$$

que tem a mesma forma do campo $\mathbf{E}_i$ dado. O vetor unitário $\mathbf{a}_y$ é escolhido porque a componente tangencial de $\mathbf{E}$ deve ser contínua na interface. Da Figura 10.18,

$$\mathbf{k}_r = k_{rx}\mathbf{a}_x - k_{rz}\mathbf{a}_z$$

onde

$$k_{rx} = k_r \operatorname{sen} \theta_r, \qquad k_{rz} = k_r \cos \theta_r$$

Porém, $\theta_r = \theta_i$ e $k_r = k_i = 5$, pois tanto k_r quanto k_i estão no mesmo meio. Então,

$$\mathbf{k}_r = 4\mathbf{a}_x - 3\mathbf{a}_z$$

Para encontrar E_{ro}, precisamos θ_t. Da lei de Snell,

$$\operatorname{sen} \theta_t = \frac{n_1}{n_2} \operatorname{sen} \theta_i = \frac{c\sqrt{\mu_1 \varepsilon_1}}{c\sqrt{\mu_2 \varepsilon_2}} \operatorname{sen} \theta_i$$
$$= \frac{\operatorname{sen} 53{,}13°}{\sqrt{2{,}5}}$$

ou

$$\theta_t = 30{,}39°$$

$$\Gamma_\perp = \frac{E_{ro}}{E_{io}}$$
$$= \frac{\eta_2 \cos \theta_i - \eta_1 \cos \theta_t}{\eta_2 \cos \theta_i + \eta_1 \cos \theta_t}$$

onde $\eta_1 = \eta_o = 377\ \Omega$, $\eta_2 = \sqrt{\dfrac{\mu_o \mu_{r_2}}{\varepsilon_o \varepsilon_{r_2}}} = \dfrac{377}{\sqrt{2{,}5}} = 238{,}4\ \Omega$

$$\Gamma_\perp = \frac{238{,}4 \cos 53{,}13° - 377 \cos 30{,}39°}{238{,}4 \cos 53{,}13° + 377 \cos 30{,}39°} = -0{,}389$$

Então,

$$E_{ro} = \Gamma_\perp E_{io} = -0{,}389\,(8) = -3{,}112$$

e

$$\mathbf{E}_r = -3{,}112 \cos(15 \times 10^8 t - 4x + 3z)\,\mathbf{a}_y\ \text{V/m}$$

(d) De forma semelhante, seja o campo elétrico transmitido

$$\mathbf{E}_t = E_{to} \cos(\omega t - \mathbf{k}_t \cdot \mathbf{r})\,\mathbf{a}_y$$

onde

$$k_t = \beta_2 = \omega \sqrt{\mu_2 \varepsilon_2} = \frac{\omega}{c}\sqrt{\mu_{r_2} \varepsilon_{r_2}}$$
$$= \frac{15 \times 10^8}{3 \times 10^8}\sqrt{1 \times 2{,}5} = 7{,}906$$

Da Figura 10.18,

$$k_{tx} = k_t \operatorname{sen} \theta_t = 4$$

$$k_{tz} = k_t \cos \theta_t = 6{,}819$$

ou

$$\mathbf{k}_t = 4\mathbf{a}_x + 6{,}819\, \mathbf{a}_z$$

Observe que $k_{ix} = k_{rx} = k_{tx}$, como esperado.

$$\tau_\perp = \frac{E_{to}}{E_{io}} = \frac{2\,\eta_2 \cos \theta_i}{\eta_2 \cos \theta_i + \eta_1 \cos \theta_t}$$

$$= \frac{2 \times 238{,}4 \cos 53{,}13°}{238{,}4 \cos 53{,}13° + 377 \cos 30{,}39°}$$

$$= 0{,}611$$

O mesmo resultado poderia ser obtido da relação $\tau_\perp = 1 + \Gamma_\perp$. Então,

$$E_{to} = \tau_\perp E_{io} = 0{,}611 \times 8 = 4{,}888$$

$$\mathbf{E}_t = 4{,}888 \cos (15 \times 10^8 t - 4x - 6{,}819z)\, \mathbf{a}_y \text{V/m}$$

$\mathbf{H}_t$ é obtido facilmente de $\mathbf{E}_t$ da seguinte maneira:

$$\mathbf{H}_t = \frac{1}{\mu_2 \omega} \mathbf{k}_t \times \mathbf{E}_t = \frac{\mathbf{a}_{k_t} \times \mathbf{E}_t}{\eta_2}$$

$$= \frac{4\mathbf{a}_x + 6{,}819\, \mathbf{a}_z}{7{,}906\,(238{,}4)} \times 4{,}888\, \mathbf{a}_y \cos (\omega t - \mathbf{k} \cdot \mathbf{r})$$

$$\mathbf{H}_t = (-17{,}69\, \mathbf{a}_x + 10{,}37\, \mathbf{a}_z) \cos (15 \times 10^8 t - 4x - 6{,}819z) \text{ mA/m}.$$

EXERCÍCIO PRÁTICO 10.11

Se a onda plana do Exercício Prático 10.10 incide sobre um dielétrico para o qual $\sigma = 0$, $\varepsilon = 4\varepsilon_o$, $\mu = \mu_o$ e que ocupa a região $z \geq 0$, calcule:

(a) os ângulos de incidência, de reflexão e de transmissão;

(b) os coeficientes de reflexão e de transmissão;

(c) o campo **E** total no espaço livre;

(d) o campo total **E** no dielétrico;

(e) o ângulo de Brewster.

Resposta: (a) 26,56°, 26,56°, 12,92°; (b) −0,295, 0,647; (c) $(10\mathbf{a}_y + 5\mathbf{a}_z) \times \cos (\omega t + 2y - 4z) + (-2{,}946\mathbf{a}_y + 1{,}473\mathbf{a}_z) \cos (\omega t + 2y + 4z)$ V/m; (d) $(7{,}055\mathbf{a}_y + 1{,}618\mathbf{a}_z) \cos (\omega t + 2y - 8{,}718z)$ V/m; (e) 63,43°.

†10.10 APLICAÇÃO TECNOLÓGICA — MICRO-ONDAS

Atualmente, existem três maneiras de transmitir milhares de canais de comunicação a longas distâncias: (a) enlaces de micro-ondas; (b) cabos coaxiais; e (c) fibras óticas, que é uma tecnologia relativamente nova e será analisada mais adiante.

> **Micro-ondas** são ondas EM cujas frequências estão, aproximadamente, entre 300 MHz e 1.000 GHz.

Para comparação, o sinal de uma estação de rádio AM fica em torno de 1 MHz, enquanto que o de uma estação FM fica em torno de 100 MHz. A região superior das frequências de micro-ondas faz limite com o espectro ótico. Isso explica porque as micro-ondas têm um comportamento mais parecido com o de um raio luminoso do que as ondas eletromagnéticas de mais baixa frequência. Você deve estar familiarizado com algumas aplicações das micro-ondas, como o forno de micro--ondas, que opera a 2,4 GHz; as comunicações por satélite, que operam a cerca de 4 GHz, e o radar da polícia, que opera a cerca de 22 GHz.

As características que tornam as micro-ondas atrativas para comunicações incluem a banda larga disponível (grande capacidade de transmissão de informação) e as propriedades diretivas dos comprimentos de onda curtos. Como a quantidade de informação que pode ser transmitida é limitada pela largura de banda disponível, o espectro de micro-ondas fornece mais canais de comunicação do que as bandas de rádio e de TV. Com a demanda cada vez maior de alocação de canais, as comunicações com micro-ondas tornaram-se mais comuns.

Normalmente, um sistema de micro-ondas[4] consiste em um transmissor (que inclui um oscilador de micro-ondas, guias de onda e uma antena transmissora) e de um subsistema de recepção (que inclui uma antena receptora, uma linha de transmissão ou guia de onda, amplificadores de micro-ondas e um receptor). Uma rede de micro-ondas é uma interconexão de vários componentes e dispositivos de micro-ondas. Há uma série de componentes de micro-ondas e de variações desses componentes. Componentes comumente usados em micro-ondas incluem:

- Cabos coaxiais, que são linhas de transmissão para interconectar componentes de micro-ondas.
- Ressonadores, que são usualmente cavidades onde a energia EM é armazenada.
- Seções de guias de onda, que podem ser retas, encurvadas ou torcidas.
- Antenas, que transmitem ou recebem ondas EM com eficiência.
- Terminações, que são projetadas para absorver a potência de entrada e, portanto, atuam como dispositivos de uma porta.
- Atenuadores, que são projetados para absorver parte da energia EM que por eles passa, diminuindo, portanto, o nível de potência do sinal de micro-ondas.
- Acopladores direcionais, que consistem em dois guias de onda e de um mecanismo de acoplamento dos sinais entre eles.
- Isoladores, que permitem fluxo de energia somente em uma direção.
- Circuladores, que são projetados para estabelecer vários pontos de entrada/saída, por onde a energia pode ser fornecida ou extraída.
- Filtros, que suprimem sinais indesejados e/ou separam sinais de frequências diferentes.

O uso das micro-ondas tem sido alvo de grande expansão. Os exemplos incluem telecomunicações, rádio astronomia, exame do solo, radar, meteorologia, televisão em UHF, enlaces terrestres de micro-ondas, dispositivos de estado sólido, aquecimento, medicina e sistemas de identificação. Vamos considerar apenas quatro das aplicações listadas acima.

1. **Telecomunicações**: (transmissão de informação analógica ou digital de um ponto a outro) é a aplicação mais difundida das frequências de micro-ondas. As micro-ondas se propagam em linha reta, como os raios luminosos, e não são refletidas pela ionosfera, como ocorre com os sinais de frequências mais baixas. Isso torna possível a comunicação por satélites. Essencialmente, um satélite de comunicações é uma estação repetidora de micro-ondas usada para conectar dois ou mais transmissores e receptores instalados em terra. O satélite recebe, em uma frequência, o sinal, que é repetido ou amplificado e transmitido em outra frequência. A Figura 10.19 mostra dois modos comuns de operação de comunicação por satélite. Na Figura 10.19(a) o satélite estabelece um enlace ponto a ponto, enquanto que, na Figura 10.19(b), ele é usado para estabelecer enlaces entre um transmissor e vários receptores localizados em terra.

---

[4] Para um tratamento completo sobre micro-ondas, veja D. M. Pozar, *Microwave Engineering*, 3rd ed., New York, John Wiley & Sons, 2005.

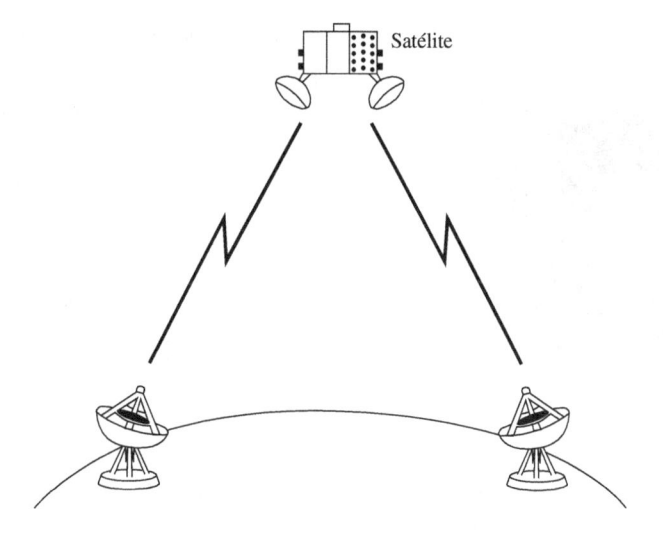

(a) Enlace ponto a ponto de micro-ondas via satélite

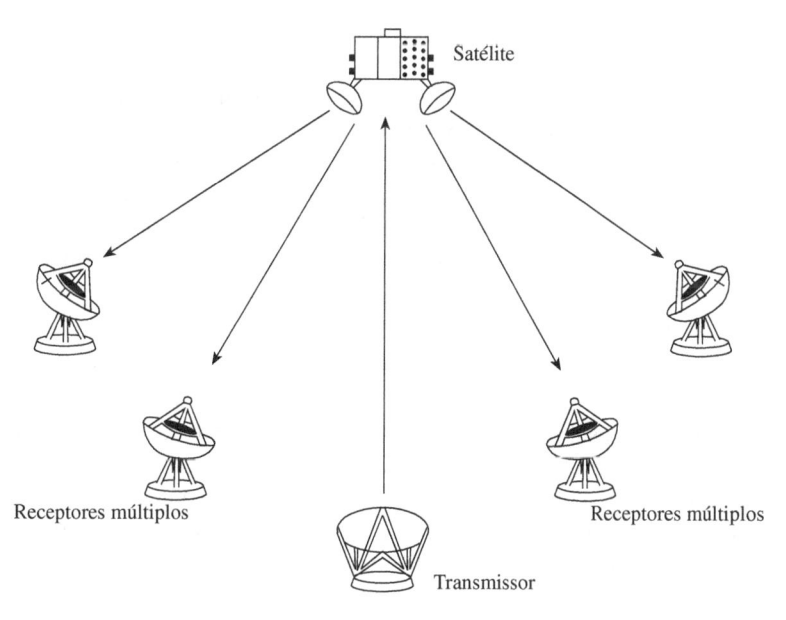

(a) Enlace de difusão de micro-ondas via satélite

FIGURA 10.19 Configurações de sistemas de comunicação por satélites. *Fonte*: W. Stallings, *Data and Computer Communications*, 5th ed. Upper Saddle River, NJ: Prentice Hall, 1997, p. 90.

2. **Sistemas de radar**: os sistemas de radar foram um grande incentivo para o desenvolvimento da tecnologia de micro-ondas, pois, em frequências mais altas, se obtém melhor resolução em equipamentos de radar. Somente a região de micro-ondas do espectro é capaz de fornecer as resoluções desejadas com antenas de tamanho razoável. A capacidade de focalizar uma onda irradiada em feixes muito estreitos é o que faz as micro-ondas serem tão úteis em aplicações de radar. O radar é utilizado para detectar aeronaves, guiar mísseis supersônicos, observar e seguir formações meteorológicas e controlar o tráfego de aeronaves nos aeroportos. Ele é também usado em alarmes contra roubo, controladores de portões e nos detectores de velocidade da polícia.
3. **Aquecimento**: a energia das micro-ondas pode ser dirigida, controlada e concentrada com mais facilidade do que as ondas EM de baixas frequências. Além disso, várias ressonâncias atômicas e moleculares ocorrem nas frequências de micro-ondas, criando diversas

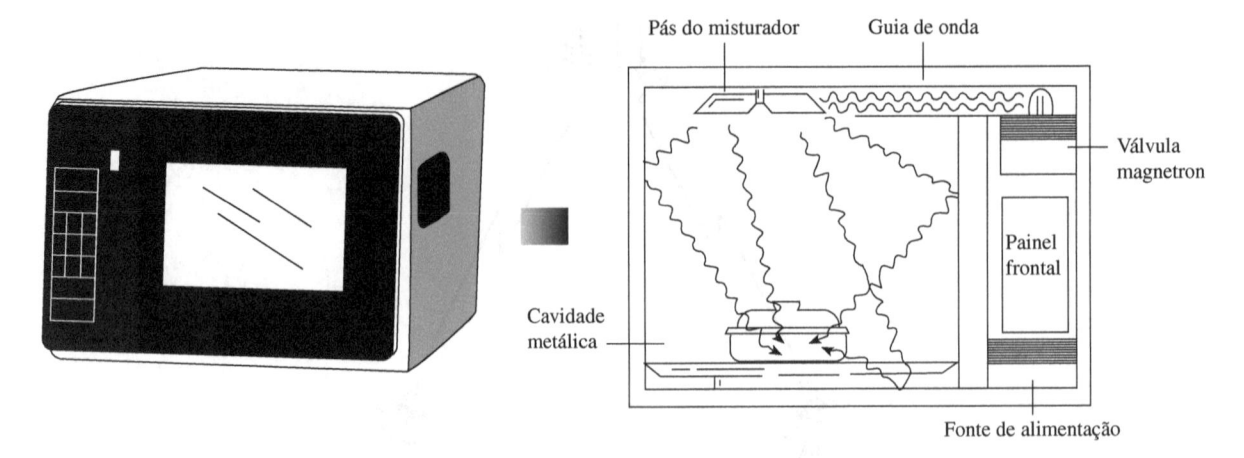

FIGURA 10.20 Forno de micro-ondas. *Fonte*: N. Schlager (ed.), *How Products Are Made*. Detroit, MI: Gale Research Inc., 1994, p. 289.

áreas de aplicação em ciências básicas, sensoriamento remoto e métodos de aquecimento. As propriedades de aquecimento da energia de micro-ondas são úteis em uma grande variedade de aplicações comerciais e industriais. O forno de micro-ondas, mostrado na Figura 10.20, é um exemplo típico. Quando o magnetron entra em oscilação, a energia de micro-ondas é extraída de suas cavidades ressonantes através de um guia de ondas. Reflexões nas paredes do forno e nas pás do misturador fazem com que a energia de micro-ondas fique uniformemente distribuída pelo interior do forno. Portanto, as micro-ondas permitem que o processo de cozimento seja rápido e uniforme. Além do cozimento de alimentos, as propriedades de aquecimento das micro-ondas são utilizadas em diatermia física e na secagem de batatas, papel, tecido, etc.

Um circuito de micro-ondas consiste em componentes de micro-ondas como fontes, linhas de transmissão, guias de onda, atenuadores, ressonadores, circuladores e filtros. Uma maneira de se analisar tais circuitos é relacionar as variáveis de entrada e de saída de cada componente. Vários conjuntos de parâmetros podem ser usados para relacionar as variáveis de entrada e de saída, mas, em frequências altas, como as de micro-ondas, em que a corrente e a tensão não são perfeitamente definidas, os parâmetros S são, em geral, utilizados. Os parâmetros de espalhamento ou parâmetros S são definidos em termos de variáveis ondulatórias, as quais são medidas nas bandas de micro-ondas com mais facilidade do que a tensão e a corrente.

Consideremos a estrutura de micro-ondas de duas portas da Figura 10.21. As ondas incidente e refletida estão relacionadas aos parâmetros de espalhamento de acordo com

$$b_1 = S_{11}a_1 + S_{12}a_2$$
$$b_2 = S_{21}a_1 + S_{22}a_2 \tag{10.124}$$

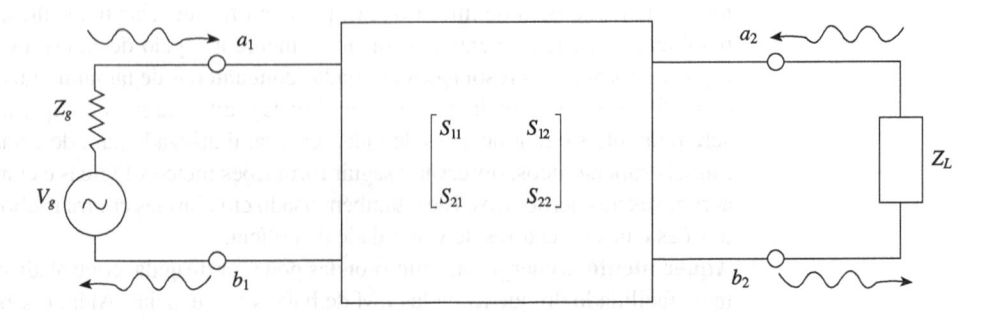

FIGURA 10.21 Uma estrutura de micro-ondas de duas portas.

ou no formato matricial

$$\begin{bmatrix} b_1 \\ b_2 \end{bmatrix} = \begin{bmatrix} S_{11} & S_{12} \\ S_{21} & S_{22} \end{bmatrix} \begin{bmatrix} a_1 \\ a_2 \end{bmatrix} \qquad (10.125)$$

onde a_1 e a_2 representam, respectivamente, as ondas incidentes nas portas 1 e 2, enquanto $b1$ e $b2$ representam as ondas refletidas, conforme mostrado na Figura 10.21. Na matriz S, os elementos fora da diagonal representam os coeficientes de transmissão de ondas de tensão, enquanto que os elementos da diagonal representam os coeficientes de reflexão. Se a estrutura é *recíproca*, ela tem as mesmas características de transmissão em ambas as orientações, isto é,

$$S_{12} = S_{21} \qquad (10.126)$$

Se a estrutura é *simétrica*, então

$$S_{11} = S_{22} \qquad (10.127)$$

Para uma estrutura casada nas duas portas, os coeficientes de reflexão são nulos e

$$S_{11} = S_{22} = 0 \qquad (10.128)$$

O coeficiente de reflexão na entrada pode ser expresso em termos dos parâmetros S e da carga Z_C como

$$\Gamma_i = \frac{b_1}{a_1} = S_{11} + \frac{S_{12} S_{21} \Gamma_C}{1 - S_{22} \Gamma_C} \qquad (10.129)$$

onde

$$\Gamma_C = \frac{Z_C - Z_o}{Z_C + Z_o} \qquad (10.130)$$

De forma semelhante, o coeficiente de reflexão na saída (com $V_g = 0$) pode ser expresso em termos da impedância do gerador Z_g e dos parâmetros S como

$$\Gamma_o = \left.\frac{b_2}{a_2}\right|_{V_g = 0} = S_{22} + \frac{S_{12} S_{21} \Gamma_g}{1 - S_{11} \Gamma_g} \qquad (10.131)$$

onde

$$\Gamma_g = \frac{Z_g - Z_o}{Z_g + Z_o} \qquad (10.132)$$

EXEMPLO 10.12 Os parâmetros S que seguem foram obtidos para um transistor de micro-ondas operando a 2,5 GHz: $S_{11} = 0{,}85 \underline{/-30°}$, $S_{12} = 0{,}07 \underline{/56°}$, $S_{21} = 1{,}68 \underline{/120°}$, $S_{22} = 0{,}85 \underline{/-40°}$. Determine o coeficiente de reflexão na entrada para $Z_C = Z_o = 75\ \Omega$.

Solução:

Da equação (10.130),

$$\Gamma_C = \frac{Z_C - Z_o}{Z_C + Z_o} = 0$$

Portanto, usando a equação (10.129), obtemos

$$\Gamma_i = S_{11} = 0{,}85 \underline{/-30°}$$

EXERCÍCIO PRÁTICO 10.12

As taxas de onda estacionária para as portas de entrada e de saída de um acoplador híbrido são dadas, respectivamente, por:

$$s_i = \frac{1 + |S_{11}|}{1 - |S_{11}|}$$

$$s_o = \frac{1 + |S_{22}|}{1 - |S_{22}|}$$

Calcule s_i e s_o para a seguinte matriz de espalhamento:

$$S = \begin{bmatrix} 0{,}4 & j0{,}6 \\ j0{,}6 & 0{,}2 \end{bmatrix}$$

Resposta: 2,333; 1,5.

MATLAB 10.1

```
% Este script apresenta a solução e gráficos do Exemplo 10.1.
% Usamos variáveis simbólicas para criar a equação da forma de onda
% que descreve a %expressão do campo elétrico.

clear
syms E omega Beta t x % Variáveis simbólicas

% Insira a frequência (em rad/s)
w = input('Insira a frequência angular\n >');
% A expressão para a componente y do campo elétrico.
E = 50*cos(w*t+Beta*x);

% parte (b).
% Solução para Beta.
B = w/3e8; % B é a variável numérica para Beta, cujo valor é aqui
% calculado.
E = subs(E, Beta, B); % Substitui B na variável Beta.

% Gera sequência numérica.
xfinal=ceil (6*2*pi/B); % Vamos calcular variáveis espaciais ao longo
% de três comprimentos de onda.
dx=xfinal/1000; % A distância discretizada.
space=0:dx:xfinal; % Cria um vetor com 1000 valores discretos para
% segmentos espaciais.
unityvec=ones(1, length(space)); % Cria um vetor unitário com a mesma
dimensão do vetor espacial.

% Gráfico
figure
f = w/(2*pi); %Determina a frequência.

for time=0:1/(20*f):1/f, % Cada interação coloca no gráfico a forma
% de onda do campo elétrico para um novo incremento temporal, o que
% é repetido até completar um %comprimento de onda.
```

(continua)

(continuação)

```
  En = subs(E,{x,t}, {space,unityvec*time}); % Substitui os valores
% de espaço e tempo no vetor que representa campo elétrico em função
% destas variáveis.
  plot(space, En)
  axis([0 6*2*pi/B min(En)-10 max(En)+10]) % Adiciona espaço de
% armazenamento para 5 unidades do gráfico.
  xlabel('x-axis (m)')
  ylabel('y-axis (m)')
  str=strcat('time = ', num2str(time), ' (s)') % Concatena a string
"time=" com o tempo atual.
  text(1.5, max(En)+5, str) % Coloca uma anotação na figura para
% mostrar o tempo.
pause(0.5) % Aguarda meio segundo para refazer o gráfico.
hold off
```

RESUMO

1. A equação de onda é da forma

$$\frac{\partial^2 \Phi}{\partial t^2} - u^2 \frac{\partial^2 \Phi}{\partial z^2} = 0$$

com solução

$$\Phi = A \operatorname{sen}(\omega t - \beta z)$$

onde u = velocidade da onda, A = amplitude da onda, ω = frequência angular (= $2\pi f$) e β = constante de fase. Também $\beta = \omega/u = 2\pi/\lambda$ ou $u = f\lambda = \lambda/T$, onde λ = comprimento de onda e T = período.

2. Em um meio com perdas e livre de cargas, a equação de onda, baseada nas equações de Maxwell, é da forma

$$\nabla^2 \mathbf{A}_s - \gamma^2 \mathbf{A}_s = 0$$

onde $\mathbf{A}_s$ representa $\mathbf{E}_s$ ou $\mathbf{H}_s$ e $\gamma = \boldsymbol{\alpha} + j\boldsymbol{\beta}$ é a constante de propagação. Se assumirmos $\mathbf{E}_s = E_{xs}(z)\mathbf{a}_x$, obtemos ondas EM da forma

$$\mathbf{E}(z, t) = E_o e^{-\alpha z} \cos(\omega t - \beta z)\, \mathbf{a}_x$$

$$\mathbf{H}(z, t) = H_o e^{-\alpha z} \cos(\omega t - \beta z - \theta_\eta)\, \mathbf{a}_y$$

onde α = constante de atenuação, β = constante de fase e $\eta = |\eta|\underline{/\theta_\eta}$ é a impedância intrínseca do meio. O inverso de α é a profundidade de penetração pelicular ($\delta = 1/\alpha$). As relações entre β, ω e λ, conforme colocadas acima, permanecem válidas para ondas EM.

3. A propagação da onda em outros tipos de meios pode ser obtida como casos especiais da propagação em um meio com perdas. Para o espaço livre, $\sigma = 0$, $\varepsilon = \varepsilon_o$ e $\mu = \mu_o$. Para meios dielétricos sem perdas, $\sigma = 0$, $\varepsilon = \varepsilon_o\varepsilon_r$ e $\mu = \mu_o\mu_r$. E para bons condutores, $\sigma \simeq \infty$, $\varepsilon = \varepsilon_o$ e $\mu = \mu_o$, ou $\sigma/\omega\varepsilon \to 0$.

4. Um meio é classificado como dielétrico com perdas, dielétrico sem perdas ou bom condutor dependendo de sua tangente de perdas, dada por

$$\operatorname{tg} \theta = \frac{|\mathbf{J}_s|}{|\mathbf{J}_{d_s}|} = \frac{\sigma}{\omega \varepsilon} = \frac{\varepsilon''}{\varepsilon'}$$

onde $\varepsilon_c = \varepsilon' - j\varepsilon''$ é a permissividade complexa do meio. Para dielétrico sem perdas, tg $\theta \ll$ 1. Para bons condutores, tg $\theta \gg 1$. Para um dielétrico com perdas, tg θ é da ordem da unidade.

5. Em um bom condutor os campos tendem a se concentrar em uma profundidade δ a partir da superfície do condutor. Esse fenômeno é chamado de efeito pelicular. Para um condutor de largura w e comprimento ℓ, a resistência efetiva ou resistência CA é

$$R_{CA} = \frac{\ell}{\sigma w \delta}$$

onde δ é a profundidade pelicular.

6. O vetor de Poynting $\mathcal{P}$ é o vetor fluxo de potência, cuja orientação é a mesma da propagação da onda e cuja magnitude é igual à potência que atravessa uma unidade de área perpendicular à orientação desse vetor.

$$\mathcal{P} = \mathbf{E} \times \mathbf{H}, \qquad \mathcal{P}_{\text{méd}} = 1/2 \operatorname{Re} (\mathbf{E}_s \times \mathbf{H}_s^*)$$

7. Se uma onda plana incide perpendicularmente de um meio 1 para um meio 2, o coeficiente de reflexão Γ e o coeficiente de transmissão τ são dados por

$$\Gamma = \frac{E_{ro}}{E_{io}} = \frac{\eta_2 - \eta_1}{\eta_2 + \eta_1}, \qquad \tau = \frac{E_{to}}{E_{io}} = 1 + \Gamma$$

A taxa de onda estacionária s é definida como

$$s = \frac{1 + |\Gamma|}{1 - |\Gamma|}$$

8. Para incidência oblíqua a partir de um meio sem perdas 1 para um meio sem perdas 2, temos os coeficientes de Fresnel

$$\Gamma_\parallel = \frac{\eta_2 \cos \theta_t - \eta_1 \cos \theta_i}{\eta_2 \cos \theta_i + \eta_1 \cos \theta_i}, \qquad \tau_\parallel = \frac{2\eta_2 \cos \theta_i}{\eta_2 \cos \theta_t + \eta_1 \cos \theta_i}$$

para polarização paralela e

$$\Gamma_\perp = \frac{\eta_2 \cos \theta_i - \eta_1 \cos \theta_t}{\eta_2 \cos \theta_i + \eta_1 \cos \theta_t} \qquad \tau_\perp = \frac{2\eta_2 \cos \theta_i}{\eta_2 \cos \theta_i + \eta_1 \cos \theta_t}$$

para polarização perpendicular. Como na ótica:

$$\theta_r = \theta_i$$

$$\frac{\operatorname{sen} \theta_t}{\operatorname{sen} \theta_i} = \frac{\beta_1}{\beta_2} = \sqrt{\frac{\mu_1 \varepsilon_1}{\mu_2 \varepsilon_2}}$$

A transmissão total ou a ausência de reflexão ($\Gamma = 0$) ocorre quando o ângulo de incidência θ_1 é igual ao ângulo de Brewster.

Capítulo 10 Propagação de Ondas Eletromagnéticas   419

9. Micro-ondas são ondas eletromagnéticas de comprimento de onda muito curto. Propagam-se em linha reta como os raios luminosos e, portanto, podem ser focadas facilmente por antenas. São usadas em radar, orientação, navegação e aquecimento.

QUESTÕES DE REVISÃO

10.1 Qual das expressões não é uma forma correta para a onda $E_x = \cos(\omega t - \beta z)$?

(a) $\cos(\beta z - \omega t)$

(b) $\text{sen}(\beta z - \omega t - \pi/2)$

(c) $\cos\left(\dfrac{2\pi t}{T} - \dfrac{2\pi z}{\lambda}\right)$

(d) $\text{Re}\,(e^{j(\omega t - \beta z)})$

(e) $\cos\beta(z - ut)$

10.2 Identifique quais das funções seguintes não satisfaz a equação de onda:

(a) $50e^{j\omega(t-3z)}$

(b) $\text{sen}\,\omega(10z + 5t)$

(c) $(x + 2t)^2$

(d) $\cos^2(y + 5t)$

(e) $\text{sen}\,x \cos t$

(f) $\cos(5y + 2x)$

10.3 Qual das afirmativas que seguem não é verdadeira para ondas em geral?

(a) As ondas podem ser função somente do tempo.

(b) As ondas podem ser senoidais ou cossenoidais.

(c) As ondas devem ser função do tempo e do espaço.

(d) Por razões práticas, as ondas devem ser finitas em extensão.

10.4 A componente de campo elétrico de uma onda no espaço livre é dada por $\mathbf{E} = 10\cos(10^7 t + kz)\mathbf{a}_y$ V/m. Pode se inferir que:

(a) A onda se propaga ao longo de $\mathbf{a}_y$.

(b) O comprimento de onda é $\lambda = 188,5$ m.

(c) A amplitude da onda é 10 V/m.

(d) O número de onda k vale 0,33 rad/m.

(e) A onda se atenua à medida que se propaga.

10.5 Dado que $\mathbf{H} = 0,5\,e^{-0,1x}\,\text{sen}(10^6 t - 2x)\,\mathbf{a}_z$ A/m, quais das afirmativas que seguem são incorretas?

(a) $\alpha = 0,1$ Np/m.

(b) $\beta = -2$ rad/m.

(c) $\omega = 10^6$ rad/s.

(d) A onda se propaga ao longo de $\mathbf{a}_x$.

(e) A onda é polarizada na direção z.

(f) O período da onda é 1 μs.

10.6 Qual é o fator principal para determinar se um meio é o espaço livre, um dielétrico sem perdas, um dielétrico com perdas ou um bom condutor?

(a) A constante de atenuação.

(b) Os parâmetros constitutivos (θ, ε, μ).

(c) A tangente de perdas.

(d) O coeficiente de reflexão.

10.7 Em um certo meio, $\mathbf{E} = 10\cos(10^8 t - 3y)\,\mathbf{a}_x$ V/m. Que tipo de meio é esse?

(a) Espaço livre.

(b) Dielétrico imperfeito.

(c) Dielétrico sem perdas.

(d) Condutor perfeito.

10.8 As ondas eletromagnéticas se propagam com maior velocidade em condutores do que em dielétricos.

(a) Verdadeiro

(b) Falso

10.9 Em um bom condutor, $\mathbf{E}$ e $\mathbf{H}$ estão em fase no tempo.

(a) Verdadeiro

(b) Falso

10.10 O vetor de Poynting significa, fisicamente, a densidade de potência que entra ou sai de um determinado volume em um campo variável com o tempo.

(a) Verdadeiro

(b) Falso

Respostas: 10.1b; 10.2d,f; 10.3a; 10.4b,c; 10.5b,f; 10,6c; 10.7c; 10.8b; 10.9b; 10.10a.

PROBLEMAS

10.1 Uma onda plana no ar é polarizada na direção z e se propaga ao longo de $\mathbf{a}_x$. Supondo que $\mathbf{E}$ é senoidal, com valores máximos e mínimos adjacentes de $\pm 0{,}01$ V/m ocorrendo em $x = 20$ m e $x = 170$ m, respectivamente, quando $t = 0$ e $\mathbf{E}(0, 0) = 0$,

(a) Encontre uma expressão para $\mathbf{E}$ instantâneo.

(b) Calcule $\mathbf{E}$ em $x = 100$ m, $t = 2\,\mu$s.

10.2

(a) Obtenha as equações (10.23) e (10.24) a partir das equações (10.18) e (10.20).

(b) Usando a equação (10.29) em conjunto com as equações de Maxwell, mostre que

$$\eta = \frac{j\omega\mu}{\gamma}$$

(c) A partir do item (b), obtenha as equações (10.32) e (10.33).

10.3 A componente de campo magnético de uma onda é dada por

$$\mathbf{H} = 30\cos(10^8 t - 6x)\,\mathbf{a}_y \text{ mA/m}$$

Determine (a) a orientação de propagação da onda, (b) o comprimento de onda e (c) a velocidade da onda.

10.4 A 50 MHz, um material dielétrico com perdas é caracterizado por $\varepsilon = 3{,}6\varepsilon_o$, $\mu = 2{,}1\mu_o$ e $\sigma = 0{,}08$ S/m. Se $\mathbf{E}_s = 6e^{-\gamma x}\,\mathbf{a}_z$ V/m, calcule: (a) γ, (b) λ, (c) u, (d) η e (e) $\mathbf{H}_s$.

10.5 Um material com perdas tem $\mu = 5\mu_o$ e $\varepsilon = 2\varepsilon_o$. Se a 5 MHz, a constante de fase é 10 rad/m, calcule:

(a) a tangente de perdas

(b) a condutividade do material

(c) a permissividade complexa

(d) a constante de atenuação

(e) a impedância intrínseca

10.6 A amplitude de uma onda que se propaga em um meio não magnético com perdas se reduz 18% a cada metro. Se a onda opera a 10 MHz e o campo elétrico está adiantado com relação ao magnético de 24°, calcule: (a) a constante de propagação; (b) o comprimento de onda; (c) a profundidade de penetração pelicular; (d) a condutividade do meio.

*10.7 Um material não magnético tem uma impedância intrínseca 240 $\underline{/30°}$ Ω. Encontre sua:

(a) tangente de perdas

(b) constante dielétrica

(c) permissividade complexa

(d) constante de atenuação em 1 MHz

10.8 Uma onda plana uniforme de 20 MHz se propaga por um material com perdas de tal maneira que tem um deslocamento de fase 0,5 rad/m e sua amplitude se reduz 20% para cada metro de propagação. Calcule α, δ e u.

*10.9 Em uma determinada frequência um meio tem $\alpha = 0{,}1$ Np/m, $\eta = 250 \underline{/35{,}26°}$ Ω. Calcule a tangente de perdas, o ângulo de perdas e o comprimento de onda.

10.10 Em um meio não magnético

$$\mathbf{H} = 0{,}2e^{-y} \cos(2\pi \times 10^8 t - 5y)\mathbf{a}_z \text{ A/m}$$

(a) Encontre ε_r e σ.

(b) Obtenha $\mathbf{E}$.

10.11 Em um meio,

$$\mathbf{E} = 16e^{-0{,}05x} \operatorname{sen}(2 \times 10^8 t - 2x)\, \mathbf{a}_z \text{ V/m}$$

encontre: (a) a constante de propagação; (b) o comprimento de onda; (c) a velocidade da onda; (d) a profundidade de penetração pelicular.

10.12 No espaço livre a componente de campo elétrico de uma onda TEM é

$$\mathbf{E} = 5 \operatorname{sen}(3 \times 10^8 t + y)\mathbf{a}_z \text{ V/m}$$

(a) Determine a sua polarização.

(b) Encontre λ, T e u.

(c) Desenhe a onda para $t = 0$, $T/4$ e $T/2$.

(d) Calcule o $\mathbf{H}$ correspondente.

10.13 Uma onda uniforme no ar tem

$$\mathbf{E} = 10 \cos(2\pi \times 10^6 t - \beta z)\, \mathbf{a}_y \text{ V/m}$$

(a) Calcule β e λ.

(b) Faça o gráfico da onda para $z = 0$, $\lambda/4$ e $\lambda/2$.

(c) Encontre $\mathbf{H}$.

10.14 Uma onda plana se propaga em um meio sem perdas com $\varepsilon = 3\varepsilon_0$ e $\mu = 4\mu_0$ a 60 MHz. Encontre a velocidade da onda u, seu comprimento de onda λ e a impedância intrínseca do meio η.

10.15 Um meio material tem os seguintes parâmetros constitutivos:

$$\mu = \mu_0, \quad \varepsilon = 9\varepsilon_0, \quad \sigma = 5 \times 10^{-9} \text{ S/m}$$

Para uma onda de 1 GHz propagando-se neste meio, calcule seu comprimento de onda. Este meio deve ser considerado como o espaço livre, dielétrico com perdas, dielétrico sem perdas ou bom condutor?

10.16 Se $\mathbf{H} = 10$ sen $(\omega t - 4z)\mathbf{a}_x$ mA/m em um material para o qual $\sigma = 0$, $\mu = \mu_o$ e $\varepsilon = 4\varepsilon_o$, calcule ω, λ e J_d.

10.17 A componente do campo magnético de uma onda EM, propagando-se em um meio não magnético ($\mu = \mu_o$), é:

$$\mathbf{H} = 25 \text{ sen } (2 \times 10^8 t + 6x) \, \mathbf{a}_y \text{ mA/m}$$

Determine:

(a) a orientação de propagação da onda;

(b) a permissividade do meio;

(c) o módulo do campo elétrico.

10.18 Se os campos $\mathbf{H}$ e $\mathbf{E}$ no ar são dados por $\mathbf{H} = -0,3$ sen $(4\pi \times 10^6 t - \beta z)\mathbf{a}_x$ A/m, e $\mathbf{E} = A$ sen $(4\pi \times 10^6 t - \beta z)$ V/m, encontre β, $\mathbf{a}_k$ e A.

10.19 Um fabricante produz um ferrite com $\mu = 750\mu_o$, $\varepsilon = 5\varepsilon_o$ e $\sigma = 10^{-6}$ S/m em 10 MHz.

(a) Você classificaria este material como sendo sem perdas, com perdas ou condutor?

(b) Calcule β e λ.

(c) Determine a diferença de fase entre dois pontos separados por 2 m.

(d) Encontre a impedância intrínseca.

*10.20 Assumindo que os campos dependentes do tempo $\mathbf{E} = \mathbf{E}_o e^{j(\mathbf{k} \cdot \mathbf{r} - \omega t)}$ e $\mathbf{H} = \mathbf{H}_o e^{j(\mathbf{k} \cdot \mathbf{r} - \omega t)}$, onde $\mathbf{k} = k\mathbf{a}_x + k_y\mathbf{a}_y + k_z\mathbf{a}_z$ é o vetor número de onda e $\mathbf{r} = x\mathbf{a}_x + y\mathbf{a}_y + z\mathbf{a}_z$ é o vetor radial, mostre que $\nabla \times \mathbf{E} = -\partial \mathbf{B}/\partial t$ pode ser expressa como $\mathbf{k} \times \mathbf{E} = \mu\omega\mathbf{H}$ e deduza que $\mathbf{a}_k \times \mathbf{a}_E = \mathbf{a}_H$.

10.21 A componente de campo magnético de uma onda plana em um dielétrico sem perdas ($\mu_r = 1$) é

$$\mathbf{H} = 30 \text{ sen } (2\pi \times 10^8 t - 5x) \, \mathbf{a}_z \text{ mA/m}$$

(a) Se $\mu_r = 1$, encontre ε_r.

(b) Calcule o comprimento de onda e a velocidade.

(c) Determine a impedância da onda.

(d) Determine a polarização da onda.

(e) Encontre a componente de campo elétrico correspondente.

(f) Encontre a densidade de corrente de deslocamento.

10.22 Considere os mesmos campos do Problema 9.20 e mostre que as equações de Maxwell, em uma região livre de cargas, podem ser escritas como

$$\mathbf{k} \cdot \mathbf{E} = 0$$

$$\mathbf{k} \cdot \mathbf{H} = 0$$

$$\mathbf{k} \times \mathbf{E} = \omega\mu\mathbf{H}$$

$$\mathbf{k} \times \mathbf{H} = -\omega\varepsilon\mathbf{E}$$

Destas equações, deduza

$$\mathbf{a}_k \times \mathbf{a}_E = \mathbf{a}_H \quad \text{e} \quad \mathbf{a}_k \times \mathbf{a}_H = -\mathbf{a}_E$$

10.23 A intensidade do campo magnético no espaço livre é

$$\mathbf{H} = 25 \cos(\beta z + 40.000t)\mathbf{a}_y \text{ A/m}$$

Encontre:

(a) A constante de fase.

(b) O comprimento de onda.

(c) A velocidade de propagação.

(d) O campo **E** correspondente.

10.24 Quais dos seguintes materiais devem ser considerados como meios condutores a 1MHz?

(a) Água do mar ($\varepsilon = 80\varepsilon_0$, $\mu = \mu_0$, $\sigma = 4$ S/m)

(b) Água potável ($\varepsilon = 80\varepsilon_0$, $\mu = \mu_0$, $\sigma = 10^{-3}$ S/m)

(c) Terra úmida ($\varepsilon = 10\varepsilon_0$, $\mu = \mu_0$, $\sigma = 10^{-3}$ S/m)

(d) Terra seca ($\varepsilon = 3\varepsilon_0$, $\mu = \mu_0$, $\sigma = 10^{-5}$ S/m)

10.25 Sabendo que $\mathbf{E} = 40\cos(10^8 t - 3x)\mathbf{a}_y$ V/m, determine (a) a orientação de propagação da onda, (b) a velocidade da onda, (c) o comprimento de onda.

10.26 Encontre a frequência na prata ($\sigma = 6,1 \times 10^{-7}$ S/m) para a qual a profundidade de penetração pelicular é de 2 mm. Determine o comprimento de onda e a velocidade da onda nesta frequência.

10.27 Em um certo meio,

$$\mathbf{E} = 10\cos(2\pi \times 10^7 t - \beta x)(\mathbf{a}_y + \mathbf{a}_z) \text{ V/m}$$

Se $\mu = 50\mu_0$, $\varepsilon = 2\varepsilon_0$ e $\sigma = 0$, encontre β e **H**.

10.28 Quais dos seguintes meios podem ser considerados como condutores em 8 MHz?

(a) Solo úmido pantanoso ($\varepsilon = 15\varepsilon_0$, $\mu = \mu_0$, $\sigma = 10^{-2}$ S/m).

(b) Germânio intrínseco ($\varepsilon = 16\varepsilon_0$, $\mu = \mu_0$, $\sigma = 0,025$ S/m).

(c) Água do mar ($\varepsilon = 81\varepsilon_0$, $\mu = \mu_0$, $\sigma = 25$ S/m).

10.29 Dado que no ar $\mathbf{H} = 0,1\text{ sen}(\pi \times 10^8 t + \beta y)\mathbf{a}_x$ A/m, encontre a média temporal da densidade de potência na frente de onda. Qual é a orientação do vetor de Poynting?

10.30 Calcule a profundidade de penetração pelicular e a velocidade de propagação para uma onda plana uniforme de 6 MHz de frequência, propagando-se em policloreto de vinila, PVC, ($\mu_r = 1$, $\varepsilon_r = 4$, tg $\theta_n = 7 \times 10^{-2}$).

10.31 Em um meio não magnético,

$$\mathbf{E} = 50\cos(10^9 t - 8x)\mathbf{a}_y + 40\text{ sen}(10^9 t - 8x)\mathbf{a}_z \text{ V/m}$$

encontre a constante dielétrica ε_r e o campo magnético **H** correspondente.

10.32 (a) Determine a resistência para corrente contínua (CC) de um fio de cobre, de seção reta circular, ($\sigma = 5,8 \times 10^7$ S/m, $\mu_r = 1$, $\varepsilon_r = 1$) de 1,2 mm de raio e 600 m de comprimento.

(b) Encontre a resistência CA em 100 MHz.

(c) Calcule a frequência aproximada para a qual as resistências para corrente contínua (CC) e para corrente alternada (CA) são iguais.

10.33 Um tubo de alumínio de 40 metros de comprimento ($\sigma = 3,5 \times 10^7$ S/m, $\mu_r = 1$, $\varepsilon_r = 1$), com raios interno e externo de 9 mm e 12 mm, conduz uma corrente total de 6 sen $10^6 \pi t$ A. Encontre a profundidade de penetração pelicular e a resistência efetiva do cano.

10.34 Em um material com $\sigma = 0$, $\mu = 2,25\mu_0$ e $\varepsilon = \varepsilon_0$, o fasor do campo elétrico é

$$\mathbf{E}_s = (40\underline{/20°})\,e^{-j8y}\mathbf{a}_z \text{ V/m}$$

Encontre: (a) a forma instantânea para o campo, (b) o valor do campo magnético no domínio do tempo, (c) λ e η (d) a média temporal do vetor de Poynting.

10.35 Encontre para o alumínio ($\sigma = 3{,}5 \times 10^7$ S/m, $\varepsilon = \varepsilon_o$, $\mu = \mu_o$) a 150 MHz: (a) a constante de propagação γ, (b) a profundidade de penetração pelicular δ (c) a velocidade de propagação u.

10.36 Mostre que, em um bom condutor, a profundidade de penetração pelicular δ é sempre muito menor que o comprimento de onda.

10.37 Uma onda plana uniforme, em um meio não magnético sem perdas, tem:

$$\mathbf{E}_s = (5\mathbf{a}_x + 12\mathbf{a}_y)e^{-\gamma z}, \gamma = 0{,}2 + j3{,}4/\text{m}$$

(a) Calcule a amplitude da onda em $z = 4$ m, $t = T/8$
(b) Encontre a perda de energia, em dB, da onda no intervalo $0 < z < 3$ m.
(c) Calcule a impedância intrínseca.

10.38 Uma trilha de cobre tem uma espessura de 0,1 mm. Encontre a frequência na qual a espessura da trilha é igual ao valor de uma profundidade de penetração pelicular.

10.39 Guias de onda de latão são muitas vezes recobertos com prata para reduzir as perdas. Considerando que a espessura mínima da prata ($\mu = \mu_o$, $\varepsilon = \varepsilon_o$, $\sigma = 6{,}1 \times 10^7$ S/m) deve ser 5δ, encontre a espessura mínima requerida para operação do guia de ondas em 12 GHz.

10.40 Em um material não magnético,

$$\mathbf{H} = 30 \cos(2\pi \times 10^8 t - 6x)\, \mathbf{a}_y\ \text{mA/m}$$

encontre: (a) a impedância intrínseca; (b) o vetor de Poynting; (c) a média temporal da potência que atravessa a superfície $x = 1$, $0 < y < 2$, $0 < z < 3$ m.

*10.41 A componente de campo magnético em uma onda esférica no espaço livre é $\mathbf{H} = \dfrac{\text{sen } \theta}{r} \cos(10^7 t - \beta r)\mathbf{a}_\theta$ A/m. Encontre

(a) β e $\mathbf{E}$.
(b) A média temporal da potência.
(c) A potência média total que atravessa a calota esférica $r = 100$ m, $0 \leq \theta \leq \pi/3$, $0 \leq \phi \leq 2\pi$

10.42 Os condutores interno e externo de um cabo coaxial têm raios a e b, respectivamente. No cabo

$$\mathbf{E} = \dfrac{V_o}{\rho \ln(b/a)} \cos(\omega t - \beta z)\mathbf{a}_\rho$$

$$\mathbf{H} = \dfrac{I_o}{2\pi\rho} \cos(\omega t - \beta z)\mathbf{a}_\phi$$

(a) Obtenha o vetor de Poynting.
(b) Encontre a média temporal do fluxo de potência no cabo.

*10.43 Mostre que as equações (10.67) e (10.68) são equivalentes.

10.44 (a) Para incidência normal sobre a interface entre dois meios sem perdas definimos as razões entre as médias temporais de potências incidentes, refletidas e transmitidas como

$$R = \dfrac{(\mathcal{P}_r)_{\text{méd}}}{(\mathcal{P}_i)_{\text{méd}}} \quad \text{e} \quad T = \dfrac{(\mathcal{P}_t)_{\text{méd}}}{(\mathcal{P}_i)_{\text{méd}}}$$

Mostre que $R + T = 1$; isto é, a conservação da energia é observada para reflexão e transmissão.

(b) Expresse R e T em termos de η_1 e η_2.

10.45 Uma antena do tipo dipolo elétrico curto com comprimento dl está, no espaço livre, localizada na origem, e conduz uma corrente $I_o \cos \omega t$. A componente de campo elétrico da onda é dada por

$$\mathbf{E}_s = \frac{j30\beta I_o dl}{r} \text{sen } \theta \, e^{-j\beta r} \mathbf{a}_\theta \text{ V/m}$$

Onde $\beta = \omega \sqrt{\mu_o \varepsilon_o}$. (a) Encontre o campo magnético correspondente $\mathbf{H}_s$. (b) Determine a média temporal do vetor de Poynting.

10.46 Uma onda plana uniforme de 30 MHz com

$$\mathbf{H} = 10 \text{ sen } (\omega t + \beta x) \mathbf{a}_z \text{ mA/m}$$

existe em uma região $x \geq 0$, tendo $\sigma = 0$, $\varepsilon = 9\varepsilon_o$, $\mu = 4\mu_o$. Em $x = 0$, a onda encontra o espaço livre. Determine: (a) a polarização da onda; (b) a constante de fase β; (c) a densidade de corrente de deslocamento na região $x \geq 0$; (d) os campos magnético refletido e transmitido e (e) a densidade média de potência em cada região.

10.47 Em 2 GHz, um determinado material tem $\varepsilon_r = 2,5$, $\mu_r = 1$, tg $\theta = 10^{-2}$. Calcule a distância que uma onda plana uniforme pode se propagar por este material antes que (a) sua amplitude seja reduzida de 20%, (b) sua fase sofra um deslocamento de 180°, (c) sua potência seja reduzida de 10%.

*10.48 Uma onda eletromagnética plana no espaço livre, com uma densidade de potência de 3 W/m² incide na direção da normal sobre a superfície de um dielétrico sem perdas, causando uma relação de onda estacionária de 2,2. Qual é a densidade de potência da onda transmitida no dielétrico?

10.49 (a) Para incidência normal sobre uma interface dielétrico-dielétrico, para as quais $\mu_1 = \mu_2 + \mu_o$, definimos R e T como os coeficientes de reflexão e transmissão da potência média, isto é, $P_{r,\text{méd}} = RP_{i,\text{méd}}$ e $P_{t,\text{méd}} = TP_{i,\text{méd}}$ Mostre que

$$R = \left(\frac{n_1 - n_2}{n_1 + n_2}\right)^2 \quad \text{e} \quad T = \frac{4n_1 n_2}{(n_1 + n_2)^2}$$

Onde n_1 e n_2 são os índices de refração dos meios.

(b) Determine a razão n_1/n_2 para que as ondas refletida e transmitida tenham a mesma potência média.

10.50 Uma onda plana no ar, com incidência normal, é refletida por um meio sem perdas ($\varepsilon = \varepsilon_o$, $\mu = 9\mu_o$). Se a amplitude da onda incidente é de 2 V/m, encontre a potência média temporal da onda transmitida por m².

10.51 Uma onda uniforme de 150 Mrad/s, com $\mathbf{E}_i = 10 \text{ sen }(\omega t - \beta z) \mathbf{a}_x$ V/m está se propagando em um meio dielétrico ($\varepsilon_r = 4$, $\mu_r = 1$). Se esta onda passa para o espaço livre, em $z = 0$, na direção da normal, determine a densidade de potência em ambos os meios.

10.52 Uma onda plana uniforme no ar incide perpendicularmente sobre um material dielétrico sem perdas, infinito, tendo $\varepsilon = 3\varepsilon_o$ e $\mu = \mu_o$ Se a onda incidente é $\mathbf{E}_i = 10 \cos(\omega t - z)\mathbf{a}_y$ V/m, encontre:

(a) λ e ω da onda no ar e da onda transmitida para o meio dielétrico.

(b) o campo $\mathbf{H}$ incidente.

(c) Γ e τ.

(d) o campo elétrico total e a média temporal da potência nas duas regiões.

10.53 A região 1 é um meio sem perdas, para o qual $y \geq 0$, $\mu = \mu_o$, $\varepsilon = 4\varepsilon_o$, enquanto a região 2 é o espaço livre, $y \leq 0$. Se uma onda plana $\mathbf{E} = 5\cos(10^8 t - \beta y)\mathbf{a}_z$ V/m existe na região 1, encontre: (a) a componente total do campo elétrico na região 1; (b) a média temporal do vetor de Poynting na região 1; (c) a média temporal do vetor de Poynting na região 2.

10.54 Um sinal no ar ($z \geq 0$) com componente de campo elétrico

$$\mathbf{E} = 10 \operatorname{sen}(\omega t + 3z)\, \mathbf{a}_x \text{ V/m}$$

incide perpendicularmente sobre a superfície do oceano em $z = 0$, conforme a Figura 10.22. Assumindo que a superfície do oceano é plana e que $\varepsilon = 80\varepsilon_o$, $\mu = \mu_o$, $\sigma = 4$ S/m no oceano, determine:

(a) ω.

(b) o comprimento de onda do sinal no ar.

(c) a tangente de perdas e a impedância intrínseca do oceano.

(d) os campos $\mathbf{E}$ refletido e transmitido.

10.55 A componente de campo elétrico de uma EM no ar é

$$\mathbf{E} = 50\cos(\omega t - \beta_1 x \operatorname{sen} 45° - \beta_1 z \cos 45°)\, \mathbf{a}_y \text{ V/m}$$

Se, em $z \geq 0$, a onda está incidindo sobre um meio sem perdas ($\varepsilon = 2{,}25\varepsilon_o$, $\mu = \mu_o$), determine a componente do campo magnético e o coeficiente de transmissão.

10.56 Uma onda plana uniforme está incidindo com um ângulo $\theta_i = 45°$ em um par de placas dielétricas justapostas, conforme mostrado na Figura 10.23. Determine os ângulos de transmissão θ_{t1} e θ_{t2} nas placas.

10.57 Mostre que o campo

$$\mathbf{E}_s = 20\operatorname{sen}(k_x x)\cos(k_y y)\, \mathbf{a}_z$$

onde $k_x^2 + k_y^2 = \omega^2 \mu_o \varepsilon_o$, pode ser representado como a superposição de quatro ondas planas viajantes. Encontre o $\mathbf{H}_s$ correspondente.

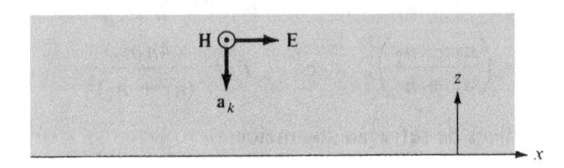

FIGURA 10.22 Referente ao Problema 10.54.

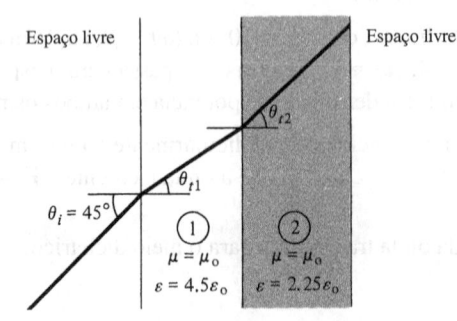

FIGURA 10.23 Referente ao Problema 10.56.

*10.58 Uma onda plana, que incide do espaço livre sobre um dielétrico sem perdas com $\mu = \mu_o$, $\varepsilon = 4\varepsilon_o$, é totalmente transmitida. Encontre θ_i e θ_t. Qual é o estado de polarização da onda?

10.59 Mostre que, para meios dielétricos não magnéticos, os coeficientes de reflexão e de transmissão, para incidência oblíqua, tornam-se

$$\Gamma_\| = \frac{\text{tg}\,(\theta_t - \theta_i)}{\text{tg}\,(\theta_t + \theta_i)}, \qquad \tau_\| = \frac{2\cos\theta_i \,\text{sen}\,\theta_t}{\text{sen}\,(\theta_t + \theta_i)\cos(\theta_t - \theta_i)}$$

$$\Gamma_\perp = \frac{\text{sen}\,(\theta_t - \theta_i)}{\text{sen}\,(\theta_t + \theta_i)}, \qquad \tau_\perp = \frac{2\cos\theta_i \,\text{sen}\,\theta_t}{\text{sen}\,(\theta_t + \theta_i)}$$

*10.60 Uma onda plana, no ar, com

$$\mathbf{E} = (8\mathbf{a}_x + 6\mathbf{a}_y + 5\mathbf{a}_z)\,\text{sen}\,(\omega t + 3x - 4y)\,\text{V/m}$$

está incidindo sobre uma placa de cobre em $y \geq 0$. Encontre ω e a onda refletida. Suponha que o cobre é um condutor perfeito. (*Sugestão*: escreva as componentes do campo em ambos os meios, tendo em vista as condições de fronteira.)

*10.61 Uma onda polarizada paralelamente no ar com

$$\mathbf{E} = (8\mathbf{a}_y - 6\mathbf{a}_z)\,\text{sen}\,(\omega t - 4y - 3z)\,\text{V/m}$$

incide em um semi-espaço dielétrico, conforme mostra a Figura 10.24. Encontre: (a) o ângulo de incidência θ_i; (b) a média temporal da densidade de potência no ar ($\mu = \mu_o$ e $\varepsilon = \varepsilon_o$); (c) os campos $\mathbf{E}$ refletido e transmitido.

10.62 Um conjunto de parâmetros útil, conhecidos como *parâmetros de transferência de espalhamento*, está relacionado com as ondas incidente e refletida conforme

$$\begin{bmatrix} a_1 \\ b_1 \end{bmatrix} = \begin{bmatrix} T_{11} & T_{12} \\ T_{21} & T_{22} \end{bmatrix} \begin{bmatrix} b_1 \\ a_1 \end{bmatrix}$$

(a) Expresse os parâmetros T em termos dos parâmetros S.

(b) Encontre T quando

$$S = \begin{bmatrix} 0{,}1 & 0{,}4 \\ 0{,}4 & 0{,}2 \end{bmatrix}$$

10.63 Por que componentes discretos de circuitos, como resistores, indutores e capacitores, não podem ser usados nas frequências de micro-ondas?

10.64 Um sinal de micro-ondas, se propagando no espaço livre, tem uma frequência de 8,4 GHz. Calcule o comprimento de onda do sinal.

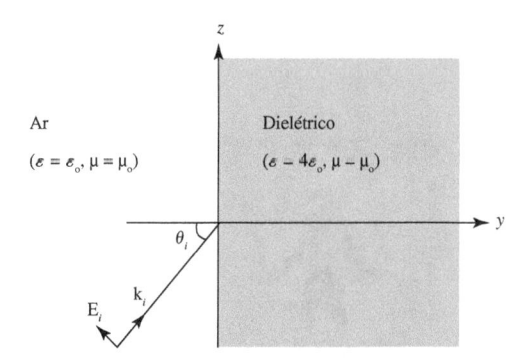

FIGURA 10.24 Referente ao Problema 10.61.

BIOELETROMAGNETISMO

É seguro viver próximo às linhas de transmissão de energia elétrica? Telefones celulares são seguros? Monitores de vídeo podem causar problemas em mulheres grávidas? Essas e outras questões são estudadas pelo bioeletromagnetismo (BEM), ramo do eletromagnetismo que analisa os efeitos biológicos dos campos EM produzidos pelo homem sobre os seres humanos e o meio ambiente. O BEM também pode ser visto como uma ciência emergente que estuda como os organismos vivos interagem com campos EM. Combina os esforços investigativos de cientistas de várias áreas do conhecimento.

Um importante desafio que a indústria enfrenta em função da grande disseminação da tecnologia sem fio é a crescente preocupação com a saúde, tanto por parte das pessoas quanto dos órgãos de saúde pública. Nos últimos tempos, o foco tem se concentrado nos critérios para projetar transmissores que funcionam próximo ao corpo humano. Dependendo da intensidade do campo, da frequência, das dimensões do corpo e das propriedades elétricas dos tecidos, quando uma pessoa é exposta a um campo EM, a energia incidente pode ser espalhada, refletida, transmitida ou absorvida pelo corpo. O calor produzido pela radiação pode afetar os tecidos vivos. Se o corpo não puder dissipar essa energia térmica na mesma velocidade em que ela é produzida, a temperatura interna do corpo aumentará. Isso pode resultar em danos aos tecidos e órgãos e em morte, se o aumento da temperatura for suficientemente alto.

Um campo EM é classificado como ionizante se sua energia for suficientemente alta para deslocar elétrons de um átomo ou de uma molécula. Formas de radiação EM de alta energia, tais como raios gama e raios X, são altamente ionizantes para corpos biológicos. Por essa razão, exposições prolongadas a esses raios são perigosas. A radiação na parte central dos espectros de energia e frequência – tais como luz visível e especialmente a luz ultravioleta – é pouco ionizante. Embora se saiba há muito tempo que a exposição à radiação fortemente ionizante pode causar forte dano aos tecidos biológicos, apenas recentemente surgiram evidências de que a exposição por longo tempo a campos EM não ionizantes, como os emitidos por linhas de transmissão de alta potência, pode aumentar os riscos à saúde.

Pesquisadores relataram que, para prevenir queimaduras profundas, indivíduos vestindo ou portando objetos metálicos, tais como grampos de cabelo, implantes metálicos, fivelas de cinto, moedas ou aros metálicos de óculos (qualquer deles podendo concentrar os campos EM e causar queimaduras), não devem ser expostos à radiação de rádio frequência (RF). Também tem sido apontado que a radiação pode ser absorvida em profundidade, sendo em realidade maior em tecidos como músculos ou cérebro do que em regiões de menor absorção, como ossos e camadas de gordura próximas à superfície do corpo. Atualmente, há poucos cientistas que afirmam não haver qualquer possibilidade de riscos não térmicos devido à exposição a campos EM de baixa intensidade. Pesquisas em desenvolvimento dedicam-se a determinar se existem tais riscos e, em caso positivo, em que níveis eles ocorrem.

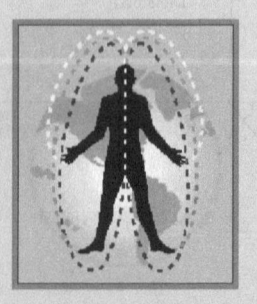

CAPÍTULO 11

LINHAS DE TRANSMISSÃO

"O homem que pensa e não age é ineficiente; o homem de ação que não pensa é perigoso."
— RICHARD M. NIXON

11.1 INTRODUÇÃO

Nossa discussão no capítulo anterior foi essencialmente sobre propagação de ondas em meios ilimitados, isto é, meios de extensão infinita. Esta propagação, na qual existe uma onda plana uniforme por todo o espaço, é dita não guiada, e a energia EM associada à onda se espalha por uma grande área. A propagação de ondas em meios ilimitados é usada pelos serviços de radiodifusão e TV, onde a informação é transmitida para qualquer pessoa que possa estar interessada. Este tipo de propagação não se aplica em uma situação como a conversação telefônica, onde a informação é recebida de forma privada, por uma pessoa apenas.

Uma outra maneira de transmitir potência ou informação é através de estruturas de guiamento. As estruturas de guiamento servem para guiar (ou orientar) a propagação da energia de sua fonte até a carga. Exemplos típicos destas estruturas são as linhas de transmissão e os guias de onda. Os guias de onda serão discutidos no capítulo seguinte, enquanto as linhas de transmissão serão consideradas neste capítulo.

As linhas de transmissão são normalmente utilizadas na distribuição de potência (em baixas frequências) e em telecomunicações (em altas frequências). Vários tipos de linhas de transmissão, tais como o par trançado e cabos coaxiais (malha fina e malha grossa), são usadas em redes de computadores, como a Ethernet e a Internet.

Uma linha de transmissão consiste basicamente em dois ou mais condutores paralelos usados para conectar uma fonte à uma carga. A fonte pode ser um gerador hidrelétrico, um transmissor ou um oscilador, e a carga pode ser uma fábrica, uma antena ou um osciloscópio, respectivamente. Em geral, linhas de transmissão incluem o cabo coaxial, uma linha a dois fios condutores (linha bifilar), uma linha planar ou de placas paralelas, um fio paralelo a um plano condutor e a linha de microfitas. Estas linhas são mostradas na Figura 11.1. Note que cada uma destas linhas consiste em dois condutores em paralelo. Os cabos coaxiais são usados de forma rotineira em laboratórios e na conexão de aparelhos de TV às antenas de TV. Linhas de microfitas (similares às da Figura 11.1e) são particularmente importantes em circuitos integrados, onde fitas metálicas que conectam elementos eletrônicos são depositadas em substratos dielétricos.

Os problemas de linhas de transmissão são em geral resolvidos utilizando a Teoria de Campos EM e Teoria de Circuitos Elétricos, as duas principais teorias nas quais está baseada a Engenharia Elétrica.

Neste capítulo, usaremos a Teoria de Circuitos porque ela é de tratamento matemático mais fácil. Os conceitos básicos de propagação de ondas (como constante de propagação, coeficiente de reflexão e taxa de onda estacionária) apresentados no capítulo anterior se aplicam aqui.

Nossa análise de linhas de transmissão incluirá a dedução das equações de linhas transmissão e de parâmetros característicos, o uso da carta de Smith, várias aplicações práticas de linhas de transmissão e transientes em linhas de transmissão.

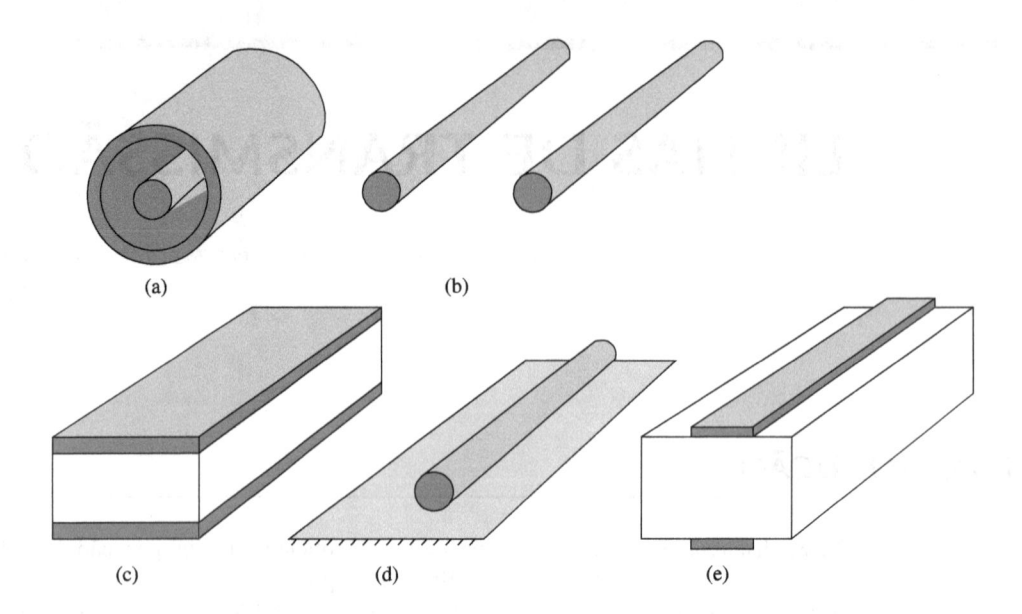

FIGURA 11.1 Vistas das seções retas de linhas de transmissão típicas: (a) linha coaxial; (b) linha a dois fios (bifilar); (c) linha planar; (d) fio sobre plano condutor; (e) linha de microfitas.

11.2 PARÂMETROS DAS LINHAS DE TRANSMISSÃO

É usual e conveniente descrever as linhas de transmissão em termos dos parâmetros da linha, que são a resistência por unidade de comprimento R, a indutância por unidade de comprimento L, a condutância por unidade de comprimento G e a capacitância por unidade de comprimento C. Cada uma das linhas apresentadas na Figura 11.1 tem fórmulas específicas para o cálculo de R, L, G e C. Para o cabo coaxial, a linha bifilar e a linhar planar, as fórmulas para o cálculo de R, L, G e C são dadas na Tabela 11.1. As dimensões das linhas são dadas na Figura 11.2. Algumas das fórmulas[1] da Tabela 11.1 foram deduzidas nos Capítulos 6 e 8. Deve se notar que:

1. Os parâmetros de linha R, L, G e C não são parâmetros discretos, mas distribuídos, conforme mostra a Figura 11.3. Queremos dizer com isso que os parâmetros estão distribuídos uniformemente ao longo de todo o comprimento da linha.
2. Para cada linha, os condutores são caracterizados por σ_c, μ_c, $\varepsilon_c = \varepsilon_0$, e o dielétrico homogêneo que separa os condutores é caracterizado por σ, μ, ε.
3. $G \neq 1/R$; R é a resistência para CA, por unidade de comprimento, dos condutores utilizados na linha, e G é a condutância, por unidade de comprimento, devido ao dielétrico que separa os condutores.
4. O valor de L mostrado na Tabela 11.1 é a indutância externa por unidade de comprimento, isto é, $L = L_{ext}$. Os efeitos da indutância interna L_{ent} ($= R/\omega$) são desprezíveis em altas frequências, nas quais opera a maior parte dos sistemas de comunicações.
5. Para cada linha,

$$LC = \mu\varepsilon \quad \text{e} \quad \frac{G}{C} = \frac{\sigma}{\varepsilon} \quad (11.1)$$

Como uma preparação para a seção seguinte, vamos considerar como uma onda EM se propaga em uma linha de transmissão a dois condutores. Por exemplo, consideremos uma linha coaxial

---
[1] Fórmulas semelhantes para outras linhas de transmissão podem ser obtidas de manuais de engenharia ou manuais de referência – por exemplo, M. A. R. Gunston, *Microwave Transmission-Line Impedance Data*. London: Van Nostrand Reinhold, 1972.

TABELA 11.1 Parâmetros de linha distribuídos, para altas frequências*

Parâmetros	Linha Coaxial	Linha Bifilar	Linha Planar
R (Ω/m)	$\dfrac{1}{2\pi\delta\sigma_c}\left[\dfrac{1}{a}+\dfrac{1}{b}\right]$	$\dfrac{1}{\pi a\delta\sigma_c}$	$\dfrac{2}{w\delta\sigma_c}$
	($\delta \ll a, c-b$)	($\delta \ll a$)	($\delta \ll t$)
L (H/m)	$\dfrac{\mu}{2\pi}\ln\dfrac{b}{a}$	$\dfrac{\mu}{\pi}\cosh^{-1}\dfrac{d}{2a}$	$\dfrac{\mu d}{w}$
G (S/m)	$\dfrac{2\pi\sigma}{\ln\dfrac{b}{a}}$	$\dfrac{\pi\sigma}{\cosh^{-1}\dfrac{d}{2a}}$	$\dfrac{\sigma w}{d}$
C (F/m)	$\dfrac{2\pi\varepsilon}{\ln\dfrac{b}{a}}$	$\dfrac{\pi\varepsilon}{\cosh^{-1}\dfrac{d}{2a}}$	$\dfrac{\varepsilon w}{d}$
			($w \gg d$)

* $\delta = \dfrac{1}{\sqrt{\pi f \mu_c \sigma_c}}$ = profundidade pelicular do condutor; $\cosh^{-1}\dfrac{d}{2a} \simeq \ln\dfrac{d}{a}$ se $\left[\dfrac{d}{2a}\right]^2 \gg 1$.

conectando um gerador ou fonte a uma carga, como na Figura 11.4(a). Quando o interruptor S é fechado, o condutor interno fica positivo em relação ao condutor externo, tal que o campo **E** é radial e aponta para fora, conforme a Figura 11.4(b).

De acordo com a lei de Ampère, o campo **H** circunda o condutor que conduz a corrente, como na Figura 11.4(b). O vetor de Poynting (**E** × **H**) aponta ao longo da linha de transmissão. Portanto, o fechamento do interruptor estabelece um campo eletromagnético, que aparece como uma onda transversal eletromagnética (TEM) que se propaga ao longo da linha. Essa onda é uma onda plana não uniforme e através dela é transmitida energia ao longo da linha.

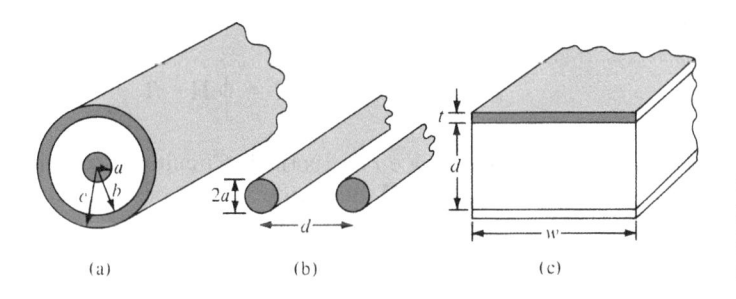

FIGURA 11.2 Linhas de transmissão usuais: (**a**) linha coaxial; (**b**) linha a dois fios (bifilar); (**c**) linha planar.

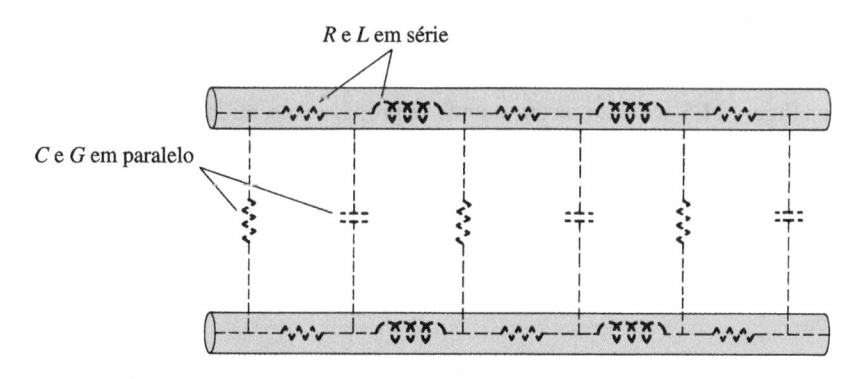

FIGURA 11.3 Parâmetros distribuídos de uma linha de transmissão a dois condutores.

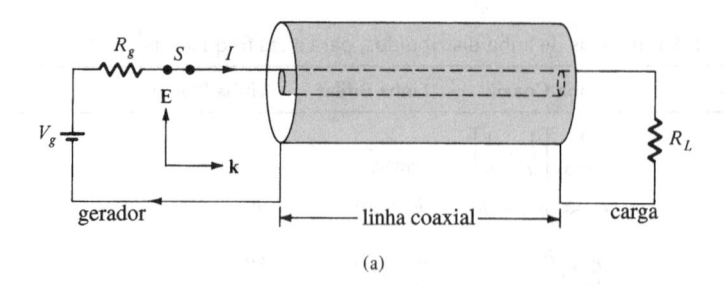

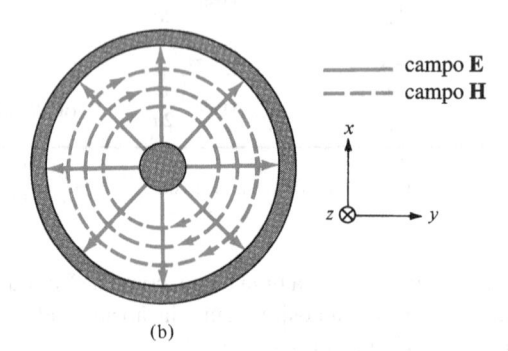

FIGURA 11.4 (a) Linha coaxial conectando o gerador à carga; (b) campo **E** e **H** na linha coaxial.

11.3 EQUAÇÕES DAS LINHAS DE TRANSMISSÃO

Conforme mencionado na seção anterior, uma linha de transmissão a dois condutores suporta uma onda TEM, isto é, o campo elétrico e o campo magnético na linha são transversais à direção de propagação. Uma propriedade importante das ondas TEM é que os campos **E** e **H** estão univocamente relacionados com a tensão V e a corrente I, respectivamente:

$$V = -\int \mathbf{E} \cdot d\mathbf{l}, \qquad I = \oint \mathbf{H} \cdot d\mathbf{l} \tag{11.2}$$

Em vista disto, usaremos as grandezas V e I da Teoria de Circuitos no estudo das linhas de transmissão, em vez de utilizar os campos **E** e **H** (utilizando as equações de Maxwell e as condições de fronteira). O modelo de circuitos é mais simples e mais conveniente.

Examinaremos uma porção incremental Δz de uma linha de transmissão a dois condutores. Desejamos encontrar um circuito equivalente para essa linha e obter a equação da linha. Da Figura 11.3, podemos esperar que o circuito equivalente de uma porção da linha seja como mostrado na Figura 11.5. O modelo da Figura 11.5 está em termos dos parâmetros da linha R, L, G e C, e pode representar qualquer uma da linhas de transmissão a dois condutores da Figura 11.3. O modelo é o chamado circuito equivalente tipo L. Outros tipos são possíveis (veja Problema 11.4). No modelo da Figura 11.5, assumimos que a onda se propaga no sentido $+z$, do gerador para a carga.

Pela aplicação da lei de Kirchhoff de tensão na malha externa do circuito na Figura 11.5, obtemos

$$V(z, t) = R \, \Delta z \, I(z, t) + L \, \Delta z \, \frac{\partial I(z, t)}{\partial t} + V(z + \Delta z, t)$$

ou

$$-\frac{V(z + \Delta z, t) - V(z, t)}{\Delta z} = R I(z, t) + L \frac{\partial I(z, t)}{\partial t} \tag{11.3}$$

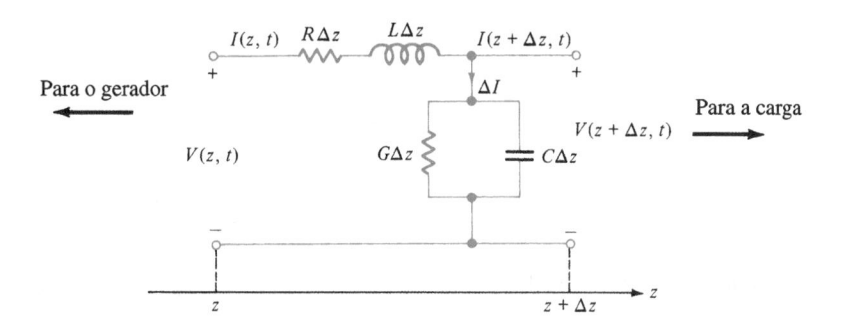

FIGURA 11.5 Circuito equivalente tipo L para um comprimento diferencial Δz de uma linha de transmissão a dois condutores.

Tomando o limite da equação (11.3) conforme $\Delta z \to 0$, tem-se

$$-\frac{\partial V(z,t)}{\partial z} = RI(z,t) + L\frac{\partial I(z,t)}{\partial t} \quad (11.4)$$

De forma semelhante, aplicando a lei de Kirchhoff das correntes para a corrente no nó principal do circuito da Figura 11.5, resulta em

$$I(z,t) = I(z+\Delta z, t) + \Delta I$$
$$= I(z+\Delta z, t) + G\,\Delta z\, V(z+\Delta z, t) + C\,\Delta z\,\frac{\partial V(z+\Delta z, t)}{\partial t}$$

ou

$$-\frac{I(z+\Delta z, t) - I(z,t)}{\Delta z} = G\,V(z+\Delta z, t) + C\frac{\partial V(z+\Delta z, t)}{\partial t} \quad (11.5)$$

Conforme $\Delta z \to 0$, a equação (11.5) torna-se

$$-\frac{\partial I(z,t)}{\partial z} = G\,V(z,t) + C\frac{\partial V(z,t)}{\partial t} \quad (11.6)$$

Se assumirmos dependência temporal harmônica, de tal maneira que

$$V(z,t) = \mathrm{Re}\,[V_s(z)\,e^{j\omega t}] \quad (11.7\mathrm{a})$$
$$I(z,t) = \mathrm{Re}\,[I_s(z)\,e^{j\omega t}] \quad (11.7\mathrm{b})$$

onde $V_s(z)$ e $I_s(z)$ são as formas fasoriais de $V(z,t)$ e $I(z,t)$, respectivamente, as equações (11.4) e (11.6) tornam-se

$$-\frac{dV_s}{dz} = (R+j\omega L)\,I_s \quad (11.8)$$

$$-\frac{dI_s}{dz} = (G+j\omega C)\,V_s \quad (11.9)$$

Nas equações diferenciais (11.8) e (11.9), V_s e I_s estão acopladas. Para separá-las, tomamos a segunda derivada de V_s na equação (11.8) e empregamos a equação (11.9) tal que obtemos

$$\frac{d^2V_s}{dz^2} = (R+j\omega L)(G+j\omega C)\,V_s$$

ou

$$\boxed{\frac{d^2V_s}{dz^2} - \gamma^2 V_s = 0}$$ (11.10)

onde

$$\boxed{\gamma = \alpha + j\beta = \sqrt{(R + j\omega L)(G + j\omega C)}}$$ (11.11)

Tomando a segunda derivada de I_s na equação (11.9) e empregando a equação (11.8), temos

$$\frac{d^2 I_s}{dz^2} - \gamma^2 I_s = 0$$ (11.12)

Nota-se que as equações (11.10) e (11.12) são, respectivamente, as equações de onda para a tensão e a corrente, semelhantes na forma às equações de onda obtidas para ondas planas nas equações (10.17) e (10.19). Portanto, em nossa notação, γ na equação (11.11) é a constante de propagação (em 1/metro), α é a constante de atenuação (em neper por metro ou decibéis[2] por metro) e β é a constante de fase (em radianos por metro). O comprimento de onda λ e a velocidade da onda u são dados, respectivamente, por

$$\lambda = \frac{2\pi}{\beta}$$ (11.13)

$$\boxed{u = \frac{\omega}{\beta} = f\lambda}$$ (11.14)

As soluções das equações diferenciais lineares e homogêneas (11.10) e (11.12) são semelhantes ao Caso 2 do Exemplo 6.5, ou seja,

$$V_s(z) = \underset{\longrightarrow \;\; +z}{V_o^+ \, e^{-\gamma z}} + \underset{-z \;\; \longleftarrow}{V_o^- \, e^{\gamma z}}$$ (11.15)

e

$$I_s(z) = \underset{\longrightarrow \;\; +z}{I_o^+ \, e^{-\gamma z}} + \underset{-z \;\; \longleftarrow}{I_o^- \, e^{\gamma z}}$$ (11.16)

onde V_o^+, V_o^-, I_o^+ e I_o^- são as amplitudes das ondas. Os sinais + e − representam ondas se propagando ao longo de $+z$ e $-z$, respectivamente, conforme indicado pelas setas. Portanto, obtemos uma expressão para a tensão instantânea

$$\begin{aligned} V(z, t) &= \text{Re}\,[V_s(z)\, e^{j\omega t}] \\ &= V_o^+ \, e^{-\alpha z} \cos(\omega t - \beta z) + V_o^- \, e^{\alpha z} \cos(\omega t + \beta z) \end{aligned}$$ (11.17)

> A **impedância característica** Z_o da linha é a razão entre a onda de tensão e a onda de corrente, que se propagam no sentido positivo, em qualquer ponto da linha.

Z_o é análoga a η, a impedância intrínseca do meio onde ocorre a propagação. Substituindo as equações (11.15) e (11.16) nas equações (11.8) e (11.9), e igualando os coeficientes dos termos $e^{\gamma z}$ e $e^{-\gamma z}$, obtemos

$$Z_o = \frac{V_o^+}{I_o^+} = -\frac{V_o^-}{I_o^-} = \frac{R + j\omega L}{\gamma} = \frac{\gamma}{G + j\omega C}$$ (11.18)

ou

$$\boxed{Z_o = \sqrt{\frac{R + j\omega L}{G + j\omega C}} = R_o + jX_o}$$ (11.19)

---

[2] Lembre, da equação (10.35), que 1 Np = 8,686 dB.

onde R_o e X_o são as partes real e imaginária de Z_o. R_o não deve ser confundido com R: enquanto R é dado em ohms/m, R_o é em ohms. A constante de propagação γ e a impedância característica Z_o são propriedades importantes da linha porque ambas dependem dos parâmetros da linha R, L, G e C, e da frequência de operação. O recíproco de Z_o é a admitância característica Y_o, isto é, $Y_o = 1/Z_o$.

A linha de transmissão considerada até aqui é a *linha com perdas*, na qual os condutores que compõem a linha são imperfeitos ($\sigma_c \neq \infty$) e o dielétrico no qual os condutores estão inseridos tem perda ($\sigma \neq 0$). Tendo considerado esse caso geral, podemos agora considerar dois casos especiais, isto é, da linha de transmissão sem perdas e da linha de transmissão sem distorção.

A. Linha sem perdas ($R = 0 = G$)

> Uma **linha de transmissão** é dita **sem perdas** se os condutores da linha são perfeitos ($\sigma_c \approx \infty$) e o meio dielétrico que os separa é sem perdas ($\sigma \simeq 0$).

Para tal linha, fica evidente, a partir da Tabela 11.1, que, quando $\sigma_c \simeq \infty$ e $\sigma \simeq 0$:

$$\boxed{R = 0 = G} \tag{11.20}$$

Esta é a condição necessária para que uma linha não tenha perdas. Portanto, para tal linha, a equação (11.20) faz as equações (11.11), (11.14) e (11.19) tornarem-se

$$\alpha = 0, \quad \gamma = j\beta = j\omega\sqrt{LC} \tag{11.21a}$$

$$u = \frac{\omega}{\beta} = \frac{1}{\sqrt{LC}} = f\lambda \tag{11.21b}$$

$$X_o = 0, \quad Z_o = R_o = \sqrt{\frac{L}{C}} \tag{11.21c}$$

B. Linha sem distorção ($R/L = G/C$)

Um sinal consiste, normalmente, em uma banda de frequências. Se α depender da frequência, as amplitudes de ondas com componentes de frequências diferentes serão atenuadas de forma diferente em uma linha com perdas. Isso resulta em distorção.

> Uma **linha sem distorção** é uma linha na qual a constante de atenuação α é independente da frequência, enquanto a constante de fase β é linearmente dependente da frequência.

Da expressão geral para α e β [na equação 11.11)], obtemos uma linha sem distorção se os parâmetros da linha são tais que:

$$\boxed{\frac{R}{L} = \frac{G}{C}} \tag{11.22}$$

Portanto, para uma linha sem distorção,

$$\gamma = \sqrt{RG\left(1 + \frac{j\omega L}{R}\right)\left(1 + \frac{j\omega C}{G}\right)}$$

$$= \sqrt{RG}\left(1 + \frac{j\omega C}{G}\right) = \alpha + j\beta$$

TABELA 11.2 Características das linhas de transmissão

Caso	Constante de propagação $\gamma = \alpha + j\beta$	Impedância característica $Z_o = R_o + jX_o$
Geral	$\sqrt{(R + j\omega L)(G + j\omega C)}$	$\sqrt{\dfrac{R + j\omega L}{G + j\omega C}}$
Sem perdas	$0 + j\omega\sqrt{LC}$	$\sqrt{\dfrac{L}{C}} + j0$
Sem distorção	$\sqrt{RG} + j\omega\sqrt{LC}$	$\sqrt{\dfrac{L}{C}} + j0$

ou

$$\alpha = \sqrt{RG}, \qquad \beta = \omega\sqrt{LC} \tag{11.23a}$$

mostrando que α não depende da frequência, enquanto β é uma função linear da frequência. Também,

$$Z_o = \sqrt{\frac{R(1 + j\omega L/R)}{G(1 + j\omega C/G)}} = \sqrt{\frac{R}{G}} = \sqrt{\frac{L}{C}} = R_o + jX_o$$

ou

$$R_o = \sqrt{\frac{R}{G}} = \sqrt{\frac{L}{C}}, \qquad X_o = 0 \tag{11.23b}$$

e

$$u = \frac{\omega}{\beta} = \frac{1}{\sqrt{LC}} = f\lambda \tag{11.23c}$$

Note que:

1. A velocidade de fase é independente da frequência porque a constante de fase β depende linearmente da frequência. Teremos distorção na forma do sinal a menos que α e u sejam independentes da frequência.
2. u e Z_o permanecem os mesmos das linhas sem perdas.
3. Uma linha sem perdas é também uma linha sem distorção, mas uma linha sem distorção não é necessariamente sem perdas. Embora linhas sem perdas sejam desejáveis na transmissão de energia elétrica, as linhas telefônicas devem ser sem distorção.

Um resumo de nossa discussão está na Tabela 11.2. Na maior parte da análise, vamos restringir nossa discussão às linhas de transmissão sem perdas.

EXEMPLO 11.1

Uma linha de transmissão no ar tem impedância característica de 70 Ω e constante de fase de 3 rad/m a 100 MHz. Calcule a indutância por metro e a capacitância por metro da linha.

Solução:

Uma linha no ar pode ser considerada uma linha sem perdas desde que $\sigma \simeq 0$ e $\sigma_c \to \infty$. Portanto,

$$R = 0 = G \quad \text{e} \quad \alpha = 0$$

$$Z_o = R_o = \sqrt{\frac{L}{C}} \quad (11.1.1)$$

$$\beta = \omega \sqrt{LC} \quad (11.1.2)$$

Dividindo a equação (11.1.1) pela equação (11.1.2), obtemos

$$\frac{R_o}{\beta} = \frac{1}{\omega C}$$

ou

$$C = \frac{\beta}{\omega R_o} = \frac{3}{2\pi \times 100 \times 10^6 (70)} = 68{,}2 \text{ pF/m}$$

Da equação (11.1.1),

$$L = R_o^2 C = (70)^2 (68{,}2 \times 10^{-12}) = 334{,}2 \text{ nH/m}$$

EXERCÍCIO PRÁTICO 11.1

Uma linha de transmissão, operando em 500 MHz, tem $Z_o = 80\ \Omega$, $\alpha = 0{,}04$ Np/m, $\beta = 1{,}5$ rad/m. Encontre os parâmetros da linha R, L, G e C.

Resposta: 3,2 Ω/m, 38,2 nH/m, 5×10^{-4} S/m, 5,97 pF/m.

EXEMPLO 11.2

Uma linha sem distorção tem $Z_o = 60\ \Omega$, $\alpha = 20$ mNp/m, $u = 0{,}6c$, onde c é a velocidade da luz no vácuo. Encontre R, L, G, C e λ a 100 MHz.

Solução:

Para uma linha sem distorção,

$$RC = GL \quad \text{ou} \quad G = \frac{RC}{L}$$

portanto,

$$Z_o = \sqrt{\frac{L}{C}} \quad (11.2.1)$$

$$\alpha = \sqrt{RG} = R\sqrt{\frac{C}{L}} = \frac{R}{Z_o} \quad (11.2.2\text{a})$$

ou

$$R = \alpha Z_o \quad (11.2.2\text{b})$$

Porém,

$$u = \frac{\omega}{\beta} = \frac{1}{\sqrt{LC}} \quad (11.2.3)$$

Da equação (11.2.2b),

$$R = \alpha Z_o = (20 \times 10^{-3})(60) = 1{,}2 \text{ Ω/m}$$

Dividindo a equação (11.2.1) pela equação (11.2.3), resulta em,

$$L = \frac{Z_o}{u} = \frac{60}{0{,}6\,(3 \times 10^8)} = 333 \text{ nH/m}$$

Da equação (11.2.2 a),

$$G = \frac{\alpha^2}{R} = \frac{400 \times 10^{-6}}{1{,}2} = 333 \ \mu\text{S/m}$$

Multiplicando a equação (11.2.1) pela equação (11.2.3), obtemos,

$$uZ_o = \frac{1}{C}$$

ou

$$C = \frac{1}{uZ_o} = \frac{1}{0{,}6\,(3 \times 10^8)\,60} = 92{,}59 \text{ pF/m}$$

$$\lambda = \frac{u}{f} = \frac{0{,}6\,(3 \times 10^8)}{10^8} = 1{,}8 \text{ m}$$

EXERCÍCIO PRÁTICO 11.2

Uma linha telefônica tem $R = 30\ \Omega/\text{km}$, $L = 100\ \text{mH/km}$, $G = 0$ e $C = 20\ \mu\text{F/km}$. Para $f = 1$ kHz, obtenha:

(a) a impedância característica da linha.

(b) a constante de propagação.

(c) a velocidade de fase.

Resposta: (a) $70{,}75\underline{/-1{,}367°}\ \Omega$; (b) $2{,}121 \times 10^{-4} + j8{,}888 \times 10^{-3}$/m; (c) $7{,}069 \times 10^5$ m/s.

11.4 IMPEDÂNCIA DE ENTRADA, ROE E POTÊNCIA

Considere uma linha de transmissão de comprimento ℓ, caracterizada por γ e Z_o, conectada a uma carga Z_C, conforme mostrado na Figura 11.6. Para o gerador a linha é vista como uma carga com impedância de entrada Z_{ent}. Nesta seção, é nossa intenção determinar a impedância de entrada, a razão de onda estacionária (ROE) e o fluxo de potência na linha.

Façamos a linha de transmissão se estender desde $z = 0$ no gerador até $z = \ell$, na carga. Para iniciar, precisamos das ondas de tensão e de corrente, dadas pelas equações (11.15) e (11.16), isto é,

$$V_s(z) = V_o^+ e^{-\gamma z} + V_o^- e^{\gamma z} \tag{11.24}$$

$$I_s(z) = \frac{V_o^+}{Z_o} e^{-\gamma z} - \frac{V_o^-}{Z_o} e^{\gamma z} \tag{11.25}$$

sendo que a equação (11.18) já foi incorporada na equação (11.25). Para encontrar V_o^+ e V_o^-, as condições nos terminais devem ser dadas. Por exemplo, se forem dadas as condições na entrada da linha, digamos

$$V_o = V(z = 0), \qquad I_o = I(z = 0) \tag{11.26}$$

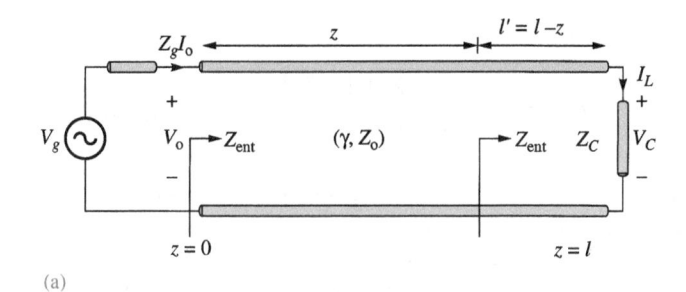

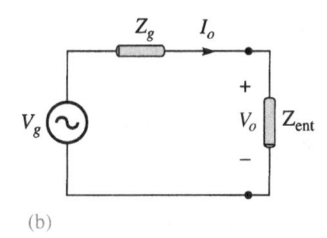

FIGURA 11.6 (a) Impedância de entrada de uma linha de transmissão terminada por uma carga; (b) circuito equivalente para calcular V_o e I_o na entrada da linha em termos de Z_{ent}.

e substituindo estas nas equações (11.24) e (11.25), resulta em

$$V_o^+ = \frac{1}{2}(V_o + Z_o I_o) \tag{11.27a}$$

$$V_o^- = \frac{1}{2}(V_o - Z_o I_o) \tag{11.27b}$$

Se a impedância de entrada nos terminais de entrada for Z_{ent}, então a tensão de entrada V_o e a corrente de entrada I_o são facilmente obtidas da Figura 11.6(b), como

$$V_o = \frac{Z_{ent}}{Z_{ent} + Z_g} V_g, \qquad I_o = \frac{V_g}{Z_{ent} + Z_g} \tag{11.28}$$

Por outro lado, se forem dadas as condições na carga, isto é,

$$V_C = V(z = \ell), \qquad I_C = I(z = \ell) \tag{11.29}$$

e, substituindo nas equações (11.24) e (11.25), obtemos:

$$V_o^+ = \frac{1}{2}(V_C + Z_o I_C)e^{\gamma\ell} \tag{11.30a}$$

$$V_o^- = \frac{1}{2}(V_C - Z_o I_C)e^{-\gamma\ell} \tag{11.30b}$$

Seguindo, podemos determinar a impedância de entrada $Z_{ent} = V_s(z)/I_s(z)$, em qualquer ponto da linha. No gerador, por exemplo, as equações (11.24) e (11.25) dão origem a

$$Z_{ent} = \frac{V_s(z)}{I_s(z)} = \frac{Z_o(V_o^+ + V_o^-)}{V_o^+ - V_o^-} \tag{11.31}$$

Substituindo a equação (11.30) na equação (11.31) e utilizando o fato de que

$$\frac{e^{\gamma\ell} + e^{-\gamma\ell}}{2} = \cosh\gamma\ell, \qquad \frac{e^{\gamma\ell} - e^{-\gamma\ell}}{2} = \mathrm{senh}\,\gamma\ell \tag{11.32a}$$

ou

$$\mathrm{tgh}\,\gamma\ell = \frac{\mathrm{senh}\,\gamma\ell}{\cosh\gamma\ell} = \frac{e^{\gamma\ell} - e^{-\gamma\ell}}{e^{\gamma\ell} + e^{-\gamma\ell}} \tag{11.32b}$$

obtemos

$$Z_{ent} = Z_o \left[\frac{Z_C + Z_o \tgh \gamma\ell}{Z_o + Z_C \tgh \gamma\ell} \right] \quad \text{(linhas com perdas)} \quad (11.33)$$

Embora a equação (11.33) tenha sido obtida para a impedância de entrada Z_{ent} na extremidade do gerador, ela é uma expressão geral para o cálculo de Z_{ent} em qualquer ponto da linha. Para encontrar Z_{ent} a uma distância ℓ' da carga, conforme a Figura 11.6(a), substituímos ℓ por ℓ'. No Apêndice A.3 encontramos uma fórmula para o cálculo da tangente hiperbólica de um número complexo, necessária para o cálculo da equação (11.33).

Para uma linha sem perdas, $\gamma = j\beta$, $\tgh j\beta\ell = j \tg \beta\ell$ e $Z_o = R_o$; portanto, a equação (11.33) fica

$$Z_{ent} = Z_o \left[\frac{Z_C + jZ_o \tg \beta\ell}{Z_o + jZ_C \tg \beta\ell} \right] \quad \text{(linhas sem perdas)} \quad (11.34)$$

mostrando que a impedância de entrada tem uma dependência periódica com a distância ℓ da carga. O parâmetro $\beta\ell$ na equação (11.34) é usualmente referido como o *comprimento elétrico* da linha e pode ser expresso em graus ou em radianos.

Definiremos agora Γ_C como o *coeficiente de reflexão da tensão* (na carga). Γ_C é a razão entre a onda refletida de tensão e a onda incidente de tensão na carga, isto é

$$\Gamma_C = \frac{V_o^- e^{\gamma\ell}}{V_o^+ e^{-\gamma\ell}} \quad (11.35)$$

Substituindo V_o^- e V_o^+ da equação (11.30) na equação (11.35) e introduzindo $V_C = Z_C I_C$, obtemos

$$\Gamma_C = \frac{Z_C - Z_o}{Z_C + Z_o} \quad (11.36)$$

> O **coeficiente de reflexão da tensão**, em qualquer ponto na linha, é a razão entre as amplitudes das ondas de tensão refletida e incidente.

Isto é,

$$\Gamma(z) = \frac{V_o^- e^{\gamma z}}{V_o^+ e^{-\gamma z}} = \frac{V_o^-}{V_o^+} e^{2\gamma z}$$

Contudo, $z = \ell - \ell'$. Substituindo essa relação na equação anterior e considerando a equação (11.35), temos

$$\Gamma(z) = \frac{V_o^-}{V_o^+} e^{2\gamma\ell} e^{-2\gamma\ell'} = \Gamma_C e^{-2\gamma\ell'} \quad (11.37)$$

> O **coeficiente de reflexão da corrente**, em qualquer ponto na linha, é igual ao coeficiente de reflexão da tensão naquele ponto, com sinal negativo.

Portanto, o coeficiente de reflexão da corrente na carga é $I_o^- e^{\gamma\ell} / I_o^+ e^{-\gamma\ell} = -\Gamma_C$.

Da mesma forma como fizemos para ondas planas, definimos a *razão de onda estacionária s* (também representada por ROE) como

$$s = \frac{V_{máx}}{V_{mín}} = \frac{I_{máx}}{I_{mín}} = \frac{1 + |\Gamma_C|}{1 - |\Gamma_C|} \quad (11.38)$$

É fácil mostrar que $I_{máx} = V_{máx}/Z_o$ e $I_{mín} = V_{mín}/Z_o$. A impedância de entrada Z_{ent}, da equação (11.34), tem máximos e mínimos que ocorrem, respectivamente, nos máximos e mínimos das ondas estacionárias da tensão e corrente. Pode-se também mostrar que

$$\boxed{|Z_{ent}|_{máx} = \frac{V_{máx}}{I_{mín}} = sZ_o} \qquad (11.39a)$$

e

$$\boxed{|Z_{ent}|_{mín} = \frac{V_{mín}}{I_{máx}} = \frac{Z_o}{s}} \qquad (11.39b)$$

A fim de demonstrar esse conceito, considere uma linha sem perdas com impedância característica de $Z_o = 50\ \Omega$. Por simplicidade, vamos assumir que a linha é terminada em uma carga resistiva pura $Z_C = 100\ \Omega$ e que a tensão na carga é 100 V (rms). As condições na linha estão mostradas na Figura 11.7. Note, nesta figura, que as condições na linha se repetem a cada meio comprimento de onda.

Conforme mencionado no início deste capítulo, as linhas de transmissão são utilizadas para transferir potência de uma fonte à uma carga. A potência média de entrada a uma distância ℓ da carga é dada por uma equação semelhante à equação (10.68), isto é,

$$P_{méd} = \frac{1}{2}\operatorname{Re}\,[V_s(\ell)I_s^*(\ell)]$$

onde é utilizado o fator $\frac{1}{2}$ porque estamos tratando com valores de pico, em vez de valores rms. Supondo uma linha sem perdas, podemos substituir as equações (11.24) e (11.25) para obter

$$P_{méd} = \frac{1}{2}\operatorname{Re}\left[V_o^+(e^{j\beta\ell} + \Gamma e^{-j\beta\ell})\frac{V_o^{+*}}{Z_o}(e^{-j\beta\ell} - \Gamma^* e^{j\beta\ell})\right]$$

$$= \frac{1}{2}\operatorname{Re}\left[\frac{|V_o^+|^2}{Z_o}(1 - |\Gamma|^2 + \Gamma e^{-2j\beta\ell} - \Gamma^* e^{2j\beta\ell})\right]$$

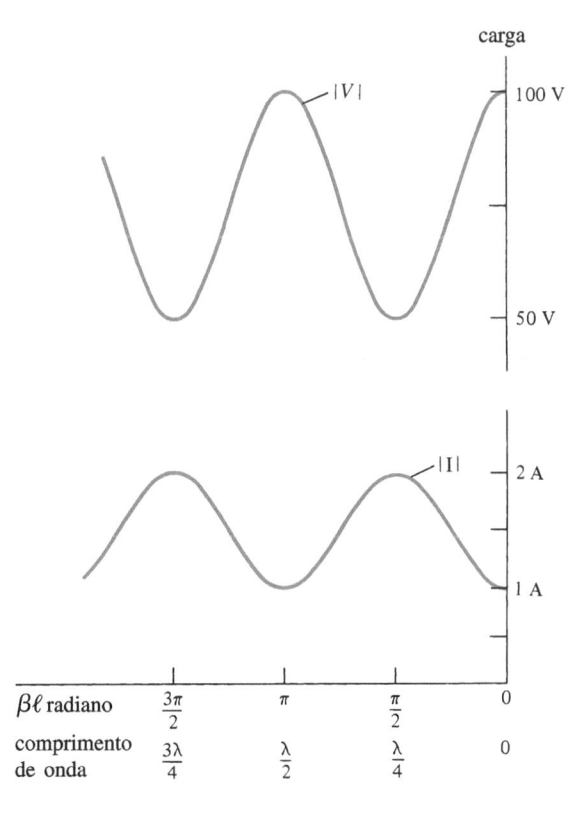

FIGURA 11.7 Formas de onda de tensão e de corrente em uma linha sem perdas terminada por uma carga resistiva.

Como os últimos dois termos são puramente imaginários, obtemos

$$P_{\text{méd}} = \frac{|V_o^+|^2}{2Z_o}(1 - |\Gamma|^2) \tag{11.40}$$

O primeiro termo é a potência incidente P_i, enquanto o segundo termo é a potência refletida P_r. Portanto, a equação (11.40) pode ser escrita como

$$P_t = P_i - P_r$$

onde P_t é a potência de entrada ou potência transmitida. O sinal negativo está associado à propagação da onda refletida, pois consideramos o sentido de referência como sendo o da propagação da tensão/corrente para a direita. Devemos notar que, da equação (11.40), a potência é constante ao longo da linha e não depende de ℓ, pois estamos tratando de uma linha sem perdas. Também devemos notar que a máxima potência é transferida para a carga quando $\Gamma = 0$, como esperado.

Vamos agora considerar os casos especiais em que a linha está conectada às cargas $Z_C = 0$, $Z_C = \infty$ e $Z_C = Z_o$. Estes casos especiais podem ser deduzidos facilmente do caso geral.

A. Linha em curto ($Z_C = 0$)

Para este caso, a equação (11.34) torna-se

$$Z_{cc} = Z_{\text{ent}}\bigg|_{Z_C = 0} = jZ_o \, \text{tg} \, \beta\ell \tag{11.41a}$$

Também,

$$\Gamma_C = -1, \quad s = \infty \tag{11.41b}$$

Nota-se, pela equação (11.41a), que Z_{ent} é uma reatância pura, que pode ser capacitiva ou indutiva, dependendo do valor de ℓ. A dependência de Z_{ent} com ℓ é mostrada na Figura 11.8(a).

B. Linha em aberto ($Z_C = \infty$)

Neste caso, a equação (11.34) torna-se

$$Z_{ca} = \lim_{Z_C \to \infty} Z_{\text{ent}} = \frac{Z_o}{j \, \text{tg} \, \beta\ell} = -jZ_o \, \text{cotg} \, \beta\ell \tag{11.42a}$$

e

$$\Gamma_C = 1, \quad s = \infty \tag{11.42b}$$

A dependência de Z_{ent} com ℓ é mostrada na Figura 11.8(b). Observe que, das equações (11.41a) e (11.42a), obtém-se

$$Z_{cc}Z_{ca} = Z_o^2 \tag{11.43}$$

C. Linha casada ($Z_C = Z_o$)

Do ponto de vista prático, esta é a situação mais desejada. Para este caso, a equação (11.34) se reduz a

$$Z_{\text{ent}} = Z_o \tag{11.44a}$$

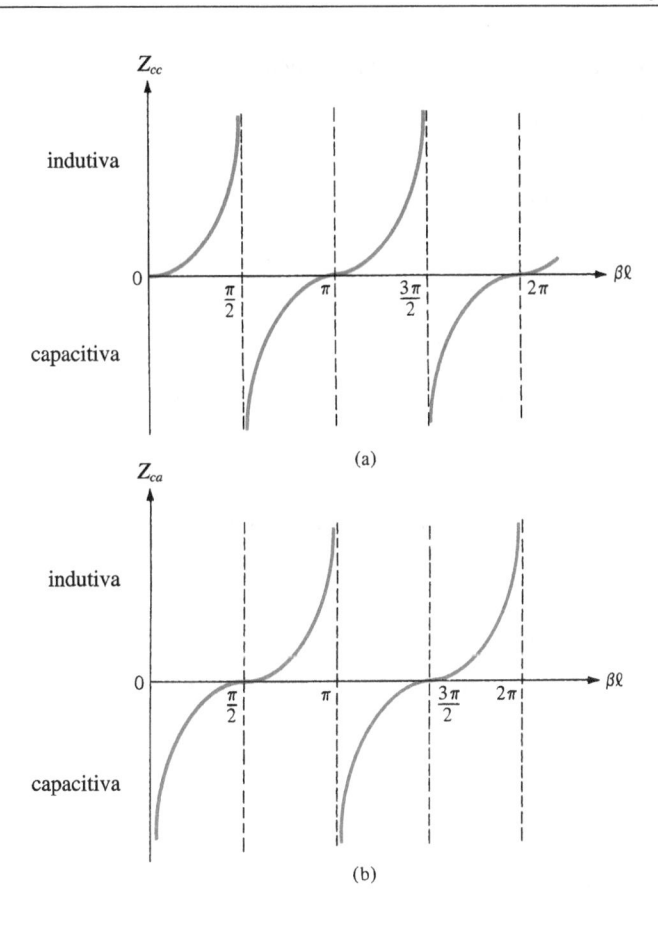

FIGURA 11.8 Impedância de entrada de uma linha sem perdas: (**a**) quando em curto; (**b**) quando em aberto.

e

$$\Gamma_C = 0, \quad s = 1 \tag{11.44b}$$

isto é, $V_o^- = 0$. Toda a onda é transmitida e não há reflexão. A potência incidente é totalmente absorvida pela carga. Portanto, é possível a máxima transmissão de potência quando a linha de transmissão está casada com a carga.

EXEMPLO 11.3

Certa linha de transmissão, que opera a $\omega = 10^6$ rad/s, tem $\alpha = 8$ dB/m, $\beta = 1$ rad/m e $Z_o = 60 + j40\ \Omega$ e tem 2 m de comprimento. Se a linha está conectada à uma fonte de $10\underline{/0°}$ V, $Z_g = 40\ \Omega$ e está terminada por uma carga de $20 + j50\ \Omega$, determine:

(a) A impedância de entrada.
(b) A corrente na entrada da linha.
(c) A corrente na metade da linha.

Solução:

(a) Como 1 Np = 8,686 dB,

$$\alpha = \frac{8}{8,686} = 0,921\ \text{Np/m}$$

$$\gamma = \alpha + j\beta = 0,921 + j1\ /\text{m}$$

$$\gamma\ell = 2(0,921 + j1) = 1,84 + j2$$

Usando a fórmula para a tgh$(x + jy)$ que está no Apêndice A.3, obtemos

$$\text{tgh } \gamma\ell = 1{,}033 - j0{,}03929$$

$$Z_{\text{ent}} = Z_o\left(\frac{Z_C + Z_o \text{ tgh } \gamma\ell}{Z_o + Z_C \text{ tgh } \gamma\ell}\right)$$

$$= (60 + j40)\left[\frac{20 + j50 + (60 + j40)(1{,}033 - j0{,}03929)}{60 + j40 + (20 + j50)(1{,}033 - j0{,}03929)}\right]$$

$$Z_{\text{ent}} = 60{,}25 + j38{,}79 \text{ } \Omega$$

(b) A corrente na entrada da linha é $I(z = 0) = I_o$. Da equação (11.28), obtemos

$$I(z = 0) = \frac{V_g}{Z_{\text{ent}} + Z_g} = \frac{10}{60{,}25 + j38{,}79 + 40}$$

$$= 93{,}03\underline{/-21{,}15°} \text{ mA}$$

(c) Para encontrarmos a corrente em qualquer ponto da linha, precisamos V_o^+ e V_o^-. Porém,

$$I_o = I(z = 0) = 93{,}03\underline{/-21{,}15°} \text{ mA}$$

$$V_o = Z_{\text{ent}}I_o = (71{,}66\underline{/32{,}77°})(0{,}09303\underline{/-21{,}15°}) = 6{,}667\underline{/11{,}62°} \text{ V}$$

Da equação (11.27),

$$V_o^+ = \frac{1}{2}(V_o + Z_o I_o)$$

$$= \frac{1}{2}[6{,}667\underline{/11{,}62°} + (60 + j40)(0{,}09303\underline{/-21{,}15°})] = 6{,}687\underline{/12{,}08°}$$

$$V_o^- = \frac{1}{2}(V_o - Z_o I_o) = 0{,}0518\underline{/260°}$$

No meio da linha, $z = \ell/2$, $\gamma z = 0{,}921 + j1$. Portanto, a corrente neste ponto é

$$I_s(z = \ell/2) = \frac{V_o^+}{Z_o}e^{-\gamma z} - \frac{V_o^-}{Z_o}e^{\gamma z}$$

$$= \frac{(6{,}687e^{j12{,}08°})e^{-0{,}921-j1}}{60 + j40} - \frac{(0{,}0518e^{j260°})e^{0{,}921+j1}}{60 + j40}$$

Observe que $j1$ está dado em radianos e é equivalente a $j57{,}3°$. Portanto,

$$I_s(z = \ell/2) = \frac{6{,}687e^{j12{,}08°}e^{-0{,}921}e^{-j57{,}3°}}{72{,}1e^{j33{,}69°}} - \frac{0{,}0518e^{j260°}e^{0{,}921}e^{j57{,}3°}}{72{,}1e^{33{,}69°}}$$

$$= 0{,}0369e^{-j78{,}91°} - 0{,}001805e^{j283{,}61°}$$

$$= 6{,}673 - j34{,}456 \text{ mA}$$

$$= 35{,}10\underline{/281°} \text{ mA}$$

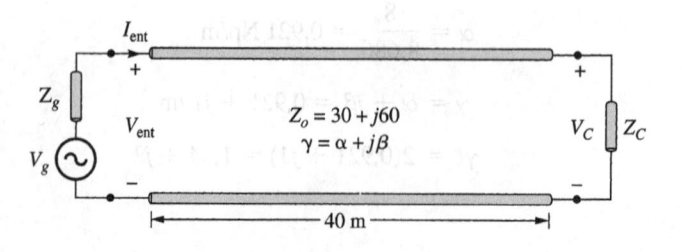

FIGURA 11.9 Referente ao Exercício Prático 11.3.

EXERCÍCIO PRÁTICO 11.3

Uma linha de transmissão de 40 m de comprimento, mostrada na Figura 11.9, tem V_{rms}, $Z_0 = 30 + j60\ \Omega$ e $V_C = 5\ \underline{/-48°}\ V_{rms}$. Se a linha está casada com a carga, determine:

(a) a impedância de entrada Z_{ent}.

(b) a corrente I_{ent} e a tensão V_{ent} na entrada da linha.

(c) a constante de propagação γ.

Resposta: (a) $30 + j60\ \Omega$; (b) $0{,}2236\ \underline{/-63{,}43°}$ A, $7{,}5\ \underline{/0°}\ V_{rms}$; (c) $0{,}0101 + j0{,}2094$/m.

11.5 A CARTA DE SMITH

Antes do advento dos computadores digitais e das calculadoras, os engenheiros criaram diversos métodos auxiliares (tabelas, cartas, gráficos, etc.) para facilitar os cálculos para projetos e análises. Métodos gráficos foram desenvolvidos para reduzir os procedimentos cansativos envolvidos nos cálculos das características de linhas de transmissão. Dos métodos gráficos, a carta de Smith[3] é a mais utilizada. Basicamente, ela é uma indicação gráfica da variação da impedância da linha de transmissão, conforme nos movemos ao longo da linha. Com um pequeno treinamento, o seu uso se torna bastante simples. Vamos, inicialmente, examinar como a carta de Smith é construída e, depois, vamos aplicá-la em nossos cálculos das características de linhas de transmissão, como Γ_C, s e Z_{ent}. Embora possa ser aplicada a linhas com perdas, vamos supor que a linha que será analisada com a carta de Smith é sem perdas ($Z_0 = R_0$).

Conforme mostrado na Figura 11.10, a carta de Smith é desenhada dentro de um círculo de raio unitário ($|\Gamma| \leq 1$). A carta é construída baseando-se na equação (11.36)[4], isto é,

$$\Gamma = \frac{Z_C - Z_0}{Z_C + Z_0} \tag{11.45}$$

ou

$$\Gamma = |\Gamma|\underline{/\theta_\Gamma} = \Gamma_r + j\Gamma_i \tag{11.46}$$

onde Γ_r e Γ_i são as partes real e imaginária do coeficiente de reflexão Γ.

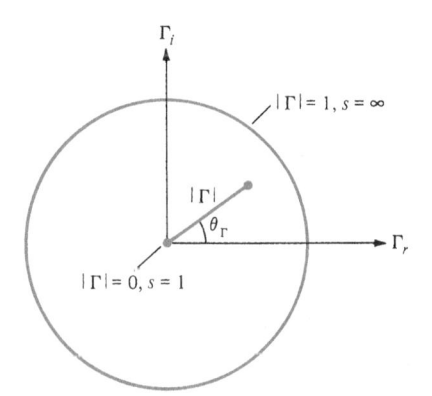

FIGURA 11.10 Círculo unitário no qual a carta de Smith é construída.

---

[3] Desenvolvida por Phillip H. Smith em 1939. Veja os artigos de P. H Smith, "Transmission Line Calculator", Electronics, vol. 12, p. 29–31, 1939, e "An Improved Transmission Line Calculator". Electronics vol. 17, p. 130–133, 318–325, 1944.

[4] Sempre que não houver um subscrito em Γ, vamos supor que o mesmo se refere ao coeficiente de reflexão de tensão na carga ($\Gamma_L = \Gamma$).

Em vez de termos cartas de Smith para cada linha de transmissão com diferentes impedâncias características, como $Z_o = 60$, 100 e 120 Ω, preferimos ter apenas uma que seja válida para todas as linhas. Obtemos isso utilizando uma carta normalizada, onde todas as impedâncias são normalizadas com relação à impedância característica Z_o da linha que está sendo considerada. Por exemplo, para a impedância de carga Z_C a *impedância normalizada* é dada por

$$z_C = \frac{Z_C}{Z_o} = r + jx \tag{11.47}$$

Substituindo a equação (11.47) nas equações (11.45) e (11.46), obtemos

$$\Gamma = \Gamma_r + j\Gamma_i = \frac{z_C - 1}{z_C + 1} \tag{11.48a}$$

ou

$$z_C = r + jx = \frac{(1 + \Gamma_r) + j\Gamma_i}{(1 - \Gamma_r) - j\Gamma_i} \tag{11.48b}$$

Normalizando e igualando os termos, obtemos

$$r = \frac{1 - \Gamma_r^2 - \Gamma_i^2}{(1 - \Gamma_r)^2 + \Gamma_i^2} \tag{11.49a}$$

$$x = \frac{2\Gamma_i}{(1 - \Gamma_r)^2 + \Gamma_i^2} \tag{11.49b}$$

Arranjando os termos da equação (11.49), chegamos a

$$\boxed{\left[\Gamma_r - \frac{r}{1+r}\right]^2 + \Gamma_i^2 = \left[\frac{1}{1+r}\right]^2} \tag{11.50}$$

e

$$\boxed{[\Gamma_r - 1]^2 + \left[\Gamma_i - \frac{1}{x}\right]^2 = \left[\frac{1}{x}\right]^2} \tag{11.51}$$

As equações (11.50) e (11.51) são similares a

$$(x - h)^2 + (y - k)^2 = a^2 \tag{11.52}$$

que é a equação geral de um círculo de raio a centrado em (h, k). Portanto, a equação (11.50) fornece *círculos de r constante* (*círculos resistivos*) com

$$\text{centro em } (\Gamma_r, \Gamma_i) = \left(\frac{r}{1+r}, 0\right) \tag{11.53a}$$

$$\text{raio} = \frac{1}{1+r} \tag{11.53b}$$

A Tabela 11.3 apresenta valores típicos de resistências normalizadas e correspondentes a diferentes centros e raios de círculos de r constante. Exemplos típicos de círculos r, com base nos dados da Tabela 11.3, são mostrados na Figura 11.11.

De forma semelhante, a equação (11.51) representa *círculos de x constante* (*círculos de reatâncias*) com

$$\text{centro em } (\Gamma_r, \Gamma_i) = \left(1, \frac{1}{x}\right) \tag{11.54a}$$

$$\text{raio} = \frac{1}{x} \tag{11.54b}$$

TABELA 11.3 Raios e centros de círculos r para valores típicos de r

Resistência Normalizada (r)	Raio $\left(\dfrac{1}{1+r}\right)$	Centro $\left(\dfrac{r}{1+r},0\right)$
0	1	(0, 0)
1/2	2/3	(1/3, 0)
1	1/2	(1/2, 0)
2	1/3	(2/3, 0)
5	1/6	(5/6, 0)
∞	0	(1, 0)

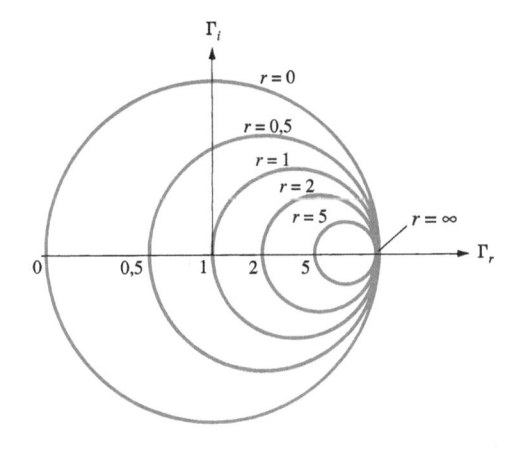

FIGURA 11.11 Círculos r típicos para $r = 0; 0,5; 1; 2; 5$ e ∞.

A Tabela 11.4 apresenta centros e raios de círculos x para valores típicos de x. A Figura 11.12 apresenta os gráficos correspondentes. Note que, enquanto r é sempre positivo, x pode ser positivo (para impedâncias indutivas) ou negativo (para impedâncias capacitivas).

Se sobrepusermos os círculos r e os círculos x, obtemos a carta de Smith, mostrada na Figura 11.13. Exemplificando, podemos localizar na carta a impedância normalizada $z = 2 + j$ como sendo o ponto de interseção entre o círculo $r = 2$ e o círculo $x = 1$. Este é o ponto P_1 da Figura 11.13. De forma semelhante, $z = 1 - j0,5$ é localizado por P_2, ponto onde os círculos $r = 1$ e $x = -0,5$ se cortam.

Além dos círculos r e x (mostrados na carta de Smith), podemos desenhar *círculos s* ou *círculos de relação de onda estacionária constante* (nem sempre mostrados na carta de Smith), os quais são centrados na origem, com s variando de 1 até ∞. O valor da relação de onda estacionária s é determinado pelo ponto em que um círculo s cruza o eixo Γ_r. Exemplos típicos de círculos s para $s = 1$, 2, 3, e ∞ são mostrados na Figura 11.13.

TABELA 11.4 Raios e centros de círculos x para valores típicos de x

Reatância Normalizada (r)	Raio $\left(\dfrac{1}{x}\right)$	Centro $\left(1,\dfrac{1}{x}\right)$
0	∞	(1, ∞)
$\pm$ 1/2	2	(1, $\pm$ 2)
$\pm$ 1	1	(1, $\pm$ 1)
$\pm$ 2	1/2	(1, $\pm$ 1/2)
$\pm$ 5	1/5	(1, $\pm$ 1/5)
$\pm \infty$	0	(1, 0)

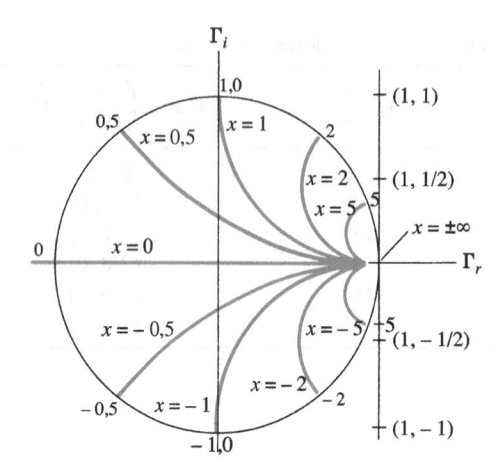

FIGURA 11.12 Círculos x típicos para $x = 0, \pm 0{,}5, \pm 1, \pm 2, \pm 5, \pm \infty$.

Como $|\Gamma|$ e s estão relacionados pela equação (11.38), os círculos s são, às vezes, referidos como círculos $|\Gamma|$, com $|\Gamma|$ variando linearmente de 0 até 1, conforme nos movemos do centro O para a periferia da carta, enquanto s varia de forma não linear de 1 até ∞.

Os seguintes aspectos devem ser observados com relação à carta de Smith:

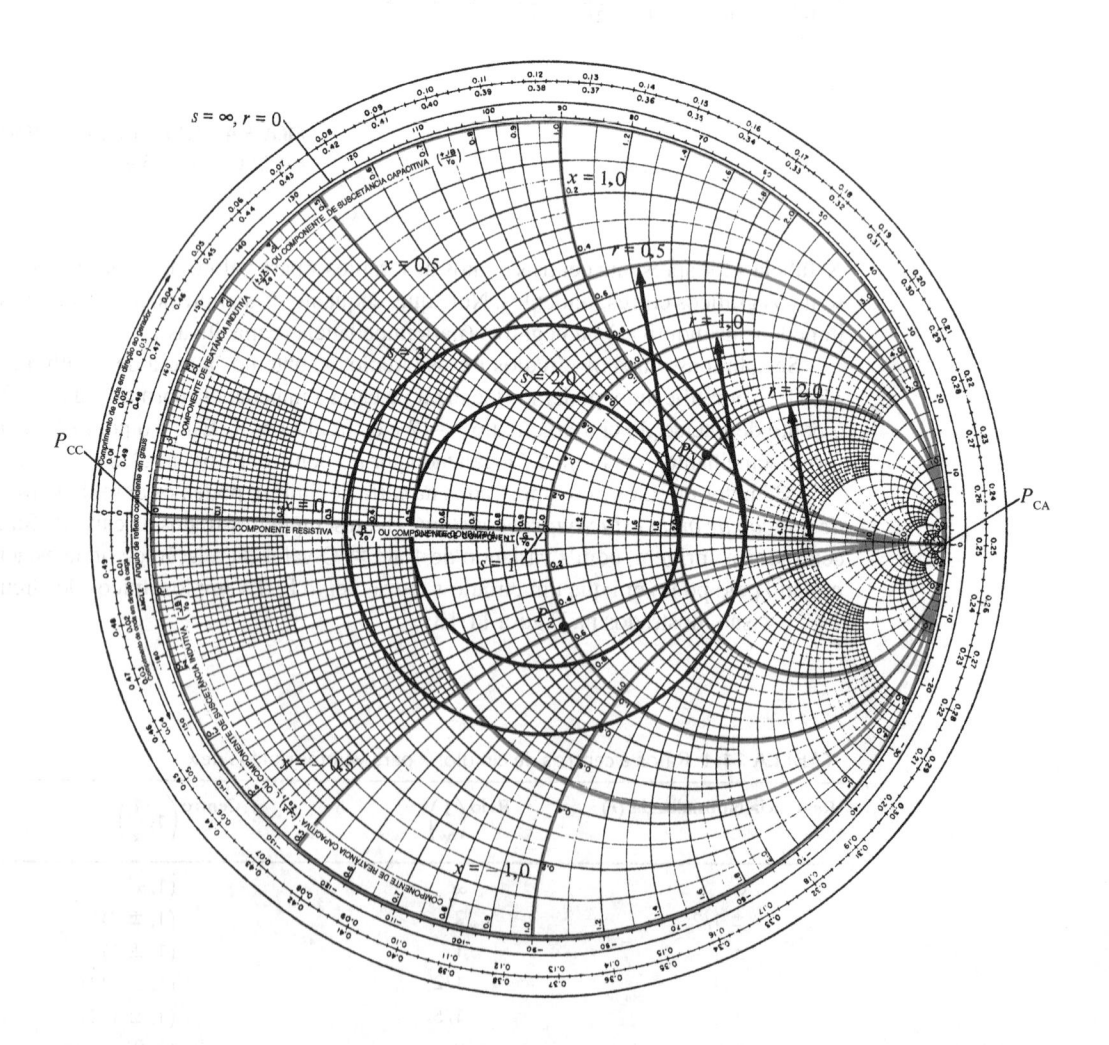

FIGURA 11.13 Ilustração dos círculos r, x e s na carta de Smith.

1. No ponto P_{CC} da carta $r = 0$ e $x = 0$, isto é, $Z_C = 0 + j0$, mostrando que P_{CC} representa um curto-circuito na linha de transmissão. No ponto P_{CA}, $r = \infty$ e $x = \infty$, ou $Z_c = \infty + j\infty$, o que implica que P_{CA} corresponde a um circuito aberto na linha. Também, em P_{CA}, $r = 0$ e $x = 0$, mostrando que P_{CA} é uma outra localização para um curto-circuito na linha.
2. Uma volta completa (360°) em torno da carta de Smith representa uma distância de $\lambda/2$ na linha. Movimento no sentido horário na carta representa movimento na linha em direção ao gerador (ou de afastamento em relação à carga), conforme mostrado pela seta G nas Figuras 11.14(a) e (b). De forma semelhante, movimento no sentido anti-horário na carta corresponde a um movimento na linha em direção à carga (ou de afastamento em relação ao gerador), conforme mostrado pela seta C na Figura 11.14. Note, a partir da Figura 11.14(b), que, se já estamos na carga, não faz sentido o movimento em direção à carga (porque já estamos lá). O mesmo pode ser dito para o caso de já estarmos na extremidade do gerador.
3. Conforme ilustrado na Figura 11.14(a), existem três escalas ao redor da periferia da carta de Smith. Essas escalas são incluídas por conveniência, mas, efetivamente, têm a mesma

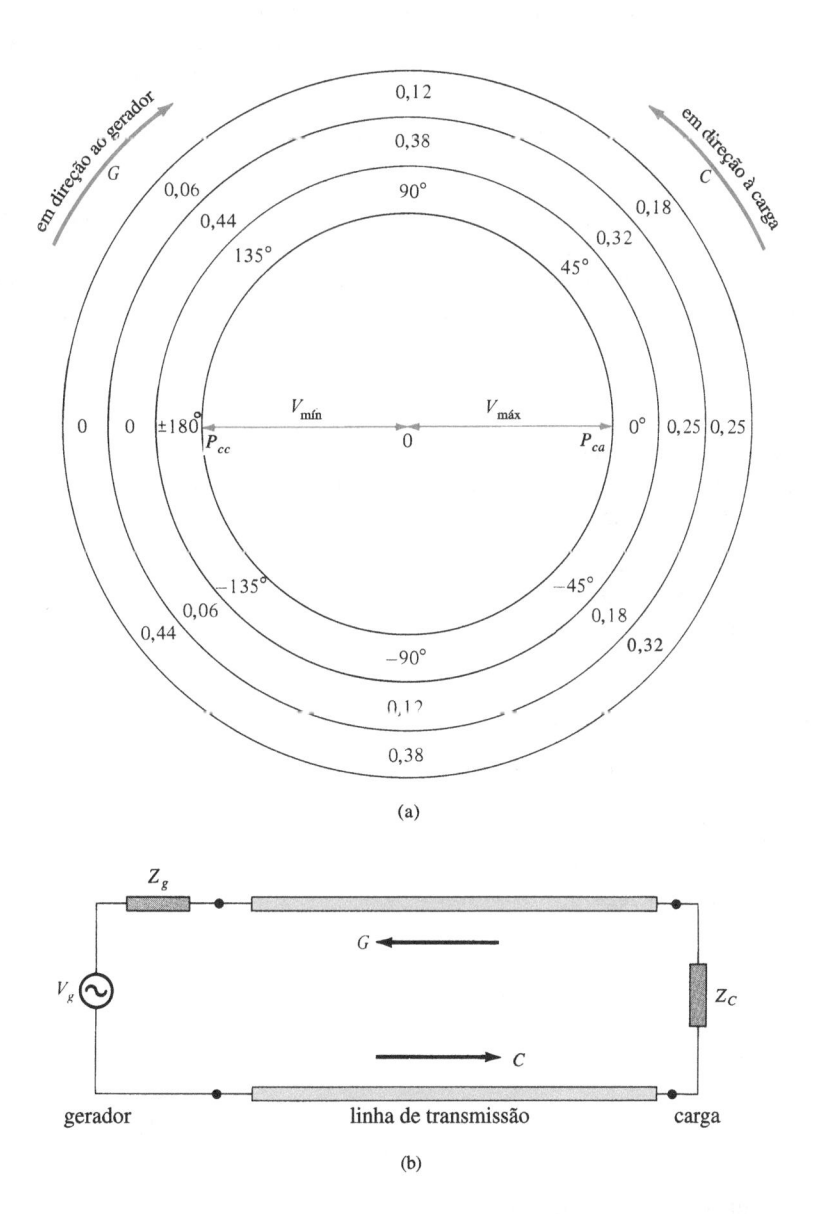

FIGURA 11.14 (a) Carta de Smith ilustrando as escalas da periferia e movimentos em torno dela; (b) movimentos correspondentes ao longo da linha de transmissão.

finalidade. Apenas uma escala seria suficiente. Essas escalas são utilizadas na determinação da distância à carga ou ao gerador, em graus ou comprimento de onda. A escala mais externa é usada para determinar a distância na linha medida a partir da extremidade do gerador, em comprimentos de onda, e a escala seguinte determina a distância a partir da carga, também em comprimentos de onda. A escala mais interna é um transferidor (em graus) e é principalmente utilizada para determinar θ_Γ. Ela pode também ser usada para determinar distâncias em relação à carga ou ao gerador. Como uma distância de $\lambda/2$ na linha corresponde a um movimento de $360°$ na carta, *a distância de λ na linha corresponde a um movimento de $720°$ na carta.*

$$\lambda \rightarrow 720°$$ (11.55)

Portanto, podemos ignorar as duas escalas externas e usar o transferidor (escala mais interna) para os cálculos de θ_Γ e distâncias.

4. O valor de $V_{máx}$ ocorre no ponto em que está localizado na carta $Z_{ent,máx}$ [veja a equação (11.39 a)], isto é, no eixo positivo de Γ_r, ou sobre OP_{ca}, na Figura 11.14(a). $V_{mín}$ está localizado na carta no mesmo ponto de $Z_{ent,mín}$, isto é, na parte negativa do eixo Γ_r, ou sobre P_{cc}, na Figura 11.14(a). Note que $V_{máx}$ e $V_{mín}$ (ou $Z_{ent,máx}$ e $Z_{ent,mín}$) estão separados por $\lambda/4$ (ou $180°$).
5. A carta de Smith é usada tanto como carta de impedância como de admitância ($Y = 1/Z$). Como carta de admitância (admitância normalizada $y = Y/Y_o = (g + jb)$, os círculos g e b correspondem aos círculos r e x, respectivamente.

Com base nessas propriedades, a carta de Smith pode ser usada, entre outras coisas, para determinar: (a) $\Gamma = |\Gamma| \angle \theta_\Gamma$ e s, (b) Z_{ent} ou Y_{ent} e (c) a localização de $V_{máx}$ e $V_{mín}$, desde que sejam dados Z_o, Z_C, λ e o comprimento da linha. Alguns exemplos mostrarão com clareza como podemos fazer isso e muito mais com a ajuda da carta de Smith, um compasso e uma régua. Uma carta de Smith completa está disponível no Apêndice D. Você pode copiá-lo.

EXEMPLO 11.4

Uma linha de transmissão sem perdas, de 30 metros de comprimento, com $Z_o = 50 \, \Omega$ e operando em 2 MHz é terminada com uma carga $Z_C = 60 + j40 \, \Omega$. Se a velocidade de propagação na linha é $u = 0,6c$, determine:

(a) o coeficiente de reflexão Γ.
(b) a relação de onda estacionária s.
(c) a impedância de entrada.

Solução:
Este problema será resolvido com e sem a carta de Smith.

Método 1: (sem a carta de Smith)

(a) $\Gamma = \dfrac{Z_C - Z_o}{Z_C + Z_o} = \dfrac{60 + j40 - 50}{50 + j40 + 50} = \dfrac{10 + j40}{110 + j40}$

$= 0{,}3523 \underline{/56°}$

(b) $s = \dfrac{1 + |\Gamma|}{1 - |\Gamma|} = \dfrac{1 + 0{,}3523}{1 - 0{,}3523} = 2{,}088$

(c) Como $u = \omega/\beta$, ou $\beta = \omega/u$,

$$\beta \ell = \dfrac{\omega \ell}{u} = \dfrac{2\pi (2 \times 10^6)(30)}{0{,}6 (3 \times 10^8)} = \dfrac{2\pi}{3} = 120°$$

Note que $\beta \ell$ é o comprimento elétrico da linha.

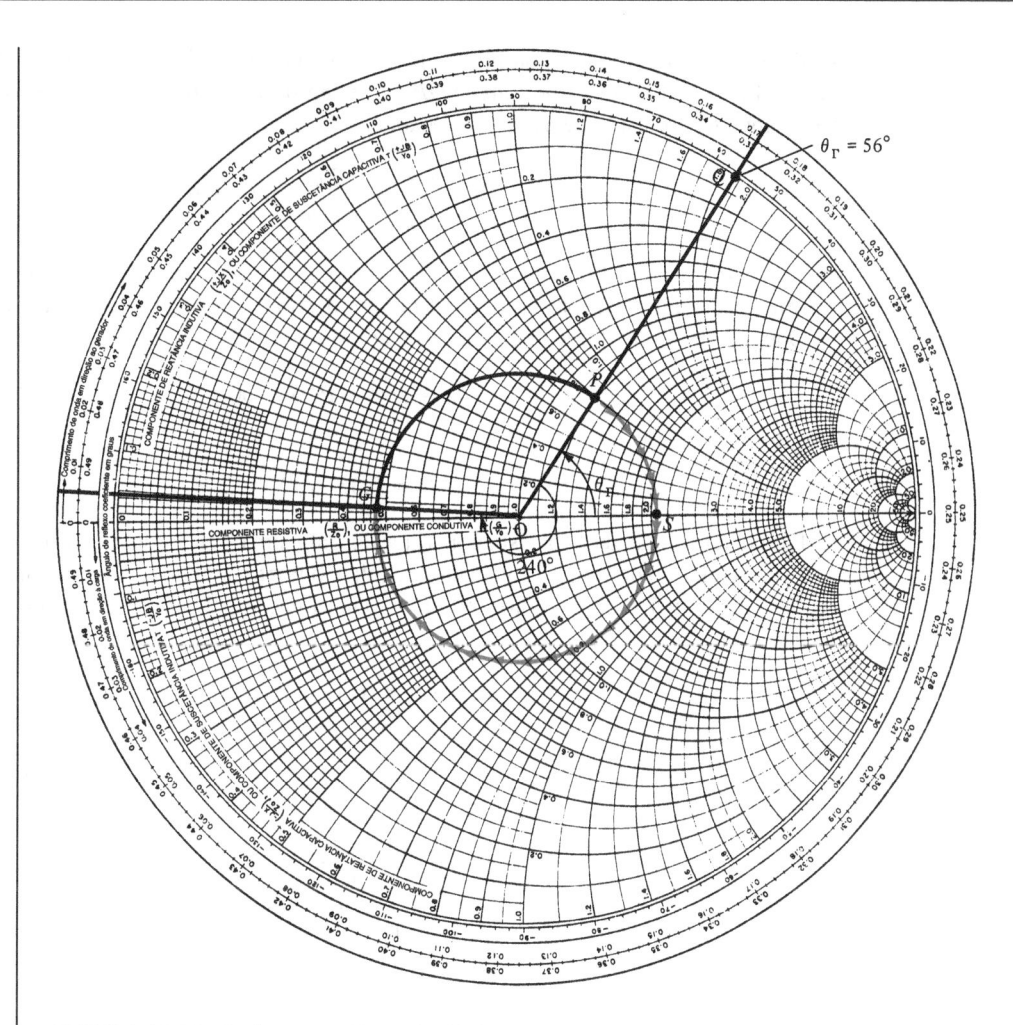

FIGURA 11.15 Referente ao Exemplo 11.4.

$$Z_{ent} = Z_o \left[\frac{Z_C + jZ_o \, tg\, \beta\ell}{Z_o + jZ_C \, tg\, \beta\ell} \right]$$

$$= \frac{50\,(60 + j40 + j50\, tg\, 120°)}{[50 + j(60 + j40)\, tg\, 120°]}$$

$$= \frac{50\,(6 + j4 - j5\sqrt{3})}{(5 + 4\sqrt{3} - j6\sqrt{3})} = 24{,}01\underline{/3{,}22°}$$

$$= 23{,}97 + j1{,}35\ \Omega$$

Método 2: (usando a carta de Smith)

(a) Calcule a impedância normalizada da carga

$$z_C = \frac{Z_C}{Z_o} = \frac{60 + j40}{50}$$

$$= 1{,}2 + j0{,}8$$

Localize z_C na carta de Smith da Figura 11.15, no ponto P, onde os círculos $r = 1,2$ e $x = 0,8$ se cruzam. Para obter Γ em z_C, prolongue OP até encontrar o círculo $r = 0$, no ponto Q, e meça OP e OQ. Como OQ corresponde a $|\Gamma| = 1$, então, em P,

$$|\Gamma| = \frac{OP}{OQ} = \frac{3,2 \text{ cm}}{9,1 \text{ cm}} = 0,3516$$

Note que $OP = 3,2$ cm e $OQ = 9,1$ cm foram obtidos da carta de Smith utilizada pelo autor. A carta de Smith da Figura 11.15 está reduzida. Entretanto, a razão OP/OQ se mantém a mesma.

O ângulo θ_Γ é lido diretamente na carta, como sendo o ângulo entre OS e OP, isto é,

$$\theta_\Gamma = \text{ângulo } POS = 56°$$

Portanto,

$$\Gamma = 0,3516 \underline{/56°}$$

(b) Para obter a razão de onda estacionária s, desenhe um círculo com raio OP centrado em O. Este é o círculo de s ou $|\Gamma|$ constante. Localize o ponto S, onde o círculo s encontra o eixo Γ_r. [Isso é facilmente obtido colocando $\Gamma_i = 0$ na equação (11.49a)]. O valor de r neste ponto é s, isto é,

$$s = r \text{ (para } r \geq 1)$$
$$= 2,1$$

(c) Para obter Z_{ent}, expresse, primeiro, ℓ em termos do comprimento de onda λ ou em graus.

$$\lambda = \frac{u}{f} = \frac{0,6 \, (3 \times 10^8)}{2 \times 10^6} = 90 \text{ m}$$

$$\ell = 30 \text{ m} = \frac{30}{90}\lambda = \frac{\lambda}{3} \rightarrow \frac{720°}{3} = 240°$$

Como λ corresponde a um movimento angular de $720°$ na carta, o comprimento da linha corresponde a um movimento angular de $240°$. Isso significa um movimento de $240°$ em direção ao gerador (ou de afastamento em relação à carga, no sentido horário) sobre o círculo s, a partir do ponto P em direção ao ponto G. Em G, obtemos

$$z_{ent} = 0,47 + j0,03$$

Portanto,

$$Z_{ent} = Z_o z_{ent} = 50 \, (0,47 + j0,03) = 23,5 + j1,5 \, \Omega$$

Embora os resultados obtidos utilizando a carta de Smith sejam aproximados, para fins de engenharia eles são suficientemente próximos aos obtidos, de forma exata, no Método 1. No entanto, uma calculadora moderna e acessível pode lidar com a álgebra complexa em menos tempo e com muito menos esforço do que é necessário na carta de Smith. O valor da carta de Smith é o que nos permite observar a variação de Z_{ent} a ℓ.

EXERCÍCIO PRÁTICO 11.4

Uma linha de transmissão sem perdas de 70 Ω tem $s = 1,6$ e $\theta_\Gamma = 300°$. Se a linha tem um comprimento de 0,6 λ, obtenha:

(a) Γ, $Z_C Z_{ent}$.
(b) a distância do primeiro mínimo de tensão à carga.

Resposta: (a) $0,228 \underline{/300°}$, $80,5 - j33,6 \, \Omega$, $47,6 - j17,5 \, \Omega$; (b) $\lambda/6$.

EXEMPLO 11.5 Uma carga de $100 + j150\ \Omega$ é conectada a uma linha de transmissão sem perdas de $75\ \Omega$. Encontre:
(a) Γ.
(b) s.
(c) A admitância da carga Y_L.
(d) Z_{ent} a $0,4\ \lambda$ da carga.
(e) A localização de $V_{máx}$ e $V_{mín}$ com relação à carga, se a linha tiver um comprimento de $0,6\ \lambda$;
(f) Z_{ent} no gerador.

Solução:

(a) Podemos usar a carta de Smith para resolver este problema. A impedância normalizada da carga é:

$$z_C = \frac{Z_C}{Z_o} = \frac{100 + j150}{75} = 1,33 + j2$$

Esta impedância está localizada no ponto P na carta de Smith, da Figura 11.16. Em P, obtemos:

$$|\Gamma| = \frac{OP}{OQ} = \frac{6\ \text{cm}}{9,1\ \text{cm}} = 0,659$$

$$\theta_\Gamma = \text{ângulo } POS = 40°$$

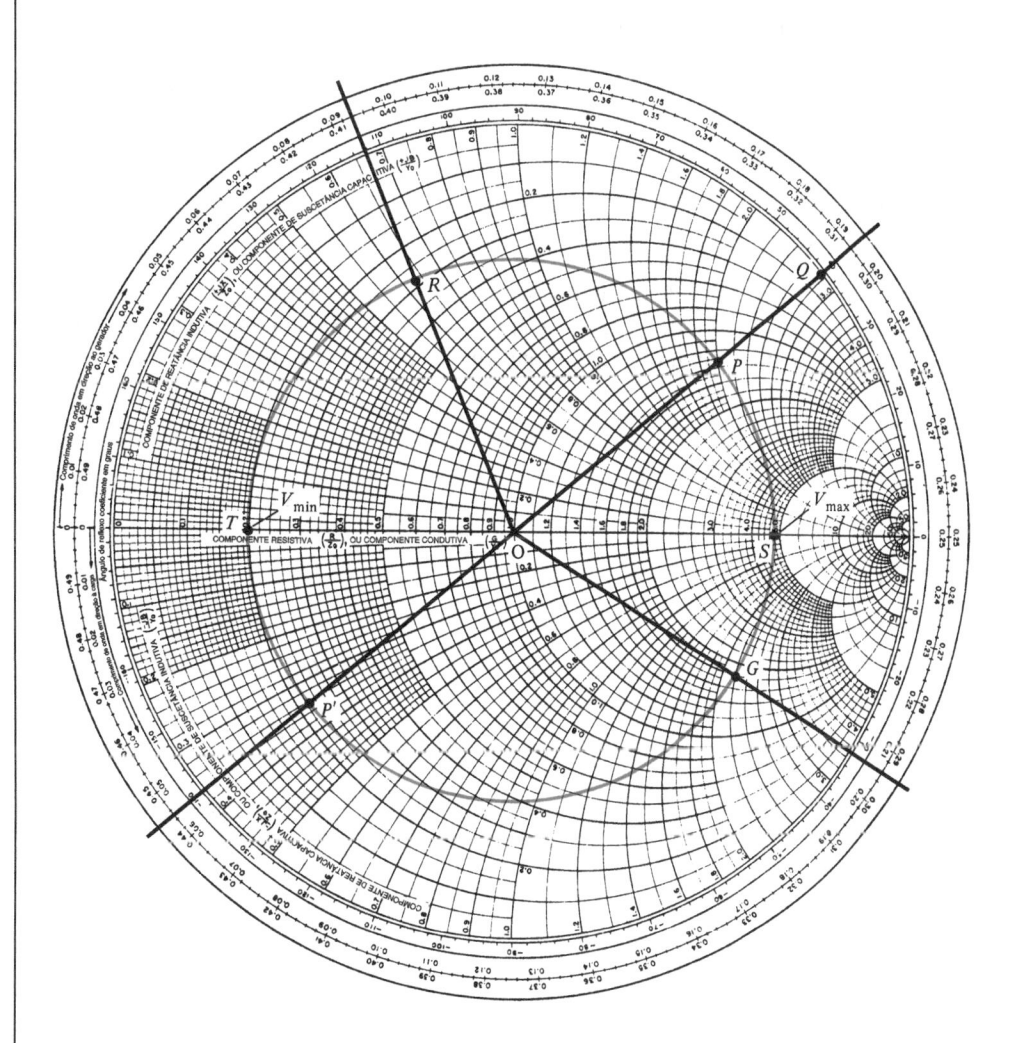

FIGURA 11.16 Carta de Smith referente ao Exemplo 11.5.

Portanto,
$$\Gamma = 0{,}659 \,\underline{/40°}$$

Conferindo:
$$\Gamma = \frac{Z_C - Z_o}{Z_C + Z_o} = \frac{100 + j150 - 75}{100 + j150 + 75}$$
$$= 0{,}659 \,\underline{/40°}$$

(b) Traçando o círculo s constante que passa por P, obtemos:
$$s = 4{,}82$$

Conferindo:
$$s = \frac{1 + |\Gamma|}{1 - |\Gamma|} = \frac{1 + 0{,}659}{1 - 0{,}659} = 4{,}865$$

(c) Para obtermos Y_L, prolongamos PO até POP', onde o círculo de s constante encontra POP'. Em P', obtemos
$$y_C = 0{,}228 - j0{,}35$$

A admitância na carga é:
$$Y_C = Y_o y_C = \frac{1}{75}(0{,}228 - j0{,}35) = 3{,}04 - j4{,}67 \text{ mS}$$

Conferindo:
$$Y_C = \frac{1}{Z_C} = \frac{1}{100 + j150} = 3{,}07 - j4{,}62 \text{ mS}$$

(d) A distância de $0{,}4\,\lambda$ corresponde a um movimento angular de $0{,}4 \times 720° = 288°$ no círculo de s constante. A partir de P, nos movemos $288°$ em direção ao gerador (no sentido horário) sobre o círculo s, para alcançarmos o ponto R. Em R, temos:
$$z_{ent} = 0{,}3 + j0{,}63$$

Portanto,
$$Z_{ent} = Z_o z_{ent} = 75\,(0{,}3 + j0{,}63)$$
$$= 22{,}5 + j47{,}25 \text{ }\Omega$$

Conferindo:
$$\beta\ell = \frac{2\pi}{\lambda}(0{,}4\lambda) = 360°\,(0{,}4) = 144°$$

$$Z_{ent} = Z_o \left[\frac{Z_C + jZ_o \text{ tg }\beta\ell}{Z_o + jZ_C \text{ tg }\beta\ell}\right]$$

$$= \frac{75\,(100 + j150 + j75 \text{ tg } 144°)}{[75 + j(100 + j150) \text{ tg } 144°]}$$

$$= 54{,}41\,\underline{/65{,}25°}$$

ou
$$Z_{ent} = 21{,}9 + j47{,}6 \text{ }\Omega$$

(e) A distância de 0,6 λ na linha de transmissão corresponde a um movimento angular de

$$0,6 \times 720° = 432° = 1 \text{ volta} + 72°$$

Portanto, partimos do ponto P (extremidade da linha onde fica a carga) e nos movemos 432° ao longo do círculo s, ou uma volta mais 72°, e alcançamos o ponto do gerador em G. Note que, para atingirmos G a partir de P, passamos uma vez por T (localização de $V_{\text{mín}}$) e duas vezes pelo ponto S (localização de $V_{\text{máx}}$). Portanto, partindo da carga,

$$\text{O primeiro } V_{\text{máx}} \text{ está localizado em } \frac{40°}{720°} \lambda = 0,055\lambda$$

$$\text{O segundo } V_{\text{máx}} \text{ está localizado em } 0,0555\lambda + \frac{\lambda}{2} = 0,555\lambda$$

e o único $V_{\text{mín}}$ está localizado em $0,055\lambda + \lambda/4 = 0,3055\lambda$

(f) Em G (extremidade do gerador):

$$z_{\text{ent}} = 1,8 - j2,2$$

$$Z_{\text{ent}} = 75(1,8 - j2,2) = 135 - j165 \, \Omega$$

Isto pode ser conferido usando a equação (11.34), onde $\beta\ell = \frac{2\pi}{\lambda}(0,6\lambda) = 216°$.

Com este exemplo, podemos verificar o trabalho e o tempo que é economizado pelo uso da carta de Smith.

EXERCÍCIO PRÁTICO 11.5

Uma linha de transmissão sem perdas de 60 Ω é terminada por uma carga de $60 + j60$ Ω.

(a) Encontre Γ e s. Se $Z_{\text{ent}} = 120 - j60$ Ω, qual é a distância (em comprimentos de onda) entre o gerador e a carga? Resolva sem a utilização da carta de Smith.

(b) Resolva o item (a) usando a carta de Smith. Calcule $Z_{\text{máx}}$ e $Z_{\text{ent,mín}}$. Qual é a distância (em comprimentos de onda) entre o primeiro máximo de tensão e a carga?

Resposta: (a) $0,4472\underline{/63,43°}$, 2,618, $\frac{\lambda}{8}(1 + 4n)$, $n = 0, 1, 2, \ldots$; (b) $0,4457\underline{/62°}$, 2,612, $\frac{\lambda}{8}(1 + 4n)$, 157,1 Ω, 22,92 Ω, 0,0861 λ.

11.6 ALGUMAS APLICAÇÕES DAS LINHAS DE TRANSMISSÃO

As linhas de transmissão são utilizadas para diversas finalidades. Vamos aqui considerar como as linhas de transmissão são usadas para realizar o casamento de impedâncias com uma carga e para medir impedâncias.

A. Transformador de quarto de onda (casamento)

Quando $Z_o \neq Z_C$ dizemos que a carga está *descasada* e existe uma onda refletida na linha. Entretanto, para transferência máxima de potência, é desejável que a carga esteja casada com a linha de transmissão ($Z_o = Z_C$), de tal maneira que não haja reflexão ($|\Gamma| = 0$ ou $s = 1$). O casamento é obtido usando seções curto-circuitadas de linhas de transmissão.

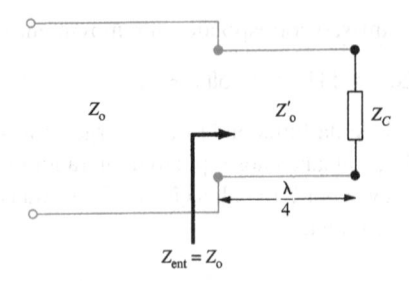

FIGURA 11.17 Casamento de impedâncias utilizando um transformador de λ/4.

Relembremos que, quando $\ell = \lambda/4$ ou $\beta\ell = (2\pi/\lambda)(\lambda/4) = \pi/2$, a equação (11.34) fica

$$Z_{ent} = Z_o \left[\frac{Z_C + jZ_o \operatorname{tg} \pi/2}{Z_o + jZ_C \operatorname{tg} \pi/2} \right] = \frac{Z_o^2}{Z_C} \qquad (11.56)$$

isto é,

$$\frac{Z_{ent}}{Z_o} = \frac{Z_o}{Z_C}$$

ou

$$z_{ent} = \frac{1}{z_C} \rightarrow y_{ent} = z_L \qquad (11.57)$$

Portanto, pela adição de uma linha de λ/4 na carta de Smith, obtemos a admitância de entrada correspondente a uma dada impedância de carga.

Também, uma carga descasada Z_C pode ser casada adequadamente com a linha (com impedância característica Z_o) pela inserção de uma linha de transmissão com o comprimento λ/4 (com uma impedância característica Z'_o) antes da carga, conforme mostrado na Figura 11.17. A seção λ/4 da linha de transmissão é denominada de *transformador de quarto de onda* porque é usada para casamento de impedâncias como um transformador comum. A partir da equação (11.56), Z'_o deve ser selecionada de tal maneira que ($Z_{ent} = Z_o$)

$$Z'_o = \sqrt{Z_o Z_C} \qquad (11.58)$$

onde Z'_o, Z_o e Z_C são todos reais. Por exemplo, se uma carga de 120 Ω deve ser casada a uma linha de 75 Ω, o transformador de quarto de onda deve ter uma impedância característica de $\sqrt{(75)(120)} \approx 95\ \Omega$. Este transformador de quarto de onda de 95 Ω também casará uma carga de 75 Ω a uma linha de 120 Ω. As configurações de ondas estacionárias para a tensão com e sem o transformador de quarto de onda estão mostradas na Figura 11.18(a) e (b), respectivamente. Desta figura, observamos que, embora ainda exista uma onda estacionária entre o transformador e a carga, não existe onda estacionária à esquerda do transformador devido ao casamento. Contudo, a onda refletida (ou onda estacionária) é eliminada somente no comprimento de onda (ou frequência) desejado; mesmo em um comprimento de onda um pouco diferente haverá reflexão. Portanto, a principal desvantagem do transformador de quarto de onda é que ele é um dispositivo de banda estreita, ou dispositivo sensível à frequência.

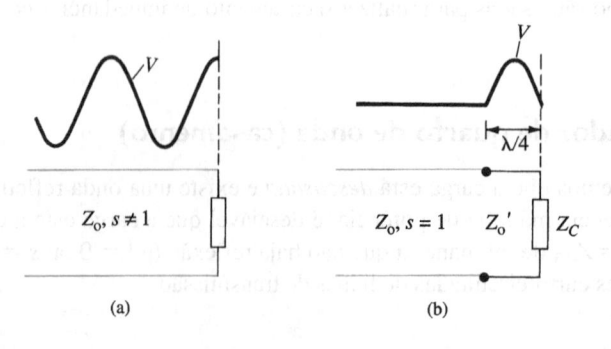

FIGURA 11.18 Configuração de onda estacionária de tensão para uma carga descasada: (**a**) sem um transformador de λ/4; (**b**) com um transformador de λ/4.

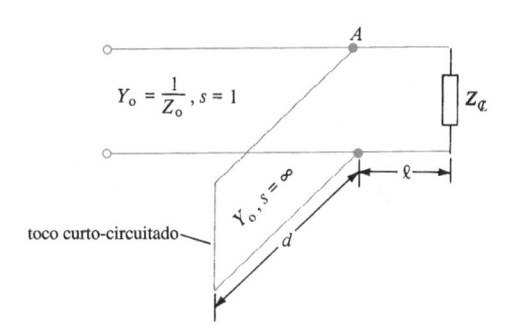

FIGURA 11.19 Casamento de impedâncias com um sintonizador de toco simples.

B. Sintonizador com toco simples (casamento)

A principal desvantagem do uso do transformador de quarto de onda como um dispositivo de casamento de impedâncias é eliminada pelo uso do sintonizador de *toco simples*. Conforme mostrado na Figura 11.19, o sintonizador consiste em uma seção de linha de transmissão de comprimento d, curto-circuitada ou em circuito aberto, conectada em paralelo com a linha principal a uma distância ℓ da carga. Note que a impedância característica do toco é igual à impedância da linha principal. É mais difícil utilizar um toco série, embora teoricamente possível. Um toco em circuito aberto irradia parte da energia em altas frequências. Consequentemente, os tocos curto-circuitados e em paralelo com a linha são os mais usados.

Como o objetivo é fazer $Z_{ent} = Z_o$, isto é, $z_{ent} = 1$ ou $y_{ent} = 1$ no ponto A da linha, primeiro traçamos o círculo $y = 1 + jb$ (círculo com $r = 1$) na carta de Smith, conforme mostrado na Figura 11.20. Se um toco em paralelo de admitância $y_s = -jb$ é introduzido no ponto A, então,

$$y_{ent} = 1 + jb + y_s = 1 + jb - jb = 1 + j0 \tag{11.59}$$

conforme desejado. Dois valores de ℓ ($< \lambda/2$) podem ser obtidos, pois b pode ser positivo ou negativo. Em A, $y_s = -jb$, $\ell = \ell_A$ e, em B, $y_s = jb$, $\ell = \ell_B$, conforme mostrado na Figura 11.20. Devido ao fato de que o toco é curto-circuitado ($y'_C = \infty$), determinamos o comprimento d do mesmo pela distância de P_{CC} (onde $z'_C = 0 + j0$) até a admitância desejada y_s. Para o toco em A, obtemos $d = d_A$ como sendo a distância de P_{CC} até A', onde A' corresponde a $y_s = -jb$, o qual está localizado na periferia da carta, conforme Figura 11.20. De forma semelhante, obtemos $d = d_B$ como sendo a distância de P_{CC} a B' ($y_s = jb$).

Portanto, obtemos $d = d_A$ e $d = d_B$, correspondendo a A e B, respectivamente, conforme mostrado na Figura 11.20. Note que sempre teremos $d_A + d_B = \lambda/2$. Como temos dois possíveis tocos curto-circuitados, normalmente é escolhido o mais curto ou o que está mais próximo da carga. No lugar de um toco simples, pode também ser utilizado um toco duplo. Isso é chamado *casamento com duplo toco*, o qual permite o ajuste da impedância da carga.

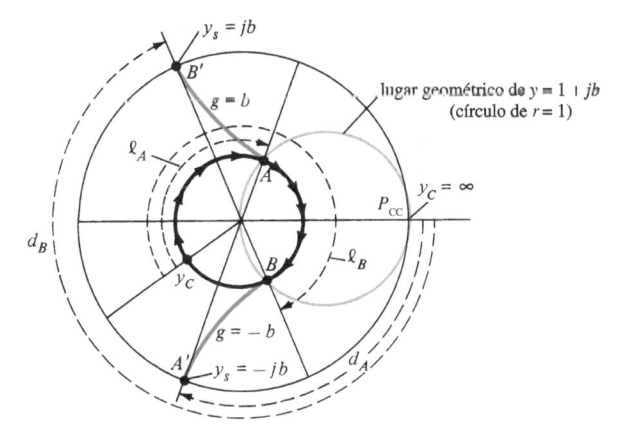

FIGURA 11.20 Utilização da carta de Smith para determinar ℓ e d para um sintonizador de toco simples curto-circuitado.

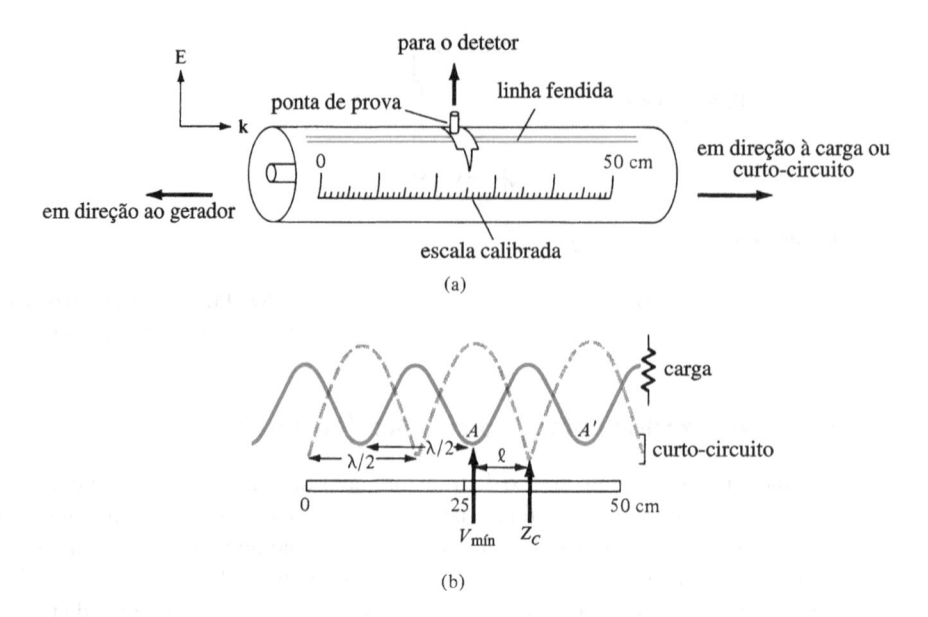

FIGURA 11.21 (a) Linha fendida típica; (b) determinação da localização da carga Z_C e $V_{mín}$ na linha de transmissão.

C. Linha fendida (medida de impedâncias)

As medidas de corrente e tensão em altas frequências são muito difíceis de serem realizadas porque os dispositivos de medida adquirem dimensões apreciáveis e todo o circuito torna-se uma linha de transmissão. A linha fendida é um dispositivo simples, utilizado na determinação da impedância de uma carga desconhecida em altas frequências, operando até a região de gigahertz. Ela consiste em uma seção de linha de transmissão que usa o ar como dielétrico (sem perdas), com uma fenda no condutor externo, conforme mostrado na Figura 11.21. A linha tem uma ponta de prova paralela ao campo **E** (veja Figura 11.4), que capta uma amostra do campo **E** e, consequentemente, mede a diferença de potencial entre a ponta de prova e o condutor externo.

A linha fendida é usada, principalmente, em conjunto com a carta de Smith para determinar a relação de onda estacionária s (a razão entre a tensão máxima e a tensão mínima) e a impedância de carga Z_C. O valor de s pode ser lido diretamente no medidor do detector quando a carga está conectada. Para determinarmos Z_C substituímos, inicialmente, a carga por um curto-circuito e anotamos as posições dos mínimos de tensão (os quais são determinados com maior precisão que os máximos de tensão) na escala calibrada. Como os valores de impedância se repetem a cada meio comprimento de onda, quaisquer mínimos podem ser selecionados como ponto de referência da carga. Determinamos, agora, a distância do ponto de referência selecionado até a carga, substituindo o curto-circuito pela carga e anotando as novas posições dos mínimos de tensão. A distância ℓ (distância de $V_{mín}$ até a carga), expressa em termos de λ, é usada para localizar a posição da carga em um círculo s da carta, conforme mostrado na Figura 11.22.

O procedimento envolvido na utilização da linha fendida é resumido a seguir:

1. Com carga conectada, leia o valor de s no medidor do detector. Com o valor de s conhecido, trace o círculo s na carta de Smith.
2. Com a carga substituída por um curto-circuito, localize o ponto de referência Z_C em um ponto mínimo de tensão.
3. Com a carga novamente conectada na linha anote a posição de $V_{mín}$ e determine ℓ.
4. Marque, na carta de Smith, uma distância ℓ a partir de $V_{mín}$ na direção da carga. Encontre o valor de Z_C neste ponto.

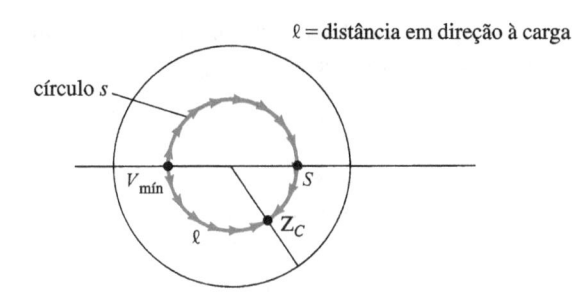

FIGURA 11.22 Determinação da impedância de carga com a carta de Smith utilizando dados obtidos com a linha fendida.

EXEMPLO 11.6

Com uma carga desconhecida conectada a uma linha fendida no ar, é medido um valor de $s = 2$, pelo indicador de ondas estacionárias, e são observados mínimos de tensão em 11 cm, 19 cm,.... Quando a carga é substituída por um curto, os mínimos passam para 16 cm, 24 cm,.... Se $Z_0 = 50\,\Omega$, determine λ, f e Z_C.

Solução:

Consideremos a configuração de ondas estacionárias mostrada na Figura 11.23(a). Nesta figura, observamos que:

$$\frac{\lambda}{2} = 19 - 11 = 8\text{ cm} \quad \text{ou} \quad \lambda = 16\text{ cm}$$

$$f = \frac{u}{\lambda} = \frac{3 \times 10^8}{16 \times 10^{-2}} = 1{,}875\text{ GHz}$$

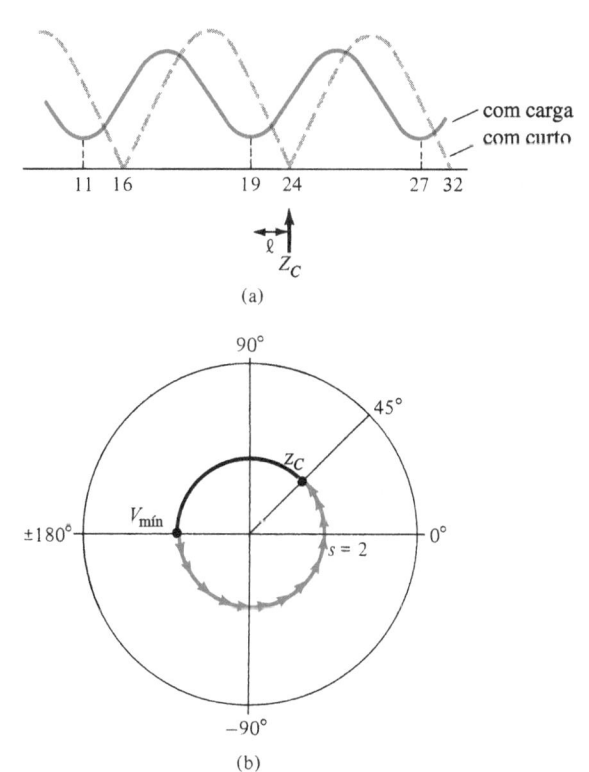

FIGURA 11.23 Determinação de Z_C usando uma linha fendida: (**a**) configuração de ondas estacionárias; (**b**) carta de Smith para o Exemplo 11.6.

Do ponto de vista elétrico, a carga pode estar localizada em 16 cm ou 24 cm. Se assumimos que a carga está em 24 cm, a carga estará a uma distância ℓ de $V_{mín}$, onde:

$$\ell = 24 - 19 = 5 \text{ cm} = \frac{5}{16}\lambda = 0,3125\,\lambda$$

Isto corresponde a um movimento angular de $0,3125 \times 720° = 225°$ no círculo de $s = 2$. Partindo da localização de $V_{mín}$ e movendo $225°$ em direção à carga (sentido anti-horário), alcançamos a posição de z_C, conforme ilustrado na Figura 11.23(b). Portanto,

$$z_C = 1,4 + j0,75$$

e

$$Z_C = Z_o z_C = 50\,(1,4 + j0,75) = 70 + j37,5\ \Omega$$

EXERCÍCIO PRÁTICO 11.6

As seguintes medidas foram obtidas usando a técnica da linha fendida: com carga, $s = 1,8$, $V_{máx}$ ocorreu em 23 cm, 33,5 cm,...; com curto-circuito, $s = \infty$, $V_{máx}$ ocorreu em 25 cm, 37,5 cm,.... Se $Z_o = 50\ \Omega$, determine Z_C.

Resposta: $32,5 - j17,5\ \Omega$.

EXEMPLO 11.7

Uma antena com impedância de $40 + j30\ \Omega$ deve ser casada a uma linha de transmissão sem perdas de $100\ \Omega$, com um toco curto-circuitado. Determine:

(a) a admitância necessária do toco;
(b) a distância entre o toco e a antena;
(c) o comprimento do toco;
(d) a razão de onda estacionária em cada parte do sistema.

Solução:

(a) $z_C = \dfrac{Z_C}{Z_o} = \dfrac{40 + j30}{100} = 0,4 + j0,3$

Localize z_C na carta de Smith, conforme a Figura 11.24, e trace o círculo s tal que y_C possa estar localizado em posição diametralmente oposta a z_C. Portanto, $y_C = 1,6 - j1,2$. Alternativamente, podemos encontrar y_C usando:

$$y_C = \frac{Z_o}{Z_C} = \frac{100}{40 + j30} = 1,6 - j1,2$$

Localize os pontos A e B onde o círculo s intercepta o círculo de $g = 1$. Em A, $y_s = -j1,04$ e, em B, $y_s = +j1,04$. Portanto, a admitância necessária do toco é:

$$Y_s = Y_o y_s = \pm j1,04\,\frac{1}{100} = \pm j10,4\ \text{mS}$$

Tanto $j10,4$ mS quanto $-j10,4$ mS são valores possíveis.

(b) A partir da Figura 11.24, determinamos a distância entre a carga (neste caso a antena) y_C e o toco. Em A:

$$\ell_A = \frac{\lambda}{2} - \frac{(62° - -39°)\lambda}{720°} = 0,36\lambda$$

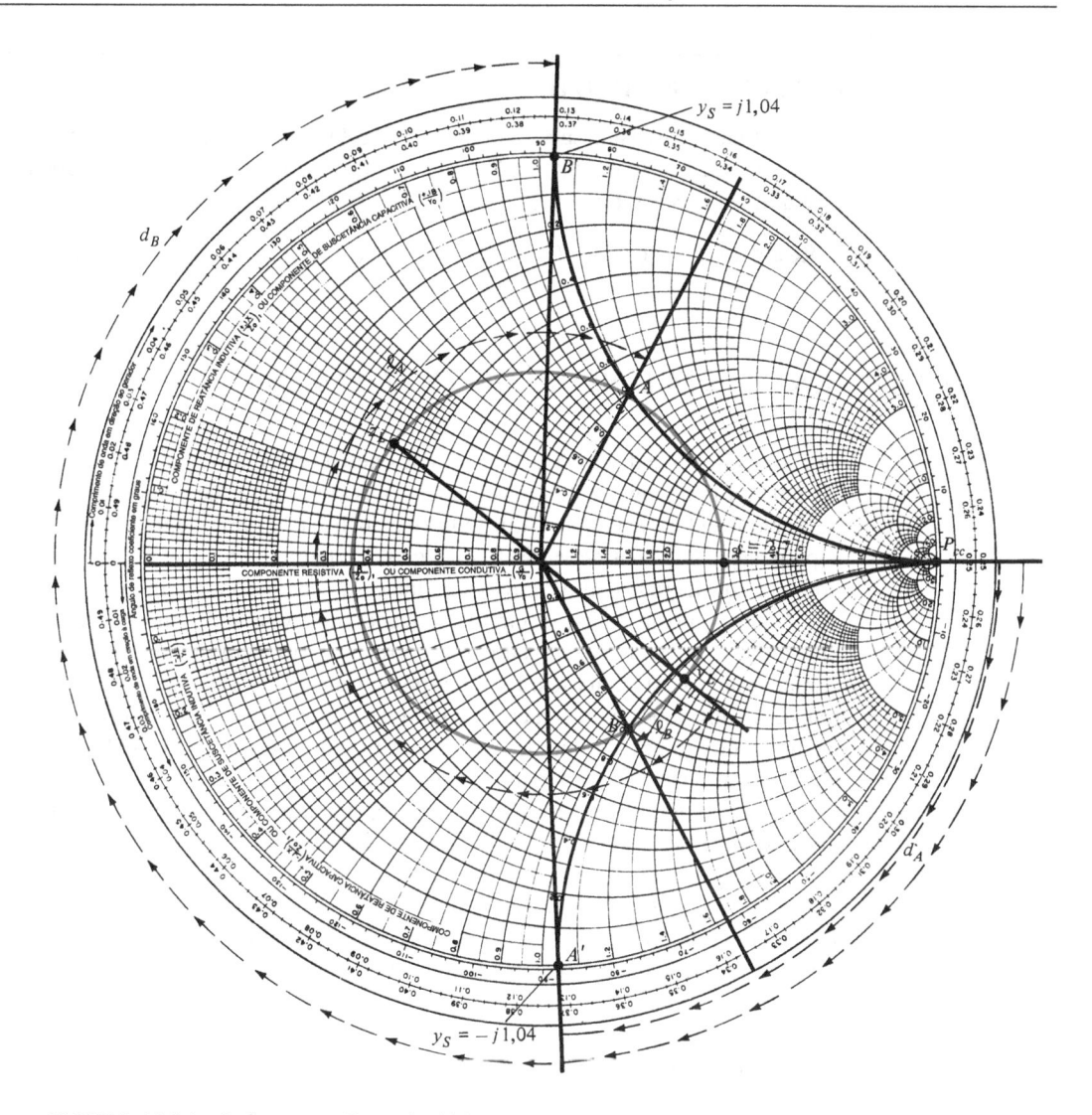

FIGURA 11.24 Referente ao Exemplo 11.7.

Em B:

$$\ell_B = \frac{(62° - 39°)\lambda}{720°} = 0{,}032\lambda$$

(c) Localize os pontos A' e B' correspondendo, respectivamente, às admitâncias $-j1{,}04$ e $j1{,}04$ do toco. Determine o comprimento do toco (distância de P_{CC} a A' e a B'):

$$d_A = \frac{88°}{720°}\lambda = 0{,}1222\lambda$$

$$d_B = \frac{272\lambda°}{720°} = 0{,}3778\lambda$$

Note que $d_A + d_B = 0{,}5\,\lambda$, como esperado.

(d) Da Figura 11.24, $s = 2{,}7$. Esta é a razão de onda estacionária no segmento da linha que fica entre o toco e a carga (veja Figura 11.18). Porque a linha é casada, $s = 1$ à esquerda do toco e, porque o toco é curto-circuitado, $s = \infty$ no toco.

EXERCÍCIO PRÁTICO 11.7

Uma linha de transmissão sem perdas de 75 Ω deve ser casada a uma carga de 100 − j80 Ω com um toco curto-circuitado. Calcule o comprimento do toco, a sua distância da carga e a sua admitância necessária.

Resposta: $\ell_A = 0{,}093\lambda$, $\ell_B = 0{,}272\lambda$, $d_A = 0{,}126\lambda$, $d_B = 0{,}374\lambda$, $\pm j12{,}67$ mS.

†11.7 TRANSIENTES EM LINHAS DE TRANSMISSÃO

Até aqui, em nossa discussão, consideramos que uma linha de transmissão opera em uma frequência única. Em algumas aplicações práticas, tais como redes de computadores, sinais pulsados podem ser enviados pela linha. Utilizando-se a análise de Fourier, um pulso pode ser visto como uma superposição de ondas de várias frequências. Portanto, o envio de um sinal pulsado em uma linha pode ser considerado como o envio simultâneo de ondas com diferentes frequências.

Assim como na análise de circuitos, quando um gerador de pulsos ou uma bateria, conectado a uma linha de transmissão, é ligado, transcorre um certo tempo até que a corrente e a tensão na linha atinjam valores estacionários. Esse tempo de transição é chamado *transiente*. O comportamento transiente, logo após o fechamento de um interruptor (ou devido à uma descarga elétrica), é usualmente analisado no domínio de frequências usando transformadas de Laplace. Por conveniência, vamos tratar o problema no domínio do tempo.

Considere uma linha sem perdas de comprimento ℓ e impedância característica Z_o, conforme mostrado na Figura 11.25(a). Suponha que a linha é acionada por um gerador de pulsos de tensão V_g, com impedância interna Z_g, localizado em $z = 0$, e terminada por uma carga Z_C puramente resistiva. No instante $t = 0$ em que o interruptor é fechado, a corrente de partida "enxerga" somente Z_g e Z_o. Portanto, a situação inicial pode ser descrita pelo circuito equivalente da Figura 11.25(b). Desta figura, a corrente de partida em $z = 0$ e $t = 0^+$ é dada por

$$I(0, 0^+) = I_o = \frac{V_g}{Z_g + Z_o} \tag{11.60}$$

e a tensão inicial é

$$V(0, 0^+) = V_o = I_o Z_o = \frac{Z_o}{Z_g + Z_o} V_g \tag{11.61}$$

Depois que o interruptor é fechado, as ondas $I^+ = I_o$ e $V^+ = V_o$ se propagam em direção à carga com velocidade

$$u = \frac{1}{\sqrt{LC}} \tag{11.62}$$

Como esta velocidade é finita, transcorre um certo tempo para que a onda, que se propaga no sentido positivo, alcance a carga e com ela interaja. A presença da carga não tem qualquer efeito sobre as ondas antes de transcorrer o tempo de trânsito, dado por

$$t_1 = \frac{\ell}{u} \tag{11.63}$$

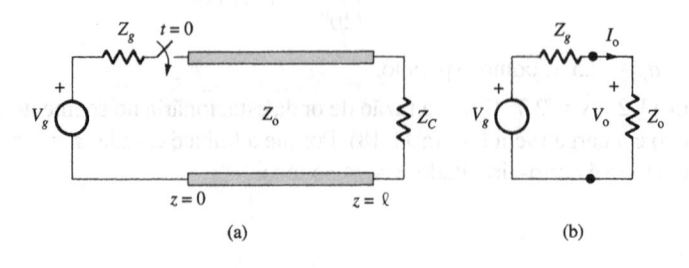

FIGURA 11.25 Transientes em uma linha de transmissão: (**a**) linha acionada por um gerador de pulsos; (**b**) circuito equivalente para $z = 0$ e $t = 0^+$.

Depois de t_1 segundos, as ondas alcançam a carga. A tensão (ou corrente) na carga é a soma das ondas de tensão (ou de corrente) incidente e refletida. Portanto,

$$V(\ell, t_1) = V^+ + V^- = V_o + \Gamma_C V_o = (1 + \Gamma_C)V_o \tag{11.64}$$

e

$$I(\ell, t_1) = I^+ + I^- = I_o - \Gamma_C I_o = (1 - \Gamma_C)I_o \tag{11.65}$$

onde Γ_C é o coeficiente de reflexão na carga dado pela equação (11.36), isto é,

$$\Gamma_C = \frac{Z_C - Z_o}{Z_C + Z_o} \tag{11.66}$$

As ondas refletidas $V^- = \Gamma_C V_o$ e $I^- = -\Gamma_C I_o$ viajam de volta para o gerador, adicionando-se às ondas V_o e I_o já existentes na linha. No tempo $t = 2t_1$, as ondas refletidas alcançam o gerador. Portanto,

$$V(0, 2t_1) = V^+ + V^- = \Gamma_G \Gamma_C V_o + (1 + \Gamma_C)V_o$$

ou

$$V(0, 2t_1) = (1 + \Gamma_C + \Gamma_G \Gamma_C)V_o \tag{11.67}$$

e

$$I(0, 2t_1) = I^+ + I^- = -\Gamma_G(-\Gamma_C I_o) + (1 - \Gamma_C)I_o$$

ou

$$I(0, 2t_1) = (1 - \Gamma_C + \Gamma_C \Gamma_G)I_o \tag{11.68}$$

onde Γ_G é o coeficiente de reflexão no gerador, dado por

$$\Gamma_G = \frac{Z_g - Z_o}{Z_g + Z_o} \tag{11.69}$$

Novamente, as ondas refletidas (na extremidade do gerador) $V^+ = \Gamma_G \Gamma_C V_o$ e $I^+ = \Gamma_G \Gamma_C I_o$ se propagam em direção à carga, continuando o processo até que toda a energia do pulso seja absorvida pelos resistores Z_g e Z_C.

Em vez de acompanhar as ondas de tensão e de corrente de ida e de volta, é mais fácil levar em consideração as reflexões utilizando *diagramas de saltos,* também conhecidos como *diagramas de tela*. O diagrama de saltos consiste em uma linha em zigue-zague indicando a posição da onda de tensão (ou de corrente) em relação à extremidade do gerador, conforme mostrado na Figura 11.26. No diagrama de saltos, a tensão (ou a corrente), em qualquer instante de tempo, pode ser determinada pela soma dos valores que aparecem no diagrama, acima daquele tempo.

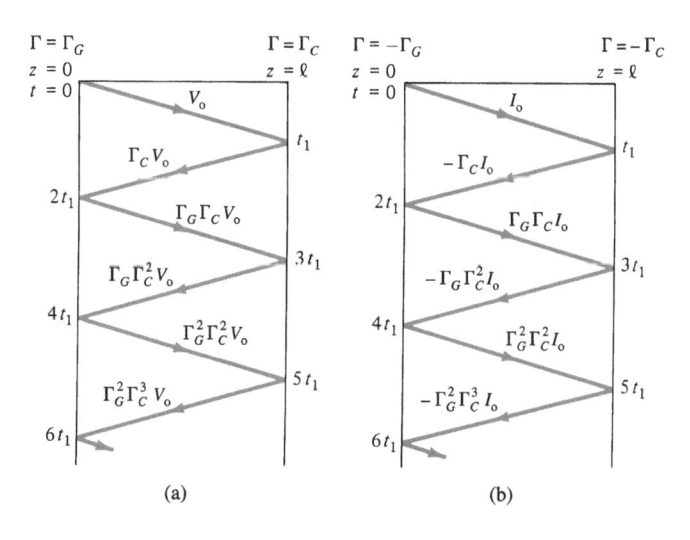

FIGURA 11.26 Diagrama de saltos para: (**a**) uma onda de tensão e (**b**) uma onda de corrente.

EXEMPLO 11.8

Para a linha de transmissão da Figura 11.27, calcule e trace:

(a) A tensão nas extremidades da carga e do gerador para $0 < t < 6$ μs;
(b) A corrente nas extremidades da carga e do gerador para $0 < t < 6$ μs.

Solução:

(a) Primeiro, calculamos os coeficientes de reflexão da tensão no gerador e na carga.

$$\Gamma_G = \frac{Z_g - Z_o}{Z_g + Z_o} = \frac{100 - 50}{100 + 50} = \frac{1}{3}$$

$$\Gamma_C = \frac{Z_C - Z_o}{Z_C + Z_o} = \frac{200 - 50}{200 + 50} = \frac{3}{5}$$

O tempo de trânsito $t_1 = \dfrac{\ell}{u} = \dfrac{100}{10^8} = 1$ μs.

A tensão inicial na extremidade do gerador é

$$V_o = \frac{Z_o}{Z_o + Z_g} V_g = \frac{50}{150}(12) = 4 \text{ V}$$

Os 4 volts são enviados para a carga. A subida do pulso chega na carga em $t = t_1 = 1$ μs. Uma parte do pulso, $4(3/5) = 2,4$ V, é refletida de volta e alcança o gerador em $t = 2t_1 = 2$ μs. No gerador, $2,4(1/3) = 0,8$ é refletido e o processo continua. Todo o processo é melhor ilustrado pelo diagrama de saltos da tensão da Figura 11.28.

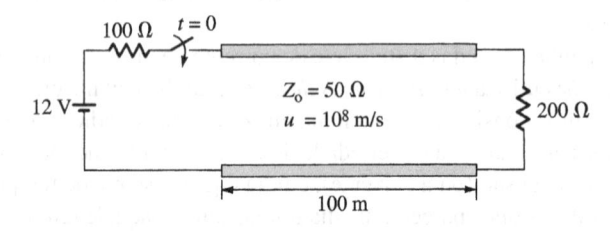

FIGURA 11.27 Referente ao Exemplo 11.8(a).

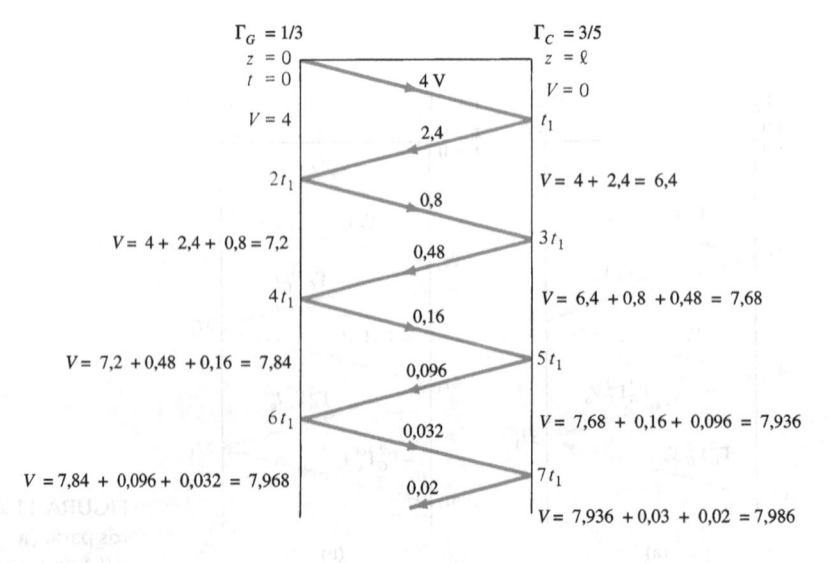

FIGURA 11.28 Diagrama de saltos da tensão referente ao Exemplo 11.8.

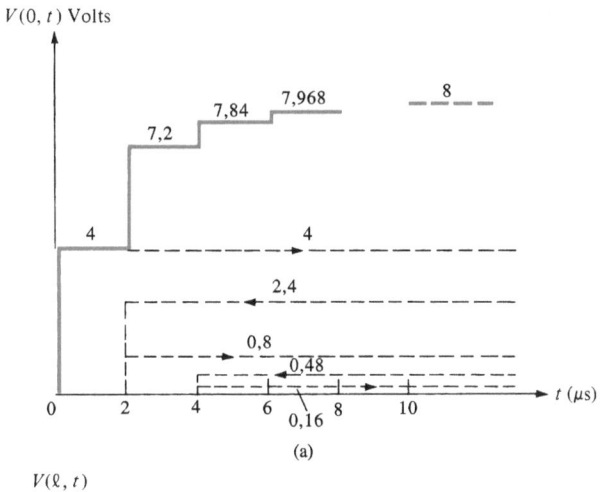

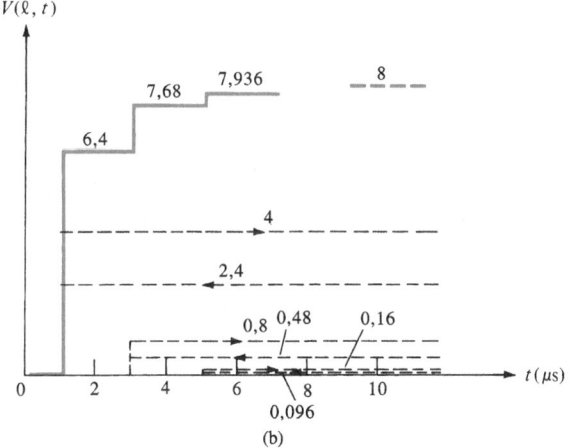

FIGURA 11.29 Tensão (fora de escala): (**a**) na extremidade do gerador; (**b**) na extremidade da carga.

Do diagrama de saltos, podemos representar $V(0, t)$ e $V(\ell, t)$ em função do tempo, conforme mostrado na Figura 11.29. Da Figura 11.29, note que, conforme $t \to \infty$, as tensões tendem para o valor assintótico:

$$V_\infty = \frac{Z_C}{Z_C + Z_g} V_g = \frac{200}{300}(12) = 8 \text{ V}$$

Este resultado é esperado pela observação dos circuitos equivalentes para $t = 0$ e $t = \infty$, apresentados na Figura 11.30 (para a demonstração, veja o Problema 11.46).

(b) Os coeficientes de reflexão da corrente nas extremidades do gerador e da carga são, respectivamente, $-\Gamma_G = -1/3$ e $-\Gamma_C = -3/5$. A corrente inicial é

$$I_o = \frac{V_o}{Z_o} = \frac{4}{50} = 80 \text{ mA}$$

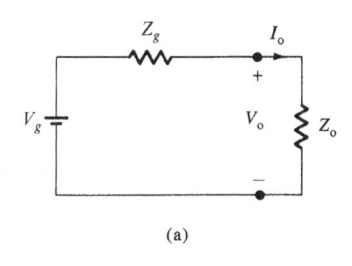

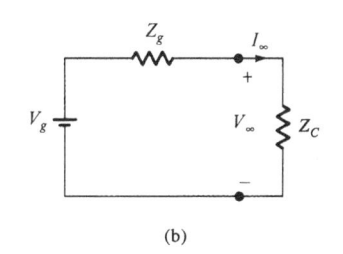

FIGURA 11.30 Circuitos equivalentes para a linha da Figura 11.27 em: (**a**) $t = 0$ e (**b**) $t = \infty$.

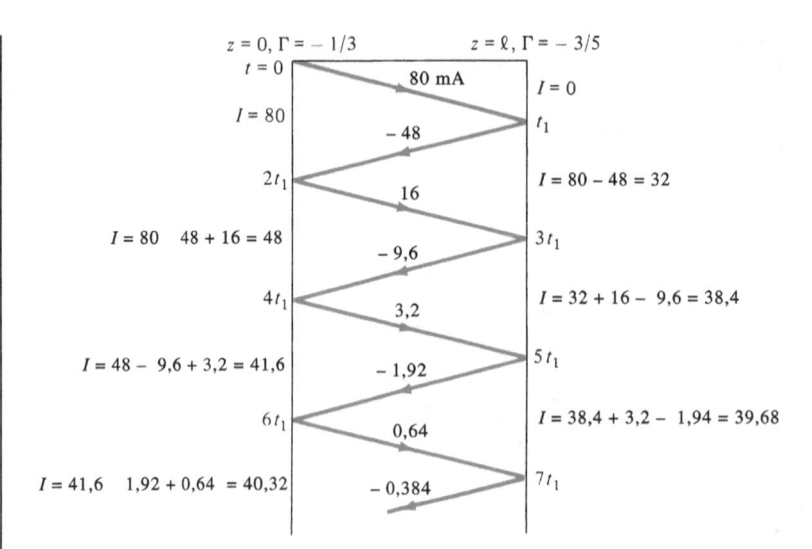

FIGURA 11.31 Diagrama de saltos da corrente para o Exemplo 11.8.

Novamente, $I(0, t)$ e $I(\ell, t)$ são facilmente obtidas do diagrama de saltos da corrente, conforme mostrado na Figura 11.31. Estas correntes são representadas na Figura 11.32. Note que $I(\ell, t) = V(\ell, t)/Z_C$. Portanto, a Figura 11.32(b) pode ser obtida tanto do diagrama de saltos da corrente da Figura 11.31 como pelo reescalonamento da Figura 11.29(b) através do fator $1/Z_C = 1/200$. Note que, a partir das Figuras 11.30(b) e 11.32, as correntes tendem para o valor assintótico:

$$I_\infty = \frac{V_g}{Z_g + Z_C} = \frac{12}{300} = 40 \text{ mA}.$$

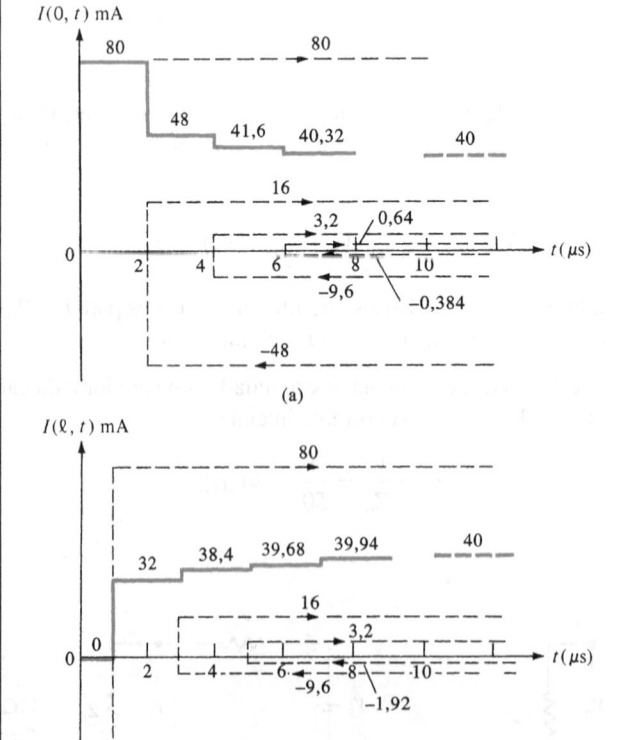

FIGURA 11.32 Corrente (fora de escala): (**a**) na extremidade do gerador; (**b**) na extremidade da carga, referente ao Exemplo 11.8.

EXERCÍCIO PRÁTICO 11.8

Repita o Exemplo 11.8 para o caso em que a linha de transmissão está:
(a) curto-circuitada.
(b) em circuito aberto.

Resposta: (a) Veja Figura 11.33   (b) Veja Figura 11.34.

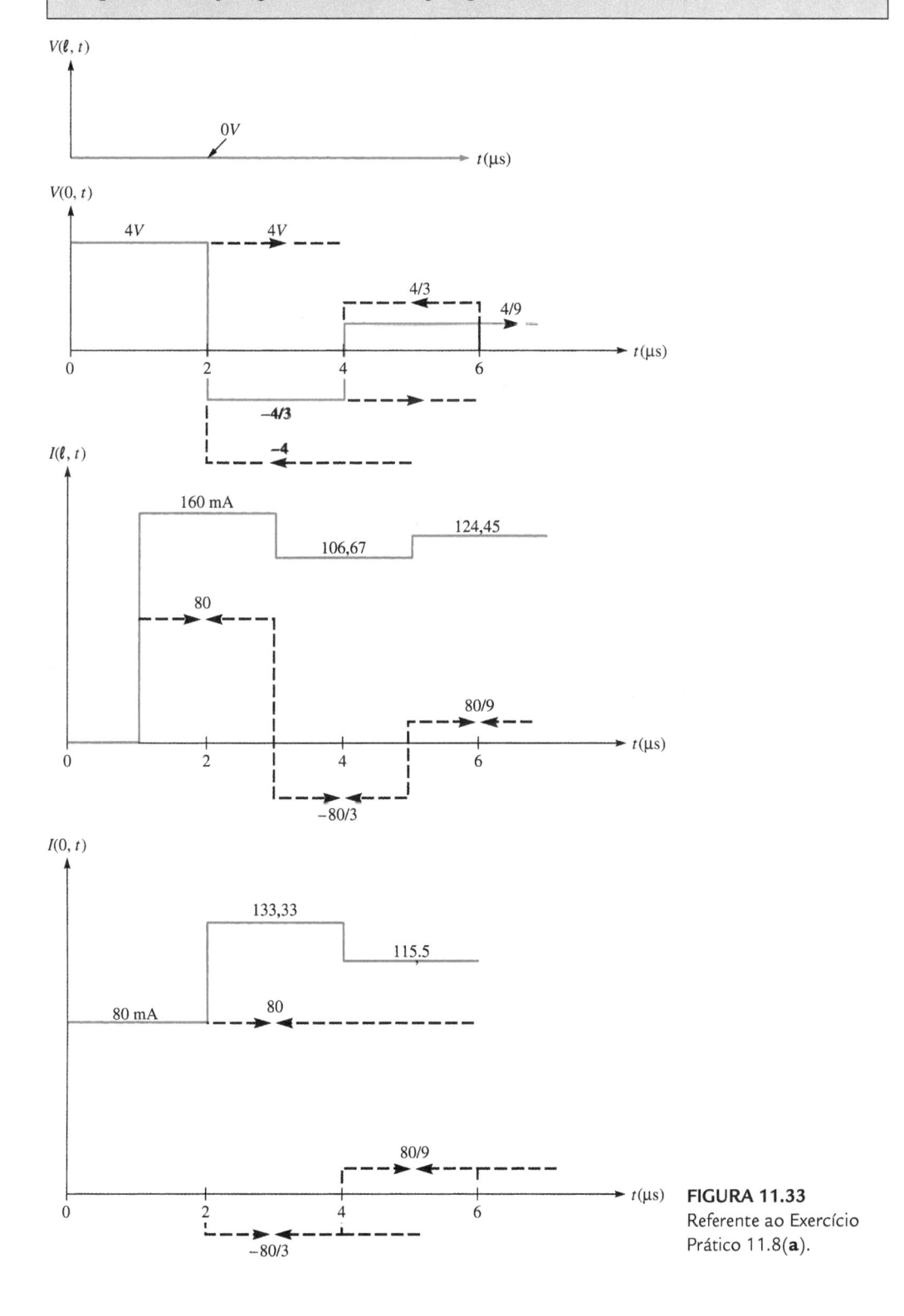

FIGURA 11.33
Referente ao Exercício Prático 11.8(**a**).

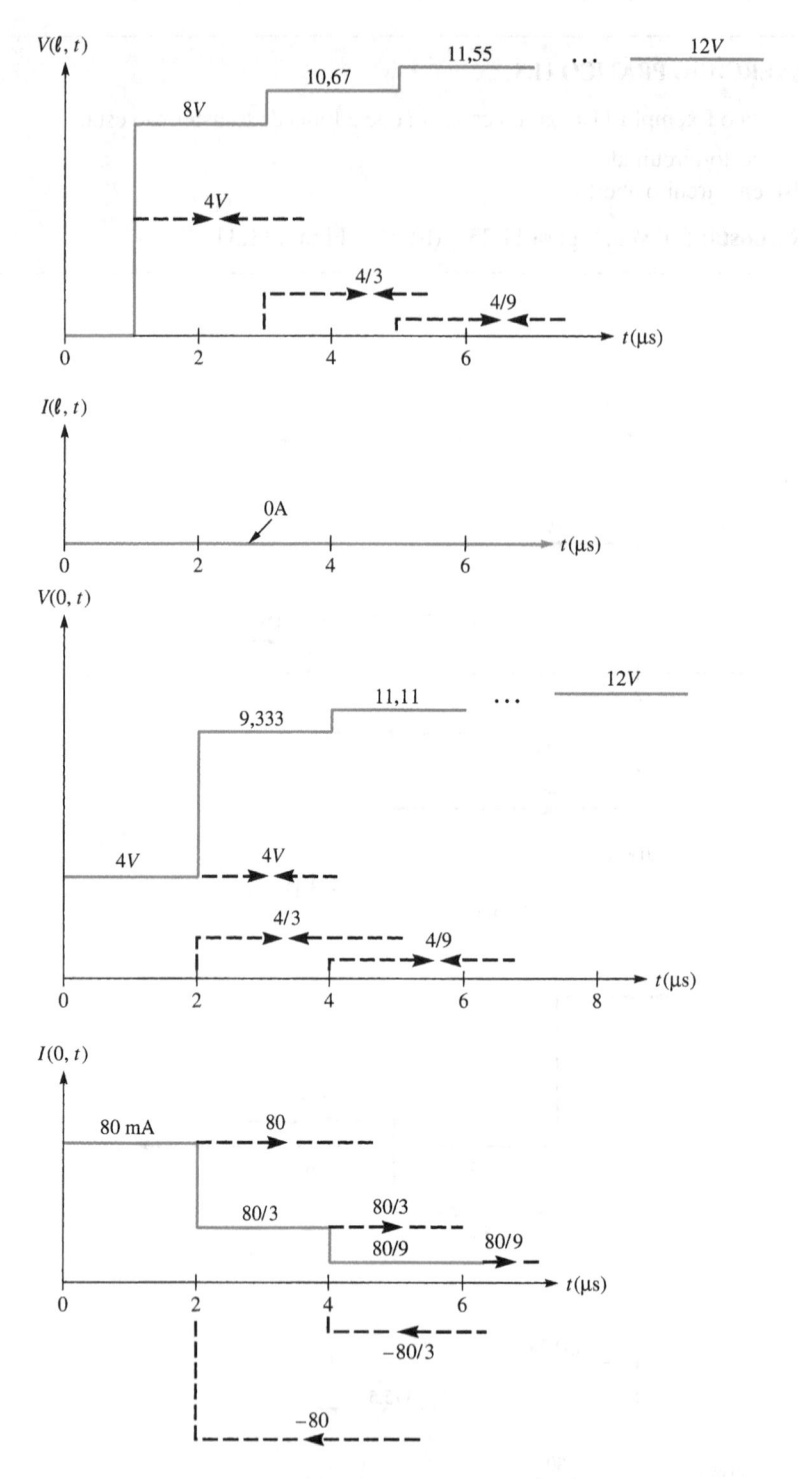

FIGURA 11.34 Referente ao Exercício Prático 11.8(**b**).

EXEMPLO 11.9

Uma linha de transmissão de 75 Ω e 60 m de comprimento é terminada por uma carga de 100 Ω. Se um pulso retangular de 5 μs de largura e 4 V de amplitude é enviado por um gerador conectado à linha, represente $I(0, t)$ e $I(\ell, t)$ para $0 < t < 15$ μs. Tome $Z_g = 25$ Ω e $u = 0,1c$.

Solução:

No exemplo anterior, ao ser ligada a bateria, é gerado na linha um degrau unitário, um pulso com largura infinita. Neste exemplo, o pulso tem um largura finita de 5 μs. Vamos, primeiro, calcular os coeficientes de reflexão da tensão:

$$\Gamma_G = \frac{Z_g - Z_o}{Z_g + Z_o} = -\frac{1}{2}$$

$$\Gamma_C = \frac{Z_C - Z_o}{Z_C + Z_o} = \frac{1}{7}$$

A tensão inicial e o tempo de trânsito são dados por

$$V_o = \frac{Z_o}{Z_o + Z_g} V_g = \frac{75}{100}(4) = 3 \text{ V}$$

$$t_1 = \frac{\ell}{u} = \frac{60}{0,1 \,(3 \times 10^8)} = 2 \text{ μs}$$

O tempo que V_o leva para ir e voltar é $2t_1 = 4$ μs, que é menor que a duração do pulso de 5 μs. Portanto, haverá superposição.

Os coeficientes de reflexão da corrente são:

$$-\Gamma_C = -\frac{1}{7} \quad \text{e} \quad -\Gamma_G = \frac{1}{2}$$

A corrente inicial é $I_o = \dfrac{V_g}{Z_g + Z_o} = \dfrac{4}{100} = 40$ mA.

Se i e r representam, respectivamente, os pulsos incidente e refletido, na extremidade do gerador teremos,

$$0 < t < 5 \text{ μs}, \quad I_r = I_o = 40 \text{ mA}$$

$$4 < t < 9, \quad I_i = -\frac{1}{7}(40) = -5{,}714$$

$$I_r = \frac{1}{2}(-5{,}714) = -2{,}857$$

$$8 < t < 13, \quad I_i = -\frac{1}{7}(-2{,}857) = 0{,}4082$$

$$I_r = \frac{1}{2}(0{,}4082) = 0{,}2041$$

$$12 < t < 17, \quad I_i = -\frac{1}{7}(0{,}2041) = -0{,}0292$$

$$I_r = \frac{1}{2}(-0{,}0292) = -0{,}0146$$

e, assim, sucessivamente. Assim, o gráfico de $I(0, t)$ contra t é apresentado na Figura 11.35(a).

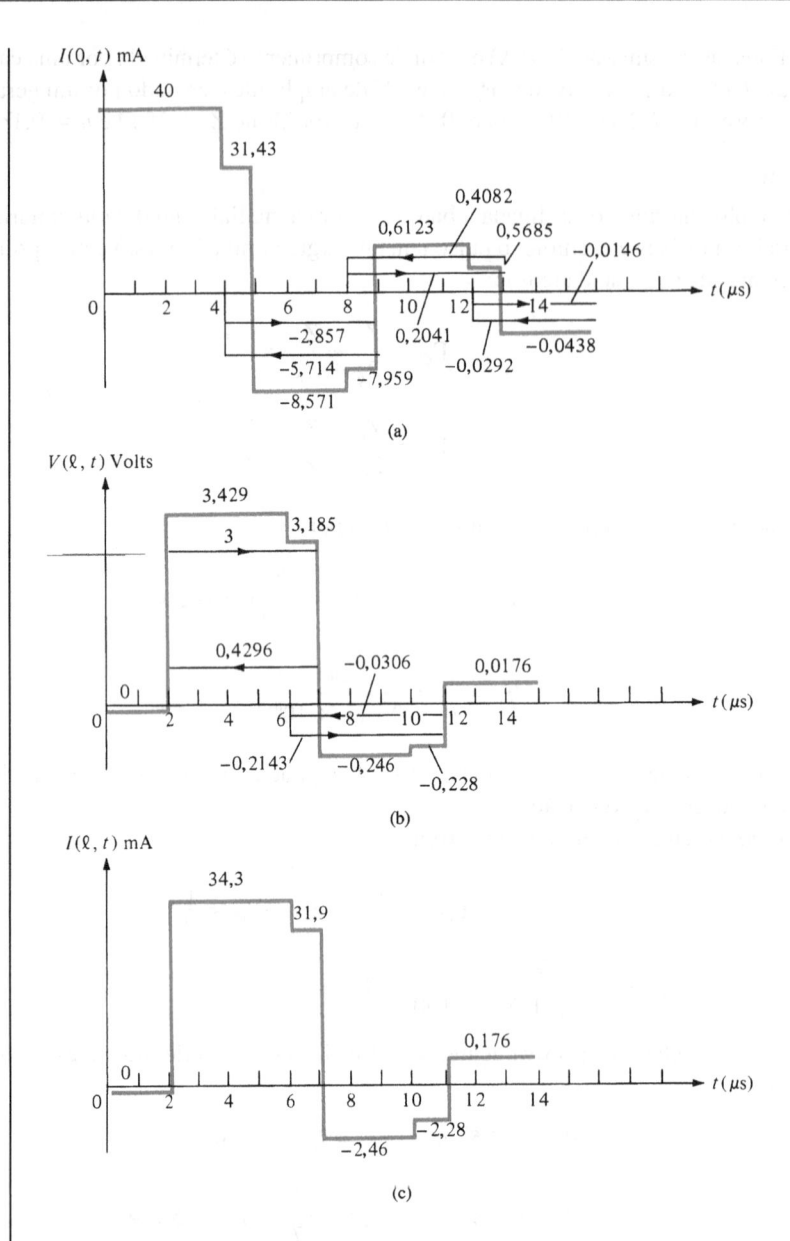

FIGURA 11.35 Referente ao Exemplo 11.9 (fora de escala).

Na extremidade da carga,

$$0 < t < 2\ \mu s, \quad V = 0$$

$$2 < t < 7, \quad V_i = 3$$

$$V_r = \frac{1}{7}(3) = 0{,}4296$$

$$6 < t < 11, \quad V_i = -\frac{1}{2}(0{,}4296) = -0{,}2143$$

$$V_r = \frac{1}{7}(-0{,}2143) = -0{,}0306$$

$$10 < t < 14, \quad V_i = -\frac{1}{2}(-0{,}0306) = 0{,}0154$$

$$V_r = \frac{1}{7}(0{,}0154) = 0{,}0022$$

e, assim, sucessivamente. De $V(\ell, t)$, podemos obter $I(\ell, t)$ como

$$I(\ell, t) = \frac{V(\ell, t)}{Z_c} = \frac{V(\ell, t)}{100}$$

Os gráficos de $V(\ell, t)$ e $I(\ell, t)$ são apresentados na Figura 11.35(b) e (c).

EXERCÍCIO PRÁTICO 11.9

Repita o Exemplo 11.9 para o caso em que o pulso retangular é substituído pelo pulso triangular da Figura 11.36.

Resposta: $(I_o)_{máx} = 100$ mA. Veja a Figura 11.37 para as formas de ondas de corrente.

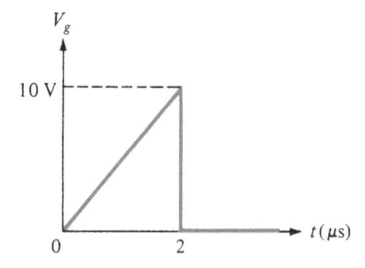

FIGURA 11.36 Pulso triangular para o Exercício Prático 11.9.

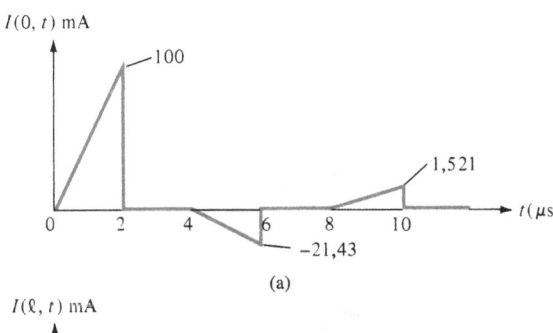

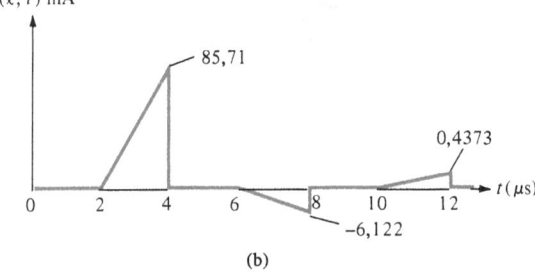

FIGURA 11.37 Ondas de corrente para o Exercício Prático 11.9.

†11.8 APLICAÇÃO TECNOLÓGICA – LINHAS DE TRANSMISSÃO DE MICROFITAS E CARACTERIZAÇÃO DE CABOS DE DADOS

†A. Linhas de Transmissão de Microfitas

As linhas de transmissão de microfitas pertencem ao grupo de linhas conhecidas como linhas de transmissão de placas paralelas. Atualmente, elas são muito utilizadas em eletrônica. Além de ser a forma de linha de transmissão mais usada em circuitos integrados de micro-ondas, as microfitas são usadas como componentes de circuitos, como filtros, acopladores, ressoadores, antenas, etc. Em comparação com a linha coaxial, as linhas de microfita permitem maior flexibilidade e projetos mais compactos.

Uma linha de microfita consiste em um plano terra e uma fita condutora aberta, separados por um substrato dielétrico, conforme mostrado na Figura 11.38. Ela é construída pelo mesmo processo fotográfico utilizado nos circuitos integrados. A dedução analítica das propriedades características da linha é trabalhosa. Neste estudo, vamos considerar somente aspectos básicos e fórmulas empíricas válidas para o cálculo da velocidade de fase, impedância intrínseca e perdas na linha.

Devido à estrutura aberta da linha de microfita, o campo EM não está confinado no dielétrico, mas está parcialmente presente no ar que circunda a linha, conforme mostrado na Figura 11.39. Desde que a frequência não seja muito alta, se propagará na linha uma onda que, para finalidades

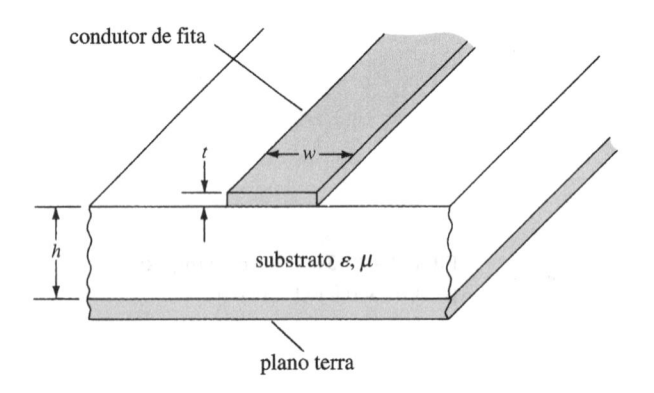

FIGURA 11.38 Linha de transmissão de microfitas.

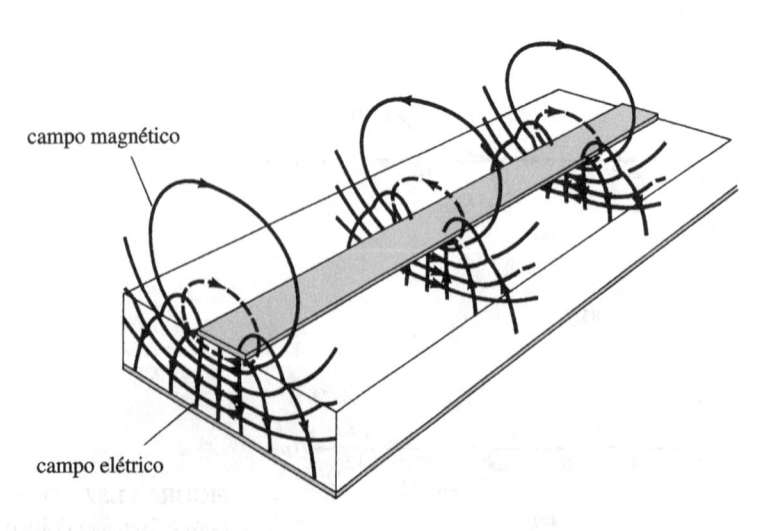

FIGURA 11.39 Configuração do campo EM de uma linha de microfita. *Fonte*: D. Roddy, *Microwave Technology*, 1986, com a permissão da Prentice Hall.

práticas, pode ser considerada uma onda TEM. Devido ao vazamento do campo no ar, a *permissividade relativa efetiva* ε_{ef} é menor do que a permissividade relativa ε_r do substrato. Um valor aproximado para ε_{ef} pode ser obtido a partir de

$$\varepsilon_{ef} = \frac{(\varepsilon_r + 1)}{2} + \frac{(\varepsilon_r - 1)}{2\sqrt{1 + 12h/w}} \qquad (11.70)$$

onde w é a largura da linha e h é a espessura do substrato.
A impedância característica é dada pelas fórmulas aproximadas que seguem:

$$Z_o = \begin{cases} \dfrac{60}{\sqrt{\varepsilon_{ef}}} \ln\left(\dfrac{8h}{w} + \dfrac{w}{4h}\right), & w/h \leq 1 \\ \dfrac{1}{\sqrt{\varepsilon_{ef}}} \dfrac{120\pi}{[w/h + 1{,}393 + 0{,}667 \ln(w/h + 1{,}444)]}, & w/h \geq 1 \end{cases} \qquad (11.71)$$

A impedância característica de uma fita larga é, em geral, baixa, enquanto que a de uma fita estreita é alta.

Para fins de projeto, se ε_r e Z_o são conhecidos, a razão w/h, necessária para se obter um determinado Z_o, é dada por

$$\frac{w}{h} = \begin{cases} \dfrac{8e^A}{e^{2A} - 2}, & w/h < 2 \\ \dfrac{2}{\pi}\left\{ B - 1 - \ln(2B - 1) \right. \\ \left. + \dfrac{\varepsilon_r - 1}{2\varepsilon_r}\left[\ln(B - 1) + 0{,}39 - \dfrac{0{,}61}{\varepsilon_r}\right]\right\}, & w/h > 2 \end{cases} \qquad (11.72)$$

onde

$$A = \frac{Z_o}{60}\sqrt{\frac{\varepsilon_r - 1}{2}} + \frac{\varepsilon_r - 1}{\varepsilon_r + 1}\left(0{,}23 + \frac{0{,}11}{\varepsilon_r}\right) \qquad (11.73a)$$

$$B = \frac{60\pi^2}{Z_o\sqrt{\varepsilon_r}} \qquad (11.73b)$$

Conhecidos ε_{ef} e Z_o, a constante de fase e a velocidade de fase de uma onda se propagando na microfita são dadas por

$$\beta = \frac{\omega \varepsilon_{ef}}{c} \qquad (11.74a)$$

$$u = \frac{c}{\varepsilon_{ef}} \qquad (11.74b)$$

onde c é a velocidade da luz no vácuo. A atenuação (em dB/m) devido à condutividade finita dos condutores é dada por

$$\alpha_c \simeq 8{,}686 \frac{R_s}{wZ_o} \qquad (11.75)$$

onde $R_s = \dfrac{1}{\sigma_c \delta}$ é a resistência superficial do condutor. A atenuação (em dB/m) devido à perda no dielétrico é

$$\alpha_d \simeq 27{,}3 \frac{(\varepsilon_{ef} - 1)\varepsilon_r}{(\varepsilon_r - 1)\varepsilon_{ef}} \frac{\operatorname{tg}\theta}{\lambda} \qquad (11.76)$$

onde $\lambda = u/f$ é o comprimento de onda na linha e tg $\theta = \sigma/\omega\varepsilon$ é a tangente de perdas do substrato. A constante de atenuação total é a soma da constante de atenuação devido aos condutores α_c e a constante de atenuação devido ao dielétrico α_d, isto é,

$$\alpha = \alpha_c + \alpha_d \qquad (11.77)$$

Às vezes, α_d é desprezível em comparação com α_c. Embora ofereçam as vantagens de flexibilidade e baixo volume, as linhas de microfita não são utilizadas em linhas de transmissão longas devido à atenuação elevada.

EXEMPLO 11.10

Uma determinada linha de microfita tem quartzo fundido ($\varepsilon_r = 3{,}8$) como substrato. Se a razão entre a largura da linha e a espessura do substrato é $w/h = 4{,}5$, determine:

(a) A permissividade relativa efetiva do substrato.
(b) A impedância característica da linha.
(c) O comprimento de onda na linha em 10 GHz.

Solução:

(a) Para $w/h = 4{,}5$, temos um fita larga. Da equação (11.70):

$$\varepsilon_{ef} = \frac{4{,}8}{2} + \frac{2{,}8}{2}\left[1 + \frac{12}{4{,}5}\right]^{-1/2} = 3{,}131$$

(b) Da equação (11.71):

$$Z_o = \frac{120\pi}{\sqrt{3{,}131}[4{,}5 + 1{,}393 + 0{,}667 \ln(4{,}5 + 1{,}444)]}$$

$$= 130{,}08 \, \Omega$$

(c) $\lambda = \dfrac{u}{f} = \dfrac{c}{f\sqrt{\varepsilon_{ef}}} = \dfrac{3 \times 10^8}{10^{10}\sqrt{3{,}131}}$

$= 1{,}69 \times 10^{-2}$ m $= 16{,}9$ mm

EXERCÍCIO PRÁTICO 11.10

Repita o Exemplo 11.10 para $w/h = 0{,}8$.

Resposta: (a) 2,75; (b) 84,03 Ω; (c) 18,09 mm.

EXEMPLO 11.11

Uma linha de microfita para 10 GHz tem os seguintes parâmetros:

$$h = 1 \text{ mm}$$
$$w = 0{,}8 \text{ mm}$$
$$\varepsilon_r = 6{,}6$$
$$\text{tg } \theta = 10^{-4}$$
$$\sigma_c = 5{,}8 \times 10^7 \text{ S/m}$$

Calcule a atenuação devido às perdas nos condutores e no dielétrico.

Solução:

A razão $w/h = 0,8$. Portanto, das equações (11.70) e (11.71):

$$\varepsilon_{ef} = \frac{7,2}{2} + \frac{5,6}{2}\left(1 + \frac{12}{0,8}\right)^{-1/2} = 4,3$$

$$Z_o = \frac{60}{\sqrt{4,3}} \ln\left(\frac{8}{0,8} + \frac{0,8}{4}\right)$$

$$= 67,17 \, \Omega$$

A resistência superficial do condutor é

$$R_s = \frac{1}{\sigma_c \delta} = \sqrt{\frac{\pi f \mu_o}{\sigma_c}} = \sqrt{\frac{\pi \times 10 \times 10^9 \times 4\pi \times 10^{-7}}{5,8 \times 10^7}}$$

$$= 2,609 \times 10^{-2} \, \Omega/m^2$$

Usando a equação (11.75), a constante de atenuação do condutor pode ser expressa como

$$\alpha_c = 8,686 \times \frac{2,609 \times 10^{-2}}{0,8 \times 10^{-3} \times 67,17}$$

$$= 4,217 \, dB/m$$

Para obtermos a constante de atenuação do dielétrico, precisamos λ.

$$\lambda = \frac{u}{f} = \frac{c}{f\sqrt{\varepsilon_{ef}}} = \frac{3 \times 10^8}{10 \times 10^9 \sqrt{4,3}}$$

$$= 1,447 \times 10^{-2} \, m$$

Aplicando a equação (11.76), obtemos:

$$\alpha_d = 27,3 \times \frac{3,492 \times 6,6 \times 10^{-4}}{5,6 \times \sqrt{4,3} \times 1,447 \times 10^{-2}}$$

$$= 0,1706 \, dB/m$$

EXERCÍCIO PRÁTICO 11.11

Calcule a atenuação devido às perdas ôhmicas em 20 GHz para uma linha de microfita com condutores de cobre, de 2,5 mm de largura, sobre um substrato de alumina. Considere a impedância característica da linha como sendo 50 Ω.

Resposta: 2,564 dB/m.

B. Caracterização de cabos de dados

A comunicação de dados tornou-se uma parte vital do nosso dia a dia em sistemas educacionais e em empresas. Os cabos (cobre ou fibra ótica) têm um papel importante na comunicação de dados porque eles são o meio pelo qual os sinais elétricos são transmitidos de um ponto ao outro. Antes de sua instalação, esses cabos devem preencher determinados requisitos especificados em termos de parâmetros que incluem a perda de inserção (ou atenuação), a perda de retorno ("*return loss – RL*"), a modulação cruzada na extremidade próxima ("*near-end crosstalk – NEXT*"), a modulação cruzada na extremidade remota ("*far-end crosstalk – FEXT*"), a relação entre atenuação e modulação cruzada ("*attenuation-to-crosstalk ratio - ACR*"), a soma de potência NEXT (PSNEXT), o atraso de propagação, o atraso de propagação cruzada, a modulação cruzada de mesmo nível para a extremidade remota (ELFEXT) e a soma de potência ELFEXT ("*power sum ELFEXT – PSELFEXT*"). Nesta seção, vamos focar as medidas mais importantes: RL, NEXT e ELFEXT.

Atenuação

A atenuação (também conhecida como perda por inserção), é uma das maiores preocupações em qualquer infraestrutura de cabeamento. É a redução da intensidade de sinal durante sua transmissão. É o contrário da amplificação. Embora seja normal haver atenuação, um sinal que é muito atenuado torna-se ininteligível, levando à necessidade de repetidores, instalados em intervalos regulares, em muitas redes.

Entre os fatores que contribuem para a atenuação em um cabo incluem-se as dimensões dos condutores, o material, a isolação, a frequência (largura de banda), a velocidade e a distância.

A atenuação descreve o fenômeno da redução da potência transmitida conforme a equação

$$\frac{dP}{dz} = -2\alpha P \to P = P_0 e^{-2\alpha z} \tag{11.78}$$

Assume-se que o sinal na direção z, α é o coeficiente de atenuação e P_o é a potência em $z = 0$. Portanto, a atenuação descreve como a energia é perdida ou dissipada. A perda na energia ocorre como uma transformação de um tipo de energia em outro. A atenuação aumenta tanto com a frequência como com o comprimento. Em geral, a atenuação é expressa em decibéis. Para um cabo de comprimento L, a atenuação (perda) no cabo é

$$A = 8{,}686 L\alpha \text{ dB} \tag{11.79}$$

Como é uma perda, ela é usualmente representada por um valor negativo. Portanto, -12 dB é um sinal mais fraco que -10 dB.

Perda de retorno

A perda de retorno (RL) é uma medida da energia refletida devido ao descasamento de impedâncias em um sistema de cabos. É uma medida da diferença entre as impedâncias da linha de transmissão metálica e da carga. Pode também ser vista como a razão entre a amplitude da onda refletida e a amplitude da onda incidente na junção entre uma linha de transmissão e uma impedância de terminação (carga) ou outra descontinuidade. A perda de retorno é importante em aplicações que usam transmissão bidirecional, simultaneamente. Possíveis causas para perdas de retorno excessivas incluem flutuações na impedância característica, deformações do cabo, dobras excessivas, uniões, encapsulamento ou condutores sob tensão.

A perda de retorno é definida como a razão entre a potência refletida e a potência incidente:

$$RL = 10\log_{10}\frac{P^+}{P^-} = -20\log_{10}|\Gamma| \text{ dB} \tag{11.80}$$

pois $P^- = |\Gamma|^2 P^+$ é o coeficiente de reflexão, é dado por

$$\Gamma = \frac{Z_C - Z_o}{Z_C + Z_o} \tag{11.81}$$

onde Z_0 é a impedância característica do cabo e Z_C é a impedância da carga. Portanto, a perda de retorno é um número que indica a intensidade de sinal que é refletido para o cabo a partir do equipamento terminal. Em geral, é especificado em decibéis. Valores altos são preferíveis, pois indicam menores reflexões de energia. No caso ideal, não haveria reflexão, e a perda de retorno teria um valor infinito. Em geral, valores de 35 a 40 dB, ou maiores, são considerados aceitáveis. Um valor de 40 dB indica que apenas 1% do sinal é refletido.

NEXT

A modulação cruzada é uma das maiores dificuldades em qualquer sistema de transmissão a dois fios. No interior de um cabo existem, em geral, vários pares ativos. Como esses pares ficam fisicamente próximos por longas distâncias, ocorre o acoplamento, e os sinais são transferidos entre eles. Portanto, o conceito de modulação cruzada refere-se à interferência que entra em um canal de comunicação por algum tipo de acoplamento. Existem dois tipos de modulação cruzada em cabos de muitos pares: modulação cruzada na extremidade próxima (NEXT) e modulação cruzada na extremidade remota (FEXT).

Quando flui corrente em um fio, é criado um campo eletromagnético que pode interferir em sinais que se propagam em fios adjacentes. Conforme a frequência aumenta, esse efeito se acentua. Cada par de fios em um cabo é trançado porque isto permite que os campos em oposição nos mesmos sejam cancelados. Quando o trançado é mais apertado, esse cancelamento é maior, e resulta em uma taxa de transmissão de dados mais alta. Quando o trançado é mais frouxo, resulta em modulação cruzada na extremidade próxima (NEXT). Se alguma vez em uma conversa telefônica você escutou fracamente outra conversação, você teve a experiência do que é modulação cruzada. Na realidade, o termo originou-se da aplicação das linhas de transmissão em telefonia, onde a "conversa" vem "cruzada". A NEXT ocorre em redes locais quando um sinal forte se propagando em um par de fios é captado por outro par de fios próximo. Conforme ilustrado na Figura 11.40, a NEXT é a parte do sinal transmitido que é acoplado eletromagneticamente ao sinal recebido. Em muitos casos, uma modulação cruzada excessiva é o resultado de uma terminação pouco retorcida nos pontos de conexão.

Já que a NEXT é uma medida da diferença de intensidade de sinal entre um par que interfere e um par que sofre a interferência, um valor mais alto (menor modulação cruzada) é mais desejável do que um valor mais baixo (maior modulação cruzada). Já que a NEXT varia significativamente com a frequência, é importante medi-la em uma faixa de frequências, tipicamente de 1 a 250 MHz. O acoplamento entre pares trançados torna-se menos eficaz em frequências mais altas.

ELFEXT

A modulação cruzada na extremidade remota (FEXT) é semelhante à NEXT, com a diferença que o sinal é enviado da extremidade próxima e a modulação cruzada é medida na extremidade remota, conforme mostra a Figura 11.41. Devido à atenuação, os sinais que induzem FEXT podem ser muito fracos, especialmente para cabos longos.
Por esta razão, as medidas de FEXT não têm significado sem uma indicação da atenuação correspondente no enlace. Por isso, as medidas de FEXT são raramente relatadas. As medidas de FEXT são usadas para obter a modulação cruzada de mesmo nível na extremidade remota. (ELFEXT).

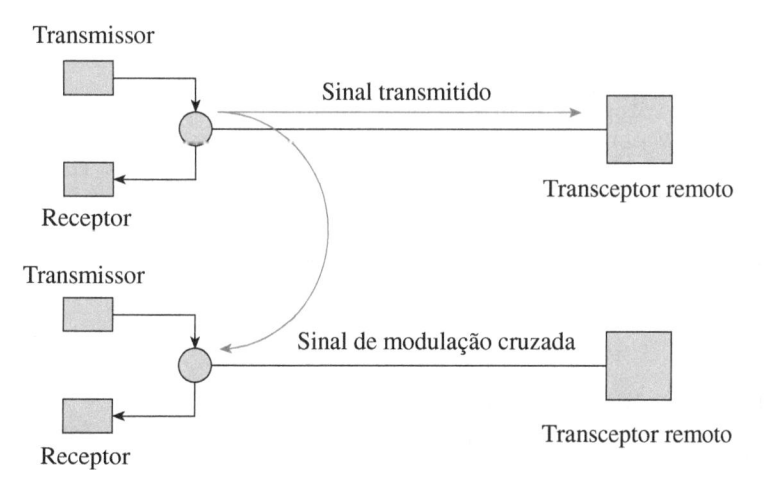

FIGURA 11.40 Modulação cruzada na extremidade próxima (NEXT) em um cabo de pares.

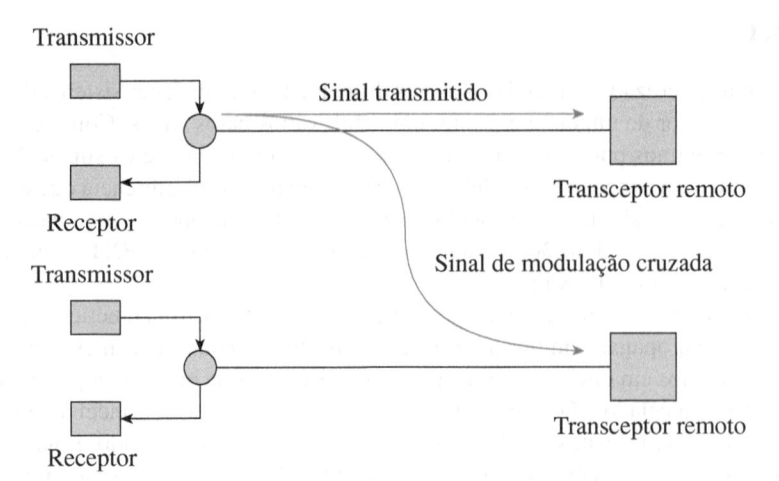

FIGURA 11.41 Modulação cruzada na extremidade remota (FEXT) em um cabo de pares.

O ruído que ocorre na extremidade remota pode ser de medida difícil. É uma prática comum eliminar os efeitos da atenuação e observar o ruído que ocorre. A ELFEXT é usada quando queremos obter o ruído descontados os efeitos da atenuação.

A ELFEXT é uma medida do sinal indesejado, acoplado a partir de um transmissor na extremidade próxima, em um par vizinho, medido na extremidade remota, e relativa ao nível de sinal recebido, medido no mesmo par. Ao contrário da atenuação, da perda de retorno, da NEXT e da FEXT, que são grandezas medidas, a ELFEXT é uma variável calculada. É obtida ao subtrair a atenuação do par interferente da FEXT que este par induz em um par adjacente. Isto é, se o par interferente é i e o par interferido é j,

$$\text{ELFEXT}_{ij} = \text{FEXT}_{ij} - \text{atenuação}_j \qquad (11.82)$$

Este procedimento normaliza os resultados com relação ao comprimento. Assim como tanto a FEXT como a atenuação são medidos em decibéis, a ELFEXT também é expressa em decibéis. Um valor alto para ELFEXT é um indicativo de atenuação excessiva, maior do que o valor esperado para a FEXT, ou ambos.

MATLAB 11.1

```
% Este script as ondas de tensão e corrente em função do comprimento
% de uma linha de transmissão terminada em uma carga complexa.

clear
syms w Z0 ZL ZG VG gamma z Zin %Define variáveis simbólicas para a
frequência, impedância característica,
% impedância da carga, impedância da fonte, constante de propagação e
% distância.

% Insira a frequência (em rad/s).
wn = input('Insira a frequência angular (rad/s)\n> ');
% Insira a constante de propagação gamma (no formato a+j*b)
Gamma = input('Entre com a constante de propagação (na forma a+j.b)\n > ');
% Insira o comprimento (m)
L = input('Insira o comprimento (m)\n > ');
% Insira a impedância característica.
Z0n = input('Insira a impedância característica\n > ');
% Insira a impedância da carga (na forma a+j*b).
ZLn = input('Insira a impedância complexa da carga (na forma a+j*b)\n > ');
% Insira a impedância da fonte (na forma a+j*b).
ZGn = input('Insira a impedância complexa da fonte (na forma a+j*b)\n > ');
```

(continua)

(continuação)
```
% Entre com tensão da fonte (no formato a*exp(j*b)).
VGn = input('Entre com a voltagem da fonte (no formato a*exp(j*b))\n> ');

% Expressão para a impedância de entrada, em função da posição ao
% longo da linha.
% Neste ponto esta expressão é puramente simbólica e não contém
% valores numéricos, ela será usada na linha 37.
Zin = Z0 * (ZL - Z0 *tanh(gamma * z)) / (Z0 - ZL * tanh(gamma * z));

% Saída dos parâmetros.
% Coeficiente de reflexão na carga
GammaL = (ZLn - Z0n) / (ZLn + Z0n);
disp(sprintf('\nO coeficiente de reflexão na carga é
% 0.2f+j%0.2f\n',real(GammaL), imag(GammaL)))
%ROE
SWR = (1+abs(GammaL))/(1-abs(GammaL));
disp(sprintf('A ROE na carga é %0.2f\n', SWR))
%Impedância de entrada vista na fonte.
ZinG = subs(Zin,{Z0,ZL,gamma,z},{Z0n,ZLn, gamman,L});
disp(sprintf('A impedância de entrada vista pelo gerador é
%0.2f+j%0.2f\n', real(ZinG), imag(ZinG)))

% A partir da equação V(z) = (V0+) e^(-j B z) (1 + GammaL exp (2 j B
z)), determine a amplitude da onda de
% tensão incidindo na carga (z = 0), fazendo z = L.
% Inicialmente determine a tensão na fonte.
V0G = VGn * ZinG / (ZGn + ZinG);
V0plus = V0G * exp(-gamman*L)/(1 + GammaL *exp(-2*gamman*L));

% Geração do vetor de tensões em função da posição.
z = -L:L/1000:0; % Vetor de posições.
Vz = V0plus*exp(gamman*z).*(1 + GammaL*exp(2*gamman*z)); % Vetor de
tensões.
Iz = V0plus/Z0n*exp(gamman*z).*(1 - GammaL*exp(2*gamman*z)); % Vetor
de correntes.
% (Note o uso do operador.* para multiplicar dois vetores, elemento
por elemento.)

% Gráficos
figure
subplot(2,1,1) % Gera dois gráficos em uma mesma figura.
% Os dois gráficos estarão um sobre o outro.
% (2,1,1) significa que existem duas linhas, uma coluna e que este
% gráfico ficará na parte superior da figura.
plot(z, abs(Vz)) %Plota somente a amplitude da tensão.
axis([-L 0 0 abs(2*V0plus)])
title('Tensão em função da posição');
xlabel('Distância medida a partir da carga (m)');
ylabel('Amplitude da tensão (V)');
subplot(2,1,2)
plot(z, abs(Iz)) % Plota somente a amplitude da corrente.
axis([-L 0 0 abs(2*V0plus/z0n)])
title('Corrente em função da posição');
xlabel('Distância medida a partir da carga (m)');
ylabel('Amplitude da corrente (A)');
```

RESUMO

1. Uma linha de transmissão é descrita pelos seus parâmetros distribuídos R (em Ω/m), L (em H/m), G (em S/m) e C (em F/m). As fórmulas para o cálculo de R, L, G e C para a linha coaxial, bifilar e plana são apresentadas na Tabela 11.1.

2. Os parâmetros distribuídos são utilizados em um modelo de circuito equivalente para representar um comprimento diferencial da linha. As equações das linhas de transmissão são obtidas pela aplicação das leis de Kirchhoff para um comprimento de linha que tende a zero. As ondas de tensão e de corrente na linha são

$$V(z,t) = V_o^+ e^{-\alpha z} \cos(\omega t - \beta z) + V_o^- e^{\alpha z} \cos(\omega t + \beta z)$$

$$I(z,t) = \frac{V_o^+}{Z_o} e^{-\alpha z} \cos(\omega t - \beta z) - \frac{V_o^-}{Z_o} e^{\alpha z} \cos(\omega t + \beta z)$$

mostrando que, na linha, temos duas ondas se propagando em sentidos opostos.

3. A impedância característica Z_o da linha (análoga à impedância intrínseca η para ondas planas em um meio) é dada por

$$Z_o = \sqrt{\frac{R + j\omega L}{G + j\omega C}}$$

e a constante de propagação γ (em 1/metro) é dada por

$$\gamma = \alpha + j\beta = \sqrt{(R + j\omega L)(G + j\omega C)}$$

O comprimento de onda e a velocidade são:

$$\lambda = \frac{2\pi}{\beta}, \quad u = \frac{\omega}{\beta} = f\lambda$$

4. O caso geral é o da linha de transmissão com perdas ($G \neq 0 \neq R$), considerado acima. Para uma linha sem perdas, $R = 0 = G$. Para uma linha sem distorção, $R/L = G/C$. É desejável que linhas de transmissão de potência sejam sem perdas e linhas telefônicas sem distorção.

5. O coeficiente de reflexão da tensão na extremidade da carga é definido como

$$\Gamma_C = \frac{V_o^-}{V_o^+} = \frac{Z_C - Z_o}{Z_C + Z_o}$$

e a relação de onda estacionária é

$$s = \frac{1 + |\Gamma_C|}{1 - |\Gamma_C|}$$

onde Z_C é a impedância da carga.

6. Em qualquer ponto da linha, a relação entre o fasor tensão e o fasor corrente é a impedância naquele ponto olhando para a carga e será a impedância de entrada da linha se este ponto estiver no início da linha. Para uma linha com perdas,

$$Z(z) = \frac{V_s(z)}{I_s(z)} = Z_{ent} = Z_o \left[\frac{Z_C + Z_o \, \text{tgh}\, \gamma \ell}{Z_o + Z_C \, \text{tgh}\, \gamma \ell} \right]$$

onde ℓ é a distância da carga neste ponto. Para uma linha sem perdas ($\alpha = 0$), $\text{tgh}\,\gamma\ell = j\,\text{tg}\,\beta\ell$; para uma linha em curto, $Z_C = 0$. Para uma linha aberta, $Z_C = \infty$. E para uma linha casada, $Z_C = Z_o$.

7. A carta de Smith é um método gráfico de se obter características da linha, tais como Γ, s e Z_{ent}. Ela é construída dentro de um círculo de raio unitário e está baseada na fórmula para o cálculo de Γ_C, dada acima. Para cada r e x, ela tem dois círculos explícitos (os círculos de resistência e de reatância) e um círculo implícito (círculo de s constante). A carta é um meio conveniente para determinar a posição de um sintonizador de toco simples e seu com-

primento. É também utilizada com a linha fendida para determinar o valor desconhecido de uma impedância de carga.

8. Quando uma tensão contínua é aplicada subitamente à entrada de uma linha, um pulso se propaga para frente e para trás na linha. O comportamento transiente é analisado através do diagrama de saltos.

9. Linhas de transmissão de microfita são úteis em circuitos integrados de micro-ondas. Foram apresentadas fórmulas úteis para a construção de linhas de microfita e determinação de perdas na linha.

10. Alguns parâmetros usados para caracterizar cabos de comunicação de dados foram apresentados. Entre esses parâmetros incluem-se a atenuação, a perda de retorno, a NEXT e a ELFEXT.

QUESTÕES DE REVISÃO

11.1 Quais das afirmativas seguintes não são verdadeiras para os parâmetros de linha R, L, G e C?
(a) R e L são elementos em série.
(b) G e C são elementos em paralelo.
(c) $G = \dfrac{1}{R}$.
(d) $LC = \mu\varepsilon$ e $RG = \sigma\varepsilon$.
(e) Tanto R quanto G dependem da condutividade dos condutores que formam a linha.
(f) Somente R depende explicitamente da frequência.
(g) Os parâmetros não são localizados, mas distribuídos.

11.2 Para uma linha de transmissão com perdas, a impedância característica da linha não depende:
(a) da frequência de operação da linha.
(b) do comprimento da linha.
(c) da carga que termina a linha.
(d) da condutividade dos condutores.
(e) da condutividade do dielétrico que separa os condutores.

11.3 Qual das seguintes condições não garante uma linha de transmissão sem distorção?
(a) $R = 0 = G$.
(b) $RC = GL$.
(c) Intervalo de frequências muito baixas ($R \gg \omega L$, $G \gg \omega C$).
(d) Intervalo de frequências muito altas ($R \ll \omega L$, $G \ll \omega C$).

11.4 Quais das afirmativas que seguem não são verdadeiras para uma linha sem perdas?
(a) $Z_{ent} = -jZ_o$ para uma linha curto-circuitada com $\ell = \lambda/8$.
(b) $Z_{ent} = j\infty$ para uma linha curto-circuitada com $\ell = \lambda/4$.
(c) $Z_{ent} = jZ_o$ para uma linha aberta com $\ell = \lambda/2$.
(d) $Z_{ent} = Z_o$ para uma linha casada.
(e) A meio comprimento de onda da carga, $Z_{ent} = Z_C$, e esse valor se repete a partir daí a cada meio comprimento de onda.

11.5 Uma linha de transmissão sem perdas, de 50 cm de comprimento, com $L = 10\ \mu$H/m e $C = 40$ pF/m, está operando em 30 MHz. O seu comprimento elétrico é:
(a) $20\ \lambda$
(b) $0,2\ \lambda$
(c) $108°$
(d) $40\ \pi$
(e) Nenhum dos valores acima

FIGURA 11.42 Referente à Questão de Revisão 11.6.

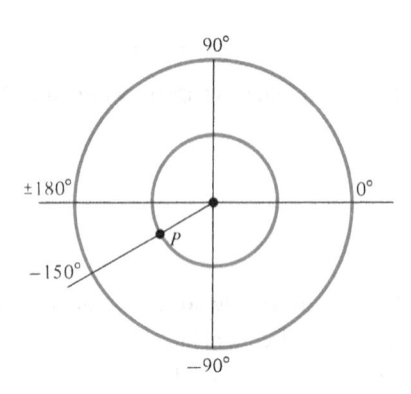

FIGURA 11.43 Referente à Questão de Revisão 11.7.

11.6 Case as impedâncias normalizadas que seguem com os pontos A, B, C, D e E sobre a carta de Smith da Figura 11.40.

(i) $0 + j0$ (ii) $1 + j0$
(iii) $0 - j1$ (iv) $0 + j1$
(v) $\infty + j\infty$ (vi) $\left[\dfrac{Z_{ent}}{Z_o}\right]_{mín}$
(vii) $\left[\dfrac{Z_{ent}}{Z_o}\right]_{máx}$ (viii) Carga casada ($\Gamma = 0$)

11.7 Uma linha de transmissão sem perdas de 500 metros é terminada por uma carga localizada no ponto P na carta de Smith da Figura 11.43. Se $\lambda = 150$ m, quantos máximos de tensão existem na linha?

(a) 7
(b) 6
(c) 5
(d) 3
(e) Nenhum

11.8 Marque verdadeiro (V) ou falso (F) em cada uma das afirmativas que seguem.

(a) Todos os círculos r e x passam pelo ponto $(\Gamma_r, \Gamma_i) = (1,0)$.

(b) Toda a impedância se repete a cada $\lambda/4$ na carta de Smith.

(c) Um círculo $s = 2$ é o mesmo que um círculo $|\Gamma| = 0{,}5$ na carta de Smith.

(d) O princípio básico de todo o sistema de casamento é a eliminação da onda refletida entre a fonte e o dispositivo de casamento.

(e) A linha fendida é somente usada para determinar Z_C.

(f) Em qualquer ponto de uma linha de transmissão, o coeficiente de reflexão da corrente é o inverso do coeficiente de reflexão da tensão naquele ponto.

11.9 Em uma linha no ar são encontrados máximos adjacentes em 12,5 cm e 37,5 cm. A frequência de operação é:

(a) 1,5 GHz

(b) 600 MHz

(c) 300 MHz

(d) 1,2 GHz

11.10 Dois pulsos idênticos, cada um com amplitude de 12 V e duração de 2 μs, incidem, em $t = 0$, em uma linha de transmissão de 400 metros de comprimento terminada em uma carga. Se os dois pulsos estão separados por 3 μs (semelhante ao caso da Figura 11.53) e $u = 2 \times 10^8$ m/s, em que momento a contribuição do segundo pulso para $V_C(\ell, t)$ começa a se sobrepor à contribuição do primeiro pulso?

(a) $t = 0,5\ \mu$s

(b) $t = 2\ \mu$s

(c) $t = 5\ \mu$s

(d) $t = 5,5\ \mu$s

(e) $t = 6\ \mu$s

Respostas: 11.1c,d,e; 11.2b,c; 11.3c; 11.4a,c; 11.5c; 11.6 (i) D,B; (ii) A; (iii) E; (iv) C; (v) B; (vi) D; (vii) B; (viii) A; 11.7a; 11.8 (a) V; (b) F; (c) F, (d) V; (e) F; (f) F; 11.9b; 11.10e.

PROBLEMAS

11.1 Uma linha de transmissão planar, preenchida com ar, com $w = 30$ cm, $d = 1,2$ cm e $t = 3$ mm, tem placas condutoras com $\sigma_c = 7 \times 10^7$ S/m. Calcule R, L, C e G em 500 MHz.

11.2 Mostre que para uma linha bifilar sem perdas:

(a) a velocidade de fase $u = c = \dfrac{1}{\sqrt{LC}}$;

(b) a impedância característica $Z_o = \dfrac{1}{cC} = \dfrac{\eta_o \varepsilon_o}{C}$

O resultado do item (a) é verdadeiro para outras linhas de transmissão sem perdas?

11.3 Um cabo coaxial tem o condutor interno com raio $a = 0,8$ mm e o condutor externo com raio $b = 2,6$ mm. Os condutores tem $\sigma_c = 5,28 \times 10^7$ S/m, $\mu_c = \mu_o$ e $\varepsilon_c = \varepsilon_o$ e são separados por um material dielétrico com $\sigma = 10^{-5}$ S/m, $\mu = \mu_o$, $\varepsilon = 3,5\ \varepsilon_o$. Calcule os parâmetros L, C, G e R para 80 MHz.

11.4 Uma linha sem perdas tem uma onda de tensão dada por

$$V(z, t) = V_o\ \text{sen}(\omega t - \beta z)$$

Encontre a onda de corrente correspondente.

11.5 Os fios de conexão de cobre de um diodo têm 16 mm de comprimento e raio de 0,3 mm. Eles estão separados por uma distância de 2 mm, conforme mostrado na Figura 11.44. Encontre a capacitância entre os fios e a resistência CA em 10 MHz.

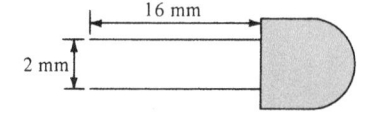

FIGURA 11.44 O diodo do Problema 11.5.

11.6 Uma linha planar sem perdas de 78 Ω foi projetada, mas não alcançou seus objetivos. Que fração da largura da fita deve ser adicionada ou removida para se alcançar a impedância característica de 75 Ω?

11.7 (a) Mostre que em altas frequências ($R \ll \omega L, G \ll \omega L$),

$$\gamma \simeq \left(\frac{R}{2}\sqrt{\frac{C}{L}} + \frac{G}{2}\sqrt{\frac{L}{C}}\right) + j\omega\sqrt{LC}$$

(b) Obtenha uma forma semelhante para Z_0.

11.8 Calcule os parâmetros R, G, L e C para:

(a) Uma linha com perdas com $\alpha = 0,25$ Np/m, $\beta = 4,2$ rad/m, $Z_o = 100 - j5\ \Omega, f = 60$ MHz.

(b) Uma linha sem perdas com $\beta = 3$ rad/m, $Z_o = 50\ \Omega, f = 10$ MHz.

(c) Uma linha sem distorção com $\gamma = 0,04 + j1,5$/m, $Z_o = 80\ \Omega, f = 500$ MHz.

11.9 Uma linha telefônica tem os seguintes parâmetros:

$$R = 40\ \Omega/\text{m}, \quad G = 400\ \mu\text{S/m}, \quad L = 0,2\ \mu\text{H/m}, \quad C = 0,5\ \text{nF/m}$$

(a) Se a linha opera em 10 MHz, calcule a impedância característica Z_0 e a velocidade u.

(b) Depois de quantos metros a tensão na linha cai de 30 dB?

11.10 (a) A partir da equação (10.11), mostre que

$$\alpha = \left[\frac{RG - \omega^2 LC + [(R^2 + \omega^2 L^2)(G^2 + \omega^2 C^2)]^{1/2}}{2}\right]^{1/2}$$

$$\beta = \left[\frac{-RG - \omega^2 LC + [(R^2 + \omega L^2)(G^2 + \omega^2 C^2)]^{1/2}}{2}\right]^{1/2}$$

(b) Usando as equações (10.15) e (10.16) em conjunto com as equações (10.8) e (10.9), mostre a validade da equação (10.18).

(c) Prove que a admitância de entrada de uma linha sem perdas a uma distância ℓ da carga é

$$Y_{\text{ent}} = Y_o\left[\frac{Y_L + jY_o\ \text{tg}\ \beta\ell}{Y_o + jY_L\ \text{tg}\ \beta\ell}\right]$$

onde $Y_o = 1/Z_o$ e $Y_L = 1/Z_L$

11.11 Uma linha de 50 Ω com um comprimento de 0,64λ é alimentada por uma fonte de tensão com $V_g = 12\underline{/0°}$ e $Z_g = 50\Omega$. Se a linha é terminada com $Z_C = 75\Omega$, calcule a média temporal da potência fornecida para a linha.

11.12 Uma linha de transmissão com 300 metros de comprimento tem para este comprimento: 4,5 kΩ, 0,15 mH, 60 m℧, 12 nF. A linha é terminada por uma carga de $30 + j60 - \Omega$ e opera a 6 MHz. Encontre γ, u, Γ e s.

11.13 Sabendo que $\gamma = 0,02 + j0,05$/m e $Z_0 = 400 - j150\ \Omega$ para uma linha de transmissão com perdas, terminada por uma carga de $300 + j250\ \Omega$, encontre Z_{ent} a 2 m e a 10 m da carga.

11.14 O par trançado, que pode ser aproximado pela linha bifilar, é muito utilizado na indústria telefônica. Considere uma linha formada por dois fios de cobre de 0,12 cm de diâmetro cuja separação entre centros é de 0,32 cm. Se os fios estão separados por um dielétrico com $\varepsilon = 3,5\varepsilon_o$, encontre L, C e Z_o.

11.15 Uma linha sem distorção que opera a 150 MHz tem $Z_0 = 75\ \Omega$, $\alpha = 0{,}06$ Np/m e $u = 2{,}8 \times 10^8$ m/s. Calcule os parâmetros R, G, C e L.

11.16 Uma linha de transmissão sem perdas, operando em 4,5 GHz, tem $L = 2{,}4\ \mu$H/m e $Z_0 = 85\ \Omega$. Calcule a constante de fase β e a velocidade de fase u.

11.17 Uma linha coaxial com 5,6 m de comprimento tem como parâmetros distribuídos $R = 6{,}5\ \Omega$/m, $L = 3{,}4\ \mu$H/m, $G = 8{,}4$ mS/m e $C = 21{,}5$ pF/m. Se a linha opera em 2 MHz, calcule a impedância característica e o tempo de propagação entre os extremos da linha.

11.18 Determine o menor comprimento de uma linha de transmissão de 42-Ω no ar, para produzir uma reatância de $j75\ \Omega$ a 1MHz, se a linha está

(a) em curto

(b) aberta

11.19 (a) Mostre que um coeficiente de transmissão pode ser definido como

$$\tau_C = \frac{V_C}{V_o^+} = 1 + \Gamma_C = \frac{2Z_C}{Z_C + Z_o}$$

(b) Encontre τ_C quando a linha é terminada por: (i) uma carga cujo valor é nZ_o; (ii) um circuito aberto; (iii) um curto-circuito; (iv) $Z_C = Z_o$ (linha casada).

11.20 Uma linha de transmissão em curto tem $Z_0 = 60\ \Omega$ e $\gamma = j8{,}5$/m. Calcule a impedância de entrada se o comprimento da linha é:

(a) 15 cm;

(b) 1,5 m;

(c) $3\lambda/4$;

(d) $\lambda/8$.

11.21 Uma linha de transmissão com perdas tem $R = 3{,}5\ \Omega$/m, $L = 2\ \mu$H/m, $C = 120$ pF/m e $G \approx 0$. Determine α, β, Z_0 e u a 400 MHz.

11.22 Uma linha de transmissão sem perdas de 50 Ω tem $V_L = 10e^{j25°}$ V, $Z_L = 50e^{j30°}$. Calcule a corrente para uma distância $\lambda/8$ a partir da carga.

11.23 Para a linha de transmissão sem perdas da Figura 11.45: (a) encontre Γ e s; (b) determine a impedância Z_{ent} no gerador.

11.24 Para uma linha de transmissão sem perdas com $Z_0 = 60\ \Omega$, o valor máximo de Z_{ent} é de 180 Ω e ocorre a $\lambda/24 \simeq 0{,}042\ \lambda$ da carga. Se a linha tem um comprimento de $0{,}3\ \lambda$ determine:

(a) s

(b) Z_L

(c) Z_{ent} no gerador

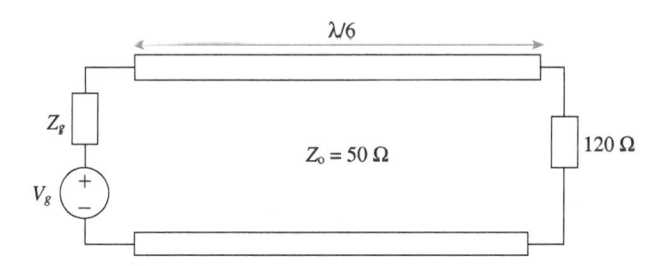

FIGURA 11.45 Referente ao Problema 11.23.

11.25 Uma linha sem perdas de 60 Ω é conectada a um gerador, que tem $V_g = 10\underline{/0°}\ V_{rms}$ e $Z_g = 50 - j40$ Ω, e é terminada por uma carga de $j40$ Ω. Se a linha tem um comprimento de 100 metros e $\beta = 0{,}25$ rad/m, calcule Z_{ent} e V:

(a) na extremidade de emissão.

(b) na extremidade de recepção.

(c) a 4 m da carga.

(d) a 3 m do gerador.

11.26 Uma linha de 50-Ω no ar, operando a 500 MHz, é terminada por uma combinação em série de um resistor de 60-Ω e um capacitor variável. Encontre o valor da capacitância que produzirá na linha uma relação de ondas estacionárias igual a 9. Calcule o coeficiente de reflexão.

*11.27 Considere o quadripolo mostrado na Figura 11.46(a). A relação entre as variáveis de entrada e de saída pode ser escrita, em forma matricial, como:

$$\begin{bmatrix} V_1 \\ I_1 \end{bmatrix} = \begin{bmatrix} A & B \\ C & D \end{bmatrix} \begin{bmatrix} V_2 \\ -I_2 \end{bmatrix}$$

Mostre que, para a linha com perdas da Figura 11.46(b), a matriz ABCD é:

$$\begin{bmatrix} \cosh \gamma\ell & Z_o \operatorname{senh} \gamma\ell \\ \dfrac{1}{Z_o} \operatorname{senh} \gamma\ell & \cosh \gamma\ell \end{bmatrix}$$

11.28 Três linhas de transmissão estão conectadas conforme a Figura 11.47. Determine Z_{ent}.

11.29 Uma linha de transmissão de 50 Ω é terminada por uma carga de $100 + j150$ Ω. A que distância da carga a linha terá uma impedância de $50 + j110$ Ω?

11.30 Uma linha de transmissão de 75 Ω é terminada por uma carga de $120 + j80$ Ω. (a) Encontre Γ e s. (b) Determine a que distância da carga a impedância é puramente resistiva.

11.31 Uma linha de um quarto de onda sem perdas de 100 Ω é terminada por uma carga $Z_C = 210$ Ω. Se a voltagem na extremidade receptora é 80 V, qual será a voltagem na ponta emissora?

11.32 Uma linha de transmissão de 75 Ω é terminada por uma carga de impedância Z_C. Se a linha tem um comprimento de $5\lambda/8$, calcule Z_{ent} quando: (a) $Z_C = j45$ Ω; (b) $Z_C = 25 - j65$.

FIGURA 11.46 Referente ao Problema 11.27: (a) rede, (b) linha com perdas.

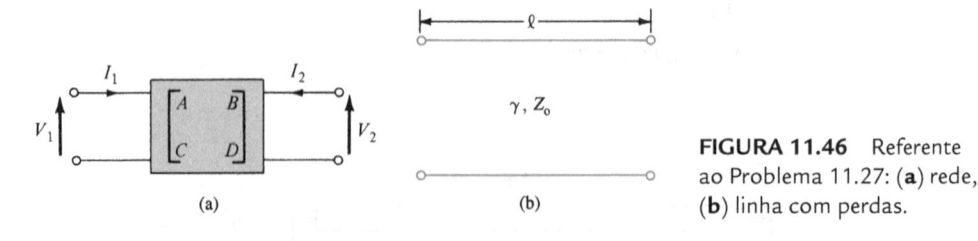

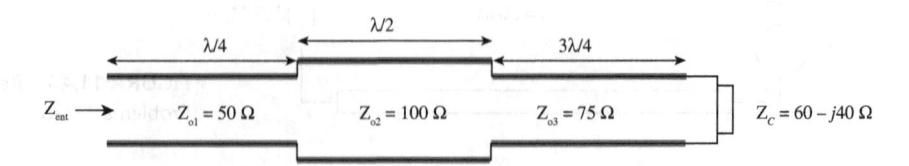

FIGURA 11.47 Referente ao Problema 11.28.

11.33 Uma linha sem perdas de 50 Ω tem 4,2 metros de comprimento. Para a frequência de operação de 300 MHz, a impedância no centro da linha é $80 - j60$ Ω. Encontre a impedância de entrada no gerador e o coeficiente de reflexão da tensão na carga. Considere $u = 0{,}8c$.

11.34 Uma linha de transmissão de 50 Ω é terminada por uma carga com impedância desconhecida. A relação de onda estacionária na linha é $s = 2{,}4$ e um máximo de tensão é observado a $\lambda/8$ da carga. (a) Determine a impedância da carga. (b) Qual a distância entre o primeiro mínimo de tensão e a carga?

11.35 Uma linha de transmissão de 80 Ω, que opera em 12 MHz, é terminada por uma carga Z_C. A 22 metros da carga, a impedância de entrada é $100 - j120$ Ω. Se $u = 0{,}8c$:

(a) calcule Γ_C, $Z_{ent,máx}$ e $Z_{ent,mín}$;

(b) calcule Z_C, s e a impedância de entrada a 28 metros da carga;

(c) quantos $Z_{ent,máx}$ e $Z_{ent,mín}$ existem entre a carga e a impedância de entrada de $100 - j120$ Ω?

11.36 Uma antena, conectada a uma linha sem perdas de 150 Ω, produz um relação de onda estacionária de 2,6. Se as medidas indicam que os máximos de tensão estão separados por 120 cm e que o último máximo está a 40 cm da antena, calcule:

(a) a frequência de operação;

(b) a impedância da antena;

(c) o coeficiente de reflexão. Suponha que $u = c$.

11.37 Uma carga desconhecida acoplada a uma linha de transmissão de 50-Ω no ar produz $V_{máx} = 0{,}8$ V, $V_{mín} = 0{,}5$ V, e mínimos adjacentes a 14cm e a 23,5 cm da carga. Quando a carga é temporariamente substituída por um curto-circuito, os mínimos (deslocados em direção ao gerador) ficam em 9,5 e em 19 cm da carga. Calcule s, f, Γ e Z_C.

11.38 A relação de onda estacionária observada em uma linha de transmissão sem perdas de 100 Ω é 8. Se o primeiro máximo de tensão ocorre a $0{,}3\,\lambda$ da carga, calcule a impedância da carga e o coeficiente de reflexão de tensão na carga.

11.39 Dois transformadores de $\lambda/4$ são usados, em cascata, para conectar uma linha de 50 Ω a uma carga de 75 Ω, conforme a Figura 11.48.

(a) Determine a impedância característica Z_{o1} se $Z_{o2} = 30$ Ω e se não houver onda refletida à esquerda de A.

(b) Se os melhores resultados são obtidos quando

$$\left[\frac{Z_o}{Z_{o1}}\right]^2 = \frac{Z_{o1}}{Z_{o2}} = \left[\frac{Z_{o2}}{Z_C}\right]^2$$

determine Z_{o1} e Z_{o2}.

11.40 Uma linha sem perdas de 60 Ω é conectada a um gerador de pulsos de 40 Ω. A linha tem 60 m de comprimento e é terminada por uma carga de 100 Ω. Se um pulso retangular de 5 μs e 20 V de amplitude é enviado pela linha, encontre $V(0,t)$ e $I(\ell, t)$ para $0 \leq t \leq 10$ μs. Considere $u = 3 \times 10^8$ m/s.

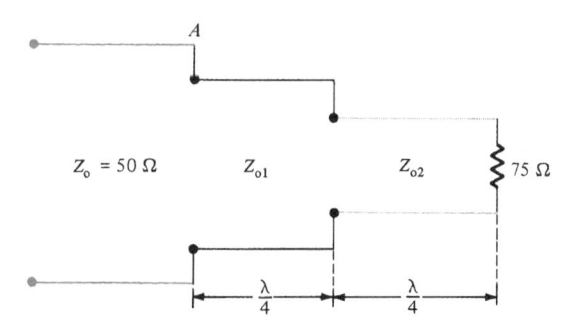

FIGURA 11.48 Transformador de duas seções, referente ao Problema 11.39.

11.41 Duas antenas idênticas, cada uma com impedância de entrada de 74 Ω, são alimentadas por três linhas de transmissão sem perdas, de quarto de onda, de 50 Ω, idênticas, conforme mostrado na Figura 11.49. Calcule a impedância de entrada na extremidade da fonte.

*__11.42__ Refira-se à Figura 11.50, onde $Z_g = 25$ Ω, $Z_o = 50$ Ω, $Z_C = 150$ Ω, $\ell = 150$ m e $u = c$. Se o pulso mostrado na Figura 11.51 incide na linha em $t = 0$:

(a) trace os diagramas de salto de tensão e de corrente.

(b) determine $V(0, t)$, $V(\ell, t)$, $I(0, t)$ e $I(\ell, t)$ para $0 < t < 8$ μs.

11.43 Uma bateria de 30 V em série com um resistor de 75-Ω é ligada, em $t = 0$, a um cabo cujo dielétrico é o ar. Se o cabo tem 600 m de comprimento e é terminado com uma carga de 30 Ω, determine:

(a) Os diagramas de reflexão para a tensão e a corrente.

(b) $V(\ell/2, t)$ e $I(\ell/2, t)$.

11.44 Considere as três linhas sem perdas da Figura 11.52. Se $Z_o = 50$ Ω, calcule:

(a) Z_{ent} na entrada da linha 1.

(b) Z_{ent} na entrada da linha 2.

(c) Z_{ent} na entrada da linha 3.

11.45 Uma linha de transmissão sem perdas com comprimento $\ell = 300$ m é terminada por uma carga $Z_C = 100$ Ω. Na extremidade do gerador esta linha está conectada a uma bateria de 200 V em série com uma resistência de 80 Ω e um interruptor. Este interruptor está inicialmente aberto, mas é fechado em $t = 0$. Faça um esboço e dimensione $V(\ell/2, t)$ e $I(\ell/2, t)$ para $0 \leq t \leq 4\ell/u$. Use $Z_o = 50$ Ω e $u = 0{,}25c$.

*__11.46__ No problema anterior, considere que o interruptor está fechado por um longo tempo e que a $t = 0$, Z_C é colocada em curto. Faça um esboço e dimensione $V(\ell/2, t)$ e $I(\ell/2, t)$.

11.47 Um toco de 0,12 λ de comprimento é usado para casar uma linha sem perdas de 60 Ω a uma carga. Se o toco está localizado a 0,3 λ da carga, calcule:

(a) a impedância da carga Z_C.

(b) o comprimento de um toco alternativo e sua distância da carga.

(c) a relação de onda estacionária observada entre o toco e a carga.

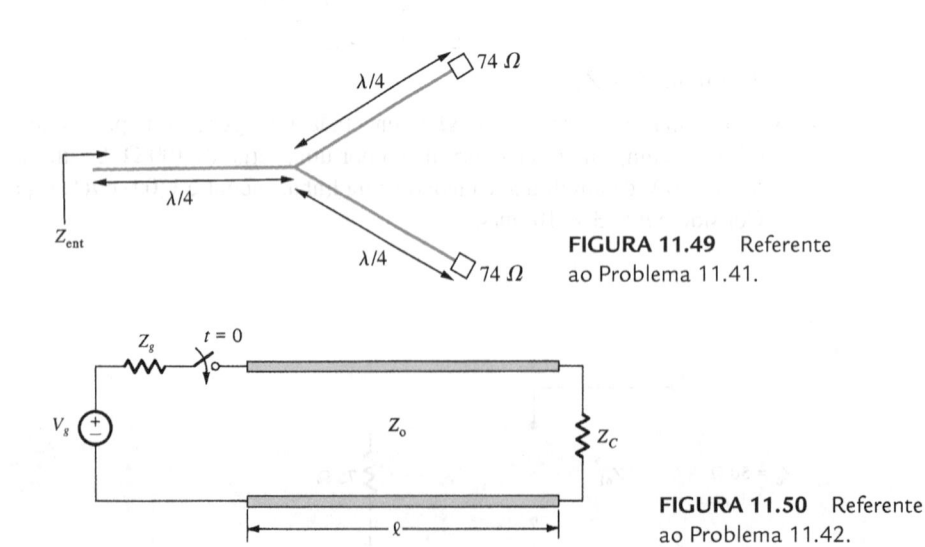

FIGURA 11.49 Referente ao Problema 11.41.

FIGURA 11.50 Referente ao Problema 11.42.

11.48 As medidas que seguem foram realizadas em uma linha fendida de 50 Ω. Com carga $s = 3{,}2$ e $V_{\text{mín}}$ consecutivos a 12 cm e a 32 cm (os valores maiores observados para o lado da carga). Com curto-circuito, $V_{\text{mín}}$ ocorre a 21 cm. Encontre a frequência de operação e a impedância da carga.

11.49 Uma linha de microfitas de cobre, com 4mm de largura, tem um substrato de alumina ($\varepsilon_r = 9$, tg $\theta = 6 \times 10^{-4}$ a 10 GHz) de 1 mm de espessura. Calcule a 10 GHz:

(a) A impedância característica da linha.

(b) A permissividade eficaz da linha.

(c) A constante de atenuação causada pelo dielétrico.

(d) A constante de atenuação causada pelo condutor.

(e) A perda total em decibéis por centímetro.

11.50 Uma linha fendida de 50 Ω no ar é usada para medir uma impedância de carga. Mínimos adjacentes foram encontrados a 14 cm e a 22,5 cm da carga, quando a carga desconhecida está conectada, e $V_{\text{máx}} = 0{,}95$ V e $V_{\text{mín}} = 0{,}45$ V. Quando a carga é substituída por um curto-circuito, os mínimos se deslocam 3,2 cm em direção à carga. Determine s, f, Γ e Z_C.

11.51 Uma linha de transmissão de microfitas de 20 Ω deve ser construída com um substrato de safira ($\varepsilon_r = 10$). Calcule a razão w/h e a permissividade efetiva relativa.

11.52 Uma linha de microfita tem 1 cm de espessura e 1,5 cm de largura. A fita condutora é feita de bronze ($\sigma_c = 1{,}1 \times 10^7$ S/m), enquanto que o material do substrato é um dielétrico com $\varepsilon_r = 2{,}2$ e tg $\theta = 0{,}02$. Se a linha opera em 2,5 GHz, encontre: (a) Z_o e ε_{ef}; (b) α_c e α_d; (c) a distância ao longo da linha para que a onda diminua de 20 dB.

11.53 Uma linha de microfita de 50 Ω tem um deslocamento de fase de 45° em 8 GHz. Se a espessura do substrato $h = 8$ mm, com $\varepsilon_r = 4{,}6$, encontre: (a) a largura da fita condutora; (b) o comprimento da linha de microfita.

11.54 Uma linha de microfita tem $\varepsilon_r = 5$ e $Z_o = 60$ Ω. Determine a indutância e a capacitância por unidade de comprimento da linha. (Veja o Problema 10.2.)

11.55 Determine a perda de retorno de um cabo de 150 Ω terminado por uma carga de 100 Ω.

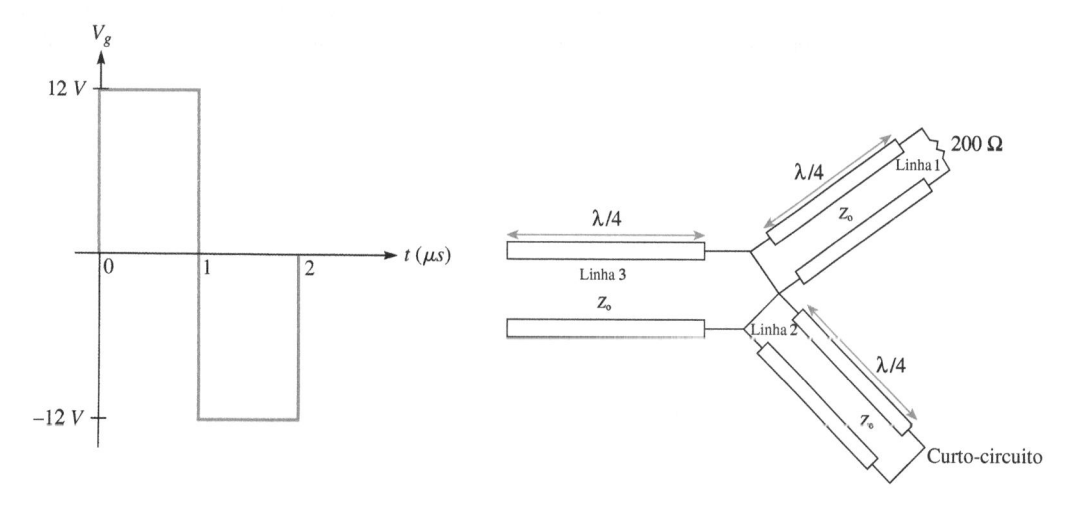

FIGURA 11.51 Dois pulsos retangulares do Problema 11.42.

FIGURA 11.52 Referente ao Problema 11.44.

RF MEMS

MEMS é a sigla para sistemas micro eletro mecânicos (*Micro Electro Mechanical Systems*). Esses dispositivos e sistemas têm dimensões que vão desde alguns micrometros até alguns milímetros. O campo de conhecimento dos MEMS (ou nanotecnologia) engloba todas as áreas da ciência e tecnologia e está relacionado a objetos em uma escala menor. A tecnologia MEMS fornece aos cientistas e engenheiros as ferramentas para construir dispositivos que têm sido impossível de obter ou têm sido proibitivamente caros quando obtidos por meio de outras tecnologias.

A tecnologia MEMS tem emergido com diversas aplicações na área das telecomunicações, especialmente em chaveamento ótico e em comunicações sem fio. A telecomunicação sem fio está se expandindo a uma razão incrível para aplicações que vão desde telefones móveis até comunicações por satélite. As tecnologias MEMS de RF estão ajudando a alimentar essa expansão. A integração de MEMS em circuitos de RF tradicionais tem resultado em sistemas com melhor performance e menor custo de fabricação. Os MEMS em RF estão levando a reduções importantes no consumo de potência e perdas de sinal, o que permite estender a vida de baterias e reduzir seu peso. Os dispositivos MEMS em RF têm um grande potencial em aplicações como as comunicações sem fio militares e comerciais, e em navegação e em sistemas de sensores. Embora os sistemas MEMS de RF sejam de pequenas dimensões, eles podem ser muito complexos, envolvendo normalmente múltiplas e interdependentes áreas de engenharia.

A aplicação de MEMS em RF ocorre em arranjos em fase e em aberturas reconfiguráveis para sistemas de defesa e comunicações e no chaveamento de redes para comunicações por satélites. Como uma nova tecnologia, que permite uma sinergia sem paralelo entre campos de atividade aparentemente não correlacionados, tais como biologia e microeletrônica, muitas aplicações novas para MEMS emergirão, expandindo-se para além do que atualmente é identificado ou conhecido.

Tradicionalmente, o treinamento de engenheiros e cientistas em MEMS se dá em um curso de pós-graduação em uma das poucas universidades de pesquisa, com os estudantes trabalhando no desenvolvimento, fabricação e testes de dispositivos MEMS, sob a orientação de um membro do corpo docente com experiência na área. A formação em MEMS em nível de pós-graduação é bastante cara e demorada. Consequentemente, a formação de pessoal técnico treinado em MEMs em nossas universidades não supre as necessidades de pessoal para o crescimento, projetado para a indústria, de MEMS. Se sua universidade oferece disciplinas em MEMS, curse tantas quantas for possível. Ainda melhor, se sua universidade dispor de um laboratório em MEMS, considere a possibilidade de realizar seu projeto de diplomação nessa área. Isso deve lhe dar uma boa preparação para o mercado de trabalho.

CAPÍTULO 12

GUIAS DE ONDA

"O orgulho esconde as falhas de um homem de si mesmo e as amplia para os outros."
— ANÔNIMO

12.1 INTRODUÇÃO

Conforme mencionado no último capítulo, uma linha de transmissão pode ser usada para transmitir energia de um ponto (gerador) a outro (carga). Um guia de onda é um outro meio de se atingir o mesmo objetivo. Entretanto, um guia de onda difere de uma linha de transmissão em alguns aspectos, embora possamos olhar a última como um caso especial do primeiro. Em primeiro lugar, uma linha de transmissão só pode suportar uma onda transversal eletromagnética (TEM), enquanto que um guia de onda pode suportar muitas configurações de campo diferentes. Em segundo lugar, em frequências de micro-ondas (3 − 300 GHz, aproximadamente), as linhas de transmissão se tornam ineficientes devido ao efeito pelicular e às perdas nos dielétricos. Os guias de onda são utilizados nessa faixa de frequências para se obter maior largura de banda e menor atenuação do sinal. Além disso, as linhas de transmissão podem operar desde corrente contínua ($f = 0$) até frequências muito altas. Os guias de onda podem operar somente acima de uma certa frequência, chamada *frequência de corte*, e, portanto, atuam como filtros passa-alta. Portanto, guias de onda não podem transmitir corrente contínua e tornam-se excessivamente grandes em frequências abaixo das frequências de micro-ondas.

Embora um guia de onda tenha a seção transversal uniforme, podendo ser de qualquer forma, os guias de onda mais comuns são os retangulares ou os circulares. Guias de onda típicos[1] aparecem na Figura 12.1. A análise do guia de onda circular é trabalhosa e requer familiaridade com as funções de Bessel, que estão além do nosso escopo.[2] Vamos considerar somente o guia de onda retangular. Assumindo que o guia é sem perdas ($\sigma_c \simeq \infty$, $\sigma \simeq 0$),* podemos aplicar as equações de Maxwell com as condições de fronteira apropriadas para obter os diferentes modos de propagação da onda e os campos **E** e **H** correspondentes.

12.2 GUIA DE ONDA RETANGULAR

Considere o guia de onda retangular mostrado na Figura 12.2, onde a e b são as dimensões internas da guia de onda. Vamos assumir que ele está preenchido com um dielétrico sem perdas ($\rho_v = 0$ e **J** = 0) e livre de cargas e de correntes ($\sigma \simeq 0$), e suas paredes são perfeitamente condutoras ($\sigma_c \simeq \infty$). Relembramos que, das equações (10.17) e (10.19), as equações de Maxwell na forma fasorial e em um meio sem perdas tornam-se

$$\nabla^2 \mathbf{E}_s + k^2 \mathbf{E}_s = 0 \qquad (12.1)$$

$$\nabla^2 \mathbf{H}_s + k^2 \mathbf{H}_s = 0 \qquad (12.2)$$

---

[1] Para outros tipos de guias de onda, veja J. A. Seeger, *Microwave Theory, Components and Devices*. Englewood Cliffs, NJ: Prentice Hall, 1986, p. 128–133.

[2] A análise de guias de onda circulares pode ser encontrada em textos avançados de EM ou em textos relacionados ao EM, por exemplo, S. Y. Liao, *Microwave Devices and Circuits*, 3rd ed., Englewood Cliffs, NJ: Prentice Hall, 1990, p. 119–141.

* N. de T.: Veja a Seção 12.2.

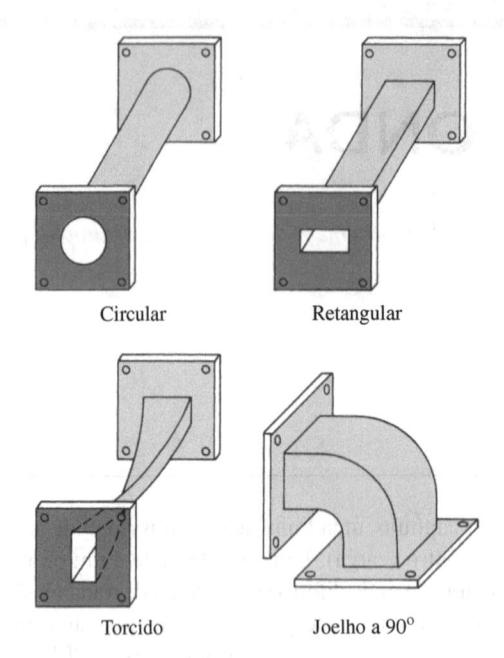

FIGURA 12.1 Guias de onda típicos.

onde

$$k = \omega\sqrt{\mu\varepsilon} \tag{12.3}$$

e o fator temporal $e^{j\omega t}$ está subentendido. Se fizermos

$$\mathbf{E}_s = (E_{xs}, E_{ys}, E_{zs}) \quad \text{e} \quad \mathbf{H}_s = (H_{xs}, H_{ys}, H_{zs})$$

tanto a equação (12.1) como a equação (12.2) corresponderão a três equações escalares de Helmholtz. Em outras palavras, para obtermos os campos **E** e **H**, temos que resolver seis equações diferenciais escalares. Por exemplo, para a componente z, a equação (12.1) fica

$$\frac{\partial^2 E_{zs}}{\partial x^2} + \frac{\partial^2 E_{zs}}{\partial y^2} + \frac{\partial^2 E_{zs}}{\partial z^2} + k^2 E_{zs} = 0 \tag{12.4}$$

que é uma equação diferencial a derivadas parciais. Do Exemplo 6.5, sabemos que a equação (12.4) pode ser resolvida por separação de variáveis (solução produto). Assim, fazemos

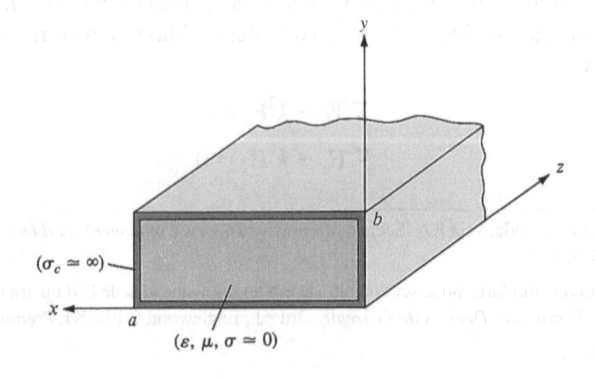

$$E_{zs}(x, y, z) = X(x)\, Y(y)\, Z(z) \tag{12.5}$$

FIGURA 12.2 Um guia de onda retangular, com paredes perfeitamente condutoras, preenchido com um material sem perdas.

onde $X(x)$, $Y(y)$ e $Z(z)$ são funções de x, y e z, respectivamente. Substituindo a equação (12.5) na equação (12.4) e dividindo por XYZ, temos

$$\frac{X''}{X} + \frac{Y''}{Y} + \frac{Z''}{Z} = -k^2 \tag{12.6}$$

Como as variáveis são independentes, cada termo da equação (12.6) deve ser constante. Portanto, a equação pode ser escrita como

$$-k_x^2 - k_y^2 + \gamma^2 = -k^2 \tag{12.7}$$

onde $-k_x^2$, $-k_y^2$ e γ^2 são constantes de separação. Dessa forma, a equação (12.6) é separada em

$$X'' + k_x^2 X = 0 \tag{12.8a}$$

$$Y'' + k_y^2 Y = 0 \tag{12.8b}$$

$$Z'' - \gamma^2 Z = 0 \tag{12.8c}$$

A escolha de γ^2 se deve ao entendimento de que as ondas guiadas se propagam ao longo do eixo z do guia, nos sentidos positivo ou negativo, e a propagação pode resultar em E_{zs} e H_{zs} que se aproximam de 0 conforme $z \to \pm \infty$.

Seguindo o mesmo raciocínio do Exemplo 6.5, obtemos a solução da equação (12.8) como sendo

$$X(x) = c_1 \cos k_x x + c_2 \operatorname{sen} k_x x \tag{12.9a}$$

$$Y(y) = c_3 \cos k_y y + c_4 \operatorname{sen} k_y y \tag{12.9b}$$

$$Z(z) = c_5 e^{\gamma z} + c_6 e^{-\gamma z} \tag{12.9c}$$

Substituindo as equações (12.9) na equação (12.5), obtemos

$$\begin{aligned} E_{zs}(x, y, z) = &(c_1 \cos k_x x + c_2 \operatorname{sen} k_x x)(c_3 \cos k_y y \\ &+ c_4 \operatorname{sen} k_y y)(c_5 e^{\gamma z} + c_6 e^{-\gamma z}) \end{aligned} \tag{12.10}$$

Como é usual, se assumirmos que a onda se propaga através do guia de onda ao longo de $+z$, a constante multiplicativa $c_5 = 0$, pois a onda deve ser finita no infinito [isto é, $E_{zs}(x, y, z = \infty) = 0$]. Portanto, a equação (12.10) se reduz a

$$E_{zs}(x, y, z) = (A_1 \cos k_x x + A_2 \operatorname{sen} k_x x)(A_3 \cos k_y y + A_4 \operatorname{sen} k_y y) e^{-\gamma z} \tag{12.11}$$

onde $A_1 = c_1 c_6$, $A_2 = c_2 c_6$, $A_3 = c_3 c_6$, e $A_4 = c_4 c_6$. Realizando desenvolvimento semelhante, obtemos a solução para a componente z da equação (12.2) como

$$H_{zs}(x, y, z) = (B_1 \cos k_x x + B_2 \operatorname{sen} k_x x)(B_3 \cos k_y y + B_4 \operatorname{sen} k_y y) e^{-\gamma z} \tag{12.12}$$

Em vez de resolver, da mesma forma, as equações (12.1) e (12.2) para as demais componentes de campo E_{xs}, E_{ys}, H_{xs} e H_{ys}, vamos simplesmente usar as equações de Maxwell para determiná-las a partir de E_{zs} e H_{zs}. Partindo de,

$$\nabla \times \mathbf{E}_s = -j\omega\mu \mathbf{H}_s$$

e

$$\nabla \times \mathbf{H}_s = j\omega\varepsilon \mathbf{E}_s$$

obtemos

$$\frac{\partial E_{zs}}{\partial y} - \frac{\partial E_{ys}}{\partial z} = -j\omega\mu H_{xs} \quad (12.13a)$$

$$\frac{\partial H_{zs}}{\partial y} - \frac{\partial H_{ys}}{\partial z} = j\omega\varepsilon E_{xs} \quad (12.13b)$$

$$\frac{\partial E_{xs}}{\partial z} - \frac{\partial E_{zs}}{\partial x} = j\omega\mu H_{ys} \quad (12.13c)$$

$$\frac{\partial H_{xs}}{\partial z} - \frac{\partial H_{zs}}{\partial x} = j\omega\varepsilon E_{ys} \quad (12.13d)$$

$$\frac{\partial E_{ys}}{\partial x} - \frac{\partial E_{xs}}{\partial y} = -j\omega\mu H_{zs} \quad (12.13e)$$

$$\frac{\partial H_{ys}}{\partial x} - \frac{\partial H_{xs}}{\partial y} = j\omega\varepsilon E_{zs} \quad (12.13f)$$

Vamos agora expressar E_{xs}, E_{ys}, H_{xs} e H_{ys} em função de E_{zs} e H_{zs}. Por exemplo, para E_{xs}, combinamos as equações (12.13b) e (12.13c) e obtemos

$$j\omega\varepsilon E_{xs} = \frac{\partial H_{zs}}{\partial y} + \frac{1}{j\omega\mu}\left(\frac{\partial^2 E_{xs}}{\partial z^2} - \frac{\partial^2 E_{zs}}{\partial x \partial z}\right) \quad (12.14)$$

Das equações (12.11) e (12.12), fica claro que todas as componentes de campo variam com z de acordo com $e^{-\gamma z}$, isto é,

$$E_{zs} \sim e^{-\gamma z}, E_{xs} \sim e^{-\gamma z}$$

Portanto,

$$\frac{\partial E_{zs}}{\partial z} = -\gamma E_{zs} \qquad \frac{\partial^2 E_{xs}}{\partial z^2} = \gamma^2 E_{xs}$$

e a equação (12.14) fica

$$j\omega\varepsilon E_{xs} = \frac{\partial H_{zs}}{\partial y} + \frac{1}{j\omega\mu}\left(\gamma^2 E_{xs} + \gamma\frac{\partial E_{zs}}{\partial x}\right)$$

ou

$$-\frac{1}{j\omega\mu}(\gamma^2 + \omega^2\mu\varepsilon)E_{xs} = \frac{\gamma}{j\omega\mu}\frac{\partial E_{zs}}{\partial x} + \frac{\partial H_{zs}}{\partial y}$$

Dessa forma, se fizermos $h^2 = \gamma^2 + \omega^2\mu\varepsilon = \gamma^2 + k^2$,

$$E_{xs} = -\frac{\gamma}{h^2}\frac{\partial E_{zs}}{\partial x} - \frac{j\omega\mu}{h^2}\frac{\partial H_{zs}}{\partial y}$$

Manipulações semelhantes nas equações (12.13) fornecem expressões para E_{ys}, H_{xs} e H_{ys} em termos de E_{zs} e H_{zs}. Assim,

$$E_{xs} = -\frac{\gamma}{h^2}\frac{\partial E_{zs}}{\partial x} - \frac{j\omega\mu}{h^2}\frac{\partial H_{zs}}{\partial y} \quad (12.15a)$$

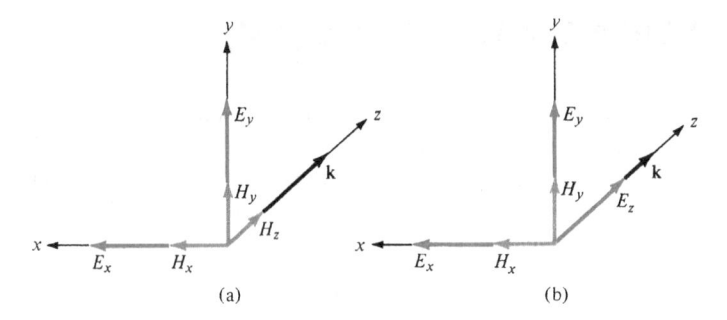

FIGURA 12.3 Componentes de campos EM em um guia de onda retangular. (**a**) modo TE, $E_z = 0$; (**b**) modo TM, $H_z = 0$.

$$E_{ys} = -\frac{\gamma}{h^2}\frac{\partial E_{zs}}{\partial y} - \frac{j\omega\mu}{h^2}\frac{\partial H_{zs}}{\partial x} \quad (12.15b)$$

$$H_{xs} = \frac{j\omega\varepsilon}{h^2}\frac{\partial E_{zs}}{\partial y} - \frac{\gamma}{h^2}\frac{\partial H_{zs}}{\partial x} \quad (12.15c)$$

$$H_{ys} = -\frac{j\omega\varepsilon}{h^2}\frac{\partial E_{zs}}{\partial x} - \frac{\gamma}{h^2}\frac{\partial H_{zs}}{\partial y} \quad (12.15d)$$

onde

$$h^2 = \gamma^2 + k^2 = k_x^2 + k_x^2 \quad (12.16)$$

Portanto, podemos utilizar as equações (12.15) em conjunto com as equações (12.11) e (12.12) para obtermos E_{xs}, E_{ys}, H_{xs} e H_{ys}.

Das equações (12.11), (12.12) e (12.15), notamos que existem diferentes tipos de configurações de campo. Cada uma dessas configurações é chamada de um *modo*. Existem quatro diferentes categorias de modos, ou seja:

1. $E_{zs} = 0 = H_{zs}$ (modo TEM). Este é o modo *transversal eletromagnético* (TEM), no qual tanto o campo **E** como o campo **H** são transversais à direção de propagação da onda. Da equação (12.15), segue que todas as componentes de campo se anulam para $E_{zs} = 0 = H_{zs}$. Consequentemente, concluímos que um guia de onda retangular não suporta o modo TEM.

2. $E_{zs} = 0$, $H_{zs} \neq 0$ (modos TE). Para esses modos, as componentes restantes do campo elétrico (E_{xs} e E_{ys}) são transversais à direção de propagação $\mathbf{a}_z$. Sob essas condições, as configurações de campo são chamadas modos *transversais elétricos* (TE). Veja a Figura 12.3(a).

3. $E_{zs} \neq 0$, $H_{zs} = 0$ (modos TM). Nesse caso, o campo **H** é transversal à direção de propagação da onda. Portanto, temos um modo *transversal magnético* (TM). Veja a Figura 12.3(b).

4. $E_{zs} \neq 0$, $H_{zs} \neq 0$ (modos HE). Esse é o caso em que nem o campo **E** nem o campo **H** são transversais à direção de propagação. Esses modos são, às vezes, denominados modos *híbridos*.

Devemos ressaltar a relação entre k na equação (12.3) e β da equação (10.43a). A constante de fase β da equação (10.43a) foi obtida para o modo TEM. Para o modo TEM, $h = 0$. Desse modo, da equação (12.16), $\gamma^2 = -k^2 \rightarrow \gamma = \alpha + j\beta = jk$, isto é, $\beta = k$. Para outros modos, $\beta \neq k$. Nas seções subsequentes, vamos estudar os modos de propagação TM e TE separadamente.

12.3 MODOS TRANSVERSAIS MAGNÉTICOS (TM)

Para este caso, o campo magnético tem suas componentes transversais (ou normais) à direção de propagação da onda. Isto implica fazer $H_z = 0$ e calcular E_x, E_y, E_z, H_x e H_y usando as equações (12.11) e (12.15) e as condições de fronteira. Devemos obter E_z e depois determinar as outras componentes de campo a partir de E_z. Nas paredes do guia de onda na Figura 12.2, as componentes tangenciais do campo **E** devem ser contínuas, isto é,

$$E_{zs} = 0 \text{ em } y = 0 \quad \text{(parede inferior)} \tag{12.17a}$$

$$E_{zs} = 0 \text{ em } y = b \quad \text{(parede superior)} \tag{12.17b}$$

$$E_{zs} = 0 \text{ em } x = 0 \quad \text{(parede esquerda)} \tag{12.17c}$$

$$E_{zs} = 0 \text{ em } x = a \quad \text{(parede direita)} \tag{12.17d}$$

As equações (12.17a) e (12.17c) requerem que $A_1 = 0 = A_3$ na equação (12.11). Portanto, a equação (12.11) fica

$$E_{zs} = E_o \text{ sen } k_x x \text{ sen } k_y y \, e^{-\gamma z} \tag{12.18}$$

onde $E_o = A_2 A_4$. Também as equações (12.17b) e (12.17d), quando aplicadas à equação (12.18), levam a

$$\text{sen } k_x a = 0, \text{ sen } k_y b = 0 \tag{12.19}$$

Isto implica que

$$k_x a = m\pi, \, m = 1, 2, 3,... \tag{12.20a}$$

$$k_y b = n\pi, \quad n = 1, 2, 3,... \tag{12.20b}$$

ou

$$\boxed{k_x = \frac{m\pi}{a}, \quad k_y = \frac{n\pi}{b}} \tag{12.21}$$

Pela razão dada no Exemplo 6.5, não são considerados valores negativos para os inteiros m e n na equação (12.20a). Substituindo a equação (12.21) na equação (12.18), obtemos

$$\boxed{E_{zs} = E_o \text{ sen}\left(\frac{m\pi x}{a}\right) \text{sen}\left(\frac{n\pi y}{b}\right) e^{-\gamma z}} \tag{12.22}$$

Obtemos as outras componentes dos campos a partir das equações (12.22) e (12.15), tendo em vista que $H_{zs} = 0$. Portanto,

$$E_{xs} = -\frac{\gamma}{h^2}\left(\frac{m\pi}{a}\right) E_o \cos\left(\frac{m\pi x}{a}\right) \text{sen}\left(\frac{n\pi y}{b}\right) e^{-\gamma z} \tag{12.23a}$$

$$E_{ys} = -\frac{\gamma}{h^2}\left(\frac{n\pi}{b}\right) E_o \text{ sen}\left(\frac{m\pi x}{a}\right) \cos\left(\frac{n\pi y}{b}\right) e^{-\gamma z} \tag{12.23b}$$

$$H_{xs} = \frac{j\omega\varepsilon}{h^2}\left(\frac{n\pi}{b}\right) E_o \operatorname{sen}\left(\frac{m\pi x}{a}\right)\cos\left(\frac{n\pi y}{b}\right) e^{-\gamma z} \qquad (12.23c)$$

$$H_{ys} = -\frac{j\omega\varepsilon}{h^2}\left(\frac{m\pi}{a}\right) E_o \cos\left(\frac{m\pi x}{a}\right)\operatorname{sen}\left(\frac{n\pi y}{b}\right) e^{-\gamma z} \qquad (12.23d)$$

onde

$$\boxed{h^2 = k_x^2 + k_y^2 = \left[\frac{m\pi}{a}\right]^2 + \left[\frac{n\pi}{b}\right]^2} \qquad (12.24)$$

que é obtida das equações (12.16) e (12.21). Das equações (12.22) e (12.23), note que cada par de números inteiros *m* e *n* corresponde a um modo ou configuração de campo diferente, o que é referido no guia de onda como modo TM$_{mn}$. O inteiro *m* é igual ao número de meios ciclos de senos ou cossenos na direção *x*, e o inteiro *n* é igual ao número de meios ciclos de senos ou cossenos na direção *y*. Das equações (12.22) e (12.23) notamos também que, se (*m*, *n*) for (0, 0), (0, *n*) ou (*m*, 0), todas as componentes dos campos se anulam. Portanto, nem *m* nem *n* podem ser zero. Consequentemente, o modo de menor ordem de todos os modos TM$_{mn}$ é o TM$_{11}$.

Substituindo a equação (12.21) na equação (12.16), obtemos a constante de propagação

$$\gamma = \sqrt{\left[\frac{m\pi}{a}\right]^2 + \left[\frac{n\pi}{b}\right]^2 - k^2} \qquad (12.25)$$

onde $k = \omega\sqrt{\mu\varepsilon}$, como na equação (12.3). Lembramos que, em geral, $\gamma = \alpha + j\beta$. No caso da equação (12.25), temos três possibilidades, dependendo de *k* (ou ω), *m* e *n*:

Caso A (corte):

Se

$$k^2 = \omega^2\mu\varepsilon = \left[\frac{m\pi}{a}\right]^2 + \left[\frac{n\pi}{b}\right]^2$$

$$\gamma = 0 \quad \text{ou} \quad \alpha = 0 = \beta$$

O valor de ω para o qual isto ocorre é chamado *frequência angular* de corte ω_c, isto é,

$$\omega_c = \frac{1}{\sqrt{\mu\varepsilon}}\sqrt{\left[\frac{m\pi}{a}\right]^2 + \left[\frac{n\pi}{b}\right]^2} \qquad (12.26)$$

Caso B (evanescente):

Se

$$k^2 = \omega^2\mu\varepsilon < \left[\frac{m\pi}{a}\right]^2 + \left[\frac{n\pi}{b}\right]^2$$

$$\gamma = \alpha, \quad \beta = 0$$

Neste caso, não temos propagação de onda. Estes modos que não se propagam, ou que são atenuados, são chamados *evanescentes*.

Caso C (propagação):

Se

$$k^2 = \omega^2\mu\varepsilon > \left[\frac{m\pi}{a}\right]^2 + \left[\frac{n\pi}{b}\right]^2$$

$$\gamma = j\beta, \quad \alpha = 0$$

isto é, da equação (12.25), a constante de fase β torna-se

$$\beta = \sqrt{k^2 - \left[\frac{m\pi}{a}\right]^2 - \left[\frac{n\pi}{b}\right]^2} \qquad (12.27)$$

Este é o único caso para o qual ocorre a propagação, pois todas as componentes de campo terão o fator $e^{-\gamma z} = e^{-j\beta z}$.

Portanto, para cada modo, caracterizado por um conjunto de inteiros m e n, haverá uma *frequência de corte* correspondente f_c.

> A **frequência de corte** é a frequência de operação abaixo da qual ocorre atenuação e acima da qual ocorre propagação.

Assim, o guia de onda opera como um filtro passa-alta. A frequência de corte é obtida da equação (12.26) como

$$f_c = \frac{\omega_c}{2\pi} = \frac{1}{2\pi\sqrt{\mu\varepsilon}}\sqrt{\left[\frac{m\pi}{a}\right]^2 + \left[\frac{n\pi}{b}\right]^2}$$

ou

$$\boxed{f_c = \frac{u'}{2}\sqrt{\left(\frac{m}{a}\right)^2 + \left(\frac{n}{b}\right)^2}} \qquad (12.28)$$

onde $u' = \dfrac{1}{\sqrt{\mu\varepsilon}}$ = velocidade de fase de uma onda plana uniforme no meio dielétrico sem perdas ($\sigma = 0$, μ, ε) que preenche o guia de onda. O *comprimento de onda de corte* λ_c é dado por

$$\lambda_c = \frac{u'}{f_c}$$

ou

$$\boxed{\lambda_c = \frac{2}{\sqrt{\left(\frac{m}{a}\right)^2 + \left(\frac{n}{b}\right)^2}}} \qquad (12.29)$$

Das equações (12.28) e (12.29), note que o modo TM_{11} tem a menor frequência de corte (ou o maior comprimento de onda de corte) de todos os modos TM. A constante de fase β, na equação (12.27), pode ser escrita em função da frequência de corte f_c como

$$\beta = \omega\sqrt{\mu\varepsilon}\sqrt{1 - \left[\frac{f_c}{f}\right]^2}$$

ou

$$\boxed{\beta = \beta' \sqrt{1 - \left[\frac{f_c}{f}\right]^2}} \qquad (12.30)$$

onde $\beta' = \omega/u' = \omega\sqrt{\mu\varepsilon}$ = constante de fase de uma onda plana uniforme no meio dielétrico. Devemos notar que γ para os modos evanescentes pode também ser expressa em termos de f_c, ou seja,

$$\gamma = \alpha = \beta' \sqrt{\left(\frac{f_c}{f}\right)^2 - 1} \qquad (12.30')$$

A velocidade de fase u_p e o comprimento de onda no guia são dados, respectivamente, por

$$\boxed{u_p = \frac{\omega}{\beta}, \quad \lambda = \frac{2\pi}{\beta} = \frac{u_p}{f}} \qquad (12.31)$$

A impedância intrínseca da onda para cada modo é obtida da equação (12.23), considerando $(\gamma = j\beta)$, como a seguir

$$\eta_{TM} = \frac{E_x}{H_y} = -\frac{E_y}{H_x}$$
$$= \frac{\beta}{\omega\varepsilon} = \sqrt{\frac{\mu}{\varepsilon}} \sqrt{1 - \left[\frac{f_c}{f}\right]^2}$$

ou

$$\boxed{\eta_{TM} = \eta' \sqrt{1 - \left[\frac{f_c}{f}\right]^2}} \qquad (12.32)$$

onde $\eta' = \sqrt{\mu/\varepsilon}$ impedância intrínseca de uma onda plana uniforme no meio dielétrico. Note as diferenças entre u', β' e η' e u, β e η. As grandezas-linha são as características da onda se propagando no meio dielétrico não limitado pelo guia de onda, conforme discutido no Capítulo 10 (isto é, para o modo TEM). Por exemplo, u' seria a velocidade da onda se o guia de onda fosse removido e todo o espaço fosse preenchido com o dielétrico. As demais grandezas são as características da onda no meio limitado pelo guia de onda.

Conforme mencionado anteriormente, os inteiros m e n indicam o número de meios ciclos de senos ou cossenos existentes na seção reta x-y do guia. Assim, por exemplo, para um determinado instante de tempo, a configuração de campo da Figura 12.4 representa o modo TM_{21}.

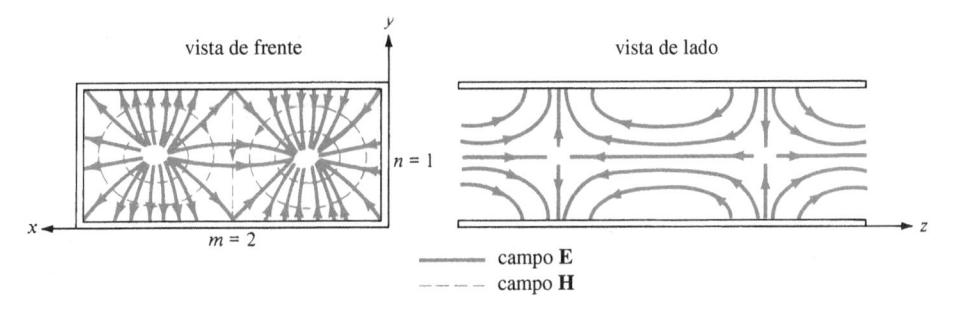

FIGURA 12.4 Configuração de campo para o modo TM_{21}.

12.4 MODOS TRANSVERSAIS ELÉTRICOS (TE)

Nos modos TE, o campo elétrico é transverso (ou normal) à direção de propagação da onda. Colocamos $E_z = 0$ e determinamos as demais componentes de campo, E_x, E_y, H_x, H_y e H_z, das equações (12.12) e (12.15) e das condições de fronteira, da mesma forma que foi feito para os modos TM. As condições de fronteira são obtidas a partir do fato de que as componentes tangenciais do campo elétrico devem ser contínuas nas paredes do guia de onda, isto é,

$$E_{xs} = 0 \text{ em } y = 0 \tag{12.33a}$$

$$E_{xs} = 0 \text{ em } y = b \tag{12.33b}$$

$$E_{ys} = 0 \text{ em } x = 0 \tag{12.33c}$$

$$E_{ys} = 0 \text{ em } x = a \tag{12.33d}$$

A partir das equações (12.15) e (12.33), as condições de fronteira podem ser escritas como

$$\frac{\partial H_{zs}}{\partial y} = 0 \quad \text{em} \quad y = 0 \tag{12.34a}$$

$$\frac{\partial H_{zs}}{\partial y} = 0 \quad \text{em} \quad y = b \tag{12.34b}$$

$$\frac{\partial H_{zs}}{\partial x} = 0 \quad \text{em} \quad x = 0 \tag{12.34c}$$

$$\frac{\partial H_{zs}}{\partial x} = 0 \quad \text{em} \quad x = a \tag{12.34d}$$

Impondo estas condições de fronteira na equação (12.12), obtemos

$$H_{zs} = H_o \cos\left(\frac{m\pi x}{a}\right) \cos\left(\frac{n\pi y}{b}\right) e^{-\gamma z} \tag{12.35}$$

onde $H_o = B_1 B_3$. As outras componentes de campo são obtidas facilmente das equações (12.35) e (12.15) como

$$E_{xs} = \frac{j\omega\mu}{h^2}\left(\frac{n\pi}{b}\right) H_o \cos\left(\frac{m\pi x}{a}\right) \text{sen}\left(\frac{n\pi y}{b}\right) e^{-\gamma z} \tag{12.36a}$$

$$E_{ys} = -\frac{j\omega\mu}{h^2}\left(\frac{m\pi}{a}\right) H_o \text{sen}\left(\frac{m\pi x}{a}\right) \cos\left(\frac{n\pi y}{b}\right) e^{-\gamma z} \tag{12.36b}$$

$$H_{xs} = \frac{\gamma}{h^2}\left(\frac{m\pi}{a}\right) H_o \text{sen}\left(\frac{m\pi x}{a}\right) \cos\left(\frac{n\pi y}{b}\right) e^{-\gamma z} \tag{12.36c}$$

$$H_{ys} = \frac{\gamma}{h^2}\left(\frac{n\pi}{b}\right) H_o \cos\left(\frac{m\pi x}{a}\right) \text{sen}\left(\frac{n\pi y}{b}\right) e^{-\gamma z} \tag{12.36d}$$

onde $m = 0, 1, 2, 3, \ldots$; e $n = 0, 1, 2, 3, \ldots$. Os parâmetros h e γ permanecem como foram definidos para os modos TM. Novamente, os inteiros m e n indicam o número de meios ciclos de senos ou cossenos existentes na seção reta x–y do guia. Por exemplo, a configuração de campo para o modo TE$_{32}$ está apresentada na Figura 12.5. A frequência de corte f_c, o comprimento de onda de

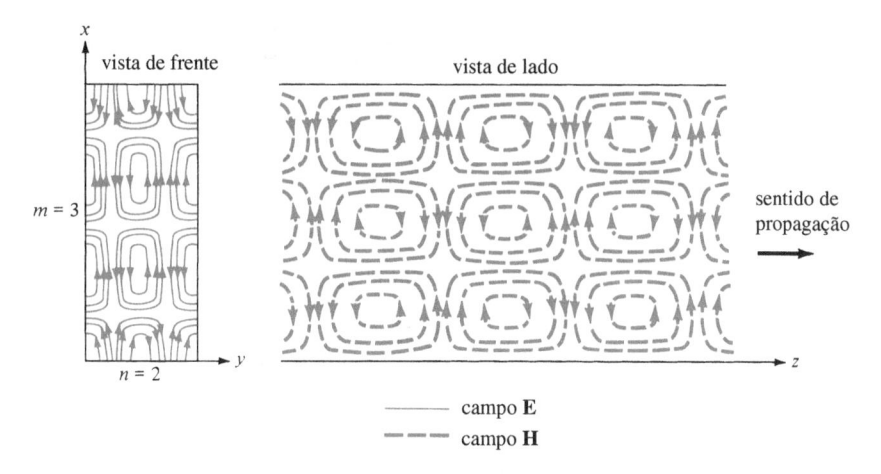

FIGURA 12.5 Configuração de campo para o modo TE$_{32}$.

corte λ_c, a constante de fase β, a velocidade de fase u_p e o comprimento de onda λ para os modos TE são iguais aos dos modos TM [veja as equações (12.28) a (12.31)].

Para os modos TE, (m, n) podem ser $(0, 1)$ ou $(1, 0)$ mas não podem ser $(0, 0)$. Os índices m e n não podem ser zero ao mesmo tempo, pois isto acarreta que as componentes de campo dadas pela equação (12.36) sejam zero. Isto implica que os modos de menor frequência de corte sejam o TE$_{10}$ ou o TE$_{01}$, dependendo dos valores de a e de b, os quais dão as dimensões do guia. É usual considerar $a > b$, de tal maneira que $1/a^2 < 1/b^2$ na equação (12.28). Nessas condições, o modo TE$_{10}$ é o de frequência de corte mais baixa porque $f_{c_{TE_{10}}} = \dfrac{u'}{2a} < f_{c_{TE_{01}}} = \dfrac{u'}{2b}$.

Este modo é chamado *modo dominante* do guia de onda e é o de maior interesse prático. A frequência de corte do modo TE$_{10}$ é obtida da equação (12.28), considerando $(m = 1, n = 0)$, como

$$f_{c_{10}} = \frac{u'}{2a} \tag{12.37}$$

e o comprimento de onda de corte do modo TE$_{10}$ é obtido da equação (12.29) como

$$\lambda_{c10} = 2a \tag{12.38}$$

Da equação (12.28), note que a frequência de corte do modo TM$_{11}$ é

$$\frac{u'[a^2 + b^2]^{1/2}}{2ab}$$

que é maior que a frequência de corte do modo TE$_{10}$. Dessa forma, o modo TM$_{11}$ não pode ser considerado o modo dominante.

> **O modo dominante** é o modo com menor frequência de corte (ou com maior comprimento de onda de corte).

É importante notar que qualquer onda EM com frequência $f < f_{c10}$ (ou $\lambda > \lambda_{c10}$) não se propagará no guia de onda.

A impedância intrínseca para os modos TE é diferente da impedância intrínseca para os modos TM. Da equação (12.36), fica evidente que $(\gamma = j\beta)$

$$\eta_{TE} = \frac{E_x}{H_y} = -\frac{E_y}{H_x} = \frac{\omega\mu}{\beta}$$

$$= \sqrt{\frac{\mu}{\varepsilon}} \frac{1}{\sqrt{1 - \left[\frac{f_c}{f}\right]^2}}$$

ou

$$\boxed{\eta_{TE} = \frac{\eta'}{\sqrt{1 - \left[\frac{f_c}{f}\right]^2}}} \quad (12.39)$$

Das equações (12.32) e (12.39), note que η_{TE} e η_{TM} são puramente resistivas e que variam com a frequência, conforme mostrado na Figura 12.6. Note, também, que

$$\eta_{TE}\, \eta_{TM} = \eta'^2 \quad (12.40)$$

As equações mais importantes para os modos TM e TE estão listadas na Tabela 12.1.

Das equações (12.22), (12.23), (12.35) e (12.36), obtemos as configurações de campo para os modos TM e TE. Para o modo dominante TE_{10}, $m = 1$ e $n = 0$. Dessa forma, a equação (12.35) fica

$$H_{zs} = H_o \cos\left(\frac{\pi x}{a}\right) e^{-j\beta z} \quad (12.41)$$

No domínio do tempo,

$$H_z = \text{Re}\,(H_{zs} e^{j\omega t})$$

ou

$$H_z = H_o \cos\left(\frac{\pi x}{a}\right) \cos(\omega t - \beta z) \quad (12.42)$$

De forma similar, da equação (12.36), temos

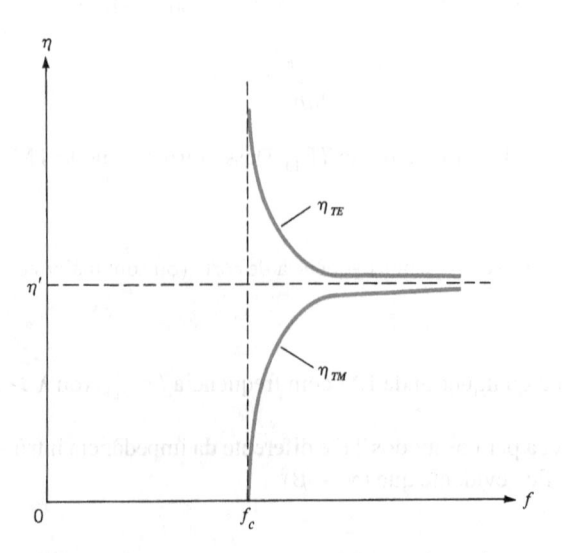

FIGURA 12.6 Variação da impedância da onda com a frequência para os modos TM e TE.

TABELA 12.1 As equações mais importantes para os modos TM e TE

Modos TM	Modos TE
$E_{xs} = -\dfrac{j\beta}{h^2}\left(\dfrac{m\pi}{a}\right) E_o \cos\left(\dfrac{m\pi x}{a}\right) \text{sen}\left(\dfrac{n\pi y}{b}\right) e^{-\gamma z}$	$E_{xs} = \dfrac{j\omega\mu}{h^2}\left(\dfrac{n\pi}{b}\right) H_o \cos\left(\dfrac{m\pi x}{a}\right) \text{sen}\left(\dfrac{n\pi y}{b}\right) e^{-\gamma z}$
$E_{ys} = -\dfrac{j\beta}{h^2}\left(\dfrac{n\pi}{b}\right) E_o \text{sen}\left(\dfrac{m\pi x}{a}\right) \cos\left(\dfrac{n\pi y}{b}\right) e^{-\gamma z}$	$E_{ys} = -\dfrac{j\omega\mu}{h^2}\left(\dfrac{m\pi}{a}\right) H_o \text{sen}\left(\dfrac{m\pi x}{a}\right) \cos\left(\dfrac{n\pi y}{b}\right) e^{-\gamma z}$
$E_{zs} = E_0 \text{sen}\left(\dfrac{m\pi x}{a}\right) \text{sen}\left(\dfrac{n\pi y}{b}\right) e^{-\gamma z}$	$E_{zs} = 0$
$H_{xs} = \dfrac{j\omega\varepsilon}{h^2}\left(\dfrac{n\pi}{b}\right) E_o \text{sen}\left(\dfrac{m\pi x}{a}\right) \cos\left(\dfrac{n\pi y}{b}\right) e^{-\gamma z}$	$H_{xs} = \dfrac{j\beta}{h^2}\left(\dfrac{m\pi}{a}\right) H_o \text{sen}\left(\dfrac{m\pi x}{a}\right) \cos\left(\dfrac{n\pi y}{b}\right) e^{-\gamma z}$
$H_{ys} = -\dfrac{j\omega\varepsilon}{h^2}\left(\dfrac{m\pi}{a}\right) E_o \cos\left(\dfrac{m\pi x}{a}\right) \text{sen}\left(\dfrac{n\pi y}{b}\right) e^{-\gamma z}$	$H_{ys} = \dfrac{j\beta}{h^2}\left(\dfrac{n\pi}{b}\right) H_o \cos\left(\dfrac{m\pi x}{a}\right) \text{sen}\left(\dfrac{n\pi y}{b}\right) e^{-\gamma z}$
$H_{zs} = 0$	$H_{zs} = H_o \cos\left(\dfrac{m\pi x}{a}\right) \cos\left(\dfrac{n\pi y}{b}\right) e^{-\gamma z}$
$\eta = \eta'\sqrt{1 - \left(\dfrac{f_c}{f}\right)^2}$	$\eta = \dfrac{\eta'}{\sqrt{1 - \left(\dfrac{f_c}{f}\right)^2}}$

$$f_c = \frac{u'}{2}\sqrt{\left(\frac{m}{a}\right)^2 + \left(\frac{n}{b}\right)^2}$$

$$\lambda_c = \frac{u'}{f_c}$$

$$\beta = \beta'\sqrt{1 - \left(\frac{f_c}{f}\right)^2}$$

$$u_p = \frac{\omega}{\beta} = f\lambda$$

onde $h^2 = \left(\dfrac{m\pi}{a}\right)^2 + \left(\dfrac{n\pi}{b}\right)^2$, $u' = \dfrac{1}{\sqrt{\mu\varepsilon}}$, $\beta' = \dfrac{\omega}{u'}$, $\eta' = \sqrt{\dfrac{\mu}{\varepsilon}}$

$$E_y = \frac{\omega\mu a}{\pi} H_o \text{sen}\left(\frac{\pi x}{a}\right) \text{sen}(\omega t - \beta z) \tag{12.43a}$$

$$H_x = -\frac{\beta a}{\pi} H_o \text{sen}\left(\frac{\pi x}{a}\right) \text{sen}(\omega t - \beta z) \tag{12.43b}$$

$$E_z = E_x = H_y = 0 \tag{12.43c}$$

A variação dos campos **E** e **H** com x no plano x–y, ou seja, o plano $\cos(\omega t - \beta z) = 1$ para H_z e o plano $\text{sen}(\omega t - \beta z) = 1$ para E_y e H_x, é apresentada na Figura 12.7 para o modo TE_{10}. As linhas de campo correspondentes estão apresentadas na Figura 12.8.

EXEMPLO 12.1 Um guia de onda retangular com dimensões $a = 2{,}5$ cm e $b = 1$ cm deve operar abaixo de 15,1 GHz. Quantos modos TE e TM podem ser transmitidos pelo guia se o mesmo é preenchido com um meio caracterizado por $\sigma = 0$, $\varepsilon = 4\varepsilon_0$, $\mu_r = 1$? Calcule as frequências de corte dos modos.

Solução:
A frequência de corte é dada por

$$f_{c_{mn}} = \frac{u'}{2}\sqrt{\frac{m^2}{a^2} + \frac{n^2}{b^2}}$$

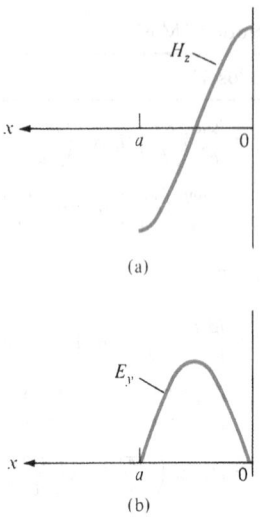

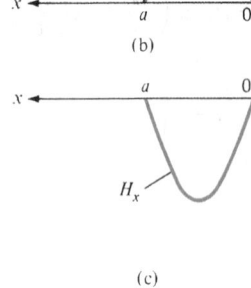

FIGURA 12.7 Dependência com x das componentes de campo para o modo TE_{10}.

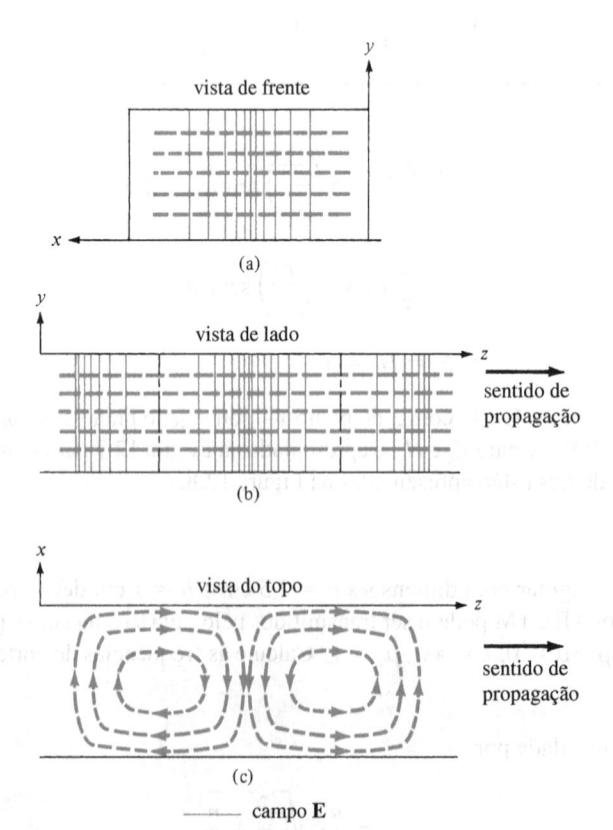

FIGURA 12.8 Linhas de campo para o modo TE_{10}, correspondendo aos componentes (**a**), (**b**) e (**c**) na Figura 12.7.

——— campo **E**
- - - - campo **H**

onde $a = 2{,}5b$ ou $a/b = 2{,}5$ e

$$u' = \frac{1}{\sqrt{\mu\varepsilon}} = \frac{c}{\sqrt{\mu_r\varepsilon_r}} = \frac{c}{2}$$

Portanto,

$$f_{c_{mn}} = \frac{c}{4a}\sqrt{m^2 + \frac{a^2}{b^2}n^2}$$

$$= \frac{3 \times 10^8}{4(2{,}5 \times 10^{-2})}\sqrt{m^2 + 6{,}25n^2}$$

ou

$$f_{c_{mn}} = 3\sqrt{m^2 + 6{,}25n^2} \text{ GHz} \qquad (12.1.1)$$

Procuramos por valores de $f_{c_{mn}} < 15{,}1$ GHz. Uma maneira sistemática de fazer isto é fixarmos um dos índices, m ou n, e incrementarmos o outro até obtermos $f_{c_{mn}}$ maior do que 15,1 GHz. Da equação (12.1.1), fica evidente que, fixando m e incrementando n, rapidamente obteremos uma $f_{c_{mn}}$ que é maior do que 15,1 GHz.

Para o modo TE_{01} $(m = 0, n = 1), f_{c_{01}} = 3(2{,}5) = 7{,}5$ GHz

Para o modo TE_{02} $(m = 0, n = 2), f_{c_{02}} = 3(5) = 15$ GHz

Para o modo $TE_{03}, f_{c_{03}} = 3(7{,}5) = 22{,}5$ GHz

Desse modo, para $f_{c_{mn}} < 15{,}1$ GHz, o valor máximo de n é $n = 2$. Agora fixamos n enquanto incrementamos m até obtermos $f_{c_{mn}}$ maior do que 15,1 GHz.

Para o modo TE_{10} $(m = 1, n = 0), f_{c_{10}} = 3$ GHz

Para o modo $TE_{20}, f_{c_{20}} = 6$ GHz

Para o modo $TE_{30}, f_{c_{30}} = 9$ GHz

Para o modo $TE_{40}, f_{c_{40}} = 12$ GHz

Para o modo $TE_{50}, f_{c_{50}} = 15$ GHz (igual ao TE_{02})

Para o modo $TE_{60}, f_{c_{60}} = 18$ GHz.

isto é, para $f_{c_{mn}} < 15{,}1$ GHz, o valor máximo é $m = 5$. Agora que conhecemos os valores máximos de m e de n, podemos tentar outras combinações possíveis entre esses valores máximos.

Para os modos TE_{11} e TM_{11} (modos degenerados), $f_{c_{11}} = 3\sqrt{7{,}25} = 8{,}078$ GHz.

$TE_{21}, TM_{21}, f_{c_{21}} = 3\sqrt{10{,}25} = 9{,}6$ GHz

$TE_{31}, TM_{31}, f_{c_{31}} = 3\sqrt{15{,}25} = 11{,}72$ GHz

$TE_{41}, TM_{41}, f_{c_{41}} = 3\sqrt{22{,}25} = 14{,}14$ GHz

$TE_{12}, TM_{12}, f_{c_{12}} = 3\sqrt{26} = 15{,}3$ GHz

Os modos cujas frequências de corte são menores ou iguais a 15,1 GHz serão transmitidos, isto é, 11 modos TE e 4 modos TM (todos os modos referidos acima, exceto os modos TE_{12}, TM_{12}, TE_{60} e TE_{03}). As frequências de corte para esses 15 modos estão ilustradas no diagrama de linhas da Figura 12.9.

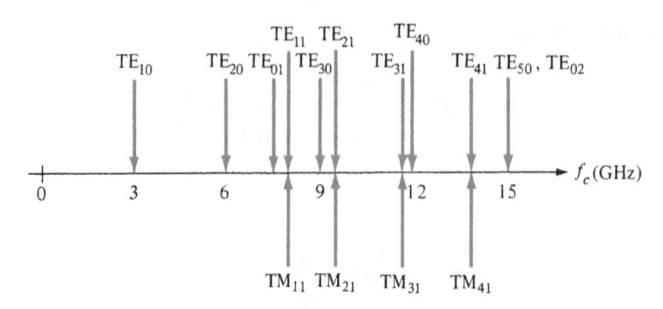

FIGURA 12.9 Frequências de corte para um guia retangular com $a = 2{,}5b$; referente ao Exemplo 12.1.

> **EXERCÍCIO PRÁTICO 12.1**
>
> Considere o guia de onda do Exemplo 12.1. Calcule a constante de fase, a velocidade de fase e a impedância da onda para os modos TE_{10} e TM_{11} na frequência de operação de 15 GHz.
>
> **Resposta:** Para o modo TE_{10}, $\beta = 615{,}6$ rad/m, $u = 1{,}531 \times 10^8$ m/s, $\eta_{TE} = 192{,}4\ \Omega$. Para o modo TM_{11}, $\beta = 529{,}4$ rad/m, $u = 1{,}78 \times 10^8$ m/s, $\eta_{TM} = 158{,}8\ \Omega$.

EXEMPLO 12.2

Escreva as expressões gerais dos campos instantâneos para os modos TM e TE. Deduza as expressões válidas para os modos TE_{01} e TM_{12}.

Solução:

As expressões instantâneas para os campos são obtidas das formas fasoriais usando

$$\mathbf{E} = \mathrm{Re}\,(\mathbf{E}_s e^{j\omega t}) \text{ e } \mathbf{H} = \mathrm{Re}\,(\mathbf{H}_s e^{j\omega t})$$

Aplicando estas igualdades às equações (12.22) e (12.23), enquanto trocamos γ e $j\beta$, obtemos as seguintes componentes de campo para os modos TM:

$$E_x = \frac{\beta}{h^2}\left[\frac{m\pi}{a}\right] E_o \cos\left(\frac{m\pi x}{a}\right) \mathrm{sen}\left(\frac{n\pi y}{b}\right) \mathrm{sen}(\omega t - \beta z)$$

$$E_y = \frac{\beta}{h^2}\left[\frac{n\pi}{b}\right] E_o \,\mathrm{sen}\left(\frac{m\pi x}{a}\right) \cos\left(\frac{n\pi y}{b}\right) \mathrm{sen}(\omega t - \beta z)$$

$$E_z = E_o \,\mathrm{sen}\left(\frac{m\pi x}{a}\right) \mathrm{sen}\left(\frac{n\pi y}{b}\right) \cos(\omega t - \beta z)$$

$$H_x = -\frac{\omega\varepsilon}{h^2}\left[\frac{n\pi}{b}\right] E_o \,\mathrm{sen}\left(\frac{m\pi x}{a}\right) \cos\left(\frac{n\pi y}{b}\right) \mathrm{sen}(\omega t - \beta z)$$

$$H_y = \frac{\omega\varepsilon}{h^2}\left[\frac{m\pi}{a}\right] E_o \cos\left(\frac{m\pi x}{a}\right) \mathrm{sen}\left(\frac{n\pi y}{b}\right) \mathrm{sen}(\omega t - \beta z)$$

$$H_z = 0$$

De forma semelhante, para os modos TE, as equações (12.35) e (12.36) tornam-se

$$E_x = -\frac{\omega\mu}{h^2}\left[\frac{n\pi}{b}\right] H_o \cos\left(\frac{m\pi x}{a}\right) \mathrm{sen}\left(\frac{n\pi y}{b}\right) \mathrm{sen}(\omega t - \beta z)$$

$$E_y = \frac{\omega\mu}{h^2}\left[\frac{m\pi}{a}\right] H_o \,\text{sen}\left(\frac{m\pi x}{a}\right)\cos\left(\frac{n\pi y}{b}\right)\text{sen}(\omega t - \beta z)$$

$$E_z = 0$$

$$H_x = -\frac{\beta}{h^2}\left[\frac{m\pi}{a}\right] H_o \,\text{sen}\left(\frac{m\pi x}{a}\right)\cos\left(\frac{n\pi y}{b}\right)\text{sen}(\omega t - \beta z)$$

$$H_y = -\frac{\beta}{h^2}\left[\frac{n\pi}{b}\right] H_o \cos\left(\frac{m\pi x}{a}\right)\text{sen}\left(\frac{n\pi y}{b}\right)\text{sen}(\omega t - \beta z)$$

$$H_z = H_o \cos\left(\frac{m\pi x}{a}\right)\cos\left(\frac{n\pi y}{b}\right)\cos(\omega t - \beta z)$$

Para o modo TE_{01}, colocamos $m = 0$ e $n = 1$ para obter

$$h^2 = \left[\frac{\pi}{b}\right]^2$$

$$E_x = -\frac{\omega\mu b}{\pi} H_o \,\text{sen}\left(\frac{\pi y}{b}\right)\text{sen}(\omega t - \beta z)$$

$$E_y = 0 = E_z = H_x$$

$$H_y = -\frac{\beta b}{\pi} H_o \,\text{sen}\left(\frac{\pi y}{b}\right)\text{sen}(\omega t - \beta z)$$

$$H_z = H_o \cos\left(\frac{\pi y}{b}\right)\cos(\omega t - \beta z)$$

Para o modo TM_{12}, colocamos $m = 1$ e $n = 2$ para obter

$$E_x = \frac{\beta}{h^2}\left(\frac{\pi}{a}\right) E_o \cos\left(\frac{\pi x}{a}\right)\text{sen}\left(\frac{2\pi y}{b}\right)\text{sen}(\omega t - \beta z)$$

$$E_y = \frac{\beta}{h^2}\left(\frac{2\pi}{b}\right) E_o \,\text{sen}\left(\frac{\pi x}{a}\right)\cos\left(\frac{2\pi y}{b}\right)\text{sen}(\omega t - \beta z)$$

$$E_z = E_o \,\text{sen}\left(\frac{\pi x}{a}\right)\text{sen}\left(\frac{2\pi y}{b}\right)\cos(\omega t - \beta z)$$

$$H_x = -\frac{\omega\varepsilon}{h^2}\left(\frac{2\pi}{b}\right) E_o \,\text{sen}\left(\frac{\pi x}{a}\right)\cos\left(\frac{2\pi y}{b}\right)\text{sen}(\omega t - \beta z)$$

$$H_y = \frac{\omega\varepsilon}{h^2}\left(\frac{\pi}{a}\right) E_o \cos\left(\frac{\pi x}{a}\right)\text{sen}\left(\frac{2\pi y}{b}\right)\text{sen}(\omega t - \beta z)$$

$$H_z = 0$$

onde

$$h^2 = \left[\frac{\pi}{a}\right]^2 + \left[\frac{2\pi}{b}\right]^2$$

EXERCÍCIO PRÁTICO 12.2

Um guia de onda, de 5 cm por 2 cm, preenchido com ar, tem

$$E_{zs} = 20 \operatorname{sen} 40\pi x \operatorname{sen} 50\pi y \, e^{-j\beta z} \text{ V/m}$$

a 15 GHz.

(a) Qual é o modo que está se propagando?
(b) Encontre β.
(c) Determine E_y/E_x.

Resposta: (a) TM_{21}; (b) 241,3 rad/m; (c) 1,25 tg $40\pi x$ cotg $50\pi y$.

EXEMPLO 12.3

Em um guia de onda retangular, para o qual $a = 1{,}5$ cm, $b = 0{,}8$ cm, $\sigma = 0$, $\mu = \mu_0$ e $\varepsilon = 4\varepsilon_0$,

$$H_x = 2 \operatorname{sen}\left(\frac{\pi x}{a}\right) \cos\left(\frac{3\pi y}{b}\right) \operatorname{sen}(\pi \times 10^{11} t - \beta z) \text{ A/m}$$

Determine:
(a) o modo de operação
(b) a frequência de corte
(c) a constante de fase β
(d) a constante de propagação γ
(e) a impedância intrínseca da onda η

Solução:

(a) Pela expressão dada para H_x e pelas expressões de campo do último exemplo, é evidente que $m = 1$ e $n = 3$, isto é, o guia está operando no modo TM_{13} ou TE_{13}. Vamos supor que seja o modo TM_{13} (a possibilidade de ser o modo TE_{13} é deixada como exercício; veja o Exercício Prático 12.3).

(b)
$$f_{c_{mn}} = \frac{u'}{2}\sqrt{\frac{m^2}{a^2} + \frac{n^2}{b^2}}$$

$$u' = \frac{1}{\sqrt{\mu\varepsilon}} = \frac{c}{\sqrt{\mu_r \varepsilon_r}} = \frac{c}{2}$$

Assim,

$$f_{c_{13}} = \frac{c}{4}\sqrt{\frac{1}{[1{,}5 \times 10^{-2}]^2} + \frac{9}{[0{,}8 \times 10^{-2}]^2}}$$

$$= \frac{3 \times 10^8}{4}(\sqrt{0{,}444 + 14{,}06}) \times 10^2 = 28{,}57 \text{ GHz}$$

(c)
$$\beta = \omega\sqrt{\mu\varepsilon}\sqrt{1 - \left[\frac{f_c}{f}\right]^2} = \frac{\omega\sqrt{\varepsilon_r}}{c}\sqrt{1 - \left[\frac{f_c}{f}\right]^2}$$

$$\omega = 2\pi f = \pi \times 10^{11} \quad \text{ou} \quad f = \frac{10^{11}}{2} = 50 \text{ GHz}$$

$$\beta = \frac{\pi \times 10^{11}(2)}{3 \times 10^8}\sqrt{1 - \left[\frac{28{,}57}{50}\right]^2} = 1.718{,}81 \text{ rad/m}$$

(d) $\gamma = j\beta = j1.718{,}81/m$

(e) $\eta_{TM_{13}} = \eta'\sqrt{1 - \left[\dfrac{f_c}{f}\right]^2} = \dfrac{377}{\sqrt{\varepsilon_r}}\sqrt{1 - \left[\dfrac{28{,}57}{50}\right]^2}$
$= 154{,}7\ \Omega$

EXERCÍCIO PRÁTICO 12.3

Repita o Exemplo 12.3, supondo que o modo TE_{13} se propaga no guia. Determine as outras componentes de campo para este modo.

Resposta: $f_c = 28{,}57$ GHz, $\beta = 1.718{,}81$ rad/m, $\gamma = j\beta$, $\eta_{TE_{13}} = 229{,}69\ \Omega$

$$E_x = 2.584{,}1\cos\left(\dfrac{\pi x}{a}\right)\operatorname{sen}\left(\dfrac{3\pi y}{b}\right)\operatorname{sen}(\omega t - \beta z)\ V/m$$

$$E_y = -459{,}4\operatorname{sen}\left(\dfrac{\pi x}{a}\right)\cos\left(\dfrac{3\pi y}{b}\right)\operatorname{sen}(\omega t - \beta z)\ V/m, \qquad E_z = 0$$

$$H_y = 11{,}25\cos\left(\dfrac{\pi x}{a}\right)\operatorname{sen}\left(\dfrac{3\pi y}{b}\right)\operatorname{sen}(\omega t - \beta z)\ A/m$$

$$H_z = -7{,}96\cos\left(\dfrac{\pi x}{a}\right)\cos\left(\dfrac{3\pi y}{b}\right)\cos(\omega t - \beta z)\ A/m$$

12.5 PROPAGAÇÃO DA ONDA NO GUIA

O exame das equações (12.23) ou (12.36) mostra que todas as componentes de campo envolvem termos de senos ou cossenos de $(m\pi/a)x$ ou $(n\pi/b)y$ que multiplicam $e^{-\gamma z}$. Como

$$\operatorname{sen}\theta = \dfrac{1}{2j}(e^{j\theta} - e^{-j\theta}) \tag{12.44a}$$

$$\cos\theta = \dfrac{1}{2}(e^{j\theta} + e^{-j\theta}) \tag{12.44b}$$

uma onda dentro do guia de onda pode ser decomposta em uma combinação de ondas planas refletidas nas paredes do guia. Por exemplo, para o modo TE_{10},

$$\begin{aligned}E_{ys} &= -\dfrac{j\omega\mu a}{\pi}\operatorname{sen}\left(\dfrac{\pi x}{a}\right)e^{-j\beta z} \\ &= -\dfrac{\omega\mu a}{2\pi}(e^{j\pi x/a} - e^{-j\pi x/a})e^{-j\beta z} \\ &= \dfrac{\omega\mu a}{2\pi}[e^{-j\beta(z+\pi x/\beta a)} - e^{-j\beta(z-\pi x/\beta a)}]\end{aligned} \tag{12.45}$$

onde $H_o = 1$. O primeiro termo da equação (12.45) representa uma onda se propagando no sentido positivo de z com um ângulo

$$\theta = \operatorname{tg}^{-1}\left(\dfrac{\pi}{\beta a}\right) \tag{12.46}$$

com relação ao eixo z. O segundo termo da equação (12.45) representa uma onda se propagando no sentido positivo de z com um ângulo $-\theta$. O campo pode ser representado pela soma de duas ondas planas TEM que se propagam ao longo de trajetórias em zigue-zague entre as paredes do guia, situadas em $x = 0$ e $x = a$, conforme ilustrado pela Figura 12.10(a). A decomposição do modo TE_{10} em duas ondas planas pode ser estendida a qualquer modo TE e TM. Dessa decomposição, resultam quatro ondas planas quando n e m são diferentes de zero.

A componente da onda na direção z tem um comprimento de onda diferente do comprimento das ondas planas. Esse comprimento de onda ao longo da direção do eixo do guia é chamado de *comprimento de onda no guia* e é dado por

$$\lambda = \frac{\lambda'}{\sqrt{1 - \left[\dfrac{f_c}{f}\right]^2}} \tag{12.47}$$

onde $\lambda' = u'/f$.

Como consequência das trajetórias em zigue-zague, temos três tipos de velocidades: a *velocidade no meio* u', a *velocidade de fase* u_p e a *velocidade de grupo* u_g. A Figura 12.10(b) mostra a relação entre as três velocidades. A velocidade no meio $u' = 1/\sqrt{\mu\varepsilon}$ já foi explicada nas seções anteriores. A velocidade de fase u_p é a velocidade na qual os pontos de mesma fase se propagam ao longo do guia e é dada pela equação (12.31), isto é,

$$u_p = \frac{\omega}{\beta} \tag{12.48a}$$

ou

$$u_p = \frac{u'}{\cos\theta} = \frac{u'}{\sqrt{1 - \left[\dfrac{f_c}{f}\right]^2}} \tag{12.48b}$$

Isto mostra que $u_p \geq u'$, pois $\cos\theta \leq 1$. Se $u' = c$, então u_p é maior do que a velocidade da luz no vácuo. Isto viola a teoria da relatividade de Einstein, na qual sinais não podem ser enviados com velocidade maior que a da luz? Na verdade não, pois a informação (ou energia) em um guia de onda

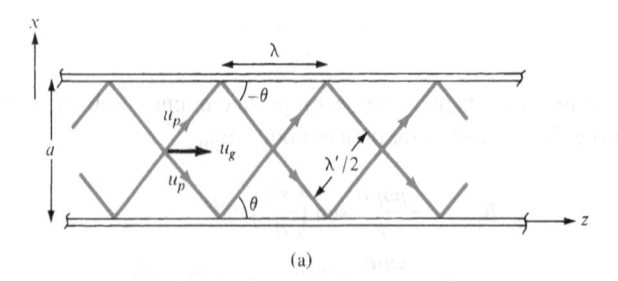

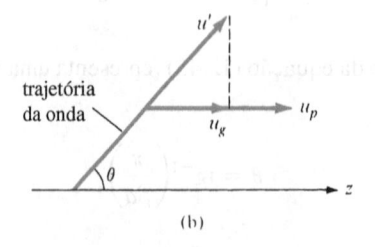

FIGURA 12.10 (a) Decomposição do modo TE_{10} em duas ondas planas; (b) relação entre u', u_p e u_g.

não se propaga com a velocidade de fase, mas sim com a velocidade de grupo u_g, a qual precisa, necessariamente, ser menor do que a velocidade da luz. A velocidade de grupo u_g é a velocidade com que a resultante das ondas planas, sucessivamente refletidas, se propaga ao longo do guia e é dada por

$$u_g = \frac{1}{\partial \beta / \partial \omega} \qquad (12.49a)$$

ou

$$u_g = u' \cos \theta = u' \sqrt{1 - \left[\frac{f_c}{f}\right]^2} \qquad (12.49b)$$

Embora o conceito de velocidade de grupo seja relativamente complexo e esteja fora do escopo deste capítulo, podemos dizer que a velocidade de grupo é essencialmente a velocidade de propagação da envoltória de um pacote de ondas de um grupo de frequências. A velocidade de grupo é a velocidade de propagação da energia no guia e é sempre menor ou igual a u'. Das equações (12.48) e (12.49), fica evidente que

$$u_p u_g = u'^2 \qquad (12.50)$$

Esta relação é semelhante à equação (12.40). Portanto, a variação de u_p e u_g com a frequência é semelhante à apresentada na Figura 12.6 para η_{TE} e η_{TM}.

EXEMPLO 12.4

Um guia de onda retangular padrão, contendo ar e de dimensões $a = 8{,}636$ cm e $b = 4{,}318$ cm, é alimentado por um cabo coaxial com uma portadora de 4 GHz. Determine se o modo TE_{10} irá se propagar. Se este for o caso, calcule a velocidade de fase e a velocidade de grupo.

Solução:

Para o modo TE_{10}, $f_c = u'/2a$. Como o guia de onda é preenchido com ar, $u' = c = 3 \times 10^8$ m/s.
Portanto,

$$f_c = \frac{3 \times 10^8}{2 \times 8{,}636 \times 10^{-2}} = 1{,}737 \text{ GHz}$$

Como $f = 4$ GHz $> f_c$, o modo TE_{10} irá se propagar.

$$u_p = \frac{u'}{\sqrt{1 - (f_c/f)^2}} = \frac{3 \times 10^8}{\sqrt{1 - (1{,}737/4)^2}}$$
$$= 3{,}33 \times 10^8 \text{ m/s}$$
$$u_g = \frac{u'^2}{u_p} = \frac{9 \times 10^{16}}{3{,}33 \times 10^8} = 2{,}702 \times 10^8 \text{ m/s}$$

EXERCÍCIO PRÁTICO 12.4

Repita o Exemplo 12.4 para o modo TM_{11}.

Resposta: $12{,}5 \times 10^8$ m/s; $7{,}2 \times 10^7$ m/s.

12.6 TRANSMISSÃO DE POTÊNCIA E ATENUAÇÃO

Para determinarmos o fluxo de potência no guia, vamos primeiro calcular o vetor de Poynting médio [da equação (10.68)],

$$\mathcal{P}_{méd} = \frac{1}{2} \text{Re} \, (\mathbf{E}_s \times \mathbf{H}_s^*) \tag{12.51}$$

Neste caso, o vetor de Poynting é na direção z, tal que

$$\mathcal{P}_{méd} = \frac{1}{2} \text{Re} \, (E_{xs}H_{ys}^* - E_{ys}H_{xs}^*)\mathbf{a}_z$$
$$= \frac{|E_{xs}|^2 + |E_{ys}|^2}{2\eta} \mathbf{a}_z \tag{12.52}$$

onde $\eta = \eta_{TE}$ para modos TE ou $\eta = \eta_{TM}$ para modos TM. A potência média total que atravessa a seção reta do guia é:

$$P_{méd} = \int \mathcal{P}_{méd} \cdot d\mathbf{S}$$
$$= \int_{x=0}^{a} \int_{y=0}^{b} \frac{|E_{xs}|^2 + |E_{ys}|^2}{2\eta} \, dy \, dx \tag{12.53}$$

A atenuação em um guia de onda com perdas é de importância prática. Até o momento em nossa análise, consideramos os guias de onda sem perdas ($\sigma = 0$, $\sigma_c \simeq \infty$). Nesse caso, $\alpha = 0$ e $\gamma = j\beta$. Quando o meio dielétrico tem perdas ($\sigma \neq 0$) e as paredes condutoras não são condutores perfeitos ($\sigma_c \neq \infty$), existe uma perda contínua de potência conforme a onda se propaga pelo guia. De acordo com a equação (10.69), o fluxo de potência no guia é dado por

$$P_{méd} = P_o e^{-2\alpha z} \tag{12.54}$$

Em geral,

$$\alpha = \alpha_c + \alpha_d \tag{12.55}$$

onde α_c e α_d são as constantes de atenuação devido às perdas ôhmicas, ou por condução ($\sigma_c \neq \infty$) e devido às perdas no dielétrico ($\sigma \neq 0$), respectivamente.

Para determinar α_d, lembre que iniciamos com a equação (12.1), supondo um meio dielétrico sem perdas ($\sigma = 0$). Para um dielétrico com perdas, precisamos incorporar em nossa análise o fato de que $\sigma \neq 0$. Todas as nossas equações se mantêm, exceto $\gamma = j\beta$, que precisa ser modificada. Isso é obtido substituindo ε da equação (12.25) pela permissividade complexa da equação (10.40). Dessa forma, obtemos

$$\gamma = \alpha_d + j\beta_d = \sqrt{\left(\frac{m\pi}{a}\right)^2 + \left(\frac{n\pi}{b}\right)^2 - \omega^2\mu\varepsilon_c} \tag{12.56}$$

onde

$$\varepsilon_c = \varepsilon' - j\varepsilon'' = \varepsilon - j\frac{\sigma}{\omega} \tag{12.57}$$

Substituindo a equação (12.57) na equação (12.56) e elevando ao quadrado ambos os lados da equação, obtemos

$$\gamma^2 = \alpha_d^2 - \beta_d^2 + 2j\alpha_d\beta_d = \left(\frac{m\pi}{a}\right)^2 + \left(\frac{n\pi}{b}\right)^2 - \omega^2\mu\varepsilon + j\omega\mu\sigma$$

Igualando as partes real e imaginária,

$$\alpha_d^2 - \beta_d^2 = \left(\frac{m\pi}{a}\right)^2 + \left(\frac{n\pi}{b}\right)^2 - \omega^2\mu\varepsilon \qquad (12.58a)$$

$$2\alpha_d\beta_d = \omega\mu\sigma \quad \text{ou} \quad \alpha_d = \frac{\omega\mu\sigma}{2\beta_d} \qquad (12.58b)$$

Assumindo que $\alpha_d^2 \ll \beta_d^2$, $\alpha_d^2 - \beta_d^2 \simeq -\beta_d^2$ tal que, da equação (12.58a), obtemos

$$\beta_d = \sqrt{\omega^2\mu\varepsilon - \left(\frac{m\pi}{a}\right)^2 - \left(\frac{n\pi}{b}\right)^2}$$
$$= \omega\sqrt{\mu\varepsilon}\sqrt{1 - \left(\frac{f_c}{f}\right)^2} \qquad (12.59)$$

que é o mesmo β da equação (12.30). Substituindo a equação (12.59) na equação (12.58b), obtemos

$$\boxed{\alpha_d = \frac{\sigma\eta'}{2\sqrt{1 - \left(\frac{f_c}{f}\right)^2}}} \qquad (12.60)$$

onde $\eta' = \sqrt{\mu/\varepsilon}$.

A determinação de α_c para modos TM_{mn} e TE_{mn} é demorada e enfadonha. Vamos, aqui, ilustrar o procedimento calculando α_c para o modo TE_{10}. Para este modo, existem somente os campos E_y, H_x e H_z. Substituindo a equação (12.43a) na equação (12.53), obtemos

$$P_{\text{méd}} = \int_{x=0}^{a}\int_{y=0}^{b} \frac{|E_{ys}|^2}{2\eta}\, dx\, dy = \frac{\omega^2\mu^2 a^2 H_o^2}{2\pi^2\eta}\int_0^b dy \int_0^a \text{sen}^2\frac{\pi x}{a}\, dx$$
$$P_{\text{méd}} = \frac{\omega^2\mu^2 a^3 H_o^2 b}{4\pi^2\eta} \qquad (12.61)$$

A perda total de potência nas paredes por unidade de comprimento é

$$P_L = P_L\big|_{y=0} + P_L\big|_{y=b} + P_L\big|_{x=0} + P_L\big|_{x=a}$$
$$= 2(P_L\big|_{y=0} + P_L\big|_{x=0}) \qquad (12.62)$$

pois a mesma potência é dissipada nas paredes $y = 0$ e $y = b$, ou $x = 0$ e $x = a$. Para a parede $y = 0$,

$$P_L\big|_{y=0} = \frac{1}{2}\text{Re}\left[\eta_c \int (|H_{xs}|^2 + |H_{zs}|^2)\, dx\right]\bigg|_{y=0}$$
$$= \frac{1}{2}R_s\left[\int_0^a \frac{\beta^2 a^2}{\pi^2}H_o^2 \text{sen}^2\frac{\pi x}{a}\, dx + \int_0^a H_o^2 \cos^2\frac{\pi x}{a}\, dx\right]$$
$$= \frac{R_s a H_o^2}{4}\left(1 + \frac{\beta^2 a^2}{\pi^2}\right) \qquad (12.63)$$

onde R_s é a parte real da impedância intrínseca η_c das paredes condutoras. Da equação (10.56), escrevemos

$$R_s = \frac{1}{\sigma_c \delta} = \sqrt{\frac{\pi f \mu}{\sigma_c}} \qquad (12.64)$$

onde δ é a profundidade de penetração pelicular. R_s é a resistência superficial da parede que pode ser vista como a resistência de um condutor com uma seção reta de 1 m de largura por δ de profundidade e por 1 m de comprimento do material condutor. Para a parede $x = 0$,

$$P_L \big|_{x=0} = \frac{1}{2} \text{Re} \left[\eta_c \int (|H_{zs}|^2) \, dy \right] \Big|_{x=0} = \frac{1}{2} R_s \int_0^b H_o^2 \, dy$$
$$= \frac{R_s b H_o^2}{2} \tag{12.65}$$

Substituindo as equações (12.63) e (12.65) na (12.62), obtemos

$$P_L = R_s H_o^2 \left[b + \frac{a}{2} \left(1 + \frac{\beta^2 a^2}{\pi^2} \right) \right] \tag{12.66}$$

Para que haja conservação de energia, a taxa de decrescimento de $P_{\text{méd}}$ deve ser igual à média temporal da potência dissipada por unidade de comprimento P_L, isto é,

$$P_L = -\frac{dP_{\text{méd}}}{dz} = 2\alpha P_{\text{méd}}$$

ou

$$\alpha = \frac{P_L}{2P_{\text{méd}}} \tag{12.67}$$

Finalmente, substituindo as equações (12.61) e (12.66) na equação (12.67), temos

$$\alpha_c = \frac{R_s H_o^2 \left[b + \frac{a}{2} \left(1 + \frac{\beta^2 a^2}{\pi^2} \right) \right] 2\pi^2 \eta}{\omega^2 \mu^2 a^3 H_o^2 b} \tag{12.68a}$$

É conveniente expressar α_c em termos de f e f_c. Depois de alguma manipulação, obtemos, para o modo TE$_{10}$,

$$\boxed{\alpha_c = \frac{2R_s}{b\eta' \sqrt{1 - \left[\frac{f_c}{f}\right]^2}} \left(0,5 + \frac{b}{a} \left[\frac{f_c}{f} \right]^2 \right)} \tag{12.68b}$$

Seguindo o mesmo procedimento, a constante de atenuação, para os modos TE$_{mn}$ ($n \neq 0$), pode ser obtida como

$$\boxed{\alpha_c \big|_{\text{TE}} = \frac{2R_s}{b\eta' \sqrt{1 - \left[\frac{f_c}{f}\right]^2}} \left[\left(1 + \frac{b}{a}\right) \left[\frac{f_c}{f}\right]^2 + \frac{\frac{b}{a}\left(\frac{b}{a} m^2 + n^2\right)}{\frac{b^2}{a^2} m^2 + n^2} \left(1 - \left[\frac{f_c}{f}\right]^2\right) \right]} \tag{12.69}$$

e, para modos TM$_{mn}$,

$$\boxed{\alpha_c \big|_{\text{TM}} = \frac{2R_s}{b\eta' \sqrt{1 - \left[\frac{f_c}{f}\right]^2}} \frac{(b/a)^3 m^2 + n^2}{(b/a)^2 m^2 + n^2}} \tag{12.70}$$

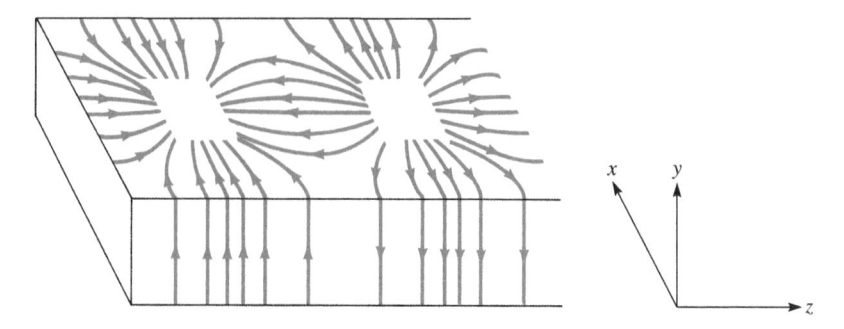

FIGURA 12.11 Corrente superficial nas paredes do guia para o modo TE$_{10}$.

A constante de atenuação total α é obtida pela substituição das equações (12.60) e (12.69) ou (12.70) na equação (12.55).

†12.7 CORRENTE E EXCITAÇÃO DE MODOS NO GUIA DE ONDA

Tanto para os modos TM como para os modos TE, a densidade de corrente superficial **K** nas paredes do guia pode ser encontrada utilizando

$$\mathbf{K} = \mathbf{a}_n \times \mathbf{H} \tag{12.71}$$

onde $\mathbf{a}_n$ é um vetor unitário perpendicular e para fora da parede e **H** é a intensidade de campo sobre a parede. Para a propagação do modo TE$_{10}$, o fluxo de corrente nas paredes do guia pode ser encontrado utilizando a equação (12.71) com as equações (12.42) e (12.43). O resultado está esboçado na Figura 12.11.

A densidade superficial de carga ρ_s nas paredes é dada por

$$\rho_s = \mathbf{a}_n \cdot \mathbf{D} = \mathbf{a}_n \cdot \varepsilon \mathbf{E} \tag{12.72}$$

onde **E** é a intensidade de campo elétrico nas paredes do guia.

Um guia de onda é normalmente alimentado ou excitado por um cabo coaxial ou por um outro guia de onda. Em geral, uma ponta de prova (condutor central de uma linha coaxial) é utilizada para estabelecer as intensidades de campo do modo desejado e obter a máxima transferência de potência. A ponta de prova é localizada de maneira a produzir campos **E** e **H**, que são aproximadamente paralelos às linhas dos campos **E** e **H** do modo desejado. Por exemplo, para excitarmos o modo TE$_{10}$, sabemos, da equação (12.43a), que E_y tem um valor máximo em $x = a/2$. Portanto, a ponta de prova é localizada em $x = a/2$, para que seja excitado o modo TE$_{10}$, como mostrado na Figura 12.12(a), onde as linhas de campo são semelhantes às da Figura 12.8. De forma similar, o modo TM$_{11}$ é excitado pela colocação da ponta de prova ao longo da direção z, conforme mostrado na Figura 12.12(b).

EXEMPLO 12.5

Um guia de onda retangular de dimensões $a = 4$ cm e $b = 2$ cm, preenchido com ar, transporta energia no modo dominante a uma taxa de 2 mW. Se a frequência de operação é 10 GHz, determine o valor de pico do campo elétrico no guia.

Solução:

O modo dominante para $a > b$ é o TE$_{10}$. As expressões dos campos para este modo ($m = 1, n = 0$) estão na equação (12.36) ou (12.43), ou seja,

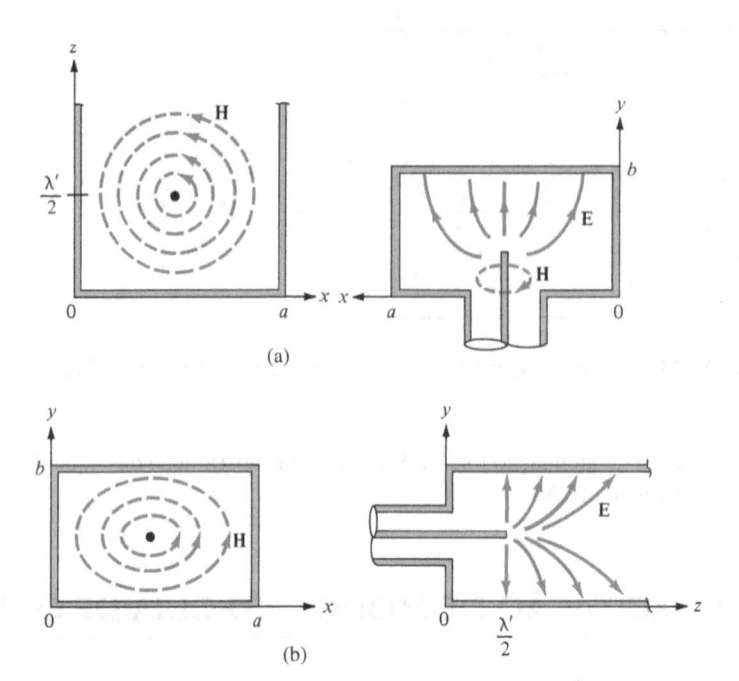

FIGURA 12.12 Excitação dos modos no guia de onda retangular: (**a**) modo TE_{10}; (**b**) modo TM_{11}.

$$E_{xs} = 0, \quad E_{ys} = -jE_o \operatorname{sen}\left(\frac{\pi x}{a}\right) e^{-j\beta z}, \quad \text{onde} \quad E_o = \frac{\omega \mu a}{\pi} H_o$$

$$f_c = \frac{u'}{2a} = \frac{3 \times 10^8}{2(4 \times 10^{-2})} = 3{,}75 \text{ GHz}$$

$$\eta = \eta_{TE} = \frac{\eta'}{\sqrt{1 - \left[\frac{f_c}{f}\right]^2}} = \frac{377}{\sqrt{1 - \left[\frac{3{,}75}{10}\right]^2}} = 406{,}7 \text{ }\Omega$$

Da equação (12.53), a potência média transmitida é

$$P_{\text{méd}} = \int_{y=0}^{b} \int_{x=0}^{a} \frac{|E_{ys}|^2}{2\eta} dx\, dy = \frac{E_o^2}{2\eta} \int_0^b dy \int_0^a \operatorname{sen}^2\left(\frac{\pi x}{a}\right) dz$$

$$= \frac{E_o^2 ab}{4\eta}$$

Portanto,

$$E_o^2 = \frac{4\eta P_{\text{méd}}}{ab} = \frac{4(406{,}7) \times 2 \times 10^{-3}}{8 \times 10^{-4}} = 4.067$$

$$E_o = 63{,}77 \text{ V/m}$$

EXERCÍCIO PRÁTICO 12.5

No Exemplo 12.5, calcule o valor de pico H_o do campo magnético no guia se $a = 2$ cm e $b = 4$ cm, enquanto os demais dados se mantêm inalterados.

Resposta: 63,34 mA/m.

EXEMPLO 12.6

Um guia de onda de cobre ($\sigma_c = 5,8 \times 10^7$ S/m) operando em 4,8 GHz deve fornecer uma potência mínima de 1,2 kW a uma antena. Se o guia é preenchido com poliestireno ($\sigma = 10^{-17}$ S/m, $\varepsilon = 2,55\varepsilon_o$) e suas dimensões são $a = 4,2$ cm e $b = 2,6$ cm, calcule a potência dissipada em 60 cm do guia, no modo TE_{10}.

Solução:

Seja

P_d = potência perdida ou dissipada,
P_a = potência fornecida à antena,
P_o = potência de entrada no guia,

tal que $P_o = P_d + P_a$.
Da equação (12.54),

$$P_a = P_o e^{-2\alpha z}$$

Assim,

$$P_a = (P_d + P_a) e^{-2\alpha z}$$

ou

$$P_d = P_a(e^{2\alpha z} - 1)$$

Precisamos, agora, determinar α a partir de

$$\alpha = \alpha_d + \alpha_c$$

Da equação (12.60),

$$\alpha_d = \frac{\sigma \eta'}{2\sqrt{1 - \left[\dfrac{f_c}{f}\right]^2}}$$

Como a tangente de perdas é

$$\frac{\sigma}{\omega\varepsilon} = \frac{10^{-17}}{2\pi \times 4,8 \times 10^9 \times \dfrac{10^{-9}}{36\pi} \times 2,55}$$
$$= 1,47 \times 10^{-17} \ll 1 \quad \text{(meio elétrico sem perdas)}$$

então,

$$\eta' \simeq \sqrt{\frac{\mu}{\varepsilon}} = \frac{377}{\sqrt{\varepsilon_r}} = 236,1$$

$$u' = \frac{1}{\sqrt{\mu\varepsilon}} = \frac{c}{\sqrt{\varepsilon_r}} = 1{,}879 \times 10^8 \text{ m/s}$$

$$f_c = \frac{u'}{2a} = \frac{1{,}879 \times 10^8}{2 \times 4{,}2 \times 10^{-2}} = 2{,}234 \text{ GHz}$$

$$\alpha_d = \frac{10^{-17} \times 236{,}1}{2\sqrt{1 - \left[\dfrac{2{,}234}{4{,}8}\right]^2}}$$

$$\alpha_d = 1{,}334 \times 10^{-15} \text{ Np/m}$$

Para o modo TE_{10}, a equação (12.68b) fornece

$$\alpha_c = \frac{2R_s}{b\eta'\sqrt{1 - \left[\dfrac{f_c}{f}\right]^2}} \left(0{,}5 + \frac{b}{a}\left[\frac{f_c}{f}\right]^2\right)$$

onde

$$R_s = \frac{1}{\sigma_c \delta} = \sqrt{\frac{\pi f \mu}{\sigma_c}} = \sqrt{\frac{\pi \times 4{,}8 \times 10^9 \times 4\pi \times 10^{-7}}{5{,}8 \times 10^7}}$$
$$= 1{,}808 \times 10^{-2} \text{ }\Omega$$

Portanto,

$$\alpha_c = \frac{2 \times 1{,}808 \times 10^{-2} \left(0{,}5 + \dfrac{2{,}6}{4{,}2}\left[\dfrac{2{,}234}{4{,}8}\right]^2\right)}{2{,}6 \times 10^{-2} \times 236{,}1 \sqrt{1 - \left[\dfrac{2{,}234}{4{,}8}\right]^2}}$$
$$= 4{,}218 \times 10^{-3} \text{ Np/m}$$

Note que $\alpha_d \ll \alpha_c$, o que mostra que a perda devido à condutividade finita das paredes do guia é mais importante do que a perda devido ao meio dielétrico. Dessa forma,

$$\alpha = \alpha_d + \alpha_c \simeq \alpha_c = 4{,}218 \times 10^{-3} \text{ Np/m}$$

e a potência dissipada é

$$P_d = P_a(e^{2\alpha z} - 1) = 1{,}2 \times 10^3 (e^{2 \times 4{,}218 \times 10^{-3} \times 0{,}6} - 1)$$
$$= 6{,}089 \text{ W}$$

EXERCÍCIO PRÁTICO 12.6

Um guia de onda de bronze ($\sigma_c = 1{,}1 \times 10^7$ S/m), de dimensões $a = 4{,}2$ cm e $b = 1{,}5$ cm, é preenchido com Teflon ($\varepsilon_r = 2{,}6$ e $\sigma = 10^{-15}$ S/m). A frequência de operação é 9 GHz. Para o modo TE_{10}:

(a) calcule α_d e α_c;
(b) qual é a perda no guia, em decibéis, se ele tem 40 cm de comprimento?

Resposta: (a) $1{,}205 \times 10^{-13}$ Np/m; 2×10^{-2} Np/m; (b) 0,06945 dB.

EXEMPLO 12.7

Faça um esboço das linhas de campo para o modo TM$_{11}$. Obtenha as expressões instantâneas da densidade de corrente superficial para esse modo.

Solução:

Da Tabela 12.1, obtemos os campos para o modo TM$_{11}$ ($m = 1, n = 1$) como

$$E_x = \frac{\beta}{h^2}\left(\frac{\pi}{a}\right) E_o \cos\left(\frac{\pi x}{a}\right) \operatorname{sen}\left(\frac{\pi y}{b}\right) \operatorname{sen}(\omega t - \beta z)$$

$$E_y = \frac{\beta}{h^2}\left(\frac{\pi}{b}\right) E_o \operatorname{sen}\left(\frac{\pi x}{a}\right) \cos\left(\frac{\pi y}{b}\right) \operatorname{sen}(\omega t - \beta z)$$

$$E_z = E_o \operatorname{sen}\left(\frac{\pi x}{a}\right) \operatorname{sen}\left(\frac{\pi y}{b}\right) \cos(\omega t - \beta z)$$

$$H_x = -\frac{\omega \varepsilon}{h^2}\left(\frac{\pi}{b}\right) E_o \operatorname{sen}\left(\frac{\pi x}{a}\right) \cos\left(\frac{\pi y}{b}\right) \operatorname{sen}(\omega t - \beta z)$$

$$H_y = \frac{\omega \varepsilon}{h^2}\left(\frac{\pi}{a}\right) E_o \cos\left(\frac{\pi x}{a}\right) \operatorname{sen}\left(\frac{\pi y}{b}\right) \operatorname{sen}(\omega t - \beta z)$$

$$H_z = 0$$

Para as linhas de campo elétrico,

$$\frac{dy}{dx} = \frac{E_y}{E_x} = \frac{a}{b} \operatorname{tg}\left(\frac{\pi x}{a}\right) \operatorname{cotg}\left(\frac{\pi y}{b}\right)$$

Para as linhas de campo magnético,

$$\frac{dy}{dx} = \frac{H_y}{H_x} = -\frac{b}{a} \operatorname{cotg}\left(\frac{\pi x}{a}\right) \operatorname{tg}\left(\frac{\pi y}{b}\right)$$

Note que $(E_y/E_x)(H_y/H_x) = -1$, mostrando que os campos elétrico e magnético são mutuamente ortogonais. Isto pode ser observado na Figura 12.13, onde as linhas de campo estão esboçadas.

A densidade de corrente superficial nas paredes do guia é dada por

$$\mathbf{K} = \mathbf{a}_n \times \mathbf{H} = \mathbf{a}_n \times (H_x, H_y, 0)$$

Em $x = 0$, $\mathbf{a}_n = \mathbf{a}_x$, $\mathbf{K} = H_y(0, y, z, t)\,\mathbf{a}_z$, isto é,

$$\mathbf{K} = \frac{\omega \varepsilon}{h^2}\left(\frac{\pi}{a}\right) E_o \operatorname{sen}\left(\frac{\pi y}{b}\right) \operatorname{sen}(\omega t - \beta z)\,\mathbf{a}_z$$

Em $x = a$, $\mathbf{a}_n = -\mathbf{a}_x$, $\mathbf{K} = -H_y(a, y, z, t)\,\mathbf{a}_z$ ou

$$\mathbf{K} = \frac{\omega \varepsilon}{h^2}\left(\frac{\pi}{a}\right) E_o \operatorname{sen}\left(\frac{\pi y}{b}\right) \operatorname{sen}(\omega t - \beta z)\,\mathbf{a}_z$$

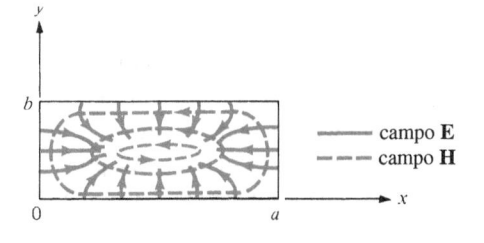

FIGURA 12.13 Linhas de campo para o modo TM$_{11}$; referente ao Exemplo 12.7.

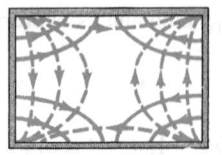

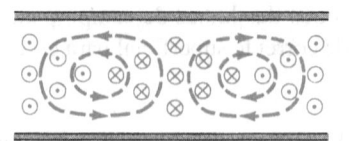

Vista frontal   Vista lateral

——— Campo **E**
- - - Campo **H**

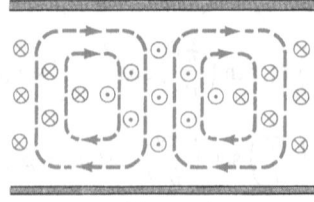

Vista superior

FIGURA 12.14 Para o Exercício Prático 12.7, linhas de campo elétrico para o modo TE$_{11}$.

Em $y = 0$, $\mathbf{a}_n = \mathbf{a}_y$, $\mathbf{K} = - H_x(x, 0, z, t)\,\mathbf{a}_z$ ou

$$\mathbf{K} = \frac{\omega\varepsilon}{h^2}\left(\frac{\pi}{b}\right) E_o \operatorname{sen}\left(\frac{\pi x}{a}\right) \operatorname{sen}(\omega t - \beta z)\,\mathbf{a}_z$$

Em $y = b$, $\mathbf{a}_n = - \mathbf{a}_y$, $\mathbf{K} = H_x(x, b, z, t)\,\mathbf{a}_z$ ou

$$\mathbf{K} = \frac{\omega\varepsilon}{h^2}\left(\frac{\pi}{b}\right) E_o \operatorname{sen}\left(\frac{\pi x}{a}\right) \operatorname{sen}(\omega t - \beta z)\,\mathbf{a}_z$$

EXERCÍCIO PRÁTICO 12.7

Faça um esboço das linhas de campo para o modo TE$_{11}$.

Resposta: veja a Figura 12.14. A intensidade do campo em cada ponto é indicada pela densidade de linhas de força. O campo é mais forte (ou mais fraco) onde as linhas estão mais próximas (ou mais afastadas).

12.8 RESSONADORES DE GUIA DE ONDA

Ressonadores são usados, fundamentalmente, para armazenamento de energia. Em altas frequências (100 MHz e acima), os circuitos *RLC* ficam ineficientes quando usados como ressonadores porque as dimensões do circuito são comparáveis ao comprimento de onda de operação e, consequentemente, ocorre irradiação de energia, o que é indesejado. Portanto, em altas frequências, os circuitos *RLC* ressonantes são substituídos por cavidades ressonantes. Essas cavidades ressonantes são usadas em válvulas klystron, filtros passa-faixa e em ressonímetros (usado na medida de frequência em micro-ondas). O forno de micro-ondas consiste basicamente em uma fonte de alimentação de energia, um alimentador de guia de onda e uma cavidade-forno.

Consideremos a cavidade retangular (ou caixa condutora fechada) mostrada na Figura 12.15. Notamos que a cavidade é simplesmente um guia de onda retangular com as extremidades fechadas. Logo, esperamos obter ondas estacionárias e também modos de propagação de onda TE e TM. Dependendo de como a cavidade é excitada, a onda pode se propagar nas direções *x*, *y* ou *z*. Vamos

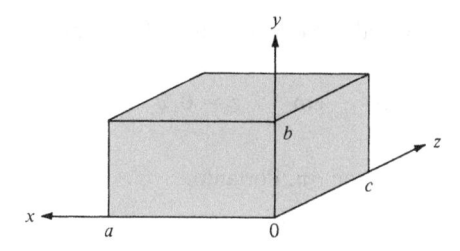

FIGURA 12.15 Cavidade retangular.

escolher $+z$ como sendo a "orientação de propagação da onda". Na realidade, não há onda se propagando. Em seu lugar, temos ondas estacionárias. Lembramos, da Seção 10.8, que uma onda estacionária é a combinação de duas ondas se propagando em sentidos opostos.

A. Modo TM em z

Para este caso, $H_z = 0$ e assumimos que

$$E_{zs}(x, y, z) = X(x)\, Y(y)\, Z(z) \tag{12.73}$$

seja a solução-produto da equação (12.1). Seguimos o mesmo procedimento realizado na Seção 12.2 e obtemos

$$X(x) = c_1 \cos k_x x + c_2 \operatorname{sen} k_x x \tag{12.74a}$$

$$Y(y) = c_3 \cos k_y y + c_4 \operatorname{sen} k_y y \tag{12.74b}$$

$$Z(z) = c_5 \cos k_z z + c_6 \operatorname{sen} k_z z \tag{12.74c}$$

onde

$$k^2 = k_x^2 + k_y^2 + k_z^2 = \omega^2 \mu \varepsilon \tag{12.75}$$

As condições de fronteira são:

$$E_z = 0 \quad \text{em } x = 0, a \tag{12.76a}$$

$$E_z = 0 \quad \text{em } y = 0, b \tag{12.76b}$$

$$E_y = 0, E_x = 0 \quad \text{em } z = 0, c \tag{12.76c}$$

Conforme mostrado na Seção 12.3, as condições nas equações (12.76a,b) ficam satisfeitas quando $c_1 = 0 = c_3$ e

$$k_x = \frac{m\pi}{a}, \qquad k_y = \frac{n\pi}{b} \tag{12.77}$$

onde $m = 1, 2, 3, \ldots, n = 1, 2, 3, \ldots$. Para impor as condições da equação (12.76c), notamos que a equação (12.14) (com $H_{zs} = 0$) fornece

$$j\omega\varepsilon E_{xs} = \frac{1}{j\omega\mu}\left(\frac{\partial^2 E_{xs}}{\partial z^2} - \frac{\partial^2 E_{zs}}{\partial z\, \partial x}\right) \tag{12.78}$$

De forma semelhante, combinando as equações (12.13a) e (12.13d) (com $H_{zs} = 0$) resulta em

$$j\omega\varepsilon E_{ys} = \frac{1}{-j\omega\mu}\left(\frac{\partial^2 E_{zs}}{\partial y\, \partial z} - \frac{\partial^2 E_{ys}}{\partial z^2}\right) \tag{12.79}$$

Das equações (12.78) e (12.79), fica evidente que a equação (12.76c) é satisfeita se

$$\frac{\partial E_{zs}}{\partial z} = 0 \quad \text{em} \quad z = 0, c \quad (12.80)$$

Isto implica que $c_6 = 0$ e sen $k_z c = 0 =$ sen $p\pi$. Portanto,

$$k_z = \frac{p\pi}{c} \quad (12.81)$$

onde $p = 0, 1, 2, 3, \ldots$. Substituindo as equações (12.77) e (12.81) na equação (12.74), obtemos

$$\boxed{E_{zs} = E_o \, \text{sen}\left(\frac{m\pi x}{a}\right) \text{sen}\left(\frac{n\pi y}{b}\right) \cos\left(\frac{p\pi z}{c}\right)} \quad (12.82)$$

onde $E_o = c_2 c_4 c_5$. As outras componentes dos campos são obtidas das equações (12.82) e (12.13). A constante de fase β é obtida das equações (12.75), (12.77) e (12.81) como

$$\beta^2 = k^2 = \left[\frac{m\pi}{a}\right]^2 + \left[\frac{n\pi}{b}\right]^2 + \left[\frac{p\pi}{c}\right]^2 \quad (12.83)$$

Como $\beta^2 = \omega^2 \mu\varepsilon$, obtemos, da equação (12.83), a *frequência de ressonância* f_r,

$$2\pi f_r = \omega_r = \frac{\beta}{\sqrt{\mu\varepsilon}} = \beta u'$$

ou

$$\boxed{f_r = \frac{u'}{2} \sqrt{\left[\frac{m}{a}\right]^2 + \left[\frac{n}{b}\right]^2 + \left[\frac{p}{c}\right]^2}} \quad (12.84)$$

O comprimento de onda de ressonância correspondente é

$$\boxed{\lambda_r = \frac{u'}{f_r} = \frac{2}{\sqrt{\left[\frac{m}{a}\right]^2 + \left[\frac{n}{b}\right]^2 + \left[\frac{p}{c}\right]^2}}} \quad (12.85)$$

Da equação (12.84), notamos que o modo TM de menor ordem é o TM_{110}.

B. Modo TE em z

Neste caso, $E_z = 0$ e

$$H_{zs} = (b_1 \cos k_x x + b_2 \, \text{sen} \, k_x x)(b_3 \cos k_y y + b_4 \, \text{sen} \, k_y y)(b_5 \cos k_z z + \text{sen} \, k_z z) \quad (12.86)$$

As condições de fronteira na equação (12.76c), combinadas com a equação (12.13), fornecem

$$H_{zs} = 0 \quad \text{em } z = 0, c \quad (12.87a)$$

$$\frac{\partial H_{zs}}{\partial x} = 0 \quad \text{em } x = 0, a \quad (12.87b)$$

$$\frac{\partial H_{zs}}{\partial y} = 0 \quad \text{em } y = 0, b \quad (12.87c)$$

Impondo as condições da equação (12.87) na equação (12.86), da mesma maneira que fizemos para o modo TM em z, obtém-se

$$H_{zs} = H_o \cos\left(\frac{m\pi x}{a}\right) \cos\left(\frac{n\pi y}{b}\right) \text{sen}\left(\frac{p\pi z}{c}\right) \qquad (12.88)$$

onde $m = 0, 1, 2, 3..., n = 0, 1, 2, 3...$ e $p = 1, 2, 3,...$ As outras componentes dos campos podem ser obtidas das equações (12.13) e (12.88). A frequência de ressonância é a mesma da equação (12.84), com a exceção de que m ou n (não ambos ao mesmo tempo) não pode ser zero para os modos TE. A razão pela qual m e n não podem ser zero ao mesmo tempo é que as componentes de campo serão zero se esses índices forem zero. O modo que tem a menor frequência de ressonância para um determinado tamanho da cavidade (a, b, c) é o *modo dominante*. Se $a > b < c$, então $1/a < 1/b > 1/c$ e, portanto, o modo dominante é o TE_{101}. Note que, para $a > b < c$, a frequência de ressonância do modo TM_{110} é maior do que a frequência do modo TE_{101}. Assim, o modo TE_{101} é o modo dominante. Quando modos diferentes têm a mesma frequência de ressonância, dizemos que os modos são *degenerados*. Um dos modos irá predominar sobre os outros, dependendo de como a cavidade é excitada.

Uma cavidade ressonante prática tem paredes de condutividade finita σ_c e é, portanto, dissipadora de energia. O *fator de qualidade Q* é uma maneira de se determinar essa perda.

O **fator de qualidade** é também uma medida da largura de banda da cavidade ressonante.

O fator de qualidade pode ser definido como

$$Q = 2\pi \cdot \frac{\text{média temporal da energia armazenada}}{\text{perda de energia por ciclo de oscilação}}$$

$$= 2\pi \cdot \frac{W}{P_L T} = \omega \frac{W}{P_L} \qquad (12.89)$$

onde $T = 1/f$ = período de oscilação, P_L é a média temporal da perda de potência na cavidade e W é a média temporal da energia total armazenada nos campos elétrico e magnético da cavidade. O fator Q, para uma cavidade ressonante é, em geral, muito alto se comparado com o de um circuito ressonante *RLC*. Seguindo um procedimento semelhante ao usado na obtenção de α_c na Seção 12.6, pode se mostrar que o fator de qualidade para o modo dominante TE_{101} é dado por[3]

$$Q_{TE_{101}} = \frac{(a^2 + c^2)abc}{\delta[2b(a^3 + c^3) + ac(a^2 + c^2)]} \qquad (12.90)$$

onde $\delta = \dfrac{1}{\sqrt{\pi f_{101}\mu_o\sigma_c}}$ é a profundidade de penetração pelicular nas paredes da cavidade.

EXEMPLO 12.8

Uma cavidade ressonante preenchida com ar, com dimensões $a = 5$ cm, $b = 4$ cm e $c = 10$ cm, é feita de cobre ($\sigma_c = 5,8 \times 10^7$ S/m). Encontre:

(a) os cinco modos de ordem mais baixa;
(b) o fator de qualidade para o modo TE_{101}.

---
[3] Para a prova, veja S. V. Marshall e G. G. Skitek, *Electromagnetic Concepts and Applications*, 3rd ed. Englewood Cliffs, NJ: Prentice-Hall, 1990, p. 440–442.

Solução:

(a) A frequência de ressonância é dada por

$$f_r = \frac{u'}{2}\sqrt{\left[\frac{m}{a}\right]^2 + \left[\frac{n}{b}\right]^2 + \left[\frac{p}{c}\right]^2}$$

onde

$$u' = \frac{1}{\sqrt{\mu\varepsilon}} = c$$

Portanto,

$$f_r = \frac{3 \times 10^8}{2}\sqrt{\left[\frac{m}{5 \times 10^{-2}}\right]^2 + \left[\frac{n}{4 \times 10^{-2}}\right]^2 + \left[\frac{p}{10 \times 10^{-2}}\right]^2}$$

$$= 15\sqrt{0{,}04m^2 + 0{,}0625n^2 + 0{,}01p^2} \text{ GHz}$$

Como $c > a > b$ ou $1/c < 1/a < 1/b$, o modo de menor ordem é o TE_{101}. Note que os modos TM_{101} e TE_{100} não existem, pois $m = 1, 2, 3,..., n = 1, 2, 3,...$ e $p = 0, 1, 2, 3,...$ para os modos TM e $m = 0, 1, 2, ..., n = 0, 1, 2, ...$ e $p = 1, 2, 3, ...$ para os modos TE. A frequência de ressonância para o modo TE_{101} é

$$f_{r_{101}} = 15\sqrt{0{,}04 + 0 + 0{,}01} = 3{,}335 \text{ GHz}$$

O modo seguinte é o TE_{011} (o modo TM_{011} não existe), com

$$f_{r_{011}} = 15\sqrt{0 + 0{,}0625 + 0{,}01} = 4{,}04 \text{ GHz}$$

O modo seguinte é o TE_{102} (o modo TM_{102} não existe), com

$$f_{r_{102}} = 15\sqrt{0{,}04 + 0 + 0{,}04} = 4{,}243 \text{ GHz}$$

O modo seguinte é o TM_{110} (o modo TE_{110} não existe), com

$$f_{r_{110}} = 15\sqrt{0{,}04 + 0{,}0625 + 0} = 4{,}8 \text{ GHz}$$

Os dois modos seguintes são o TE_{111} e o TM_{111} (modos degenerados), com

$$f_{r_{111}} = 15\sqrt{0{,}04 + 0{,}0625 + 0{,}01} = 5{,}031 \text{ GHz}$$

O modo seguinte é o TM_{103}, com

$$f_{r_{103}} = 15\sqrt{0{,}04 + 0 + 0{,}09} = 5{,}408 \text{ GHz}$$

Portanto, os cinco modos de menor ordem, em ordem crescente, são:

TE_{101}	(3,35 GHz)
TE_{011}	(4,04 GHz)
TE_{102}	(4,243 GHz)
TE_{110}	(4,8 GHz)
TE_{111} ou TM_{111}	(5,031 GHz)

(b) O fator de qualidade para o modo TE_{101} é dado por

$$Q_{TE_{101}} = \frac{(a^2 + c^2)\,abc}{\delta[2b(a^3 + c^3) + ac(a^2 + c^2)]}$$

$$= \frac{(25 + 100)\,200 \times 10^{-2}}{\delta[8(125 + 1.000) + 50(25 + 100)]}$$

$$= \frac{1}{61\delta} = \frac{\sqrt{\pi f_{101}\,\mu_o \sigma_c}}{61}$$

$$= \frac{\sqrt{\pi(3{,}35 \times 10^9)\,4\pi \times 10^{-7}\,(5{,}8 \times 10^7)}}{61}$$

$$= 14{,}358$$

EXERCÍCIO PRÁTICO 12.8

Se a cavidade ressonante do Exemplo 12.8 é preenchida com um material sem perdas ($\mu_r = 1$, $\varepsilon_r = 3$), encontre a frequência de ressonância f_r e o fator de qualidade para o modo TE_{101}.

Resposta: 1,936 GHz; $1{,}093 \times 10^4$.

12.9 APLICAÇÃO TECNOLÓGICA – FIBRA ÓTICA

Na metade da década de 1970, foi reconhecido que a tecnologia baseada em condutores de cobre seria inadequada para o desenvolvimento de sistemas de comunicações futuros. Em vista disso, a indústria de telecomunicações investiu pesadamente na pesquisa de fibras óticas. As fibras óticas são uma alternativa atraente às linhas de transmissão com fios, como o par trançado e o cabo coaxial. As fibras óticas[4] têm as seguintes vantagens sobre o cobre:

- *Largura de banda*: as fibras têm uma capacidade muito alta de transmissão de informação. A largura de banda é suficiente para que se possa usar transmissão serial *bit* a *bit*, reduzindo, portanto, consideravelmente, o tamanho, custo e complexidade do *hardware*.
- *Atenuação*: as fibras apresentam baixa atenuação, sendo capazes, portanto, de fazer transmissões a longas distâncias sem a necessidade do uso de repetidores.
- *Imunidade a ruído*: as fibras não irradiam nem são afetadas pela interferência eletromagnética. A imunidade à IEM se deve ao fato de que não existem partes metálicas, dessa forma não pode haver condução de correntes.
- *Segurança*: as fibras são mais seguras do ponto de vista de interceptação clandestina do sinal porque é difícil fazer uma derivação na fibra sem interromper a comunicação.
- *Custo*: o custo das fibras óticas caiu consideravelmente nos últimos anos e continuará a cair. O mesmo tem ocorrido com o custo de outros componentes como transmissores e receptores óticos.

Essas significativas vantagens das fibras óticas em relação aos meios elétricos tornaram-nas um meio popular de transmissão na atualidade. Embora a fibra ótica seja mais cara e usada principalmente em comunicações ponto a ponto, está havendo uma mudança rápida do uso de cabos coaxiais e pares trançados para o uso de fibras óticas em sistemas de comunicações, instrumentação, redes de TV a cabo, automação industrial e sistemas de transmissão de dados.

---

[4] Existem vários livros excelentes que podem fornecer uma exposição mais aprofundada sobre fibras óticas. Veja, por exemplo, S. L. W. Meardon, *The Elements of Fiber Optics*, Englewood Cliffs, NJ: Regents/Prentice Hall, 1993.

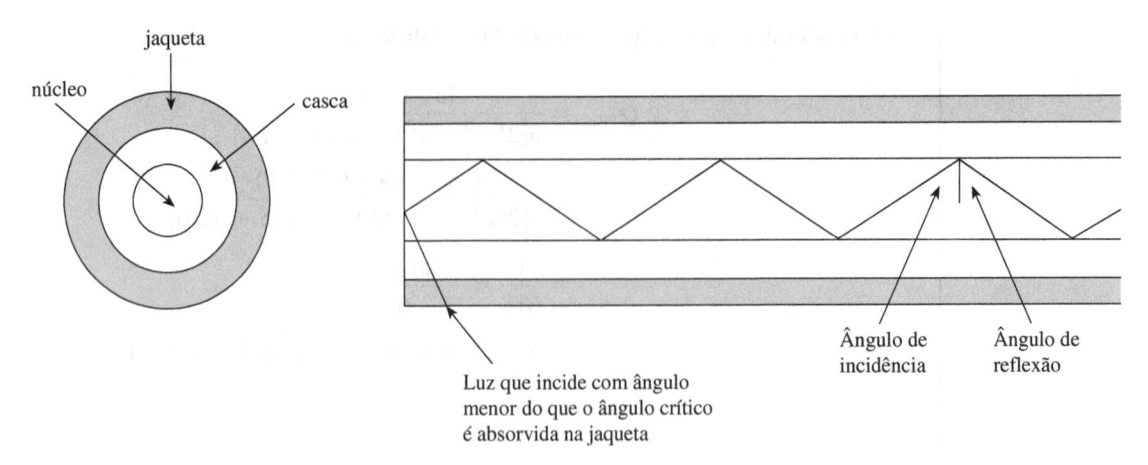

FIGURA 12.16 Fibra ótica.

> Uma **fibra ótica** é um guia de onda dielétrico que opera em frequências óticas.

As frequências óticas estão na ordem de 100 THz. Conforme mostrado na Figura 12.16, uma fibra ótica consiste em três seções cilíndricas concêntricas: o núcleo, a casca e a jaqueta. O núcleo consiste em um ou mais filamentos de vidro ou de plástico. A casca é a camada de vidro ou de plástico que envolve o núcleo, que pode ter o índice de refração com variação degrau ou gradual. No núcleo com variação degrau, o índice de refração é uniforme, mas sofre uma variação abrupta na interface núcleo-casca, enquanto o núcleo com variação gradual tem um índice de refração que varia com a distância radial a partir do centro da fibra. A jaqueta envolve uma fibra ou um feixe de fibras. Ela é feita de plástico ou de outro material usado para proteger as fibras contra umidade, esmagamento, etc.

Um raio luminoso que penetra no núcleo sofrerá reflexão interna quando incidir em um meio mais denso e quando o ângulo de incidência for superior ao ângulo crítico. Dessa maneira, o raio luminoso é refletido de volta ao meio de origem e o processo é repetido fazendo a luz percorrer o núcleo. Essa forma de propagação é dita multimodo e corresponde a uma variedade de ângulos de reflexão, conforme mostrado na Figura 12.17.

Isso causa um alargamento do sinal no tempo e limita a taxa na qual os dados transmitidos podem ser recebidos corretamente. Com a redução do raio do núcleo, a fibra passa a operar em modo único, o que elimina esse tipo de distorção.

Um sistema de comunicações por fibra ótica é semelhante a um sistema de comunicações convencional. Conforme mostrado na Figura 12.18, um sistema a fibra consiste em um transmissor, um meio de transmissão e um receptor. O transmissor recebe um sinal elétrico e o transforma em um sinal ótico, analógico ou digital. O transmissor envia o sinal ótico modulando a saída de uma fonte luminosa (normalmente um LED ou um *laser*) pela variação da sua intensidade. O sinal ótico é transmitido através da fibra até o receptor. No receptor, o sinal ótico é convertido novamente em um sinal elétrico por um fotodiodo.

A performance de um enlace de comunicações por fibra ótica depende da abertura numérica (AN), da atenuação e das características de dispersão da fibra. Conforme o sinal se propaga pela fibra, ele é distorcido devido à atenuação e à dispersão.

Abertura numérica:

Este é o parâmetro mais importante de uma fibra ótica. O valor da AN é determinado pelos índices de refração do núcleo e da casca. Por definição, o índice de refração n de um material é definido como:

$$n = \frac{\text{velocidade da luz no vácuo}}{\text{velocidade da luz no meio}}$$

$$= \frac{c}{u_m} = \frac{\frac{1}{\sqrt{\mu_o \varepsilon_o}}}{\frac{1}{\sqrt{\mu_m \varepsilon_m}}} \tag{12.91}$$

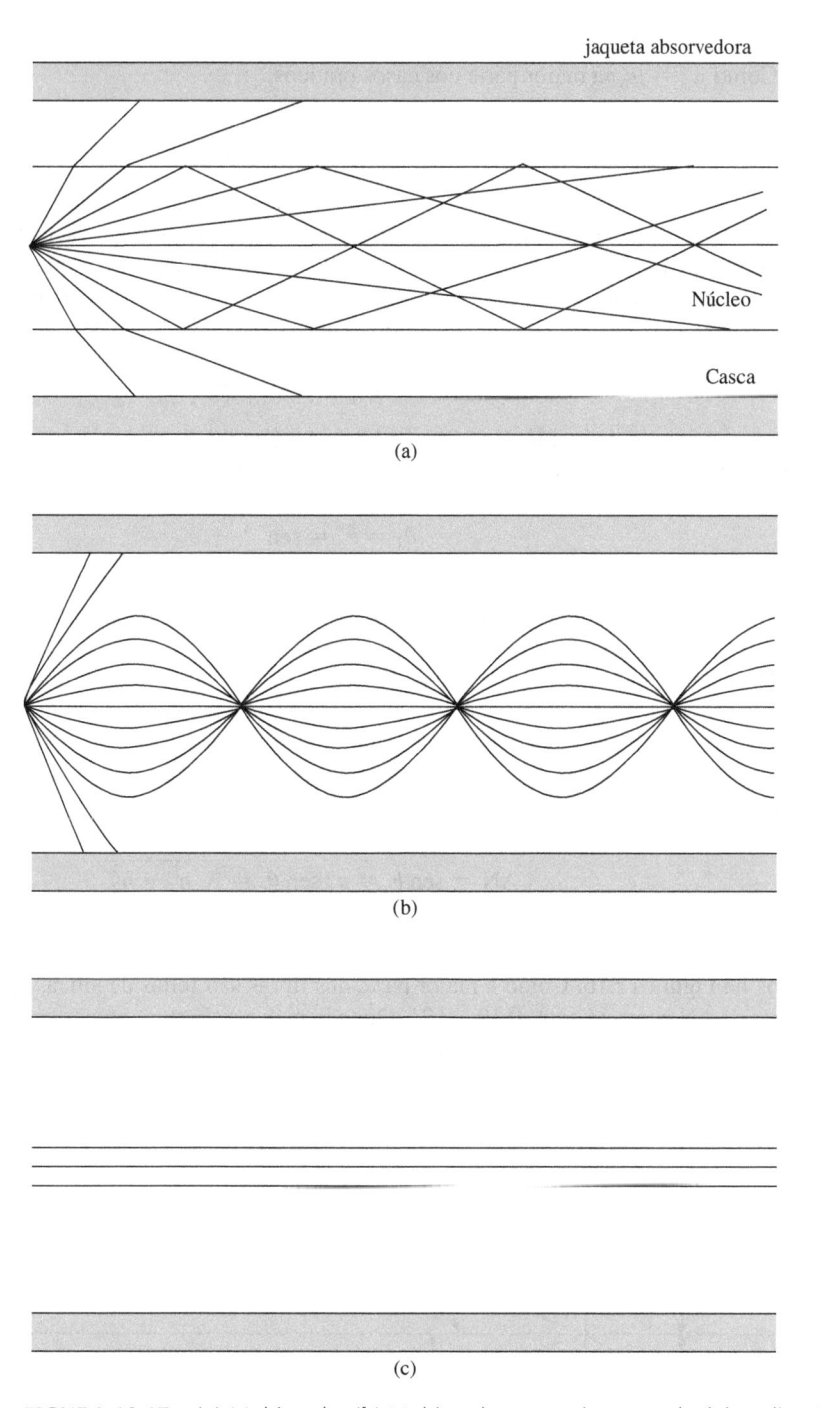

FIGURA 12.17 (a) Multimodo; (b) Multimodo com variação gradual de índice; (c) Modo único. Modos de transmissão na fibra ótica. *Fonte*: W. Stallings, *Local and Metropolitan Area Networks*, 4th ed., New York: Macmillan, 1993, p. 85.

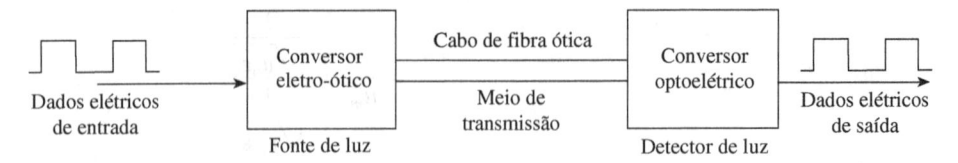

FIGURA 12.18 Um sistema a fibra ótica típico.

Como $\mu_m = \mu_o$ na maior parte dos casos práticos,

$$n = \sqrt{\frac{\varepsilon_m}{\varepsilon_o}} = \sqrt{\varepsilon_r} \qquad (12.92)$$

isso indica que o índice de refração é, essencialmente, a raiz quadrada da constante dielétrica. Tenha em mente que, conforme discutido no Capítulo 10, ε_r pode ser complexo. Para alguns meios comuns, o valor de n é $n = 1$ para o ar, $n = 1,33$ para a água e $n = 1,5$ para o vidro.

Quando a luz passa de um meio 1 para um meio 2, a lei de Snell deve ser satisfeita, isto é,

$$n_1 \operatorname{sen} \theta_1 = n_2 \operatorname{sen} \theta_2 \qquad (12.93)$$

onde θ_1 é o ângulo de incidência no meio 1 e θ_2 é o ângulo de transmissão para o meio 2. O fenômeno da reflexão total ocorre quando $\theta_2 = 90°$, o que resulta em

$$\theta_1 = \theta_c = \operatorname{sen}^{-1} \frac{n_2}{n_1} \qquad (19.94)$$

onde θ_c é o *ângulo crítico* para a reflexão interna total. Note que a equação (12.94) é válida somente se $n_1 > n_2$, pois o valor de sen θ_c deve ser menor ou igual a 1.

Uma outra maneira de ver a capacidade de transmissão da luz por uma fibra é a medida do *ângulo de aceitação θ_a*, que é o máximo ângulo de incidência da luz na fibra no qual os raios de luz serão guiados. Sabemos que este ângulo máximo ocorre quando θ_c é o ângulo crítico, satisfazendo, portanto, a condição para haver a reflexão interna total. Assim, para uma fibra com variação do índice de refração degrau,

$$\boxed{AN = \operatorname{sen} \theta_a = n_1 \operatorname{sen} \theta_c = \sqrt{n_1^2 - n_2^2}} \qquad (12.95)$$

onde n_1 é o índice de refração do núcleo e n_2 é o índice de refração da casca, conforme mostrados na Figura 12.16. Como a maior parte das fibras são feitas de sílica, $n_1 = 1,48$. Os valores típicos de AN ocorrem entre 0,19 e 0,25. Quando maior a abertura numérica, maior é a capacidade da fibra de captar energia de uma fonte luminosa.

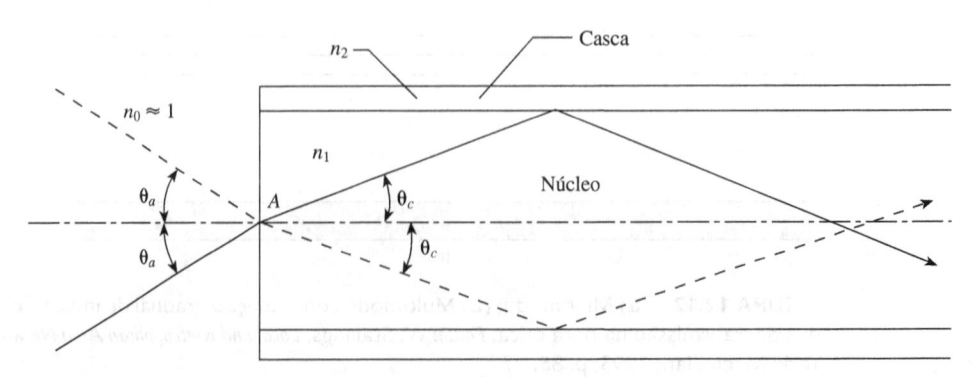

FIGURA 12.19 Abertura numérica e ângulo de aceitação.

Quando uma fibra propaga simultaneamente muitos modos ela é chamada de *fibra multimodo com índice degrau*. O volume modal V é dado por

$$V = \frac{\pi d}{\lambda}\sqrt{n_1^2 - n_2^2} \qquad (12.96)$$

onde d é o diâmetro do núcleo e λ é o comprimento de onda da fonte luminosa. A partir da equação (12.96), o número N de modos que se propagam em um fibra multimodo de índice degrau pode ser estimado como

$$N = \frac{V^2}{2} \qquad (12.97)$$

Atenuação

Conforme discutido no Capítulo 10, a atenuação é a redução na potência do sinal ótico. A atenuação na potência (ou perda na fibra) é governada por

$$\frac{dP}{dz} = -\alpha P \qquad (12.98)$$

onde α é a atenuação e P é a potência ótica. Supõe-se, na equação (12.98), que a onda se propaga ao longo de z. Integrando-se a equação (12.98), obtém-se a relação entre a potência $P(0)$ na entrada da fibra e a potência $P(\ell)$ após uma propagação ℓ na fibra como

$$P(\ell) = P(0)e^{-\alpha\ell} \qquad (12.99)$$

É comum expressar a atenuação α em dB/km e o comprimento ℓ da fibra em km. Neste caso, a equação (12.99) torna-se

$$\boxed{\alpha\ell = 10\log_{10}\frac{P(0)}{P(\ell)}} \qquad (12.100)$$

Portanto, a potência da luz na fibra se reduz de α decibéis por quilômetro conforme a luz se propaga. A equação (12.100) pode ser escrita como

$$P(\mathcal{P}) = P(0) = 10^{-\alpha\ell/10} \qquad (12.101)$$

Para $\ell = 100$ km,

$$\frac{P(0)}{P(\ell)} \sim \begin{cases} 10^{-100} & \text{para cabo coaxial} \\ 10^{-2} & \text{para fibra} \end{cases} \qquad (12.102)$$

o que indica que, em um cabo coaxial, a perda de potência é muito maior do que em uma fibra ótica.

Dispersão:

A dispersão é o alargamento que ocorre nos pulsos óticos conforme eles se propagam pela fibra. Em sistemas digitais, esse alargamento faz os pulsos consecutivos que representam *bits* 1 se sobreporem. Se a dispersão ultrapassa um certo limite, o seu efeito pode confundir o receptor. Os efeitos de dispersão em fibras monomodo são bem menores do que em fibras multimodo.

EXEMPLO 12.9

Uma fibra com índice degrau tem um núcleo de 80 μm de diâmetro e índice de refração 1,62 e uma abertura numérica de 0,21. Calcule: (a) o ângulo de aceitação; (b) o índice de refração da casca; (c) o número de modos que a fibra pode propagar em um comprimento de onda de 0,8 μm.

Solução:

(a) Como sen θ_a = AN = 0,21, então,

$$\theta_a = \text{sen}^{-1}\, 0{,}21 = 12{,}12°$$

(b) De AN = $\sqrt{n_1^2 - n_2^2}$, obtemos

$$n_2 = \sqrt{n_1^2 - \text{AN}^2} = \sqrt{1{,}62^2 - 0{,}21^2} = 1{,}606$$

(c)

$$V = \frac{\pi d}{\lambda}\sqrt{n_1^2 - n_2^2} = \frac{\pi d\, \text{AN}}{\lambda}$$

$$= \frac{\pi(80 \times 10^{-6}) \times 0{,}21}{0{,}8 \times 10^{-6}} = 65{,}973$$

Portanto,

$$N = \frac{V^2}{2} = 2.176 \text{ modos}$$

EXERCÍCIO PRÁTICO 12.9

Uma fibra de sílica tem núcleo com índice de refração de 1,48. O material da casca tem um índice de refração de 1,465. Encontre: (a) o ângulo crítico acima do qual ocorre a reflexão interna total; (b) a abertura numérica da fibra.

Resposta: (a) 81,83°; (b) 0,21.

EXEMPLO 12.10

Pulsos de luz se propagam por uma fibra que tem uma atenuação de 0,25 dB/km. Determine a distância para a qual a potência dos pulsos é reduzida de 40%.

Solução:

Se a potência é reduzida de 40%, isto significa que

$$\frac{P(\ell)}{P(0)} = 1 - 0{,}4 = 0{,}6$$

Portanto,

$$\ell = \frac{10}{\alpha} \log_{10} \frac{P(0)}{P(\ell)}$$

$$= \frac{10}{0{,}25} \log_{10} \frac{1}{0{,}6}$$

$$= 8{,}874 \text{ km}$$

EXERCÍCIO PRÁTICO 12.10

Uma fibra de 10 km, com atenuação de 0,2 dB/km, é usada em um enlace ótico entre duas cidades. Qual é a percentagem de energia recebida?

Resposta: 63,1%.

MATLAB 12.1

```
% Este script calcula as frequências de corte dos primeiros 10 modos
% do guia, permitindo que o usuário insira as dimensões (supondo a>b)
e as propriedades relativas do material.
% O script encontra os 100 primeiros modos em ordem crescente de
% frequência de corte, incluindo modos TE e TM, criando uma lista de
% 200 modos, dos quais os 10 (TE e TM) modos de frequência de corte
% mais baixa são selecionados.

clear

%Inserção da larqura do guia pelo usuário.
a=input('Insira a largura do guia \n > ');
%Inserção da altura do guia pelo usuário.
b=input('Insira a altura do guia \n > ');
%Inserção da permissividade relativa.
er=input('Insira a permissividade relativa');
%Inserção da permeabilidade relativa
ur=input('Insira a permeabilidade relativa');

%Determina as frequências de corte dos 100 primeiros modos TM.

Index=1; % Inicia a contagem
for m=1:10,
    for n=1:10,
      modes(index,1)=1; %Armazena 1 na linha <index> e coluna 1 para
      modos TM.
      modes(index,2)=m; %Armazena m na linha <index> e coluna 2.
      modes(index,3)=n; %Armazena n na linha <index> e coluna 3.
      modes(index,4)=3e8/sqrt(er*ur)*sqrt((m*pi/a)^2+(n*pi/b)^2);
      %Armazena frequência de corte na linha <index> e coluna 4.
      index=index+1; % Incrementa contador.
    end
end

% Determina as frequências de corte dos 100 primeiros modos TE.
for m=0:9,
    for n=0:9,
      if m|n %Testa se ambos os índices (n e m) é nulo e calcula o modo
        modes(index,1)=2;
        modes(index,2)=m;
        modes(index,3)=n;
        modes(index,4)=3e8/sqrt(er*ur)*sqrt((m*pi/a)^2+(n*pi/b)^2);
        index=index+1;
      else
        % Ignora pois n=m=0.
      end
```

(continua)

```
(continuação)
    end
end

% Seleciona os 100 modos de frequência de corte mais baixa. Este
% comando seleciona os elementos da matriz pelo agrupamento da quarta
% coluna (das frequências de corte) em ordem crescente.
modes=sortrows(modes,4);

% Apresenta os 10 modos de menor frequência de corte a partir dos 100
% modos.
mode_string='ME'; % 'M' é o primeiro caractere, 'E ' é o segundo.
    disp(sprintf('\n')); % Formata linha extra.
    for k=1:10,
      disp(sprintf('Mode: T%c%d%d, Frequência de corte = %0.3f
GHz\n'...
        mode_string(modes(k,1),modes(k,2), modes(k,3), modes(k,4)/
(2*pi*1e9)))
end
```

RESUMO

1. Guias de onda são estruturas utilizadas para guiar ondas EM em altas frequências. Supondo um guia retangular sem perdas ($\sigma_c \simeq \infty$, $\sigma \simeq 0$), aplicamos as equações de Maxwell na análise da propagação de uma onda EM no interior do guia. A equação diferencial parcial resultante é resolvida usando o método de separação de variáveis. Aplicando-se as condições de fronteira nas paredes do guia, obtém-se as equações básicas para os diferentes modos de propagação no mesmo.

2. Os modos TM_{mn} e TE_{mn}, onde m e n são inteiros positivos, são diferentes configurações de campo que podem se propagar no guia. Para modos TM, $m = 1, 2, 3, ...,$ e $n = 1, 2, 3, ...$; e para modos TE, $m = 0, 1, 2, ...$ e $n = 0, 1, 2, ...,$ com $n = m \neq 0$.

3. Cada modo de propagação tem uma constante de propagação e uma frequência de corte associados. A constante de propagação $\gamma = \alpha + j\beta$ não depende só dos parâmetros constitutivos do meio (ε, μ, σ), como no caso das ondas planas no espaço ilimitado, mas depende também das dimensões da seção reta do guia (a, b). A frequência de corte é a frequência na qual γ deixa de ser um número puramente real (atenuação) e passa a ser um número puramente imaginário (propagação). O modo de operação dominante é o de menor frequência de corte possível. Se $a > b$, o modo dominante é o TE_{10}.

4. As equações básicas para os cálculos da frequência de corte f_c, da constante de fase β e da velocidade de fase u_p estão apresentadas na Tabela 12.1. Também são fornecidas fórmulas para o cálculo da constante de atenuação devido ao meio dielétrico com perdas e devido às paredes condutoras imperfeitas.

5. A velocidade de grupo (ou velocidade de fluxo de energia) u_g está relacionada com a velocidade de fase de propagação da onda u_p por

$$u_p u_g = u'^2$$

onde $u' = 1/\sqrt{\mu\varepsilon}$ é a velocidade de propagação da onda no meio limitado pelas paredes do guia. Embora u_p seja maior do que u', u_p não excede u'.

6. O modo de operação para uma determinado guia é definido pelo método de excitação.

7. Uma cavidade ressonante de guia de onda é usada para armazenamento de energia em altas frequências. Ela não é nada mais do que um guia de onda fechado em suas duas extremida-

des. Portanto, a sua análise é semelhante à do guia de onda. As frequências de ressonância para os modos TE e TM em z são dadas por

$$f_r = \frac{u'}{2}\sqrt{\left[\frac{m}{a}\right]^2 + \left[\frac{n}{b}\right]^2 + \left[\frac{p}{c}\right]}$$

Para modos TM, $m = 1, 2, 3, ..., n = 1, 2, 3, ...$ e $p = 0, 1, 2, 3, ...$; e para modos TE, $m = 0, 1, 2, 3, ..., n = 0, 1, 2, 3, ...$ e $p = 1, 2, 3, ...$, com $m = n \neq 0$. Se $a > b$, e $b < c$, o modo dominante (o de menor frequência de ressonância) é o TE_{101}.

8. O fator de qualidade, que é uma medida da perda de energia na cavidade, é dado por

$$Q = \omega \frac{W}{P_L}$$

9. Uma fibra ótica é uma estrutura de guia de onda dielétrico que opera em frequências óticas e que é formada pela região do núcleo e pela região da casca.

10. As vantagens da fibra ótica em relação aos cabos de cobre incluem: (1) grande largura de banda; (2) baixa atenuação; (3) imunidade à IEM e (4) baixo custo.

QUESTÕES DE REVISÃO

12.1 Em frequências de micro-ondas, preferimos os guias de ondas às linhas de transmissão para transportar energia EM por todas as razões que seguem, com a *exceção* de:
   (a) as perdas nas linhas de transmissão são proibitivamente elevadas.
   (b) os guias de onda têm largura de banda maior e atenuação de sinal menor.
   (c) as linhas de transmissão têm maiores dimensões que os guias de onda.
   (d) as linhas de transmissão suportam somente o modo TEM.

12.2 Uma onda evanescente ocorre quando:
   (a) uma onda é atenuada, em vez de se propagar.
   (b) a constante de propagação é puramente imaginária.
   (c) $m = 0 = n$, de tal maneira que todas as componentes de campo se anulam.
   (d) a frequência da onda é igual à frequência de corte.

12.3 Para guias retangulares, o modo dominante é:
   (a) TE_{11} (c) TE_{101}
   (b) TM_{11} (d) TE_{10}

12.4 O modo TM_{10} pode existir em um guia retangular.
   (a) Verdadeiro   (b) Falso

12.5 No modo TE_{30}, quais das seguintes componentes de campo existem?
   (a) E_x (d) H_x
   (b) E_y (e) H_y
   (c) E_z

12.6 Em um guia de onda retangular, para o qual $a = 2b$, a frequência de corte do modo TE_{02} é 12 GHz. A frequência de corte do modo TM_{11} é:
   (a) 3 GHz   (d) $6\sqrt{5}$ GHz
   (b) $3\sqrt{5}$ GHz   (e) Nenhuma delas
   (c) 12 GHz

12.7 Se um túnel tem seção reta de 4 m por 7 m, um carro no túnel não receberá sinais de rádio AM (por exemplo, $f = 10$ MHz).

(a) Verdadeiro (b) Falso

12.8 Quando o campo elétrico é máximo em uma cavidade ressonante, a energia magnética estará:

(a) em seu valor máximo

(b) a $\sqrt{2}$ do seu valor máximo

(c) a $\dfrac{1}{\sqrt{2}}$ do seu valor máximo

(d) a 1/2 do seu valor máximo

(e) zero.

12.9 Qual dos seguintes modos não existe em uma cavidade ressonante retangular?

(a) TE_{110} (c) TM_{110}
(b) TE_{011} (d) TM_{111}

12.10 Quantos modos dominantes degenerados existem em uma cavidade ressonante retangular, para a qual $a = b = c$?

(a) 0 (d) 5
(b) 2 (e) ∞
(c) 3

Respostas: 12.1c; 12.2a; 12.3d; 12.4b; 12.5b,d; 12.6b; 12.7a; 12.8e; 12.9a; 12.10c.

PROBLEMAS

12.1 Um guia de onda de 2 cm por 3 cm é preenchido com um material dielétrico, com $\varepsilon_r = 4$. Se o guia opera a 20 GHz no modo TM_{11}, determine: (a) a frequência de corte; (b) a constante de fase; (c) a velocidade de fase.

12.2 (a) Mostre que um guia de onda retangular não suporta os modos TM_{10} e TM_{01}.

(b) Descreva as diferenças entre os modos TE_{mn} e TM_{mn}.

12.3 Um guia retangular (2,28 × 1,01 cm) é preenchido com polietileno ($\varepsilon_r = 2,25$). Calcule as frequências de corte para os modos seguintes: TE_{01}, TE_{10}, TE_{11}, TE_{02}, TE_{22}, TM_{11}, TM_{12}, TM_{21}. Suponha que o polietileno não tem perdas.

12.4 Projete um guia de onda retangular com uma razão de 3 para 1 em suas dimensões, para ser usado na banda K (18 − 26,5 GHz). Suponha que o guia é preenchido com ar.

12.5 Um túnel é modelado como um guia de onda retangular metálico, preenchido com ar, com dimensões de $a = 8$ m e $b = 16$ m. Determine se o túnel transmite: (a) um sinal de radiodifusão em AM de 1,5 MHz; (b) um sinal de radiodifusão em FM de 120 MHz.

12.6 Calcule as dimensões de uma guia de onda preenchido com ar, para o qual as frequências de corte dos modos TM_{11} e TE_{03} são, ambas, iguais a 12 GHz. Determine se o modo dominante irá se propagar ou evanescer na frequência de 8 GHz.

12.7 Um guia retangular padrão da banda S, preenchido com ar, tem dimensões de $a = 7,2$ cm e $b = 3,4$ cm. Ele opera na frequência f do modo TM_{11}. Encontre fc e λc.

12.8 Um modo TM operando a 5 GHz se propaga em um guia preenchido com ar. Se

$$E_z = \text{sen}\left(\frac{2\pi x}{a}\right) \text{sen}\left(\frac{\pi y}{b}\right) \cos(\omega t - 10z) \text{ V/m}$$

encontre (a) a frequência de corte, (b) H_z e E_x.

12.9 Em um guia de onda quadrado preenchido com ar, com $a = 1{,}2$ cm,

$$E_x = -10\,\text{sen}\left(\frac{2\pi x}{a}\right)\text{sen}\,(\omega t - 150z)\,\text{V/m}$$

(a) Qual é o modo de propagação?
(b) Encontre o comprimento de onda de corte λ_c.
(c) Calcule a frequência de operação f.
(d) Determine γ e η.

12.10 Em um guia de onda retangular preenchido com ar, com $a = 2{,}286$ cm e $b = 1{,}016$ cm, a componente y do modo TE é dada por:

$$E_y = \text{sen}(2\pi x/a)\cos(3\pi y/b)\,\text{sen}(10\pi \times 10^{10}t - \beta z)\,\text{V/m}$$

Encontre: (a) o modo de operação; (b) a constante de propagação γ; (c) a impedância intrínseca η.

*12.11 Um guia quadrado ($a = 2{,}5$ cm) preenchido por um dielétrico sem perdas ($\varepsilon_r = 4$) é excitado em uma frequência igual a 75% da frequência de corte. A que distância ao longo do guia a intensidade do sinal é reduzida para 1% do valor de excitação, se o guia opera no

(a) modo TE_{10}.
(b) modo TE_{12}.

*12.12 Um guia de onda retangular preenchido com ar, de 1 cm $\times$ 3 cm, opera no modo TE_{12} em uma frequência que está 20% acima da frequência de corte desse modo. Determine: (a) a frequência de operação; (b) as velocidades de fase e de grupo.

12.13 Em um guia de onda preenchido com ar, um modo TE operando a 6 GHz tem

$$E_y = 5\,\text{sen}(2\pi x/a)\cos(3\pi y/b)\,\text{sen}(\omega t - 12z)\,\text{V/m}$$

Determine: (a) o modo de operação; (b) a frequência de corte; (c) a impedância intrínseca; (d) H_x.

12.14 Dado que, em um guia retangular onde o espaço livre é o dielétrico,

$$E_z = 50\,\text{sen}\,40\pi x\,\text{sen}\,30\pi y\cos(\omega t - \beta z)\,\text{V/m}$$

$$H_z = 0{,}1\cos 40\pi x\cos 30\pi y\cos(\omega t - \beta z)\,\text{A/m}$$

onde $\omega = 20\pi \times 10^9$ rad/s, encontre E_x.

12.15 (a) Mostre que, para um guia retangular,

$$u_p = \frac{u'}{\sqrt{1 - \left[\dfrac{f_c}{f}\right]^2}} \qquad \lambda = \frac{\lambda'}{\sqrt{1 - \left[\dfrac{f_c}{f}\right]^2}}$$

(b) Calcule u_p e λ para os modos TE_{11} e TE_{12} em um guia de onda preenchido com ar, com $a = 2b = 2{,}5$ cm, operando em 20 GHz.

12.16 Um desvio de fase de 240 graus é produzido em um sinal de 4 GHz que se propaga em um guia, com 3 cm de comprimento, preenchido com um dielétrico. Se a frequência de corte do guia, quando preenchido com ar, é 10 GHz, calcule a permissividade relativa do dielétrico.

*12.17 A análise do guia de onda cilíndrico requer a solução da equação escalar de Helmholtz em coordenadas cilíndricas, isto é,

$$\nabla^2 E_{zs} + k^2 E_{zs} = 0$$

ou

$$\frac{1}{\rho}\frac{\partial}{\partial \rho}\left(\rho \frac{\partial E_{zs}}{\partial \rho}\right) + \frac{1}{\rho^2}\frac{\partial^2 E_{zs}}{\partial \phi^2} + \frac{\partial^2 E_{zs}}{\partial z^2} + k^2 E_{zs} = 0$$

Supondo que a solução-produto,

$$E_{zs}(\rho, \phi, z) = R(\rho)\, \Phi(\phi)\, Z(z)$$

demonstre que a equação é separada nas três equações seguintes:

$$Z'' - k_z^2 Z = 0$$
$$\Phi'' - k_\phi^2 \Phi = 0$$
$$\rho^2 R'' + \rho R' + (k_\rho^2 \rho^2 - k_\phi^2) R = 0$$

onde

$$k_\rho^2 = k^2 + k_z^2$$

12.18 Um guia de onda quadrado opera no modo dominante a 4,5 GHz. Se a velocidade de grupo é $1,8 \times 10^8$ m/s, calcule a dimensão maior do guia. Suponha que o guia é preenchido com óleo ($\varepsilon = 2,2\, \varepsilon_0$);

12.19 Calcule a velocidade de grupo de um sinal de 32 GHz se propagando no modo TM_{12} em um guia da banda X preenchido com ar, que tem as dimensões de $a = 2,286$ cm e $b = 1,016$ cm.

12.20 Para o modo TE_{01},

$$E_{xs} = \frac{j\omega\mu\pi}{bh^2} H_o\, \text{sen}(\pi y/b) e^{-\gamma z}, \qquad E_{ys} = 0$$

Encontre $\mathcal{P}_{méd}$ e $P_{méd}$.

*12.21 Um guia retangular é preenchido com um determinado material que tem $\sigma = 10^{-5}$ S/m. $\mu = \mu_0$, $\varepsilon = 5\varepsilon_0$ e opera a 4 GHz. Se

$$H_{zs} = 5 \cos 30\pi x\, e^{-\gamma z}, \qquad E_{zs} = 0$$

Calcule:

(a) a frequência de corte f_c e o comprimento de onda de corte λ_c;

(b) α, β e γ;

(c) a velocidade de fase u_p.

Suponha que as paredes são condutores perfeitos.

*12.22 Mostre que a constante de atenuação α_c, para o modo TE_{10} em um guia de onda quadrado, é mínima quando $f = 2,962 f_c$.

12.23 Um guia de onda, de 1 cm × 2 cm, é feito de cobre ($\sigma_c = 5,8 \times 10^7$ S/m) e é preenchido com um material dielétrico, para o qual $\varepsilon = 2,6\varepsilon_0$, $\mu = \mu_0$ e $\sigma_d = 10^{-4}$ S/m. Se o guia opera a 12 GHz, calcule α_c e α_d para os modos (a) TE_{10} e (b) TM_{11}.

12.24 Um guia de onda quadrado, de 4 cm de lado, é preenchido com um dielétrico, cuja permissividade complexa é $\varepsilon_c = 16\varepsilon_0(1 - j10^{-4})$ e é excitado no modo TM_{21}. Se o guia opera a 10% acima da frequência de corte, calcule a atenuação α_d. Que distância a onda pode se propagar pelo guia antes que sua amplitude seja reduzida de 20%?

12.25 Mostre que, para o modo TM em z, em uma cavidade retangular,

$$E_{xs} = -\frac{1}{h^2}\left(\frac{m\pi}{a}\right)\left(\frac{p\pi}{c}\right)E_0 \cos\left(\frac{m\pi x}{a}\right)\text{sen}\left(\frac{n\pi y}{b}\right)\text{sen}\left(\frac{p\pi z}{c}\right)$$

Determine as demais componentes dos campos.

12.26 Um guia retangular, com $a = 2b = 4{,}8$ cm, é preenchido com teflon, com $\varepsilon_r = 2{,}11$ e uma tangente de perdas de 3×10^{-4}. Suponha que as paredes do guia sejam recobertas de ouro ($\sigma_c = 4{,}1 \times 10^7$ S/m) e que uma onda de 4 GHz se propague no modo TE_{10}. Encontre: (a) α_d, (b) α_c.

12.27 Para uma cavidade retangular preenchida com ar, com dimensões $a = 3$ cm, $b = 2$ cm e $c = 4$ cm, determine as frequências de ressonância para os seguintes modos: TE_{011}, TE_{101}, TM_{110} e TM_{111}. Liste as frequências de ressonância em ordem crescente.

12.28 Um guia de ondas preenchido com ar tem $a = 2$ cm e $b = 1{,}5$ e paredes de bronze ($\sigma_c = 1{,}1 \times 10^7$ S/m, $\mu = \mu_0$). Calcule a atenuação em dB/m quando o modo dominante está se propagando a 8,2 GHz.

12.29 Uma cavidade ressonante retangular com dimensões $a = 3{,}5$ cm, $b = 5$ cm, $c = 10$ cm é preenchida por um material dielétrico ($\varepsilon_r = 4{,}5$). Calcule a frequência de ressonância do modo dominante.

12.30 Uma cavidade retangular, preenchida com Teflon ($\varepsilon = 2{,}6$) tem dimensões de $a = 4$ cm, $b = 3$ cm, e $c = 1$ cm. Enumere todos os modos para os quais a frequência de ressonância não excede 10 GHz.

12.31 Uma cavidade cúbica preenchida com ar opera na frequência de ressonância de 2 GHz quando excitada no modo TE_{101}. Determine as dimensões da cavidade.

12.32 Calcule as perdas nas paredes para o modo TE_{10} em um guia de onda retangular de cobre que opera na banda K ($a = 1{,}067$ cm, $b = 0{,}432$ cm) a 18 GHz, Suponha que o guia é preenchido com ar.

12.33 (a) Mostre que, para uma cavidade ressonante cúbica ($a = b = c$), preenchida com ar.

$$Q_{TE_{101}} = \frac{a}{3\delta}$$

(b) Se a cavidade é feita de bronze ($\sigma_c = 1{,}5 \times 10^7$ S/m), calcule as dimensões da cavidade que produzirão um fator de qualidade de 6000 no modo dominante.

(c) Determine a frequência de ressonância.

12.34 A constante de atenuação para um modo TM é dada por

$$\alpha = \frac{2}{\eta_0}\sqrt{\frac{\pi f \mu/\sigma}{1 - \left(\frac{f_c}{f}\right)^2}}$$

Em que frequência α será mínima?

12.35 Mostre que, para o modo TE em z, para uma cavidade retangular

$$E_{ys} = -\frac{j\omega\mu}{h^2}\left(\frac{m\pi}{a}\right)H_0 \text{sen}\left(\frac{m\pi x}{a}\right)\cos\left(\frac{n\pi y}{b}\right)\text{sen}\left(\frac{p\pi z}{c}\right)$$

Encontre H_{xs}.

12.36 Para uma cavidade retangular, mostre que

$$H_{xs} = \frac{j\omega\varepsilon}{h^2}\left(\frac{n\pi}{b}\right)E_o \,\text{sen}\left(\frac{m\pi x}{a}\right)\cos\left(\frac{n\pi y}{b}\right)\cos\left(\frac{p\pi z}{c}\right)$$

para o modo TM em z. Determine E_{ys}.

12.37 Qual é o modo dominante em uma cavidade ressonante retangular quando:

(a) $a < b < c$.

(b) $a > b > c$.

(c) $a = c > b$.

12.38 Um ressonador de cavidade retangular tem dimensões $a = 3$ cm, $b = 6$ cm e $c = 9$ cm. Se ela é preenchida com polietileno ($\varepsilon = 2{,}5\,\varepsilon_o$), encontre as frequências de ressonância dos cinco modos de menor ordem.

12.39 Uma cavidade cúbica preenchida com ar tem lado de 3,2 cm e é feita de bronze ($\sigma_c = 1{,}37 \times 10^7$ S/m). Calcule: (a) a frequência de ressonância para o modo TE_{101}, (b) o fator de qualidade para este modo.

12.40 Projete uma cavidade ressonante cúbica preenchida com ar para que a frequência de ressonância do modo dominante seja 3 GHz.

12.41 Projete uma cavidade ressonante cúbica com uma frequência de ressonância dominante de 6,2 GHz. Suponha que a cavidade é preenchida com (a) ar, (b) um material dielétrico com $\varepsilon_r = 2{,}25$.

12.42 Uma cavidade cúbica preenchida com ar, de 10 cm de lado, tem

$$\mathbf{E} = 200\,\text{sen}\,30\pi x\,\text{sen}\,30\pi y \cos 6 \times 10^9 t\,\mathbf{a}_z\ \text{V/m}$$

Encontre $\mathbf{H}$.

12.43 A velocidade da luz, medida em um determinado meio, é de $2{,}1 \times 10^8$ m/s. Encontre o índice de refração.

12.44 Como pode ser útil uma fibra ótica para isolar IEM?

12.45 Uma fibra de vidro tem um núcleo com 50 μm de diâmetro e com índice de refração de 1,62, enquanto o índice de refração da casca é de 1,604. Se é usada uma luz com comprimento de onda de 1.300 nm, encontre:

(a) a abertura numérica;

(b) o ângulo de aceitação;

(c) o número de modos transmitidos.

12.46 Uma fibra ótica, com um raio de 2,5 μm e com índice de refração de 1,45, é envolvida por uma casca de ar. Se a fibra é iluminada com um raio luminoso de 1,3 μm, determine:

(a) V;

(b) AN;

(c) quantos modos, aproximadamente, podem se propagar.

12.47 Uma fibra ótica com atenuação de 0,4 dB/km tem 5 km de comprimento. A fibra tem $n_1 = 1{,}53$, $n_2 = 1{,}45$ e um diâmetro de 50 μm. Encontre:

(a) o ângulo máximo para o qual a luz será guiada pela fibra;

(b) a porcentagem da potência de entrada recebida.

12.48 Um diodo laser é capaz de acoplar 10 mW a uma fibra que tem uma atenuação de 0,5 dB/km. Se a fibra tem um comprimento de 850 m, calcule a potência recebida na entrada da fibra.

12.49 A atenuação α_{10}, do Capítulo 10, é dada em Np/m, enquanto a atenuação α_{12}, deste capítulo, é dada em dB/km. Qual é a relação entre as duas?

12.50 Um sistema de comunicações óticas utiliza um enlace de fibra ótica de 30 km, com uma perda de 0,4 dB/km. Se o sistema necessita um mínimo de 0,2 mW no receptor, calcule a potência mínima que deve ser lançada na fibra.

12.51 (a) Discuta as vantagens da utilização de fibras óticas.

(b) O que é a dispersão de um pulso?

ANTENAS INTELIGENTES

Assim como escutamos melhor com dois ouvidos do que com um, sistemas de comunicação com duas ou mais antenas têm performance melhor do que sistemas com antena única. Antenas inteligentes (também conhecidas como antenas adaptativas) consistem basicamente em um arranjo espacial de antenas combinado com processamento de sinal no tempo e no espaço. Elas diferem das antenas comuns por terem diagramas de lóbulos adaptativos (variáveis). Seu funcionamento explora o fato de que elementos interferidores e usuários raramente estão no mesmo local.

Existem basicamente dois tipos de antenas inteligentes: feixes chaveados (um número finito de diagramas fixos predeterminados) e arranjos adaptativos (um número infinito de diagramas ajustados em tempo real). A técnica mais simples é a dos feixes chaveados, que consiste simplesmente em uma chave de RF controlada, conectada a várias antenas fixas. Essa técnica, que emprega uma rede de antenas e seleciona a cada momento a que apresenta a melhor relação sinal-ruído, é desenvolvida com facilidade, mas apresenta menor ganho entre os feixes.

O mercado das telecomunicações pessoais sem fio, especialmente o segmento da telefonia celular, tem crescido exponencialmente por anos e continuará a crescer, mas existem alguns desafios ao longo do caminho. Entre eles estão a qualidade do serviço, a capacidade de tráfego e o custo do serviço. Por oferecer aumento na capacidade e no alcance, melhor qualidade e maior duração para baterias em unidades móveis, a tecnologia das antenas inteligentes é uma alternativa promissora para abordar esses problemas. Os sistemas de antenas inteligentes permitem aos operadores de PCs, telefones celulares e redes locais sem fio um incremento significativo na capacidade de canal, qualidade de sinal, eficiência no uso do espectro e cobertura.

Embora as antenas inteligentes tornem os sistemas sem fio mais complexos, elas promovem uma melhora real em áreas críticas e fazem os serviços sem fio mais universais e confiáveis. Tem sido argumentado, com razão, que as exigência de performance dos sistemas sem fio do futuro não poderão ser entendidas sem o uso de antenas inteligentes. Para aprender sobre as antenas inteligentes, é preciso cursar uma disciplina sobre antenas para adquirir uma formação geral básica. Infelizmente, muitos cursos de engenharia elétrica não oferecem disciplinas sobre antenas no nível de graduação.

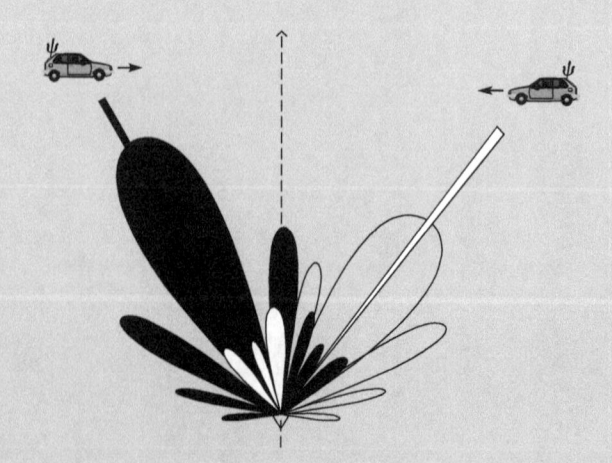

Fonte: Adaptado com permissão de M. Chryssomallis, *"Smart Antennas"*, *IEEE Antennas and Propagation Magazine*, vol. 42, n° 3, Junho 2000, p. 129-136.

CAPÍTULO 13

ANTENAS

"Eficiência é fazer as coisas corretamente. Eficácia é fazer as coisas certas."

— PETER DRUCKER

13.1 INTRODUÇÃO

Até o momento, não nos perguntamos como as ondas EM são produzidas. Lembre que as cargas elétricas são as fontes dos campos EM. Se as fontes variam com o tempo, ondas EM se propagam para longe das fontes e diz-se que ocorreu irradiação. A irradiação pode ser pensada como um processo de transmissão de energia elétrica. A irradiação, ou a emissão de ondas eletromagnéticas no espaço, é obtida, de forma eficiente, com a ajuda de estrutura condutoras ou dielétricas chamadas de *antenas*. Teoricamente, qualquer estrutura pode irradiar ondas EM, mas nem todas o farão de forma eficiente.

Uma antena pode também ser vista como um transdutor usado para casar a linha de transmissão ou guia de onda (usados no guiamento da onda a ser emitida) ao meio circundante, ou vice-versa. A Figura 13.1 mostra como uma antena é utilizada para obter o casamento entre a linha ou guia e o meio. A antena é necessária por duas razões principais: melhorar a eficiência de irradiação e o casamento de impedâncias, visando minimizar reflexões. A antena usa, ou a corrente e a tensão de uma linha de transmissão, ou campos EM de um guia de onda para emitir uma onda EM no meio. Uma antena pode ser usada tanto para transmitir como para receber energia EM.

Algumas antenas típicas são apresentadas na Figura 13.2. A antena dipolo, da Figura 13.2(a), consiste em dois fios retos alinhados ao longo do mesmo eixo. A antena em anel, da Figura 13.2(b), consiste em uma ou mais espiras de fio. A antena helicoidal, da Figura 13.2(c), consiste em um fio na forma de um helicoide com um plano terra em sua parte traseira. As antenas da Figura 13.2(a-c) são chamadas *antenas de fio* e são utilizadas em automóveis, prédios, aeronaves, navios, etc. A corneta piramidal, da Figura 13.2(d), exemplo de uma *antena de abertura*, é uma seção de um guia de onda que se alarga, formando uma transição entre o guia de onda e o meio circundante. Como seu plano de saída pode ser adaptado, convenientemente, a superfícies planas, ela é útil em muitas situações práticas, como, por exemplo, em aeronaves. O refletor parabólico, da Figura 13.2(e), utiliza o fato de que as ondas EM são refletidas por uma chapa condutora. Quando o refletor parabólico é usado como antena transmissora, uma antena alimentadora, tal como um dipolo ou uma corneta, é colocada no foco da parábola. A irradiação desta fonte é refletida pelo refletor (atuando como um espelho), o que resulta em um feixe paralelo. Antenas de refletor parabólico são usadas em comunicações, radares e astronomia.

O fenômeno da irradiação é bastante complicado, razão pela qual atrasamos intencionalmente a sua discussão para este capítulo. Não pretendemos abordar na sua totalidade a teoria das antenas. A nossa discussão será limitada aos tipos básicos de antenas, como o dipolo de Hertz, o dipolo de meia-onda, o monopolo de quarto de onda e a antena em anel pequena. Para cada um destes tipos de antenas, vamos determinar os campos de irradiação através do seguinte procedimento:

1. Selecionar um sistema de coordenadas apropriado e determinar o potencial magnético vetorial $\mathbf{A}$.
2. Calcular $\mathbf{H}$ usando $\mathbf{B} = \mu\mathbf{H} = \nabla \times \mathbf{A}$

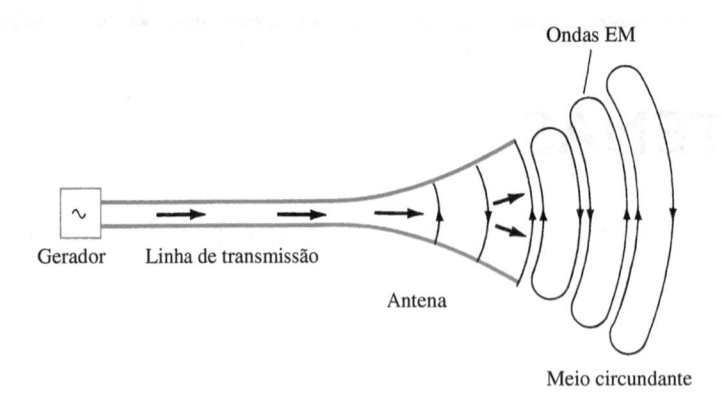

FIGURA 13.1 A antena como um dispositivo de casamento entre a estrutura de guiamento e o meio circundante.

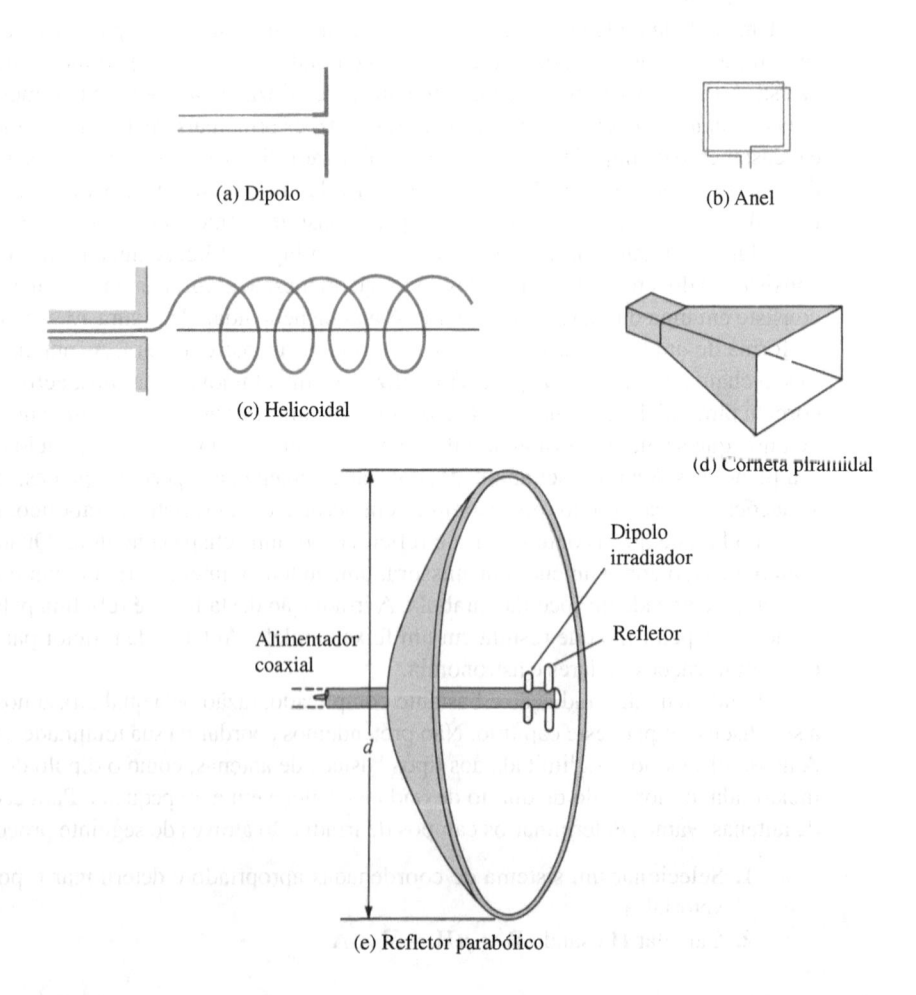

FIGURA 13.2 Antenas típicas.

3. Determinar **E** a partir de $\nabla \times \mathbf{H} = \varepsilon \dfrac{\partial \mathbf{E}}{\partial t}$ ou $\mathbf{E} = \eta \mathbf{H} \times \mathbf{a}_k$, supondo um meio sem perdas ($\sigma = 0$).

4. Encontrar o campo distante e determinar a potência média no tempo irradiada usando

$$P_{\text{ir}} = \int \mathscr{P}_{\text{méd}} \cdot d\mathbf{S}$$

onde

$$\mathscr{P}_{\text{méd}} = \frac{1}{2} \operatorname{Re}(\mathbf{E}_s \times \mathbf{H}_s^*)$$

Note que, ao longo deste capítulo, P_{ir} é o mesmo $P_{\text{méd}}$ da equação (10.70).

13.2 DIPOLO HERTZIANO

Entende-se como um dipolo hertziano um elemento de corrente infinitesimal $I\,dl$. Embora tal elemento de corrente não exista na realidade, ele serve como elemento básico, a partir do qual o campo de antenas usadas na prática pode ser calculado por integração.

Considere o dipolo hertziano mostrado na Figura 13.3. Assumimos que o mesmo está localizado na origem de um sistema de coordenadas e que a corrente é uniforme (independente da posição considerada ao longo do dipolo), $I = I_o \cos \omega t$. Da equação (9.54), o potencial magnético vetorial com retardo no ponto P, devido ao dipolo, é dado por

$$\mathbf{A} = \frac{\mu[I]\,dl}{4\pi\,r}\mathbf{a}_z \qquad (13.1)$$

onde $[I]$ é a corrente com retardo, dada por

$$\begin{aligned}[I] &= I_o \cos \omega\left(t - \frac{r}{u}\right) = I_o \cos(\omega t - \beta r) \\ &= \operatorname{Re}[I_o e^{j(\omega t - \beta r)}]\end{aligned} \qquad (13.2)$$

onde $\beta = \omega/u = 2\pi/\lambda$ e $u = 1/\sqrt{\mu\varepsilon}$. A corrente é dita *com retardo* no ponto P porque existe um atraso devido ao tempo de propagação r/u, ou atraso de fase βr, do ponto O ao ponto P. Substituindo a equação (13.2) na equação (13.1), podemos escrever **A** na forma fasorial como

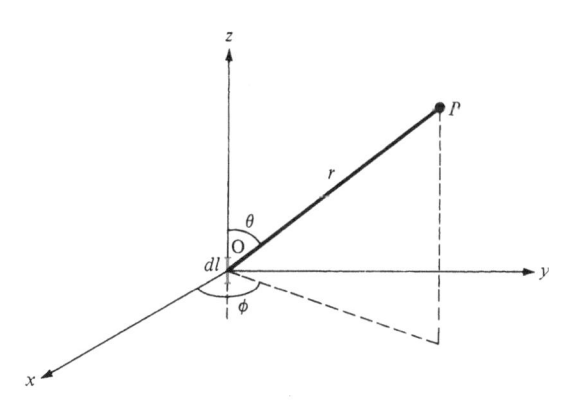

FIGURA 13.3 Um dipolo hertziano percorrido por uma corrente $I = I_o \cos \omega t$.

$$A_{zs} = \frac{\mu I_o dl}{4\pi r} e^{-j\beta r} \qquad (13.3)$$

Transformando este vetor de coordenadas cartesianas para coordenadas esféricas, obtemos

$$\mathbf{A}_s = (A_{rs}, A_{\theta s}, A_{\phi s})$$

onde

$$A_{rs} = A_{zs} \cos \theta, \; A_{\theta s} = -A_{zs} \operatorname{sen} \theta, \; A_{\phi s} = 0 \qquad (13.4)$$

Contudo, $\mathbf{B}_s = \mu \mathbf{H}_s = \nabla \times \mathbf{A}_s$. Portanto, obtemos o campo $\mathbf{H}$ como

$$H_{\phi s} = \frac{I_o dl}{4\pi} \operatorname{sen} \theta \left[\frac{j\beta}{r} + \frac{1}{r^2} \right] e^{-j\beta r} \qquad (13.5a)$$

$$H_{rs} = 0 = H_{\theta s} \qquad (13.5b)$$

Encontramos o campo $\mathbf{E}$ usando $\nabla \times \mathbf{H} = \varepsilon \, \partial \mathbf{E}/\partial t$ ou $\nabla \times \mathbf{H}_s = j\omega\varepsilon \mathbf{E}_s$

$$E_{rs} = \frac{\eta I_o dl}{2\pi} \cos \theta \left[\frac{1}{r^2} - \frac{j}{\beta r^3} \right] e^{-j\beta r} \qquad (13.6a)$$

$$E_{\theta s} = \frac{\eta I_o dl}{4\pi} \operatorname{sen} \theta \left[\frac{j\beta}{r} + \frac{1}{r^2} - \frac{j}{\beta r^3} \right] e^{-j\beta r} \qquad (13.6b)$$

$$E_{\phi s} = 0 \qquad (13.6c)$$

onde

$$\eta = \frac{\beta}{\omega e} = \sqrt{\frac{\mu}{\varepsilon}}$$

Uma observação cuidadosa das expressões para os campos nas equações (13.5) e (13.6) revela que existem termos variando como $1/r^3$, $1/r^2$ e $1/r$. O termo $1/r^3$ é chamado *campo eletrostático* pois o mesmo corresponde ao campo de um dipolo elétrico (veja a equação (4.82)). Esse termo predomina sobre os outros termos na região muito próxima do dipolo hertziano. O termo $1/r^2$ é chamado campo indutivo e é predito pela lei de Biot-Savart (veja a equação (7.3)). Esse termo é importante somente no campo próximo, isto é, em distâncias próximas ao elemento de corrente. O termo $1/r$ é chamado campo distante ou campo de irradiação, pois é o único que permanece na zona distante, isto é, em pontos muito distantes do elemento de corrente. Vamos aqui nos concentrar no campo da região de irradiação ($\beta r \gg 1$ ou $2\pi r \gg \lambda$), onde os termos $1/r^3$ e $1/r^2$ podem ser desprezados frente a $1/r$. Note também que os campos da zona próxima e da zona distante são determinados respectivamente pelas inequações $\beta \ll 1$ e $\beta r \gg 1$. Mais especificamente, vamos definir o limite entre as zonas próximas e distante pelo valor de r dado por,

$$r = \frac{2d^2}{\lambda} \qquad (13.7)$$

onde d é a maior dimensão da antena. Portanto, no campo distante,

$$\boxed{H_{\phi s} = \frac{j I_o \beta dl}{4\pi r} \operatorname{sen} \theta \, e^{-j\beta r}, \qquad E_{\theta s} = \eta \, H_{\phi s}} \qquad (13.8a)$$

$$H_{rs} = H_{\theta s} = E_{rs} = E_{\phi s} = 0 \qquad (13.8b)$$

Note que, da equação (13.8a), os campos de irradiação $H_{\phi s}$ e $E_{\theta s}$ estão temporalmente em fase e são ortogonais entre si, exatamente como os campos de uma onda plana uniforme.

A média temporal da densidade de potência é obtida como

$$\mathcal{P}_{\text{méd}} = \frac{1}{2} \text{Re} (\mathbf{E}_S \times \mathbf{H}_s^*) = \frac{1}{2} \text{Re} (E_{\theta s} H_{\phi s}^* \mathbf{a}_r)$$

$$= \frac{1}{2} \eta |H_{\phi s}|^2 \mathbf{a}_r \quad (13.9)$$

Substituindo a equação (13.8) na equação (13.9), obtemos a média temporal da potência irradiada como

$$\begin{aligned} P_{\text{ir}} &= \int \mathcal{P}_{\text{méd}} \cdot d\mathbf{S} \\ &= \int_{\phi=0}^{2\pi} \int_{\theta=0}^{\pi} \frac{I_o^2 \eta \beta^2 \, dl^2}{32\pi^2 r^2} \text{sen}^2 \theta \, r^2 \, \text{sen}\, \theta \, d\theta \, d\phi \\ &= \frac{I_o^2 \eta \beta^2 \, dl^2}{32\pi^2} 2\pi \int_0^{\pi} \text{sen}^3 \theta \, d\theta \end{aligned} \quad (13.10)$$

Contudo,

$$\int_0^{\pi} \text{sen}^3 \theta \, d\theta = \int_0^{\pi} (1 - \cos^2 \theta) \, d(-\cos \theta)$$

$$= \frac{\cos^3 \theta}{3} - \cos \theta \bigg|_0^{\pi} = \frac{4}{3}$$

e $\beta^2 = 4\pi^2/\lambda^2$. Portanto, a equação (13.10) torna-se

$$P_{\text{ir}} = \frac{I_o^2 \pi \eta}{3} \left[\frac{dl}{\lambda}\right]^2 \quad (13.11a)$$

Se o meio de propagação é o espaço livre, $\eta = 120\pi$ e

$$P_{\text{ir}} = 40\pi^2 \left[\frac{dl}{\lambda}\right]^2 I_o^2 \quad (13.11b)$$

Esta potência é equivalente à dissipada pela corrente $I = I_o \cos \omega t$ em uma resistência fictícia R_{ir}, isto é,

$$P_{\text{ir}} = I_{\text{rms}}^2 R_{\text{ir}}$$

ou

$$P_{\text{ir}} = \frac{1}{2} I_o^2 R_{\text{ir}} \quad (13.12)$$

onde I_{rms} é a raiz do valor quadrático médio* de I. Das equações (13.11) e (13.12), obtemos

$$R_{\text{ir}} = \frac{2 P_{\text{ir}}}{I_o^2} \quad (13.13a)$$

---

* N. de T.: Do inglês, *root mean square*. Também denominado valor eficaz, em português.

ou

$$R_{ir} = 80\pi^2 \left[\frac{dl}{\lambda}\right]^2 \quad (13.13b)$$

A resistência R_{ir} é uma propriedade característica do dipolo hertziano e é chamada *resistência de irradiação*. Das equações (13.12) e (13.13), observamos que necessitamos antenas com resistência de irradiação grande para irradiar grandes quantidades de potência para o espaço. Por exemplo, se $dl = \lambda/20$, $R_{ir} > 2\ \Omega$, o que é um valor pequeno, isto é, essa antena irradia valores relativamente baixos de potência. Deve se notar que a R_{ir} para o dipolo hertziano, apresentada na equação (13.13b) é válida para o espaço livre. Se o dipolo está em um outro meio sem perdas, $\eta = \sqrt{\mu/\varepsilon}$ deve ser substituído na equação (13.11a) e R_{ir} será determinada usando a equação (13.13a).

Note que o dipolo de Hertz é considerado infinitesimalmente pequeno ($\beta\, dl \ll 1$ ou $dl \leq \lambda/10$). Consequentemente, a sua resistência de irradiação é muito pequena e, na prática, isso dificulta o seu casamento com uma linha de transmissão real. Assumimos também que o dipolo tem um distribuição de corrente uniforme. Isso requer que a corrente não seja nula nas extremidades da antena. Isso é impossível do ponto de vista prático, pois o meio circundante não é condutor. Entretanto, nossa análise servirá como uma aproximação útil e válida para antenas com $dl \leq \lambda/10$. Vamos analisar, na próxima seção, o caso de antena mais comum na prática (e talvez o mais importante) que é a antena dipolo de meia-onda.

13.3 ANTENA DIPOLO DE MEIA-ONDA

O termo dipolo de meia-onda deriva do fato de que o comprimento dessa antena é a metade de um comprimento de onda ($\ell = \lambda/2$). Conforme mostrado na Figura 13.4(a), ele consiste em um fio fino alimentado ou excitado, no seu ponto central, por uma fonte de tensão conectada à antena através de uma linha de transmissão (uma linha bifilar, por exemplo). O campo devido ao dipolo pode ser obtido, com facilidade, se considerarmos que o dipolo é uma sucessão de dipolos de Hertz. O potencial magnético vetorial em P, devido a um comprimento diferencial $dl\ (=dz)$ do dipolo, que conduz uma corrente fasorial $I_s = I_o \cos \beta z$, é

$$dA_{zs} = \frac{\mu I_o \cos \beta z\, dz}{4\pi r'} e^{-j\beta r'} \quad (13.14)$$

Note que, para obtermos a equação (13.14), assumimos uma distribuição de corrente senoidal, pois a corrente deve ser nula nas extremidades do dipolo. Também é possível utilizar uma distribuição de corrente triangular (veja o Problema 13.4). Entretanto, essa distribuição fornece resultados menos precisos. A distribuição real da corrente na antena não é conhecida com precisão. Ela pode ser determinada pela resolução das equações de Maxwell, aplicando as condições de fronteira na superfície da antena, mas esse procedimento é matematicamente complexo. Entretanto, a suposta corrente senoidal se assemelha bastante à distribuição obtida pela solução do problema de valor de fronteira e é a distribuição normalmente utilizada no estudo da Teoria de Antenas.

Se $r \gg \ell$, conforme exposto na Seção 4.9 sobre dipolos elétricos (ver Figura 4.20), então,

$$r - r' = z \cos \theta \text{ ou } r' = r - z \cos \theta$$

Portanto, podemos substituir $r' \simeq r$ no denominador da equação (13.14), em que é necessário considerar o valor da distância entre o elemento de corrente e o ponto em que desejamos calcular o campo. Para o termo fasorial no numerador da equação (13.14), a diferença entre βr e $\beta r'$ é significativa. Sendo assim, substituímos r' por $r - z \cos \theta$, em lugar de substituí-lo por r. Em outras palavras, mantemos o termo em cosseno na função exponencial e desprezamos este termo no de-

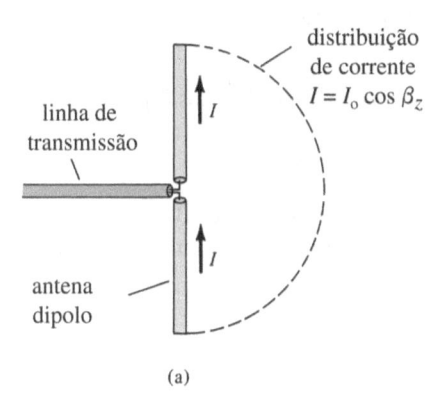

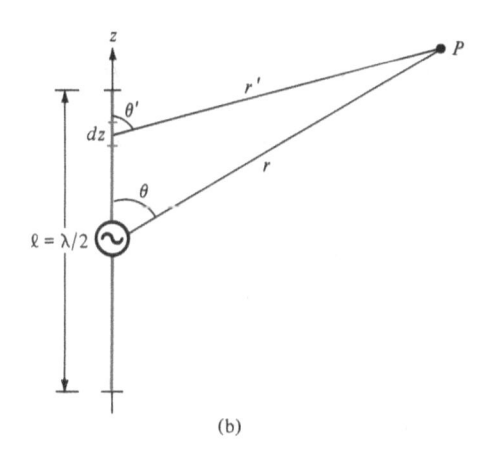

FIGURA 13.4 Um dipolo de meia-onda.

nominador, pois a exponencial envolve a constante de fase, enquanto o denominador não depende desse fator. Portanto,

$$A_{zs} = \frac{\mu I_o}{4\pi r} \int_{-\lambda/4}^{\lambda/4} e^{-j\beta(r\ z\cos\theta)} \cos\beta z\, dz$$

$$= \frac{\mu I_o}{4\pi r} e^{-j\beta r} \int_{-\lambda/4}^{\lambda/4} e^{j\beta z \cos\theta} \cos\beta z\, dz \tag{13.15}$$

Da tabela de integrais do Apêndice A.8, obtemos

$$\int e^{az} \cos bz\, dz = \frac{e^{az}(a\cos bz + b\,\text{sen}\,bz)}{a^2 + b^2} + c$$

Aplicando este resultado à equação (13.15), resulta em

$$A_{zs} = \frac{\mu I_o e^{-j\beta r} e^{j\beta z \cos\theta}}{4\pi r} \frac{(j\beta\cos\theta\cos\beta z + \beta\,\text{sen}\,\beta z)}{-\beta^2\cos^2\theta + \beta^2}\bigg|_{-\lambda/4}^{\lambda/4} \tag{13.16}$$

Como $\beta = 2\pi/\lambda$ ou $\beta\lambda/4 = \pi/2$ e $-\cos^2\theta + 1 = \text{sen}^2\theta$, a equação (13.16) torna-se

$$A_{zs} = \frac{\mu I_o e^{-j\beta r}}{4\pi r \beta^2 \text{sen}^2\theta} [e^{j(\pi/2)\cos\theta}(0+\beta) - e^{-j(\pi/2)\cos\theta}(0-\beta)] \tag{13.17}$$

Usando a identidade $e^{jx} + e^{-jx} = 2\cos x$, obtemos

$$A_{zs} = \frac{\mu I_o e^{-j\beta r} \cos\left(\frac{\pi}{2}\cos\theta\right)}{2\pi r \beta \mathrm{sen}^2\theta} \tag{13.18}$$

Usamos a equação (13.4) em conjunto com as relações $\mathbf{B}_s = \mu\mathbf{H}_s = \nabla \times \mathbf{A}_s$ e $\nabla \times \mathbf{H}_s = j\omega\varepsilon\mathbf{E}_s$ para obtermos os campos magnético e elétrico na zona distante (descartando os termos $1/r^3$ e $1/r^2$) como

$$\boxed{H_{\phi s} = \frac{jI_o e^{-j\beta r} \cos\left(\frac{\pi}{2}\cos\theta\right)}{2\pi r\,\mathrm{sen}\,\theta}, \qquad E_{\theta s} = \eta H_{\phi s}} \tag{13.19}$$

Note, novamente, que os termos de irradiação dos campos $H_{\phi s}$ e $E_{\theta s}$ estão em fase no tempo e são ortogonais entre si.

Utilizando as equações (13.9) e (13.19), podemos obter a densidade de potência média no tempo como

$$\begin{aligned}\mathcal{P}_{\mathrm{méd}} &= \frac{1}{2}\eta\,|H_{\phi s}|^2\,\mathbf{a}_r \\ &= \frac{\eta I_o^2 \cos^2\left(\frac{\pi}{2}\cos\theta\right)}{8\pi^2 r^2\,\mathrm{sen}^2\theta}\,\mathbf{a}_r\end{aligned} \tag{13.20}$$

A potência irradiada média no tempo pode ser determinada como

$$\begin{aligned}P_{\mathrm{ir}} &= \int \mathcal{P}_{\mathrm{méd}}\cdot d\mathbf{S} \\ &= \int_{\phi=0}^{2\pi}\left[\int_{\theta=0}^{\pi} \frac{\eta I_o^2 \cos^2\left(\frac{\pi}{2}\cos\theta\right)}{8\pi^2 r^2\,\mathrm{sen}^2\theta}\,r^2\,\mathrm{sen}\,\theta\,d\theta\right]d\phi \\ &= \frac{\eta I_o^2}{8\pi^2}2\pi\int_0^\pi \frac{\cos^2\left(\frac{\pi}{2}\cos\theta\right)}{\mathrm{sen}\,\theta}\,d\theta \\ &= 30\,I_o^2\int_0^\pi \frac{\cos^2\left(\frac{\pi}{2}\cos\theta\right)}{\mathrm{sen}\,\theta}\,d\theta\end{aligned} \tag{13.21}$$

onde $\eta = 120\pi$ foi usado, supondo que o meio de propagação é o espaço livre.

Devido à natureza do integrando na equação (13.21),

$$\int_0^{\pi/2} \frac{\cos^2\left(\frac{\pi}{2}\cos\theta\right)}{\mathrm{sen}\,\theta}\,d\theta = \int_{\pi/2}^{\pi} \frac{\cos^2\left(\frac{\pi}{2}\cos\theta\right)}{\mathrm{sen}\,\theta}\,d\theta$$

Este resultado pode ser ilustrado, com facilidade, fazendo-se um esboço grosseiro da dependência do integrando com relação a θ. Portanto,

$$P_{\text{ir}} = 60I_o^2 \int_0^{\pi/2} \frac{\cos^2\left(\dfrac{\pi}{2}\cos\theta\right)}{\operatorname{sen}\theta}\, d\theta \qquad (13.22)$$

Fazendo a mudança de variável $u = \cos\theta$ e usando frações parciais, podemos reduzir a equação (13.22) a

$$\begin{aligned}
P_{\text{ir}} &= 60I_o^2 \int_0^1 \frac{\cos^2\dfrac{1}{2}\pi u}{1-u^2}\, du \\
&= 30I_o^2 \left[\int_0^1 \frac{\cos^2\dfrac{1}{2}\pi u}{1+u}\, du + \int_0^1 \frac{\cos^2\dfrac{1}{2}\pi u}{1-u}\, du \right]
\end{aligned} \qquad (13.23)$$

Substituindo $1 + u$ por v no primeiro integrando e $1 - u$ por v no segundo integrando, resulta em

$$\begin{aligned}
P_{\text{ir}} &= 30I_o^2 \left[\int_0^1 \frac{\operatorname{sen}^2\dfrac{1}{2}\pi v}{v}\, dv + \int_1^2 \frac{\operatorname{sen}^2\dfrac{1}{2}\pi v}{v}\, dv \right] \\
&= 30I_o^2 \int_0^2 \frac{\operatorname{sen}^2\dfrac{1}{2}\pi v}{v}\, dv
\end{aligned} \qquad (13.24)$$

Realizando a mudança de variável $w = \pi v$, obtemos

$$\begin{aligned}
P_{\text{ir}} &= 30I_o^2 \int_0^{2\pi} \frac{\operatorname{sen}^2\dfrac{1}{2}w}{w}\, dw \\
&= 15I_o^2 \int_0^{2\pi} \frac{(1-\cos w)}{w}\, dw \\
&= 15I_o^2 \int_0^{2\pi} \left[\frac{w}{2!} - \frac{w^3}{4!} + \frac{w^5}{6!} - \frac{w^7}{8!} + \cdots \right] dw
\end{aligned} \qquad (13.25)$$

pois $\cos w = 1 - \dfrac{w^2}{2!} + \dfrac{w^4}{4!} - \dfrac{w^6}{6!} + \dfrac{w^8}{8!} - \cdots$. Integrando, termo a termo, a equação (13.25) e substituindo os limites de integração, chegamos a

$$\begin{aligned}
P_{\text{ir}} &= 15I_o^2 \left[\frac{(2\pi)^2}{2(2!)} - \frac{(2\pi)^4}{4(4!)} + \frac{(2\pi)^6}{6(6!)} - \frac{(2\pi)^8}{8(8!)} + \cdots \right] \\
&\approx 36{,}56\, I_o^2
\end{aligned} \qquad (13.26)$$

A resistência de irradiação R_{ir} para o dipolo de meia-onda é obtida das equações (13.12) e (13.26) como

$$\boxed{R_{\text{ir}} = \frac{2P_{\text{ir}}}{I_o^2} \approx 73\ \Omega} \qquad (13.27)$$

Note o acréscimo significativo da resistência de irradiação do dipolo de meia-onda com relação ao dipolo hertziano. Assim, o dipolo de meia-onda é capaz de transmitir maior potência para o espaço do que o dipolo hertziano.

A impedância de entrada total da antena Z_{ent} é a impedância observada nos terminais da antena e é dada por

$$Z_{ent} = R_{ent} + jX_{ent} \tag{13.28}$$

onde $R_{ent} = R_{ir}$ para antenas sem perdas. A obtenção do valor da reatância X_{ent} envolve um procedimento complicado, que está fora do escopo deste texto. Para um dipolo de comprimento $\ell = \lambda/2$, obtém-se $X_{ent} = 42{,}5\,\omega$; portanto, $Z_{ent} = 73 + j42{,}5\,\omega$. A reatância indutiva cai rapidamente para zero à medida que o comprimento do dipolo se reduz levemente. Para $\ell = 0{,}485\,\lambda$, o dipolo é ressonante, com $X_{ent} = 0$. Portanto, na prática, um dipolo de $\lambda/2$ é projetado de tal maneira que X_{ent} se aproxime de zero e $Z_{ent} \simeq 73\,\omega$. Este valor da resistência de irradiação da antena dipolo de $\lambda/2$ é a razão da existência do cabo coaxial padrão de 75 ω. Isto facilita o casamento de impedância entre a antena e a linha de transmissão. Estes fatores, acrescidos à propriedade ressonante desta antena, são as razões de sua popularidade e uso extensivo.

13.4 ANTENA MONOPOLO DE QUARTO DE ONDA

Basicamente, a antena monopolo de quarto de onda consiste em metade de um dipolo de meia-onda colocado sobre um plano terra condutor, conforme mostrado na Figura 13.5. A antena monopolo é colocada perpendicularmente ao plano condutor, que é usualmente suposto infinito e perfeitamente condutor. A antena é alimentada por um cabo coaxial conectado a sua base.

Usando a teoria das imagens da Seção 6.6, substituímos o plano terra infinito perfeitamente condutor pela imagem da antena monopolo. O campo produzido pelo monopolo de $\lambda/4$ e sua imagem na região que fica acima do plano terra é o mesmo campo de um dipolo de $\lambda/2$. Portanto, a equação (13.19) é válida para o monopolo de $\lambda/4$. Entretanto, a integral da equação (13.21) deve ser calculada apenas na superfície hemisférica acima do plano terra (isto é, $0 \leq \theta \leq \pi/2$), pois o monopolo só irradia na parte superior do plano condutor. Consequentemente, para a mesma corrente, o monopolo irradia apenas a metade da potência de um dipolo de meia-onda. Portanto, para um dipolo de $\lambda/4$,

$$P_{ir} \simeq 18{,}28\,I_0^2 \tag{13.29}$$

e

$$R_{ir} = \frac{2P_{ir}}{I_0^2}$$

ou

$$\boxed{R_{ir} \simeq 36{,}5\,\Omega} \tag{13.30}$$

Pela mesma razão, a impedância de entrada total de um monopolo de $\lambda/4$ é $Z_{ent} = 36{,}5 + j21{,}25\,\Omega$.

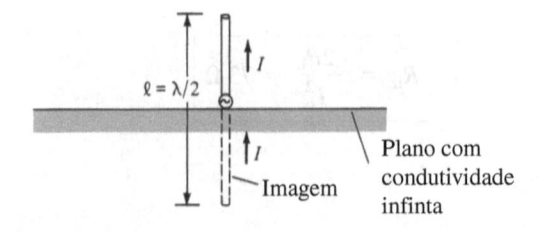

FIGURA 13.5 A antena monopolo.

13.5 ANTENA PEQUENA EM ANEL

A antena em anel (espira ou elo) é de importância prática. Ela é utilizada para, através da radiogoniometria, determinar a posição de radioemissores, e como antenas de TV para frequências ultra-altas (UHF). O termo "pequena" implica que as dimensões do anel (como ρ_o) sejam muito menores do que o comprimento de onda λ.

Considere um pequeno anel circular filamentar de raio ρ_o conduzindo uma corrente uniforme $I_o \cos \omega t$, conforme mostrado na Figura 13.6. O anel pode ser considerado como um dipolo magnético elementar. O potencial magnético vetorial devido ao anel, no ponto P, é dado por

$$\mathbf{A} = \oint_L \frac{\mu[I]\, d\mathbf{l}}{4\pi r'} \tag{13.31}$$

onde $[I] = I_o \cos(\omega t - \beta r') = \mathrm{Re}\,[I_o e^{j(\omega t - \beta r')}]$. Substituindo $[I]$ na equação (13.31), obtemos $\mathbf{A}$ na forma fasorial como

$$\mathbf{A}_s = \frac{\mu I_o}{4\pi} \oint_L \frac{e^{-j\beta r'}}{r'}\, d\mathbf{l} \tag{13.32}$$

O cálculo desta integral envolve um procedimento bastante longo. Pode se mostrar que, para um anel pequeno ($\rho_o \ll \lambda$), a variável r', no denominador da equação (13.32), pode ser substituída por r, e que $\mathbf{A}_s$ só tem componente na direção ϕ, que é dada por

$$A_{\phi s} = \frac{\mu I_o S}{4\pi r^2}(1 + j\beta r)e^{-j\beta r}\,\mathrm{sen}\,\theta \tag{13.33}$$

onde $S = \pi \rho_o^2 =$ a área da antena. Para uma antena com N espiras, $S = N\pi\rho_o^2$. Utilizando o fato de que $\mathbf{B}_s = \mu \mathbf{H}_s = \nabla \times \mathbf{A}_s$ e $\nabla \times \mathbf{H}_s = j\omega\varepsilon\mathbf{E}_s$, obtemos os campos elétrico e magnético a partir da equação (13.33) como

$$E_{\phi s} = \frac{-j\omega\mu I_o S}{4\pi}\,\mathrm{sen}\,\theta \left[\frac{j\beta}{r} + \frac{1}{r^2}\right]e^{-j\beta r} \tag{13.34a}$$

$$H_{rs} = \frac{j\omega\mu I_o S}{2\pi\eta}\cos\theta \left[\frac{1}{r^2} - \frac{j}{\beta r^3}\right]e^{-j\beta r} \tag{13.34b}$$

$$H_{\theta s} = \frac{j\omega\mu I_o S}{4\pi\eta}\,\mathrm{sen}\,\theta \left[\frac{j\beta}{r} + \frac{1}{r^2} - \frac{j}{\beta r^3}\right]e^{-j\beta r} \tag{13.34c}$$

$$E_{rs} = E_{\theta s} = H_{\phi s} = 0 \tag{13.34d}$$

Comparando as equações (13.5) e (13.6) com as equações (13.34), observamos a natureza dual dos campos devido ao dipolo elétrico, da Figura (13.3), e devido ao dipolo magnético, da Figura (13.6), (veja também a Tabela 8.2). Na região de campo distante, somente o termo $1/r$ (termo de irradiação) permanece nas equações (13.34). Portanto, na região de campo distante,

$$E_{\phi s} = \frac{\omega\mu I_o S}{4\pi r}\beta\,\mathrm{sen}\,\theta\, e^{-j\beta r}$$

$$= \frac{\eta\pi I_o S}{r\lambda^2}\,\mathrm{sen}\,\theta\, e^{-j\beta r}$$

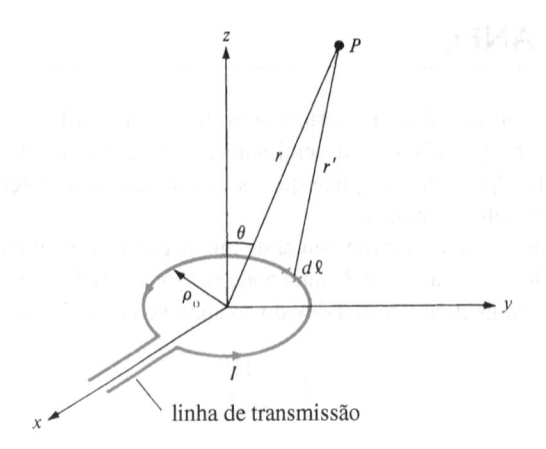

FIGURA 13.6 A antena pequena em anel.

ou

$$E_{\phi s} = \frac{120\pi^2 I_o}{r} \frac{S}{\lambda^2} \operatorname{sen}\theta \, e^{-j\beta r}, \qquad H_{\theta s} = -\frac{E_{\phi s}}{\eta} \qquad (13.35a)$$

$$E_{rs} = E_{\theta s} = H_{rs} = H_{\phi s} = 0 \qquad (13.35b)$$

onde $\eta = 120\pi$, pois se supõe propagação no espaço livre. Embora as expressões para o campo distante, nas equações (13.35), tenham sido obtidas para um anel circular pequeno, elas podem ser utilizadas para um anel quadrado pequeno de uma espira ($S = a^2$), de N espiras ($S = Na^2$) ou para qualquer anel pequeno, desde que as dimensões do mesmo sejam pequenas ($d \leq \lambda/10$, onde d é a maior dimensão do anel). Deixa-se como exercício demonstrar que, utilizando as equações (13.13a) e (13.35), obtemos a resistência de irradiação de uma antena pequena em anel como sendo:

$$R_{ir} = \frac{320\,\pi^4 S^2}{\lambda^4} \qquad (13.36)$$

EXEMPLO 13.1

Necessita-se de uma amplitude de campo magnético de 5 μA/m em um ponto $\theta = \pi/2$ e a 2 km de uma antena no ar. Desprezando as perdas ôhmicas, calcule a potência que deve ser emitida pela antena se ela for:

(a) um dipolo hertziano de $\lambda/25$?
(b) um dipolo de meia-onda?
(c) um monopolo de um quarto de onda?
(d) uma antena em anel com 10 espiras de raio $\rho_o = \lambda/20$?

Solução:
(a) Para um dipolo hertziano,

$$|H_{\phi s}| = \frac{I_o \beta \, dl \operatorname{sen}\theta}{4\pi r}$$

onde $dl = \lambda/25$ ou $\beta \, dl = \dfrac{2\pi}{\lambda} \cdot \dfrac{\lambda}{25} = \dfrac{2\pi}{25}$. Portanto,

$$5 \times 10^{-6} = \frac{I_o \cdot \dfrac{2\pi}{25}(1)}{4\pi(2 \times 10^3)} = \frac{I_o}{10^5}$$

ou

$$I_o = 0{,}5 \text{ A}$$

$$P_{ir} = 40\pi^2 \left[\frac{dl}{\lambda}\right]^2 I_o^2 = \frac{40\pi^2 (0{,}5)^2}{(25)^2}$$

$$= 158 \text{ mW}$$

(b) Para um dipolo de $\lambda/2$,

$$|H_{\phi s}| = \frac{I_o \cos\left(\frac{\pi}{2}\cos\theta\right)}{2\pi r \operatorname{sen}\theta}$$

$$5 \times 10^{-6} = \frac{I_o \cdot 1}{2\pi (2 \times 10^3) \cdot (1)}$$

ou

$$I_o = 20\pi \text{ mA}$$
$$P_{ir} = \frac{1}{2} I_o^2 R_{ir} = \frac{1}{2}(20\pi)^2 \times 10^{-6}(73)$$
$$= 144 \text{ mW}$$

(c) Para um monopolo de $\lambda/4$,

$$I_o = 20\pi \text{ mA}$$

como na parte (b).

$$P_{ir} = \frac{1}{2} I_o^2 R_{ir} = \frac{1}{2}(20\pi)^2 \times 10^{-6}(36{,}56)$$
$$= 72 \text{ mW}$$

(d) Para uma antena em anel,

$$|H_{\theta s}| = \frac{\pi I_o}{r} \frac{S}{\lambda^2} \operatorname{sen}\theta$$

Para o caso de uma espira única, $S = \pi \rho_o^2$. Para N espiras, $S = N\pi \rho_o^2$. Portanto,

$$5 \times 10^{-6} = \frac{\pi I_o 10\pi}{2 \times 10^3} \left[\frac{\rho_0}{\lambda}\right]^2$$

ou

$$I_o = \frac{10}{10\pi^2}\left[\frac{\lambda}{\rho_o}\right]^2 \times 10^{-3} = \frac{20^2}{\pi^2} \times 10^{-3}$$

$$= 40{,}53 \text{ mA}$$

$$R_{ir} = \frac{320\pi^4 S^2}{\lambda^4} = 320\pi^6 N^2 \left[\frac{\rho_o}{\lambda}\right]^4$$

$$= 320\pi^6 \times 100 \left[\frac{1}{20}\right]^4 = 192{,}3 \ \Omega$$

$$P_{ir} = \frac{1}{2} I_o^2 R_{ir} = \frac{1}{2}(40{,}53)^2 \times 10^{-6} (192{,}3)$$

$$= 158 \text{ mW}$$

EXERCÍCIO PRÁTICO 13.1

Um dipolo hertziano, cujo comprimento é $\lambda/100$, está localizado na origem e é alimentado por uma corrente de $0{,}25 \text{ sen } 10^8 t$ A. Determine o campo magnético em:

(a) $r = \lambda/5$, $\theta = 30°$

(b) $r = 200\lambda$, $\theta = 60°$

Resposta: (a) $0{,}2119 \text{ sen}(10^8 t - 20{,}5°) \mathbf{a}_\phi$ mA/m; (b) $0{,}2871 \text{ sen}(10^8 t + 90°) \mathbf{a}_\phi$ μA/m.

EXEMPLO 13.2 Um campo elétrico de amplitude 10 μV/m deve ser medido em um ponto de observação localizado em $\theta = \pi/2$ e a 500 km de uma antena dipolo de meia-onda (ressonante), operando, no ar, em 50 MHz.

(a) Qual é o comprimento do dipolo?
(a) Calcule a corrente que deve alimentar a antena.
(c) Encontre a potência média irradiada pela antena.
(d) Se uma linha de transmissão com $Z_o = 75$ Ω é conectada à antena, determine a relação de onda estacionária.

Solução:

(a) O comprimento de onda é $\lambda = \dfrac{c}{f} = \dfrac{3 \times 10^8}{50 \times 10^6} = 6$ m.

Portanto, o comprimento do dipolo de meia-onda é $\ell = \dfrac{\lambda}{2} = 3$ m.

(b) Da equação (13.19),

$$|E_{\phi s}| = \frac{\eta_o I_o \cos\left(\dfrac{\pi}{2} \cos\theta\right)}{2\pi r \text{ sen }\theta}$$

ou

$$I_o = \frac{|E_{\theta s}| \, 2\pi r \text{ sen }\theta}{\eta_o \cos\left(\dfrac{\pi}{2} \cos\theta\right)}$$

$$= \frac{10 \times 10^{-6} \, 2\pi(500 \times 10^3) \cdot (1)}{120\pi \, (1)}$$

$$= 83{,}33 \text{ mA}$$

(c)

$$R_{ir} \simeq 73 \text{ }\Omega$$

$$P_{ir} = \frac{1}{2} I_o^2 R_{ir} = \frac{1}{2}(83{,}33)^2 \times 10^{-6} \times 73$$

$$= 253{,}5 \text{ mW}$$

(d)

$$\Gamma = \frac{Z_C - Z_o}{Z_C + Z_o} \quad (Z_C = Z_{ent} \text{ neste caso})$$

$$= \frac{73 + j42,5 - 75}{73 + j42,5 + 75} = \frac{-2 + j42,5}{148 + j42,5}$$

$$= \frac{42,55 \underline{/92,69°}}{153,98 \underline{/16,02°}} = 0,2763 \underline{/76,67°}$$

$$s = \frac{1 + |\Gamma|}{1 - |\Gamma|} = \frac{1 + 0,2763}{1 - 0,2763} = 1,763$$

EXERCÍCIO PRÁTICO 13.2

Repita o Exemplo 13.2 para o caso em que a antena dipolo é substituída por um monopolo de $\lambda/4$.

Resposta: (a) 1,5m, (b) 83,33 mA, (c) 126,8 mW, (d) 2,265.

13.6 CARACTERÍSTICAS DAS ANTENAS

Tendo já considerado os tipos básicos de antenas, vamos, agora, discutir algumas das características importantes de antenas como irradiadores de energia eletromagnética. Estas características incluem: (a) diagrama de irradiação; (b) intensidade de irradiação; (c) ganho diretivo e (d) ganho de potência.

A. Diagrama de irradiação

Quando é feito um gráfico de uma componente específica do campo **E**, este gráfico é chamado de *diagrama de campo* ou *diagrama de tensão*. Quando é feito um gráfico da amplitude do campo elétrico **E**, elevada ao quadrado, o mesmo é chamado de *diagrama de potência*. Pode-se substituir a representação tridimensional do diagrama de uma antena por gráficos independentes de valores normalizados de $|E_s|$ em função de θ, para ϕ constante (o que é chamado de *diagrama no plano E* ou *diagrama vertical*), e de valores normalizados de $|E_s|$ em função de ϕ, para $\theta = \pi/2$ (o que é chamado *diagrama no plano H* ou *diagrama horizontal*). O valor normalizado de $|E_s|$ é calculado com relação ao valor máximo de $|E_s|$, de tal maneira que o valor máximo de $|E_s|$ normalizado é um.

Por exemplo, para o dipolo hertziano, o $|E_s|$ normalizado é obtido da equação (13.8a) como sendo

$$f(\theta) = |\text{sen } \theta| \tag{13.37}$$

que é independente de ϕ. Da equação (13.37), obtemos o diagrama no plano E como o gráfico polar de $f(\theta)$, com θ variando entre $0°$ e $180°$. O resultado é apresentado na Figura 13.7(a). Note que o gráfico é simétrico em torno do eixo z ($\theta = 0$). Para o diagrama no plano H, colocamos $\theta = \pi/2$, tal que $f(\theta) = 1$, o que nos fornece o círculo de raio unitário mostrado na Figura 13.7(b). Quando os dois gráficos das Figuras 13.7(a) e (b) são combinados, obtemos o diagrama tridimensional da Figura 13.7(c), que tem a forma que se aproxima a um toroide.

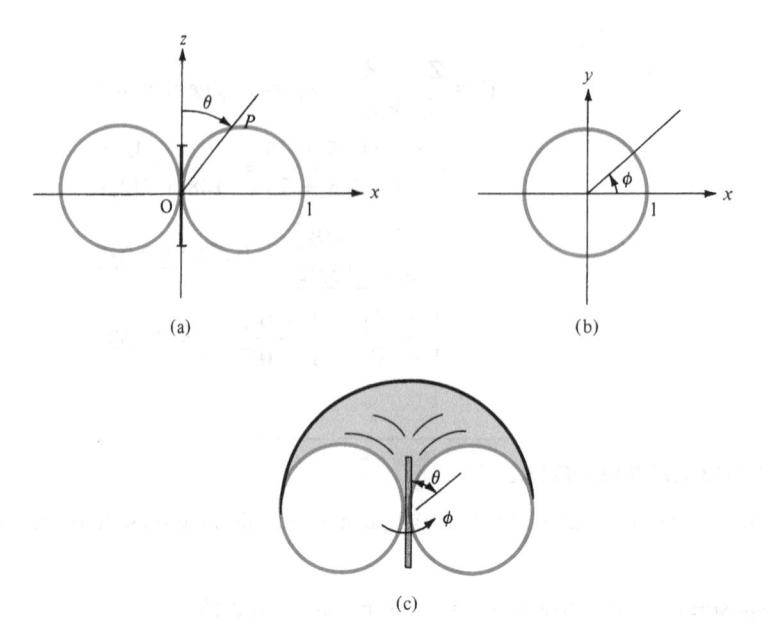

FIGURA 13.7 Diagramas de campo para um dipolo hertziano: (**a**) no plano *E* normalizado ou diagrama vertical (ϕ = constante = 0); (**b**) no plano *H* normalizado, ou plano horizontal ($\theta = \pi/2$); (**c**) diagrama tridimensional.

Um gráfico da potência média no tempo, $|\mathcal{P}_{méd}| = \mathcal{P}_{méd}$, para uma distância fixa r, é o diagrama de potência da antena. Ele é obtido fazendo gráficos separados de $\mathcal{P}_{méd}$ em função de θ, com ϕ constante, e de $\mathcal{P}_{méd}$ em função de ϕ, com θ constante.

Para o dipolo hertziano, o diagrama de potência normalizado é obtido, facilmente, das equações (13.37) ou (13.9) como

$$f^2(\theta) = \text{sen}^2\theta \tag{13.38}$$

que é apresentado na Figura 13.8. Note que as Figuras 13.7(b) e 13.8(b) mostram círculos, pois $f(\theta)$ é independente de ϕ, e que o valor de *OP* na Figura 13.8(a) é a potência média relativa para θ especificado na figura. Assim, no ponto Q ($\theta = 45°$), a potência média é metade do valor máximo da potência média (o valor máximo da potência média está em $\theta = \pi/2$).

> Um **diagrama de irradiação** de uma antena é um gráfico tridimensional de sua irradiação na região distante.

B. Intensidade de irradiação

O diagrama da intensidade de irradiação de uma antena é definido como

$$\boxed{U(\theta, \phi) = r^2 \mathcal{P}_{méd}} \tag{13.39}$$

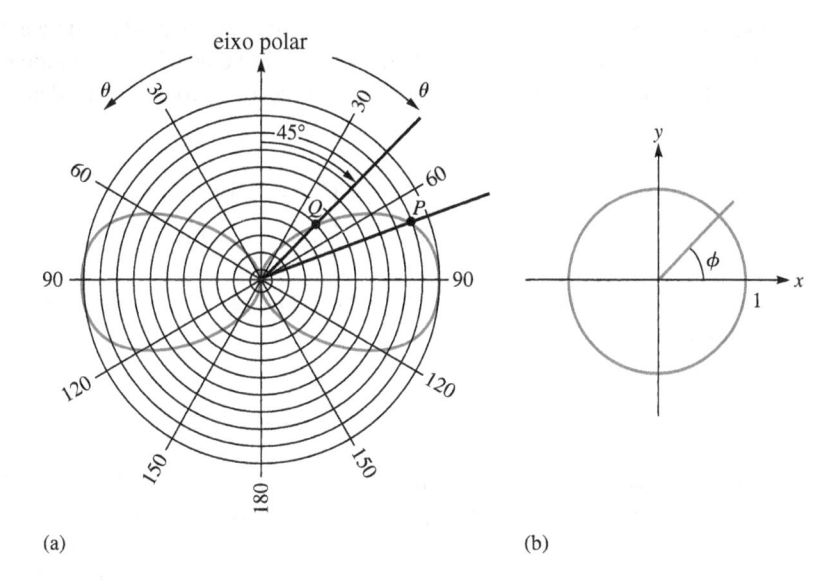

FIGURA 13.8 Diagrama de potência para um dipolo hertziano: (**a**) $\phi =$ constante $= 0$; (**b**) $\theta =$ constante $= \pi/2$.

Da equação (13.39), a potência total média (no tempo) irradiada pode ser expressa como

$$P_{ir} = \oint_S \mathcal{P}_{méd}\, dS = \oint_S \mathcal{P}_{méd}\, r^2\, \text{sen}\, \theta\, d\theta\, d\phi$$

$$= \int_S U(\theta, \phi)\, \text{sen}\, \theta\, d\theta\, d\phi$$

$$= \int_{\phi=0}^{2\pi} \int_{\theta=0}^{\pi} U(\theta, \phi)\, d\Omega \tag{13.40}$$

onde $d\Omega = \text{sen}\, \theta\, d\theta\, d\phi$ é o *ângulo sólido diferencial*, em esferoradianos (sr). Portanto, a intensidade de irradiação $U(\theta, \phi)$ é medida em watts por esferoradianos (W/sr). O valor médio de $U(\theta, \phi)$ é a potência total irradiada dividida por 4π sr, isto é,

$$\boxed{U_{méd} = \frac{P_{ir}}{4\pi}} \tag{13.41}$$

C. Ganho diretivo

Para especificar as características de irradiação das antenas, além dos diagramas da antena descritos acima, também nos interessam grandezas mensuráveis, tais como ganho e diretividade.

O **ganho diretivo** $G_d(\theta, \phi)$ de uma antena é uma medida da concentração da potência irradiada em uma determinada direção (θ, ϕ).

Este ganho pode ser entendido como uma medida da capacidade de a antena dirigir a potência irradiada segundo uma determinada orientação. Ele é usualmente obtido como a razão entre a intensidade de irradiação em uma determinada direção (θ, ϕ) e a intensidade de irradiação média, isto é,

$$G_d(\theta, \phi) = \frac{U(\theta, \phi)}{U_{\text{méd}}} = \frac{4\pi\, U(\theta, \phi)}{P_{\text{ir}}} \quad (13.42)$$

Substituindo a equação (13.39) na equação (13.42), $\mathcal{P}_{\text{méd}}$ pode ser expresso, em termos do ganho diretivo, como:

$$\mathcal{P}_{\text{méd}} = \frac{G_d}{4\pi r^2} P_{\text{ir}} \quad (13.43)$$

O ganho diretivo $G_d(\theta, \phi)$ depende do diagrama de irradiação da antena. Para o dipolo hertziano (assim como para o dipolo $\lambda/2$ e para o monopolo $\lambda/4$), notamos, a partir da Figura 13.8, que $\mathcal{P}_{\text{méd}}$ é máximo para $\theta = \pi/2$ e mínimo (zero) para $\theta = 0$ ou π. Portanto, o dipolo hertziano irradia potência preferencialmente na direção perpendicular ao seu comprimento. Para uma antena *isotrópica* (antena que irradia igualmente em todas as direções), $G_d = 1$. Entretanto, este tipo de antena não é realizável fisicamente, isto é, trata-se de uma antena ideal.

> A **diretividade** D de uma antena é a razão entre a intensidade de irradiação máxima e a intensidade de irradiação média.

Obviamente, a diretividade D é o valor máximo do ganho diretivo G_d, máx. Portanto,

$$D = \frac{U_{\text{máx}}}{U_{\text{méd}}} = G_d, \text{máx} \quad (13.44a)$$

ou

$$D = \frac{4\pi\, U_{\text{máx}}}{P_{\text{ir}}} \quad (13.44b)$$

A diretividade de uma antena isotrópica é $D = 1$. Este é o valor mínimo que D pode assumir. Para o dipolo hertziano,

$$G_d(\theta, \phi) = 1,5\, \text{sen}^2\, \theta, D = 1,5. \quad (13.45)$$

Para o dipolo de $\lambda/2$,

$$G_d(\theta, \phi) = \frac{\eta}{\pi R_{\text{ir}}} f^2(\theta), \quad D = 1,64 \quad (13.46)$$

onde $\eta = 120\,\pi$, $R_{\text{rad}} = 73\,\Omega$ e

$$f(\theta) = \frac{\cos\left(\dfrac{\pi}{2} \cos\theta\right)}{\text{sen}\,\theta} \quad (13.47)$$

D. Ganho de potência

A nossa definição de ganho diretivo, na equação (13.42), não leva em conta as perdas ôhmicas P_ℓ na antena. A existência de P_ℓ se deve ao fato de que a antena é feita com um condutor de condutividade finita. Conforme ilustrado na Figura (13.9), se P_{ent} é a potência total de entrada da antena,

$$P_{ent} = P_\ell + P_{ir}$$
$$= \frac{1}{2} |I_{ent}|^2 (R_\ell + R_{ir}) \qquad (13.48)$$

onde I_{ent} é a corrente nos terminais de entrada e R_ℓ é a *resistência de perda* ou a *resistência ôhmica* da antena. Em outras palavras, P_{ent} é a potência recebida pela antena em seus terminais durante o processo de irradiação, e P_{ir} é a potência irradiada pela antena. A diferença entre essas duas potências é P_ℓ, a potência dissipada na antena.

Definimos o *ganho de potência* $G_p(\theta, \phi)$ de uma antena como

$$\boxed{G_p(\theta, \phi) = \frac{4\pi \, U(\theta, \phi)}{P_{ent}}} \qquad (13.49)$$

A razão entre o ganho de potência em uma determinada direção e o ganho diretivo nesta mesma direção é definida como sendo a *eficiência de irradiação* η_{ir} das antenas, isto é,

$$\eta_{ir} = \frac{G_P}{G_d} = \frac{P_{ir}}{P_{ent}}$$

Utilizando-se a equação (13.48), obtemos

$$\boxed{\eta_{ir} = \frac{P_{ir}}{P_{ent}} = \frac{R_{ir}}{R_{ir} + R_\ell}} \qquad (13.50)$$

Para muitas antenas, η_{ir} é próximo de 100%, tal que $G_P \simeq G_d$. É comum expressar a diretividade e o ganho em decibéis (dB). Portanto,

$$D \text{ (dB)} = 10 \log_{10} D \qquad (13.51a)$$

$$G \text{ (dB)} = 10 \log_{10} G \qquad (13.51b)$$

Deve-se mencionar, neste ponto, que os diagramas de irradiação das antenas são usualmente medidos na região de campo distante. Em geral, considera-se que a região de campo distante de uma antena existe para distâncias $r \geq r_{mín}$, onde

$$r_{mín} = \frac{2d^2}{\lambda} \qquad (13.52)$$

e d é a maior dimensão da antena. Por exemplo, $d = \ell$ para o dipolo elétrico e $d = 2\rho_0$ para a antena pequena em anel.

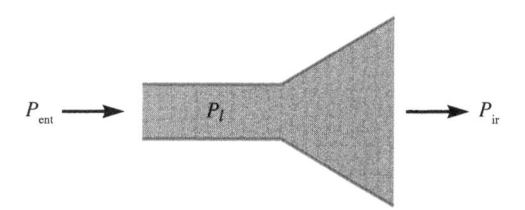

FIGURA 13.9 Relação entre P_{ent}, P_ℓ e P_{ir}.

EXEMPLO 13.3 Mostre que o ganho diretivo para o dipolo hertziano é

$$G_d(\theta, \phi) = 1{,}5 \operatorname{sen}^2 \theta$$

e para o dipolo de meia-onda é

$$G_d(\theta, \phi) = 1{,}64 \frac{\cos^2\left(\frac{\pi}{2}\cos\theta\right)}{\operatorname{sen}^2 \theta}$$

Solução:
Da equação (13.42), temos

$$G_d(\theta, \phi) = \frac{4\pi f^2(\theta)}{\int f^2(\theta)\, d\Omega}$$

(a) Para o dipolo hertziano,

$$G_d(\theta, \phi) = \frac{4\pi \operatorname{sen}^2 \theta}{\int_{\phi=0}^{2\pi}\int_{\theta=0}^{\pi} \operatorname{sen}^3 \theta\, d\theta\, d\phi} = \frac{4\pi \operatorname{sen}^2 \theta}{2\pi (4/3)}$$

$$= 1{,}5 \operatorname{sen}^2 \theta$$

conforme solicitado.

(b) Para o dipolo de meia-onda,

$$G_d(\theta, \phi) = \frac{\dfrac{4\pi \cos^2\left(\dfrac{\pi}{2}\cos\theta\right)}{\operatorname{sen}^2 \theta}}{\displaystyle\int_{\phi=0}^{2\pi}\int_{\theta=0}^{\pi} \dfrac{\cos^2\left(\dfrac{\pi}{2}\cos\theta\right)}{\operatorname{sen}\theta}\, d\theta\, d\phi}$$

Da equação (13.26), a integral no denominador resulta em $2\pi(1{,}2188)$. Portanto,

$$G_d(\theta, \phi) = \frac{4\pi \cos^2\left(\dfrac{\pi}{2}\cos\theta\right)}{\operatorname{sen}^2 \theta} \cdot \frac{1}{2\pi(1{,}2188)}$$

$$= 1{,}64 \frac{\cos^2\left(\dfrac{\pi}{2}\cos\theta\right)}{\operatorname{sen}^2 \theta}$$

conforme solicitado.

EXERCÍCIO PRÁTICO 13.3

Calcule a diretividade de:

(a) um monopolo hertziano;

(b) um monopolo de um quarto de onda.

Resposta: (a) 3; (b) 3,28.

EXEMPLO 13.4 Determine a intensidade do campo elétrico a uma distância de 10 km de uma antena, que tem um ganho diretivo de 5 dB, e que irradia uma potência total de 20 kW.

Solução:

$$5 = G_d (\text{dB}) = 10 \log_{10} G_d$$

ou

$$0{,}5 = \log_{10} G_d \rightarrow G_d = 10^{0{,}5} = 3{,}162$$

Da equação (13.43),

$$\mathcal{P}_{\text{méd}} = \frac{G_d P_{\text{ir}}}{4\pi r^2}$$

Contudo,

$$\mathcal{P}_{\text{méd}} = \frac{|E_s|^2}{2\eta}$$

Portanto,

$$|E_s|^2 = \frac{\eta G_d P_{\text{ir}}}{2\pi r^2} = \frac{120\pi (3{,}162)(20 \times 10^3)}{2\pi [10 \times 10^3]^2}$$

$$|E_s| = 0{,}1948 \text{ V/m}$$

EXERCÍCIO PRÁTICO 13.4

Uma determinada antena tem uma eficiência de 95% e uma intensidade de irradiação máxima de 0,5 W/sr. Calcule a diretividade quando:

(a) a potência de entrada é 0,4 W;

(b) a potência irradiada é de 0,3 W.

Resposta: (a) 16,53; (b) 20,94.

EXEMPLO 13.5 A intensidade de irradiação de uma determinada antena é

$$U(\theta, \phi) = \begin{cases} 2 \operatorname{sen} \theta \operatorname{sen}^3 \phi, & 0 \leq \theta \leq \pi, 0 \leq \phi \leq \pi \\ 0, & \text{para os demais valores} \end{cases}$$

Determine a diretividade da antena.

Solução:

A diretividade é definida como

$$D = \frac{U_{máx}}{U_{méd}}$$

Da expressão fornecida para U, teremos

$$U_{máx} = 2$$

Das eqs (13.40) e (13.41) obtemos a expressão para a intensidade média irradiada

$$\begin{aligned}
U_{méd} &= \frac{1}{4\pi} \int U(\theta, \phi)\, d\Omega \\
&= \frac{1}{4\pi} \int_{\phi=0}^{\pi} \int_{\theta=0}^{\pi} 2\, \text{sen}\, \theta\, \text{sen}^3 \phi\, \text{sen}\, \theta\, d\theta\, d\phi \\
&= \frac{1}{2\pi} \int_0^{\pi} \text{sen}^2 \theta\, d\theta \int_0^{\pi} \text{sen}^3 \phi\, d\phi \\
&= \frac{1}{2\pi} \int_0^{\pi} \frac{1}{2}(1 - \cos 2\theta)\, d\theta \int_0^{\pi} (1 - \cos^2 \phi)\, d(-\cos \phi) \\
&= \frac{1}{2\pi} \frac{1}{2} \left(\theta - \frac{\text{sen}\, 2\theta}{2}\right)\bigg|_0^{\pi} \left(\frac{\cos^3 \phi}{3} - \cos \phi\right)\bigg|_0^{\pi} \\
&= \frac{1}{2\pi} \left(\frac{\pi}{2}\right)\left(\frac{4}{3}\right) = \frac{1}{3}
\end{aligned}$$

Portanto,

$$D = \frac{2}{(1/3)} = 6$$

EXERCÍCIO PRÁTICO 13.5

Calcule a diretividade de uma antena para a qual a intensidade de irradiação normalizada é dada por:

$$U(\theta, \phi) = \begin{cases} \text{sen}\, \theta, & 0 \leq \theta \leq \pi/2,\ 0 \leq \phi \leq 2\pi \\ 0, & \text{para os demais valores} \end{cases}$$

Resposta: 2,546.

13.7 CONJUNTOS DE ANTENAS

Em muitas situações práticas (por exemplo, em estações de radiodifusão de AM), é necessário que se projetem antenas que irradiem mais energia em uma determinada direção e menos energia em outras direções. Isso é equivalente a condicionar que o diagrama de irradiação seja concentrado na direção de interesse. Isso é dificilmente obtido com apenas uma antena. Um conjunto de antenas pode ser utilizado para obter uma diretividade maior do que a que pode ser obtida com apenas uma antena.

> Um **conjunto** (rede ou arranjo) **de antenas** é um agrupamento de elementos irradiantes (antenas) arranjado de tal maneira a produzir algumas características de irradiação desejadas.

É prático e conveniente que o conjunto seja formado de elementos idênticos, embora esta não seja uma limitação fundamental. Vamos analisar aqui o caso mais simples de um conjunto de dois elementos para depois estender os resultados para o caso mais geral e complicado de um conjunto com N elementos.

Consideremos uma antena formada por dois dipolos hertzianos colocados no espaço livre, ao longo do eixo z, mas orientados paralelamente ao eixo x, conforme representado na Figura 13.10. Vamos assumir que o dipolo localizado em $(0, 0, d/2)$ é percorrido por uma corrente $I_{1s} = I_o \underline{/\alpha}$, enquanto que o dipolo localizado em $(0, 0, -d/2)$ é percorrido por uma corrente $I_{2s} = I_o \underline{/0}$ onde α é a diferença de fase entre as duas correntes. Variando-se o espaçamento d e a diferença de fase α, os campos das duas antenas podem se interferir construtivamente (adicionar) em certas direções de interesse e se interferir destrutivamente (cancelar) em outras direções. O campo elétrico total em um ponto P é a soma vetorial dos campos devidos a cada elemento do arranjo. Se o ponto P está na região de campo distante, obtemos o campo elétrico total em P, a partir da equação (13.8a), como

$$\mathbf{E}_s = \mathbf{E}_{1s} + \mathbf{E}_{2s}$$
$$= \frac{j\eta\beta I_o dl}{4\pi}\left[\cos\theta_1 \frac{e^{-j\beta r_1}}{r_1}e^{j\alpha}\mathbf{a}_{\theta_1} + \cos\theta_2 \frac{e^{-j\beta r_2}}{r_2}\mathbf{a}_{\theta_2}\right] \quad (13.53)$$

Note que o sen θ, da equação (13.8a), foi substituído por cos θ, pois o elemento da Figura 13.3 está na direção z, enquanto os da Figura 13.10 estão na direção x. Como P está longe do arranjo, $\theta_1 \simeq \theta \simeq \theta_2$ e $\mathbf{a}_{\theta_1} \simeq \mathbf{a}_\theta \simeq \mathbf{a}_{\theta_2}$. Na amplitude, podemos colocar $r_1 \simeq r \simeq r_2$, mas, na fase, utilizamos

$$r_1 \simeq r - \frac{d}{2}\cos\theta \quad (13.54a)$$

$$r_2 \simeq r + \frac{d}{2}\cos\theta \quad (13.54b)$$

Portanto, a equação (13.53) fica

$$\mathbf{E}_s = \frac{j\eta\beta I_o\,dl}{4\pi\,r}\cos\theta\,e^{-j\beta r}e^{j\alpha/2}[e^{j(\beta d\cos\theta)/2}e^{j\alpha/2} + e^{-j(\beta d\cos\theta)/2}e^{-j\alpha/2}]\mathbf{a}_\theta$$
$$= \frac{j\eta\beta I_o\,dl}{4\pi\,r}\cos\theta\,e^{-j\beta r}e^{j\alpha/2}2\cos\left[\frac{1}{2}(\beta d\cos\theta + \alpha)\right]\mathbf{a}_\theta \quad (13.55)$$

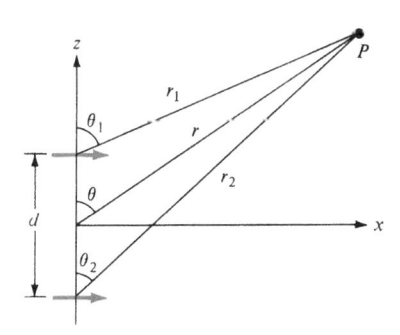

FIGURA 13.10 Um conjunto de dois elementos.

A comparação desta equação com a equação (13.8a) mostra que o campo total de um arranjo é igual ao campo criado por um dos elementos do conjunto, localizado na origem, multiplicado por um *fator de rede*, que é dado por

$$FR = 2\cos\left[\frac{1}{2}(\beta d\cos\theta + \alpha)\right]e^{j\alpha/2} \qquad (13.56)$$

Dessa forma, em geral, o campo distante devido a um conjunto de dois elementos é dado por

$$\mathbf{E}\text{ (total)} = (\mathbf{E}\text{ devido a um elemento localizado na origem}) \times (\text{fator de rede}) \qquad (13.57)$$

Também, da equação (13.55), note que $|\cos\theta|$ é o diagrama de irradiação devido a apenas um elemento, enquanto o fator de rede normalizado, $|\cos[1/2(\beta d\cos\theta + \alpha)]|$, é o diagrama de irradiação do conjunto, considerando que os irradiadores são isotrópicos. Estes diagramas podem ser considerados como o "diagrama unitário" e o "diagrama de grupo", respectivamente. Portanto, o "diagrama resultante" é o produto entre o diagrama unitário e o diagrama de grupo, isto é,

$$\boxed{\text{Diagrama resultante} = \text{diagrama unitário} \times \text{diagrama do grupo}} \qquad (13.58)$$

Este processo de obtenção do diagrama de irradiação de um conjunto de antenas é conhecido como *multiplicação de diagramas*. É possível traçar, quase por inspeção, o diagrama de irradiação de um conjunto pela multiplicação de diagramas. É, portanto, uma boa ferramenta a ser utilizada no projeto de conjuntos. Devemos realçar que, enquanto o diagrama unitário depende do tipo de elemento irradiante que é usado no conjunto, o diagrama de grupo independe do tipo do elemento, desde que o espaçamento d, a diferença de fase α e a orientação dos elementos se mantenham inalterados.

Vamos, agora, estender os resultados obtidos para conjuntos de dois elementos para o caso mais geral de conjuntos com N elementos, ilustrado na Figura 13.11. Supomos que o conjunto é *linear*, isto é, que os elementos do arranjo estão igualmente espaçados ao longo de uma linha que coincide com o eixo z. Assumimos, também, que o conjunto é *uniforme*, tal que cada elemento é percorrido por correntes de mesma amplitude, mas com um deslocamento de fase progressivo α, isto é, $I_{1s} = I_o\underline{/0}$, $I_{2s} = I_o\underline{/\alpha}$, $I_{3s} = I_o\underline{/2\alpha}$ e assim por diante. Nosso interesse principal é calcular o fator de rede. O campo na região distante pode ser calculado facilmente a partir da equação (13.57), desde que o fator de rede seja conhecido.

Para o arranjo linear uniforme, o fator de rede é a soma das contribuições de todos os elementos. Assim,

$$FR = 1 + e^{j\psi} + e^{j2\psi} + e^{j3\psi} + \cdots + e^{j(N-1)\psi} \qquad (13.59)$$

onde

$$\psi = \beta d\cos\theta + \alpha \qquad (13.60)$$

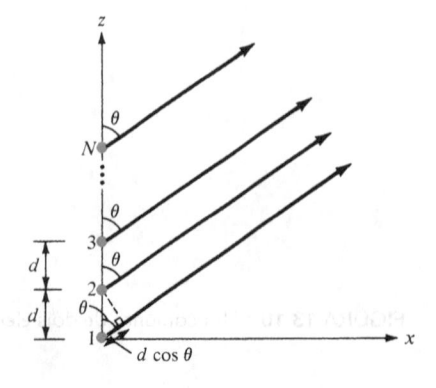

FIGURA 13.11 Arranjo linear uniforme de N elementos.

Na equação (13.60), $\beta = 2\pi/\lambda$, sendo que d e α são, respectivamente, o espaçamento e o deslocamento de fase entre cada elemento. Note que o lado direito da equação (13.59) é uma série geométrica com a forma

$$1 + x + x^2 + x^3 + \cdots + x^{N-1} = \frac{1 - x^N}{1 - x} \tag{13.61}$$

Assim, a equação (13.59) torna-se

$$FR = \frac{1 - e^{jN\psi}}{1 - e^{j\psi}} \tag{13.62}$$

que pode também ser escrita como

$$FR = \frac{e^{jN\psi} - 1}{e^{j\psi} - 1} = \frac{e^{jN\psi/2}}{e^{j\psi/2}} \frac{e^{jN\psi/2} - e^{-jN\psi/2}}{e^{j\psi/2} - e^{-j\psi/2}}$$

$$= e^{j(N-1)\psi/2} \frac{\text{sen}\,(N\psi/2)}{\text{sen}\,(\psi/2)} \tag{13.63}$$

O fator de fase $e^{j(N-1)\psi/2}$ se anularia se o arranjo estivesse centrado na origem. Desprezando este termo, podemos escrever

$$\boxed{|FR| = \left|\frac{\text{sen}\dfrac{N\psi}{2}}{\text{sen}\dfrac{\psi}{2}}\right|, \quad \psi = \beta d \cos\theta + \alpha} \tag{13.64}$$

Note que esta equação se reduz à equação (13.56) quando $N = 2$, conforme esperado. Note, também, o seguinte:

1. *FR* tem valor máximo igual a *N*. Portanto, *FR* normalizado é obtido dividindo *FR* por *N*. O máximo principal ocorre quando $\psi = 0$, isto é,

$$0 = \beta d \cos\theta + \alpha \quad \text{ou} \quad \cos\theta = -\frac{\alpha}{\beta d} \tag{13.65}$$

2. *FR* tem *nulos* (ou *zeros*) para *FR* = 0, isto é,

$$\frac{N\psi}{2} = \pm k\pi, \quad k = 1, 2, 3, \ldots \tag{13.66}$$

onde *k* não pode ser múltiplo de *N*.

3. Um arranjo *transversal* tem sua direção de máxima irradiação perpendicular ao eixo do arranjo, isto é, $\psi = 0$, $\theta = 90°$, tal que $\alpha = 0$.

4. Um arranjo *longitudinal* tem sua direção de máxima irradiação ao longo do eixo do arranjo, isto é,

$$\psi = 0, \theta = \begin{bmatrix} 0 \\ \pi \end{bmatrix} \text{tal que } \alpha = \begin{bmatrix} -\beta d \\ \beta d \end{bmatrix}$$

Os pontos acima referidos são úteis para se realizar a representação gráfica de *FR*. Os gráficos de *FR* para $N = 2$, 3 e 4 estão apresentados na Figura 13.12.

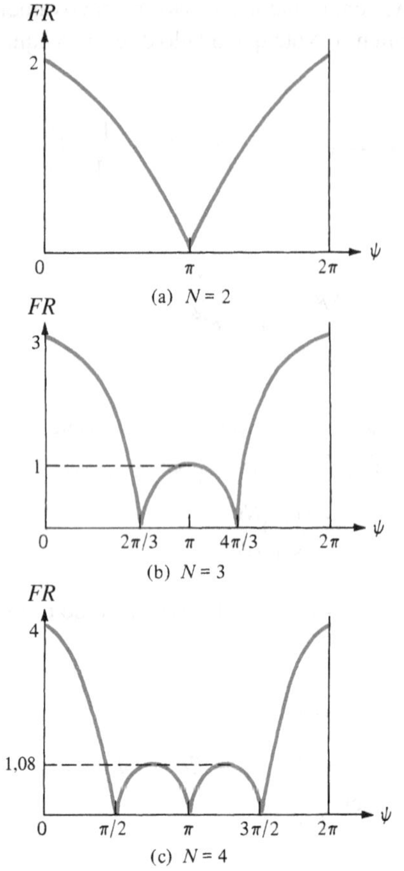

FIGURA 13.12 Fator de rede para um conjunto linear uniforme.

(a) $N = 2$
(b) $N = 3$
(c) $N = 4$

EXEMPLO 13.6 Represente, graficamente, o diagrama de campo normalizado para o conjunto de dois elementos da Figura 13.10, quando as correntes estão:

(a) em fase ($\alpha = 0$) e $d = \lambda/2$.
(b) $90°$ fora de fase ($\alpha = \pi/2$) e $d = \lambda/4$.

Solução:

O campo normalizado para este arranjo é obtido das equações (13.55) a (13.57) como

$$f(\theta) = \left| \cos\theta \cos\left[\frac{1}{2}(\beta d \cos\theta + \alpha)\right] \right|$$

(a) Se $\alpha = 0$ e $d = \lambda/2$, então $\beta d = \dfrac{2\pi}{\lambda}\dfrac{\lambda}{2} = \pi$. Portanto,

$$f(\theta) = |\cos\theta| \quad \left|\cos\frac{\pi}{2}(\cos\theta)\right|$$

$$\downarrow \qquad\qquad \downarrow \qquad\qquad \downarrow$$

diagrama = diagrama × diagrama
resultante   unitário   de grupo

A representação gráfica do diagrama unitário é fácil. É simplesmente uma versão girada da Figura 13.7(a), obtida para o dipolo hertziano, e está apresentada na Figura 13.13(a).

diagrama unitário diagrama de grupo diagrama resultante
(a) (b) (c)

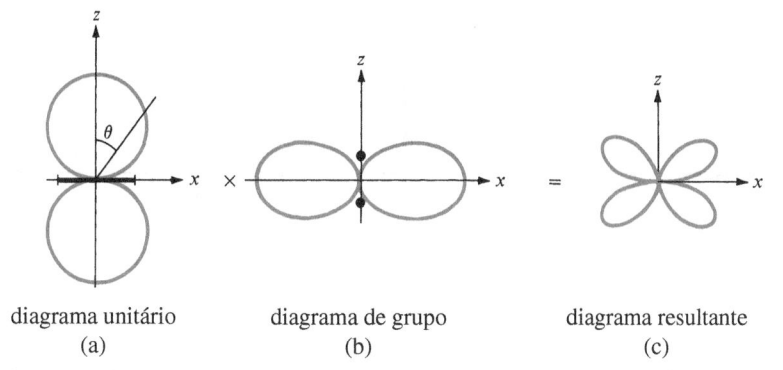

FIGURA 13.13 Referente ao Exemplo 13.6(**a**). Diagrama de campo no plano que contém o eixo do conjunto.

Para desenharmos o diagrama de grupo é necessário que primeiro determinemos seus nulos e máximos. Para os nulos (ou zeros), teremos

$$\cos\left(\frac{\pi}{2}\cos\theta\right) = 0 \rightarrow \frac{\pi}{2}\cos\theta = \pm\frac{\pi}{2}, \pm\frac{3\pi}{2}, \ldots$$

ou

$$\theta = 0°, 180°$$

Para os máximos,

$$\cos\left(\frac{\pi}{2}\cos\theta\right) = 1 \rightarrow \cos\theta = 0$$

ou

$$\theta = 90°$$

O diagrama de grupo está mostrado na Figura 13.12(b). É um gráfico polar obtido fazendo o gráfico de $\left|\cos\left(\frac{\pi}{2}\cos\theta\right)\right|$ para $\theta = 0, 5°, 10°, 15°, \ldots, 180°$ e incorporando os nulos e máximos em $\theta = 0°, 180°$ e $\theta = 90°$, respectivamente. Multiplicando a Figura 13.13(a) pela Figura 13.13(b), obtemos o diagrama resultante da Figura 13.13(c). Devemos ressaltar que os diagramas de campo da Figura 13.13 estão no plano que contém o eixo do conjunto. Note que: (1) No plano yz, que é perpendicular ao eixo do conjunto, o diagrama unitário ($= 1$) é uma circunferência [veja a Figura 13.7(b)], enquanto o diagrama de grupo permanece como na Figura 13.13(b). Portanto, o diagrama resultante é igual ao diagrama de grupo, para este caso. (2) No plano xy, $\theta = \pi/2$, tal que o diagrama unitário se anula enquanto o diagrama de grupo é uma circunferência ($= 1$).

(b) Se $\alpha = \pi/2$, $d = \lambda/4$ e $\beta d = \dfrac{2\pi}{\lambda}\dfrac{\lambda}{4} = \dfrac{\pi}{2}$, então,

$$f(\theta) = |\cos\theta| \quad \left|\cos\frac{\pi}{4}(\cos\theta + 1)\right|$$

$$\underset{\substack{\text{diagrama} \\ \text{resultante}}}{\downarrow} = \underset{\substack{\text{diagrama} \\ \text{unitário}}}{\downarrow} \times \underset{\substack{\text{diagrama} \\ \text{de grupo}}}{\downarrow}$$

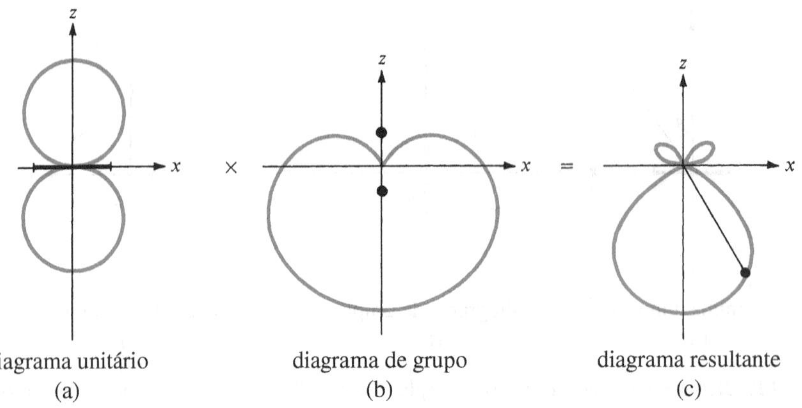

diagrama unitário diagrama de grupo diagrama resultante
(a) (b) (c)

FIGURA 13.14 Referente ao Exemplo 13.6(b). Diagramas de campo para o plano que contém o eixo do conjunto.

O diagrama unitário permanece como na Figura 13.13(a). Para o diagrama de grupo, os nulos ocorrem quando

$$\cos \frac{\pi}{4}(1 + \cos \theta) = 0 \rightarrow \frac{\pi}{4}(1 + \cos \theta) = \pm\frac{\pi}{2}, \pm\frac{3\pi}{2}, \ldots$$

ou

$$\cos \theta = 1 \rightarrow \theta = 0$$

Os máximos e mínimos ocorrem quando

$$\frac{d}{d\theta}\left[\cos \frac{\pi}{4}(1 + \cos \theta)\right] = 0 \rightarrow \operatorname{sen} \theta \operatorname{sen} \frac{\pi}{4}(1 + \cos \theta) = 0$$

$$\operatorname{sen} \theta = 0 \rightarrow \theta = 0°, 180°$$

e

$$\operatorname{sen} \frac{\pi}{4}(1 + \cos \theta) = 0 \rightarrow \cos \theta = -1 \quad \text{ou} \quad \theta = 180°$$

Cada diagrama de campo é obtido fazendo $\theta = 0°, 5°, 10°, 15°, \ldots, 180°$. Note que $\theta = 180°$ corresponde ao valor máximo de FR, enquanto $\theta = 0°$ corresponde ao nulo. Portanto, os diagramas unitário, de grupo e resultante, no plano que contém o eixo do conjunto, estão mostrados na Figura 13.14. Observe que, dos diagramas de grupo, o arranjo lateral ($\alpha = 0$), da Figura 13.13, é bidirecional, enquanto o arranjo longitudinal ($\alpha = \beta d$), da Figura 13.14, é unidirecional.

EXERCÍCIO PRÁTICO 13.6

Repita o Exemplo 13.6 para os casos em que:

(a) $\alpha = \pi, d = \lambda/2$; (b) $\alpha = -\pi/2, d = \lambda/4$.

Resposta: veja a Figura 13.15.

(a)

(b)

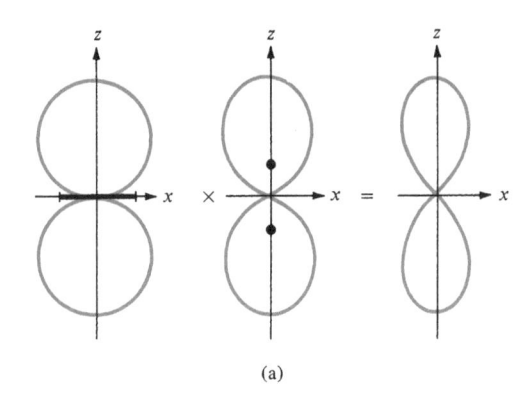

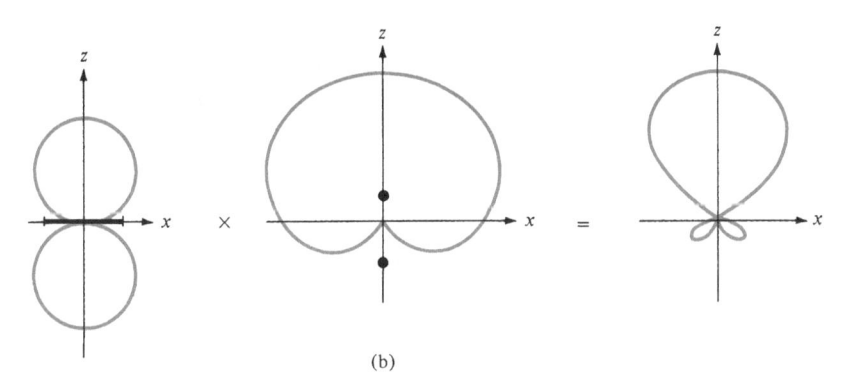

FIGURA 13.15 Referente ao Exercício Prático 13.6.

EXEMPLO 13.7 Considere uma conjunto de três elementos alimentados com correntes que guardam entre si uma razão de 1:2:1, conforme mostrado na Figura 13.16(a). Trace o diagrama de grupo no plano que contém o eixo dos elementos.

Solução:

Para fins de análise, vamos separar o elemento central da Figura 13.16(a), percorrido por uma corrente $2I\underline{/0°}$, em dois elementos, cada um com uma corrente $I\underline{/0°}$. Portanto, teremos quatro elementos em vez de três, conforme ilustrado na Figura 13.16(b). Se considerarmos os elementos 1 e 2 como um conjunto e os elementos 3 e 4 como um outro conjunto, obteremos o conjunto de dois elementos mostrado na Figura 13.16(c).

Cada grupo é um conjunto de dois elementos com $d = \lambda/2$, $\alpha = 0$, cujo diagrama de grupo (ou diagrama unitário para o arranjo de três elementos) está mostrado na Figura 13.13(b). Os dois grupos formam um arranjo de dois elementos semelhante ao do Exemplo 13.6(a), com $d = \lambda/2$ e $\alpha = 0$. Logo, o diagrama de grupo é idêntico ao da Figura 13.13(b). Portanto, neste caso, tanto o diagrama unitário quanto o diagrama de grupo tem a mesma forma do diagrama da Figura 13.13(b). O diagrama de grupo resultante está mostrado na Figura 13.17(c). Devemos notar que o diagrama da Figura 13.17(c) não é o diagrama resultante final, mas sim o diagrama de grupo do arranjo de três elementos. O diagrama resultante é o diagrama de grupo da Figura 13.17(c) multiplicado pelo diagrama de campo do elemento utilizado para formar o arranjo.

Um método alternativo para se obter o diagrama resultante para o conjunto de três elementos da Figura 13.16 é usar um procedimento semelhante ao utilizado para obter a equação (13.59). Escrevemos o fator de conjunto normalizado (ou diagrama de grupo) como

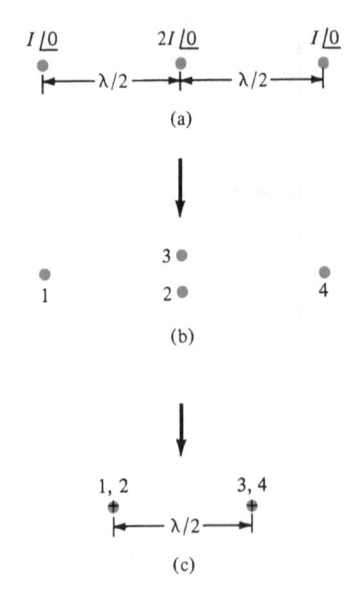

FIGURA 13.16 Referente ao Exemplo 13.7: (**a**) arranjo de três elementos com razões entre as correntes de 1:2:1; (**b**) e (**c**) conjuntos equivalentes de dois elementos.

$$(FR)_n = \frac{1}{4}|1 + 2e^{j\psi} + e^{j2\psi}|$$

$$= \frac{1}{4}|e^{j\psi}||2 + e^{-j\psi} + e^{j\psi}|$$

$$= \frac{1}{2}|1 + \cos\psi| = \left|\cos\frac{\psi}{2}\right|^2$$

onde $\psi = \beta d \cos\theta + \alpha$, se os elementos estão colocados ao longo do eixo z, mas orientados paralelamente ao eixo x. Como $\alpha = 0$, $d = \lambda/2$, $\beta d = \frac{2\pi}{\lambda} \cdot \frac{\lambda}{2} = \pi$,

$$(FR)_n = \left|\cos\left(\frac{\pi}{2}\cos\theta\right)\right|^2$$

$$(FR)_n = \left|\cos\left(\frac{\pi}{2}\cos\theta\right)\right| \quad \left|\cos\left(\frac{\pi}{2}\cos\theta\right)\right|$$

↓ ↓ ↓

diagrama de   diagrama   ×   diagrama
grupo resultante   unitário   de grupo

A representação gráfica destes diagramas é exatamente a que está na Figura 13.17.

Se, na Figura 13.16(a), dois arranjos de três elementos forem deslocados de $\lambda/2$, obtemos um arranjo de quatro elementos com razões entre as correntes de 1:3:3:1, conforme a Figura 13.18.

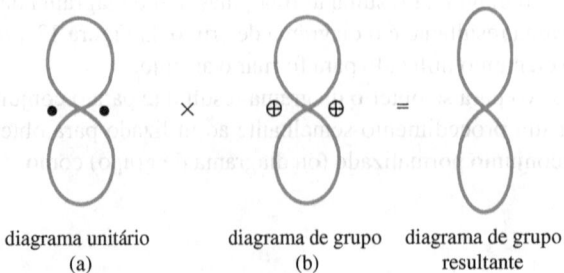

FIGURA 13.17 Referente ao Exemplo 13.7. Obtenção do diagrama de grupo resultante para o conjunto de três elementos da Figura 13.16(a).

$I\underline{/0}$ $\quad\quad 3I\underline{/0}$ $\quad\quad 3I\underline{/0}$ $\quad\quad I\underline{/0}$

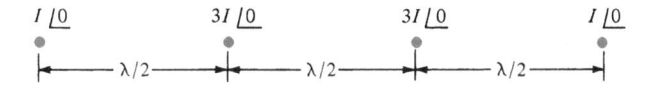

|←— λ/2 —→|←— λ/2 —→|←— λ/2 —→|

FIGURA 13.18 Um conjunto de quatro elementos, com razões entre as correntes de 1:3:3:1; referente ao Exercício Prático 13.7 e ao Exemplo 13.7.

Dois destes arranjos de quatro elementos, separados por λ/2, resultam em um arranjo de cinco elementos com razões entre as correntes de 1:4:6:4:1. Continuando este processo, obtemos um arranjo de N elementos, separados por λ/2 e $(N - 1)$λ/2, cujas razões entre as correntes são os coeficientes binomiais. A este tipo de antena dá-se o nome de *conjunto binomial*.

EXERCÍCIO PRÁTICO 13.7

(a) Trace o diagrama de grupo resultante para o conjunto de quatro elementos com razões entre as correntes de 1:3:3:1, mostrado na Figura 13.18.

(b) Obtenha uma expressão para o diagrama de grupo de um arranjo binomial linear de N elementos. Suponha que os elementos estão colocados ao longo do eixo z e orientados paralelamente ao eixo x, com espaçamento d entre os elementos e deslocamento de fase entre cada elemento α.

Resposta: (a) veja a Figura 13.19; (b) $\left|\cos\dfrac{\psi}{2}\right|^{N-1}$, onde $\psi = \beta d \cos\theta + \alpha$

FIGURA 13.19 Referente ao Exercício Prático 13.7(a).

†13.8 ÁREA EFETIVA E EQUAÇÃO DE FRIIS

Na situação em que a onda EM incidente é perpendicular a toda a superfície de uma antena receptora, a potência recebida é

$$P_r = \int \mathcal{P}_{\text{méd}} \cdot d\mathbf{S} = \mathcal{P}_{\text{méd}} S \tag{13.67}$$

Entretanto, na maioria dos casos, a onda EM incidente não é perpendicular a toda a superfície da antena. Isso leva à introdução do conceito de área efetiva da antena receptora.

O conceito de área efetiva ou abertura efetiva (seção reta de recepção de uma antena) é usualmente empregado na análise de antenas receptoras.

> A **área efetiva** A_e de uma antena receptora é a razão entre a potência recebida média no tempo P_r (ou fornecida para a carga, para ser exato) e a densidade de potência média no tempo $\mathcal{P}_{\text{méd}}$ da onda incidente na antena.

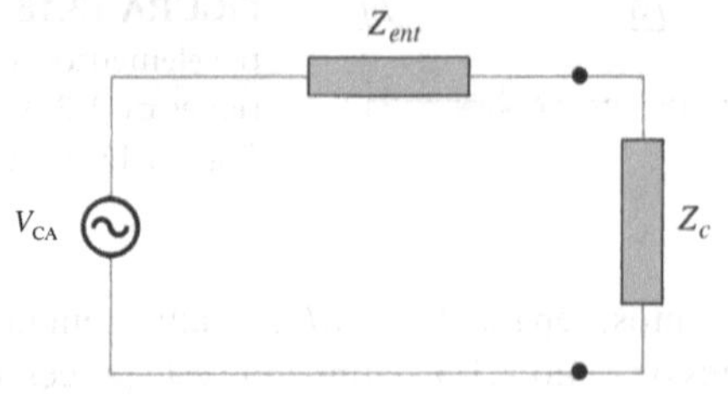

FIGURA 13.20 Equivalente Thevenin de uma antena receptora.

Isto é,

$$A_e = \frac{P_r}{\mathcal{P}_{\text{méd}}} \qquad (13.68)$$

Da equação (13.68), notamos que a área efetiva é uma medida da capacidade de a antena extrair energia da onda EM que está passando.

Vamos obter a fórmula para o cálculo da área efetiva de um dipolo hertziano operando como antena receptora. O circuito equivalente Thevenin para a antena receptora está mostrado na Figura 13.20, onde V_{CA} é a tensão a circuito aberto induzida pela onda nos terminais de entrada da antena, $Z_{\text{ent}} = R_{\text{ir}} + jX_{\text{ent}}$ é a impedância da antena e $Z_c = R_c + jX_c$ é a impedância da carga externa, que pode ser a impedância de entrada da linha de transmissão que conecta a antena ao receptor. Para máxima transferência de potência, $Z_c = Z^*_{\text{ent}}$ e $X_c = -X_{\text{ent}}$. A potência média no tempo, fornecida à carga casada, é, portanto,

$$\bar{P}_r = \frac{1}{2}\left[\frac{|V_{\text{CA}}|}{2R_{\text{ir}}}\right]^2 R_{\text{ir}}$$

$$= \frac{|V_{\text{CA}}|^2}{8 R_{\text{ir}}} \qquad (13.69)$$

Para o dipolo hertziano, a equação (13.13b) nos dá $R_{\text{ir}} = 80\pi^2(dl/\lambda)^2$ e $V_{\text{CA}} = E\,dl$, onde E é a amplitude de campo efetiva, paralela ao eixo do dipolo. Portanto, a equação (13.69) torna-se:

$$P_r = \frac{E^2 \lambda^2}{640\pi^2} \qquad (13.70)$$

A potência média no tempo na antena é

$$\mathcal{P}_{\text{méd}} = \frac{E^2}{2\eta_0} = \frac{E^2}{240\pi} \qquad (13.71)$$

Inserindo as equações (13.70) e (13.71) na equação (13.68), obtemos

$$A_e = \frac{3\lambda^2}{8\pi} = 1{,}5\,\frac{\lambda^2}{4\pi}$$

ou

$$A_e = \frac{\lambda^2}{4\pi}D \qquad (13.72)$$

onde $D = 1{,}5$ é a diretividade do dipolo hertziano. Embora a equação (13.72) tenha sido obtida para o dipolo de Hertz, ela é válida para qualquer antena, se D for substituído por $G_d(\theta, \phi)$. Dessa forma, em geral,

Capítulo 13 Antenas **573**

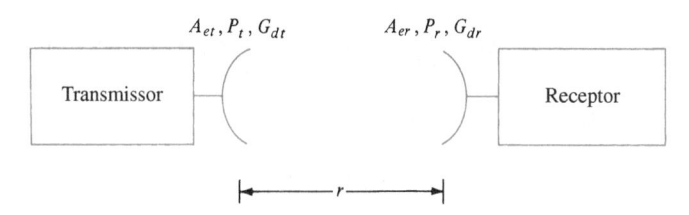

FIGURA 13.21 Antenas transmissora e receptora no espaço livre.

$$A_e = \frac{\lambda^2}{4\pi} G_d(\theta, \phi) \tag{13.73}$$

Suponha, agora, que temos duas antenas separadas por uma distância r, no espaço livre, conforme mostrado na Figura 13.21. A antena transmissora tem uma área efetiva A_{et} e ganho diretivo G_{dt} e transmite uma potência total P_t (= P_{ir}). A antena receptora tem uma área efetiva A_{er} e uma ganho diretivo G_{dr} e recebe uma potência total P_r. No transmissor,

$$G_{dt} = \frac{4\pi U}{P_t} = \frac{4\pi r^2 \mathcal{P}_{méd}}{P_t}$$

ou

$$\mathcal{P}_{méd} = \frac{P_t}{4\pi r^2} G_{dt} \tag{13.74}$$

Aplicando as equações (13.68) e (13.73), obtemos a potência média no tempo recebida:

$$P_r = \mathcal{P}_{méd} A_{er} = \frac{\lambda^2}{4\pi} G_{dr} \mathcal{P}_{méd} \tag{13.75}$$

Substituindo a equação (13.74) na equação (13.75), resulta em

$$P_r = G_{dr} G_{dt} \left[\frac{\lambda}{4\pi r}\right]^2 P_t \tag{13.76}$$

Esta equação é conhecida como a *fórmula de transmissão de Friis*. Ela relaciona a potência recebida por uma antena com a potência transmitida pela outra, desde que as duas antenas estejam separadas por uma distância $r \geq 2d^2/\lambda$, onde d é a maior dimensão de ambas as antenas [veja a equação (13.52)]. Portanto, para aplicarmos a equação de Friis, precisamos nos assegurar que as duas antenas estão, cada uma, no campo distante da outra.

EXEMPLO 13.8 Encontre a área efetiva máxima para um dipolo filamentar de $\lambda/2$, que opera a 30 MHz. Qual é a potência recebida para uma onda plana incidente cuja amplitude é de 2 mV/m?

Solução:

$$A_e = \frac{\lambda^2}{4\pi} G_d(\theta, \phi)$$

$$\lambda = \frac{c}{f} = \frac{3 \times 10^8}{30 \times 10^6} = 10 \text{ m}$$

$$G_d(\theta, \phi) = \frac{\eta}{\pi R_{rad}} f^2(\theta) = \frac{120\pi}{73\pi} f^2(\theta) = 1{,}64 f^2(\theta)$$

$$G_d(\theta, \phi)_{máx} = 1{,}64$$

$$A_{e,máx} = \frac{10^2}{4\pi}(1{,}64) = 13{,}05 \text{ m}^2$$

$$P_r = \mathcal{P}_{méd} A_e = \frac{E_o^2}{2\eta} A_e$$

$$= \frac{(2 \times 10^{-3})^2}{240\pi} 13{,}05 = 71{,}62 \text{ nW}$$

EXERCÍCIO PRÁTICO 13.8

Determine a área efetiva máxima de um dipolo hertziano de 10 cm de comprimento, operando a 100 MHz. Se a antena recebe uma potência de 3 μW, qual é a densidade de potência da onda incidente?

Resposta: 1,074 m^2; 2,793 μW/m^2.

EXEMPLO 13.9

As antenas transmissora e receptora estão separadas por 200 λ e têm ganhos diretivos de 25 e 18 dB, respectivamente. Se a potência a ser recebida deve ser de 5 mW, determine a potência mínima transmitida.

Solução:

Dado que $G_{dt}(dB) = 25$ dB $= 10 \log_{10} G_{dt}$,

$$G_{dt} = 10^{2{,}5} = 316{,}23$$

De forma semelhante,

$$G_{dr}(dB) = 18 \text{ db ou } G_{dr} = 10^{1{,}8} = 63{,}1$$

Usando a equação de Friis, obtemos

$$P_r = G_{dr} G_{dt} \left[\frac{\lambda}{4\pi r}\right]^2 P_t$$

ou

$$P_t = P_r \left[\frac{4\pi r}{\lambda}\right]^2 \frac{1}{G_{dr} G_{dt}}$$

$$= 5 \times 10^{-3} \left[\frac{4\pi \times 200 \lambda}{\lambda}\right]^2 \frac{1}{(63{,}1)(316{,}23)}$$

$$= 1{,}583 \text{ W}$$

> **EXERCÍCIO PRÁTICO 13.9**
>
> Uma antena, no ar, irradia uma potência total de 100 kW, de tal maneira que um campo elétrico de irradiação máxima de 12 mV/m é medido a 20 km da antena. Encontre: (a) diretividade em dB; (b) ganho de potência máximo, se $\eta_r = 98\%$.
>
> **Resposta:** (a) $-20{,}18$ db, (b) $9{,}408 \times 10^{-3}$.

†13.9 A EQUAÇÃO DO RADAR

Radares são dispositivos eletromagnéticos usados para detectar e localizar objetos. O termo *radar* é derivado da expressão inglesa "*ra*dio *d*etection *a*nd *r*anging". Em um sistema de radar típico, mostrado na Figura 13.22(a), pulsos de energia EM são transmitidos a um objeto distante. A mesma antena é utilizada na transmissão e na recepção, de tal maneira que o intervalo de tempo entre os pulsos transmitidos e recebidos é utilizado para determinar a distância do alvo. Se r é a distância entre o radar e o alvo e c é a velocidade da luz, então o intervalo de tempo entre os pulsos transmitido e recebido é $2r/c$. Medindo-se este intervalo de tempo, é possível determinar r:

A capacidade de um alvo espalhar (ou refletir) a energia é caracterizada pela sua *seção reta de espalhamento* σ (também chamada *seção reta de radar*). A seção reta de espalhamento é dada em unidades de área e pode ser medida experimentalmente.

> A **seção reta de espalhamento** é a área equivalente que intercepta uma quantidade de potência, a qual, quando espalhada de forma isotrópica, produz no radar uma densidade de potência que é igual a densidade de potência espalhada (ou refletida) pelo objeto real.

Isto é,

$$\mathcal{P}_s = \lim_{r \to \infty} \left[\frac{\sigma \mathcal{P}_i}{4\pi r^2} \right]$$

ou

$$\sigma = \lim_{r \to \infty} 4\pi r^2 \frac{\mathcal{P}_s}{\mathcal{P}_i} \qquad (13.77)$$

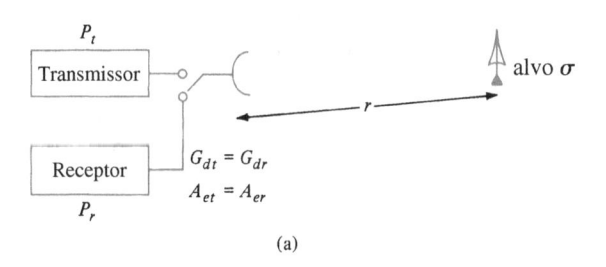

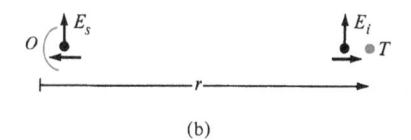

FIGURA 13.22 (a) Sistema de radar típico; (b) simplificação do sistema apresentado em (a) para o cálculo da seção reta do alvo, σ.

onde $\mathcal{P}_i$ é a densidade de potência incidente no alvo T, enquanto $\mathcal{P}_s$ é a densidade de potência espalhada recebida pelo transceptor O, conforme a Figura 13.22(b).

Da equação (13.43), a densidade de potência $\mathcal{P}_i$ incidente no alvo T é

$$\mathcal{P}_i = \mathcal{P}_{\text{méd}} = \frac{G_d}{4\pi r^2} P_{\text{ir}} \tag{13.78}$$

A potência recebida no transceptor O é

$$P_r = A_{er} \mathcal{P}_s$$

ou

$$\mathcal{P}_s = \frac{P_r}{A_{er}} \tag{13.79}$$

Note que $\mathcal{P}_i$ e $\mathcal{P}_s$ são as densidades de potência médias no tempo, em watts/m², e P_{ir} e P_r são as potências totais médias no tempo, em watts. Como $G_{dr} = G_{dt} = G_d$ e $A_{er} = A_{et} = A_e$, substituindo as equações (13.78) e (13.79) na equação (13.77), resulta em

$$\sigma = (4\pi r^2)^2 \frac{P_r}{P_{\text{ir}}} \frac{1}{A_e G_d} \tag{13.80a}$$

ou

$$P_r = \frac{A_e \sigma G_d P_{\text{ir}}}{(4\pi r^2)^2} \tag{13.80b}$$

Da equação (13.73), $A_e = \lambda^2 G_d/4\pi$. Portanto,

$$\boxed{P_r = \frac{(\lambda G_d)^2 \sigma P_{\text{ir}}}{(4\pi)^3 r^4}} \tag{13.81}$$

Esta é a *equação de transmissão de radar* para o espaço livre. Ela é a base para a medida de seção reta de espalhamento de um alvo. Resolvendo em função r, a equação (13.81) resulta em

$$\boxed{r = \left[\frac{\lambda^2 G_d^2 \sigma}{(4\pi)^3} \cdot \frac{P_{\text{ir}}}{P_r} \right]^{1/4}} \tag{13.82}$$

A equação (13.82) é chamada de *equação do alcance do radar*. Dada a potência mínima detectável pelo receptor, esta equação determina o alcance máximo de um radar. Ela é também útil para se obter informações técnicas relativas a vários parâmetros que determinam a performance de um sistema de radar.

O radar considerado até aqui é do tipo *monoestático*, pois este tipo de radar predomina em aplicações práticas. O radar do tipo *biestático* é aquele em que o transmissor e o receptor estão separados. Se as antenas transmissora e receptora estão a distâncias r_1 e r_2 do alvo e $G_{dr} \neq G_{dt}$, a equação (13.81), para o radar biestático, torna-se

$$P_r = \frac{G_{dt} G_{dr}}{4\pi} \left[\frac{\lambda}{4\pi r_1 r_2} \right]^2 \sigma P_{\text{ir}} \tag{13.83}$$

As frequências utilizadas nos serviços de radar se estendem de 25 a 70.000 MHz. A Tabela 13.1 mostra as frequências usadas e as designações normalmente utilizadas na engenharia de radar.

TABELA 13.1 Designação das frequências usadas em sistemas de radar

Designação	Frequência
UFH	300–1.000 MHz
L	1.000–2.000 MHz
S	2.000–4.000 MHz
C	4.000–8.000 MHz
X	8.000–12.500 MHz
Ku	12,5–18 GHz
K	18–26,5 GHz
Milimétrica	> 35 GHz

EXEMPLO 13.10

Um radar da banda S emite 200 kW a 3 GHz. Determine a densidade de potência do sinal para distâncias de 100 e 400 milhas náuticas, sabendo que a área efetiva da antena do radar é de 9 m². Para um alvo de 20 m², localizado a 300 milhas náuticas, determine a potência do sinal refletido no radar.

Solução:

A milha náutica é uma unidade de distância de uso comum em sistemas de radar.

$$1 \text{ milha náutica (mn)} = 1.852 \text{ m}$$

$$\lambda = \frac{c}{f} = \frac{3 \times 10^8}{3 \times 10^9} = 0,1 \text{ m}$$

$$G_{dt} = \frac{4\pi}{\lambda^2} A_{et} = \frac{4\pi}{(0,1)^2} 9 = 3.600\pi$$

Para $r = 100$ mn $= 1,852 \times 10^5$ m,

$$\mathcal{P} = \frac{G_{dt}P_{tr}}{4\pi r^2} = \frac{3.600\pi \times 200 \times 10^3}{4\pi (1,852)^2 \times 10^{10}}$$

$$= 5,248 \text{ mW/m}^2$$

Para $r = 400$ mn $= 4(1,852 \times 10^5)$ m,

$$\mathcal{P} = \frac{5,248}{(4)^2} = 0,328 \text{ mW/m}^2$$

Utilizando a equação (13.80b),

$$P_r = \frac{A_e \sigma G_d P_{ir}}{[4\pi r^2]^2}$$

onde $r = 300$ mn $= 5,556 \times 10^5$ m,

$$P_r = \frac{9 \times 20 \times 3.600\pi \times 200 \times 10^3}{[4\pi \times 5,556^2]^2 \times 10^{20}} = 2,706 \times 10^{-14} \text{ W}$$

O mesmo resultado pode ser obtido usando a equação (13.81).

> **EXERCÍCIO PRÁTICO 13.10**
>
> Um radar da banda C, com uma antena de 1,8 m de raio, emite 60 kW na frequência de 6.000 MHz. Se a potência mínima detectável é 0,26 mW, determine, para um alvo de 5 m² de seção reta, o alcance máximo, em milhas náuticas, e a densidade de potência do sinal para a metade desta distância. Suponha que a eficiência é unitária e que a área efetiva da antena é 70% da área real.
>
> **Resposta:** 0,031 nm; 501 W/m².

13.10 APLICAÇÃO TECNOLÓGICA – INTERFERÊNCIA E COMPATIBILIDADE ELETROMAGNÉTICA

Todo o dispositivo eletrônico é uma fonte de campos eletromagnéticos irradiados, os quais são chamados de *emissões irradiadas*. Em geral, estas irradiações são um subproduto acidental de projeto.

> **Interferência eletromagnética** (IEM) é a degradação na performance de um dispositivo devido à geração de campos no ambiente eletromagnético.

O ambiente eletromagnético consiste em vários equipamentos como estações de difusão de rádio e de TV, radar e auxílios à navegação, que irradiam energia EM quando estão em operação. Qualquer dispositivo eletrônico é suscetível à IEM. A sua influência pode ser percebida com facilidade. Os resultados incluem "fantasmas" nas imagens de recepção de TV, interferência nos serviços de radiotáxi com os sistemas de rádio da polícia, interferência de transientes de linhas de transmissão de energia em computadores pessoais e auto-oscilações em circuitos receptores ou transmissores.

> **Compatibilidade eletromagnética** (CEM) é alcançada quando um dispositivo opera satisfatoriamente sem introduzir distúrbios intoleráveis no ambiente eletromagnético ou em outros dispositivos na sua vizinhança.

A CEM[1] é alcançada quando equipamentos eletrônicos coexistem em harmonia, de tal maneira que cada equipamento opera realizando as funções para as quais foi projetado, na presença, e apesar da presença, dos outros equipamentos. A IEM é o problema que ocorre quando tensões ou correntes indesejadas estão presentes, influenciando a performance de um dispositivo, enquanto a CEM é a solução para o problema. A meta da CEM é assegurar a compatibilidade entre sistemas ou entre subsistemas. Isso é obtido pela aplicação de conhecidas técnicas de projeto, as quais asseguram a operação de sistemas relativamente livre de problemas de IEM.

A CEM é uma área em franco crescimento devido à densidade sempre crescente de circuitos eletrônicos nos modernos sistemas de computação, comunicações, controle, etc. Ela não é de interesse somente para os engenheiros eletricistas e de computação, mas também para engenheiros automotivos. A crescente aplicação de sistemas eletrônicos automotivos, usados para melhorar a economia de combustível, reduzir as emissões do escapamento, assegurar a segurança veicular e prover assistência ao condutor, resultou em uma crescente necessidade de que se assegure compatibilidade eletromagnética entre esses subsistemas durante a sua operação. Inicialmente, vamos considerar as fontes e as características da IEM. Posteriormente, vamos examinar suas técnicas de controle.

---

[1] Para um tratamento aprofundado de CEM, veja C. R. Paul, *Introduction to Electromagnetic Compatibility*, 2ª ed, New York: John Wiley & Sons, 2006.

A. Fontes e características da IEM

Em primeiro lugar, vamos classificar a IEM em termos de suas causas e fontes. Essa classificação irá facilitar o reconhecimento das fontes e auxiliar na determinação dos métodos de controle. Conforme mencionando anteriormente, qualquer dispositivo eletrônico pode ser uma fonte de IEM, embora esta não seja a intenção do projetista. As causas de um problema de IEM podem estar tanto dentro do sistema, caso em que é chamado de *problema intrassistêmico*, como fora, caso em que é chamado de *problema intersistêmico*. A Figura 13.23 mostra problemas de IEM intersistêmicos. O termo "emissor" é usado normalmente para fazer referência à fonte de IEM, enquanto que o termo "suscetível" é utilizado para fazer referência ao dispositivo que sofre a interferência. As Tabelas 13.2 e 13.3 apresentam causas típicas de interferência intrassistêmica e intersistêmica. Tanto a IEM inter quanto a intra podem, em geral, ser controladas pelo engenheiro projetista de sistemas através da adoção de alguns procedimentos e técnicas básicas de projeto. Por exemplo, para problemas de EMI intrassistêmicos, o engenheiro projetista pode aplicar técnicas adequadas de aterramento, de fiação, de blindagem dos circuitos e dos dispositivos e de filtragem.

As fontes de IEM podem ser classificadas como naturais ou artificiais (causadas pelo homem). As origens de IEM são basicamente emissões conduzidas (tensões e/ou correntes) ou emissões irradiadas (campos elétricos e/ou magnéticos). Emissões conduzidas são as correntes que são conduzidas por condutores metálicos (o cabo de alimentação da unidade) e injetadas na rede de alimentação comum, onde as mesmas podem causar interferência em outros dispositivos conectados à mesma rede de alimentação. Emissões irradiadas se referem a campos eletromagnéticos irradiados pelo dispositivo, os quais podem ser captados por outros dispositivos eletrônicos, causando interferência nos mesmos. A Figura 13.24 ilustra a diferença conceitual entre os dois tipos de emissão.

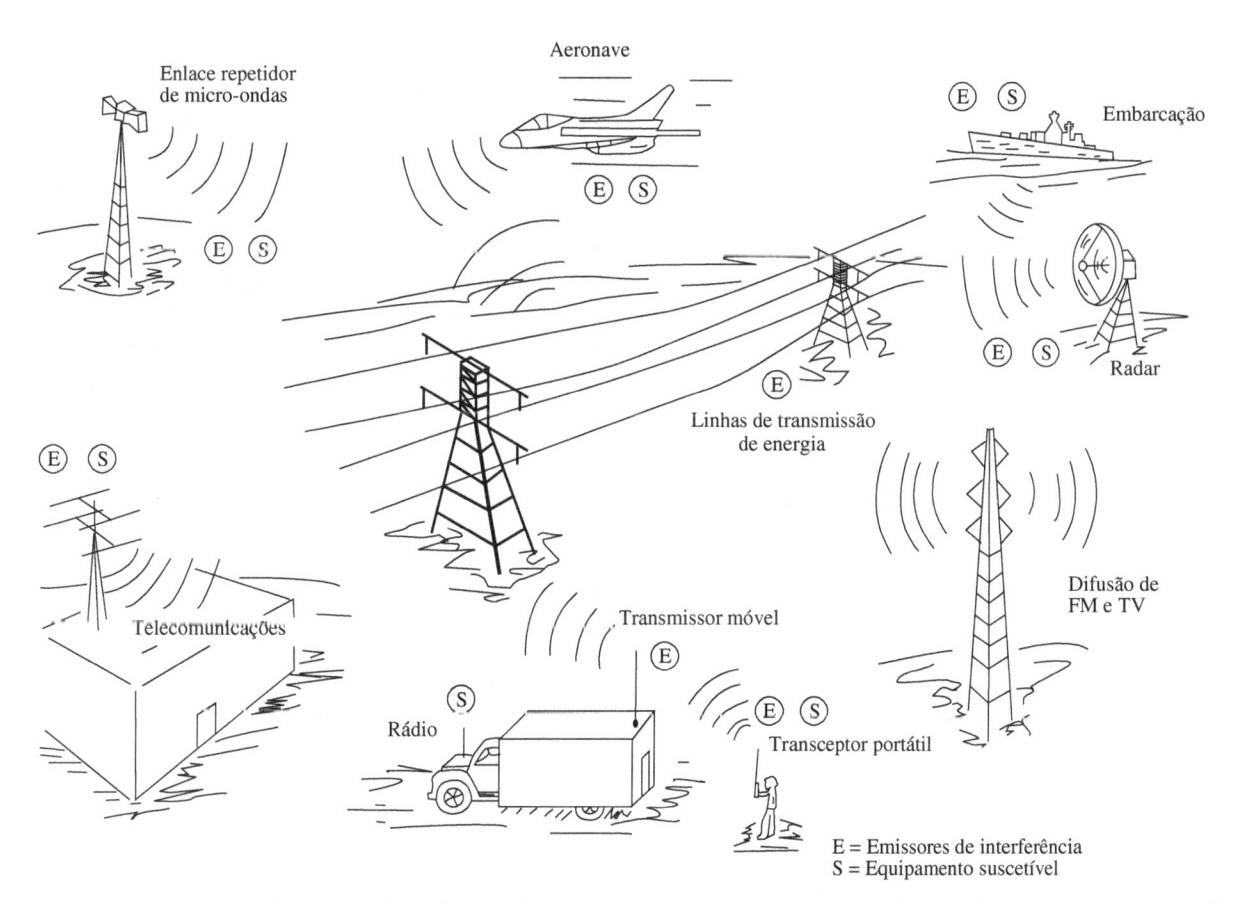

FIGURA 13.23 Exemplos típicos de problemas de IEM intersistêmicos. *Fonte:* J. I. N. Violette *et al.*, *Electromagnetic Compatibility Handbook*. New York: Van Nostrand Reinhold, 1987, p. 4.

TABELA 13.2 Causas de IEM intrassistêmica

Emissores	Dispositivos suscetíveis
Fontes de alimentação	Repetidores
Transmissores de radar	Receptores de radar
Transmissores móveis de rádio	Receptores móveis de rádio
Lâmpadas fluorescentes	Reator eletrônico
Sistemas de ignição de automóveis	Receptores de rádio de automóveis

TABELA 13.3 Causas de IEM intersistêmica

Emissores	Dispositivos suscetíveis
Descargas elétricas	Receptores de rádio
Computadores	Receptores de TV
Linhas de transmissão de energia	Marca-passos
Transmissores de radar	Sistemas de navegação aérea
Transmissores de rádio da polícia	Receptores de radiotáxi
Lâmpadas fluorescentes	Controles industriais
Transmissores em aeronaves	Receptores em embarcações

Não existe um órgão de controle único com jurisdição sobre todos os sistemas capaz de determinar as ações necessárias para se obter CEM. Portanto, usualmente, a CEM é obtida por associações industriais, regulamentação voluntária, regulamentação forçada pelos governos e acordos negociados entre as partes envolvidas. A frequência tem um papel importante na CEM. A alocação e distribuição de frequências são vinculadas a acordos estabelecidos por tratados internacionais. Os regulamentos resultantes de tais acordos internacionais são publicados pela International Telecommunication Union (ITU). Nos Estados Unidos, o Federal Communications Commission (FCC) tem autoridade sobre as comunicações por rádio e por cabo.* O FCC tem estabelecido limites para as emissões irradiadas ou conduzidas por dispositivos eletrônicos, incluindo máquinas de escrever elétricas, calculadoras, receptores de televisão, impressoras, *modems* e computadores pessoais. Nos Estados Unidos, é ilegal a venda de qualquer dispositivo eletrônico cujas emissões irradiada e conduzida não tenham sido medidas e cujos valores ultrapassem os limites regulamentados pelo FCC. Assim, qualquer dispositivo eletrônico projetado sem incorporar os princípios de projeto de CEM provavelmente não obedecerá os limites estabelecidos pelo FCC.

B. Técnicas de controle de IEM

As três técnicas básicas de projeto utilizadas para controlar ou suprimir a IEM são: aterramento, blindagem e filtragem. Embora cada uma das técnicas tenha um papel diferente no projeto de sistema, um aterramento adequado pode, às vezes, minimizar a necessidade de blindagem e de filtragem. Também, uma blindagem adequada pode minimizar a necessidade de filtragem. Por essa razão, vamos discutir as três técnicas, aterramento, blindagem e filtragem, nesta ordem.

---

* N. de T.: No Brasil, essa função é exercida pela ANATEL – Agência Nacional de Telecomunicações.

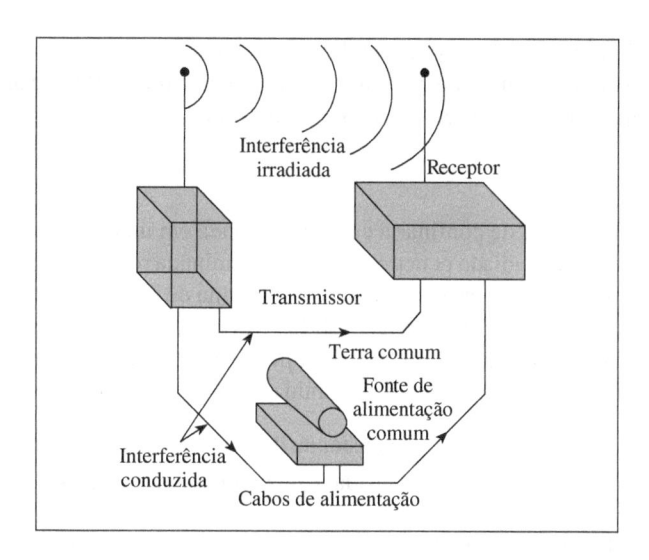

FIGURA 13.24 Diferenças entre emissões conduzidas e irradiadas.

Aterramento

O aterramento consiste em estabelecer um caminho condutor de eletricidade entre dois pontos com o objetivo de conectar componentes elétricos e eletrônicos de um sistema entre si ou de conectá-los a um ponto de referência, que pode ser chamado de *terra*. Um plano terra ideal é um corpo com um potencial zero e com impedância nula, que pode ser usado como uma referência para todos os sinais do circuito associado e no qual se possa descarregar toda a corrente indesejada e, assim, eliminar seus efeitos.

A finalidade de um terra flutuante é a de isolar, eletricamente, circuitos ou equipamentos elétricos de um plano terra comum. Esse tipo de técnica de aterramento pode ser perigoso. O aterramento em um único ponto é utilizado para minimizar os efeitos das correntes de terra de um equipamento. O aterramento de múltiplos pontos minimiza o comprimento dos condutores de aterramento. O plano terra pode ser um fio terra que passa por todo o sistema ou um corpo condutor de grandes dimensões.

Uma conexão elétrica é o estabelecimento de um caminho de baixa impedância entre duas superfícies metálicas. O aterramento é um conceito de circuitos, enquanto que a conexão elétrica é a implementação física deste conceito. A finalidade de uma conexão é estabelecer, em relação ao fluxo de correntes elétricas, uma estrutura homogênea, evitando, dessa forma, o aparecimento de diferenças de potencial entre partes metálicas, pois tais potenciais podem resultar em IEM. As conexões fornecem proteção contra choque elétrico, caminhos de retorno de correntes em circuitos de potência e ligações de plano terra em antenas e também minimizam diferenças de potenciais entre dispositivos. Essas conexões têm a capacidade de conduzir altas correntes em casos de falha.

Há dois tipos de conexões: conexões diretas e indiretas. Uma conexão direta é um contato metal-metal entre os elementos conectados (por exemplo, através de uma soldagem), enquanto uma conexão indireta é um contato através de conectores metálicos.

A resistência em corrente contínua R_{CC} de uma conexão é muitas vezes utilizada como uma indicação da qualidade da conexão. É dada por

$$R_{CC} = \frac{\ell}{\sigma S} \tag{13.84}$$

onde ℓ é o comprimento da conexão, σ é a condutividade e S é a área da seção reta. À medida que a frequência aumenta, a resistência da conexão aumenta devido ao efeito pelicular. Dessa forma, a resistência R_{CA} é dada por

$$R_{CA} = \frac{\ell}{\sigma \delta w} \tag{13.85}$$

onde w é a largura da conexão e δ é a profundidade pelicular.

A *eficiência de conexão* pode ser expressa como a diferença (em dB) entre as tensões induzidas no gabinete do equipamento com e sem o rabicho de conexão.

Blindagem

A finalidade da blindagem é a de confinar a energia irradiada em uma região específica do espaço ou a de evitar que a energia irradiada penetre em uma determinada região. As blindagens podem ser na forma de compartimentos e de caixas, bem como na forma de cabos e de conectores.

Os tipos de blindagem incluem materiais sólidos, vazados (grades) e malhas como as usadas em cabos coaxiais. Em todos os casos, a blindagem pode ser caracterizada pela *eficiência da blindagem*. A eficiênca de uma blindagem (EB) é definida como

$$EB = 10 \log_{10} \frac{\text{densidade de potência incidida}}{\text{densidade de potência transmitida}} \qquad (13.86)$$

onde a densidade de potência incidente é a densidade de potência no ponto de medida antes de a blindagem ser instalada, e a potência transmitida é a densidade de potência neste mesmo ponto após a colocação da blindagem. A eficiência da blindagem pode também ser definida como a razão entre a amplitude de campo transmitido para o interior da blindagem E_t e a amplitude de campo incidente E_i. Assim, a EB pode ser dada por

$$EB = 20 \log_{10} \frac{E_i}{E_t} \qquad (13.87)$$

Para campos magnéticos, teremos

$$EB = 20 \log_{10} \frac{H_i}{H_t} \qquad (13.88)$$

Por exemplo, o alumínio tem $\sigma = 3,5 \times 10^7$ S/m, $\varepsilon = \varepsilon_0$, $\mu = \mu_0$. Uma chapa de alumínio a 100 MHz tem uma EB de 100 dB para uma espessura de 0,01 mm. Como a chapa de alumínio usada na fabricação de gabinetes de computadores é muito mais espessa que 0,01 mm, esta é considerada uma blindagem altamente eficiente. Uma caixa que blinda com eficiência os circuitos em seu interior com relação aos campos externos também é eficiente na prevenção de irradiação destes circuitos para o mundo exterior. Devido à eficiência da blindagem da caixa metálica, as emissões irradiadas por computadores são causadas pelas aberturas existentes no gabinete, tais como frestas, aberturas para acionadores de discos, etc., e por fios que entram no gabinete, tais como cabos de alimentação e cabos para dispositivos externos.

Filtragem

Um filtro elétrico é um circuito composto por elementos como resistores, capacitores e indutores, localizados ou distribuídos, que oferecem uma oposição relativamente pequena a certas frequências, enquanto bloqueia a passagem de outras. Com o uso de filtros, pode se reduzir substancialmente os níveis de interferência conduzida.

A característica mais importante de um filtro é a *perda de inserção* que ele causa em função da frequência. A perda de inserção (PI) é definida como

$$PI = 20 \log_{10} \frac{V_1}{V_2} \qquad (13.89)$$

onde V_1 é a tensão de saída de uma fonte de sinal com o filtro no circuito e V_2 é a tensão de saída da fonte de sinal sem o uso do filtro. Filtros passa-baixa são normalmente utilizados na implementação de CEM. A perda de inserção para um filtro passa-baixa é dada por

$$PI = 10 \log_{10}(1 + F^2) \, \text{dB} \qquad (13.90)$$

onde

$$F = \begin{cases} \pi f RC, & \text{para filtro capacitivo} \\ \pi f L/R, & \text{para filtro indutivo} \end{cases} \qquad (13.91)$$

sendo f a frequência.

MATLAB 13.1

```
% Este script permite ao usuário o cálculo e o traçado do diagrama
% de radiação na região distante
% para um conjunto de fontes pontuais isotrópicas, colocadas em um
% ponto qualquer em torno da origem.
% A principal suposição é de que o conjunto de elementos está
% aglomerado com relação ao campo
% distante, de tal maneira que a origem pode ser considerada no
% centro do conjunto. O usuário pode ainda inserir as coordenadas
% [x y] e a amplitude/fase de cada fonte pontual.Os cálculos são
% realizados para o espaço livre.

% Aguarda o usuário inserir o número de antenas
n = input('Insira o número de fontes pontuais \n> ');
f = input('Insira a frequência \n> ');

% Inserção pelo usuário do coeficiente e coordenada de cada fonte.
for i = 1:n
    disp(sprintf('Insira coeficiente para fonte pontual %d
(a*exp(j*b) format)',i))
    A(i)=input('> '); %Armazena coeficiente complexo em A.
    disp(sprintf('Insira as coordenadas (x,y) para a fonte pontual
(no formato [x y])',i))
    P(i,:) = input('> ');%Armazena as coordenadas em P, sendo que i
% é a ordem do elemento (linha), a coluna 1 contêm os valores de x e
a coluna 2 os valores de y.
end

Beta = 2*pi*f/3e8; %Realiza os cálculos para o espaço livre.

phi = 0:2*pi/1000:2*pi; %Cria um vetor com 1001 pontos ao longo de um
círculo.
Etotal = zeros(1,length(phi));% O campo elétrico total também é um
% vetor de 1001 elementos.

% Para cada fonte pontual
for i = 1:n
    phi = 0;
    %determina inicialmente quanto a fonte está afastada do eixo phi
% = 0 (eixo x).
    phi_offset(i) = atan2(P(i,2),P(i,1));
    % Agora calcula a distância da fonte i à origem.
    rho(i) = sqrt(P(i,1)^2+P(i,2)^2);
end
```

(continua)

```
(continuação)
% Calcula o campo distante para cada um dos elementos do vetor phi.
for phi_index = 1:length(phi)
    for i = 1:n
      % O ângulo observado no campo distante é a diferença entre phi
% e o ângulo da posição de cada antena com o eixo x
        phi_apparent = phi(phi_index)-phi_offset(i);
        Etotal(phi_index) =Etotal(phi_index)+A(i)*exp(j*Beta*rho(i)...
        *cos(phi_apparent));
    end
end

% Gráfico polar do diagrama de campo na região distante.
polar(phi,abs(Etotal))
```

RESUMO

1. Discutimos aqui as ideias e definições fundamentais da teoria das antenas. Os tipos básicos de antenas considerados incluem o dipolo hertziano (ou antena curta), o dipolo de meia-onda, o monopolo de quarto de onda e a antena em anel pequena.

2. Teoricamente, se conhecermos a distribuição de corrente em uma antena, podemos calcular o potencial magnético vetorial com retardo A e, a partir dele, podemos calcular os campos eletromagnéticos com retardo H e E, utilizando

$$\mathbf{H} = \nabla \times \frac{\mathbf{A}}{\mu}, \quad \mathbf{E} = \eta\, \mathbf{H} \times \mathbf{a}_k$$

Os campos na zona distante são obtidos retendo somente os termos em $1/r$.

3. A análise do dipolo hertziano serve como base para o estudo de outras antenas. A resistência de irradiação do dipolo de Hertz é muito pequena. Isto limita a utilidade prática desta antena.

4. O dipolo de meia-onda tem um comprimento de $\lambda/2$. É mais popular e de maior uso prático do que o dipolo hertziano. A sua impedância de entrada é $73 + j42,5\ \Omega$.

5. O monopolo de quarto de onda é, essencialmente, a metade de um dipolo de meia-onda colocado verticalmente sobre um plano condutor.

6. Os diagramas de irradiação normalmente utilizados são os de intensidade de campo, de densidade de potência e o de intensidade de irradiação. Usualmente, o diagrama de campo é um gráfico de $|E_s|$ ou de sua forma normalizada $f(\theta)$. O diagrama de potência é um gráfico de $\mathcal{P}_{méd}$ ou de sua forma normalizada $f^2(\theta)$.

7. O ganho diretivo é a razão entre $U(\theta, \phi)$ e seu valor médio. A diretividade é o valor máximo do ganho diretivo.

8. Um conjunto de antenas é um grupo de elementos irradiantes, arranjados de tal maneira a produzir determinadas características de irradiação. Seu diagrama de irradiação é obtido multiplicando-se o diagrama de irradiação unitário (devido a um só elemento do grupo) pelo diagrama de grupo, que é o gráfico do fator de rede normalizado. Para um conjunto linear uniforme de N elementos,

$$FR = \left|\frac{\operatorname{sen}(N\psi/2)}{\operatorname{sen}(\psi/2)}\right|$$

onde $\psi = \beta d \cos\theta + \alpha$, $\beta = 2\pi/\lambda$, d = espaçamento entre os elementos e α = deslocamento de fase entre elementos vizinhos.

9. A equação de transmissão de Friis caracteriza o acoplamento entre duas antenas em termos de seus ganhos diretivos, distância que as separam e frequência de operação.

10. Para um radar biestático (no qual as antenas transmissora e receptora estão separadas), a potência recebida é dada por

$$P_r = \frac{G_{dt}G_{dr}}{4\pi} \left[\frac{\lambda}{4\pi r_1 r_2}\right]^2 \sigma P_{ir}$$

Para um radar monoestático, $r_1 = r_2 = r$ e $G_{dt} = G_{dr}$.

11. Compatibilidade eletromagnética (CEM) é a capacidade de dispositivos elétricos e eletrônicos operarem no ambiente eletromagnético para o qual foram projetados, sem sofrerem ou causarem degradação inaceitável em suas performances devido à IEM.

12. A interferência eletromagnética (IEM) é a perda de CEM. Ela pode ser suprimida por aterramento, blindagem e filtragem.

QUESTÕES DE REVISÃO

13.1 Uma antena, localizada em uma determinada cidade, é uma fonte de ondas de rádio. Qual é o tempo transcorrido para a onda alcançar uma outra cidade localizada a 12.000 km desta cidade?

(a) 36 s
(b) 20 μs
(c) 20 ms
(d) 40 ms
(e) Nenhuma das opções acima

13.2 Qual é o termo de irradiação na equação (13.34a-c)?

(a) o termo $1/r$
(b) o termo $1/r^2$
(c) o termo $1/r^3$
(d) todos os termos listados acima

13.3 Uma antena de fio muito fino, com um comprimento de $\lambda/100$, tem uma resistência de irradiação de:

(a) $\simeq 0\ \Omega$
(b) $0,08\ \Omega$
(c) $7,9\ \Omega$
(d) $790\ \Omega$

13.4 Uma antena monopolo de quarto de onda, operando no ar a uma frequência de 1 MHz, deve ter um comprimento total de:

(a) $\ell \gg \lambda$
(b) 300 m
(c) 150 m
(d) 75 m
(e) $\ell \ll \lambda$

13.5 Se uma antena em anel pequeno de uma única espira tem uma resistência de irradiação de 0,04 Ω, quantas espiras são necessárias para produzir uma resistência de irradiação de 1 Ω?

(a) 150
(b) 125
(c) 50
(d) 25
(e) 5

13.6 A 8 km de uma antena curta, a amplitude de campo é de 12 μV/m. O campo a 20 km da antena será:

(a) 75 μV/m
(b) 30 μV/m
(c) 4,8 μV/m
(d) 1,92 μV/m

13.7 Uma antena tem $U_{máx} = 10$ W/sr, $U_{méd} = 4,5$ W/sr e $\eta_{ir} = 95\%$. A potência de entrada da antena é:

(a) 2,222 W (c) 55,55 W
(b) 12,11 W (d) 59,52 W

13.8 Em um aeroporto, uma antena receptora tem uma dimensão máxima de 3 m e opera a 100 MHz. Um avião que se aproxima do aeroporto está a 1/2 km da antena. O avião está na região de campo distante desta antena.

(a) Verdadeiro (b) Falso

13.9 Uma antena receptora está localizada a 100 metros da antena transmissora. Se a área efetiva da antena receptora é de 500 cm² e a densidade de potência recebida é de 2 mW/m², então a potência total recebida é:

(a) 10 nW (d) 10 μW
(b) 100 nW (e) 100 μW
(c) 1 μW

13.10 Seja R o alcance máximo de um radar monoestático. Qual deve ser a seção reta de um alvo localizado a $3R/2$ para que um sinal de mesma amplitude que o de um alvo de 5 m² de seção reta, localizado em $R/2$, chegue no radar?

(a) 0,0617 m² (d) 45 m²
(b) 0,555 m² (e) 405 m²
(c) 15 m²

Respostas: 13.1d; 13.2a; 13.3b; 13.4d; 13.5e; 13.6c; 13.7d; 13.8a; 13.9e; 13.10e.

PROBLEMAS

13.1 O campo elétrico máximo a uma distância de 10 km de uma antena dipolo de meia-onda no ar é 5 V/m. Calcule:

(a) A amplitude máxima do campo elétrico a 20 km da antena.
(b) A amplitude máxima do campo magnético a 30 km dela.
(c) O máximo valor da densidade de potência média a 40 km dela.

13.2 Um dipolo hertziano, localizado na origem, no espaço livre, tem $d\ell = 20$ cm e $I = 10 \cos 2\pi 10^7 t$ A. Encontre $|E_{\theta s}|$ no ponto distante (100, 0, 0).

13.3 Um dipolo elétrico com um comprimento de $\lambda/15$ no espaço livre, deve operar imerso na água de um lago, um meio não magnético que tem $\varepsilon = 81\varepsilon_0$. Supondo que a água é sem perdas e se estende até o infinito, calcule a resistência de irradiação da antena neste meio.

13.4 Uma fonte de corrente de 2 A, operando a 300 MHz, alimenta um dipolo hertziano de 5 mm, situado na origem. Encontre $\mathbf{E}_s$ e $\mathbf{H}_s$ em (10, 30°, 90°).

13.5 Mostre que a equação (13.3) é solução da equação da onda $\nabla^2 A_{zs} + k^2 A_{zs} = 0$. Determine o valor de k.

13.6 Um dipolo elétrico de 1 metro de comprimento opera no ar. Calcule a média temporal da potência irradiada pela antena supondo que ela é excitada em seu centro, por uma corrente senoidal de 200 mA

(a) na faixa de 525 – 1610 MHz, $f = 1,5$ MHz;
(b) na faixa de FM/TV, $f = 150$ MHz.

13.7 O potencial magnético vetorial em um ponto $P(r, \theta, \phi)$, devido a uma antena pequena localizada na origem, é dado por

$$\mathbf{A}_s = \frac{50\, e^{-j\beta r}}{r} \mathbf{a}_x$$

onde $r^2 = x^2 + y^2 + z^2$. Encontre $\mathbf{E}(r, \theta, \phi, t)$ e $\mathbf{H}(r, \theta, \phi, t)$ na zona de campo distante.

13.8 Prove que em uma região livre de cargas a amplitude do campo elétrico pode ser expresso em termos do potencial magnético vetorial como

$$\mathbf{E}_s = -j\omega \mathbf{A}_s + \frac{\nabla(\nabla \cdot \mathbf{A}_s)}{j\omega\mu\varepsilon}$$

13.9 Esboce os diagramas de campo normalizado para os campos E e H para:
   (a) um dipolo de meia-onda;
   (b) um monopolo de quarto de onda.

13.10 Um dipolo de meia-onda operando a 2 MHz no espaço livre tem uma corrente de 60 A em seu centro. Calcule em um plano perpendicular à antena ($\theta = \pi/2$)
   (a) O campo E a 100 metros da antena.
   (b) O campo H a 300 metros dela.

13.11 Uma antena de automóvel de 1 m de comprimento opera na faixa de AM em 1,5 MHz. Qual é a corrente necessária para irradiar 4 W de potência?

13.12 Uma antena dipolo está colocada na origem e é alimentada por uma corrente $5 \cos 8\pi \times 10^8 t$. Se a antena tem um comprimento de um quarto de onda e irradia no espaço livre, calcule E_θ em:
   (a) $(10\text{m}, 30°, 60°)$;
   (b) $(100\text{m}, 60°, 30°)$.

13.13 Uma antena dipolo ($\ell = \lambda/8$) operando a 400 MHz é usada para enviar uma mensagem a um satélite no espaço. Encontre a resistência de radiação desta antena.

13.14 Uma antena pode ser modelada como um dipolo elétrico de 5 m a 3 MHz. Encontre a resistência de irradiação da antena, supondo uma distribuição de corrente uniforme ao longo de seu comprimento.

*13.15 (a) Mostre que os campos gerados por um dipolo fino de comprimento ℓ, percorrido por uma corrente senoidal $I_o \cos \beta z$, na região de campo distante, são dados por

$$H_{\phi s} = \frac{jI_0 e^{-\beta r}}{2\pi r} \frac{\cos\left(\frac{\beta\ell}{2}\cos\theta\right) - \cos\frac{\beta\ell}{2}}{\text{sen}\,\theta}, \qquad E_{\theta s} = \eta H_{\phi s}$$

   [*Sugestão*: use a Figura 13.4 e inicie com a equação (13.14).]
   (b) Trace $f(\theta)$ da parte (a), em um sistema de coordenadas polares, para $\ell = \lambda$, $3\lambda/2$ e 2λ.

13.16 Uma antena dipolo de meia-onda é alimentada por uma linha de transmissão de 50 Ω. Calcule o coeficiente de reflexão e a razão de onda estacionária.

13.17 Uma antena anel circular de 10 cm de raio é feita de um fio de cobre fino. Se a antena opera a 100 MHz, determine a resistência de irradiação supondo que:
   (a) o anel é uma espira única.
   (b) o anel tem 20 espiras.

13.18 Uma antena em anel de 20 cm de raio, com 100 espiras, opera a 10 MHz, no ar, e deve fornecer uma amplitude de campo de 50 mV/m a 3 m de distância. Determine:
(a) a corrente com que a antena deve ser alimentada;
(b) a potência média irradiada pela antena.

13.19 Uma antena anel circular tem um raio médio de 1,2 cm e N espiras. Se ela opera a 80 MHz, encontre N para que a resistência de irradiação seja 8 Ω.

13.20 Uma antena localizada na origem tem o campo elétrico na região distante dado por

$$\mathbf{E}_s = \frac{5\cos 2\theta}{r} e^{-j\beta r} \mathbf{a}_\theta \text{ V/m}$$

(a) Obtenha o campo H_s correspondente.
(b) Determine a potência irradiada.
(c) Qual é a fração da potência total irradiada na faixa $60° < \theta < 120°$?

13.21 Para $\theta = 40°$ e $\theta = 60°$, determine o ganho diretivo de:
(a) um dipolo hertziano;
(b) um dipolo de meia-onda;
(c) uma antena anel circular pequena.

13.22 Para um dipolo fino, com um comprimento de $\lambda/16$, encontre: (a) o ganho diretivo; (b) a diretividade; (c) a área efetiva e (d) a resistência de irradiação.

13.23 Uma dipolo de meia-onda é feito de cobre e tem um diâmetro de 2,6 mm. Determine a eficiência do dipolo se ele opera a 15 MHz.

Sugestão: obtenha R_ℓ a partir de $R_\ell/R_{cc} = a/2\delta$. Veja a Seção 9.5.

*__13.24__ Uma antena que está localizada sobre um plano terra irradia uma potência média de 200 kW. Supondo que toda a potência é irradiada uniformemente na superfície de um hemisfério com a antena no centro, calcule: (a) o vetor de Poynting médio no tempo a 50 km; (b) o campo elétrico máximo neste local.

13.25 Uma antena produz, na região de campo distante, um campo dado por

$$P_{\text{méd}} = \frac{2\,\text{sen}\,\theta\cos\phi}{r^2}\mathbf{a}_r \text{ W/m}^2, \qquad 0 < \theta < \pi, 0 < \phi < \pi/2$$

Calcule o ganho diretivo e a diretividade da antena.

13.26 Mostre que, para um dipolo hertziano, a densidade de potência média no tempo está relacionada com a potência de irradiação, de acordo com

$$P_{\text{méd}} = \frac{1{,}5\,\text{sen}^2\theta}{4\pi r^2} P_{\text{ir}}$$

13.27 Encontre $U_{\text{méd}}$, $U_{\text{máx}}$ e D para:
(a) $U(\theta, \phi) = \text{sen}^2 2\theta$, $\quad 0 < \theta < \pi, 0 < \phi < 2\pi$
(b) $U(\theta, \phi) = 4\,\text{cossec}^2\,\theta$, $\quad \pi/3 < \theta < \pi/2, 0 < \phi < \pi$
(c) $U(\theta, \phi) = 2\,\text{sen}^2\,\theta\,\text{sen}^2\,\phi$, $\quad 0 < \theta < \pi, 0 < \phi < \pi$

13.28 Encontre o ganho diretivo e a diretividade para as seguintes intensidades de irradiação:
(a) $U(\theta, \phi) = \text{sen}^2\,\theta$, $\quad 0 < \theta < \pi, 0 < \phi < 2\pi$
(b) $U(\theta, \phi) = 4\,\text{sen}^2\,\theta\cos^2\,\phi$, $\quad 0 < \theta < \pi, 0 < \phi < \pi$
(c) $U(\theta, \phi) = 10\cos^2\,\theta\,\text{sen}^2\,\phi/2$, $\quad 0 < \theta < \pi, 0 < \phi < \pi/2$

FIGURA 13.25 Referente ao Problema 13.30.

13.29 Uma antena tem campo elétrico na região distante dado por

$$\mathbf{E}_s = \frac{I_o}{r} e^{-j\beta r} \operatorname{sen} \theta \, \mathbf{a}_\theta$$

onde I_o é a corrente máxima de entrada. Determine o valor de I_o para que a potência irradiada seja de 50 mW.

13.30 Trace os diagramas de grupo resultantes para os arranjos de quatro elementos mostrados na Figura 13.25.

13.31 Obtenha $\mathbf{E}_s$, na região de campo distante, para o conjunto de dois elementos mostrado na Figura 13.26. Suponha que os elementos são dipolos hertzianos alimentados em fase com correntes uniformes $I_o \cos \omega t$.

13.32 Uma antena no espaço livre tem um campo na zona distante dado por

$$\mathbf{E}_s = \frac{5 \operatorname{sen} 2\theta}{r} e^{-j\beta r} \mathbf{a}_\theta \text{ V/m}$$

onde $\beta = \omega \sqrt{\mu_o \varepsilon_o}$. Determine a potência irradiada.

13.33 O campo elétrico produzido por uma antena na região distante é

$$\mathbf{E}_s = \frac{10}{r} e^{-j\beta r} \cos \theta \cos \phi \, \mathbf{a}_z$$

Trace o diagrama da antena no plano vertical. Seu gráfico deve incluir o máximo de pontos possível. Você pode usar MATLAB.

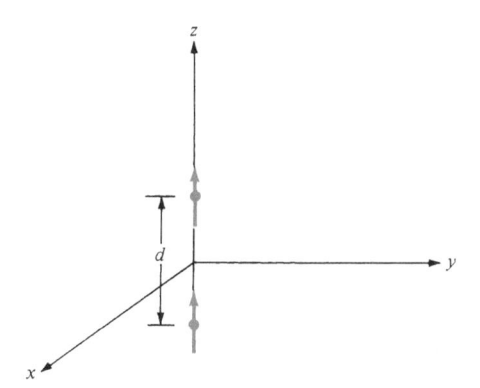

FIGURA 13.26 Conjunto de dois elementos; referente ao problema 13.31.

13.34 Uma antena irradia, no espaço livre, um campo dado por

$$E_{\phi s} = \frac{0,2 \cos^2 \theta}{4\pi r} e^{-j\beta r} \text{ kV/m}$$

na região de campo distante. Determine: (a) a potência total irradiada e (b) o ganho diretivo para $\theta = 60°$.

13.35 Um arranjo é composto por dois dipolos separados por um comprimento de onda. Se os dipolos são alimentados por correntes de mesma amplitude e fase:

(a) encontre o fator de rede;

(b) calcule os ângulos do diagrama onde ocorrem os nulos;

(c) determine os ângulos para os quais temos máximos no diagrama;

(d) esboce o diagrama de grupo no plano que contém os elementos.

13.36 Considere um conjunto de dois elementos alimentados por correntes que estão 180° fora de fase entre si. Trace o diagrama de grupo se os elementos estão separados por: (a) $d = \lambda/4$ e (b) $d = \lambda/2$.

13.37 Uma antena recebe uma potência de 2 μW de uma estação de rádio. Calcule a sua área efetiva, sabendo que a antena está localizada na região distante da estação, onde $E = 50$ mV/m.

13.38 Calcule a área efetiva de uma antena anel de 10 espiras com 15 cm de raio, operando a 100 MHz, para $\theta = 30°$ e $\phi = 90°$.

13.39 Um conjunto é formado de N dipolos hertzianos idênticos, dispostos de forma uniforme ao longo do eixo z e polarizados na direção do eixo z. Se o espaçamento entre os dipolos é de $\lambda/4$, trace o diagrama de grupo quando: (a) $N = 2$, (b) $N = 4$.

13.40 A amplitude de campo elétrico aplicado a uma antena dipolo de meia-onda é de 3 mV/m a 60 MHz. Calcule a potência máxima recebida pela antena. Considere a diretividade do dipolo de meia-onda como sendo 1,64.

13.41 A potência transmitida por um satélite de órbita síncrona é de 320 W. Se a antena tem 40 dB de ganho a 15 GHz, calcule a potência recebida por uma outra antena de 32 dB de ganho a uma distância de 24.567 km.

13.42 O ganho diretivo de uma antena é de 34 dB. Se a antena irradia uma potência de 7,5 kW a uma distância de 40 km, calcule a densidade de potência média no tempo para esta distância.

13.43 (a) Mostre que a equação de transmissão de Friis pode ser escrita como

$$\frac{P_r}{P_t} = \frac{A_{er} A_{et}}{\lambda^2 r^2}$$

(b) Duas antenas dipolo de meia-onda operam a 100 MHz e estão separadas por uma distância de 1 km. Se a potência transmitida por uma delas é de 80 W, qual a potência recebida pela outra?

13.44 Um radar pulsado que opera na banda L, com uma antena comum para transmissão e recepção e com ganho diretivo de 3.500, opera a 1.500 MHz e transmite 200 kW. Se o alvo está a 120 km do radar e sua seção reta de espalhamento é de 8 m², encontre:

(a) a amplitude do campo elétrico incidente no alvo;

(b) a amplitude do campo elétrico espalhado no radar;

(c) a potência capturada pelo alvo;

(d) a potência da onda espalhada absorvida pela antena.

13.45 Um sistema de radar usa uma mesma antena como receptora e transmissora, com um ganho de 40 dB. O sistema pode transmitir uma potência de 8 kW a 6 GHz e detectar um sinal de 10 pW. Determine a distância máxima em que pode ser detectado um objeto de 1 m^2.

13.46 Um radar monoestático, operando a 6 GHz, detecta um alvo de 0,8 m^2 a uma distância de 250 m. Se o ganho é de 40 dB, determine a potência mínima transmitida que retornará uma potência de 2 μW.

13.47 Uma descarga eletrostática (DE) pode ser modelada como uma capacitância de 125 pF carregada a 1.500 V que se descarrega através de um resistor de 2 kW. Obtenha a forma de onda da corrente.

13.48 Duas antenas idênticas, em uma câmara anecoica, estão separadas por 12 m e estão orientadas para máximo ganho diretivo. Na frequência de 5 GHz, a potência recebida por uma delas é 30 dB abaixo da emitida pela outra. Calcule o ganho das antenas em dB.

13.49 Qual é a potência máxima que pode ser recebida, a uma distância de 1,5 km no espaço livre, em um sistema de comunicações que opera a 1,5 GHz e que consiste em uma antena transmissora, com ganho de 25 dB, e de uma antena receptora, com ganho de 30 dB? A potência transmitida é de 200 W.

*13.50 A perda de inserção de um circuito de filtro, quando terminado por Z_g e Z_C, pode ser calculada em termos de seus parâmetros A, B, C, e D, conforme mostrado na Figura 13.27. Mostre que

$$IL = 20 \log_{10} \left| \frac{AZ_C + B + CZ_gZ_C + DZ_g}{Z_g + Z_C} \right|$$

13.51 Uma barra de prata tem uma seção reta retangular de 0,8 cm de altura e 1,2 cm de largura. Encontre:

(a) a resistência em corrente contínua por km do condutor;

(b) a resistência em corrente alternada por km do condutor em 6 MHz.

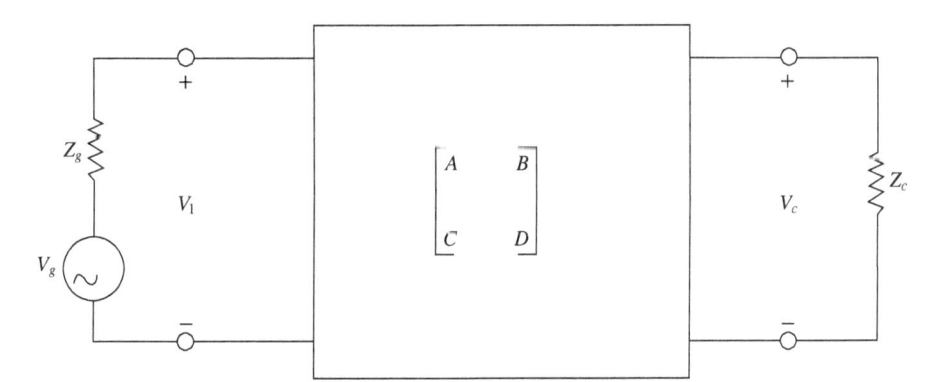

FIGURA 13.27 Referente ao Problema 13.50.

ELETROMAGNETISMO COMPUTACIONAL

Até 1940, a maior parte dos problemas em eletromagnetismo era resolvida usando os métodos clássicos de separação de variáveis e de equações integrais. Entretanto, devido à complexidade nas geometrias que definem os problemas, o uso desses métodos era trabalhoso e requeria um alto grau de experiência e compreensão dos métodos, e apenas uma pequena parcela de problemas práticos podiam ser resolvidos. Enquanto a teoria e o experimento permanecem como os dois pilares tradicionais da ciência e da engenharia, a modelagem e a simulação numérica representam o terceiro pilar que os complementa.

O Eletromagnetismo Computacional (Computational ElectroMagnetism – CEM) refere-se à teoria e à prática de resolver problemas de campos EM em computadores digitais. O CEM oferece a chave para soluções completas das equações de Maxwell. Neste capítulo, serão apresentados os principais métodos usados em CEM. As técnicas de CEM podem ser usadas para modelar fenômenos de interação eletromagnética em circuitos, dispositivos e sistemas.

A modelagem e as simulações numéricas revolucionaram todos os aspectos de projetos em engenharia com tal profundidade que vários pacotes de programação foram desenvolvidos para auxiliar nas atividades de projeto e de modelagem. Pacotes de programação largamente usados em CEM incluem o **Numerical Electromagnetic Code** (NEC), baseado no método dos momentos e desenvolvido no Lawrence Livermore National Laboratory, o **High Frequency Structure Simulator** (HFSS), baseado no método de elementos finitos e desenvolvido pela Ansoft, o **Microwave Office**, baseado no método dos momentos e desenvolvido pela Applied Wave Research, o **Sonnet**, desenvolvido pela Sonnet, e o COMSOL, baseado no método de elementos finitos. Esses pacotes de programação colocam técnicas e ferramentas poderosas, antes disponíveis somente para pesquisadores teóricos em tempo integral, nas mãos de engenheiros sem treinamento formal em CEM. O melhor método ou pacote de programação a ser usado depende do problema particular que se está tentando resolver.

CAPÍTULO 14

MÉTODOS NUMÉRICOS

"É obrigação de todo homem devolver ao mundo pelo menos o equivalente do que dele retirou."

– ALBERT EINSTEIN

14.1 INTRODUÇÃO

Nos capítulos precedentes, consideramos várias técnicas analíticas para resolver problemas de EM e obter soluções na forma fechada. Uma *solução na forma fechada* é uma solução na forma de uma equação algébrica explícita, na qual os valores dos parâmetros do problema podem ser substituídos. Algumas dessas soluções analíticas foram obtidas assumindo certas situações, dessa forma fazendo com que essas soluções fossem aplicáveis àquelas situações idealizadas. Por exemplo, ao deduzir a fórmula para calcular a capacitância de um capacitor de placas paralelas, assumimos que o efeito de vazamento nas bordas é desprezível e que a separação entre as placas é muito pequena se comparada com o comprimento e com a largura das mesmas. Também nossa aplicação da equação de Laplace no Capítulo 6 foi restrita a problemas com contornos coincidindo com as superfícies coordenadas. As soluções analíticas têm uma vantagem inerente de serem exatas. Elas também tornam mais fácil observar o comportamento da solução em função da variação dos parâmetros do problema. Entretanto, as soluções analíticas são somente possíveis para problemas com configurações simples.

Quando as complexidades das fórmulas teóricas tornam as soluções analíticas intratáveis, recorremos a métodos não analíticos, o que inclui: (1) métodos gráficos; (2) métodos experimentais; (3) métodos analógicos e (4) métodos numéricos. Os métodos gráfico, experimental e analógico são aplicáveis à solução de um número relativamente pequeno de problemas. Métodos numéricos têm tido destaque e têm se tornado mais atrativos com o advento de computadores digitais cada vez mais rápidos. As três técnicas numéricas simples mais usualmente utilizadas em EM são: (1) o método dos momentos; (2) o método das diferenças finitas e (3) o método dos elementos finitos. A maioria dos problemas de EM envolvem ou equações diferenciais parciais ou equações integrais. As equações diferenciais parciais são normalmente resolvidas com o método das diferenças finitas ou com o método dos elementos finitos. As equações integrais são resolvidas, adequadamente, utilizando-se o método dos momentos. Embora os métodos numéricos deem soluções aproximadas, as soluções são suficientemente precisas para os propósitos da engenharia. Não devemos ficar com a impressão de que as soluções analíticas estão superadas por causa dos métodos numéricos. Em vez disso, elas os complementam. Como veremos posteriormente, cada método numérico envolve uma simplificação analítica até o ponto em que se torna fácil aplicar o método.

Os comandos do MATLAB, desenvolvidos para implementação computacional dos conceitos a serem abordados neste capítulo, estão simplificados e são autoexplicativos para fins didáticos. As notações empregadas neste capítulo estão o mais próximo possível daquelas usadas nos programas. Outras serão definidas sempre que necessário. Os programas apresentados não são únicos; existem várias maneiras de se escrever um programa de computador. Portanto, os usuários podem decidir modificar esses programas para adaptá-los aos seus objetivos.

†14.2 PLOTAGEM DE CAMPO

Na Seção 4.9, utilizamos linhas de campo e superfícies equipotenciais para visualizar um campo eletrostático. Entretanto, as representações gráficas para campos eletrostáticos, na Figura 4.21, e para campos magnetostáticos, nas Figuras 7.8(b) e 7.16, são muito simples, triviais e qualitativas. Figuras precisas de distribuições de carga mais complexas seriam mais úteis. Nesta seção, é apresentada uma técnica numérica que pode ser desenvolvida em um programa iterativo de computador. Para qualquer configuração arbitrária de fontes pontuais, essa técnica gera valores pontuais para linhas de campo elétrico e para linhas equipotenciais.

Linhas de campo elétrico e linhas equipotenciais podem ser plotadas para fontes pontuais coplanares com programas simples. Suponha que tenhamos N cargas pontuais localizadas de acordo com os vetores posição $\mathbf{r}_1, \mathbf{r}_2, \ldots, \mathbf{r}_N$, e que a intensidade do campo elétrico $\mathbf{E}$ e o potencial V no ponto determinado pelo vetor posição $\mathbf{r}$ sejam dados, respectivamente, por

$$\mathbf{E} = \sum_{k=1}^{N} \frac{Q_k (\mathbf{r} - \mathbf{r}_k)}{4\pi\varepsilon |\mathbf{r} - \mathbf{r}_k|^3} \quad (14.1)$$

e

$$V = \sum_{k=1}^{N} \frac{Q_k}{4\pi\varepsilon |\mathbf{r} - \mathbf{r}_k|} \quad (14.2)$$

Se as cargas estão no mesmo plano (z = constante), as equações (14.1) e (14.2) tornam-se:

$$\mathbf{E} = \sum_{k=1}^{N} \frac{Q_k[(x - x_k)\mathbf{a}_x + (y - y_k)\mathbf{a}_y]}{4\pi\varepsilon[(x - x_k)^2 + (y - y_k)^2]^{3/2}} \quad (14.3)$$

$$V = \sum_{k=1}^{N} \frac{Q_k}{4\pi\varepsilon[(x - x_k)^2 + (y - y_k)^2]^{1/2}} \quad (14.4)$$

Para plotar as linhas de campo elétrico, siga os passos:

1. Escolha o ponto de partida de cada linha de campo.
2. Calcule E_x e E_y nesse ponto usando a equação (14.3).
3. Considere um pequeno deslocamento longo da linha de campo em direção a um novo ponto no plano. Como mostrado na Figura 14.1, um movimento $\Delta\ell$ ao longo da linha de campo corresponde a movimentos Δx e Δy ao longo das orientações x e y, respectivamente. A partir da figura, é evidente que

$$\frac{\Delta x}{\Delta \ell} = \frac{E_x}{E} = \frac{E_x}{[E_x^2 + E_y^2]^{1/2}}$$

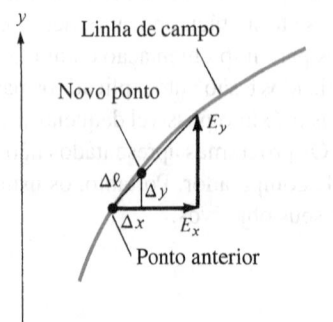

FIGURA 14.1 Um pequeno deslocamento sobre uma linha de campo.

ou

$$\Delta x = \frac{\Delta \ell \cdot E_x}{[E_x^2 + E_y^2]^{1/2}} \quad (14.5)$$

De maneira similar,

$$\Delta y = \frac{\Delta \ell \cdot E_y}{[E_x^2 + E_y^2]^{1/2}} \quad (14.6)$$

Mova-se, ao longo da linha de campo, de um ponto anterior (x, y) para um novo ponto $x' = x + \Delta x$; $y' = y + \Delta y$.

4. Retorne aos passos 2 e 3 e repita os cálculos. Continue a gerar novos pontos até que uma linha seja completada em um intervalo dado de coordenadas. Ao completar a linha, volte ao passo 1 e escolha um outro ponto de partida. Observe que, já que existe um número infinito de linhas da campo, qualquer ponto de partida pode ser considerado sobre uma linha de campo. Os pontos gerados podem ser marcados à mão ou de forma automática, como mostrado na Figura 14.2.

Para plotar as linhas equipotenciais, siga os passos:

1. Escolha um ponto de partida.
2. Calcule o campo elétrico (E_x, E_y) nesse ponto utilizando a equação (14.3).
3. Faça um pequeno deslocamento ao longo de uma linha perpendicular à linha de campo nesse ponto. Utilize o fato de, que se uma linha tem inclinação m, uma linha perpendicular deve ter uma inclinação $-1/m$. Já que a linha de campo E e a linha equipotencial que se encontram em um dado ponto são mutuamente ortogonais, então, nesse ponto:

$$\Delta x = \frac{-\Delta \ell \cdot E_y}{[E_x^2 + E_y^2]^{1/2}} \quad (14.7)$$

$$\Delta y = \frac{\Delta \ell \cdot E_x}{[E_x^2 + E_y^2]^{1/2}} \quad (14.8)$$

Mova-se ao longo da linha equipotencial, a partir do ponto anterior (x, y), até o novo ponto $(x + \Delta x, y + \Delta y)$. Como uma maneira de conferir o novo ponto, calcule o potencial do ponto novo e do anterior utilizando a equação (14.4). Os valores devem ser os mesmos, uma vez que os pontos estão sobre a mesma linha equipotencial.

4. Volte aos passos 2 e 3 e repita os cálculos. Continue a gerar novos pontos até completar uma linha em um intervalo de valores de x e de y. Após completar a linha, volte ao passo 1 e escolha outro ponto de partida. Ligue os pontos gerados, à mão ou automaticamente, como mostrado na Figura 14.2.

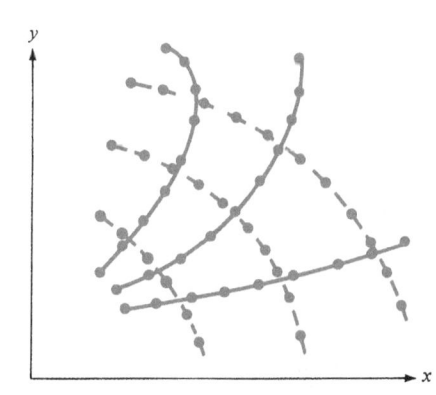

FIGURA 14.2 Pontos gerados sobre as linhas de campo E (linhas contínuas) e linhas equipotenciais (linhas tracejadas).

Seguindo o mesmo procedimento, pode-se traçar a linha de campo magnético devido a várias distribuições de corrente utilizando a lei de Biot–Savart. Podem ser desenvolvidos programas para determinar a linha de campo magnético devido a uma linha de corrente, a uma espira de corrente, a um par de Helmholtz e a um solenóide. Programas para desenhar as linhas de campo elétrico e magnético no interior de guias de onda retangulares ou para desenhar o diagrama de radiação produzido por um arranjo linear de antenas tipo dipolo vertical de meia-onda podem também serem escritos.

EXEMPLO 14.1

Escreva um programa para traçar as linhas de campo e as linhas equipotenciais de:

(a) duas cargas pontuais, Q e $-4Q$, localizadas em $(x, y) = (-1, 0)$ e $(1, 0)$, respectivamente;
(b) quatro cargas pontuais, Q, $-Q$, Q e $-Q$, localizadas em $(x, y) = (-1, -1)$, $(1, -1)$, $(1, 1)$ e $(-1, 1)$, respectivamente. Considere $Q/4\pi\varepsilon = 1$ e $\Delta\ell = 0{,}1$. Considere o intervalo $-5 < x < 5$, $-5 < y < 5$.

Solução:

Tomando por base os passos descritos na Seção 14.2, desenvolvemos o programa mostrado na Figura 14.3. Um número bastante grande de comentários foi introduzido de modo a tornar o programa o mais autoexplicativo possível. Por exemplo, ao usar o programa para gerar o gráfico da Figura 14.4(a), carregue o programa **plotit** do MATLAB. Uma vez carregado, digite

plotit ([1-4], [−1 0, 1 0], 1, 1, 0,1, 0,01, 8, 2, 5)

Os significados desses números são fornecidos pelo programa. Maiores explicações sobre o programa serão fornecidas nos parágrafos seguintes.

Uma vez que as linhas de campo E emanam das cargas positivas e terminam nas cargas negativas, parece ser razoável gerar pontos de partida (x_s, y_s) para as linhas de campo E sobre pequenos círculos centrados nos pontos de carga (x_Q, y_Q), isto é,

$$x_s = x_Q + r\cos\theta \qquad (14.1.1a)$$

$$y_s = y_Q + r\,\text{sen}\,\theta \qquad (14.1.1b)$$

```
function plotit(charges,location,ckEField,ckEq,DLE,DLV,NLE,NLV,PTS)
figure;
hold on;
% Programa para traçar as linhas de campo elétrico e as
% linhas equipotenciais devido a cargas coplanares pontuais
% o traçado é no intervalo dado por −5<x,y<5
%
% Essa é a forma correta de uso:
% function plotit(charges,location,ckEField,ckEq,DLE,DLV,NLE,NLV,PTS)
%
% onde,
%      charges = um vetor contendo as cargas
%      location = uma matriz na qual cada coluna representa a localização
de uma carga
%      ckEField = apontador "setado" em 1 traça as linhas de campo E
%      ckEq = apontador "setado" em 1 traça as linhas equipotenciais
% DLE ou DLV = incremento ao longo das linhas de E e de V
%      NLE = n° de linhas de campo E por carga
%      NLV = n° de linhas equipotenciais por carga
%      PTS => Plota cada ponto PTS (isto é, se PTS = 5 então plota um
ponto a cada 5°)
% observe que a constante Q/4*Pie*ErR está "setada" igual a 1.0
```

FIGURA 14.3 Programa de computador para o Exemplo 14.1.

```
% Determine as linhas de campo E
% Por conveniência, os pontos de partida (XS,YS) são distribuídos
radialmente em torno das localizações das cargas
Q=charges;
XQ = location(:,1);
YQ = location(:,2);
JJ=1;
NQ = length(charges);
if (ckEField)
for K=1:NQ
    for I =1:NLE
        THETA = 2*pi*(I-1)/(NLE);
        XS=XQ(K) + 0.1*cos(THETA);
        YS=YQ(K) + 0.1*sin(THETA);
        XE=XS;
        YE=YS;
        JJ=JJ+1;
        if (~mod(JJ,PTS))
        plot (XE,YE);
    end
    while(1)
    % Encontre o incremento i e o novo ponto (X,Y)
        EX=0;
        EY=0;
        for J=1:NQ
          R =sqrt((XE-XQ(J))^2 + (YE - YQ(J)) ^2);
          EX = EX +Q(J)*(XE-XQ(J))/(R^3);
          EY = EY +Q(J)*(YE-YQ(J))/(R^3);
        end
        E = sqrt(EX^2 + EY^2);

        % VERIFIQUE PARA UM PONTO SINGULAR
        if (E <=.00005)
          break;
        end
        DX = DLE*EX/E;
        DY = DLE*EY/E;
        % PARA CARGA NEGATIVA, TROCAR O SINAL DE DX E DE
        % DY TAL QUE O INCREMENTO SEJA PARA FORA DA CARGA
        if (Q(K) < 0)
           DX = -DX;
           DY = -DY;
        end
        XE = XE + DX;
        YE = YE + DY;
        % VERIFIQUE SE O NOVO PONTO ESTÁ DENTRO DO
        % INTERVALO DADO OU MUITO PRÓXIMO DE QUALQUER
        % PONTO DE CARGAS - PARA EVITAR UM PONTO SINGULAR
        if ((abs(XE) >= 5) | (abs(YE) >= 5))
           break;
        end

        if (sum(abs(XE-XQ) < .05 & abs(YE-YQ) < .05) >0) break;
          end
        JJ=JJ+1;
        if (~mod(JJ,PTS))
           plot (XE,YE);
```

FIGURA 14.3 (Continuação).

```
            end
          end % fim do loop do while
        end % I =1:NLE
  end   % K = 1:NQ
  end % fim do if
  % A SEGUIR, DETERMINE AS LINHAS EQUIPOTENCIAIS
  % POR CONVENIÊNCIA, OS PONTOS DE PARTIDA(XS,YS) SÃO
  % ESCOLHIDOS DA MESMA FORMA QUE PARA AS LINHAS DE CAMPO
  % E
  if (ckEq)
  JJ=1;
  DELTA = .2;
  ANGLE = 45*pi/180;
  for K =1:NQ
      FACTOR = .5;
      for KK = 1:NLV
        XS = XQ(K) + FACTOR*cos(ANGLE);
        YS = YQ(K) + FACTOR*sin(ANGLE);
        if (abs(XS) >= 5 | abs(YS) >=5)
          break;
        end
        DIR = 1;
        XV = XS;
        YV = YS;
        JJ=JJ+1;
        if (~mod(JJ,PTS))
          plot(XV,YV);
        end
  % DETERMINE O INCREMENTO E O NOVO PONTO (XV,YV)
        N=1;
        while (1)
          EX = 0;
          EY = 0;
          for J = 1:NQ
            R = sqrt((XV-XQ(J))^2 + (YV-YQ(J))^2);
            EX = EX + Q(J)*(XV-XQ(J))/(R^3);
            EY = EY + Q(J)*(YV-YQ(J))/(R^3);
          end
          E=sqrt(EX^2 + EY^2);
          if (E <=    .00005)
            FACTOR = 2*FACTOR;
            break;
          end
          DX = -DLV*EY/E;
          DY = DLV*EX/E;
          XV = XV + DIR*DX;
          YV = YV + DIR*DY;
          % VERIFIQUE SE A LINHA EQUIPOTENCIAL RETORNA A
          % (X,YS)
          R0 = sqrt((XV - XS)^2 + (YV - YS)^2);
          if (R0 < DELTA & N < 50)
            FACTOR = 2*FACTOR;
            break;
          end
          % VERIFIQUE SE O NOVO PONTO ESTÁ DENTRO DO INTERVALO DADO
          % SE ESTIVER FORA DO INTERVALO, RETORNE AO PONTO DE PARTIDA
          % (XS,YS) MAS AUMENTE EM SENTIDO OPOSTO
```

FIGURA 14.3 (Continuação).

```
            if (abs(XV) > 5 | abs(YV) > 5)
               DIR = DIR -2;
               XV = XS;
               YV = YS;
               if (abs(DIR) > 1)
                  FACTOR = 2*FACTOR;
                  break;
               end
            else
               if (sum(abs(XV-XQ) <.005 & abs(YV-YQ) <.005) >0)
                  break;
               end
            end
         JJ=JJ+1;
         if (~mod(JJ,PTS))
            N=N+1;
            plot(XV,YV);
         end
      end % Fim do loop que inicia em WHILE
   end % Fim do loop que inicia em KK
end % Fim do loop que inicia em K

end % Fim do loop que inicia em if
```

FIGURA 14.3 (Continuação).

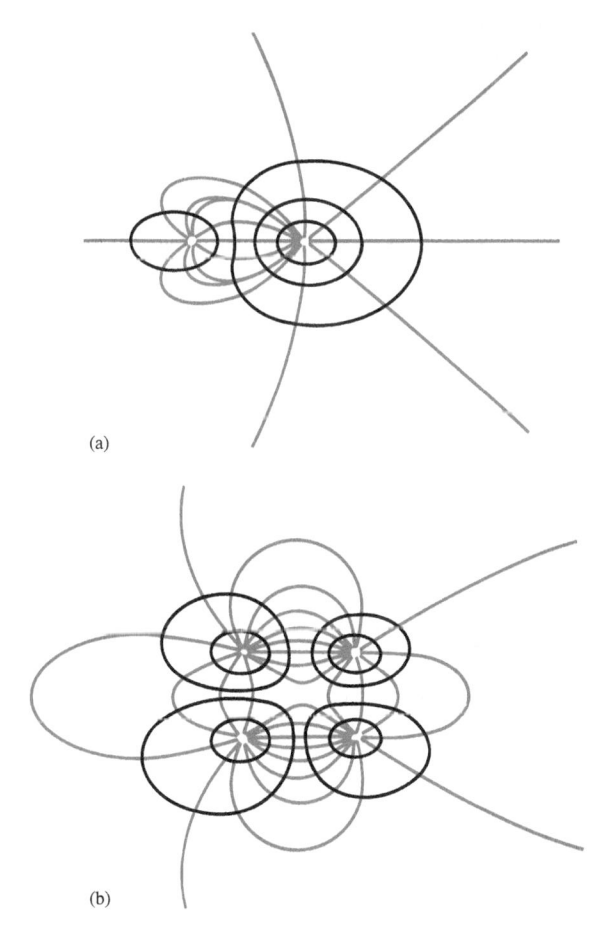

FIGURA 14.4 Referente ao Exemplo 14.1. Traçados de linhas de campo *E* e de linhas equipotenciais devido a: (**a**) duas cargas pontuais e (**b**) quatro cargas pontuais (um quadrupolo bidimensional).

onde r é o raio do pequeno círculo e θ é o ângulo prescrito, escolhido para cada linha de campo E. Os pontos de partida para as linhas equipotenciais podem ser gerados de diferentes maneiras: ao longo do eixo x e do eixo y, ao longo da linha $y = x$, e assim por diante. Entretanto, para fazer um programa o mais geral possível, os pontos de partida para as linhas equipotenciais, da mesma forma que para as linhas de campo E, devem depender das localizações das cargas. Eles podem ser escolhidos usando a equação (14.1.1) e fixando θ (por exemplo, 45°) e a variável r (por exemplo, 0,5; 1,0; 2,0;...).

O valor do comprimento incremental $\Delta\ell$ é crucial para a precisão dos traçados. Apesar de que quanto menor o valor de $\Delta\ell$ maior a precisão dos traçados, devemos ter em mente que, quanto menor o valor de $\Delta\ell$, mais pontos são gerados e a memória necessária para o armazenamento dos dados pode ser um problema. Por exemplo, uma linha pode consistir em mais de 1.000 pontos gerados. Em vista do grande número de pontos a serem plotados, os pontos são usualmente armazenados em um arquivo de dados e uma rotina gráfica é utilizada para plotá-los.

Tanto para linhas de campo E quanto para linhas equipotenciais, diversas verificações foram inseridas no programa da Figura 14.3:

(a) Verificação de pontos singulares ($\mathbf{E} = 0$?).
(b) Verificação se o ponto gerado está muito próximo da localização da carga.
(c) Verificação se o ponto está dentro do intervalo dado $-5 < x < 5$, $-5 < y < 5$.
(d) Verificação se a linha (equipotencial) retorna ao ponto de partida formando um laço.

A plotagem dos pontos gerados para os casos de duas cargas pontuais e de quatro cargas pontuais são mostrados na Figura 14.4(a) e (b), respectivamente.

EXERCÍCIO PRÁTICO 14.1

Escreva um programa completo para traçar as linhas de campo E e as linhas equipotenciais devido a cargas pontuais coplanares. Rode o programa para $N = 3$, isto é, há três cargas pontuais $-Q$, $+Q$ e $-Q$ localizadas, respectivamente, em $(x, y) = (-1, 0)$, $(0, 1)$ e $(1, 0)$. Considere $Q/4\pi\varepsilon = 1$, $\Delta\ell = 0{,}1$ ou $0{,}01$ para maior precisão e limite seu traçado ao intervalo $-5 < x < 5$, $-5 < y < 5$.

Resposta: veja a Figura 14.5.

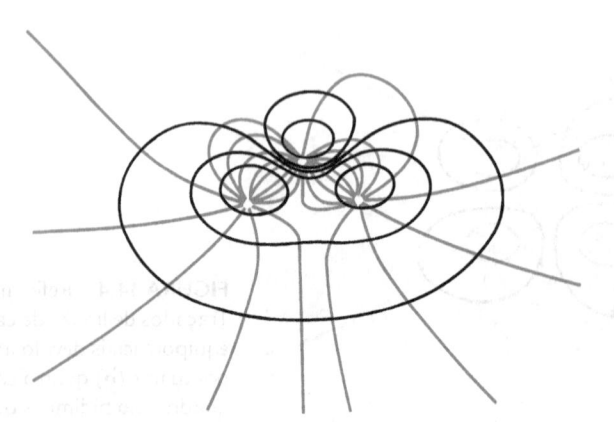

FIGURA 14.5 Referente ao Exercício Prático 14.1.

14.3 O MÉTODO DAS DIFERENÇAS FINITAS

O método das diferenças finitas[1] (FDM)* é uma técnica numérica simples utilizada para resolver problemas como aqueles resolvidos analiticamente no Capítulo 6. Um problema é definido univocamente por três características:

1. por uma equação diferencial parcial, tal como as equações de Laplace ou de Poisson;
2. pela delimitação de um domínio;
3. por condições de contorno e/ou por condições iniciais.

Uma solução da equação de Poisson ou de Laplace por diferenças finitas, por exemplo, dá-se em três etapas: (1) divide-se o domínio em uma grade de nós; (2) aproxima-se a equação diferencial e as condições de contorno por um conjunto de equações lineares algébricas (denominadas *equações de diferenças*) nos pontos sobre a grade no domínio e (3) resolve-se esse conjunto de equações algébricas.

Etapa 1: suponha que pretendamos aplicar o método das diferenças finitas para determinar o potencial elétrico na região mostrado na Figura 14.6(a). O domínio é dividido através de uma malha regular com *pontos de grade* ou *nós* como mostrado na Figura 14.6(a). Um nó sobre o contorno da região onde o potencial é especificado é denominado um *nó fixo* (fixado pelo problema) e pontos internos na região são denominados de *pontos livres* (pontos nos quais o potencial é desconhecido).

Etapa 2: nosso objetivo é obter a aproximação por diferenças finitas para a equação de Poisson e usá-la para determinar o potencial em todos os pontos livres. Lembremos que a equação de Poisson é dada por

$$\nabla^2 V = -\frac{\rho_v}{\varepsilon} \tag{14.9a}$$

Para um domínio bidimensional, tal como o da Figura 14.6(a), $\frac{\partial^2 V}{\partial z^2} = 0$ tal que

$$\frac{\partial^2 V}{\partial x^2} + \frac{\partial^2 V}{\partial y^2} = -\frac{\rho_v}{\varepsilon} \tag{14.9b}$$

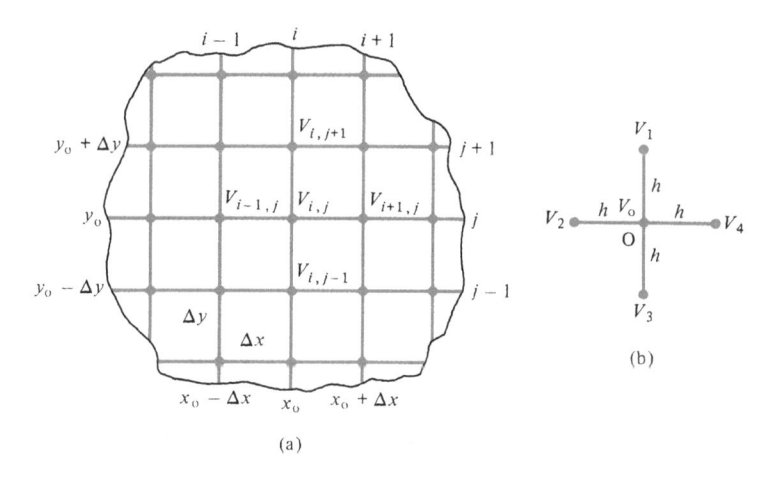

FIGURA 14.6 Diagrama de solução do método de diferenças finitas: (**a**) discretização do domínio; (**b**) nós empregados nas aproximações em diferenças finitas a cinco nós.

---

[1] Para um tratamento extensivo do método de diferenças finitas, veja G. D. Smith, *Numerical Solution of Partial Differential Equations: Finite Difference Methods*, 3rd ed. Oxford: Oxford University Press, 1985.

* N. de T. Do inglês, *Finite Difference Method* – FDM.

Da definição de derivada de $V(x, y)$ em um ponto (x_o, y_o),

$$V' = \frac{\partial V}{\partial x}\bigg|_{x=x_o} \simeq \frac{V(x_o + \Delta x, y_o) - V(x_o - \Delta x, y_o)}{2\Delta x}$$

$$= \frac{V_{i+1,j} - V_{i-1,j}}{2\,\Delta x} \tag{14.10}$$

onde Δx é um incremento suficientemente pequeno ao longo de x. Para a derivada segunda, que é a derivada da derivada primeira V',

$$V'' = \frac{\partial^2 V}{\partial x^2}\bigg|_{x=x_o} = \frac{\partial V'}{\partial x} \simeq \frac{V'(x_o + \Delta x/2, y_o) - V'(x_o - \Delta x/2, y_o)}{\Delta x}$$

$$= \frac{V(x_o + \Delta x, y_o) - 2V(x_o, y_o) + V(x_o - \Delta x, y_o)}{(\Delta x)^2}$$

$$= \frac{V_{i+1,j} - 2V_{i,j} + V_{i-1,j}}{(\Delta x)^2} \tag{14.11}$$

As equações (14.10) e (14.11) são aproximações por diferenças finitas para as derivadas parciais, primeira e segunda, de V em relação a x, calculadas em $x = x_o$. A aproximação na equação (14.10) tem associada um erro de ordem de grandeza Δx, enquanto que a equação (14.11) tem um erro associado da ordem de $(\Delta x)^2$. De forma similar,

$$\frac{\partial^2 V}{\partial y^2}\bigg|_{y=y_o} \simeq \frac{V(x_o, y_o + \Delta y) - 2V(x_o, y_o) + V(x_o, y_o - \Delta y)}{(\Delta y)^2}$$

$$= \frac{V_{i,j+1} - 2V_{i,j} + V_{i,j-1}}{(\Delta y)^2} \tag{14.12}$$

Substituindo as equações (14.11) e (14.12) na equação (14.9b) e fazendo $\Delta x = \Delta y = h$, resulta em

$$V_{i+1,j} + V_{i-1,j} + V_{i,j+1} + V_{i,j-1} - 4V_{i,j} = -\frac{h^2 \rho_V}{\varepsilon}$$

ou

$$\boxed{V_{i,j} = \frac{1}{4}\left(V_{i+1,j} + V_{i-1,j} + V_{i,j+1} + V_{i,j-1} + \frac{h^2 \rho_V}{\varepsilon}\right)} \tag{14.13}$$

onde h é chamado de *passo ou incremento da malha*. A equação (14.13) é a aproximação por diferenças finitas da equação de Poisson. Se o domínio é livre de carga ($\rho_s = 0$), a equação (14.9) torna-se a equação de Laplace:

$$\nabla^2 V = \frac{\partial^2 V}{\partial x^2} + \frac{\partial^2 V}{\partial y^2} = 0 \tag{14.14}$$

A aproximação por diferenças finitas para essa equação é obtida da equação (14.13) fazendo $\rho_S = 0$, isto é,

$$V_{i,j} = \frac{1}{4}(V_{i+1,j} + V_{i-1,j} + V_{i,j+1} + V_{i,j-1}) \tag{14.15}$$

Esta equação é essencialmente uma aproximação por diferenças finitas a cinco nós para o potencial no ponto central de uma malha quadrada. A Figura 14.6(b) ilustra o que é chamado de *nodo de diferenças finitas a cinco nós*. O nó na Figura 14.6(b) é destacado da Figura 14.6(a). Portanto, a equação (14.15), aplicada ao nó torna-se:

$$\boxed{V_o = \frac{1}{4}(V_1 + V_2 + V_3 + V_4)} \qquad (14.16)$$

Esta equação mostra claramente a propriedade de valor médio intrínseca à equação de Laplace. Em outras palavras, a equação de Laplace pode ser interpretada como uma forma diferencial de estabelecer o fato de que o potencial em um ponto específico é a média dos potenciais nos pontos vizinhos.

Etapa 3: para aplicar a equação (14.16) [ou a equação (14.13)] a um dado problema, um dos seguintes dois métodos é comumente utilizado.

A. Método iterativo

Começamos estabelecendo valores iniciais nulos ou razoáveis para os potenciais nos nós livres. Na sequência, mantemos constantes no tempo os potenciais nos pontos fixos, aplicamos a equação (14.16) para cada nó livre até que os potenciais em todos os nós livres sejam calculados. Os potenciais obtidos ao final dessa primeira iteração não são precisos, mas, sim, aproximados. Para aumentar a precisão dos valores dos potenciais, repetimos esse cálculo para cada nó livre, utilizando os valores anteriores para obter os valores novos. A alteração iterativa ou repetida do potencial para cada nó livre continua até que um grau de precisão preestabelecido seja alcançado ou até que os valores anteriores e novos em cada nó sejam suficientemente próximos entre si.

B. Método da matriz de banda

A equação (14.16), aplicada a todos os nós livres, resulta em um conjunto de equações simultâneas da forma

$$[A][V] = [B] \qquad (14.17)$$

onde $[A]$ é uma matriz *esparsa* (isto é, uma matriz que contém vários termos nulos), $[V]$ é constituída por valores dos potenciais desconhecidos nos pontos livres e $[B]$ é uma outra matriz coluna formada pelos potenciais conhecidos nos nós fixos. Diz-se que a matriz $[A]$ é uma matriz *de banda* pois seus termos não nulos aparecem agrupados nas proximidades da diagonal principal, uma vez que apenas os nós mais próximos afetam o potencial em cada nó. Uma matriz de banda, esparsa, é facilmente invertida para determinar $[V]$. Assim, obtemos os potenciais nos nós livres a partir da matriz $[V]$ fazendo:

$$[V] = [A]^{-1}[B] \qquad (14.18)$$

O método das diferenças finitas pode ser aplicado para resolver problemas variáveis no tempo. Por exemplo, considere a equação de onda unidimensional da equação (10.1), a saber

$$u^2 \frac{\partial^2 \Phi}{\partial x^2} = \frac{\partial^2 \Phi}{\partial t^2} \qquad (14.19)$$

onde u é a velocidade da onda e Φ é a componente do campo E ou do campo H da onda EM. As aproximações por diferenças das derivadas em (x_o, t_o) ou no (i, j)ésimo nó, mostrado na Figura 14.7, são:

$$\left.\frac{\partial^2 \Phi}{\partial x^2}\right|_{x=x_o} \simeq \frac{\Phi_{i-1,j} - 2\Phi_{i,j} + \Phi_{i+1,j}}{(\Delta x)^2} \qquad (14.20)$$

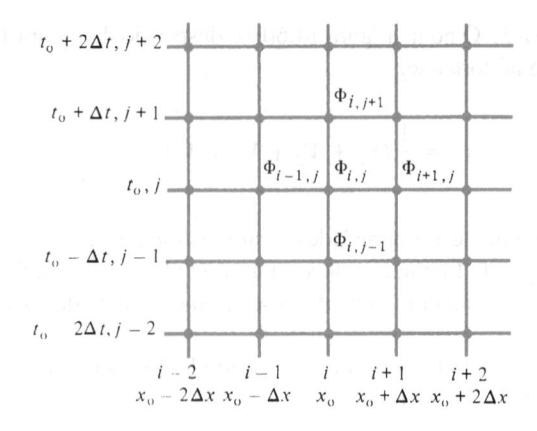

FIGURA 14.7 Diagrama da solução em diferenças finitas para a equação da onda.

$$\left.\frac{\partial^2 \Phi}{\partial t^2}\right|_{t=t_o} \simeq \frac{\Phi_{i,j-1} - 2\Phi_{i,j} + \Phi_{i,j+1}}{(\Delta t)^2} \qquad (14.21)$$

Inserindo as equações (14.20) e (14.21) na equação (14.19) e resolvendo para $\Phi_{i,j+1}$, resulta em

$$\boxed{\Phi_{i,j+1} \simeq \alpha(\Phi_{i-1,j} + \Phi_{i+1,j}) + 2(1 - \alpha)\Phi_{i,j} - \Phi_{i,j-1}} \qquad (14.22)$$

onde

$$\alpha = \left[\frac{u\,\Delta t}{\Delta x}\right]^2 \qquad (14.23)$$

Pode-se demonstrar que, para a solução na equação (14.22) ser estável, $\alpha \leq 1$. Para começar a executar o algoritmo das diferenças finitas na equação (14.22), usamos as condições iniciais. Assumimos que em $t = 0$, $\partial \Phi_{i,0} / \partial t = 0$ e usamos a aproximação por diferenças centrais (veja a Questão de Revisão 14.2) para obter

$$\frac{\partial \Phi_{i,0}}{\partial t} \simeq \frac{\Phi_{i,1} - \Phi_{i,-1}}{2\Delta t} = 0$$

ou

$$\Phi_{i,1} = \Phi_{i,-1} \qquad (14.24)$$

Substituindo a equação (14.24) na equação (14.22) e tomando $j = 0$ ($t = 0$), obtemos

$$\Phi_{i,1} \simeq \alpha(\Phi_{i-1,0} + \Phi_{i+1,0}) + 2(1 - \alpha)\Phi_{i,0} - \Phi_{i,1}$$

ou

$$\Phi_{i,1} \simeq \frac{1}{2}[\alpha(\Phi_{i-1,0} + \Phi_{i+1,0}) + 2(1 - \alpha)\Phi_{i,0}] \qquad (14.25)$$

Usando a equação (14.25) como a fórmula de "partida", o valor de Φ em um ponto qualquer da grade pode ser obtido diretamente da equação (14.22). Observe que os dois métodos discutidos para resolver a equação (14.16) não se aplicam à equação (14.22) porque essa equação pode ser usada diretamente com a equação (14.25) como fórmula de partida. Em outras palavras, não temos um conjunto de equações simultâneas. A equação (14.22) é uma fórmula explícita.

O conceito de FDM pode ser estendido à equação de Poisson, à equação de Laplace ou às equações de onda em outros sistemas de coordenadas. A precisão do método depende do refinamento da grade e do tempo dispendido para obter valores mais precisos dos potenciais. Podemos reduzir o tempo de processamento e aumentar a precisão e a taxa de convergência pelo método da sobrerrelaxação sucessiva supondo valores iniciais razoáveis, tirando vantagem, se possível, da simetria do problema, considerando o passo da malha o menor possível e usando nodos de diferenças finitas mais complexos (veja Figura 14.41). Uma das limitações do método das diferenças finitas é a necessidade de algum tipo de interpolação para determinar a solução para alguns pontos fora da grade. Uma das alternativas óbvias de superar essa dificuldade é utilizar uma grade mais fina, mas isso requer um grande número de cálculos computacionais e uma maior capacidade de armazenamento.

EXEMPLO 14.2

Resolva o problema de valor de contorno unidimensional $-\Phi'' = x^2$, $0 \leq x \leq 1$ com valores de contorno dados por $\Phi(0) = 0 = \Phi(1)$. Utilize o método de diferenças finitas.

Solução:

Em primeiro lugar, obtemos a aproximação por diferenças finitas para a equação diferencial $\Phi'' = -x^2$, que é a equação de Poisson em uma dimensão. A seguir, dividimos todo o domínio $0 \leq x \leq 1$ em N segmentos iguais, cada um de comprimento h $(= 1/N)$, como mostrado na Figura 14.8(a), tal que tenhamos $(N + 1)$ nós.

$$-x_o^2 = \left.\frac{d^2\Phi}{dx^2}\right|_{x=x_o} \simeq \frac{\Phi(x_o + h) - 2\Phi(x_o) + \Phi(x_o - h)}{h^2}$$

ou

$$-x_j^2 = \frac{\Phi_{j+1} - 2\Phi_j + \Phi_{j-1}}{h^2}$$

Portanto,

$$-2\Phi_j = -x_j^2 h^2 - \Phi_{j+1} - \Phi_{j-1}$$

ou

$$\Phi_j = \frac{1}{2}(\Phi_{j+1} + \Phi_{j-1} + x_j^2 h^2)$$

Utilizando o esquema das diferenças finitas, obtemos uma solução aproximada para vários valores de N. O programa em MATLAB é apresentado na Figura 14.9. O número de iterações NI depende do grau de precisão desejado. Para um problema unidimensional como esse, $NI = 50$ pode ser suficiente. Para problemas bidimensionais ou tridimensionais, valores maiores de NI podem ser necessários (veja Tabela 14.1). Deve-se observar que os valores de Φ nos pontos da periferia (nós fixos) são mantidos constantes. As soluções para $N = 4$ e $N = 10$ são mostradas na Figura 14.10.

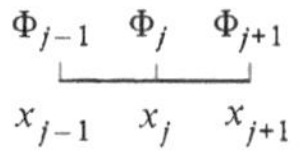

FIGURA 14.8 Referente ao Exemplo 14.2.

```
% PROBLEMA UNIDIMENSIONAL DO EXEMPLO 14.2
% RESOLVIDO USANDO O MÉTODO DAS DIFERENÇAS FINITAS
%
% h = PASSO DA MALHA
% ni = NÚMERO DESEJADO DE ITERAÇÕES

    p = [ ];
    n=20;
    ni=500;
    l=1.0;
    h = 1/n;
    phi=zeros(n+1,1);
    x=h*[0:n]';
    x1=x(2:n);
    for k=1:ni
      phi([2:n])=[phi(3:n+1)+phi(1:n-1)+x1.^2*h^2]/2;
    end
    % CALCULE TAMBÉM O VALOR EXATO
    phiex=x.*(1.0-x.^3)/12.0;
    diary a:test.out
    [[1:n+1]' phi phiex]
    diary off
```

FIGURA 14.9 Programa de computador referente ao Exemplo 14.2.

Podemos comparar esse resultado com a solução exata obtida a seguir. Dado que $d^2\Phi/dx^2 = -x^2$, integrando duas vezes, resulta em

$$\Phi = -\frac{x^4}{12} + Ax + B$$

onde A e B são constantes de integração. A partir das condições de contorno,

$$\Phi(0) = 0 \rightarrow B = 0$$

$$\Phi(1) = 0 \rightarrow 0 = -\frac{1}{12} + A \quad \text{ou} \quad A = \frac{1}{12}$$

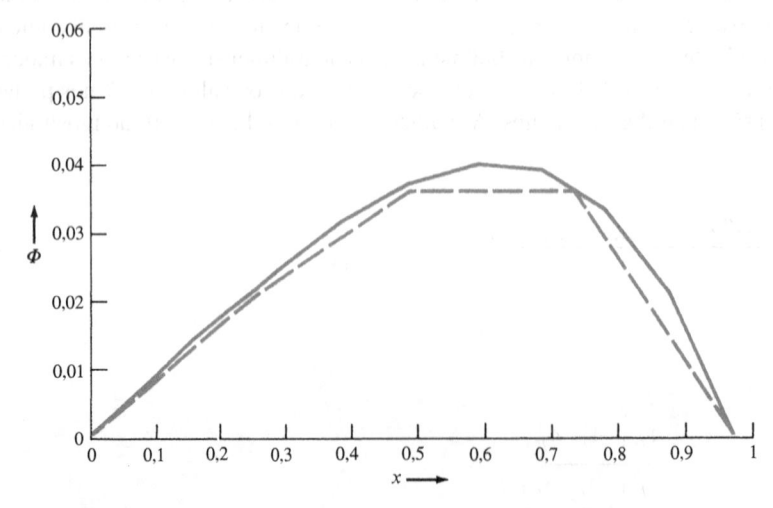

FIGURA 14.10 Referente ao Exemplo 14.2: traçado de $\Phi(x)$. A curva contínua é para $N = 10$ e a curva tracejada é para $N = 4$.

Portanto, a solução exata é $\Phi = x(1 - x^3)/12$, que é calculada na Figura 14.9 e é muito próxima à do caso $N = 10$.

EXERCÍCIO PRÁTICO 14.2

Resolva a equação diferencial $d^2y/dx^2 + y = 0$ com as condições de contorno $y(0) = 0$ e $y(1) = 1$, utilizando o método das diferenças finitas. Considere $\Delta x = 1/4$.

Resposta: compare seu resultado com a solução exata $y(x) = \dfrac{\text{sen}(x)}{\text{sen}(1)}$.

EXEMPLO 14.3

Determine o potencial nos nós livres do sistema da Figura 14.11 utilizando o método das diferenças finitas.

Solução:

Esse problema será resolvido usando o método iterativo e o método da matriz de banda.

Método 1 (Método Iterativo): inicialmente, estabelecemos como igual a zero o conjunto de valores iniciais do potencial nos nós livres. Aplicamos a equação (14.16) para cada nó livre utilizando os novos valores de potencial a cada instante em que é calculado um novo valor de potencial em um ponto vizinho. Para a primeira iteração,

$$V_1 = 1/4(0 + 20 + 0 + 0) = 5$$
$$V_2 = 1/4(5 + 0 + 0 + 0) = 1,25$$
$$V_3 = 1/4(5 + 20 + 0 + 0) = 6,25$$
$$V_4 = 1/4(1,25 + 6,25 + 0 + 0) = 1,875$$

e assim por diante. Para evitar confusão, cada vez que um novo valor em um nó livre for calculado, descartamos o valor anterior, como mostrado na Figura 14.12. Após V_8 ter sido calculado, começamos com a segunda iteração no nó 1:

$$V_1 = 1/4(0 + 20 + 1,25 + 6,25) = 6,875$$
$$V_2 = 1/4(6,875 + 0 + 0 + 1,875) = 2,187$$

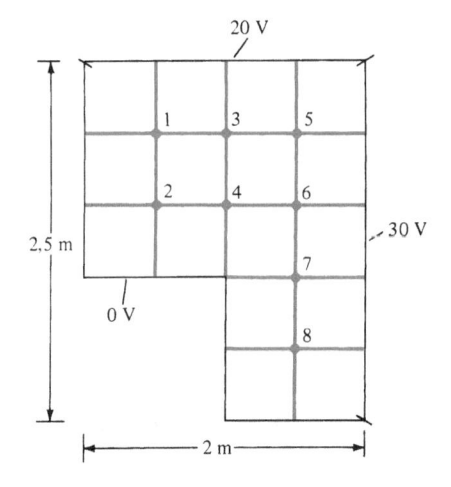

FIGURA 14.11 Referente ao Exemplo 14.3.

e assim por diante. Se continuarmos esse processo, obtemos, após cinco iterações, os valores não "riscados", como mostrado na Figura 14.12. Após 10 iterações (não mostrado na Figura 14.12), obtemos:

$$V_1 = 10{,}04, \quad V_2 = 4{,}956, \quad V_3 = 15{,}22, \quad V_4 = 9{,}786$$
$$V_5 = 21{,}05, \quad V_6 = 18{,}97, \quad V_7 = 15{,}06, \quad V_8 = 11{,}26$$

Método 2 (Método da Matriz de Banda): este método revela a estrutura esparsa do problema. Aplicamos a equação (14.16) para cada nó livre e mantemos cada termo conhecido (potenciais preestabelecidos nos nós fixos) no lado direito, enquanto os termos desconhecidos (potenciais nos nós livres) permanecem no lado esquerdo do sistema de equações simultâneas resultante, expresso na forma matricial como $[A][V] = [B]$.

Para o nó 1,

$$-4V_1 + V_2 + V_3 = -20 - 0$$

Para o nó 2,

$$V_1 + 4V_2 + V_4 = -0 - 0$$

Para o nó 3,

$$V_1 - 4V_3 + V_4 + V_5 = -20$$

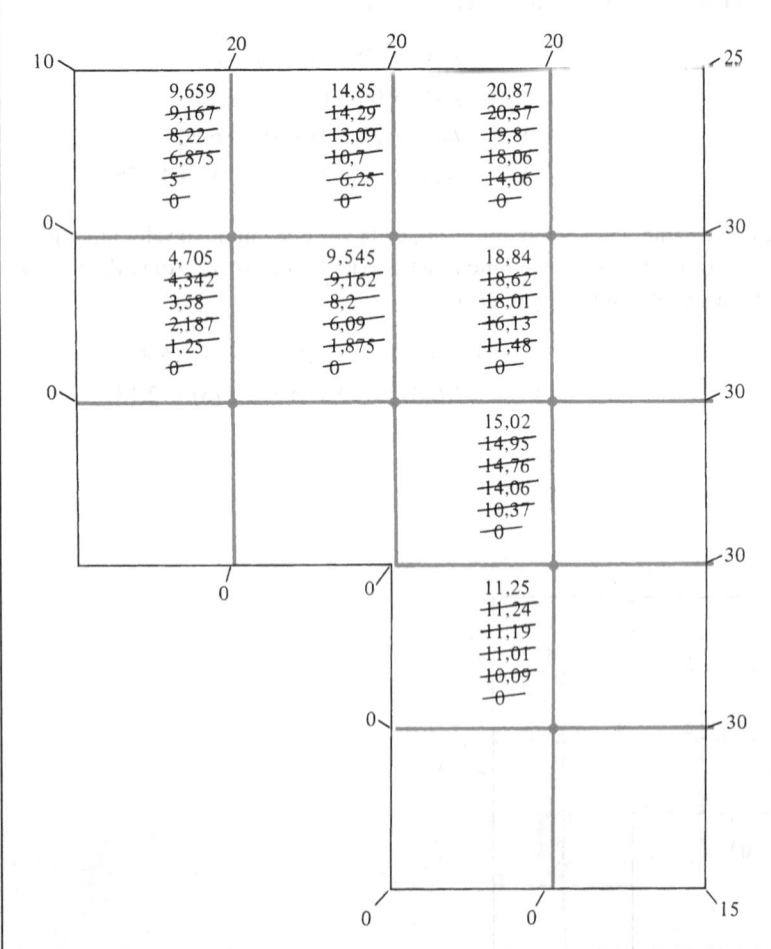

FIGURA 14.12 Referente ao Exemplo 14.3; os valores não "riscados" são as soluções após cinco iterações.

Para o nó 4,
$$V_2 + V_3 - 4V_4 + V_6 = -0$$

Para o nó 5,
$$V_3 - 4V_5 + V_6 = -20 - 30$$

Para o nó 6,
$$V_4 + V_5 - 4V_6 + V_7 = -30$$

Para o nó 7,
$$V_6 - 4V_7 + V_8 = -30 - 0$$

Para o nó 8,
$$V_7 - 4V_8 = -0 - 0 - 30$$

Note que temos cinco termos em cada nó, uma vez que assumimos um nodo a cinco nós. As oito equações obtidas são colocadas na forma matricial como

$$\begin{bmatrix} -4 & 1 & 1 & 0 & 0 & 0 & 0 & 0 \\ 1 & -4 & 0 & 1 & 0 & 0 & 0 & 0 \\ 1 & 0 & -4 & 1 & 1 & 0 & 0 & 0 \\ 0 & 1 & 1 & -4 & 0 & 1 & 0 & 0 \\ 0 & 0 & 1 & 0 & -4 & 1 & 0 & 0 \\ 0 & 0 & 0 & 1 & 1 & -4 & 1 & 0 \\ 0 & 0 & 0 & 0 & 0 & 1 & -4 & 1 \\ 0 & 0 & 0 & 0 & 0 & 0 & 1 & -4 \end{bmatrix} \begin{bmatrix} V_1 \\ V_2 \\ V_3 \\ V_4 \\ V_5 \\ V_6 \\ V_7 \\ V_8 \end{bmatrix} = \begin{bmatrix} -20 \\ 0 \\ -20 \\ 0 \\ -50 \\ -30 \\ -30 \\ -30 \end{bmatrix}$$

ou

$$[A][V] = [B]$$

onde $[A]$ é a matiz de banda, esparsa, $[V]$ é a matriz coluna, que consiste em potenciais desconhecidos nos nós livres, e $[B]$ é a matriz coluna formada pelo potencial nos nós fixos. A natureza "banda" de $[A]$ é mostrada pela porção tracejada.

Observe que a matriz $[A]$ poderia ter sido obtida diretamente da Figura 14.11 sem escrever a equação (14.16) para cada nó livre. Para fazer isso, simplesmente estabelecemos os termos da diagonal (ou próprios) $A_{ii} = -4$ e $A_{ij} = 1$ se os nós i e j estão conectados ou $A_{ij} = 0$ se os nós i e j não estão diretamente conectados. Por exemplo, $A_{23} = A_{32} = 0$ porque os nós 2 e 3 não estão conectados, enquanto $A_{46} = A_{64} = 1$ porque os nós 4 e 6 estão conectados. De maneira similar, a matriz $[B]$ é obtida diretamente da Figura 14.11 ao estabelecer B_i igual à soma dos potenciais em nós fixos conectados ao nó i, com sinal contrário. Por exemplo, $B_5 = -(20 + 30)$ porque o nó 5 está conectado a dois nós fixos com potenciais 20 V e 30 V. Se o nó i não está conectado a nenhum nó fixo, $B_i = 0$.

Ao inverter a matriz $[A]$ utilizando MATLAB, obtemos

$$[V] = [A]^{-1}[B]$$

ou

$$V_1 = 10{,}04, \quad V_2 = 4{,}958, \quad V_3 = 15{,}22, \quad V_4 = 9{,}788$$
$$V_5 = 21{,}05, \quad V_6 = 18{,}97, \quad V_7 = 15{,}06, \quad V_8 = 11{,}26$$

que apresenta resultados compatíveis com os resultados obtidos pelo método iterativo.

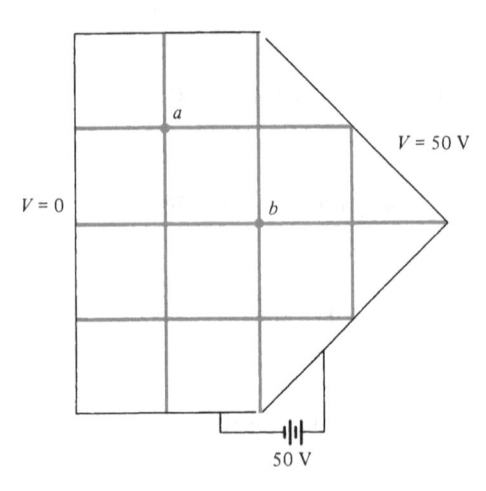

FIGURA 14.13 Referente ao Exercício Prático 14.3.

EXERCÍCIO PRÁTICO 14.3

Use o método iterativo para encontrar a aproximação por diferenças finitas para os potenciais nos pontos a e b do sistema na Figura 14.13.

Resposta: $V_a = 10{,}01$ V; $V_b = 28{,}3$ V.

EXEMPLO 14.4

Obtenha a solução da equação de Laplace para uma calha infinita com seção reta retangular mostrada na Figura 14.14. Considere $V_1 = 10$ V, $V_2 = 100$ V, $V_3 = 40$ V e $V_4 = 0$ V.

Solução:

Desejamos resolver esse problema usando o método iterativo. Nesse caso, o domínio tem um contorno regular. Facilmente, podemos escrever um programa para determinar os potenciais nos pontos da grade, dentro da calha. Dividimos a região em uma malha quadrada. Se decidirmos usar uma grade de 15×10, o número de pontos-grade ao longo de x é $15 + 1 = 16$ e o número de pontos-grade ao longo de y é $10 + 1 = 11$. O passo da malha é $h = 1{,}5/15 = 0{,}1$ m. A grade 15×10 está representada na Figura 14.15. Os pontos-grade (i, j) são numerados a partir do canto esquerdo inferior da calha. Aplicando a equação (14.15) e usando o método iterativo, o programa de com-

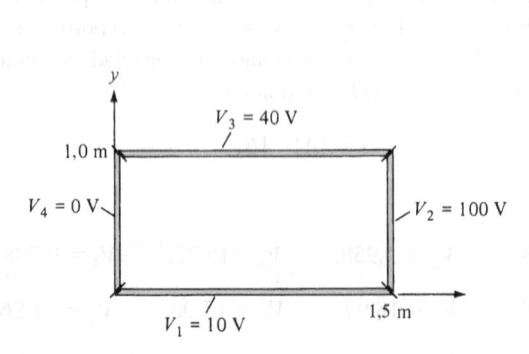

FIGURA 14.14 Referente ao Exemplo 14.4.

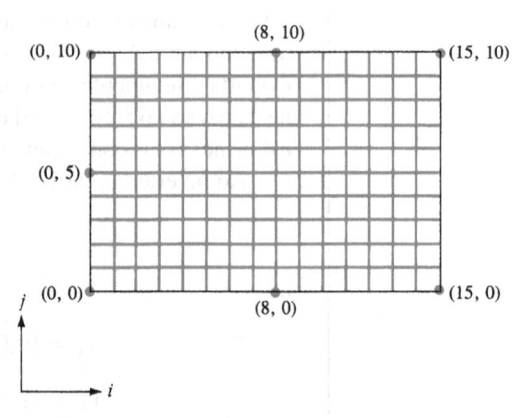

FIGURA 14.15 Referente ao Exemplo 14.4; uma grade de 15×10.

```
%       USANDO O MÉTODO DE DIFERENÇAS FINITAS (ITERAÇÃO)
%       ESTE PROGRAMA RESOLVE O PROBLEMA
%       BIDIMENSIONAL DE VALOR DE CONTORNO(EQUAÇÃO DE
%       LAPLACE)MOSTRADO NA FIGURA 14.14.
%       ni = N° DE ITERAÇÕES
%       nx = N° DOS PONTOS-GRADE X
%       ny = N° DOS PONTOS-GRADE Y
%       v(i,j) = POTENCIAIS NOS PONTOS-GRADE (i,j) OU (x,y)
%       COM NUMERAÇÃO DOS NÓS COMEÇANDO NO CANTO INFERIOR
%       ESQUERDO DA CALHA

v1 = 10.0;
v2 = 100.0;
v3 = 40.0;
v4 = 0.0;
ni = 200;
nx = 16;
ny = 11;
% ESTABELEÇA OS VALORES INICIAIS IGUAIS A ZERO
v = zeros(nx,ny);
% POTENCIAIS FIXOS ESTÃO EM NÓS FIXOS
for i=2:nx-1
    v(i,1) = v1;
    v(i,ny) = v3;
end
for j=2:ny-1
    v(1,j) = v4;
    v(nx,j) = v2;
end
v(1,1) = 0.5*(v1 + v4);
v(nx,1) = 0.5*(v1 + v2);
v(1,ny) = 0.5*(v3 + v4);
v(nx,ny) = 0.5*(v2 + v3);
% ENCONTRE v(i,j) USANDO A EQUAÇÃO (14.15) APÓS ni ITERAÇÕES
for k=1:ni
    for i=2:nx-1
      for j=2:ny-1
           v(i,j) = 0.25*(v(i+1,j) + v(i-1,j) + v(i,j+1) + v(1,j-1));
      end
    end
end
diary a:test1.out
[v(6,6), v(9,9), v(11,6), v(9,3)]
[ [1:nx, 1:ny] v(i,j) ]
diary off
```

FIGURA 14.16 Programa de computador referente ao Exemplo 14.4.

putador, mostrado na Figura 14.16, foi desenvolvido para determinar os potenciais nos nós livres. Nos pontos $(x, y,) = (0,5, 0,5), (0,8, 0,8), (1,0, 0,5)$ e $(0,8, 0,2)$ que correspondem a $(i, j) = (5, 5), (8, 8), (10, 5)$ e $(8, 2)$, respectivamente, os valores de potenciais após 50, 100 e 200 iterações são mostrados na Tabela 14.1. Os valores exatos [veja Problema 6.18(c)], obtidos utilizando o método de separação de variáveis e um programa similar àquele da Figura 6.11 também são mostrados. Deve-se notar que o grau de precisão depende do passo h da malha. É sempre desejável fazer h tão pequeno quanto possível. Note também que os potenciais nos nós fixos são mantidos constantes ao longo dos cálculos.

TABELA 14.1 Solução do Exemplo 14.4 (Método Iterativo) em pontos selecionados

Coordenadas (x, y)	Número de iterações			Valor exato
	50	100	200	
(0,5, 0,5)	20,91	22,44	22,49	22,44
(0,8, 0,8)	37,7	38,56	38,59	38,55
(1,0, 0,5)	41,83	43,18	43,2	43,22
(0,8, 0,2)	19,87	20,94	20,97	20,89

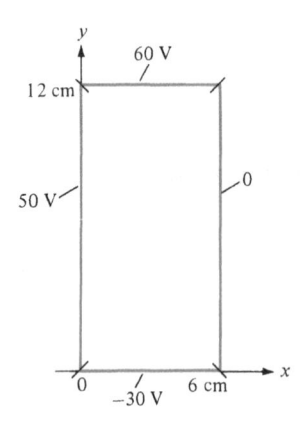

FIGURA 14.17 Referente ao Exercício Prático 14.4.

EXERCÍCIO PRÁTICO 14.4

Considere a calha da Figura 14.17. Use um nodo de diferenças finitas a cinco nós para determinar o potencial no centro de uma calha usando: (a) uma grade 4 × 8; (b) uma grade 12 × 24.

Resposta: (a) 31,08 V; (b) 42,86 V.

14.4 O MÉTODO DOS MOMENTOS

Da mesma forma que o método das diferenças finitas, o método dos momentos[2] (MOM)* tem a vantagem de ser conceitualmente simples. Enquanto o método das diferenças finitas é usado na solução de equações diferenciais, o método dos momentos é usado, comumente, na resolução de equações integrais.

Por exemplo, suponhamos que se queira aplicar o método dos momentos para resolver a equação de Poisson na equação (14.9a). Pode-se demonstrar que uma solução integral para a equação de Poisson é dada por

$$V = \int \frac{\rho_v \, dv}{4\pi\varepsilon r} \tag{14.26}$$

---

[2] O termo "método dos momentos" foi usado pela primeira vez na literatura ocidental por Harrington. Para uma exposição mais detalhada do método, veja R. F. Harrington, *Field Computation by Moment Methods*. New York: IEEE Press, 1993.

* N. de T.: Do inglês, *Moment Method* – MOM.

Lembremos, do Capítulo 4, que a equação (14.26) pode ser deduzida da lei de Coulomb. Lembremos, também, que, dada uma distribuição de cargas $\rho_v(x, y, z)$ podemos sempre encontrar o potencial $V(x, y, z)$, o campo elétrico $\mathbf{E}(x, y, z)$ e a carga total Q. Se, por outro lado, o potencial V é conhecido e a distribuição de carga é desconhecida, como podemos determinar ρ_v a partir da equação (14.26)? Nesse caso, a equação (14.26) torna-se o que chamamos de uma *equação integral*.

> Uma **equação integral** é aquela que envolve a função desconhecida sob o símbolo de integral.

Ela tem a forma geral de

$$V(x) = \int_a^b K(x, t)\, \rho(t)\, dt \tag{14.27}$$

onde as funções $K(x, t)$ e $V(t)$ e os limites a e b são conhecidos. A função desconhecida $\rho(t)$ deve ser determinada. A função $K(x, t)$ é denominada de **núcleo** da equação. O método dos momentos é uma técnica numérica bastante comum de resolver equações integrais, como a da equação (14.27). O método é, provavelmente, melhor explicado através de um exemplo.

Considere um fio condutor fino de raio a e comprimento $L(L \gg a)$ localizado no espaço livre, como mostrado na Figura 14.18. Seja o fio mantido a um potencial V_o. Nosso objetivo é determinar a densidade de carga ρ_L ao longo do fio utilizando o método dos momentos. Uma vez determinado ρ_L, os valores dos campos associados podem ser determinados. Em um ponto qualquer do fio, a equação (14.26) se reduz à equação integral da forma:

$$V_o = \int_0^L \frac{\rho_L\, dl}{4\pi\varepsilon_o r} \tag{14.28}$$

Uma vez que a equação (14.28) se aplica a qualquer ponto sobre o fio, em um ponto fixo y_k, conhecido como *ponto de amostragem*.

$$V_o = \frac{1}{4\pi\varepsilon_o} \int_0^L \frac{\rho_L(y)\, dy}{|y_k - y|} \tag{14.29}$$

Lembremos, do cálculo, que a integração é, essencialmente, determinar a área sob uma curva. Se Δy é pequeno, a integração de $f(y)$ sobre $0 < y < L$ é dada por

$$\int_0^L f(y)\, dy \simeq f(y_1)\, \Delta y + f(y_2)\, \Delta y + \cdots + f(y_N)\, \Delta y$$

$$= \sum_{k=1}^N f(y_k)\, \Delta y \tag{14.30}$$

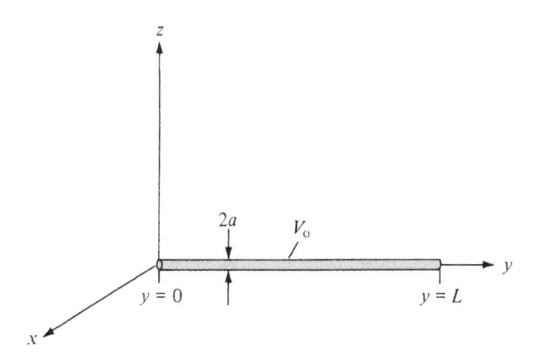

FIGURA 14.18 Fio condutor fino mantido a um potencial constante.

onde o intervalo L foi dividido em N unidades, cada um de comprimento Δy. Com o fio dividido em N segmentos de igual comprimento Δ como mostrado na Figura 14.19, a equação (14.29) torna-se

$$4\pi\varepsilon_o V_o \simeq \frac{\rho_1 \Delta}{|y_k - y_1|} + \frac{\rho_2 \Delta}{|y_k - y_2|} + \cdots + \frac{\rho_N \Delta}{|y_k - y_N|} \qquad (14.31)$$

onde $\Delta = L/N = \Delta y$. Na equação (14.31), assume-se que a densidade de carga desconhecida ρ_k do k–ésimo segmento é constante. Portanto, na equação (14.31), temos constantes desconhecidas ρ_1, ρ_2, ..., ρ_N. Já que a equação (14.31) deve ser válida para todos os pontos sobre o fio, obtemos N equações similares pela escolha de N pontos de amostragem em $y_1, y_2,..., y_k,..., y_N$ sobre o fio. Dessa forma, obtemos

$$4\pi\varepsilon_o V_o = \frac{\rho_1 \Delta}{|y_1 - y_1|} + \frac{\rho_2 \Delta}{|y_1 - y_2|} + \cdots + \frac{\rho_N \Delta}{|y_1 - y_N|} \qquad (14.32a)$$

$$4\pi\varepsilon_o V_o = \frac{\rho_1 \Delta}{|y_2 - y_1|} + \frac{\rho_2 \Delta}{|y_2 - y_2|} + \cdots + \frac{\rho_N \Delta}{|y_2 - y_N|} \qquad (14.32b)$$

$$4\pi\varepsilon_o V_o = \frac{\rho_1 \Delta}{|y_N - y_1|} + \frac{\rho_2 \Delta}{|y_N - y_2|} + \cdots + \frac{\rho_N \Delta}{|y_N - y_N|} \qquad (14.32c)$$

A ideia de ajustar o lado esquerdo da equação (14.29) com o lado direito dessa equação nos pontos de amostragem é semelhante à ideia de considerar os momentos em Mecânica. Aqui reside a razão por que essa técnica é denominada método dos momentos. Observe, a partir da Figura 14.19, que os pontos de amostragem $y_1, y_2,...., y_N$ são colocados no centro de cada segmento. A equação (14.32) pode ser colocada na forma matricial como

$$[B] = [A][\rho] \qquad (14.33)$$

onde

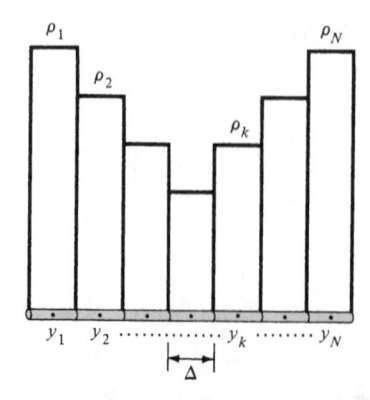

FIGURA 14.19 Divisão do fio em N segmentos.

$$[B] = 4\pi\varepsilon_o V_o \begin{bmatrix} 1 \\ 1 \\ \cdot \\ \cdot \\ \cdot \\ 1 \end{bmatrix} \quad (14.34)$$

$$[A] = \begin{bmatrix} A_{11} & A_{12} & \cdots & A_{1N} \\ A_{21} & A_{22} & \cdots & A_{2N} \\ \cdot & & & \cdot \\ \cdot & & & \cdot \\ \cdot & & & \cdot \\ A_{N1} & A_{N2} & \cdots & A_{NN} \end{bmatrix} \quad (14.35a)$$

$$A_{mn} = \frac{\Delta}{|y_m - y_n|}, \quad m \neq n \quad (14.35b)$$

$$[\rho] = \begin{bmatrix} \rho_1 \\ \rho_2 \\ \cdot \\ \cdot \\ \cdot \\ \rho_N \end{bmatrix} \quad (14.36)$$

Na equação (14.33), $[\rho]$ é a matriz cujos elementos são desconhecidos. Podemos determinar $[\rho]$, a partir da equação (14.33), usando a regra de Cramer, a inversão de matrizes ou a técnica de eliminação de Gauss.

Usando a inversão de matrizes,

$$\boxed{[\rho] = [A]^{-1} [B]} \quad (14.37)$$

onde $[A]^{-1}$ é a matriz inversa da matriz $[A]$. Ao determinar os elementos da diagonal (ou termos próprios) da matriz $[A]$ na equação (14.32) ou na equação (14.35), deve-se agir com cautela. Uma vez que o fio é condutor, é razoável que uma densidade de carga superficial ρ_S apareça sobre a superfície do fio. Portanto, no centro de cada segmento,

$$V(\text{centro}) = \frac{1}{4\pi\varepsilon_o} \int_0^{2\pi} \int_{-\Delta/2}^{\Delta/2} \frac{\rho_S a \, d\phi \, dy}{[a^2 + y^2]^{1/2}}$$
$$= \frac{2\pi a \rho_S}{4\pi\varepsilon_o} \ln \left\{ \frac{\Delta/2 + [(\Delta/2)^2 + a^2]^{1/2}}{-\Delta/2 + [(\Delta/2)^2 + a^2]^{1/2}} \right\}$$

Assumindo $\Delta \gg a$,

$$V(\text{centro}) = \frac{2\pi a \rho_S}{4\pi\varepsilon_o} 2 \ln\left(\frac{\Delta}{a}\right)$$
$$= \frac{2\rho_L}{4\pi\varepsilon_o} \ln\left(\frac{\Delta}{a}\right) \quad (14.38)$$

onde $\rho_L = 2\pi a\rho_S$. Portanto, os termos próprios ($m = n$) são

$$A_{nn} = 2\ln\left(\frac{\Delta}{a}\right) \qquad (14.39)$$

Agora, a equação (14.33) torna-se

$$\begin{bmatrix} 2\ln\left(\dfrac{\Delta}{a}\right) & \dfrac{\Delta}{|y_1 - y_2|} & \cdots & \dfrac{\Delta}{|y_1 - y_N|} \\ \dfrac{\Delta}{|y_2 - y_1|} & 2\ln\left(\dfrac{\Delta}{a}\right) & \cdots & \dfrac{\Delta}{|y_2 - y_N|} \\ \vdots & & & \vdots \\ \dfrac{\Delta}{|y_N - y_1|} & \dfrac{\Delta}{|y_N - y_2|} & \cdots & 2\ln\left(\dfrac{\Delta}{a}\right) \end{bmatrix} \begin{bmatrix} \rho_1 \\ \rho_2 \\ \vdots \\ \rho_N \end{bmatrix} = 4\pi\varepsilon_0 V_o \begin{bmatrix} 1 \\ 1 \\ \vdots \\ 1 \end{bmatrix} \qquad (14.40)$$

Usando a equação (14.37) com a equação (14.40) e fazendo $V_o = 1$ V, $L = 1$ m, $a = 1$ mm e $N = 10$ ($\Delta = L/N$), um programa em MATLAB, tal como mostrado na Figura 14.20, pode ser desenvolvido. O programa na Figura 14.20 é autoexplicativo. O programa inverte a matriz [A] e traça o gráfico de ρ_L contra y. O gráfico é mostrado na Figura 14.21. O programa também determina a carga total no fio usando

$$Q = \int \rho_L \, dl \qquad (14.41)$$

que pode ser escrita, na forma discreta, como

$$Q = \sum_{k=1}^{N} \rho_k \Delta \qquad (14.42)$$

Com os parâmetros escolhidos, o valor da carga total encontrado é $Q = 8,536$ pC. Se desejado, o campo elétrico em um ponto qualquer pode ser calculado usando

$$\mathbf{E} = \int \frac{\rho_L \, dl}{4\pi\varepsilon_0 R^2} \mathbf{a}_R \qquad (14.43)$$

que pode ser escrita como

$$\mathbf{E} = \sum_{k=1}^{N} \frac{\rho_k \Delta \, \mathbf{R}}{4\pi\varepsilon_0 R^3} \qquad (14.44)$$

onde $R = |\mathbf{R}|$ e

$$\mathbf{R} = \mathbf{r} - \mathbf{r}_k = (x - x_k)\mathbf{a}_x + (y - y_k)\mathbf{a}_y + (z - z_k)\mathbf{a}_z$$

$\mathbf{r} = (x, y, z)$ é o vetor posição do ponto de observação e $\mathbf{r}_k = (x_k, y_k, z_k)$ é o do ponto fonte.

Note que, para obter a distribuição de carga na Figura 14.21, tomamos $N = 10$. É esperado que um menor valor de N leve a um resultado menos preciso e que um maior valor de N leve a um resultado mais preciso. Entretanto, se N é muito grande, podemos ter dificuldades no processamento para inverter a matriz quadrada [A]. A capacidade computacional à nossa disposição pode limitar a precisão da solução numérica.

```
% ESTE PROGRAMA DETERMINA A DISTRIBUIÇÃO DE CARGA
% SOBRE UM FIO CONDUTOR FINO, DE RAIO AA E DE
% COMPRIMENTO L, MANTIDO A VO VOLT
% O FIO ESTÁ LOCALIZADO EM 0 < Y < L
% TODAS AS DIMENSÕES ESTÃO EM UNIDADES DO S.I.

% O MÉTODO DOS MOMENTOS É UTILIZADO
% N É O N° DE SEGMENTOS NOS QUAIS O FIO É DIVIDIDO
% RHO É A DENSIDADE DE CARGA NA LINHA, RHO = INV(A)*B

% PRIMEIRO, ESPECIFIQUE OS PARÂMETROS DO PROBLEMA
ER = 1.0;
EO = 8.8541e-12;
VO = 1.0;
AA = 0.001;
L = 1.0;
N = 20;
DELTA = L/N;
% SEGUNDO, CALCULE OS ELEMENTOS DA MATRIZ DE
% COEFICIENTES A
I=1:N;
Y=DELTA*(I-0.5);
for i=1:N
    for j=1:N
        if(i ~=j)
            A(i,j)=DELTA/abs(Y(i)-Y(j));
        else
            A(i,j)=2.0*log(DELTA/AA);
        end
    end
end
% AGORA,DETERMINE A MATRIZ DO VETOR B CONSTANTE
% E ENCONTRE Q
B = 4.0*pi*EO*ER*VO*ones(N,1);
C = inv(A);
RHO = C*B;
SUM = 0.0;
for I=1:N
    SUM = SUM + RHO(I);
end
Q=SUM*DELTA;
diary a:exam145a.out
[EO,Q]
[ [1:N]' Y' RHO ]
diary off
% FINALMENTE, TRACE O GRÁFICO RHO CONTRA Y
plot(Y,RHO)
xlabel('y (cm)'), ylabel('rho_L (pC/m)')
```

FIGURA 14.20 Programa em MATLAB para calcular a distribuição de carga sobre o fio da Figura 14.18.

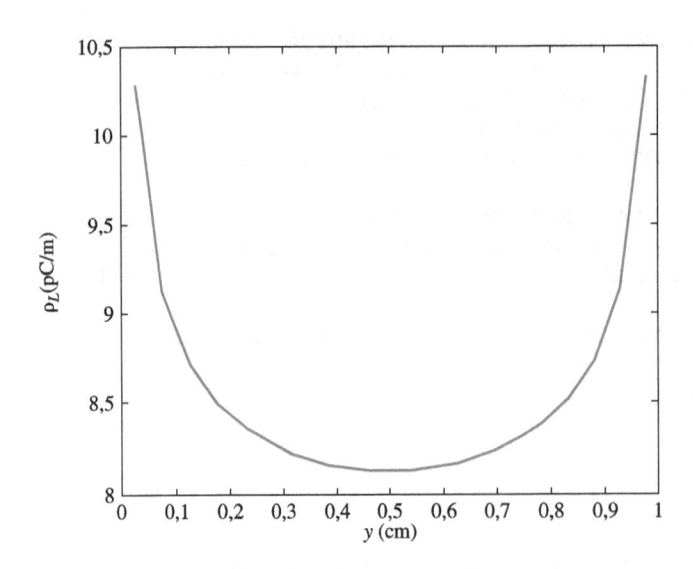

FIGURA 14.21 Gráfico de ρ_L contra y.

EXEMPLO 14.5

Use o método dos momentos para encontrar a capacitância do capacitor de placas paralelas da Figura 14.22. Considere $a = 1$ m, $b = 1$ m, $d = 1$ m e $\varepsilon_r = 1{,}0$.

Solução:

Seja a diferença de potencial entre as placas $V_o = 2$ V tal que a placa superior P_1 é mantida a $+1$ V, enquanto que a placa inferior P_2 está a -1 V. Desejamos calcular a densidade superficial de carga ρ_S sobre as placas, tal que a carga total em cada placa possa ser encontrada como

$$Q = \int \rho_S \, dS$$

Uma vez que Q é conhecido, podemos calcular a capacitância como

$$C = \frac{Q}{V_o} = \frac{Q}{2}$$

Para determinar ρ_S utilizando o método dos momentos, dividimos P_1 em n subseções $\Delta S_1, \Delta S_2, ..., \Delta S_n$ e P_2 em n subseções $\Delta S_{n+1}, \Delta S_{n+2}, ..., \Delta S_{2n}$. O potencial V_i, no centro de uma subseção típica ΔS_i, é

$$V_i = \int_S \frac{\rho_S \, dS}{4\pi\varepsilon_o R} \simeq \sum_{j=1}^{2n} \frac{1}{4\pi\varepsilon_o} \int_{\Delta S_i} \frac{\rho_j \, dS}{R_{ij}}$$

$$= \sum_{j=1}^{2n} \rho_j \frac{1}{4\pi\varepsilon_o} \int_{\Delta S_j} \frac{dS}{R_{ij}}$$

Assumimos que existe uma densidade de carga uniforme em cada subseção. A última equação pode ser escrita como

$$V_i = \sum_{j=1}^{2n} \rho_j A_{ij}$$

onde

$$A_{ij} = \frac{1}{4\pi\varepsilon_o} \int_{\Delta S_i} \frac{dS}{R_{ij}}$$

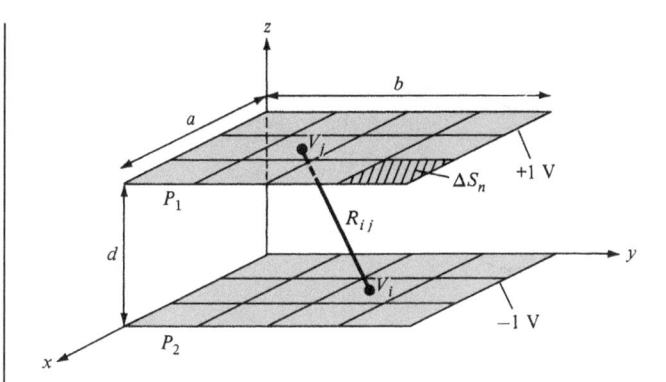

FIGURA 14.22 Capacitor de placas paralelas; referente ao Exemplo 14.5.

Portanto,

$$V_1 = \sum_{j=1}^{2n} \rho_j A_{1j} = 1$$

$$V_2 = \sum_{j=1}^{2n} \rho_j A_{2j} = 1$$

$$\vdots$$

$$V_n = \sum_{j=1}^{2n} \rho_j A_{nj} = 1$$

$$V_{n+1} = \sum_{j=1}^{2n} \rho_j A_{n+1,j} = -1$$

$$\vdots$$

$$V_{2n} = \sum_{j=1}^{2n} \rho_j A_{2n,j} = -1$$

fornecendo um conjunto de $2n$ equações simultâneas com $2n$ densidades de carga desconhecidas ρ_j. Na forma matricial,

$$\begin{bmatrix} A_{11} & A_{12} & \cdots & A_{1,2n} \\ A_{21} & A_{22} & \cdots & A_{2,2n} \\ \vdots & & & \vdots \\ \vdots & & & \vdots \\ A_{2n,1} & A_{2n,2} & \cdots & A_{2n,2n} \end{bmatrix} \begin{bmatrix} \rho_1 \\ \rho_2 \\ \vdots \\ \vdots \\ \rho_{2n} \end{bmatrix} = \begin{bmatrix} 1 \\ 1 \\ \vdots \\ \vdots \\ -1 \\ -1 \end{bmatrix}$$

ou

$$[A][\rho] = [B]$$

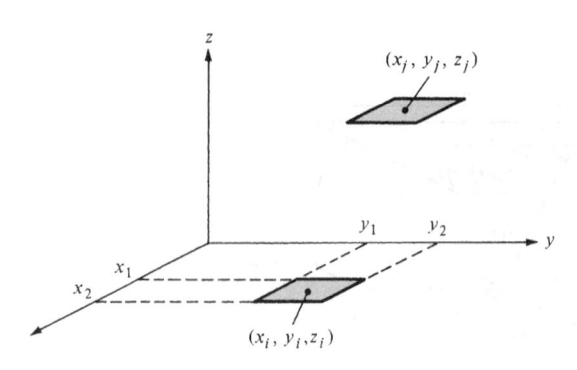

FIGURA 14.23 Subseções i e j; referente ao Exemplo 14.5.

Portanto,
$$[\rho] = [A]^{-1}[B]$$

onde $[B]$ é a matriz coluna dos potenciais e $[A]$ é uma matriz quadrada contendo elementos A_{ij}. Para determinar A_{ij}, considere as duas subseções i e j, mostradas na Figura 14.23, onde as subseções podem estar sobre placas diferentes ou sobre a mesma placa.

$$A_{ij} = \frac{1}{4\pi\varepsilon_o} \int_{y=y_1}^{y_2} \int_{x=x_1}^{x_2} \frac{dx\,dy}{R_{ij}}$$

onde
$$R_{ij} = [(x_j - x_i)^2 + (y_j - y_i)^2 + (z_j - z_i)^2]^{1/2}$$

Por conveniência, se assumirmos que as subseções são quadradas,
$$x_2 - x_1 = \Delta\ell = y_2 - y_1$$

pode-se mostrar que
$$A_{ij} = \frac{\Delta S_i}{4\pi\varepsilon_o R_{ij}} = \frac{(\Delta\ell)^2}{4\pi\varepsilon_o R_{ij}} \quad i \neq j$$

e
$$A_{ii} = \frac{\Delta\ell}{\pi\varepsilon_o} \ln(1+\sqrt{2}) = \frac{\Delta\ell}{\pi\varepsilon_o}(0{,}8814)$$

Com estas fórmulas, o programa em MATLAB, na Figura 14.24, foi desenvolvido. Com $n = 9$, $C = 26{,}51$ pF, com $n = 16$, $C = 27{,}27$ pF e com $n = 25$, $C = 27{,}74$ pF.

```
%   USANDO O MÉTODO DOS MOMENTOS,
%   ESTE PROGRAMA DETERMINA A CAPACITÂNCIA DE UM
%   CAPACITOR DE PLACAS PARALELAS, QUE CONSISTE EM DUAS
%   PLACAS CONDUTORAS, CADA UMA DE DIMENSÃO AA x BB,
%   SEPARADAS POR UMA DISTÂNCIA D E MANTIDAS A 1 VOLT E A -1 VOLT

%   UMA DAS PLACAS ESTÁ LOCALIZADA SOBRE O PLANO Z=0,
%   ENQUANTO A OUTRA ESTÁ LOCALIZADA SOBRE O PLANO Z=D

%   TODAS AS DIMENSÕES ESTÃO EM UNIDADES DO S.I.
%   N É O NÚMERO DE SUBSEÇÕES EM QUE CADA PLACA É
% DIVIDIDA
%   PRIMEIRO, ESPECIFIQUE OS PARÂMETROS

ER = 1.0;
```

FIGURA 14.24 Programa em MATLAB referente ao Exemplo 14.5. (Continua)

```
EO = 8.8541e-12;
AA = 1.0;
BB = 1.0;
D = 1.0;
N = 9;
NT = 2*N;
M = sqrt(N);
DX = AA/M;
DY = BB/M;
DL = DX;
%    SEGUNDO, CALCULE OS ELEMENTOS DA MATRIZ DE
%    COEFICIENTES A
K = 0;
for K1=1:2
    for K2=1:M
        for K3=1:M
            K = K + 1;
            X(K) = DX*(K2 - 0.5);
            Y(K) = DY*(K3 - 0.5);
        end
    end
end
for K1=1:N
    Z(K1) = 0.0;
    Z(K1+N) = D;
end
for I=1:NT
    for J=1:NT
        if(I==J)
            A(I,J) = DL*0.8814/(pi*EO);
        else
            R = sqrt((X(I)-X(J))^2 = Y(I)-Y(J))^2+(Z(I)-Z(J))^2);
            A(I,J) = DL^2/(4.*pi*EO*R);
        end
    end
end
% AGORA, DETERMINE A MATRIZ DO VETOR CONSTANTE B
for K=1:N
B(K) = 1.0;
B(K+N) = -1.0;
end
% INVERTA A E CALCULE RHO FORMADO PELOS ELEMENTOS
% DESCONHECIDOS. CALCULE TAMBÉM A CARGA TOTAL Q E A CAPACITÂNCIA C
F = inv(A);
RHO = F*B';
SUM = 0.0;
for I=1:N
SUM = SUM + RHO(I);
end
Q = SUM*(DL^2);
VO = 2.0;
C = abs(Q)/VO;
diary
[C]
[ [1:NT]' X Y' Z' RHO ]
diary off
```

FIGURA 14.24 (Continuação).

TABELA 14.2 Capacitância referente ao Exercício Prático 14.5

x_o (m)	C (pF)
0,0	4,91
0,2	4,891
0,4	4,853
0,6	4,789
0,8	4,71
1,0	4,643

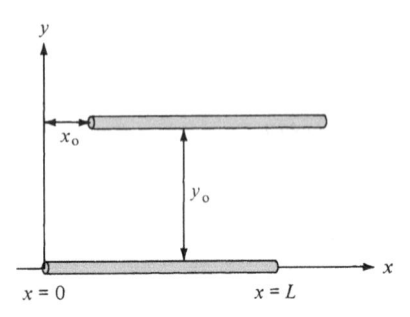

FIGURA 14.25 Fios condutores paralelos do Exercício Prático 14.5.

> **EXERCÍCIO PRÁTICO 14.5**
>
> Utilizando o método dos momentos, escreva um programa para determinar a capacitância de dois fios condutores idênticos paralelos, separados entre si de uma distância y_o e um deles deslocado do eixo y de x_o, como mostra a Figura 14.25. Se cada fio tem comprimento L e raio a, determine a capacitância para os seguintes casos: x_o = 0; 0,2; 0,4;...; 1,0 m. Considere y_o = 0,5 m, L = 1 m, a = 1 mm, ε_r = 1.
>
> **Resposta:** para $N = 10$ = número de segmentos por fio, ver Tabela 14.2.

14.5 O MÉTODO DOS ELEMENTOS FINITOS

O método dos elementos finitos (FEM)* tem sua origem no campo da análise de estruturas. Esse método passou a ser aplicado a problemas de EM apenas a partir de 1968.[3] Da mesma forma que o método das diferenças finitas, o método dos elementos finitos é útil para resolver equações diferenciais. Conforme foi destacado na Seção 14.3, o método das diferenças finitas representa o domínio por um conjunto de pontos de grade. Sua aplicação torna-se difícil para problemas em regiões com contornos de formas irregulares. Esses problemas podem ser resolvidos com maior facilidade utilizando o método dos elementos finitos.

---

* N. de T.: Do inglês, *Finite Element Method* – FEM.
[3] Veja P. P. Silvester e R. L. Ferrari, *Finite Elements for Electrical Engineers*. Cambridge, England: Cambridge University Press, 1996.

A análise por elementos finitos de um problema qualquer envolve, basicamente, quatro etapas: (a) discretização do domínio em um número finito de sub-regiões ou *elementos*; (b) obtenção das equações que regem um elemento típico; (c) conexão de todos os elementos no domínio e (d) resolução do sistema de equações obtido.

A. Discretização no método de elementos finitos

Dividimos o domínio em um número de *elementos finitos*, como ilustrado na Figura 14.26, onde a região é subdividida em quatro elementos que não se sobrepõem (dois triangulares e dois quadrangulares) e sete nós. Procuramos uma aproximação para o potencial V_e dentro de um elemento e e, então, inter-relacionamos as distribuições de potencial em vários elementos, tal que o potencial seja contínuo através dos contornos entre os elementos inter-relacionados. A solução aproximada para toda a região é

$$V(x, y) \simeq \sum_{e=1}^{N} V_e(x, y) \tag{14.45}$$

onde N é o número de elementos triangulares nos quais o domínio é dividido.

A forma mais comum de aproximação para V_e no interior de um elemento é a aproximação polinomial, a saber

$$V_e(x,y) = a + bx + cy \tag{14.46}$$

para um elemento triangular e

$$V_e(x,y) = a + bx + cy + dxy \tag{14.47}$$

para um elemento quadrangular. Em geral, o potencial V_e é diferente de zero dentro do elemento e, mas zero fora de e. É difícil aproximar o contorno do domínio com elementos quadrangulares. Tais elementos são úteis para problemas nos quais os contornos são suficientemente regulares. Em vista disso, preferimos usar elementos triangulares em toda nossa análise nesta seção. Observe que assumir variação linear do potencial no interior de elementos* triangulares, como na equação (14.46), equivale a assumir que o campo elétrico é uniforme dentro do elemento, isto é,

$$\mathbf{E}_e = -\nabla V_e = -(b\mathbf{a}_x + c\mathbf{a}_y) \tag{14.48}$$

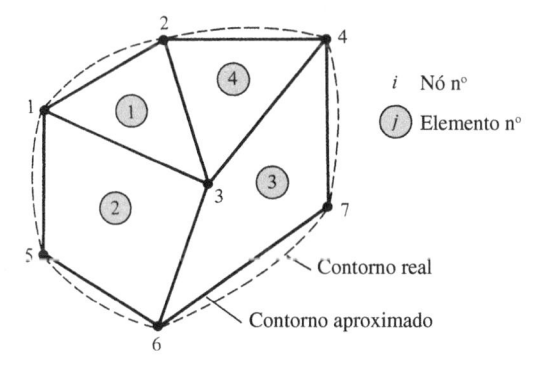

FIGURA 14.26 Uma subdivisão em elementos finitos típica para um domínio irregular.

B. Equações que regem os elementos

Considere um elemento triangular típico, mostrado na Figura 14.27. Os potenciais V_{e1}, V_{e2} e V_{e3} nos nós 1, 2 e 3, respectivamente, são obtidos utilizando a equação (14.46), isto é,

$$\begin{bmatrix} V_{e1} \\ V_{e2} \\ V_{e3} \end{bmatrix} = \begin{bmatrix} 1 & x_1 & y_1 \\ 1 & x_2 & y_2 \\ 1 & x_3 & y_3 \end{bmatrix} \begin{bmatrix} a \\ b \\ c \end{bmatrix} \quad (14.49)$$

Os coeficientes a, b e c são determinados a partir da equação (14.49) como

$$\begin{bmatrix} a \\ b \\ c \end{bmatrix} = \begin{bmatrix} 1 & x_1 & y_1 \\ 1 & x_2 & y_2 \\ 1 & x_3 & y_3 \end{bmatrix}^{-1} \begin{bmatrix} V_{e1} \\ V_{e2} \\ V_{e3} \end{bmatrix} \quad (14.50)$$

Substituindo a equação (14.50) na equação (14.46), resulta em

$$V_e = \begin{bmatrix} 1 & x & y \end{bmatrix} \frac{1}{2A} \begin{bmatrix} (x_2 y_3 - x_3 y_2) & (x_3 y_1 - x_1 y_3) & (x_1 y_2 - x_2 y_1) \\ (y_2 - y_3) & (y_3 - y_1) & (y_1 - y_2) \\ (x_3 - x_2) & (x_1 - x_3) & (x_2 - x_1) \end{bmatrix} \begin{bmatrix} V_{e1} \\ V_{e2} \\ V_{e3} \end{bmatrix}$$

ou

$$\boxed{V_e = \sum_{i=1}^{3} \alpha_i(x, y) V_{ei}} \quad (14.51)$$

onde

$$\alpha_1 = \frac{1}{2A} [(x_2 y_3 - x_3 y_2) + (y_2 - y_3) x + (x_3 - x_2) y] \quad (14.52a)$$

$$\alpha_2 = \frac{1}{2A} [(x_3 y_1 - x_1 y_3) + (y_3 - y_1) x + (x_1 - x_3) y] \quad (14.52b)$$

$$\alpha_3 = \frac{1}{2A} [(x_1 y_2 - x_2 y_1) + (y_1 - y_2) x + (x_2 - x_1) y] \quad (14.52c)$$

e A é área do elemento e, isto é,

$$2A = \begin{vmatrix} 1 & x_1 & y_1 \\ 1 & x_2 & y_2 \\ 1 & x_3 & y_3 \end{vmatrix}$$

$$= (x_1 y_2 - x_2 y_1) + (x_3 y_1 - x_1 y_3) + (x_2 y_3 - x_3 y_2)$$

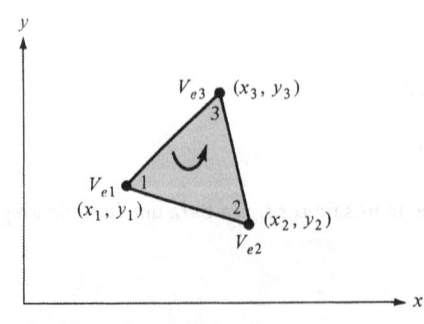

FIGURA 14.27 Elemento triangular típico. A numeração dos nós locais 1-2-3 deve ser feita no sentido anti-horário, como indica a seta.

ou

$$A = 1/2\,[(x_2 - x_1)(y_3 - y_1) - (x_3 - x_1)(y_2 - y_1)] \tag{14.53}$$

O valor de A é positivo se os nós forem numerados no sentido anti-horário (começando por qualquer nó), como mostrado pela seta na Figura 14.27. Observe que a equação (14.51) nos dá o potencial em qualquer ponto (x, y) dentro do elemento, desde que os potenciais nos vértices sejam conhecidos. Essa é uma situação diferente da que envolve análise por diferenças finitas, em que o potencial é conhecido apenas nos pontos-grade. Observe, também, que α_i são funções lineares de interpolação. Elas são denominadas *funções de forma dos elementos** e têm as seguintes propriedades:

$$\alpha_i(x_j, y_j) = \begin{cases} 1, & i = j \\ 0, & i \neq j \end{cases} \tag{14.54a}$$

$$\sum_{i=1}^{3} \alpha_i(x, y) = 1 \tag{14.54b}$$

As funções de forma α_1 e α_2, por exemplo, estão ilustradas na Figura 14.28.

A energia por unidade de comprimento, associada ao elemento e, é dada pela equação (4.96), isto é,

$$W_e = \frac{1}{2}\int_S \varepsilon\,|\mathbf{E}|^2\,dS = \frac{1}{2}\int_S \varepsilon\,|\nabla V_e|^2\,dS \tag{14.55}$$

onde se assume um domínio bidimensional, livre de cargas ($\rho_V = 0$). Contudo, a partir da equação (14.51),

$$\nabla V_e = \sum_{i=1}^{3} V_{ei}\,\nabla \alpha_i \tag{14.56}$$

Substituindo a equação (14.56) na equação (14.55), resulta em

$$W_e = \frac{1}{2}\sum_{i=1}^{3}\sum_{j=1}^{3} \varepsilon V_{ei} \left[\int_S \nabla \alpha_i \cdot \nabla \alpha_j\,dS\right] V_{ej} \tag{14.57}$$

Se definirmos o termo entre colchetes como

$$C_{ij}^{(e)} = \int_S \nabla \alpha_i \cdot \nabla \alpha_j\,dS \tag{14.58}$$

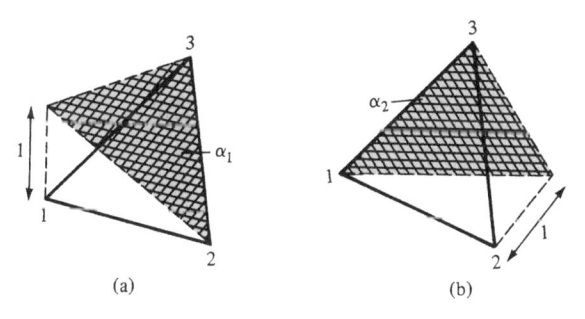

FIGURA 14.28 Funções de forma α_1 e α_2 para um elemento triangular.

---

* N. de T.: No original: *element shape functions*.

poderemos escrever a equação (14.57) na forma matricial como

$$W_e = \frac{1}{2}\varepsilon\,[V_e]^T\,[C^{(e)}]\,[V_e] \qquad (14.59)$$

onde o sobrescrito T denota a matriz transposta

$$[V_e] = \begin{bmatrix} V_{e1} \\ V_{e2} \\ V_{e3} \end{bmatrix} \qquad (14.60\text{a})$$

e

$$[C^{(e)}] = \begin{bmatrix} C_{11}^{(e)} & C_{12}^{(e)} & C_{13}^{(e)} \\ C_{21}^{(e)} & C_{22}^{(e)} & C_{23}^{(e)} \\ C_{31}^{(e)} & C_{32}^{(e)} & C_{33}^{(e)} \end{bmatrix} \qquad (14.60\text{b})$$

A matriz $[C^{(e)}]$ é usualmente denominada de *matriz dos coeficientes dos elementos*. O elemento $C_{ij}^{(e)}$ da matriz dos coeficientes pode ser considerado como o acoplamento entre os nós i e j. Seu valor é obtido a partir das equações (14.52) e (14.58). Por exemplo,

$$\begin{aligned} C_{12}^{(e)} &= \int \nabla\alpha_1 \cdot \nabla\alpha_2\,dS \\ &= \frac{1}{4A^2}[(y_2 - y_3)(y_3 - y_1) + (x_3 - x_2)(x_1 - x_3)]\int_S dS \\ &= \frac{1}{4A}[(y_2 - y_3)(y_3 - y_1) + (x_3 - x_2)(x_1 - x_3)] \end{aligned} \qquad (14.61\text{a})$$

De maneira similar,

$$C_{11}^{(e)} = \frac{1}{4A}[(y_2 - y_3)^2 + (x_3 - x_2)^2] \qquad (14.61\text{b})$$

$$C_{13}^{(e)} = \frac{1}{4A}[(y_2 - y_3)(y_1 - y_2) + (x_3 - x_2)(x_2 - x_1)] \qquad (14.61\text{c})$$

$$C_{22}^{(e)} = \frac{1}{4A}[(y_3 - y_1)^2 + (x_1 - x_3)^2] \qquad (14.61\text{d})$$

$$C_{23}^{(e)} = \frac{1}{4A}[(y_3 - y_1)(y_1 - y_2) + (x_1 - x_3)(x_2 - x_1)] \qquad (14.61\text{e})$$

$$C_{33}^{(e)} = \frac{1}{4A}[(y_1 - y_2)^2 + (x_2 - x_1)^2] \qquad (14.61\text{f})$$

Também,

$$C_{21}^{(e)} = C_{12}^{(e)}, \qquad C_{31}^{(e)} = C_{13}^{(e)}, \qquad C_{32}^{(e)} = C_{23}^{(e)} \qquad (14.61\text{g})$$

Entretanto, nossos cálculos ficam mais fáceis se definirmos

$$P_1 = (y_2 - y_3), \qquad P_2 = (y_3 - y_1), \qquad P_3 = (y_1 - y_2) \qquad (14.62\text{a})$$
$$Q_1 = (x_3 - x_2), \qquad Q_2 = (x_1 - x_3), \qquad Q_3 = (x_2 - x_1)$$

Com P_i e Q_i ($i = 1, 2, 3$ são os números dos nós locais), cada termo na matriz dos coeficientes dos elementos é determinado como

$$\boxed{C_{ij}^{(e)} = \frac{1}{4A} [P_i P_j + Q_i Q_j]} \qquad (14.62b)$$

onde

$$\boxed{A = \frac{1}{2}(P_2 Q_3 - P_3 Q_2)} \qquad (14.62c)$$

Observe que $P_1 + P_2 + P_3 = 0 = Q_1 + Q_2 + Q_3$ e, assim, $\sum_{i=1}^{3} C_{ij}^{(e)} = 0 = \sum_{j=1}^{3} C_{ij}^{(e)}$. Este resultado pode ser usado para conferir nossos cálculos.

C. Conexão de todos os elementos

Tendo considerado um elemento típico, o próximo passo é conectar todos esses elementos em um domínio. A energia associada à conexão de todos os elementos na malha é

$$W = \sum_{e=1}^{N} W_e = \frac{1}{2} \varepsilon [V]^T [C] [V] \qquad (14.63)$$

onde

$$[V] = \begin{bmatrix} V_1 \\ V_2 \\ \cdot \\ \cdot \\ \cdot \\ V_n \end{bmatrix} \qquad (14.64)$$

n é o número de nós, N é o número de elementos e $[C]$ é denominada de *matriz de rigidez global*, que representa a conexão das matrizes dos coeficientes dos elementos individuais. O maior problema agora é obter $[C]$ a partir de $[C^{(e)}]$.

O processo pelo qual as matrizes de coeficientes de cada elemento são conectadas para obter a matriz de rigidez global é melhor ilustrado com um exemplo. Considere a malha de elementos finitos consistindo em três elementos finitos, como mostrado na Figura 14.29. Observe a numeração dos nós. A numeração dos nós de acordo com 1, 2, 3, 4 e 5 é denominada de numeração *global*. A numeração *i-j-k* é denominada numeração *local* e corresponde a 1-2-3 dos elementos na Figura 14.27. Por exemplo, para o elemento 3 na Figura 14.29, a numeração global 3-5-4 corresponde à numeração local 1-2-3 do elemento na Figura 14.27. Observe que a numeração local deve seguir a sequência no sentido anti-horário, começando em qualquer nó do elemento. Para o elemento 3, por exemplo, poderíamos escolher 4-3-5 ou 5-4-3, em vez de 3-5-4 para corresponder a 1-2-3 do elemento na Figura 14.27. Portanto, a numeração na Figura 14.29 não é única. Entretanto, obtemos o mesmo $[C]$ independente da numeração usada. Assumindo a numeração adotada na Figura 14.29, é esperado que a matriz de rigidez global tenha a seguinte forma:

$$[C] = \begin{bmatrix} C_{11} & C_{12} & C_{13} & C_{14} & C_{15} \\ C_{21} & C_{22} & C_{23} & C_{24} & C_{25} \\ C_{31} & C_{32} & C_{33} & C_{34} & C_{35} \\ C_{41} & C_{42} & C_{43} & C_{44} & C_{45} \\ C_{51} & C_{52} & C_{53} & C_{54} & C_{55} \end{bmatrix} \qquad (14.65)$$

que é uma matriz 5×5, já que cinco nós ($n = 5$) estão envolvidos. Novamente, C_{ij} é o acoplamento entre o nó i e o nó j. Obtemos C_{ij} utilizando o fato de que a distribuição de potencial deve ser contí-

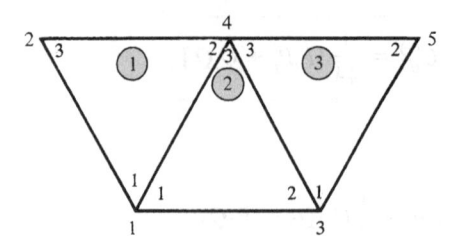

FIGURA 14.29 Conexão de três elementos: *i-j-k* correspondentes à numeração local 1-2-3 do elemento na Figura 14.27.

nua através dos contornos entre os elementos. A contribuição à posição i, j em $[C]$ vem de todos os elementos que contêm os nós i e j. Para encontrar C_{11}, por exemplo, observamos, da Figura 14.29, que o nó global 1 pertence aos elementos 1 e 2 e que é o nó local 1 a ambos. Assim,

$$C_{11} = C_{11}^{(1)} + C_{11}^{(2)} \tag{14.66a}$$

Para C_{22}, o nó global 2 pertence ao elemento 1 somente e é o mesmo que o nó local 3. Assim,

$$C_{22} = C_{33}^{(1)} \tag{14.66b}$$

Para C_{44}, o nó global 4 é o mesmo que os nós locais 2, 3, e 3 nos elementos 1, 2 e 3, respectivamente. Assim,

$$C_{44} = C_{22}^{(1)} + C_{33}^{(2)} + C_{33}^{(3)} \tag{14.66c}$$

Para C_{14}, a conexão global 14 é a mesma que as conexões locais 12 e 13 nos elementos 1 e 2, respectivamente. Assim,

$$C_{14} = C_{12}^{(1)} + C_{13}^{(2)} \tag{14.66d}$$

Já que não há acoplamento (ou conexão direta) entre os nós 2 e 3,

$$C_{23} = C_{32} = 0 \tag{14.66e}$$

Continuando desta maneira, obtemos todos os termos na matriz rigidez global por inspeção da Figura 14.29 como

$$[C] = \begin{bmatrix} C_{11}^{(1)} + C_{11}^{(2)} & C_{13}^{(1)} & C_{12}^{(2)} & C_{12}^{(1)} + C_{13}^{(2)} & 0 \\ C_{31}^{(1)} & C_{33}^{(1)} & 0 & C_{32}^{(1)} & 0 \\ C_{21}^{(2)} & 0 & C_{22}^{(2)} + C_{11}^{(3)} & C_{23}^{(2)} + C_{13}^{(3)} & C_{12}^{(3)} \\ C_{21}^{(1)} + C_{31}^{(2)} & C_{23}^{(1)} & C_{32}^{(2)} + C_{31}^{(3)} & C_{22}^{(1)} + C_{33}^{(2)} + C_{33}^{(3)} & C_{32}^{(3)} \\ 0 & 0 & C_{21}^{(3)} & C_{23}^{(3)} & C_{22}^{(3)} \end{bmatrix} \tag{14.67}$$

Observe que as matrizes dos coeficientes dos elementos se sobrepõem nos nós compartilhados pelos elementos e que há 27 termos (nove para cada um dos três elementos) na matriz de rigidez global $[C]$. Também observe as seguintes propriedades da matriz $[C]$:

1. A matriz é simétrica ($C_{ij} = C_{ji}$) da mesma forma que a matriz dos coeficientes do elemento.
2. Já que não existe acoplamento entre o nó i e o nó j, fica evidente que, para um grande número de elementos, $[C]$ torna-se esparsa e de banda.
3. A matriz é singular. Embora não seja tão óbvio, isto pode ser mostrado usando a matriz dos coeficientes do elemento da equação (14.60b).

D. Resolução das equações resultantes

A partir do Cálculo Variacional, é sabido que a equação de Laplace (ou de Poisson) é satisfeita quando a energia total no domínio é mínima. Portanto, é necessário que as derivadas parciais de W, em relação a cada valor nodal do potencial, seja zero. Isto é,

$$\frac{\partial W}{\partial V_1} = \frac{\partial W}{\partial V_2} = \cdots = \frac{\partial W}{\partial V_n} = 0$$

ou

$$\frac{\partial W}{\partial V_k} = 0, \quad k = 1, 2, \ldots, n \tag{14.68}$$

Por exemplo, para obter $\partial W/\partial V_1 = 0$ para a malha de elementos finitos da Figura 14.29, substituímos a equação (14.65) na equação (14.63) e tomamos a derivada parcial de W em relação a V_1. Obtemos

$$0 = \frac{\partial W}{\partial V_1} = 2V_1C_{11} + V_2C_{12} + V_3C_{13} + V_4C_{14} + V_5C_{15}$$
$$+ V_2C_{21} + V_3C_{31} + V_4C_{41} + V_5C_{51}$$

ou

$$0 = V_1C_{11} + V_2C_{12} + V_3C_{13} + V_4C_{14} + V_5C_{15} \tag{14.69}$$

Em geral, $\partial W/\partial V_k = 0$ nos leva a

$$0 = \sum_{i=1}^{n} V_i C_{ik} \tag{14.70}$$

onde n é o número de nós na malha. Ao escrever a equação (14.70) para todos os nós $k = 1, 2, \ldots, n$, obtemos um conjunto de equações simultâneas, a partir do que a solução de $[V]^T = [V_1, V_2, \ldots, V_n]$ pode ser encontrada. Isso pode ser feito de duas maneiras, similares às empregadas para resolver as equações em diferenças finitas obtidas a partir da equação de Laplace (ou de Poisson).

Método iterativo:

Esta abordagem é similar àquela usada no método das diferenças finitas. Consideremos que o nó 1 na Figura 14.29, por exemplo, seja um nó livre. O potencial no nó 1 pode ser obtido da equação (14.69) como

$$V_1 = -\frac{1}{C_{11}} \sum_{i=2}^{5} V_i C_{1i} \tag{14.71}$$

Em geral, o potencial em um nó livre k é obtido da equação (14.70) como

$$\boxed{V_k = -\frac{1}{C_{kk}} \sum_{i=1, i \neq k}^{n} V_i C_{ik}} \tag{14.72}$$

que se aplica iterativamente a todos os nós livres na malha com n nós. Já que $C_{ki} = 0$, se o nó k não está diretamente conectado ao nó i, somente nós que estão diretamente ligados ao nó k contribuem para V_k na equação (14.72).

Desta forma, se os potenciais nos nós conectados ao nó k são conhecidos, podemos determinar V_k usando a equação (14.72). O processo iterativo começa estabelecendo os potenciais nos nós livres iguais a zero ou iguais ao valor médio dos potenciais.

$$V_{méd} = 1/2\,(V_{mín} + V_{máx}) \tag{14.73}$$

onde $V_{mín}$ e $V_{máx}$ são os valores mínimo e máximo dos potenciais preestabelecidos nos nós fixos. Com esses valores iniciais, os potenciais nos nós livres são calculados usando a equação (14.72). Ao final da primeira iteração, quando os novos valores tiverem sido calculados para todos os nós livres, esses valores tornam-se os valores de partida para a segunda iteração. O procedimento é repetido até que a diferença de valores entre duas iterações subsequentes torne-se desprezível.

Método da matriz de banda:

Se todos os nós livres forem numerados por primeiro e os nós fixos por último, a equação (14.63) pode ser escrita tal que

$$W = \frac{1}{2}\varepsilon\,[V_f \ \ V_p] \begin{bmatrix} C_{ff} & C_{fp} \\ C_{pf} & C_{pp} \end{bmatrix} \begin{bmatrix} V_f \\ V_p \end{bmatrix} \tag{14.74}$$

onde os índices subscritos f e p, respectivamente, referem-se aos nós com potenciais livres e fixos (ou preestabelecidos). Já que V_p é constante (consiste em valores conhecidos e fixos), apenas diferenciamos em relação a V_f, tal que, ao aplicar a equação (14.68) na equação (14.74), resulta em

$$C_{ff}V_f + C_{fp}V_p = 0$$

ou

$$[C_{ff}]\,[V_f] = -[C_{fp}]\,[V_p] \tag{14.75}$$

Esta equação pode ser escrita como

$$[A]\,[V] = [B] \tag{14.76a}$$

ou

$$\boxed{[V] = [A]^{-1}\,[B]} \tag{14.76b}$$

onde $[V] = [V_f]$, $[A] = [C_{ff}]$ e $[B] = -[C_{fp}][V_p]$. Já que $[A]$ é, em geral, não singular, o potencial nos nós livres pode ser encontrado usando a equação (14.75). Podemos resolver para $[V]$ na equação (14.76a) usando a técnica de eliminação gaussiana. Também podemos resolver para $[V]$ na equação (14.76b) usando a inversão de matriz se o tamanho da matriz a ser invertida não for grande.

Observe que, da mesma forma que procedemos com as equações a partir da equação (14.55), nossa solução tem sido restrita a um problema bidimensional envolvendo a equação de Laplace $\nabla^2 V = 0$. Os conceitos básicos desenvolvidos nesta seção podem ser estendidos à análise por elementos finitos de problemas envolvendo a equação de Poisson ($\nabla^2 V = -\rho_v/\varepsilon$ e $\nabla^2 \mathbf{A} = -\mu\mathbf{J}$) ou a equação de onda ($\nabla^2 \phi - \gamma^2 \phi = 0$). Dois dos maiores problemas associados com a análise por elementos finitos são a quantidade relativamente grande de memória computacional requerida para armazenar os elementos da matriz e o tempo de processamento computacional associado. Entretanto, muitos algoritmos têm sido desenvolvidos para diminuir esses problemas até certo ponto.

O método dos elementos finitos (FEM) apresenta várias vantagens em relação ao método das diferenças finitas (FDM) e em relação ao método dos momentos (MOM). Em primeiro lugar, o FEM pode lidar, mais facilmente, com um domínio mais complexo. Em segundo lugar, a generalidade do FEM torna possível construir uma proposta de programa computacional geral para resolver uma grande gama de problemas. Um único programa pode ser usado para resolver problemas diferentes (descritos pelas mesmas equações diferenciais parciais) com diferentes domínios e diferentes condições de contorno, necessitando somente mudar os dados de entrada do problema. Entretanto, o FEM tem seus próprios pressupostos. É mais difícil entendê-lo e programá-lo do que entender e programar o FDM e o MOM. Isso requer a preparação dos dados de entrada, um processo que pode ser tedioso.

Nó	(x, y)
1	(0,8, 1,8)
2	(1,4, 1,4)
3	(2,1, 2,1)
4	(1,2, 2,7)

(a)

(b)

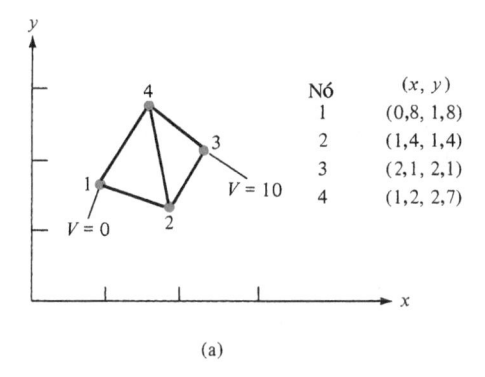

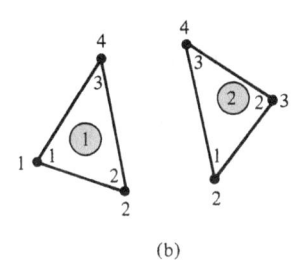

FIGURA 14.30 Referente ao Exemplo 14.6: (**a**) malha de dois elementos; (**b**) numeração local e global dos elementos.

EXEMPLO 14.6

Considere a malha de dois elementos, como mostrada na Figura 14.30(a). Usando o método de elementos finitos, determine os potenciais dentro da malha.

Solução:

As matrizes dos coeficientes dos elementos podem ser calculadas usando a equação (14.62). Para o elemento 1, consistindo nos nós 1-2-4 correspondentes à numeração local 1-2-3, como na Figura 14.30(b),

$$P_1 = -1,3, \quad P_2 = 0,9, \quad P_3 = 0,4$$

$$Q_1 = -0,2, \quad Q_2 = -0,4, \quad Q_3 = 0,6$$

$$A = 1/2 \, (0,54 + 0,16) = 0,35$$

Substituindo todas estas relações na equação (14.62b), obtém-se

$$[C^{(1)}] = \begin{bmatrix} 1,236 & -0,7786 & -0,4571 \\ -0,7786 & 0,6929 & 0,0857 \\ -0,4571 & 0,0857 & 0,3714 \end{bmatrix} \quad (14.6.1)$$

De maneira similar, para o elemento 2 consistindo nos nós 2-3-4 correspondentes à numeração local 1-2-3, como na Figura 14.30(b),

$$P_1 = -0,6 \quad P_2 = 1,3, \quad P_3 = -0,7$$

$$Q_1 = -0,9, \quad Q_2 = 0,2, \quad Q_3 = 0,7$$

$$A = 1/2 \, (0,91 + 0,14) = 0,525$$

Portanto,

$$[C^{(2)}] = \begin{bmatrix} 0{,}5571 & -0{,}4571 & -0{,}1 \\ -0{,}4571 & 0{,}8238 & -0{,}3667 \\ -0{,}1 & -0{,}3667 & 0{,}4667 \end{bmatrix} \quad (14.6.2)$$

Usando a equação (14.75), resulta em

$$\begin{bmatrix} C_{22} & C_{24} \\ C_{42} & C_{44} \end{bmatrix} \begin{bmatrix} V_2 \\ V_4 \end{bmatrix} = -\begin{bmatrix} C_{21} & C_{23} \\ C_{41} & C_{43} \end{bmatrix} \begin{bmatrix} V_1 \\ V_3 \end{bmatrix} \quad (14.6.3)$$

Reescrevendo em uma forma mais conveniente,

$$\begin{bmatrix} 1 & 0 & 0 & 0 \\ 0 & C_{22} & 0 & C_{24} \\ 0 & 0 & 1 & 0 \\ 0 & C_{42} & 0 & C_{44} \end{bmatrix} \begin{bmatrix} V_1 \\ V_2 \\ V_3 \\ V_4 \end{bmatrix} = \begin{bmatrix} 1 & 0 \\ -C_{21} & -C_{23} \\ 0 & 1 \\ -C_{41} & -C_{43} \end{bmatrix} \begin{bmatrix} V_1 \\ V_3 \end{bmatrix} \quad (14.6.4a)$$

ou

$$[C][V] = [B] \quad (14.6.4b)$$

Os termos da matriz de rigidez global são obtidos como segue:

$$C_{22} = C_{22}^{(1)} + C_{11}^{(2)} = 0{,}6929 + 0{,}5571 = 1{,}25$$

$$C_{42} = C_{24} = C_{23}^{(1)} + C_{13}^{(2)} = 0{,}0857 - 0{,}1 = -0{,}0143$$

$$C_{44} = C_{33}^{(1)} + C_{33}^{(2)} = 0{,}3714 + 0{,}4667 = 0{,}8381$$

$$C_{21} = C_{21}^{(1)} = -0{,}7786$$

$$C_{23} = C_{12}^{(2)} = -0{,}4571$$

$$C_{41} = C_{31}^{(1)} = -0{,}4571$$

$$C_{43} = C_{32}^{(2)} = -0{,}3667$$

Note que seguimos a numeração local para a matriz dos coeficientes dos elementos e a numeração global para a matriz de rigidez global. Assim, a matriz quadrada $[C]$ é obtida como

$$[C] = \begin{bmatrix} 1 & 0 & 0 & 0 \\ 0 & 1{,}25 & 0 & -0{,}0143 \\ 0 & 0 & 1 & 0 \\ 0 & -0{,}0143 & 0 & 0{,}8381 \end{bmatrix} \quad (14.6.5)$$

e a matriz $[B]$, no lado direito da equação (14.6.4a), é obtida como

$$[B] = \begin{bmatrix} 0 \\ 4{,}571 \\ 10{,}0 \\ 3{,}667 \end{bmatrix} \quad (14.6.6)$$

Invertendo a matriz $[C]$ na equação (14.6.5), obtemos

$$[V] = [C]^{-1}[B] = \begin{bmatrix} 0 \\ 3{,}708 \\ 10{,}0 \\ 4{,}438 \end{bmatrix}$$

Portanto, $V_1 = 0$, $V_2 = 3{,}708$, $V_3 = 10$ e $V_4 = 4{,}438$. Uma vez que os valores dos potenciais nos nós sejam conhecidos, o potencial em qualquer ponto dentro da malha pode ser determinado usando a equação (14.51).

EXERCÍCIO PRÁTICO 14.6

Calcule a matriz de rigidez global para a malha de dois elementos, mostrada na Figura 14.31, quando: (a) o nó 1 está ligado ao nó 3 e a numeração local $(i - j - k)$ é como indicado na Figura 14.31(a); (b) o nó 2 está ligado ao nó 4 com a numeração local, como mostrado na Figura 14.31(b).

Resposta: (a) $\begin{bmatrix} 0{,}9964 & 0{,}05 & -0{,}2464 & -0{,}8 \\ 0{,}05 & 0{,}7 & -0{,}75 & 0{,}0 \\ -0{,}2464 & -0{,}75 & 1{,}5964 & -0{,}75 \\ -0{,}8 & 0{,}0 & -0{,}75 & 1{,}4 \end{bmatrix}$.

(b) $\begin{bmatrix} 1{,}333 & -0{,}7777 & 0{,}0 & -1{,}056 \\ -0{,}0777 & 0{,}8192 & -0{,}98 & 0{,}2386 \\ 0{,}0 & -0{,}98 & 2{,}04 & -1{,}06 \\ -1{,}056 & 0{,}2386 & -1{,}06 & 1{,}877 \end{bmatrix}$.

EXEMPLO 14.7

Escreva um programa para resolver a equação de Laplace utilizando o método de elementos finitos. Aplique o programa para o problema bidimensional mostrado na Figura 14.32(a).

Solução:

O domínio é dividido em 25 elementos triangulares a três nós, o que resulta em um número total de 21 nós, como mostrado na Figura 14.32(b). Esta é uma etapa necessária para obter os dados de entrada que definem a geometria do problema. Tomando por base nossas discussões na Seção 14.5, foi desenvolvido um programa geral em MATLAB, utilizando elementos triangulares a três nós, para resolver problemas envolvendo a equação de Laplace, como mostra a Figura 14.33. O desenvolvimento do programa envolve, basicamente, quatro etapas, como indicado no programa e explicado a seguir.

nó 1: (2, 1)   nó 3: (2, 2,4)
nó 2: (3, 2,5) nó 4: (1,5, 1,6)

(a)   (b)

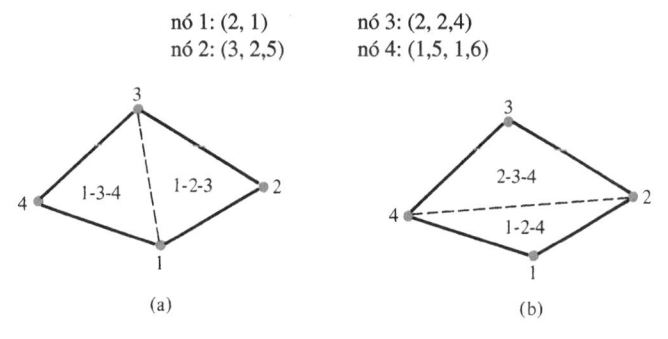

FIGURA 14.31 Referente ao Exercício Prático 14.6.

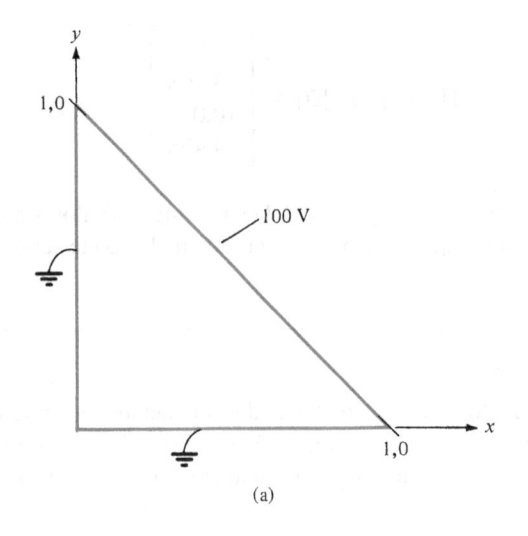

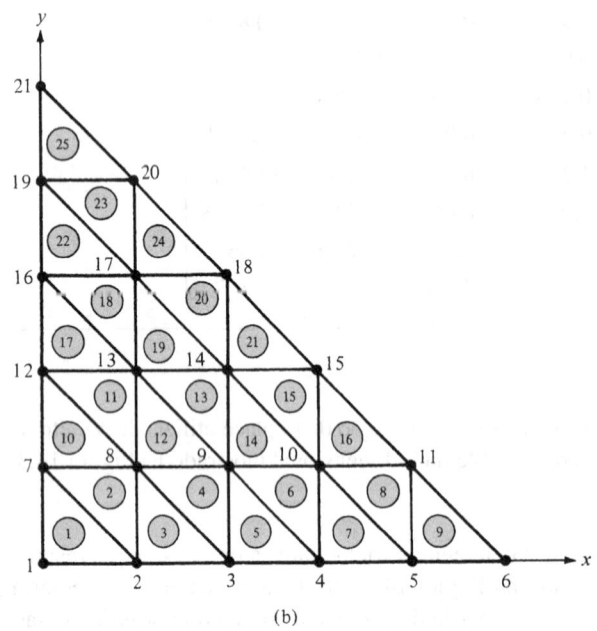

FIGURA 14.32 Referente ao Exemplo 14.7: (**a**) problema eletrostático bidimensional; (**b**) domínio dividido em 25 elementos triangulares.

```
% SOLUÇÃO DA EQUAÇÃO DE LAPLACE POR ELEMENTOS FINITOS
% PARA PROBLEMAS BIDIMENSIONAIS
% USANDO ELEMENTOS TRIANGULARES
% ND  = N° DE NÓS
% NE  = N° DE ELEMENTOS
% NP  = N° DE NÓS FIXOS (ONDE O POTENCIAL É PREESTABELECIDO)
% NDP(I)= N° DO NÓ COM POTENCIAL PREESTABELECIDO, I=1,2,...,NP
% VAL(I) = VALOR DO POTENCIAL PREESTABELECIDO NO NÓ NDP(I)
% NL(I,J) = LISTA DOS NÓS PARA CADA ELEMENTO I, ONDE
%    J=1,2,3 REFERE-SE AO NÚMERO DO NÓ LOCAL
% CE(I,J) = MATRIZ DE COEFICIENTES DO ELEMENTO
% C(I,J) = MATRIZ DE RIGIDEZ GLOBAL
% B(I) = MATRIZ DO LADO DIREITO NO SISTEMA
```

FIGURA 14.33 Programa de computador referente ao Exemplo 14.7 (continua).

```
% DE EQUAÇÕES SIMULTÂNEAS; VEJA EQUAÇÃO (14.6.4)
% X(I), Y(I) = COORDENADAS GLOBAIS DO NÓ I
% XL(J), YL(J) = COORDENADAS LOCAIS DO NÓ J=1,2,3
% V(I) = POTENCIAL NO NÓ I
% MATRIZES P(I) E Q(I) ESTÃO DEFINIDAS NA EQUAÇÃO
% (14.62a)

% ******************************************************
% PRIMEIRA ETAPA - DADOS DE ENTRADA QUE DEFINEM A
%                  GEOMETRIA E AS CONDIÇÕES DE CONTORNO
% ******************************************************

clear
input('Name of input data file = ')

% ******************************************************
% SEGUNDA ETAPA - CÁLCULO DA MATRIZ DE COEFICIENTES
%                 PARA CADA ELEMENTO E CONEXÃO GLOBAL
% ******************************************************
B = zeros(ND,1);
C = zeros(ND,ND);
for I=1:NE
% DETERMINAÇÃO DAS COORDENADAS LOCAIS XL(J), YL(J) PARA O ELEMENTO I
    K = NL(I,[1:3]);
    XL = X(K);
    YL = Y(K);
P=zeros(3,1);
Q=zeros(3,1);
    P(1) = YL(2) - YL(3);
    P(2) = YL(3) - YL(1);
    P(3) = YL(1) - YL(2);
    Q(1) = XL(3) - XL(2);
    Q(2) = XL(1) - XL(3);
    Q(3) = XL(2) - XL(1);
    AREA = 0.5*abs(P(2)*Q(3) - Q(2)*P(3));
%   DETERMINÇÃO DA MATRIZ DE COEFICIENTES PARA O ELEMENTO I
    CE=(P*P'+Q*Q')/(4.0*AREA);
%   CONEXÃO GLOBAL - DETERMINAÇÃO DE C(I,J) E B(I)
    for J=1:3
        IR = NL(I,J);
        IFLAG1=0;
%   VERIFIÇÃO DA CORRESPONDÊNCIA ENTRE A LINHA DA MATRIZ E UM NÓ FIXO
    for K = 1:NP
        if (IR == NDP(K))
            C(IR,IR) = 1.0;
            B(IR) = VAL(K);
            IFLAG1=1;
        end
    end % FIM PARA K = 1:NP
    if(IFLAG1 == 0)
    for L = 1:3
        IC = NL(I,L);
        IFLAG2=0;
%   VERIFICAÇÃO DA CORRESPONDÊNCIA ENTRE A COLUNA DA MATRIZ E UM NÓ FIXO
        for K=1:NP
            if (IC == NDP(K)),
                B(IR) = B(IR) - CE(J,L)*VAL(K);
```

FIGURA 14.33 (Continuação).

```
                        IFLAG2=1;
                end
            end % fim para K=1:NP
    if(IFLAG2 == 0)
            C(IR,IC) = C(IR,IC) + CE(J,L);
            end
    end % fim para L=1:3
  end % fim do if(iflag1 == 0)
end % fim para J=1:3
end % fim para I=1:NE
% ********************************************************
% TERCEIRA ETAPA - RESOLUÇÃO DO SISTEMA DE EQUAÇÕES
% ********************************************************

V = inv(C)*B;
V=V';
% ********************************************************
% QUARTA ETAPA - SAÍDA DOS RESULTADOS
% ********************************************************
diary exam147.out
[ND, NE, NP]
[ [1:ND]' X' Y' V']
diary off
```

FIGURA 14.33 (Continuação).

Etapa 1: envolve a entrada de dados necessária para a definição do problema. Essa é a única etapa que depende da geometria do problema em questão. Através de um arquivo de dados, introduzimos o número de elementos, o número de nós, o número de nós fixos, os valores preestabelecidos dos potenciais nos nós livres, as coordenadas x e y de todos os nós e uma lista identificando os nós pertencentes a cada elemento, conforme a ordem da numeração local 1-2-3. Para o problema na Figura 14.32, os três conjuntos de dados referentes às coordenadas, às relações elemento-nó e os potenciais preestabelecidos nos nós fixos são mostrados nas Tabelas 14.3, 14.4 e 14.5, respectivamente.

Etapa 2: esta etapa implica determinar a matriz de coeficientes dos elementos $[C^{(e)}]$ para cada elemento e a matriz de rigidez global $[C]$. O procedimento exposto no exemplo anterior é aplicado. A equação (14.6.4) pode ser escrita, na forma geral, como

$$\begin{bmatrix} 1 & 0 \\ 0 & C_{ff} \end{bmatrix} \begin{bmatrix} V_P \\ V_f \end{bmatrix} = \begin{bmatrix} 1 \\ -C_{fp} \end{bmatrix} [V_p]$$

ou

$$[C][V] = [B]$$

A matriz "global" $[C]$ e a matriz $[B]$ são calculadas nesta etapa.

Etapa 3: a matriz global obtida na etapa anterior está invertida. Os valores dos potenciais em todos os nós são obtidos por multiplicação matricial, como na equação (14.76b). Em vez de inverter a matriz global, é também possível determinar os potenciais nos nós usando a técnica de eliminação gaussiana.

TABELA 14.3 Coordenadas nodais da malha de elementos finitos da Figura 14.33

Nó	x	y	Nó	x	y
1	0,0	0,0	12	0,0	0,4
2	0,2	0,0	13	0,2	0,4
3	0,4	0,0	14	0,4	0,4
4	0,6	0,0	15	0,6	0,4
5	0,8	0,0	16	0,0	0,6
6	1,0	0,0	17	0,2	0,6
7	0,0	0,2	18	0,4	0,6
8	0,2	0,2	19	0,0	0,8
9	0,4	0,2	20	0,2	0,8
10	0,6	0,2	21	0,0	1,0
11	0,8	0,2			

TABELA 14.4 Identificação do elemento-nó

Elemento n°	Nó local n°			Elemento n°	Nó local n°		
	1	2	3		1	2	3
1	1	2	7	14	9	10	14
2	2	8	7	15	10	15	14
3	2	3	8	16	10	11	15
4	3	9	8	17	12	13	16
5	3	4	9	18	13	17	16
6	4	10	9	19	13	14	17
7	4	5	10	20	14	18	17
8	5	11	10	21	14	15	18
9	5	6	11	22	16	17	19
10	7	8	12	23	17	20	19
11	8	13	12	24	17	18	20
12	8	9	13	25	19	20	21
13	9	14	13				

TABELA 14.5 Potenciais preestabelecidos nos nós fixos

Nó n°	Potencial preestabelecido	Nó n°	Potencial preestabelecido
1	0,0	18	100,0
2	0,0	20	100,0
3	0,0	21	50,0
4	0,0	19	0,0
5	0,0	16	0,0
6	50,0	12	0,0
11	100,0	7	0,0
15	100,0		

Etapa 4: esta etapa envolve a saída do resultado do processo computacional.
Os dados de entrada e de saída estão apresentados nas Tabelas 14.6 e 14.7, respectivamente.

TABELA 14.6 Dados de entrada para o programa em elementos finitos da Figura 14.33

```
NE = 25;
ND = 21;
NP = 15;
NL = [ 1  2  7
       2  8  7
       2  3  8
          3  9  8
          3  4  9
          4 10  9
          4  5 10
          5 11 10
          5  6 11
          7  8 12
          8 13 12
          8  9 13
          9 14 13
          9 10 14
         10 15 14
         10 11 15
         12 13 16
         13 17 16
         13 14 17
         14 18 17
         14 15 18
         16 17 19
         17 20 19
         17 18 20
         19 20 21];
X = [0.0 0.2 0.4 0.6 0.8 1.0 0.0 ...
     0.2 0.4 0.6 0.8 0.0 0.2 0.4 ...
     0.6 0.0 0.2 0.4 0.0 0.2 0.0];
Y = [0.0 0.0 0.0 0.0 0.0 0.0 0.2 ...
     0.2 0.2 0.2 0.2 0.4 0.4 0.4 ...
     0.4 0.6 0.6 0.6 0.8 0.8 1.0];
NDP = [ 1 2 3 4 5 6 11 15 18 20 21 19 16 12 7];
VAL = [ 0.0 0.0 0.0 0.0 0.0 ...
        50.0 100.0 100.0 100.0 100.0
        50.0 0.0 0.0 0.0 0.0];
```

TABELA 14.7 Dados de saída do programa na Figura 14.33

Nó	X	Y	Potencial
1	0,00	0,00	0,000
2	0,20	0,00	0,000
3	0,40	0,00	0,000
4	0,60	0,00	0,000
5	0,80	0,00	0,000
6	1,00	0,00	50,000
7	0,00	0,20	0,000
8	0,20	0,20	18,182
9	0,40	0,20	36,364
10	0,60	0,20	59,091
11	0,80	0,20	100,000
12	0,00	0,40	0,000
13	0,20	0,40	36,364
14	0,40	0,40	68,182
15	0,60	0,40	100,000
16	0,00	0,60	0,000
17	0,20	0,60	59,091
18	0,40	0,60	100,000
19	0,00	0,80	0,000
20	0,20	0,80	100,000
21	0,00	1,00	50,000

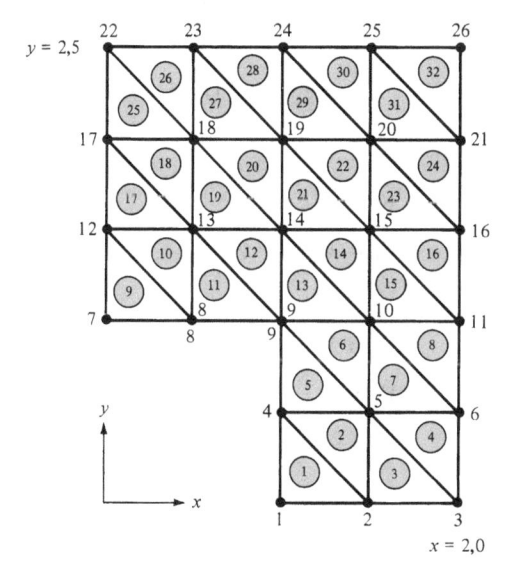

FIGURA 14.34 Referente ao Exercício Prático 14.7.

EXERCÍCIO PRÁTICO 14.7

Refaça o Exemplo 14.3 usando o método dos elementos finitos. Divida o domínio em elementos triangulares, como mostrado na Figura 14.34. Compare a solução com aquela obtida no Exemplo 14.3 usando o método das diferenças finitas.

Resposta: veja o Exemplo 14.3.

†14.6 APLICAÇÃO TECNOLÓGICA – LINHAS DE MICROFITAS

Os métodos numéricos apresentados neste capítulo têm sido aplicados com sucesso na solução de muitos problemas relacionados ao EM. Além dos exemplos simples considerados anteriormente neste capítulo, esses métodos têm sido aplicados a diversos problemas, incluindo problemas de linhas de transmissão, penetração e espalhamento de campos eletromagnéticos, problemas de pulsos EM (EMP), prospecção de minerais utilizando EM e absorção de energia EM no corpo humano. É praticamente impossível abordar todas estas aplicações dentro do escopo limitado deste texto. Nesta seção, vamos usar o método de diferenças finitas para analisar o problema relativamente simples de linhas de transmissão.

As técnicas de diferenças finitas são adequadas para o cálculo da impedância característica, velocidade de fase e atenuação de várias linhas de transmissão: linhas poligonais, linhas de fita blindadas, linhas de fita acopladas, linhas de microfitas, linhas coaxiais e linhas retangulares. O conhecimento dos parâmetros básicos destas linhas é de importância primordial no projeto de circuitos de micro-ondas.

Para analisarmos um caso concreto vamos considerar a linha de microfitas mostrada na Figura 14.35(a). A geometria da Figura 14.35(a) foi selecionada deliberadamente para ilustrar como usamos a técnica de diferenças finitas para levar em conta não homogeneidades discretas (isto é, meios homogêneos separados por interfaces) e linhas de simetria. As técnicas que serão apresentadas serão igualmente aplicáveis a outras linhas. Pelo fato de o modo ser TEM, sem componentes de **E** ou **H** na direção de propagação, os campos obedecem à equação de Laplace ao longo da secção reta da linha. A suposição de modo TEM é uma boa aproximação se as dimensões da linha são muito menores do que meio comprimento de onda, ou seja, a frequência de operação está muito abaixo das frequências de corte dos modos de ordem mais alta. Também, devido à simetria biaxial em torno dos dois eixos, somente um quarto da secção reta precisa ser considerada, conforme mostra a Figura 14.35(b).

A aproximação de diferenças finitas para a equação de Laplace $\nabla^2 V = 0$ foi obtida na equação (14.15), ou seja

$$V(i,j) = \frac{1}{4}[V(i+1,j) + V(i-1,j) + V(i,j+1) + V(i,j-1)] \qquad (14.77)$$

Para sermos concisos, vamos usar a notação

$$\begin{aligned} V_o &= V(i,j) \\ V_1 &= V(i,j+1) \\ V_2 &= V(i-1,j) \\ V_3 &= V(i,j-1) \\ V_4 &= V(i+1,j) \end{aligned} \qquad (14.78)$$

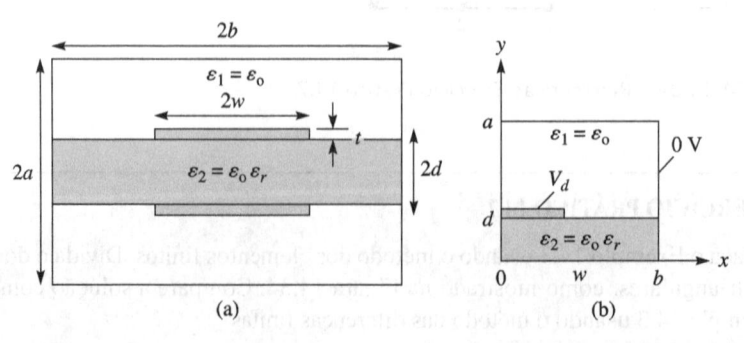

FIGURA 14.35 (a) Linha de fita dupla, blindada, com suporte dielétrico parcial. (b) O problema (a) pode ser simplificado levando-se em conta sua simetria.

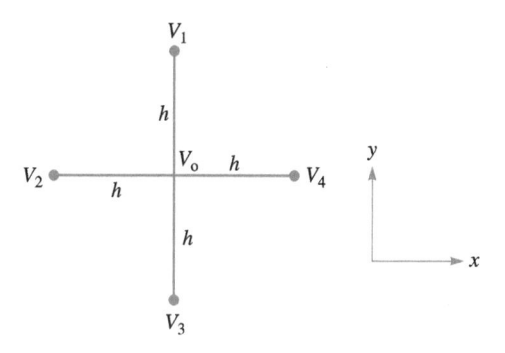

FIGURA 14.36 Molécula computacional para a equação de Laplace.

portanto a equação (14.77) fica

$$V_o = \frac{1}{4}[V_1 + V_2 + V_3 + V_4] \tag{14.79}$$

com a molécula computacional conforme apresentada na Figura 14.36. A equação (14.79) é a fórmula geral a ser aplicada a todos os nós livres no espaço livre e na região dielétrica da Figura 14.35(b). A única limitação à equação (14.79) é que a região discretizada deve ser homogênea.

No contorno do dielétrico, deve ser imposta a condição de contorno.

$$D_{1n} = D_{2n} \tag{14.80}$$

Lembramos que esta condição está baseada na lei de Gauss para o campo elétrico, isto é,

$$\oint_L \mathbf{D} \cdot d\mathbf{l} = \oint_L \varepsilon \mathbf{E} \cdot d\mathbf{l} = Q_{enc} = 0 \tag{14.81}$$

se nenhuma carga livre for deliberadamente colocada no contorno do dielétrico. Substituindo $\mathbf{E} = -\nabla V$ na Equação (14.81) temos

$$0 = \oint_L \varepsilon \nabla V \cdot d\mathbf{l} = \oint_L \varepsilon \frac{\partial V}{\partial n} dl \tag{14.82}$$

onde $\partial V/\partial n$ representa a derivada de V, normal ao contorno L. Aplicando a equação (14.82) à interface na Figura (14.37) resulta em

$$0 = \varepsilon_1 \frac{(V_1 - V_o)}{h} h + \varepsilon_1 \frac{(V_2 - V_o)h}{h} \frac{1}{2} + \varepsilon_2 \frac{(V_2 - V_o)h}{h} \frac{1}{2}$$
$$+ \varepsilon_2 \frac{(V_3 - V_o)}{h} h + \varepsilon_2 \frac{(V_4 - V_o)h}{h} \frac{1}{2} + \varepsilon_1 \frac{(V_4 - V_o)h}{h} \frac{1}{2}$$

Rearranjando os termos, obtemos

$$2(\varepsilon_1 + \varepsilon_2)V_o = \varepsilon_1 V_1 + \varepsilon_2 V_3 + \frac{(\varepsilon_1 + \varepsilon_2)}{2}(V_2 + V_4)$$

ou

$$V_o = \frac{\varepsilon_1}{2(\varepsilon_1 + \varepsilon_2)} V_1 + \frac{\varepsilon_2}{2(\varepsilon_1 + \varepsilon_2)} V_3 + \frac{1}{4} V_2 + \frac{1}{4} V_4 \tag{14.83}$$

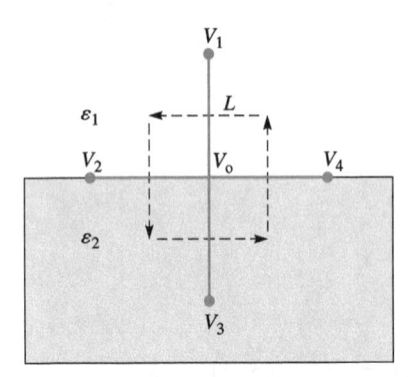

FIGURA 14.37 Interface entre meios de permissividades ε_1 e ε_2.

Isso é o equivalente em diferenças finitas às condições de contorno da equação (14.80). Note que a não homogeneidade discreta não afeta os pontos 2 e 4 do contorno, mas afeta os pontos 1 e 3 proporcionalmente às suas permissividades correspondentes. Note também que quando $\varepsilon_2 = \varepsilon_1$, a equação (14.83) reduz-se à equação (14.79).

Na linha de simetria impomos a condição

$$\frac{\partial V}{\partial n} = 0 \qquad (14.84)$$

Isso implica que na linha de simetria ao longo do eixo y ($x = 0$ ou $i = 0$), $\frac{\partial V}{\partial x} = \frac{(V_4 - V_2)}{2h} = 0$ ou $V_2 = V_4$, de modo que a equação (14.79) fica

$$V_o = \frac{1}{4}[V_1 + V_3 + 2V_4] \qquad (14.85a)$$

ou

$$V(0,j) = \frac{1}{4}[V(0,j+1) + V(0,j-1) + 2V(1,j)] \qquad (14.85b)$$

A linha de simetria ao longo do eixo x ($y = 0$ ou $j = 0$), $\frac{\partial V}{\partial y} = \frac{(V_1 - V_3)}{2h} = 0$, ou $V_3 = V_1$, de modo que

$$V_o = \frac{1}{4}[2V_1 + V_2 + V_4] \qquad (14.86a)$$

ou

$$V(i,0) = \frac{1}{4}[2V(i,1) + V(i-1,0) + V(i+1,0)] \qquad (14.86b)$$

As moléculas computacionais para as equações (14.85) e (14.86) estão apresentadas na Figura 14.38.

Estabelecendo o potencial nos nós fixos igual aos seus valores prescritos e aplicando-se as equações (14.79), (14.83), (14.85) e (14.86) aos nós livres de acordo com a matriz de banda, ou com os métodos iterativos discutidos na secção 14.3, o potencial dos nós livres pode ser determinado. Uma vez que isso tenha sido obtido, pode-se calcular as quantidades de interesse.

A impedância característica Z_o e a velocidade de fase na linha u são definidas como

$$Z_o = \sqrt{\frac{L}{C}} \qquad (14.87a)$$

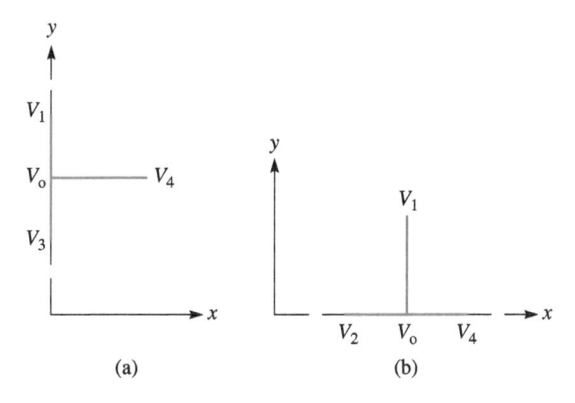

FIGURA 14.38 Moléculas computacionais usadas para satisfazer as condições de simetria (a) $\partial V/\partial x = 0$ e (b) $\partial V/\partial y = 0$.

$$u = \frac{1}{\sqrt{LC}} \qquad (14.87b)$$

onde L e C são respectivamente a indutância e a capacitância por unidade de comprimento. Se o meio dielétrico é não magnético ($\mu = \mu_o$), a impedância característica Z_{oo} e a velocidade de fase u_o com o dielétrico removido (isto é, a linha preenchida com ar) são dadas por

$$Z_{oo} = \sqrt{\frac{L}{C_o}} \qquad (14.88a)$$

$$u_o = \frac{1}{\sqrt{LC_o}} \qquad (14.88b)$$

onde C_0 é a capacitância por unidade de comprimento sem o dielétrico. Combinando as equações (14.87) e (14.88) resulta

$$Z_o = \frac{1}{u_o\sqrt{CC_o}} = \frac{1}{uC} \qquad (14.89a)$$

$$u = u_o\sqrt{\frac{C_o}{C}} = \frac{u_o}{\sqrt{\varepsilon_{ef}}} \qquad (14.89b)$$

$$\varepsilon_{ef} = \frac{C}{C_o} \qquad (14.89c)$$

onde $u_o = c = 3 \times 10^8$ m/s é a velocidade da luz no espaço livre e ε_{ef} é a constante dielétrica efetiva. Portanto, a determinação de Z_o e u para um meio não homogêneo requer o cálculo da capacitância por unidade de comprimento da estrutura com e sem o substrato dielétrico.

Se V_d é a diferença de potencial entre o condutor interno e o externo

$$C = \frac{4Q}{V_d} \qquad (14.90)$$

então o problema se reduz ao cálculo da carga Q por unidade de comprimento. (O fator 4 é necessário porque estamos considerando somente um quarto da secção reta.) Para calcularmos Q, apli-

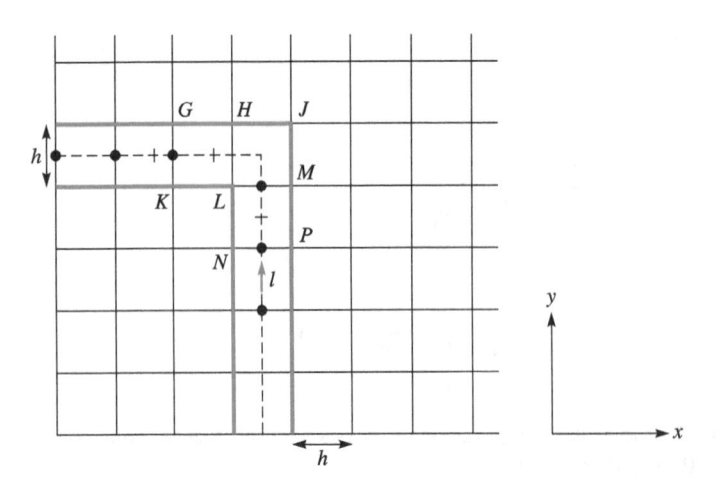

FIGURA 14.39 Caminho retangular ℓ usado no cálculo da carga contida em L.

camos a lei de Gauss ao caminho fechado L que contém o condutor interno. Podemos selecionar L como o caminho retangular entre dois retângulos adjacentes, conforme mostra a Figura 14.39.

$$Q = \oint_L D \cdot dl = \oint_L \varepsilon \frac{\partial V}{\partial n} dl$$

$$= \varepsilon\left(\frac{V_P - V_N}{\Delta x}\right)\Delta y + \varepsilon\left(\frac{V_M - V_L}{\Delta x}\right)\Delta y + \varepsilon\left(\frac{V_H - V_L}{\Delta y}\right)\Delta x + \varepsilon\left(\frac{V_G - V_K}{\Delta y}\right)\Delta x + \cdots \quad (14.91)$$

Já que $\Delta x = \Delta y = h$,

$$Q = (\varepsilon V_P + \varepsilon V_M + \varepsilon V_H + \varepsilon V_G + \cdots) - (\varepsilon V_N + 2\varepsilon V_L + \varepsilon V_K + \cdots) \quad (14.92)$$

ou

$$Q = \varepsilon_o\left[\sum \varepsilon_{ri} V_i \text{ para nós } i \text{ dentro do retângulo } KLN \text{ com}\right.$$
cantos (como L) contabilizados duas vezes
para nós i externos ao retângulo $GHJMP$
com cantos (como J) não contabilizados

O procedimento é descrito a seguir:

1. Calcule V (com o dielétrico substituído pelo espaço livre), usando as equações (14.79), (14.83), (14.85) e (14.86).
2. Determine Q usando a equação (14.92).
3. Encontre $C_o = 4Q_o/V_d$.
4. Repita os passos 1 e 2 (com o espaço do dielétrico) e encontre $C = 4Q/V_d$.
5. Por fim, calcule $Z_o = \dfrac{1}{c\sqrt{CC_o}}$, $c = 3 \times 10^8$ m/s.

EXEMPLO 14.8 Calcule Z_o para a linha de transmissão de microfitas da Figura 14.35 com $a = b = 2{,}5$ cm, $d = 0{,}5$ cm, $w = 1$ cm, $t = 0{,}001$ cm, $\varepsilon_1 = \varepsilon_o$, $\varepsilon_2 = 2{,}35\varepsilon_o$.

Solução:

Este problema é representativo dos diversos tipos de problemas que podem ser resolvidos usando os conceitos desenvolvidos nesta seção. O programa de computador apresentado na Figura 14.40 foi desenvolvido baseado no procedimento de cinco itens apresentado acima. A partir da especificação do incremento h e do número de iterações o programa faz inicialmente o potencial de todos os nós igual a zero. O potencial do condutor externo também colocado igual a zero, enquanto o do condutor interno é especificado em 100 V, portanto $V_d = 100$. O programa calcula C_o com o dielétrico removido e C com o dielétrico no lugar e, por fim, calcula Z_0. Para um determinado incremento h o número de iterações deve ser suficientemente grande e maior do que o número de divisões ao longo das direções x e y. A Tabela 14.8 apresenta alguns resultados típicos.

```matlab
% Este programa encontra a impedância característica de uma linha
% de microfitas blindada
% usando o método das diferenças finitas.

a = 2.5; b = 2.5;
d = 0.5;
w = 1;
h = 0.05;
vd = 100;
ni = 1000;
nx = b/h;
ny = a/h;
nw = w/h;
nd = d/h;
er = 2.35;
eo = 10^(-9)/(36*pi);
e1 = eo;
e2 = er*eo;
u = 3*10^8;
% Inicialização.
v = zeros(nx,ny);
for i = 1:nw % Faz o potencial no condutor interno igual a V_d.
    v(i,nd) = vd;
end
% Calcula o potencial em todos os pontos.
    p1 = e1/(2.0*(e1+e2));
    p2 = e2/(2.0*(e1+e2));
    for n = 1:2
      if n == 1
          er = 1;
      else
          er = 2.35;
      end
      for k = 1:ni

        for i = 2:nx-1
            for j = 2:nd-1% Abaixo da interface.
                v(i,j) = 0.25*( v(i+1,j)+v(i-1,j)+v(i,j+1)+v(i,j-1));
            end
        end
        for i = 2:nx-1
            for j = nd+1:ny-1 % Acima da interface.
                v(i,j) = 0.25*(v(i+1,j)+v(i-1,j)+v(i,j+1)+v(i,j-1));
            end
        end
        j = nd;% Sobre a interface.
            for i = nw+1:nx-1
                v(i,j) = 0.25*(v(i+1,j)+v(i-1,j)+p1*v(i,j+1)+p2*v(i,j-1);
            end
                % Sobre a linha de simetria.
            for i = 2:nx-1
                v(i,1) = 0.25*(v(i+1,1)+v(i-1,1)+2*v(i,2));
```

FIGURA 14.40 Código em MATLAB para o Exemplo 14.8. (Continua)

```
            end
            for j = 2:nd-1
                v(i,j) = 0.25*(2*v(2,j)+v(1,j+1)+v(1,j-1));
            end
            for j = nd+1:ny = 1
                v(1,j) = 0.25*(2*v(2,j)+v(1,j+1)+v(1,j-1));
            end
    end
% Agora calcula a carga.
% Seleciona dois caminhos adjacentes.
sum1 = 0.0;
sum2 = 0.0;
nm = fix(nd+0.5*(ny-nd));
nn = fix(nx/2));
for i = 2:nn
    sum1 = sum1+v(i,nm);
    sum2 = sum2+v(i,nm+1);
end
sum1 = sum1+0.5*v(1,nm);
sum2 = sum2+0.5*v(1,nm+1);
for j = 2:nd-1
    sum1 = sum1+er*v(nn,j);
    sum2 = sum2+er*v(nn+1,j);
end
sum1 = sum1+0.5*er*v(nn,1);
sum2 = sum2+0.5*er*v(nn+1,1);
for j = nd+1:nm
    sum1 = sum1+v(nn,j);
    sum2 = sum2+v(nn+1,j);
end
    sum1 = sum1+0.5*(er+1)*v(nn,nd);
    sum2 = sum2+0.5*(er+1)*v(nn+1,nd);
q(n) = eo*abs(sum2-sum1);
end
% Calcula a impedância característica.
c1 = 4*q(1)/vd;
c2 = 4*q(2)/v;
zo = 1/(u*sqrt(c1*c2))
```

FIGURA 14.40 Código em MATLAB para o Exemplo 14.8. (Continuação)

TABELA 14.8 Impedância característica de uma linha de microfitas; Exemplo 14.8

h	Número de iterações	$Z_0\ (\Omega)$
0,25	700	49,05
0,1	500	57,85
0,05	500	65,82
0,05	700	63,10
0,05	1000	61,53

MATLAB 14.1

```
% Esse script permite o usuário as dimensões e propriedades
dielétricas de uma linha de microfitas
% e então usa o algoritmo de diferenças finitas para resolver a
equação de Laplace iterativamente
% para obter o potencial como uma função espacial.
% A linha de microfitas é suposta no ar, ou seja, as paredes superior
e laterais estão no infinito,
% mas, devido às limitações no espaço da solução numérica,
adicionamos como blindagens paredes de
% condutores perfeitos (onde E = 0), que devem estar suficientemente
longe da estrutura de microfitas
% (a,b >> w,d) para uma simulação precisa na condição de espaço livre
e fronteiras no infinito.

% O script cria uma grade retangular e então calcula a solução.

% Inserção pelo usuário dos parâmetros básicos.
Vstrip = input('Insira a voltagem na linha de fitas \n> ');
a = input('Insira a dimensão horizontal do espaço \n> ');
b = input('Insira a dimensão vertical do espaço \n> ');
w = input('Insira a largura da microfita \n> ');
d = input('Insira a espessura do dielétrico \n> ');

% O contorno do dielétrico.
epstop = input('Insira a constante dielétrica relativa da região acima
da microfita \n> ');
epsbottom = input( 'Insira a constante dielétrica relativa da região
abaixo da microfita \n> ');
epsave = (epstop1epsbottom)/2;% O valor médio da constante dielétrica
relativa ao longo do contorno.

% Coloca zeros no espaço de solução do potencial.
P5zeros(b,a);

% Define a voltagem da fita.
% A função floor aproxima números ímpares divididos por 2 ao inteiro
mais próximo.
for i = floor(b/2)-(w/2-1):1:floor(b/2)+1w/2;
  P(i,d) = Vstrip;
end

% Inicia as iterações para obter o potencial.
%-----------------------------------------
for i = 1:600, % O i é o índice de iteração.
  % Quanto maior for este número maior é a precisão no cálculo do
potencial.
  for j = 2:1:a-1, % Varre cada coluna dos valores de y para os casos
    % em que j não se encontra sobre o condutor da microfita.
    if j~= d
      for i = 2:b-1 % Varre cada linha dos valores de x.
        % Esta equação calcula o potencial pela discretização da
        % equação de Laplace em uma grade retangular.
        P(i,j) = 0.25*(P(i+1,j)1P(i-1,j)1P(i,j+1)1P(i,j-1));
      end
    % Ou então estamos em y 5 d, sobre o eixo da microfita.
    else
      for i 5 2:b-1, % Varre cada linha dos valores de x.
```

(continua)

```
(continuação)
            if (i<(floor(b/2)-(w/2-1)))|(i>(floor(b/2)1w/2)))
                % Esta equação calcula o potencial pela discretização da
                % equação de Laplace em uma grade retangular
                P(i,j) = (1/(4*epsave))*(epsave*(P(i+1,j)1P(i-1j))+
                    epstop*P(i,j+1)+epsbottom*P(i,j-1));
                end
            end
        % end do if condicional
            end
        end
end
%----------------------------------------

% Gráfico da distribuição do potencial.
% Cria o vetor dos contornos de voltagem.
v = [0.005,0.01,0.05,0.1,0.2,0.3,0.4,0.5,0.6,0.7,0.8,0.9,1]*Vstrip;
figure
contour(P',v);% P' é a matriz transporta de P.
colorbar % Adiciona a barra de cores como uma legenda para as cores
que definem as linhas equipotenciais.
xlabel('Posição horizontal)
ylabel('Posição vertical')
title('Linhas Equipotenciais para uma Linha de Microfitas')
```

RESUMO

1. As linhas de campo elétrico e as linhas equipotenciais, devido às fontes pontuais coplanares, podem ser traçadas usando a técnica numérica apresentada neste capítulo. O conceito básico pode ser estendido para traçar as linhas de campo magnético.

2. Um problema de EM na forma de uma equação diferencial parcial pode ser resolvido usando o método de diferenças finitas. A equação de diferenças finitas que aproxima a equação diferencial é aplicada em pontos na grade, espaçados em uma maneira ordenada, sobre todo o domínio. A intensidade de campo nos pontos livres é determinada usando um método adequado.

3. Um problema de EM na forma de uma equação integral é convenientemente resolvido usando o método dos momentos. A grandeza desconhecida sob o símbolo de integral é determinada ajustando ambos os lados da equação integral em um número finito de pontos no domínio da grandeza.

4. Enquanto o método de diferenças finitas é restrito a problemas com regiões de solução de formato regular, o método de elementos finitos pode lidar com problemas com geometrias complexas. Esse método consiste em dividir o domínio em elementos finitos, derivar as equações para um elemento típico, conectar todos os elementos na região e resolver o sistema de equações resultante.

5. As diferenças finitas foram aplicadas na determinação da impedância característica de uma linha de transmissão de microfitas.

QUESTÕES DE REVISÃO

14.1 No ponto (1, 2, 0) dentro de um campo elétrico devido a fontes pontuais coplanares, $\mathbf{E} = 0{,}3\,\mathbf{a}_x - 0{,}4\,\mathbf{a}_y$ V/m. Um deslocamento diferencial de 0,05 m, a partir deste ponto, sobre uma linha equipotencial nos leva ao ponto:

(a) (1,04, 2,03, 0)

(b) (0,96, 1,97, 0)

(c) (1,04, 1,97, 0)

(d) (0,96, 2,03, 0)

14.2 Qual das seguintes alternativas *não* representa uma aproximação por diferenças finitas correta para dV/dx em x_o se $h = \Delta x$?

(a) $\dfrac{V(x_o + h) - V(x_o)}{h}$

(b) $\dfrac{V(x_o) - V(x_o - h)}{h}$

(c) $\dfrac{V(x_o + h) - V(x_o - h)}{h}$

(d) $\dfrac{V(x_o + h) - V(x_o - h)}{2h}$

(e) $\dfrac{V(x_o + h/2) - V(x_o - h/2)}{h}$

14.3 O elemento triangular da Figura 14.41 está no espaço livre. O valor aproximado do potencial no centro do triângulo é:

(a) 10 V

(b) 7,5 V

(c) 5 V

(d) 0 V

14.4 Para análise por diferenças finitas, uma placa retangular, medindo 10 cm por 20 cm, é dividida em oito sub-regiões por linhas espaçadas de 5 cm paralelas às bordas da placa. Quantos nós livres existem se as bordas forem conectadas à mesma fonte?

(a) 15

(b) 12

(c) 9

(d) 6

(e) 3

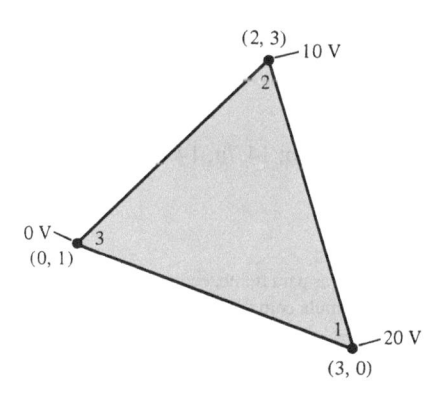

FIGURA 14.41 Referente às Questões de Revisão 14.3 e 14.10.

14.5 Usando a equação de diferenças $V_n = V_{n-1} + V_{n+1}$ com $V_0 = V_5 = 1$ e começando com os valores iniciais $V_n = 0$ para $1 \leq n \leq 4$, o valor de V_2, após a terceira iteração, é:

(a) 1
(b) 3
(c) 9
(d) 15
(e) 25

14.6 A matriz de coeficientes $[A]$, obtida através do método dos momentos, *não* tem uma das seguintes propriedades:

(a) É uma matriz densa (isto é, tem muitos termos não nulos).
(b) É uma matriz de banda.
(c) É uma matriz quadrada e simétrica.
(d) É uma matriz que depende da geometria de um dado problema.

14.7 A maior diferença entre o método de diferenças finitas e o método de elementos finitos é que:

(a) Usando um deles, uma matriz esparsa resulta como solução.
(b) Em um deles, a solução é conhecida em todos os pontos no interior do domínio.
(c) Um deles se aplica para resolver uma equação diferencial parcial.
(d) Um deles tem seu uso limitado a problemas invariáveis no tempo.

14.8 Se a placa da Questão de Revisão 14.4 tiver que ser discretizada para a análise por elementos finitos, tal que tenhamos o mesmo número de pontos de grade, quantos elementos triangulares serão gerados?

(a) 32
(b) 16
(c) 12
(d) 9

14.9 Qual das afirmações sobre funções de modelagem *não* é verdadeira?

(a) As funções de forma são interpolatórias por natureza.
(b) As funções de forma devem ser contínuas no interior dos elementos.
(c) As funções de forma somadas são identicamente iguais à unidade em cada ponto dentro do elemento.
(d) A função de forma associada a um dado nó se anula em qualquer outro nó.
(e) A função de forma associada a um determinado nó é nula naquele nó.

14.10 A área do elemento na Figura 14.41 é

(a) 14
(b) 8
(c) 7
(d) 4

Respostas: 14.1a; 14.2c[4]; 14.3a; 14.4e; 14.5c; 14.6b; 14.7a; 14.8b; 14.9e; 14.10d.

---

[4] A fórmula em (a) é conhecida como fórmula com diferenças para frente, enquanto que a fórmula em (b) é conhecida como fórmula com diferenças para trás e em (d) ou (e) como fórmula com diferenças centrais.

PROBLEMAS

14.1 Dada a equação diferencial unidimensional

$$\frac{d^2 y}{dx^2} + 4y = 0$$

tal que $y(0) = 0$ e $y(1) = 10$, use o método de diferenças finitas (iterativo) para determinar $y(0,25)$. Considere $\Delta = 0,25$ e faça 5 iterações.

14.2 (a) A partir da tabela abaixo, obtenha $\dfrac{dV}{dx}$ e $\dfrac{d^2V}{dx^2}$ em $x = 0,15$

x	0,1	0,15	0,2	0,25	0,3
V	1,0017	1,5056	2,0134	2,5261	3,0452

(b) Os dados da tabela acima são obtidos a partir de $V = 10 \operatorname{senh} x$. Compare seus resultados na parte (a) com os valores exatos.

14.3 Mostre que a equação em diferenças finitas para a equação de Laplace em coordenadas cilíndricas, $V = V(\rho, z)$, é

$$V(\rho_o, z_o) = \frac{1}{4}\left[V(\rho_o, z_o + h) + V(\rho_o, z_o - h) + \left(1 + \frac{h}{2\rho_o}\right) V(\rho_o + h, z_o) + \left(1 - \frac{h}{2\rho_o}\right) V(\rho_o - h, z_o) \right]$$

onde $h = \Delta z = \Delta \rho$.

14.4 Usando a representação em diferenças finitas em coordenadas cilíndricas (ρ, ϕ) em um ponto P da grade, mostrado na Figura 14.42, considere $\rho = m \Delta \rho$ e $\phi = n \Delta \phi$, tal que $V(\rho, \phi)|_P = V(m\Delta\rho, n\Delta\phi) = V_m^n$. Demostre que:

$$\nabla^2 V|_{m,n} = \frac{1}{\Delta \rho^2}\left[\left(1 - \frac{1}{2m}\right) V_{m-1}^n - 2V_m^n + \left(1 + \frac{1}{2m}\right) V_{m+1}^n + \frac{1}{(m\Delta\phi)^2}(V_m^{n-1} - 2V_m^n + V_m^{n+1})\right]$$

14.5 Uma calha quadrada condutora tem seus quatro lados mantidos a potenciais 10 V, −40 V, 50 V e 80 V. Determine o potencial no centro da calha.

14.6 Use o método de diferenças finitas para calcular os potenciais nos nós 1 e 2 no sistema representado na Figura 14.43.

14.7 Refaça o Problema 14.6 se $\rho_S = \dfrac{100}{\pi}$ nC/m^2, $h = 0,1$ m e $\varepsilon = \varepsilon_o$, onde h é o passo da malha.

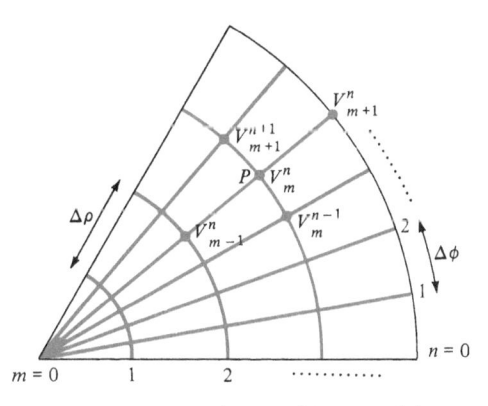

FIGURA 14.42 Grade para diferenças finitas em coordenadas cilíndricas; referente ao Problema 14.4.

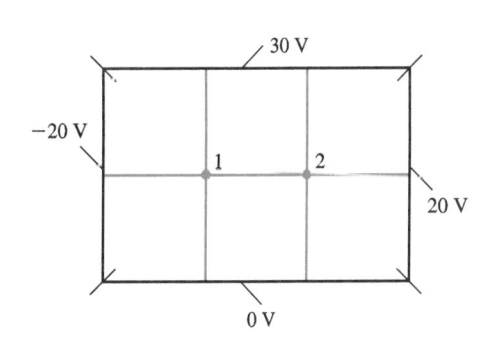

FIGURA 14.43 Referente ao Problema 14.6.

14.8 Use a técnica das diferenças finitas para encontrar o potencial nos nós 1 a 4 do sistema de potenciais apresentado na Figura 14.44. São suficientes cinco iterações.

14.9 Encontre as equações de diferenças finitas dos nós 1 a 3 para o sistema de potencial da Figura 14.45 (dividido em uma grade quadrada). Obtenha o potencial para os nós 1, 2 e 3.

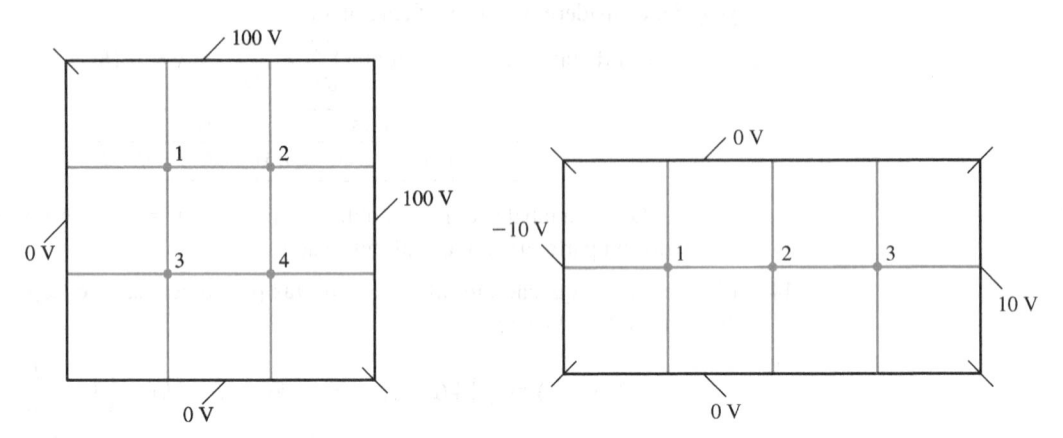

FIGURA 14.44 Referente ao Problema 14.8.

FIGURA 14.45 Referente ao Problema 14.9.

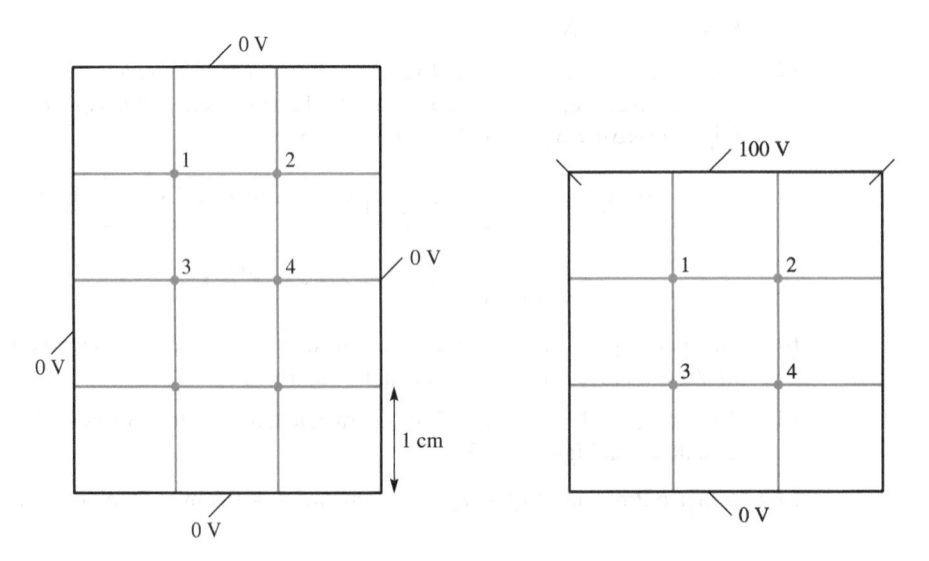

FIGURA 14.46 Referente ao Problema 14.10.

FIGURA 14.47 Referente ao Problema 14.11.

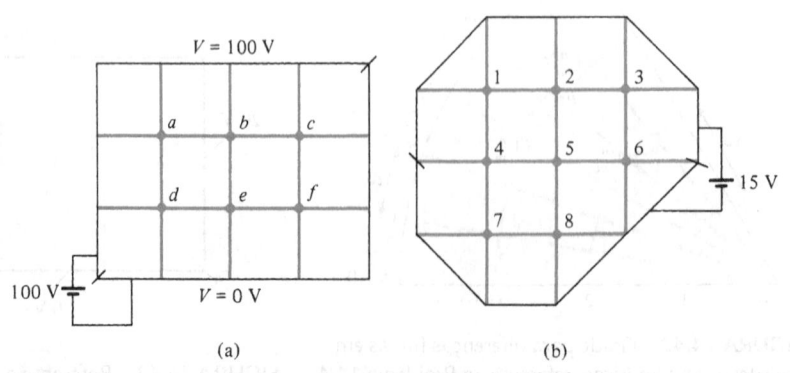

(a)

(b)

FIGURA 14.48 Referente ao Problema 14.12.

14.10 Para a região retangular mostrada na Figura 14.46, o potencial elétrico é zero nos contornos e a distribuição de cargas ρ_v é 50nC/m³. Devido à simetria, embora existam seis nós livres, existem apenas quatro potenciais desconhecidos ($V_1 - V_4$). Calcule os potenciais desconhecidos.

14.11 Considere o sistema mostrado na Figura 14.47. (a) Estabeleça iguais a zero os valores iniciais nos nós livres e calcule o potencial nos nós livres para cinco iterações. (b) Resolva o problema pelo método da matriz de banda e compare o resultado com o da parte (a).

14.12 Aplique a técnica da matriz de banda para estabelecer um sistema de equações de diferenças simultâneas para cada um dos problemas na Figura 14.48. Obtenha as matrizes [A] e [B].

14.13 (a) Como você poderia modificar as matrizes [A] e [B] do Exemplo 14.2 se o domínio tivesse uma densidade de carga ρ_V?

(b) Escreva um programa para determinar os potenciais nos pontos da grade, mostrados na Figura 14.49, assumindo uma densidade de carga $\rho_V = x(y - 1)$ nC/m². Use o método iterativo de diferenças finitas e considere $\varepsilon_r = 1{,}0$.

14.14 A equação de onda em duas dimensões é dada por

$$\frac{1}{c^2}\frac{\partial^2 \Phi}{\partial t^2} = \frac{\partial^2 \Phi}{\partial x^2} + \frac{\partial^2 \Phi}{\partial z^2}$$

Considerando $\Phi^j_{m,n}$ como a aproximação por diferenças finitas de $\Phi(x_m, z_n, t_j)$, demonstre que, aplicando o esquema de diferenças finitas para a equação de onda, resulta em

$$\Phi^{j+1}_{m,n} = 2\Phi^j_{m,n} - \Phi^{j-1}_{m,n} + \alpha(\Phi^j_{m+1,n} + \Phi^j_{m-1,n} - 2\Phi^j_{m,n}) +$$
$$\alpha(\Phi^j_{m,n+1} + \Phi^j_{m,n-1} - 2\Phi^j_{m,n})$$

onde $h = \Delta x = \Delta z$ e $\alpha = (c\,\Delta t/h)^2$.

14.15 Escreva um programa que utilize o esquema de diferenças finitas para resolver a equação de onda em uma dimensão

$$\frac{\partial^2 V}{\partial x^2} = \frac{\partial^2 V}{\partial t^2}, \quad 0 \le x \le 1, \quad t > 0$$

dadas as condições de contorno $V(0, t) = 0$, $V(1, t) = 0$ e $t > 0$ e as condições iniciais $\partial V/\partial t (x, 0) = 0$, $V(x, 0) = \text{sen } \pi x$ e $0 < x < 1$. Considere $\Delta x = \Delta t = 0{,}1$. Compare sua solução com a solução exata $V(x, t) = \text{sen } \pi x \cos \pi t$ para $0 < t < 4$.

14.16 (a) Demonstre que a representação por diferenças finitas da equação de Laplace, usando o nodo de nove nós da Figura 14.50, é

$$V_o = 1/8\,(V_1 + V_2 + V_3 + V_4 + V_5 + V_6 + V_7 + V_8)$$

(b) Usando esse esquema, refaça o Exemplo 14.3.

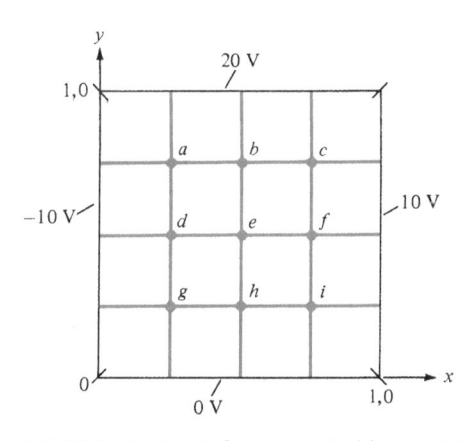

FIGURA 14.49 Referente ao Problema 14.13.

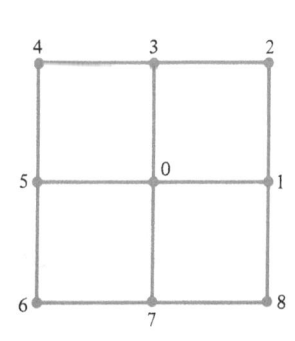

FIGURA 14.50 Nodo de nove nós, referente ao Problema 14.16.

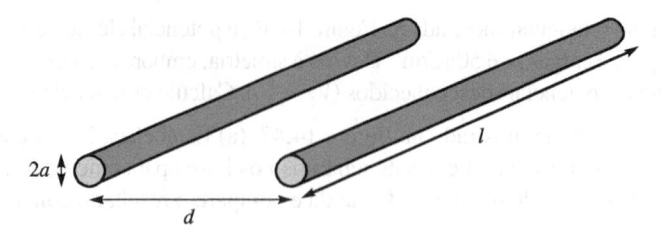

FIGURA 14.51 Referente ao Problema 14.17.

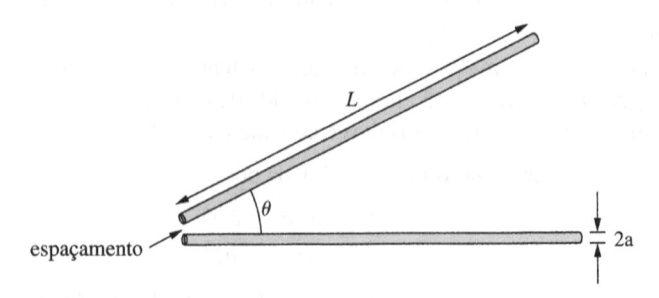

FIGURA 14.52 Referente ao Problema 14.19.

14.17 Uma linha de transmissão consiste em dois fios idênticos de raio a, separados por uma distância d, como mostrado na Figura 14.51. Mantenha um dos fios em 1 V e o outro em -1 V e use o MOM para encontrar a capacitância por unidade de comprimento. Compare seu resultado com o obtido a partir da fórmula exata para C na Tabela 11.1. Considere $a = 5$ mm, $d = 5$ cm, $\ell = 5$ m e $\varepsilon = \varepsilon_o$.

14.18 Determine o potencial e o campo elétrico no ponto $(-1, 4, 5)$ devido ao condutor filamentar da Figura 14.13. Considere $V_o = 1$ V, $L = 1$ m e $a = 1$ mm.

14.19 Dois fios condutores, de mesmo comprimento L e de mesmo raio a, estão separados por um pequeno espaçamento em uma das suas extremidades e mantêm-se inclinados um em relação ao outro por um ângulo θ, como mostrado na Figura 14.52. Determine a capacitância entre os fios usando o método dos momentos para os casos $\theta = 10°, 20°,..., 180°$. Considere um espaçamento de 2 mm, $a = 1$ mm, $L = 2$ m e $\varepsilon_r = 1$.

14.20 Para uma linha de transmissão de fita, infinitamente longa e fina, mostrada na Figura 14.53(a), desejamos determinar a impedância característica da linha usando o método dos momentos. Dividimos cada fita em N subáreas, como na Figura 14.53(b), tal que, sobre a subárea i,

$$V_i = \sum_{j=1}^{2N} A_{ij} \rho_j$$

onde

$$A_{ij} = \begin{cases} \dfrac{-\Delta\ell}{2\pi\varepsilon_o} \ln R_{ij}, & i \neq j \\ \dfrac{-\Delta\ell}{2\pi\varepsilon_o} [\ln \Delta\ell - 1{,}5], & i = j \end{cases}$$

R_{ij} é a distância entre a i-ésima e a j-ésima subáreas e $V_i = 1$ ou -1 dependem se a i-ésima subárea está sobre a fita 1 ou sobre a fita 2, respectivamente. Escreva um programa para encontrar a impedância característica da linha usando o fato de que

$$Z_o = \frac{\sqrt{\mu_o \varepsilon_o}}{C}$$

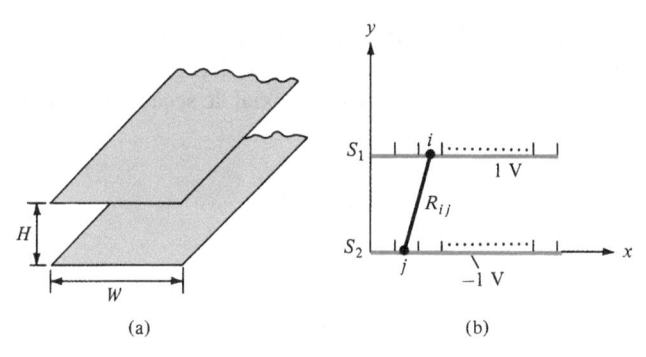

FIGURA 14.53 Análise de uma linha de transmissão de fita usando o método dos momentos; referente ao Problema 14.20.

onde C é a capacitância por unidade de comprimento e

$$C = \frac{Q}{V_d} = \frac{\sum_{i=1}^{N} \rho_i \Delta \ell}{V_d}$$

e $V_d = 2$ V é a diferença de potencial entre as fitas. Considere $H = 2$ m, $W = 5$ m e $N = 20$.

14.21 Considere um fio fino em forma de L de 1 mm de raio, conforme mostrado na Figura 14.54. Se o fio é mantido a um potencial V = 10 V, use o método dos momentos para encontrar a distribuição de carga no fio. Use $\Delta = 0{,}1$

14.22 Considere a linha coaxial de seção reta arbitrária, como mostrado na Figura 14.55(a). Usar o método dos momentos para encontrar a capacitância C por unidade de comprimento requer dividir cada condutor em N tiras, tal que o potencial na j-ésima tira é dado por

$$V_j = \sum_{i=1}^{2N} \rho_i A_{ij}$$

onde

$$A_{ij} = \begin{cases} \dfrac{-\Delta \ell}{2\pi\varepsilon} \ln \dfrac{R_{ij}}{r_o}, & i \neq j \\ \dfrac{-\Delta \ell}{2\pi\varepsilon} \left[\ln \dfrac{\Delta \ell_i}{r_o} - 1{,}5 \right], & i = j \end{cases}$$

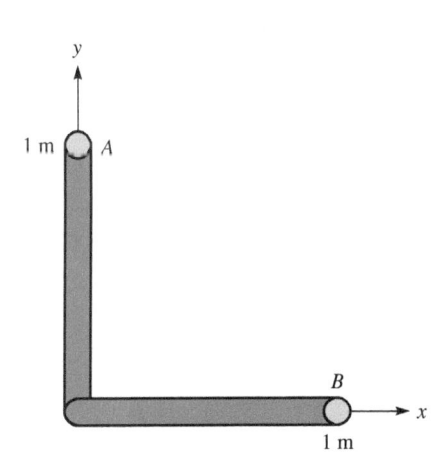

FIGURA 14.54 Referente ao Problema 14.21.

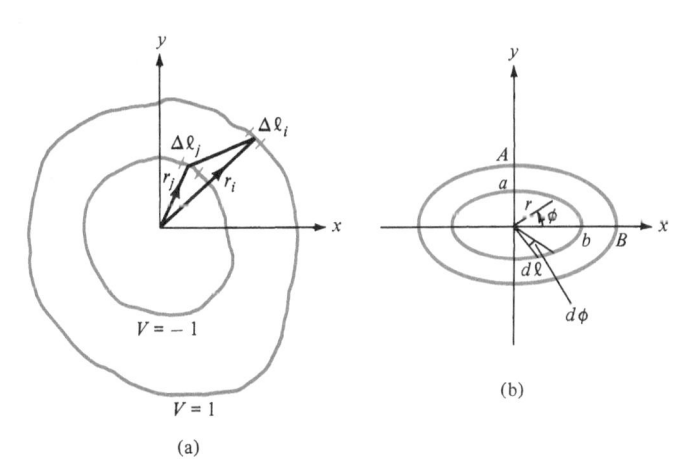

FIGURA 14.55 Referente ao Problema 14.22. Linha coaxial de (a) seção reta arbitrária e (b) seção reta cilíndrica elíptica.

e $V_j = -1$ ou 1 dependendo se $\Delta\ell_i$ está sobre o condutor interno ou sobre o condutor externo, respectivamente. Escreva um programa em MATLAB para determinar a carga total por unidade de comprimento sobre um cabo coaxial de seção reta cilíndrica elíptica, mostrado na Figura 14.55(b), usando

$$Q = \sum_{i=1}^{N} \rho_i$$

e a capacitância por unidade de comprimento usando $C = Q/2$

(a) Como uma forma de conferir seu programa, considere $A = B = 2$ cm e $a = b = 1$ cm (linha coaxial com seção reta circular) e compare seu resultado com o valor exato dado por $C = 2\pi\varepsilon/\ln(A/a)$.

(b) Considere $A = 2$ cm, $B = 4$ cm, $a = 1$ cm e $b = 2$ cm.

(*Dica*: para a elipse interna da Figura 14.55(b), por exemplo,

$$r = \frac{a}{\sqrt{\operatorname{sen}^2\phi + v^2\cos^2\phi}}$$

onde $v = a/b$, $d\ell = r\,d\phi$. Considere $r_o = 1$ cm.)

14.23 Uma barra condutora de seção reta retangular é mostrada na Figura 14.46. Dividindo a barra em N segmentos iguais, obtemos o potencial do j-ésimo segmento como

$$V_j = \sum_{i=1}^{N} q_i A_{ij}$$

onde

$$A_{ij} = \begin{cases} \dfrac{1}{4\pi\varepsilon_o R_{ij}}, & i \neq j \\ \dfrac{1}{2\varepsilon_o \sqrt{\pi h \Delta}}, & i = j \end{cases}$$

e Δ é o comprimento do segmento. Se mantivermos a barra em 10 V, obtemos

$$[A][q] = 10[I]$$

onde $[I] = [1\ 1\ 1\ ...\ 1]^T$ e $q_i = \rho_v th\Delta$.

(a) Escreva um programa para encontrar a distribuição de carga ρ_v sobre a barra e considere $\ell = 2$ m, $h = 2$ cm, $t = 1$ cm e $N = 20$.

(b) Calcule a capacitância do condutor isolador usando

$$C = Q/V = (q_1 + q_2 + \cdots + q_N)/10$$

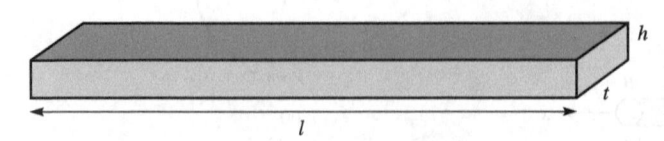

FIGURA 14.56 Referente ao Problema 14.23.

14.24 Outra maneira de definir as funções de forma em um ponto arbitrário (x, y) em um elemento finito é usar as áreas A_1, A_2, e A_3, mostradas na Figura 14.47. Demonstre que

$$\alpha_k = \frac{A_k}{A}, \qquad k = 1, 2, 3$$

onde $A = A_1 + A_2 + A_3$ é a área total do elemento triangular.

14.25 Para cada um dos elementos triangulares da Figura 14.48:

(a) calcule as funções de forma;

(b) determine a matriz de coeficientes.

14.26 Os valores nodais dos potenciais para o elemento triangular da Figura 14.59 são $V_1 = 100$ V, $V_2 = 50$ V e $V_3 = 30$ V. (a) Determine onde a linha equipotencial de 80 V intercepta os contornos do elemento. (b) Calcule o potencial de (2, 1).

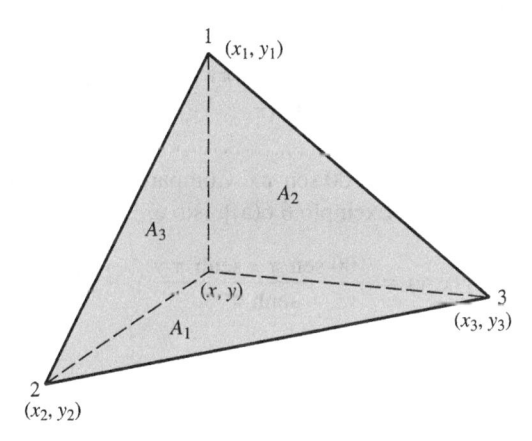

FIGURA 14.57 Referente ao Problema 14.24.

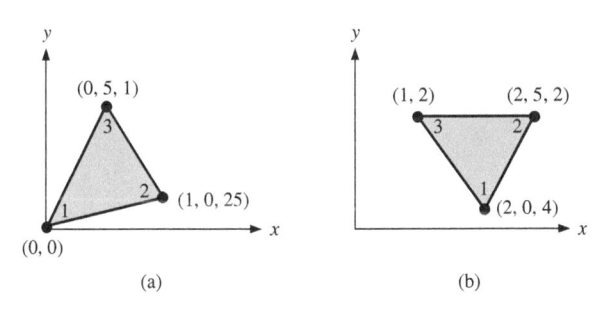

FIGURA 14.58 Referente ao Problema 14.25.

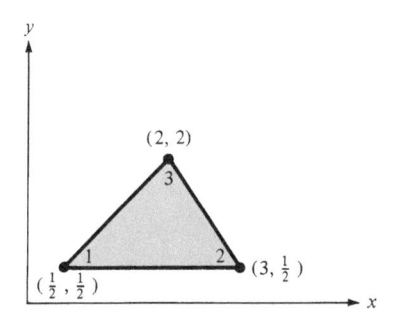

FIGURA 14.59 Referente ao Problema 14.26.

14.27 O elemento triangular, mostrado na Figura 14.60, é parte de uma malha de elementos finitos. Se $V_1 = 8$ V, $V_2 = 12$ V e $V_3 = 10$ V, determine o potencial: (a) em $(1, 2)$ e (b) no centro do elemento.

14.28 Determine a matriz de rigidez global para a região de dois elementos na Figura 14.61.

14.29 Calcule a matriz de rigidez global para a região de dois elementos mostrada na Figura 14.62.

14.30 Determine a matriz de rigidez global para a malha de dois elementos da Figura 14.63.

14.31 Para a malha de dois elementos da Figura 14.63, considere $V_1 = 10$ V e $V_3 = 30$ V. Determine V_2 e V_4.

14.32 A malha na Figura 14.64 é parte de uma grande malha. A região sombreada é condutora e não tem elementos. Determine $C_{5,5}$ e $C_{5,1}$.

14.33 Use o programa na Figura 14.33 para resolver a equação de Laplace no problema mostrado na Figura 14.65, onde $V_0 = 100$ V. Compare a solução por elementos finitos com a solução exata do Exemplo 6.5, isto é,

$$V(x, y) = \frac{4V_0}{\pi} \sum_{k=0}^{\infty} \frac{\operatorname{sen} n\pi x \operatorname{senh} n\pi y}{n \operatorname{senh} n\pi}, \quad n = 2k + 1$$

14.34 Repita o Problema 14.33 para $V_0 = 100 \operatorname{sen} \pi x$. Compare a solução por elementos finitos com a solução teórica [similar ao Exemplo 6.6(a)], isto é,

$$V(x, y) = \frac{100 \operatorname{sen} \pi x \operatorname{senh} \pi y}{\operatorname{senh} \pi}$$

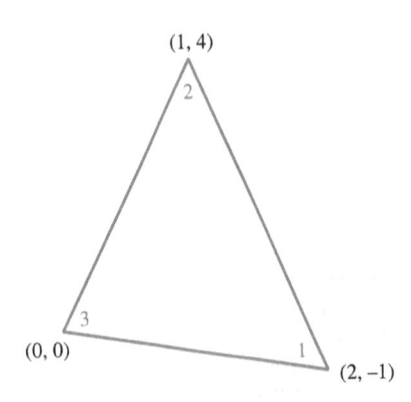

FIGURA 14.60 Referente ao Problema 14.27.

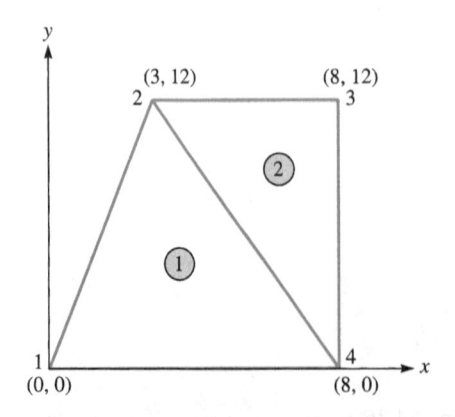

FIGURA 14.61 Referente ao Problema 14.28.

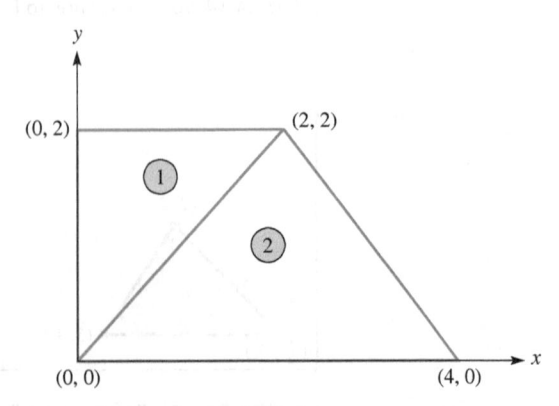

FIGURA 14.62 Referente ao Problema 14.29.

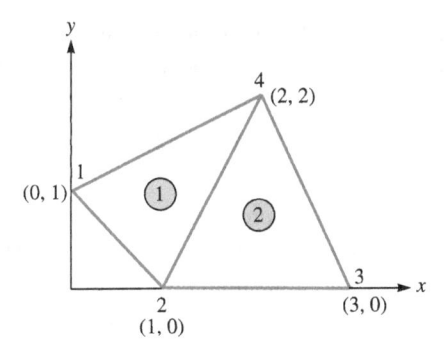

FIGURA 14.63 Referente aos Problemas 14.30 e 14.31.

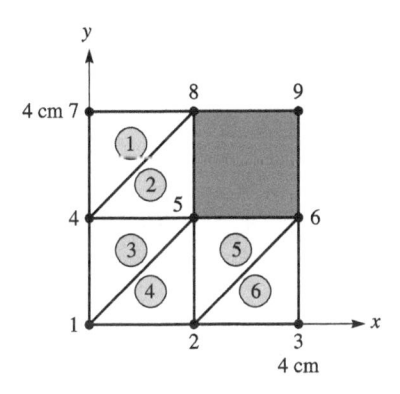

FIGURA 14.64 Referente ao Problema 14.32.

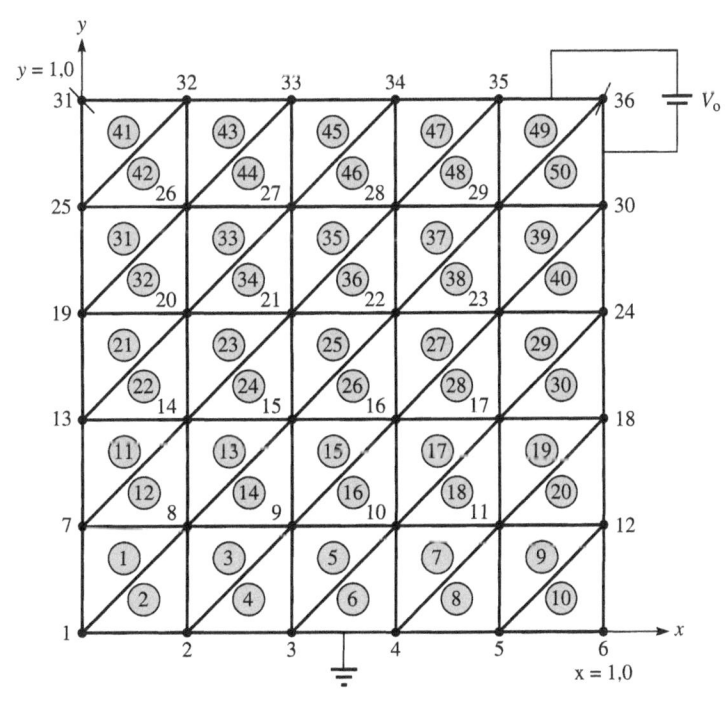

FIGURA 14.65 Referente ao Problema 14.33.

14.35 Demonstre que, quando uma malha quadrada é usada em método das diferenças finitas, obtemos o mesmo resultado que no método dos elementos finitos quando os quadrados são cortados em triângulos.

14.36 Determine a impedância característica da linha de microfitas apresentada na Figura 14.66. Use $a = 2{,}02, b = 7{,}0, h = 1{,}0 = w, t = 0{,}01$.

14.37 A seção reta de uma linha de transmissão é apresentada na Figura 14.67. Utilize o método das diferenças finitas para calcular a impedância característica da linha.

14.38 Uma solução em meia região é apresentada na Figura 14.68, de tal maneira que o eixo y é um eixo de simetria. Use o método das diferenças finitas para encontrar o potencial dos nós 1 a 9. Se usar um método iterativo, serão necessárias apenas 5 iterações.

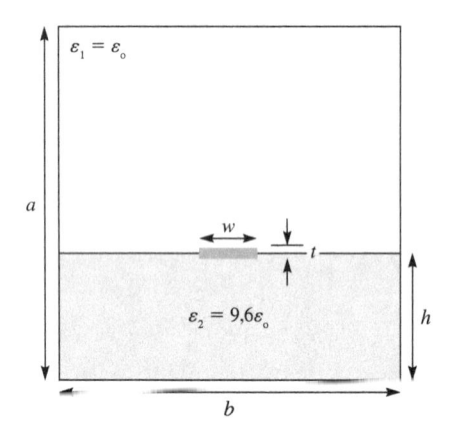

FIGURA 14.66 Referente ao Problema 14.36.

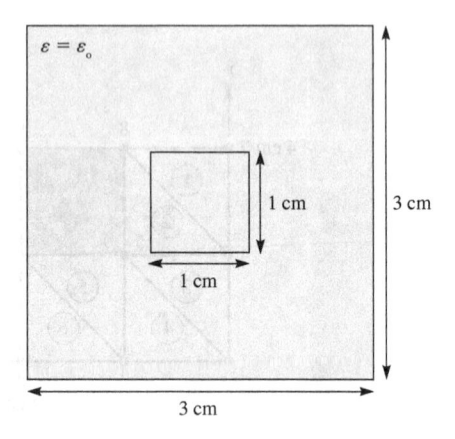

FIGURA 14.67 Referente ao Problema 14.37.

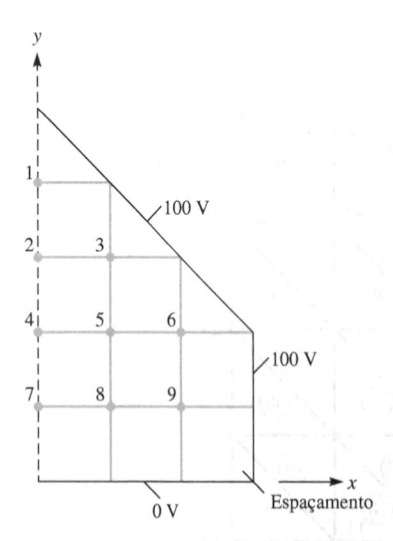

FIGURA 14.68 Referente ao Problema 14.38.

APÊNDICE A

FÓRMULAS MATEMÁTICAS

A.1 IDENTIDADES TRIGONOMÉTRICAS

$$\operatorname{tg} A = \frac{\operatorname{sen} A}{\cos A}, \quad \operatorname{cotg} A = \frac{1}{\operatorname{tg} A}$$

$$\sec A = \frac{1}{\cos A}, \quad \operatorname{cossec} A = \frac{1}{\operatorname{sen} A}$$

$$\operatorname{sen}^2 A + \cos^2 A = 1, \ 1 + \operatorname{tg}^2 A = \sec^2 A$$

$$1 + \operatorname{cotg}^2 A = \operatorname{cossec}^2 A$$

$$\operatorname{sen}(A \pm B) = \operatorname{sen} A \cos B \pm \cos A \operatorname{sen} B$$

$$\operatorname{sen}(A \pm B) = \cos A \cos B \mp \operatorname{sen} A \operatorname{sen} B$$

$$2 \operatorname{sen} A \operatorname{sen} B = \cos(A - B) - \cos(A + B)$$

$$2 \operatorname{sen} A \cos B = \operatorname{sen}(A + B) + \operatorname{sen}(A - B)$$

$$2 \cos A \cos B = \cos(A + B) + \cos(A - B)$$

$$\operatorname{sen} A + \operatorname{sen} B = 2 \operatorname{sen} \frac{A+B}{2} \cos \frac{A-B}{2}$$

$$\operatorname{sen} A - \operatorname{sen} B = 2 \cos \frac{A+B}{2} \operatorname{sen} \frac{A-B}{2}$$

$$\cos A + \cos B = 2 \cos \frac{A+B}{2} \cos \frac{A-B}{2}$$

$$\cos A - \cos B = -2 \operatorname{sen} \frac{A+B}{2} \operatorname{sen} \frac{A-B}{2}$$

$$\cos(A \pm 90°) = \mp \operatorname{sen} A$$

$$\operatorname{sen}(A \pm 90°) = \pm \cos A$$

$$\operatorname{tg}(A \pm 90°) = -\operatorname{cotg} A$$

$$\cos(A \pm 180°) = -\cos A$$

$$\operatorname{sen}(A \pm 180°) = -\operatorname{sen} A$$

$$\operatorname{tg}(A \pm 180°) = \operatorname{tg} A$$

$$\operatorname{sen} 2A = 2 \operatorname{sen} A \cos A$$

$$\cos 2A = \cos^2 A - \operatorname{sen}^2 A = 2 \cos^2 A - 1 = 1 - 2 \operatorname{sen}^2 A$$

$$\text{tg}(A \pm B) = \frac{\text{tg}\,A \pm B}{1 \mp \text{tg}\,A\,\text{tg}\,B}$$

$$\text{tg}\,2A = \frac{2\,\text{tg}\,A}{1 - \text{tg}^2 A}$$

$$\text{sen}\,A = \frac{e^{jA} - e^{-jA}}{2j}, \quad \cos A = \frac{e^{jA} + e^{-jA}}{2}$$

$$e^{jA} = \cos A + j\,\text{sen}\,A \qquad \text{(identidade de Euler)}$$

$$\pi = 3{,}1416$$

$$1\,\text{rad} = 57{,}296°$$

A.2 VARIÁVEIS COMPLEXAS

Um número complexo pode ser representado como:

$$z = x + jy = r\,\underline{/\theta} = re^{j\theta} = r(\cos\theta + j\,\text{sen}\,\theta)$$

onde $x = \text{Re}\,z = \cos\theta, \quad y = \text{Im}\,z = r\,\text{sen}\,\theta$

$$r = |z| = \sqrt{x^2 + y^2}, \quad \theta = \text{tg}^{-1}\frac{y}{x}$$

$$j = \sqrt{-1}, \quad \frac{1}{j} = -j, \quad j^2 = -1$$

O complexo conjugado de $z = z^* = x - jy = r\,\underline{/-\theta} = re^{-j\theta}$

$$= r(\cos\theta - j\,\text{sen}\,\theta)$$

$$(e^{j\theta})^n = e^{jn\theta} = \cos n\theta + j\,\text{sen}\,n\theta \qquad \text{(teorema de De Moivre)}$$

Se $z_1 = x_1 + jy_1$ e $z_2 = x_2 + jy_2$, então $z_1 = z_2$ somente se $x_1 = x_2$ e $y_1 = y_2$.

$$z_1 \pm z_2 = (x_1 + x_2) \pm j(y_1 + y_2)$$

$$z_1 z_2 = (x_1 x_2 - y_1 y_2) + j(x_1 y_2 + x_2 y_1)$$

ou

$$z_1 z_2 = r_1 r_2\,e^{j(\theta_1 + \theta_2)} = r_1 r_2\,\underline{/\theta_1 + \theta_2}$$

$$\frac{z_1}{z_2} = \frac{(x_1 + jy_1)}{(x_2 + jy_2)} \cdot \frac{(x_2 - jy_2)}{(x_2 - jy_2)} = \frac{x_1 x_2 + y_1 y_2}{x_2^2 + y_2^2} + j\frac{x_2 y_1 - x_1 y_2}{x_2^2 + y_2^2}$$

ou

$$\frac{z_1}{z_2} = \frac{r_1}{r_2}\,e^{j(\theta_1 - \theta_2)} = \frac{r_1}{r_2}\,\underline{/\theta_1 - \theta_2}$$

$$\sqrt{z} = \sqrt{x + jy} = \sqrt{r}\,e^{j\theta/2} = \sqrt{r}\,\underline{/\theta/2}$$

$$z^n = (x + jy)^n = r^n e^{jn\theta} = r^n\,\underline{/n\theta} \qquad (n = \text{inteiro})$$

$$z^{1/n} = (x + jy)^{1/n} = r^{1/n} e^{j\theta/n} = r^{1/n}\,\underline{/\theta/n + 2\pi k/n} \qquad (k = 0, 1, 2, \ldots, n-1)$$

$$\ln(re^{j\theta}) = \ln r + \ln e^{j\theta} = \ln r + j\theta + j2k\pi \qquad (k = \text{inteiro})$$

A.3 FUNÇÕES HIPERBÓLICAS

$$\operatorname{senh} x = \frac{e^x - e^{-x}}{2}, \qquad \cosh x = \frac{e^x + e^{-x}}{2}$$

$$\operatorname{tgh} x = \frac{\operatorname{senh} x}{\cosh x}, \qquad \operatorname{cotgh} x = \frac{1}{\operatorname{tgh} x}$$

$$\operatorname{cossech} x = \frac{1}{\operatorname{senh} x}, \qquad \operatorname{sech} x = \frac{1}{\cosh x}$$

$$\operatorname{sen} jx = j \operatorname{senh} x, \qquad \cos jx = \cosh x$$

$$\operatorname{sen}(x \pm y) = \operatorname{senh} x \cosh y \pm \cosh x \operatorname{senh} y$$

$$\cosh(x \pm y) = \cosh x \cosh y \pm \operatorname{senh} x \operatorname{senh} y$$

$$\operatorname{senh}(x \pm jy) = \operatorname{senh} x \cos y \pm j \cosh x \operatorname{sen} y$$

$$\cosh(x \pm jy) = \cosh x \cos y \pm j \operatorname{senh} x \operatorname{sen} y$$

$$\operatorname{tgh}(x \pm jy) = \frac{\operatorname{senh} 2x}{\cosh 2x + \cos 2y} \pm j \frac{\operatorname{sen} 2y}{\cosh 2x + \cos 2y}$$

$$\cosh^2 x - \operatorname{senh}^2 x = 1$$

$$\operatorname{sech}^2 x - \operatorname{tgh}^2 x = 1$$

$$\operatorname{sen}(x \pm jy) = \operatorname{sen} x \cosh y \pm j \cos x \operatorname{senh} y$$

$$\cos(x \pm jy) = \cos x \cosh y \mp j \operatorname{sen} x \operatorname{senh} y$$

A.4 IDENTIDADES LOGARÍTMICAS

$$\log xy = \log x + \log y$$

$$\log \frac{x}{y} = \log x - \log y$$

$$\log x^n = n \log x$$

$$\log_{10} x = \log x \text{ (logaritmo comum)}$$

$$\log_e x = \ln x \text{ (logaritmo natural)}$$

Se $|x| \ll 1$, $\ln(1 + x) \simeq x$

A.5 IDENTIDADES EXPONENCIAIS

$$e^x = 1 + x + \frac{x^2}{2!} + \frac{x^3}{3!} + \frac{x^4}{4!} + \cdots$$

onde $e \simeq 2{,}7182$

$$e^x e^y = e^{x+y}$$

$$[e^x]^n = e^{nx}$$

$$\ln e^x = x$$

A.6 APROXIMAÇÕES PARA PEQUENOS VALORES

Se $|x| \ll 1$,

$$(1 \pm x)^n \simeq 1 \pm nx$$

$$e^x \simeq 1 + x$$

$$\ln(1 + x) \simeq x$$

$$\operatorname{sen} x \simeq x \text{ ou } \lim_{x \to 0} \frac{\operatorname{sen} x}{x} = 1$$

$$\cos x \simeq 1$$

$$\operatorname{tg} x \simeq x$$

A.7 DERIVADAS

Se $U = U(x)$, $V = V(x)$ e $a = $ constante,

$$\frac{d}{dx}(aU) = a\frac{dU}{dx}$$

$$\frac{d}{dx}(UV) = U\frac{dV}{dx} + V\frac{dU}{dx}$$

$$\frac{d}{dx}\left[\frac{U}{V}\right] = \frac{V\dfrac{dU}{dx} - U\dfrac{dV}{dx}}{V^2}$$

$$\frac{d}{dx}(aU^n) = naU^{n-1}$$

$$\frac{d}{dx}\log_a U = \frac{\log_a e}{U}\frac{dU}{dx}$$

$$\frac{d}{dx}\ln U = \frac{1}{U}\frac{dU}{dx}$$

$$\frac{d}{dx}a^U = d^U \ln a \frac{dU}{dx}$$

$$\frac{d}{dx}e^U = e^U \frac{dU}{dx}$$

$$\frac{d}{dx}U^V = VU^{V-1}\frac{dU}{dx} + U^V \ln U \frac{dV}{dx}$$

$$\frac{d}{dx}\operatorname{sen} U = \cos U \frac{dU}{dx}$$

$$\frac{d}{dx}\cos U = -\operatorname{sen} U \frac{dU}{dx}$$

$$\frac{d}{dx}\,\text{tg}\,U = \sec^2 U\,\frac{dU}{dx}$$

$$\frac{d}{dx}\,\text{senh}\,U = \cosh U\,\frac{dU}{dx}$$

$$\frac{d}{dx}\,\cosh U = \text{senh}\,U\,\frac{dU}{dx}$$

$$\frac{d}{dx}\,\text{tgh}\,U = \text{sech}^2 U\,\frac{dU}{dx}$$

A.8 INTEGRAIS INDEFINIDAS

Se $U = U(x)$, $V = V(x)$ e $a =$ constante,

$$\int a\,dx = ax + C$$

$$\int U\,dV = UV - \int V\,dU \quad \text{(integração por partes)}$$

$$\int U^n\,dU = \frac{U^{n+1}}{n+1} + C, \quad n \neq -1$$

$$\int \frac{dU}{U} = \ln U + C$$

$$\int a^U\,dU = \frac{a^U}{\ln a} + C, \quad a > 0, a \neq 1$$

$$\int e^U\,dU = e^U + C$$

$$\int e^{ax}\,dx = \frac{1}{a}e^{ax} + C$$

$$\int xe^{ax}\,dx = \frac{e^{ax}}{a^2}(ax - 1) + C$$

$$\int x^2 e^{ax}\,dx = \frac{e^{ax}}{a^3}(a^2 x^2 - 2ax + 2) + C$$

$$\int \ln x\,dx = x\ln x - x + C$$

$$\int \text{sen}\,ax\,dx = -\frac{1}{a}\cos ax + C$$

$$\int \cos ax\,dx = \frac{1}{a}\,\text{sen}\,ax + C$$

$$\int \operatorname{tg} ax\, dx = \frac{1}{a} \ln \sec ax + C = -\frac{1}{a} \ln \cos ax + C$$

$$\int \sec ax\, dx = \frac{1}{a} \ln (\sec ax + \operatorname{tg} ax) + C$$

$$\int \operatorname{sen}^2 ax\, dx = \frac{x}{2} - \frac{\operatorname{sen} 2ax}{4a} + C$$

$$\int \cos^2 ax\, dx = \frac{x}{2} + \frac{\operatorname{sen} 2ax}{4a} + C$$

$$\int x \operatorname{sen} ax\, dx = \frac{1}{a^2} (\operatorname{sen} ax - ax \cos ax) + C$$

$$\int x \cos ax\, dx = \frac{1}{a^2} (\cos ax + ax \operatorname{sen} ax) + C$$

$$\int e^{ax} \operatorname{sen} bx\, dx = \frac{e^{ax}}{a^2 + b^2} (a \operatorname{sen} bx - b \cos bx) + C$$

$$\int e^{ax} \cos bx\, dx = \frac{e^{ax}}{a^2 + b^2} (a \cos bx + b \operatorname{sen} bx) + C$$

$$\int \operatorname{sen} ax \operatorname{sen} bx\, dx = \frac{\operatorname{sen}(a-b)x}{2(a-b)} - \frac{\operatorname{sen}(a+b)x}{2(a+b)} + C, \qquad a^2 \neq b^2$$

$$\int \operatorname{sen} ax \cos bx\, dx = -\frac{\cos(a-b)x}{2(a-b)} - \frac{\cos(a+b)x}{2(a+b)} + C, \qquad a^2 \neq b^2$$

$$\int \cos ax \cos bx\, dx = \frac{\operatorname{sen}(a-b)x}{2(a-b)} + \frac{\operatorname{sen}(a+b)x}{2(a+b)} + C, \qquad a^2 \neq b^2$$

$$\int \operatorname{senh} ax\, dx = \frac{1}{a} \cosh ax + C$$

$$\int \cosh ax\, dx = \frac{1}{a} \operatorname{senh} ax + C$$

$$\int \operatorname{tgh} ax\, dx = \frac{1}{a} \ln \cosh ax + C$$

$$\int \frac{dx}{ax + b} = \frac{1}{a} \ln |ax + b|$$

$$\int \frac{dx}{x^2 + a^2} = \frac{1}{a} \operatorname{tg}^{-1} \frac{x}{a} + C$$

$$\int \frac{x\, dx}{x^2 + a^2} = \frac{1}{2} \ln (x^2 + a^2) + C$$

$$\int \frac{x^2\, dx}{x^2 + a^2} = x - a \operatorname{tg}^{-1} \frac{x}{a} + C$$

$$\int \frac{dx}{x^2 - a^2} = \begin{cases} \dfrac{1}{2a} \ln \dfrac{x-a}{x+a} + C, & x^2 > a^2 \\ \dfrac{1}{2a} \ln \dfrac{a-x}{a+x} + C, & x^2 < a^2 \end{cases}$$

$$\int \frac{dx}{\sqrt{a^2 - x^2}} = \text{sen}^{-1} \frac{x}{a} + C$$

$$\int \frac{dx}{\sqrt{x^2 \pm a^2}} = \ln\left(x + \sqrt{x^2 \pm a^2}\right) + C$$

$$\int \frac{x\,dx}{\sqrt{x^2 + a^2}} = \sqrt{x^2 + a^2} + C$$

$$\int \frac{dx}{(x^2 + a^2)^{3/2}} = \frac{x/a^2}{\sqrt{x^2 + a^2}} + C$$

$$\int \frac{x\,dx}{(x^2 + a^2)^{3/2}} = -\frac{1}{\sqrt{x^2 + a^2}} + C$$

$$\int \frac{x^2\,dx}{(x^2 + a^2)^{3/2}} = \ln\left(\frac{\sqrt{x^2 + a^2}}{a} + \frac{x}{a}\right) - \frac{x}{\sqrt{x^2 + a^2}} + C$$

$$\int \frac{dx}{(x^2 + a^2)^2} = \frac{1}{2a^2}\left(\frac{x}{x^2 + a^2} + \frac{1}{a}\,\text{tg}^{-1}\frac{x}{a}\right) + C$$

A.9 INTEGRAIS DEFINIDAS

$$\int_0^\pi \text{sen}\, mx\, \text{sen}\, nx\, dx = \int_0^\pi \cos mx \cos nx\, dx = \begin{cases} 0, & m \neq n \\ \pi/2, & m = n \end{cases}$$

$$\int_0^\pi \text{sen}\, mx \cos nx\, dx = \begin{cases} 0, & m+n = \text{par} \\ \dfrac{2m}{m^2 - n^2}, & m+n = \text{ímpar} \end{cases}$$

$$\int_0^{2\pi} \text{sen}\, mx\, \text{sen}\, nx\, dx = \int_{-\pi}^{\pi} \text{sen}\, mx\, \text{sen}\, nx\, dx = \begin{cases} 0, & m \neq n \\ \pi, & m = n \end{cases}$$

$$\int_0^\infty \frac{\text{sen}\, ax}{x}\, dx = \begin{cases} \pi/2, & a > 0 \\ 0, & a = 0 \\ -\pi/2, & a < 0 \end{cases}$$

$$\int_0^\infty \frac{\text{sen}^2 x}{x}\, dx = \frac{\pi}{2}$$

$$\int_0^\infty \frac{\text{sen}^2 ax}{x^2}\, dx = |a|\frac{\pi}{2}$$

$$\int_0^\infty x^n e^{-ax}\, dx = \frac{n!}{a^{n+1}}$$

$$\int_0^\infty e^{-ax^2} dx = \frac{1}{2}\sqrt{\frac{\pi}{a}}$$

$$\int_{-\infty}^\infty e^{-ax^2} dx = \sqrt{\frac{\pi}{a}}$$

$$\int_{-\infty}^\infty e^{-(ax^2+bx+c)} dx = \sqrt{\frac{\pi}{a}} e^{(b^2-4ac)/4a}$$

$$\int_0^\infty e^{-ax} \cos bx \, dx = \frac{a}{a^2+b^2}$$

$$\int_0^\infty e^{-ax} \operatorname{sen} bx \, dx = \frac{b}{a^2+b^2}$$

A.10 IDENTIDADES VETORIAIS

Se **A** e **B** são campos vetoriais, enquanto U e V são campos escalares, então

$\nabla(U + V) = \nabla U + \nabla V$

$\nabla(UV) = U\nabla V + V\nabla U$

$\nabla\left[\dfrac{U}{V}\right] = \dfrac{V(\nabla U) - U(\nabla V)}{V^2}$

$\nabla V^n = n V^{n-1} \nabla V \quad (n = \text{inteiro})$

$\nabla(\mathbf{A} \cdot \mathbf{B}) = (\mathbf{A} \cdot \nabla)\mathbf{B} + (\mathbf{B} \cdot \nabla)\mathbf{A} + \mathbf{A} \times (\nabla \times \mathbf{B}) + \mathbf{B} \times (\nabla \times \mathbf{A})$

$\nabla \cdot (\mathbf{A} + \mathbf{B}) = \nabla \cdot \mathbf{A} + \nabla \cdot \mathbf{B}$

$\nabla \cdot (\mathbf{A} \times \mathbf{B}) = \mathbf{B} \cdot (\nabla \times \mathbf{A}) - \mathbf{A} \cdot (\nabla \times \mathbf{B})$

$\nabla \cdot (V\mathbf{A}) = V\nabla \cdot \mathbf{A} + \mathbf{A} \cdot \nabla V$

$\nabla \cdot (\nabla V) = \nabla^2 V$

$\nabla \cdot (\nabla \times \mathbf{A}) = 0$

$\nabla \times (\mathbf{A} + \mathbf{B}) = \nabla \times \mathbf{A} + \nabla \times \mathbf{B}$

$\nabla \times (\mathbf{A} \times \mathbf{B}) = \mathbf{A}(\nabla \cdot \mathbf{B}) - \mathbf{B}(\nabla \cdot \mathbf{A}) + (\mathbf{B} \cdot \nabla)\mathbf{A} - (\mathbf{A} \cdot \nabla)\mathbf{B}$

$\nabla \times (V\mathbf{A}) = \nabla V \times \mathbf{A} + V(\nabla \times \mathbf{A})$

$$\nabla \times (\nabla V) = 0$$

$$\nabla \times (\nabla \times \mathbf{A}) = \nabla(\nabla \cdot \mathbf{A}) - \nabla^2 \mathbf{A}$$

$$\oint_L \mathbf{A} \cdot d\mathbf{l} = \int_S \nabla \times \mathbf{A} \cdot d\mathbf{S}$$

$$\oint_L V d\mathbf{l} = -\int_S \nabla V \times d\mathbf{S}$$

$$\oint_S \mathbf{A} \cdot d\mathbf{S} = \int_v \nabla \cdot \mathbf{A} \, dv$$

$$\oint_S V d\mathbf{S} = \int_v \nabla V \, dv$$

$$\oint_S \mathbf{A} \times d\mathbf{S} = -\int_v \nabla \times \mathbf{A} \, dv$$

APÊNDICE B

CONSTANTES MATERIAIS

TABELA B.1 Condutividade aproximada* a 20°C de alguns materiais de uso corrente

Material	Condutividade (siemens/metro)
Condutores	
Prata	$6{,}1 \times 10^7$
Cobre (recozido padrão)	$5{,}8 \times 10^7$
Ouro	$4{,}1 \times 10^7$
Alumínio	$3{,}5 \times 10^7$
Tungstênio	$1{,}8 \times 10^7$
Zinco	$1{,}7 \times 10^7$
Latão	$1{,}1 \times 10^7$
Ferro (puro)	10^7
Chumbo	5×10^6
Mercúrio	10^6
Carbono	3×10^4
Água (mar)	4
Semicondutores	
Germânio (puro)	2,2
Silício (puro)	$4{,}4 \times 10^{-4}$
Isolantes	
Água (destilada)	10^{-4}
Solo (seco)	10^{-5}
Baquelite	10^{-10}
Papel	10^{-11}
Vidro	10^{-12}
Porcelana	10^{-12}
Mica	10^{-15}
Parafina	10^{-15}
Borracha (dura)	10^{-15}
Quartzo (fundido)	10^{-17}
Cera	10^{-17}

*Os valores variam de uma publicação para outra pelo fato de que existem muitas variações (de composição) da maioria dos materiais e também pelo fato de que a condutividade é sensível à temperatura, ao conteúdo da mistura, a impurezas, etc.

TABELA B.2 Constante dielétrica aproximada ou permissividade relativa (ε_r) e rigidez de alguns materiais de uso corrente*

Material	Constante Dielétrica ε_r (adimensional)	Rigidez Dielétrica E(V/m)
Titanato de bário	1,200	$7,5 \times 10^6$
Água (mar)	80	
Água (destilada)	81	
Nylon	8	
Papel	7	12×10^6
Vidro	5-10	35×10^6
Mica	6	70×10^6
Porcelana	6	
Baquelite	5	20×10^6
Quartzo (fundido)	5	30×10^6
Borracha (dura)	3,1	25×10^6
Madeira	2,5-8,0	
Poliestireno	2,55	
Polipropileno	2,25	
Parafina	2,2	30×10^6
Petróleo	2,1	12×10^6
Ar (1 atm.)	1	3×10^6

*Os valores dados aqui são somente típicos, variam de uma publicação para outra pelo fato de que existem muitas variações (de composição) da maioria dos materiais, também pela dependência de ε_r com a temperatura, umidade, etc.

TABELA B.3 Permeabilidade relativa (μ_r) de alguns materiais*

Material	μ_r
Diamagnético	
Bismuto	0,999833
Mercúrio	0,999968
Prata	0,9999736
Chumbo	0,9999831
Cobre	0,9999906
Água	0,9999912
Hidrogênio (c.n.t.p.)	$\simeq 1,0$
Paramagnético	
Oxigênio (c.n.t.p.)	0,999998
Ar	1,00000037
Alumínio	1,000021
Tungstênio	1,00008
Platina	1,0003
Manganês	1,001
Ferromagnético	
Cobalto	250
Níquel	600
Ferro doce	5,000
Ferro-silício	7,000

*Os valores dados aqui são somente típicos, variam de uma publicação para outra pelo fato de que existem muitas variações (de composição) da maioria dos materiais.

APÊNDICE C

MATLAB

MATLAB tornou-se uma ferramenta poderosa para técnicos profissionais em todo o mundo. O termo MATLAB é uma abreviação para **Mat**rix **Lab**oratory, ou seja, MATLAB é uma ferramenta computacional que emprega matrizes e vetores/arranjos para realizar análise numérica, processamento de sinal e tarefas de visualização científica. Como MATLAB está fundamentado no uso de matrizes, podemos escrever expressões matemáticas que envolvem matrizes com a mesma facilidade como faríamos em papel. MATLAB está disponível para os sistemas operacionais Macintosh, Unix e Windows. Uma versão de MATLAB para computadores pessoais está disponível para estudantes. Uma cópia de MATLAB pode ser obtida no endereço

The Mathworks, Inc.
3 Apple Hill Drive Natick, MA 01760-2098
Phone (508)647-7000
Website: http://www.mathworks.com

A breve introdução ao MATLAB que será apresentada neste apêndice é suficiente para a solução de problemas neste livro. Outras informações sobre o MATLAB requeridas neste livro são apresentadas capítulo a capítulo, conforme a necessidade. Informações adicionais podem ser encontradas em livros sobre MATLAB ou em auxílios *online*. A melhor maneira de aprender MATLAB é estudar o básico e em seguida começar a trabalhar direto nos programas.

C.1 FUNDAMENTOS DO MATLAB

A janela de Comandos (*Command window*) é a área primária em que o usuário interage com o MATLAB. Um pouco mais adiante, vamos aprender como usar o editor de textos para criar arquivos M, os quais permitirão a execução de sequências de comandos. No momento, vamos focalizar como se trabalha na janela de Comandos. Inicialmente, vamos aprender como se usa o MATLAB como uma calculadora. Isto é feito usando os operadores algébricos mostrados na Tabela C.1.

TABELA C.1 Operações fundamentais

Operação	Fórmula MATLAB	
Adição	a+b	
Divisão (à direita)	a/b	(significa $a \div b$)
Divisão (à esquerda)	a\b	(significa $b \div a$)
Multiplicação	a*b	
Potência	a^b	
Subtração	a-b	

Para começar a usar o MATLAB vamos empregar estes operadores. Digite os comandos após o *prompt* do MATLAB ">>", na janela de Comandos (corrija erros usando a tecla *backspacing*) e pressione a tecla *Enter*. Por exemplo:

```
» a=2; b=4; c=-6;
» dat=b^2 - 4*a*c
dat =
    64
» e=sqrt(dat)/10
e =
    0.8000
```

O primeiro comando atribui os valores 2, 4 e –6 às variáveis *a*, *b* e *c*, respectivamente. O MATLAB não responde porque esta linha termina com um ponto e vírgula. O segundo comando faz *dat* igual a $b^2 - 4ac$, e o MATLAB retorna a resposta como 64. Finalmente, o terceiro comando iguala *e* à raiz quadrada de *dat* dividida por 10. O MATLAB apresenta o resultado como 0,8. Como a função *sqrt* usada aqui, outras funções do MATLAB, listadas na Tabela C.2 podem ser usadas. Esta tabela apresenta apenas uma pequena amostra de funções do MATLAB. Outras funções podem ser conhecidas pela ajuda *online* do MATLAB. Para obter esta ajuda digite:

```
» help
```

[MATLAB responde com uma longa lista de tópicos]

TABELA C.2 Funções matemáticas elementares típicas

Função	Comentários
abs(x)	Valor absoluto ou amplitude complexa de *x*
acos, acosh(x)	Inverso do cosseno e cosseno hiperbólico inverso de *x* em radianos
acot, acoth(x)	Inverso da cotangente e cotangente hiperbólica inversa de *x* em radianos
angle(x)	Ângulo de fase (em radianos) de um número complexo *x*
asin, asinh(x)	Inverso do seno e seno hiperbólico inverso de *x* em radianos
atan, atanh(x)	Inverso da tangente e cotangente hiperbólica inversa de *x* em radianos
conj(x)	Complexo conjugado de *x*
cos, cosh(x)	Cosseno e cosseno hiperbólico de *x* em radianos
cot, coth(x)	Cotangente e cotangente hiperbólica de *x* em radianos
exp(x)	Exponencial de *x*
fix	Arredondamento para zero
imag(x)	Parte imaginária do número complexo *x*
log(x)	Logaritmo natural de *x*
$\log_2(x)$	Logaritmo de *x* na base 2
$\log_{10}(x)$	Logaritmo de *x* na base 10
real(x)	Parte real do número complexo *x*
sin, sinh(x)	Seno e cosseno hiperbólico de *x* em radianos
sqrt(x)	Raiz quadrada de *x*
tan, tanh(x)	Tangente e cotangente hiperbólica de *x* em radianos

e para um tópico específico, digite o nome do comando específico. Por exemplo, para ajuda sobre o *logaritmo na base 2* digite:

```
>> help log2
```

[segue uma mensagem de ajuda sobre a função logarítmica]

Note que o MATLAB interpreta de forma diferente letras maiúsculas e minúsculas, portanto sin(*a*) não é o mesmo que *sin*(A).

Tente os exemplos que seguem:

```
» 3^(log10(25.6))
» y=2*sin(pi/3)
» exp(y+4-1)
```

Além de operar com funções matemáticas, o MATLAB nos permite trabalhar facilmente com vetores e matrizes. Um vetor (ou arranjo) é uma matriz com uma coluna um uma linha. Por exemplo:

```
>> a=[1 -3 6 10 -8 11 14];
```

é um vetor linha. A definição de uma matriz é semelhante à definição de um vetor. Por exemplo, uma matriz 3×3 pode ser digitada como:

```
>> A= [1 2 3; 4 5 6; 7 8 9]
```

ou como:

```
» a = [ 1 2 3
        4 5 6
        7 8 9]
```

Além das operações aritméticas que podem ser realizadas sobre uma matriz, as operações da Tabela C.3 também podem ser implementadas.

Podemos usar as operações da Tabela C.3 para manipular as matrizes como segue:

```
» B = A'
B =
    1   4   7
    2   5   8
    3   6   9
» C = A + B
C =
    2   6   10
    6   10  14
    10  14  18
» D = A^3 - B*C
D=
    372   432   492
    948   1131  1314
    1524  1830  2136
» e= [1  2;  3  4]
e =
    1  2
    3  4
» f=det(e)
f =
```

TABELA C.3 Operações matriciais

Operação	Comentário
A'	Encontra a transposta da matriz *A*.
det(A)	Calcula o determinante da matriz *A*.
inv(A)	Calcula a matriz inversa de *A*.
eig(A)	Determina os autovalores da matriz *A*.
diag(A)	Obtém os elementos diagonais da matriz *A*.
exp(A)	Calcula a exponencial da matriz *A*.

TABELA C.4 Matrizes, variáveis e constantes especiais

Matriz/Variáveis/Constantes	Comentários
eye	Matriz identidade
ones	Um arranjo de uns.
zeros	Um arranjo de zeros.
i ou j	Unidade imaginária ou sqrt(-1)
pi	3,142
NaN	Não é um número
inf	Infinito.
eps	Um número muito pequeno, $2{,}2e^{-16}$
rand	Elemento aleatório

```
   -2
» g = inv(e)
g =
   -2.000    1.000
    1.5000  -0.5000
» H = eig(g)
H =
   -2.6861
    0.1861
```

Observe que nem todas as matrizes podem ser invertidas. Uma matriz só pode ser invertida se o seu determinante não for nulo. Matrizes, variáveis e constantes especiais são apresentadas na Tabela C.4. Por exemplo, digite:

```
>> eye(3)
ans=
    1   0   0
    0   1   0
    0   0   1
```

para obter uma matriz identidade 3×3.

C.2 USANDO MATLAB PARA TRAÇAR GRÁFICOS

Traçar gráficos com o MATLAB é muito simples. Para gráficos bidimensionais, use o comando **plot** com dois argumentos, como segue:

```
>> plot(xdata,ydata)
```

onde *xdata* e *ydata* são vetores de mesma dimensão que contêm os dados a serem colocados no gráfico.

Vamos supor, por exemplo, que queremos o gráfico de `y=10*sin(2*pi*x)` entre 0 e `5*pi`. Para tanto, devemos fazer o procedimento com os comandos apresentados a seguir:

```
>> x= 0 pi:pi/100:5*pi;   % X é um vetor 0 <=x<=5*pi,
                          com incrementos de pi/100
>> y=10*sin(2*pi*x);      % Cria o vetor y
>> plot(x,y);             % Cria o gráfico
```

Com isso, o MATLAB responde com o gráfico da Figura C.1.

O MATLAB permite que vários gráficos sejam apresentados de forma conjunta e distintos com cores diferentes. Isso é obtido com o comando **plot** (*x*data, *y*data, 'color'), onde a cor é escolhida pelo uso de um caractere entre os que estão listados na Tabela C.5.

Por exemplo:

```
>> plot(x1, y1, 'r', x2, y2, 'b', x3, y3, '- -');
```

traçará as curvas de data ($x1,y1$) em vermelho, data ($x2,y2$) em azul e data ($x3,y3$) em linhas tracejadas, todas em um mesmo gráfico.

O MATLAB também permite gráficos logarítmicos. No lugar do comando **plot** usaremos:

`loglog`	$\log(y)$ *versus* $\log(x)$
`semilogx`	y *versus* $\log(x)$
`semiloy`	$\log(y)$ *versus* x

Gráficos tridimensionais são obtidos usando as funções *mesh* e *meshdom* (malha do domínio). Por exemplo, para traçar o gráfico de `z = x*exp(-x^2-y^2)` no domínio $-1 < x, y < 1$, digitamos os comandos que seguem

```
>> xx = -1: .1: .1;
»  yy=xx;
»  [x,y] = meshgrid(xx,yy);
»  z=x.*exp(-x.^2-y.^2);
»  mesh(z);
```

TABELA C.5 Diversos tipos de linhas e cores

y	Amarelo	.	Ponto
m	Magenta	o	Círculo
c	Ciano	x	Xis
r	Vermelho	+	Mais
g	Verde	–	Linha contínua
b	Azul	*	Asterisco
w	Branco	:	Linha de pontos
k	Preto	-.	Linha de traços e pontos
		--	Linha tracejada

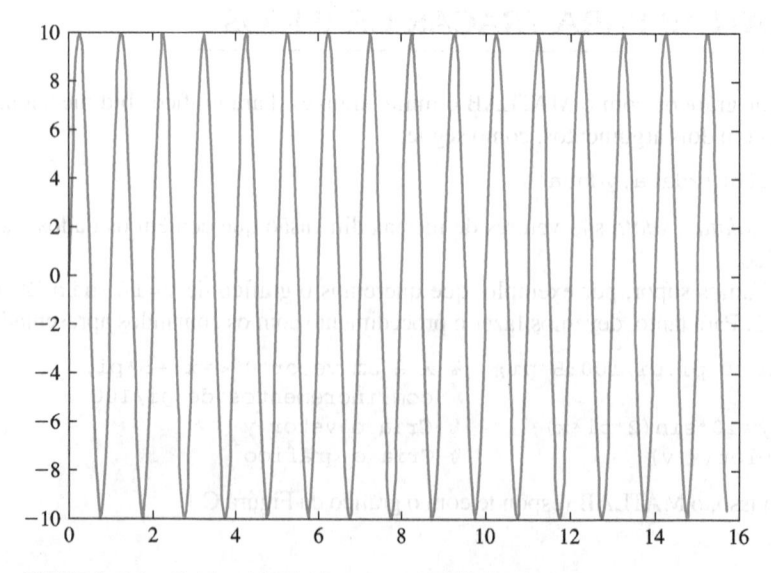

FIGURA C.1 Gráfico MATLAB para y=10*sin(2*pi*x).

(A presença do ponto em x. e y. significa que a multiplicação é feita elemento por elemento.) O resultado é apresentado na Figura C.2.

Outros comandos para gráficos do MATLAB são apresentados ma Tabela C.6. O comando **help** pode ser usado para descobrir como estes comandos são utilizados.

C.3 PROGRAMANDO COM MATLAB

Até aqui o MATLAB tem sido usado como uma calculadora. Você pode também usar o MATLAB para criar seus próprios programas. A edição de linhas de comandos no MATLAB pode se tornar inconveniente se tivermos que digitar várias linhas a serem executadas. Para evitar este problema, podemos criar um programa, isto é, uma sequência de comandos a serem executados. Se você estiver na janela de Comandos clique **File/New/M-files** para abrir um novo arquivo no Editor/Depurador do MATLAB ou em qualquer editor de textos. Digite o programa e grave-o em um arquivo com extensão .m, isto é, nomedoarquivo.m (é por esta razão que tais arquivos são chamados

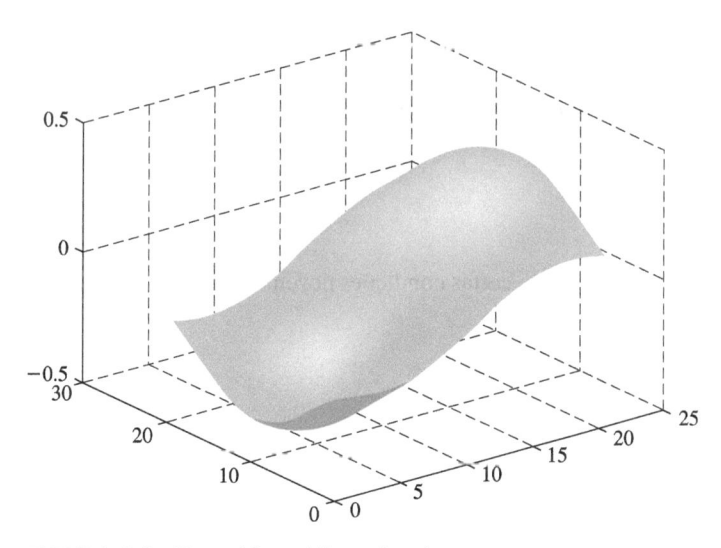

FIGURA C.2 Um gráfico tridimensional.

TABELA C.6 Outros comandos para gráficos

Comando	Comentários
bar(x,y)	Um gráfico de barras.
contour(z)	Um gráfico de contorno.
errorbar(x,y,l,u)	Um gráfico com barras de erros.
hist(x)	Um histograma dos dados.
plot3(x,y,z)	Um gráfico tridimensional.
polar(r, angle)	Um gráfico em coordenadas polares.
stairs(x,y)	Um gráfico em degraus.
stem(x)	Traça o gráfico de uma sequência de dados em ramos.
subplot(m,n,p)	Múltiplos gráficos ($m \times n$) em uma mesma janela.
surf(x,y,z,c)	Um gráfico de uma superfície tridimensional a cores.

arquivos M (*M-files*). Logo que o programa tenha sido gravado como um arquivo M feche a janela de edição. Assim, você retornará para a janela de comandos. Digite o nome do arquivo sem a extensão .m para obter os resultados. Por exemplo, o gráfico apresentado anteriormente na Figura C.1 pode ser melhorado pela adição de um título e rótulos e gravado como um arquivo M com o nome exemplo1.m, como segue:

```
x = 0:pi/100:5*pi;          % X é um vetor, 0 <= x <= 5*pi, com
                              incrementos de pi/100
y = 10*sin(2*pi*x);         % Cria o vetor y
plot(x,y);                  % Cria o gráfico
xlabel('x (em radianos');   % Rótulo para o eixo x.
ylabel('10*sen(2*pi*x)');   % Rótulo para o eixo y.
title('Função seno');       % Título do gráfico.
grid                        % Adiciona um retículo.
```

Depois de gravar como exemplo1.m, saia do editor e digite

```
>> exemplo1
```

na janela de comandos e então pressione <Enter> para obter o resultado apresentado na figura C.3.

Certos operadores lógicos e relacionais são necessários para permitir o controle do fluxo em programas. Estes estão apresentados na Tabela C.7. Talvez os comandos de controle de fluxo mais usados sejam *for* e *if*. O comando *for* é usado para criar um procedimento repetitivo e tem a forma geral:

for x = arranjo
    [comandos]
end

O comando *if* é usado quando certas condições devem ser preenchidas antes que um comando seja executado. Tem a forma geral:

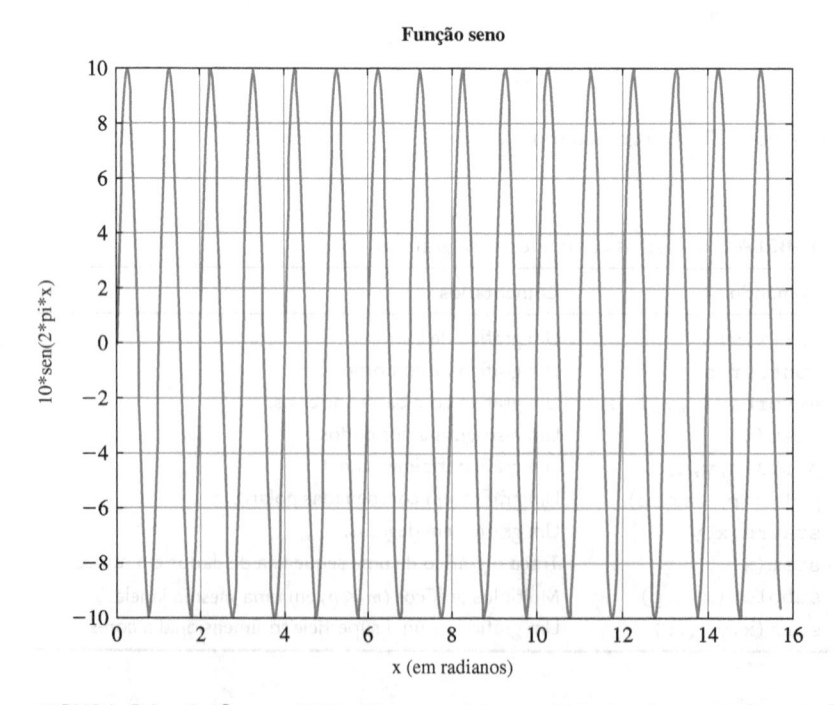

FIGURA C.3 Gráfico em MATLAB para y=10*sen(2*pi*x) com título e rótulos.

TABELA C.7 Operadores lógicos e relacionais

Operador	Comentários
<	menor do que
<=	menor ou igual
>	maior do que
>=	maior ou igual
==	igual
~=	diferente
&	and
|	or
~	not

if expressão
    [comandos a serem executados se expressão é verdadeira (True)]
else
    [comandos a serem executados se expressão é falsa (False)]
end

Vamos supor, por exemplo, que temos um arranjo *y(x)* e queremos determinar o valor mínimo de *y* e seu índice *x*. Isso pode ser feito criando o arquivo M que segue:

```
% exemplo2.m
% Este programa encontra o valor mínimo de y
% e seu índice correspondente.
X = [1 2 3 4 5 6 7 8 9 10];    %O enésimo termo em y.
Y = [3 9 15 8 1 0 -2 4 12 5];
min1 = y(1);
for k = 1:10
  min2 = y(k);
  if (min2 < min1)
   min1 = min2;
   xo = x(k);
  else
   min1 = min1;
  end
end
diary
min1, xo
diary off
```

Note o uso dos comandos *for* e *if*. Quando este programa é gravado como exemplo2.m e executado na janela de comandos obtemos –2 como valor mínimo de *y* e o valor correspondente de 7 para *x*, conforme esperado.

```
» exemplo2
min1 =
  -2
xo =
7
```

Se não estivermos interessados no índice correspondente ao mínimo de *y* podemos obter o mesmo resultado usando o comando do MATLAB

```
>> min(y)
```

As sugestões que seguem serão úteis para trabalharmos de forma eficaz com o MATLAB:

- Comente seus arquivos M adicionando linhas começando com o caractere %.
- Para suprimir a impressão de resultados intermediários para a janela de comandos finalize cada comando com ponto e vírgula (;). Para a depuração dos arquivos você pode remover o ponto e vírgula.
- Use as teclas que deslocam o cursor para cima e para baixo para recuperar comandos já executados.
- Se uma expressão matemática não cabe em uma linha, use três pontos (...) no final desta linha e continue a expressão na linha seguinte. Por exemplo, MATLAB considera
  `y = sin(x + log10(2x + 3)) + cos(x +...`
  `log10(2x+3));`
  como uma expressão de uma só linha.
- Tenha em mente que variáveis e funções são sensíveis ao caso de letras maiúsculas e minúsculas, isto é, a e A são variáveis diferentes.

C.4 SOLUCIONANDO EQUAÇÕES

Vamos considerar o sistema de n equações simultâneas

$$a_{11}x_1 + a_{12}x_2 + \cdots + a_{1n}x_n = b_1$$
$$a_{21}x_1 + a_{22}x_2 + \cdots + a_{2n}x_n = b_2$$
$$\vdots$$
$$a_{n1}x_1 + a_{n2}x_2 + \cdots + a_{nn}x_n = b_n$$

ou, em forma matricial

$$AX = B$$

onde

$$A = \begin{bmatrix} a_{11} & a_{12} & \cdots & a_{1n} \\ a_{21} & a_{22} & \cdots & a_{2n} \\ \cdots & \cdots & \cdots & \cdots \\ a_{n1} & a_{n2} & a_{n3} & a_{nn} \end{bmatrix}, X = \begin{bmatrix} x_1 \\ x_2 \\ \cdots \\ x_n \end{bmatrix}, B = \begin{bmatrix} b_1 \\ b_2 \\ \cdots \\ b_n \end{bmatrix}$$

A matriz quadrada A é conhecida como matriz dos coeficientes, enquanto X e B são vetores. Queremos encontrar X, o vetor solução do sistema. Existem duas maneiras de se obter a solução com o MATLAB. Primeiro, podemos usar o operador (\) de tal maneira que

$$X = A \backslash B$$

Segundo, podemos obter X por:

$$X = A^{-1}B$$

o que no MATLAB é o mesmo que:

$$X = \text{inv}(A)^*B$$

Podemos também resolver equações usando o comando **solve**. Por exemplo, dada a equação quadrática $x^2 + 2x - 3 = 0$, obtemos a solução usando o comando do MATLAB:

```
>> [x]=solve('x^2 + 2*x - 3 = 0')
x =
[-3]
[1]
```

ou seja, as soluções são $x = -3$ e $x = 1$. É claro que podemos usar o comando **solve** para casos que envolvam duas ou mais variáveis. Veremos isto no próximo exemplo.

EXEMPLO C.1

Utilize o MATLAB para resolver o seguinte sistema de equações simultâneas:

$$25x_1 - 5x_2 - 20x_3 = 50$$
$$-5x_1 + 10x_2 - 4x_3 = 0$$
$$-5x_1 - 4x_2 + 9x_3 = 0$$

Solução:

Podemos usar o MATLAB para obter esta solução de duas maneiras:

Método 1:

O conjunto de equações simultâneas dado pode ser escrito como

$$\begin{bmatrix} 25 & -5 & -20 \\ -5 & 10 & -4 \\ -5 & -4 & 9 \end{bmatrix} \begin{bmatrix} x_1 \\ x_2 \\ x_3 \end{bmatrix} = \begin{bmatrix} 50 \\ 0 \\ 0 \end{bmatrix} \text{ ou } AX = B$$

Obtemos a matriz A e o vetor B e os digitamos no MATLAB como segue:

```
» A = [24 -5 -20; -5 10 -4; -5 -4 9]
A =
   25   -5   -20
   -5   10    -4
   -5   -4     9
» B= [50, 0, 0]'
B =
   50
    0
    0
» X = inv(A)*B
X =
   29.6000
   26.0000
   28.0000
» X=A\B
X =
   29.6000
   26.0000
   28.0000
```

Portanto $x_1 = 29{,}6$, $x_2 = 26$ e $x_3 = 28$.

Método 2:

Como neste caso o número de equações não é muito grande, podemos usar o comando **solve** para obter a solução das equações simultâneas como segue:

```
[x1, x2, x3]=solve('25*x1-5*x2-20*x3=50', '-58*x1+10*x2-4*x3=0',
'-5*x1-4*x2+9*x3=0')
x1 =
148/5
x2 =
26
x3 =
28
```

Chegamos ao mesmo resultado do método 1.

> **PROBLEMA PRÁTICO C.1**
>
> Use o MATLAB para resolver o sistema de equações simultâneas que segue.
>
> $$3x_1 - x_2 - 2x_3 = 1$$
> $$-x_1 + 6x_2 - 3x_3 = 0$$
> $$-2x_1 - 3x_2 + 6x_3 = 6$$
>
> **Resposta:** $x_1 = 3 = x_3$ e $x_2 = 2$.

C.5 DICAS DE PROGRAMAÇÃO

Um bom programa deve ser bem documentado, de tamanho razoável, e capaz de realizar os cálculos com uma precisão adequada em um intervalo de tempo também razoável. As sugestões que seguem podem tornar mais fácil escrever e rodar programas com o MATLAB.

- Utilize o número mínimo de comandos possíveis e evite a execução de comandos extras. Isso deve ser aplicado particularmente aos laços repetitivos.
- Utilize as operações matriciais diretamente sempre que possível e evite o uso de *for*, *do* e/ou *while* quando possível.
- Faça o uso eficaz de funções para executar uma série de comandos que serão repetidos várias vezes no programa.
- Quando não tiver certeza sobre o uso de um determinado comando, consulte o *help* do pacote de programação.
- É muito mais rápido rodar programas a partir do disco rígido do que a partir de discos flexíveis.
- Inicie cada arquivo com comentários que descreva sua finalidade.
- No desenvolvimento de um programa longo, grave-o frequentemente. Se possível evite programas longos; separe-o em sub-rotinas menores.

C.6 OUTROS COMANDOS ÚTEIS DO MATLAB

A Tabela C.8 lista alguns comandos úteis do MATLAB que podem ser usados neste livro.

TABELA C.8 Outros comandos úteis do MATLAB

Comando	Uso
diary	Grava a saída para o monitor de vídeo no formato texto.
mean	Obtém o valor médio de um vetor.
min(max)	Valor mínimo (máximo) de um vetor.
grid	Adiciona uma grade à janela gráfica.
poly	Converte uma coleção de raízes em um polinômio.
roots	Encontra as raízes de um polinômio.
sort	Coloca em ordem os elementos de um vetor.
sound	Emite um tom de áudio para cada elemento de um vetor.
std	Desvio padrão de uma coleção de dados.
sum	Soma dos elementos de um vetor.

APÊNDICE D

CARTA DE SMITH COMPLETA

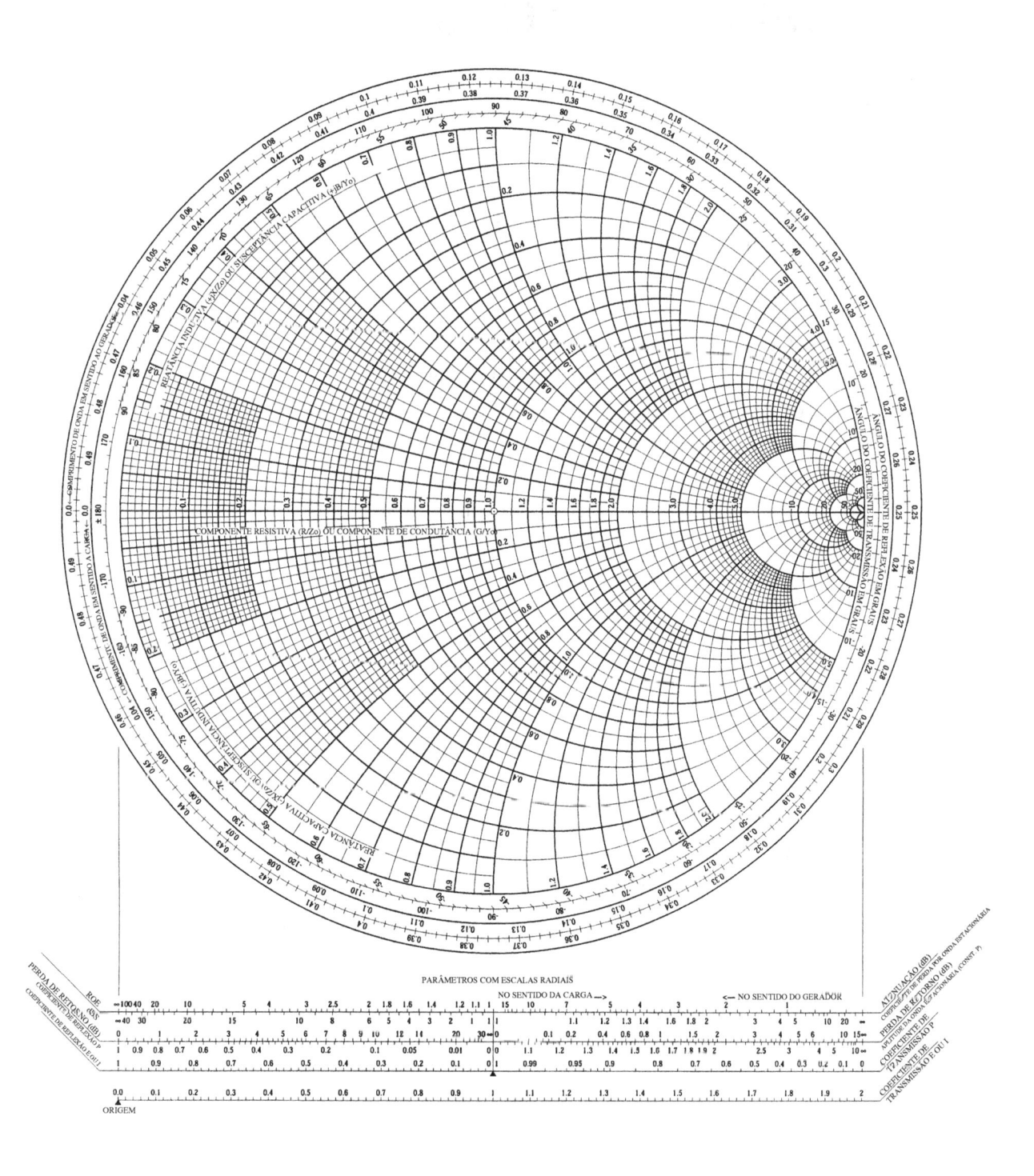

APÊNDICE E

RESPOSTAS DAS QUESTÕES SELECIONADAS

CAPÍTULO 1

1.2 38,432

1.5 (a) T = (3, –2, 1) e S = (4, 6, 2)
(b) $\mathbf{a}_x + 8\mathbf{a}_y + \mathbf{a}_z$
(c) 8,124 m

1.7 A demonstração

1.8 (a) 71
(b) $\pm(-0,8111\mathbf{a}_x - 0,4867\mathbf{a}_y + 0,3244\mathbf{a}_z)$

1.11 A demonstração

1.12 (a) 7,6811, (b) $-2\mathbf{a}_y - 5\mathbf{a}_z$, (c) 42,57°, (d) 17,31

1.14 (a) A demonstração
(b) $\cos\theta_1\cos\theta_2 + \sin\theta_1\sin\theta_2$, $\cos\theta_1\cos\theta_2 - \sin\theta_1\sin\theta_2$
(c) $\left|\sin\dfrac{\theta_2-\theta_1}{2}\right|$

1.15 (a) –2,8577
(b) $-0,2857\mathbf{a}_x + 0,8571\mathbf{a}_y - 0,4286\mathbf{a}_z$
(c) 65,91°

1.18 –0,3015

CAPÍTULO 2

2.4 (a) $\rho z \cos\phi - \rho^2 \sin\phi\cos\phi + \rho z \sin\phi$
(b) $r^2[1 + \sin^2\theta\sin^2\phi + \cos\theta]$

2.6 (a) $\dfrac{1}{\sqrt{\rho^2+z^2}}(\rho\mathbf{a}_\rho + 4\mathbf{a}_z)$, $\left(\sin^2\theta + \dfrac{4}{r}\sin\theta\right)\mathbf{a}_r + \sin\theta\left(\cos\theta - \dfrac{4}{r}\right)\mathbf{a}_\theta$
(b) $\dfrac{\rho^2}{\sqrt{\rho^2+z^2}}(\rho\mathbf{a}_\rho + z\mathbf{a}_z)$, $r^2\sin^2\theta\,\mathbf{a}_r$

2.11 A demonstração

2.13 8,625

2.17 (a) –5
(b) $5\mathbf{a}_\rho - 21\mathbf{a}_\phi - 17\mathbf{a}_z$
(c) 100,31°
(d) $0,182\mathbf{a}_\rho - 0,7643\mathbf{a}_\phi - 0,6187\mathbf{a}_z$
(e) $-0,1923\mathbf{a}_\rho - 0,5769\mathbf{a}_\phi - 0,7692\mathbf{a}_z$

2.20 (a) Uma linha infinita paralela ao eixo z
(b) Ponto (2, −1, 10)
(c) Um círculo de raio $r \operatorname{sen} \theta = 5$, isto é, a intersecção entre um cone e uma esfera
(d) Uma linha infinita paralela ao eixo z
(e) Uma linha semi-infinita paralela ao plano x–y
(f) Um semicírculo de raio 5 no plano y–z

2.22 (a) $3\mathbf{a}_\phi + 25\mathbf{a}_z, -15{,}6\mathbf{a}_r + 10\mathbf{a}_\phi$
(b) $2{,}071\mathbf{a}_\rho - 1{,}354\mathbf{a}_\phi + 0{,}4141\mathbf{a}_z$
(c) $\pm(0{,}528\mathbf{a}_r - 0{,}2064\mathbf{a}_\theta + 0{,}8238\mathbf{a}_\phi)$

CAPÍTULO 3

3.3 (a) 2,356
(b) 0,5236
(c) 4,189

3.6 0,2838

3.7 −1,5

3.12 $0{,}3123\mathbf{a}_x + 0{,}937\mathbf{a}_y - 0{,}1562\mathbf{a}_z$

3.16 (a) A demonstração
(b) $2xyz$

3.18 (a) 209,44
(b) 209,44

3.20 (a) $6yz\mathbf{a}_x + 3xy^2\mathbf{a}_y + 3x^2yz\mathbf{a}_z$
(b) $4yz\mathbf{a}_x + 3xy^2\mathbf{a}_y + 4x^2yz\mathbf{a}_z$
(c) $6xyz + 3xy^3 + 3x^2yz^2$
(d) $2(x^2 + y^2 + z^2) = 2r^2$

3.22 A demonstração; 136,23

3.24 (a) 1,5
(b) 0

3.26 $\dfrac{190\pi}{3}$

3.28 (a) 7/6
(b) 7/6
(c) Sim

3.30 −2,67

3.33 A demonstração; 1,757

3.34 (a) $-\dfrac{\operatorname{sen}\theta \cos\phi}{r^2}\mathbf{a}_r + \dfrac{\cos\theta \cos\phi}{r^2}\mathbf{a}_\theta - \dfrac{\operatorname{sen}\phi}{r^2}\mathbf{a}_\phi$
(b) 0
(c) $-\dfrac{2\operatorname{sen}\theta \cos\phi}{r^3}$

3.36 A demonstração.

CAPÍTULO 4

4.2 (a) 0,5 C
(b) 1,206 μC
(c) 1579,1 C

4.4 (a) −8,3232 nC
(b) −44,945 nC

4.8 (a) A demonstração
(b) 0,4 mC; 31,61$\mathbf{a}_z$ kV/m

4.11 99,24$\mathbf{a}_z$ μN

4.16 180 $\mathbf{a}_y$ V/m

4.21 $\dfrac{3\varepsilon_0 \operatorname{sen} 3r}{r^2}$ C/m³

4.29 (a) $\mathrm{E} = \begin{cases} \dfrac{\rho_o}{2\varepsilon_o}\mathbf{a}_r, & r < a \\ \dfrac{\rho_o a^2}{2\varepsilon_o r^2}\mathbf{a}_r, & r > a \end{cases}$

(b) $2\pi a^2 \rho_o$

4.32 $\dfrac{1}{2\varepsilon_0} \ln \dfrac{a + \sqrt{a^2 + h^2}}{h}$

4.39 $\mathrm{V} = \begin{cases} \dfrac{-\rho_o r^3}{12\varepsilon_o a} + \dfrac{\rho_o a^2}{3\varepsilon_o}, & r < a \\ \dfrac{\rho_o a^3}{4\varepsilon_o r}, & r > a \end{cases}$

4.41 (a) 0
(b) −8 nJ
(c) 16 nJ
(d) 8 nJ

4.44 (a) A demonstração
(b) 5,933 × 10⁵
(c) 2,557 kV

4.45 3,182 V

CAPÍTULO 5

5.2 −6,283 A

5.7 3,978 × 10⁻⁴ S/m

5.10 (a) 0,27 mΩ
(b) 50,3 A (cobre); 9,7 A (aço)
(c) 0,322 mΩ

5.14 (a) 3,5 × 10⁷ S/m, alumínio

(b) $5{,}66 \times 10^6$ A/m²

5.23 (a) $\dfrac{100}{\rho^3}$ C/m³·s

(b) 314,16 A

5.28 (a) $2{,}741 \times 10^4$ s

(b) $5{,}305 \times 10^4$ s

(c) 7,07 μs

5.32 29,84 kC/m³; 18,98 kC/m³

5.35 (a) $387{,}8\mathbf{a}_\rho - 452{,}4\mathbf{a}_\phi + 678{,}6\mathbf{a}_z$ V/m, $12\mathbf{a}_\rho - 14\mathbf{a}_\phi + 21\mathbf{a}_z$ nC/m²

(b) $4\mathbf{a}_\rho - 2\mathbf{a}_\phi + 3\mathbf{a}_z$ nC/m², 0

(c) 12,62 μJ/m² para a região 1, 9,839 μJ/m² para a região 2.

5.36 $0{,}416\mathbf{a}_x - 1{,}888\mathbf{a}_y + 2{,}6\mathbf{a}_z$ nC/m², 75,51°

5.37 (a) 381,97 nC/m²

(b) $\dfrac{0{,}955}{r^2}\mathbf{a}_r$ nC/m²

(c) 12,96 μJ

CAPÍTULO 6

6.1 (a) $-270\mathbf{a}_x + 540\mathbf{a}_y + 135\mathbf{a}_z$ V/m

(b) 14,324 nC/m³

6.7 A demonstração.

6.13 (a) $-\dfrac{4V_o}{\pi} \sum\limits_{n=\text{ímpar}}^{\infty} \dfrac{\operatorname{sen}\dfrac{n\pi x}{b}\operatorname{senh}\dfrac{n\pi}{b}(a-y)}{n\operatorname{senh}\dfrac{n\pi a}{b}}$

(b) $\dfrac{4V_o}{\pi} \sum\limits_{n=\text{ímpar}}^{\infty} \dfrac{\operatorname{sen}\dfrac{n\pi y}{a}\operatorname{senh}\dfrac{n\pi x}{a}}{n\operatorname{senh}\dfrac{n\pi b}{a}}$

(c) $\dfrac{4V_o}{\pi} \sum\limits_{n=\text{ímpar}}^{\infty} \dfrac{\operatorname{sen}\dfrac{n\pi y}{b}\operatorname{senh}\dfrac{n\pi}{b}(a-x)}{n\operatorname{senh}\dfrac{n\pi a}{b}}$

6.17 0,5655 cm²

6.25 (a) $-\dfrac{30}{r} + 150$ V, $-\dfrac{30}{r^2}\mathbf{a}_r$ V/m, $-\dfrac{0{,}8223}{r^2}\mathbf{a}_r$ nC/m²

(b) 9,137 nC/m², −20,56 nC/m²

(c) 132,6 GΩ

6.30 693,1 s

6.32 $\dfrac{\pi\sigma}{\cosh^{-1}(d/2a)}$

6.34 A demonstração.

6.41 (a) 1 nC
(b) 5,25 nN

6.43 $-0,1891 (\mathbf{a}_x + \mathbf{a}_y + \mathbf{a}_z)$ N

6.44 $\dfrac{Q}{4\pi\varepsilon_0}\left[\dfrac{1}{r_1} + \dfrac{1}{r_2} + \dfrac{1}{r_3} - \dfrac{1}{r_4}\right]$

onde $r_1 = [(x-a)^2 + (y-a)^2 + z^2]^{1/2}$, $r_2 = [(x+a)^2 + (y-a)^2 + z^2]^{1/2}$
$r_3 = [(x+a)^2 + (y+a)^2 + z^2]^{1/2}$, $r_4 = [(x-a)^2 + (y+a)^2 + z^2]^{1/2}$

6.46 (a) 15,73 pC/m²
(b) $17,21\mathbf{a}_x - 23\mathbf{a}_y - 8,486\mathbf{a}_y$ pC/m²
(c) 0

CAPÍTULO 7

7.5 A demonstração.

7.12 (a) $1,36\mathbf{a}_z$ A/m
(b) $0,884\mathbf{a}_z$ A/m

7.20 (a) A demonstração
(h) $11,94\mathbf{a}_\phi$ A/m, $11,94\mathbf{a}_\phi$ A/m

7.27 (a) $(14\mathbf{a}_\rho + 42\mathbf{a}_\phi) \times 10^4$ A/m, $-1,011$ Wb

7.29 $\dfrac{\mu_o I b}{2\pi} \ln \dfrac{d+a}{d}$

7.31 (a) A demonstração
(b) 1 Wb
(c) $-\dfrac{2}{\mu_o}(z\mathbf{a}_x + x\mathbf{a}_y + y\mathbf{a}_z)$ A/m²

7.36 $\dfrac{I_o \rho}{2\pi a^2} \mathbf{a}_\phi$

7.38 (a) $-e^{-x}\cos y\, \mathbf{a}_z$
(b) $\dfrac{4(\rho^2 - 1)}{(\rho^2 + 1)^2} \mathbf{a}_\phi$
(c) $\dfrac{\operatorname{sen}\theta}{r^3} \mathbf{a}_\phi$

7.39 (a) $(14\mathbf{a}_\rho + 42\mathbf{a}_\phi) \times 10^4$ A/m, (b) 1,011 Wb

7.40 $A = \begin{cases} -\dfrac{1}{2}\mu_o k_o y\mathbf{a}_z, & y > 0 \\ \dfrac{1}{2}\mu_o k_o y\mathbf{a}_z, & y < 0 \end{cases}$

7.45 (a) 50 A
(b) −250 A

7.46 A demonstração.

CAPÍTULO 8

8.1 $-44\mathbf{a}_x + 13\mathbf{a}_y + 6\mathbf{a}_z$ kV/m

8.4 (a) (2, 2,853, −3,156)
(b) (0, −0,425, 1,471) m/s, 1,177 J

8.6 (a) A demonstração
(b) $\dfrac{2mu_o}{B_o e}$

8.7 $-86,4\mathbf{a}_z$ pN

8.10 $1,949\mathbf{a}_x$ mN/m

8.11 $15,71\mathbf{a}_z$ μN/m

8.17 $(17,53\mathbf{a}_x + 35,05\mathbf{a}_y - 87,66\mathbf{a}_z)$ mA · m

8.20 (a) $1,193 \times 10^6$ A/m
(b) $1,404 \times 10^{-23}$ A · m^2

8.23 (a) $4\mathbf{a}_\rho + 15\mathbf{a}_\phi - 8\mathbf{a}_z$ mWb/m^2
(b) 60,68 J/m^3, 57,7 J/m^3

8.26 $12,020\mathbf{a}_x + 4,020\mathbf{a}_y - 15,980\mathbf{a}_z$ Wb/m^2, $23,913\mathbf{a}_x + 7,998\mathbf{a}_y - 31,79\mathbf{a}_z$ MA/m

8.30 $2,51\mathbf{a}_x + 3,77\mathbf{a}_y - 0,0037\mathbf{a}_z$ mWb/m^2, 0,047°

8.38 800 μH

8.39 A demonstração.

8.42 304,1 pJ

CAPÍTULO 9

9.2 $0,4738 \operatorname{sen} 377t$ V

9.3 $0,4$ mV, $0,2$ mV

9.5 $9,888$ μV, ponto A a um potencial mais alto

9.7 $0,97$ mV

9.13 $6,33$ A, sentido anti-horário

9.16 (a) $\nabla \cdot \mathbf{E}_s = \rho_s/\varepsilon$, $\nabla \cdot \mathbf{H}_s = 0$, $\nabla \times \mathbf{E}_s = j\omega\mu\mathbf{H}_s$, $\nabla \times \mathbf{H}_s = (\sigma - j\omega\varepsilon)\mathbf{E}_s$

(b) $\dfrac{\partial D_x}{\partial x} + \dfrac{\partial D_y}{\partial y} + \dfrac{\partial D_z}{\partial z} = \rho_v$

$\dfrac{\partial B_x}{\partial x} + \dfrac{\partial B_y}{\partial y} + \dfrac{\partial B_z}{\partial z} = 0$

$\dfrac{\partial E_z}{\partial y} - \dfrac{\partial E_y}{\partial z} = -\dfrac{\partial B_x}{\partial t}$

$\dfrac{\partial E_x}{\partial z} - \dfrac{\partial E_z}{\partial x} = -\dfrac{\partial B_y}{\partial t}$

$\dfrac{\partial E_y}{\partial x} - \dfrac{\partial E_x}{\partial y} = -\dfrac{\partial B_z}{\partial t}$

$\dfrac{\partial H_z}{\partial y} - \dfrac{\partial H_y}{\partial z} = J_x + \dfrac{\partial D_x}{\partial t}$

$\dfrac{\partial H_x}{\partial z} - \dfrac{\partial H_z}{\partial x} = J_y + \dfrac{\partial D_y}{\partial t}$

$\dfrac{\partial H_y}{\partial x} - \dfrac{\partial H_x}{\partial y} = J_z + \dfrac{\partial D_z}{\partial t}$

9.19 $0,3z^2 \cos 10^4 t$ mC/m^3

9.24 (a) sim
(b) sim
(c) não
(d) não

9.28 $(2 - \rho)(1 + t)\, e^{-\rho - t}\, \mathbf{a}_z$ Wb/m^2, $\dfrac{(1 + t)(3 - \rho)e^{-\rho - t}}{4\pi \times 10^{-7}} \mathbf{a}_\phi$ A/m^2

9.30 A demonstração.

9.36 (a) 12×10^8 rad/s
(b) $-26,53\, e^{-j4y}\, \mathbf{a}_z$ mA/m

9.38 A demonstração.

CAPÍTULO 10

10.4 (a) $5,4105 + j6,129$/m
(b) $1,025$ m
(c) $5,125 \times 10^7$ m/s
(d) $101,41 < 41,44°\ \Omega$
(e) $-59,16 e^{-j41,44°}\ e^{-\gamma z} \mathbf{a}_y$ mA/m

10.8 $0,2231$ Np/m, $4,4823$ m, $2,513 \times 10^8$ m/s

10.10 (a) $5,471$, $0,0127$ S/m.
(b) $-30,97 e^{-y} \cos(2\pi \times 10^8 t - 5y + 11,31°) \mathbf{a}_x$ V/m

10.13 (a) $0,02094$ rad/m, 300m
(b) Veja a Figura E.2
(c) $26,53 \cos(2\pi \times 10^6 t - 0,02094z) \mathbf{a}_x$ mA/m

10.17 (a) Ao longo de $-x$
(b) $7,162 \times 10^{-10}$ F/m
(c) $1,074\ \text{sen}\ (2 \times 10^8 + 6x) \mathbf{a}_z$ V/m

10.21 (a) $5,6993$
(b) $1,2566$m, $1,257 \times 10^8$ m/s
(c) $157,91\ \Omega$
(d) $\mathbf{a}_y$
(e) $4,737\ \text{sen}(2\pi \times 10^8 t - 5x) \mathbf{a}_y$ V/m
(f) $0,15 \cos(2\pi \times 10^8 t - 5x) \mathbf{a}_y$ V/m

10.25 (a) Ao longo de $+\mathbf{a}_x$
(b) $\dfrac{1}{3} \times 10^8$ m/s
(c) $2,0944$ m

10.27 $2,0943$ rad/m, $5,305 \cos(2\pi \times 10^7 t - 2,0943x)(-\mathbf{a}_y + \mathbf{a}_z)$ mA/m

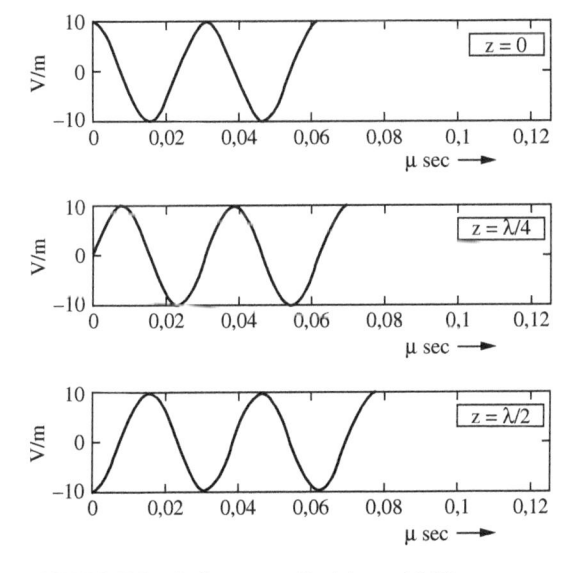

FIGURA E.2 Referente ao Problema 10.13.

10.30 113,75 m, $1,5 \times 10^8$ m/s

10.35 (a) $1,43(1+j) \times 10^5$ m^{-1}
(b) $6,946 \times 10^{-6}$ m
(c) 6590,75 m/s

10.39 $2,94 \times 10^{-6}$ m

10.42 (a) $\dfrac{V_o I_o}{2\pi\rho^2 \ln(b/a)} \cos^2(\omega t - \beta z)\mathbf{a}_z$

(b) $\dfrac{V_o I_o}{4\pi\rho^2 \ln(b/a)} \mathbf{a}_z$

10.51 $0,2358\,\mathbf{a}_z$ W/m², $0,2358\,\mathbf{a}_z$ W/m²

10.54 (a) 9×10 rad/s
(b) 2,094 m
(c) 6,298, 16,71 /40,47° Ω
(d) $9,35\,\text{sen}(\omega t - 3z + 179,7)\mathbf{a}_x$ V/m,
$0,857 e^{43,94z}\,\text{sen}(9 \times 10^8 t + 51,48z + 38,89°)\mathbf{a}_x$ V/m

10.56 19,47°, 28,13°

10.59 A demonstração.

10.64 35,71 mm.

CAPÍTULO 11

11.1 0,0354 Ω/m, 50,26 nH/m, 221pF/m, 0 S/m

11.5 0,2342 pF, $1,4 \times 10^{-2}$ Ω

11.7 (a) A demonstração.

(b) $\sqrt{\dfrac{L}{C}}\left[1 + j\left(\dfrac{G}{2\omega C} - \dfrac{R}{2\omega L}\right)\right]$

11.9 (a) $29,59 - j21,43$ Ω, $6,823 \times 10^7$ m/s
(b) 5,042 m

11.11 0,3456 W

11.14 798,3 rad/m; $3,542 \times 10^7$ m/s

11.15 4,5 Ω/m, 8×10^{-4} S/m, $4,761 \times 10^{-11}$ F/m, $2,678 \times 10^{-7}$ H/m

11.19 (a) A demonstração

(b) (i) $\dfrac{2n}{n+1}$
(ii) 2
(iii) 0
(iv) 1

11.21 0,0136 Np/m, 38,94 rad/m, $129,1 - j0,045$ Ω, $6,452 \times 10^7$ m/s

11.22 A demonstração

11.28 $26,7 - j17,8$ Ω

11.32 (a) $35 + j34\ \Omega$
(b) $0,375\lambda$

11.36 (a) 125 MHz (b) $72 + j72\ \Omega$ (c) $0,444\ \underline{/120°}$

11.39 (a) $24,5\ \Omega$
(b) $55,33\ \Omega;\ 67,74\ \Omega$

11.47 (a) $34,2 + j41,4\ \Omega$
(b) $0,38\lambda;\ 0,473\lambda$
(c) $2,65$

11.48 $0,75$ GHz, $130,49 - j58,22\ \Omega$

11.52 (a) $77,77\ \Omega,\ 1,8$
(b) $0,223$ dB/m, $4,974$ dB/m
(c) $3,848$ m

11.55 $13,98$ dB

CAPÍTULO 12

12.1 (a) $4,507$ GHz
(b) $816,2$ rad/m
(c) $1,54 \times 10^8$ m/s

12.3 Veja a Tabela E.1.

12.4 Um projeto pode ser $a = 9$mm, $b = 3$mm

12.13 (a) Modo TE_{21}
(b) $5,973$ GHz
(c) $3978\ \Omega$
(d) $-1,267\ \text{sen}(m\pi x/a)\ \cos(n\pi x/b)\ \text{sen}(\omega t - \beta z)$ mA/m

12.15 (a) A demonstração

12.17 A demonstração

12.19 $9,791 \times 10^7$ m/s

12.20 $\dfrac{\omega^2 \mu^2 \pi^2}{2\eta b^2 h^4} H_o^2 \text{sen}^2 (\pi y/b)\ \boldsymbol{a}_z,\ \dfrac{\omega^2 \mu^2 a b^3 H_o^2}{4\pi^2 \eta}$

TABELA E.1 Para o Problema 12.3

Modo	f_c (GHz)
TE_{01}	9,901
TE_{10}	4,386
TE_{11}	10,829
TE_{02}	19,802
TE_{22}	21,66
TM_{11}	10,829
TM_{12}	20,282
TM_{21}	13,23

12.24 0,0231 Np/m, 9,66 m

12.26 (a) $2,165 \times 10^{-2}$ Np/m
(b) $4,818 \times 10^{-3}$ Np/m

12.28 0,4647 dB/m

12.34 $f = \sqrt{3} f_c$

12.36 A demonstração; $\frac{1}{h^2}(n\pi/b)(p\pi/c)E_o \operatorname{sen}(m\pi x/a) \cos(n\pi y/b) \cos(p\pi z/c)$

12.39 (a) 6,629 GHz
(b) 6387

12.41 1,428

12.43 1,4286

12.45 (a) 0,2271
(b) 13,13°
(c) 376 modos

12.47 (a) 29,23°
(b) 63,1%

12.49 $\alpha_{12} = 8686_{\alpha 10}$

12.51 (a) Discussão.
(b) É o alargamento de um pulso de luz conforme se propaga em uma fibra ótica.

CAPÍTULO 13

13.2 0,126 V/m

13.7 $\dfrac{-50\eta\beta}{\mu r} \operatorname{sen}(\omega t - \beta r)(\operatorname{sen}\phi \mathbf{a}_\phi + \cos\theta \cos\phi \mathbf{a}_\theta)$ V/m

$\dfrac{-50\beta}{\mu r} \operatorname{sen}(\omega t - \beta r)(\operatorname{sen}\phi \mathbf{a}_\theta + \cos\theta \cos\phi \mathbf{a}_\phi)$ A/m

13.9 Veja a Figura E.3

13.13 12,34 Ω

13.18 (a) 9,071 mA
(b) 0,25 mW

13.22 (a) $1,5 \operatorname{sen}^2\theta$
(b) 1,5
(c) $\dfrac{1,5\lambda^2}{4\pi} \operatorname{sen}^2\theta$
(d) 3,084 Ω

13.23 98,33%

13.24 (a) 12,73 $\mathbf{a}_r$ μW/m²
(b) 0,098 V/m

13.27 (a) 1, 0,5333, 1,875   (b) 4, 0,5493, 9,7092   (c) 2, 0,333, 6

13.29 2,121 A

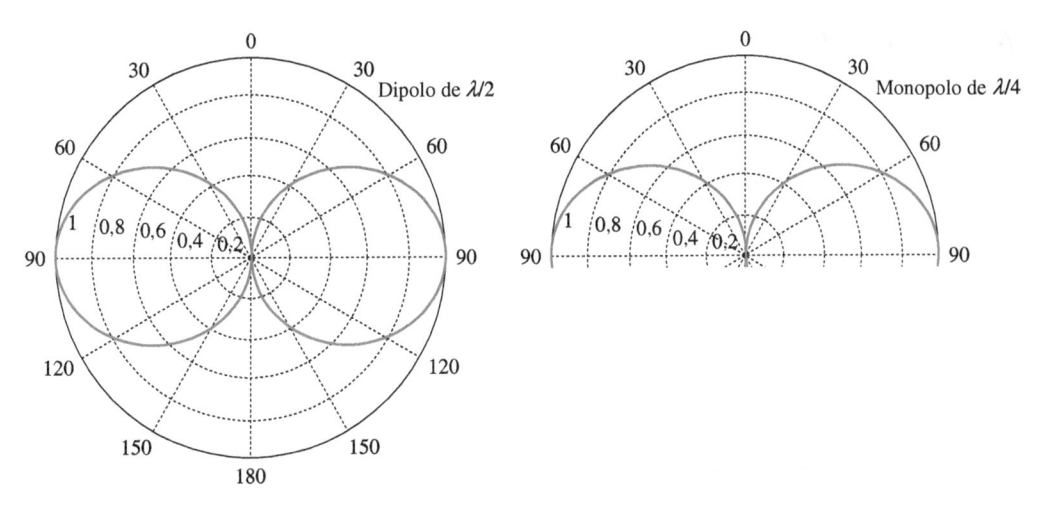

FIGURA E.3 Referente ao Problema 13.9.

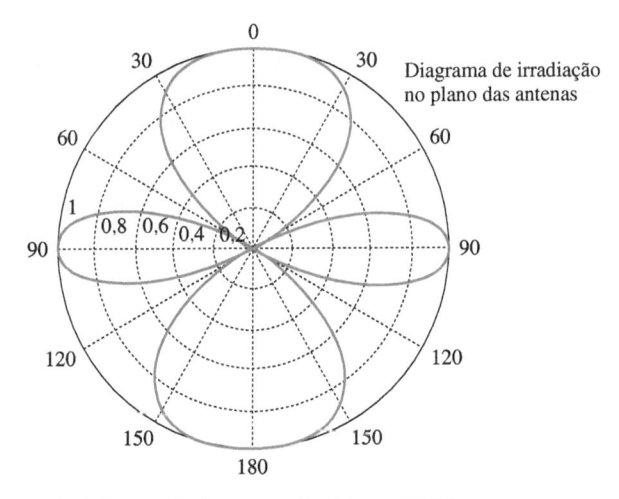

FIGURA E.4 Referente ao Problema 13.35.

13.35 (a) $2\cos(\pi\cos\theta)$
(b) $60°, 120°$
(c) $0°, 90°, 180°$
(d) Veja a Figura E.4

13.38 0,2686

13.41 21,29 pW

13.43 (a) A demonstração (b) 12,8 μW

13.44 (a) 1,708 V/m (b) 11,36 μW/m (c) 30,95 mW (d) $1,91 \times 10^{-12}$ W

13.46 77,52 W

13.47 $-0,75e^{-t/\tau}$ A, $\tau = 0,25$ μs

13.48 19 dB

13.51 (a) 17,1 mΩ/km (b) 51,93 Ω/km

CAPÍTULO 14

14.2 (a) 10,117, 1,56   (b) 10,113 1,506

14.4 A demonstração.

14.6 6V, 14V

14.8 50, 75, 25, 50

14.10 $V_1 = V_2 = 0{,}3231\ V,\ V_3 = V_4 = 0{,}4039\ V$

14.12 (a)
$$\begin{bmatrix} -4 & 1 & 0 & 1 & 0 & 0 \\ 1 & -4 & 1 & 0 & 1 & 0 \\ 0 & 1 & -4 & 0 & 0 & 1 \\ 1 & 0 & 0 & -4 & 1 & 0 \\ 0 & 1 & 0 & 1 & -4 & 1 \\ 0 & 0 & 1 & 0 & 1 & -4 \end{bmatrix} \begin{bmatrix} V_a \\ V_b \\ V_c \\ V_d \\ V_e \\ V_f \end{bmatrix} = \begin{bmatrix} -200 \\ -100 \\ -100 \\ -100 \\ 0 \\ 0 \end{bmatrix}$$
$$\qquad\qquad\qquad [A] \qquad\qquad\qquad\qquad\qquad [B]$$

(b)
$$\begin{bmatrix} -4 & 1 & 0 & 1 & 0 & 0 & 0 & 0 \\ 1 & -4 & 1 & 0 & 1 & 0 & 0 & 0 \\ 0 & 1 & -4 & 0 & 0 & 1 & 0 & 0 \\ 1 & 0 & 0 & -4 & 1 & 0 & 1 & 0 \\ 0 & 1 & 0 & 1 & -4 & 1 & 0 & 1 \\ 0 & 0 & 1 & 0 & 1 & -4 & 0 & 0 \\ 0 & 0 & 0 & 1 & 0 & 0 & -4 & 1 \\ 0 & 0 & 0 & 0 & 1 & 0 & 1 & -4 \end{bmatrix} \begin{bmatrix} V_1 \\ V_2 \\ V_3 \\ V_4 \\ V_5 \\ V_6 \\ V_7 \\ V_8 \end{bmatrix} = \begin{bmatrix} -30 \\ -15 \\ -30 \\ -7{,}5 \\ 0 \\ -7{,}5 \\ 0 \\ 0 \end{bmatrix}$$
$$\qquad\qquad\qquad [A] \qquad\qquad\qquad\qquad\qquad [B]$$

14.14 A demonstração.

14.16 A demonstração.

14.18 $V = 12{,}47\ mV,\ \mathbf{E} = -0{,}3266\ \mathbf{a}_x + 1{,}1353\ \mathbf{a}_y + 1{,}6331\mathbf{a}_z\ mV/m$

14.20 $100\ \Omega$

14.22 (a) Solução exata $C = 80{,}26\ pF/m,\ Z_o = 41{,}56\ \Omega$, para a solução numérica veja a Tabela E.3

(b) Para a solução numérica veja Tabela E.4

14.24 A demonstração.

14.26 (a) (1,5, 0,5) ao longo de 12 e (0,9286, 0,9286) ao longo de 13

(b) 56,67 V

14.28
$$\begin{bmatrix} 0{,}8802 & -0{,}2083 & 0 & -0{,}6719 \\ -0{,}2083 & 1{,}5333 & -1{,}2 & -0{,}125 \\ 0 & -1{,}2 & 1{,}4083 & -0{,}2083 \\ -0{,}6719 & -0{,}125 & -0{,}2083 & 1{,}0052 \end{bmatrix}$$

14.30
$$\begin{bmatrix} 0{,}8333 & -0{,}667 & 0 & -0{,}1667 \\ -0{,}6667 & 1{,}4583 & -0{,}375 & -0{,}4167 \\ 0 & -0{,}375 & 0{,}625 & -0{,}25 \\ -0{,}1667 & -0{,}4167 & -0{,}25 & 0{,}833 \end{bmatrix}$$

TABELA E.3 Para o Problema 14.22 (a)

N	C(pF/m)	$Z_o(\Omega)$
10	82,386	40,486
20	80,966	41,197
40	80,438	41,467
100	80,025	41,562

TABELA E.4 Para o Problema 14.22(b)

N	C(pF/m)	$Z_o(\Omega)$
10	109,51	30,458
20	108,71	30,681
40	108,27	30,807
100	107,93	30,905

TABELA E.5 Para o Problema 14.34

Número do nó	Solução FEM	Solução exata
8	3,635	3,412
9	5,882	5,521
10	5,882	5,521
11	3,635	3,412
14	8,659	8,217
15	14,01	13,30
16	14,01	13,30
17	8,659	8,217
20	16,99	16,37
21	27,49	26,49
22	27,49	26,49
23	16,99	16,37
26	31,81	31,21
27	51,47	50,5
28	51,47	50,5
29	31,81	31,21

14.32 3, 0

14.34 Veja a Tabela E.5.

14.36 40,587 Ω

14.38 92,01, 74,31, 82,87, 53,72, 61,78, 78,6, 30,194, 36,153, 53,69 V

ÍNDICE

A

Abertura numérica, 526
Admitância característica, 434-435
Ampère, Andre-Marie, 237-238
Amplitude, 370-371
Ângulo azimutal, 26-27
Ângulo crítico, 528
Ângulo de aceitação, 528
Ângulo de Brewster, 405
Ângulo de incidência, 402-403
Ângulo de perdas, 378-379
Ângulo de polarização, 405
Ângulo de reflexão, 402-404
Ângulo de transmissão, 402-404
Antena dipolo, 551-552
Antena dipolo de meia-onda, 546-550
Antena isotrópica, 557-558
Antena monopolo de quarto de onda, 550
Antenas, 541-543
   de abertura, 541
   de fio, 541
   inteligentes, 540
Aquecimento, 413-414
Área diferencial normal, 49-53
Área efetiva, 571-572
Arranjo binomial, 570-571
Arranjo longitudinal, 566-567
Arranjo transversal, 565-566
Atenuação, 511-515, 528-529
Aterramento, 580-582
Autoindutância, 305-306

B

Bioeletromagnetismo, 428
Biot, Jean-Baptiste, 237-238
Blindagem, 581-582
Blindagem eletrostática, 169-170
Bomba eletro-hidrodinâmica, 188-189

C

Cabo de dados, 475-478
Calibre de Coulomb, 262
Caminho amperiano, 248
Campo, 4-5
Campo conservativo, 79-80, 120-121,124-126
Campo de irradiação, *veja* Campo distante
Campo distante, 544-545
Campo harmônico, 76-77
Campo indutivo, 544-545
Campo irrotacional, 79-80, 124-125
Campo magnetostático, 238-239
Campo não divergente, 78-79
Campo sem rotacional, 79-80
Campo solenoidal, 79-80
Campos eletrostáticos, 93,544-545
   aplicações de, 93
Campos harmônicos no tempo
Capacitância, 204-210
   de cabo coaxial, 207-208
   de capacitor esférico, 207-210
   de linha de microfita, 223-225
   de placas paralelas, 206-207
Carga pontual, 93-94,113-115, 218-221
Carga superficial ligada, 158-159
Carta de Smith, 445-450, 683
Casamento, 455-456
Casamento com duplo toco, 457-458
Circuito Integrado (CI), 134-135
Circuitos magnéticos, 314-316
Circulação, 55
Círculo de reatâncias, 447
Círculo de resistências, 446-447
Coeficiente de reflexão, 395-396, 439-440
   para corrente, 440-441
   para tensão, 440-441
Coeficiente de transmissão, 395-396
Compatibilidade eletromagnética (CEM), 578, 592
Componente escalar, 14
Componentes de um vetor, 14
Comprimento de onda, 370-372, 434
Comprimento de onda de corte, 498
Comprimento de onda no guia, 509-510
Comprimento elétrico, 439-440
Condição de Lorentz, 348-349
Condições de casamento de fase, 402-404
Condições de fronteira, 166-170, 300-303
Condutividade, 149, 670
Condutores, 149, 152-154
Conexão elétrica, 580-581
Conjunto de antenas, 562-567
Constante de atenuação, 377-378, 434, 473-476, 512
Constante de fase, 370-371, 377-378, 434
Constante de propagação, 376, 434
Constante de separação, 195-196, 203-204
Constante dielétrica, 159-161, 671
Coordenadas cartesianas, 3-4, 25-26, 49-51, 60-61, 64-65, 70, 76-77
Coordenadas cilíndricas, 25-29, 50-52, 60-61, 64-65, 70-72, 76-77
Coordenadas esféricas, 28-32, 51-53, 60-61, 65-66, 71-72
Corrente de condução, 344-345
Corrente de deslocamento, 342-345
Corrente superficial ligada, 296
Coulomb, Charles Augustin de, 92
Curva de magnetização, 298-299

D

Densidade de corrente de condução, 151-152
Densidade de corrente de convecção, 151-152
Densidade de corrente de magnetização em um volume, 296
Densidade de energia, 130-132, 307, 309
Densidade de fluxo elétrico, 110-112
Densidade de fluxo magnético, 254-256
Densidade de polarização magnética, 296
Densidade volumétrica da carga, 158-159
Derivada direcional, 61
Descarga eletrostática (ESD), 134-135
Descartes, René, 24
Deslocamento diferencial, 49-52
Diagrama de campo, 555-556
Diagrama de escada. *Veja* diagrama de saltos
Diagrama de irradiação, 555-557.
Diagrama de potência, 555-556

Diagrama de saltos, 463-464
Dielétrico com perdas, 375-379
Dielétrico sem perdas, 381, 434-437, 439-440
Dielétricos, 149
Diferença de potencial, 119-120
Diferencial de ângulo sólido, 557-558
Diferencial de volume, 49-53
Dipolo elétrico, 127-129
Dipolo hertziano, 543-546
Dipolo magnético, 290-293
Diretividade, 557-558
Dispersão, 529-530
Distribuições de carga, 101
Divergência, 63-67

E

Efeito pelicular, 384
Efeito Zeeman, 278
Eficiência de irradiação, 559-560
Elemento da matriz dos coeficientes, 625-626
Elementos finitos, 622-623
Eletromagnético(a)s, 3
   aplicações, 3
   dispositivos, 3
   equações, 3-4
   profissões, 148
Eletrômetro, 164
Emissões conduzidas, 578-579
Emissões irradiadas, 578-579
Energia magnética, 306-307, 309-310
Equação da continuidade, 164-165
Equação da força de Lorentz, 279-280
Equação de Helmholtz, 376
Equação de Laplace, 76-77, 185-188
Equação de onda, 348-349, 376
Equação de Poisson, 185-188, 262, 613
Equação de transmissão do radar, 576
Equação diferencial de Bessel, 204-205
Equação do alcance do radar, 576
Equação integral, 613
Equações das linhas de transmissão, 432-437
Equações de Fresnel, 405-407
Equações de Maxwell, 113, 124-125, 166, 247-248, 254-256, 333-334, 345-347
Escalar, 4-5
Esfera carregada, 116-117
Esfera isolada, 208-209
Espaço livre, ondas planas, 381-383
Espectro, 372-373

F

Faraday, Michael, 128-129, 332
Fase, 370-371
Fasor, 349-352
Fator de qualidade, 522-523
Fator de rede, 563-564
Fem de movimento, 336-338
Fem de transformador, 335-337
Fibra ótica, 525-526
Filtragem, 582-583
Filtro de velocidade, 287
Fluxo concatenado, 304-305
Fluxo elétrico, 111-112

Fluxo líquido que sai, 55-57
Fluxo magnético, 254-255
   conservação de, 255-256
Fluxo, 55, 149-152
Fontes de corrente distribuídas, 241-242
Força, 93-94
   sobre materiais magnéticos, 314-316
   sobre partículas carregadas, 279-280
   sobre um elemento de corrente, 279-282
Força eletromotriz (fem), 333-334
Força magnetomotriz, 314-315
Forma instantânea, 351
Fórmula de transmissão de Friis, 573-574
Fórmulas matemáticas, 661-668
Fotocondutor, 189-190
Frequência angular, 370-371
Frequência de corte, 491, 497, 498
Funções de forma dos elementos, 625

G

Ganho de potência, 558-560
Ganho diretivo, 557-559
Gauss, Carl Friedrich, 48
Gerador homopolar de disco, 363-364
Gradiente, 59-61
Guia de onda, 491-496
   corrente e modo de excitação, 515-516
Guia de onda retangular, 491-496

H

Helmholtz, Hermann von, 368
Hertz, Heinrich Rudolf, 368
Histerese, 298-300

I

Imagem por ressonância magnética, 278
Impedância característica, 434-435
Impedância intrínseca, 377-378, 381-382
Impedância normalizada, 445-446
Impressora de jato de tinta, 232-233
Índices de refração, 402-404
Indutância, 304-307
Indutância externa, 306-307, 311
Indutância interna, 306-307, 311
Indutância mútua, 305-306
Indutor, 304-307
Integral de linha, 55
Integral de superfície, 55
Intensidade de campo elétrico, 95-96, 101-102
Intensidade de irradiação, 556-558
Interferência eletromagnética (EMI), 578
Isolantes, 149-150. *Veja também* Dielétricos

L

Lâmina infinita de carga, 115-116
Lâmina infinita de corrente, 248-249
Laplace, Pierre-Simon, 184
Laplaciano, 76-77
Lei da refração, 168-169, 302-303
Lei de Ampère, 247-252
   aplicações de, 261-262

Lei de Biot-Savart, 239-240, 281-282
  dedução da, 261-262
Lei de Coulomb, 93-94, 279, 281-282
Lei de Faraday, 333-335
Lei de Gauss, 112-114
 aplicações da, 113-114
Lei de Joule, 154
  Kernel, 613
Lei de Kirchhoff da corrente, 164-165, 314-316
Lei de Lenz, 334-335
Lei de Ohm, 314-316
Lei de Snell, 402-404, 528
Leis de Newton, 282
Levitação magnética, 320-322
Linha, superfície ou corpo equipotencial, 128-129,152-153
Linha a dois fios, 430-431
Linha casada, 442-443
Linha curto-circuitada, 442
Linha de carga, 101-104, 220-221
Linha de carga infinita, 103-104,114-116
Linha de transmissão coaxial, 247-252, 306-307
Linha em curto, 442
Linha fendida, 457-459
Linha infinita de corrente, 248
Linha planar, 430-431
Linha sem distorção, 435-436
Linhas de fluxo elétrico, 128-130
Linhas de microfitas, 223-225, 471-474, 640-644
Linhas de transmissão, 429

M

Magnetização, 294-297
Magnitude, 4-5
Máquina copiadora xerográfica, 189-190
Materiais anisotrópicos, 160-162
Materiais de constante dielétrica alta, 173-175
Materiais diamagnéticos, 297-298
Materiais ferromagnéticos, 297-298
Materiais não homogêneos, 160-161
Materiais não lineares, 160-161
Materiais não magnéticos, 297
Materiais paramagnéticos, 297-298
Material homogêneo, 160-161
Material isotrópico, 160-161
Material linear, 160-161
MATLAB, 671
Matriz dos coeficientes globais, 627-628
  bons condutores, 382-385
  numeração global, 627-628
Maxwell, James Clerk, 332
MEMs, 490
Metais, 149-150. *Veja também* Condutores
Método da matriz de banda, 602-605, 629-631
Método das diferenças finitas, 601-605
Método das imagens, 218-221
Método dos elementos finitos, 622-631
Método dos momentos, 612-617
Método iterativo, 602-603, 629-630
Micro-ondas, 411-412
Milha náutica, 577
Modo, 495-497
Modo de propagação, 498, 509-512
Modo dominante, 501-502, 522-523

Modo evanescente, 497
Modo transversal elétrico (TE), 499-504
Modo transversal magnético (TM), 495-500
Modos degenerados, 522-523
Modulação cruzada, 476-477
Molécula apolar, 158-159
Molécula polar, 158-159
Momento de dipolo, 127-128,157-158
Momento de dipolo magnético, 289-290
Monopolo, 128-129
Multiplicação de potência, 563-564

N

Nó fixo, 601
Nó livre, 601
Numeração local, 627-628
Número de onda, 370-371, 378-379

O

Onda, 369-373
Onda eletromagnética transversal (TEM), 382-383, 495-496
Onda estacionária, 395-396
Onda plana uniforme, 382-383
Operador del, 57-59
Operador gradiente. *Veja também* Operador del

P

Parâmetros das linhas de transmissão, 429-432
Parâmetros de espalhamento, 413-414
Perda de retorno, 475-476
Perda por inserção, 475-476, 582-583
Permeabilidade, 297
  do espaço livre, 254-255
  relativa, 297, 671
Permeância, 314-316
Permissividade, 160-161
  do espaço livre, 93-94
Permissividade complexa, 379, 512
Permissividade relativa, 160-161
Permissividade relativa efetiva, 472-473
Plano de incidência, 402-403
Plotagem de campo, 593-596
Poisson, Simeon Denis, 184
Polarização, 157-160, 382-383
  paralela, 404-406
  perpendicular, 406-407
Ponto de amostragem, 613-614
Ponto de campo, 121-122, 257-258, 260-262, 295-296
Ponto de observação, 349-350. *Veja também* Ponto de campo
Ponto fonte, 63-64, 121-122, 257-258, 260-262, 295-296, 349-350
Ponto sumidouro, 63-64
Potencial, 120-121
  variação temporal de, 347-350
Potencial elétrico, 119-122
  tipo com retardo, 349-350
Potencial magnético escalar, 256-259
Potencial magnético vetorial, 256-259
  com retardo, 349-350
Princípio da conservação da carga, 164-165
Princípio da superposição, 95-96, 121-122,157-158, 221
Problemas de valor de fronteira, 185
Produto cruzado, 11-14

Produto ponto, 10-11
Profundidade de penetração. *Veja* Profundidade Pelicular
Profundidade pelicular, 383

R

Raio vetor, 6-7
Reflexão
   em incidência normal, 394
   em incidência oblíqua, 401-402
Regra do paralelogramo, 6-7
Regra início de um – final de outro, 6-7
Relâmpago, 263-264
Relutância, 314-316
Resistência, 153-154, 204-210
Resistência CA, 384-385
Resistência de irradiação, 545-546, 549-550
Resistência pelicular, 384-385, 473-474
Resistividade, 153-154
Ressonadores de guias de onda, 520-524
Rigidez dielétrica, 160-161
Rotacional, 69-72
Ruptura dielétrica, 160-161

S

Seção reta de espalhamento, 575-576
Seção reta de radar, 575-576
Semicondutor, 149-150
Separação de variáveis, 195-196, 203, 492-493
Separação eletrostática, 99
Sintonizador com toco simples, 456-458
Sistema ortogonal, 25
Sistemas de radar, 412-414, 574-576
   tipo biestático, 576
   tipo monoestático, 576
Sobrecarga elétrica (EOS), 134-135
Solução na forma fechada, 593
Solução produto, 521. *Veja também* Separação de variáveis
Stokes, George Gabriel, 48
Supercondutores, 149-150
Superfície de carga, 103-105
Superfície gaussiana, 113-114

Superfícies de coordenadas constantes, 36-39
Suscetibilidade magnética, 297

T

Tamanho da malha, 602-603
Tangente de perdas, 378-379
Taxa de onda estacionária, 397, 440-441
Telecomunicações, 412-413
Temperatura Curie, 298-299
Tempo de relaxação, 165-166
Tensor, 161-162
Teorema da divergência, 65-66, 79-80
Teorema da superposição, 198-199
Teorema da unicidade, 186-188
Teorema de Gauss-Otrogradsky, 65-66
Teorema de Helmholtz, 80
Teorema de Poynting, 390-391
Teorema de Stokes, 71-73, 79-80, 124-125, 247-248, 258-259, 262
Torque, 288-289
Trabalho realizado, 130-131
Transformador de quarto de onda, 455-457
Transitórios em linhas, 461-464
Triplo produto escalar, 13-14
Triplo produto vetorial, 13-14

V

Velocidade de onda, 434
Vetor de Poynting, 389-393, 511-512
Vetor de propagação, 401-402
Vetor distância, 7-8
Vetor posição, 401-402
Vetor separação, 7-8
Vetor uniforme, 7-8
Vetor unitário, 4-5
Vetores, 4-5
   adição de, 5-7
   classificação de, 78-80
   multiplicação de, 10-14
   subtração de, 5-7
Volume de carga, 104-106
Volume integral, 55-57

CONSTANTES FÍSICAS

Grandeza (unidades)	Símbolo	Melhor valor experimental	Valor aproximado sugerido para situações práticas
Permissividade do espaço livre (F/m)	ε_o	$8{,}854 \times 10^{-12}$	$\dfrac{10^{-9}}{36\pi}$
Permeabilidade do espaço livre (H/m)	μ_o	$4\pi \times 10^{-7}$	$12{,}6 \times 10^{-7}$
Impedância intrínseca do espaço livre (Ω)	η_o	$376{,}6$	120π
Velocidade da luz no vácuo (m/s)	c	$2{,}998 \times 10^8$	3×10^8
Carga do elétron (C)	e	$-1{,}6030 \times 10^{-19}$	$-1{,}6 \times 10^{-19}$
Massa do elétron (Kg)	m_c	$9{,}1066 \times 10^{-31}$	$9{,}1 \times 10^{-31}$
Massa do próton (Kg)	m_p	$1{,}67248 \times 10^{-27}$	$1{,}67 \times 10^{-27}$
Massa do nêutron (Kg)	m_n	$1{,}6749 \times 10^{-27}$	$1{,}67 \times 10^{-27}$
Constante de Boltzmann (J/K)	κ	$1{,}38047 \times 10^{-23}$	$1{,}38 \times 10^{-23}$
Número de Avogadro (Kg-mol)	N	$6{,}0228 \times 10^{26}$	6×10^{26}
Constante de Planck (J · s)	h	$6{,}624 \times 10^{-34}$	$6{,}62 \times 10^{-34}$
Aceleração da gravidade (m/s^2)	g	$9{,}81$	$9{,}8$
Constante universal da gravitação (m^2/Kg · s^2)	G	$6{,}658 \times 10^{-11}$	$6{,}66 \times 10^{-11}$
Elétron-volt (J)	eV	$1{,}6030 \times 10^{-9}$	$1{,}6 \times 10^{-9}$

POTÊNCIAS DE DEZ

Potência	Prefixo	Símbolo
10^{18}	Exa	E
10^{15}	Peta	P
10^{12}	Tera	T
10^9	Giga	G
10^6	Mega	M
10^3	kilo	k
10^2	hecto	h
10^1	deca	da
10^{-1}	deci	d
10^{-2}	centi	c
10^{-3}	mili	m
10^{-6}	micro	μ
10^{-9}	nano	n
10^{-12}	pico	p
10^{-15}	femto	f
10^{-18}	atto	a

O ALFABETO GREGO

Letra maiúscula	Letra minúscula	Nome da letra	Letra maiúscula	Letra minúscula	Nome da letra
A	α	Alfa	N	ν	Nu
B	β	Beta	Ξ	ξ	Xi
Γ	γ	Gama	O	o	Omicron
Δ	δ	Delta	Π	π	Pi
E	ε	Epsilon	P	ρ	Rho
Z	ζ	Zeta	Σ	σ, s	Sigma
H	η	Eta	T	τ	Tau
Θ	θ	Theta	Y	υ	Upsilon
I	ι	Iota	Φ	ϕ	Phi
K	κ	Kappa	X	χ	Chi
Λ	λ	Lambda	Ψ	ψ	Psi
M	μ	Mu	Ω	ω	Ômega

TÓPICOS DE ANÁLISE VETORIAL

Coordenadas cartesianas (x, y, z)

$$\mathbf{A} = A_x\mathbf{a}_x + A_y\mathbf{a}_y + A_z\mathbf{a}_z$$

$$\nabla V = \frac{\partial V}{\partial x}\mathbf{a}_x + \frac{\partial V}{\partial y}\mathbf{a}_y + \frac{\partial V}{\partial z}\mathbf{a}_z$$

$$\nabla \cdot \mathbf{A} = \frac{\partial A_x}{\partial x} + \frac{\partial A_y}{\partial y} + \frac{\partial A_z}{\partial z}$$

$$\nabla \times \mathbf{A} = \begin{vmatrix} \mathbf{a}_x & \mathbf{a}_y & \mathbf{a}_z \\ \frac{\partial}{\partial x} & \frac{\partial}{\partial y} & \frac{\partial}{\partial z} \\ A_x & A_y & A_z \end{vmatrix}$$

$$= \left[\frac{\partial A_z}{\partial y} - \frac{\partial A_y}{\partial z}\right]\mathbf{a}_x + \left[\frac{\partial A_x}{\partial z} - \frac{\partial A_z}{\partial x}\right]\mathbf{a}_y + \left[\frac{\partial A_y}{\partial x} - \frac{\partial A_x}{\partial y}\right]\mathbf{a}_z$$

$$\nabla^2 V = \frac{\partial^2 V}{\partial x^2} + \frac{\partial^2 V}{\partial y^2} + \frac{\partial^2 V}{\partial z^2}$$

Coordenadas cilíndricas (ρ, ϕ, z)

$$\mathbf{A} = A_\rho\mathbf{a}_\rho + A_\phi\mathbf{a}_\phi + A_z\mathbf{a}_z$$

$$\nabla V = \frac{\partial V}{\partial \rho}\mathbf{a}_\rho + \frac{1}{\rho}\frac{\partial V}{\partial \phi}\mathbf{a}_\phi + \frac{\partial V}{\partial z}\mathbf{a}_z$$

$$\nabla \cdot \mathbf{A} = \frac{1}{\rho}\frac{\partial}{\partial \rho}(\rho A_\rho) + \frac{1}{\rho}\frac{\partial A_\phi}{\partial \phi} + \frac{\partial A_z}{\partial z}$$

$$\nabla \times \mathbf{A} = \frac{1}{\rho}\begin{vmatrix} \mathbf{a}_\rho & \rho\mathbf{a}_\phi & \mathbf{a}_z \\ \frac{\partial}{\partial \rho} & \frac{\partial}{\partial \phi} & \frac{\partial}{\partial z} \\ A_\rho & \rho A_\phi & A_z \end{vmatrix}$$

$$= \left[\frac{1}{\rho}\frac{\partial A_z}{\partial \phi} - \frac{\partial A_\phi}{\partial z}\right]\mathbf{a}_\rho + \left[\frac{\partial A_\rho}{\partial z} - \frac{\partial A_z}{\partial \rho}\right]\mathbf{a}_\phi + \frac{1}{\rho}\left[\frac{\partial}{\partial \rho}(\rho A_\phi) - \frac{\partial A_\rho}{\partial \phi}\right]\mathbf{a}_z$$

$$\nabla^2 V = \frac{1}{\rho}\frac{\partial}{\partial \rho}\left(\rho \frac{\partial V}{\partial \rho}\right) + \frac{1}{\rho^2}\frac{\partial^2 V}{\partial \phi^2} + \frac{\partial^2 V}{\partial z^2}$$

Coordenadas esféricas (r, θ, ϕ)

$$\mathbf{A} = A_r\mathbf{a}_r + A_\theta\mathbf{a}_\theta + A_\phi\mathbf{a}_\phi$$

$$\nabla V = \frac{\partial V}{\partial r}\mathbf{a}_r + \frac{1}{r}\frac{\partial V}{\partial \theta}\mathbf{a}_\theta + \frac{1}{r\,\text{sen}\,\theta}\frac{\partial V}{\partial \phi}\mathbf{a}_\phi$$

$$\nabla \cdot \mathbf{A} = \frac{1}{r^2}\frac{\partial}{\partial r}(r^2 A_r) + \frac{1}{r\,\text{sen}\,\theta}\frac{\partial}{\partial \theta}(A_\theta\,\text{sen}\,\theta) + \frac{1}{r\,\text{sen}\,\theta}\frac{\partial A_\phi}{\partial \phi}$$

$$\nabla \times \mathbf{A} = \frac{1}{r^2\,\text{sen}\,\theta}\begin{vmatrix} \mathbf{a}_r & r\mathbf{a}_\theta & (r\,\text{sen}\,\theta)\mathbf{a}_\phi \\ \frac{\partial}{\partial r} & \frac{\partial}{\partial \theta} & \frac{\partial}{\partial \phi} \\ A_r & rA_\theta & (r\,\text{sen}\,\theta)A_\phi \end{vmatrix}$$

$$= \frac{1}{r\,\text{sen}\,\theta}\left[\frac{\partial}{\partial \theta}(A_\phi\,\text{sen}\,\theta) - \frac{\partial A_\theta}{\partial \phi}\right]\mathbf{a}_r + \frac{1}{r}\left[\frac{1}{\text{sen}\,\theta}\frac{\partial A_r}{\partial \phi} - \frac{\partial}{\partial r}(rA_\phi)\right]\mathbf{a}_\theta$$

$$+ \frac{1}{r}\left[\frac{\partial}{\partial r}(rA_\theta) - \frac{\partial A_r}{\partial \theta}\right]\mathbf{a}_\phi$$

$$\nabla^2 V = \frac{1}{r^2}\frac{\partial}{\partial r}\left(r^2 \frac{\partial V}{\partial r}\right) + \frac{1}{r^2\,\text{sen}\,\theta}\frac{\partial}{\partial \theta}\left(\text{sen}\,\theta\frac{\partial V}{\partial \theta}\right) + \frac{1}{r^2\,\text{sen}^2\,\theta}\frac{\partial^2 V}{\partial \phi^2}$$